OZEANE

NEUER KÜSTENVERLAUF
Verschiedene Kräfte formen den Verlauf von Küsten. Jene der Galapagos-Inseln im Ostpazifik sind verhältnismäßig jung und unterliegen, seit die Inseln durch Vulkanausbrüche entstanden sind, ständigem Wandel. Die Basaltlava im Vordergrund verfestigte sich vor etwa 100 Jahren. Auf einigen Inseln der Gruppe fanden bis in jüngster Zeit Eruptionen statt.

DER FALL DER APOSTEL
An diesem Abschnitt der Südküste Australiens ist die dominierende Kraft die Erosion durch das Meer. Eine Reihe von Kalksteinklippen wurde allmählich rückseitig untergespült, sodass isolierte Felsen stehen blieben. Die Felsen sind als die »Zwölf Apostel« bekannt. In Wirklichkeit waren es nur neun, als man sie benannte. Heute sind noch acht übrig.

GROSSES MAUL
Ein Großer Hammerhai schwimmt mit weit offenem Maul zwischen kleineren Fischen in den Bahamas umher. Wie bei allen Hammerhaien liegen seine Augen an den Enden des T-förmigen Kopfes, den man Cephalofoil nennt. Bei der Jagd am Meeresgrund schwingt er den Kopf seitlich hin und her. Spezielle Sinnesorgane an der Unterseite des Cephalofoils registrieren die elektrischen Signale von vergrabenen Beutefischen wie Stachelrochen.

BALLETT UNTER WASSER
Ein Kalifornisches Seelöwenweibchen spielt mit ihrem Jungen in einem Tangwald vor Santa Barbara Island (Kalifornien). Seelöwen haben sehr flexible Wirbelsäulen. Man hat beobachtet, dass sie den Kopf bis zu den Schwanzflossen zurücklegen können. So können sie beim Beutefang äußerst enge Wendemanöver ausführen.

SCHWIMMEN LERNEN
Eisbären müssen schwimmen können, denn zu bestimmten Zeiten des Jahres jagen sie ihre Beute über driftende Eisschollen des Nordpolarmeers. Man sieht sie manchmal etliche Kilometer vom Festland entfernt. Unter Wasser öffnen sie ihre Augen, schließen aber die Nasenlöcher. Sie können bis zu zwei Minuten tauchen.

FILTRIERENDE FISCHE
Ein Schwarm Indischer Makrelen schwimmt nahe der Oberfläche im Roten Meer vor Ägypten. Ihr Maul ist weit geöffnet, um mit den Kiemenreusen winziges Zooplankton zu filtern. Die Reusen sind federartige Knochen- oder Knorpelstrahlen in der Mundhöhle mit winzigen Widerhaken, an denen sich das Zooplankton verfängt.

DIE KÜSTE GRÖNLANDS
In diesem Satellitenbild eines Teils der Ostküste Grönlands erscheint das Land während der Sommer-Eisschmelze braun. Tief ins Innere erstrecken sich lange Fjorde, die teils mit Gletschern und langen, flachen Eisbergen gefüllt sind. Weitere Eisberge, Reste des zerbrechenden Schelfeises, schwimmen vor der Küste.

EINLEITUNG

IN DEN OZEANEN DER ERDE BEFINDEN SICH etwa 1,34 Milliarden Kubikkilometer Meerwasser. Darin gelöst sind etwa 48 Billiarden Tonnen Salze, Gase und andere Stoffe. Wasser selbst hat viele ungewöhnliche Eigenschaften. Seine hohe Oberflächenspannung und Wärmekapazität sind von enormer Bedeutung. Sie schaffen die Bedingungen für die Entwicklung des Lebens im Meer und sind die Ursache für den stabilisierenden Einfluss der Ozeane auf das Weltklima und die Fähigkeit, Wellen zu erzeugen. Ein weiterer Aspekt ist auch, dass das Meerwasser nicht überall einheitlich ist. Eigenschaften wie Temperatur, Druck, Menge des gelösten Sauerstoffs und Intensität der Lichtdurchflutung variieren räumlich und manchmal mit den Jahreszeiten. Diese Eigenschaften sind in vielerlei Hinsicht einzigartig.

MEERWASSER

ANBRANDENDE WELLE
Diese gewaltige »Tunnelwelle« rollt auf den Nordstrand der Insel Oahu (Hawaii) zu – ein faszinierender Anblick, der den ungewöhnlichen Eigenschaften des Wassers zu verdanken ist.

Eigenschaften des Wassers

Hauptbestandteil der Ozeane ist natürlich das Wasser. Die Oberfläche der Erde war im Lauf ihrer Geschichte die meiste Zeit von enormen Mengen flüssigen Wassers bedeckt, was dem glücklichen Zusammentreffen verschiedener Faktoren zu verdanken ist. Dazu gehören der für diese Art von Molekül sehr hohe Gefrier- und Siedepunkt und das relativ stabile chemische Verhalten. Weitere bemerkenswerte Eigenschaften, die den Charakter der Ozeane prägen, liegen in der Molekülstruktur des Wassers begründet.

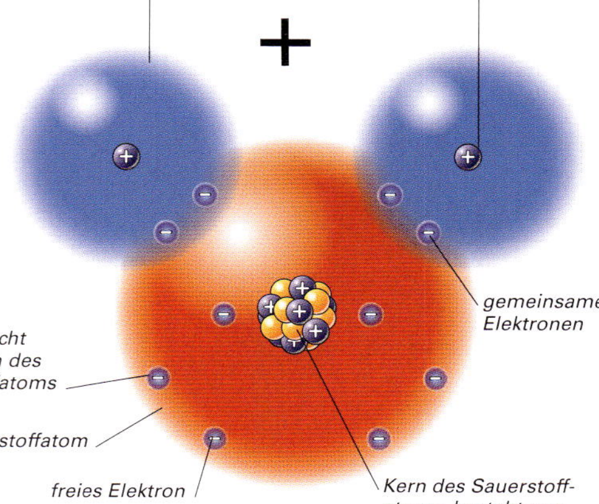

UNGLEICHE LADUNGSVERTEILUNG
Die Verteilung negativer und positiver Ladung in einem H_2O-Molekül bewirkt, dass eine Seite des Moleküls leicht positiv und die andere leicht negativ geladen ist.

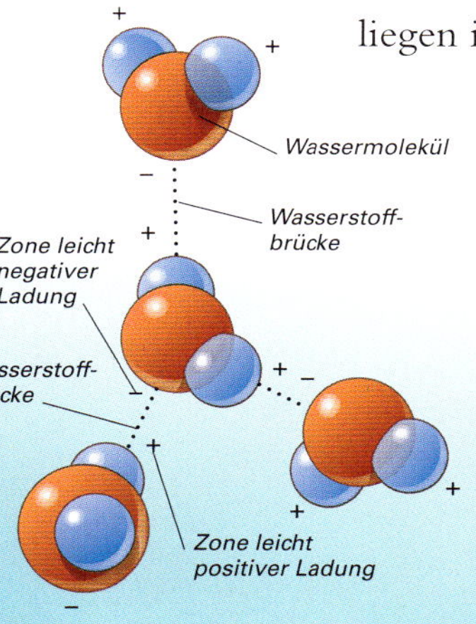

WASSERSTOFFBRÜCKENBINDUNG
Eine Wasserstoffbrückenbindung ist eine anziehende elektrostatische Kraft zwischen Zonen leicht positiver und leicht negativer Ladung benachbarter Wassermoleküle. Hier sind einige der Brücken veranschaulicht.

Das Wassermolekül

Ein Wassermolekül (H_2O) besteht aus zwei Wasserstoffatomen (H), die ein Sauerstoffatom (O) binden. Entscheidend für diese Bindung sind vier negativ geladene Elektronen – Elementarteilchen der Atomhülle, die sich die an der Bindung beteiligten Atome teilen. Zusätzlich bewegen sich sechs weitere Elektronen in verschiedenen Zonen des Sauerstoffatoms. Diese Elektronenanordnung führt zu einem chemisch stabilen H_2O-Molekül, das eine auffallend gewinkelte Form hat. Überdies entsteht ein leichtes Ungleichgewicht in der Ladungsverteilung im Molekül. Dies hat zur Folge, dass benachbarte Wassermoleküle sich durch Wasserstoffbrückenbindungen anziehen.

EINLEITUNG

Oberflächenspannung

Eine besondere Eigenschaft flüssigen Wassers, die direkt auf den Anziehungskräften zwischen den Molekülen beruht, ist die hohe Oberflächenspannung. In jeder Ansammlung von Wassermolekülen tendieren die Moleküle an der Oberfläche dazu, zusammen- und ins Zentrum der Aggregation gezogen zu werden. Sie bilden an der Oberfläche einen stabilen »Film«. Die Oberflächenspannung kann man sich als Kraft vorstellen, die überwunden werden muss, um diesen Film zu durchbrechen. Die hohe Oberflächenspannung des Wassers beeinflusst wesentlich essenzielle Effekte in lebenden Organismen, wie den Wassertransport in Pflanzen und den Transport des Blutes bei Tieren. Sie ermöglicht außerdem kleinen Insekten wie Wasserläufern, auf der Wasseroberfläche zu laufen. Auch zur Bildung der Wellen trägt sie bei (siehe S. 76).

AUF DEM WASSER LAUFEN
Manche Insekten wie Meer- und Teichwasserläufer (siehe unten) nutzen die Oberflächenspannung, um auf dem Wasser zu laufen und dort Nahrung zu suchen.

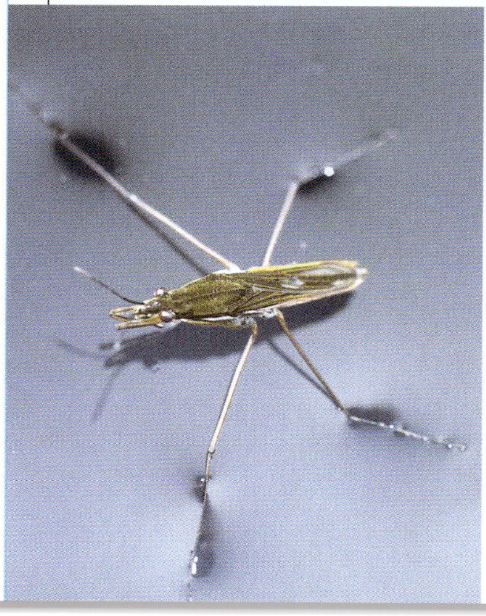

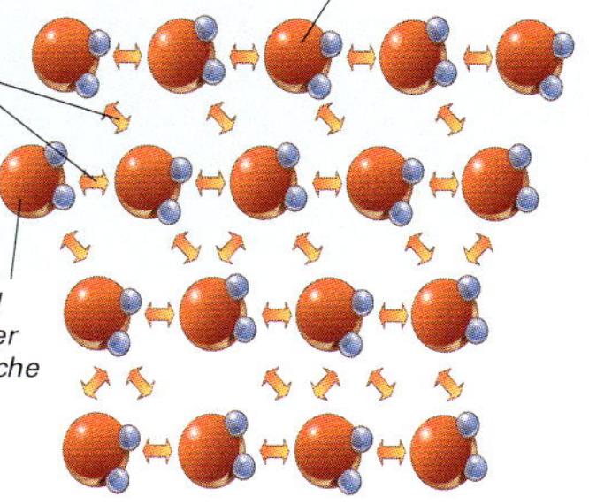

WIE OBERFLÄCHENSPANNUNG ENTSTEHT
In einem Wassertropfen ziehen sich benachbarte Moleküle in jeder Richtung durch Wasserstoffbrückenbindungen gegenseitig an. An der Oberfläche sind die Kräfte nach innen und seitlich zu anderen Oberflächenmolekülen gerichtet.

WASSERTROPFEN
Die Form dieser Tropfen resultiert aus der Oberflächenspannung. Die Kräfte, die Oberflächenmoleküle zusammenziehen, sind stärker als die Schwerkraft, die Tropfen abflachen lässt.

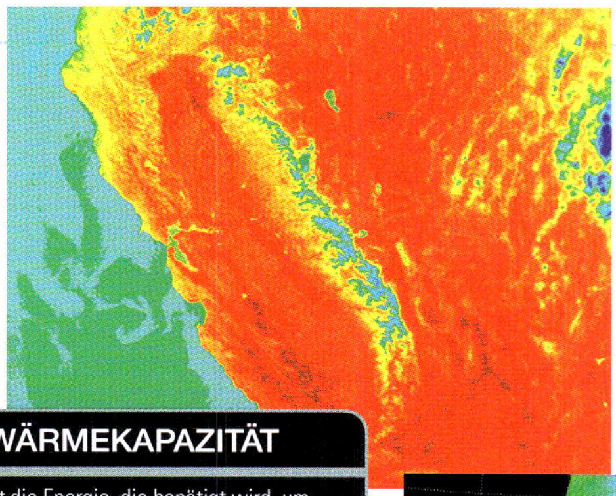

LAND UND MEER
Durch die hohe Wärmekapazität des Wassers erwärmt sich das Meer langsamer als das Land. Auf dieser von Satelliten erstellten Temperaturkarte Südkaliforniens beträgt die Temperatur auf dem Großteil der Landfläche 50 °C oder mehr, die des Meers 10 °C.

Wärmekapazität

Eine weitere Eigenschaft, die mit den Wasserstoffbrücken zusammenhängt, ist die ungewöhnlich hohe Wärmekapazität des Wassers; sie übertrifft die fast aller bekannten Flüssigkeiten (siehe Tabelle). Beim Erhitzen wird die meiste Energie dafür aufgewandt, Wasserstoffbrückenbindungen aufzubrechen, die die Moleküle zusammenhalten. Nur ein Bruchteil der Energie steigert die Bewegung der Wassermoleküle als Folge der Temperaturerhöhung. Das bedeutet, dass Ozeane riesige Mengen von Wärmeenergie aufnehmen und abgeben können, ohne dass sich ihre Temperatur stark verändert. Meeresströmungen können deshalb enorme Mengen von Wärmeenergie um unseren Planeten transportieren. Sie beeinflussen das Klima der Erde ganz wesentlich (siehe S. 66).

SPEZIFISCHE WÄRMEKAPAZITÄT

Die spezifische Wärmekapazität ist die Energie, die benötigt wird, um die Temperatur von einem Gramm eines Stoffes um 1 °C zu erhöhen (Flüssigkeiten der Tabelle i. d. R. bei Zimmertemperatur).

STOFF	JOULE / GRAMM °C
Flüssiger Ammoniak bei –40 °C	4,7
Süßwasser	**4,18**
Meerwasser bei 2 °C	**3,93**
Glycerin	2,43
Ethanol (Ethylalkohol)	2,4
Azeton	2,15
Kerosin	2,01
Olivenöl	1,97
Benzol	1,8
Terpentin	1,72
Natriumchlorid (Salz), geschmolzen	1,56
Brom	0,47
Quecksilber	0,14

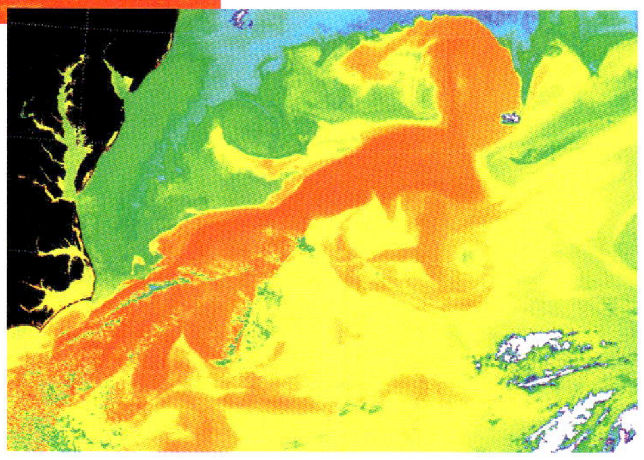

WÄRME IN BEWEGUNG
Auf dieser Temperaturkarte des Nordwestlatlantiks variiert die Oberflächentemperatur zwischen etwa 5 °C (blau) und 25 °C (rot). Der warme Golfstrom ist hier rot.

TANZENDES WASSER
Die Effekte der Oberflächenspannung bewirken, dass Wasser in Strömen, Strudeln oder Strahlen überraschende Formen annimmt, wie in diesem leicht spiralförmigen Strudel.

Die drei Aggregatzustände

Die Temperaturen, bei denen Wasser von einem Aggregatzustand in den nächsten übergeht – der Schmelzpunkt (Eis zu flüssigem Wasser) und der Siedepunkt (flüssiges Wasser zu Wasserdampf) – sind im Vergleich mit ähnlichen Molekülen hoch. Damit Eis schmilzt und Wasser verdampft, wird viel Energie zum Aufbrechen der Wasserstoffbrückenbindungen benötigt. Wasser ist auch in der Hinsicht ungewöhnlich, dass es in fester Form eine etwas geringere Dichte hat als in flüssiger Form, sodass Eis auf Wasser schwimmt. Die Ursache für diese Dichteanomalie ist, dass die Wassermoleküle im Eis locker gepackt sind, während sie sich im Wasser in kompakten Clustern umherbewegen. So erklärt sich auch die Existenz der polaren Eisschilde (siehe S. 198–199). Überdies trägt der Wärmeaustausch zwischen Ozeanen und Atmosphäre dazu bei, das Klima der Erde zu stabilisieren.

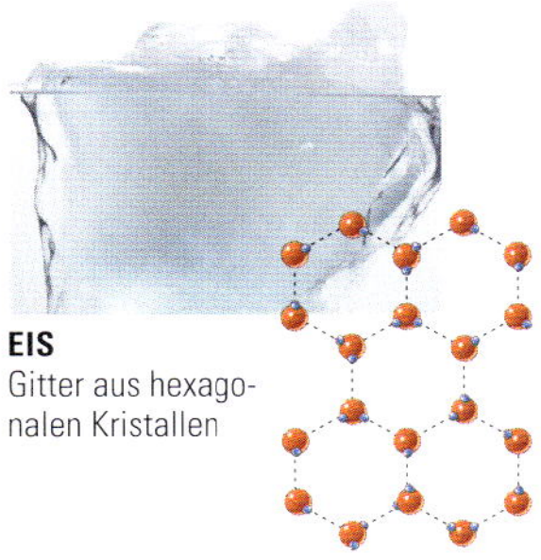

EIS
Gitter aus hexagonalen Kristallen

FLÜSSIGES WASSER
Kleine Cluster verbundener Moleküle

WASSERDAMPF
Moleküle sind nicht miteinander verbunden.

FEST, FLÜSSIG UND GASFÖRMIG
Wasserstoffbrückenbindungen halten im Eis die Wassermoleküle fest zusammen. In flüssigem Wasser bewegen sich die Moleküle wegen der Wasserstoffbrückenbindungen in kleinen Clustern umher. In Wasserdampf sind alle Wasserstoffbrückenbindungen aufgebrochen.

NEBENEINANDER
Wasser ist der einzige natürliche Stoff, den man in allen drei Zustandsformen auf der Erdoberfläche findet. In diesem Fjord auf Spitzbergen sieht man Eis, flüssiges Wasser und Wasserdampf sogar nebeneinander.

Chemie des Meerwassers

IM WASSER DER OZEANE sind Millionen chemischer Stoffe gelöst, die meisten nur in sehr geringer Konzentration. Zu den Stoffen, die in nennenswerter Konzentration vorhanden sind, gehört das Meersalz, das kein reiner Stoff ist, sondern eine Verbindung aus geladenen Teilchen, den Ionen. Weitere Bestandteile sind Gase wie Sauerstoff und Kohlendioxid. Wasser ist ein hervorragendes Lösungsmittel – ein Grund, warum in den Ozeanen so viele gelöste Stoffe enthalten sind.

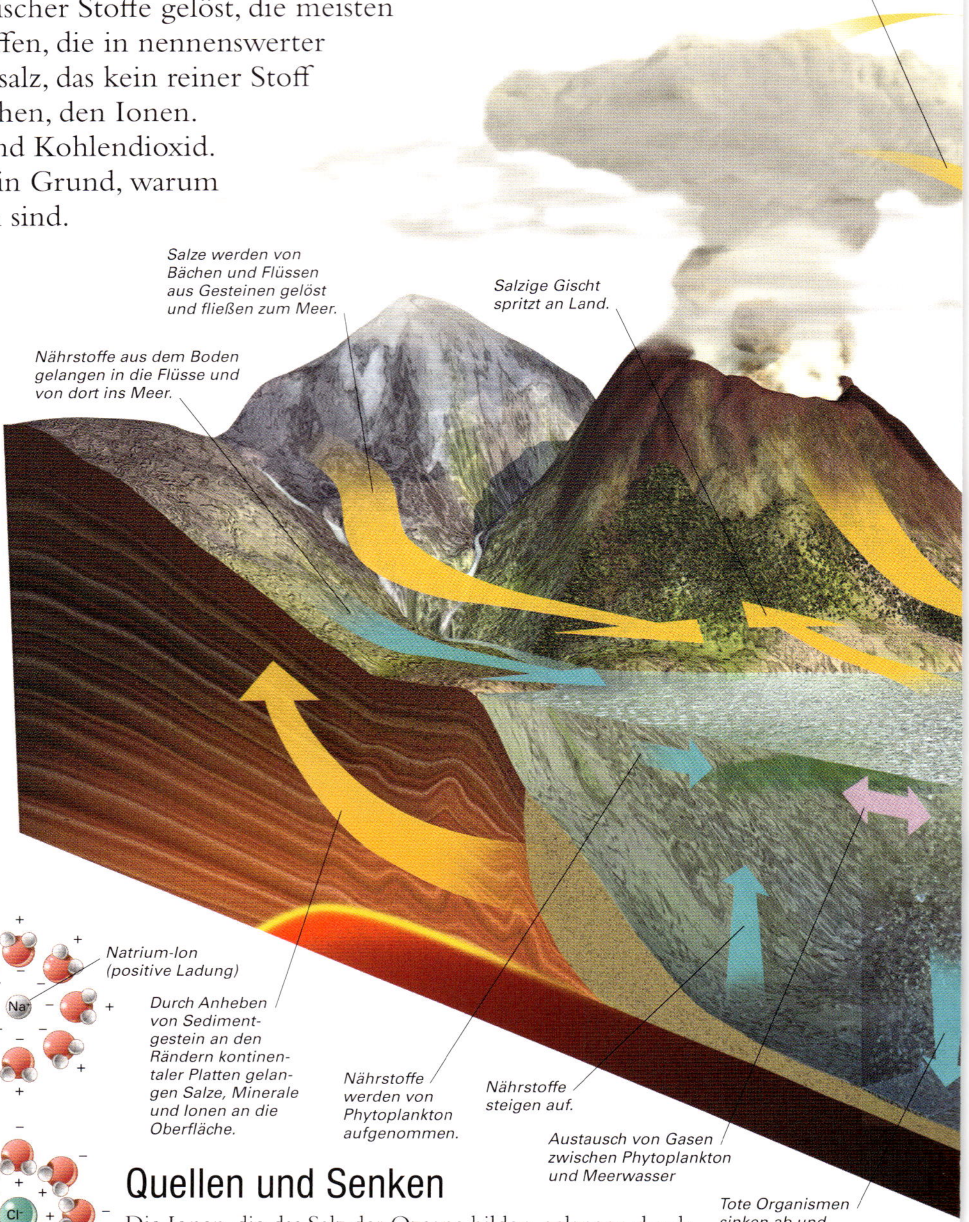

Meerwasser ist salzig

Salz ist in Form geladener Teilchen, den Ionen, in den Ozeanen gelöst. Am häufigsten sind Natrium- und Chlorid-Ionen, die Bestandteile herkömmlichen Speise- oder Steinsalzes (Natriumchlorid); sie machen etwa 85 % der Masse des Meersalzes aus. Fast der gesamte Rest besteht aus Sulfat-, Magnesium-, Kalzium- und Kalium-Ionen. Alle diese Ionen sowie eine Reihe von Spurensalzen sind in den Ozeanen in festgelegten Anteilen vorhanden. Die Anteile sind sehr gleichförmig verteilt – im Gegensatz zu einigen anderen gelösten Stoffen, die in variablen Konzentrationen auftreten.

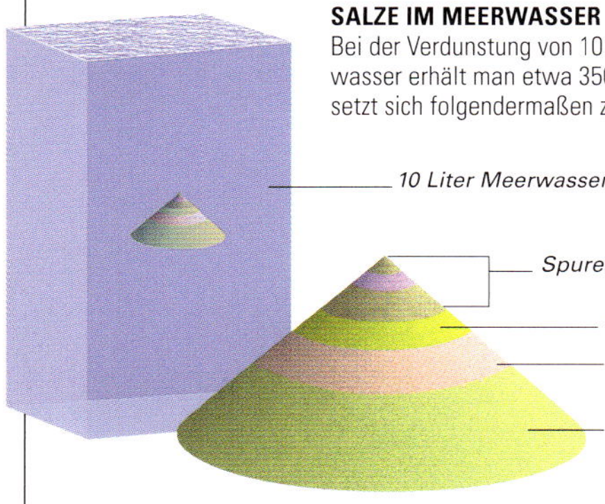

SALZE IM MEERWASSER
Bei der Verdunstung von 10 Litern Meerwasser erhält man etwa 350 g Salz. Es setzt sich folgendermaßen zusammen:

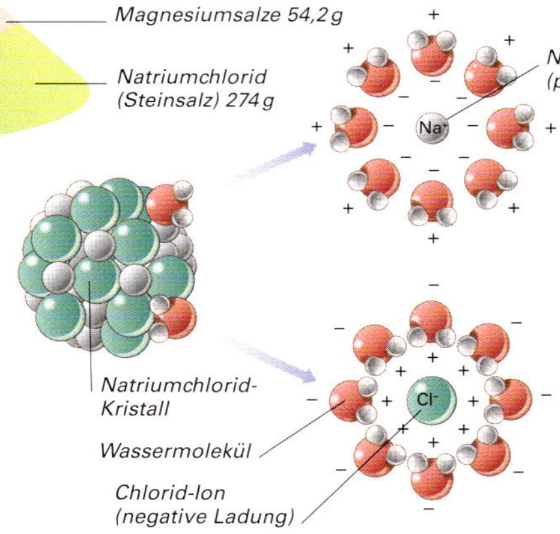

WASSER ALS LÖSUNGSMITTEL
Aufgrund der ungleichen Ladungsverteilung in den Wassermolekülen ist Wasser ein gutes Lösungsmittel. Wenn man Natriumchlorid auflöst, weisen die positiven Seiten der Wassermoleküle zu den Chlorid-Ionen und die negativen zu den Natrium-Ionen.

PORTRÄT

ALEXANDER MARCET

Der schweizerische Chemiker und Arzt Alexander Marcet (1770–1822) erforschte als einer der Ersten den Chemismus der Meere. 1819 entdeckte er, dass alle Hauptionen des Meerwassers (Natrium, Chlorid- und Magnesium-Ionen) in allen Ozeanen in exakt denselben Anteilen vorliegen. Dieses unveränderliche Ionenverhältnis besteht ungeachtet aller Salzgehaltschwankungen des Meerwassers und wird als Prinzip der konstanten Proportionen bezeichnet.

Quellen und Senken

Die Ionen, die das Salz der Ozeane bilden, gelangen durch verschiedene Prozesse dorthin. Einen Teil löst das Regenwasser an Land aus den Gesteinen, der mit den Flüssen ins Meer wandert. Andere entströmen hydrothermalen Schloten (siehe S. 188) oder werden mit Staub oder Vulkanasche vom Land eingeweht. Auf der anderen Seite gibt es Prozesse, die die Ionen aus dem Meerwasser entfernen. Der wichtigste ist die Ausfällung verschiedener Ionen unter Bildung von Mineralen auf dem Meeresgrund. Jeder Ionentyp hat eine charakteristische Verweildauer. Das ist die Zeit, die ein Ion im Meerwasser gelöst bleibt, bevor es entfernt wird. Die häufigen Ionen im Meerwasser haben eine lange Verweildauer, die von einigen Hundert bis zu Hunderten von Millionen Jahren reicht.

FLUSSFRACHT
Mit Flüssen gelangen Ionen und Nährstoffe in die Ozeane. Hier mündet der Noosa River an der Küste von Queensland (Australien) ins Meer.

KREISLÄUFE
Hier sind verschiedene Austauschprozesse für Ionen, Salze und Minerale (gelbe Pfeile), Gase (rosa Pfeile) und pflanzliche Nährstoffe (türkisfarbene Pfeile) im Meerwasser dargestellt.

LEGENDE
- Gase
- Ionen, Salze und Minerale
- Pflanzliche Nährstoffe

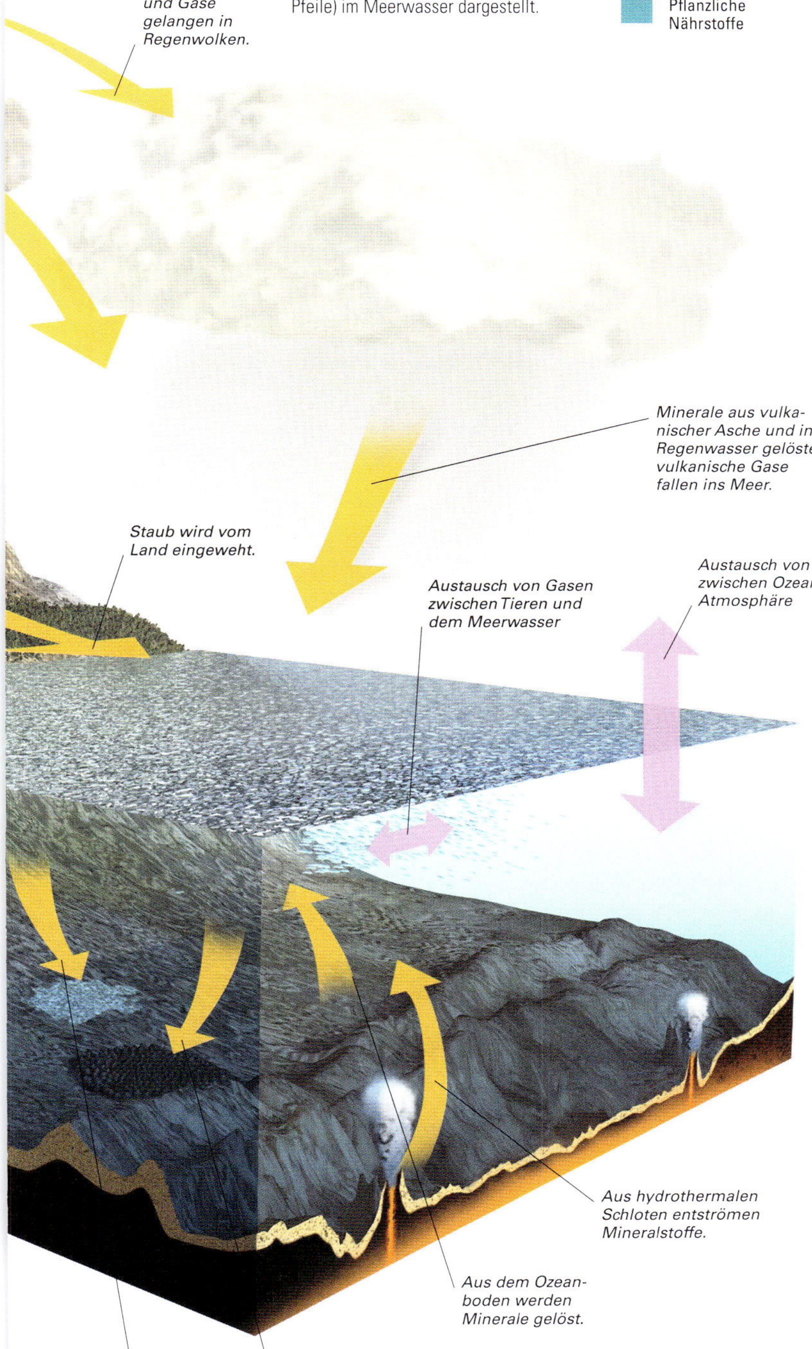

KIESELALGEN
Diese winzigen Plankton-Organismen haben Zellwände aus Silikat. Sie können nur wachsen, wenn im Wasser Silizium in ausreichender Menge vorhanden ist.

Gase im Meerwasser

Die wichtigsten im Meerwasser gelösten Gase sind Stickstoff (N), Sauerstoff (O_2) und Kohlendioxid (CO_2). Die Gehalte von O_2 und CO_2 variieren je nach Aktivität der Organismen, die Fotosynthese betreiben (Phytoplankton), und der Tiere. Der O_2-Gehalt ist nahe der Oberfläche am höchsten, weil das Gas aus der Luft absorbiert und vom Phytoplankton abgegeben wird. Sein Gehalt sinkt in einer Zone zwischen 200 m und 1000 m Tiefe auf ein Minimum, da Sauerstoff durch die bakterielle Zersetzung von totem organischem Material und durch Tiere, die sich davon ernähren, aufgebraucht wird. Der Gehalt an CO_2 ist in der Tiefe am höchsten und an der Oberfläche am geringsten. Insgesamt steigt der CO_2-Gehalt im Meer, was zur Versauerung führt (siehe Kohlenstoff in den Ozeanen, S. 67)

KOHLENSTOFF WIRD GEBUNDEN
Viele Meerestiere wie das Perlboot (unten) bilden aus Karbonaten im Meerwasser ihre Schalen. Nach dem Tod der Tiere lagern sich die Schalen in Sedimenten ab, die sich schließlich zu Gestein verfestigen.

SAUERSTOFFPRODUKTION UND -VERBRAUCH
Der Sauerstoffgehalt nahe der Meeresoberfläche hängt vom Gleichgewicht zwischen seiner Bildung durch Organismen (z. B. Algen), die Fotosynthese betreiben, und seinem Verbrauch durch Tiere ab.

Nährstoffe

Zahlreiche Nährstoffe im Meerwasser sind für Meeresorganismen lebenswichtig. Am Anfang der marinen Nahrungskette steht das Phytoplankton, mikroskopisch kleine, schwebende Organismen, die durch Fotosynthese Energie erzeugen. Sie benötigen Nitrate, Eisen und Phosphate, um wachsen und sich vermehren zu können. Wenn diese Stoffe zur Neige gehen, stellt das Phytoplankton das Wachstum ein. Algenblüten (explosives Wachstum) treten hingegen auf, wenn die Nährstoffzufuhr steigt. Zwar tragen Flüsse Nährstoffe in die Meere ein, die Hauptmasse aber zirkuliert im Ozean selbst. Wenn Organismen sterben, sinken sie zum Grund, wo sich ihr Gewebe zersetzt und Nährstoffe frei werden. Aufsteigendes Tiefenwasser (siehe S. 60) versorgt das Oberflächenwasser wieder mit lebenswichtigen Stoffen, die vom Phytoplankton aufgenommen werden – der Kreislauf schließt sich.

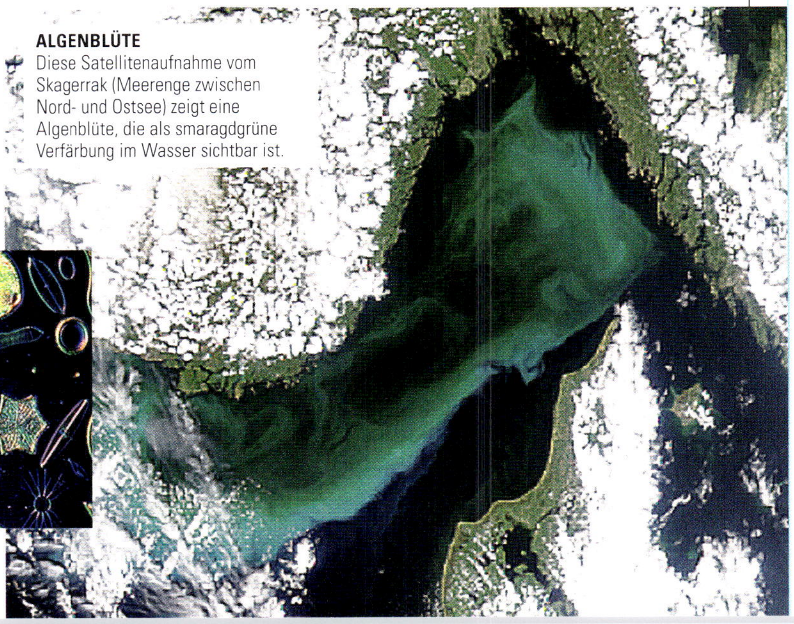

ALGENBLÜTE
Diese Satellitenaufnahme vom Skagerrak (Meerenge zwischen Nord- und Ostsee) zeigt eine Algenblüte, die als smaragdgrüne Verfärbung im Wasser sichtbar ist.

Temperatur und Salzgehalt

Die physikalischen Eigenschaften des Meerwassers wie Temperatur, Salzgehalt, Druck und Dichte unterliegen Schwankungen und zwar vertikal (gliedert den Ozean in Schichten), horizontal (etwa zwischen tropischen und gemäßigten Regionen) und jahreszeitlich. Temperatur und Salzgehalt haben Dichteunterschiede zur Folge, die zur Zirkulation des Tiefenwassers beitragen.

EL-NIÑO-TEMPERATURANOMALIE IM PAZIFIK
Im Pazifik treten lang anhaltende Schwankungen der Temperatur des Oberflächenwassers im Rahmen weiträumiger Klimastörungen auf, die man El Niño und La Niña nennt. Diese Abbildung, die auf Satellitendaten beruht, zeigt ein ausgeprägtes Temperaturmuster vom El-Niño-Typ, das sich Ende 2015 entwickelte. Das rote Band zeigt wärmere Temperaturen über dem langjährigen Durchschnitt im Ostpazifik.

Temperatur

Die Temperatur in den oberen Schichten der Ozeane variiert deutlich. In den Tropen ist die Oberfläche durch die Sonneneinstrahlung ganzjährig warm. Darunter fällt die Temperatur steil auf etwa 8–10 °C in 1000 m Tiefe ab. Diese Zone steilen Temperaturabfalls heißt Thermokline. In noch größerer Tiefe sinkt die Temperatur allmählich bis auf einen einheitlichen Wert nahe des Gefrierpunkts von etwa 2 °C am Meeresgrund. Diese Temperatur herrscht in allen tiefen Ozeanen vor. In mittleren Breiten variiert die Oberflächentemperatur stärker mit der Jahreszeit. In hohen Breiten und den Polarmeeren ist das Wasser stets kalt, teils unter 0 °C. Im Mittel wurde die Meeresoberfläche im letzten Jahrhundert um etwa 1,3 °C wärmer.

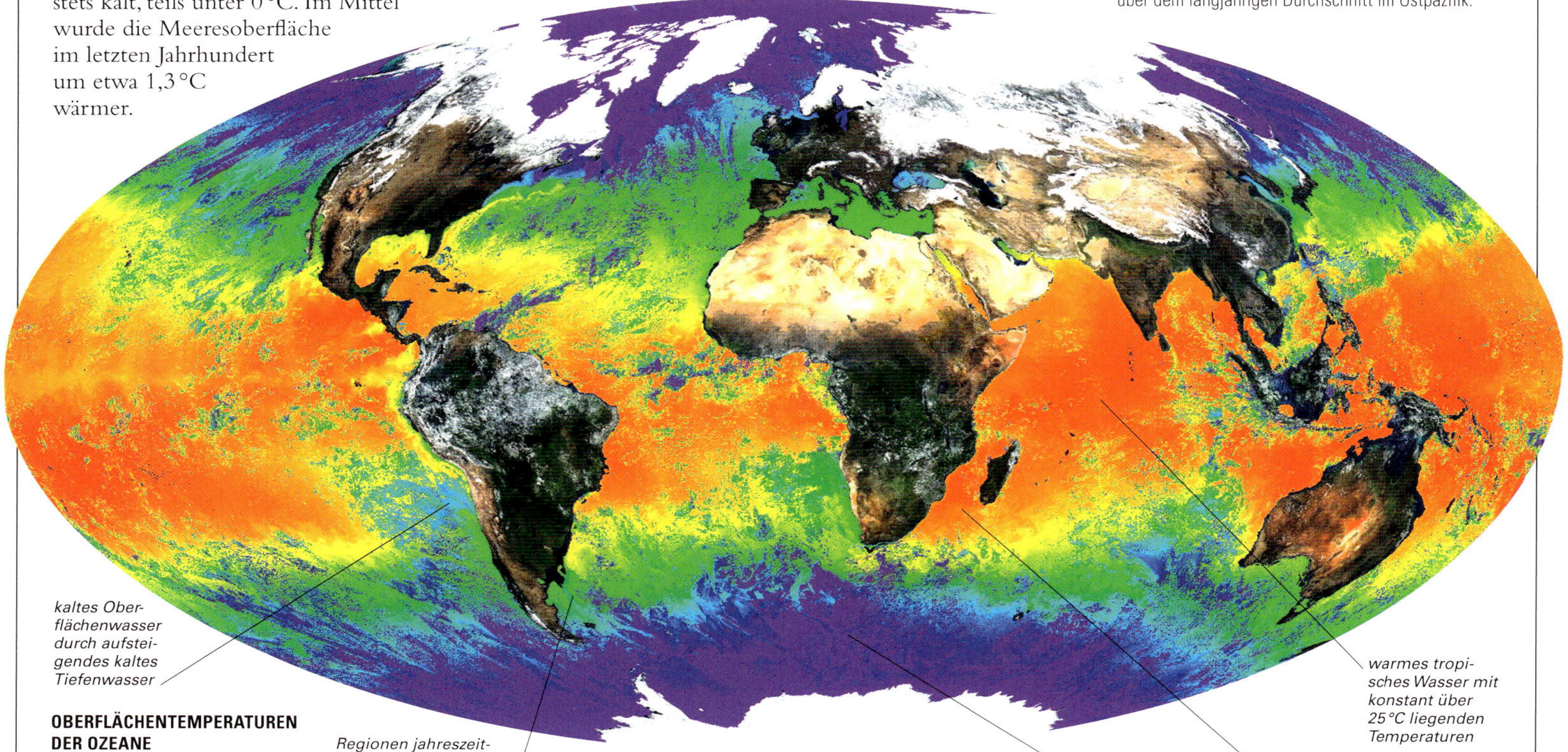

OBERFLÄCHENTEMPERATUREN DER OZEANE
Diese Karte zeigt durchschnittliche Oberflächentemperaturen im März. Die Nähe zum Äquator ist der Hauptfaktor, der die Temperaturen bestimmt, aber auch Meeresströmungen spielen eine Rolle.

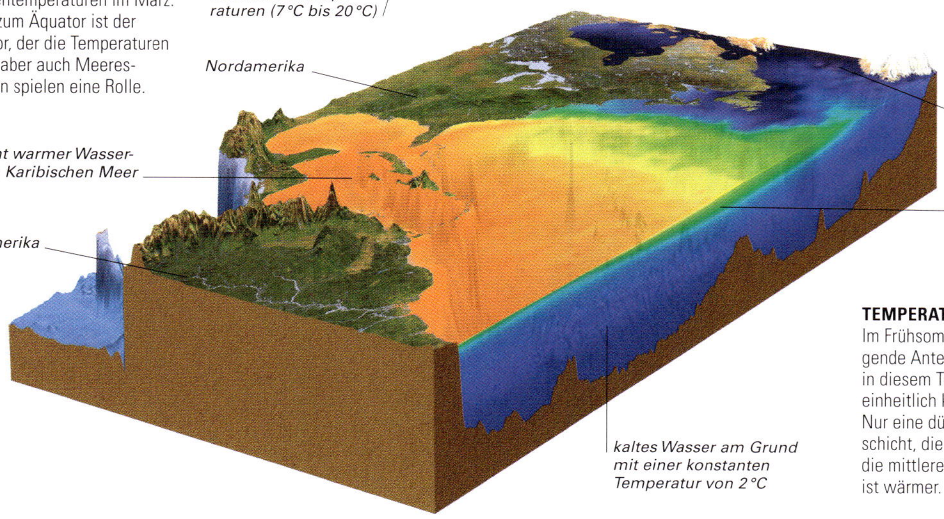

TEMPERATUR UND TIEFE
Im Frühsommer ist der überwiegende Anteil des Meerwassers in diesem Teil des Nordatlantiks einheitlich kalt (unter 5 °C). Nur eine dünne Oberflächenschicht, die aus den Tropen in die mittleren Breiten gelangt, ist wärmer.

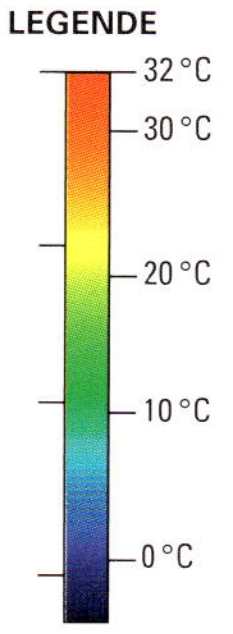

Salzgehalt (Salinität)

Die Salinität ist der Salzgehalt einer festgelegten Masse von Meerwasser. Man bestimmt sie mithilfe der elektrischen Leitfähigkeit des Wassers. Im Mittel beträgt sie etwa 35 g Salz pro Kilogramm Meerwasser. Die Salinität variiert an den Meeresoberflächen, denn die Werte an einer bestimmten Stelle hängen davon ab, welche Prozesse dort Wasser zu- oder abführen. Hohe Niederschläge, ins Meer mündende Flüsse oder schmelzendes Eis sind Faktoren, die Wasser zuführen und die Salinität verringern. Prozesse, die Wasser entfernen, sodass die Salinität höher wird, sind Verdunstung und Eisbildung. In der Tiefe ist die Salinität in allen Ozeanen annähernd konstant. Zwischen Oberfläche und Tiefenwasser liegt eine Zone, die Halokline genannt wird. Dort nimmt die Salinität mit der Tiefe zu oder ab. Die Salinität beeinflusst den Gefrierpunkt des Meerwassers: Je höher die Salinität, desto niedriger ist der Gefrierpunkt.

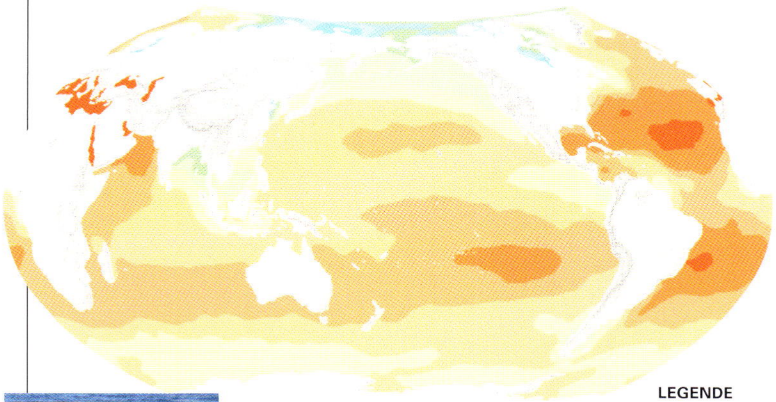

AUFTRIEB
In manchen Binnenseen mit hohen Verdunstungsverlusten, in die wenig Regen fällt und kaum oder keine Flüsse münden, ist das Wasser so salzhaltig und dicht, dass es sogar Badende trägt – wie hier im Toten Meer (einem See!) zu sehen ist.

GLOBALE SALINITÄT
Die Salinität des Oberflächenwassers ist in den Subtropen, wo die Verluste durch Verdunstung groß sind, am höchsten – vor allem in eingeschlossenen Binnengewässern wie dem Mittelmeer. Am geringsten ist sie in kühleren Regionen und dort, wo viele Flüsse münden.

Dichte

Die Dichte einer bestimmten Meerwassermenge hängt in erster Linie von Temperatur und Salinität ab. Bei jeder Temperaturabnahme oder Salinitätszunahme nimmt auch die Dichte zu. Ausnahme: eine Temperatur unter 4 °C, bei der die Dichte leicht abnimmt. In jedem Ozean nimmt die Dichte des Wassers mit der Tiefe zu, denn dichtes Wasser sinkt ab, wenn das Tiefenwasser weniger dicht ist.

Prozesse, welche die Dichte des Meerwassers verändern, sind der Antrieb für weltweite Zirkulationen zwischen Oberflächen- und Tiefenwasser (siehe S. 60). Besondere Bedeutung hat das Wasser, das in die Antarktis und ins Nordpolarmeer transportiert wird. Es wird dort dichter, da es abkühlt und die Salinität zunimmt, wenn sich Meereis bildet. Deshalb sinken nahe der Pole ständig große Mengen kalten, dichten, salzreichen Wassers auf den Meeresgrund ab.

DICHTEUNTERSCHIEDE IM ATLANTIK
Die Wassermassen der Ozeane lassen sich nach ihrer Dichte unterscheiden und benennen. Die dichteren, kühleren Wassermassen sinken ab und »kriechen« langsam in Richtung Äquator. Die kalten, sehr dichten Tiefen- und Bodenwässer machen 80 % des gesamten Volumens der Ozeane aus.

Druck

Druck wird in der Einheit Pascal oder Bar gemessen. Auf Meeresspiegelhöhe beträgt die Gewichtskraft, die die Luftsäule ausübt, etwa ein Bar. Unter Wasser nimmt der Druck aufgrund der Gewichtskraft des Wassers pro 10 m Tiefe um ein Bar zu. Das bedeutet, dass beispielsweise in 70 m Tiefe der totale Druck etwa 8 Bar oder das Achtfache des Drucks an der Oberfläche beträgt. Der zunehmende Druck ist eine Herausforderung für die Erforschung der Ozeane. Damit ihre Lungen unter Wasser nicht kollabieren, müssen Taucher Pressluft oder andere Gasgemische atmen. Das kann dazu führen, dass sich zu viel Stickstoff im Körpergewebe löst. Deshalb kann man nicht unbegrenzt tief tauchen.

LANGSAMES AUFSTEIGEN
Um die Dekompressionskrankheit zu vermeiden, die bei zu schnellem Aufstieg auftreten kann, müssen Gerätetaucher auf dem Weg zur Oberfläche eine oder mehrere Pausen einlegen.

NATÜRLICHE ANPASSUNG
See-Elefanten können in Tiefen von über 1500 m abtauchen. Sie haben verschiedene Anpassungen entwickelt, um dem hohen Druck zu begegnen. So kann ihr Brustkorb »schrumpfen«.

FORSCHUNG

DEKOMPRESSION

Nach stundenlangen Tauchgängen unterziehen sich professionelle Taucher stets einer kontrollierten Dekompression in einer Druckkammer. Auf diese Weise behandelt man auch durch den Druck verursachte Taucherkrankheiten und erforscht die Physiologie des Tauchens.

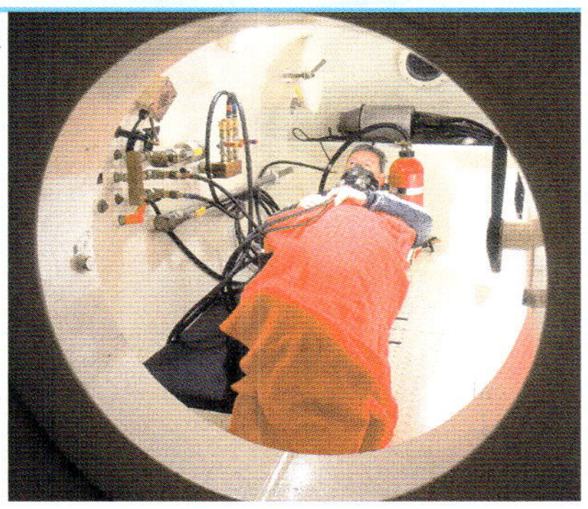

DRUCKKAMMER
Die Person atmet in der Kammer ein spezielles Gasgemisch ein, während der Druck der Umgebung langsam reduziert wird.

Licht und Schall

Licht- und Schallwellen verhalten sich in Wasser anders als in Luft. Lichtwellen werden rasch absorbiert. Deshalb erscheint uns ein ruhiges Meer blau, und das Leben im Meer konzentriert sich an der Oberfläche. Fast die gesamte marine Nahrungskette hängt von der Sonnenenergie ab, die das Wachstum der Pflanzen ermöglicht. Schallwellen durcheilen das Wasser schnell.

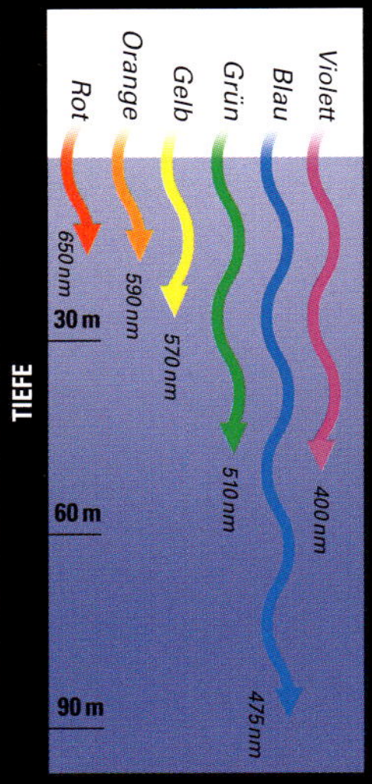

REICHWEITE DES LICHTS
Rot und Orange im Spektrum des Sonnenlichts werden in den oberen 15 m des Meeres absorbiert, die anderen Farben in den nächsten 40 m. Die Wellenlänge wird in Nanometern (nm) gemessen.

Licht im Ozean

Weißes Licht wie das Sonnenlicht setzt sich aus unterschiedlichen Wellenlängen zusammen, aus langen (rot) bis kurzen (violett). Das Meerwasser absorbiert rotes, orangefarbenes und gelbes Licht stark, sodass nur ein Teil des blauen und wenig grünes und violettes Licht in eine Tiefe von etwa 40 m vordringt. In 90 m Tiefe wird auch der Großteil des blauen Lichts absorbiert, und unterhalb von 200 m gibt es nur Licht, das von biolumineszenten Organismen erzeugt wird (siehe S. 224). Da Phytoplankton zur Fotosynthese Licht benötigt, ist es auf die oberen Schichten der Meere beschränkt, weshalb sich hier auch die meisten anderen marinen Lebewesen aufhalten. Erstaunlicherweise sind viele Tiere der Tiefsee leuchtend rot, obwohl rotes Licht dort nicht sichtbar ist. Ihre Farbe bietet ihnen effektive Tarnung, denn Rot erscheint in diesen Tiefen schwarz.

ECHTE FARBEN
In 20 m Tiefe erscheinen die meisten Tiere und Pflanzen unter den Lichtverhältnissen ihrer Umgebung blaugrün (oben). Trifft sie ein Blitzlicht oder der Strahl einer Lampe, leuchten die echten Farben auf (unten).

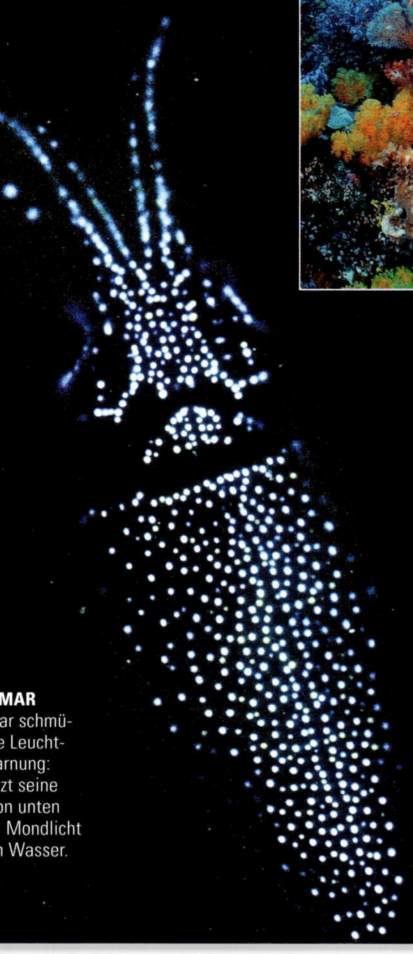

LEUCHTKALMAR
Diesen Kalmar schmücken zahllose Leuchtpunkte als Tarnung: So verschmilzt seine Silhouette von unten mit dem vom Mondlicht durchfluteten Wasser.

WIE FISCHE SEHEN

Fische verfügen zur Nahrungssuche und Feinderkennung über einen sehr guten Sehsinn. Viele können Farben sehen. Die Linse eines Fischauges ist fast kugelförmig und hat einen hohen Brechungsindex. Sie kann vor- und zurückbewegt werden, um Licht auf die Netzhaut zu fokussieren.

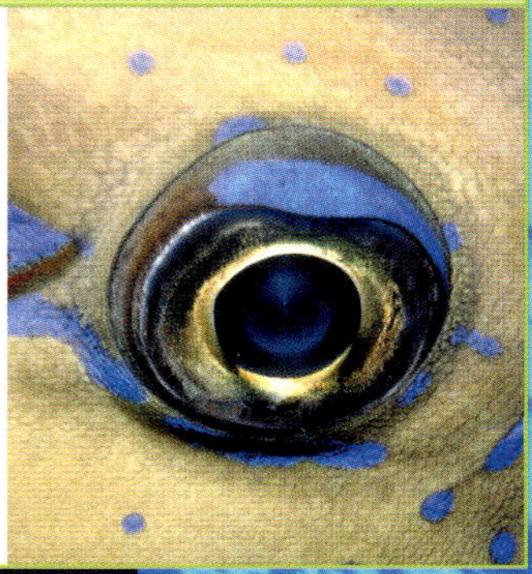

FISCHAUGE
Die Linse des Fischauges wölbt sich durch die Iris fast bis zur davorliegenden Hornhaut vor. So kann sie ein Maximum an Licht einfangen, und das Gesichtsfeld ist groß.

LICHTBRECHUNG
Von unten betrachtet erscheint nur ein Teil der Meeresoberfläche erleuchtet, der Rest ist dunkel. Der Effekt entsteht, weil die Lichtwellen gebrochen werden, wenn sie aus der Luft ins Wasser eintreten.

Farben des Meers

Meerwasser hat keine eigene Farbe, es ist glasklar. An einem sonnigen Tag aber sieht das Meer meist blau oder türkis aus. Das hat zum Teil damit zu tun, dass sich der Himmel in der Meeresoberfläche spiegelt. Der Hauptgrund ist jedoch, dass das meiste Licht, das zurück an die Oberfläche gelangt, von Partikeln im Wasser oder auf dem Grund reflektiert wird. Während der Durchdringung des Wassers wird ein Großteil des Lichts – außer einem Teil des blauen und grünen Spektrums – absorbiert. So kommen die Farben zustande, die wir sehen. Andere Faktoren können die Farben des Meers modifizieren. Bei Wind bilden sich auf der Oberfläche weiße Schaumkronen, wenn Luftblasen entstehen und das auftreffende Licht reflektieren. Regen interferiert mit den Licht leitenden Eigenschaften des Wassers, sodass das Meer bei trübem Regenwetter oft dunkel graugrün erscheint. Algen können Teile des Meers auch bunt färben.

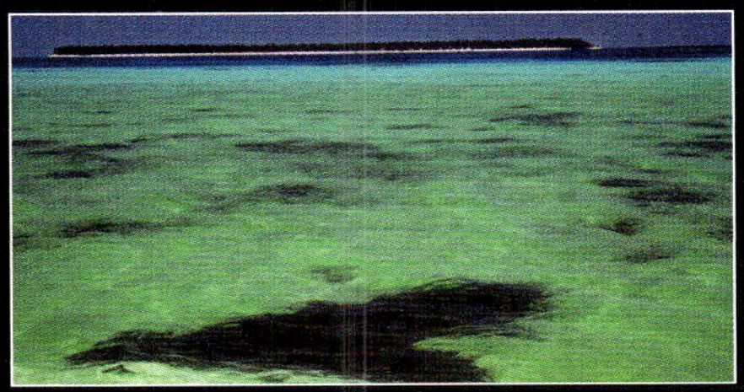

LEUCHTENDES GRÜN DURCH ALGENBLÜTE

TROPISCHES TÜRKIS

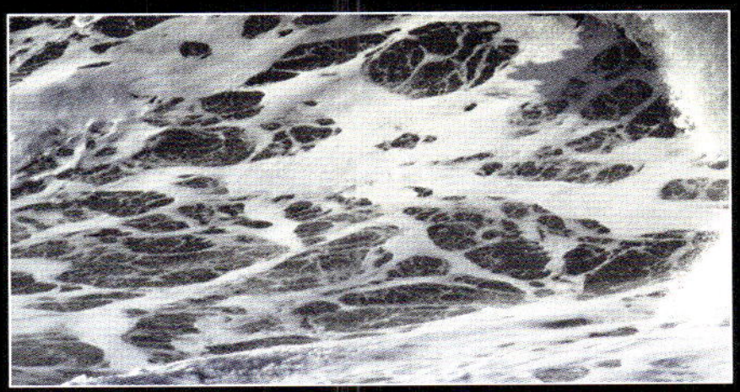

GRAUE SEE GEMÄSSIGTER BREITEN

SCHATTIERUNGEN DER MEERE
Wenn das Meer grün gefärbt ist (oben), sind manchmal Algen die Ursache. Türkis sind klare tropische Gewässer, während graues Wasser mit weißer Gischt typisch für stürmische, bedeckte Tage ist.

PORTRÄT

WALTER MUNK

Der österreichisch-amerikanische Wissenschaftler Walter Munk (1917–2019) setzte als einer der Ersten Schallwellen in der Ozeanografie ein. Als Professor am Scripps Institute of Oceanography in San Diego untersuchte Munk die Muster und Geschwindigkeiten der Schallübertragung unter Wasser und erforschte unter anderem die großräumigen Strukturen der Ozeanbecken.

Geräusche unter Wasser

Im Meer gibt es mehr Geräusche, als man vermutet. Zu den Geräuschquellen gehören Schiffe, Unterseeboote, Erdbeben, Erdrutsche unter Wasser und abbrechende Gletscher oder Eisschollen. Wale und Delfine geben Schallwellen von sich, die von Objekten unter Wasser zurückgeworfen werden (Echolot). So navigieren, jagen und kommunizieren diese Meeressäuger. Schallwellen breiten sich unter Wasser schneller und weiter aus als in Luft. Die Ausbreitungsgeschwindigkeit beträgt etwa 1500 m pro Sekunde. Bei höherem Druck in größerer Tiefe ist sie höher, bei tieferen Temperaturen geringer. Als Folge der Kombination dieser beiden Effekte gibt es in den meisten Ozeanregionen eine Schicht minimaler Schallgeschwindigkeit in einer Tiefe von etwa 1000 m. Diese Schicht wird SOFAR-Kanal (sound fixing and ranging channel) genannt. Seine Eigenschaften werden zur Ortung von U-Booten und vermutlich von Walen und Delfinen zur Kommunikation genutzt.

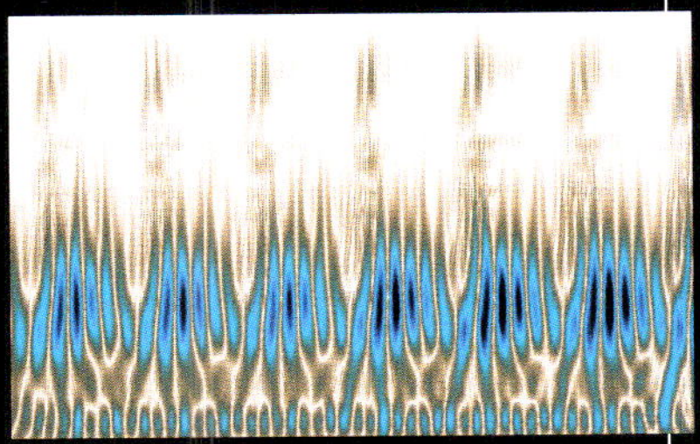

GESANG EINES BUCKELWALS
Die Amplituden in diesem Spektrogramm zeigen die Wiederholungsfrequenz der Geräusche, die ein Buckelwal erzeugt.

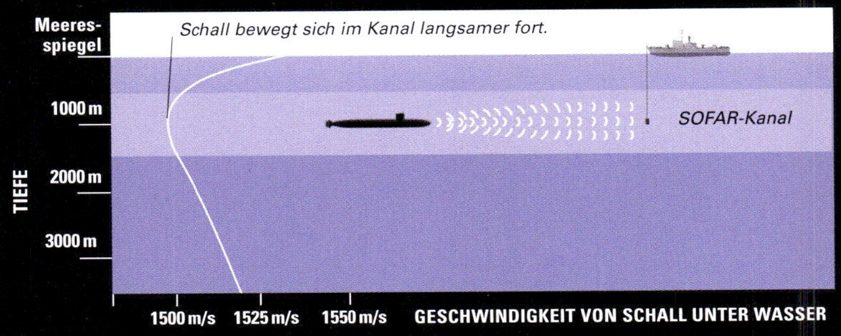

DER SOFAR-KANAL
Niederfrequente Geräusche, die im SOFAR-Kanal erzeugt werden, werden in ihm an den Rändern nach innen abgelenkt. Dadurch können sie sich in diesem Kanal über sehr weite Strecken ausbreiten.

GEOLOGIE DER OZEANE

OZEANE SIND FAST SO ALT WIE DIE ERDE SELBST. Sedimente lagerten sich im Wasser wohl schon vor 4 Milliarden Jahren ab, als die frühesten bekannten Gesteine entstanden. Der heutige Meeresboden ist dagegen sehr jung. Die Entdeckung der Prozesse, die ihn relativ schnell bilden und wieder schmelzen lassen, führte zu unserem heutigen Verständnis der Plattentektonik. Sie gibt der Erde eine Oberfläche, die der ihrer benachbarten Planeten recht unähnlich ist, denn die Kontinente ragen hoch über den Ozeanbecken auf. Lage und Größe der Kontinente und Ozeane ändert sich ständig, da ein Wärmestrom im Erdinnern ihre Verschiebung antreibt. Die Geologie der Ozeane gestattet Einblicke tief ins Erdinnere und trägt zum Verständnis des globalen Klimas und der Evolution des Lebens bei.

OZEANISCHE LAVA
Wasserdampf und Gischt verraten, wo Lava aus dem Kilauea-Krater auf Hawaii in den Pazifik fließt. Basaltlava wie diese bildet den ozeanischen Teil der Erdkruste.

Die Entstehung der Erde

Die Erde begann sich vor über 4,5 Milliarden Jahren in einer Scheibe von Gasen, Staub und Eis um die frühe Sonne zu formieren. Diese protoplanetare Scheibe wurde durch Gravitationskräfte in ihrer Umlaufbahn gehalten. Gravitationskräfte zwischen den Staubpartikeln der Scheibe ließen kleine Gesteinsbrocken entstehen, die sich auf mehrere Umlaufbahnen konzentrierten. In den Umlaufbahnen mit den dichtesten Materiekonzentrationen bildeten sich die Planeten des Sonnensystems.

FRÜHES SYSTEM
Aus einer Scheibe aus Staub, Eis und Gasen entwickelten sich die inneren Planeten aus Gesteinsmaterial und die äußeren Planeten zu Gasriesen.

Kleine Gesteins- und Eisbrocken ziehen sich durch Gravitationskräfte gegenseitig an.

Planetesimale beginnen in einer protoplanetaren Scheibe um die Sonne zu rotieren.

Geburt der Erde

Anfangs bewegten sich die Gesteinsbrocken in jeder der Umlaufbahnen aufgrund der gegenseitigen Gravitationskräfte aufeinander zu. Dieser Prozess wird »kalte Akkretion« genannt. Die jeweils größten Körper in jeder der Umlaufbahnen zogen die meiste Materie an und wuchsen bis zur Größe kleiner planetenähnlicher Körper oder Planetesimale heran. Einer von ihnen war die frühe Erde. Planetesimale sind lockere Ansammlungen von Gestein und Eis von einheitlicher Struktur. Als die Masse der Planetesimale zunahm, entstand eine starke Eigengravitation, durch die sie sich verdichteten und Gesteinsbrocken in der Nähe mit größerer Kraft anzogen. Durch Kollisionen brachen Planetesimale auseinander oder vereinten sich. Im inneren Sonnensystem vereinten sich die Planetesimale in den Umlaufbahnen zu Planeten aus Gesteinsmaterial. Auf diese Weise wurde die Erde vor 4,56 Milliarden Jahren geboren.

1 KALTE AKKRETION
Gravitationskräfte ließen Materie (Gesteins-, Eisbrocken), die sich auf derselben Umlaufbahn um die Sonne befand, zusammenballen.

2 PLANETESIMALE
Große Ansammlungen von Gesteinsbrocken und Eis verdichteten sich zu Planetesimalen. Mit zunehmender Masse wurde ihr Gravitationsfeld stärker und die unregelmäßige Oberfläche glättete sich.

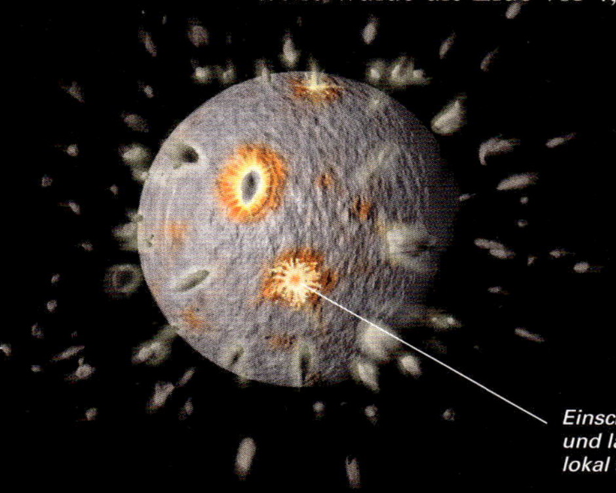

Gesteinsbrocken werden von der jungen Erde angezogen.

Einschläge erzeugen Wärme und lassen die Oberfläche lokal aufschmelzen.

3 HEFTIGE BOMBARDEMENTS
Kleinere Gesteinsbrocken wurden immer stärker von den wachsenden Planetesimalen angezogen. Bei den gewaltigen Einschlägen wurde viel Energie freigesetzt. Die Bombardements hielten an, bis fast alles Material in der Umlaufbahn der Erde verbraucht war.

Die Erde heizt sich auf

Die junge Erde hatte zwar einen gewissen Wärmegehalt, war aber überwiegend fest und relativ einheitlich aufgebaut. Heute ist das Erdinnere heiß und zum Teil flüssig, und es existieren eigenständige Zonen verschiedener Zusammensetzung. Der Übergang zwischen diesen beiden Zuständen kam wohl durch mehrere Energiequellen zustande. Einschlagende Himmelskörper führten zu lokalen Aufschmelzungen der Oberfläche. Eine bedeutende Wärmequelle ist der Zerfall radioaktiver Elemente im Erdinnern. Außerdem wurde Wärme erzeugt, als sich die Erde unter ihrer Eigengravitation verdichtete. Das führte zu einem Ereignis, das die »Eisenkatastrophe« genannt wird (siehe unten). Einschläge ausreichend großer Körper haben genügend Wärme zum Aufschmelzen des Erdinnern freigesetzt, was vermutlich mehr als einmal stattfand.

ENTSTEHUNG DES MONDES
Sehr früh schon wurde die Erde von einem großen Planetesimal getroffen, wobei sich der Mond abspaltete. Die Erdachse neigte sich und die Umlaufbahn wurde leicht exzentrisch.

Einschlag des Himmelskörpers von Marsgröße führt zu völliger Aufschmelzung.

Materie, die während der Kollision ausgeschleudert wurde, kühlte langsam ab und verdichtete sich zum Mond.

DIE EISENKATASTROPHE

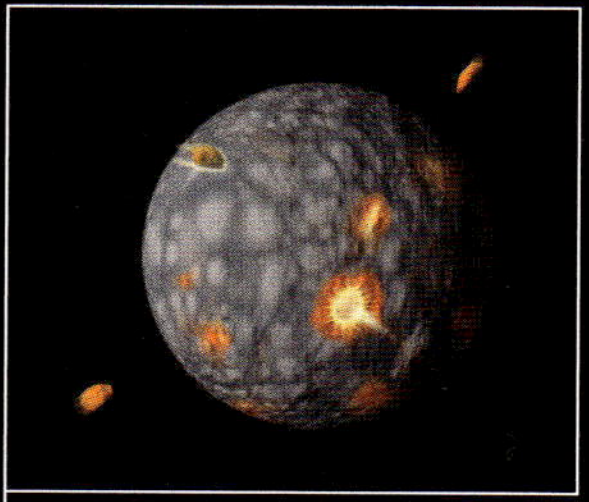

1 Als die Erde größer wurde, nahm die Kraft ihres Gravitationsfeldes zu, was dazu führte, dass noch mehr Materie angezogen wurde.

2 Bald war das Gravitationsfeld so stark, dass sich die Erde verdichtete. Dadurch wurde Gravitationsenergie in Wärme umgewandelt.

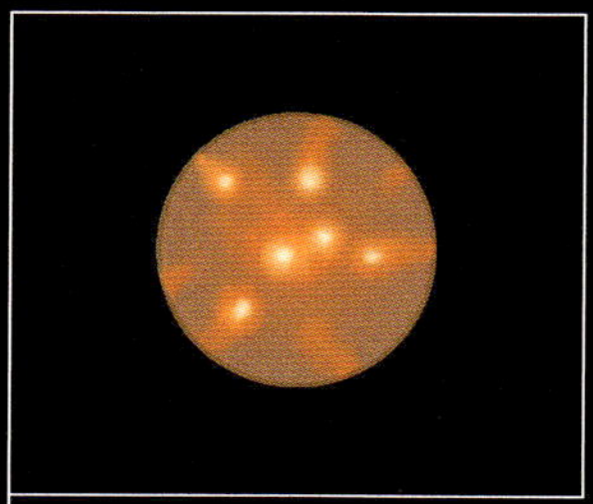

3 Es wurde so viel Wärme frei, dass das Eisen in den Gesteinen zu schmelzen begann und ins Zentrum der Erde fließen konnte.

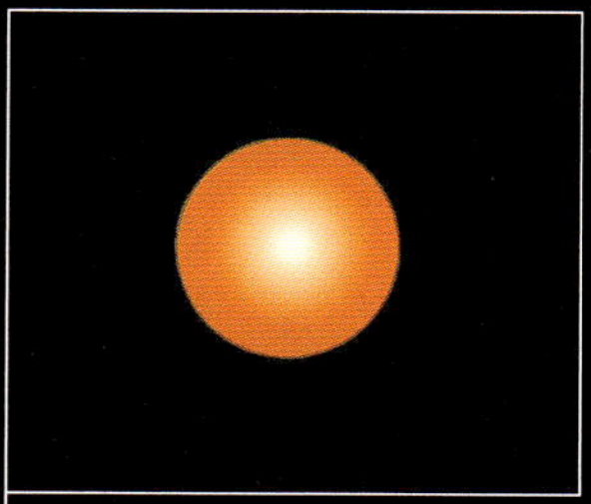

4 Das Absinken großer Eisenmengen setzte noch mehr Wärme frei und das gesamte Innere des Planeten schmolz (»Eisenkatastophe«).

Konvektion und Differenziation

Nachdem das Erdinnere geschmolzen war, sanken die schwersten Bestandteile zum Zentrum ab, während die leichteren zur Oberfläche aufstiegen. Ein Drittel der Erdmasse sammelte sich im Zentrum und bildete einen dichten Kern, der großteils aus Eisen und Nickel bestand – den schwersten der im Erdkörper vorhandenen häufigen Elemente. Die Temperatur im Kern erreichte etwa 4700 °C und ließ die darüberliegenden Gesteine aufschmelzen. Die meisten Stoffe dehnen sich bei Erwärmung aus, werden weniger dicht und steigen empor. Dies ist das Prinzip der Konvektion, einer Strömung, bei der Wärme und Materie vom Erdinnern an die Oberfläche transportiert wird. Mehrere Konvektionszellen transportierten heißes Material nach oben, wo es nahe der Oberfläche Wärme abgab, um dann wieder abzusinken. Leichtere Stoffe wie Aluminium verblieben an der Oberfläche und bildeten eine dünne Kruste. Auf diese Weise differenzierte sich die Erde in Schalen verschiedener chemischer Zusammensetzung: einen metallischen Kern, einen Mantel aus Gesteinsmaterial und eine leichte Kruste.

ZONIERTE ERDE
Die junge Erde hatte eine einheitliche stoffliche Zusammensetzung. Durch Aufschmelzung sonderten sich chemische Schichten ab.

ATMOSPHÄRE UND OZEANE
Gase und Wasser als die leichtesten Elemente wurden aus dem Innern verdrängt und bildeten in einem frühen Stadium der Erdgeschichte die Atmosphäre und die Ozeane.

Die heutige Erde

Das Innere der Erde lässt sich in drei chemisch unterschiedliche Schalen einteilen, die sich auch in ihren physikalischen Eigenschaften wie Temperatur und Druck unterscheiden. Der Kern besteht im Wesentlichen aus einer Eisen-Nickel-Legierung. Hier herrscht eine Temperatur von 3500–4700 °C. Das Eisen im Innern des Kerns hat sich unter dem immensen Druck verfestigt. Der äußere Kern besteht aus einer fließfähigen Metallflüssigkeit. Der den Kern umgebende Mantel aus Silikatmineralen ist ebenfalls fest. Eine Art Festkörperkonvektion (engl. solid state creep) lässt hier die Materie des unteren Mantels einige Zentimeter im Jahr kriechen. Der obere Mantel bis etwa 350 km unter der Oberfläche ist eine relativ mobile zähplastische Zone. Darüber driftet eine dünne Kruste, in der leichtere Elemente dominieren. Sie ist unter den Ozeanen durchschnittlich 8 km, unter den Kontinenten bis zu 45 km dick.

DER INNERE BAU DER ERDE
Obwohl er heiß genug ist, um aufschmelzen zu können, ist der Mantel durch den hohen Druck der auflastenden Gesteine fest. Aufschmelzung findet nur an bestimmten Stellen statt, wo sehr heiße Regionen des Mantels druckentlastet werden.

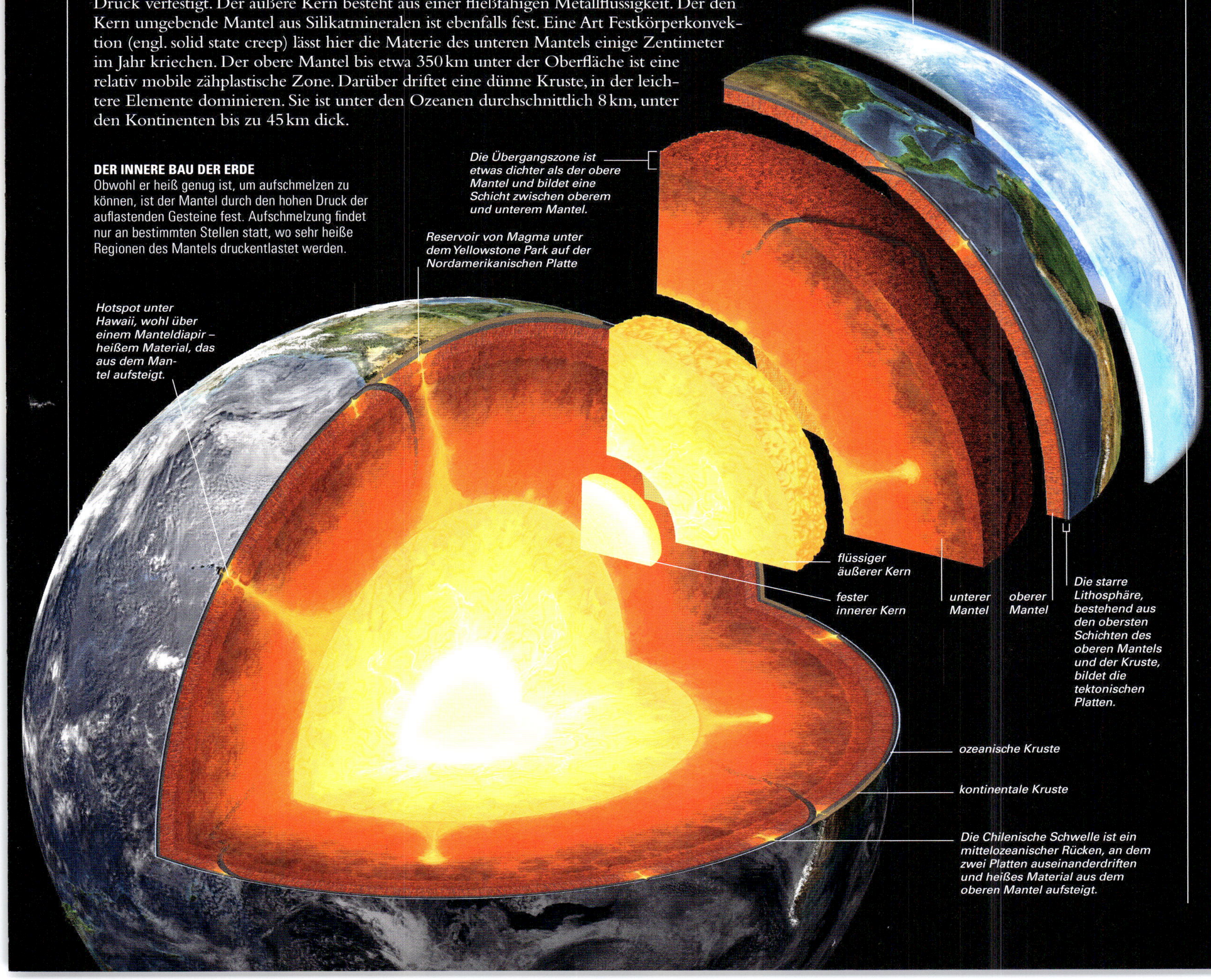

Die Entstehung der Ozeane und Kontinente

DIE OZEANE KONDENSIERTEN VOR ÜBER 4 MILLIARDEN JAHREN vor allem aus dem Wasserdampf, der in der damaligen Atmosphäre zirkulierte. Auch Kometen brachten Wasser aus dem Weltraum mit. Nach der Ausbildung vertikaler Schalen besaß die Erde eine mit leichteren Elementen angereicherte Kruste, die auf dem dichteren oberen Mantel trieb. Später teilte sich die Kruste in zwei verschiedene Typen auf. Kontinente begannen sich zu bilden, deren Gesteine sich chemisch von denen unterscheiden, die sich unter den Ozeanen befinden.

Zirkonkristalle gehören zu den ältesten Mineralen der kontinentalen Kruste.

ZIRKON

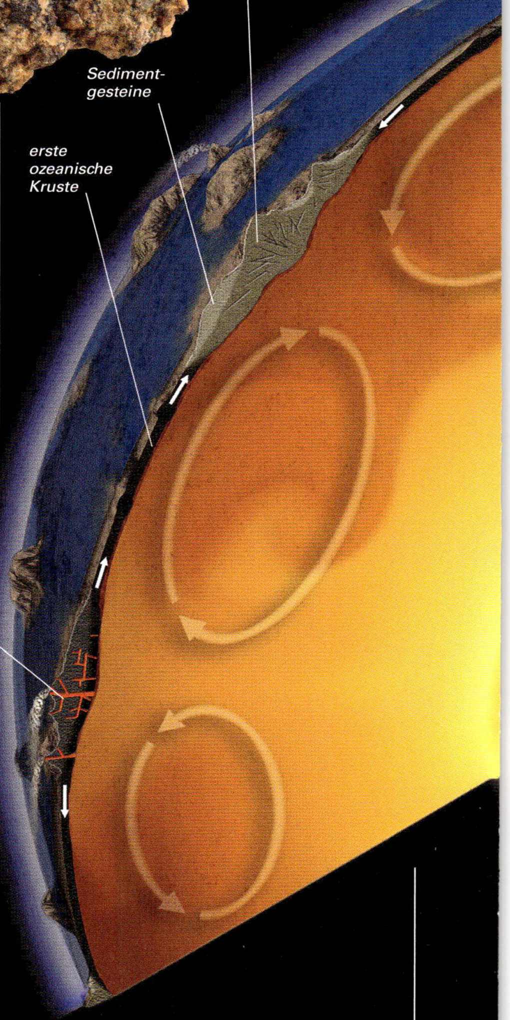

Kontinentale Kruste

Die Kontinente bestehen aus magmatischen, metamorphen und Sedimentgesteinen. Die ersten kontinentalen Gesteine waren das Ergebnis wiederholter Aufschmelzung, Abkühlung und Verformung ozeanischer Kruste, angetrieben durch die vulkanische Aktivität der Konvektionszellen des Mantels, und sie war viel allgegenwärtiger als der heutige Vulkanismus. Dabei gelangten immer mehr der schwereren Bestandteile in den oberen Mantel, während sich die leichteren in der Kruste konzentrierten. Die ersten Mikrokontinente bildeten sich, als leichtere Fragmente der Kruste kollidierten und fusionierten. Die Kruste wurde mächtiger, senkte sich und schmolz an der Basis auf, um einen magmatischen Sockel aus Granitgesteinen zu bilden. Verwitterung auf den Kontinenten ließ die ersten Sedimente entstehen. Widerstandsfähige Minerale wie Quarz blieben erhalten, wasserlösliche Stoffe wurden ins Meer gespült.

DIE ÄLTESTEN GESTEINE
Diese Sedimentgesteine befinden sich auf der Baffin-Insel, die Teil des Kanadischen Schildes ist. Die Kontinentalschilde beherbergen die mit 3,8 Milliarden Jahren ältesten Gesteine der Erde.

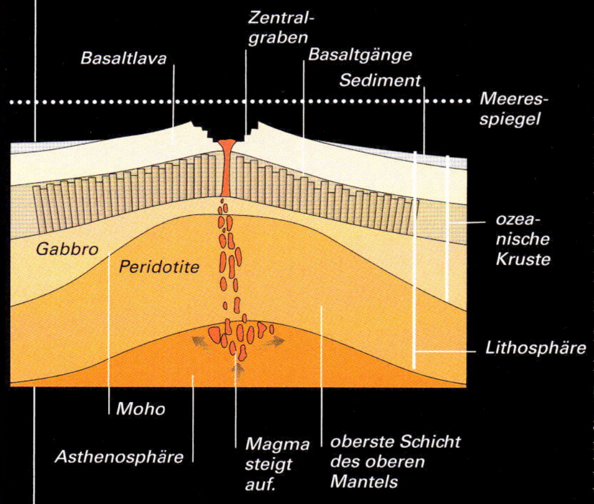

STRUKTUR DES OZEANBODENS
Drei Schichten von Basalt in der Ozeankruste (Basaltlava, -gänge, Gabbro) werden vom Mantel durch die Moho (Mohorovičić-Diskontinuität) getrennt. Der obere Mantel bildet mit der Basis der Kruste die feste Lithosphäre. Die Asthenosphäre ist die plastische Zone, über die die Platten der Lithosphäre gleiten.

Ozeanische Kruste

Die ozeanische Kruste hat eine höhere Dichte als die kontinentale Kruste und deshalb einen geringeren Auftrieb. Obwohl beide Krustentypen auf dem »plastischen« oberen Mantel driften, sinkt die ozeanische Kruste tiefer ein, weil sie weniger Auftrieb hat. Sie ist mit rund 11 km Dicke relativ dünn, anders als die kontinentale Kruste, die 25–70 km mächtig sein kann. Ozeanische Kruste besteht hauptsächlich aus Basalt, einem magmatischen Gestein, das im Vergleich zu kontinentalen Gesteinen einen geringeren SiO_2-Gehalt hat und reicher an Kalzium ist als der Mantel. Basaltlava bildet sich, wenn heiße Materie im oberen Mantel druckentlastet wird. Diese Dekompression tritt unter Dehnungsspalten in der Kruste auf, etwa an den mittelozeanischen Rücken, wo Lava ausströmt und sich neue ozeanische Kruste bildet.

MANTELGESTEIN
Peridotite sind die dominierenden Gesteine im Mantel. Es sind Silikate aus Magnesium, Eisen und anderen Metallen. Selten gelangt das Gestein an die Oberfläche – entweder, wenn Teile des Meeresbodens angehoben werden wie hier in Neufundland, oder durch Vulkanismus.

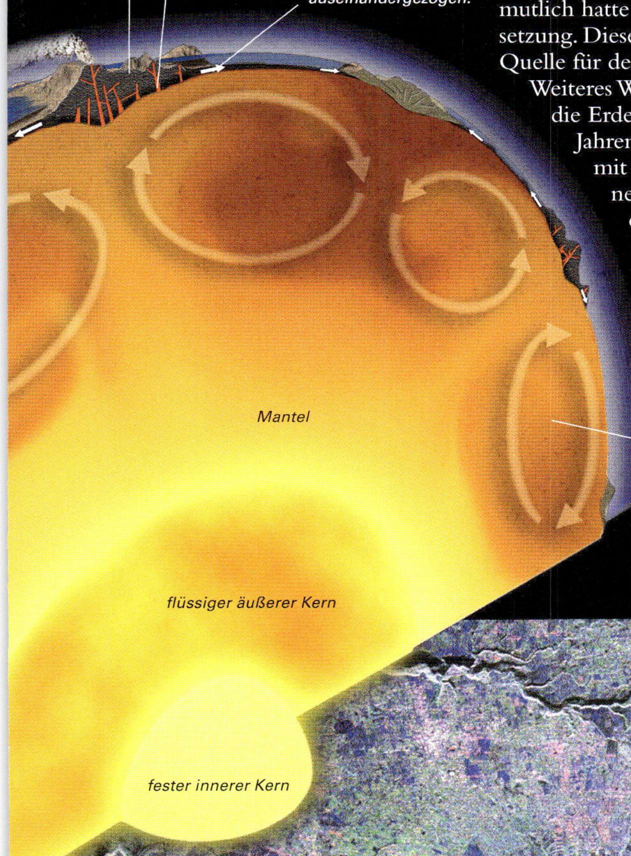

BILDUNG DER KONTINENTALEN KRUSTE
Über einem aufwärtsgerichteten Konvektionsstrom wurde die Krustenbildung durch ständiges Einströmen von Mantelbasalt gehemmt. So entstanden die Grünsteingürtel, die heute im Herzen der Kontinentalschilde liegen.

Wasser und Atmosphäre

Im Verlauf der Differenziation setzte vulkanische Aktivität Gase aus dem Innern der Erde frei. Die leichtesten Gase entschwanden schnell in den Weltraum, während Stickstoff, Kohlendioxid und Wasserdampf allmählich eine stabile Atmosphäre aufbauten. Da ein Teil des Wasserdampfs vermutlich zu flüssigem Wasser kondensierte, existierte vor über 4 Milliarden Jahren bereits ein bedeutender Ozean. Manche Meteoriten enthalten 15–20 % Wasser; vermutlich hatte die junge Erde dieselbe Zusammensetzung. Dieses Wasser wäre eine passende Quelle für den ersten Ozean gewesen.

Weiteres Wasser kam mit Kometen auf die Erde. Als vor etwa 3,5 Milliarden Jahren die ersten Organismen mit der Fotosynthese begannen, trat im Ozean zum ersten Mal freier Sauerstoff auf.

GEBÄNDERTE EISENERZE
Diese geschichteten Bändereisenerze enthalten Eisenoxide, die kristallisierten, als der Sauerstoffgehalt in den Ur-Ozeanen anstieg.

DIE JUNGE ERDE
Die Erde besaß bereits in einem frühen Stadium tiefe Ozeane mit Vulkanen. Zunehmend überragte kontinentale Kruste den Meeresspiegel. Die Ozeane wurden salzig, als durch Gesteinsverwitterung Mineralstoffe ins Wasser gelangten.

VULKANE IN DEN ANDEN
Satelliten-Radarbild mit Vulkanen aus Andesit-Lava, deren Zusammensetzung zwischen der ozeanischer und kontinentaler Gesteine liegt.

Die Evolution der Ozeane

Seit die Atlantikküsten Südamerikas und Afrikas genau kartiert wurden, ist offensichtlich, dass sie ineinanderpassen wie die Teile eines Puzzles. Wir wissen heute, dass sich die einst verbundenen Kontinente voneinander entfernt haben und dadurch die heutigen Ozeane entstanden sind. Sie haben stets das Erdklima beeinflusst, selbst die Höhe des Meeresspiegels schwankte im Takt klimatischer Veränderungen und geologischer Faktoren.

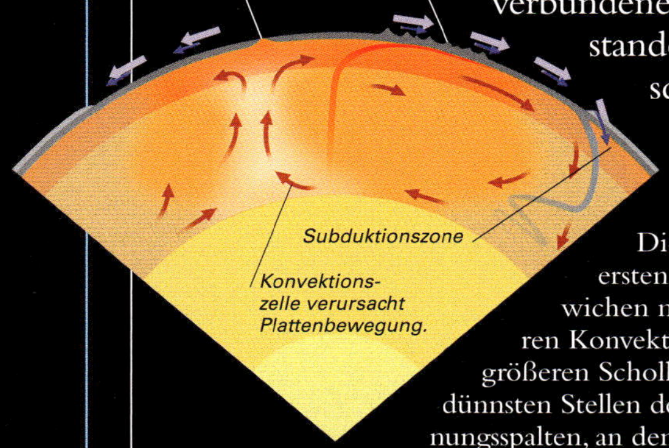

PLATTENBEWEGUNG Die Platten der Kruste bewegen sich unter dem Einfluss von Konvektionszellen, die wohl tief hinab zur Grenze zwischen dem äußeren Kern und dem Mantel reichen.

Plattentektonik

Die zahlreichen Konvektionszellen (siehe S. 41), aus denen die ersten kontinentalen Krustenfragmente hervorgegangen waren, wichen mit zunehmender Abkühlung allmählich wenigen, größeren Konvektionszellen. Diese Fragmente fusionierten zu größeren Schollen, gleichzeitig bildeten sich an den dünnsten Stellen der ozeanischen Kruste Dehnungsspalten, an denen diese in große Platten zerfiel. Da ozeanische und kontinentale Platten unterschiedlich dicht sind, sank die dichtere ozeanische Kruste dort ab, wo sie auf die leichtere kontinentale Kruste stieß – so entstanden Subduktionszonen. Von diesem Zeitpunkt an steuerte die Plattentektonik die Entwicklung der Ozeane und Kontinente (siehe S. 48–49).

1. KAMBRIUM (VOR 500 MILLIONEN JAHREN)
Der erste Superkontinent Rodinia war zerfallen, sein größter Teil, Gondwana, befindet sich im Süden. Der Iapetus-Ozean trennt Laurentia (Nordamerika) von Baltica (Nordeuropa). Das Panthalassa-Meer bedeckt den Großteil der Nordhalbkugel.

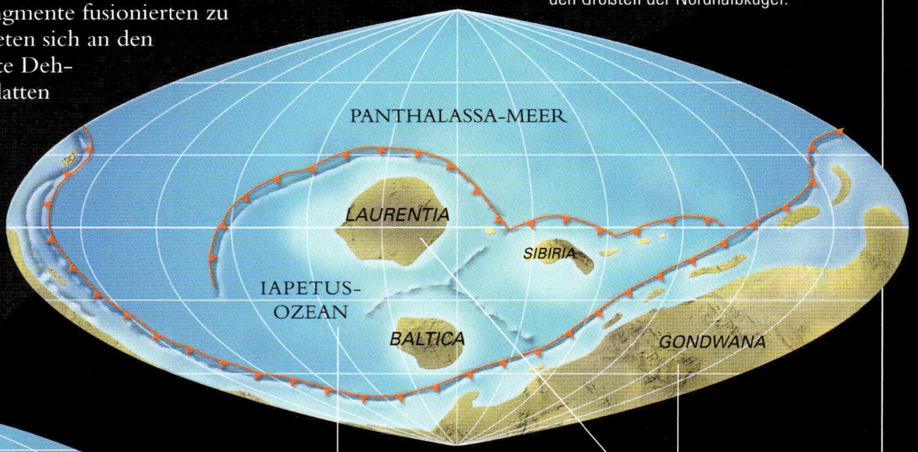

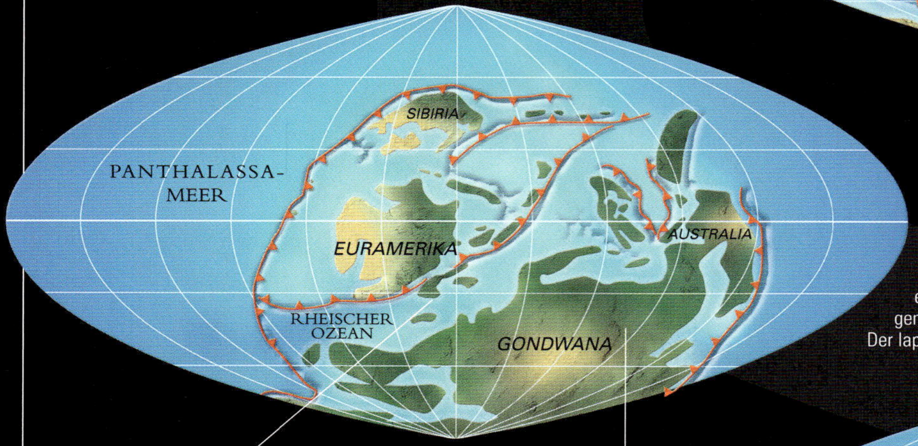

2. DEVON (VOR 400 MILLIONEN JAHREN)
Der Rheische Ozean öffnet sich mit einer Kette von Inseln, die später zu West- und Südeuropa werden. Diese entfernen sich von Gondwana und bewegen sich in Richtung Laurentia und Baltica. Der Iapetus-Ozean schließt sich.

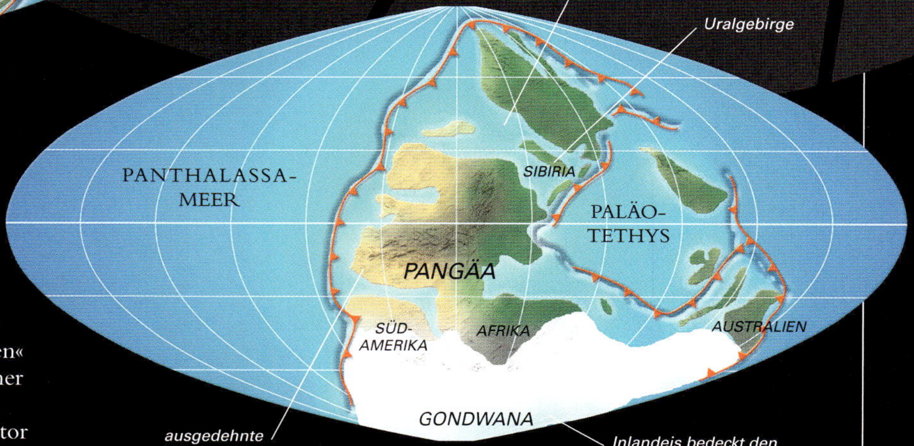

3. KARBON (VOR 300 MILLIONEN JAHREN)
Im Superkontinent Pangäa erstrecken sich die Kontinentalmassen von Pol zu Pol. Die heutigen Kohleflöze sind Ablagerungen pflanzlichen Materials von Sumpfwäldern entlang der Küsten äquatorialer Schelfmeere. Als Gondwana über den Südpol driftet, bildet sich eine Eiskappe.

LEGENDE
- Subduktionszone
- divergierende Plattengrenze
- Umriss der heutigen Kontinente

Verlauf der Erdzeitalter

Im Lauf der Erdgeschichte haben die driftenden Platten das Gesicht der Erde vielfach verändert. Angetrieben von riesigen Konvektionszellen im Mantel bewegten sich die Kontinente mit den Platten aufeinander zu, vereinigten sich zu »Superkontinenten« und zerbrachen wieder. Der deutsche Meteorologe Alfred Wegener postulierte, dass vor 250 Millionen Jahren ein Superkontinent namens Pangäa existiert haben musste, dessen Zentrum am Äquator lag und der von einem riesigen Ozean umgeben war. Aber auch schon vor einer Milliarde Jahre gab es den Superkontinent Rodinia. Jedesmal, nachdem sich kontinentale Landmassen vereint hatten, wurden sie schließlich wieder an riesigen Dehnungsspalten auseinandergerissen, so wie es heute im Roten Meer und im Großen Grabenbruch Ostafrikas geschieht. Computermodelle der Kruste mit ihren Spreizungsrücken und Subduktionszonen ermöglichten diese paläogeografischen Rekonstruktionen früherer Erdzeitalter.

PORTRÄT

ALFRED WEGENER

Alfred Wegener (1880–1930) war ein deutscher Wissenschaftler, dessen Interessengebiete die Astronomie, Meteorologie und Geologie waren. 1915 stellte er die Theorie der Drift der Kontinente vor, um das Vorkommen identischer Gesteinsarten auf den entgegengesetzten Seiten des Atlantiks und Funde tropischer Fossilien am Polarkreis zu erklären. Seine Ideen fanden keine Akzeptanz, bis das Seafloor-Spreading entdeckt wurde, das Teile seiner Theorie erklären konnte.

Epikontinentalmeere

Im Lauf der Erdgeschichte war der Meeresspiegel meist höher als heute. Im Innern der Kontinente breiteten sich daher große Flachmeere, die Epikontinentalmeere, aus und reduzierten die trockenen Landmassen oft auf die Hälfte ihrer Fläche. Sie waren den tiefen Ozeanbecken und kontinentalen Schelfmeeren, wie wir sie heute kennen, sehr unähnlich. Die Flachmeere waren oft sehr salzhaltig, sauerstoffarm und lebensfeindlich. Sie isolierten oft Teile der Kontinente voneinander, sodass ganze Populationen von Lebewesen sich getrennt voneinander entwickelten. Epikontinentalmeere beeinflussten auch das Klima. Ihr hoher Salzgehalt führte zum Absinken dichten Wassers in die äquatorialen Ozeane – anders als das heutige Phänomen des Downwelling (siehe S. 60), das heute die globale Tiefenzirkulation antreibt.

SEICHTES WASSER
Die Bedingungen an der Küste der nordamerikanischen Westpassage vor 100 Millionen Jahren waren vermutlich mit den seichten Lagunen der heutigen Bahamas zu vergleichen.

4. JURA (VOR 150 MILLIONEN JAHREN)
Die Paläotethys schließt sich, als künftige Teile Zentralasiens von Gondwana wegbrechen und nach Norden driften. Hinter ihnen öffnet sich die Tethys, ebenso der Zentralatlantik, der Pangäa in nördliche und südliche Teile teilt.

5. KREIDE (VOR 100 MILLIONEN JAHREN)
Der Zerfall von Gondwana beginnt mit dem Abbrechen von Indien, Afrika und Antarktika. Die Tethys schließt sich zunehmend. Bald darauf öffnet sich der südliche Atlantik, Europa trennt sich von Nordamerika, und der Arktische Ozean öffnet sich über dem Nordpol.

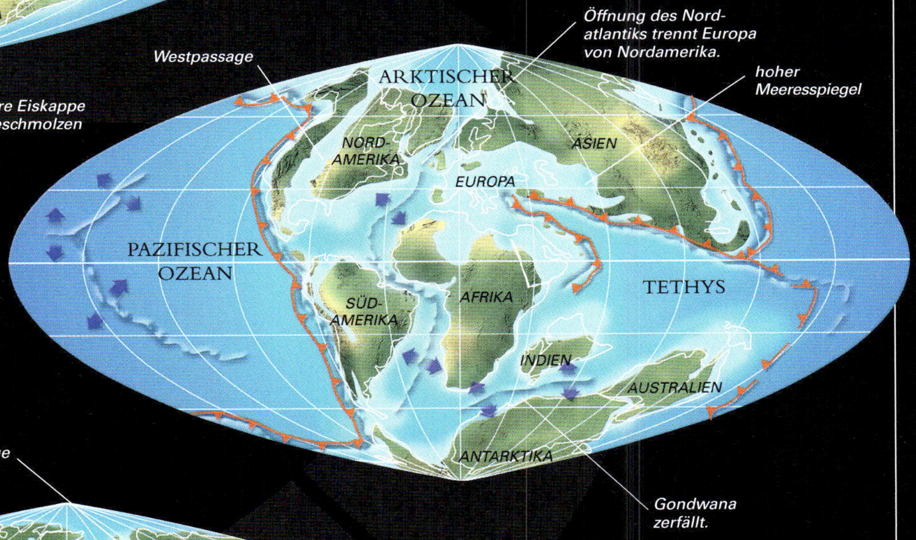

6. EOZÄN (VOR 50 MILLIONEN JAHREN)
Indien driftet rasch nach Norden. Es trifft auf Asien und faltet den Himalaja auf. Afrikas Annäherung an Europa schließt die westliche Tethys. Australien und Südamerika trennen sich von Antarktika; der Antarktische Zirkumpolarstrom, der Antarktika vom äquatorialen Wärmezustrom trennt, beginnt zu fließen.

Strömungen, Kontinente und Klima

Atmosphäre und Ozeane verteilen über ihre Strömungssysteme die Wärme auf der gesamten Erde. Ein Großteil der Sonnenenergie wird als Wärme in den Äquatorregionen absorbiert. Von dort gelangt sie, etwa 40% über Meeresströmungen, in kühlere Regionen. Sie haben deshalb einen großen Einfluss auf das Klima der Erde (siehe S. 66–67). Als Folge der Platten- und Kontinentalbewegungen traten im Lauf der Erdgeschichte große Klimaveränderungen auf. Wärmere und kältere Perioden beeinflussten die Meeresspiegelhöhe und die Ausdehnung der Ozeane. Es gibt sogar Spekulationen, dass die Erde vor 775–635 Millionen Jahren als Folge mehrerer Vereisungen von jeweils 15 Millionen Jahren Dauer einem Schneeball glich und die Meere stellenweise bis in 2000 m Tiefe gefroren waren.

SCHNEEBALL ERDE
Während der Schneeballereignisse war die gesamte Erde vergletschert, nur die höchsten Bergspitzen blieben eisfrei, wie heute in der Antarktis.

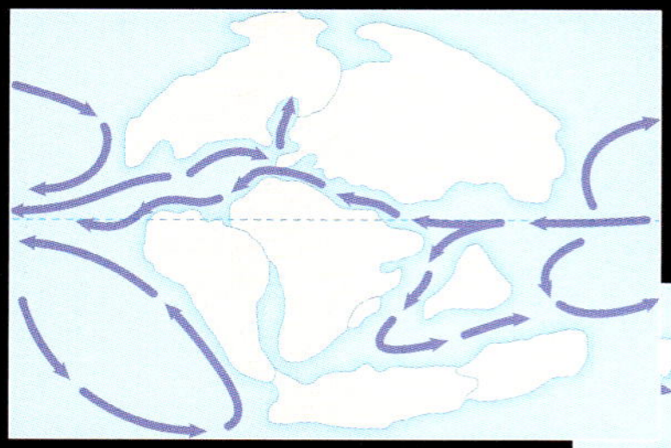

STRÖMUNGEN IM MESOZOIKUM
Vor 100 Millionen Jahren flossen Meeresströmungen von der östlichen Tethys durch das Meer, das heute das Mittelmeer ist, in den Zentralatlantik zwischen Nord- und Südamerika und weiter in den Pazifik.

HEUTIGE STRÖMUNGEN
Heute gibt es keine durchgängige Meeresströmung außer dem Antarktischen Zirkumpolarstrom, der den Wärmetransport zum Südpol unterbindet. Die Polarregionen sind kälter.

Vom Treibhaus zum Kühlhaus

Während des Mesozoikums vor 252–265 Millionen Jahren war das Klima wärmer als heute. Die Temperaturen waren gleichmäßiger verteilt und die Pole eisfrei. Meeresströmungen flossen frei um den Äquator, absorbierten Energie und transportierten Wärme in kühlere Breiten. Der Wandel vom damaligen »Treibhausklima« zum heutigen gemäßigten Klima hängt mit Veränderungen der Meeresströmungen zusammen, die sich nach dem Zerfall von Gondwana einstellten. Als mehrere Kontinente nach Norden drifteten, wurde die Antarktis fortan vom Zirkumpolarstrom umflossen, der warme Ströme aus den Äquatorregionen fernhielt. Am Äquator versiegte der interkontinentale Meeresstrom, als sich die Meerenge von Panama vor 5–3 Millionen Jahren schloss. Die Antarktis liegt heute über dem Südpol unter einer dicken Eiskappe.

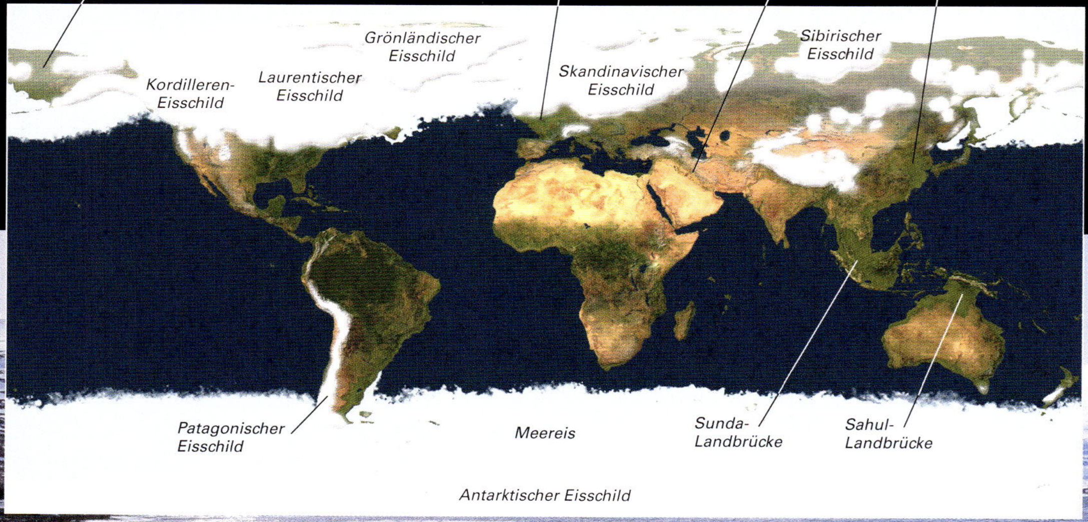

Die Erde befindet sich gegenwärtig in einem Eiszeitalter, in dem das Klima in einem Zyklus von über 100 000 Jahren zwischen Kaltzeiten die man Glaziale nennt, und Warmzeiten, den Interglazialen, schwankt. Innerhalb der Glaziale und Interglaziale gab es kürzere Kälte- und Wärmeperioden, die Stadiale und Interstadiale. Während der Kaltzeiten dehnen sich die Eiskappen der Nordhalbkugel aus, der Meeresspiegel sinkt und Landbrücken entstehen.

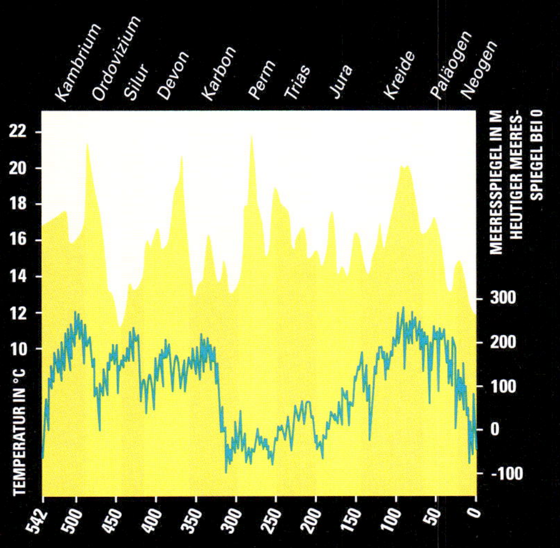

TEMPERATUR UND MEERESSPIEGELHÖHE
Während der letzten 100 Millionen Jahre steuerte das Klima die Meeresspiegelhöhe (blaue Kurve). Diese sank, als das Klima kälter wurde (Temperatur = gelbe Kurve). Zu anderen Zeiten verursachte langsames Seafloor-Spreading einen niedrigeren Meeresspiegel.

Schwankungen des Meeresspiegels

Die Höhe des Meeresspiegels schwankte im Lauf der Erdgeschichte. Zeitweise lag er bis zu 400 m höher. Einer der maßgebenden Faktoren dafür ist das globale Klima. Eine Erwärmung um 1 °C hebt den Spiegel wegen der Ausdehnung des Meerwassers um 7,5 cm. Noch gravierender ist ein Anwachsen oder Abschmelzen der Polkappen, was sich im Lauf der Kaltzeit-/Warmzeit-Zyklen über 10 000 Jahre auf 100–200 m summieren kann. Auch die Rate der Ozeanbodenspreizung beeinflusst den Meeresspiegel und hat in der Vergangenheit klimatische Faktoren ausgeglichen. Schnelles Auseinanderdriften ozeanischer Platten verkleinert die Ozeanbecken, da jüngere, heißere Kruste höher aufragt und den Meeresspiegel anhebt (siehe S. 88).

GESCHICHTE DES MITTELMEERBECKENS

1 Als sich die Straße von Gibraltar vor fünf Millionen Jahren schloss, war das Mittelmeer vom Atlantik abgeschnitten. Es verdunstete zu einer Salzwüste.

2 Vor 21 000 Jahren war der Meeresspiegel 120 m niedriger als heute, weil zum Höhepunkt der letzten Kaltzeit in den Eiskappen viel Wasser gebunden war.

3 Vor 10 000 Jahren begann das Schmelzwasser die während des letzten Glazials trocken liegenden Schelfe zu überfluten. Die heutigen Küstenlinien bildeten sich aus.

Sedimentbecken

Die meisten Sedimentgesteine wurden im Wasser auf dem Kontinentalschelf oder in Binnenseen abgelagert. Die Drift der Kontinente und ein schwankender Meeresspiegel bestimmten, wo und zu welchen Zeiten diese Ablagerungen stattfanden. Einstige Meeressedimentbecken befinden sich heute an Land.

Marine Sedimentgesteine enthalten Öl- und Gaslagerstätten. Sie stammen aus Überresten von Organismen, die verschüttet und umgewandelt wurden. Etwa 30 % der geförderten Öl- und Gasmengen stammen aus Vorkommen unter dem Schelf.

BECKEN UND ÖLFELDER
Sedimentbecken findet man auf den Kontinentalschelfen und dem angrenzenden Ozeanboden, aber auch weit im Binnenland, wo einst Meer war.

LEGENDE
Sedimentablagerungen im Binnenland
Sedimentablagerungen vor der Küste
Öl- und Gasvorkommen

EISZEITLICHE KÜSTE
Während der Eiszeiten führten auch die niederen Breiten Meereis. So etwa haben die Küsten Mitteleuropas vor 21 000 Jahren vermutlich ausgesehen.

Tektonik des Ozeanbodens

Die Theorie der Plattentektonik hat die Geologie in den letzten 50 Jahren revolutioniert. Tektonische Platten sind riesige Schollen der Lithosphäre und bestehen aus Erdkruste, die mit Teilen des oberen Mantels verbunden ist. Sie bewegen sich auf einer zähplastischen Schicht des Mantels, der Asthenosphäre. Die tektonischen Bewegungen basieren auf Prozessen im und unter dem Ozeanboden, wo sich die meisten Plattengrenzen befinden. Bei Plattenkollisionen entstehen Gebirge.

BASALT
Der Ozeanboden besteht zum großen Teil aus Basalt, einem feinkörnigen magmatischen Gestein, das aus dem oberen Mantel stammt. Basalt ist ein dichtes Gestein mit hohen Gehalten an Eisen und Magnesium.

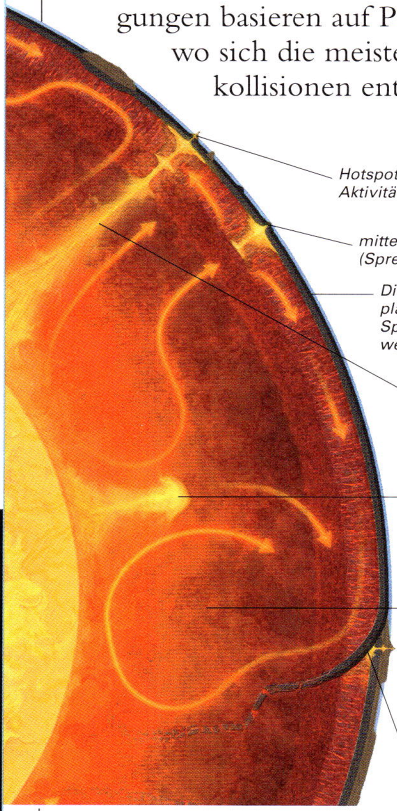

KONVEKTION IM MANTEL
Konvektionszellen im Mantel sind die treibende Kraft der Plattentektonik. Der Kreislauf, bei dem heiße Materie aufsteigt, abkühlt, sich fortbewegt und wieder absinkt, zieht und schiebt die Platten der Lithosphäre mit sich.

Ozeankruste – Kommen und Gehen

Die Gesteine des Ozeanbodens sind nicht älter als 180 Millionen Jahre. Das ist jung im Vergleich zu den ältesten Gesteinen auf dem Festland mit ihren 3,8 Milliarden Jahren. Während sich kontinentale Kruste im Lauf der Erdgeschichte allmählich akkumuliert hat, wird ozeanische Kruste ständig gebildet und wieder zerstört. An den mittelozeanischen Rücken steigt heißes Magma aus dem Mantel empor, tritt aus und bewegt sich als Platte von den Rücken weg, bis sie an Subduktionszonen wieder in den Mantel absinkt. Das funktioniert deshalb, weil Ozeankruste eine höhere Dichte hat als kontinentale Kruste.

ALTER DES OZEANBODENS
Das Alter des Ozeanbodens nimmt mit der Entfernung von den Rücken, wo neue Kruste gebildet wird, zu. Die Karte zeigt, dass sich die Platten am Ostpazifischen Rücken am schnellsten auseinanderbewegen, da er von den breitesten Zonen junger Gesteine flankiert wird (rot und orange dargestellt).

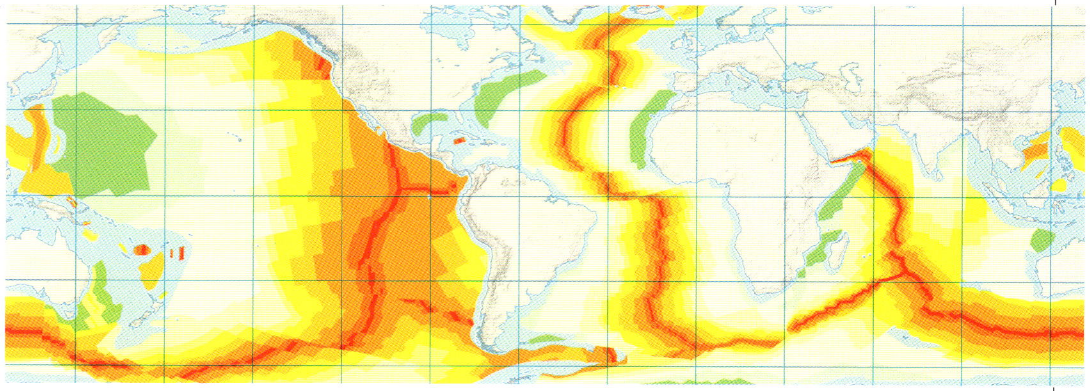

Plattengrenzen

An den Grenzen können Platten auseinander-, aufeinander zu oder horizontal aneinander vorbeidriften. An divergierenden Grenzen wird die Kruste von aufsteigender heißer Materie aus dem Mantel gedehnt, ausgedünnt und zerklüftet. Magma steigt auf, bildet mittelozeanische Rücken, Lava strömt an einer zentralen Dehnungsspalte aus und bildet neue ozeanische Kruste. Auch Seamounts können entstehen (siehe S. 174).

An konvergierenden Grenzen kollidieren Platten. Wo ozeanische auf kontinentale Kruste stößt, taucht Erstere unter die leichtere kontinentale Platte ab (siehe S. 183), schmilzt zu Magma auf und erzeugt darüber ein vulkanisches Kettengebirge. Wo zwei ozeanische Platten aufeinanderstoßen, taucht die ältere, dichtere Platte in einer Tiefseerinne ab, und ein Vulkaninselbogen entsteht, der sich parallel zu dieser Rinne entwickelt. Transformstörungen entstehen, wo Platten sich aneinander vorbeibewegen. Hier wird keine Kruste gebildet oder eingeschmolzen, es findet auch keine vulkanische Aktivität statt. An Transformstörungen können ausgedehnte Bruchzonen entstehen.

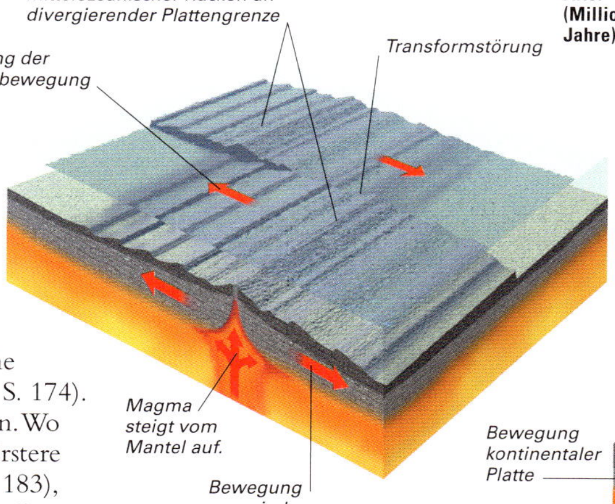

DIVERGIERENDE PLATTENGRENZEN UND TRANSFORMSTÖRUNGEN
An divergierenden Grenzen erscheinen zu beiden Seiten des Rückens parallele Erhebungen. Eine Transformstörung entsteht aufgrund unterschiedlicher Spreizungsraten.

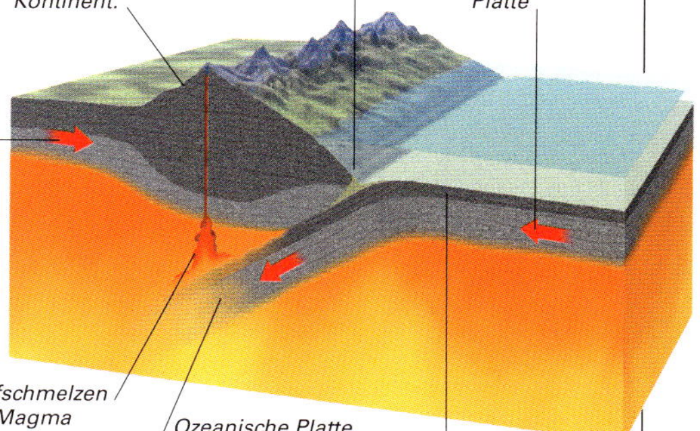

KONVERGIERENDE PLATTENGRENZEN
Ozeankruste wird durch Subduktion an konvergierenden Plattengrenzen zerstört. Die absinkende Platte ist wasserhaltig, sodass der umgebende Mantel leichter aufschmilzt; an der Oberfläche brechen Vulkane aus.

Erdbeben und Tsunamis

Erdbeben treten an allen Plattengrenzen auf. Besonders häufig und stark sind sie jedoch an Subduktionszonen. Druck baut sich an Verwerfungen in der Kruste auf, bis das Gestein nachgibt und eine ruckartige Bewegung stattfindet. So kann schlagartig eine unglaubliche Energie freigesetzt werden. Das Erdbeben, das 2011 den Tohoku-Tsunami in Japan auslöste (siehe S. 462–463), setzte 45 000-mal mehr Energie frei als die Atombombe von Hiroshima.

Ein Tsunami kann ausgelöst werden, wenn ein Erdbeben einen Teil des Ozeanbodens anhebt oder absenkt. Das Wasser darüber steigt oder fällt plötzlich, und lange Wellen breiten sich aus. Die Oberflächenwellen erreichen eine Geschwindigkeit von 500–800 km/h.

FORSCHUNG

TSUNAMI-ALARM

Tsunamis können enorme Zerstörung anrichten. Deshalb sind Systeme nötig, die Anzeichen für einen Tsunami erkennen und warnen. Es sind Netzwerke seismischer Stationen, die Erdbeben wahrnehmen. Außerdem messen mit Sensoren ausgestattete Bojen in der Tiefsee den Druck am Ozeanboden, um festzustellen, wenn sich ein Tsunami aufbaut. Die Boje rechts soll seismische Messungen vor der Karibikküste Grenadas durchführen.

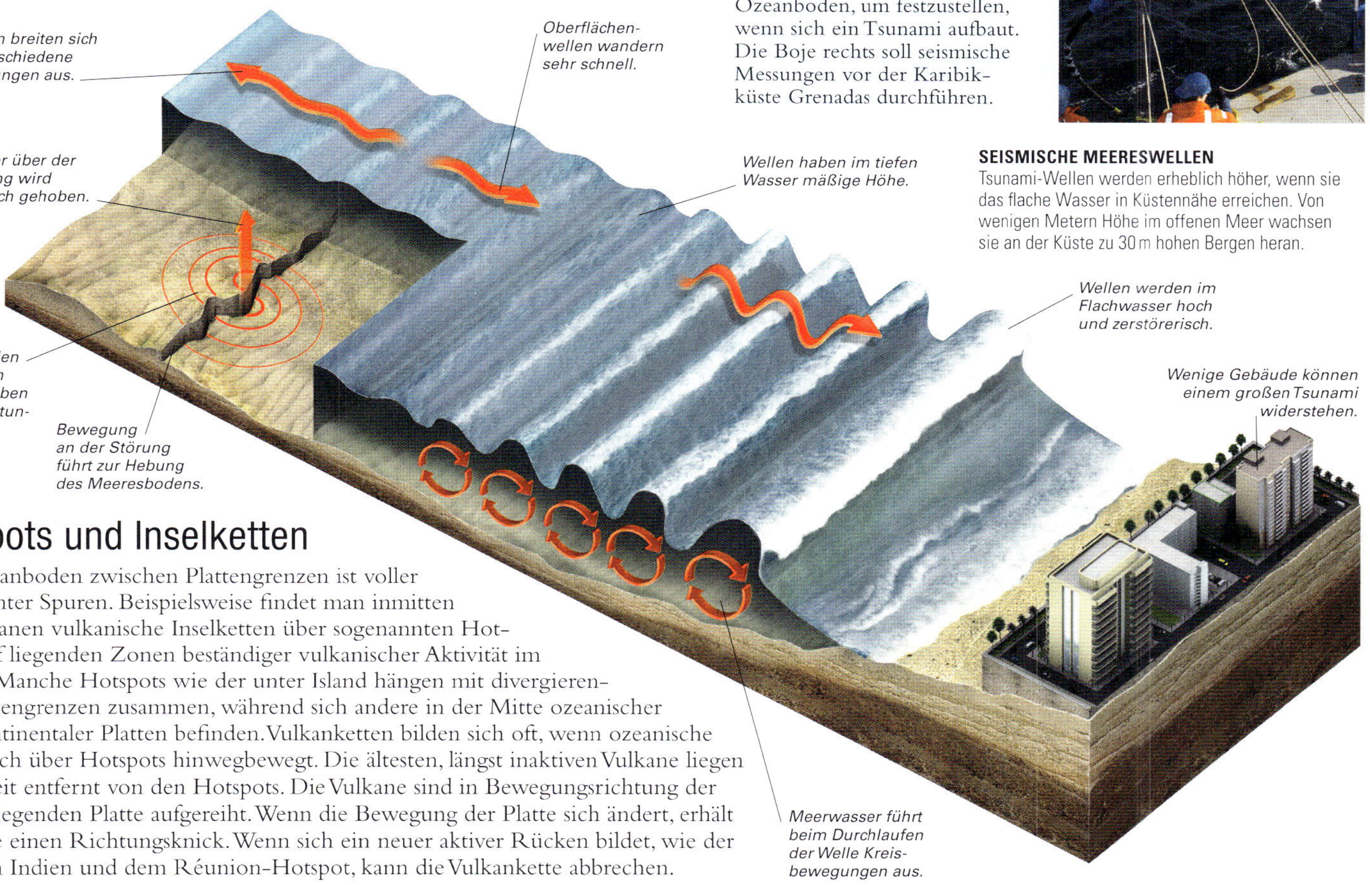

SEISMISCHE MEERESWELLEN
Tsunami-Wellen werden erheblich höher, wenn sie das flache Wasser in Küstennähe erreichen. Von wenigen Metern Höhe im offenen Meer wachsen sie an der Küste zu 30 m hohen Bergen heran.

Hotspots und Inselketten

Der Ozeanboden zwischen Plattengrenzen ist voller interessanter Spuren. Beispielsweise findet man inmitten von Ozeanen vulkanische Inselketten über sogenannten Hotspots, tief liegenden Zonen beständiger vulkanischer Aktivität im Mantel. Manche Hotspots wie der unter Island hängen mit divergierenden Plattengrenzen zusammen, während sich andere in der Mitte ozeanischer oder kontinentaler Platten befinden. Vulkanketten bilden sich oft, wenn ozeanische Kruste sich über Hotspots hinwegbewegt. Die ältesten, längst inaktiven Vulkane liegen heute weit entfernt von den Hotspots. Die Vulkane sind in Bewegungsrichtung der darüberliegenden Platte aufgereiht. Wenn die Bewegung der Platte sich ändert, erhält die Kette einen Richtungsknick. Wenn sich ein neuer aktiver Rücken bildet, wie der zwischen Indien und dem Réunion-Hotspot, kann die Vulkankette abbrechen.

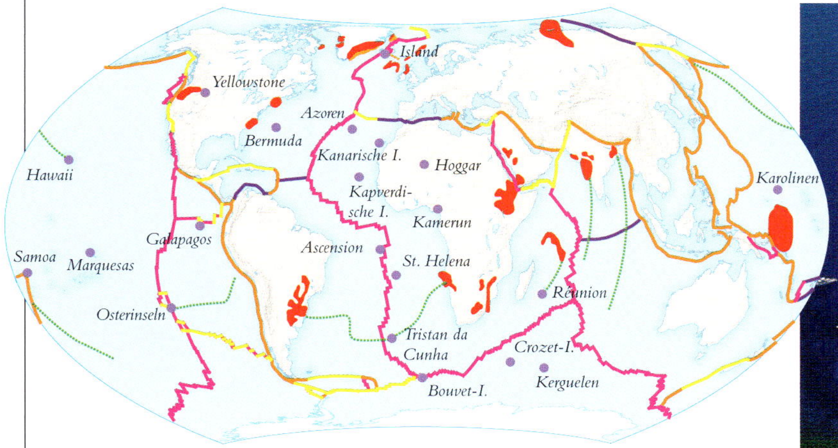

HOTSPOTS
Manche Vulkanketten über Hotspots verbinden Gebiete, wo vor langer Zeit riesige Mengen Basaltlava an die Oberfläche austrat. Der Tristan-da-Cunha-Hotspot ist mit Flutbasalten auf beiden Seiten des Südatlantiks verbunden.

LEGENDE
- Flutbasalte
- Hotspot-Kette
- Hotspot

Plattengrenzen
- Konvergierend
- Transformstörung
- Divergierend
- Unklar

VULKANINSEL
Molokini ist die Spitze eines erloschenen Vulkankraters. Sie gehört zur Hawaii-Emperor-Kette von Inseln und Seamounts, die sich im Nordpazifik erstreckt.

AUSBRUCH EINES UNTERSEE-VULKANS
Ein Großteil der vulkanischen Aktivität findet unter der Meeresoberfläche statt. Manchmal erreicht ein Untersee-Vulkan, der jahrtausendelang gewachsen ist, die Oberfläche und bricht in einer dramatischen Eruption aus – wie hier nahe Hunga Ha'apai (Tonga) im Südwestpazifik im März 2009.

ZIRKULATION UND KLIMA

OZEANWASSER IST IMMER IN BEWEGUNG, nicht nur in Form von Wellen. In allen Ozeanen zirkuliert das Meerwasser ständig, sowohl an der Oberfläche als auch – langsamer – in der Tiefe. Verschiedene Prozesse, die miteinander in Verbindung stehen, spielen bei der Entstehung und Aufrechterhaltung der Meeresströmungen eine Rolle. Dazu gehören die Erwärmung der Atmosphäre durch die Sonne, vorherrschende Winde, der Einfluss der Erdrotation sowie Prozesse, die Temperatur und Salzgehalt des Oberflächenwassers verändern. Die verschiedenen Strömungen an der Oberfläche, manche warm, andere kalt, beeinflussen das Klima vieler Regionen der Erde tiefgreifend. Prozesse in den Ozeanen tragen auch zu den periodischen Klimastörungen bei, die El Niño und La Niña genannt werden, sowie zur Bildung extremer Wetterphänomene wie Hurrikane und Taifune.

STURMSPIRALEN
Zwei Tiefdruckgebiete – rotierende Wirbel mit niedrigem Luftdruck – sind auf diesem Ende 2006 entstandenen Satellitenbild eines Teils des Nordatlantiks zu sehen. Die Tiefdruckgebiete wandern südlich von Island, das oben in der Mitte zu sehen ist, nach Osten.

Windsysteme

Das Muster der Luftbewegungen über den Ozeanen entsteht aus der Erwärmung der Atmosphäre durch die Sonne und der Erdrotation. Dieses globale Windmuster wird durch Tief- und Hochdruckgebiete (Zyklonen und Antizyklonen) modifiziert, die sich ständig über die Oberfläche der Ozeane bewegen. Nahe der Küste wehen außerdem häufig Land- und Seewinde. Sie entstehen durch die unterschiedliche Wärmekapazität von Meer und Landmassen.

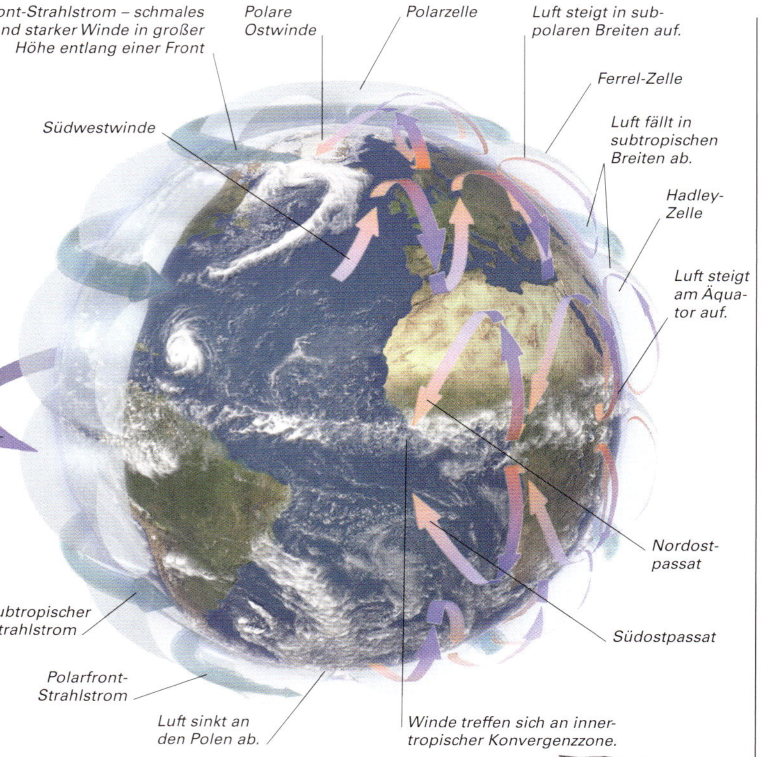

ZIRKULIERENDE ZELLEN
In den Zellen bewegen sich Luftströme in Nord-Süd-Richtung. Diese werden durch die Erdrotation abgelenkt, und es entstehen Winde, die diagonal wehen.

Strömungszellen

Die Erwärmung durch die Sonne bewirkt, dass die Luft in drei riesigen Schleifen, Zellen genannt, um den Globus kreist. In der Hadley-Zelle steigt warme Luft am Äquator auf, kühlt in der oberen Atmosphäre ab, sinkt in subtropischen Breiten (30 ° nördliche und südliche Breite) wieder ab und bewegt sich dann zurück zum Äquator. In der Ferrel-Zelle steigt die Luft in subpolaren Breiten (60 ° N und 60 ° S) auf, kühlt ab, sinkt in den Subtropen und strömt dann wieder polwärts. Polarzellen entstehen durch Luft, die an den Polen absinkt und sich in Richtung Äquator bewegt.

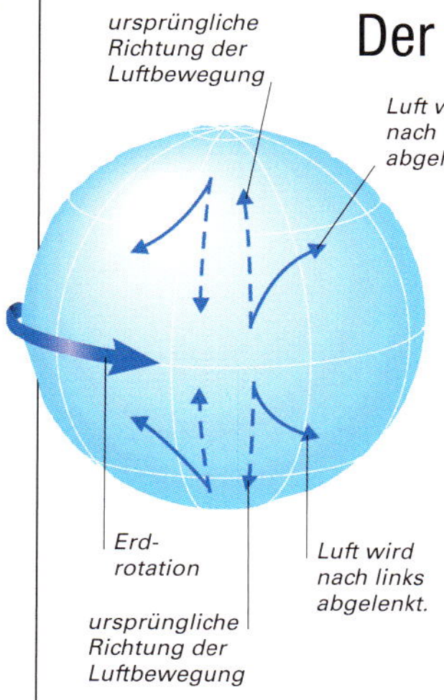

Der Coriolis-Effekt

Die Zellen erzeugen Nord-Süd-Strömungen, die durch den Coriolis-Effekt abgelenkt werden. Da die Erde rotiert, haben Luftmassen in verschiedenen Breitengraden unterschiedliche West-Ost-Geschwindigkeiten (am Äquator sind sie schneller). Wandern sie polwärts, behalten sie ihre West-Ost-Geschwindigkeit bei, die sich aber von der der Luft auf dem höheren Breitengrad unterscheidet. Daher wird Luft ostwärts (in Richtung der Erddrehung) abgelenkt, wenn sie sich vom Äquator entfernt, und westwärts, wenn sie sich dem Äquator nähert.

ABLENKUNG DER LUFT
Auf der Nordhalbkugel bewirkt der Corioliseffekt, dass alle Luftbewegungen von ihrer ursprünglichen Richtung nach rechts abgelenkt werden. Auf der Südhalbkugel geschieht die Ablenkung nach links.

FORSCHUNG

SATELLITENBILDER

Seewinde werden von Scatterometern gemessen, etwa dem ASCAT an Bord des 2018 gestarteten europäischen Satelliten MetOp-C. Windstärke und Windrichtung werden anhand der Radarreflexion an Meereswellen gemessen.

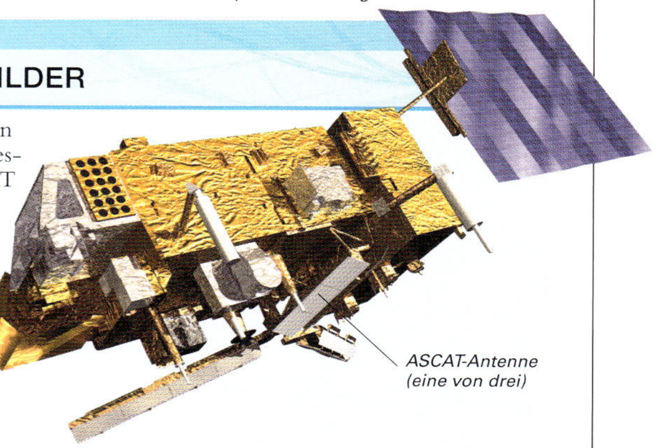

Vorherrschende Winde

Die Winde, die durch Druckunterschiede entstehen und vom Corioliseffekt beeinflusst werden, nennt man die vorherrschenden Winde. In den Hadley-Zellen der Tropen und Subtropen wird der Luftstrom zum Äquator nach Westen abgelenkt. Diese Winde sind als Passatwinde bekannt: der Nordostpassat auf der Nordhalbkugel und der Südostpassat auf der Südhalbkugel. In den Ferrel-Zellen der höheren Breiten werden die Winde nach Osten abgelenkt und werden zu Westwinden. Auf der Südhalbkugel treffen sie nicht auf Festland und können sehr stark werden, sodass die Breiten um 40 ° S als Roaring Forties (»Donnernde Vierziger«) bekannt sind. In Polarregionen werden die Winde nach Westen abgelenkt, wenn sie sich von den Polen wegbewegen. Sie heißen Polare Nordost- und Südostwinde.

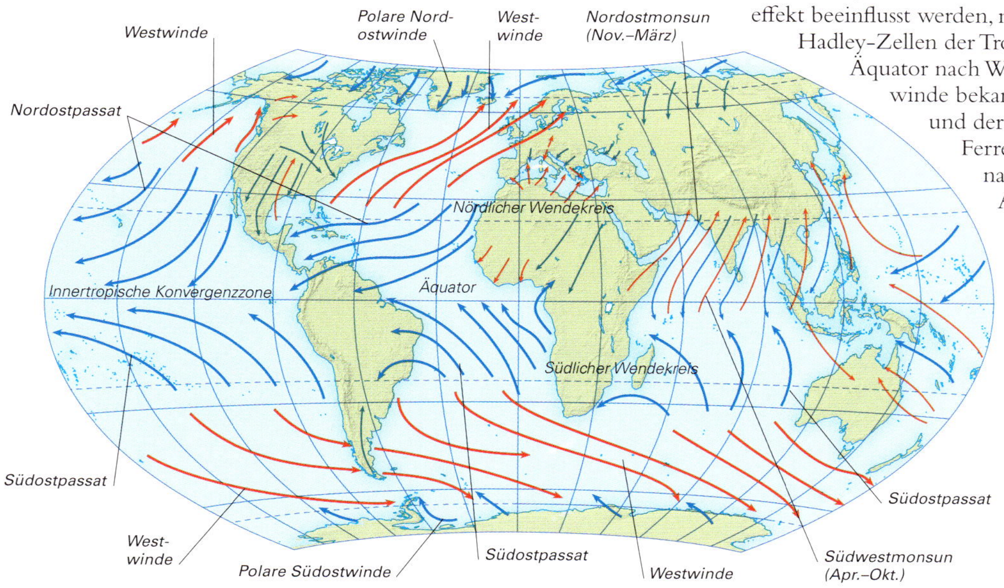

LEGENDE
- vorherrschend warm
- vorherrschend kühl
- regional warm
- regional kühl

WINDSYSTEME
Während des ganzen Jahres herrschen über den meisten Ozeanen Passatwinde oder Westwinde vor. Eine Ausnahme ist der nördliche Indische Ozean – hier herrscht ein Monsunklima mit jahreszeitlich wechselnder Windrichtung.

EINLEITUNG

LANGSTRECKENREGATTEN
Oft wehen Winde in weiten Teilen der Ozeane mit gleichbleibender Stärke aus derselben Richtung. Bei Langstreckenregatten können deshalb gesetzte Segel oft mehrere Tage genutzt werden.

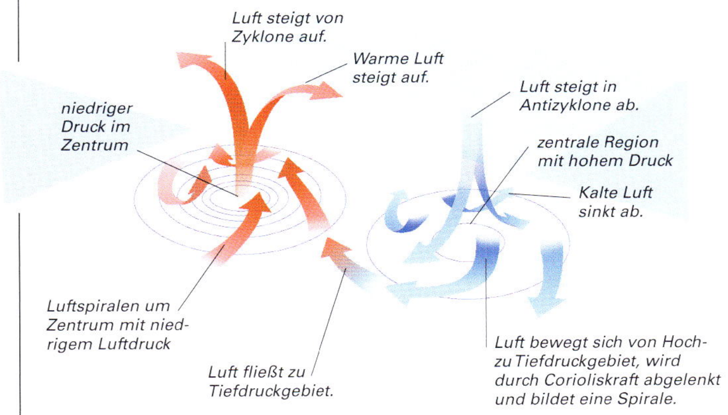

Wind in Drucksystemen

In Gebieten, in denen Luft absinkt – oft in subtropischen Breiten – entwickelt sich ein Hochdruckgebiet oder eine Antizyklone. Wo warme Luft aufsteigt, entsteht ein Tiefdruckgebiet oder eine Zyklone, oft in Äquatornähe und in subpolaren Breiten. Zyklonen und Antizyklonen erzeugen miteinander verbundene, zirkulierende Windsysteme, die sich ständig bewegen und verändern. Auf der Nordhalbkugel entsteht um eine Antizyklone eine Bewegung im Uhrzeigersinn und um eine Zyklone gegen den Uhrzeigersinn. Auf der Südhalbkugel verhält es sich umgekehrt. Lokale Drucksysteme können das Muster vorherrschender Winde beeinflussen. Besonders Zyklonen bewegen sich schnell über den Ozean, sodass sich Windstärke und Richtung schnell ändern können.

ZYKLONEN UND ANTIZYKLONEN
Luft bewegt sich von einem Hochdruckgebiet zu einem Tiefdruckgebiet. Die Corioliskraft modifiziert die Luftströme, so entstehen zirkulierende Winde.

Küstenwinde

Lokale Winde, See- und Landwinde genannt, entstehen in Küstennähe, vor allem in sonnigem Klima. Winde, die vom Meer zum Land wehen, auch Seewinde genannt, entwickeln sich tagsüber. Sie entstehen, weil das Land sich beim Absorbieren von Sonnenenergie schneller erwärmt als das Meer. Das Meer hat eine große Wärmekapazität und nimmt große Mengen an Wärmeenergie auf, wobei die Temperatur nur wenig ansteigt, während dieselbe Wärmemenge die Temperatur des Landes stark erhöht (siehe S. 31).

Wenn sich das Land erwärmt, erwärmt sich auch die Luft darüber und steigt auf. Kühlere Luft fließt vom Meer nach, um sie zu ersetzen. Am Abend und nachts tritt der gegenteilige Effekt ein. Das Festland kühlt schnell ab, das Meer jedoch bleibt lange warm und erwärmt die darüberliegende Luft. Steigt diese warme Luft auf, wird kühlere Luft vom Land angesaugt, und ein Wind, Landwind genannt, weht vom Land aufs Meer.

WINDIGE KÜSTE
An warmen Küsten fällt die Temperatur mittags oft auffällig ab, weil ein kühler Seewind an Land weht. Dieser Wind kehrt seine Richtung typischerweise abends und nachts um.

SEEWIND

TAG UND NACHT
Das Festland erwärmt sich tagsüber schneller als das Wasser. Warme Luft steigt über dem Festland auf und zieht kühle Luft vom Meer an. Nachts kühlt das Festland schneller ab, und der Luftstrom kehrt sich um.

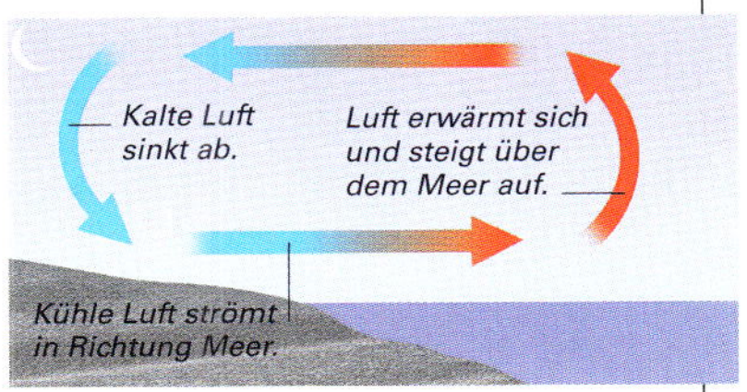

LANDWIND

DIE SEGEL TRIMMEN
Die Crew setzte die Segel, als sie für die Sydney-to-Hobart-Regatta startete. Der Kurs führt über die oft stürmische Bass-Straße zwischen Australien und Tasmanien.

Hochseeregatten

Hochseeregatten sind sportliche Wettbewerbe, bei denen lange Segelstrecken auf offener See zurückgelegt werden. Die Spanne reicht von kurzen, aber herausfordernden Törns von nur wenigen Tagen, etwa dem berühmten Fastnet-Rennen vor Südwestengland und der jährlichen Sydney-to-Hobart-Regatta, bis hin zu langen Törns in vielen Etappen um die Erde mit bis zu sechs Monaten auf See. Bei manchen Regatten hat jede Jacht bis zu 20 Crewmitglieder, andere sind Einhand-Regatten. Die Teilnehmer sind meist erfahrene Segler. Bei mehrköpfigen Besatzungen gibt es einen Skipper/Taktiker, einen Navigator und eine Crew, zu deren Aufgaben das Wechseln und Trimmen der Segel gehören. Einhandsegler müssen alles allein bewältigen. Eine Regatta, das Clipper Round the World Yacht Race, ist insofern ungewöhnlich, als dass die Crew aus Amateuren mit wenig Segelerfahrung besteht, die für die Teilnahme unter Führung eines Profis bezahlen.

Der Fairness wegen nehmen meist gleichartige Boote teil oder die Zeiten verschiedener Bootsklassen werden durch ein Vorgabesystem bewertet. Die Computertechnik hat bei modernen Regatten höchste Bedeutung. Die Navigation ist elektronisch gestützt, und Computer überwachen und optimieren die Führung des Boots. Auf See werden Wetterdaten mithilfe von Satellitenkommunikation heruntergeladen. Eine wichtige Fähigkeit des Seglers besteht darin, diese Daten zu interpretieren und etwa die voraussichtlichen Windverhältnisse beurteilen zu können. Im Übrigen hängt der Erfolg bei einer Regatta vor allem von Taktik und Erfahrung ab. So muss man wissen, wie man sowohl bei starken als auch bei schwachen Winden das Beste aus dem Boot herausholt und es beherrschen, gegen den Wind zu kreuzen.

Regatten um die Erde

Drei der berühmtesten Jachtregatten sind Erdumsegelungen. Sie verlaufen »round the right way« oder »richtig herum« (von West nach Ost, wie die vorherrschenden Winde und Strömungen). Die Vendée Globe ist eine Nonstop-Regatta für Einhandsegler alle vier Jahre. Das Ocean Race (früher Volvo Ocean Race), das alle drei bis vier Jahre stattfindet, ist ein Teamereignis mit Etappenstops. Das Clipper Round the World Race hat ebenfalls Etappen, zwischen denen die Crew teilweise ausgetauscht werden kann. Es findet gewöhnlich alle zwei Jahre statt, aber die COVID-Pandemie störte diesen Rhythmus und das Rennen von 2019–2020 erheblich.

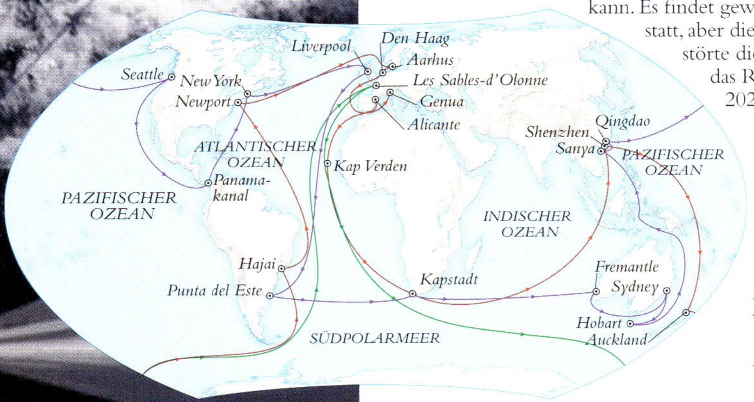

AUSGERÜSTET ZUM GEWINNEN

FÄHIGE SEGLER

GEGEN DEN WIND *Während des Volvo Ocean Race 2017–2018 bemüht sich die Crew des Teams Mapfre, das Boot bei starkem Wind im Gleichgewicht zu halten. Um gegen den Wind zu segeln, muss man einen Zickzackkurs aus lauter geraden Strecken im 45°-Winkel zur Windrichtung mit regelmäßigen 90°-Wenden halten. Dieses »Kreuzen« ist eine wichtige Fähigkeit für Segler.*

DIE CREW

ALLE HÄNDE WERDEN GEBRAUCHT *Die Crews sind bei manchen Regatten groß – bis zu 22 Leute pro Yacht beim Clipper Round the World Yacht Race. Bei dieser Regatta besteht die Crew aus neu eingearbeiteten Amateuren, die sämtliche Aufgaben übernehmen: Segel setzen, navigieren, steuern, kochen usw.*

HIGH-TECH

KONTROLLZENTRUM *Technik ist bei modernen Regatten sehr wichtig, darunter elektronische Seekarten und globale Positionierungssysteme. Hier bereitet sich der Franzose Marc Thiercelin im Kontrollzentrum seiner Jacht Pro-Form auf die Vendée Globe 2005–2006 vor.*

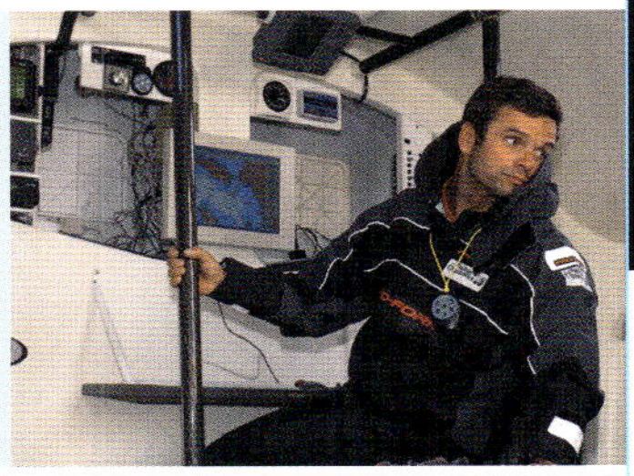

RISKANTES UNTERNEHMEN

AUF GRUND GELAUFEN *2014 lief die Jacht Vestas Wind nachts auf ein Riff im Indischen Ozean auf, was die Crew in große Gefahr brachte. Alle wurden gerettet und bergen in diesem Bild einige Ausrüstungsgegenstände.*

DURCHHALTEN *Die Crew der Yacht Astra riskiert, über Bord gespült zu werden – für einen Segler die größte Gefahr. Um die Rettung in solchen Fällen zu erleichtern, tragen die Crewmitglieder meist Funkmelder. Zudem ist man gewöhnlich mit einer Sicherheitsleine am Boot befestigt, außer an Tagen mit ruhigen Bedingungen.*

Oberflächenströme

In den oberen Schichten der Ozeane verlaufen verschiedene windgetriebene Strömungen über enorme Entfernungen. Viele vereinigen sich und große, zirkulierende Strömungen – die subtropischen Wirbel – prägen die großen Ozeanbecken. Oberflächenströmungen betreffen nur etwa 10 Prozent des Ozeanwassers, sind jedoch für das Weltklima bedeutend (siehe S. 66), denn sie transportieren enorme Wärmemengen von den Tropen in kühlere Regionen. Zudem haben sie entscheidenden Einfluss auf Schifffahrt und Fischereiindustrie.

Wind über dem Wasser

Der Wind über dem Meer bewegt das Oberflächenwasser und erzeugt Strömungen. Das Wasser bewegt sich jedoch nicht in der gleichen Richtung wie der Wind, sondern wird in einem Winkel zur Windrichtung abgelenkt – nach rechts auf der Nordhalbkugel und nach links auf der Südhalbkugel. Dieses Phänomen wurde 1902 erstmals vom schwedischen Wissenschaftler Walfrid Ekman erklärt. Sein Modell nennt man heute Ekman-Spirale. Demnach entsteht die Wasserbewegung in den Oberflächenschichten aus einer Kombination der Reibungskraft der Wasserschicht darüber (oder, in der obersten Schicht, der Windreibungskraft) und der Corioliskraft (siehe S. 54). Insgesamt wird die Wassermasse daher im rechten Winkel zur Windrichtung bewegt, ein Effekt, der als Ekman-Transport bekannt ist.

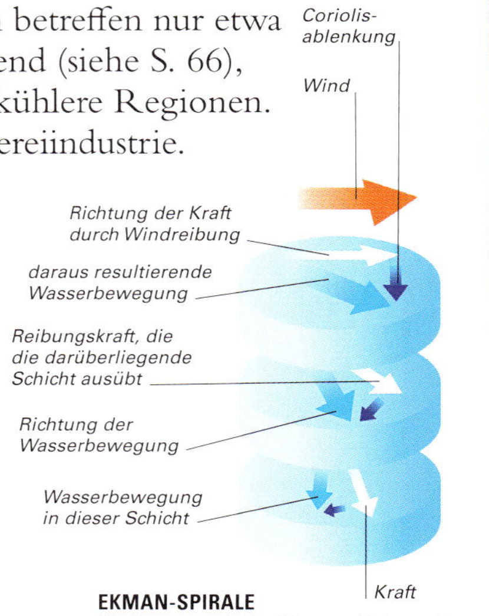

EKMAN-SPIRALE
Die Bewegung jeder Wasserschicht resultiert aus einer Kombination der Reibung der darüberliegenden Schicht und der Ablenkung durch die Corioliskraft. Dieses Diagramm zeigt die Ekman-Spirale auf der Nordhalbkugel. Auf der Südhalbkugel erfolgt die Ablenkung nach links relativ zum Wind.

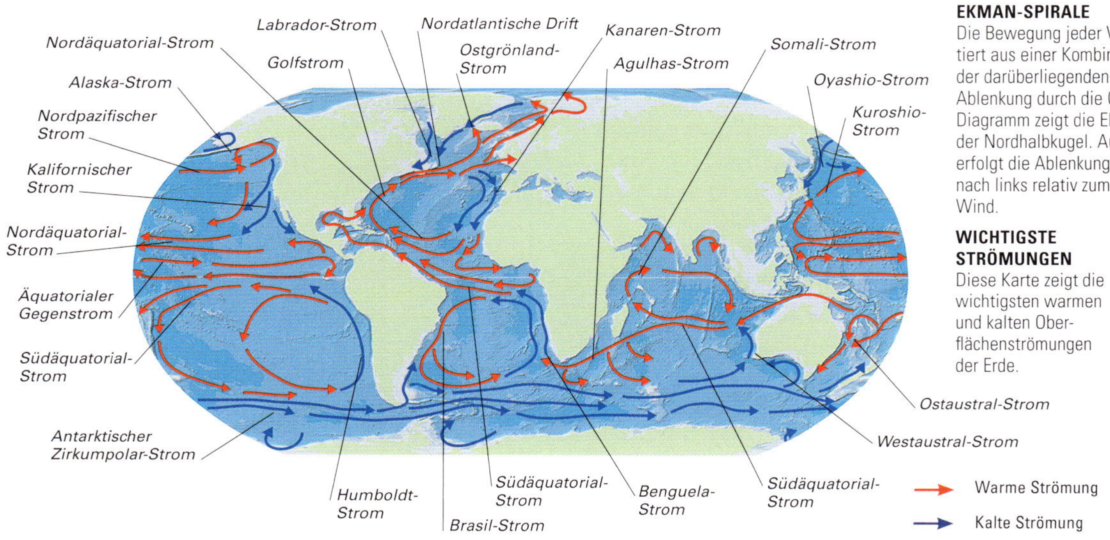

WICHTIGSTE STRÖMUNGEN
Diese Karte zeigt die wichtigsten warmen und kalten Oberflächenströmungen der Erde.

Wirbelsysteme

Die Kombination aus vorherrschenden Winden (siehe S. 54) und Ekman-Transport erzeugt riesige, kreisförmige Stromsysteme, die man (subtropische) Wirbel oder auch Gyres nennt. Insgesamt gibt es fünf subtropische Wirbel – je zwei im Atlantik und Pazifik und einen im Indischen Ozean. Sie bestehen jeweils aus mehreren Einzelströmen mit eigenen Namen. Der nordpazifische Wirbel etwa besteht aus dem Kuroshio-Strom im Westen, dem Kalifornischen Strom im Osten und zwei weiteren Strömungen. Wasser sammelt sich in der Mitte dieser Wirbelsysteme – so entsteht dort eine leichte Erhebung der Meeresoberfläche.

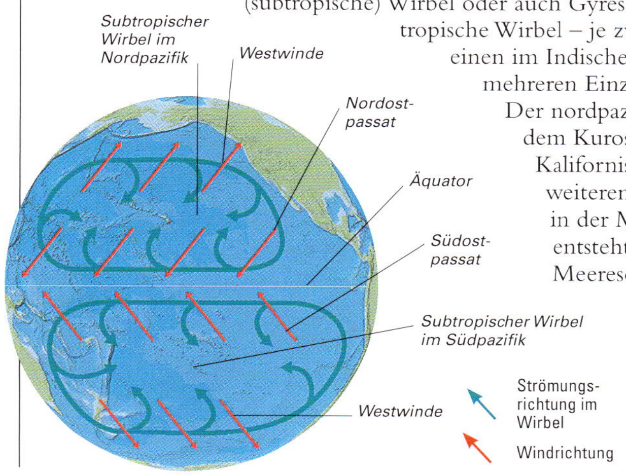

WIE WIRBELSYSTEME ENTSTEHEN
Im Nordpazifik erzeugt die Kombination aus West- und Passatwinden, die das Wasser stets nach rechts bewegen (Ekman-Transport), einen Wirbel im Uhrzeigersinn. Im Südpazifik entsteht durch den Ekman-Transport nach links ein Wirbel gegen den Uhrzeigersinn.

PORTRÄT

BENJAMIN FRANKLIN

Der amerikanische Staatsmann und Erfinder Benjamin Franklin (1706–1790) erforschte als einer der Ersten eine Meeresströmung und veröffentlichte eine Karte vom Verlauf des Golfstroms. Sein Interesse wurde geweckt, als die britische Postbehörde ihn fragte, warum amerikanische Postschiffe den Atlantik schneller überquerten als englische Schiffe. Die Antwort war, dass amerikanische Schiffe die östliche Richtung des Golfstroms nutzten.

Randströmungen

Die Strömungen an den Rändern der subtropischen Wirbel werden Randströme genannt. Die auf der Westseite sind stark, schmal und warm – sie transportieren Wärme vom Äquator weg. Dazu gehören der Golfstrom und der Brasil-Strom im Südwestatlantik. Östliche Randströme sind schwächere, breitere kalte Ströme, die Wasser zurück in die Tropen transportieren. Hierzu gehören der Benguela-Strom vor Südwestafrika und der Kalifornische Strom. In Äquatornähe fließen warme äquatoriale Ströme in westliche Richtung. Andere Ströme münden in die Wirbelsysteme ein oder zweigen von ihnen ab, etwa die warme Nordatlantische Drift, ein Ausläufer des Golfstroms, und kalte Ströme, die arktisches Wasser nach Süden transportieren, wie der Oyashio-Strom und der Ostgrönland-Strom.

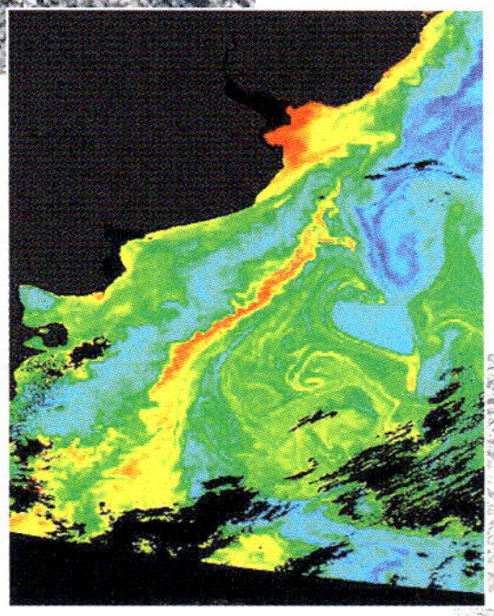

WARME STRÖME
Satellitenaufnahmen können Phytoplanktonkonzentrationen im Wasser darstellen, die temperaturabhängig sein können. Hier bedeuten Gelb und Rot hohe Planktonkonzentrationen im warmen Brasil-Strom.

KALTE STRÖME
Diese Satellitenaufnahme zeigt Meereis, das im kalten Oyashio-Strom an der Küste der Kamtschatka-Halbinsel vorbei treibt. Turbulenzen lassen die Spiralmuster entstehen.

Ströme treffen zusammen

In manchen Regionen treffen sich warme und kalte Ströme und interagieren. Beispiele sind das Zusammentreffen des warmen Golfstroms mit dem kalten Labrador-Strom vor der Ostküste der USA und Kanadas und des kalten Oyashio-Stroms mit dem warmen Kuroshio-Strom im Norden Japans. An diesen Zusammenflüssen taucht das dichtere Wasser der kalten Ströme unter das warme Wasser ab, und meist entstehen dabei Turbulenzen. Dadurch kann es zu einem Aufsteigen nährstoffreichen Tiefenwassers kommen, das das Wachstum von Plankton fördert. Dies wiederum bildet die Nahrungsgrundlage für Fische, Seevögel und Säugetiere.

SEERAUCH
Delfine springen zwischen hohen Wellen empor. Seerauch bildet sich, wenn kalte Luft über die Grenze zwischen kalten und warmen Strömungen driftet und Wasserdampf aufnimmt.

ENTGEGENGESETZTE STRÖME
Der warme Brasil-Strom auf der linken Seite und der kältere Falkland-Strom rechts transportieren jeweils verschiedene gefärbte Planktonpopulationen.

Tiefenzirkulation

DAS WASSER DER OZEANE zirkuliert in großen Tiefen. Diese Tiefenströmungen sind komplex. Manche verlaufen vertikal: Wasser steigt zur Oberfläche auf oder sinkt in die Tiefe ab – man spricht vom Upwelling und Downwelling. Die Oberflächen- und Tiefenströmungen stehen in einem globalen Zirkulationssystem miteinander in Verbindung.

Downwelling

Die wichtigste Ursache des Downwelling (»Absinken«) sind thermohaline Prozesse, die Temperatur oder Salzgehalt ändern (»thermos« bedeutet Wärme und »hal« Salz). Wo etwa warmes, salzhaltiges Wasser mit einem Oberflächenstrom in die Arktis gelangt, kühlt es schnell ab, sobald es auf kälteres, weniger salzhaltiges polares Wasser trifft. Dabei nimmt seine Dichte zu und es sinkt ab. Downwelling findet auch an einigen Küsten statt. Winde beispielsweise, die auf der westlichen Seite von Ozeanen zum Äquator wehen, schieben durch Ekman-Transport (siehe S. 58) Meerwasser auf das Land zu. Wenn es die Küste erreicht, sinkt es ab. Schließlich tritt Downwelling auch unter den Anhebungen des Wasserspiegels auf, die sich im Zentrum von Antizyklonen (siehe S. 55) und der subtropischen Wirbel (siehe S. 58) bilden.

DOWNWELLING IM NORDATLANTIK
In diesen wichtigen Downwelling-Gebieten trifft warmes Oberflächenwasser auf kühleres arktisches Wasser, kühlt ab, wird dichter und sinkt ab.

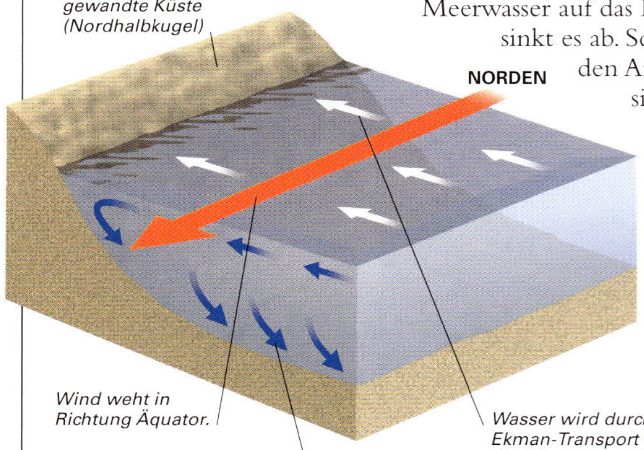

DOWNWELLING AN KÜSTEN
Ein Wind, der an der Westseite eines Ozeans in Richtung Äquator weht, wie hier (links), schiebt Meerwasser an den Strand, wo es absinkt.

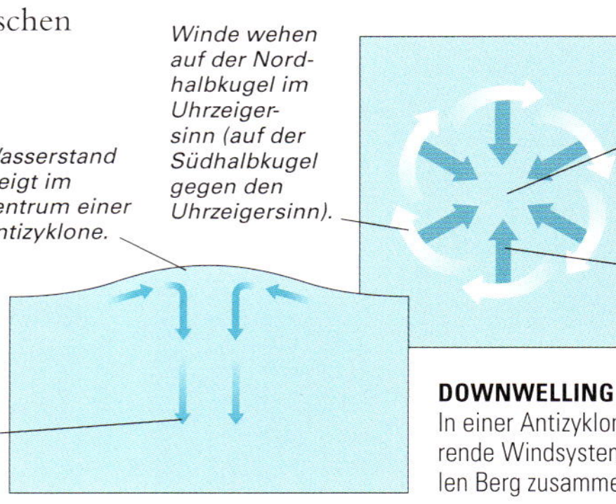

DOWNWELLING IN EINER ANTIZYKLONE
In einer Antizyklone schiebt das zirkulierende Windsystem Wasser zu einem zentralen Berg zusammen, an dem es absinkt.

Upwelling

Upwelling (»Auftrieb«) kann aus verschiedenen Gründen auftreten. So findet es statt, wenn die umgekehrten Bedingungen herrschen, die Downwelling verursachen. Beispielsweise bewegen Winde, die auf der Ostseite von Ozeanen äquatorwärts wehen, Meerwasser durch Ekman-Transport vom Land weg, sodass an der Küste Wasser aus der Tiefe aufsteigt, um es zu ersetzen. Wasser steigt in der Mitte von Zyklonen (dem Gegenteil von Antizyklonen, siehe S. 55) zur Oberfläche auf. Auftriebsgebiete entstehen auch dort, wo Oberflächengewässer eher auseinandergezogen werden, etwa an den Grenzen der Wirbelsysteme in einigen äquatorialen Regionen im Pazifik und Atlantik. Tiefenwasser kann auch aufsteigen, um absinkendes, dichteres Wasser zu ersetzen. Dies geschieht im Südpolarmeer, wo Upwelling riesige Mengen sehr dichten, kalten salzreichen Wassers ersetzt, das unter dem sich bildenden Meereis absinkt.

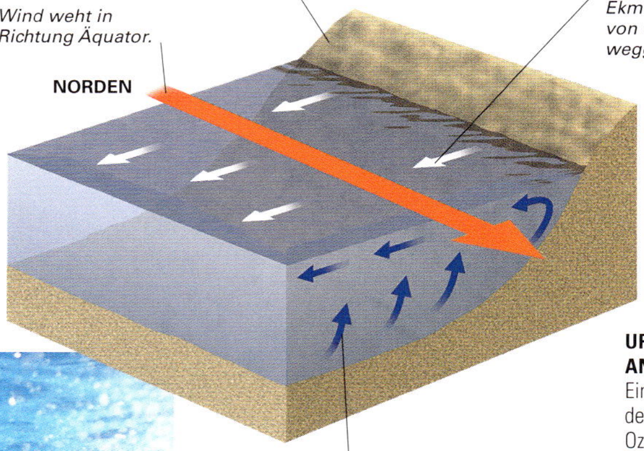

UPWELLING AN KÜSTEN
Ein Wind, der auf der Ostseite eines Ozeans in Richtung Äquator weht, wie hier, schiebt Meerwasser vom Strand weg, sodass nahe der Küste Wasser aus der Tiefe aufsteigt.

PLANKTONFILTRIERER
In Auftriebsgebieten werden riesige Mengen von Nährstoffen vom Meeresgrund nach oben befördert. Diese regen das Wachstum von Plankton an. Planktonfresser wie dieser Mantarochen und Wale, kleinere Fische und andere Meerestiere werden angelockt.

Zirkulation des Tiefenwassers

Das Ozeanwasser zirkuliert langsam in der Tiefe, angetrieben von sinkendem Wasser in den wichtigen Downwelling-Gebieten etwa im Nordatlantik. Die Analyse von Wasserproben verschiedener Tiefengewässer zeigt einen gewaltigen Kreislauf durch alle Ozeane, den man »globales Förderband« nennt. Das Meerwasser braucht dafür etwa 1000 Jahre. Es wird befürchtet, dass das Schmelzen des arktischen Meereises und des grönländischen Eisschilds aufgrund der globalen Erwärmung das Förderband stört, weil beide Phänomene das arktische Wasser mit Süßwasser überfluten, was das Downwelling im Nordatlantik beeinflusst. Das hätte Folgen für das Klima in Europa. Inzwischen misst man zwar bereits eine gewisse Abschwächung des Förderbands im Nordatlantik, aber Experten erwarten keine dramatischen Folgen in diesem Jahrhundert.

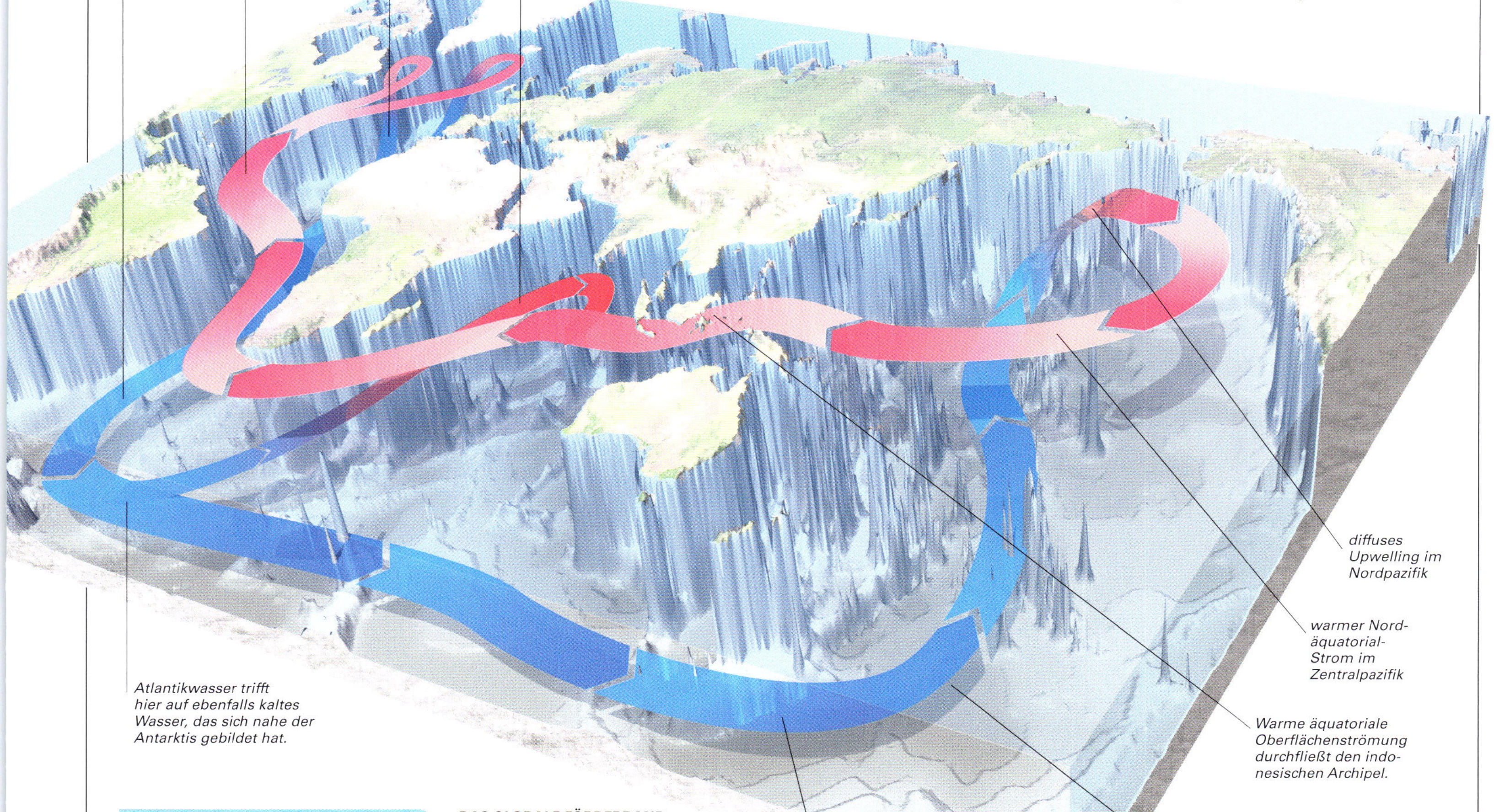

DAS GLOBALE FÖRDERBAND
Das globale Förderband beginnt mit dem Absinken kalten, salzreichen Wassers im Nordatlantik. Es strömt in der Tiefe südwärts, umfließt Antarktika, verzweigt sich in den Pazifik und Indischen Ozean und steigt durch Mischung mit wärmeren Wassermassen wieder auf. Warme Oberflächenströme führen es zurück in den Atlantik.

FORSCHUNG

ROBBENHILFE

Dieser See-Elefant, der in große Tiefen hinabtaucht, sammelt Daten über die Unterwasserströme im Südatlantik. Ein Messgerät ist mit einem Klebstoff an seinem Kopf befestigt, der sich beim Fellwechsel wieder löst. Es misst die Temperatur und Salinität in verschiedenen Tiefen. Die gewonnenen Informationen tragen auch zum Schutz der See-Elefanten-Populationen bei.

Zirkulierende Zellen

Eine Art der Zirkulation, die nur die oberen 20 m des Ozeans betrifft, aber komplexer ist als ein einfacher horizontaler oder vertikaler Wasserstrom, wird Langmuir-Zirkulation genannt. Sie wird vom Wind angetrieben und besteht aus Reihen langer, zylindrischer Wasserzellen, die in Windrichtung nebeneinander »liegen«. Jede rotiert jeweils in der entgegengesetzten Richtung ihrer Nachbarzellen. Die Zellen rotieren also abwechselnd im und gegen den Uhrzeigersinn. Eine Zelle ist etwa 10–50 m breit und kann Hunderte von Metern lang sein. Auf der Meeresoberfläche sind dort, wo Zellen aneinandergrenzen, lange weiße Streifen von Schaum oder zusammengeballter Tang sichtbar. Das Muster dieser Zirkulation erklärte der US-amerikanische Chemiker Irving Langmuir 1938 erstmals, nachdem er auf einem Ozeankreuzer den Atlantik überquert hatte. Nach ihm ist das Phänomen benannt.

LANGMUIR-ZIRKULATION
Diese langen Schaumstreifen auf der Meeresoberfläche entstehen durch Langmuir-Zirkulation. Der Abstand zwischen den Streifen nimmt mit der Windstärke zu.

GEFÄHRLICHE PLASTIKTÜTEN
Karettschildkröten verwechseln Plastiktüten oft mit Quallen, die eine ihrer Hauptnahrungsquellen sind. Wenn die Schildkröte eine Plastiktüte frisst, kann diese zu schweren Blockaden im Verdauungstrakt führen, an denen das Tier sterben kann.

Meeresverschmutzung

Jedes Jahr werden enorme Mengen Müll und Chemikalien ins Meer gekippt, eingeschwemmt oder vom Wind eingeweht. Der Großteil gelangt aus der Landwirtschaft, aus Betrieben und Haushalten durch Flüsse vom Land ins Meer, aber ein Teil wird auch von Schiffen entsorgt oder stammt aus Unglücken bei der Ölförderung oder aus Schiffswracks. Durch die Ozeanzirkulation (siehe S. 58–61) breiten sich Müll und Schadstoffe in alle Weltregionen aus.

Ein bedeutender Anteil der Verschmutzung besteht aus Plastik. Es sammelt sich mit anderem Treibgut in einigen Gebieten an, die man Müllstrudel nennt (siehe Karte unten). Plastikobjekte zerfallen in immer kleinere Fragmente bis hin zu winzigen Partikeln, Mikroplastik genannt. Die Müllstrudel bestehen großteils aus einer »Suppe« von Mikroplastikteilchen.

Auch andere chemische Stoffe in vielerlei Formen verschmutzen die Weltmeere. Überdüngung tritt auf, wenn landwirtschaftlicher Dünger über Flüsse ins Meer gelangt. Die Nährstoffe können zu Algenblüten führen, bei denen Gifte entstehen, die etwa Korallen schädigen. Algenblüten verbrauchen zudem Sauerstoff, sodass Fische ersticken. Chemische Schadstoffe werden zwar im Meer verdünnt, sie können sich aber in der Nahrungskette (siehe S. 212) anreichern und für Spitzenprädatoren wie Robben und große Fische gefährlich sein – und für Menschen, die Fisch essen.

Zur Lösung sind Müllvermeidung und Reinigungsaktionen nötig, aber der Umgang der Menschen mit Plastik muss sich ebenfalls ändern.

Die großen Müllstrudel im Meer

Die ozeanischen Müllstrudel haben sich im Zentrum der subtropischen Wirbel gebildet, den großen, rotierenden Strömungssystemen der Meeresbecken (siehe S. 58). Da das Wasser an der Oberfläche tendenziell zum Mittelpunkt der Wirbel getrieben wird, sammelt sich Treibgut auch dort an. Der größte Abfallteppich, der Große Pazifische Müllstrudel, befindet sich im Nordpazifik und gliedert sich klar in einen östlichen und einen westlichen Teil. Er enthält geschätzte 90 Mio. Tonnen Müll. Kleinere Müllstrudel liegen im Südpazifik, im Nord- und Südatlantik und im Indischen Ozean.

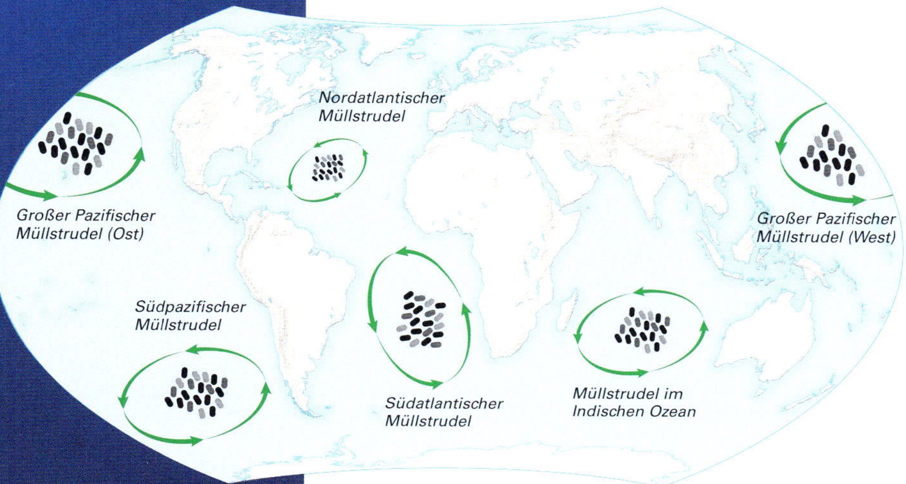

GEFAHREN DURCH DEN MÜLL

PLASTIK IM MEER

MIKROPLASTIK *Als Mikroplastik bezeichnet man Kunststoffpartikel unter 5 mm Größe. Hunderte Billionen solcher Partikel finden sich im Oberflächenwasser der Ozeane und einige sind schon bis in die tiefsten Meerestiefen vorgedrungen. Diese Partikel können kleine Meerestiere auf viele Weisen schädigen, etwa weil sie den Magen füllen und damit die Ernährung behindern.*

TÖDLICHE FALLEN

GEISTERNETZE *Hunderttausende Meeressäugetiere, Seeschildkröten und Vögel (wie diese Trottellumme) sterben jedes Jahr, weil sie sich in verloren gegangenen oder weggeworfenen Fischernetzen, Seilen oder anderen Objekten verfangen. Sie können sich nicht befreien und ertrinken oder verhungern dann.*

ÖLVERSCHMUTZUNG

ÖLPEST IM GOLF VON MEXIKO *Gelegentlich kommt es zu Erdölkatastrophen im Meer, etwa durch Unfälle von Öltankern oder bei der Bohrtätigkeit, wie hier im Golf von Mexiko 2010. Öl schädigt Meerestiere direkt durch Verschmutzung – wenn es etwa das Gefieder von Vögeln verklebt, sodass sie nicht mehr fliegen können – oder durch die Freisetzung von Giftstoffen.*

VERSCHMUTZUNG VON STRÄNDEN

GESUNDHEITSRISIKO *Ein offensichtliches Zeichen für die heutige Meeresverschmutzung sind die enormen Mengen an Abfall, die überall auf der Welt jeden Tag an den Stränden angespült werden. Ein Großteil davon ist Plastik, aber auch Schuhe, Windeln, Gummireifen, Ölklumpen und anderer Müll sowie unbehandeltes Abwasser erreichen die Strände. Der Müll sieht nicht nur extrem unschön aus, sondern birgt auch ernste gesundheitliche Gefahren für Menschen und Tiere, die den Strand besuchen.*

SAUBER MACHEN

MÜLLSAMMLER *Die Meere von Plastik und anderem Müll zu reinigen, ist eine enorme Aufgabe. Die Umweltorganisation The Ocean Cleanup macht den Anfang. Sie hat ein System entwickelt, mit dem man Abfall in den Müllstrudeln aussieben und auch verhindern kann, dass Plastik ins Meer gelangt (etwa an Flussmündungen). Das Bild zeigt das System 002 bei einem Test.*

Der globale Wasserkreislauf

DIE OZEANE DER ERDE tauschen ständig durch Verdunstung, Wolkenbildung, Niederschläge und den Lauf der Flüsse Wasser mit der Atmosphäre und den Landmassen aus. Diese vernetzten Prozesse, die letztendlich durch die Wärme der Sonne angetrieben werden, nennt man den globalen Wasserkreislauf oder hydrologischen Kreislauf. Dieser setzt sich wiederum aus vielen einzelnen Kreisläufen wie der Bildung und dem Schmelzen von Meereis zusammen.

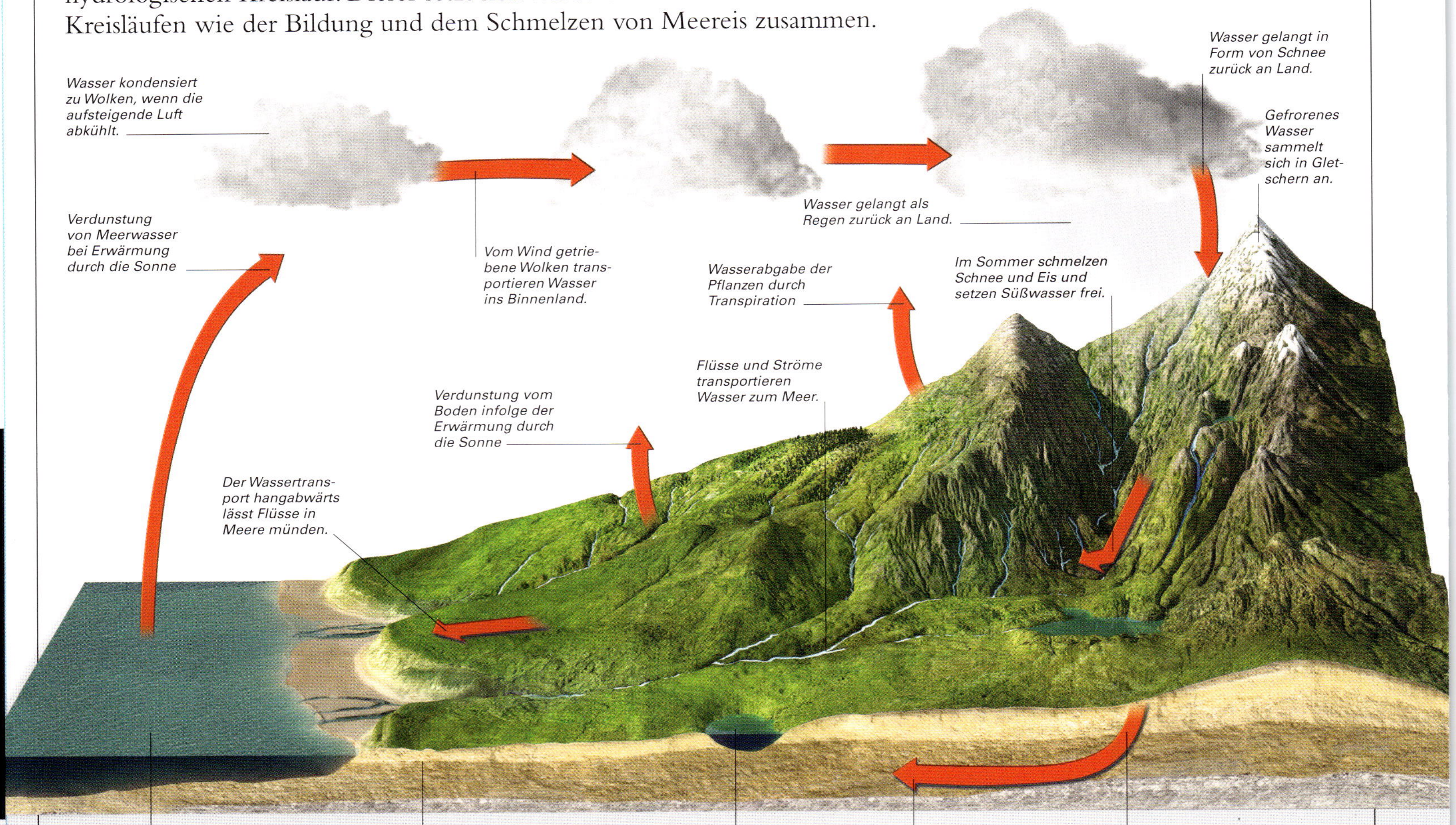

KREISLAUF DES WASSERS
Wasser gelangt hauptsächlich durch Verdunstung von Meerwasser und der Transpiration der Pflanzen in die Atmosphäre. Es kondensiert, bildet Wolken und fällt schließlich als Regen und Schnee wieder herab. An Land bewegt sich Wasser in Flüssen und Gletschern abwärts. Es versickert im Boden und Gesteinen und wird in Seen und Feuchtgebieten gespeichert.

EWIGER KREISLAUF
Meer, Eis, Gebirge und Wolken spielen eine Rolle im globalen Wasserkreislauf. Hier eine Küste bei Port Lockroy in der Antarktis.

Wasserspeicher der Erde

Auf der Erde gibt es knapp 1,4 Milliarden Kubikkilometer Wasser. Etwa 96,5 Prozent davon befindet sich in Form von Salzwasser in den Ozeanen. Der Rest ist Süßwasser. Davon sind mehr als zwei Drittel zu Eis gefroren, das vor allem in den riesigen Eisschilden der Antarktis und Grönlands gebunden ist, aber auch Landgletscher, Eisberge und Meereis bildet. Der Großteil des restlichen Süßwassers ist Grundwasser, das sich in unterirdischen Gesteinsschichten befindet. Nur ein sehr geringer Anteil (weniger als 1/2000stel) befindet sich als Wasserdampf in der Atmosphäre. Flüssiges Süßwasser auf dem Festland, in Seen, Feuchtgebieten und Flüssen macht nur 0,3% des gesamten Süßwassers der Erde oder 0,01 Prozent des gesamten Wassers aus. Die verschiedenen Wasserspeicher der Erde hatten nicht immer das gleiche Ausmaß wie heute. Während der Eiszeiten etwa war mehr Wasser als Eis gebunden, die Ozeane führten weniger Wasser.

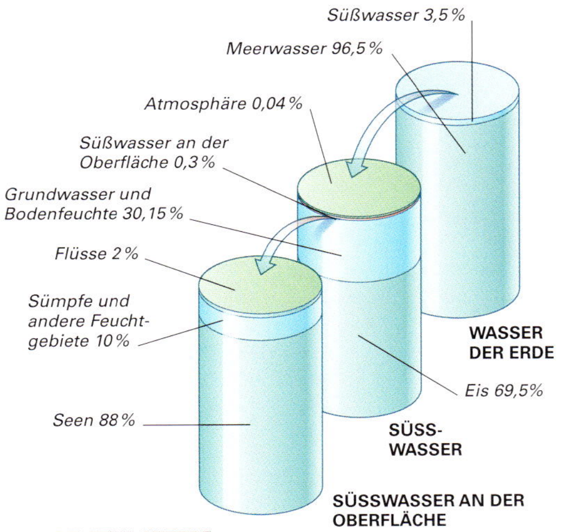

RELATIVE ANTEILE
Das Meerwasser (der Großteil im hinteren Zylinder) macht 97 % des Wassers der Erde aus. Der relative Anteil von Süßwasser, der sich auf den Landflächen befindet, ist vergleichsweise gering.

Verdunstung der Ozeane und Niederschläge

Insgesamt verdunsten jährlich 450 000 Kubikkilometer Wasser aus den Ozeanen. Davon fallen etwa 403 500 Kubikkilometer wieder als Niederschläge (Regen, Schnee, Graupel und Hagel) ins Meer. Der Rest wird in Form von Wolken und Luftfeuchtigkeit ins Binnenland transportiert. Verdunstung und Niederschläge sind nicht gleichmäßig über die Oberfläche der Ozeane verteilt. Die Verdunstungsraten sind in den Tropen am höchsten und in der Nähe der Pole am geringsten. Hohe Niederschläge fallen in Äquatornähe und in Bändern zwischen dem 45. und 70. Breitengrad auf Nord- und Südhalbkugel. Trockenere Gebiete befinden sich an den Ostseiten der Ozeane zwischen etwa den 15. und 40. Breitengraden.

PORTRÄT

SENECA DER JÜNGERE

In seinem Buch *Naturales Quaestiones* reflektiert der römische Staatsmann, Dramatiker und Philosoph Seneca der Jüngere (4 v. Chr. – 65 n. Chr.) darüber, warum der Meeresspiegel konstant bleibt, obwohl ständig Wasser aus Flüssen und Regen zufließt. Er meint, dass es einen Mechanismus geben müsse, durch den Wasser vom Meer in die Luft gelangt und entwickelt eine frühe Version des Wasserkreislaufs.

ÄQUATORIALER REGENSTURM
In manchen äquatornahen Regionen, wie hier im tropischen Pazifik, beträgt der jährliche Niederschlag über 300 cm. In den trockensten Ozeanregionen bleibt er unter 10 cm.

Süßwasserzustrom

Die 46 500 Kubikkilometer Wasser, die die Meere jedes Jahr durch Verdunstung und Transport zum Land netto verlieren, werden durch einen ebenso großen Zustrom vom Land ausgeglichen. Nur 20 Flüsse, darunter der Amazonas und einige gewaltige sibirische Ströme, befördern 40 % des gesamten Zustroms in die Ozeane. Die Zuflüsse der verschiedenen Flusssysteme verändern sich im Lauf der Zeit aufgrund von menschlichen Aktivitäten und Klimaveränderungen. So scheint etwa die globale Erwärmung den Zustrom aus sibirischen Flüssen in das Nordpolarmeer erhöht zu haben, weil Eis in der Tundra schmilzt. Diese Zuflüsse vermindern den Salzgehalt arktischer Gewässer und können die globale Zirkulation in den Ozeanen beeinflussen (siehe S. 62).

DER NORDOSTASIATISCHE AMUR TRITT ÜBER DIE UFER
Der Klimawandel dürfte dazu beigetragen haben, dass es am Amur in den letzten Jahren zu starken Überschwemmungen kam (unten). Ein Falschfarben-Satellitenbild (links) zeigt den angeschwollenen Strom in Schwarz. Grün ist die Vegetation gefärbt.

Kreislauf des Meereises

Das Wasser, das im Meereis gebunden ist, unterliegt einem zusätzlichen jahreszeitlichen Zyklus. In den Polarmeeren nimmt die Eisfläche im Winter zu und im Sommer ab. Das hat bedeutende Folgen für das Klima, denn bei der Eisbildung wird Wärme frei und beim Schmelzen wird Wärme aus der Atmosphäre absorbiert. Zudem beeinflusst das Meereis den Wärmeaustausch zwischen Ozean und Atmosphäre. Im Winter isoliert das Eis die relativ warmen Meere von der viel kälteren Luft und reduziert so den Wärmeverlust. Andererseits hat das Eis, vor allem wenn es mit Schnee bedeckt ist, ein hohes Rückstrahlvermögen (Albedo) und vermindert die Absorption von Sonnenstrahlung an der Meeresoberfläche. Man vermutet, dass der Kreislauf des Eises insgesamt dazu beiträgt, die Temperaturen von Luft und Meerwasser in den Polarmeeren zu stabilisieren. Zudem beeinflusst er den Salzgehalt des Oberflächenwassers, was dazu beiträgt, den globalen Kreislauf des Wassers in den Ozeanen der Erde anzutreiben (siehe S. 61).

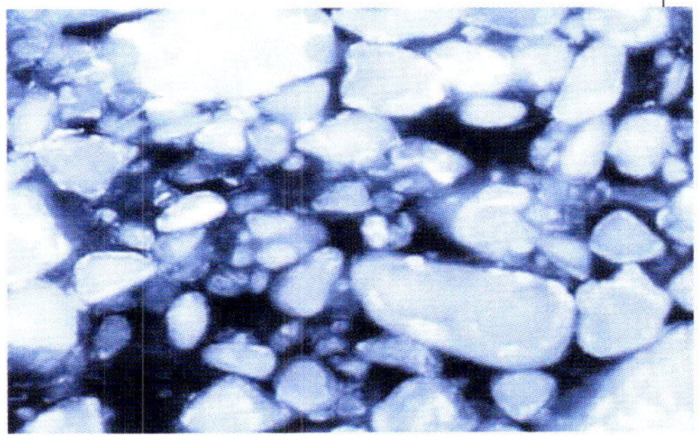

BILDUNG VON MEEREIS
Wenn sich Meereis bildet, wird Wärme an die Atmosphäre abgegeben, und der Salzgehalt des umgebenden Wassers nimmt zu, da das Salz nicht gefriert. Dieser Prozess beeinflusst das Klima und die Zirkulation des Meerwassers.

Einfluss auf das Klima

DIE OZEANE HABEN EINEN GROSSEN EINFLUSS auf das Klima der Erde. Sie absorbieren Sonnenenergie und verteilen sie mit warmen Oberflächenströmen über die Erde. Auch kalte Strömungen haben lokale Auswirkungen auf das Klima. Veränderung von Strömungen wirken bei Klimaschwankungen wie El Niño (siehe S. 68) mit. Die Ozeane spielen auch bei künftigen Klimaveränderungen eine entscheidende Rolle, da sie ein wichtiger Speicher für Kohlendioxid sind, dem bedeutendsten Treibhausgas.

ERWÄRMUNG DURCH DIE SONNE
Die Oberflächenschichten der Ozeane absorbieren etwa die Hälfte der Sonnenenergie, die die Erde erreicht. Strömungen bewegen diese mit einer Leistung von mehreren Milliarden Megawatt polwärts.

Warme Strömungen

Fünf oder sechs große Oberflächenströmungen (siehe S. 58) transportieren Wärme von den Tropen und Subtropen polwärts. Deshalb ist in einigen gemäßigten Regionen das Klima wärmer, als dies sonst der Fall wäre. Ein Beispiel ist die Wirkung des warmen Golfstroms und seines Ausläufers, der Nordatlantischen Drift, auf Europa. Die Nordatlantische Drift transportiert Wärme, die ursprünglich in der Karibik und im Golf von Mexiko aufgenommen wurde, quer über den Atlantik, wo sie vor Frankreich, den Britischen Inseln, Norwegen, Island und anderen Teilen Nordwesteuropas in die Atmosphäre abgegeben wird. Da die vorherrschenden Westwinde die warme Luft ins Land tragen, haben diese Gebiete ein milderes Klima als Regionen in gleichen oder sogar niedrigeren Breiten auf der Westseite des Atlantiks. Die Temperaturen in Reykjavik, der Hauptstadt Islands, sind im Winter typischerweise höher als in New York. Ähnlich wärmt im Nordwestpazifik der Kuroshio-Strom den Süden Japans, und im äußersten Südwesten des Pazifik beschert der Ostaustral-Strom Tasmanien ein relativ mildes Klima.

MILDE KÜSTE
Penzance in Südwestengland hat ein mildes Klima, in dem subtropische Vegetation gedeiht. Die Nordatlantische Drift sorgt hier für um etwa 5 °C erhöhte Temperaturen.

Kalte Strömungen

In einigen Fällen bewirken kalte Strömungen ein kühleres Klima, als es sonst vorherrschen würde. An der Westküste der USA beispielsweise ist es im Sommer durch den Kalifornischen Strom kühler. Kalte Strömungen beeinflussen außerdem die Verteilung von Niederschlägen und Nebelbildung. Im Allgemeinen kühlen die verschiedenen kalten Strömungen, die auf den Ostseiten der Ozeane in Richtung Äquator fließen – in Verbindung mit dem Auftrieb (Upwelling) kalten Wassers aus der Tiefe, der in diesen Regionen stattfindet – die Luft ab, reduzieren die Verdunstung des Meerwassers und bewirken das Absteigen trockenerer Luft aus größeren Höhen. In diesen Regionen bilden sich über dem Ozean zwar oft Wolken und Nebel (denn selbst die geringe Feuchtigkeit kondensiert über dem kalten Wasser), diese lösen sich jedoch schnell auf, wenn sie sich über das Festland bewegen. Deshalb tragen kalte Ströme in Gebieten, die an die Ostseiten der Ozeane angrenzen, zur Wüstenbildung bei. Ein Beispiel ist die Namibwüste im Südwesten Afrikas.

KÜSTE VON NORDCHILE
Der kalte Humboldt-Strom fließt entlang der Küste von Nordchile. Er fördert die Wolken- und Nebelbildung über dem Meer (zu sehen oben links im Satellitenbild), trägt aber auch dazu bei, dass an diesem Küstenstreifen extreme Trockenheit herrscht (links).

WEIT NÖRDLICH

Die meisten Pinguine leben in der Antarktis. Erstaunlicherweise befindet sich das nördlichste Pinguinvorkommen aber auf den Galapagos-Inseln am Äquator. Diese Inseln haben ein kühles Klima. Die Meeresoberfläche ist in den meisten Jahren 5 °C kälter als für die Tropen typisch. Die Ursache ist der kalte Humboldt-Strom, der an der Westküste Südamerikas nordwärts fließt.

Kohlenstoff in den Ozeanen

Die Ozeane stellen den größten Kohlendioxidspeicher (CO_2) der Erde dar, dem Treibhausgas, das entscheidend zur globalen Erwärmung beiträgt. Riesige Mengen Kohlenstoff sind im Meer gebunden, einiges als gelöstes CO_2 und verwandten Stoffen, die sich leicht zu CO_2 umwandeln, anderes in lebenden Organismen. Das CO_2 im Meer steht mit dem CO_2 der Atmosphäre im Gleichgewicht. Bisher waren die Ozeane alkalisch und fungierten als wichtiger Speicher für das durch den Menschen zusätzlich freigesetzte CO_2. Biologische und chemische Prozesse wandeln einen Teil dieses CO_2 in Kalziumkarbonate in Schalen und Skeletten von Organismen, anderes organisches Material und Karbonatsedimente um. Doch die steigende CO_2-Konzentration lässt das Meer saurer werden, was die Schalen- und Skelettbildung mariner Organismen beeinträchtigt. Zudem wird befürchtet, dass die Ozeane bald nicht mehr in gleichem Maße CO_2 aufnehmen können, was die globale Erwärmung weiter verstärken würde.

FORAMINIFERENSCHALE

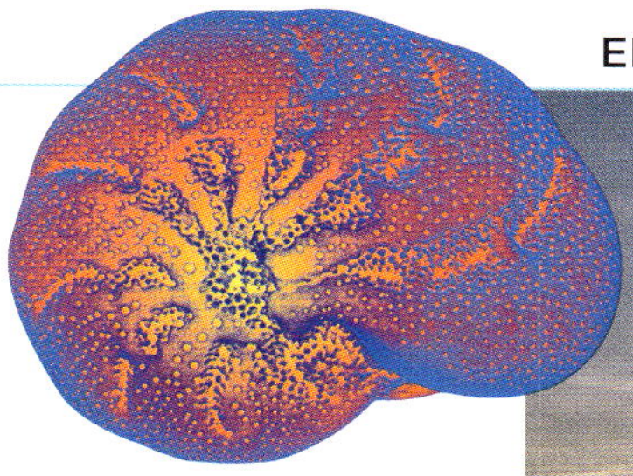

GEBUNDENER KOHLENSTOFF
CO_2, das bei der Verbrennung fossiler Treibstoffe freigesetzt wird (rechts), kann, nachdem es von den Ozeanen aufgenommen wurde, letztendlich in Form von Karbonaten in den Schalen mariner Organismen wieder gebunden werden.

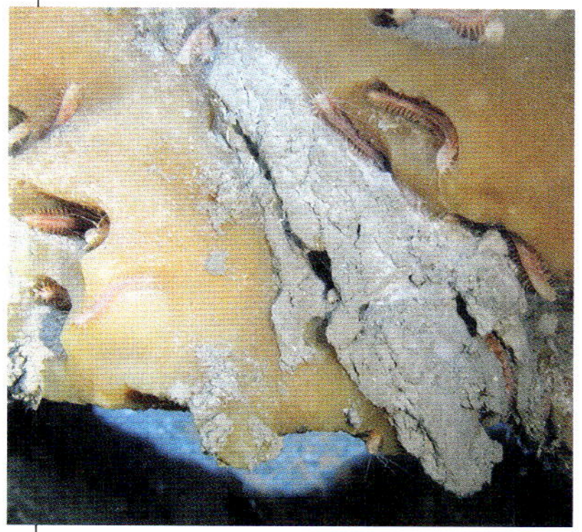

ABLAGERUNG VON METHANHYDRAT
Methanhydrat findet man als Feststoff in manchen Gebieten auf dem Meeresboden. Bei einer Erwärmung der Meere könnte es Methan in die Atmosphäre freisetzen, das ein stärkeres Treibhausgas ist als CO_2.

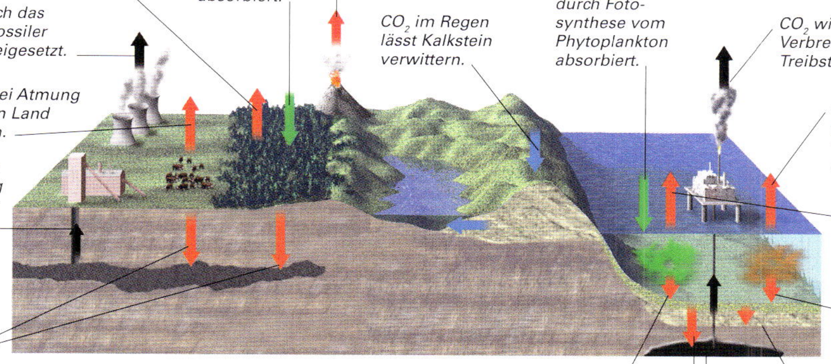

KOHLENSTOFFQUELLEN UND SPEICHER
Zur Zeit gelangt mehr CO_2 in die Atmosphäre, als ihr wieder entnommen wird. Dieser Überschuss wird teilweise von den Ozeanen absorbiert, wo ein Teil in Lösung bleibt und ein anderer in lebenden Organismen und Sedimenten gebunden wird.

DIE GOLDEN-GATE-BRÜCKE IM NEBEL
Sehr kaltes Wasser, das durch Upwelling vor der Küste Kaliforniens auftreibt, beeinflusst das Klima in San Francisco. Wenn Westwinde feuchte Luft über das kalte Wasser tragen, bildet sich Nebel.

El Niño und La Niña

El Niño und La Niña sind bedeutende Klimaerscheinungen, die von Anomalien im Muster der Temperatur der Meeresoberfläche, der Meeresströmungen und der Luftdrucksysteme verursacht werden. Sie finden im tropischen Pazifik statt und wirken sich auf die Witterung im gesamten Pazifik und darüber hinaus aus. Die meisten Wissenschaftler sehen El Niño und La Niña als extreme Phasen eines komplexen globalen Phänomens, genannt El Niño / Southern Oscillation (ENSO).

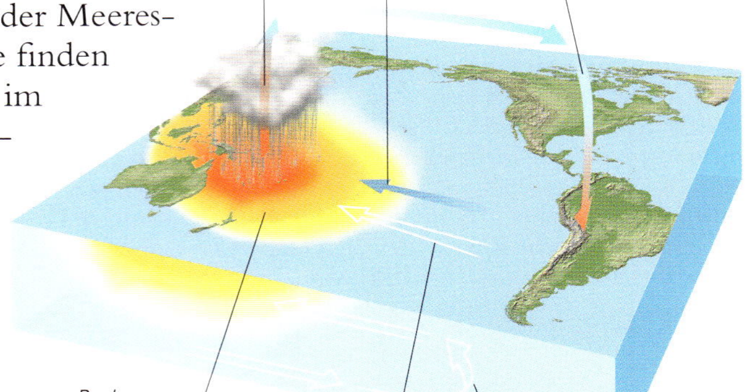

NORMALE SITUATION
Ein Tiefdrucksystem über dem westlichen Pazifik lässt Südostpassatwinde von einem Hochdruckgebiet über Südamerika einströmen. Diese Winde halten den Südäquatorial-Strom in Gang, der dafür sorgt, dass ein Pool warmen Oberflächenwassers im westlichen Pazifik verbleibt.

El-Niño-Ereignisse

Der spanische Begriff »El Niño« bedeutet »kleiner Junge« oder »Christkind«. Ursprünglich bezeichnete er einen warmen Strom, der gelegentlich um Weihnachten vor Peru auftrat. Später nannte man so nur noch ungewöhnlich starke Erwärmungen des Wassers im Ostpazifik mit verringertem Auftrieb (Upwelling) nährstoffreichen Wassers. Heute bezeichnet El Niño eine viel umfassendere Änderung ozeanischer und atmosphärischer Verhältnisse mit weltweiten Auswirkungen. El Niños dauern typischerweise 12 bis 18 Monate und treten zyklisch auf, sind aber kaum vorhersagbar. Im Schnitt gibt es etwa 30 El Niños pro Jahrhundert. Die Abstände variieren von nur drei bis zu 10 Jahren. Die Ursachen sind noch nicht verstanden worden.

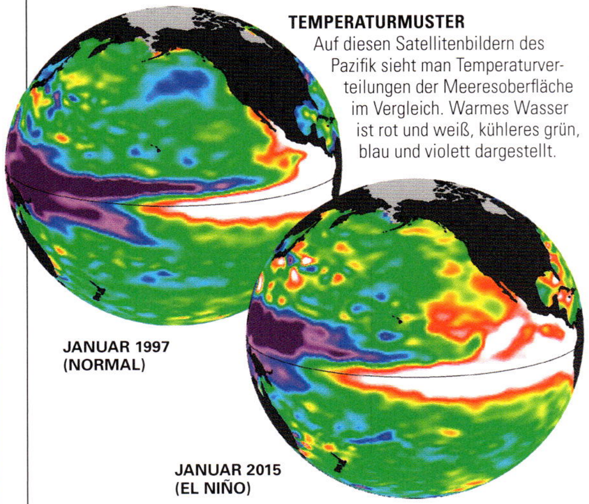

TEMPERATURMUSTER
Auf diesen Satellitenbildern des Pazifik sieht man Temperaturverteilungen der Meeresoberfläche im Vergleich. Warmes Wasser ist rot und weiß, kühleres grün, blau und violett dargestellt.

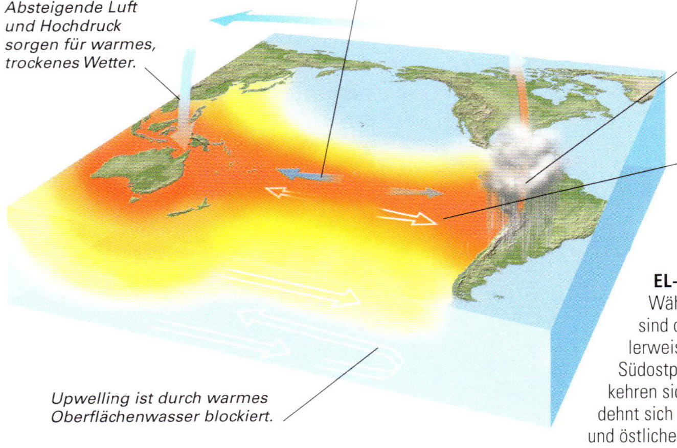

EL-NIÑO-SITUATION
Während eines El-Niño-Ereignisses sind die Drucksysteme, die sich normalerweise im Pazifik entwickeln, und die Südostpassatwinde abgeschwächt oder kehren sich um. Der Pool warmen Wassers dehnt sich vom Westpazifik in den mittleren und östlichen Pazifik aus.

Auswirkungen eines El Niño

Ein El-Niño-Ereignis führt im Westen Südamerikas, vor allem in Ecuador, Peru und Bolivien, zu höheren Niederschlägen und damit zu Überschwemmungen. Auch die südöstlichen USA können noch betroffen sein. In anderen Regionen hingegen herrschen trockenere Bedingungen vor. Dürreperioden und Waldbrände sind im westlichen Pazifikraum häufiger, besonders in Indonesien und Teilen Australiens, aber auch in Ostafrika und im Norden Brasiliens. Das wärmere Wasser im Ostpazifik führt zu einer Abschwächung des Humboldt-Stroms und vermindertem Upwelling vor der Küste Südamerikas. So steigen auch keine Nährstoffe aus der Tiefe auf, was sich negativ auf die Fischbestände auswirkt. Weitere Auswirkungen sind eine ruhigere Hurrikansaison im Atlantik und Zunahme des antarktischen Meereises. In Japan, dem Westen Kanadas und den westlichen USA ist das Wetter meist wärmer und stürmischer.

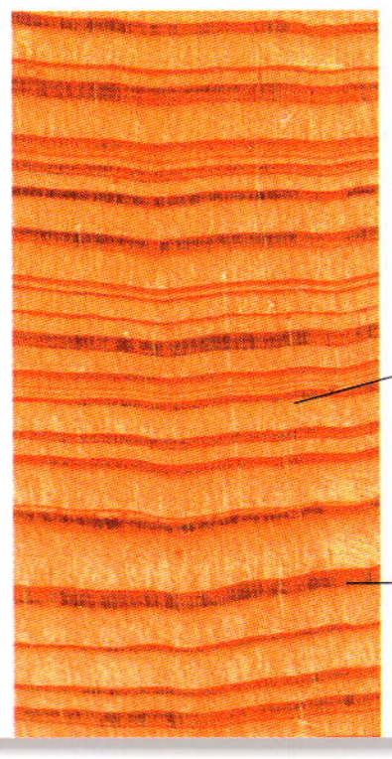

HISTORISCHE EL-NIÑO-EREIGNISSE
Stärkeres Baumwachstum kann mit hohen Niederschlägen bei früheren El Niños zusammenhängen. Einer der Jahresringe dieser Probe wuchs 1746–1747 während eines El Niño.

RIESIGE WELLEN
Während eines El-Niño-Ereignisses sind Stürme im Zentralpazifik häufiger und stärker. Dabei können vor Hawaii gewaltige, bis 10 m hohe Wellen entstehen, wie hier vor der Insel Oahu.

KORALLENBLEICHE
Dieses kleine kreisrunde Korallenriff ist stark ausgebleicht. El-Niño-Ereignisse tragen oft zu diesem Phänomen bei, das durch ungewöhnlich hohe Temperaturen der Oberflächengewässer verursacht wird.

FORSCHUNG

BEOBACHTUNG

Im tropischen Pazifik werden Temperaturveränderungen ständig aufgenommen. Dazu dienen vor allem Satelliten, die die Wärmestrahlung der Ozeane messen und aus leichten Variationen der Meeresspiegelhöhe Strömungen bestimmen können, sowie Systeme von Wetterbojen mit Messinstrumenten.

MIT INSTRUMENTEN AUSGESTATTETE BOJE
Mit Bojen wie dieser, die systematisch über den äquatorialen Pazifik verteilt sind, werden regelmäßige Messungen der Wassertemperaturen in verschiedenen Tiefen durchgeführt.

La-Niña-Ereignisse

»La Niña« bedeutet im Spanischen »Kleines Mädchen«. Ein La-Niña-Ereignis ist die Umkehrung eines El Niños, charakterisiert durch ungewöhnlich tiefe Meerestemperaturen im östlichen und zentralen äquatorialen Pazifik sowie stärkere Winde und höhere Temperaturen nördlich Australiens. La Niñas folgen oft, aber nicht immer einem El Niño. Auch La Niñas führen zu vermehrten Niederschlägen in einigen Regionen der Erde und zu Trockenheit in anderen. Indien, Südostasien und Ostaustralien erleben heftige Niederschläge, während die südwestlichen USA wärmer und trockener sind. Im Nordwesten der USA sind die Winter kälter und schneereicher. Bei La Niñas nimmt auch die Häufigkeit von Hurrikanen im Atlantik zu. Insgesamt wirkt sich La Niña meist am stärksten während des Winters auf der Nordhalbkugel aus.

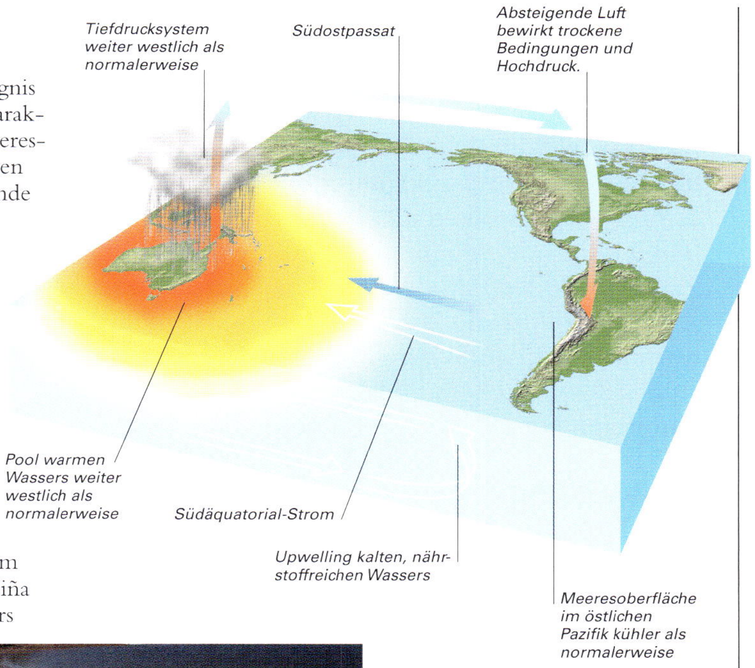

LA-NIÑA-SITUATION
Während eines La-Niña-Ereignisses liegt das Tiefdruckgebiet im westlichen Pazifik weiter westlich als sonst, und der Pool warmen Oberflächenwassers wird ebenfalls nach Westen geschoben. Meist entwickeln sich kalte Oberflächentemperaturen im östlichen Pazifik, wenn sich der kalte Humboldt-Strom vor Südamerika verstärkt.

DÜRREN
Dieser Stausee in Texas trocknete bei einer schweren Dürre im Rahmen eines La-Niña-Ereignisses aus, das 2011 die südwestlichen USA betraf.

MOORBRÄNDE
Eine Anwohnerin hilft 2015 beim Löschen von Moorfeuern in Kalimantan (Indonesien). Aufgrund der relativ trockenen Verhältnisse durch einen starken El Niño waren 2015 und 2016 Brände in ganz Indonesien häufig.

Hurrikane und Taifune

»HURRIKAN« UND »TAIFUN« SIND BEZEICHNUNGEN, die in verschiedenen Teilen der Erde für sehr ähnliche Wetterphänomene verwendet werden. Es sind heftige Wirbelstürme, die sich auf gekrümmten Bahnen über den Ozean bewegen, mit Bändern dichter Regenwolken und Niederschlägen. Im Atlantischen Bereich sind sie als Hurrikane bekannt, im westlichen Pazifik als Taifune. Anderswo nennt man diese tropischen Wirbelstürme Zyklone. Sie beginnen über warmen Ozeanen in den Tropen zwischen den 5. und 20. Breitengraden als Tiefdrucksystem und treten vor allem im Spätsommer auf.

VERBREITUNG
Heftige tropische Wirbelstürme beginnen als Tiefdruckgebiet über warmen Ozeanen in den Tropen. Sie bewegen sich einige Tage lang über die Meeresoberfläche. Wenn sie Festland erreichen, richten sie enorme Schäden an. In dieser Karte sind ihre Pfade zu sehen.

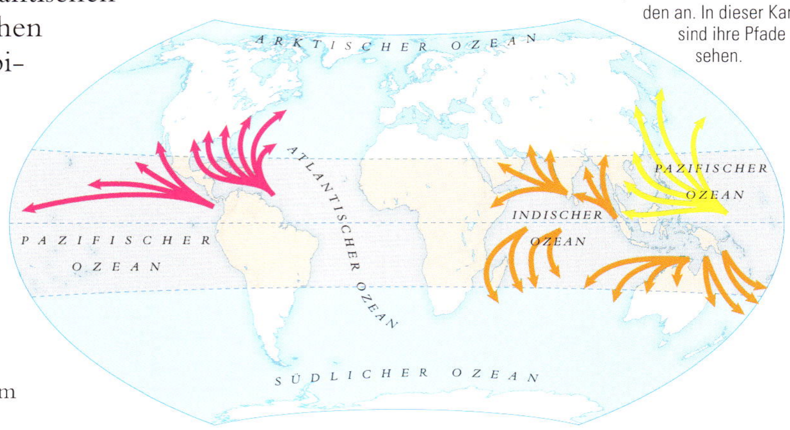

LEGENDE
- Hurrikane
- Zyklone
- Taifune

Entwicklung

Alle tropischen Wirbelstürme entstehen, weil die Sonne die Meeresoberfläche und die Luft darüber großräumig erwärmt. Warme, feuchte Luft steigt auf und ein Tiefdruckgebiet entsteht. Das Tief saugt umgebende Luft an, die spiralförmig zum Zentrum strömt und ein Wirbelwindsystem erzeugt. Während es zu einem tropischen Sturm anwächst, treiben es die vorherrschenden Passatwinde westwärts. Im Atlantik erreicht ein Sturm Hurrikan-Status, wenn die Windgeschwindigkeit 119 km/h übersteigt. Schließlich bewegen sich die meisten dieser gewaltigen Stürme vom Äquator weg – auf der Nordhalbkugel also nach Norden. Wenn der Hurrikan Festland erreicht, beginnt er nachzulassen, da die Wärmezufuhr vom Ozean fehlt.

DREI ENTWICKLUNGSSTADIEN: HURRIKAN IDA, AUGUST 2021

1 Am 27. August war Ida eine rotierende Wolkenmasse mit Spiralstruktur und einem klaren Kern über Kuba.

2 Am 29. August, als Ida Louisiana erreichte, hatte sich der Hurrikan verdichtet und ein Auge entwickelt.

3 Bis zum 1. September hatte er sich stark abgeschwächt und löste sich über dem Nordosten der USA auf.

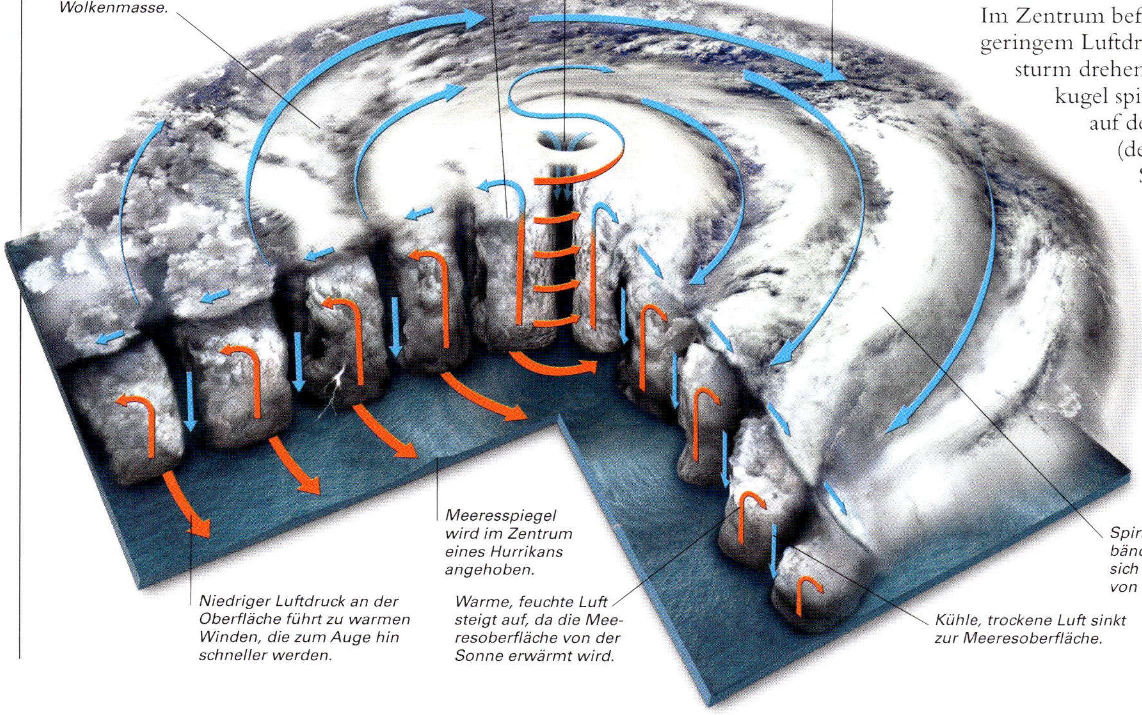

STRUKTUR EINES HURRIKANS
Ein Hurrikan besteht aus einem Auge mit 8–200 km Durchmesser, der Augenwand aus dicken Wolken, Regen und spiralförmig aufsteigenden Winden sowie den Wolkenbändern.

Struktur

Ein voll entwickelter Hurrikan oder Taifun hat meist 300–600 km Durchmesser und ist 10–15 km hoch. Im Zentrum befindet sich eine ruhige Region mit geringem Luftdruck, das Auge. Im restlichen Wirbelsturm drehen sich die Winde auf der Nordhalbkugel spiralförmig gegen den Uhrzeigersinn, auf der Südhalbkugel im Uhrzeigersinn (der Grund ist die Corioliskraft, siehe S. 54). In einer Region um das Auge herum, der sogenannten Augenwand, schraubt sich die Luft aufwärts und bildet dichte Wolken. Im Auge ist es windstill, denn die Winde, die sich spiralförmig darauf zu bewegen, erreichen das Zentrum nie. Von Auge und Augenwand gehen deutlich abgegrenzte Wolkenbänder aus.

FLUTWELLE
Hurrikan Frances erreichte im September 2004 Juno Beach in Florida. Beim Landfall als Hurrikan der Kategorie 2 eingestuft, brachte Frances eine 2 m hohe Flutwelle, die Highways wegspülte und Häuser und Geschäfte überflutete.

HURRIKAN-KATEGORIEN

Ein Klassifikationssystem, die Saffir-Simpson-Skala, teilt Hurrikane in fünf Kategorien ein. Es dient dazu, die an der Küste zu erwartenden Schäden und Überschwemmungen abzuschätzen. Bei der Einteilung ist die Windgeschwindigkeit ausschlaggebend.

KATEGORIE	WINDGESCHWINDIGKEIT	STURMFLUTHÖHE
tropischer Sturm	63–118 km/h	Unter 1 m
Hurrikan Kategorie 1	119–153 km/h	1–1,5 m
Hurrikan Kategorie 2	154–177 km/h	1,8–2,4 m
Hurrikan Kategorie 3	178–208 km/h	2,7–3,7 m
Hurrikan Kategorie 4	209–251 km/h	4,0–5,5 m
Hurrikan Kategorie 5	Über 251 km/h	Über 5,8 m

FORSCHUNG

JÄGER DES STURMS

Die National Oceanic and Atmospheric Administration (NOAA) der USA beobachtet Hurrikane über dem Atlantik mit speziellen Flugzeugen. Sie fliegen in den Sturm und werfen Instrumente ab, die Daten zurücksenden.

LOCKHEED WP-3D ORION
Diese mit vielfältigen Messgeräten ausgerüstete Turboprop-Maschine ist eins der Flugzeuge zur Hurrikan-Beobachtung.

Schäden an Küsten

Im Auge des Wirbelsturms entsteht durch den Tiefdruck eine Anhebung des Wasserspiegels, der Flutberg. Bei einem Hurrikan der Kategorie 2 kann er bis zu 3,5 m betragen, bei einem der Kategorie 5 über 7,5 m. Wenn der Sturm Festland erreicht, brandet das Wasser in einer Flutwelle an Land. Die Welle kann Häuser überfluten, Boote ins Binnenland spülen, Straßen und Brücken zerstören und in einem Küstenabschnitt von bis zu 150 km Breite schwere Erosionen verursachen. Hinzu kommen Schäden durch hohe Windgeschwindigkeiten. Instabile Gebäude stürzen ein, Stromleitungen werden zerstört, Bäume entwurzelt und Mangrovensümpfe an der Küste verwüstet. Nicht selten kommen dabei Menschen ums Leben. Deshalb werden gefährdete Küstenabschnitte gewöhnlich vorher evakuiert. Vor der Küste können die Wasserbewegungen Korallenriffe zerstören. In der Karibik sind vor allem verzweigte Korallen, die nahe der Oberfläche leben, etwa Elchgeweihkorallen, sehr gefährdet. Gesunde Riffe können sich wieder erholen, das kann jedoch je nach Ausmaß der Schäden 10–50 Jahre dauern.

ZERSTÖRTE KORALLEN
Diese Kolonie von Elchgeweihkorallen wurde 1988 an der Karibikküste Mexikos von Hurrikan Gilbert zerschmettert.

WASSERHOSE
Wasserhosen sind Tornados (schmale, kreiselnde Luftmassen) über dem Meer. Sie bilden sich häufig an den Rändern eines tropischen Wirbelsturms.

VÖLLIGE ZERSTÖRUNG
Überlebende stehen zwischen Hausruinen in Tacloban auf der Insel Leyte (Philippinen) nach der Zerstörung durch den Taifun Haiyan und die ihn begleitende Sturmflut.

Taifun Haiyan

Taifun Haiyan, auf den Philippinen Taifun Yolanda genannt, war ein außerordentlich starker tropischer Orkan, der die Philippinen und weitere Gebiete Südostasiens zwischen dem 4. und 11. November 2013 verwüstete. Er war der tödlichste dokumentierte Taifun der Philippinen. Allein in diesem Land starben über 6000 Menschen. Haiyan war zudem weltweit der stärkste landfallende Sturm und der viertstärkste dokumentierte tropische Wirbelsturm in Bezug auf die maximale anhaltende Windstärke.

Der Großteil der katastrophalen Schäden entstand in den Visayas, einer zentralen Inselgruppe der Philippinen. Zwar waren die Windstärken extrem, doch der Hauptgrund für die Schäden und den Verlust an Menschenleben war die Sturmflut, die vor allem die Ostküsten der Inseln Samar und Leyte traf. Am 10. und 11. November bewegte sich Haiyan über Vietnam und Südchina, hatte sich aber inzwischen von Orkanstärke zu einem tropischen Sturm und später zu einer tropischen Depression abgeschwächt. Dennoch kam es in einigen Gebieten zu ausgedehnten Überschwemmungen. Tausende von Häusern wurden zerstört und etwa 50 Menschen getötet.

Einige Klimaforscher gehen davon aus, dass die globale Erwärmung die Häufigkeit von starken tropischen Orkanen wie Haiyan erhöht. Ist das der Fall, müssen die Regierungen in betroffenen Gebieten Vorbereitungen für ähnliche zukünftige Katastrophen treffen.

Pfad des Taifuns

Die Karte unten zeigt den Pfad des Sturms zwischen dem 5. November, als er der Kategorie 4 entsprach, und dem 11. November, als er China erreichte und auf eine tropische Depression herabgestuft wurde. Der gefährlichste Zeitpunkt war der 8. November, als Haiyan die Philippinen als Supertaifun überquerte – was einem Hurrikan der Kategorie 5 entspricht.

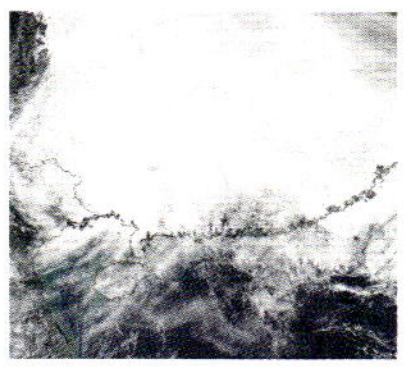

Die Satellitenbilder zeigen Haiyan, als er sich am Freitag, dem 8. November, genau über den Philippinen befand (oben), und als er am Montag, dem 11. November, Südchina erreichte (unten).

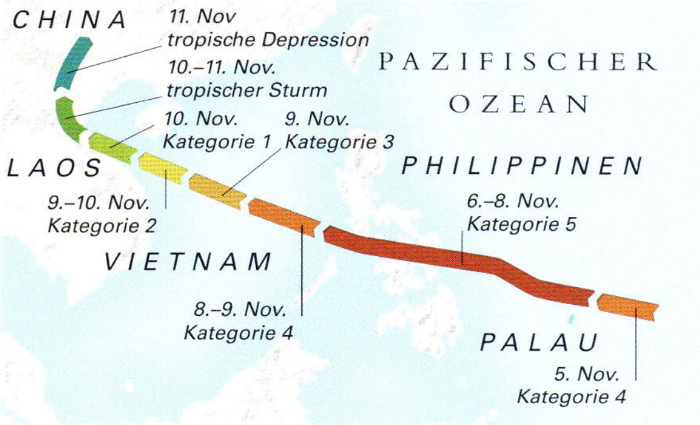

PFAD DER ZERSTÖRUNG

ENTSTEHUNG

AUGE DES STURMS *Haiyan entstand etwa am 2. November aus einem Tiefdruckgebiet im Westpazifik. In den folgenden drei bis vier Tagen wuchs er zu einem Supertaifun heran und entwickelte ein auffälliges Auge.*

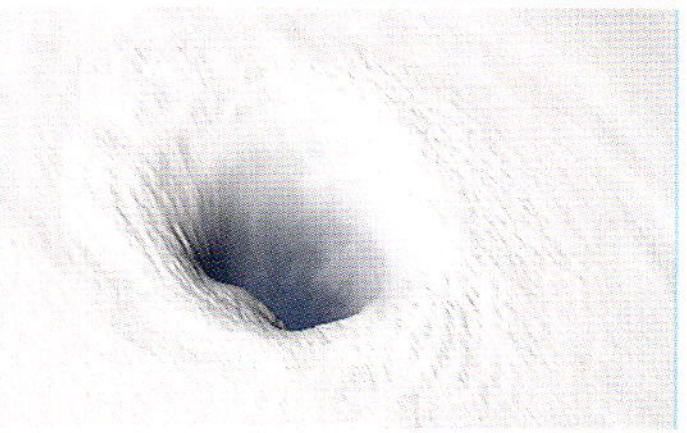

VERWÜSTUNG AUF DEN PHILIPPINEN

STURMFLUT *Am 7. November produzierte Haiyan anhaltende Windstärken von bis zu 270 km/h. Am nächsten Tag erreichte er in den Philippinen das Land, und die Sturmflut traf die Küstenregionen.*

EVAKUIERUNG *In einem großen Gebiet waren Warnungen ausgesprochen worden, sichere Orte aufzusuchen. Hier wird ein junger Filipino an Bord eines Militärflugzeugs gebracht.*

SPUR DER ZERSTÖRUNG

ZERSTÖRTE GEMEINDE *Die Zerstörung in Teilen der zentralen Philippinen, die Haiyan überquerte, war fast vollständig. Dieses Luftbild zeigt die Stadt Guiuan im Osten der Provinz Samar.*

ZERSTÖRTE INFRASTRUKTUR *Die Zerstörungen in städtischen Gebieten, etwa von Stromleitungen und Radiosendern, machten Straßen unzugänglich und erschwerten Hilfsmaßnahmen.*

UMGESTÜRZTE PALMEN *Die Folgen des Taifuns auf dem Land waren ebenso schrecklich. Dieses Luftbild zeigt eine Kokosplantage und ein Dorf auf der Insel Leyte.*

HILFSMASSNAHMEN

LEBENSMITTELPAKETE *Geschätzte 1,9 Millionen Filipinos brauchten Lebensmittel, Wasser und Unterkünfte. Hier wirft die philippinische Luftwaffe Lebensmittelsäcke ab.*

MEDIZINISCHE HILFE *Tausende brauchten medizinische Hilfe, und Infektionen mussten eingedämmt werden. Hier erhält ein Kind eine Masernimpfung.*

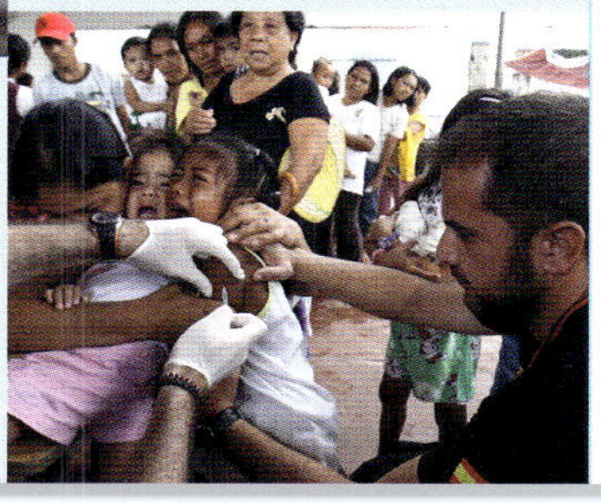

WELLEN UND GEZEITEN sind Phänomene, die Einfluss auf alle Ozeanbereiche haben, doch am auffälligsten an oder nahe der Küsten in Erscheinung treten. Meereswellen entstehen meist durch die Einwirkung des Windes. Sie reichen von kleinen Rippeln an der Küste über die regelmäßige Dünung auf offener See zu mächtigen Brechern an den berühmten Surfstränden der Welt. Alle Wellen übertragen Energie – wenn sie das Festland erreichen, kann diese Energie destruktiv wirken und Erosion verursachen, oder konstruktiv, indem sie zum Beispiel Sandstrände schafft. Die Gezeiten entstehen vor allem durch die Wechselwirkung von Mond und Erde. So kommt es zu regelmäßigen Abfolgen von Ebbe und Flut und mancherorts auch zu dramatischeren Phänomenen wie Strudeln und Wirbeln.

WELLEN UND GEZEITEN

ANBRANDENDE WELLEN
Wellen branden bei Ebbe bei Kipahulu an der Südostküste der Hawaii-Insel Maui im Pazifik an einen felsigen Strand.

Meereswellen

Wellen sind Störungen im Meer, die Energie von einem Ort auf einen anderen übertragen. Die bekanntesten Wellentypen – die, die Schiffe auf und ab schaukeln lassen und als Brecher an den Strand spülen – werden vom Wind an der Oberfläche erzeugt. Weitere Wellenarten sind Tsunamis, die oft von Erdbeben unter Wasser verursacht werden (siehe S. 49) und interne Wellen, die sich unter Wasser zwischen Wassermassen ausbreiten. Auch Gezeiten (siehe S. 78) sind ein Wellentyp.

Eigenschaften von Wellen

Eine Gruppe von Wellen besteht aus mehreren Wellenbergen oder -kämmen, zwischen denen Wellentäler liegen. Die Höhe der Wellen wird als Amplitude bezeichnet, die Entfernung zwischen zwei Wellenkämmen als Wellenlänge und die Zeit zwischen aufeinanderfolgenden Kämmen als Periode. Wellen werden je nach Periode in Typen eingeteilt. Bei Rippeln beträgt die Periode weniger als 0,5 Sekunden, bei Tsunamis und Gezeitenwellen aber Minuten oder Stunden (sie haben Wellenlängen von Hunderten oder Tausenden Kilometern).

Zwischen diesen Extremen liegen Windsee und Dünung, die wohl vertrautesten Oberflächenwellen. Meereswellen verhalten sich wie Lichtstrahlen: Sie werden an Hindernissen reflektiert, gebeugt oder gebrochen. Wenn sich Wellen treffen, interferieren sie: Sie verstärken sich oder löschen sich aus.

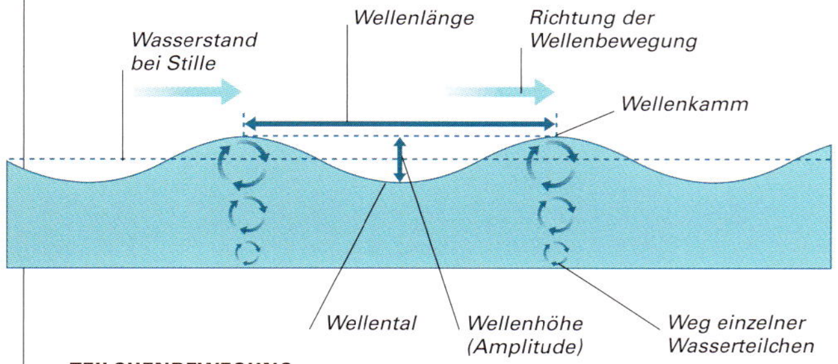

TEILCHENBEWEGUNG
Wenn sich Wellen ausbreiten, bewegen sich die Wassermoleküle nicht mit den Wellen vorwärts, sondern kreisen in Schleifen, die unter Wasser immer kleiner werden. In einer Tiefe von mehr als etwa der halben Wellenlänge kommt die Bewegung fast zur Ruhe.

MONSTERWELLEN
Wenn zwei oder mehr sehr große Wellen interferieren, entstehen gelegentlich riesige Monsterwellen. Diese, die 1986 im Atlantik dokumentiert wurde, hat eine geschätzte Höhe von 17 m. Sie überspülte das abgebildete Schiff und bog den Fockmast um 20° nach hinten.

Entstehung von Wellen

Der Wind wirkt auf die Meeresoberfläche und erzeugt durch Reibung und Druck Wellen. Mit zunehmender Windstärke wird die glatte Oberfläche zunehmend uneben (»Windsee«). Zunächst entstehen Rippeln, dann größere Wellen, man spricht von Kabbelsee oder Chop. Die Wellen wachsen weiter, wobei die Maximalgröße von drei Faktoren abhängt: der Windstärke, der Dauer der Windeinwirkung und der Länge des Windweges über Wasser, Wirklänge oder Fetch genannt. Haben die Wellen die maximale Größe (abhängig von Windstärke und Wirklänge) erreicht, spricht man von einem voll entwickelten Seegang. Der Gesamtzustand der Oberfläche kann durch die signifikante Wellenhöhe beschrieben werden. Sie ist definiert als die durchschnittliche Höhe des höchsten Drittels der Wellen. Voll entwickelter Seegang bei einem Wind von etwa 40 km/h hat eine signifikante Wellenhöhe von etwa 2,5 m.

RIPPELN
Diese sehr kleinen Wellen sind nur wenige Millimeter hoch, ihre Wellenlänge kürzer als 4 cm.

KABBELSEE (CHOPPY SEA)
In kabbeliger Windsee sind die Wellen 10–50 cm hoch und haben eine Wellenlänge von 3–12 m.

VOLL ENTWICKELTER SEEGANG
Wellen bei Windstärken von über 60 km/h können einige Meter hoch sein, die See ist sehr grob.

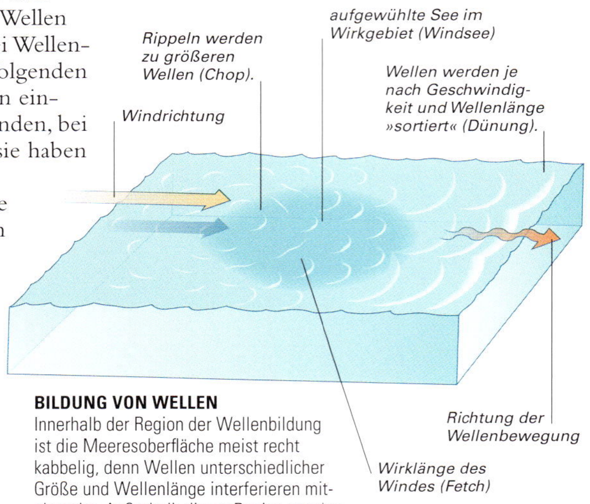

BILDUNG VON WELLEN
Innerhalb der Region der Wellenbildung ist die Meeresoberfläche meist recht kabbelig, denn Wellen unterschiedlicher Größe und Wellenlänge interferieren miteinander. Außerhalb dieser Region werden die Wellen nach ihrer Geschwindigkeit und damit auch nach der Wellenlänge »sortiert«, ein regelmäßigeres Muster, die Dünung, bildet sich aus.

Ausbreitung von Wellen

Im Wirkgebiet des Windes entstehen viele Wellengruppen mit unterschiedlichen Wellenlängen und interferieren. Wenn sie sich vom Windgebiet ausbreiten, werden Höhe und Abstand regelmäßiger. Die Ursache ist, dass die Geschwindigkeit einer Welle von der Wellenlänge abhängt. Daher bewegen sie sich verschieden schnell und werden der Wellenlänge nach sortiert: Die größeren, schnelleren Wellen sind weiter vorne, die kleineren, langsameren dahinter. So entsteht ein regelmäßiges Wellenmuster, die Dünung. Gelegentlich interferieren Wellen verschiedener Stürme und erzeugen ungewöhnlich große Monsterwellen. Windwellen wandern auf hoher See mit konstanter Geschwindigkeit; erst im seichten Wasser (weniger als eine halbe Wellenlänge tief) spielt auch die Wassertiefe eine Rolle. Nur bei extrem langen Wellen (Tsunamis) hängt die Geschwindigkeit stets von der Wassertiefe ab.

DÜNUNG
Die Dünung ist eine Serie großer Wellen mit gleichmäßigem Abstand, die man oft Hunderte Kilometer entfernt vom Sturm beobachtet, der sie erzeugt hat. Die Wellenlängen reichen von zehn bis Hunderten von Metern.

STURZBRECHER
Sturzbrecher, die einen Luftschlauch bilden, treten auf, wenn die Wellen, die den Strand erreichen, sehr viel Energie haben. Der Meeresboden muss fest und recht steil sein.

BRECHEN DER WELLEN
Wenn Wellen seichte Gewässer erreichen, nehmen Wellenlänge und Geschwindigkeit ab, aber die Wellenhöhe zu. Wenn der Kamm zu steil wird, rollt er sich ein und bricht schließlich.

Am Strand

Wenn Wellen den Strand erreichen, beginnt die Wasserbewegung unter der Oberfläche mit dem Meeresboden zu interagieren. Die Wellen werden gebremst und die Kämme bäumen sich auf. Die Periode der Wellen ändert sich dabei nicht, sie werden jedoch höher, da ihre Energie in einen kürzeren horizontalen Abstand »gestaucht« wird. Schließlich brechen sie. Es gibt zwei Haupttypen von Brechern. Schwallbrecher entstehen an flacheren Stränden: Die Kämme fallen beim Erreichen des Strands kaskadenartig nach vorne, die Energie zerstreut sich nach und nach. Bei Sturzbrechern an steileren Stränden rollt sich der Kamm ein und fällt über die Front der Welle, und die gesamte Welle kollabiert dann auf einmal. Zudem können Wellen in der Richtung abgelenkt, d.h. gebrochen (refraktiert), werden. Wellenenergie wird so auf Landzungen konzentriert (S. 93) und formt Strandtypen (S. 106).

BRECHUNG (REFRAKTION)
Wellen, die in eine Bucht gelangen, können ähnlich wie Lichtwellen gebrochen (abgelenkt) werden, da Teile der Wellenfront in seichten Stellen verlangsamt werden.

MENSCH UND MEER

WELLENREITEN

Wenn die Dünung einen geeigneten Strand erreicht, können die Bedingungen für Surfer hervorragend sein. Kleine Schwallbrecher sind ideal für Anfänger, während Könner sich größere Sturzbrecher aussuchen, die einen Luftschlauch bilden, in dem sie entlang surfen können. Für dieses »Tube-Riding« muss die Welle gleichmäßig seitwärts brechen. Hier ein Surfer in einer Welle vor Hawaii – die Welle bricht hinter dem Sportler.

Gezeiten

Gezeiten oder Tiden nennt man das regelmäßige Ansteigen und Abfallen des Meeresspiegels, begleitet von horizontalen Wasserströmungen, das durch Gravitationskräfte zwischen Mond, Sonne und Erde entsteht. Sie treten überall im Meer auf, sind aber in Küstennähe am auffälligsten. Der tägliche Rhythmus von Ebbe und Flut entsteht durch den Mondeinfluss. Zudem variiert die Höhe von Ebbe und Flut im Monatslauf, da sich die Einflüsse von Sonne und Mond überlagern.

Ebbe und Flut

Meist spricht man davon, dass der Mond die Erde umkreist. Tatsächlich kreisen jedoch beide Himmelskörper um einen gemeinsamen Schwerpunkt – einen Punkt innerhalb der Erde. Während Erde und Mond sich um diesen Punkt bewegen, entstehen zwei Kräfte an der Erdoberfläche: Eine Anziehungskraft, die zum Mond hin gerichtet ist und eine Zentrifugalkraft, die vom Schwerpunkt weg gerichtet ist. Diese Kräfte bewirken in Kombination zwei Flutberge der Ozeane der Erde: einen zum Mond gerichteten und einen vom Mond weg gerichteten. Da die Erde um ihre Achse rotiert, bewegen sich diese Flutberge über die Oberfläche des Planeten und erzeugen Ebbe und Flut. Der Kreislauf wiederholt sich alle 24 Stunden und 50 Minuten (ein Mondtag), nicht alle 24 Stunden (ein Sonnentag).

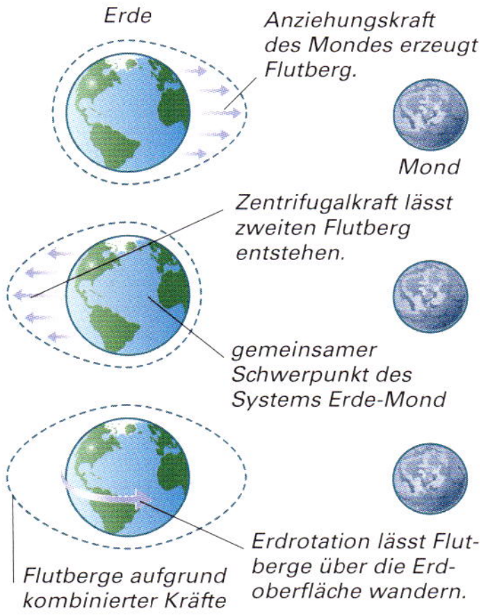

TÄGLICHE TIDEN
Hier sind die beiden Flutberge, die die Wechselwirkung der Gravitationskräfte von Erde und Mond verursacht, stark überzeichnet dargestellt.

Abfolge der Gezeiten

Wenn es keine Kontinente gäbe und der Mond die Erde genau über dem Äquator umkreisen würde, würden die wandernden Flutberge den Meeresspiegel überall auf der Erde zweimal täglich gleichmäßig steigen und sinken lassen (halbtägige Gezeiten). In Wirklichkeit stören Landmassen die Bewegung der Flutwellen, lenken sie ab und reflektieren sie, und die Umlaufbahn des Mondes befindet sich über dem Äquator.

Deshalb weichen an vielen Orten die Gezeiten vom halbtägigen Muster ab. In manchen Regionen finden Ebbe und Flut nur einmal täglich statt (ganztägige Gezeiten), in anderen sind die Tiden verschieden stark (gemischte Gezeiten). Zudem ist der Tidenhub, die Differenz zwischen Hoch- und Niedrigwasser, in verschiedenen Gebieten sehr unterschiedlich.

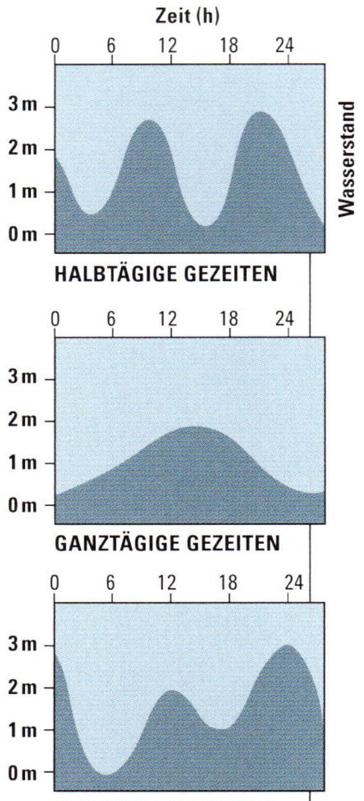

LEGENDE
- ganztägige Gezeiten
- gemischte Gezeiten
- halbtägige Gezeiten
- geringer Tidenhub
- mittlerer Tidenhub
- starker Tidenhub

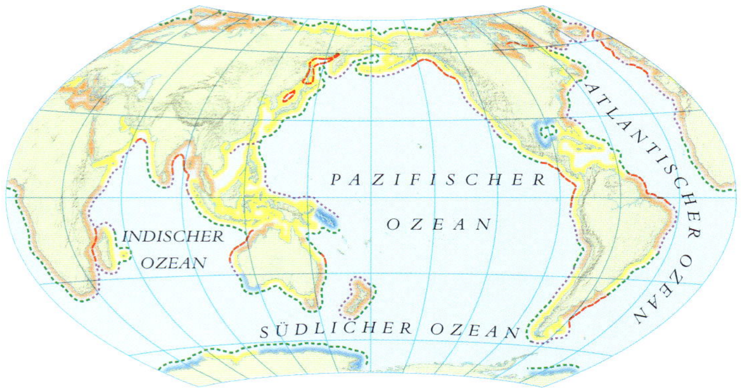

GLOBALE VERTEILUNG
Diese Karte zeigt das Muster der Gezeiten (ganztägige, halbtägige oder gemischte Gezeiten) und den Tidenhub (durchschnittliche Wasserstandsänderung zwischen Hoch- und Niedrigwasser) auf der Erde.

LEBEN IN DER GEZEITENZONE

Im Vergleich zu Pflanzen und Tieren, die ständig unter Wasser leben, müssen Organismen in der Gezeitenzone mit zusätzlichen Schwierigkeiten zurechtkommen. So benötigen sie Anpassungen, um bei Ebbe nicht auszutrocknen. Sie müssen extrem kalte Winternächte überstehen und sich vor räuberischen Landtieren schützen. Muscheln müssen oft stundenlang auf die Flut warten, bis sie wieder Nahrung aufnehmen können. Bei Ebbe schließen ihre Schalen sehr dicht, sodass sie vor Austrocknung und Fressfeinden geschützt sind.

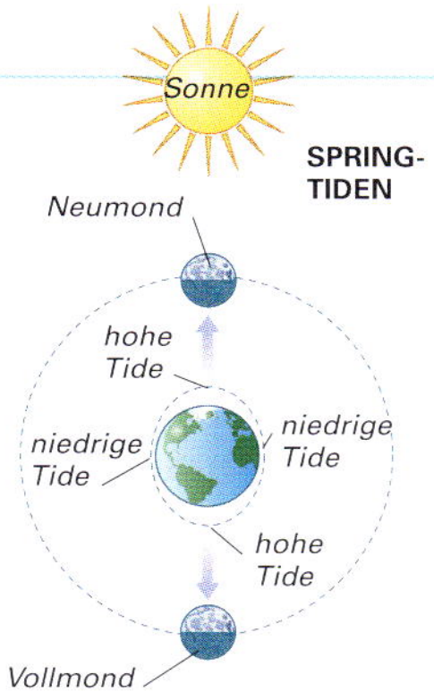

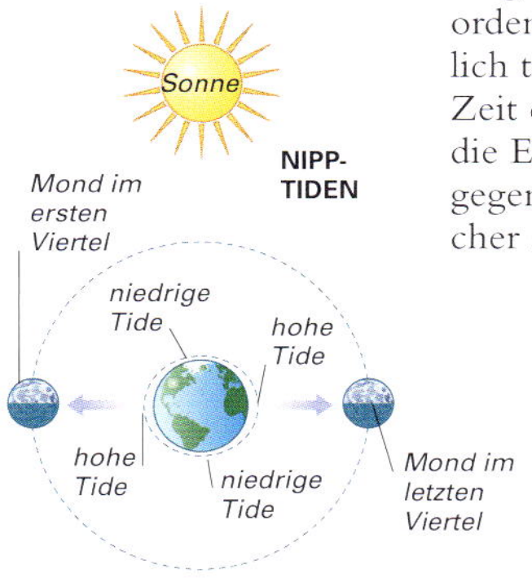

Monatszyklus

Zusätzlich zum Tagesrhythmus von Ebbe und Flut gibt es einen zweiten monatlichen Zyklus. Dieser wird von Sonne und Mond gemeinsam verursacht. Die Interaktion zwischen Erde und Sonne verursacht wie die zwischen Erde und Mond Flutberge, die jedoch niedriger sind als die Mondgezeiten. Zweimal im Monat, zur Zeit des Neu- und Vollmonds, verstärken sich die beiden Flutberge gegenseitig. Dies hat Springtiden zur Folge: Bei Flut ist der Wasserstand außerordentlich hoch und bei Ebbe außerordentlich tief. Im Gegensatz dazu heben sich zur Zeit des ersten und letzten Mondviertels die Effekte von Sonne und Mond zum Teil gegenseitig auf. Die Gezeiten sind schwächer ausgeprägt, man spricht von Nipptiden.

SPRING- UND NIPPTIDEN
Zweimal im Monat (oben) bilden Sonne, Mond und Erde eine Linie und führen zu Springtiden. Stehen dagegen Sonne und Mond im rechten Winkel (links), kommt es zu Nipptiden. Das Diagramm der Gezeiten über 28 Tage (unten) zeigt den Wechsel von Spring- und Nipptiden.

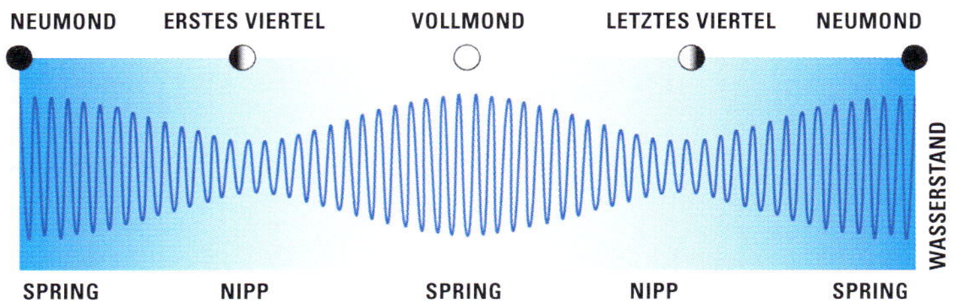

Gezeitenströme

Die vertikale Meeresspiegelschwankung der Gezeiten kann nur durch horizontale Wasserströme ausgelöst werden, die sogenannten Gezeitenströme. Während der Tiden fließen die Gezeitenströme meist (aber nicht immer) etwa zur Zeit des Mittelwassers am schnellsten, bei Hoch- und Niedrigwasser werden sie langsamer und kehren ihre Richtung um.

Die Küstenform hat einen entscheidenden Einfluss auf die Ausprägung der Ströme. Meerengen, die den Wasserstrom beeinträchtigen, Landzungen und Kanäle bewirken oft sehr mächtige Gezeitenstromschnellen, die zwei- oder viermal am Tag auftreten. Wo der Strom auf Hindernisse unter Wasser trifft, entwickeln sich spiralförmige, trichterförmige Strudel, größere, flache, kreisförmige Wirbel oder stehende Wellen. Wenn zwei Gezeitenströme aufeinandertreffen, treten intensive und turbulente Rip-Strömungen (oder Trecker) auf, und wenn der Wind gegen die Strömungsrichtung weht, entsteht eine besonders turbulente (kabbelige) See mit steilen stehenden Brechern (Overfalls).

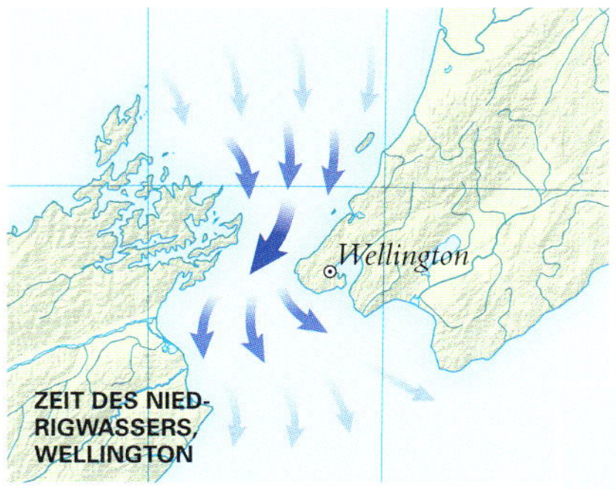

GEZEITENSTRÖME IN DER COOK-STRASSE
Diese Karte zeigt das Muster der starken Gezeitenströme zwischen Neuseelands Nord- und Südinsel, wo das Wasser einen engen Kanal passieren muss. Die Gezeiten sind halbtägig, die stärksten Strömungen treten also alle sechs Stunden auf.

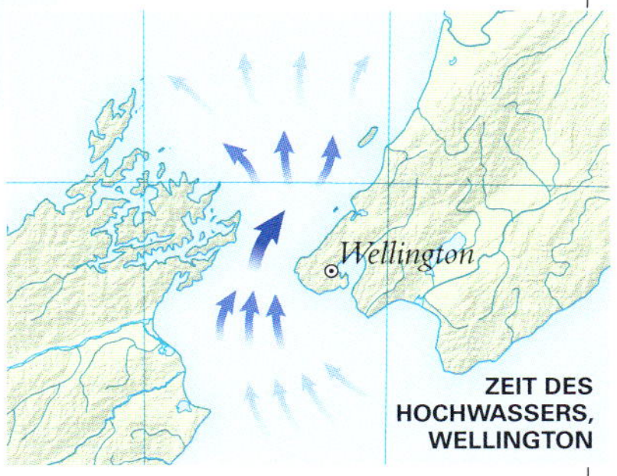

EBBE AM BAMBURGH BEACH
Durch die Gezeiten sind an vielen Stellen der Erde breite Küstenstreifen abwechselnd überflutet und freigelegt. Diese Sandbank in Northumberland, England, erlebt einen mittleren Tidenhub von 4 m.

KLEINE WIRBEL
Ein solcher kleiner Wirbel, etwa 6 m im Durchmesser und 50 cm tief, wird von passionierten Old-Sow-Beobachtern »piglet« genannt. Manchmal erscheinen mehrere dieser kleinen Wirbel statt eines einzigen großen.

MENSCH UND MEER

DEM OLD SOW ENTKOMMEN

Im Old Sow sollen in den letzten 200 Jahren etwa ein Dutzend Menschen ertrunken sein. Der letzte belegte Todesfall ereignete sich 1943. Man sollte sich dem Wirbel nicht in einem kleinen Boot nähern. Oft erlebten Menschen in Motorbooten erschreckende Momente, wenn der Motor abstarb. Experten wissen, dass es in einem Strudel wichtig ist, das Boot auf ebenem Kiel zu halten und nicht überspült zu werden. Die meisten Objekte, die in einer stabilen Lage treiben, kommen irgendwann wieder frei.

ATLANTISCHER OZEAN NORDWESTEN

Old-Sow-Strudel

MERKMALE Gezeitenstrom, kleine Strudel, gelegentlich große Strudel

AUFTRETEN viermal täglich

LAGE vor der Küste von Deer Island, New Brunswick, Kanada

Der Old Sow an der Südspitze der Passamaquoddy-Bai an der US-amerikanisch-kanadischen Grenze ist bei Weitem der größte Strudel Amerikas und sogar einer der größten weltweit. Die Passamaquoddy-Bai liegt am unteren Ende der Bay of Fundy, die für starke Tiden bekannt ist. Wenn sich der Old Sow zeigt, dann an einer Stelle, wo verschiedene Gezeitenströme durch Meerengen zwischen mehreren Inseln fließen. Bei Ebbe laufen diese zusammen und bei Flut auseinander. Sie stoßen auf viele Hindernisse unter Wasser wie Felsenbänder und kleine Unterwasserberge, sodass die gesamte Meeresoberfläche aufgewühlt ist, wenn sie ihre Höchstgeschwindigkeit von bis zu 28 km/h erreichen. Typische Turbulenzen sind stehende Wellen, Wellentäler (lang gestreckte Vertiefungen in der Wasseroberfläche) und »boils« (glatte, kreisförmige Wasserflächen, wo Wasser aus der Tiefe aufsteigt). Gelegentlich erscheint unvorhersagbar der Old Sow selbst, ein Strudel, der bis zu 30 m Durchmesser haben und 3 m tief sein kann. Häufiger jedoch zeigen sich ein oder mehrere kleine Wirbel, die »piglets« (Ferkel) genannt werden. Wie alle Gezeitenphänomen sind sie während einer Springflut, die einen oder zwei Tage nach Voll- oder Neumond auftritt, stärker.

DIE KÜSTEN
Der Old Sow entwickelt sich zwischen Deer Island (oben) und Moose Island in Maine (USA, im Vordergrund).

ATLANTISCHER OZEAN NORDOSTEN

Lofoten-Maelstrom

MERKMALE Gezeitenstrom und großer, schwacher Wirbel

AUFTRETEN viermal täglich

LAGE zwischen Lofotodden und der Insel Mosken in den Lofoten im nordwestlichen Norwegen

Der Maelstrom in den Lofoten, auch als Moskenstraumen bekannt, ist ein komplexes Muster von Turbulenzen an der Meeresoberfläche, verursacht von Gezeitenströmen, die über ein breites Felsband unter Wasser zwischen zweien der Lofoten-Inseln fließen. Ursache sind große Unterschiede in der Meeresspiegelhöhe, die viermal am Tag zwischen der Norwegischen See und dem Vestfjord östlich der Lofoten entstehen. Das Wort »Maelstrom« ist vom nordischen Wort *»male«* abgeleitet, das »zermahlen« bedeutet. In der nordischen Mythologie entsteht der Maelstrom, weil ein riesiger Mühlstein, der am Grund der Norwegischen See Salz mahlt, beim Drehen Wasser in das Loch in der Mitte zieht. Erstmals wurde der Maelstrom vom griechischen Entdecker Pytheas im 3. Jh. v. Chr. beschrieben. Auf vielen historischen Karten ist er als riesiger, Furcht einflößender Strudel eingetragen. 1997 zeigte eine detaillierte Studie in der Umgebung der Insel Mosken, dass es sich in Wirklichkeit anders verhält. Obwohl einige starke Gezeitenströme gemessen wurden, gab es keinen offensichtlichen großen Strudel. Stattdessen fanden die Forscher einen schwachen Wirbel, etwa 6 km im Durchmesser, im Norden von Mosken. Er entwickelt sich zweimal täglich bei Flut und dreht sich dann im Uhrzeigersinn, und zweimal bei Ebbe etwas weiter nördlich, wobei er dann gegen den Uhrzeigersinn kreist.

PORTRÄT

JULES VERNE

Der französische Schriftsteller Jules Verne (1828–1905) beschrieb den Lofoten-Maelstrom in dem Roman *Zwanzigtausend Meilen unter dem Meer* ziemlich fantasiereich. Am Ende des Romans werden Kapitän Nemo und sein Unterseeboot, die *Nautilus,* in einem Strudel, »dessen Anziehungskraft zwölf Meilen reichte«, nach unten gezogen, wo sie ein unbekanntes Schicksal erwartet.

TURBULENZEN
Seit Jahrhunderten galt der Lofoten-Maelstrom als eins der mächtigsten Gezeitenphänomene der Erde.

ATLANTISCHER OZEAN NORDOSTEN

Saltstraumen

MERKMALE
Gezeitenstrom und kleine Strudel

AUFTRETEN
viermal täglich

LAGE zwischen Saltenfjord und Skjerstadfjord, Nordwestküste Norwegens

Der Saltstraumen-Gezeitenstrom tritt an der Nordwestküste Norwegens auf und gilt im Allgemeinen als der stärkste und extremste Gezeitenstrudel der Erde. Er bildet sich in der Norwegischen See in einer Meerenge zwischen dem Saltenfjord und dem benachbarten Skjerstadfjord. Angetrieben wird er dadurch, dass sich viermal am Tag ein Unterschied in der Höhe des Meeresspiegels von 3 m zwischen den beiden Fjorden entwickelt. Der Kanal in der Mitte der Meerenge, Saltstraumen selbst, ist eine 3 km lange Verbindung zwischen zwei Landbrücken mit einer Breite von nur 150 Metern und einer Tiefe zwischen 20 und 100 m. Zweimal am Tag branden bei Flut 400 Milliarden Liter Wasser durch die Meerenge und erreichen eine Höchstgeschwindigkeit von bis zu 40 km/h, wenn sich durch die Kraft der Gezeiten der 50 km lange Skjerstadfjord füllt. Zweimal am Tag fließt das Wasser durch denselben Kanal wieder hinaus. Der Wasserfluss und damit verbundene Wirbel und Strudel sind bei Ebbe und Flut gleich stark. Trotz der wilden Strömungen wird der Kanal regelmäßig von Schiffen befahren. Jeden Tag fließt das Wasser während kurzer Perioden langsam, sodass große Schiffe sicher in und aus dem Fjord gelangen können. Kleinere Schiffe sind während dieser Perioden durch Unterwasserströmungen gefährdet, erfahrene Seeleute aber wagen die Passage dennoch. Saltstraumen bietet sowohl Tauchern als auch Anglern interessante Möglichkeiten (siehe Kasten unten). Die einlaufende Tide befördert große Planktonmengen in den Kanal, und verschiedenste Fischarten folgen.

GEFÄHRLICHE GEWÄSSER
Wenn der Gezeitenstrom einsetzt, können die Wirbel, die bis 10 m Durchmesser erreichen können, Gegenstände bis auf den felsigen Grund des Kanals hinabziehen.

FORSCHUNG

LEBEN UNTER EINEM STRUDEL

Es ist möglich, in den Saltstraumen zu tauchen und ihn zu erkunden. Allerdings ist er nur sicher zu erreichen, wenn die Gezeitenströme am schwächsten sind. Am Grund des Kanals finden Taucher ein farbenprächtiges, vielfältiges Leben vor, dominiert von Tangen und verschiedensten Wirbellosen sowie Fischarten wie Seehase, Seelachs und Seewolf.

ÜPPIGES LEBEN
Zu den Wirbellosen, die am Grund des Kanals leben, gehören farbenprächtige Schwämme und Seeanemonen.

ATLANTISCHER OZEAN NORDOSTEN

Corryvreckan-Strudel

MERKMALE
Gezeitenstrom, stehende Wellen und Strudel

AUFTRETEN
zweimal täglich

LAGE zwischen den Inseln Jura und Scarba, Westküste Schottlands, Großbritannien

Die bekanntesten Gezeitenphänomene der Britischen Inseln treten im Golf von Corryvreckan auf. Zweimal am Tag bei Flut erzeugen starke Atlantikströmungen und eine ungewöhnliche Unterwassertopografie einen starken Gezeitenstrom. Wenn die Flut in die schmale Meerenge bei Corryvreckan einläuft, entwickeln sich Strömungen mit bis zu 22 km/h Geschwindigkeit. Unter Wasser treffen diese auf verschiedene Unebenheiten auf dem Meeresboden, darunter eine kegelförmige Erhebung, die bis 30 m unter die Wasseroberfläche aufragt. Die steile Ostflanke dieser Erhebung bewirkt einen Aufstrom von Wasser zur Oberfläche und erzeugt Strudel und bis zu 4 m hohe stehende Wellen. Das Dröhnen des Wassers ist manchmal bis in 10 km Entfernung zu hören. Im Lauf der Jahre kam es oft zu Schiffsunglücken – der Schriftsteller George Orwell wäre hier 1947 fast ertrunken.

AUFGEWÜHLTE SEE
Der Bereich der Turbulenzen beginnt im Kanal nördlich von Jura zu entstehen, im Bild mit der Insel Scarba im Hintergrund.

ABSCHNÜRENDE WIRBEL
Im Strudel wird das Wasser stoßweise aufgeworfen. Dabei entstehen separate Wirbel, die mit der Strömung davontreiben.

ATLANTISCHER OZEAN NORDOSTEN

Slough-na-more-Gezeitenstrom

MERKMALE
Gezeitenstrom mit Wirbeln und stehenden Wellen

AUFTRETEN
viermal täglich

LAGE zwischen Rathlin Island und Ballycastle-Bai, Grafschaft Antrim, Nordirland

Im Slough-na-more-Gezeitenstrom fließen Milliarden Liter Meerwasser durch einen engen Kanal zwischen dem Atlantischen Ozean und der Irischen See. Während Springtiden kann die Strömung 13 km/h erreichen. Wenn sie Rathlin Island passiert, entsteht ein Komplex schneller Strömungen, Strudel und stehender Wellen. Im Gegensatz dazu ist das gleiche Gebiet während anderer Phasen im Gezeitenzyklus meist ruhig. 1915 lief durch die Gewalt des Slough-na-more-Gezeitenstroms das irische Küstenschiff SS *Glentow* an der Küste auf Grund und brach später auseinander.

ATLANTISCHER OZEAN NORDOSTEN

Needles Overfalls

MERKMALE Gezeitenstrom und Overfalls

AUFTRETEN viermal täglich

LAGE Needles Channel, Nordwestküste der Isle of Wight, England

Der Needles Channel ist ein 7 km langer Kanal zwischen einer Zeile von Kalksteinpfeilern auf einer Seite (den Needles) und einem Riff unter Wasser auf der anderen. Zum Höhepunkt von Ebbe und Flut kommt es hier zu turbulenten Stromkabbelungen mit kurzen, brechenden Wellen, Overfalls genannt. Weht der Wind entgegengesetzt zum Gezeitenstrom, sind die Overfalls sehr stark ausgebildet, und die See ist extrem grob.

ATLANTISCHER OZEAN OSTEN

Garofalo-Strudel

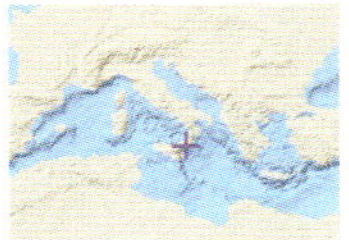

MERKMALE Gezeitenstrom, kleine Strudel und Overfalls

AUFTRETEN viermal täglich

LAGE Straße von Messina zwischen der Nordostküste Siziliens und Kalabrien, italienische Südküste

Die Straße von Messina trennt die »Stiefelspitze« Italiens von der Mittelmeerinsel Sizilien. Sie ist zwischen 3 bis 16 km breit. Hier entstehen viele komplexe Strömungen und kleine Strudel, die sich im Lauf des Gezeitenzyklus verändern und die Schifffahrt behindern. In Italien werden die kleinen Strudel *garofali* genannt.

ATLANTISCHER OZEAN NORDOSTEN

Yellow-Bluff-Rip-Strömung

MERKMALE Rip-Strömung, stehende Wellen und Wirbel

AUFTRETEN zweimal täglich

LAGE San-Francisco-Bai, Kalifornien, USA

Eine Rip-Strömung ist ein Streifen turbulenten Wassers, der entsteht, wo ein Gezeitenstrom mit einer anderen Strömung zusammenläuft oder über sie hinweg fließt. So unterscheidet sie sich von Gezeitenstromschnellen, die entstehen, wo Wasser in einem engen Kanal beschleunigt wird. Eine Rip-Strömung tritt an einer Stelle in der San-Francisco-Bai auf, dem Yellow Bluff, nahe des Eingangs der Bucht, dem berühmten Golden Gate. Viermal am Tag fließen starke Strömungen durch das Golden Gate – bei Einlaufen der Flut in die Bucht hinein und bei Ebbe hinaus. Während Springtiden können sie bis zu 8 km/h schnell werden. In der Bucht ist das Muster der Strömungen komplizierter, da sie aus verschiedenen Teilen der Bucht auseinander- (bei Flut) oder zusammenlaufen (bei Ebbe). Die Ströme werden auch von Unterschieden in der Wassertiefe, von der Form der Küste und von Hindernissen unter Wasser beeinflusst. Bei Yellow Bluff treten Turbulenzen an der Oberfläche am auffälligsten während der Ebbe in Erscheinung, wenn die Gezeitenströme zusammenlaufen. Phänomene wie extrem grobe See, schnelle Strömungen, stehende Wellen und Strudel treten auf. Die Stelle ist bei Extrem-Kajakfahrern beliebt, die die Herausforderung der starken Strömungen suchen und auf stehenden Wellen surfen.

ATLANTISCHER OZEAN NORDOSTEN

Skookumchuck-Narrows-Stromschnelle

MERKMALE Gezeitenstromschnelle, kleine Strudel und stehende Wellen bei Flut

AUFTRETEN viermal täglich; stehende Welle bei Flut zweimal täglich

LAGE Skookumchuck Narrows, British Columbia, Kanada

Einer der berühmtesten Gezeitenstromschnellen der Erde tritt bei den Skookumchuck Narrows an der Sunshine Coast British Columbias auf, nicht weit von Vancouver entfernt (*Skookum* ist ein indianisches Wort für »kräftig« und *chuck* bedeutet »Wasser«). Viermal täglich läuft ein starker Gezeitenstrom durch den 300 m breiten Kanal, der zwei Fjorde verbindet, Sechelt und Jervis Inlet. Eine Wasserstandsschwankung von 3 m zwischen Ebbe und Flut lässt etwa 760 Milliarden Liter Wasser durch den Kanal rauschen und Turbulenzen und kleine Strudel entstehen. Beim Einlaufen der Flut, wenn das Wasser in den Sechelt Inlet hineinfließt (nicht jedoch bei Ebbe, wenn es herausfließt), erzeugt der Gezeitenstrom über einer Schwelle von Grundgestein im Kanal eine große stehende Welle, die an einer bestimmten Stelle stationär bleibt.

Zum Höhepunkt des Gezeitenstroms fließen hier etwa 18 Millionen Liter pro Sekunde, die bis zu 32 km/h erreichen können.

MENSCH UND MEER

KAJAKSURFEN

Die Skookumchuck Narrows sind bei Extrem-Kajaksurfern beliebt. Die stehende Welle, die hier auftritt, kann bis zu 2,5 m hoch und 7 m breit werden und gilt bei Kajakfahrern als eine der weltweit großartigsten Orte für Wildwasser-Erlebnisse. Beim Kajaksurfen geht es darum, so lange wie möglich in der Welle zu bleiben, was Geschicklichkeit und Kraft erfordert.

MÄCHTIGE STROMSCHNELLEN
Hier fließt das Wasser von Sechelt Inlet rechts in den Jervis Inlet auf der linken Seite. Sechs Stunden später fließt es in entgegengesetzter Richtung zurück.

TURBULENTE GEWÄSSER
Ein Fußweg in der unteren Ebene der Onaruto-Hängebrücke, die die Naruto-Straße überspannt, bietet spektakuläre Ausblicke auf die Strudel darunter.

ATLANTISCHER OZEAN NORDWESTEN

Naruto-Strudel

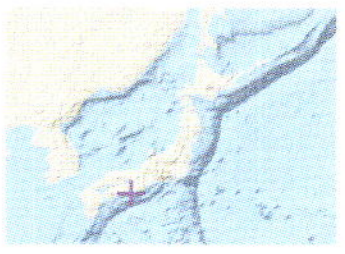

MERKMALE Gezeitenstrom und Strudel

AUFTRETEN viermal täglich

LAGE Naruto-Straße zwischen den Inseln Shikoku und Awaji, Japan

Der Naruto ist ein spektakuläres System von Strudeln, das sich viermal täglich in einem Kanal entwickelt, der die Inseln Shikoku (eine der Hauptinseln Japans) und Awaji trennt, eine viel kleinere Insel vor der Nordostküste Shikokus. Die Naruto-Straße ist einer der Kanäle, die den Pazifik mit der Seto-Inlandsee verbindet, die sich zwischen Shikoku und Japans größter Insel Honshu befindet. Viermal täglich fließen Milliarden Liter Wasser in die Inlandsee und aus ihr heraus, angetrieben von Wasserstandsunterschieden von bis zu 1,5 m zwischen dem Pazifik und der Inlandsee.

Der Gezeitenstrom kann während Springtiden Geschwindigkeiten von bis zu 20 km/h erreichen (diese finden zweimal im Monat um Voll- und Neumond statt). Wo die Strömungen auf eine Gesteinsschwelle unter Wasser treffen, bilden sich Strudel mit bis zu 20 m Durchmesser. Sie sind nicht stationär, sondern bewegen sich mit der Strömung und bestehen 30 Sekunden oder länger, bevor sie wieder verschwinden. Die Strudel kann man von der Insel Awaji, von Sightseeing-Booten oder von einer 1,6 km langen Hängebrücke aus beobachten, die die Naruto-Straße überspannt.

MENSCH UND MEER

KÜNSTLERISCHE INSPIRATION

Die Naruto-Strudel existieren seit langer Zeit. In der japanischen Dichtung sind sie viele Male erwähnt und wahrscheinlich das einzige Gezeitenphänomen, das in einem bekannten Kunstwerk dargestellt wurde: *Strudel und Wellen bei Naruto, Provinz Awa,* des japanischen Künstlers Utagawa Hiroshige (hier ein Ausschnitt).

MARINE LEBENSRÄUME

KÜSTEN GEHÖREN ZU den schönsten, aber auch zu den sich am schnellsten wandelnden Landschaften der Erde. Sie zeigen eine unbegrenzte Vielfalt an Formen – von hohen Kliffen aus verschiedensten Gesteinen wie Kalkstein oder Lava bis zu Strandwallinseln, Flussdeltas und Ästuaren. Jede Küste hat ihre eigene einzigartige Entstehungsgeschichte. Prozesse wie Landhebungen und -senkungen, Meeresspiegelschwankungen, Gletschererosion, Vulkanismus und marine Ablagerungen oder Erosion trugen zu ihrer Formung bei. An und um die Küsten bilden sich aufgrund der Wirkung der Gezeiten, der Brandung, der Sedimentation von Flüssen und einer Vielzahl biologischer und vom Menschen beeinflusster Prozesse vielfältige Lebensräume, von Sanddünen an der Küste über Salzmarschen bis hin zu Lagunen oder tropischen Mangroven.

KÜSTEN UND STRÄNDE

SANDSTEINKÜSTE
Erodierte Sandsteinschichten formen diese überwältigende Küstenlandschaft in Australien. Der Stein wurde von der azurblauen See ausgewaschen und geschliffen.

Küsten und Meeresspiegel

Eine Küste ist die Zone, in der Festland und Meer aufeinandertreffen. Sie erstreckt sich von der Wasserlinie bis zum ersten deutlichen Geländeanstieg. Küsten verändern sich ständig infolge von Schwankungen der Meeresspiegelhöhe, von Prozessen auf dem Festland und der Wirkung von Wellen und Gezeiten. Küsten kann man auf viele Weise klassifizieren, in Bezug auf den Meeresspiegel etwa in Senkungs- und Hebungsküsten. Die Ursachen der Meeresspiegeländerung selbst können globaler (schmelzendes Gletschereis) oder lokaler (Landhebung oder -senkung) Natur sein.

Meeresspiegelschwankungen, global

Die wichtigste Ursache für eine globale Veränderung der Meeresspiegelhöhe ist das Anwachsen oder Abschmelzen der Eisschilde und Gletscher der Erde. Diese Vorgänge sind klimatisch bedingt. Wenn es kälter wird, gefriert zunehmend Wasser aus den Ozeanen zu Eis – der Wasserstand sinkt. Bei einer globalen Klimaerwärmung schmilzt das Eis, das Volumen des Meerwassers nimmt zu. Ein Absinken oder Anstieg der Meerestemperatur, deren Ursache ein globaler Klimawandel sein kann, führt ebenfalls zu einer weltweiten Veränderung der Meeresspiegelhöhe. Bei Erwärmung dehnen sich die oberen Schichten des Ozeans aus und das Gesamtvolumen des Meerwassers nimmt zu.

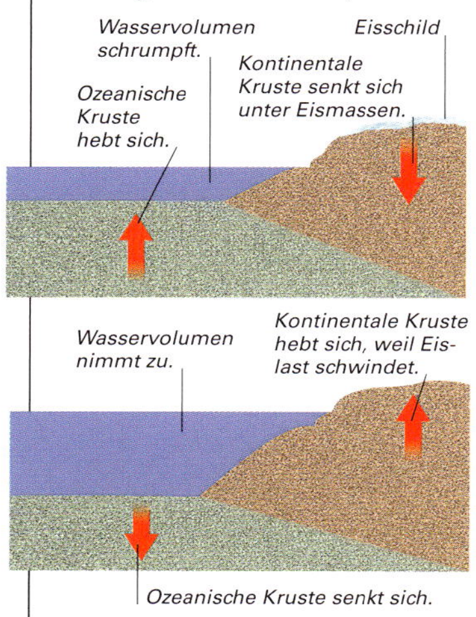

GLAZIALE ZYKLEN Während einer Eiszeit (oben) ist das Volumen des Meerwassers gering. Wenn das Eis schmilzt (unten), dehnen sich die Ozeane aus und der Meeresspiegel steigt an.

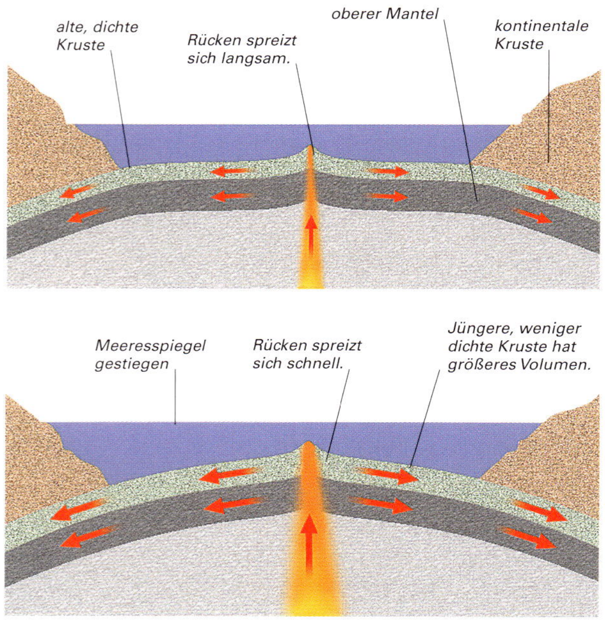

OZEANBECKEN SCHRUMPFT Ein Anstieg des Meeresspiegels kann stattfinden, wenn an einem mittelozeanischen Rücken Platten auseinanderdriften. Die neue, relativ warme Kruste hat Auftrieb und hebt das Meerwasser mit an.

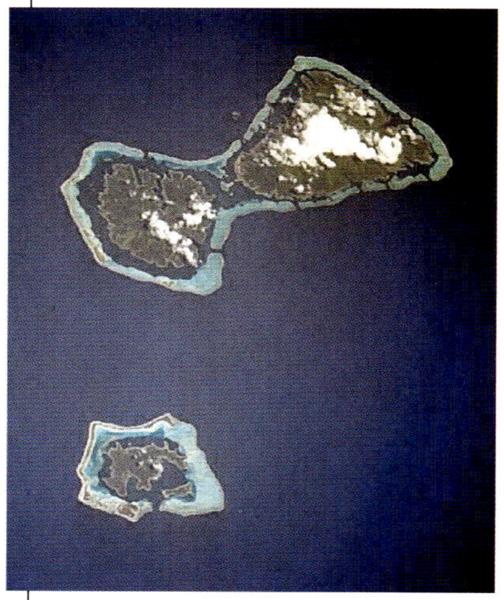

SINKENDE INSELN Diese beiden Vulkaninseln im Pazifik, Raiatea und Bora Bora, senken sich. Lokal steigt dadurch der Meeresspiegel an.

Meeresspiegelschwankungen, lokal

Lokal kann sich die relative Meeresspiegelhöhe verändern, wenn sich eine Landmasse hebt oder senkt. Ein Hauptgrund ist die tektonische Hebung einer Landmasse in Regionen, wo ozeanische Kruste unter kontinentaler Kruste absinkt (Subduktion). Ein weiterer Grund ist der isostatische Ausgleich nach einer Gletscherschmelze, eine allmähliche Hebung einer Landmasse, nachdem ein Eisschild abgeschmolzen ist, der sie zuvor hinabgedrückt hatte. Während der letzten Eiszeit bedeckten gewaltige Eisschilde einen Großteil Skandinaviens und Nordamerikas. Seit das Eis abgeschmolzen ist, findet in diesen Regionen Hebung statt, aktuell zum Teil einige Zentimeter im Jahr. Andere Küstenregionen hingegen senken sich langsam. Das passiert oft, wenn eine schwere Sedimentlast an der Küste das darunter liegende Grundgestein nach unten drückt. Viele vulkanische Inseln beginnen sich zu senken, kaum dass sie sich gebildet haben.

Versunkene Küsten

Eine Senkungsküste geht auf einen globalen oder regionalen Anstieg des Meeresspiegels zurück. Es gibt zwei typische Formen: Rías und Fjorde. An einer Ría-Küste wurden durch den Anstieg des Meeresspiegels Flussmündungen überflutet. So entstanden weite Mündungstrichter, oft unterbrochen von lang gestreckten Halbinseln. An einer Fjordküste wurden durch einen Anstieg des Meeresspiegels ein oder mehrere tiefe Gletschertäler geflutet. Weil im Lauf der letzten 18 000 Jahre der Meeresspiegel weltweit um rund 120 m gestiegen ist, gibt es solche Küsten auf der ganzen Erde. Rías findet man vor allem in Nordspanien, dem Osten der USA und in Australasien häufig. Zahlreiche Fjorde gibt es an den Küsten Norwegens, Chiles, Kanadas und Neuseelands.

RÍAKÜSTE Die mit Flussmündungen zergliederte Küste bei Hobart auf Tasmanien ist nach Anstieg des Meeresspiegels überflutet worden. Die Hobart Bridge überspannt eines der versunkenen Täler.

MARINE LEBENSRÄUME

HEBUNG EINER TERRASSE
In dieser Küstenregion Neuseelands fand in jüngerer geologischer Vergangenheit ein relatives Absinken des Meeresspiegels statt, als das Festland während eines Erdbebens deutlich angehoben wurde. Was zuvor Strand war, befindet sich heute oberhalb der Klippen.

Hebungsküsten

Hebungsküsten entstehen, wo Landmassen sich schneller heben, als der Meeresspiegel seit der letzten Eiszeit gestiegen ist. Die Gründe sind entweder tektonische Prozesse an einer Plattengrenze oder isostatischer Ausgleich nach Abschmelzen eines Gletschers. An solchen Küsten werden Gebiete, die vormals Meeresboden waren, über die Gezeitenlinie gehoben oder befinden sich schließlich sogar oberhalb der Kliffe. Manchmal entstehen getreppte Strukturen, sogenannte Terrassen, indem schrittweise Hebungen stattfinden und anschließend die Wellen an der Kliffbasis Brandungsplattformen erodieren. Hebungsküsten sind in der Regel Felsküsten, manchmal ist die Strandlinie flach. Sie finden sich an der Westküste der USA, in Schottland, Skandinavien, Neuseeland und auf Papua-Neuguinea.

STRANDHEBUNG
Die grünen Flächen in dieser Bucht auf den schottischen Hebriden (links) waren einst Strände, die sich seit der Gletscherschmelze nach der letzten Eiszeit durch isostatischen Ausgleich gehoben haben.

HERAUSGEHOBENE KLIFFE
Diese Kliffe auf Kreta (rechts) wurden durch tektonische Vorgänge gehoben, erodiert und dann gegen die Horizontale verkippt.

Veränderungen in der Vergangenheit

Für wissenschaftliche Untersuchungen früherer Meeresspiegelschwankungen werden Gesteine und Fossilien an und nahe der Küste analysiert. Im Lauf der letzten 500 Millionen Jahre fanden globale Schwankungen der Meeresspiegelhöhe um mehr als 300 m statt. Vor etwa 120 000 Jahren war der Meeresspiegel um einige Meter höher als heute, doch vor etwa 20 000 Jahren lag er etwa 120 m tiefer. Der Anstieg endete vor 6000 Jahren. Vor etwa 3000 Jahren bis zum Ende des 19. Jahrhunderts stieg der Meeresspiegel um etwa 0,1 bis 0,2 mm pro Jahr. Im späten 20. Jahrhundert hat der Anstieg auf etwa 2 mm pro Jahr zugenommen.

VERSTEINERTER MAMMUTZAHN

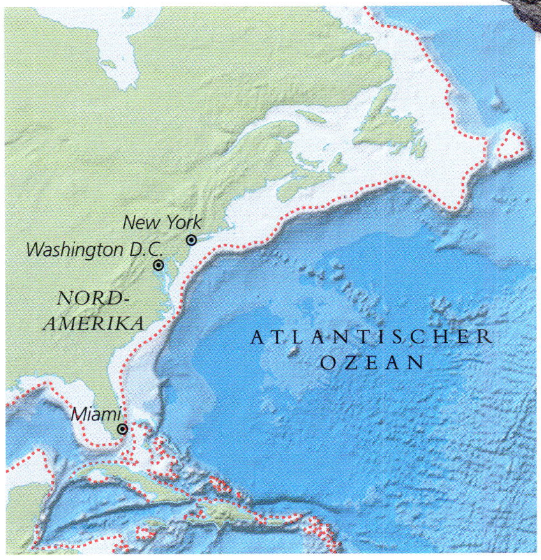

DAMALS UND HEUTE
Die rot gepunktete Linie auf der Karte zeigt, wo Nordamerikas Ostküste vor 15 000 Jahren verlief. Zu dieser Zeit weideten Mammuts, wo heute Schelfmeer ist. Nicht selten finden sich Mammutzähne (oben) in den Schleppnetzen der Fischerboote.

ÜBERSCHWEMMTE PIAZZA IN VENEDIG
Seit 1960 wird der Markusplatz in Venedig bei Hochwasser oft überschwemmt. Langfristig bedroht der steigende Meeresspiegel die Stadt, doch kurzfristig bieten die kürzlich fertiggestellten Gezeitenbarrieren Schutz.

Klimaerwärmung und Anstieg des Meeresspiegels

Messungen der globalen Veränderungen des Meeresspiegels sind komplex, und bis 1992 satellitengestützte Techniken eingeführt wurden, waren sie etwas ungenau. Schon seit den 80er-Jahren des 20. Jahrhunderts vermutete man, dass der Meeresspiegel seit 1900 um 1–3 mm jährlich angestiegen ist. Neue Satellitenmessungen belegen einen momentanen Anstieg von etwa 4 mm pro Jahr, der Anstieg scheint sich also deutlich beschleunigt zu haben. Seit 1900 erwärmten sich Atmosphäre und Ozeane weltweit um etwa 1,2 °C. Es gibt zwei plausible Mechanismen, wie der Meeresspiegelanstieg mit der Temperatur zusammenhängen könnte. Erstens gelangt mehr Wasser in die Ozeane, wenn Gletscher und Eisschilde abschmelzen, zweitens dehnt sich das Meerwasser bei Erwärmung aus. Mangels anderer überzeugender Erklärungen sieht die überwiegende Mehrheit der Forschenden den Klimawandel als die Ursache an.

Anhand verschiedener Modelle über den künftigen Verlauf der Klimaerwärmung ist es vorhersagbar, wie sich die Meeresspiegelhöhe in Zukunft verändern wird. So projizierte der Weltklimarat IPCC (Intergovernmental Panel on Climate Change) in seinem Sachstandsbericht 2021 einen weiteren Anstieg um 15–30 cm bis zum Jahr 2050. Wenn Treibhausgase weiter wie bisher emittiert werden, dann ist ein Anstieg um 60 cm bis 1,1 m bis 2100 zu erwarten. Dieser Meeresspiegelanstieg würde mehrere Zehnmillionen Menschen aus flachen Küstenlandstrichen vertreiben und sich verheerend auf einige kleine Inselstaaten auswirken.

Südoststaaten der USA

Die Karten zeigen die Gebiete im Südosten der USA, die von einem Anstieg des Meeresspiegels um 1 m, 2 m und 6 m bedroht wären. Ein Anstieg um 1 m wäre etwas höher, als Schätzungen für dieses Jahrhundert prognostizieren. Teile Floridas und der Süden Louisianas würden bis 30 km hinter der heutigen Küstenlinie überflutet werden. Ein Anstieg um 6 m – der bei einem vollständigen Abschmelzen des grönländischen Eisschilds übertroffen würde – würde einen großen Teil Floridas und Louisiana bis 80 km weit ins Landesinnere überfluten. Dies dürfte in diesem Jahrhundert sehr unwahrscheinlich sein, könnte jedoch in einigen Hundert Jahren eintreten, wenn die Klimaerwärmung fortschreitet.

Anstieg um 1 m

Überflutetes Gebiet

Anstieg um 2 m

Anstieg um 6 m

AUSWIRKUNGEN DER KLIMAERWÄRMUNG

GLETSCHERSCHMELZE

SCHRUMPFENDES EIS *Die globale Klimaerwärmung lässt die Gletscher schmelzen. Die meisten schrumpfen bereits seit 1975, denn ihr Eis taut schneller ab, als sich neues bilden kann. Die Fotos – von derselben Stelle aufgenommen – zeigen die Größe des Briksdal-Gletschers in Olden (Norwegen) in den Jahren 2002 (links) und 2011 (rechts).*

INSELN VERSINKEN

FUNAFUTI-ATOLL *Dieses Atoll gehört zu Tuvalu, einer Gruppe kleiner, flacher Pazifikinseln, deren zukünftige Existenz vom Anstieg des Meeresspiegels bedroht ist.*

FLUT *Häuser auf dem Atoll Funafuti werden schon heute von Zeit zu Zeit bei Sturmflut vom Wasser der Lagune überschwemmt.*

BEDROHTE BEVÖLKERUNG

STADT UNTER WASSER *Dhaka, die Hauptstadt Bangladeschs, und etwa drei Viertel des Landes liegen weniger als 8 m über dem Meeresspiegel. Ein großer Teil würde überflutet, wenn der grönländische Eisschild abschmelzen würde. Ein Anstieg um 65 cm würde 40 % der Anbaufläche im Süden Bangladeschs vernichten. Etwa 20 Millionen Küstenbewohner sind bereits von versalzenem Wasser betroffen.*

BEDROHTE TIERARTEN

HUNGERTOD *Eisbären gehören zu den Tierarten, die von einer globalen Klimaerwärmung am stärksten bedroht sind. Eisbären jagen im Sommer auf dem arktischen Meereis. Wenn es sich auflöst, verschwinden die Jagdgründe der Bären.*

Küstenlandschaften

An den Küsten der Ozeane findet man eine große Vielfalt an Landschaften. Küsten werden durch Meeresspiegelschwankungen und Wellenerosion sowie von Prozessen auf dem Festland wie Verwitterung, Erosion und Sedimentation durch Flüsse, Gletscherbewegungen, Lavaströme und tektonische Verwerfungen geformt. Manche Küstenstrukturen wie Korallenriffe werden von lebenden Organismen gebildet. Menschen errichten Häfen, Deiche und künstliche Inseln.

SAUMRIFF
Diese von einem Riff gesäumte Küste der Insel Bora Bora im Südpazifik ist eine sekundäre Küste. Sie wurde von lebenden Organismen, vor allem von Korallen, geschaffen.

Einteilung der Küsten

Man kann Küsten in primäre und sekundäre Küsten gliedern. Primäre Küsten entstehen durch Prozesse auf dem Festland wie Sedimentablagerungen in Flussdeltas, Erosion, vulkanische Aktivität oder Drift oder Auffaltung der Erdkruste. Auch Küsten, die sich durch Meeresspiegelschwankungen bilden, darunter Senkungs- und Hebungsküsten (siehe S. 88–89), sind ebenfalls primäre Küsten, ebenso Küsten, die hauptsächlich aus vom Wind abgelagerten Sanden, Gletscherfracht oder der dem Meer zugewandten Seite von Gletschern bestehen. Als sekundär bezeichnet man Küsten, wenn sie vor allem auf Erosions- oder Sedimentationsprozesse des Meers oder menschliche Aktivitäten zurückgehen. Einige Küsten – beispielsweise Hebungsküsten, die eine marine Erosion durchlaufen haben – zeigen Merkmale primärer und sekundärer Küsten und sind als Übergangsform anzusehen.

KÜNSTLICHE KÜSTE
Der Hafen von Singapur in Südostasien ist ein Beispiel für eine Küste, die von menschlichen Bauten geformt wurde. Vor diesen Eingriffen befand sich hier ein von Mangroven gesäumter Ästuar.

VULKANISCHE KÜSTE
Dieser erodierte Vulkankegel ist Teil der Galapagos-Inseln. Alle Küsten dieser Inseln sind vulkanischer Entstehung. Demnach handelt es sich um primäre Küsten.

FELSENTOR
Dieses spektakuläre Felsentor in Südengland trägt den Namen »Durdle Door«. Es ist Überrest einer einst großen Landzunge und typisch für eine Erosionsküste.

Erosionsküsten

Die auffälligsten Küstenlandschaften sind die von Wellen erodierten, zerklüfteten Felsküsten, ein Typ sekundärer Küsten. Wellen erodieren Küsten auf zwei Arten: Erstens schleudern sie Strandsediment gegen die Kliffe, was die Felsen abschleift. Zweitens komprimiert jede Welle die Luft in Felsspalten und Klüften, die sich ausdehnt und den Felsen sprengt. Wo Wellenzüge auf Landzungen (Kaps) treffen, werden sie gebrochen (abgelenkt), und ihre Energie konzentriert sich auf die Landzunge. Dort entwickeln sich meist bestimmte Merkmale in einer klassischen Abfolge. Zunächst bilden sich auf beiden Seiten des Kaps tiefe Brandungshohlkehlen und Höhlen am Fuß des Kliffs. Der Wellenschlag vertieft und verbreitert diese Höhlen, bis sie das Kap durchbrechen und ein Felsentor entsteht. Später bricht das Dach des Tores ein und eine isolierte Felssäule, der Brandungspfeiler, bleibt zurück. Schließlich erodiert dieser zu einem Stumpf.

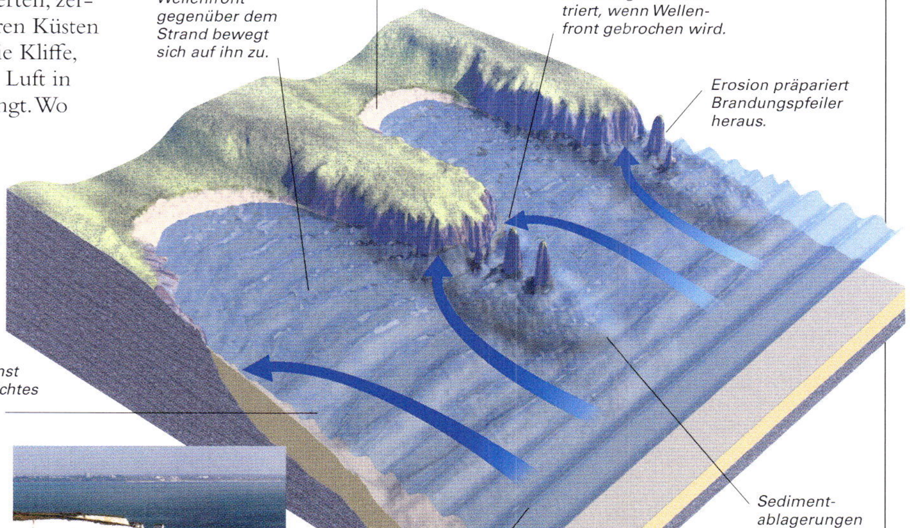

KONZENTRATION DER WELLENENERGIE
Wenn eine Wellenfront einen Strand erreicht, der aus Buchten und Landzungen besteht, wird sie so gebrochen, dass die Energie der Wellen tendenziell auf die Landzungen konzentriert wird.

UNTERSPÜLTES KLIFF
Wellen haben am Kliffuß (Karibik) eine Brandungshohlkehle ausgehöhlt, an die eine Brandungsplattform anschließt.

HÖHLE
Tiefe Kehlen und Höhlen haben sich an der portugiesischen Algarve in die Kliffe gegraben.

BRANDUNGSPFEILER
Die Old Harry Rocks sind Kalksteinpfeiler vor Handfast Point, einem Kap bei Swanage (Südengland).

Ablagerungsküsten

Ablagerungsküsten entstehen, indem Sedimente von Flüssen an die Küste transportiert, von Landzungen abgetragen oder von Wellen angespült werden. Ein wichtiger Mechanismus bei ihrer Bildung ist der Strandversatz durch den Küstenlängsstrom. Treffen Wellen schräg auf einen Strand, spült der Schwall Wasser und Sedimente schräg an den Strand, die im Rücksog rechtwinklig zum Strand zurückgezogen werden. Im Lauf der Zeit werden die Sedimente längs des Strands verfrachtet. Wo die Strömung nachlässt, lagern sich die Sedimente ab und bilden Ablagerungsformen wie Strandhaken, Nehrungen und Strandwallinseln (lange, schmale Inseln parallel zur Küste).

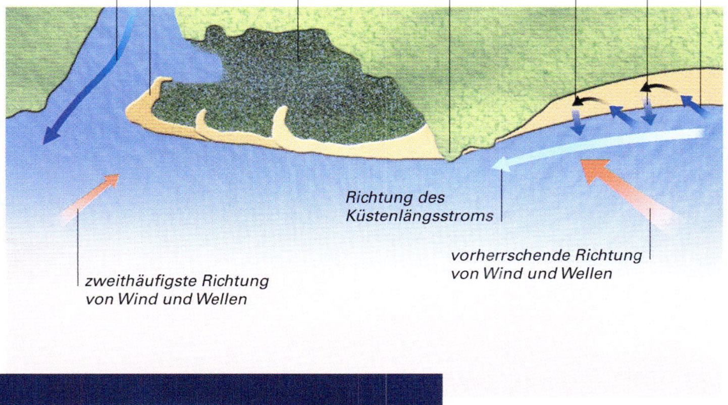

BILDUNG EINES STRANDHAKENS
An dieser Küste werden Sand und Wasser durch den Küstenlängsstrom an einer Landzunge vorbeitransportiert. Der Sand lagert sich bei der Mündung eines Flusses ab, wo die Wellen auf einen trägen Mündungsstrom treffen. Dort bildet er einen langsam wachsenden Strandhaken – eine sandige Halbinsel, die mit dem Festland in Verbindung steht.

NEHRUNG
Wo ein Strandhaken sich über die gesamte oder einen Großteil der Mündung einer Bucht oder eines Flusses erstreckt, spricht man von einer Nehrung. Hier ist in Schottland hinter einer Nehrung an der Mündung eines Ästuars eine geschützte Küstenregion mit Sandbänken und Salzmarschen entstanden.

FAREWELL SPIT
Dieses Satellitenbild zeigt einen beeindruckenden Strandhaken am Kap Farewell an der nördlichsten Spitze der Südinsel Neuseelands. Er entstand, weil Küstenströmungen Sand östlich des Kaps ablagerten

ATLANTISCHER OZEAN NORDWESTEN

Eisküste Grönlands

TYP primäre Küste

ENTSTEHUNG Eisschild läuft in Gletschern bis zum Meeresspiegel aus

AUSDEHNUNG etwa 1000 km

LAGE Teile der West- und Ostküste Grönlands

Eine Eisküste bildet sich dort, wo ein Gletscher bis zum Meer reicht, sodass seine Stirn direkten Kontakt zum Meerwasser hat. Dieses Phänomen ist charakteristisch für die von zahlreichen Buchten und Fjorden geprägten Küsten Grönlands. Die Eiswände bilden gemeinsam eine unterbrochene Eisküste. Hier haben unzählige Eisberge ihren Ursprung; viele treiben aus den Fjorden heraus bis in den Atlantik. Von der gesamten Küste Grönlands mit ihren 44 000 km Länge ist nur ein Bruchteil Eisküste.

EISKÜSTE BEI KAP YORK

MOUNT DESERT ISLAND
Die Südküste von Mount Desert Island besteht aus Granitstufen, die vor etwa 100 000 Jahren durch Gletschertätigkeit entstanden.

ATLANTISCHER OZEAN NORDWESTEN

Küste von Acadia

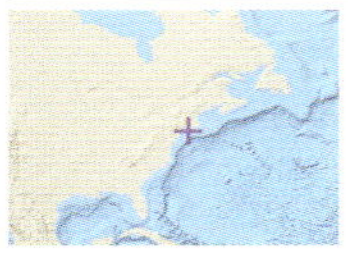

TYP primäre Küste

ENTSTEHUNG Gletschererosion, dann Überflutung durch Meeresspiegelanstieg

AUSDEHNUNG 66 km

LAGE südöstlich Bangor (Maine), Nordosten der USA

Die Küste von Acadia in Maine ist eine der spektakulärsten Küstenlandschaften im Nordosten der USA. Sie bildet heute einen Teil des Acadia-Nationalparks, der zum großen Teil auf einer einzigen großen Insel namens Mount Desert Island sowie einigen kleineren Nachbarinseln liegt. Der Anstieg des Meeresspiegels seit dem Ende der letzten Eiszeit hat diese Inseln vom Festland abgeschnitten. Die Berge, die das Fundament dieser Küste bilden, sind vor 500 Millionen Jahren aus marinen Sedimenten entstanden. Magma aus dem Erdinnern intrudierte und schmolz diese Sedimentgesteine zu einem Granitstock auf, der nach und nach zu einem Rücken erodierte. Vor etwa 2–3 Millionen Jahren bildete sich in dieser Region ein gewaltiger Eisschild, der das Festland niederdrückte und eine Kette von Bergen formte, die u-förmige Täler trennen. Seit dem Abschmelzen des Eisschilds hat sich das Land nach und nach gehoben. Der globale Anstieg des Meeresspiegels belief sich dennoch auf etwa 5 cm pro Jahrhundert. Heute verändern vor allem Wellen und Gezeiten die Küste von Acadia. Sie erodieren die Kliffe und lagern Gesteinstrümmer in den Buchten der Strände ab.

TREPPEN ZUM MEER
Die Basaltsäulen bilden Stufen, die zunächst vom Fuß des Kliffs aufwärtsführen und dann zum Meer hin abfallen, bis sie unter dem Meeresspiegel verschwinden.

ATLANTISCHER OZEAN NORDWESTEN

Hatteras Island

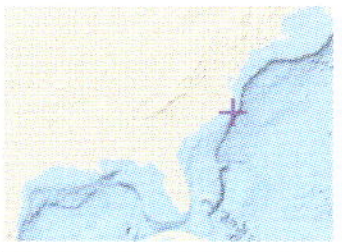

TYP sekundäre Küste

BILDUNG Sedimentablagerungen von Wellen und Strömungen

AUSDEHNUNG 112 km

LAGE vor der Küste North Carolinas im Osten der USA

Hatteras Island ist eine klassische Strandwallinsel aus marinen Sanden. Sie verläuft parallel zum Festland, ist lang und schmal mit einer mittleren Breite von 450 m. Komplexe Ablagerungsprozesse, an denen Meeresströmungen und Wellen beteiligt sind, formten sie. Sie gehört zu einer Serie von Strandwallinseln, den sogenannten Outer Banks, und besteht aus zwei getrennten Teilen, die am Kap Hatteras zusammenlaufen. In den Gewässern dieser Küsten sind im Lauf der Jahrhunderte unzählige Schiffe gesunken.

DIE STRANDLINIE
Hatteras Island ist eine typische Strandwallinsel, niedrig und mit wellengeglätteter Strandlinie.

MENSCH UND MEER

LEUCHTTURM VON KAP HATTERAS

Erosion und Ablagerung können Strände verlagern. 1999 versetzte man den Leuchtturm von Kap Hatteras, denn das Meer hatte begonnen, sein Fundament zu unterspülen – sein Einsturz drohte.

NEUER STANDORT
Der Leuchtturm befindet sich heute etwa 450 m hinter der Küste.

ATLANTISCHER OZEAN WESTEN

Les Pitons

TYP primäre Küste

ENTSTEHUNG Bildung eines Lavadoms, Kollaps des Vulkans, Erosion

AUSDEHNUNG 5 km

ORT Südwestküste von St. Lucia, Kleine Antillen, östliche Karibik

Die Südwestküste der Karibikinsel St. Lucia ist felsig, stark zerklüftet und fällt steil ins Meer ab. Hier ragen Les Pitons auf, zwei Berge mit steilen Flanken, beide über 740 m hoch. Sie sind erodierte Überreste zweier Lavadome (großer Lavamassen), die sich vor etwa 250 000 Jahren an der Flanke eines gewaltigen Vulkans bildeten. Der Vulkan brach später ein und hinterließ die Pitons und andere vulkanische Formationen in dieser Region. Die Vulkanfelsen an dieser Küste sind mit dichter Vegetation bedeckt, mit Ausnahme der steilsten Stellen der Les Pitons. Im Meer um Les Pitons befinden sich Korallenriffe, die zum Piton-Naturschutzgebiet gehören. Die Region wurde 2004 zum Welt-naturerbe erklärt.

DIE ZWILLINGSKEGEL
Vor dem Betrachter erhebt sich der Petit Piton, der etwas höhere und breitere Gros Piton ist im Hintergrund zu sehen.

ATLANTISCHER OZEAN NORDOSTEN

Giant's Causeway

TYP primäre Küste

ENTSTEHUNG Abkühlungsklüfte eines ehemaligen Basaltstroms

AUSDEHNUNG 1 km

LAGE nördlichster Punkt der Grafschaft Antrim (Nordirland)

Der Giant's Causeway besteht aus etwa 40 000 Säulen aus Basalt, einem schwarzen vulkanischen Gestein. Er liegt am Fuß eines Kliffs, das an der Nordküste Nordirlands 90 m hoch aufragt. Der Legende nach soll ein Riese namens Finn McCool die Stufen errichtet haben. In Wirklichkeit sind sie bei einer vulkanischen Eruption vor etwa 60 Millionen Jahren entstanden, einer der Ausbrüche, die die Öffnung des Nordatlantiks mit sich brachten. Bei der Eruption traten gewaltige Mengen flüssiger Basaltlava aus, die beim Abkühlen zu Säulen erstarrte. Diese sind bis zu 13 m hoch und meist sechseckig, manche haben vier, fünf, sieben oder acht Seiten.

ATLANTISCHER OZEAN NORDOSTEN

Gruinard-Bai

TYP primäre Küste

ENTSTEHUNG Schmelzen des Eisschilds, nacheiszeitliche Hebung

AUSDEHNUNG 13 km

LAGE westlich von Ullapool, Nordwestschottland

Um die Gruinard-Bai in Schottland finden sich Belege eines Phänomens, das postglazialer isostatischer Ausgleich genannt wird. Landmassen, die während der letzten Eiszeit vom enormen Gewicht eines Eisschilds nach unten gedrückt wurden, heben sich langsam wieder. In Regionen wie Schottland und Skandinavien wirkte dieser Landhebung ein Anstieg des Meeresspiegels entgegen, verursacht durch das Schmelzen des Eisschildes. In der Gruinard-Bai hat sich dieser Teil Schottlands in den letzten 11 000 Jahren relativ zum Meeresspiegel um bis zu 10 cm pro Jahrhundert gehoben.

HEBUNG DES STRANDS
Die mit Gras bewachsenen Gebiete hinter dem heutigen Strand, deutlich oberhalb der Gezeitenlinie, waren früher der Strand.

ATLANTISCHER OZEAN NORDOSTEN

Ríaküste von Devon

TYP primäre Küste

ENTSTEHUNG einstige Flusstäler, durch Meeresspiegelanstieg überflutet

AUSDEHNUNG Rund 100 km

LAGE zwischen Plymouth und Torbay, Südwestküste Großbritanniens

Teile der Südküste der englischen Grafschaft Devon bilden die überfluteten Täler der Flüsse Dart, Avon, Yealm und Erme und der Salcombe-Kingsbridge-Ästuar. Die Meeresarme, Rías genannt, werden von schroffen Kliffen und Landzungen getrennt. Diese Küstenlandschaft entstand, als Täler, durch die einst kleine Flüsse flossen, teilweise überflutet wurden, als der Meeresspiegel seit dem Ende der letzten Eiszeit weltweit anstieg. Verstärkt wurde dieser Anstieg dadurch, dass sich der Südosten und Osten Großbritanniens seit der letzten Eiszeit um bis zu 7 cm pro Jahrhundert senken, ein Trend, der nach wie vor anhält.

SALCOMBE-KINGSBRIDGE-ÄSTUAR
Der landschaftlich herrliche Salcombe-Ästuar ist der größte von fünf Rías an der Südküste von Devon. Seine geschützten Gewässer bieten Seglern ideale Bedingungen.

ATLANTISCHER OZEAN NORDOSTEN

Weiße Klippen von Dover

TYP sekundäre Küste

BILDUNG marine Erosion eines gewaltigen Kalksteinmassivs

AUSDEHNUNG 13 km

LAGE Südostküste Englands, östlich und westlich von Dover

Die Weißen Klippen von Dover, eines der berühmtesten Naturdenkmäler Europas, erstrecken sich am Nordwestrand der Straße von Dover, dem schmalsten Teil des Englischen Kanals. Auf französischer Seite werden sie bei Kap Blanc-Nez von ähnlichen Klippen gespiegelt. Der Kalkstein der Klippen wurde vor 70 bis 100 Millionen Jahren abgelagert, als ein großer Teil des heutigen Nordwesteuropas marin war. Die Schalen winziger Einzeller, die diese Meere besiedelten, lagerten sich nach und nach auf dem Meeresboden ab und verdichteten sich zu einer einige Hundert Meter dicken Kalkschicht. Als später während der Eiszeiten der Meeresspiegel sank, lag dieses Kalkmassiv über dem Meer und bildete eine Landbrücke zwischen dem heutigen England und Frankreich. Vor etwa 8500 Jahren breitete sich in der heutigen südlichen Nordsee ein riesiger Süßwassersee aus, der die Landbrücke rasch erodierte. Das Gebiet des heutigen englischen Kanals wurde überflutet. Heute erodieren die Klippen von Dover noch immer stark, jährlich werden im Schnitt einige Zentimeter abgetragen. Gelegentlich lösen sich große Stücke und fallen zu Boden. Die Klippen sind reich an Fossilien, man kann hier versteinerte Haifischzähne, Schwämme und Korallen finden.

HOHE KALKSTEINKLIPPEN
Die bis zu 110 m hohen Klippen sind eine imposante Erscheinung, denn sie bestehen aus fast reinem Kalk.

ATLANTISCHER OZEAN NORDOSTEN

Kap Creus

TYP primäre Küste

ENTSTEHUNG erodierte Felsküste aus metamorphen und magmatischen Gesteinen

AUSDEHNUNG 10 km

LAGE östlich von Figueres, Nordostkatalonien (Spanien)

EIN ÖSTLICHER PUNKT DES KAPS

Kap Creus markiert die Stelle, wo Pyrenäen und Mittelmeer aufeinanderstoßen. Die Küste ist eine der am stärksten zerklüfteten in der gesamten Mittelmeerregion. Schroffe Felsen mit kleinen Buchten bilden die Kliffe. Am Kap Creus, das 1998 zum Naturpark erklärt wurde, ist auch das Leben im Meer üppig – eine Vielfalt an Wirbellosen wie Schwämme, Seeanemonen, Röhrenwürmer und rote Korallen kommen hier vor. Das Gebiet ist deshalb bei Tauchern sehr beliebt. Die Landschaft soll den spanischen Maler Salvador Dalí (1904–1989) inspiriert haben. Sie findet sich in vielen seiner Gemälde wieder, so in der *Beständigkeit der Erinnerung.*

IM GLEICHGEWICHT
Am Strand von Marinha bei Carvoeiro haben Wind und Wellen spektakuläre Gesteinsfiguren geschaffen wie diesen Pfeiler, der noch das Gleichgewicht hält.

ATLANTISCHER OZEAN NORDOSTEN

Algarve, Westteil

TYP sekundäre Küste

ENTSTEHUNG Wellenerosion alter Gesteinsschichten

AUSDEHNUNG 135 km

LAGE Süd- und Südwestküste Portugals

Die Westküste der Algarve erstreckt sich von der Stadt Faro im Süden Portugals bis zum Kap São Vincente an der Südwestspitze der Iberischen Halbinsel und dann weitere 50 km nach Norden. Diese Küste, die vom warmen Golfstrom umspült wird, ist für ihre malerischen, honigfarbenen Sandsteinkliffs, ihre kleinen Buchten, geschützten Sandstrände und das smaragdgrüne Wasser berühmt. Viele Küstenabschnitte zeigen typische Merkmale mariner Erosion. Am Fuß der Kliffe wurden Höhlen, Grotten und Kehlen ausgespült; Felsentore aus unterspülten Landzungen sowie isoliert stehende Brandungspfeiler bereichern die Szenerie. Wesentliche Gesteinsart ist Kalkstein, andere Gesteine wie Sandsteine und Schiefer bilden Teile der Kliffe. Die Schönheit dieser Landschaft trägt dazu bei, diese Küste zu einem beliebten Urlaubsziel zu machen.

ATLANTISCHER OZEAN OSTEN

Amalfi-Küste

TYP sekundäre Küste

ENTSTEHUNG marine Erosion deformierter Kalksteinschichten

AUSDEHNUNG 69 km

LAGE Nordrand des Golfs von Salerno, südlich Neapel (Süditalien)

Die Amalfi-Küste, die sich am Nordrand des Golfs von Salerno entlangzieht, ist für ihre steilen, von Höhlen und Grotten durchsetzten Kliffe und ihre malerischen Küstenstädte, die in die Kliffe hineingebaut sind, berühmt. Die Kalksteinschichten der Kliffe liegen am Fuße des Lattari-Gebirges und bildeten sich vor 100 bis 70 Millionen Jahren.

KLIFFE BEI SANT'ELIA AN DER AMALFIKÜSTE

ATLANTISCHER OZEAN OSTEN

Nil-Delta

TYP primäre Küste

BILDUNG Sedimentablagerungen des Nil-Deltas

AUSDEHNUNG 240 km

LAGE nördlich von Kairo, Nordägypten

Das Nil-Delta ist eins der größten Flussdeltas der Erde. Wie bei allen Deltas gilt die Strandlinie als primäre Küste. Der Mündungsstrom, der das Delta gebildet hat und nährt, verminderte sich seit der Errichtung des Assuan-Staudamms in Oberägypten und wegen lokaler Entnahmen von Wasser deutlich. Der Sandgürtel an der dem Meer zugewandten Seite des Deltas erodiert heute; ein künftiger Anstieg des Meeresspiegels wäre eine ernste Bedrohung der dortigen Landwirtschaft, der Süßwasserlagunen, der Natur und der Trinkwasserreserven. An einigen Orten musste die Landwirtschaft bereits aufgegeben werden.

SCHÜTZENDER SANDGÜRTEL
Auf diesem Satellitenbild ist der Sandgürtel vor dem Nil-Delta deutlich sichtbar. Die Landspitzen im Sandgürtel haben zwei Mündungsarme des Nils vorgebaut.

ATLANTISCHER OZEAN SÜDOSTEN

Skelettküste

TYP sekundäre Küste

ENTSTEHUNG vom Wind geformte Dünen

AUSDEHNUNG 500 km

LAGE erstreckt sich nordwestlich von der Stadt Swakopmund aus entlang der Küste Namibias

Die Skelettküste ist eine trockene Küstenlandschaft im Südwesten Afrikas, wo der Nordteil der Wüste Namib an den Südatlantik grenzt. In einigen Bereichen dominieren Sanddünen, die sich bis zur Küste erstrecken, in anderen Geröllebenen. Einen wichtigen Einfluss auf die großteils gerade Küstenlinie hat der Benguela-Strom, eine Meeresströmung, die vor der Küste in nördliche Richtung fließt und kaltes Wasser aus der Antarktis heranführt. Vorherrschende Südwestwinde wehen vom Atlantik an die Küste. Wenn sie über das kalte Wasser vor der Küste streichen, kondensiert die Luftfeuchtigkeit. Deshalb bilden sich hier Nebelbänke, die Pflanzen wie die *Welwitschia mirabilis,* eine Art, die Hunderte von Jahren alt werden kann, gedeihen lassen. Im Norden der Küste lebt bei Kap Fria eine große Robbenkolonie. Hinter der Küste existieren zahlreiche Salzpfannen.

MENSCH UND MEER

SCHIFFSWRACKS

Der Name »Skelettküste« ist sehr treffend gewählt. Die häufigen Nebel, Seewinde und die tosende Brandung haben diese Küste zu einem Friedhof für Schiffe und Seeleute werden lassen. Hinter dem Strand steigen Berge steil auf. Bevor es Rettungsmannschaften gab, mussten Gestrandete lange Märsche durch die trockene Wüste zurücklegen.

HÖLZERNE GERIPPE
Dieses Wrack ist der Überrest eines der vielen Schiffe, die an dieser tückischen Küste sanken.

HOHE DÜNEN, TOSENDE BRANDUNG
Starke Küstenwinde aus Südwest werfen hohe Dünen mit wechselnden Konturen auf. Am Fuß der Dünen branden Wellen an den Strand.

INDISCHER OZEAN NORDWESTEN

Küste Rotes Meer

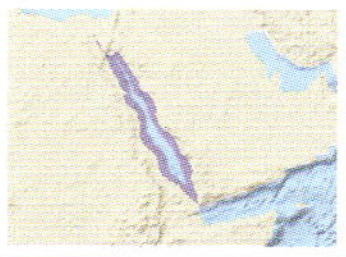

TYP primäre Küste

ENTSTEHUNG Verwerfung und Landsenkung

AUSDEHNUNG 1900 km

LAGE Küsten Ägyptens, des Sudan, Eritreas und Saudi-Arabiens, des Golfs von Suez und von Akaba bis Dschibuti

Das Rote Meer entstand, als sich während der letzten 25 Millionen Jahre Afrika von der Arabischen Halbinsel trennte. Dieser Teil der Erdkruste spaltete sich in zwei Platten, die dann auseinanderdrifteten, sodass eine neue tektonische Plattengrenze entstand. Dieser Prozess beginnt damit, dass aufsteigendes Magma aus dem Erdinnern die kontinentale Kruste aufbeult, dehnt und ausdünnt, bis sie schließlich entlang von Verwerfungen bricht. Zentrale Teile der betroffenen Kruste sinken ab, und wenn dieser Grabenbruch Verbindung mit dem Meer bekommt, werden sie überflutet – eine neue Küste entsteht. Auf beiden Seiten des Roten Meers fällt die Küste an vielen Stellen in Steilstufen ab, ein Hinweis, dass Teile der Kruste sich gesenkt haben. An Land ist die Vegetation wegen des heißen, trockenen Klimas nur spärlich. Im Meer sind dagegen artenreiche, fantastische Korallenriffe entstanden.

WO SICH MEER UND WÜSTE TREFFEN
Die steile Geländestufe der Sarawat-Bergkette, die sich an der Ostküste des Roten Meers entlangzieht, sieht man in der Ferne auf diesem Foto von einer Stelle auf der Sinai-Halbinsel.

INDISCHER OZEAN NORDWESTEN

Delta von Euphrat und Tigris

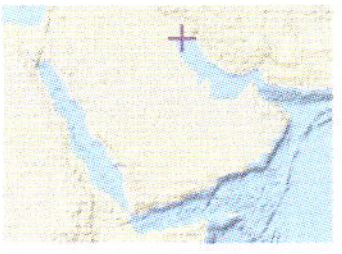

TYP primäre Küste

ENTSTEHUNG Sedimentablagerungen von Euphrat, Tigris und Karun

AUSDEHNUNG 150 km

LAGE südöstlicher Irak, nordöstliches Kuwait, südwestlicher Iran

Das Delta von Euphrat und Tigris ist ein breites Gebiet von Marschen und Schwemmland im Norden des Persischen Golfs. Drei Flüsse laden hier ihre Sedimentfracht ab. Für die Tierwelt ist das Delta ein bedeutendes Refugium. Während der letzten 30 Jahre fanden hier aus Gründen der Landgewinnung einschneidende Veränderungen statt, die die Wattfischerei und viele Arten von Wasservögeln und Säugetieren gefährdeten. Doch seit 2003 kam es zu einer deutlichen Erholung.

DELTAVORBAU
Die Mündung des Deltas ins Meer hat sich im Lauf der letzten 3000 Jahre um 250 km seewärts verlagert.

INDISCHER OZEAN NORDOSTEN

Küste von Krabi

TYP primäre Küste

ENTSTEHUNG Lösungsverwitterung von Kalkstein, dann Überflutung

AUSDEHNUNG 160 km

LAGE Küste des Andamanischen Meers, Südwesten Thailands

Das Gebiet um Krabi an der Westküste Südthailands ist wegen seiner spektakulären Karstformationen berühmt. Der Kalkstein bildete sich ursprünglich vor etwa 260 Millionen Jahren. Zu dieser Zeit bedeckte ein Flachmeer das heutige Südostasien, in dem sich Schalen und Korallenfragmente ablagerten, die die Sedimente, die vom Festland angespült wurden, langsam überdeckten. Daraus entwickelten sich Kalksteinschichten, die sich später hoben und verkippten, als Indien vor etwa 50 Millionen Jahren mit Eurasien zusammenstieß. Um Krabi und Phang Nga Bay im Norden entstanden durch Lösung der Kalksteinschichten durch Regenwasser, gefolgt von einem Anstieg des Meeresspiegels, Tausende zerklüfteter Karstkegel und Inselchen. Zahlreiche einzeln stehende kegel- und zylinderförmige Karsttürme ragen aus dem Meer bis in Höhen von 210 m auf. Viele dieser Karstgebiete erstrecken sich in Nordost-Südwestrichtung, was der Achse (dem Streichen) entspricht, an der die ursprünglichen Kalksteinschichten verkippten.

INSEL KOH TAPU
Einige der Karstformationen entlang dieser Küste verwitterten zu bizarren Formen, wie diese Beispiele bei der Insel Koh Tapu in der Phang-Nga-Bucht nördlich von Krabi.

INDISCHER OZEAN SÜDOSTEN

Die Zwölf Apostel

TYP sekundäre Küste

ENTSTEHUNG Wellenerosion ließ große Brandungspfeiler entstehen

AUSDEHNUNG 3 km

LAGE bei Port Campbell südwestlich von Melbourne (Victoria), Südostaustralien

Die Gruppe großer Brandungspfeiler, die sich bei der Erosion der 20 Millionen Jahre alten Kalksteinkliffe gebildet haben, ist eine der bekanntesten Felsfiguren. Die als »Zwölf Apostel« bekannten Pfeiler (obwohl es ursprünglich nur neun waren) sind bis zu 70 m hoch. 2005 brach einer der Pfeiler ein, nun sind nur noch acht verblieben. Solche Einbrüche sind häufig und Teil der natürlichen Erosion.

UNERBITTLICHE EROSION
Am Fuß der verbliebenen »Apostel« sind die Auswirkungen der Wellenerosion deutlich zu sehen.

PAZIFISCHER OZEAN WESTEN

Hafen von Hongkong

TYP sekundäre Küste

BILDUNG künstliche Küste, um natürliche Häfen und Inseln angelegt

AUSDEHNUNG 40 km

LAGE Südosten der Provinz Guangzhou, Küste des Südchinesischen Meers im Südosten Chinas

Mehrere natürliche Häfen umgeben Hongkong Island, den bekanntesten Teil der zu China gehörenden Region Hongkong. Gemeinsam bilden diese Häfen einen der größten Handelshäfen der Welt, sowohl nach der Anzahl der Schiffe als auch der Menge der umgeschlagenen Güter. Der größte, natürlicherweise tiefste und am besten geschützte dieser Häfen ist Victoria Harbour mit einer Fläche von über 42 km^2, der zwischen Hongkong Island und der Kowloon-Halbinsel gelegen ist. Weitere kleinere Häfen sind Aberdeen Harbour, der Hongkong Island von der Satelliteninsel Ap Lei Chau trennt. Die Ufer aller Häfen wurden künstlich durch den Bau von Piers, Ufermauern, Landungsbrücken und anderen Hafenanlagen verändert. Diese Küste kann als sekundär bezeichnet werden, denn sie wurde von Lebewesen, in diesem Fall Menschen, verändert. In der gesamten Region von Hongkong wurden mehr als 100 km Küste baulich verändert.

VICTORIA HARBOUR
Dieser Blick zeigt Victoria Harbour mit Hongkong Island (links) und Kowloon (rechts). In den Hafen laufen jährlich mehr als 200 000 Schiffe ein.

DIE SKELETTKÜSTE
An der trostlosen Skelettküste Afrikas treffen die enormen, steilen Dünen der Wüste Namib auf die kalten Gewässer des Südatlantiks. An diesem Teil der Küste sieht man nahe des Strands die Reste eines alten Schiffswracks. Darüber hängt Nebel in der Luft, der aus der Feuchtigkeit entsteht, die die Südwestwinde bringen.

PAZIFISCHER OZEAN WESTEN

Ha-Long-Bucht

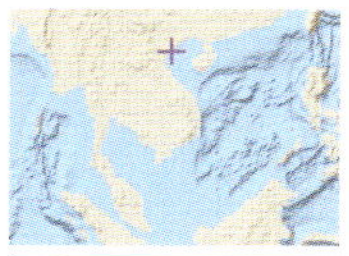

TYP primäre Küste

BILDUNG Lösungsverwitterung und Überflutung einer Kalksteinplattform

AUSDEHNUNG 120 km

LAGE Golf von Tonking östlich von Hanoi, nordöstliches Vietnam

Die Ha-Long-Bucht ist Teil der vietnamesischen Küste im Golf von Tonking, in der sich fast 2000 verkarstete Kalksteininseln befinden. Diese sich über ein 1500 km² großes Gebiet erstreckende Landschaft entstand, als der Meeresspiegel anstieg und die Niederung mit seinen zahlreichen Karsttürmen überflutete. In einigen der Inseln befinden sich Höhlen, denen man ihrer ungewöhnlichen Formen wegen pittoreske Namen wie »Kämpfende Hähne«, »Menschliches Haupt« oder »Weihrauchgefäß« verlieh. Die meisten Inseln sind unbewohnt. Die seichten Gewässer der Bucht zeichnen sich durch ihre hohe biologische Produktivität aus. Hunderte Arten von Fischen, Mollusken, Krebstieren und anderen Wirbellosen einschließlich Korallen kommen hier vor. Die Bucht, die 1992 zum Weltnaturerbe erklärt worden war, ist von Minenabwässern, Umweltzerstörung im Zuge der Urbanisierung und der Vernichtung der Mangrovenwälder bedroht. Eine weitere Gefahr ist die Menge an Plastikabfällen, die von den Touristenbooten aus in die Bucht geworfen wird.

KARSTTÜRME
Mehrere große Karstinseln, bedeckt von dichter tropischer Vegetation, ragen im Zentrum der Bucht auf. Die Inseln ragen bis in 200 m Höhe steil aus dem Meer.

PAZIFISCHER OZEAN WESTEN

Halbinsel Huon

TYP primäre Küste

BILDUNG Hebung fossiler Korallenriffe durch tektonische Bewegungen

AUSDEHNUNG 80 km

LAGE Osten Papua-Neuguineas, nördlich von Port Moresby

Über mehrere Hunderttausend Jahre wurde die Halbinsel Huon durch tektonische Kräfte an einer Plattengrenze um etwa 25 cm pro Jahrhundert gehoben. Dabei gelangten Korallenriffe über die Strandlinie. Sie bilden heute eine Serie von Riffterrassen an Land. Die ältesten liegen mehrere Hundert Meter hinter der Küste. Ihre Erforschung liefert wesentliche Erkenntnisse über die Meeresspiegelschwankungen der letzten 250 000 Jahre.

LUFTAUFNAHME DER HALBINSEL

PAZIFISCHER OZEAN NORDOSTEN

Puget Sound

TYP primäre Küste

BILDUNG von Gletschern ausgeschürfte Meeresarme

AUSDEHNUNG 150 km

LAGE nördlich und südlich von Seattle (Washington), Nordwesten der USA

Der Puget Sound mit seinen zahlreichen Kanälen und Meeresarmen wurde vor allem von Gletschern geformt. Vor etwa 20 000 Jahren lag eine dicke Eisschicht über dem Gebiet. Während der folgenden 7000 Jahre rückten Gletscher mehrere Male vor und zogen sich wieder zurück. Als sie endgültig verschwanden, hatten sie viele tiefe Kanäle hinterlassen und mit dem Schmelzwasser dicke Schichten von Schlamm, Sand und Kies abgelagert. Wellen und Witterung haben seither diese Ablagerungen erodiert und Strände, Steilufer, Nehrungen und andere Küstenformen geschaffen.

SIEDLUNGEN IM SUND
Heute ist die Küste rund um den Puget Sound besiedelt. Hier ist die Stadt Tacoma zu sehen, im Hintergrund ragt der Mount Rainier auf.

MENSCHLICHER EINFLUSS

UMWELT-BELASTUNGEN

Die Bevölkerung um den Puget Sound hat sich seit etwa 1950 vervielfacht und damit nahm auch die Belastung für die Umwelt zu. Einige der Faktoren sind die Einschwemmung von Schadstoffen vom Land ins Meer bei Regenfällen, die Vernichtung von Habitaten wie Salzmarschen und Seegraswiesen sowie die Überfischung. Dadurch sind zahlreiche Arten stark zurückgegangen, die einst häufig waren, etwa Tümmler, Pinto-Abalonen (Riesenmeerohren, eine Meeresschneckenart), Kupfer-Felsenbarsche und verschiedene Melanitta-Arten (eine Gattung von Meerenten). Mehrere Restaurierungspläne werden jetzt umgesetzt, die die entstandenen Umweltschäden umkehren sollen.

PAZIFISCHER OZEAN NORDOSTEN

Big Sur

TYP gemischte Küste

BILDUNG tektonische Hebung bei rascher Wellenerosion

AUSDEHNUNG 145 km

LAGE Südosten von San Francisco, kalifornische Küste (USA)

Die Küste bei Big Sur in Mittelkalifornien, an der die schroffen Santa-Lucia-Berge steil in den Pazifik abfallen, ist eine der spektakulärsten Küsten der USA. Wie fast überall an der Westküste Nordamerikas hob sich die Küste hier schneller als der Meeresspiegel nach der letzten Eiszeit anstieg. Diese Hebung beruht auf Aufschiebungen an der nahe gelegenen Grenze der Pazifischen und der Amerikanischen Platte. Die gesamte Region ist von einem komplexen Muster von Verwerfungen der Erdkruste durchzogen und erfährt häufig Erdbeben. Bei Big Sur hat eine tektonische Landhebung, begleitet von ständiger Wellenerosion, Brandungsplattformen mit steilen Kliffen und Terrassen geschaffen, die an der Basis der Kliffe abgetragen und dann gehoben wurden. Hinzu kommen häufig Erdrutsche, da die Wellen, die Krustenbewegungen und die Vernichtung der Vegetation durch Buschbrände im Sommer und schwere Regenfälle im Winter das Kliff angreifen.

GEHOBENE BRANDUNGSPLATTFORM
Eine mit Gras bewachsene grüne Terrasse liegt über dem heutigen Kliff, dahinter ein gehobenes altes Kliff.

PAZIFISCHER OZEAN MITTE

Lavaküste auf Hawaii

TYP primäre Küste

BILDUNG ins Meer mündende Lavaströme

AUSDEHNUNG 20 km

LAGE Südostküste von Big Island, Hawaii (USA)

Eine der schnellsten Veränderungen, die eine Küste treffen können, findet statt, wenn Lava ins Meer fließt. Im Südosten von Big Island entsteht mit Unterbrechungen seit 1969 neue Küste, weil Lava aus Nebenkratern des aktiven Vulkans Kilauea strömt. Von 1983 bis 2018 floss Lava aus dem Pu'un-O'o-Krater etwa 15 km weit bis zum Meer, wo sie abkühlte und erstarrte. Die so entstandene Küstenlandschaft ist eine archaische Szenerie schwarzer Strände und düsterer Kliffe aus rauem, zerklüftetem Basalt. Ab 2018 verlagerte sich der Ausbruch des Kilauea einige Kilometer nach Osten.

DAMPFENDE SEE
Wenn rot glühende Lava ins Meer fließt, wo sie schlagartig erstarrt, steigen gewaltige Dampfwolken auf. Wenn Kliffe abbrechen, treten mitunter offene Lavaröhren zutage.

PAZIFISCHER OZEAN SÜDOSTEN

Chilenische Fjordküste

TYP primäre Küste

BILDUNG tiefe Gletschertäler, durch Meeresspiegelanstieg überflutet

AUSDEHNUNG 1500 km

LAGE Pazifikküste Südchiles, zwischen Puerto Montt und Punta Arenas

Die chilenische Fjordküste ist ein Labyrinth aus Fjorden, Inseln, Meerengen und Halbinseln im Westen der schneebedeckten südlichen Anden. Dieser Landstrich erstreckt sich über den Großteil Südchiles bis Feuerland und nimmt insgesamt etwa 55 000 km² ein.

Vor etwa 10 000 Jahren war diese Region von Gletschern bedeckt. Diese haben sich jedoch zum großen Teil in riesige, vereiste Gebiete im Gebirge an der chilenisch-argentinischen Grenze zurückgezogen, die patagonischen Eisfelder. Die Gletscher schürften ein Netz langer, tiefer Täler aus, die vom Meer überflutet wurden und die heutigen Fjorde bilden. Hier sind die Niederschläge hoch und der Himmel ist selten klar, denn die feuchte Luft, die vom Pazifik kommt, kühlt ab und bildet Wolken, wenn sie über den Anden aufsteigt. Am Rand der Fjorde stürzen Wasserfälle steile Granitwände herab, und Hunderte von Vogelarten nisten an der oft nebligen Küste und auf den Inseln. Auch verschiedene Säugetiere, darunter Seelöwen, See-Elefanten und Küstenotter, kommen an der Küste vor.

EIS IM FJORD
In den oberen Abschnitten mancher Fjorde entlassen kalbende Gletscher unzählige Eisberge ins Wasser.

DEM MEER TROTZEN
Das Oosterschelde-Sturmflutwehr in den Niederlanden ist eins der größten Wehre der Erde. Zwischen Betonpfeilern sind 62 Stahltore aufgehängt, die herabgelassen werden können.

Küstenschutz

Unter Küstenschutz versteht man verschiedene bauliche Maßnahmen, die die Küste vor dem Meer schützen. Die Bedrohung, die vom Meer ausgeht, lässt sich in zwei Kategorien unterteilen: Zum einen besteht die Gefahr, dass tief gelegene Küstengebiete während schwerer Stürme überflutet werden, zum andern findet an manchen Küsten ständig Erosion statt. Verschiedene Maßnahmen werden zum Schutz der Küsten ergriffen. Um die Überflutung niedrig gelegener Gebiete zu vermeiden, kann beispielsweise ein System von Dämmen und Flutbarrieren errichtet werden. Eine weitere Möglichkeit ist, die Entwicklung natürlicher Barrieren wie Salzmarschen an Küsten zu fördern und bestehende zu schützen. Statt das Meer auszusperren, lässt man es vorgesehene Flächen überfluten. Damit will man erreichen, dass sich das überflutete Land im Lauf der Zeit zu Marschen verwandelt, die natürlichen Schutz bieten.

Um Küstenerosion zu verlangsamen, werden auch verschiedene »harte« technische Schutzmaßnahmen durchgeführt wie die Errichtung von Ufermauern, Dämmen, Wellenbrechern oder Buhnen. Diese Methoden können für eine gewisse Zeit wirksam sein, sind jedoch kostspielig und können die Erosion benachbarter Küstenregionen verstärken, da sie mit dem Küstenlängsstrom interferieren. »Sanfte« Maßnahmen sind umweltfreundlicher. Hierzu gehören Sandaufspülungen sowie die Förderung der Dünenentwicklung an der Küste.

Bröckelnde Küsten

Viele Küsten auf der ganzen Welt werden erodiert. In England weichen Teile der Ostküste um bis zu 1,8 m pro Jahr zurück – das ist die höchste Erosionsrate in Europa – und in Teilen der Juraküste im Süden kommt es häufig zu Hangrutschen. Das Bild unten zeigt den Kollaps eines 4050 t schweren Klippenabschnitts nahe Seatown (Dorset, England) im April 2021. An einigen Steilküsten müssen Häuser aufgegeben werden. So schätzt man, dass in den USA bis 2060 mehrere Zehntausend Häuser ins Meer rutschen könnten. Küstenbefestigungen können die Erosion zeitweise bremsen, aber auf lange Sicht ist ihr Unterhalt sehr teuer und vielerorts wird das Meer gewinnen.

SCHUTZMASSNAHMEN

KONVENTIONELLE MASSNAHMEN

UFERMAUERN *Eine Ufermauer soll die Wellenenergie reflektieren. Moderne Ufermauern sind oben gewölbt, sodass bei Stürmen kein Wasser über sie hinwegspritzen kann. Eine Mauer schützt das Land dahinter meist für einige Jahre, verstärkt aber oft die Erosion des Strands darunter.*

BUHNEN *Diese Buhne besteht aus einer Aufschüttung großer Gesteinsbrocken, vom Strand bis ins Wasser. Die Küstenerosion soll durch Sandablagerung verlangsamt werden. Dies kann jedoch die Erosion in der Nähe erhöhen.*

SANFTE MASSNAHMEN

STABILISIERUNG DER DÜNEN *Küstendünen bieten einen wertvollen Schutz gegen Erosion, wenn sie stabilisiert werden, sodass sie nicht wandern. Dazu bepflanzt man sie üblicherweise mit Gräsern.*

SANDAUFSPÜLUNGEN *Bei diesen Maßnahmen werden große Mengen von Sand an den Strand befördert. Wellen und Gezeiten verteilen den Sand entlang der Küste, sodass sich ein natürlicher Schutz aufbaut.*

HIGH-TECH-LÖSUNGEN

GEOTEXTIL-SCHLÄUCHE *Das auch »Geotubes« genannte System nutzt lange, schlauchförmige Behälter aus haltbarem, aber wasserdurchlässigem Gewebe, die mit einer Sand-Wasser-Aufschlämmung gefüllt werden. Geotextil-Schläuche kann man oberhalb des Strands oder teilweise eingebettet in Dünen verlegen, wo sie die Erosion vermindern. Dieser Schlauch ist Teil eines Projekts zur Wiederherstellung von Marschen auf Barren Island in Maryland (USA).*

MEGA-SCHUTZPROJEKTE

DÄMME UND WEHRE GEGEN STURMFLUTEN *Die Niederlande haben in enorme bauliche Maßnahmen investiert, um einen großen Teil der Landesfläche vor künftiger Überflutung zu schützen. Im Rahmen der »Deltawerke« wurden zahlreiche Dämme und Wehre gegen Sturmfluten errichtet. Die Arbeiten wurden 1953 aufgenommen, nachdem bei einer schweren Sturmflut 1835 Opfer zu beklagen waren.*

Strände und Dünen

STRÄNDE SIND ABLAGERUNGEN VON SEDIMENTEN. Die Materialien reichen von feinem Sand bis zu Felsblöcken. Quellen dieser Materialien sind Sedimente, die von Flüssen an die Küste transportiert oder von Kliffen oder dem Meeresboden erodiert worden sind. Es kann sich auch um biologisches Material wie Muschelschalen handeln. Dieses Material wird von Wellen und Gezeiten ständig an den Strand und wieder weg bewegt.

DISSIPATIVER STRAND UND DÜNE Die Südküste von Mount Desert Island besteht aus Granitstufen, die vor etwa 100 000 Jahren durch Gletschertätigkeit entstanden.

Aufbau eines Strands

Ein typischer Strand hat mehrere Zonen. Der Gezeiten- oder Vorstrand ist das Gebiet zwischen der mittleren Hoch- und Niedrigwasserlinie. Seewärts von ihm befindet sich die Brandungszone, landwärts der Trockenstrand. Letzterer ist nur während der höchsten Tiden überflutet. Meist findet man hier eine abgeflachte Ansammlung von Strandmaterial, die Berme. Das von der Berme zum Meer hin abfallende Gebiet, das den oberen Teil des Gezeitenstrands bildet, schließt manchmal oben mit einer Reihe halbmondförmiger Mulden, den Strandhörnern, ab. Der Nassstrand ist der untere Teil des Vorstrands, der von jeder ankommenden Welle überspült wird. Zum Meer hin schließt sich die Brandungszone an, in der die Wellen brechen. Die Gestalt eines Strands verändert sich oft, da die Energie der Wellen sich im Lauf des Jahres verändert.

SCHWALL Wasser und Sedimente, die den Nassstrand spülen, nennt man Schwall. Wenn Wellen in einem Winkel an den Strand branden, bewirken die Effekte von Schwall und Sog, dass Material entlang des Strands transportiert wird.

Strandtypen

Die Wellenenergie, die Richtung, aus der die Wellen anbranden und die geologische Ausprägung der Küste beeinflussen, welcher Strandtyp sich ausbildet. Dissipative Strände fallen langsam ab, während reflektive Strände steiler und schmaler sind. Wenn eine Kliffküste aus einer Mischung von leicht erodierbarem und erosionsresistentem Gestein besteht, bilden sich oft Landzungen, zwischen denen halbmondförmige Buchtstrände oder kleinere Taschenstrände liegen. Beide sind tendenziell gerade ausgerichtet, die Wellen kommen parallel zum Strand an und transportieren keine Sedimente entlang des Strands. Viele lange, gerade Strände sind dagegen versetzt ausgerichtet, die Wellen kommen im Winkel an und Sedimente werden parallel zum Strand versetzt.

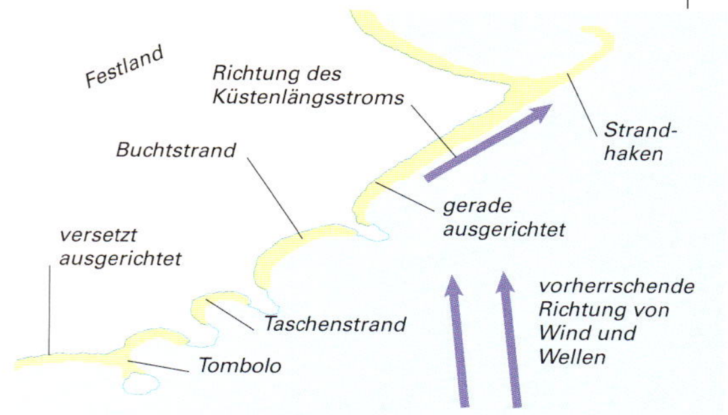

STRANDTYPEN Diese imaginäre Küste (rechts) zeigt verschiedene Strandtypen, von einem Tombolo (einer Sandablagerung zwischen Festland und Insel) zu einem versetzt ausgerichteten Strand.

BEREICHE UND ZONEN DES STRANDS Dieses Foto (oben) zeigt die Hauptzonen eines Strands und die Lage von Berme und Vorstrand mit Strandhörnern. Die Aufnahme wurde bei Ebbe gemacht.

KORNGRÖSSEN
Schluff, Sand und Kies, welche die meisten Strände bilden, werden durch die Wellenbewegung nach der Größe sortiert und an verschiedenen Teilen des Strands abgelagert.

Strandmaterial

Die Zusammensetzung eines Strands hängt von den zur Verfügung stehenden Materialien und der Energie der anbrandenden Wellen ab. Die meisten Strände bestehen aus Sand, Kies oder Kieselsteinen, die bei der Erosion von Gesteinen entstehen. Sand besteht aus Körnern von Quarz und anderen Mineralen wie Feldspat oder Olivin, die z.B. aus magmatischen Gesteinen wie Granit oder Basalt stammen. Andere häufige Strandmaterialien, vor allem in den Tropen, sind Schalen- und Skelettteilchen von Meerestieren. Im Allgemeinen lagern sich bei höherer Wellenenergie gröbere Strandmaterialien wie Kies oder Steine ab, kein feiner Sand. Gelegentlich findet man große Gesteinsbrocken an Stränden. Meist sind sie von Kliffen an den Strand gerollt – manche der Felsbrocken wurden von Gletschern oder gar von Tsunamis antransportiert.

STRANDHAFER
Dieses Gras besiedelt häufig junge Dünen. Es entwickelt ein tief reichendes Wurzelsystem, das tief liegende Grundwasserspiegel erreicht. Die Wurzeln halten den Sand zusammen, während die Halme heranwehenden Sand abfangen, sodass die Vordüne stabilisiert wird.

GERÖLLE UND MUSCHELSCHALEN
An diesen Strand (links) legte die starke Brandung viele große Gerölle ab. Die Gehäuseschalen unten zeigen gute Lebensbedingungen für Muscheln vor der Küste an.

Küstendünen

Küstendünen bilden sich, wenn der Wind Sand von den trockenen Teilen des Strands verlagert. Dünen entwickeln sich hinter dem Trockenstrand, der gemeinsam mit dem oberen Gezeitenstrand den Sand liefert. Damit sich Dünen bilden können, muss mit den Wellen ständig neuer Sand angespült werden. Die parabelförmige, von Windrichtung und Schwerkraft beeinflusste Bewegung von Sandkörnern entlang des Bodens, die Saltation, führt zur Dünenbildung. An manchen Küsten erstrecken sich mehrere Dünenzüge parallel zur Strandlinie. Die dem Trockenstrand sich anschließenden Dünen sind die Vor- oder Primärdünen, dahinter schließen die Sekundär- und Tertiärdünen usw. an. Verankerte, bewachsene Dünen sind ein wichtiger Erosionsschutz. An manchen Küsten findet man vegetationsfreie Wanderdünen, die sich je nach den vorherrschenden Winden fortbewegen. Mit Gras bepflanzt kann man sie befestigen.

REFLEKTIVER STRAND
Dieser Strand der Seychellen ist ein reflektiver Strand, denn der Schelfbereich fällt ziemlich steil ab. Außerdem ist eine charakteristische Berme zu erkennen.

ATLANTISCHER OZEAN WESTEN

Pink Sands

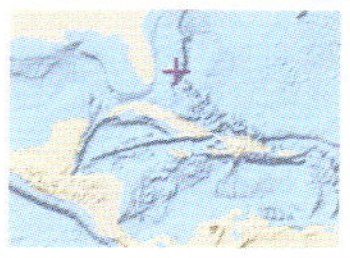

TYP dissipativer Strand, von Riffen geschützt

MATERIAL Sand mit Muschelschalen- und Skelettresten

LÄNGE 4 km

LAGE Harbour Island vor Eleuthera, nordöstlich von Nassau, nördliche Bahamas

Pink Sands auf den Bahamas ist ein nach Osten zum Atlantik hin sanft abfallender Strand. Von den Meeresströmungen ist er durch ein vorgelagertes Riff geschützt. Die hellrosa Tönung des Sands stammt von Gehäusen von Foraminiferen, Einzellern der Art *Homotrema rubrum*. Ihre Schalen leuchten wegen einer eingelagerten Eisenverbindung rot oder pinkfarben. In Teilen der Bahamas sind sie häufig, sie leben an Riffen. Wenn sie absterben, fallen sie auf den Meeresboden, wo sie vom Wellengang zerbrochen und mit anderen Gehäuseresten von Schnecken und Seeigeln und Mineralkörnern vermischt werden. Diese Mischung wird fein pulverisiert und als rosa gefärbter Sand an den Strand gespült.

SANFT ABFALLEND
Bei Pink Sands handelt es sich um einen dissipativen Strand. Die Wellen brechen weit vor dem Strand, laufen dann langsam auf und verteilen ihre Energie über die breite Brandungszone.

ATLANTISCHER OZEAN SÜDWESTEN

Copacabana

TYP dissipativer Buchtstrand

MATERIAL weißer Sand

LÄNGE 3,5 km

LAGE Rio de Janeiro, Südosten Brasiliens

Die Copacabana, einer der berühmtesten Strände der Erde, ist ein breiter, sanft gebogener Sandstreifen zwischen zwei Landzungen. Hinter dem Strand liegt die Stadt Rio de Janeiro, im Hinterland ragen grüne, üppig bewachsene Hügel auf. Der Strand ist das ganze Jahr über sehr belebt und berühmt für die sportlichen Aktivitäten und das Feuerwerk in der Silvesternacht. Das Meer ist für Schwimmer wegen starker Strömungen nicht ungefährlich.

COPACABANA, BLICK NACH NORDOSTEN

ATLANTISCHER OZEAN NORDOSTEN

St.-Ninian's-Tombolo

TYP Tombolo

MATERIAL gelber und weißer Sand

LÄNGE 500 m

LAGE Westküste im Süden Mainlands, einer Hauptinsel der Shetland-Inseln vor Schottland

Auf der St.-Ninian's-Insel (Shetland-Inseln) hat sich ein klassischer Tombolo ausgebildet, eine Landbrücke aus Sedimenten, der eine Insel mit dem Festland verbindet. Ein Tombolo bildet sich, wenn Wellen im Bogen hinter einer Insel vorbeilaufen, sodass sich Sedimente an einer Stelle der angrenzenden Landmasse ablagern, die direkt hinter der Insel liegt. Im Lauf der Zeit häufen sich die Sedimente zu einem Tombolo an, typischerweise im rechten Winkel zur Küste. Auf jeder Seite des Tombolo bildet sich ein Strand. Der St.-Ninian's-Tombolo besteht seit mindestens 1000 Jahren, seine Beständigkeit verdankt er vielleicht einer Basis aus Steinen unter dem Sand. Bei Stürmen wird der Tombolo meist durch Erosion niedriger und schmaler, bei ruhigem Wetter hingegen lagern die Wellen weiteren Sand ab. Die Sedimente eines Tombolo können vom Festland, der Insel oder dem Meeresboden stammen. Es gibt Berechnungen, dass sich ein Tombolo gewöhnlich bildet, wenn der Abstand der Insel vom Strand weniger als zwei Drittel ihrer Länge parallel zum Strand beträgt (der Abstand der St.-Ninian's-Insel vom Strand beträgt nur ein Drittel ihrer Länge). Bei einem Verhältnis über 1:5 bildet sich ein Sedimentstreifen, der sich in Richtung der Insel erstreckt, sie jedoch nicht ganz erreicht.

SCHMALE VERBINDUNG
Ein schmaler Tombolo erstreckt sich von der Shetland-Insel Mainland (Vordergrund) zur Insel St. Ninian's.

ATLANTISCHER OZEAN NORDOSTEN

Dünen im Norden Jütlands

TYP Küstendünen

MATERIAL gelber Sand, Strandhafer

LÄNGE 250 km

LAGE Nord- und Nordwestküste Jütlands (Dänemark)

Ein großer Teil der Nordküste der dänischen Halbinsel Jütland besteht aus Sanddünen, die mehrere Tausend Quadratkilometer Küste bedecken. Diese Dünen sind »aktiv«, das heißt sie haben die Tendenz, entlang der Küste zu wandern. Treibende Kräfte sind der Wind und die Wellenerosion. In manchen Gebieten wurden Versuche unternommen, die Dünenwanderung zu unterbinden, um Ferienhäuser vor den Sandmassen zu schützen. Frühere Versuche waren erfolglos. Während des Zweiten Weltkriegs errichtete man Zäune, um den Sand zurückzuhalten. Die Dünen sind jedoch über die Zäune hinweggewandert, die nun am Strand stehen. In neuerer Zeit wurden viele der Dünen erfolgreicher befestigt, indem man sie mit Gräsern und Nadelbäumen bepflanzte.

DRIFTENDE SANDE
Viele Sanddünen der Halbinsel sind mit Strandhafer bewachsen, der das Dünenwandern eindämmt.

ATLANTISCHER OZEAN NORDOSTEN

Porthcurno Beach

TYP Taschenstrand

MATERIAL gelbweißer Sand, vor allem aus Schalenfragmenten

LÄNGE 150 m

LAGE Südwesten von Penzance, Cornwall (Südwestengland)

Porthcurno Beach ist ein typischer Taschenstrand nahe Land's End an der Südwestspitze Englands. Wie alle Taschenstrände ist er zwischen zwei Landzungen eingebettet, die die Sandbucht vor Erosion durch Winterstürme und starken Strömungen schützen. Taschenstrände kommen vor, wo Kliffe aus verschiedenen Gesteinen starken Wellen ausgesetzt sind. Fels, der besonders fest ist und der Erosion standhält, bildet Landzungen, während weichere Gesteinspartien ausgespült werden und Taschenstrände bilden. Anders als andere Strände tauschen sie wenig oder keinen Sand mit der angrenzenden Strandlinie aus, denn die Landzungen verhindern Küstenlängsstrom. Das Meer bei Porthcurno ist türkis – vielleicht, weil der Sand, der vor allem aus Schalenfragmenten besteht, das Licht auf bestimmte Weise reflektiert.

LANDZUNGEN AUS GRANIT
Die Landzungen auf beiden Seiten des Strands bestehen aus 300 Millionen Jahre altem Granit.

ATLANTISCHER OZEAN NORDOSTEN

Chesil Beach

TYP Sturmstrand auf Tombolo

MATERIAL Kies aus Feuerstein und Hornstein

LÄNGE 29 km

LAGE westlich von Weymouth, Dorset (Südengland)

Chesil Beach bildet die dem Meer zugewandte Seite der Chesil Bank, einer bemerkenswert langen, schmalen Sedimentbank, die die Küste von Dorset in Südengland mit der Isle of Portland verbindet. Dahinter befindet sich eine Gezeitenlagune. Chesil Bank verläuft entlang des Strands und sieht aus wie eine Strandwallinsel. Da sie das Festland mit einer Insel verbindet, handelt es sich aber um einen Tombolo. Es ist umstritten, wie sich Chesil Bank und ihre Strände ursprünglich bildeten. Am schlüssigsten ist die Theorie, dass sie sich ursprünglich vor der Küste bildete und dann nach und nach von Wellen und Gezeiten an ihre heutige Lage verfrachtet wurde. Der Strand gilt als Sturmstrand, da starke Wellen anbranden, denn er ist in den Südwesten auf den Atlantik und die vorherrschenden Winde ausgerichtet. Wie die meisten Sturmstrände fällt er steil im Winkel von 45 Grad ab und besteht aus Kies.

CHESIL BANK
Chesil Bank ist auf ganzer Länge etwa 170 m breit und 15 m hoch. Der Strand liegt auf der dem Meer zugewandten Seite.

FORSCHUNG

KORNGRÖSSEN

Der Kies am Chesil Beach variiert durch unterschiedliche Wellenenergie in der Korngröße. Auf der einen Seite sind die Steine groß wie Kartoffeln, auf der anderen nur erbsengroß. An der einen Seite spülen starke Wellen kleinere Steine mit ins Meer, auf der anderen spülen schwächere Wellen sie an den Strand.

SANDBERGE
Entlang der Küste nördlich und südlich von Cap Ferret liegen Hügel hellen Sands vor einer ausgedehnten Vegetationsdecke.

ATLANTISCHER OZEAN NORDOSTEN

Cap Ferret

TYP Küstendünen auf einer Halbinsel

MATERIAL Sand, Gräser, Wald

LÄNGE 12 km

LAGE Küste der Aquitaine, südwestlich von Bordeaux (Südwestfrankreich)

Cap Ferret liegt am Südende einer langen Halbinsel in Südwestfrankreich. Sie trennt das Becken von Arcachon vom Atlantischen Ozean ab und bildet einen Teil der spektakulären Küste der Aquitaine, die mit 230 km die längste Sandküste Europas ist. Charakteristisch für diese Region sind die geraden Sandstrände, hinter denen sich Sanddünen erstrecken, die höchsten Dünengebilde Europas. Auch die höchste einzeln stehende Sanddüne Europas, die Dune du Pilat, ragt hier etwa 110 m über den Meeresspiegel auf.

Hinter den Dünen befindet sich Wald, der im 18. Jahrhundert angepflanzt wurde, um die Dünen am Wandern zu hindern. Leider findet an der Küste starke Erosion statt, an manchen Stellen mehr als 10 m pro Jahr, da die Vegetationsdecke vor allem durch Bausünden geschwächt oder zerstört wurde.

ATLANTISCHER OZEAN OSTEN

Banc D'Arguin

TYP Küstendünen und Watten

MATERIAL gelber Sand

LÄNGE 160 km

LAGE zwischen Nouakchott und Nouadhibou an der Nordwestküste Mauretaniens (Westafrika)

Der Banc-D'Arguin-Nationalpark ist eine karge Region mit Dünen, Inseln und Watten, die mehr als $12\,000\,km^2$ der Küste Mauretaniens bedecken. Die Dünen, die vorwiegend aus vom Wind verwehten Saharasanden bestehen, befinden sich vor allem in der Südregion des Parks. Die Vegetation im Nationalpark ist vielfältig und zahlreiche Zugvögel brüten oder überwintern hier, darunter Flamingos, Pelikane und Seeschwalben. 1987 wurde das Gebiet zum UNESCO-Weltnaturerbe erklärt.

SANDBÄNKE AN DER BANC D'ARGUIN

INDISCHER OZEAN SÜDWESTEN

Jeffreys-Bai

TYP Serie sanft abfallender, dissipativer Strände

MATERIAL Sand

LÄNGE 15 km

LAGE westlich von Port Elizabeth, östliche Kapprovinz (Südafrika)

Jeffreys-Bai ist sowohl als Surferparadies als auch für seine zahlreichen wunderschönen Muschelschalen berühmt, die hier an den Strand gespült werden. Hier erstrecken sich mehrere breite Strände entlang dieses südafrikanischen Küstenstreifens.

Als einer der Surfstrände mit der »perfekten Welle« gehört Jeffreys-Bai unter die fünf beliebtesten Strände der Erde. Am begehrtesten sind die sogenannten »Supertubes«. Aufgrund der Beschaffenheit der Strandlinie, der Topografie des Meeresbodens und der Richtung der einlaufenden Wellen entstehen regelmäßig riesige, glasklare Luftschläuche, wenn die Wellen brechen. Anderen Brechern in der Nähe verlieh man so farbige Namen wie »Boneyards«, »Magna Tubes« und »Kitchen Windows«. In einigen dieser Wellen können geschickte Sportler ohne Unterbrechung mehrere Hundert Meter den Strand entlang surfen. Dieselben Wellen, die die Surfer locken, sind verantwortlich für die überwältigende Vielfalt der Muschel- und Schneckenschalen, die mit den Gezeiten an den Strand gespült werden.

Conchologen haben die Schalen von über 400 Tierarten bestimmt, darunter verschiedenste Meeresschnecken und Muscheln. Die Küste ist demnach die biologisch vielfältigste Südafrikas. Auch Delfine, Wale und Robben kann man hier beobachten.

SURFEN IN »SUPERTUBES«
Die Wellen können 3 m hoch sein und brechen, vom Strand aus betrachtet, immer von rechts nach links.

MENSCH UND MEER

VERBORGENE GEFAHREN

An jedem Surfstrand, so auch hier, lauern verborgene Gefahren, die jeder angehende Surfer kennen sollte. Die bedeutendste ist die Rip- oder Brandungsrückströmung. Das enorme Wasservolumen, das hier mit den Wellen an den Strand gespült wird, sammelt sich an bestimmten Stellen am Strand, wo es in einer schnellen Rückströmung zurück ins Meer abfließt. Die starke Ripströmung kehrt geradewegs durch die Brandungszone ins offene Meer zurück und kann arglose Schwimmer mit sich reißen. Man kann der Strömung entkommen, indem man parallel zum Strand schwimmt.

INDISCHER OZEAN NORDEN

Strand von Anjuna

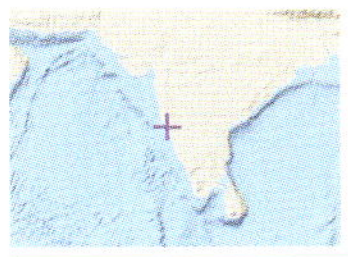

TYP Abfolge von Buchtstränden

MATERIAL gelber Sand

LÄNGE 1,5 km

LAGE Küste des Arabischen Meers, nordwestlich von Panaji (Südwestindien)

Der Strand von Anjuna ist einer der landschaftlich schönsten und beliebtesten der berühmten Strände, die an der Küste des indischen Bundesstaates Goa liegen. Er verläuft wellenförmig und wird von Felsvorsprüngen, die ins Meer ragen, unterbrochen. Diese reduzieren die Ripströmungen, weshalb dieser Strand einer der sichersten Badestrände Goas ist. Während der Monsunzeit von Juni bis September wird durch die heftige Wellenbewegung viel Sand vom Strand abgetragen, der nach der Monsunzeit jedoch wieder angeschwemmt wird.

MALERISCHE LANDSCHAFT
Mit dem ruhigen Meer, dem Sandstrand, den wiegenden Palmen und sanften Hügeln ist der Strand von Anjuna seit nun schon 50 Jahren ein beliebtes Urlaubsziel.

INDISCHER OZEAN NORDEN

Cox's Bazar Beach

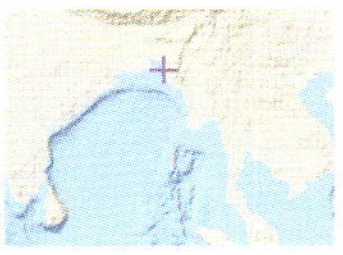

TYP dissipativer flacher Strand

MATERIAL gelber Sand

LÄNGE 120 km

LAGE südlich von Chittagong im Südosten von Bangladesch

Cox's Bazar Beach an einem nordöstlichen Küstenstreifen des Golfs von Bengalen ist der zweitgrößte ununterbrochene natürliche Strand der Erde – Ninety Mile Beach (siehe S. 112) ist der längste. Hier haben sich Dünen ausgebreitet und am südlichen Ende befindet sich eine Nehrung. Brandung und Sedimentation haben über Jahrhunderte diese Dünen und Strände geschaffen. An diesem sanft abfallenden Strand kann man sicher schwimmen und surfen, und auch bei Muschel- und Schneckensammlern ist er bekannt.

SATELLITENAUFNAHME VON COX'S BAZAR

INDISCHER OZEAN SÜDOSTEN

Shell Beach

TYP Buchtstrand

MATERIAL Schalen von Herzmuscheln

LÄNGE 110 km

LAGE nordwestlich von Perth (Westaustralien)

Shell Beach in der westaustralischen Shark-Bai hat eine einzigartige Zusammensetzung: Er besteht fast nur aus den weißen Schalen von *Fragum erugatum*, einer Herzmuschelart. Der Strand liegt in einem teilweise eingeschlossenen Teil der Shark-Bai, der L'Haridon Bight. Die Muschel gedeiht hier prächtig, denn ihre Fressfeinde ertragen den hohen Salzgehalt nicht. Am Gezeitenstrand von Shell Beach liegen die Schalen zum Teil in Schichten von 8–9 m Dicke und bilden noch mehrere Hundert Meter von der Strandlinie entfernt den Meeresboden. Am Hochstrand, fern des Wassers, sind viele der Schalen miteinander verkittet, sodass sich an manchen Stellen fester Muschelschill bildet. Diesen baute man früher als dekorativen Baustoff ab.

STRAND AUS MUSCHELN
Die einzelnen Schalen am Strand haben einen Durchmesser von etwa 1 cm. Sie sammelten sich im Lauf von über 4000 Jahren an und bilden eine lange Bank entlang des Strands.

PAZIFISCHER OZEAN SÜDWESTEN

Ninety Mile Beach

TYP dissipativer flacher Strand

MATERIAL gelber Sand

LÄNGE 145 km

LAGE südöstlich von Melbourne, Victoria (Südostaustralien)

Ninety Mile Beach an der Küste Victorias gilt als der längste ununterbrochene natürliche Strand der Erde. Der Strand verläuft Südwest-Nordost. An ihn schließt sich eine Serie von Dünen an. Die Wellen brechen meist so nahe am Strand, dass man hier kaum surfen kann, und starke Rippströmungen gefährden Schwimmer. Im nordöstlichen Teil liegen einige große Seen und seichte Lagunen, die Gippsland Lakes, hinter den Dünen. Im Meer erstrecken sich riesige Sandflächen in alle Richtungen, die der Lebensraum einer großen Vielfalt kleiner Wirbelloser sind, darunter Krebstiere, Würmer und im Sand vergrabene Mollusken.

LUFTAUFNAHME
Der der Bass-Straße zugewandte Ninety Mile Beach ist während der Wintermonate starken Wellen ausgesetzt.

PAZIFISCHER OZEAN SÜDWESTEN

Moeraki Beach

TYP Buchtstrand

MATERIAL dunkler Sand und große Steinkugeln

LÄNGE 3 km

LAGE Nordosten von Dunedin (Südostneuseeland)

Der Strand im Norden von Moeraki auf Neuseelands Südinsel ist übersät mit großen, kugelförmigen Gesteinsbrocken. Wissenschaftler gehen davon aus, dass es sich um Mineralkonkretionen handelt, die sich im Lauf einiger Millionen Jahre in 60 Millionen Jahre altem Tonstein – dicken Schichten der Sedimente des Meeresbodens – gebildet haben. Die Schichten wurden später gehoben und bilden nun ein Kliff hinter dem Strand. Die Erosion setzt ständig neue Steinkugeln frei, die schließlich an den Strand rollen.

MURMELN EINES RIESEN
Die Steinkugeln haben bis zu 2,2 m Durchmesser und wiegen mehrere Tonnen. Manche sind zur Hälfte im Sand versunken.

PAZIFISCHER OZEAN MITTE

Punalu'u Beach

TYP Taschenstrand

MATERIAL schwarzer Sand

LÄNGE 1 km

LAGE nordöstlich von Naalehu, an der Südküste von Big Island (Hawaii)

Punalu'u Beach auf Big Island, einer der Inseln Hawaiis, ist ein steil abfallender Taschenstrand. Er ist seines eindrucksvollen schwarzen Sands wegen bekannt, der durch Wellenerosion an den schwarzen Basaltkliffen entstand. Punalu'u liegt wie etwa die Hälfte der Landfläche Hawaiis an der Flanke des Mauna Loa, des massivsten Vulkans der Erde. Lavagestein dominiert hier die Landschaft – allerdings hat der Lavastrom des Mauna Loa oder des nahe gelegenen aktiven Vulkans Kilauea Punalu'u Beach seit mehreren Jahrhunderten nicht erreicht.

Der Strand ist bei Schwimmern und Schnorchlern beliebt, aber Unterwasserquellen, die in der Nähe des Strands kaltes Wasser ins Meer ausstoßen, können unangenehm sein. Punalu'u Beach wird auch von Suppenschildkröten besucht, die Tang von den Felsen des Strands weiden und im dunklen Sand, der die Wärme absorbiert, ruhen.

SCHWARZ UND BLAU
Der Sand am Punalu'u Beach ist fast tiefschwarz und hebt sich vom tiefblauen Wasser ab. Sand vom Strand zu entfernen ist verboten.

PAZIFISCHER OZEAN NORDOSTEN

Columbia-Bai

TYP Abfolge von Buchtstränden

MATERIAL Kies und Steine

LÄNGE 50 km

LAGE südwestlich von Valdez, Südalaska (USA)

Viele Strände im südlichen Alaska und anderswo im hohen Norden bestehen häufig aus Kies, kleinen Steinen und Gesteinsbrocken. Es sind Moränenablagerungen – Mischungen aus Lehm, Sand, Kies und Gesteinsblöcken, die einst von Gletschern hierher transportiert wurden und dort liegen blieben, als die Gletscher abschmolzen. Die großen Steine wurden von den Wellen abgeschliffen, die leichteren Materialien wie Lehm und Sand weggespült und die Gerölle der Größe nach sortiert und an verschiedenen Stellen entlang der Strandlinie abgelagert, wie auch in der Columbia-Bai im Prince William Sound. An vielen der Strände in dieser Region sind oberhalb der heutigen noch frühere Gezeitenlinien sichtbar. Die Ursache ist, dass 1964 ein gewaltiges Erdbeben das Land um 2,4 m angehoben hat.

STRAND UND BUCHT
Der von Pflanzen besiedelte Trockenstrand, der hier zu sehen ist, war vor dem Erdbeben von 1964 Vorstrand.

PAZIFISCHER OZEAN NORDOSTEN

Oregon National Dunes

TYP Küstendünen

MATERIAL gelber Sand, Gräser, Nadelbäume

LÄNGE 64 km

LAGE südwestlich von Portland, Oregon (Nordwesten der USA)

Oregon National Dunes ist das größte Küstendünengebiet Nordamerikas. Es erstreckt sich entlang der Küste von Oregon zwischen den Flüssen Siuslaw und Coos. Die Dünen sind im Lauf von Jahrmillionen aufgrund von Küstenerosion und Windtransport des Sands entstanden und erstrecken sich bis zu 4 km ins Landesinnere. Sie steigen bis 150 m über den Meeresspiegel auf. In der Dünenregion gehen trockene in feuchte Bedingungen über. In der Nähe des Strands befinden sich niedrige Vordünen und Treibholz, von Strandhafer stabilisiert. Dahinter findet man kleine Erhebungen, wo Sand sich um die Vegetation ablagert. Wasser sammelt sich zu bestimmten Jahreszeiten um die Sandhügel. Hinter den Hügeln befinden sich weitere charakteristische Landschaften, von dicht bewachsenen Gebieten, die im Winter zu Sümpfen werden, bis zu völlig vegetationslosen, vom Wind geformten Dünen. Die Dünen sind ein beliebter Ort für verschiedene Freizeitaktivitäten, unter anderem werden sie mit Motorrädern und Dünenbuggies befahren.

MENSCHLICHER EINFLUSS

SCHÄDIGUNG DER DÜNEN

Das Befahren mit Fahrzeugen kann den Grasbewuchs der Dünen zerstören und sie anfällig für Winderosion machen. Werden die Dünenkämme beschädigt, setzt die Erosion verstärkt an. Um die Dünen zu schützen, ist das Befahren nur eingeschränkt erlaubt.

MEER AUS DÜNEN
Der Wind formt wellenförmige Dünen. Die Kämme bilden sich im rechten Winkel zur Windrichtung.

PAZIFISCHER OZEAN NORDOSTEN

Dungeness Spit

TYP Sandnehrung

MATERIAL Sand

LÄNGE 9 km

LAGE nordwestlich von Seattle, Bundesstaat Washington (Nordwesten der USA)

Dungeness Spit, eine der längsten natürlichen Sandnehrungen der Erde, erstreckt sich von der Olympic-Halbinsel im Bundesstaat Washington (USA) ins Meer. Sie gehört zum Dungeness National Wildlife Refuge und ist an manchen Stellen nur 30 m breit. Die enorm lange Nehrung hat eine komplexe Gestalt, das Ergebnis jahreszeitlicher Richtungsänderungen von Wind und Wellen; einmal kommen die Sedimente aus dem Nordwesten, dann wieder aus dem Nordosten. Das daraus resultierende Ablagerungsmuster hat ein großes Rückzugsgebiet für viele Strandvögel, die entlang des Strands nisten, sowie für Pazifische Seehunde geschaffen. In den Watten leben verschiedene Schalentiere und die innere Bucht ist ein wichtiges Nahrungshabitat für mehrere Lachsarten.

WACHSENDE NEHRUNG
Die Nehrung wächst in jedem Jahr um etwa 4,5 m. Sie schützt eine große Bucht und ein Wattgebiet.

KÜSTENLANDSCHAFT
Von diesem Punkt aus betrachtet liegt der Hauptteil von Tamarindo Beach im Hintergrund. Rechts ist die Mündung eines Ästuars zu sehen.

PAZIFISCHER OZEAN OSTEN

Tamarindo Beach

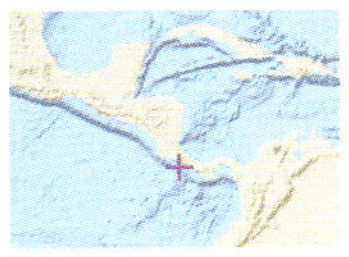

TYP Buchtstrand

MATERIAL gelber Sand

LÄNGE 3 km

LAGE nordwestlich von San José (Nordwesten von Costa Rica)

Tamarindo Beach ist ein sanft abfallender, halbmondförmiger Sandstrand nahe eines mangrovengesäumten Ästuars, hinter dem moderne Häuser in einem offenen Waldland liegen. Der Strand ist dem Pazifik mit seinem enormen Fetch (Wellenaufbaugebiet) zugewandt. So ist die Brandung das ganze Jahr über stark und der Strand bei Surfern beliebt. Mit zwei weiteren Stränden im Norden und Süden bildet Tamarindo Beach einen Teil des Las Baulas National Marine Park. Von Oktober bis März sind diese Strände ein wichtiger Laichplatz von Lederschildkröten (siehe S. 371).

Ästuare und Lagunen

SOWOHL ÄSTUARE ALS AUCH LAGUNEN sind halb umschlossene Wasserkörper an der Küste. Ein typisches Ästuar hat eine Verbindung zum offenen Meer, ist relativ schmal, und es münden ein oder mehrere Flüsse in ihm, sodass der Süßwasserzustrom erheblich ist. Das Süßwasser mischt graduell mit dem Salzwasser, je nach Zustrom und Ausprägung der Gezeiten. Viele Ästuare sind die Mündungen großer Flüsse ins Meer, die von den Gezeiten beeinflusst werden. Küstenlagunen sind meist nur mit einem oder mehreren schmalen Durchlässen mit dem Meer verbunden.

Bildung eines Ästuars

Ästuare bilden sich vor allem auf vier Arten. Erstens kann der Meeresspiegel ansteigen und ein bestehendes Flusstal oder eine Küstenebene überfluten, wie in der Chesapeake-Bai in den USA. Zweitens kann der Anstieg ein Gletschertal überfluten, sodass ein Fjord entsteht. Fjorde sind tiefer als andere Ästuare, weisen jedoch Schwellen an der Mündung auf, die den Wasseraustausch teils blockieren. Drittens kann Wellenaktivität ein Ästuar durch die Ablagerung von Strandhaken oder Nehrungen vor einer Flussmündung (siehe S. 93) schaffen. Viertens entstehen Ästuare bei tektonischen Verwerfungen der Erdkruste, wenn als Folge der Abwärtsbewegung des Gesteins eine Mulde gebildet wird, die sich mit Meerwasser füllen kann.

ENTSTEHUNG
Ein Ästuar kann entstehen, wenn der Meeresspiegel steigt und den Mündungstrichter eines Flusses überflutet. Wird ein Gletschertal überflutet, entsteht ein Fjord (Mitte). Unten erstreckt sich ein Strandhaken über eine Bucht.

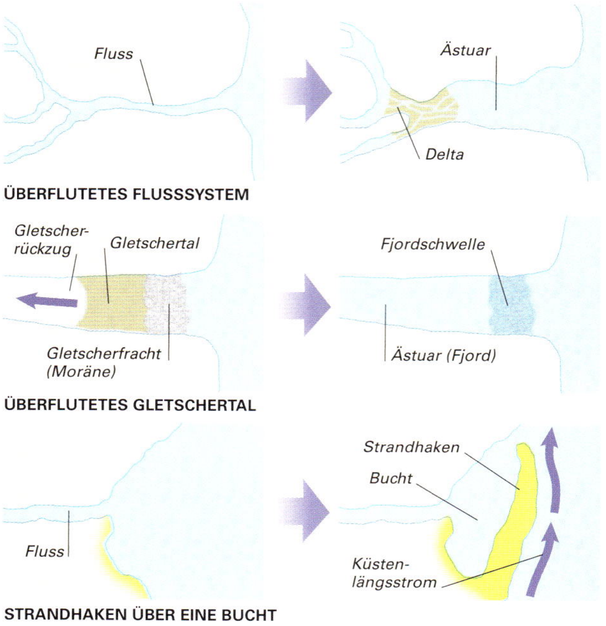

ÄSTUAR DES KONGO
Dieses Ästuar, das sich bei der Überflutung eines Flusstals bildete, ist nach dem Amazonas das zweitgrößte Ästuar der Erde, gemessen an der Wassermenge, die hier ins Meer strömt.

Ästuartypen

Man unterscheidet Ästuare nach der Art und Weise, wie sich Salzwasser in ihnen mischt. Transportiert ein Fluss viel Süßwasser, mischt sich das Wasser meist nicht stark – das weniger dichte Süßwasser gleitet über das dichtere Salzwasser hinweg, das einen Keil am Grund des Ästuars bildet. Man spricht von einem Salzwasserkeil. In mäßig vertikal geschichteten und völlig vertikal vermischten Ästuaren findet starke Durchmischung statt, es entstehen Turbulenzen und das Süßwasser nimmt an Salinität zu. Dies geschieht durch einen flutbedingten Zustrom von Salzwasser aus dem Meer.

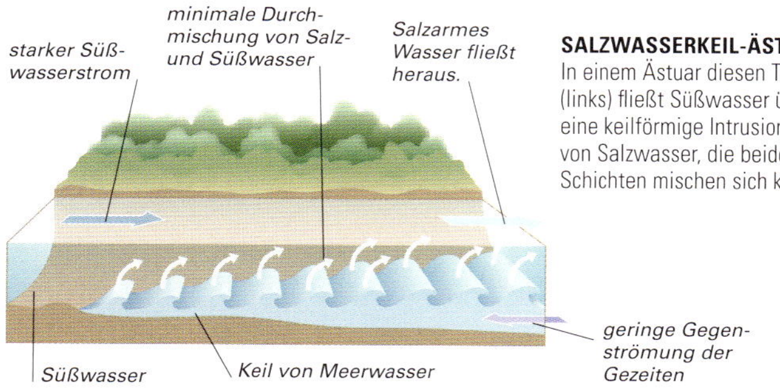

SALZWASSERKEIL-ÄSTUAR
In einem Ästuar diesen Typs (links) fließt Süßwasser über eine keilförmige Intrusion von Salzwasser, die beiden Schichten mischen sich kaum.

MÄSSIG BIS STARK VERTIKAL GESCHICHTETES ÄSTUAR
Bei diesem Typ von Ästuar mischen sich Salz- und Süßwasser deutlich. Der Salzgehalt des Wassers nimmt mit der Tiefe in allen Bereichen des Unterlaufs zu.

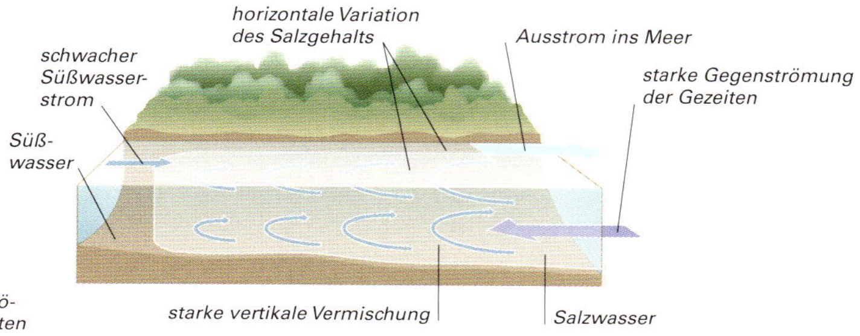

VÖLLIG VERTIKAL VERMISCHTES ÄSTUAR
In einem völlig vertikal vermischten Ästuar sind Süß- und Salzwasser vertikal gut vermischt, horizontal variiert der Salzgehalt jedoch.

VON GLETSCHERN AUSGESCHÜRFT
Ein Fjord ist ein Ästuar, der bei der Überflutung eines tiefen Gletschertrogtals entstanden ist. Der Geiranger-Fjord in Norwegen ist 15 km lang und bis zu 200 m tief.

Lebensraum Ästuar

Ästuare sind einzigartige Küstenlebensräume. Meist sind sie lang gestreckt, die Gezeiten kommen und gehen nicht nur, sondern erzeugen starke Strömungen und manchmal mauerartige Gezeitenwellen, sogenannte Boren. Aufgrund der hohen Ablagerungsrate sammelt sich Schlick an. So entwickeln sich Watten und Salzmarschen (siehe S. 124–125) oder in den Tropen Mangrovensümpfe (siehe S. 130–131). Trotz der Gezeiten und Strömungen, der starken Trübung, die die Fotosynthese der Pflanzen vermindert, und Schwankungen von Salinität und Temperatur sind die meisten Ästuare biologisch sehr produktiv. Das beruht zum Teil auf der hohen Nährstoffkonzentration im Flusswasser. Zudem sind Ästuare sehr sauerstoffreich. Obwohl nur bestimmte Organismen wie Muscheln mit den Lebensbedingungen hier zurechtkommen, sind die Populationen oft enorm groß.

EUROPÄISCHE AUSTER

REICHE NAHRUNGSQUELLE
Ästuare ziehen Watvögel und andere Strandvögel an, denn hier herrscht ein hohes Angebot an Kleinlebewesen wie Würmer und Krebstiere, die im Schlamm leben. Diese Kiebitze und ein Reiher suchen im Ästuar der Themse (England) nach Nahrung.

BEWOHNER VON ÄSTUAREN
Seesterne kommen mit den Lebensbedingungen im Ästuar zurecht. Sie ernähren sich von Muscheln, Krebstierchen und Würmern. Dieser Gemeine Seestern lebt in einem Ästuar in der Bretagne.

Küstenlagunen

Küstenlagunen gibt es weltweit. Sie unterscheiden sich von denen im Zentrum von Korallenatollen (siehe S. 152). Sie sind ruhiger und meist seichter als Ästuare und stehen häufig durch Gezeitenkanäle mit dem Meer in Verbindung. Gewöhnlich fließt kein Süßwasser in diese Lagunen, in einige gelangt jedoch auch Flusswasser. So gibt es neben Salzwasserlagunen auch Lagunen, die teilweise oder vorwiegend Süßwasser enthalten.

In heißen Klimagebieten sind wegen der hohen Verdunstung manche Lagunen hypersalin (stark salzhaltig). Küstenlagunen sind häufig stark verschmutzt, in sauberen Lagunen leben aber oft große Fischbestände, Krebs- und andere Meerestiere, die viele Strandvögel anlocken. Manche Lagunen sind Nahrungsgründe und Fortpflanzungsgebiete von Walen und Meeresschildkröten.

LAGUNE UND KANÄLE
Matagora-Bai ist eine Lagune an der Küste von Texas, die vom Golf von Mexiko durch eine lange, schmale Halbinsel abgetrennt ist. Zwei Durchlässe im Südwesten der Lagune verbinden sie mit dem Golf.

ATLANTISCHER OZEAN NORDWESTEN

Sankt-Lorenz-Ästuar

TYP Salzwasser-Keil

GEBIET schätzungsweise 25 000 Quadratkilometer

LAGE Quebec, Osten Kanadas

Das 800 km lange Sankt-Lorenz-Ästuar ist eins der größten Ästuare der Erde. Etwa 10 Millionen Liter Wasser pro Sekunde fließen an seiner Mündung in den Sankt-Lorenz-Golf. Seine Tierwelt ist vielfältig. Von der Mündung bis zur erweiterten Mitte dringt der kalte Labrador-Strom 300 m unter der Oberfläche flussaufwärts vor. In einem Flussabschnitt, wo ein Fjord in das Ästuar einmündet, steigt nährstoffreiches kaltes Wasser plötzlich auf und mischt sich mit dem wärmeren Wasser darüber. Dieser Aufstieg von Nährstoffen fördert den Planktonwuchs und bildet die Grundlage einer Nahrungskette, zu der viele Fisch- und Vogelarten und eine kleine Population von Belugawalen gehören.

WINTERLANDSCHAFT
Im Winter sind große Teile des Ästuars mit Eis bedeckt. Es ist gerade Ebbe kurz nach Sonnenaufgang.

ATLANTISCHER OZEAN NORDWESTEN

Chesapeake-Bai

TYP mäßig geschichtetes Ästuar

GEBIET 11 600 Quadratkilometer

LAGE umgeben von Maryland und Teilen Ostvirginias (USA)

Chesapeake-Bai ist das größte Ästuar der USA. Sein Hauptarm, der vom Susquehanna River gespeist wird, ist über 300 km lang. Neben ihm gibt es viele kleinere Ästuare, mehr als 150 Flüsse und Bäche münden in die Bucht. Der Wasserkörper entstand, als beim Anstieg des Meeresspiegels das gesamte Mündungsgebiet während der letzten 15 000 Jahre überflutet wurde. Das Ästuar war einst berühmt für seine Meeresfrüchte wie Austern und Krabben. Heute ist es weit weniger produktiv, obwohl die Erträge an Fischen und Schalentieren immer noch höher sind als in allen anderen Ästuaren der USA. Abwässer fließen in die Bucht und verursachen häufige Algenblüten. Die Algen schirmen das Sonnenlicht ab, und Wasserpflanzen können nicht gut gedeihen. So sank gebietsweise der Sauerstoffgehalt, was sich verheerend auf die Tierwelt auswirkte.

VERKEHRSADER
Eine Brücke im oberen Teil der Chesapeake-Bai verbindet die ländliche Ostküste Marylands mit der urbanen Westküste.

FORSCHUNG

IMPAKTKRATER

In den 1990er-Jahren entdeckte man bei Bohrungen im Meeresboden der Chesapeake-Bai den 35 Mio. Jahre alten Einschlagkrater eines Meteoriten mit 85 km Durchmesser. Er trug zur Entstehung des heutigen Ästuars bei.

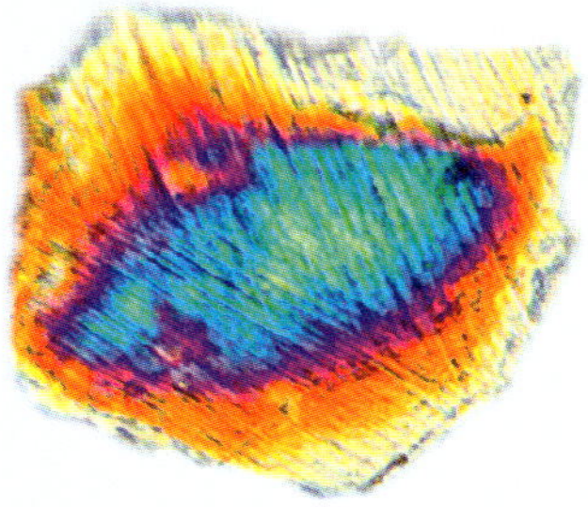

GESCHOCKTER QUARZ
Zu den Beweisen für einen Impakt gehören Körner geschockten Quarzes, die sich bilden, wenn hoher Druck die kristalline Struktur verändert.

HAUPTARM DES DELTAS

ATLANTISCHER OZEAN WESTEN

Mississippi-Ästuar

TYP Salzwasserkeil

GEBIET 60 Quadratkilometer

LAGE südöstliches Mississippi-Delta, Südosten Louisianas (USA)

Das Mississippi-Ästuar ist etwa 50 km lang und befindet sich an der Mündung des Mississippi, wo er durch sein eigenes Delta fließt. Das Ästuar besteht aus einem Haupt- und mehreren Nebenarmen. Insgesamt fließen hier rund 13 Millionen Liter Wasser pro Sekunde in den Golf von Mexiko. Der Hauptarm ist ein klassisches Beispiel eines Ästuars mit Salzwasserkeil – die Oberflächenwässer sind wenig salzhaltig und fließen über einen Keil aus Salzwasser, der sich in der Tiefe einige Kilometer flussaufwärts erstreckt.

ATLANTISCHER OZEAN WESTEN

Laguna Madre

TYP hypersaline Küstenlagune

GEBIET 3660 Quadratkilometer

LAGE südliches Texas (USA) und nordöstliches Mexiko, entlang der Küste des Golfs von Mexiko

Die Laguna Madre ist eine seichte Lagune mit zwei abgegrenzten Teilen, die sich etwa 456 km entlang der Küste des Golfs von Mexiko erstreckt. Ihr nördlicher Teil ist durch eine lange, schmale Barriereinsel, Padre Island, vom Golf getrennt. Der südliche Teil in Mexiko ist auf ähnliche Weise mit einer Kette von Barriereinseln abgegrenzt. Die Lagune ist mit dem Golf nur über wenige Durchlässe verbunden; sie ist meist weniger als 1 m tief. Sie ist salziger als das Meerwasser, da kein Süßwasser einströmt und die Umgebung heiß und trocken ist, sodass die Verdunstung hoch ist. Seegraswiesen und mehrere Arten von Krebstieren und Fischen gedeihen in der Lagune. Viele Strand- und Wasservögel überwintern hier. Die Lagune ist durch Baggerarbeiten und Überfischung sowie durch Algenblüten bedroht.

FLIEGENFISCHEN
Mit dem Verkauf von Lizenzen zum Fliegenfischen auf Forellen und Rotbarsche finanziert man ökologische Maßnahmen in der Lagune.

ATLANTISCHER OZEAN SÜDWESTEN

Lagoa dos Patos

TYP Gezeiten-Küstenlagune

GEBIET 10 000 Quadratkilometer

LAGE südlich der Stadt Pôrto Alegre (Südbrasilien)

Lagoa dos Patos (»Enten-Lagune«) ist die größte Küstenlagune der Erde. Der Name soll von Jesuiten stammen, die im 16. Jahrhundert Wasservögel an ihren Stränden züchteten. Es ist ein seichtes, 290 km langes und bis zu 64 km breites Gewässer. Eine Sandnehrung trennt die Lagune vom Atlantik, mit dem sie über einen schmalen Durchlass verbunden ist, durch den große Sedimentmengen ins Meer gespült werden. Meerestiere gelangen durch den Durchlass in die Lagune, und im Frühjahr und Sommer finden sich Meeresschildkröten ein.

Am Nordende fließt Süßwasser aus dem Guaíba-Ästuar am Zusammenfluss des Rio Jacuí und dreier kleinerer Flüsse in die Lagune. Entlang seiner Innenseite befinden sich zahlreiche charakteristische wellenförmige Vorsprünge, die von Sedimenten gebildet werden, die Gezeiten und Winde an- und abtransportieren.

Die Salinität der Lagune variiert. Zur Regenzeit enthält sie vorwiegend Süßwasser, bei Trockenheit strömt am südlichen Ende reichlich Salzwasser zu. Die Lagune ist einer der besten Fischgründe Brasiliens. Einträge aus Reisfeldern und Weideland, industrielle Abwässer und der Bevölkerungsdruck gefährden jedoch das Ökosystem der Lagune.

ZWEI LAGUNEN
Die helle Wasserfläche im Zentrum ist die Lagoa dos Patos, darunter erstreckt sich die dunklere Lagoa Mirim bis zur Grenze Brasilien / Uruguay.

ATLANTISCHER OZEAN SÜDWESTEN

Amazonas-Ästuar

TYP Ästuar mit Salzwasserkeil

GEBIET rund 20 000 Quadratkilometer

LAGE Norden Brasiliens

Das Amazonas-Ästuar erstreckt sich von der Mündung 300 km ins Binnenland bis südwestlich der Stadt Macapá. Im 25 bis 300 km breiten Ästuar befinden sich zahlreiche flache bewaldete Inseln.

Kein Ästuar der Erde entlässt so gewaltige Wassermengen ins Meer wie das Amazonas-Ästuar. Durchschnittlich strömen hier 200 Millionen Liter Wasser pro Sekunde in den Atlantik. Dieser gewaltigen Menge wegen strömt nur sehr wenig Salzwasser in das Ästuar. Fast die gesamte Durchmischung von Salz- und Süßwasser erfolgt deshalb vor der Mündung auf dem Kontinentalschelf. Trotz des relativ geringen Salzwassereinstroms machen sich die halbtägigen Gezeiten im Ästuar deutlich bemerkbar. Die meisten der Inseln im Ästuar werden bei Flut (mit Flusswasser) überschwemmt.

MARAJÓ ISLAND
Das Amazonas-Ästuar ist so enorm groß, dass die größte der darin befindlichen bewaldeten Inseln, Marajó Island, ihr eigenes Flusssystem besitzt.

MENSCH UND MEER

DIE POROROCA

Boren, in der Region *Pororoca* genannt, treten bei starken Springtiden in einigen der Ästuare der brasilianischen Flüsse auf. Manche der Boren werden bis zu 3 m hoch. Man kann mehrere Kilometer mit ihnen surfen. Dieser Sport ist jedoch sehr riskant, denn in den Gewässern leben gefährliche Schlangen, Fische und Krokodile.

ATLANTISCHER OZEAN SÜDWESTEN

Rio de la Plata

TYP Ästuar mit Salzwasserkeil

GEBIET 35 000 Quadratkilometer

LAGE an der Grenze von Argentinien und Uruguay, östlich von Buenos Aires und südwestlich von Montevideo

Der Rio de la Plata ist kein Fluss, sondern ein großes, trichterförmiges Ästuar am Zusammenfluss von Uruguay und Paraná. Diese Flüsse und ihre Nebenflüsse entwässern etwa ein Fünftel der Landfläche Südamerikas. 290 km lang und an der Mündung 220 km breit, schüttet das Ästuar etwa 25 Millionen Liter Wasser pro Sekunde in den Atlantik. Mit dieser gewaltigen Wassermenge gelangen jedes Jahr etwa 57 Millionen Kubikmeter Schlick in das Ästuar. Der Schlamm sammelt sich in großen Bänken, sodass das Wasser meistens weniger als 3 m tief ist. Ständig muss ausgebaggert werden, um die Schifffahrtsrinnen zu den Häfen von Buenos Aires und Montevideo zu erhalten. Der Salzgehalt an der Oberfläche variiert im Ästuar von nahe Null im oberen Teil zu einem Wert knapp unter der Salinität des Meers an der Mündung. An der Sohle dringt ein Salzwasserkeil in das Ästuar ein. Der Rio de la Plata ist biologisch sehr produktiv. Plankton gedeiht in großen Mengen, der wiederum eine Vielzahl von Fischen und Muscheln ernährt. Hier befindet sich auch der Lebensraum des La-Plata-Delfins, der auf der Roten Liste der IUCN als gefährdet eingestuft wird.

SATELLITENAUFNAHME
Hier ist der Hauptstrom des Flusswassers im Ästuar zu sehen, ebenso die Flüsse Paraná oben links und Uruguay oben in der Mitte.

OSTSEE SÜDOSTEN

Kurisches Haff

TYP Süßwasser-Haff

GEBIET 1620 Quadratkilometer

LAGE Ostseeküste vor Litauen und der Oblast Kaliningrad (zu Russland gehörig)

Das Kurische Haff ist ein gezeitenloses Haff in der südöstlichen Ostsee. Die durchschnittliche Wassertiefe beträgt nur 3,8 m. Die Memel mündet im nördlichen Teil (in Litauen) in das Haff, das mit einem schmalen Durchlass, der Klaipeda-Meerenge, mit der Ostsee in Verbindung steht. Ein Großteil des Haffs enthält Süßwasser, Meerwasser gelangt manchmal durch die Klaipeda-Meerenge nach Stürmen hinein. Lange wurde das Gewässer stark mit Abwässern verunreinigt, mittlerweile versucht man diesem Problem zu begegnen.

Das Haff ist von der Ostsee durch eine schmale, gebogene 98 km lange Nehrung getrennt. Die Kurische Nehrung ist wegen ihrer alten Kiefernwälder und Wanderdünen, von denen manche 60 m hoch sind und sich 31 km weit entlang der Nehrung erstrecken, eine bemerkenswerte Landschaft. Ihrer Sandstrände mit Blick über das Haff, der Wälder und Wanderdünen wegen gilt sie als touristische Attraktion. Im Jahr 2000 wurde das gesamte Gebiet zum UNESCO-Weltnaturerbe erklärt.

DÜNEN UND HAFF
Ein Weißstorch an einer ruhigen Stelle des Haffs in der Nähe des Dorfes Morskoje (Oblast Kaliningrad). Zugvögel rasten hier und im nahe gelegenen Memel-Delta.

READ'S ISLAND
Diese flache Insel im oberen Teil des Ästuars ist Naturschutzgebiet und Brutgebiet von Säbelschnäblern und anderen seltenen Vogelarten. Hier ein Blick flussabwärts.

NORDSEE WESTEN

Humber-Ästuar

TYP völlig vertikal vermischtes Ästuar

GEBIET schätzungsweise 200 Quadratkilometer

LAGE westlich und südöstlich von Kingston-upon-Hull (Ostengland)

In diesem großen Ästuar an der Ostküste Großbritanniens fließen die Flüsse Ouse und Trent zusammen. Hier strömen im Mittel etwa 250 000 Liter Wasser pro Sekunde in die Nordsee, mehr als an allen anderen Flussmündungen Englands. Zum Ende der Eiszeit, als der Meeresspiegel viel tiefer lag, war der Humber bis zu 50 km länger als heute.

Etwa 100 000 m³ Sedimente werden jedes Jahr im Ästuar abgelagert, vor allem von den Gezeitenwellen. Verdriftende Sedimentbänke können die Schifffahrt behindern. Die Gezeitenzonen sind produktive Ökosysteme, in denen Muscheln, Würmer, Krebstiere und andere Wirbellose leben. Sie sind Nahrungsquelle zahlreicher Vögel, vor allem von Watvögeln. Auch eine Kegelrobbenkolonie lebt hier. Jährlich ziehen hier viele Neunaugen durch.

NORDSEE NORDOSTEN

Hardanger-Fjord

TYP stark vertikal geschichtetes Ästuar; Fjord

GEBIET etwa 750 Quadratkilometer

LAGE südöstlich von Bergen (Südwestnorwegen)

DER OBERE ABSCHNITT
Der Hardanger-Fjord ist im Mittel 4 km breit und von dramatischen, schneebedeckten Bergen umgeben.

Wie alle Fjorde ist der Hardanger-Fjord in Norwegen viel tiefer als ein typisches Ästuar an der Küste, seine maximale Tiefe beträgt etwa 800 Meter. Nahe der Mündung beträgt die Tiefe über einer Schwelle nur 150 m. Mit 183 km ist dieser Fjord der drittlängste Fjord der Erde. Er entstand vor etwa 10 000 Jahren, als sich ein großer Gletscher, der das Trogtal ausgeschliffen hatte, zu schmelzen begann. Meerwasser überflutete das Tal und schuf den Fjord. Auch heute gelangt viel Süßwasser von Gletschern in den Fjord. Zu einem großen Teil ist der Fjord vertikal geschichtet: In der Tiefe befindet sich Salzwasser, das sich bei Flut in den Fjord bewegt, darüber Süßwasser, das bei Ebbe ins Meer fließt.

NORDSEE SÜDWESTEN

Oosterschelde-Ästuar

TYP früheres Ästuar, heute ein Meeresarm

GEBIET 365 Quadratkilometer

LAGE südwestlich von Rotterdam (südwestliche Niederlande)

Das Oosterschelde-Ästuar ist ein 40 km langer, von den Gezeiten beeinflusster Wasserkörper, dessen Salinität der des Meerwassers nahe kommt. Seit den späten 80er-Jahren des 20. Jh. schneiden ihn Dämme vom Süßwasserzustrom des Flusses Schelde ab, deshalb ist er heute eher als Meeresarm denn als Ästuar zu bezeichnen.

Vor Überflutung mit Meerwasser schützt ihn ein Sturmflutwehr (siehe S. 104). Ursprünglich plante man den Bau eines Damms, um das Eindringen von Meerwasser zu verhindern. Man befürchtete aber negative Auswirkungen auf Fauna und Flora, wenn das Ästuar nach und nach aussüßen würde. Besondere Bedenken gab es, dass dies den ansässigen Austern- und Muschelfarmen ein Ende setzen und Watten und Salzmarschen degradieren würde, die ein wichtiges Habitat für Vögel sind. Die Regierung der Niederlande gab ein regulierbares Sturmflutwehr in Auftrag, das 1986 fertig wurde.

STURMFLUTWEHR
Die Tore sind normalerweise angehoben, sodass die Gezeiten in und aus der Oosterschelde fließen können. Etwa zweimal im Jahr werden sie bei Sturm herabgelassen.

ATLANTISCHER OZEAN NORDOSTEN

Gironde-Ästuar

TYP völlig vertikal vermischtes Ästuar

GEBIET schätzungsweise 635 Quadratkilometer

LAGE bei Bordeaux (Südwestfrankreich)

Das Gironde-Ästuar am Zusammenfluss der Flüsse Garonne und Dordogne ist das größte Ästuar Europas, fast 75 km lang und 12 km breit. Hier fließen durchschnittlich 1 Million Liter Wasser pro Sekunde in den Atlantik. Bei Springtide beträgt der Tidenhub hier bis zu 5 m, und die starken Gezeitenströme im Ästuar sowie die zahlreichen Sandbänke behindern die Schifffahrt. Äußerst beeindruckend ist eine Bore, eine große, wallartige Welle an der Front der hereinkommenden Flut, die in der Region »Mascaret« genannt wird. Sie erscheint mit jeder Flut zur Zeit der Springtiden (alle zwei Wochen einige Tage lang). Die Bore läuft von der Gironde stromaufwärts in kleinere Nebenflüsse. Auf der Garonne bildet die Mascaret manchmal eine Welle, die bis zu 1,5 m hoch werden kann und oft bricht und sich wieder aufbaut.

Die Gironde ist in der Region der Bordeaux-Weine eine Lebensader. Hier gedeihen Aale und viele Schalentiere, die dann auch auf den Speisekarten der örtlichen Restaurants zu finden sind. Wilde Störe, die Kaviar liefern, kamen einst ebenfalls zahlreich im Ästuar vor. Da ihre Population wegen Überfischung abgenommen hat, werden sie noch heute in kleiner Zahl gezüchtet.

DIE MASCARET
Wenn sie den Fluss Dordogne erreicht, verwandelt sich die Mascaret, eine Bore, in eine Serie von Wellen, die bis zu 30 km stromaufwärts laufen.

MITTELMEER NORDEN

Lagune von Venedig

TYP Salzwasserlagune

GEBIET 550 Quadratkilometer

LAGE Adriaküste im Nordosten Italiens

Die Lagune von Venedig ist eine seichte, gebogene Küstenlagune in der nördlichen Adria. Sie ist das größte Feuchtgebiet Italiens und eines der bedeutendsten Ökosysteme der Mittelmeerküste. Außer der Stadt Venedig, die auf einer kleinen Insel im Zentrum erbaut wurde, gehören zur Lagune viele andere Inseln, von denen die meisten trockengelegte Sümpfe sind. Die mittlere Tiefe beträgt nur 70 cm, die meisten Boote durchfahren die Lagune deshalb nur in ausgebaggerten Kanälen; vier Fünftel des Gebiets bestehen aus Salzmarschen und Watten. Sowohl Fluss- als auch Meerwasser fließt in die Lagune, der Tidenhub beträgt bis zu 1 m. Früher wurden Venedig und die anderen Inseln der Lagune bei Springtiden stark überschwemmt, aber das lange verzögerte Sturmflutsperrwerk MOSE wurde 2020 erfolgreich getestet. In der Lagune kommen zahlreiche Fischarten (Sardellen, Aale, Meeräschen usw.) und Wirbellose vor. Seevögel, Enten, Gänse und Watvögel leben auf den vielen unbewohnten Inseln. 2021 verbot man die Einfahrt von Kreuzfahrtschiffen in die Lagune, da ihre großen Wellen Schäden an den Fundamenten der Stadt und den Ökosystemen der Lagune verursachten.

JUWEL IM WASSER
In der Mitte dieser Aufnahme, die von der ISS aus aufgenommen wurde, befindet sich die fischförmige Hauptinsel von Venedig. Unten sieht man eine der drei schützenden Strandwallinseln der Lagune.

JAMES ISLAND

ATLANTISCHER OZEAN OSTEN

Gambia-Ästuar

TYP Ästuar mit Salzwasserkeil

GEBIET schätzungsweise 1000 Quadratkilometer

LAGE östlich von Banjul, Gambia (Westafrika)

Das Gambia-Ästuar wird von der westlichen Hälfte des Flusses Gambia gebildet, der 1120 km weit durch Westafrika fließt. Hier ergießen sich in der Regenzeit etwa zwei Millionen Liter Wasser pro Sekunde in den Atlantik, während der Trockenzeit sind es nur 2000 Liter. Der Bestand an Schalentieren und Fischen ist groß, darunter Barrakudas, Welse und Garnelen. Kunta Kinteh (oder James Island), etwa 30 km vor der Mündung, war früher ein Umschlagplatz von Sklaven und gehört heute zum UNESCO-Welterbe.

ATLANTISCHER OZEAN OSTEN

Ebrié-Lagune

TYP Küstenlagune, variable Salinität

GEBIET 520 Quadratkilometer

LAGE westlich von Abidschan, Elfenbeinküste (Westafrika)

Die Ebrié-Lagune ist eine von drei langen, schmalen Lagunen, die hintereinander an der Küste der Elfenbeinküste gelegen sind. Mit einer Länge von 130 km und einer mittleren Breite von 4 km ist dies die größte Lagune Westafrikas. Die Wassertiefe beträgt rund 5 m. Nahe des östlichen Endes verbindet sie ein schmaler, 1951 eröffneter künstlicher Kanal, der Vridi-Kanal, mit dem Atlantik. Abidschan, die größte Stadt des Landes, liegt auf mehreren verbundenen Halbinseln und Inseln im Ostteil der Lagune. Andere Orte in der Lagune sind die Stadt Dabou und das Dorf Tiagba (siehe unten). Der Fluss Komoé liefert den wesentlichen Zustrom an Süßwasser. Im Winter wird das Wasser der Lagune salzhaltig, im Sommer während der Regenzeit führt sie Süßwasser. Da seit vielen Jahren Dünger sowie ungereinigte städtische und industrielle Abwässer in die Lagune fließen, ist die Wasserverschmutzung relativ hoch.

DAS DORF TIAGBA
Die Häuser des Dorfes Tiagba auf einer kleinen Insel in der Ebrié-Lagune wurden auf hölzernen Pfählen erbaut.

VEMBANAD-SEE
Vembanad, die größte der Lagunen, wurde zum Feuchtgebiet von internationaler Bedeutung unter der Ramsar-Konvention erklärt.

INDISCHER OZEAN NORDEN

Backwaters von Kerala

TYP Kette von Salzwasserlagunen

GEBIET schätzungsweise 4600 Quadratkilometer

LAGE Südosten von Cochin, Bundesstaat Kerala (Südindien)

Die Backwaters von Kerala in Südindien sind ein Labyrinth aus Lagunen und kleinen Seen, verbunden durch Wasserstraßen von insgesamt 900 km Länge. Die Lagunen sind vom Meer durch niedrige Strandwallinseln und Nehrungen geschützt, die sich vor den Mündungen vieler Flüsse gebildet haben. Während des Sommermonsuns werden die Lagunen überschwemmt und Sedimente ins Meer transportiert. Gegen Ende der Regenfälle strömt das Meerwasser wieder ein und abgestufte Salinitätsgrade bilden sich aus. Die Fauna und Flora der Backwaters ist gut an diese Veränderungen angepasst.

SEEN UND LAGUNE
Auf diesem Satellitenbild ist die Coorong-Lagune der schmale blaue Streifen hinter den gelben Sanddünen. Dahinter liegen Alexandrina- (links) und Albert-See (rechts).

INDISCHER OZEAN SÜDOSTEN

Coorong-Lagune

TYP Salzwasserlagune

GEBIET 200 Quadratkilometer

LAGE südöstlich von Adelaide, Südostküste Südaustraliens

Die Coorong-Lagune ist ein Feuchtgebiet an der südaustralischen Küste. Es ist als Rückzugsgebiet für Vögel, darunter Schwäne, Pelikane, Enten, Reiher, Ibisse, Seeschwalben, Gänse und Watvögel wie Schnepfenvögel und Säbelschnäbler bekannt. Die Lagune ist von der Großen Australischen Bucht (die als Teil des Indischen Ozeans gilt) durch die Younghusband-Halbinsel getrennt, eine schmale Nehrung mit Sanddünen und Strauchvegetation. Die Lagune ist etwa 130 km lang, die Breite variiert zwischen 5 km und 100 m. An ihrem Nordwestende mündet der größte Fluss Australiens, der Murray, nachdem er den Lake Alexandrina passiert hat. In dieser Region münden sowohl Fluss als auch Lagune ins Meer, sodass in die Coorong-Lagune sowohl Süß- als auch Salzwasser gelangt. Früher stand die Lagune mit einem See in Verbindung und der Süßwasserzustrom war viel größer. Doch 1940 errichtete man Wehre zwischen Lagune und See, um zu verhindern, dass Meerwasser in den See und damit auch in den Unterlauf des Murray River gelangt.

Die Salinität des Lagunenwassers nimmt mit der Entfernung zum See wegen der Verdunstungsverluste zu. Wegen dem Bau der Wehre und der Wasserentnahme für Bewässerungsprojekte führt der Murray weniger Wasser, was den Salzgehalt weiter ansteigen ließ. Dies hatte Auswirkungen auf das Ökosystem der Lagune. Einige Pflanzenarten und viele Fischarten wurden seltener oder verschwanden, die Zahl der rastenden Zugvögel sank. Außerdem kann der verminderte Zufluss des Murray letztendlich dazu führen, dass sich der Kanal, der die Lagune mit dem Meer verbindet, schließt, was die Wanderung von Fischen und anderen Tierarten zwischen Meer und Lagune verhindern würde.

DIE PELIKANE WERDEN WENIGER

Die Coorong-Lagune ist der Lebensraum einer großen Brutkolonie von Brillenpelikanen, die auf einer Kette von Inseln in der Lagune leben. Seit den 1980er-Jahren nimmt ihre Zahl jedoch deutlich ab, da der Süßwasserzufluss des Murray River gesunken ist. Der höhere Salzgehalt in der Lagune hat dazu geführt, dass eine Wasserpflanze schlechter gedeiht, die ein wesentliches Glied in der Nahrungskette ist.

BRILLENPELIKANE
Diese Pelikanart, eine von weltweit acht Arten, ist in Australien verbreitet. Sie lebt in Süß-, Brack- und Salzwasserbiotopen.

TIEFER GOLF
Der Spencer-Golf ist der größere keilförmige Küsteneinschnitt im Bild. Die Wüste um seinen Einlass trägt zum ungewöhnlichen Zirkulationsmuster im Golf bei.

INDISCHER OZEAN SÜDOSTEN

Ästuar im nördlichen Spencer-Golf

TYP inverses Ästuar

GEBIET schätzungsweise 5000 Quadratkilometer

LAGE nordwestlich von Adelaide (Südaustralien)

Dieses Ästuar im australischen Spencer-Golf ist wegen seiner ungewöhnlichen Salinitätsverteilung und Wasserzirkulation ein inverses Ästuar. In einer Umkehrung der üblichen Schichtung nimmt der Salzgehalt des Wassers mit zunehmender Entfernung von der Mündung zu. Der Grund ist, dass der Einlass von Wüste umgeben ist, sodass hier mehr Wasser verdunstet, als zugeführt wird. Der Salzgehalt am Einlass bewirkt, dass durch die Mündung Meerwasser mit geringerer Salinität als bei einem üblichen Ästuar »angesogen« wird. Das Ästuar ist von ausgedehnten Watten und Mangroven umgeben.

PAZIFISCHER OZEAN WESTEN

Perlfluss-Ästuar

TYP Ästuar mit Salzwasserkeil

GEBIET 1200 Quadratkilometer

LAGE nordwestlich von Hongkong, Guangdong (Südostchina)

Das glockenförmige Ästuar des Perlflusses ist ein komplexes Flussmündungssystem in der südchinesischen Provinz Guangdong und nimmt den Großteil der Flusswässer auf. Das Ästuar ist fast 60 km lang und variiert in der Breite von 20 km am Einlass zu etwa 50 km an der Mündung. Im Norden und Westen des Ästuars befindet sich ein Delta am Zusammenfluss des Westflusses (Xi Jiang) und anderer Flüsse des Perlfluss-Systems. Insgesamt fließen hier etwa 10 Millionen Liter Wasser pro Sekunde in das Südchinesische Meer. Die Wassertiefe im Ästuar beträgt meist weniger als 9 m, in ihm verlaufen jedoch tiefe Kanäle. Der Tidenhub beträgt 1–2 m. In das Ästuar mündet stark mit Abwässern verschmutztes Wasser aus einigen der am dichtesten besiedelten Gebiete Chinas. Etwa 560 Millionen Tonnen Haushalts- und zwei Milliarden Tonnen industrieller Abwässer fließen jedes Jahr ein. Während der letzten 20 Jahre kam es deshalb häufig zu Algenblüten, eine Bedrohung für die lokalen Aquakulturen und die Fischindustrie.

Die Wasserverschmutzung gefährdet auch die abnehmende Population von Chinesischen Weißen Delfinen, von denen weniger als 1000 im Ästuar leben. Erst seit 2008 versucht man, die Verschmutzung durch den Bau von Kläranlagen zu reduzieren.

GUANGZHOU
Diese große, umtriebige Hafenstadt, früher Kanton, liegt an der nördlichen Verlängerung des Perlfluss-Ästuars.

PAZIFISCHER OZEAN WESTEN

Jangtse-Ästuar

TYP mäßig vertikal geschichtetes Ästuar

GEBIET 2500 Quadratkilometer

LAGE nordwestlich von Shanghai (Ostchina)

Das Jangtse-Ästuar ist der von Gezeiten beeinflusste Unterlauf des Jangtse, des längsten Flusses in Asien und des drittlängsten der Erde. Das Ästuar nimmt 700 km der 6300 km des Flussverlaufs ein. Nahe der Mündung teilt er sich in drei kleinere Flüsse und zahlreiche Bäche, die durch das Delta fließen. Hier entsteht durch die Ablagerung von Schlick ständig neues Agrarland.

JANGTSE-BRÜCKE IN SHANGHAI
Diese Brücke über das Jangtse-Ästuar nahe seiner Mündung ist 10 km lang. Sie wurde 2009 eröffnet.

Das Ästuar transportiert im Schnitt 30 Millionen Liter Wasser pro Sekunde in das Ostchinesische Meer. Die mittlere Tiefe beträgt 7 m, der Tidenhub an der Mündung 2,7 m. Hier leben zahlreiche Fische und Vögel, obwohl die Fischbestände während der letzten 20 Jahre wegen Überfischung abgenommen haben. Je nach Jahreszeit befindet sich Süß-, Brack- oder Salzwasser im Ästuar.

Im Winter fließt Salzwasser ein großes Stück stromaufwärts, sodass man das Wasser nicht nutzen kann. In letzter Zeit fand dieser Salzwassereinstrom häufiger statt, da der Fluss weniger Wasser führt. Dieses Phänomen wird sich durch das Drei-Schluchten-Staudamm-Projekt weiter stromaufwärts verstärken, die Trinkwasserknappheit der Stadt Shanghai am Südrand des Ästuars weiter verschärfen und die Abwassersituation im Ästuar negativ beeinflussen. Auch die Schlickablagerung im Delta wird wahrscheinlich abnehmen, sodass weniger Neuland entstehen wird.

PAZIFISCHER OZEAN SÜDWESTEN

Doubtful Sound

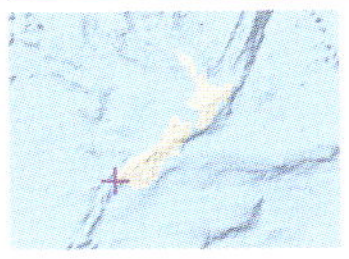

TYP stark vertikal geschichtetes Ästuar

GEBIET 70 Quadratkilometer

LAGE westlich von Dunedin, Südwesten der Südinsel Neuseelands

Doubtful Sound ist einer der 14 größten Fjorde, die vor 15 000 Jahren in einem herrlichen Landstrich auf Neuseelands Südinsel entstanden sind. Er ist etwa 40 km lang und öffnet sich in die Tasmanische See. Umgeben ist er von steilen Bergen, von denen während der Regenzeit Hunderte von kleinen Wasserfällen herabstürzen. Seinen Namen erhielt der Fjord um 1770 während der ersten Reise des englischen Entdeckers James Cook (1728–1779). Er gab dem Fjord den Namen »Doubtful Harbour« (Fragwürdiger Hafen), denn er war skeptisch, ob er mit seinem Schiff wieder hinauskommen würde, nachdem man hineingesegelt war. Doubtful Sound ist der zweitlängste und mit 421 m der tiefste Fjord Neuseelands. Süßwasser gelangt über viele Abflüsse aus den 600 cm Niederschlägen jährlich in den Fjord. Wie in allen Fjorden besteht die obere, einige Meter mächtige Schicht aus Süßwasser, unter der eine dichtere, salzhaltigere und kältere Schicht liegt. Die beiden Schichten mischen sich kaum. Doubtful Sound wird von Großen Tümmlern, Seebären und vielen Arten von Fischen, Seesternen, Schwämmen und Seeanemonen besiedelt.

BLICK AUF DEN SUND
Diese Aufnahme in Richtung zum offenen Meer hin entstand auf den Bergen im südlichen Zentrum von Neuseelands Südinsel.

OAKLAND BAY BRIDGE
Die San Francisco-Oakland Bay Bridge, eine der fünf Brücken, die die Bucht überspannen, ist in dichten Nebel gehüllt.

PAZIFISCHER OZEAN NORDOSTEN

Bucht von San Francisco

TYP mäßig vertikal geschichtetes tektonisches Ästuar

GEBIET 4160 Quadratkilometer

LAGE Zentralkalifornien, Westen der USA

Die Bucht von San Francisco, des größten Ästuars an der Westküste Nordamerikas, besteht aus vier kleineren, miteinander verbundenen Buchten. Eine davon, die Suisun-Bai, erhält Süßwasser, das von etwa 40 % der Landfläche Kaliforniens abfließt. Es fließt in die San-Pablo-Bai und die Central-Bai, wo es sich mit Salzwasser vermischt, das in der Tiefe durch das Golden Gate aus dem Pazifik eindringt. Aus der Central-Bai fließt wenig Süßwasser in den größten Wasserkörper, die South-San-Francisco-Bai, es besteht jedoch ein Oberflächenausstrom von Brackwasser in den Pazifik. Die Bucht von San Francisco ist ein tektonisches Ästuar – entstanden durch Bewegungen an einer Verwerfung der Erdkruste, von denen es in dieser Region mehrere gibt, eine davon die bekannte San-Andreas-Störung.

Während der letzten 150 Jahre wurden 90 % der die Bucht umgebenden Feuchtgebiete zerstört, der Süßwasserzustrom nahm stark ab (für künstliche Bewässerung abgezweigt), und Abwässer wurden eingeleitet. Dennoch ist die Bucht nach wie vor ein wichtiges Ökosystem. In den Gewässern leben wirtschaftlich bedeutende Meerestiere in großer Zahl. Millionen von Gänsen und Enten nutzen die Bucht alljährlich als Rückzugsgebiet.

PAZIFISCHER OZEAN OSTEN

Laguna San Ignacio

TYP hypersaline Küstenlagune

GEBIET 360 Quadratkilometer

LAGE an der Pazifikküste der Halbinsel Baja California (Mexiko), südöstlich von Tijuana

Die Laguna San Ignacio ist eine Küstenlagune im Nordwesten Mexikos und als Rückzugsgebiet und Kinderstube der Grauwale bekannt. Es handelt sich um das größte Reservat Mittelamerikas; hier liegen auch bedeutende Nahrungsgründe von vier bedrohten Meeresschildkrötenarten. In die Lagune, die 40 km lang und im Mittel 9 km breit ist, fließt nur gelegentlich Süßwasser, die Verdunstungsraten sind hoch. Der Salzgehalt ist deshalb am Einlass signifikant höher als an der Mündung ins Meer. Außer dem Beobachten von Walen beschränken sich die menschlichen Aktivitäten in der Region auf Fischfang in kleinem Maßstab und Austernfarmen. 1993 wurde die Lagune zum Weltnaturerbe erklärt.

STRAND DER LAGUNE
Wellen branden an den Strand der Laguna San Ignacio, die von einer Landschaft mit spärlicher Wüstenvegetation umgeben ist.

MENSCH UND MEER

WHALE WATCHING

Die Laguna San Ignacio ist ein beliebter Ort, um Wale zu beobachten. Zwischen Januar und März finden sich hier Grauwale in großer Zahl ein. Die Wale, die sich oft den Booten nähern, bringen im oberen Teil der Lagune ihre Jungen zur Welt, während unten Männchen und Weibchen nach Partnern Ausschau halten. Weibchen schwimmen mit ihren Kälbern im Zentrum der Lagune.

Marschen und Watten

SALZMARSCHEN SIND MIT VEGETATION BEDECKTE GEBIETE AN DER KÜSTE, die bei Flut teilweise und bei Springtide völlig überflutet werden. Viele Salzmarschen sind von Watten umgeben. Watten sind große, mit Schlick oder Sand bedeckte Flächen, großteils ohne Vegetation, die bei Ebbe trocken liegen und bei Flut überschwemmt werden. In Salzmarschen und Watten lagern sich enorme Mengen organischen Materials von verrottenden Pflanzen und Tierkadavern ab. Sie sind Grundlage einer bedeutenden Nahrungskette.

VERBREITUNG
Salzmarschen und Watten gibt es nur nördlich von 32° Nord und südlich von 38° Süd. Richtung Äquator werden sie von Mangroven ersetzt.

Entstehung und Merkmale

Wattgebiete erstrecken sich entlang geschützter Küsten, wo die Wellen mit geringer Energie anbranden, wie in Ästuaren und umschlossenen Buchten. Hier kann sich im Wasser befindliches Sediment absetzen und anhäufen. Die ausgedehntesten Watten findet man, wo der Tidenhub groß ist. Watten können entweder aus Sand (Sandwatt) oder Schlick (Schlickwatt) oder aus beidem bestehen. In Schlickwatten ist die Konzentration organischer Überreste höher als in Sandwatten. Watten sind das erste Entwicklungsstadium von Salzmarschen. Wenn salztolerante Pflanzen die Wattsedimente besiedeln, stabilisieren ihre Wurzeln den Boden. Nach und nach etablieren sich verschiedene Pflanzenarten und Pflanzengesellschaften. Es entsteht eine Salzmarsch, deren flache, mit Vegetation bestandene Bereiche von Abflusskanälen des Gezeitenwassers durchzogen werden.

BAY OF FUNDY
In diesem kleinen Nebenästuar der Bay of Fundy in Kanada sind im Hintergrund Salzmarschen zu sehen. Im Vordergrund liegt die breite Gezeitenzone mit Schlick und Kies trocken.

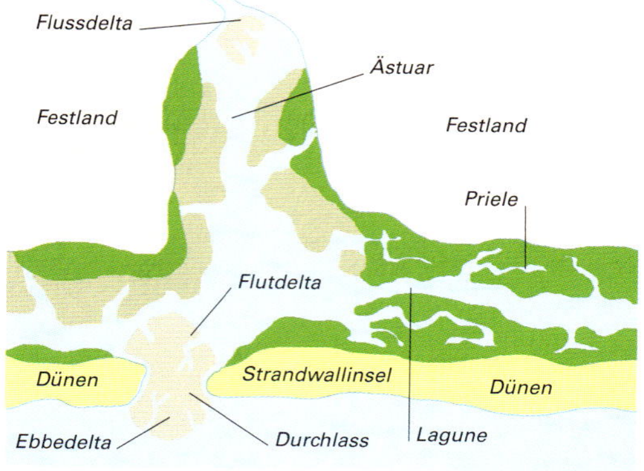

KÜSTENTYP
Salzmarschen entwickeln sich meist an Küstenlagunen oder Ästuaren, die durch Nehrungen oder Strandwallinseln geschützt sind. Durch Priele gelangen Salzwasser, Plankton, Nährstoffe, Sedimente und Detritus in und aus der Marsch.

LEGENDE
Salzmarschen
Watten

Zonierung und Evolution

Salzmarschen können meist in zwei Hauptzonen unterteilt werden. Die Flächen, die bei jeder Flut überschwemmt werden, nennt man Submergenzmarsch, die Gebiete, die nur gelegentlich überschwemmt werden, Emergenzmarsch. Jede Zone wird von bestimmten salztoleranten Pflanzen besiedelt. Jede der Pflanzenarten kann mithilfe eines speziellen Mechanismus mit den hohen Salzkonzentrationen fertig werden: Manche Arten besitzen Drüsen, die Salz absondern, andere speichern das Salz in speziellen Geweben. Salzmarschen und angrenzende Watten entwickeln sich während langer Zeiträume. Während der Phase des Aufbaus wird die Schlickschicht der Watten oder Marschen immer mächtiger. Das Watt wird von Pflanzen besiedelt und wandelt sich zur Submergenzmarsch und weiter zur Emergenzmarsch.

STRANDFLIEDER
Strandflieder ist eine verbreitete Pflanze der Emergenzmarschen. Im Sommer öffnen sich seine rosa- oder lavendelfarbenen Blüten.

GLATTES SCHLICKGRAS
Diese Art ist an der Atlantikküste Nordamerikas die dominierende Pflanzenart der Submergenzmarschen. Das Glatte Schlickgras kann bis zu 2 m hoch werden.

ZONIERUNG DER SALZMARSCH
Die Submergenzmarsch ist die Zone, die ein- oder zweimal täglich bei Flut überschwemmt wird; die Emergenzmarsch ist das Gebiet oberhalb der mittleren Hochwasserlinie – sie wird nur gelegentlich während der höchsten Springtiden überflutet. In jeder Zone entwickelt sich eine charakteristische Vegetation.

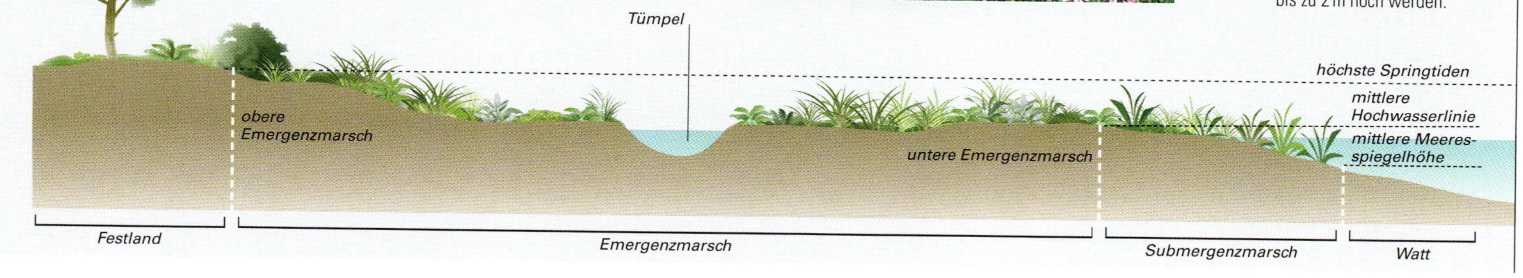

MIT ALGEN BEDECKTES WATT
Manche Watten, wie hier in Alaska, sind von Grünalgen überwuchert. In den Algenteppichen leben kleine Meeresschnecken in enormer Zahl.

MENSCHLICHER EINFLUSS

SCHÜTZENSWERTE SALZMARSCHEN

Salzmarschen sind weltweit von Bebauung oder Umwandlung in landwirtschaftliche Flächen bedroht, manche werden als Mülldeponien missbraucht. So wurden in den USA über die Hälfte der Salzmarschen zerstört, dabei sind sie wertvolle Lebensräume und Zentren der Artenvielfalt.

BAUPROJEKTE IN DEN MARSCHEN
Diese Siedlung in Myrtle Beach in South Carolina (USA) wurde auf trockengelegten Salzmarschen erbaut. Die angrenzenden Marschen stehen unter Naturschutz.

Tierwelt

Gemessen an der Menge organischen Materials, das sie produzieren, sind Salzmarschen ausgesprochen produktive Ökosysteme. Der Großteil der organischen Stoffe stammt von verrottenden Pflanzen. Wenn Pflanzen absterben, werden sie von Bakterien und Pilzen zersetzt. Der Detritus wird von Tieren wie Würmern, Muscheln, Schnecken, Krabben, Garnelen und Flohkrebsen in Marschen und Zooplankton im Wasser aufgenommen. Diese Lebewesen dienen ihrerseits größeren Tieren als Nahrung. Salzmarschen sind Nahrungsgründe vieler Fisch- und Vogelarten und Brutgebiete von Vögeln wie Reihern, Weihen und Seeschwalben. Watten werden von zahlreichen Arten von Krebstieren, Würmern und Mollusken besiedelt, die an der Oberfläche oder im Sediment vergraben leben. Sie sind Nahrungsquelle für unzählige Watvögel.

KREUZKRÖTE
Diese Kröte, die in Teilen Mittel- und Nordeuropas vorkommt, laicht in seichten Tümpeln der Marschen knapp unterhalb der Emergenzmarsch.

SILBERREIHER
Ein häufiger Bewohner von Salzmarschen ist der Silberreiher. Er ernährt sich von kleinen Fischen, Wirbellosen und Mäusen. In manchen Marschgebieten brütet er auch.

HÄUFCHEN VON WATTWÜRMERN
Wattwürmer leben in 20–40 cm tiefen Röhren im Watt. Sie nehmen Sand oder Schlick auf und verdauen das enthaltene organische Material. Ausgestoßene Reste bilden die typischen Häufchen.

MARSCHEN BEI EBBE
Fleckenartig umgeben Salzmarschen das Becken. Mit den Watten erstrecken sie sich bei Ebbe bis zu 5 km vom Strand ins Meer.

ATLANTISCHER OZEAN NORDWESTEN

Minas Basin

TYP Sand- und Schlickwatten, Salzmarschen

GEBIET 1150 Quadratkilometer

LAGE östlicher Teil der Bay of Fundy, Nova Scotia (Kanada)

Das Minas Basin ist ein halb umschlossener Meeresarm der Bay of Fundy. Hier befindet sich ein Gebiet mit Sand- und Schlickwatten, durchwoben von Salzmarschen, von denen die meisten allerdings eingedeicht und trockengelegt wurden, um sie landwirtschaftlich nutzen zu können. Zweimal täglich kommen und gehen die Gezeiten, der Tidenhub ist mit durchschnittlich 14,5 m der höchste weltweit. In keinem anderen Gebiet liegen bei Ebbe so große Teile des Meeresbodens trocken. Feiner Sand und Schluff werden von den Gezeiten angeschwemmt. Im Watt leben riesige Populationen von Schlickkrebsen, die unzählige durchziehende Strandvögel anlocken, darunter mehrere Regenpfeiferarten. Von Juli bis Oktober sind sie am zahlreichsten, von einigen Arten findet sich hier über 1 % der weltweiten Population ein.

SANDSTRANDLÄUFER
Hunderttausende Sandstrandläufer rasten jedes Jahr auf ihrem Zug von der nordamerikanischen Arktis nach Südamerika in der Bay of Fundy.

RACE POINT
Ein typisches Gebiet mit Salzmarschen befindet sich hinter den Dünen bei Race Point im Norden von Cape Cod.

ATLANTISCHER OZEAN NORDWESTEN

Salzmarschen bei Cape Cod

TYP Salzmarschen

GEBIET weniger als 50 Quadratkilometer

LAGE Cape Cod, östliches Massachusetts (USA)

Salzmarschen sind die vorherrschenden Feuchtgebiete an der Küste um Cape Cod, obwohl während der letzten 100 Jahre mehr als ein Drittel der Marschen in der Region stark zurückgegangen sind. Diese Salzmarschen breiten sich hinter Strandwallinseln, Nehrungen und im Ästuar aus und gehen auf den Meeresspiegelanstieg der letzten 3000 Jahre zurück. Sie bestehen hauptsächlich aus Emergenzmarsch, in der das Schlickgras *Spartina patens* vorherrscht. Dazwischen eingestreut sind niedrig gelegene Gezeitenmarschen mit Glattem Schlickgras (*Spartina alternifolia*). Die Submergenzmarschen werden zweimal täglich überflutet, die Emergenzmarschen zweimal monatlich während der Springtiden. Die größte Marschfläche ist die »Great Salt Marsh« im Westen der Stadt Barnstable. Sie ist von tiefen Prielen durchzogen und auch bei Kajakfahrern beliebt.

Die Marschen um Cape Cod sind Futter- oder Brutgebiet für eine Vielzahl von Tieren wie die Hudsonweihe (einem Greifvogel), die Spitzschwanzammer und die Amerikanische Zwergseeschwalbe; auch zwei gefährdete Reptilienarten, eine Diamantschildkrötenart und die Carolina-Dosenschildkröte, leben hier. Regionale und nationale Naturschutzorganisationen treten dafür ein, die degradierten Salzmarschen zu renaturieren. Dadurch sollen die Feuchtgebiete ihre Funktion als natürliche Barriere wiedererlangen, um die Küste vor Sturmfluten zu schützen sowie Schadstoffe und überschüssige Nährstoffe aus den Abwässern der Region zu filtern.

MOSAIK AUS SALZMARSCHEN
Die Randbereiche des Wattenmeers sind mit Salzmarschen bedeckt, die von seichten Prielen durchzogen sind.

ATLANTISCHER OZEAN NORDWESTEN

Low Country, South Carolina

TYP
Salzmarschen und Schlickwatt

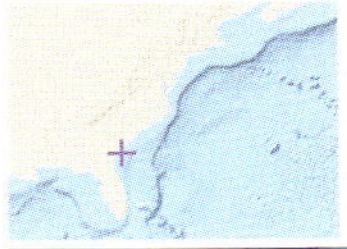

GEBIET
1600 Quadratkilometer

LAGE Küste von South Carolina, südwestlich und nordöstlich von Charleston (USA)

Im Low Country befindet sich eins der großflächigsten Systeme von Salzmarschen und Watten der Vereinigten Staaten. An dem breiten, sanft abfallenden Sandstreifen an der Ostküste beträgt der Tidenhub mäßige 1,5–2 m.

Zweimal am Tag überschwemmt die Flut einen riesigen Küstenstreifen und wässert ein System aus Prielen, Gezeitenkanälen und Tümpeln. Der Mix aus Süß- und Salzwasser hat vielfältige Lebensgemeinschaften hervorgebracht. Glattes Schlickgras dominiert in der Submergenzmarsch, wo der Boden wegen der Gezeiten feucht und schlammig bleibt. Vom späten Frühjahr bis zum Herbst kann man auch dunklere, wie abgestorben wirkende Bestände der Binsenart *Juncus roemerianus* sehen. Diese beiden Arten werden in höher gelegenen Flächen von *Borrichia* und dem ähnlichen, aber höheren Schlagkraut ersetzt.

In den Submergenzmarschen und angrenzenden Watten wühlen Schnecken, Krabben, Garnelen, Würmer und andere kleine Tiere im Schlick, an den Grashalmen setzen sich Miesmuscheln und Strandschnecken fest. Zu den Fischen, die hier in der schlickigen Gezeitenzone leben, gehören Umberfische, Menhadenheringe und Meeräschen. An Vogelarten kommen unter anderem Sumpfzaunkönige und Klapperrallen vor.

SCHLICKGRASWIESEN
Ein Gezeitenkanal bahnt sich seinen Weg durch Bestände von Glattem Schlickgras, der vorherrschenden Pflanzenart der Submergenzmarschen.

ATLANTISCHER OZEAN NORDWESTEN

Wattenmeer

TYP
Schlick- und Sandwatten, Salzmarschen und Inseln

GEBIET
10 000 Quadratkilometer

LAGE Nordseeküste von Esbjerg (Dänemark) entlang der Küste Norddeutschlands bis Den Helder (Niederlande)

Das Wattenmeer ist kein Meer im herkömmlichen Sinn, sondern ein ausgedehnter seichter Wasserkörper mit zahlreichen Watten, Salzmarschen und flachen Inseln im Nordwesten Europas. Es entstand, als durch Sturmfluten und den Anstieg des Meeresspiegels Gebiete an der Nordseeküste überschwemmt wurden. Zusätzlich lagerten Flüsse feine Sedimente ab. Die Wattgebiete werden von unzähligen Mollusken und Würmern besiedelt und sind bedeutende Nahrungsgründe von Nordseefischarten wie Schollen und Seezungen. Die Salzmarschen sind der Lebensraum von über 1500 Insektenarten und Brutplätze und Nahrungsgebiete vieler Vogelarten. Leider sind viele der Marschen von Landwirtschaft, Industrieansiedlung und dem Klimawandel bedroht. Seit 2014 ist die gesamte Wattenmeerregion als UNESCO-Welterbestätte anerkannt.

ATLANTISCHER OZEAN NORDWESTEN

Morecambe-Bai

TYP
Schlick- und Sandwatten, Salzmarschen

GEBIET
310 Quadratkilometer

LAGE Nordwestengland

Die Morecambe-Bai am Zusammenfluss der fünf Flüsse Kent, Keer, Leven, Lune und Wyre ist das größte zusammenhängende Wattgebiet Englands. In der trichterförmigen Bucht beträgt der Tidenhub bis zu 10,5 m. Während der Springtiden kann das Meer über 12 km von der Hochwasserlinie zurückweichen. Die Flut läuft in die Bucht schneller ein, als ein Mensch laufen kann; in Teilen der Bucht gibt es Treibsand, der für Ortsfremde äußerst gefährlich werden kann.

In den ausgedehnten Watten lebt eine Vielzahl von Wirbellosen, darunter Muscheln, Schnecken, Garnelen und Wattwürmer sowie eine der größten Strandvogelpopulationen Englands. Hier überwintern 170 000 Watvögel, einige Arten in international bedeutenden Zahlen, darunter Austernfischer, Brachvögel, Alpenstrandläufer und Knutts. Die Watten sind von ausgedehnten Salzmarschen umgeben, die etwa 5 % der gesamten Salzmarschen Englands ausmachen. Einige seltene Pflanzenarten kommen vor. Ein großer Teil der Marschen wird von Schafen und Rindern beweidet.

In der Bucht betreibt man Fischfang in wirtschaftlich bedeutendem Umfang. Zu den häufigsten Fängen gehören Kabeljau, Heringe und Schollen. Dennoch ist Umweltverschmutzung hier wie in vielen Küstengebieten nach wie vor ein großes Problem. Öl, Plastikmüll und Chemikalien verunreinigen das Ökosystem.

MENSCH UND MEER

HERZMUSCHELERNTE

In der Morecambe-Bai gibt es viele Herzmuschelbänke. Um die Muscheln zu ernten, wird mit Planken der Sand aufgelockert, sodass die Muscheln an die Oberfläche gelangen. Da die Flut sehr schnell einläuft, ist Sicherheit oberstes Gebot. Im Februar 2004 kamen 21 chinesische Gastarbeiter ums Leben, als die Flut ihnen den Rückweg abschnitt.

SCHLICKWATT
Bei Ebbe liegt die halbe Fläche der Bucht trocken. Rippeln aus Schlick und Sand, mäandrierende Priele und Gezeitentümpel bleiben zurück.

ATLANTISCHER OZEAN NORDOSTEN

The Wash

TYP
Salzmarschen, Schlick- und Sandwatten

GEBIET
620 Quadratkilometer

LAGE nordöstlich von Peterborough (England)

The Wash ist ein großes, annähernd quadratisches, seichtes Ästuar an der Ostküste Englands, umgeben von ausgedehnten Gebieten mit Sandwatten, einigen Schlickwatten und Salzmarschen. Hier münden die vier Flüsse Great Ouse, Nene, Welland und Witham. Es gibt sowohl Sandwatten mit Feinsand als auch Bänke groben Sands, die stark austrocknen. Individuenreiche Lebensgemeinschaften von Muscheln, Krebstieren und Polychaeten kommen hier vor. Die weiträumigen Salzmarschen sind das größte Gebiet ihrer Art in Großbritannien und ihre Ausdehnung nimmt zu. Die wichtigsten Pflanzenarten in den Marschen, die traditionell als Weideland genutzt werden, sind Schlickgras und Queller zu etwa gleichen Anteilen.

Für die Vogelwelt ist The Wash eines der wichtigsten Rückzugsgebiete in Großbritannien. Die geschützten Watten stellen für Zugvögel wie Enten, Gänse und Watvögel ein riesiges Nahrungsangebot. Durchschnittlich verbringen etwa 300 000 Vögel, unter anderem aus Grönland und Sibirien, hier den Winter. Außerdem ist The Wash ein wichtiges Brutgebiet der Flussseeschwalbe und Nahrungshabitat für Rohrweihen. Es ist als »Ort von besonderem wissenschaftlichen Interesse« gesetzlich geschützt.

Im Jahr 2000 wurden viele Bauten des Küstenschutzes entfernt, um die weitere Ausbreitung der Salzmarschen zu fördern. So werden andere nahe gelegene Küstenschutzbauten entlastet, denn die neu entstehenden Salzmarschen fangen die Wellenenergie ab und wirken wie ein natürlicher Schutz. Mit solchen naturnahen Maßnahmen der Erosionskraft des Meers entgegenzuwirken ist eine relativ moderne Methode. Zusätzlich entsteht dabei neuer Lebensraum für zahlreiche Tierarten.

TERRINGTON MARSHES
Diese Marschen nahe der Mündung des Flusses Nene gehören zum Wash National Nature Reserve.

RAND DER MARSCHEN
Zu den vorherrschenden Pflanzenarten in den nicht bewirtschafteten Gebieten der Salzmarschen, wie um La Turballe im Norden, gehören Strandsode, Schlickgras und Queller.

ATLANTISCHER OZEAN NORDOSTEN

Salzmarschen bei Guérande

TYP
Salzmarschen, angelegte Salinen und Watten

GEBIET
20 Quadratkilometer

LAGE nordwestlich von St. Nazaire, Atlantikküste (Frankreich)

Die Salzmarschen nahe der mittelalterlichen Stadt Guérande sind für ihre Salzproduktion bekannt. Darüber hinaus spielt dieser wertvolle Lebensraum als Nahrungs- und Brutgebiet für eine große Zahl von Vögeln eine wichtige Rolle. Die Salzmarschen gehen in ihrer heutigen Form auf geologische und klimatische Faktoren sowie auf Eingriffe des Menschen zurück. Um die Küste bei Guérande entstand vor Jahrtausenden ein System aus Nehrungen und Küstendünen, die ein Gebiet mit seichtem Wasser abtrennten, das aber dennoch den Gezeiten ausgesetzt war: Meerwasser konnte durch zwei Durchlässe in den Dünenzügen ein- und ausfließen. Über Jahrhunderte entwickelten sich Marschen und Schlickwatten in diesem Becken. Während der letzten 1000 Jahre wurden diese künstlich zu einem Mosaik von Salinen umgewandelt. Einige Gebiete sind noch unberührt. Während der Flut fließt Meerwasser in die Salzgärten, wo im Sommer, wenn die Verdunstung entsprechend hoch ist, das ausgefallene Meersalz von Salzbauern (paludiers) »geerntet« wird.

In den die Salinen umgebenden Salzmarschen gedeihen unterschiedliche salztolerante Pflanzenarten. Mehr als 70 verschiedene Vogelarten nisten im Gebiet, viele überwintern hier. Seit vielen Jahren organisieren Salzbauern und die französische ornithologische Gesellschaft LPO gemeinsam Ausstellungen und geführte Touren in den Salzmarschen der Guérande, um Besuchern die Ökologie der Marschen und ihre Schutzwürdigkeit näherzubringen.

MENSCH UND MEER

SALZERNTE

In der Guérande gibt es seit über 1000 Jahren Salinen. Heute arbeiten über 200 Salzbauern in einem der wenigen Gebiete Frankreichs, wo Meersalz noch auf traditionelle Weise per Hand gewonnen wird. Der durchschnittliche Jahresertrag liegt bei etwa 10 000 Tonnen natürlichen, mineralienreichen Meersalzes, das unraffiniert und ohne Zusatzstoffe verkauft wird. Das Salz hat eine leicht graue Färbung, denn es enthält feinsten Ton aus den Salinen.

PAZIFISCHER OZEAN NORDWESTEN

Saemangeum-Wattenmeer

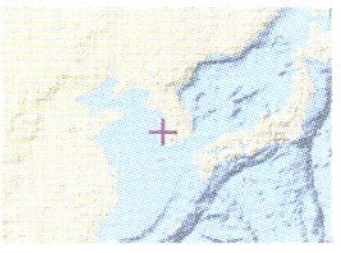

TYP
Schlickwatt, Sandwatt und Salzmarschen

GEBIET
400 Quadratkilometer

LAGE südlich von Seoul an der Westküste Südkoreas

Das Saemangeum-Wattenmeer am Zusammenfluss der Flüsse Mangyeung und Dongjin ist als Durchzugsgebiet für Strandvögel von großer Bedeutung. Watten und seichte Buchten sind der Lebensraum vieler Vogelarten, von denen einige weltweit bedroht sind. Doch die südkoreanische Regierung baute insgesamt 33 km lange Deiche an der Mündung der Ästuare, um die Feuchtgebiete in ein großes Süßwasserreservoir sowie festes Land für Bauprojekte, für die Landwirtschaft und für den Tourismus umzuwandeln. Die Fertigstellung der Deiche 2010 störte die Ökosysteme des Wattenmeers erheblich. Riesige Mengen von Muscheln starben, die Zahl der Zugvögel nahm drastisch ab und das örtliche Fischereigewerbe wurde vernichtet.

LÖFFELSTRANDLÄUFER
Diese sehr seltene Strandvogelart ist vom Landgewinnungsprojekt besonders bedroht.

EINGEDEICHTES SÜSSWASSERRESERVOIR
Der Deich erstreckt sich links der Bildmitte von oben nach unten. Es wird gefordert, Siele in den Deich zu bauen, durch die Salzwasser strömen kann, um Teile des Watts zu renaturieren.

PAZIFISCHER OZEAN NORDWESTEN

Yatsu-Higata-Watt

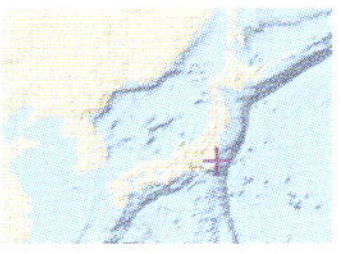

TYP
Schlickwatt

GEBIET
0,4 Quadratkilometer

LAGE Narashino City im nördlichen Teil der Bucht von Tokio (Japan)

Yatsu-Higata ist ein kleines Wattgebiet am nördlichen Ende der Bucht von Tokio und insofern ungewöhnlich, als es fast vollständig von dicht bebautem Stadtgebiet umgeben ist. Einst am Strand gelegen, befindet sich Yatsu-Higata heute 1 km weit im Land. Zweimal täglich fließt Wasser durch zwei Kanäle in die Bucht von Tokio und wieder heraus. Wenn die Gezeiten einlaufen, steht das Watt etwa 1 m tief unter Wasser. Beim Einsetzen der Ebbe sammeln sich unzählige Zug- und Standvögel, um nach Wattwürmern, Krabben und anderen Meerestieren im Schlick zu stochern. Yatsu-Higata ist ein bedeutsamer Rastplatz für Zugvögel, die von Sibirien nach Australien und Südostasien ziehen.

PAZIFISCHER OZEAN NORDOSTEN

Watten Alaskas

TYP
Schlickwatt

GEBIET
10 000 Quadratkilometer

LAGE verschiedene Küstenabschnitte im südlichen und westlichen Alaska (USA)

Viele Abschnitte der Küste Süd- und Westalaskas sind von Watten gesäumt, die bei Ebbe trockenfallen. Sie werden von feinem Schlick gebildet, der in manchen Gebieten mehrere Hundert Meter mächtig ist. Er stammt aus den zahlreichen Gletschern Alaskas, die seit Jahrtausenden in den umgebenden Gebirgen abschmelzen. Dabei gelangt Schluff im Schmelzwasser zur Küste und lagert sich als Sediment ab, wenn er das Meer erreicht. Da der Tidenhub um Alaska im Allgemeinen hoch ist, ist das gesamte Gebiet der Watten, die bei Ebbe trocken liegen, enorm groß. Für Zugvögel sind diese Gebiete wichtige Rastplätze. Wattwürmer und Muscheln sind für Watvögel, Enten und Gänse, die in den Watten im Winter nach Nahrung suchen, eine wichtige Nahrungsquelle. Auch Seehunde rasten hier. Für Ortsunkundige sind die Watten gefährlich, denn mitunter gibt es Treibsand. Sogar Schlick, der auf den ersten Blick fest genug scheint, um eine Person zu tragen, kann überaus tückisch sein. Mehrere Menschen blieben schon stecken, und einige ertranken, als die Flut einlief.

TROCKENGEFALLENES WATT
Diese Watten legen sich um den Rand eines riesigen Deltas an der Südwestküste Alaskas, das von den Flüssen Yukon und Kuskokwim gebildet wird.

NACH MUSCHELN GRABEN

Braunbären suchen gelegentlich einige der Wattgebiete Alaskas auf, wo sie im Schlick nach Muscheln graben – vermutlich dort, wo die Muscheln beim Eingraben kleine Löcher an der Schlickoberfläche hinterlassen. Die Muscheln sind nicht leicht zu erwischen, denn sie graben sich bei Störungen tiefer ein.

GRIZZLYBÄREN
Dieser ausgewachsene Bär gräbt an der Küste des Katmai-Nationalparks im Osten der Alaska-Halbinsel nach Muscheln.

Mangroven

MANGROVEN SIND TROPISCHE ODER SUBTROPISCHE Ökosysteme. Salztolerante immergrüne Bäume besiedeln von den Gezeiten beeinflusste Verlandungsküsten. Etwa sieben Prozent der Küsten der Erde werden von Mangroven gesäumt. Die Bäume filtern Schadstoffe aus dem Wasser und verhindern, dass sich Schlick in angrenzenden Meeresbereichen ablagert. Sie vermindern dadurch die Küstenerosion und bieten Lebensraum für viele Arten.

LUFTWURZELN
Viele Mangrovebäume haben Stelzwurzeln. Sie stützen den Baum und nehmen Sauerstoff auf, der im Schlick kaum vorhanden ist.

Entstehung

Mangroven entwickeln sich in Küstengebieten, die vor direkter Welleneinwirkung geschützt sind. Sie säumen oft Ästuare oder Küstenlagunen (siehe S. 114). Die meisten Mangrovebäume entwickeln sich in Ablagerungen von feinem Schlick oder Sand. Die unteren Wurzeln sind im Sediment verankert, darüber wächst ein verzweigtes Netz von Luftwurzeln. Die Stelzwurzeln stabilisieren den Schlick und andere Sedimente, die von Flüssen und Gezeiten abgelagert werden. So entstehen neue Landflächen, die später von anderen Pflanzengesellschaften besiedelt werden.

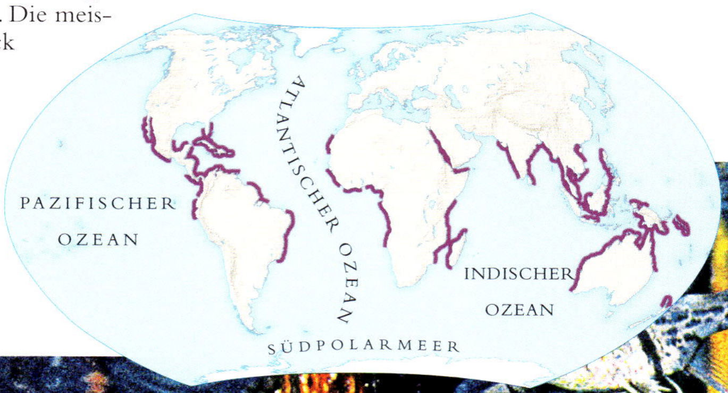

VERBREITUNG
Mangroven gibt es nur zwischen 32° nördlicher und 38° südlicher Breite. In kühleren Breiten werden sie von Salzmarschen und Watten (siehe S. 124) ersetzt.

Pflanzen

Etwa 54 Baum- und Straucharten kommen ausschließlich in Mangroven vor. Jede dieser Pflanzen hat spezielle Anpassungen an die Bedingungen dort entwickelt, unter anderem an das Salzwasser. Manche Mangrovenarten beispielsweise geben Salz mit dem Falllaub ab. An den meisten Mangrovenküsten gibt es zwei oder drei Zonen, in denen jeweils bestimmte Pflanzenarten dominieren. In Amerika sind das nur vier Mangrovenbaumarten. In der Zone direkt am Meer dominiert die Rote Mangrove. Daran grenzt die Zone der Schwarzen Mangrove an – die Wurzeln dieser und einiger anderer Arten treiben bleistiftartige Atemwurzeln, die Pneumatophoren, aus. Weiter zum Festland hin wachsen Weiße Mangrove und Buttonwood (*Conocarpus*).

PNEUMATOPHOREN
Diese senkrechten Atemwurzeln wachsen im Sand oder Schlick empor. Sie entspringen horizontalen Wurzeln. An der Luft nehmen sie Sauerstoff auf.

ROTE MANGROVEN
Diese Mangrovenart kann mit ihren zahlreichen, oft rötlich getönten Stelzwurzeln in relativ tiefem Wasser wachsen. Die Art ist besonders salztolerant.

Tierwelt

Mangroven sind artenreiche Ökosysteme. Mangrovenbäume produzieren enorme Mengen an Falllaub, Zweigen und Rindenstückchen, die ins Wasser fallen. Ein Teil davon dient Tieren wie Krabben als Nahrung, der Großteil wird jedoch von Bakterien und Pilzen aufgeschlossen und liefert Nährstoffe für Fische und Garnelen. Diese erzeugen dann wieder Abfallstoffe, die zusammen mit den noch kleineren Reststoffen der Mangrovenbäume von Mollusken, Flohkrebsen, Würmern, kleinen Krebstieren und Schlangensternen aufgenommen werden. Von diesen Tieren ernähren sich größere Fische, und diese sind wiederum die Beute größerer Tiere.

Weltweit beherbergen Mangroven eine enorme Zahl und Vielfalt an Vögeln, außerdem kommen hier einige gefährdete Krokodilarten vor. Weitere Bewohner sind Frösche, Schlangen, Insekten und Säugetiere, von Baumratten bis hin zu Tigern.

SCHÜTZENFISCH
Diese kleine Fischart kommt in Mangrovensümpfen am Indischen Ozean und Pazifik vor. Sie heißen »Schützenfische«, weil sie fliegende Insekten jagen, die sie in der Luft abschießen, indem sie gezielt einen Wasserstrahl auf sie spritzen.

SCHLANGENSTERN
Dieser Aasfresser ist einer der wenigen Stachelhäuter, die in Mangroven vorkommen. Er ist sehr beweglich und hangelt sich mit seinen langen Armen vorwärts.

JABIRU
Der große Storch lebt in Mangroven und andere Feuchtgebieten des tropischen Amerika. Sein breites Beutespektrum umfasst auch Schlangen.

SCHUTZ VOR FEINDEN
Kardinalfische, die sich hier in einem Mangrovensumpf Papua-Neuguineas verbergen, suchen wie viele tropische Fische zwischen Mangrovenwurzeln Schutz vor Feinden.

MENSCHLICHER EINFLUSS

GARNELENFARMEN

Mehr als ein Drittel der Fläche der Mangrovenwälder der Welt wurde seit 1980 bebaut oder in Betriebe wie Garnelenfarmen umgewandelt (die Farm im Bild befindet sich in Vietnam). Leider hat das Betreiben dieser Farmen verheerende Auswirkungen auf die Umwelt. So verschmutzen die Abflüsse der Teiche die nahen Küstengewässer und zerstören sowohl Mangroven als auch Korallenriffe vor der Küste.

MANGROVENGESÄUMTE FAHRRINNE Hier säumen Rote Mangroven eine seichte Wasserstraße an der Florida-Bai im südlichen Teil des Everglades-Nationalparks.

ATLANTISCHER OZEAN WESTEN

Everglades

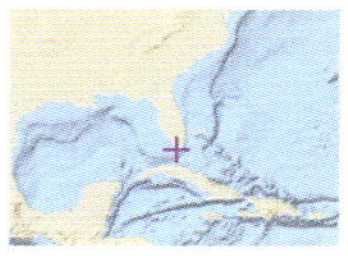

DOMINIERENDE ARTEN Rote, Schwarze und Weiße Mangrove

GEBIET nur Mangroven: 1500 Quadratkilometer

LAGE Südwesten Floridas (USA)

Mangroven bedecken ein großes, in etwa dreieckiges Gebiet an der Südwestspitze Floridas, ein Labyrinth aus Inseln und von Mangrovensümpfen gesäumten Wasserstraßen. Hier trifft das Salzwasser des Golfs von Mexiko und der Florida-Bai auf das Süßwasser, das vom Lake Okeechobee in Zentralflorida zufließt. Die Everglades sind die größten Mangrovensümpfe Nordamerikas. Vorherrschende Pflanzenart an der Küste und in den Kanälen ist die Rote Mangrove. Das Wasser ist meist vom Tannin der Blätter dieser Art braun gefärbt. Rote Mangroven, die mit ihren langen Stelzwurzeln die Strandlinie stabilisieren, sind für das Ökosystem der Everglades von zentraler Bedeutung, denn sie sind die Kinderstube von Fischen, Garnelen, Muscheln, Schwämmen, Krabben und anderen Wirbellosen. Die beiden anderen bedeutenden Mangrovenarten sind die Schwarze und Weiße Mangrove. Beide Arten wachsen näher am Strand als Rote Mangroven und sind so nur bei Flut mit dem Meerwasser in Kontakt. Die Everglades sind das Nahrungs- und

SCHLANGENHALSVOGEL Dieser Tauchvogel jagt in den Sümpfen der Everglades Fische, Frösche und junge Alligatoren.

ATLANTISCHER OZEAN WESTEN

Alvarado-Mangrovenküste

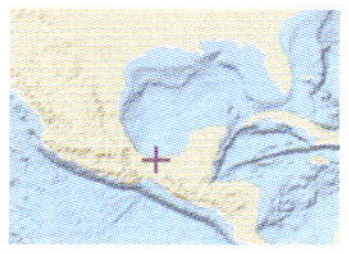

DOMINIERENDE ARTEN Rote, Weiße und Schwarze Mangrove

GEBIET 500 Quadratkilometer

LAGE südöstlich von Veracruz (Südmexiko) im Südwesten des Golfs von Mexiko

Die Alvarado-Region in Südmexiko ist ein ausgedehntes Gebiet mit Mangrovensümpfen, Schilfgürteln und Palmenwäldern. Die Mangroven wachsen an Flachküsten mit Brackwasserlagunen, in die kleine Flüsse münden. In den Sümpfen wimmelt es vor Leben. Rochen gleiten durch die ruhigen Gewässer und Schnecken klettern die verzweigten Wurzeln der Mangrovenbäume empor, zwischen denen im Wasser viele Fische und Wirbellose Schutz suchen. Zu den Vogelarten gehören der Fischertukan, der Blaufußreiher, der Waldstorch und mehrere Arten von Reihern und Eisvögeln. An Säugetierarten leben hier Klammeraffen und Karibik-Manatis, eine Seekuhart. Einige große Mangrovengebiete wurden zerstört und die verbleibenden sind durch Rodungen, Landwirtschaft und Verschmutzungen durch Ölförderanlagen bedroht.

ATLANTISCHER OZEAN WESTEN

Sian Ka'an-Biosphärenreservat

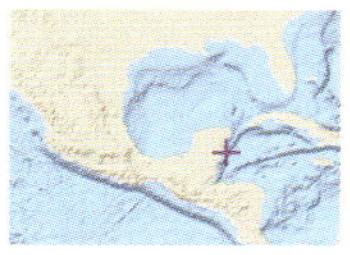

DOMINIERENDE ARTEN Rote, Weiße, Schwarze Mangrove, Buttonwood

GEBIET 2800 Quadratkilometer

LAGE Ostküste der Halbinsel Yucatán (Ostmexiko), 150 km südlich von Cancún

Das Biosphärenreservat, das sich an der Karibikküste Mexikos über 120 km erstreckt, besteht aus Mangrovensümpfen, Lagunen und Süßwassermarschen. 1987 wurde es zum Weltnaturerbe erklärt. Ein Barriereriff vor der Küste schützt die Mangroven vor der Brandung der Karibik. Je nach Jahreszeit sind zwischen 20 und 75 % der Gebiete auf dem Festland überschwemmt. Die Mangrovensümpfe gehören zu den weltweit produktivsten, und von ihrer Gesundheit hängt das Überleben vieler Arten ab. Zwischen den massiven Wurzeln der Mangrovebäume leben Austern, Schwämme, Seescheiden, Seeanemonen, Polypen und Krebstiere. Zu den Vogelarten, die hier vorkommen, gehören Rosalöffler, Pelikane, Flamingos, Jabirus und 15 Reiherarten. In den Sümpfen leben auch Karibik-Manatis und zwei Krokodilarten: das Spitz- und das Beulenkrokodil. Der unkontrollierte Tourismusboom in der nahe gelegenen Region Cancún belastet das Reservat durch vermehrte Umweltverschmutzung und der Wasserhaushalt veränderte sich, was das Ökosystem der Mangroven beeinträchtigt.

BOOTSTOUR Da große Flächen des Sian-Ka'an-Biosphärenreservates während vieler Monate im Jahr überflutet sind, führen wenige Straßen in das Gebiet. Weite Teile können nur per Boot erreicht und erkundet werden.

Fortpflanzungsgebiet vieler Säugetiere, darunter Baumratten, sowie zahlreicher Vogelarten wie Reihern, Rallen, Schlangenhalsvögeln und Braunpelikanen. In weiten Teilen der Everglades leben viele Alligatoren, die Sümpfe sind aber auch der Lebensraum einer kleinen, aber wachsenden Population von Spitzkrokodilen. Gelegentlich werden in den Kanälen Karibik-Manatis gesichtet. Manchmal richten Hurrikane in den Everglades Verwüstungen an, beispielsweise die Hurrikane Katrina und Wilma im Jahr 2005. Die Wirbelstürme schädigen Mangroven, indem sie die Bäume entlauben und begleitende Sturmfluten große Mengen Schlick im Wurzelwerk ablagern. Glücklicherweise erholen sich diese Ökosysteme gewöhnlich innerhalb weniger Jahre vollständig von den Schäden.

INVASION DER BUNTBARSCHE

Seit 1983 verbreitet sich der hier nicht heimische Schwarzfleckbuntbarsch, eine Buntbarschart aus Zentralamerika, rasch in den Mangroven und anderen Feuchtgebieten der Everglades. Keiner weiß, welchen Einfluss die Art auf das Ökosystem haben wird. Es gibt Befürchtungen, sie könne einheimische Fischarten verdrängen. Sie könnte jedoch auch eine neue Nische besetzen, die bisher keine andere Art beansprucht.

ATLANTISCHER OZEAN WESTEN

Zapata-Sümpfe

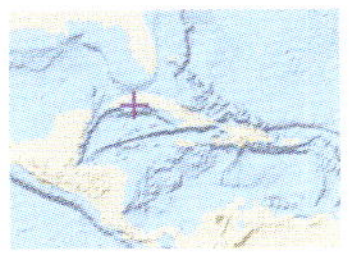

DOMINIERENDE ARTEN
Rote, Schwarze, Weiße Mangrove, Buttonwood

GEBIET
4350 Quadratkilometer

LAGE Westkuba, 120 km südöstlich von Havanna

Die Zapata-Sümpfe sind ein Mosaik aus Mangrovensümpfen, Süß- und Salzwassermarschen und das größte und am besten geschützte Feuchtgebiet der Karibik. 1999 wurden sie zum Biosphärenreservat erklärt. Sie sind ein bedeutendes Rückzugsgebiet für die Tierwelt Kubas und Laichgebiet vieler Nutzfischarten; Millionen von Zugvögeln aus Nordamerika überwintern hier. Mehr als 900 Pflanzenarten kommen vor und bis zu 22 der 25 endemischen Vogelarten Kubas brüten im Gebiet. Insgesamt konnte man etwa 170 Vogelarten in den Sümpfen nachweisen, darunter den Krabbenbussard, den Kubaflamingo und den kleinsten Vogel der Welt, die Bienenelfe, eine Kolibriart. Hier leben auch die wenigen Tausend verbliebenen Kuba-Krokodile, die vom Aussterben bedroht sind. An Säugetieren gibt es die Hutiaconga oder Kuba-Baumratte. Der Manjuari ist ein Vertreter der Knochenhechte, der nur in den Sümpfen vorkommt. An das Gebiet grenzt die Schweinebucht an, wo sich jedes Frühjahr Millionen von Landkrabben fortpflanzen.

KUBAFLAMINGOS
Große Populationen dieser farbenfrohen Vögel bevölkern die Sümpfe und ernähren sich von Algen, Garnelen, Mollusken und Insektenlarven, die im Bodenschlamm der seichten Gewässer leben.

ATLANTISCHER OZEAN WESTEN

Mangroven an der Küste von Belize

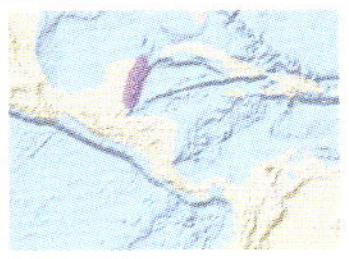

DOMINIERENDE ARTEN
Rote, Schwarze, Weiße Mangrove, Buttonwood

GEBIET
1500 Quadratkilometer

LAGE Osten von Belize, westliche Karibik

Die Mangroven von Belize sind die Kinderstube vieler Fischarten, die im riesigen Barriereriff vor Belize leben. Indem sie Abwässer aus den Flüssen filtern und Sedimente stabilisieren, reinigen die Mangroven auch die Küstengewässer und tragen zum Überleben des Korallenriffs bei. Viele Cays, kleine Inseln vor allem aus Korallen oder Sand, entlang der Küste sind mit Mangrovenbäumen bewachsen und der Lebensraum vieler Vögel. Insgesamt teilen mehr als 250 Vogelarten die Sümpfe mit Karibik-Manatis und einer Vielzahl von Reptilien, darunter Boas, Spitzkrokodile und Leguane.

MANGROVENWURZELN
Ein Netzwerk aus Mangrovenwurzeln erstreckt sich unter der Wasseroberfläche entlang der Küste und bietet unzähligen Jungfischen Schutz.

INDISCHER OZEAN WESTEN

Mangroven auf Madagaskar

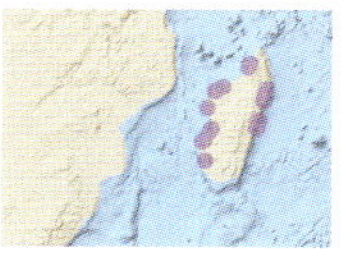

DOMINIERENDE ARTEN Graue, Gelbe Mangrove, *Rhizophora mucronata, Bruguiera gymnorrhiz*

GEBIET 2000 Quadratkilometer

LAGE rund um die Küste Madagaskars verstreut, vor Ostafrika

Mangroven gedeihen auf Madagaskar unter verschiedenen Umweltbedingungen; begünstigend sind starker Tidenhub, ausgedehnte Küstenebenen und eine ständige Flusswasserzufuhr mit hoher Sedimentfracht. Sie erstrecken sich insgesamt etwa 1000 km entlang der Küste Madagaskars und sind oft mit Korallenriffen vergesellschaftet, die Schutz vor der Brandung bieten. In den Mangroven setzen sich Flusssedimente fest, die andernfalls sowohl Riffe als auch Seegrasbänke bedrohen würden. Neun verschiedene Mangrovenbaumarten gibt es auf Madagaskar. Einige der endemischen Vogelarten Madagaskars, darunter der Madagaskar-Reiher und Madagaskar-Seeadler, leben in den Mangroven und den angrenzenden Feuchtgebieten. Dugongs (eine Seekuh-Art) gleiten durch das Wasser und weiden Seegras, unzählige Fische und Wirbellose schwimmen zwischen den fingerdicken Wurzeln der Mangroven umher. Diese bieten Nilkrokodilen, Haien, Watvögeln, Reihern und Löfflern Nahrung im Überfluss. Viele der Fisch- und Vogelarten kommen nur hier vor. Leider sind die Mangroven durch Zersiedelung, Überfischung, Reisfelder und Garnelenfarmen bedroht.

AUSGEDEHNTE MANGROVEN
Diese von zahlreichen Kanälen durchschnittenen Mangrovensümpfe befinden sich an der Nordostküste Madagaskars an der Mündung des Flusses Ambodibonara.

INDISCHER OZEAN NORDEN

Mangrovensümpfe von Pichavaram

DOMINIERENDE ARTEN Graue, Gelbe Mangrove, *Excoecaria agallocha, Bruguiera cylindrica*

GEBIET 11 Quadratkilometer

LAGE Tamil Nadu (Südostindien), 150 km südlich von Chennai (Madras)

Das Gebiet von Pichavaram liegt in einem Delta zwischen den Ästuaren der Flüsse Vellar und Kollidam im Südosten Indiens. Es besteht aus mehreren kleinen und großen mit Mangroven bewachsenen Inseln, die von Kanälen durchzogen sind. Fischerdörfer, Farmland und bewirtschaftete Teiche umgeben das Feuchtgebiet, das während des Tsunamis im Indischen Ozean 2004 wahrscheinlich viele Menschenleben gerettet hat. Sechs Dörfer im Schutz der Mangroven erlitten keinen Schaden durch die Wellen, während andere Dörfer in der Region völlig zerstört wurden. Das Feuchtgebiet hat die Wucht der Welle zum großen Teil abgefangen, weil es deren Energie effektiv absorbierte.

INDISCHER OZEAN NORDEN

Mangrovenwälder der Sundarbans

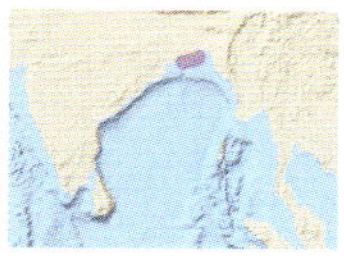

DOMINIERENDE ARTEN Gelbe Mangrove, *Heritaria formes, Excoecaria agallocha, Sonneratia apetala*

GEBIET 8000 Quadratkilometer

LAGE Südwesten Bangladeschs bis Nordostindien, zwischen Kalkutta und Chittagong

Dieser Wald, seit 1997 mit Weltnaturerbe-Status, ist das größte zusammenhängende Mangrovengebiet der Erde. Es ist Teil eines riesigen Deltas, gebildet von Sedimenten der Flüsse Ganges, Brahmaputra und Meghna. Zur Region gehören Tausende mit Mangroven bewachsene Inseln, durchzogen von Wasserstraßen. Bengalische Tiger schwimmen hier von Insel zu Insel und jagen Axishirsche und Wildschweine. Weitere Bewohner sind Fischkatzen, Rhesusaffen, Warane, Einsiedlerkrebse, der Gangesdelfin und mehrere Hai- und Rochenarten. Umweltzerstörung bedroht die Region: Viele Mangroven wurden bereits abgeholzt.

GANGESGAVIAL

Ein stark bedrohter Bewohner der Feuchtgebiete und Flüsse Bangladeschs ist der Gangesgavial. Einst war er in den Sunderbans relativ häufig, aber intensive Fischerei und andere Gründe haben den Bestand dezimiert. Die Gaviale sind in der Region wahrscheinlich vom Aussterben bedroht, obwohl man mit Nachzucht in Indien und Nepal die Art zu retten versucht.

SATELLITENAUFNAHME
Auf diesem Bild von Teilen des Ganges-Brahmaputra-Meghana-Deltas erscheinen die Mangroven der Sunderbans dunkelrot. Rechts die Bucht von Bengalen.

PAZIFISCHER OZEAN WESTEN

Mangroven am Kinabatang

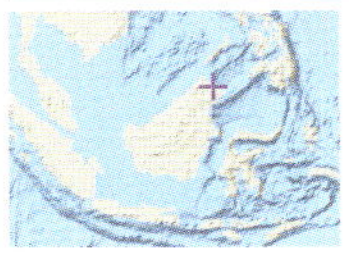

DOMINIERENDE ARTEN Graue Mangrove, *Rhizophora mucronata*, Nipapalme

GEBIET 800 Quadratkilometer

LAGE südöstlich von Sandakan, Sabah (Malaysia)

Mangrovensümpfe bedecken ein Küstengebiet im Delta des Flusses Kinabatang in Sabah (Nordborneo). Die Mangrovensümpfe bilden mit anderen Tieflandwäldern (unter anderem Palmenwälder) und offenen Schilfbeständen ein komplexes Mosaik.

Sie sind der Lebensraum vieler Arten von Fischen, Wirbellosen wie Garnelen und Krabben, Ottern und etwa 200 Vogelarten, darunter Seeadler, Reiher und Eisvögel. Auch Irawadi-Delfine werden gelegentlich beobachtet. Weitere spektakuläre Mangrovenbewohner sind die nur auf Borneo vorkommenden Nasenaffen sowie Leistenkrokodile (größte Krokodilart der Erde), die fast ausgerottet wurden, deren Bestände sich heute jedoch erholen. Während der letzten 30 Jahre fällte man viele Mangrovenwälder des Holzes und der Holzkohleherstellung wegen. Dann ersetzte man sie durch Ölpalmen oder legte Garnelenfarmen auf dem gerodeten Land an. Darunter litt die Tierwelt sehr. Die Regierung von Sabah hat nun ein großes Projekt zur Wiederaufforstung der Mangroven ins Leben gerufen.

NASENAFFEN
Ein Nasenaffen-Weibchen, das sowohl schwimmen als auch aufrecht laufen kann, schwingt sich mit seinem Jungen über einen Wasserarm der Mangroven. Sein langer Schwanz hilft, den Sprung auszubalancieren.

LUFTWURZELN BEI EBBE
Mangrovebäume verankern sich im Schlamm mithilfe ihres Wurzelnetzwerks, das zahlreichen Tieren Unterschlupf gewährt.

PAZIFISCHER OZEAN WESTEN

Mangroven auf Neuguinea

DOMINIERENDE ARTEN Graue Mangrove, *Rhizophora mucronata*, *Xylocarpus granatum*

GEBIET 26 000 Quadratkilometer

LAGE verstreut rund um die Küste Neuguineas im Westpazifik

An Neuguineas Küste befinden sich ausgedehnte Streifen mit Mangrovensümpfen. Die größten Gebiete findet man an der Südseite der Insel um die Mündungen großer Flüsse wie Digul, Fly und Kikori. Die Mangroven hier sind die artenreichsten der Erde – mehr als 30 verschiedene Baumarten fand man in einem einzigen Sumpf. Sie sind Lebensraum zahlreicher Tierarten, die an den Ufern leben. Im Wasser wurden über 200 verschiedene Fischarten, von Kardinalfischen und Mangrovenbarschen zu Seepferdchen und Sardellen – ausgewachsene und als Jungtiere – nachgewiesen. Schlammspringer (eine Fischart, die Bäume hochklettern kann), Schnecken und Krabben klettern die Mangrovenwurzeln empor, und Leistenkrokodile durchstreifen die Kanäle. Obwohl die Sümpfe sehr artenreich sind, leben hier wenige Landtiere. Zwei endemische Fledermausarten und eine Waranart kommen hier vor.

Zehn Vogelarten sind endemisch, darunter Baumrallen, zwei Lori-Arten, die Salangane *Aerodramus papuensis*, der Nymphenliest und der Rotschnabel-Talegalla. Obwohl zum großen Teil intakt, sind die Mangroven im Westteil Neuguineas in letzter Zeit durch Verschmutzungen infolge der expandierenden Öl- und Gasindustrie bedroht.

SEEPFERDCHEN
Dieses Seepferdchen ahmt die gelbe Farbe herabgefallener Mangrovenblätter nach.

PAZIFISCHER OZEAN OSTEN

Darién-Mangrovensümpfe

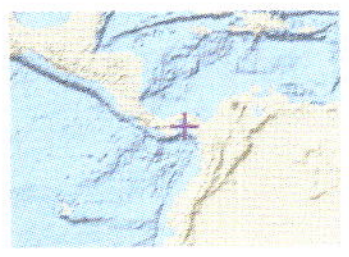

DOMINIERENDE ARTEN Rote, Schwarze, Weiße Mangrove, Buttonwood, *Mora oleifera*, *Pelliciera rhizophorae*

GEBIET 900 Quadratkilometer

LAGE südöstlich von Panama City, Pazifikküste Panamas

Die Mangroven säumen Ästuare im Darién-Nationalpark am Golf von Panama. Hier bilden ihre Wurzeln ein Rückzugsgebiet für Mollusken, Krebstiere und viele Fische. Besonders häufig sind Garnelen: Die Larven schlüpfen vor der Küste, nutzen die Mangrovensümpfe als Kinderstube und wandern dann ins Meer zurück. Teile der Sümpfe wurden in Garnelenfarmen oder Landwirtschaftsflächen umgewandelt. Weitere Bedrohungen sind Zersiedelung und Umweltverschmutzung.

SCHWARZE MANGROVEN
Diese Schwarzen Mangroven wachsen an der Mündung des Rio Mogue an der Pazifikküste Panamas.

MANGROVEN AUF NEUGUINEA
Ein junges Leistenkrokodil sucht zwischen den Wurzeln der Mangrovenbäume nach Beute. Voll ausgewachsen ist das Leistenkrokodil als größte Krokodilart bis zu 7 m lang. Ausgewachsene Tiere kämpfen heftig um die besten Reviere in den Sumpfgewässern. Jungtiere werden dabei häufig in Randkanäle oder ins Meer abgedrängt.

IN DEN FLACHMEEREN der Schelfe, die sich um die Kontinente legen, ist das Leben außerordentlich vielfältig. Das Licht der Sonne sowie Nährstoffe vom Festland und aus dem Meer lassen hier Pflanzen, die am Anfang der marinen Nahrungsketten stehen, gut gedeihen. Eine wichtige Rolle kommt auch dem Mond zu, denn seine Gravitationskraft lässt die Gezeiten strömen. Nach dem täglichen Trockenfallen der Strände bei Ebbe kommt die Flut, verteilt Nährstoffe an die Pflanzen und transportiert Nahrung zu festsitzenden Tieren. Jede Region des Meeresbodens ist ein spezifischer Lebensraum, an den sich die Tierwelt angepasst hat. Uns Menschen sind die Küstenflachmeere von allen Meeresregionen am besten vertraut. Dennoch beginnen wir erst allmählich, die Komplexität des Lebens hier zu verstehen.

FLACHMEERE

KORALLENRIFFE
Von den Polarmeeren bis in die Tropen verbirgt sich unter der spiegelnden Oberfläche des Meers ein faszinierendes Reich, das von Lebensformen besiedelt wird, die uns oft fremd erscheinen. Diese tropischen Tiere ähneln Pflanzen, und Pflanzen leben ihrerseits verborgen in der Haut der Korallen.

Kontinentalschelfe

Kontinentalschelfe sind die Ränder der Kontinente, die beim Anstieg des Meeresspiegels nach der letzten Eiszeit überflutet wurden. Der Meeresboden befindet sich in diesen Meeren heute bis in rund 200 m Tiefe; in der Breite variieren die Schelfe. Prozesse auf dem Festland beeinflussen den Meeresboden und die Wasserqualität. In Flussmündungen gelangt nährstoffreiches Süßwasser in die Schelfmeere, die deshalb eine hohe biologische Produktivität aufweisen. Sedimentfracht der Flüsse lagert sich auf dem Meeresboden ab. Das Leben in dieser Meeresregion ist außerordentlich vielfältig.

TANGE
Tange gedeihen am besten auf flachen, von der Sonne beschienenen Felsen. Sie ertragen starke Wasserbewegung und bieten vielen Kleintieren Nahrung und Schutz.

Produktive Randbereiche

Die Küstensäume sind die Meeresregionen mit der höchsten biologischen Diversität. Die Lichtdurchflutung ist sehr unterschiedlich, es gibt trübe Becken wie auch extrem klare tropische Gewässer. Vielerorts erreicht genügend Licht den Meeresgrund, sodass Fotosynthese betreibende Organismen hier gut gedeihen. Die Bedingungen für Algen, Seegräser und Phytoplankton sind sehr gut, weil Nährstoffzufuhr vom Festland und Sedimentaufwirbelungen sie begünstigen. Die Küstensäume sind wesentlich produktivere Lebensräume als das offene Meer. Hier haben sich komplexe Lebensgemeinschaften entwickelt, die Tieren aus tieferen Meeresregionen Nahrungsgründe und Kinderstuben sind. In höheren Breitengraden bewirken jahreszeitliche Schwankungen der Sonneneinstrahlung einen jährlichen Wachstumszyklus von Plankton und Algen.

FORSCHUNG

FJORDE

Fjorde sind u-förmige Täler, die von Gletschern geschaffen und später vom Meer überflutet wurden. Sie erstrecken sich oft einige Hundert Kilometer ins Land. Die tiefen Becken sind durch eine Schwelle mit seichterem Wasser vom offenen Meer getrennt.

In geschützter Umgebung liegt hier eine mächtige Salzwasserschicht unter Süßwasser. So ähneln die Bedingungen hier denen vor dem Kontinentalschelf und Tierarten wie Kaltwasserkorallen, die sonst in wesentlich tieferen Meeresbereichen vorkommen, leben hier in seichten Gewässern, wo Taucher sie erkunden können.

Produktive Ebenen

Meist ist der Kontinentalschelf von einer mächtigen Sedimentschicht bedeckt. Sand, Kies und Steine lagern sich im seichten Wasser ab, während Schluff und Ton bis in tiefere Gewässer transportiert werden. Ein bedeutender Anteil der Schelfsedimente ist biogen, besteht also aus den Überresten lebender Organismen, vor allem aus Karbonaten (Kalken) wie den Skeletten von Korallen oder den Schalen von winzigem Plankton.

Auf den ersten Blick scheint es, als gäbe es auf diesen Sedimentebenen kein Leben. Im obersten Meeresboden leben jedoch zahlreiche Tierarten. In bewegtem Sand und Kies ist das Überleben schwierig, auf tiefer gelegenem Meeresboden sind die Sedimente jedoch wohnlicher, denn aus Sedimentpartikeln lassen sich Röhren bauen. So leben hier zahlreiche Tiere vom guten Nahrungsangebot. Diese Tiergemeinschaften ernähren sich von Plankton, das im Wasserkörper herabschwebt, sowie von abgestorbenen Resten von Seegräsern und Tangen.

RÄUBER IM SEDIMENT
Fische und Seesterne sind Räuber, die sich von Tieren ernähren, die an der Bodenoberfläche oder im Sediment vergraben leben. Fische jagen verschiedenste Tierarten, doch Seesterne fangen nur Beute, die sich langsam bewegt.

KAMMMUSCHELN
Kammmuscheln filtern Nährstoffe aus dem Meerwasser. Man kann nach ihnen tauchen oder sie in Farmen ziehen, ohne das Ökosystem zu schädigen.

KINDERSTUBE
Diese jungen Dorsche suchen in Muschelbänken ihre Nahrung, bevor sie vor die Küste ziehen, wo sie als ausgewachsene Fische leben.

Fischfang

Viele der bedeutenden Fischgründe der Erde befinden sich in den Schelfmeeren. Die Küstengewässer bieten Jungfischen Planktonnahrung und Schutz, und 90 % der Fische, die gefangen werden, pflanzen sich hier fort. Fische, die am oder direkt über dem Meeresboden leben, wie Schollen und Schellfische, ernähren sich von Lebewesen auf dem Grund. Schwarmfische des offenen Wassers wie Sardinen und Heringe ernähren sich von Zooplankton. Sie sind selbst eine wichtige Nahrungsquelle für größere Fische wie Makrelen und Haie sowie für Wale, Delfine und Seevögel. Wirbellose wie Garnelen werden in wirtschaftlich bedeutender Menge in den Schelfmeeren gefangen.

ABLAGERUNGEN AUF DEM SCHELF
Das Mississippi-Delta erstreckt sich fingerförmig ins Meer hinein. Der mit Schluff beladene Strom lagert regelrechte Sedimentwolken auf dem Kontinentalschelf ab.

Geologie der Kontinentalschelfe

Ablagerungen auf den Schelfen können enorme Mächtigkeiten erreichen. Vor Nordamerika etwa sind die Sedimentschichten, die sich während Jahrmillionen abgelagert und verdichtet haben, bis zu 15 km dick. Hier befinden sich auch alte Sedimente, die sich von denen unterscheiden, die Flüsse und Gletscher abgelagert haben, darunter Karbonate, Evaporite und vulkanisches Material. Vor allem Meerestiere tropischer Flachmeere produzieren Karbonate. Evaporite sind Salze, die bei der Verdunstung des Meerwassers in seichten Becken oder an trockenen Küsten zurückbleiben. Evaporitablagerungen in Schichten von Sedimentgesteinen bilden manchmal kuppelförmige Aufwölbungen, in denen Erdöl und -gas eingeschlossen sein können.

BODENSCHÄTZE
Metalle wie Gold und Zinn, seltene Minerale und solche, die in der Bauindustrie zum Einsatz kommen, werden im Bereich des Kontinentalschelfs gefördert.

MENSCHLICHER EINFLUSS

UMWELTVERSCHMUTZUNG AN DEN KÜSTEN

Über Jahrzehnte wurden die Küstenmeere als Müllkippen missbraucht. Sogar an den abgelegensten Stränden findet man angespülten Plastikmüll. Noch heimtückischer sind unsichtbare Verunreinigungen wie Nährstoffe und Krankheitserreger aus dem Müll, Schwermetalle, Organohalogene, Kohlenwasserstoffe und andere Gifte aus landwirtschaftlichen und industriellen Abwässern, radioaktive Abfälle und ausgelaufenes Erdöl.

Felsiger Meeresboden

VON DEN TROPEN BIS IN DIE POLARMEERE besiedeln charakteristische Lebensgemeinschaften den felsigen Boden seichter Meere. Steine bieten sowohl Tangen als auch sessilen Tieren Stellen, wo sie sich festsetzen können. Hier ist das Leben oft vielfältig. Tange gedeihen in sonnendurchfluteten Flachmeeren und bieten Tiergemeinschaften einen geschützten Lebensraum. Sessile Tiere breiten Tentakel aus, um Plankton aus der Wasserströmung zu filtern oder pumpen zu diesem Zweck Wasser durch ihren Körper. Mobile Tierarten weiden die Algen ab oder erbeuten festsitzende oder frei schwimmende Tiere. Das Leben an einem Felsenriff hängt von vielen Umweltfaktoren ab.

FELSHANG
Auf diesen Felsen im Meer vor British Columbia (Kanada) leben zahlreiche Tierarten. Seesterne sind zwischen rosafarbenen Weichkorallen und Schwämmen auf Beutefang.

Die Algenzone

Seetange und andere Algen benötigen Sonnenlicht und gedeihen nur in Flachmeeren. Ihre bevorzugte Wassertiefe hängt davon ab, wie klar das Wasser ist. In trüben Meeren sind das nur wenige Meter, bei klarem Wasser über 100 Meter. In kälteren Flachmeeren dominieren riesige Tangwälder, in größeren Tiefen gedeihen kleinere Algen. In den Tropen sind die Felsen oft kaum mit Tangen bewachsen, stattdessen nutzen kleine einzellige Algen, die im Gewebe der Korallen leben, die Sonnenenergie. Viele Tierarten sind an die Tange gebunden, manche von ihnen leben ständig in der Algenzone, andere nutzen sie als Ort der Fortpflanzung oder als Kinderstube, bevor sie in tiefere Gewässer abwandern.

NAHRUNGSQUELLE
Algen nutzen die Sonnenenergie und dienen Tieren als Nahrung. Hier wachsen grüne Tange vor den schottischen Orkney-Inseln.

LIPPFISCH
Im Sommer legen Gefleckte Lippfische ihre Eier in Nester aus Tangen in geschützten Felsspalten. Die Jungfische tragen oft ein Tarnmuster.

FELSEN ABWEIDEN

Seeigel sind sehr erfolgreiche Wirbellose und an ihren scharfen Stacheln gut zu erkennen. Sie leben am Meeresboden und fressen buchstäblich alles außer hartschaligen Tieren und Krustenalgen. Seeigel beeinflussen die Lebensgemeinschaften am Meeresgrund. Sind sie häufig, können sie die Artenvielfalt sehr vermindern und wahre »Seeigel-Wüsten« hinterlassen. Kommen sie hingegen seltener vor, fördern sie den Artenreichtum, weil sie Platz schaffen, an dem sich neues Leben ansiedeln kann.

Die Tierwelt der Tiefe

In größeren Tiefen ist die Lichtdurchflutung zu gering für die meisten Algen, nur Rotalgen benötigen wenig Licht und gedeihen dort. Bei einem großen Teil des Bewuchses in tieferen Gewässern, der wie Pflanzen aussieht, handelt es sich in Wirklichkeit um festsitzende Tiere, die in Gebieten mit starken Gezeitenströmungen häufig sind. Für bewegliche Tiere, die hier leben, ist der Meeresboden ein »Minenfeld«, da festsitzende Tiere toxische Substanzen ins Wasser abgeben, um Fressfeinde abzuhalten. In über 50 m Tiefe ist die Wasserbewegung geringer und fragile Tiere wie Schwämme und Seefedern wachsen mitunter zu enormer Größe heran. Hier und an Stellen mit geringerer Wasserbewegung lagert sich ständig eine feine Sedimentschicht auf den Gesteinen ab. Deshalb überleben hier nur Arten, die sich über den Schlamm erheben oder ihn entfernen können.

RÄUBER AUF STEINIGEM GRUND
Steinfische sind mit ihrer knorrigen Haut und der unregelmäßigen Gestalt schwierig zu erkennen. Mit ihrem riesigen Maul verschlingen sie ihre Beute, während die Rückenstacheln ein tödlich wirkendes Gift enthalten.

Senkrechte Felsen

Steile Kliffe sind oft dichter mit Wirbellosen besiedelt als sanft abfallende Felsen. In seichten Gewässern mit starker Wellentätigkeit ist es für bewegliche Tiere des Meeresgrunds schwierig, sich an senkrechten oder überhängenden Wänden festzuhalten. Senkrechte Wände erreicht weniger Sonnenlicht, und Fortpflanzungszellen von Algen können sich hier schwer festsetzen, sodass Tange hier weniger miteinander konkurrieren als auf flachen Felsen. An geschützten Stellen sind flache Felsen oft mit Sediment bedeckt, sodass weniger Tiere hier überleben können. Senkrechte und überhängende Felsen hingegen sind sedimentfrei, deshalb gedeiht hier das Leben oft üppig. Felsbänder an Kliffen bieten Fischen und Krebstieren sichere Verstecke.

JUWELENANEMONEN
Vielfarbige Juwelenanemonen bedecken senkrechte, den Wellen ausgesetzte Felsen und strecken ihre Tentakel aus, um Nahrung aus der Strömung zu filtern.

Spalten und Höhlen

Vertiefungen in Felsen bieten Meerestieren zusätzliche Lebensräume. Spalten und kleine Höhlen sind Rückzugsgebiete für nachtaktive Fische, die sich hier tagsüber verstecken. Fische mit lang gestrecktem Körper können sich gut in Spalten zurückziehen, und tagaktive Fische sind auf Löcher angewiesen, um sich vor Fressfeinden zu verbergen. Tiefe, blind endende Höhlen bieten verschiedene Lebensräume, von sonnendurchfluteten, den Wellen ausgesetzten Eingängen bis hin zu dunklen, stillen Bereichen im Innern. Garnelen und Springkrebse besetzen Felsbänder, während filtrierende Tiere, die Wasser durch ihren Körper pumpen, die Höhlenwände bedecken. Laternenfische, die sich tagsüber in Höhlen zurückziehen, kommunizieren mit Lichtsignalen, die von Bakterien in Leuchtorganen unter ihren Augen erzeugt werden. In Spalten finden kleine Tiere Schutz vor Seeigeln.

RÜCKZUG
Mit seinem flachen Körper zieht sich dieser Bunte Springkrebs bei Gefahr tief in enge Spalten zurück, um sich mit den Stacheln zu verkeilen.

Stürme und Abschliff

Felsen in geringer Tiefe sind bei Stürmen der vollen Gewalt der Wellen ausgesetzt. Tiere und Algen exponierter Küsten halten sich jedoch gut am Untergrund fest, um den anbrandenden Wellen zu widerstehen. Größere Tange und Tiere werden von Felsen gespült und schaffen Platz für neues Leben, und viele Tange und Tierkolonien können sich aus Rhizoiden oder basalen Körperteilen regenerieren. Auf rollenden Felsbrocken und Gestein, das von Sand oder Kies abgeschliffen wird, leben wenige Tiere und Pflanzen. Wo Fels und Sand aneinandergrenzen, entsteht oft ein blankes, vom Sand abgeschliffenes Felsband. Gleich oberhalb leben Tiere mit hartem Gehäuse wie Kalkröhrenwürmer und rote Krustenalgen. Darüber siedeln sich in den ruhigeren Phasen oft schnellwüchsige Tierkolonien wie Schwämme und Rankenfüßer an.

KALKRÖHRENWÜRMER
Kalkröhrenwürmer haben ein hartes Kalkgehäuse, das ihren Körper vor Sandabschliff schützt.

KRUSTENALGEN
Wie eine rosa Farbschicht besiedeln rote Krustenalgen auch Stellen, die von Sand und Kieselsteinen abgeschliffen werden.

Sandboden

Weite Bereiche des Kontinentalschelfs sind mit einer mächtigen Sedimentschicht bedeckt, die sich durch die Erosion an Land und an der Küste im Lauf von Jahrtausenden angesammelt hat. Hinzu kommen Kalkreste von Meerestieren. Anders als in der Tiefsee (siehe S. 180–181) werden die Sedimente im Schelfmeer durch stürmischen Wellengang aufgewirbelt. Die freigesetzten Nährstoffe erhöhen die biologische Produktivität dieser Meere. Vor allem Tiere leben im Sediment, nur in einigen seichten Gebieten gedeihen Seegras und Tange. Im sandigen Meeresboden vergraben leben viele Tiere, die sich hier vor Feinden verbergen oder Beute auflauern.

ERKUNDUNG DER SANDFLÄCHEN
Rochen gehören zu den Tierarten, die sich im Sand verbergen. Dieser Amerikanische Stachelrochen will sich vor Feinden verstecken, aber auch Beute auflauern.

Kies und Sand

Die gröbsten Sedimente von Festland und Küste werden meist von Flüssen und Gletschern abgelagert, wo sie ins Meer münden. Grober Sand und Kies, der oft von Wellen und Gezeiten bewegt wird, ist schwierig zu besiedeln; typisch sind hier hartschalige Mollusken, Seegurken und Krabben. In Sand und Feinkies ist das Leben vielfältiger. Hier findet man violettrote Betten von Knollen-Kalkrotalgen. Diese Algen (siehe S. 245) bestehen, ähnlich wie Korallen, aus einzelnen Einheiten. Ihre Verzweigungen bieten kleinen Tieren, die sich nach dem jugendlichen Planktonstadium niederlassen, ideale Rückzugsgebiete, während im Sediment aus toten Algenfragmenten grabende Tiere leben. Auf dünnen Sandschichten gedeihen Seegräser und Grünalgen. Im Sediment eingebettete Steine und Schalentiere bieten verschiedenen Algenarten Halt. Einige Fische sind an das Leben auf sandigem Grund angepasst, am bekanntesten sind Plattfische. Anglerfische legen ihre Köder aus, um Beute vor ihr Maul zu locken. Röhrenaale leben in Sandröhren und strecken nur den Vorderkörper heraus, um Plankton zu fressen. Sandaale und Schermesserfische tauchen zum Schutz vor Räubern in den Sand ein.

LEBENSRAUM SAND
Ein vielborstiger Ringelwurm, die Seemaus, lebt im Feinsand.

IM KIES VERGRABEN
Diese Flammenmuschel lebt in einer Art Nest aus Kies und Muschelschalen. Sie pumpt Wasser hindurch und fängt mit ihren Tentakeln Nahrung heraus.

Weicher Schlamm

In geschützten Buchten, Ästuaren und Fjorden und in tieferen Bereichen der Kontinentalschelfe lagern sich Sedimentpartikel als weicher Schlamm ab. Sie werden leicht aufgewirbelt und ersticken Larven, die sich hier niedergelassen haben, und verstopfen Kiemen. Im Schlamm selbst ist nur wenig Sauerstoff, deshalb müssen die Tiere einen Weg finden, an Sauerstoff aus dem Wasser zu gelangen. Trotz dieser Erschwernisse kann Schlamm sehr produktiv sein. Bakterien und Kieselalgen kommen an der Oberfläche oft häufig vor und ernähren Tiere, die sie einsaugen, etwa Igelwürmer. Stabile Baue lassen sich im Schlamm leichter anlegen als in Sand oder Kies. Seefedern und Seeanemonen breiten ihre klebrigen Tentakel aus, um treibendes Planton zu greifen oder einen leichtsinnigen Fisch oder Krebs zu erbeuten.

IM SCHLAMM VERANKERT
Die Äste dieser Seefeder sind mit kleinen Einzelpolypen bedeckt, die Plankton aus dem Wasser filtern.

Mischsedimente

Die meisten Sedimente des Kontinentalschelfs sind Mischungen aus groben und feinen Materialien. Ein wichtiger Bestandteil sind Kalkpartikel von Schalentieren wie Mollusken. Diese Sedimente eignen sich besser zum Bau von Röhren und Bauen als Sand oder Schlamm und sind leichter zu überqueren, weshalb das Leben hier vielfältiger ist. Algen und Polypen bedecken den Grund und heften sich an Schalen und Steine. Röhrenwürmer, Seeanemonen und Schlangensterne trifft man hier an. Die meisten von ihnen ziehen sich bei Gefahr ins Sediment zurück. Im Sediment verborgen lebende Tiere, darunter Muscheln und Krebstiere, sind eine gesuchte Beute für solche, die sie aufspüren und ausgraben können, etwa Seesterne, Krabben und Rochen.

LEBEN IM SEDIMENT
Diese Seegurke mit tentakelgesäumter Mundöffnung (links) und ein Einsiedlerkrebs besiedeln solche Mischsedimente.

MARINE LEBENSRÄUME

BODEN STABILISIEREN

Dieses Stück Meeresboden ist üppig besiedelt. Hier leben Polypen, Weichkorallen und Schlangensterne, und unter der Oberfläche verbergen sich viele Flammen- und Pferdemuscheln. Diese Mollusken halten die lockeren Sedimente mit Byssusfäden zusammen und schaffen eine stabile Oberfläche, die viele andere Tiere besiedeln können. Viele Flammenmuschelnester bilden Riffe mit Löchern für den Wasseraustausch, sodass andere Organismen darunter leben können.

BAU IM SEDIMENT
Dieser Norwegische Hummer lebt in einem u-förmigen Bau mit zwei Ausgängen; er ist vorwiegend nachtaktiv.

FORSCHUNG

SCHIFFSWRACKS

Die Struktur und harte Oberfläche von Schiffswracks wie dem hier abgebildeten (der *Eagle* vor Florida) locken sessile Wirbellose und Fische an. Es vergeht Zeit, bis ein Wrack besiedelt wird, abhängig vom Material, aus dem es besteht. Kleine Polypen, Rankenfüßer und Kalkröhrenwürmer lassen sich oft zuerst nieder und bereiten anderen Tieren und Tangen den Weg, indem sie sich auf ihren Gehäusen niederlassen. Filtrierer leben dort, wo die Strömung stärker ist, während im Innern des Wracks Oktopusse und Fische Verstecke aufsuchen.

Unter der Oberfläche

Von Wellen bewegter Sand und Kies schafft eine veränderliche, sauerstoffreiche Umgebung. Tiere, die hier leben, wie Krebstiere und Stachelhäuter, bewegen sich durch den Sand und besitzen keine ständigen Baue. Wenn Tiere die Sedimente aufstöbern oder aufnehmen und wieder ausscheiden, spricht man von Bioturbation, bei der Nährstoffe wiederverwertet werden. Weniger bewegte Sedimente werden von Tierarten besiedelt, die das Substrat stabilisieren. Diese sessilen Tiere, von denen viele in ständigen Bauen oder Röhren leben, können Sauerstoffmangel und Verschüttung überstehen. Manche stabilisieren ihre Baue mit Schleim und strudeln Meerwasser ein, dem sie Nährstoffe und Sauerstoff entnehmen. Mikroskopisch kleine Lebewesen, die Meiofauna, leben in den Lücken zwischen den Sandkörnern.

Seegraswiesen und Tangwälder

SEETANGE
Große Seetange, auch Kelp genannt, bevorzugen die Subtidalzone.

SEEGRASWIESEN UND TANGWÄLDER, auch Kelpwälder genannt, sind sehr unterschiedliche Lebensräume, die beide sehr produktiv sind und einen bedeutenden Beitrag zur Primärproduktion der Küstenmeere leisten. Seegräser sind die einzigen Blütenpflanzen, die vollständig unter Wasser leben. Sie gedeihen in sonnendurchfluteten warmen Flachmeeren auf geschütztem, sandigem Grund. Große braune Seetange wachsen in dichten Wäldern auf Felsen des unteren Strands und der Subtidalzone, meist in kaltem Wasser. Beide Ökosysteme sind komplex und bieten vielen Tierarten Rückzugsgebiete.

MENSCHLICHER EINFLUSS

GEFÄHRDETE TIERARTEN

Seegräser sind die Hauptnahrung von Suppenschildkröten und die einzige Nahrungsquelle der Seekühe. Diese Tierarten sind durch Verlust ihrer Nahrungsgründe weltweit gefährdet. Die Küsten, an denen Seegraswiesen gedeihen, sind für Umweltverschmutzung besonders anfällig. Einträge von Nährstoffen und Sedimenten vom Festland trüben das Wasser und sind vielleicht die größte Umweltbedrohung.

SEEGRASWIESEN
Seegraswiesen können die Erosion auf sandigem Meeresgrund vermindern.

NATÜRLICHE TARNUNG
Ihre längliche Gestalt und trübe Färbung tarnt diese Seenadel zwischen den Seegräsern.

Seegraswiesen

Seegräser sind die einzigen Blütenpflanzen (Angiospermen), die im Meerwasser wachsen; sie gedeihen am besten in seichten Lagunen oder eingeschlossenen Buchten mit sandigem Grund und klarem Wasser. Sie tolerieren variierenden Salzgehalt. Mit ihren Wurzeln sind sie in der Lage, Nährstoffe aus den Sedimenten aufzunehmen. Ihre verschlungenen Rhizome und Wurzeln stabilisieren den Sand und verringern somit die Erosion, sodass sich Sedimentschichten aufbauen können. Die Produktivität der Seegräser lockt eine bemerkenswerte Vielfalt an Tierarten an, von denen einige nur in Seegraswiesen vorkommen. Eine Vielzahl an Algen und sessilen Tieren, darunter Polypen, Moostierchen und Seescheiden setzen sich auf den Blättern fest. Für Tierarten wie Seekühe, Suppenschildkröten und viele Vogelarten ist Seegras eine unverzichtbare Nahrungsquelle.

Tangwälder

Tangwälder aus großen Braunalgen der Ordnung Laminariales gedeihen auf Felsen in kalten Meeren am besten, wo das Wasser bewegt ist. Bei Ebbe sind in manchen dieser Wälder die Spitzen der Seetange an der Meeresoberfläche sichtbar. Die Tange wachsen an felsigen Abhängen bis in 10–20 m Tiefe, je nachdem, wie klar das Wasser ist. In tieferen Zonen wird es dämmriger, sodass die Tange hier weniger dicht stehen. In den meisten Küstenmeeren können sie in über 25 m Tiefe nicht mehr gedeihen, in besonders klaren Meeren findet man sie jedoch bis in 50 m Tiefe. Viele Tangarten haben gasgefüllte Blasen, die die blattartigen Phylloide ans Licht und außerhalb der Reichweite vieler Pflanzenfresser erheben. Tangwälder absorbieren Wellenenergie und viele Tierarten leben in ihrem Schutz. Obwohl hier vielfältige Lebensgemeinschaften existieren, werden nur etwa 10 % der Tange direkt von Tieren abgeweidet. Der Rest gelangt als Detritus oder als gelöste organische Stoffe in die Nahrungskette.

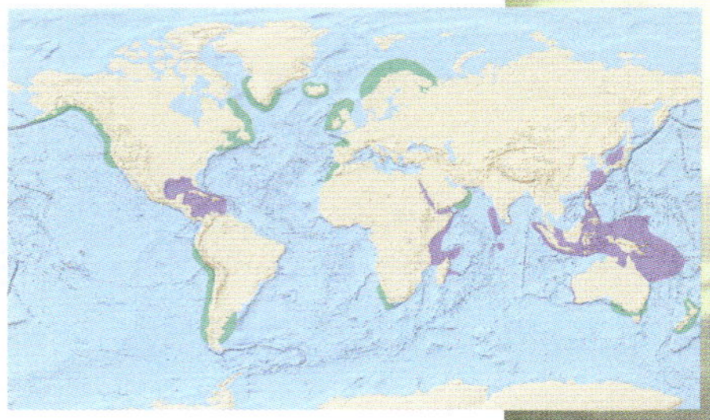

VERBREITUNG
Seegraswiesen bevorzugen wärmere Regionen, Tangwälder kalte, nährstoffreiche Meere bis zur Eisgrenze.

- Tangwälder
- Seegraswiesen

KÜSTENSCHUTZ
Ein Gürtel aus großen Tangen schützt die Küste durch Absorbieren der Wellenenergie.

Tangwälder

Viele Tange haben eine baumartige Gestalt: Sie sind mit einem verzweigten Rhizoid am Grund verankert, und ein langer Stängel (Cauloid), manchmal mit Gasblasen, hebt die blattartigen Phylloide zur Oberfläche. So gliedert sich ein Tangwald in verschiedene Etagen mit unterschiedlichen Arten. In kleinen Lücken zwischen den Rhizoiden suchen Hunderte kleiner Tiere vor Fressfeinden Schutz. Manche Tange haben raue, mit Rotalgen bedeckte Stängel, an denen oft Seeigel und Napfschnecken weiden. Während des Wachstums sondern die Phylloide Schleim ab, der verhindert, dass sich Tiere niederlassen. Wenn das Wachstum nachlässt, siedeln sich Moostierchen, Polypen und Röhrenwürmer auf den Wedeln an. So gelangt weniger Licht zur Pflanze, weshalb manche Tange ihre blattartigen Phylloide abwerfen, um diese Besiedler loszuwerden; sie treiben später neu aus. Der Meeresboden unter den Tangen kann bewachsen oder blank sein.

SEEANEMONE
Diese große Anemone ist ungewöhnlich mobil und kriecht oder treibt zu den Seetangen, wo sie vorbeidriftende Beute fängt.

NAPFSCHNECKE
Zum Ende der Wachstumssaison wandern die Napfschnecken der Art *Patina pellucida* zu den Rhizoiden hinab.

Kinderstuben und Verstecke

Seegraswiesen und Tangwälder sind wichtige Rückzugsgebiete für Jungfische, die hier vor Fressfeinden Schutz suchen, bis sie groß sind. So leben Seehasen und Schwellhaie als ausgewachsene Tiere nicht zwischen Seegras oder Tang, kommen aber in diese Lebensräume, um zu laichen, damit ihr Nachwuchs größere Überlebenschancen hat. Kleine Fische jagen kleine Beute, und die finden sie zwischen Seegräsern, im Sediment oder im Unterwuchs der Tangwälder im Überfluss. Die Jungfische haben meist eine grün-braune Tarnfärbung. Manche Pflanzenfresser aus den Riffen der Umgebung kommen nachts in die Seegraswiesen. Diese Lebensräume sind auch die Kinderstuben für wirtschaftlich bedeutende Wirbellose wie Garnelen und Sepien.

SEEHASE
Dieser junge Seehase ist sehr schutzlos. An Seetangwedeln, wo er sich mit seinem Saugnapf festsetzt, ist er jedoch hervorragend getarnt.

DICHTE TANGWÄLDER
Riesentang ist die größte Tangart weltweit. Die Stängel können mehr als 30 m lang werden und bis zu 50 cm pro Tag wachsen.

ATLANTISCHER OZEAN WESTEN

Laguna de Términos

KÜSTENTYP seichte Lagune

GEWÄSSERTYP tropisch

PRIMÄRE VEGETATION Seegras, Tange und Mangroven

LAGE im Südwesten der Halbinsel Yucatán, Bundesstaat Campeche (Mexiko)

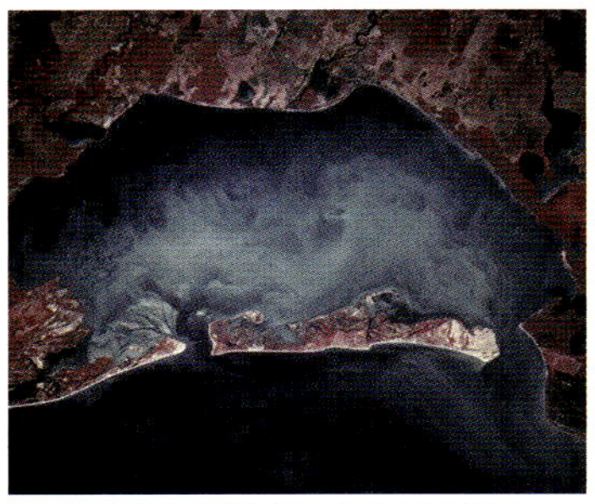

SATELLITENAUFNAHME DER LAGUNE

Zwei Durchlässe verbinden die mit Sedimenten gefüllte Lagune mit dem Golf von Mexiko. Drei Flüsse tragen Süßwasser ein, sodass der Salzgehalt variiert. Die Seegräser *Thalassia testudinum, Syringodium filiforme* und *Halodule wrightii* gedeihen in fast einem Drittel der Lagune. Mit 448 nachgewiesenen Tierarten ist sie die artenreichste der vier großen Lagunen Mexikos.

ATLANTISCHER OZEAN NORDOSTEN

Sound of Barra

KÜSTENTYP Inselkette mit Sunden

GEWÄSSERTYP kühl

PRIMÄRE VEGETATION Seegräser, Kalkalgen und Tange

LAGE zwischen South Uist, Eriskay und Barra, Äußere Hebriden (Schottland)

Starke Gezeitenströme fließen durch den Sound of Barra, und das seichte, klare Wasser und der sandige Meeresboden bieten dem Gewöhnlichen Seegras *Zostera marina* ideale Bedingungen. Die Seegraswiesen und Kalkalgen sind der Lebensraum vieler kleiner Tierarten. Solche artenreichen, Strömungen ausgesetzten Lebensgemeinschaften in diesem Teil Schottlands sind bedroht, weil man hier Dämme errichtet und somit Meeresströmungen unterbunden werden, die Nährstoffe herbeitransportieren und das Pflanzenwachstum fördern. Seegras gedeiht auch in nahe gelegenen Brackwasserlagunen, zusammen mit der Strandsalde *Ruppia maritima*. Wälder von *Laminaria hyperborea* wachsen auf den Felsen, die den Sund umgeben. Hier kommen zahlreiche Seescheiden und Schwämme vor.

SEEGRASWIESEN
Gesunde Seegrasbestände gedeihen im Sound of Barra. Vor 75 Jahren wurden durch Umweltverschmutzung fast 90 % der Seegraswiesen Westeuropas zerstört.

ATLANTISCHER OZEAN NORDOSTEN

Falmouth-Bai

KÜSTENTYP Felsküste mit Rías

GEWÄSSERTYP kühl

PRIMÄRE VEGETATION Braunalge *Laminaria hyperborea*, Seegras

LAGE südwestliches Cornwall (England)

Zur Falmouth-Bai gehören zwei überflutete Flusstäler (Rías), The Fal und Helford, die heute lange, geschützte Meeresarme sind. Wegen des Artenreichtums im Meer wurden sie und Teile der Falmouth-Bai zur Naturschutzzone erklärt. Wiesen des Gewöhnlichen Seegrases *Zostera marina* und Knollen-Kalkrotalgen (siehe S. 245) in den Meeresarmen sind der Lebensraum vieler Tierarten, darunter die seltene Grundel *Gobius couchi*.

An der brandungsumtosten Felsküste gedeiht die Braunalge *Laminaria hyperborea* in dichten Wäldern, mit ihr vergesellschaftet sind viele Algen- und Tierarten. Dieser Tang hat einen steifen Stängel, der die Phylloide über den Meeresboden erhebt. Vertikale Etagen im Tangwald haben sich ausgebildet. Auf den Felsen unten konkurrieren Seeanemonen, Schwämme und kleinere Tange um Lebensraum, Kleintiere verbergen sich in den Rhizoiden. Die Stängel haben eine raue Oberfläche, deshalb können Rotalgen, Moostierchen, Weichkorallen und andere Krusten bildende Tiere sich an ihnen festsetzen. Auf den Phylloiden weiden Napfschnecken, und Meeresschnecken vertilgen Moostierchen.

In tieferem Wasser gedeiht die Braunalge *Laminaria ochroleuca* nahe an ihrer nördlichen Verbreitungsgrenze. Sie ähnelt *Laminaria hyperborea*, hat aber einen glatten Stängel. Zwei andere Tange kommen im Gebiet vor, der Zuckertang (*Saccharina latissima*), der gekräuselte Phylloide hat, und *Saccorhiza polyschides*, der ein hohles, dickes Rhizoid besitzt und in einer Saison bis zu 4 m wächst.

TANGWALD VOR CORNWALL
In diesem Wald von *Laminaria hyperborea* leben viele Pflanzen- und Tierarten zwischen den Felsen am Grund und auf den Tangen selbst.

TANGWÄLDER IM SÜDATLANTIK
An der Westküste Südafrikas ist *Ecklonia maxima* die größte Seetangart. Sie wird bis 15 m hoch.

ATLANTISCHER OZEAN SÜDOSTEN

Saldanha-Bai

KÜSTENTYP Fels- und Sandbucht mit Lagune

GEWÄSSERTYP kalte Strömungen

PRIMÄRE VEGETATION Seetange, Seegras

LAGE westliches Kap (Südafrika)

Der kalte Benguela-Strom fließt an der Westküste von Südafrika nach Norden und enthält viele Nährstoffe, die das Wachstum der Tange fördern. Der Tang *Ecklonia maxima* ist in der Saldanha-Bai häufig. In tieferem Wasser dominiert die kleinere Tangart *Laminaria pallida*. Südafrika ist berühmt für seinen Artenreichtum an Napfschnecken; die Art *Cymbula compressa* weidet nur an *Ecklonia maxima*. Ihre Schale umschließt dabei genau den Stängel. Die gefährdete Napfschnecke *Siphonaria compressa* kommt nur in der Langebaan-Lagune vor und weidet am endemischen Seegras *Zostera capensis*.

INDISCHER OZEAN WESTEN

Bucht von Gazi

KÜSTENTYP seichte Bucht und Saumriff

GEWÄSSERTYP tropisch

PRIMÄRE VEGETATION Seegras und Mangroven

LAGE 50 km südlich von Mombasa (Kenia)

Die seichten Schlick- und Sandwatten der Bucht von Gazi liegen im Schutz eines Saumriffes. Zwölf Seegrasarten kommen hier vor, und die Seegraswiesen bedecken etwa die Hälfte der 15 km² von Mangroven gesäumten Kanäle. Da in der Bucht Mangroven, Seegraswiesen und ein Korallenriff ungewöhnlich nahe beisammen liegen, untersucht man hier wissenschaftlich, wie die Lebensräume interagieren. Die Seegraswiesen haben die wichtige Funktion, Sedimente festzusetzen, die durch die Gezeitenkanäle in die Bucht gespült werden. Ein großer Teil lagert sich auf den ersten beiden Kilometern ab. Das Seegras bietet Garnelenlarven, Zooplankton und Austern Nahrung, die ihrerseits Nahrungsquelle für alle Fische in der Bucht sind und den lokalen Fischfang ermöglichen.

MANGROVEN UND SEEGRAS
Das Wasser der Bucht ist sehr klar, was für mangrovengesäumte Kanäle ungewöhnlich ist. So kann Seegras in den Kanälen gedeihen, die in die Bucht von Gazi führen.

INDISCHER OZEAN OSTEN

Lombok

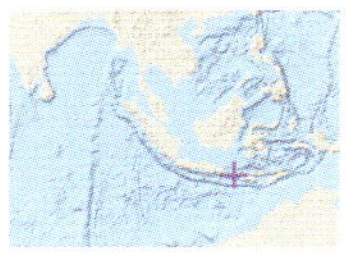

KÜSTENTYP teilweise geschützte Buchten in Felsküste

GEWÄSSERTYP tropisch

PRIMÄRE VEGETATION Seegräser

LAGE kleine Sunda-Inseln (Indonesien)

Mindestens 30 000 km² des Meeresbodens um Indonesien sind mit Seegras bewachsen. In den warmen, seichten Lagunen und Buchten gedeihen 12 Seegrasarten, und in der Gerupuk-Bai im Süden der Insel Lombok kommen 11 davon vor, von denen *Enhalus acoroides* und *Thalassodendron ciliatum* dichte Bestände bilden. Analysen des Mageninhaltes von Fischen, die um Lombok in den Seegraswiesen leben, zeigten, dass Krebstiere die Hauptnahrung sind. Eine Garnelenart der Gattung *Tozeuma,* die hier vorkommt, ist mit ihrem länglichen, grünen Körper mit weißen Punkten perfekt zwischen den Seegrasblättern getarnt.

Bei Ebbe bohren Einheimische mit spitzen Eisenstangen nach Meerestieren. Dabei werden die Blätter und Wurzeln der Seegräser geschädigt, die Seegraswiesen sind deshalb gefährdet.

MENSCHLICHER EINFLUSS

AUSWIRKUNGEN DES TOURISMUS

Um die Inseln Südostasiens gedeihen die artenreichsten Seegraswiesen der Erde. Vielerorts sind sie jedoch bedroht. In der Region ist der Tourismus von großer Bedeutung. Hotels und andere touristische Anlagen dringen aber in noch unberührte Gebiete vor.

HOTELANLAGEN
Die Tourismusentwicklung wird künftig mit Sicherheit die Seegraswiesen der Region bedrohen, da die Ökosysteme unter Verschmutzung und Lebensraumverlust leiden werden.

BAY OF PLENTY
Die Seegraswiesen in den Buchten Lomboks liefern den Bewohnern der Region Algen, Seeigel, Seegurken, Mollusken, Oktopusse und Milchfische.

PAZIFISCHER OZEAN WESTEN

Japanisches Meer

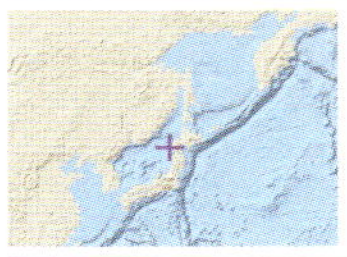

KÜSTENTYP großteils Felsküste

GEWÄSSERTYP warm bis kalt

PRIMÄRE VEGETATION Seetang und Seegras

LAGE vor der Westküste Hokkaidos (Japan)

Der warme Tsushima-Strom aus dem Süden und der kalte Liman-Strom aus dem Norden beeinflussen das Japanische Meer; deshalb ist die Meeresflora hier artenreich. Es kommen Arten gemäßigter und warmer Meere vor, da entlang der Küsten unterschiedliche Wassertemperaturen herrschen. Aufgrund der Strömungen stehen den Pflanzen viele Nährstoffe zur Verfügung. Seegräser sind nicht besonders artenreich, die Gattung *Zostera* jedoch ist mit sieben Arten – einige davon im Gebiet endemisch – vertreten. Die Tangwälder sind artenreich, Arten der Gattungen *Undaria, Laminaria* und *Agarum* gedeihen im kälteren Norden. Sie sind nährstoffreich und werden auf Hokkaido als Lebensmittel geerntet.

INVASIVE TANGART

Seit 1981 greift *Undaria pinnatifida* aus dem ursprünglichen Lebensraum um Japan, China und Korea auf vier Kontinente über.

LIPPFISCH IM TANGWALD

PAZIFISCHER OZEAN SÜDWESTEN

Poor Knights Island

KÜSTENTYP Inseln vor der Küste

GEWÄSSERTYP gemäßigt

PRIMÄRE VEGETATION Seetange und andere Braunalgen

LAGE vor der Küste Northlands (Nordinsel Neuseelands)

Das Gebiet um Poor Knights Island, das sich vom Strand 800 m ins Meer erstreckt, wurde 1981 zum Schutzgebiet erklärt. Die Region ist seiner Höhlen und Tangwälder wegen bei Tauchern beliebt. An den exponiertesten Stellen dominiert *Lessonia variegata*, an geschützteren Standorten wächst häufig *Ecklonia radiata* zusammen mit dem großen Tang *Carpophyllum flexuosum*. An manchen Stellen kommen Seeigel in großer Zahl vor.

INDISCHER OZEAN OSTEN

Shark-Bai

KÜSTENTYP seichte, teilweise eingeschlossene Bucht

GEWÄSSERTYP tropisch, hoher Salzgehalt

PRIMÄRE VEGETATION Seegras

LAGE Meeresarm des Indischen Ozeans, nördlich von Perth (Westaustralien)

Shark-Bai ist eine UNESCO-Weltnaturerbestätte. Hier befindet sich eine der größten und artenreichsten Seegraswiesen der Erde. Die 12 Seegrasarten, darunter *Amphibolis antarctica* und *Posidonia australis*, herrschen in der Subtidalzone bis in etwa 12 m Tiefe vor. Die Seegraswiesen ernähren die größte Dugong-Population der Erde (siehe S. 419), die von Haien bejagt wird. Der angrenzende Hamelin Pool ist zu salzhaltig für Seegras, aber seine Stromatolithen sind (siehe S. 232) weltberühmt.

SEEGRASWIESEN

Die Seegraswiesen der Shark-Bai gehören zu den größten der Erde. Sie bedecken etwa 4000 km^2.

POSIDONIA AUSTRALIS

PAZIFISCHER OZEAN NORDOSTEN

Izembek-Lagune

KÜSTENTYP Felsküste und Lagune

GEWÄSSERTYP kalt, geringer Salzgehalt

PRIMÄRE VEGETATION Seegras und Tangwälder

LAGE Nordküste der Alaska-Halbinsel (USA)

Die Izembek-Lagune nimmt 388 km^2 des Izembek State Game Refuge ein. Seegras (Gattung *Zostera*) wächst hier in dichten Beständen auf Watten, wo bei Ebbe Watvögel nach Nahrung suchen. Über eine halbe Million Gänse, Enten und Strandvögel rasten auf ihrem Zug in der Lagune, um das Seegras abzuweiden. An der offenen Felsküste außerhalb der Lagune gedeihen Tangwälder im kalten Wasser. Die häufigste Tangart hier ist *Nereocystis luetkeana*, die bis zu 40 m lang wird. Sie ist einjährig und wächst schnell, bis zu 13 cm pro Tag. Die großen Wedel aus den langen, streifenförmigen Phylloiden werden von gasgefüllten Pneumatocysten mit bis zu 15 cm Durchmesser emporgehoben.

NAHRUNGSGRÜNDE

Nachdem sie im Norden ihre Jungen großgezogen haben, weiden Tausende von Ringelgänsen im Herbst in der Izembek-Lagune, bevor sie in der Baja California (Mexiko) überwintern.

PAZIFISCHER OZEAN OSTEN

Tangwälder in der Monterey-Bai

KÜSTENTYP
Fels- und Sandküste

GEWÄSSERTYP
kühl bis warm

PRIMÄRE VEGETATION
Tangwälder

LAGE südlich von San Francisco (Kalifornien, USA)

Kaliforniens Küsten sind für ihre Riesentangwälder (*Macrocystis pyrifera*) bekannt (siehe S. 238). Sie bilden vor der Küste dichte Bestände, in der Monterey-Bai verdrängen sie sogar vielerorts *Nereocystis luetkeana* vom Sonnenlicht. Letzterer dominiert jedoch an exponierteren Stellen. Weiter zum Strand hin gedeihen andere kleinere Tangarten. Die Tangwälder sind ein einzigartiger Lebensraum. Der vom Aussterben bedrohte Pazifik-Riesenbarsch (*Stereolepis gigas*) lebt in Tangwäldern. Dieser Spitzenprädator fängt Fische, Krebstiere und Tintenfische, indem er plötzlich das Maul öffnet und die Beute mit dem dadurch entstehenden Unterdruck einsaugt. Meeresotter (siehe S. 402) ernähren sich hier von Seeigeln, die auf den Tangen weiden, und halten sie unter Kontrolle. Auch Seegräser der Gattung *Phyllospadix* kommen in der Monteray-Bai vor. Erstaunlicherweise können die Pflanzen sich hier auch am Fels festsetzen und wachsen in der Schwallzone oder in Gezeitentümpeln an Felsküsten. Jährlich werden in Kalifornien über 140 000 Tonnen Riesentang geerntet, um daraus Alginate für die Textil-, Nahrungsmittel- und Arzneimittelindustrie zu gewinnen.

VOM LICHT DURCHFLUTET
Unter optimalen Bedingungen kann Riesentang bis zu 80 m lang werden. Die Wälder sind im Spätsommer am dichtesten, während der dunklen Wintermonate lichten sie sich.

Korallenriffe

KORALLENRIFFE SIND SOLIDE GEBILDE, die vor allem von einer Gruppe Kolonien bildender Tiere, den Steinkorallen, aufgebaut werden. Riffe nehmen etwa 280 000 km² der Flachmeere der Erde ein. Sie sind das Ergebnis der Kalk ausscheidenden Polypen der Korallenkolonie und wachsen langsam in die Höhe, wenn sich die Polypen teilen, verbreiten und schließlich absterben und ihre Kalkskelette Bestandteil des Riffs werden. Korallenriffe gehören zu den komplexesten und schönsten Ökosystemen der Erde mit einer fantastischen Vielfalt an Tieren; die Riffe sind aber auch von hohem wirtschaftlichem Wert. Heute sind die Korallenriffe der Erde aus vielerlei Gründen bedroht.

VIELFALT AM KORALLENRIFF
An diesem Riff vor einer der Fidschi-Inseln umschwimmen Juwelen-Fahnenbarsche in Schwärmen verschiedene Arten von Korallen, Schwämmen und anderen Rifforganismen.

Rifftypen

Es gibt drei Haupttypen von Korallenriffen: Saumriffe, Barriereriffe und Atolle. Am häufigsten sind Saumriffe. Diese säumen Küsten des Festlands oder von Inseln und sind wenig oder gar nicht vom Strand getrennt. Sie entwickeln sich, indem riffbildende Korallen in den sublitoralen Bereichen des Kontinentalschelfs nach oben wachsen. Barriereriffe sind breiter und vom Festland durch eine Lagune getrennt, die viele Kilometer breit und relativ tief sein kann.

Atolle sind große, ringförmige Riffe, die eine Lagune umschließen. Die meisten Atolle sind weit von großen Landmassen entfernt wie beispielsweise die im Südpazifik. Teile des Riffs ragen sowohl bei Atollen als auch bei Barriereriffen oft als flache Koralleninseln über die Meeresoberfläche. Die Inseln entstehen, wenn Wellen Korallenfragmente ablagern, die vom Riff abgebrochen sind.

Ein weiterer Typ ist das Plattformriff inmitten eines Flachmeers, das keine Verbindung zur Küste hat.

SAUMRIFF
Ein Saumriff ist nicht durch eine tiefe Lagune von einer Insel oder großen Landmasse getrennt.

BARRIERERIFF
Eine Lagune trennt das Barriereriff von der Küste. In dieser Luftaufnahme ist das hellblaue Gebiet das Riff und das dunkelblaue im Hintergrund die Lagune.

ATOLL
Ein Atoll ist ein ringförmiges Korallenriff oder eine Koralleninsel, die eine zentrale Lagune umschließt. Es kann auch elliptisch oder unregelmäßig geformt sein.

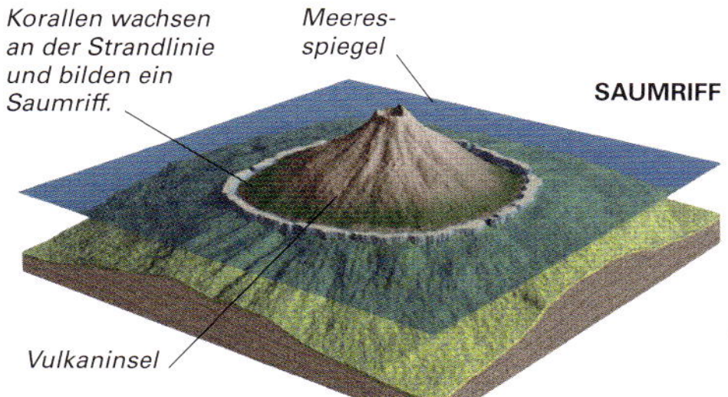

ENTSTEHUNG EINES ATOLLS
Hier ist ein Atoll dargestellt, das sich um eine Vulkaninsel bildet. Zuerst wird der Strand von Korallen besiedelt, die ein Saumriff bilden (oben). Im Lauf der Zeit senkt sich die Insel, die Korallen wachsen und bilden ein Barriereriff (oben rechts). Schließlich verschwindet die Insel, die Korallen wachsen jedoch noch und bilden ein Atoll (rechts).

Entstehung eines Riffs

Die einzelnen Tiere, die ein Korallenriff aufbauen, sind Polypen. Die Polypen von Steinkorallen, die wichtigsten Riffbildner, sondern Kalk auf dem Substrat ab, auf dem sie wachsen. Viele Polypen bilden Kolonien, die gemeinsam unterschiedlich geformte Kalkskelette bilden. Viele Korallen sind auf winzige einzellige, symbiotische Algen angewiesen, die Zooxanthellen. Diese leben im Gewebe des Polypen und versorgen ihn mit Nährstoffen. Auch Skelette und Schalenreste von Stachelhäutern, Muscheln und anderen Organismen tragen zum Aufbau des Riffs bei. Weidende und bohrende Arten leisten ihren Beitrag, indem sie Korallenskelette zu Sand verwandeln, der die Lücken im sich bildenden Riff füllt. Algen und andere Organismen, die Krusten bilden, sorgen dafür, dass sich Sand mit Kalkbruchstücken verbindet. Die meisten Riffe wachsen in Schüben, die von ruhigeren Perioden unterbrochen werden.

BAU DER POLYPEN
Im Zentrum des Polypen befindet sich die Mundöffnung, die in den Gastralraum führt. Das Gewebe des Polypen sondert Kalk ab, der das Riff aufbaut.

STEINKORALLEN
Diese Gruppe verzweigter Steinkorallen wächst in etwa 5 m Tiefe vor der Küste Ostindonesiens. Manche Steinkorallen können einige Zentimeter im Jahr wachsen.

Verbreitung der Riffe

Steinkorallen können nur in klarem, sonnendurchflutetem, seichtem Wasser von mindestens 18 °C wachsen, optimal sind 25–29 °C. Am besten gedeihen sie bei einer mittleren Salinität von 36 ‰ und geringer Wellentätigkeit und Sedimentablagerung. Diese Bedingungen herrschen nur in einigen tropischen und subtropischen Gebieten. Die höchste Dichte an Korallenriffen hat der Indopazifische Raum, der sich vom Roten Meer zum Zentralpazifik erstreckt. Um die Karibik konzentriert sich eine kleinere Anzahl von Riffen. Neben den Warmwasserriffen gilt die Aufmerksamkeit der Forscher heute zunehmend anderen Korallen, die nicht auf Sonnenlicht angewiesen sind und in größeren Tiefen Kaltwasserriffe bilden, einige davon außerhalb der Tropen (siehe S. 178).

WARMWASSERRIFFE
Die Bedingungen für das Wachstum dieser Riffe sind vor allem in den tropischen Regionen des Indischen, Pazifischen und Atlantischen Ozeans gegeben. Die Riffe sind hauptsächlich in den westlichen Teilen dieser Ozeane gelegen, wo das Wasser wärmer ist als in den östlichen Regionen.

KALTWASSERKORALLEN
Die Art *Lophelia pertusa* ist eine von wenigen Riffe bildenden Korallen, die in kaltem Wasser bis in 500 m Tiefe vorkommen.

MENSCHLICHER EINFLUSS

KORALLENBLEICHE

Von Korallenbleiche spricht man, wenn die Polypen riffbildender Korallen die winzigen Zooxanthellen, die den Korallen ihre Farbe geben, ausstoßen. Das kann zum Tod der Korallen führen. Verschiedene Stressfaktoren wie die Erwärmung des Wassers (der Hauptgrund), Stoffe in Sonnenschutzmitteln oder die Wasserversauerung können zur Bleiche führen. In den letzten 20 Jahren haben viele starke Bleichereignisse Riffe großräumig geschädigt.

Riffzonen

Ein Korallenriff lässt sich in Zonen einteilen, die je nach Lichtintensität, Wellentätigkeit und anderer Parameter charakterisiert sind. In jeder Zone leben typische Organismen. Das Vorriff ist der Teil, der dem offenen Meer zugewandt ist. Im oberen Teil des Vorriffs dominieren verzweigte Korallenkolonien, in der Mitte die massigen Formen. Hier ist die Artenvielfalt am größten.

Oben am Vorriff befindet sich die Riffkrone. Hier branden die Wellen an und die Lichtintensität ist am höchsten. Zum Strand hin verläuft der Hinterriffbereich, eine relativ flache Ebene aus Sand und Korallenbruchstücken, die bei Ebbe während der Springtiden manchmal trocken liegt. Zum Strand hin nimmt die Zahl an Korallen ab. Barriereriffe und Atolle enden an der Lagune.

RIFFKRONE
Vor der Riffkrone (dem höchsten, zum offenen Meer hin gerichteten Teil des Riffs) bilden die Korallen manchmal Vorsprünge.

Artenreichtum

Die warmen, sonnigen Gewässer eines Riffs sind außer von Korallen von einer enormen Vielfalt an Tieren und Algen besiedelt. Die artenreichsten und kräftigsten Riffe sind Lebensraum Tausender Arten von Fischen und anderer Wirbeltiere wie Schildkröten; alle Hauptgruppen der Wirbellosen sind hier ebenfalls vertreten. Hierzu gehören Schwämme, Würmer, Seeanemonen und Korallen, die keine Riffbildner sind (wie Seefedern), Krebstiere, Mollusken (wie Schnecken, Muscheln und Oktopusse) und Stachelhäuter (Seeigel, Seesterne und Verwandte). Jede Nische und Spalte im Riff wird von irgendeinem Tier als Unterschlupf genutzt. Alle Rifflebewesen sind Teil eines komplexen Beziehungsnetzes. Viele von ihnen unterhalten wechselseitige Partnerschaften mit anderen Arten, von denen beide Teile profitieren.

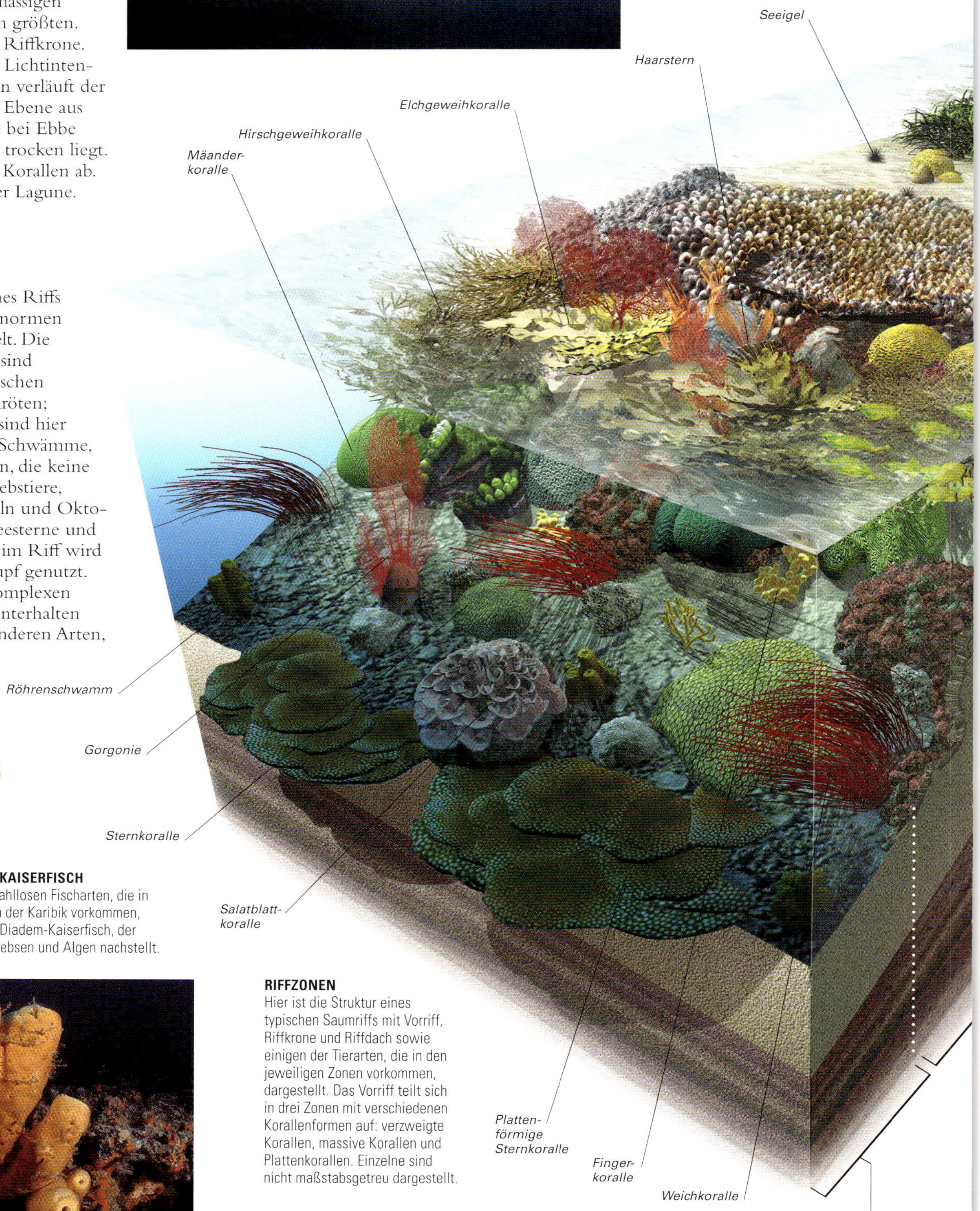

RIFFZONEN
Hier ist die Struktur eines typischen Saumriffs mit Vorriff, Riffkrone und Riffdach sowie einigen der Tierarten, die in den jeweiligen Zonen vorkommen, dargestellt. Das Vorriff teilt sich in drei Zonen mit verschiedenen Korallenformen auf: verzweigte Korallen, massive Korallen und Plattenkorallen. Einzelne sind nicht maßstabsgetreu dargestellt.

ZONE DER PLATTENKORALLEN
Diese plattenförmigen Korallenkolonien im tieferen dunklen Bereich des Vorriffs breiten sich horizontal aus, um möglichst viel Sonnenlicht einzufangen.

JUNGER KAISERFISCH
Eine der zahllosen Fischarten, die in den Riffen der Karibik vorkommen, ist dieser Diadem-Kaiserfisch, der kleinen Krebsen und Algen nachstellt.

RÖHRENSCHWÄMME
In vielen Bereichen des Riffs findet man verschiedene Schwammarten. Sie wachsen in Höhlen und Spalten, aber auch am offenen Vorriff.

SEEIGEL Seeigel weiden Algen ab und verhindern, dass das Korallenriff mit Algen überwuchert wird.

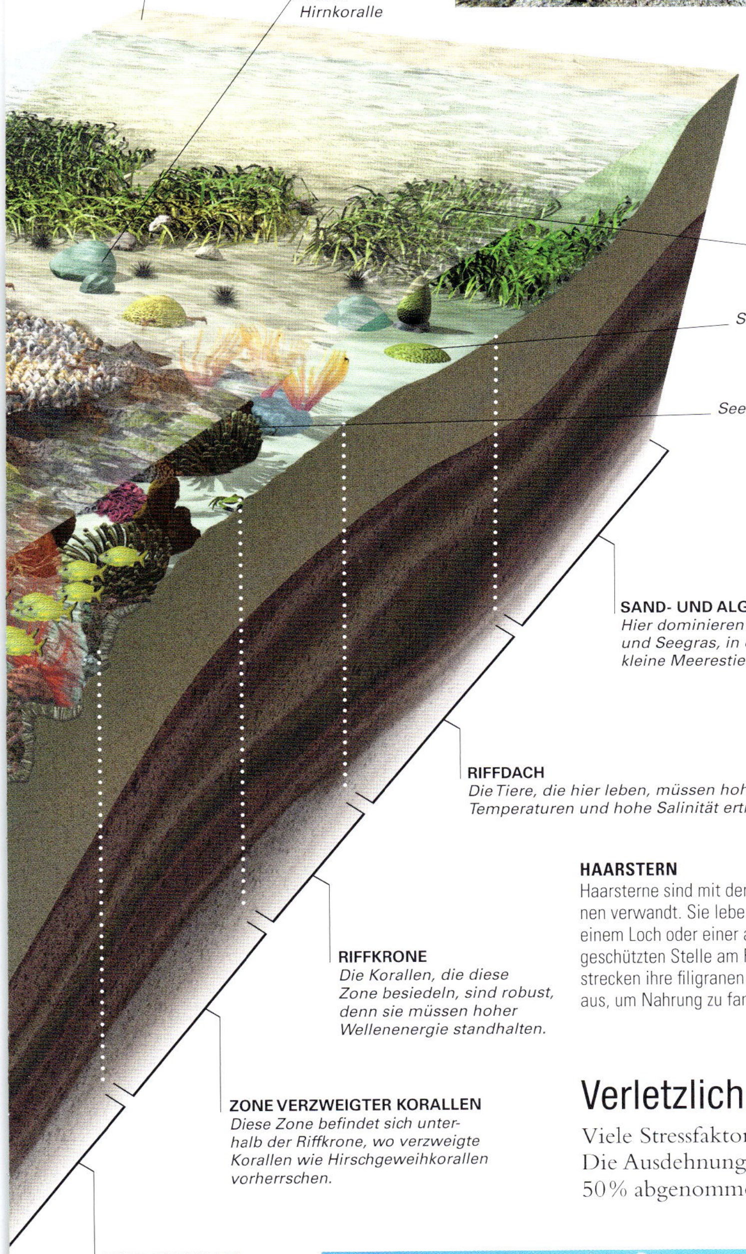

SAND- UND ALGENZONE *Hier dominieren Sand und Seegras, in dem oft kleine Meerestiere leben.*

RIFFDACH *Die Tiere, die hier leben, müssen hohe Temperaturen und hohe Salinität ertragen.*

RIFFKRONE *Die Korallen, die diese Zone besiedeln, sind robust, denn sie müssen hoher Wellenenergie standhalten.*

ZONE VERZWEIGTER KORALLEN *Diese Zone befindet sich unterhalb der Riffkrone, wo verzweigte Korallen wie Hirschgeweihkorallen vorherrschen.*

ZONE MASSIVER KORALLEN *Im zentralen Teil des Vorriffs herrschen meist massive Korallen vor, deren Kolonien eine rundliche Form haben.*

Bedeutung der Riffe

Korallenriffe sind aus vielen Gründen von unschätzbarem Wert. Sie bilden eine schützende Barriere vor Inseln und Küsten: Ohne die Riffe würden diese erodieren und im Meer versinken. Außerdem sind Riffe sehr produktiv und schaffen mehr Biomasse als jedes andere marine Ökosystem. Den Anwohnern vieler Küsten sind sie eine wichtige Nahrungsquelle. Außerdem leben an Riffen mehr Arten pro Flächeneinheit als in jedem anderen Ökosystem im Meer. Biologen vermuten, dass neben den bereits bekannten Arten, die an und um Riffe leben, mehrere Millionen Arten noch nicht entdeckt sind. Diese Biodiversität eröffnet große Chancen, neue Arzneigrundstoffe zu finden, denn viele Rifforganismen erzeugen biochemisch wirksame Stoffe, deren Heilwirkung etwa bei Arthritis, Krebs und anderen Krankheiten erforscht werden kann. Schließlich tragen die Riffe ihrer herausragenden Schönheit wegen zum wirtschaftlichen Aufschwung ihrer Region bei, da sie touristische Attraktionen sind und besonders Schnorchlern und Tauchern Spektakuläres bieten (siehe S. 474).

FISCHFANG AM RIFF Im Indischen und Pazifischen Ozean wird häufig kleingewerblich gefischt, oft mit Handnetzen, die man in Booten zu geeigneten Stellen transportiert, wie hier vor Pantar Island im Osten Indonesiens.

HAARSTERN Haarsterne sind mit den Seesternen verwandt. Sie leben meist in einem Loch oder einer anderen geschützten Stelle am Riff und strecken ihre filigranen Arme aus, um Nahrung zu fangen.

Verletzliche Riffe

Viele Stressfaktoren schädigen Riffe sehr umfangreich: Die Ausdehnung der Riffe hat weltweit seit 1950 um etwa 50% abgenommen. Einige Schäden entstehen direkt durch menschliche Aktivitäten, etwa durch Verschmutzung (siehe S. 62–63), destruktive Fischereimethoden oder den Bergbau in Riffen zur Mineralgewinnung. Natürliche Schäden verursachen Tropenstürme, und manchmal kommt es zum Massensterben von Tierarten, die dazu beitragen, das Riff gesund zu erhalten. Die Verbrennung fossiler Brennstoffe schädigt Riffe indirekt, weil die Zunahme von Kohlendioxid (CO_2) zur Erwärmung der Luft und des Wassers führt. CO_2 wird auch vom Meer aufgenommen, sodass es immer stärker versauert (siehe S. 67). Riffe können sich von natürlichen Schädigungen erholen, wenn sie jedoch wiederholt starkem Stress ausgesetzt sind, sterben sie.

FORSCHUNG UNTER WASSER Hier dokumentieren Forscher die Häufigkeit von Algenarten an einem Riff vor den Hawaii-Inseln. Sie arbeiten mit einer Kamera, einem Rahmen, um Gebiete abzugrenzen, und Unterwasser-Schreibgeräten.

MENSCHLICHER EINFLUSS

ZYANIDFISCHEN

Eine der schädlichsten Fischfangpraktiken, bei der Korallen in weiten Gebieten absterben, ist der Einsatz von Gift beim Fang tropischer Fische für den Aquarienhandel. In Teilen Südostasiens, etwa auf den Philippinen, wird dies praktiziert. Der Junge auf dem Foto schwimmt in etwa 20 m Tiefe und trägt eine Fangtasche, einen Kescher und eine Flasche mit Natriumzyanid bei sich. Das Zyanid lähmt die Fische, sodass man sie leichter fangen kann, tötet aber auch alle Korallen, mit denen es in Kontakt kommt und richtet so enorme Schäden am Riff an.

ATLANTISCHER OZEAN WESTEN

Bermuda-Plattform

TYP Atoll mit Saum- und Fleckenriffen

GEBIET 370 Quadratkilometer

ZUSTAND gesund mit nur geringer Korallenbleiche

LAGE nordwestlicher Atlantik, westlich und nördlich der Bermuda-Inseln

Die Bermuda-Plattform ist die elliptische, abgeflachte Spitze eines riesigen Seamounts (versunkener Vulkan) im Nordwestatlantik. Sie befindet sich 4–18 m unter der Wasseroberfläche und ist mit einer dicken Kalksteinschicht bedeckt, die sich während Jahrmillionen aus Skeletten von Korallen und anderen Lebewesen bildete, die auf der Plattform wachsen. Entlang der Süd- und Ostränder haben sich allmählich Kalksande aufgebaut, die die Bermuda-Inseln bilden. In anderen Randbereichen der Plattform bilden Riffe ein Atoll, im Zentrum gedeihen Fleckenriffe. Flora und Fauna sind hier weniger artenreich als an den Riffen der Karibik im Süden. Trotzdem fand man 21 Arten von Steinkorallen, 17 Arten von (nicht riffbildenden) Weichkorallen, darunter viele spektakuläre violette Gorgonien oder Venusfächer (*Gorgonia ventalina*), und etwa 120 verschiedene Fischarten.

BOILER-RIFFE
Fast wie brodelnder Schaum: Wegen dieses Aussehens werden die kleinen oberflächennahen Riffe auch »Boiler« genannt.

ATLANTISCHER OZEAN WESTEN

Lighthouse Reef

TYP Atoll mit Fleckenriffen

GEBIET 300 Quadratkilometer

ZUSTAND teils geschädigt

LAGE westliche Karibik, 80 km östlich von Zentralbelize

Lighthouse Reef ist ein Atoll vor der Küste von Zentralbelize und 55 km östlich des riesigen Barriereriffs. Es ist oval, etwa 38 km lang und hat im Schnitt einen Durchmesser von 8 km. Wie alle Atolle besteht es aus einer

ATLANTISCHER OZEAN WESTEN

Riffe vor Florida

TYP Barriereriff, Fleckenriffe

GEBIET 1000 Quadratkilometer

ZUSTAND degradiert

LAGE östlich von Soldier Key, Biscayne Bay, bis südlich der Marquesas Keys (Florida, USA)

Dieses System von Korallenriffen ist 269 km lang und verläuft im Osten und Süden der Florida Keys. Manche Geologen klassifizieren es als Barriereriff, andere als barriereartige Ansammlung von Plattformriffen. Es handelt sich um das größte Riffsystem der USA mit einer hohen Biodiversität. Hier kommen etwa 40 Arten von Steinkorallen, 500 Fischarten und Hunderte von Molluskenarten vor.

In den letzten 40 Jahren leidet das Riff durch menschliche Einflüsse. Die lebende Korallenmenge nimmt ab. Einst häufige Arten (wie die Fechterschnecke) sind fast verschwunden und mehr Flächen werden von Algenmatten überwuchert. Seit 2014 grassiert die Steinkorallen-Gewebeverlust-Krankheit (*Stony Coral Tissue Loss Disease*, SCTLD). Gründe für die Schäden sind z.B. Überfischung, Düngemitteleintrag aus Südflorida, der Anstieg der Wassertemperaturen und des Meeresspiegels, Abwasser von Schiffen und dazu Hurrikanschäden und die Abnahme von Seeigeln, die Algen abgrasen. Zur Wiederherstellung versucht man, Korallen gezielt anzupflanzen.

CARYSFORT REEF
Eines der Riffe vor Florida, das sich in der Nähe von Key Largo befindet. Hier liegen viele Schiffswracks auf Grund.

ATLANTISCHER OZEAN WESTEN

Bahama-Bänke

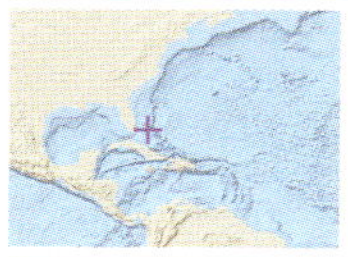

TYP Saumriffe, Fleckenriffe, Barriereriff

GEBIET 3150 Quadratkilometer

ZUSTAND akzeptabel bis teilweise geschädigt

LAGE Bahamas im Südosten Floridas, nordöstlich von Kuba

Die Bahamas sind eine Gruppe von etwa 700 Inseln, die über zwei Kalkplattformen, die Große und Kleine Bahama-Bank, verstreut sind. Die Plattformen haben sich im Lauf von mindestens 70 Millionen Jahren akkumuliert – die Große Bahama-Bank ist über 4500 m mächtig und befindet sich in 10–25 m Tiefe. Viele der Inseln sind von Saumriffen umgeben, außerdem befinden sich hier viele Fleckenriffe und ein Barriereriff in der Nähe der Insel Andros. Die Vielfalt an Korallen und im Riff bohrenden Tieren ist charakteristisch für den tropischen Westatlantik. 2020 klassifizierte ein Bericht den Zustand des größten Teils der Bahama-Bänke als akzeptabel, den Rest als geschädigt. Als größte Gefahren für das Riff identifizierte man Hurrikane, Korallenbleichereignisse, Bautätigkeit an der Küste, unregulierte Fischereimethoden und die Steinkorallen-Gewebeverlust-Krankheit.

STEIN- UND WEICHKORALLEN
Diese artenreiche Gruppe von Korallen, darunter ein großer Venusfächer, wurde vor der Insel New Providence fotografiert.

MARINE LEBENSRÄUME

ringförmigen Korallenformation, die häufig über den Wasserspiegel hinausragt. Es bildet eine natürliche Barriere gegen das offene Meer und umgibt eine Lagune auf einem Kalksteinmassiv. Die Lagune ist relativ tief, und in ihr befinden sich zahlreiche Fleckenriffe und sechs kleine Sandinseln oder Cays (mit Taucherzentrum). Im Zentrum befindet sich das bemerkenswerteste Kennzeichen des Lighthouse Reef: ein großes, fast kreisrundes Loch im Kalkstein, das Great Blue Hole. Es ist rund 124 m tief und bildete sich vor etwa 18 000 Jahren während der letzten Eiszeit, als ein großer Teil des Lighthouse Reef über dem Meeresspiegel lag. Zu dieser Zeit schuf die Erosion ein System von Höhlen und Gängen. Dann stürzte die Decke einer dieser Höhlen ein, sodass der Eingang zum heutigen Blue Hole entstand. Später stieg der Meeresspiegel, das Höhlensystem wurde überflutet.

Anderswo im Atoll gibt es Gebiete mit gesunden Korallen, doch einige Bereiche wurden durch unregulierte Fischerei und eine starke Korallenbleiche im Jahr 2016 erheblich geschädigt. Innerhalb des Atolls befinden sich Fleckenriffe und an den Rändern viele spektakuläre, mit Korallen bewachsene Steilhänge, die bis in Tiefen von einigen Hundert Metern abfallen. Die biologische Vielfalt ist für die Region typisch mit etwa 200 Fischarten und 60 Arten von Steinkorallen.

MENSCH UND MEER

TAUCHEN IM »GROSSEN BLAUEN LOCH«

Das Great Blue Hole ist eines der aufregendsten Gebiete für Taucher weltweit. Ängstlichen ist es nicht zu empfehlen (häufig werden Haie gesichtet), und auch Anfänger sollten hier nicht tauchen, da perfekte Auftriebskontrolle unerlässlich ist. In einer Tiefe von 38 m sind beeindruckende, alte Stalaktiten zu sehen, die von den Steilwänden herabhängen. Der Eingang zu einem Höhlensystem befindet sich wenige Meter tiefer.

GREAT BLUE HOLE
Die tiefblaue Färbung des Wassers in dem 124 m tiefen Loch gab ihm seinen Namen.

INDISCHER OZEAN NORDWESTEN

Riffe im Roten Meer

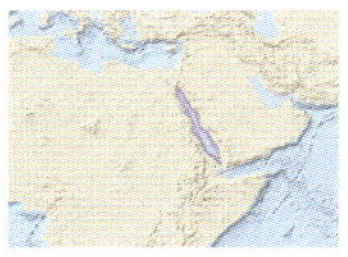

TYP Saum-, Flecken- und Barriereriffe, Atolle

GEBIET 16 500 Quadratkilometer

ZUSTAND lokal mit erheblichen Schäden

LAGE Küste des Roten Meers in Ägypten, Israel, Jordanien, Saudi-Arabien, Sudan, Eritrea und Jemen

Die Korallenriffe im Roten Meer sind die wohl artenreichsten und spektakulärsten außerhalb Südostasiens. Die in den nördlichen Regionen unterscheiden sich auffällig von denen im Süden. Im Norden fallen die Küsten sehr steil ab und es gibt wenige Inseln vor der Küste. Die Riffe hier sind vorwiegend schmale Saumriffe, die Riffdächer meist nur einige Meter breit, die Hänge fallen steil ab. Im Süden, vor Eritrea und dem Südwesten Saudi-Arabiens, ist der Schelf viel breiter und flacher. Viele vorgelagerte Inseln haben Riffe und fallen weniger steil ab. In das südliche Rote Meer fließt ständig Wasser aus dem Golf von Aden, das reich an Nährstoffen und Plankton ist, deshalb ist das Wasser hier trüber und das Riffwachstum gehemmt. Im gesamten Roten Meer sind die Riffe zu etwa 60–70 % mit lebenden Korallen bedeckt, und die Stein- und Weichkorallen, Fische (darunter der berühmte Rotfeuerfisch) und andere Riffbewohner treten enorm artenreich auf.

Obwohl viele Riffgebiete gesund sind, werden andere durch den intensiven Tauchtourismus sowie unbehandelte Abwässer stark geschädigt. Ein saudi-arabisches Touristenprojekt in großem Maßstab (mit einer ganz neuen Stadt Neom) wird den Druck auf Teile des Riffs weiter erhöhen. Andererseits fand man 2020 einige Korallenarten im nördlichsten Teil des Roten Meers mit natürlicher Toleranz für steigende Wassertemperaturen.

RIFF IM GOLF VON AKABA
Gruppen kleiner Fahnenbarsche der Gattung *Anthias* umkreisen Korallenstöcke. An den Riffen im Roten Meer sind sie ein häufiger Anblick.

INDISCHER OZEAN NORDWESTEN

Aldabra-Atoll

TYP Atoll

GEBIET 155 Quadratkilometer

ZUSTAND sehr gut, obwohl es an Korallenbleiche gelitten hat

LAGE äußerster Westen der Inselgruppe der Seychellen nordwestlich von Madagaskar

Das Aldebra-Atoll ist 34 km lang und 14,5 km breit und gehört zu den größten Korallenatollen der Erde. Die Kalksteinformationen der Korallenriffe, die den Saum bilden, sind hier zu vier Inseln angewachsen, die bis 8 m über die Meeresoberfläche aufragen. Die Inseln krönen die Spitze eines ehemaligen Vulkans und umgreifen eine seichte Lagune, die sich zweimal täglich mit den Gezeiten teilweise leert und wieder füllt. Seiner abgelegenen Lage wegen und weil es Naturschutzgebiet ist und (seit 1982) zum Weltnaturerbe gehört, war das Atoll weniger Beeinträchtigungen durch den Menschen ausgesetzt als die meisten Riffe der Erde. Obwohl hier wie vielerorts im Indischen Ozean 1997–1998 und 2015–2016 schwere Korallenbleichen auftraten, sind die äußeren Riffe fast unberührt. Die Fauna ist artenreich, Schwärme von Rifffischen, Grüne Meeresschildkröten und Karettschildkröten, Wälder aus gelben, rosafarbenen und violetten Gorgonien, Zackenbarsche, Hammerhaie und Barrakudas trifft man hier an. In der Lagune in der Mitte des Atolls befinden sich gesunde Fleckenriffe, gesäumt von Mangrovensümpfen, in denen Schildkröten, Papageifische und Adlerrochen vorkommen.

An Land leben Riesenschildkröten, seltene Vögel wie eine Unterart der Weißkehlralle und der Palmendieb, ein bis zu 1 m großer Krebs, der sogar Kokosnüsse knackt.

PILZFÖRMIGE INSELN
Starke Gezeitenströme fließen in und aus der Lagune von Aldabra und haben erhabene Teile alter Riffe in pilzförmige kleine Inseln verwandelt, »Champignons« genannt.

INDISCHER OZEAN WESTEN

Bazaruto-Archipel

TYP Saumriffe, Fleckenriffe

GEBIET 150 Quadratkilometer

ZUSTAND im Allgemeinen gut; einige Schäden

LAGE Südostküste Mosambiks, nordöstlich von Maputo

Der Bazaruto-Archipel ist eine Kette dünn besiedelter Inseln an der Küste Mosambiks, der sich bildete, weil Sande des Limpopo-Flusses sich seit Jahrtausenden hier ablagern. Seit 2001 ist ein großer Teil des Archipels Nationalpark, sodass die beeindruckenden Saumriffe mit ihrer wunderbaren Vielfalt an Tierarten unter Schutz stehen. Mehr als 2000 Fischarten, 100 Steinkorallen- und 27 bemerkenswerte Weichkorallenarten kommen an den Riffen vor, außerdem Adler- und Mantarochen und fünf Schildkrötenarten. Die Inselkette ist Rückzugsgebiet der letzten Dugong-Populationen (siehe S. 419) im westlichen Indischen Ozean.

RIFF-SAFARI
Im Rahmen einer Riff-Safari kann man die seichten, kristallklaren Gewässer um die Riffe besuchen, ohne die Natur zu schädigen.

INDISCHER OZEAN MITTE

Diego-Garcia-Atoll

TYP Atoll

GEBIET 44 Quadratkilometer

ZUSTAND erholt sich von einer Korallenbleiche im Jahr 2016

LAGE Chagos-Archipel, südlich von Sri Lanka im Indischen Ozean

Dieses Atoll ist als Stützpunkt des US-Militärs ausgebaut. Abgesehen davon befindet sich hier eines der größten Seevogelbrutgebiete der Erde. An den Riffen um das Atoll und in der Lagune leben etwa 220 Steinkorallenarten. 2010 wurde der ganze Chagos-Archipel, zu dem Diego Garcia gehört, zum größten Meeresschutzgebiet der Welt erklärt.

WESTSEITE DES DIEGO-GARCIA-ATOLLS

INDISCHER OZEAN MITTE

Malediven

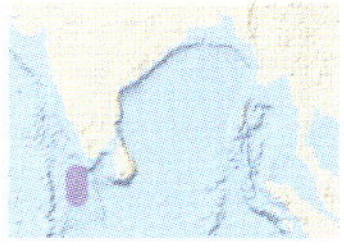

TYP Atolle, Saumriffe

GEBIET 9000 Quadratkilometer

ZUSTAND erholt sich von Korallenbleiche

LAGE Indischer Ozean, südwestlich vor Sri Lanka

Die Malediven sind eine Gruppe von 26 Atollen im Indischen Ozean, einige von beachtlicher Größe. Die meisten bestehen aus vielen Einzelriffen und Koralleninseln (insgesamt etwa 1200), die kreisförmig angeordnet sind. In den meisten der 18–55 m tiefen Lagunen befinden sich Fleckenriffe und viele typische Strukturen, die »Faros«, die man außerhalb der Malediven selten findet. Diese ähneln Atollen und bestehen aus elliptischen Riffen mit einer Lagune im Zentrum.

Die meisten Atolle der Malediven bilden zusammen einen großen, elliptischen Ring, der etwa 800 km lang und 100 km breit ist. An den Riffen, die die Atolle, Inseln und Faros säumen, leben mehr als 200 Arten von bunten Steinkorallen, mehr als 1000 Fischarten und zahlreiche andere Meerestiere. Zackenbarsche, Schnapper und Haie kann man häufig beobachten.

Die Korallenriffe der Malediven litten unter starker Korallenbleiche in den Jahren 1998 und 2016. Nach dem Ereignis 1998 starben über 90 % der Steinkorallen und das Riff hatte sich erst nach 16 Jahren voll erholt. Auch nach dem Ereignis von 2016 wird nun eine gewisse Erholung berichtet.

ATOLLE INNERHALB DES ATOLLS
Die vielen ringförmigen Strukturen, die hier zu sehen sind, sind Faros, kleine Atolle innerhalb eines großen Atolls der Malediven.

MENSCH UND MEER

STADT AUF DEM ATOLL

Die Hauptstadt Male erstreckt sich über die gesamte Oberfläche einer Koralleninsel, die Teil eines Atolls ist. Da man vom vorgelagerten Riff Baumaterialien nahm, um die Insel zu vergrößern, schützte das Riff die Insel bei Stürmen nicht mehr ausreichend. So musste um einen großen Teil des Ufers ein Damm errichtet werden, der während des Tsunamis im Indischen Ozean 2004 größere Schäden verhinderte.

WEICHKORALLEN-KOLONIEN
Diese Weichkorallen und die fast durchsichtigen Beilfische wurden vor Südwestthailand aufgenommen.

INDISCHER OZEAN NORDOSTEN

Andamanen-See

TYP Saumriffe

GEBIET 5000 Quadratkilometer

ZUSTAND teils durch Korallenbleiche geschädigt, Schäden durch Taucher

LAGE Küsten der Andamanen-See: Thailand, Myanmar, Inseln der Andamanen und Nikobaren, Malaysia, Sumatra

Die meisten Riffe der Andamanen-See sind Saumriffe von Inseln vor der Küste Thailands und Myanmars und östlich der Andamanen und Nikobaren. Es handelt sich um das größte zusammenhängende Riffsystem in Südostasien. Etwa 200 Korallenarten und mehr als 500 Fischarten kommen hier vor. Wiederholte Korallenbleichen in den Jahren 1993, 1998, 2010 und 2016 aufgrund ungewöhnlich hoher Wassertemperaturen haben die Riffe der Region erheblich geschädigt und sie erholen sich nur langsam. Der Tsunami 2004 verursachte relativ geringe Schäden. Das Plündern von Rifftieren für Aquarien, destruktive Fischfangmethoden, Sedimentation aufgrund unkontrollierter Abholzung und Schäden durch Schiffsanker von Tauchbooten bedrohen die Riffe.

PAZIFISCHER OZEAN WESTEN

Shiraho-Riff

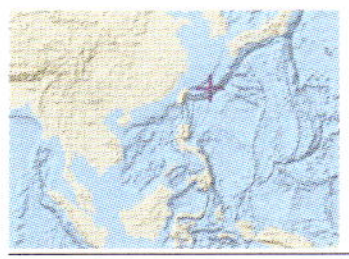

TYP Saumriff

GEBIET 10 Quadratkilometer

ZUSTAND erholt sich von schwerer Korallenbleiche 2016

LAGE Südostküste der Ishigaki-Insel im äußersten Südwesten der Japanischen Inseln

Das Shiraho-Riff vor der Ishigaki-Insel, die zu den Japanischen Inseln gehört, gilt seit 1980 als herausragendes Beispiel hoher Artenvielfalt, wo auf wenigen Quadratkilometern etwa 120 Korallen- und 300 Fischarten vorkommen. Am Riff lebt auch die größte Kolonie der seltenen Blaukoralle (*Heliopora coerulea*). Jahrzehntelang kämpften Umweltschützer dafür, das Riff vor dem Bau eines neuen Flughafens zu schützen. Dieser Kampf wurde in den 1990er-Jahren schließlich gewonnen, aber seitdem wurde die Gesundheit des Riffs durch Taifunschäden sowie erhebliche Korallenbleichereignisse in den Jahren 1998, 2007 und 2016 stark bedroht.

BLAUKORALLE
Trotz des Namens variiert die Farbe dieser Koralle von violett über blau und türkis zu grün und gelbbraun. Die Art kann riesige Kolonien aus senkrechten Platten bilden.

PAZIFISCHER OZEAN WESTEN

Tubbataha-Riffe

TYP Atolle

GEBIET 330 Quadratkilometer

ZUSTAND leichte bis mäßige Schäden durch Korallenbleiche 2020

LAGE Sulu-See, zwischen den Philippinen und dem Norden Borneos

Die Tubbataha-Riffe umgeben vor allem zwei Atolle im Zentrum der Sulu-See und sind berühmt für die vielen pelagischen Meerestiere, die hierher ziehen, darunter Haie, Mantarochen, Schildkröten und Barrakudas. An den steil abfallenden Riffen leben auch viele Krebstierarten, bunte Nudibranchier (Meeresschnecken) und mehr als 350 Arten von Stein- und Weichkorallen.

1988 erklärte die philippinische Regierung das Gebiet zum Meeresnationalpark und seit 1993 ist es zudem eine UNESCO-Welterbestätte. Seit Jahrzehnten gelten die Tubbataha-Riffe unter Tauchern als eine der zehn besten Tauchgegenden der Welt und sie sind generell in exzellentem Zustand. Dies wird teilweise auf die strikte Kontrolle der Schutzmaßnahmen wie des Verbots der Fischerei und des Auswerfens von Ankern zurückgeführt (Boote müssen stattdessen an Bojen festmachen). Ein Rückschlag erfolgte 2013, als ein Minensuchboot der US-Marine auf Grund lief und etwa 2000 Quadratmeter beschädigte. Ein weiterer Rückschlag war 2020 die leichte bis mäßige Schädigung durch Korallenbleichereignisse.

RIFFHANG
An diesem steilen Riffhang sieht man verschiedene Weichkorallen und einen Schwarm Großaugen-Stachelmakrelen.

PAZIFISCHER OZEAN WESTEN

Nusa Tenggara

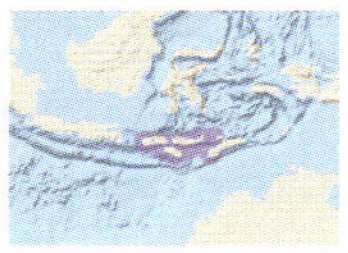

TYP Saumriffe, Barriereriffe

GEBIET 5000 Quadratkilometer

ZUSTAND Schäden durch Fischfang

LAGE Süden Indonesiens, von Lombok im Westen bis Timor im Osten

Nusa Tenggara ist eine Kette von etwa 500 mit Korallenriffen gesäumten Inseln in Südindonesien. Die nördlichen Inseln sind vulkanischen Ursprungs, die Südinseln bestehen vor allem aus Kalkstein. An vielen der Riffen stellten Wissenschaftler eine sehr hohe Artenvielfalt fest. An einem einzigen großen Riff etwa können mehr als 1200 Fischarten (mehr als in allen europäischen Meeren insgesamt) und 500 verschiedene Arten von Riff bildenden Korallen vorkommen. Häufige Arten sind hier z.B. Manta- und Adlerrochen, Büffelkopfpapageifische und verschiedene Arten von Oktopussen und Meeresschnecken. Hauptbedrohung der Riffe sind Abwässer vom Festland, Sedimentablagerungen wegen der Abholzung von Wäldern, Fischfang für den Zoohandel und Zerstörungen durch das Fischen mit Sprengstoff. Von der Korallenbleiche waren 2010 einige Riffe betroffen.

RIFFDACH VOR PANTAR ISLAND
Dieses Riff, an dem zahlreiche Arten von Steinkorallen und Seesternen leben, befindet sich im östlichen Bereich der Inselkette.

PAZIFISCHER OZEAN SÜDWESTEN

Great Barrier Reef

TYP Barriereriff

GEBIET 37 000 Quadratkilometer

ZUSTAND erheblich geschädigt durch viele Faktoren, u. a. mehrere Korallenbleichen

LAGE parallel zur Küste Queenslands (Nordostaustralien)

Das australische Great Barrier Reef, das sich über 2010 km erstreckt, ist das größte Riffsystem der Erde. Es gilt als die größte Struktur, die je von Lebewesen hervorgebracht wurde und besteht aus etwa 3000 einzelnen Riffen und Koralleninseln. Sein äußerer Saum ist 30 bis 250 km vom Festland entfernt und die biologische Diversität ist hoch. Im Riff leben etwa 350 Arten von Stein- und viele Weichkorallen. Zu den 1500 Fischarten gehören Grundeln, die kleinsten Fische im Riff, und 45 Arten von Falterfischen, einige Haiarten, darunter Silberspitzen-, Hammer- und Walhaie. 1975 wurde der Barrier Reef Marine Park eingerichtet und 1981 als Welterbestätte anerkannt.

KANÄLE IM RIFF
Auf dieser Aufnahme vom zentralen Teil des Riffs ist ein tiefer, mäandrierender Kanal zu sehen, der zwei Riffplattformen trennt. Der Tidenhub bewirkt in solchen Kanälen starke Strömungen.

Leider hat das Riff seit 1995 aufgrund von Verschmutzung, der Abweidung durch den Dornenkronenseestern und Korallenbleichen über die Hälfte der Korallen verloren. Besonders drastisch nahm die Gesundheit nach der ausgedehnten Bleiche 2016–2017 ab und weitere Schäden traten 2020 auf.

DER KLEINSTE MEERESFISCH DER ERDE?

Einer der kleinsten Bewohner des Great Barrier Reef, die Fischart *Schindleria brevipinguis,* misst von der Schnauze zum Schwanz nur 7–8 mm. Als er 2004 entdeckt wurde, erklärte man ihn zur kleinsten Wirbeltierart der Erde. Heute geht dieser Titel an einen Frosch aus Papua-Neuguinea, aber *Sch. brevipinguis* gilt zusammen mit einem indonesischen Karpfenfisch als kleinster Fisch der Welt.

PAZIFISCHER OZEAN SÜDWESTEN

Marshall-Inseln

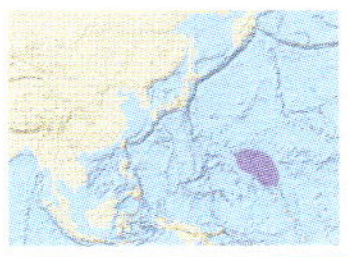

TYP Atolle

GEBIET 6200 Quadratkilometer

ZUSTAND erholt sich von erheblicher Korallenbleiche 2016

LAGE Mikronesien, südwestlich von Hawaii (Westpazifik)

Die Marshall-Inseln im Westpazifik bestehen aus 29 Korallenatollen und fünf kleinen Inseln. Die Atolle befinden sich auf den Gipfeln alter Vulkane, die vermutlich vor 50–60 Millionen Jahren auf dem Meeresgrund ausgebrochen sind. Dazu gehören Kwajalein, das größte Atoll im Pazifik mit $2500\,km^2$, sowie Bikini und Enewetak, wo die USA zwischen 1946 und 1962 Atomtests durchführten. Während der letzten 60 Jahre gab es kaum direkte Störungen durch menschliche Aktivitäten, das Leben im Meer gedeiht nun üppig, doch die Inseln entkamen den Folgen einer weltweiten Korallenbleiche 2016 nicht.

MAJURO-ATOLL
Wie bei vielen Atollen im Pazifik bilden sowohl Riffe unter der Wasseroberfläche als auch kleine, flache Inseln den Saum des Majuro-Atolls.

PAZIFISCHER OZEAN SÜDWESTEN

Society-Inseln

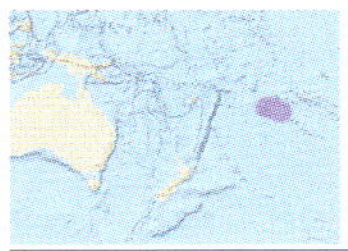

TYP Saumriffe, Barriereriffe, Atolle

GEBIET 1500 Quadratkilometer

ZUSTAND ein wenig Korallenbleiche 2019

LAGE Französisch-Polynesien, Südpazifik nordöstlich von Neuseeland

Die Society-Inseln bestehen aus einer Kette von Vulkan- und Koralleninseln im Südpazifik, darunter Inseln mit Barriereriffen (wie Raiatea), solche mit Saum- und Barriereriffen (wie Tahiti) und Atollen oder Atollähnliche (wie Maupihaa und Maupiti).

Im Vergleich zu Riffen in Südostasien sind diese Riffe nicht sehr artenreich, dennoch fand man mehr als 160 Korallen-, 1000 Mollusken-arten, 800 Arten von Rifffischen und 30 Arten von Stachelhäutern. Die Riffe sind im Allgemeinen in gutem Zustand, einige um die belebten Urlaubsinseln Tahiti, Moorea und Bora Bora sind jedoch durch Bebauung, Sedimentation und Korallenbleichen schwer beeinträchtigt.

MOOREA
Ein Saumriff, von dem hier Teile sichtbar sind, umgibt die Strandlinie der gebirgigen Insel Moorea fast vollständig.

PAZIFISCHER OZEAN ZENTRUM

Hawaii-Archipel

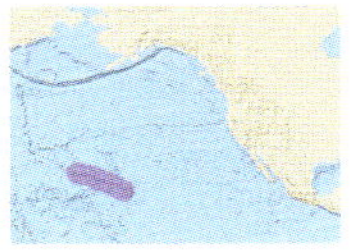

TYP Saumriffe, Atolle, versunkene Riffe

GEBIET 1180 Quadratkilometer

ZUSTAND weit verbreitete Korallenbleiche 2019

LAGE Pazifik, nördliches Zentrum

Die Hawaii-Inseln sind aus dem Meer ragende Gipfel einer riesigen submarinen Vulkankette. Die Berge sind im Lauf von Jahrmillionen entstanden, als hier die Pazifische Platte über einen Hotspot im Erdmantel hinwegdriftete. Korallenriffe säumen einige Küsten der jüngeren Inseln am Südostende der Kette, wie Oahu und Molokai. Im Nordwesten, an den Hängen älterer versunkener Inseln, befinden sich mehrere Atollähnliche (wie die French Frigate Shoals) und Atolle (wie das Midway-Atoll). Da die Riffe sehr isoliert gelegen sind, ist die biologische Diversität eher gering, hier haben sich jedoch viele neue Arten entwickelt. Etwa ein Viertel der Tier- und Pflanzenarten, die auf den Hawaii-Inseln und an den Riffen der Region leben, kommen nirgendwo anders vor.

FRENCH FRIGATE SHOALS
Rifffische, darunter Wimpelfische, Falterfische und Blaustreifenschnapper, umschwimmen eine Tischkoralle.

DAS GREAT BARRIER REEF
In den warmen, klaren Gewässern des Great Barrier Reef ist die Vielfalt beeindruckend. Im Bild zieht ein Schwarm Fahnenbarsche über bunte Weichkorallen hinweg. Die leuchtende Färbung der Fische dient verschiedenen Zwecken. Sie kann dazu beitragen, dass sich Artgenossen gegenseitig erkennen, aber auch Fressfeinde warnen und abschrecken.

Das Pelagial

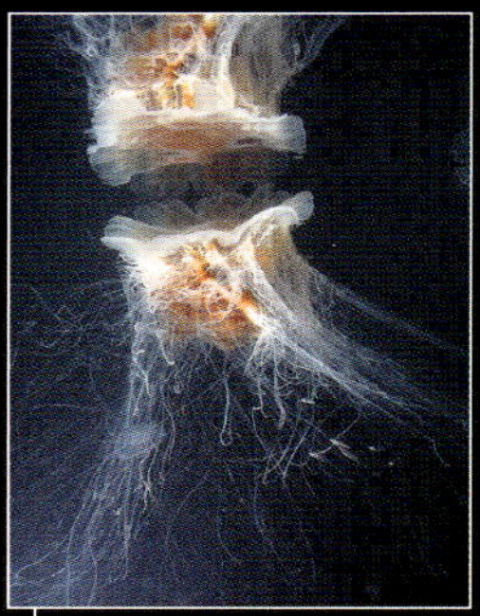

FEUERQUALLE
Dieser Planktonriese kann 2 m Durchmesser erreichen, die Tentakel werden bis zu 60 m lang.

Den Freiwasserbereich über dem Kontinentalschelf bezeichnet man als Pelagial (der Begriff gilt auch für den Freiwasserbereich im offenen Meer). Aufgrund von Temperatur- und Salinitätsunterschieden existieren hier verschiedene Wassermassen mit unterschiedlichem Planktongehalt, die durch Fronten getrennt sind. Die Schelfmeere sind biologisch produktiver als das offene Meer. Bei ruhiger See besteht eine Schichtung und Nährstoffe der tieferen Schichten erreichen das Plankton an der Oberfläche nicht. Bei Stürmen vermischen sich die Schichten, was Planktonblüten zur Folge haben kann. In hohen Breitengraden treten Planktonblüten zu bestimmten Jahreszeiten auf. In wärmeren Meeren kommt es saisonal zum Aufsteigen nährstoffreichen Tiefenwassers, das das Planktonwachstum fördert.

Produktives Plankton

Ein großer Teil der Primärproduktion der Weltmeere findet in den Schelfmeeren statt. Kleine Phytoplankton-Organismen, die oberflächennah treiben, nutzen die Sonnenenergie zur Fotosynthese. Winzige Algen, das Pikoplankton, leisten einen bedeutenden Anteil an der Primärproduktion. Außer dem Sonnenlicht sind Nährstoffe und Spurenelemente für das Wachstum des Phytoplanktons nötig. Während das offene Meer als nährstoffärmer gilt, profitieren die Schelfmeere von einem ständigen Zustrom der Flüsse, überdies steigt an manchen Küsten nährstoffreiches Wasser auf.

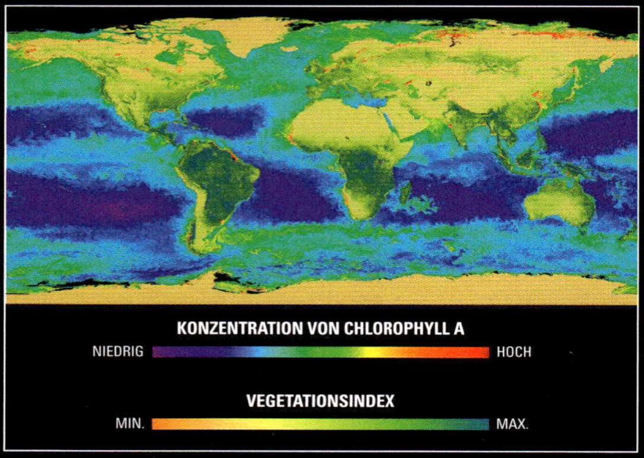

PRIMÄRPRODUKTION
Auf dieser Satellitenkarte sind Unterschiede der Primärproduktion an der Konzentration des Pigments Chlorophyll A in den Meeren und der Vegetationsdecke der Festlandsmassen abzulesen.

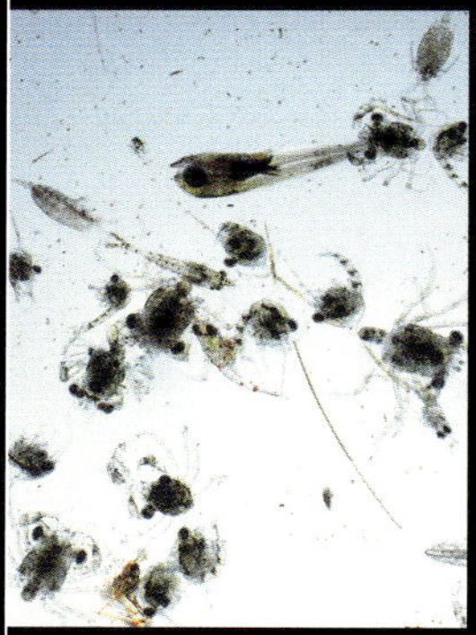

ZOOPLANKTON
Viele Larven von am Meeresgrund lebenden Tieren schwärmen als Zooplankton aus, bevor sie zu einer sessilen Lebensweise übergehen.

Der Planktonzyklus

In den Meeren gemäßigter Breiten und den Polarmeeren gedeiht das Phytoplankton im Frühjahr und Sommer optimal. Die Tage sind lang und der Nährstoffgehalt hoch, nachdem Winterstürme die Wasserschichten durchmischt und Nährstoffe vom Meeresgrund aufgewirbelt haben. Algenblüten können im Frühjahr klares Wasser schnell in eine trübe Brühe verwandeln, die je nach Algenart verschieden gefärbt ist. Oft tritt eine Abfolge von verschiedenen kurzen Planktonblüten auf. Bei guter Nährstoffversorgung und steigenden Temperaturen beginnen winzige Zooplankton-Organismen, sich vom Phytoplankton zu ernähren und zu vermehren. Am Grund lebende Tiere entlassen Unmengen von Larven, die sich wiederum vom Zooplankton ernähren, bevor sie sich am Meeresboden festsetzen. Fische laichen und Jungfische kommen in Massen vor. Schließlich ist das Phytoplankton vertilgt, die Nährstoffe sind aufgebraucht und die Produktivität sinkt, und erst im nächsten Frühjahr beginnt der Zyklus von Neuem.

Mit Strömungen verdriften

Die Plankton-Organismen, winzige Algen ebenso wie riesige Quallen, sind schlechte Schwimmer – sie schweben in den vom Licht durchfluteten Oberflächenschichten. Allerdings werden die Organismen mit den Strömungen verdriftet. Auf den meisten Kontinentalschelfen herrschen bestimmte Strömungsrichtungen vor, jedoch können die Oberflächenschichten, in denen das meiste Plankton lebt, für kürzere Zeitspannen vom Wind in andere Richtungen bewegt werden. Manche Tiere wandern weite Strecken zu ihren Laichplätzen, und ihre Larven sind auf Strömungen angewiesen, um in das Verbreitungsgebiet der ausgewachsenen Tiere zu gelangen. So brauchen Larven von Meeraalen mehrere Jahre, um von den Laichgründen im offenen Ozean in das Schelfmeer zu ziehen. Die Larven der meisten Tiere der Küstenmeere, darunter Rankenfüßer-, Muschel- und Stachelhäuterlarven, leben nur kurze Zeit planktonisch, um in neue Lebensräume zu wechseln. Plankton-Organismen leben gefährlich, denn überall lauern hungrige Mäuler und Tentakel. Obwohl Millionen von Larven schlüpfen, stirbt die große Mehrheit von ihnen.

BESIEDELTES SEIL
Dieses Seil wurde im Lauf eines Jahres von Seescheiden, Federsternen, Röhrenwürmern und Seeanemonen besiedelt. Ihre Larven gelangten mit den Meeresströmungen dorthin.

MENSCHLICHER EINFLUSS

ROTE TIDE

Eine Algenblüte tritt auf, wenn sich eine Algenpopulation sehr schnell vermehrt. Der Dinoflagellat *Noctiluca scintillans* verursacht die Rote Tide an der schottischen Küste. Manchmal vergiften solche Algenblüten Tiere im Meer oder die schiere Menge dieser Organismen verstopft die Kiemen von Fischen, sodass sie ersticken. Algenblüten sind naturgegeben; gelangen jedoch mit Abwässern Nährstoffe ins Meer, können sie häufiger und stärker auftreten.

WANDERNDE SCHWÄRME
Pelagische Fische wie diese Makrelen ziehen je nach Temperaturverhältnissen im Meer umher. Sie gehören zu den größeren Räubern.

Aktive Schwimmer

Die Plankton-Organismen, besonders kleine Krebstiere wie Ruderfußkrebse und Krill, werden vor allem von kleinen, Schwärme bildenden Arten wie Heringen und Sardinen gefressen. Die meisten dieser Fische leben im Freiwasser und nutzen den Meeresgrund nur, um zu laichen oder Fressfeinden zu entgehen. Sie sind gute Schwimmer (Nekton), die blitzschnell Beute fangen oder vor Räubern fliehen. Dabei legen sie weite Entfernungen gegen die Strömung zurück, um Nahrung zu finden oder um ihre Laichgründe zu erreichen. Kleine Schwarmfische sind ihrerseits die Beute von Kalmaren, Thunfischen, Walen, Delfinen und Haien. Walhaie, Riesenhaie und Bartenwale gehören zu den größten Meerestieren. Sie sind Planktonfiltrierer und vertilgen gewaltige Mengen.

WIRBELLOSE IM NEKTON
Kalmare sind die einzigen Wirbellosen, die so gute aktive Schwimmer sind, dass sie zum Nekton zählen. Sie erbeuten Fische und planktonische Krebstiere.

Fischfang

Die Schelfmeere ernähren große Mengen von pelagischen Fischen, und die Basis der Nahrungskette ist das Plankton. Für die Fischindustrie haben Heringe, Sardinen, Sardellen, Makrelen, Lodden und Stachelmakrelen die größte Bedeutung. Viele Fischbestände stehen unter immensem Druck, denn die Fischerboote und Netze werden immer größer und die Fangtechniken immer ausgereifter. Pelagische Fische und Kalmare fängt man mit Schleppnetzen, die von der Oberfläche herabhängen. Im Nordpazifik kommen viele Zehntausende Kilometer Schleppnetze zum Einsatz, die auch Walen, Delfinen, Meeresschildkröten und Seevögeln zum Verhängnis werden. Thun- und Schwertfische werden mit Langleinen gefangen. An ihnen verfangen sich auch Jungfische, Haie, Schildkröten und Vögel. Mit Schleppnetzen fängt man riesige Mengen an Schwarmfischen, wie Heringe, Makrelen und Sardinen. Das Befischen vieler pelagischer Arten mit Kleinbooten ist für die Küstenbevölkerung weltweit überlebenswichtig.

BEDROHTE NAHRUNGSKETTEN
Sandaale sind die Beute von Robben, Walen, Fischen und Seevögeln wie dieser Küstenseeschwalbe. Trotz ihrer hohen Bedeutung als Grundstock vieler Nahrungsketten werden sie zu Fischmehl verarbeitet und in Mastbetrieben und Fischfarmen verfüttert.

UNTER DEN STAHLBLAUEN WELLEN des offenen Meers, wo die Kontinente zu Schlammebenen von gigantischen Ausmaßen abfallen, verbirgt sich eine außerordentliche Landschaft. Von der sonnendurchfluteten Oberflächenzone bis in die dunklen Tiefen, wo enorme Drücke herrschen, gibt es in jeder der Wasserschichten Leben. An manchen Orten ragen untermeerische Vulkane oder Gebirgszüge von der Tiefseeebene empor, einige fast so hoch wie der Himalaja. An den Hängen entspringen heiße Quellen, in deren Nähe einmalige Lebensgemeinschaften existieren. Anderswo stoßen Platten der Erdkruste zusammen und lassen Tiefseerinnen entstehen. Nur wenige Menschen haben diese Tiefen erkundet, aber selbst sie sind durch menschliche Aktivitäten gefährdet.

DAS OFFENE MEER UND DER MEERESBODEN

UNTER DEN WELLEN
In die tiefsten Ozeanbecken hätten ein Mount Everest samt eines Mount Washington übereinander Platz. Noch immer haben wir genauere Karten von der Oberfläche des Mondes als vom Grund der Tiefsee.

Zonierung des offenen Meers

Im Meer herrschen in verschiedenen Tiefen sehr unterschiedliche Bedingungen. Licht und Temperatur verändern sich schnell, der Druck nimmt zu. Obwohl die Veränderungen meist kontinuierlich sind, lassen sich Tiefenzonen mit ähnlichen Lebensbedingungen unterscheiden.

Die Oberflächenschicht

Die oberste Schicht der Meere ist die nährstoffreichste. Die Tiere, die hier leben, bezeichnet man als Neuston. Aminosäuren, Fettsäuren und Proteine, die von Pflanzen und Tieren stammen, sowie Fette aus sich zersetzenden Tierkadavern, treiben an die Oberfläche und sind eine reiche Nährstoffquelle für das Phytoplankton.

Im obersten Meter der Oberflächenschicht findet der Gasaustauch zwischen dem Meer und der Atmosphäre statt. Dies ist für alles Leben auf der Erde von großer Bedeutung, denn die Hälfte des Sauerstoffs, den die Tiere zum Atmen benötigen, kommt aus dem Meer. Es überrascht nicht, dass sich sowohl das Phytoplankton als auch die Tiere, die sich von ihm ernähren, tagsüber in dieser Schicht aufhalten. Leider ist diese Zone auch sehr anfällig für Verschmutzung mit Chemikalien und Treibgut – oft tödliche Bedrohungen für das Leben im Meer.

TAG- UND NACHTZYKLUS
Nur wenige Meerestiere leben in der Tiefsee, die Mehrheit besiedelt die oberen 1000 m. Im Epipelagial (0–200 m) lauern viele Fressfeinde, deshalb bleiben viele Tiere tagsüber unterhalb im Mesopelagial und steigen nur nachts auf.

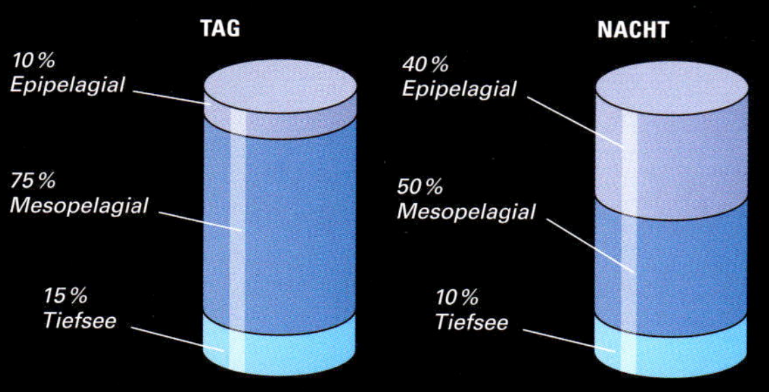

MENSCH UND MEER

APNOETAUCHEN

Wenn Taucher unter Wasser Pressluft atmen, löst sich zu viel Stickstoff im Blut. Das kann bei zu schnellem Aufsteigen die Dekompressionskrankheit verursachen. Apnoetaucher vermeiden dies, indem sie unter Wasser die Luft anhalten. Die Lungen werden unter dem Druck zwar komprimiert, aber der Stickstoffgehalt im Blut bleibt meist unbedenklich. Rekord-Apnoetaucher können über 200 m tief tauchen, können dann aber Probleme mit dem Stickstoff im Blut bekommen.

ZONEN DES OZEANS

EPIPELAGIAL
(euphotische Zone) 0–200 m
Meerwasser absorbiert das Sonnenlicht schnell, sodass nur ein Prozent des Lichts tiefer als 200 m eindringt. Phytoplankton nutzt die Lichtenergie zur Fotosynthese.

MESOPELAGIAL
(disphotische Zone) 200–1000 m
Hier ist es zu dunkel für Fotosynthese, aber hell genug, um Beute zu jagen.

BATHYPELAGIAL
(aphotische Zone) 1000–4000 m
In Tiefen über 1000 m gelangt fast kein Licht mehr. Bis in die tiefsten Tiefseerinnen ist es dunkel, hier können keine Pflanzen wachsen und die einzige Nahrungsquelle sind Abfallstoffe, die von ganz oben herabsinken. Die Temperatur beträgt einheitlich nur 2–4 °C und die Drücke sind so extrem, dass nur stark angepasste Tiere hier leben können.

Das Bathypelagial erstreckt sich bis zu den Tiefseeebenen unterhalb 4000 m. Das einzige Licht erzeugen lumineszierende Tiere (siehe S. 224).

ABYSSOPELAGIAL
4000–6000 m
Unterhalb des Kontinentalhangs läuft der Meeresgrund flach aus. In vielen Gebieten erstrecken sich in über 4000 m Tiefe riesige Ebenen, manche Gebiete fallen bis in 6000 m Tiefe ab. Etwa 30 Prozent des gesamten Meeresgrunds befindet sich in diesen Tiefen. Tiere, die hier leben, bewegen sich in einer schmalen Zone über dem Meeresboden auf und ab.

HADOPELAGIAL
6000–11 000 m
Nur einige Tiefseerinnen sind tiefer als 6000 m, das Hadal macht weniger als 2 % des gesamten Meeresgrunds aus. Bis 2021 hatten nur 22 Menschen in vier bemannten Tauchbooten (siehe S. 173) den Boden der tiefsten Tiefseerinne, des Marianengrabens, erreicht.

Wir wissen nur wenig über das Leben in dieser Tiefe. Seeanemonen und Quallen wurden bis in 8200 m Tiefe beobachtet und ein Fisch aus 8370 m heraufgeholt. Flohkrebse sowie Amöben und andere Mikroorganismen leben am Boden des Marianengrabens, dem tiefsten Punkt der Erde.

ZUM VERGLEICH

Burj Khalifa, Dubai (829,8 m)

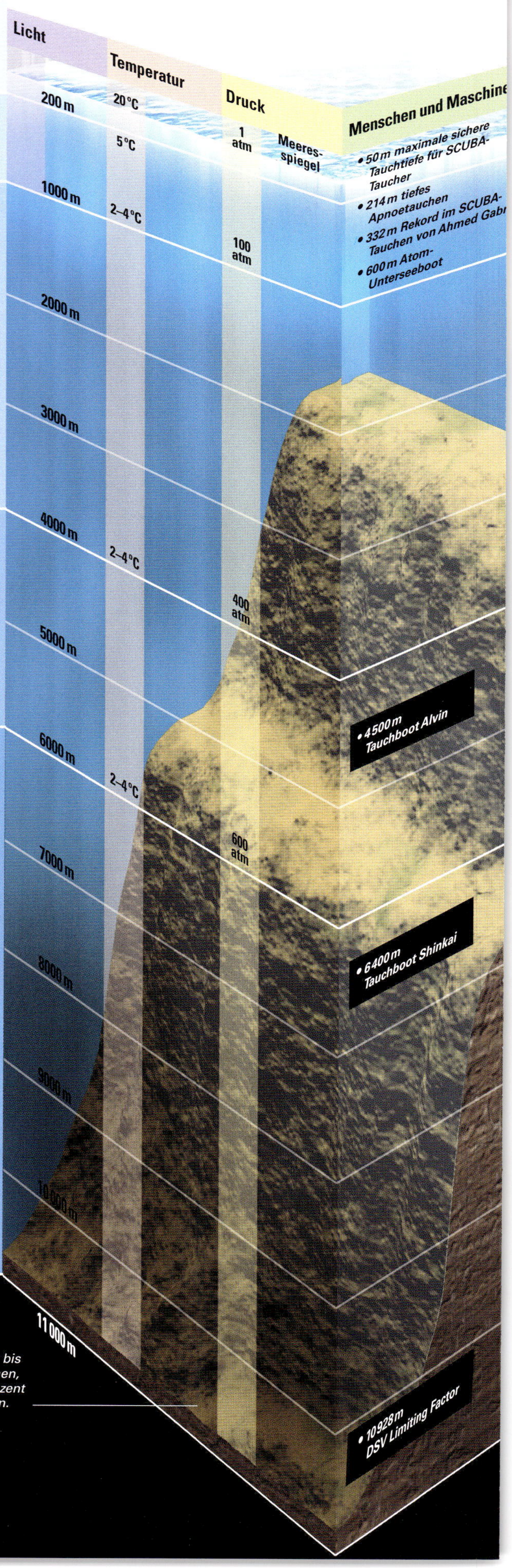

Tiefe Rinnen, die fast bis in 11 000 m Tiefe reichen, nehmen nur zwei Prozent des Meeresgrunds ein.

TIEFSTE OZEANSTELLEN

Die Säule zeigt die mittlere (gelbe Marken) und größte Tiefe (rote Marken) der Ozeane und einiger Meere.

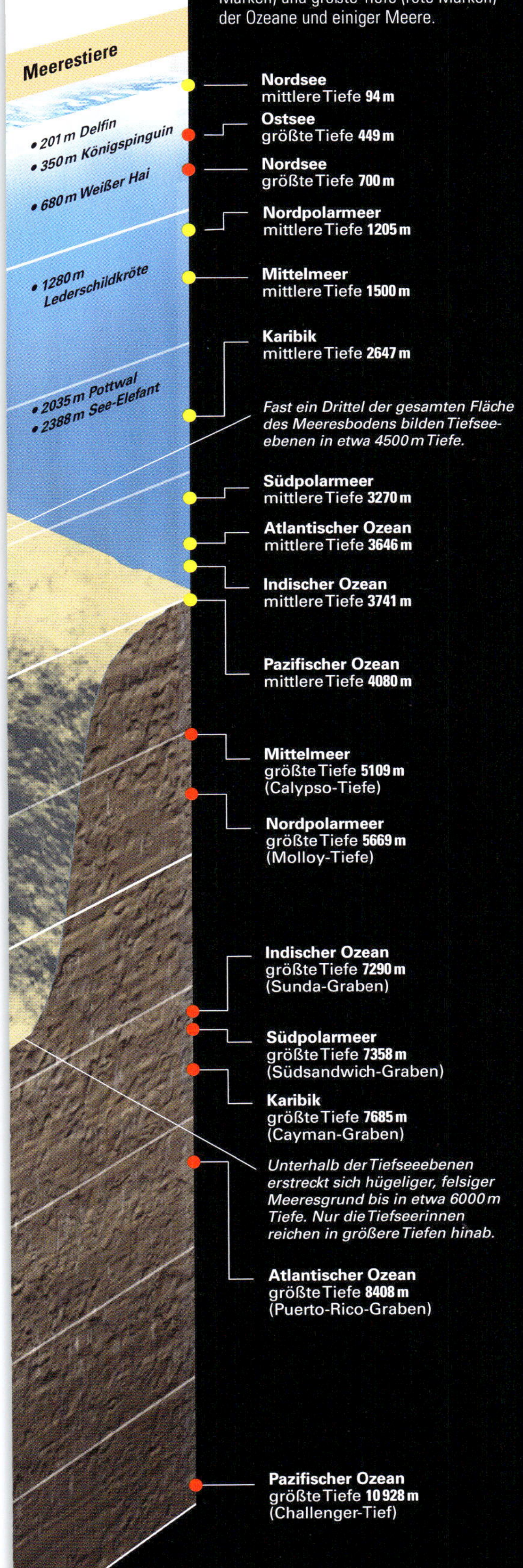

ZONEN DES LEBENS
Hier sind die Zonierung der tiefen Ozeane und die maximalen Tiefen dargestellt, in die Menschen und eine Auswahl an Meerestieren abtauchen können. Das meiste Leben konzentriert sich in den oberen 1000 m, die von Sonnenlicht durchdrungen sind.

KRISTALLKLARES WASSER
Kristallklare tropische Meere wirken idyllisch. Klares Wasser enthält jedoch nur wenige Nährstoffe und deshalb auch wenig Phytoplankton, und Tiere finden hier kaum Nahrung.

Die euphotische Zone

In dieser hellen Zone gibt es Sonnenlicht zur Fotosynthese. Das Meerwasser absorbiert verschiedene Wellenlängen unterschiedlich stark (siehe S. 36). Da fast der gesamte Rotlichtanteil innerhalb der ersten 10 m absorbiert wird, sind rote Tiere in größeren Tiefen nicht zu sehen und somit getarnt. In klarem Wasser dringt grünes Licht bis in etwa 100 m Tiefe vor, blaues Licht bis in etwa 200 m Tiefe. Das Chlorophyll des Phytoplanktons absorbiert vor allem die Rot- und Blaulichtanteile und reflektiert grünes Licht. In klarem Wasser kann Phytoplankton bis in 200 m Tiefe Fotosynthese betreiben.

In trübem Wasser reicht die euphotische Zone nicht so tief, denn das Licht wird schneller absorbiert. In biologisch produktiven Meeren absorbieren die Planktonorganismen das Sonnenlicht. Phytoplankton muss sich tagsüber für die Fotosynthese in der euphotischen Zone aufhalten. Das Zooplankton folgt ihm, um sich von ihm zu ernähren. Tiere, die das Zooplankton fressen, werden auch angelockt. In dieser Zone ist es gefährlich, denn im Licht erkennen Räuber ihre Beute.

NAHRUNG IN DER EUPHOTISCHEN ZONE
Das Phytoplankton dieser Zone ist die Nahrung der Zooplankton-Organismen. Größere Tiere wie diese Garnelen wiederum ernähren sich vom Zooplankton. Phytoplankton ist die Basis der meisten Nahrungsketten im Meer.

Leben in der euphotischen Zone

Phytoplankton muss sich zum Betreiben der Fotosynthese in der euphotischen Zone aufhalten. Diese Zone ist auch die wärmste und nährstoffreichste. Damit sie nicht viel Energie aufwenden müssen, um in dieser Zone zu bleiben, haben Phytoplankton-Organismen Strategien entwickelt, um im Wasser zu schweben. Gasgefüllte Bläschen, eingelagerte Öltröpfchen oder Depots mit leichten Fetten verleihen manchen Arten Auftrieb. Andere sind mit Stacheln bedeckt oder bilden kettenförmige Kolonien, um langsamer zu sinken. Die Gruppe der Dinoflagellaten besitzt fadenförmige Geißeln, mit denen die Einzeller rudimentär schwimmen. In dieser hochproduktiven Zone erzeugt das Phytoplankton die Hälfte des in der Atmosphäre enthaltenen Sauerstoffs. In gemäßigten Klimazonen vermehrt sich das Phytoplankton im Sommer, manchmal kommt es zu Algenblüten.

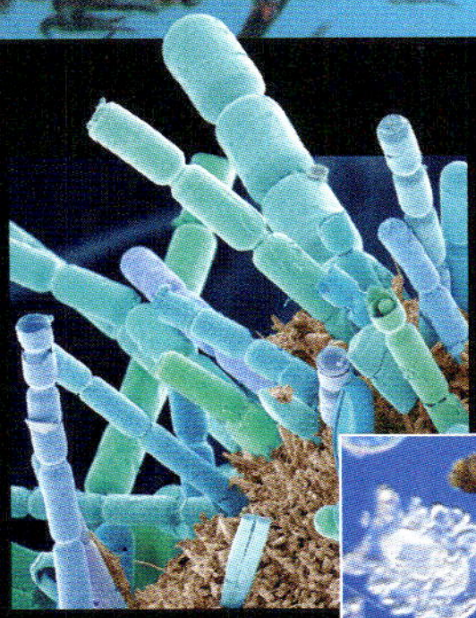

DIATOMEEN
Die Plankton-Organismen Diatomeen (Kieselalgen) vermehren sich stark. Manche wachsen in Kolonien und heften sich in Ketten oder Matten an Felsen. Jedes Jahr bringen die Meere weltweit sechs Milliarden Tonnen Phytoplankton hervor.

ZOOPLANKTON
In dieser Zooplankton-Probe sind eine Stachelhäuterlarve (unten links), eine Radiolarie, eine Krabbenlarve (Mitte) und ein Fischei (unten rechts) zu erkennen.

Plankton und Nekton

Wenn im Frühjahr die Phytoplanktonblüte einsetzt, beginnt sich das Zooplankton zu vermehren. Es folgt dem Phytoplankton in die euphotische Zone. Die meisten Zooplankton-Organismen ernähren sich vom Phytoplankton, manche leben räuberisch. Die Larven von Krabben, Austern, Rankenfüßern, einigen Fischarten und anderen Tiergruppen bezeichnet man als Meroplankton. Sie haben ein planktonisches Larvenstadium. Da diese Larven sich im Sommer vom Phytoplankton ernähren, konkurrieren sie nicht mit ausgewachsenen Tieren ihrer eigenen Art um Nahrung. Während Plankton mit den Strömungen verdriftet, lockt es viele aktiv schwimmende Tiere (das Nekton) an, die sich von ihm ernähren: Fische, Kalmare, Meeressäuger und Schildkröten. Diese sind wiederum die Beute von Raubfischen und Seevögeln.

SARGASSOFISCHE
Hier verbergen sich zwei Sargassofische in Tangen, die an der Oberfläche der Sargasso-See treiben.

RUDERFUSSKREBSE
Ruderfußkrebse sind Pflanzenfresser. Sie stellen fast 70 % des gesamten Zooplanktons; in 1 m³ Wasser sind Tausende der Tiere enthalten.

Die disphotische Zone

In diese Zone dringt nur so viel Licht vor, dass Tiere noch sehen können – und gesehen werden. So herrscht ein ständiger Kampf ums Überleben zwischen Räubern und ihrer Beute. Viele Arten sind fast völlig durchsichtig und werfen keinen Schatten. Andere reflektieren das Licht und sind so gegen die Oberfläche getarnt oder haben so dünne Körper, dass sich ihre Silhouette auflöst. Um sehen zu können, besitzen viele Tiere dieser Zone sehr große Augen.

Die Hauptnahrungsquelle ist organischer Abfall. Viele Tiere wandern nachts nach oben in die euphotische Zone, wo Nahrung im Überfluss herrscht und kehren bei Sonnenaufgang in die disphotische Zone zurück. Unzählige Tiere, die mit vielen Millionen Tonnen Körpergewicht etwa 30 % der gesamten Biomasse der Meere ausmachen, führen diese täglichen Wanderungen durch, bei Weitem die größte Migration von Lebewesen auf der Erde. Wie weit für ein einzelnes Tier diese Reise ist, ist eine Frage der Größenverhältnisse. Plankton-Organismen unter 1 mm Körperlänge bewegen sich oft weniger als 20 m fort, größere Garnelen legen täglich eine Strecke von 600 m zurück.

RIESIGE PLANKTONFILTRIERER
Über 11 m lange Riesenhaie filtern beim Schwimmen Plankton aus dem Wasser, während es durch ihre Kiemenschlitze wieder ausströmt.

Aphotische Zone und Abyssal

Unterhalb der disphotischen Zone ist es völlig dunkel und kalt, der Druck ist extrem hoch und es mangelt an Nahrung. Den Tieren, die an diese tiefen Zonen angepasst sind, bereitet der Druck keine Probleme: Ihre mit Flüssigkeit gefüllten Körperzellen sind im Vergleich zu denen landlebender Vögel und Säugetiere, die Gase enthalten, fast nicht komprimierbar. Die meisten Fische regulieren mit der gasgefüllten Schwimmblase den Auftrieb und sind anfällig für Druckveränderungen. Viele Tiefseefische haben deshalb keine Schwimmblase.

Für die meisten der Arten stellt die Nahrungsknappheit das größte Problem dar: Nur etwa 5 Prozent der Energie, die Pflanzen an der Oberfläche produzieren, gelangt in diese Tiefen. Tiere der Tiefsee bewegen sich und wachsen langsam und sind langlebig. Sie sparen Energie, indem sie warten, dass die Nahrung sich auf sie zubewegt. Viele haben deshalb riesige Mäuler und kräftige Zähne. Andere wenden Tricks an, um Beute anzulocken: Teufelsangler legen Scheinköder aus einem umgebildeten Rückenflossenstrahl aus. Manche Arten ködern sogar mittels symbiotischer lumineszierender Bakterien.

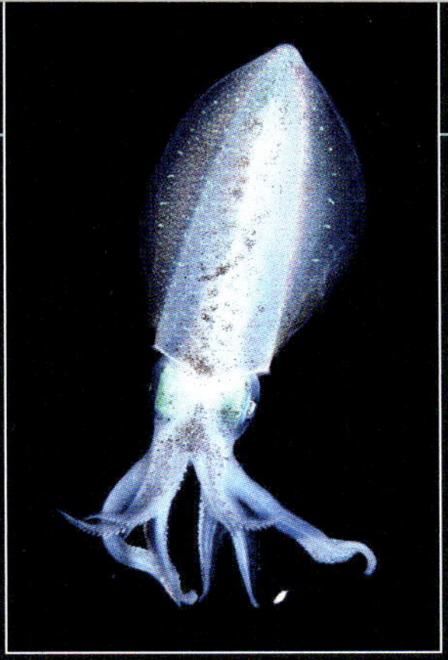

KALMAR IM OFFENEN MEER
Kalmare leben in verschiedenen Zonen der Meere, von der euphotischen Zone, wo der Kalmar *Sepioteuthis lessonia* vorkommt, bis in tiefe Zonen. Tiefseekalmare sind schwierig zu fotografieren, oft konnte man bisher nur tote Tiere aufnehmen.

GESPENSTERFISCH
Der Gespensterfisch *Dolichopteryx longipes* kommt bis in 1000 m Tiefe vor und lebt an der Grenze zur aphotischen Zone. Seine Knochen sind so dünn, dass er fast durchsichtig ist und die großen Augen sind nach oben gerichtet, um von dort kommende Fressfeinde wahrzunehmen. Der Fisch ernährt sich hauptsächlich von Ruderfußkrebsen und bringt lebende Junge zur Welt.

FORSCHUNG

DIE HMS CHALLENGER

Viele ozeanografische Entdeckungen wurden von Bord der *HMS Challenger* aus gemacht, einem umgebauten britischen Kriegsschiff, das zwischen 1872 und 1876 in den Weltmeeren eine Strecke von 110 900 km zurücklegte.

Im März 1875 ließ man bei Guam eine Lotleine bis in 8184 m Tiefe hinab und nahm Sedimentproben auf, was bewies, dass sich dort der Meeresboden befand. Zufälligerweise befand sich das Schiff über dem Marianengraben nahe der tiefsten Ozeanstelle, dem Challenger-Tief.

Von Bakterien besiedelter Schleim wirkt hitzeisolierend.

Rote Tentakel am Kopf fangen Nahrungspartikel und dienen als Fühler.

HITZETOLERANTER VIELBORSTER
Diesen Polychaeten entdeckte man 1979 von Bord des Tauchbootes *Alvin* aus – und nannte ihn nach dem Boot *Alvinella pompejana*. Er ist das hitzetoleranteste Tier der Erde und lebt in der Nähe hydrothermaler Schlote, die 300 °C heißes Wasser ausstoßen.

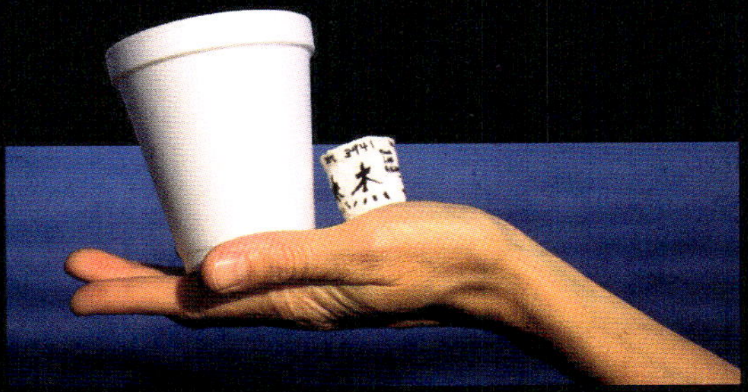

DRUCK IN DER TIEFE
Ein Polystyrolbecher, der außen an einem Tauchboot angebracht wurde, hatte nach dem Auftauchen nur noch einen Bruchteil seiner ursprünglichen Größe. Er zeigt, welche Drücke in der Tiefsee herrschen.

TAUCHBOOT *ALVIN*
Alvin ist so konstruiert, dass es dem extremen Druck standhält. Über 4300 Tauchgänge ermöglichten viele bedeutende Entdeckungen.

Das Hadal

Nur wenige der Arten, die im Hadal leben, konnte man bisher beobachten, es gibt auch kaum Aufnahmen von den Tieren. Viele kennt man nur, weil sie in Netzen nach oben gelangten, und die meisten Aufnahmen zeigen tote Tiere (wie den Fangzahn rechts). Manche Aquarien zeigen Tiefseetiere, viele Arten überstehen jedoch die Temperatur- und Druckveränderungen nicht, wenn sie an die Oberfläche geholt werden.

Viele der Tiere jagen sich gegenseitig, die Nahrungskette beginnt jedoch immer mit Nahrung, die aus höheren Schichten absinkt. Die Tiere am Grund können große Gebiete nach Nahrung absuchen und Partikel aufspüren, die sich hier über Wochen und Monate abgesetzt haben. Tiere im Freiwasser hingegen müssen die Nahrungspartikel in der kurzen Zeit schnappen, in der sie an ihnen vorbeischweben, was wesentlich schwieriger ist. Nur ein kleiner Anteil des Detritus von oben wird im Freiwasser weggefangen.

Wissenschaftler begegnen denselben Arten oft wiederholt, denn die Bedingungen sind weltweit sehr einheitlich und es gibt kaum physische oder ökologische Barrieren, die ein Wandern der Arten verhindern. Viele haben deshalb ein weites Verbreitungsgebiet, einige kommen in allen Ozeanen vor. Die Artenvielfalt ist gering, nur einige Dutzend der 35 000 bekannten Fischarten leben hier.

FANGZAHN
Der Fangzahn wurde in einer Tiefe von 4992 m nachgewiesen. Wie viele Tiefseefische hat er einen großen Kopf und kräftige Zähne. Mit Sinnesorganen nimmt er die Bewegungen seiner Beute im Dunkeln wahr.

GLOBAL EXPLORER
Der Tauchroboter *Global Explorer* lässt sich vom Schiff aus mit einem Kabel steuern und wurde 2002–2007 bei Forschungen in der Arktis und der Celebessee (nahe der Philippinen) eingesetzt.

Entdeckungsfahrten mit Tauchbooten

Tauchboote sind Unterwasserfahrzeuge, die – im Gegensatz zu den militärischen U-Booten – zivilen Zwecken wie der Forschung, der Industrie und der Erholung dienen und kleiner sind. Sie wurden in den 1960er-Jahren entwickelt und eröffnen uns die Tiefsee. Heute gibt es viele bemannte Typen, aber ebenso unbemannte, ferngesteuerte Tauchroboter, auch ROVs (*Remotely Operated Vehicles*) genannt.

Ein berühmtes bemanntes Tauchboot ist *Alvin* der Woods Hole Oceanographic Institution. 1977 erkundete die Crew zum ersten Mal hydrothermale Schlote (siehe S. 188–189) und 1989 das Wrack der *Titanic* (siehe S. 196–197). 2011–2013 wurde *Alvin* völlig umgebaut und ist nach über 4300 Tauchgängen immer noch in Betrieb. Wie auch *Shinkai 6500* (Japan), *Jiaolong* (China) und andere gehört das Boot zur Klasse der Tiefseetauchboote oder DSVs (*Deep-Submergence Vehicle*), die vor allem der Forschung dienen.

Ohne Menschen an Bord können Tauchroboter kleiner und vielseitiger sein. Sie bohren u.a. in den Boden, sammeln Proben, kartieren mit Sonar und machen Bilder. Frühe Modelle hatten Auftriebstanks, aber moderne nutzen Techniken, die für das Fliegen entwickelt wurden. Die meisten ROVs werden mit einem Kabel vom Schiff gesteuert, aber einige fahren semi-autonom mithilfe von künstlicher Intelligenz.

In die Tiefe

Die meisten DSVs und ROVs erreichen maximale Tauchtiefen von 1000 m bis 7000 m, aber einige können den tiefsten Punkt des Ozeans aufsuchen: das rund 11 000 m tiefe Challenger-Tief im Marianengraben. Bis 2021 gelang dies nur vier bemannten DSVs: Jacques Piccards Bathyskaph *Trieste* 1960 (siehe S. 183), der *Deepsea Challenger* 2012, der *DSV Limiting Factor* 2019 und der *Fendouzhe* 2020. Auch zwei ROVs haben diese Tiefe erreicht: die *Kaiko* (Japan, 1995) und die *Nereus* (USA, 2009).

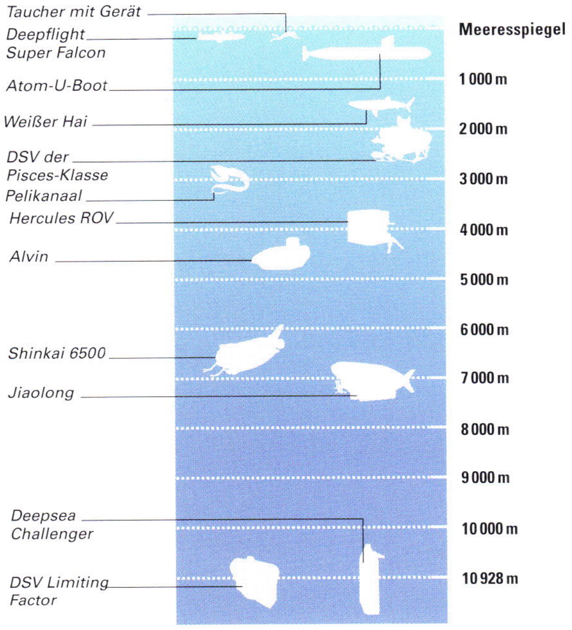

TAUCHBOOTTYPEN

ERKUNDUNG VON FLACHMEEREN

DEEPFLIGHT SUPER FALCON *Die von dem US-Amerikaner Graham Hawkes konstruierte Super Falcon dient vor allem zu Tauchfahrten von Jachten oder Resorts zu Freizeitzwecken. Sie »fliegt« durchs Wasser und bringt den Piloten und ein oder zwei Passagiere bis in 100 m Tiefe.*

C-QUESTER *Mit dem von der niederländischen Firma U-Boat Worx entwickelten C-Quester können zwei oder drei Personen bis zu 50 m tief tauchen.*

BEMANNTE TIEFSEEFORSCHUNG

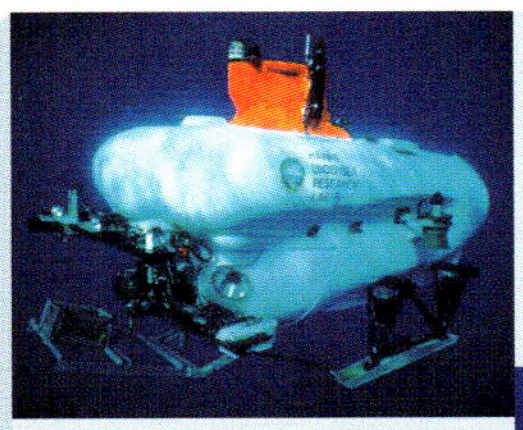

PISCES IV *Als Beispiel eines Tiefseetauchboots (DSV) für wissenschaftliche Forschungen wird die Pisces IV vom Hawaii Undersea Research Laboratory betrieben. Sie transportiert drei Besatzungsmitglieder und kann bis in 2000 m Tiefe arbeiten.*

SHINKAI 6500 *Das seit 1989 von der Japan Agency for Marine Earth Science and Technology (JAMSTEC) betriebene DSV hat eine enorme Tauchtiefe. Im Juni 2013 übertrug es die weltweit erste Live-Sendung aus 5000 m Tiefe.*

FERNGESTEUERTE TAUCHROBOTER (ROV)

HERCULES ROV *Als ziemlich typisches ROV kann die Hercules bis zu 4000 m tief tauchen und hochauflösende Bilder aufnehmen. Sie hat sechs Strahlruder, mit denen sie wie ein Hubschrauber in jede Richtung »fliegen« kann. Da sie etwas Auftrieb hat, steigt sie langsam zur Oberfläche, wenn die Motoren ausfallen.*

WETTLAUF IN DIE TIEFE

DSV LIMITING FACTOR *Im April 2019 erreichte dieses Tiefseetauchboot mit seinem Fahrer Victor Vescovo den Boden des Challenger-Tiefs im Marianengraben (siehe S. 467) bei einer neuen Rekordtiefe von 10 928 m. Das war 20 m tiefer als der vorherige Tauchrekord an dieser Stelle von 2012.*

Seamounts und Guyots

Seamounts sind Berge, die sich vollständig unter Wasser befinden und mindestens 1000 m vom Meeresgrund aufragen; kleinere Seamounts nennt man Knolls (Hügel). Guyots sind submarine Berge, die einst aus dem Wasser ragten und deren Gipfel durch Wellen abgetragen wurde. Die oft einzeln aufragenden Seamounts und Guyots bieten Tierarten Lebensräume, die an geringere Tiefen angepasst sind. An den untermeerischen Hindernissen steigt nährstoffreiches Auftriebswasser hoch. Die Nährstoffe fördern den Planktonwuchs, der Fischschwärme anlockt.

PORTRÄT

HENRY GUYOT

Arnold Henry Guyot (1807–1884) war der erste Professor für Geologie der Universität Princeton. Er richtete meteorologische Stationen ein, die die Grundlage des späteren Wetterdienstes der USA waren. Ein Nachfolger Henry Guyots, Harry Hass, benannte später die untermeerischen Tafelberge nach seinem Vorgänger. Hass entdeckte sie während des 2. Weltkriegs mithilfe des Echolots.

Geologischer Werdegang

Seamounts beginnen als submarine Vulkane an einer Riftzone am Meeresgrund. Viele entspringen der Kammregion mittelozeanischer Rücken, die bei der Neubildung ozeanischer Kruste entstehen (siehe S. 185). Da diese Riftzonen im Allgemeinen linear sind, sind Seamounts meist elliptisch oder lang gestreckt und bestehen aus vulkanischem Basaltgestein. Seamounts treten oft in Ketten oder Gruppen auf, entweder an schwachen Stellen entlang einer Riftzone oder wenn sich eine Platte über einen stationären Hotspot hinwegbewegt, sodass sich eine Abfolge von Seamounts bildet. Manchmal entstehen vulkanische Inselketten, die schließlich zu Ketten von Guyots oder Tafelbergen erodieren. Junges vulkanisches Gestein erodiert leicht, sodass der Gipfel einer Vulkaninsel, der über die Meeresoberfläche ragt, in kurzer Zeit verschwindet. Bewegt sich ein solcher Berg mit einer Platte weg von der vulkanisch aktiven Zone, sinkt er als gekappter Guyot unter die Meeresoberfläche.

ENTSTEHUNG EINES GUYOTS

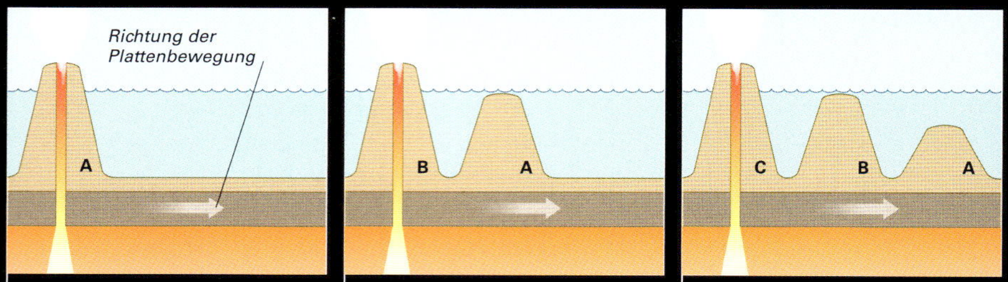

1 Am Anfang ist der Guyot (A) eine Vulkaninsel, die bei einer vulkanischen Eruption über einem Hotspot entsteht.

2 Über Jahrmillionen erodiert der Berg bis auf Meeresspiegelhöhe, während er sich vom Hotspot wegbewegt. Eine neue Insel (B) entsteht.

3 Wenn sich die Insel weiter bewegt, sinkt sie ab und bildet einen Guyot. Neue Inseln (B und C) entstehen über dem Hotspot.

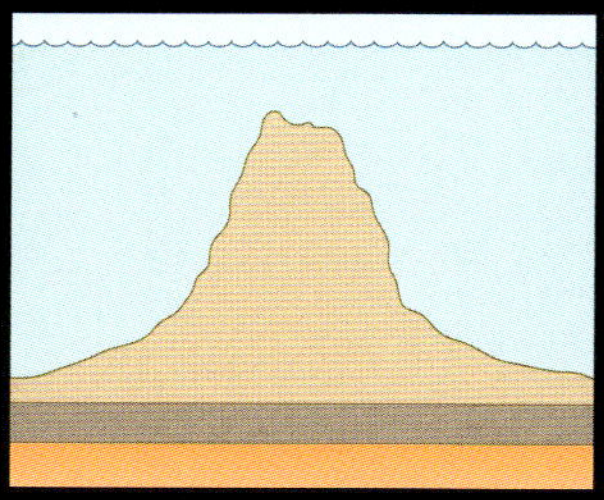

ENTSTEHUNG EINES SEAMOUNTS
Ein Seamount entsteht bei einer vulkanischen Eruption unter Wasser. Die Erosion findet hier langsamer statt als an Land, deshalb bleibt er kegelförmig.

Auftriebswasser

Das offene Meer ist größtenteils unbelebt, denn die kalten, nährstoffreichen Strömungen verlaufen in der Tiefe außerhalb der Reichweite des Planktons. Wenn diese Strömungen auf Seamounts treffen, die bis zu 4000 m hoch aufragen, teilen sie sich und werden nach oben gelenkt. So treiben Nährstoffe in einem kleinen Bereich bis in die euphotische Zone auf und nähren das Phytoplankton. Wenn diese nährstoffreichen Ströme über den Gipfel eines Seamounts hinwegfließen, teilen sie sich und kreisen um den Gipfel. So entsteht ein Wirbel, der eine Säule von Stillwasser umgibt, die hoch über den Seamount aufragt; in ihr konzentrieren sich Nährstoffe und Plankton. So entsteht über dem Seamount ein sehr produktiver Bereich, in dem das Leben blüht, eine wahre Oase in der nährstoffarmen Wüste des offenen Meers.

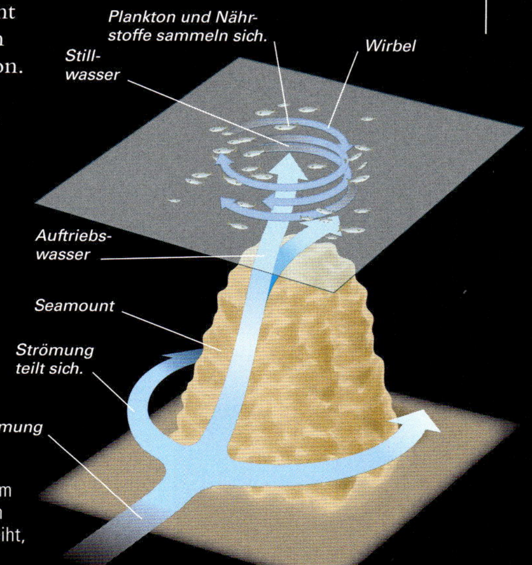

WASSERSÄULEN
Die Strömungen, die um und über dem Seamount kreisen, schaffen über ihm eine Stillwassersäule. Plankton gedeiht, da sich hier Nährstoffe sammeln.

Weltweite Verbreitung

Es dürfte über 45 000 Seamounts und Guyots in den Meeren geben, aber viele müssen erst noch kartiert oder erkundet werden und ihre Gesamtzahl ist unbekannt. Seamounts erscheinen entweder einzeln oder in Gruppen in aktiven Vulkanzonen. Am Pazifischen Feuerring ist die untermeerische vulkanische Aktivität am höchsten, hier gibt es mindestens 14 700 Seamounts und Guyots. Pazifische Ketten von Seamounts haben häufig eine nordwestliche Ausrichtung, was die Plattenbewegung widerspiegelt. Die Ketten bestehen aus 10 bis 100 Seamounts, die manchmal über einen Grat miteinander verbunden sind. Im Atlantischen und Indischen Ozean hingegen ragen meist einzelne Seamounts auf.

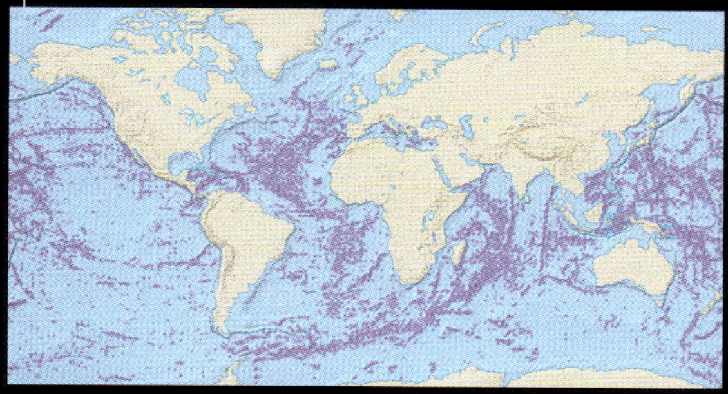

VERBREITUNGSKARTE DER SEAMOUNTS
Manche Seamounts und Guyots entstehen über vulkanischen Hotspots und bilden oft Ketten. Andere ragen einzeln entlang mittelozeanischer Rücken auf. Die Gesamtzahlen sind nicht bekannt.

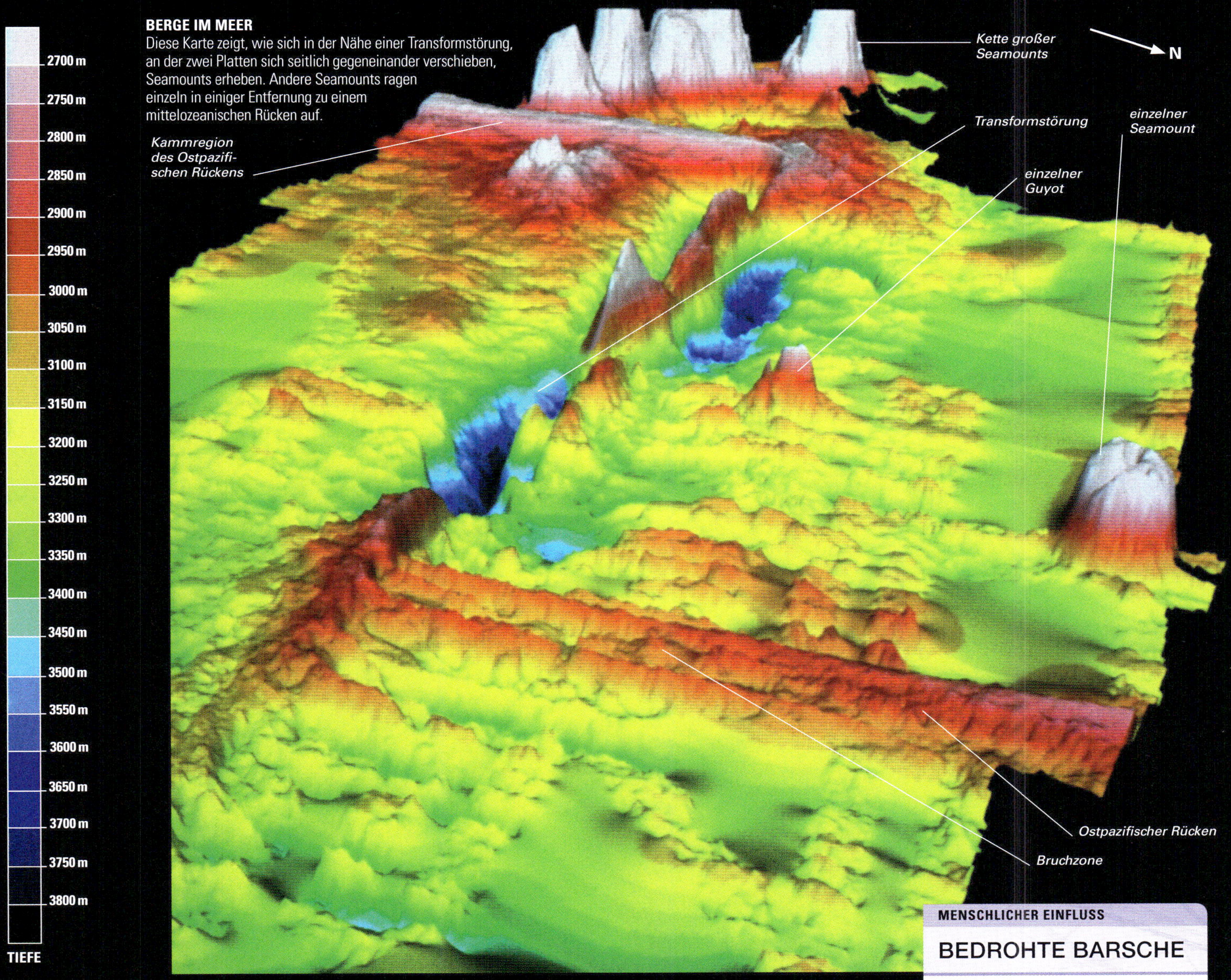

BERGE IM MEER
Diese Karte zeigt, wie sich in der Nähe einer Transformstörung, an der zwei Platten sich seitlich gegeneinander verschieben, Seamounts erheben. Andere Seamounts ragen einzeln in einiger Entfernung zu einem mittelozeanischen Rücken auf.

Leben am Seamount

Manche Seamounts wurden entdeckt, weil Fischer dort auf große Fischschwärme gestoßen waren. Das nährstoffreiche Wasser, das sich über einem Seamount sammelt, führt zu hohen Planktonkonzentrationen. Zahlreiche Tiere werden vom üppigen Nahrungsangebot angelockt, in einer Dichte, wie man sie sonst nirgendwo im offenen Meer antrifft. Auch Haie und Robben machen hier Beute. Das Gestein der Seamounts wird von Suspensionsfressern besiedelt – Tieren, die sich von treibendem Plankton und Detritus ernähren. Nur etwa jeder tausendste Seamount wurde bisher erkundet. Dennoch fand man an 25 Seamounts der Tasman- und Korallen-See 850 Arten, von denen einige als bereits ausgestorben gegolten hatten. Seamounts sind Hotspots der Biodiversität – bis zu ein Drittel der Arten kommen nur an einem einzigen oder einer Gruppe der submarinen Berge vor.

BEDROHTE KORALLEN
Wissenschaftler befürchten, dass einige Korallenarten durch Grundnetzfischerei ausgerottet werden, noch bevor man ihnen einen Namen gegeben hat.

SEAMOUNT-BEWOHNER
Bei dieser Koralle handelt es sich um eine Kolonie. Die Fresspolypen, die entlang der Verzweigungen aufgereiht sind, fangen Nahrungspartikel aus den über den Seamount fließenden Strömungen.

NAHRUNG AUS DER STRÖMUNG
Dieser Springkrebs ist ein Aasfresser, der auf Felsen lebt. Strömungen, die über den Bowie-Seamount im Nordostpazifik hinweg verlaufen, versorgen ihn mit reicher Nahrung.

MENSCHLICHER EINFLUSS

BEDROHTE BARSCHE

Fischer glaubten, sie wären auf eine Goldgrube gestoßen, als sie auf riesige Fischschwärme über Seamounts stießen. Ab etwa 1985 wurden weltweit fast 90 000 Tonnen Granatbarsche jährlich gefangen. Neuseeland alleine fing 54 000 Tonnen. Der Granatbarsch ist jedoch langsamwüchsig und laicht erst mit 20–30 Jahren zum ersten Mal. Die Bestände ertragen keine starke Befischung. Neuseeland reguliert heute die Bestände sorgfältig und beschränkt den Fang von Granatbarschen auf 6000–7000 Tonnen pro Jahr.

Kontinentalhang und Fußregion

DER KONTINENTALHANG UND DIE FUSSREGION erstrecken sich vom Schelf bis zur Tiefseeebene. In diesem Bereich fällt der Meeresboden kontinuierlich ab. Unterhalb des Schelfrandes beginnt der Meeresboden steiler abzufallen und geht in den Kontinentalhang über. Dieser erstreckt sich bis in 3000–4500 m Tiefe, wo der Meeresboden dann flach ausläuft. An manchen Stellen durchziehen submarine Canyons den Hang. Sedimente rutschen darin lawinenartig hinunter und sammeln sich in der Fußregion, die weniger steil abfällt.

KONTINENTALRAND
Dieser typische Kontinentalrand verläuft von der Küstenlinie über den Schelfbereich, den Kontinentalhang und die Fußregion bis in die Tiefseeebene. Er ist etwa 140 km und die Fußregion etwa 100 km breit. Die Darstellung ist stark überhöht, denn die Neigung des Kontinentalhangs beträgt in Wirklichkeit nur 2 %, die Fußregion nur etwa 1 %.

TIEFSEEEBENE
Diese flache Ebene ist von mächtigen Sedimentschichten bedeckt. Sie befindet sich im Mittel in 4500 m Tiefe.

Kontinentalhang

Der Kontinentalhang ist bedeckt mit Sedimenten, die vom Festland ins Meer gespült wurden und sich im Lauf von Jahrmillionen angesammelt haben. Den Hang durchschneiden tiefe Canyons. Sie wurden von dichten Trübeströmen aus Sedimenten und Wasser ausgeschliffen, die mit 80–100 km/h hangabwärts rutschen. Einige der untermeerischen Canyons haben gewaltige Ausmaße: Die Ränder des Grand Bahama Canyon in der Karibik ragen 4285 m vom Grund auf. Andere Canyons sind die Fortsetzung großer Flussmündungen. Am Ende eines Canyons breiten sich die Sedimente fächerförmig bis weit in die Tiefseeebene aus.

CANYON UND GRÄBEN
Diese Sonaraufnahme zeigt einen tiefen untermeerischen Canyon im Kontinentalhang vor der Sodwana-Bai in der Provinz KwaZulu Natal (Südafrika).

LANGLEINENFISCHEREI
Skilfische werden mit 1,2 km langen Langleinen gefangen, die bis zum Kontinentalhang hinabreichen.

Leben am Kontinentalhang

Nährstoffe, die vom Festland angespült werden, bereichern auch das Meer über dem Kontinentalhang. Davon profitieren sowohl pelagische als auch am Grund lebende Fische. In den letzten Jahrzehnten haben die Fischbestände der meisten Schelfmeere wegen Überfischung und mangelnder Fangkontrollen dramatisch abgenommen. Fischer sind deshalb gezwungen, Arten tieferer Gewässer über dem Kontinentalhang zu fangen. Diese Arten sind zwar langlebig, vermehren sich jedoch langsam – und es dauert lange, bis sich die Bestände erholen.

SKILFISCH
Skilfische (*Anoplopoma fimbria*) vermehren sich langsam. Es dauert 14 Jahre, bis ein gefangener Fisch ersetzt ist. Die Zucht in Fischfarmen (rechts) ist vielversprechend.

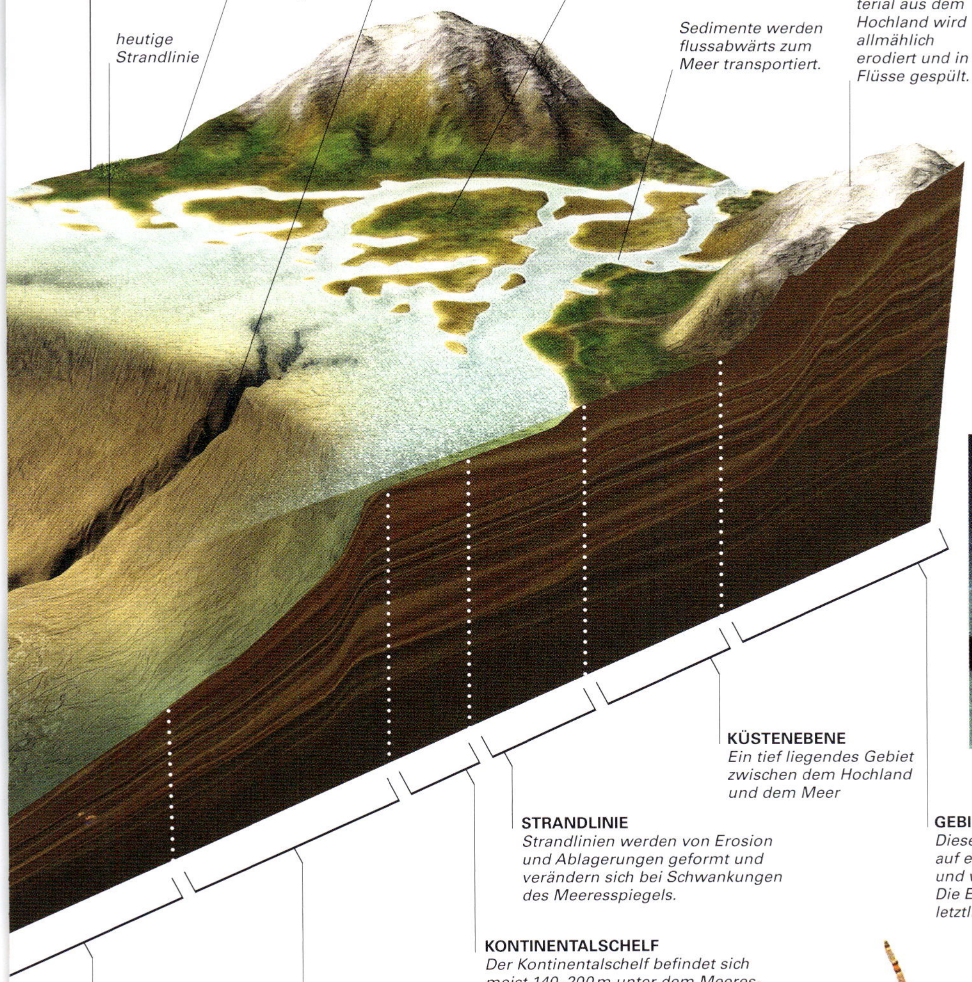

GANGES-DELTA
Das Wasser des Ganges transportiert jährlich 2 Milliarden Tonnen Sedimente. Ein Teil lagert sich in seinem riesigen Delta ab. Der Großteil erreicht das Meer, wo er sich fächerförmig in der Bucht von Bengalen ausbreitet.

ZYLINDERROSEN
Diese Seeanemonen verankern sich in etwa 4000 m Tiefe im Sediment und fangen mit ihren Tentakeln Nahrung.

Fußregion

Die Fußregion ist ein bis zu 15 km mächtiger Sedimentkeil aus Material, das zur Basis des Kontinentalhangs abgerutscht ist. Dieser Boden fällt hier sanft ab bis zur Tiefseeebene. Die Sedimente sammeln sich am Fuß von submarinen Canyons. Die geologische Grenze zwischen kontinentaler und ozeanischer Kruste verbirgt sich unter diesen Sedimenten, die nahtlos in die der Tiefseeebene übergehen. Schlangensterne und Polychaeten (vielborstige Ringelwürmer) leben in diesen Sedimenten und ernähren sich von Detritus, der herabsinkt. Krabben fressen auf dem Meeresgrund Aas und ziehen auf den Kontinentalhang, um sich fortzupflanzen. Tiefseedorsche, Seezungen, Dornenköpfe und Seeteufel gehören zu den am Grund lebenden Arten, die am Hang und in der Fußregion vorkommen. Die Schleppnetzfischerei richtete hier enorme Schäden an, die tieferen Canyons sind jedoch noch immer Zonen der Artenvielfalt.

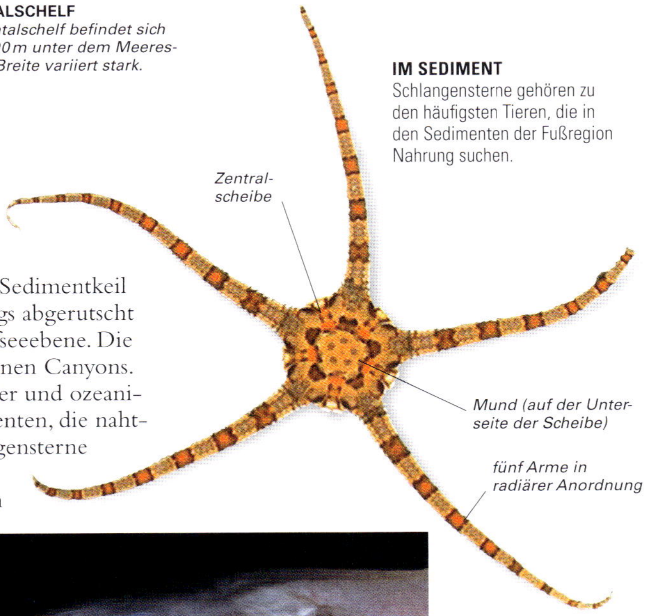

IM SEDIMENT
Schlangensterne gehören zu den häufigsten Tieren, die in den Sedimenten der Fußregion Nahrung suchen.

EIDECHSENFISCH
Dieser Eidechsenfisch kommt in der Fußregion und auf der Tiefseeebene vor, meist unterhalb von 2000 m, wo die Wassertemperatur unter 4 °C fällt.

FORSCHUNG

NUTZUNGSRECHTE

Zwar stellt der Klimawandel die Erschließung neuer Ölquellen infrage, doch man führt nun Probebohrungen auf dem Kontinentalhang in bis zu 3600 m Tiefe durch. Auch der Mineralienabbau in der Tiefsee wird gefördert und die Tiefseefischerei nimmt zu. Nach dem Seerechtsübereinkommen erstrecken sich die Rechte auf bestimmte Ressourcen wie Öl auf den Festlandsockel, also bis zur Grenze zwischen Kontinentalhang und Tiefseeebene, mindestens aber 200 Seemeilen (ca. 370 km), doch nicht über 350 Seemeilen (ca. 650 km) weit von der Küste entfernt.

LEBENSGEMEINSCHAFT IN KALTEM WASSER
Ein Springkrebs verbirgt sich in einem der Fjorde Norwegens zwischen den Polypen der Kaltwasserkoralle *Lophelia pertusa*.

Kaltwasserriffe

Kaltwasserkorallen wurden erstmals 1869 entdeckt, aber erst nach der Entwicklung der Tauchboote und der Sonartechnik erkannte man, wie häufig diese Riffe sind und welche Ausmaße sie erreichen können. Die Riffe, die noch immer nicht so gut erforscht sind wie die Riffe tropischer Meere, sind wie diese sehr artenreich. Steinkorallen gedeihen hier bei Temperaturen von 4–13 °C. Anders als tropische Korallen können sie in völliger Dunkelheit leben, denn sie sind nicht auf Zooxanthellen angewiesen (S. 153) – das sind symbiotische Algen im Gewebe des Polypen, die Fotosynthese betreiben. Stattdessen filtern sie Nährstoffe aus dem Wasser. Einige Wissenschaftler vermuten außerdem einen Zusammenhang zwischen Tiefseeriffen und dem Austreten bestimmter Substanzen, wie Methan, aus dem Meeresboden. Bakterien nutzen Methan zur Energiegewinnung und dienen Korallenpolypen, die winzige Organismen aus dem Wasser filtern, als Nahrung.

Im Nordatlantik werden Kaltwasserriffe meist in etwa 1000 m Tiefe von der Koralle *Lophelia pertusa* (siehe S. 270) gebildet. Einer der größten dieser Riffkomplexe ist das Røst-Riff am Kontinentalrand von Nordnorwegen südwestlich der Lofoten. Einige hundert Einzelriffe liegen hier auf 100 km² Fläche. Andere *Lophelia*-Riffe kommen in ähnlichen Tiefen auf vielen Seamounts im Atlantik und im flachen, kalten Wasser der Fjorde Norwegens vor. Auch andere Korallenarten bilden Kaltwasserriffe. So sind im Pazifik *Goniocorella dumosa* und *Solenosmilia variabilis* die wichtigsten Riffbildner an Seamounts und Schwellen um Tasmanien und Neuseeland. Über 1300 Tierarten fand man an Riffen in der Tiefsee, die vermutlich die Nahrungsgründe wirtschaftlich bedeutender Fischarten sind.

Lage der Tiefseeriffe

Die Karte illustriert das weltweite Vorkommen von Kaltwasserriffen (hier vergrößert dargestellt). Manche der Riffe sind klein, andere bedecken bis zu 2000 km². Das gehäufte Vorkommen der Riffe im Nordatlantik spiegelt vielleicht wider, dass sie hier intensiver erforscht wurden, meist im Zuge der Suche nach Erdölvorkommen. Bei einer genaueren Erkundung anderer Ozeane würde man vermutlich weitere solcher Riffe entdecken.

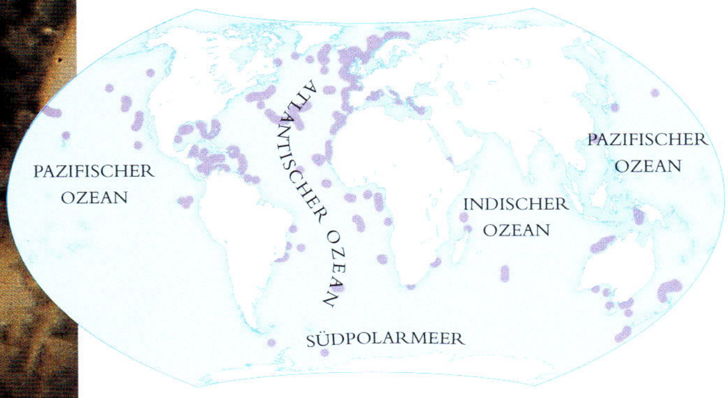

LEBEN IN KALTEN GEWÄSSERN

TIEFSEEKORALLEN

LOPHELIA-RIFF *Dieses Lophelia-Riff liegt im Atlantik vor der Westküste Irlands und kann nur von einem Tauchboot aus erforscht werden. In einigen norwegischen Fjorden gedeiht Lophelia in nur 39 m Tiefe.*

GONIOCORELLA *Diese Lebensgemeinschaft besteht vor allem aus* Goniocorella dumosa*, einer Art, die nur auf der Südhalbkugel vorkommt. Sie bildet Riffe bis in 1500 m Tiefe.*

TIERWELT DER KALTWASSERRIFFE

SPRINGKREBS *Dieser kleine Springkrebs sitzt auf Polypen von* Madrepora oculata *in 390 m Tiefe in der Biskaja im Norden Spaniens.*

KRABBE *der Gattung* Chirostylos *Viele Tiere leben zwischen den Korallen. Diese langbeinigen Krabben klettern im nordöstlichen Atlantik über eine Schwarze Koralle.*

SCHÄDLICHE SCHLEPPNETZFISCHEREI

SCHÄDEN AM RIFF *Fischfanggeräte haben an diesem Riff westlich vor Irland Riffteile abgerissen, die bis zu 8500 Jahre alt sein könnten. Inzwischen ist der Fischfang in der Umgebung dieses Riffs, das Darwin Mounds genannt wird, untersagt.*

SCHLEPPNETZSPUREN *Bevor sie wissenschaftlich untersucht werden konnten, wurden viele Tiefseeriffe durch über den Grund gezogene Schleppnetze schwer geschädigt. Der zerfurchte Meeresgrund hier befindet sich in 885 m Tiefe.*

Meeresboden-Sedimente

Auf dem Grund des Meers haben sich auf riesigen Flächen mächtige Sedimentschichten abgelagert. Silt-, Ton- und Sandlagen, die sich im Lauf von 200 Millionen Jahren aufbauten, bilden heute eine Schicht, die oft mehrere Kilometer mächtig ist. Die Sedimente sind verschiedenen Ursprungs. Terrigene Sedimente stammen vom Festland, es sind vor allem Partikel erodierter Gesteine, die flussabwärts zum Meer und dann den Kontinentalhang hinab zur Tiefseeebene transportiert werden. Biogene Sedimente bestehen vor allem aus harten Gehäuseresten toter Tiere. Ein geringer Teil, die authigenen Sedimente, sind Ausfällungsprodukte des Meerwassers. Sogar kosmische Sedimente lagern sich am Ozeangrund ab, Staubpartikel oder Gesteinsbrocken aus dem Weltraum. Gemeinsam bilden die Sedimente ausgedehnte Ebenen. Verschiedene Tiere suchen hier nach Nahrung oder vergraben sich, um sich zu schützen.

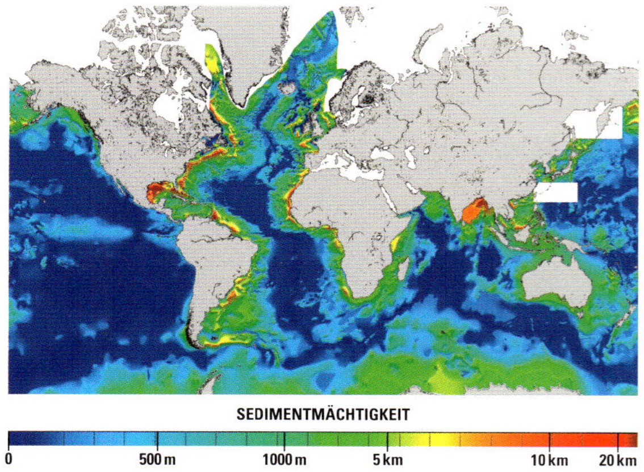

SEDIMENTKARTIERUNG
Die Mächtigkeit der Sedimentschichten kann mit Echolot gemessen und kartiert werden. Manche Gebiete (in der Karte weiß) sind noch immer nicht erforscht. Die Ablagerungen sind in der Nähe der Landmassen am mächtigsten.

WEISSE KLIPPEN VON DOVER
Diese Kalkkliffe waren ursprünglich biogene Schlämme aus Skeletten von Kalkalgen (Coccoliten), die sich am Meeresboden abgelagert haben und nun Hunderte Meter dicke Schichten bilden. Heute befinden sie sich über dem Meeresspiegel.

Sedimente der Tiefsee

Die durchschnittliche Mächtigkeit der Sedimente des Meeresbodens beträgt 450 m, im Atlantik und um die Antarktis können die Schichten bis zu 1000 m dick sein. Am Kontinentalfuß akkumulieren Sedimente, die vom Land herbeitransportiert wurden, schneller und können bis 15 km Mächtigkeit erreichen. Im offenen Meer, weit von ihrem Ursprung auf dem Festland entfernt, bauen sie sich sehr langsam auf: Ein Millimeter bis wenige Zentimeter lagern sich in tausend Jahren ab. Hausstaub sammelt sich in einem normalen Haushalt auf den Möbeln schneller an. Die Sedimente erzählen Wissenschaftlern viel über die letzten 200 Mio. Jahre der Erdgeschichte. Aus Form und Anordnung lassen sich Rückschlüsse auf das Seafloor-Spreading, die Evolution des Lebens im Meer und die Änderungen des Magnetfeldes der Erde ziehen, aber auch Veränderungen der Meeresströmungen und des Klimas hinterlassen Spuren.

PTEROPODENSCHLAMM

Pteropoden sind kleine Flügelschnecken, die im Wasser frei schweben. Ihr Körper ist von einer Schale aus Aragonit (Kalziumkarbonat) umhüllt, die auf den Meeresgrund sinkt, wenn das Tier stirbt. Mithilfe von Pteropodengehäusen können Geologen Rückschlüsse auf Veränderungen von Wassertemperatur und Meeresspiegelhöhe im Lauf der Erdgeschichte feststellen.

Sedimente vom Festland

Die meisten terrigenen Sedimente sind Verwitterungsprodukte von Gesteinen des Festlandes, die vor allem von Flüssen, aber auch von Gletschern und mit dem Wind ins Meer transportiert wurden. Auch bei der Erosion der Küsten entstehen Sedimente, die oft durch untermeerische Rutschungen in die Tiefsee gespült werden. Manchmal ist der Weg vom Festland ins Meer weniger direkt: Vulkanausbrüche schleudern Materie in die obere Atmosphäre, die dann mit den Niederschlägen ins Meer gelangt.

Auf den tiefsten Meeresböden unterhalb von etwa 4000 m ist das bedeutendste Sediment roter Ton, der von den Kontinenten angespült wurde und sich sehr langsam akkumuliert: etwa 1 mm in tausend Jahren. Dieser Ton, der etwa 30 % feiner biogener Partikel enthält, besteht im Wesentlichen aus vier Mineralen: Chlorit, Illit, Kaolinit und Montmorillonit. Die Zusammensetzung hängt von Ursprung und Klima ab.

Leider nimmt auch in der Tiefsee der Müll zu. 2021 fand man Mikroplastik in 28 von 30 Tiefsee-Sedimentbohrkernen aus der Antarktis und dem Südpolarmeer.

STAUBSTÜRME
Winde aus Trockengebieten, etwa Nordafrika (auf dem Satellitenbild zu sehen), transportieren Staub weit ins Meer hinaus, wo er absinkt und Silt bildet.

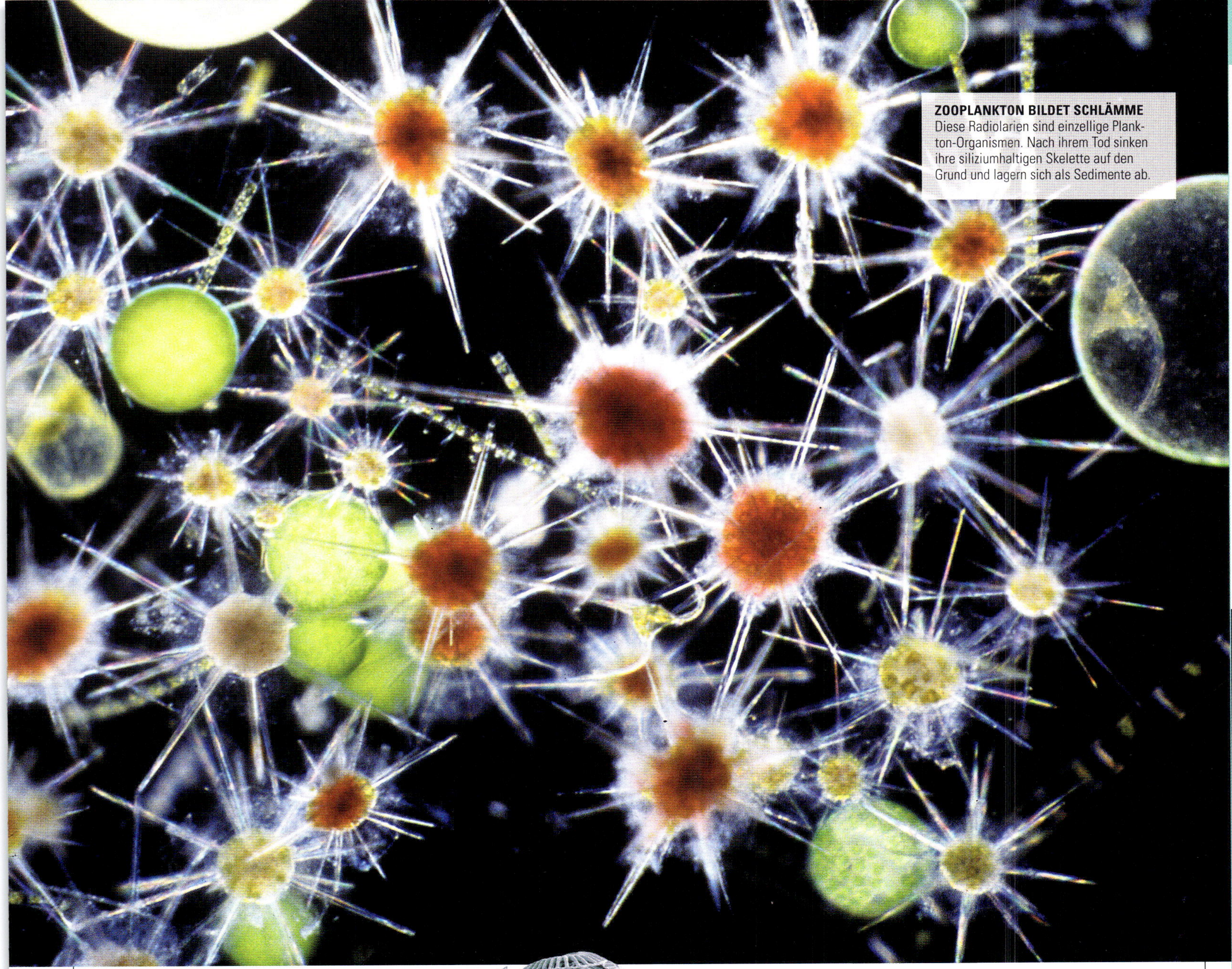

ZOOPLANKTON BILDET SCHLÄMME
Diese Radiolarien sind einzellige Plankton-Organismen. Nach ihrem Tod sinken ihre siliziumhaltigen Skelette auf den Grund und lagern sich als Sedimente ab.

Biogene Schlämme

Biogene Schlämme bilden sich vor allem aus den Schalen und Skeletten mikroskopisch kleiner Organismen, die nach deren Tod zum Meeresgrund sinken – ebenso wie verwesende Überreste größerer Tiere wie Mollusken, Korallen, Kalkalgen und Seesterne. Die Schlämme bestehen aus Kalk, wenn sie aus den Kalziumkarbonatschalen von Foraminiferen, Pteropoden und Coccolithophoren gebildet werden. Die Schalen einzelliger Radiolarien und Diatomeen (Kieselalgen) hingegen enthalten Siliziumdioxid. Da sich Silizium im Meerwasser schnell löst, bildet sich Kieselschlamm nur, wo die Primärproduktion hoch ist. Kalkschalen und Skelette sinken bis in Tiefen ab, in denen das Wasser saurer ist (etwa ab 4500 m Tiefe). In Verbindung mit hohen Drücken führt das dazu, dass sich die Kalkschalen auflösen. Kalkschlämme gibt es deshalb nur oberhalb dieser sogenannten Kalkkompensationstiefe, unterhalb besteht der Meeresboden vor allem aus rotem Tiefseeton.

COCCOLITHOPHORE
Wenn diese Kalkalge abstirbt, wird ihr Gehäuse zum Bestandteil von Kalkschlamm.

FORAMINIFERE
Die winzigen Schalen toter Foraminiferen bauen biogene Schlämme auf.

Nahrungssuche im Schlamm

Der kalk- und siliziumhaltige Niederschlag aus den oberen Wasserschichten sammelt sich am Meeresgrund und ist eine wichtige Nahrungsquelle für Tiere, die in den Sedimenten leben. Bakterien im Schlamm brechen die organischen Reste auf. Die Bakterien selbst werden zusammen mit anderen organischen Stoffen von Unmengen winziger Foraminiferen aufgenommen. Nematoden, Isopoden und kleine Muscheln leben und ernähren sich im Schlamm. Jagende Schlangensterne kriechen mit ihren Armen über den Grund. Seefedern, Haarsterne und Glasschwämme, die auf dem Meeresgrund festsitzen, filtern organische Partikel aus dem Wasser.

Mit ihren Ambulakralfüßchen kriechen die Tiere über das Sediment.

WEIDENDE SEEGURKE
Seegurken wandern über den Meeresgrund und nehmen Sedimente auf, deren organischen Anteil sie verdauen.

Tiefseeebenen, Rinnen, mittelozeanische Rücken

Riesige Gebiete des Meeresbodens sind mit einer dünnen Sedimentlage bedeckt. Das wenige Leben ist auf Nahrung angewiesen, die von oben herabrieselt. An manchen Orten werden die Tiefseeebenen von Reliefstrukturen unterbrochen, die durch tektonische Kräfte entstanden sind. Wo Platten auseinanderdriften, steigt Magma auf und erzeugt mittelozeanische Rücken. Hier entsteht ständig neuer Meeresboden. Doch wo Platten kollidieren, taucht eine Platte ab und bildet eine Tiefseerinne.

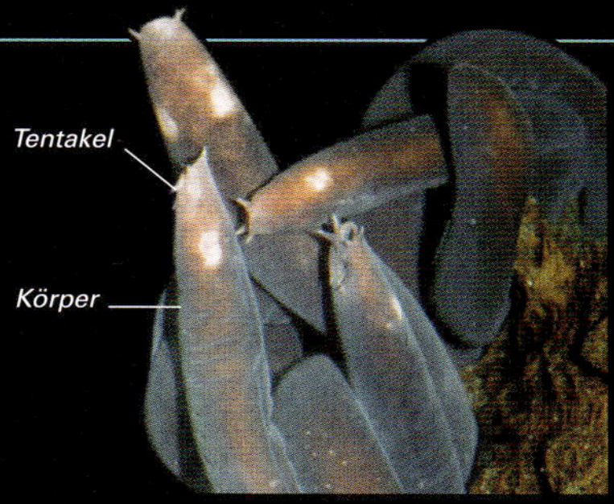

AASFRESSER AM MEERESBODEN
Schleimaale leben von toten Tieren, die in die Tiefsee herabsinken. Diese blinden, kieferlosen Fische werden vom Geruch angelockt. Sie bohren sich mit Hornzähnen in den Körper und geben Schleim ab, der andere Aasfresser vertreibt.

TIEFSEEBODEN
Bei einer jüngeren Untersuchung vor der Ostküste Nordamerikas fand man in einer kleinen Sedimentprobe 798 im Meeresboden vergraben lebende Arten.

Tiefseeebenen

Im Lauf der Zeit haben Sedimente auf dem Meeresboden mehrere Kilometer mächtige Schichten gebildet, die die Topografie verdecken. Riesige flache bis leicht hügelige Tiefseeebenen liegen in der Regel in etwa 4500 m Tiefe. Doch zwischen einigen Ebenen gibt es Tiefenunterschiede mit Schwellen, über die Wasser in untermeerischen »Wasserfällen« mit bis zu 8 km/h zur tiefer liegenden Ebene strömt. Gelegentlich treten »Tiefseestürme« auf, ausgelöst von Instabilitäten der Meeresoberfläche aufgrund bestimmter Zustände der Atmosphäre. Die Tiere dieser Zone sind überwiegend Aasfresser mit Körpertemperaturen nahe der des Wassers. Sie bewegen sich weniger, wachsen viel langsamer, pflanzen sich seltener fort und leben länger als ihre Verwandten in höheren Schichten. Doch selbst in dieser Tiefe sind sie vor der Gefährdung durch Menschen nicht sicher. Es gibt Pilotprojekte zum Abbau von Manganknollen, die man insbesondere auf einem weiten Gebiet im Pazifik zwischen Hawaii und Mexiko findet. Die Knollen enthalten seltene Erden und Minerale, aber der Abbau bedroht die unberührte Umwelt des Meeresbodens.

MANGANKNOLLEN
An manchen Stellen ist die Tiefseeebene mit kartoffelgroßen Manganknollen bedeckt, die oft auch weitere wertvolle Metalle wie Nickel, Kupfer und Kobalt enthalten.

MARINE LEBENSRÄUME

Tiefseerinnen

Tiefseerinnen, traditionell (geologisch aber nicht korrekt) auch Gräben genannt, entstehen in Subduktionszonen. Wo ozeanische und kontinentale Platten kollidieren, sinkt die dichtere, aber dünnere ozeanische Platte unter der mächtigeren, aber weniger dichten kontinentalen Platte ab und wird im Erdmantel aufgeschmolzen. Stoßen zwei ozeanische Platten zusammen, sinkt die ältere Platte unter der jüngeren ab. Die Verbiegung der Platten an der Grenze führt zu einer tiefen Rinne, die meist v-förmig ist mit steileren Hängen an der kontinentalen Seite. Im Pazifik findet die stärkste aktive Subduktion statt, hier liegen 17 der 20 größten Tiefseerinnen. Den Atlantik durchziehen zwei große Rinnen, der Puerto-Rico- und der Sandwich-Graben; im Nordmeer liegt der Molloy-Graben; der Sunda-Graben ist der einzige bedeutende Graben im Indischen Ozean. Die tiefste Stelle der Erde ist der Marianengraben im Pazifik. Nur ein Mensch, der Investor Victor Vescovo, besuchte 2018–2019 an Bord der DSV Limiting Factor (siehe S. 173) die jeweils tiefste Rinne in jedem Ozean, insgesamt fünf an der Zahl.

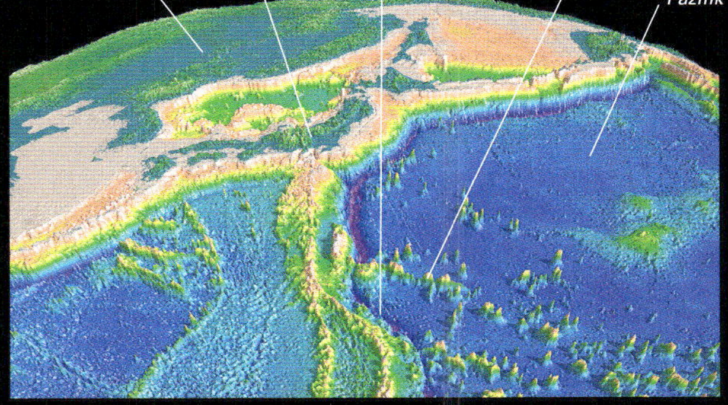

MARIANENGRABEN
Der Marianengraben ist etwa 2500 km lang und 70 km breit.

EIN WAL STIRBT

Von Zeit zu Zeit sinkt ein toter Wal zur Tiefseeebene hinab. Wissenschaftler fanden an den Überresten eines einzigen Wals 12 000 Tiere, die 43 Arten angehörten. Es kann 11 Jahre dauern, bis das gesamte Fleisch eines Blauwals von den Knochen entfernt ist. Später zersetzen Bakterien die Knochen und setzen Sulfide frei, von denen sich Krebstiere, Napfschnecken und Muscheln ernähren.

Leben in Tiefseerinnen

In Tiefseerinnen wurden Tiere selbst in größter Tiefe gefunden. Der Tiefenrekord für einen Fisch hält ein Bartmännchen, *Abyssobrotula galatheae*. Es wurde 1970 im Puerto-Rico-Graben in einer Tiefe von 8400 m gefangen. 1998 sammelte das unbemannte japanische Tauchboot *Kaiko* einige große Amphipoden (Flohkrebse) namens *Hirondellea gigas* am Boden des Marianengrabens. Später entdeckte man, dass sie Holz zersetzende Enzyme in ihrem Verdauungssystem besitzen. Vermutlich können sie also versunkenes Treibholz verdauen. *Kaiko* sammelte zudem Bodenproben, die 432 verschiedene Foraminiferen- und eine Anzahl von Bakterienarten enthielten.

Seit 2010 wurden einige riesige, über 10 cm große, einzellige Organismen im Marianengraben und an anderen Stellen beobachtet, die zu den Xenophyophoren (einer Klasse der Foraminiferen) gehören. Kameras an Bord der *Deepsea Challenger*, die 2012 zum Grund des Marianengrabens tauchte, haben Seegurken und eine Qualle neben Xenophyophoren und Flohkrebsen (Amphipoden) aufgenommen.

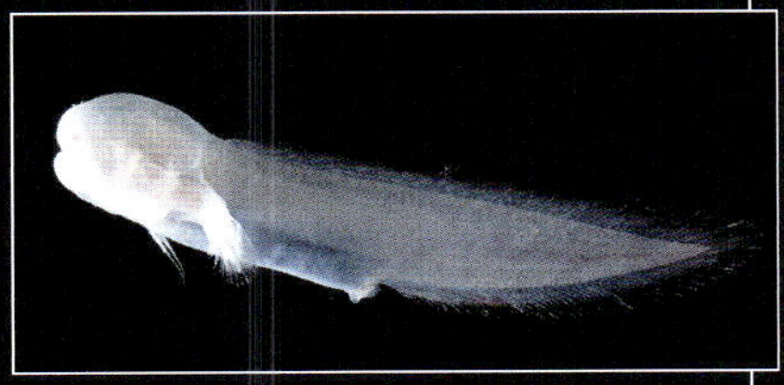

APHYONUS GELATINOSUS
Einige wenige dieser merkwürdigen Fische wurden im Atlantik, Pazifik und Indischen Ozean in Tiefen von mindestens 3000 m auf dem Meeresboden gesammelt. Sie haben winzige Augen und sind wie viele Tiefseefische fast durchsichtig.

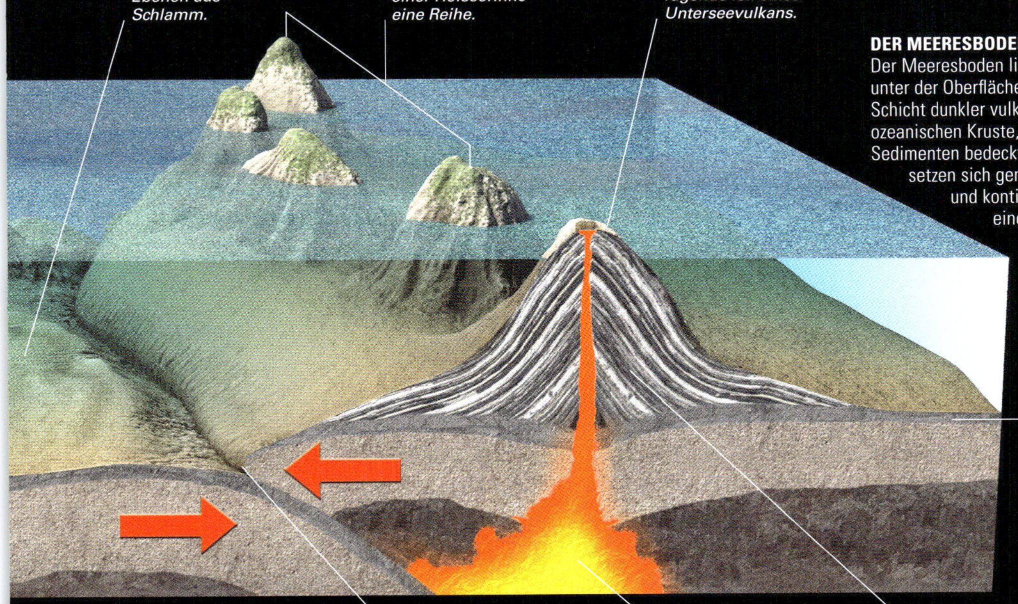

DER MEERESBODEN
Der Meeresboden liegt im Mittel etwa 3,7 km unter der Oberfläche. Er besteht aus einer Schicht dunkler vulkanischer Gesteine, der ozeanischen Kruste, die von schlammigen Sedimenten bedeckt ist. Tektonische Platten setzen sich generell aus ozeanischer und kontinentaler Kruste sowie einem Teil des Erdmantels zusammen. Strukturen wie Vulkaninseln und Seamounts entstehen durch Magmaausbrüche.

FORSCHUNG

DIE *TRIESTE*-EXPEDITION

1960 tauchten zwei Ozeanografen, Don Walsh und Jacques Picard, im Tauchboot *Trieste* im Challenger-Tief im Marianengraben bis in 10 911 m Tiefe ab. Der Abstieg dauerte fünf Stunden und schon nach 20 Minuten begann die Crew wieder aufzusteigen. Spätere Tauchboote tauchten noch 17 m tiefer.

Der pazifische Feuerring

Fast überall an den Rändern des Pazifik kollidieren Platten der Erdkruste. Sie formen einen Gürtel rund um den Pazifik, den »pazifischen Feuerring«, in dem eine hohe vulkanische Aktivität und häufige Erdbeben kennzeichnend sind. Der Feuerring erstreckt sich in einer Abfolge von Bögen über 30 000 km von Neuseeland über Japan und entlang der Westküste Nord- und Südamerikas nach Patagonien. Etwa drei Viertel des Pazifik liegen auf nur einer Platte, der Pazifischen Platte, die an den Rändern mit der Nordamerikanischen und Australischen Platte sowie den mit ihnen verbundenen kleineren Platten kollidiert. Wo die Pazifische, die Kokos- und die Nazca-Platte sich unter die jüngeren, leichteren Ränder benachbarter Platten schieben, bewegen sich riesige Gesteinsmassen aneinander vorbei, sodass Erdbeben stattfinden.

Eine Reihe von Tiefseerinnen, die sich in Bögen um den Feuerring legen, markieren die Grenzen, an denen die subduzierenden Platten unter die benachbarten Platten absinken. Parallel zu diesen Rinnen – typischerweise etwa 150 km entfernt und stets auf der Seite der oben liegenden Platte – liegen Bögen von höchst aktiven Vulkanen, entweder in Form vulkanischer Inselbögen oder (auf der östlichen Seite des Atlantiks) von Vulkanketten an Land, wie den mittelamerikanischen Vulkanen.

RÜCKZUGSGEBIETE

Inseln an mittelozeanischen Rücken bieten vielen Seevögeln Brutplätze und Nahrung, da vor der Küste nährstoffreiche Strömungen aufsteigen. Die Rußseeschwalbe kommt in allen tropischen Meeren vor und nistet auf Inseln. Katzen und Ratten haben ihre Population auf der Insel Ascension halbiert, aber seit Katzen 2004 ausgerottet wurden, erholt sich ihre Zahl.

SCHWERPUNKTE VULKANISCHER AKTIVITÄT
Auf dieser Karte sind die Gebiete vulkanischer Aktivität um den Pazifik eingezeichnet, dem pazifischen Feuerring. Die Vulkane brechen aus, wenn ozeanische Platten unter anderen Platten absinken.

DER RÜCKEN AUF DEM FESTLAND
Der Großteil des enorm langen mittelatlantischen Rückens befindet sich weit unter der Meeresoberfläche. Auf Island, wo die Eurasische und Nordamerikanische Platte auseinanderdriften, tritt er auf dem Festland zutage.

WHAKAARI
Whakaari (Weiße Insel) ist ein aktiver Vulkan vor der Ostküste der Nordinsel Neuseelands und Teil des pazifischen Feuerrings. Im Dezember 2019 brach er explosiv aus, und 22 Touristen kamen dabei ums Leben.

KISSENLAVA
Lava strömt langsam aus den Spalten der mittelozeanischen Rücken aus. Beim Zusammentreffen mit kaltem Meerwasser kühlt sie schlagartig ab und bildet kissenförmige Blöcke, die sogenannte Kissenlava. Etwa 3,5 km² neuer Meeresboden entstehen jährlich an mittelozeanischen Rücken.

Mittelozeanische Rücken

Wo Platten der Erdkruste auseinanderdriften, entsteht eine Riftzone, an der sich neuer Ozeanboden bildet. Magma steigt hier aus dem Erdmantel auf und Vulkane und unterseeische Gebirgsketten erheben sich zu mittelozeanischen Rücken. Die Lava kühlt im Meerwasser ab und verfestigt sich zu senkrechten Basaltgängen oder zu Kissenlava (siehe S. 42).

Mittelozeanische Rücken sind Zonen, in denen neuer Ozeanboden entsteht. Grate und Lavafelder bleiben so lange sichtbar, bis sich darüber Sedimente ablagern. Manchmal ragen Vulkane über dem Meeresspiegel auf und bilden Inseln wie Island. An manchen mittelozeanischen Rücken driften die Platten langsam auseinander, und in der Mitte bildet sich ein Grabenbruch. Wo die Plattenbewegung schneller ist, entsteht kein Grabenbruch. An Transformstörungen wird der Rücken seitlich versetzt. Bei diesen Vorgängen entstehen Spalten, in die Wasser eindringt und in hydrothermalen Schloten (siehe S. 188) wieder austritt. Das System mittelozeanischer Rücken ist die größte Struktur der Erde nach den Kontinenten und Ozeanen selbst.

ASCENSION
Ascension erhebt sich am mittelozeanischen Rücken im Südatlantik über den Meeresspiegel. Die Insel mit einer Fläche von 90 km² ragt am Green Mountain bis in 859 m Höhe auf. Rußseeschwalben brüten hier und Meeresschildkröten legen am Strand ihre Eier ab.

OZEANREISENDE
Auf Macquarie Island auf dem Macquarie-Rücken südlich von Neuseeland nisten Schwarzbrauen-Albatrosse. Zum Ende der Brutsaison ziehen die Vögel in das Südpolarmeer.

Die mittelozeanischen Rücken der Erde

Der längste mittelozeanische Rücken befindet sich dort, wo sich die Eurasische und Afrikanische Platte von der Nord- und Südamerikanischen Platte entfernen. Der Rücken verläuft entlang dieser Plattengrenze 16 000 km vom Nordpolarmeer zur Südspitze Afrikas. Er steigt 2000 bis 4000 m vom Meeresgrund auf.

Entlang des Mittelatlantischen Rückens gibt es viele Vulkane – am berühmtesten sind die isländischen. Ein Ausbruch nahe Islands schuf 1963 die neue Vulkaninsel Surtsey. Ascension und die Azoren liegen ebenfalls auf dem Rücken, während St. Helena und Tristan da Cunha etwas abseits aus isolierten Vulkanen entstanden sind. Im Pazifik ist der Ostpazifische Rücken der bedeutendste Rücken. Er weist weltweit die größten Spreading-Raten auf. Mehrere mittelozeanische Rücken umgeben die Antarktis an den Grenzen der Antarktischen Platte und der benachbarten Platten. Der Carlsberg-Rücken verläuft durch das Zentrum des Indischen Ozeans.

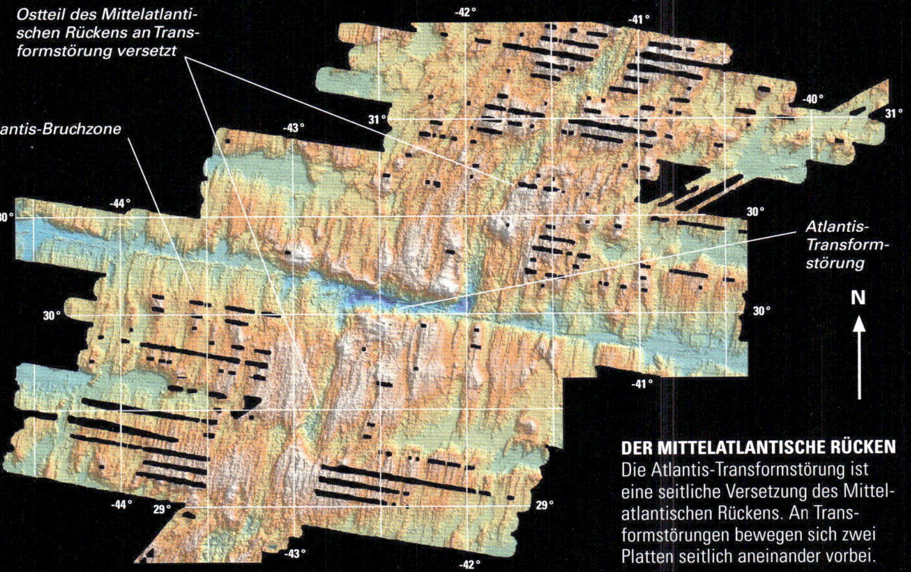

DER MITTELATLANTISCHE RÜCKEN
Die Atlantis-Transformstörung ist eine seitliche Versetzung des Mittelatlantischen Rückens. An Transformstörungen bewegen sich zwei Platten seitlich aneinander vorbei.

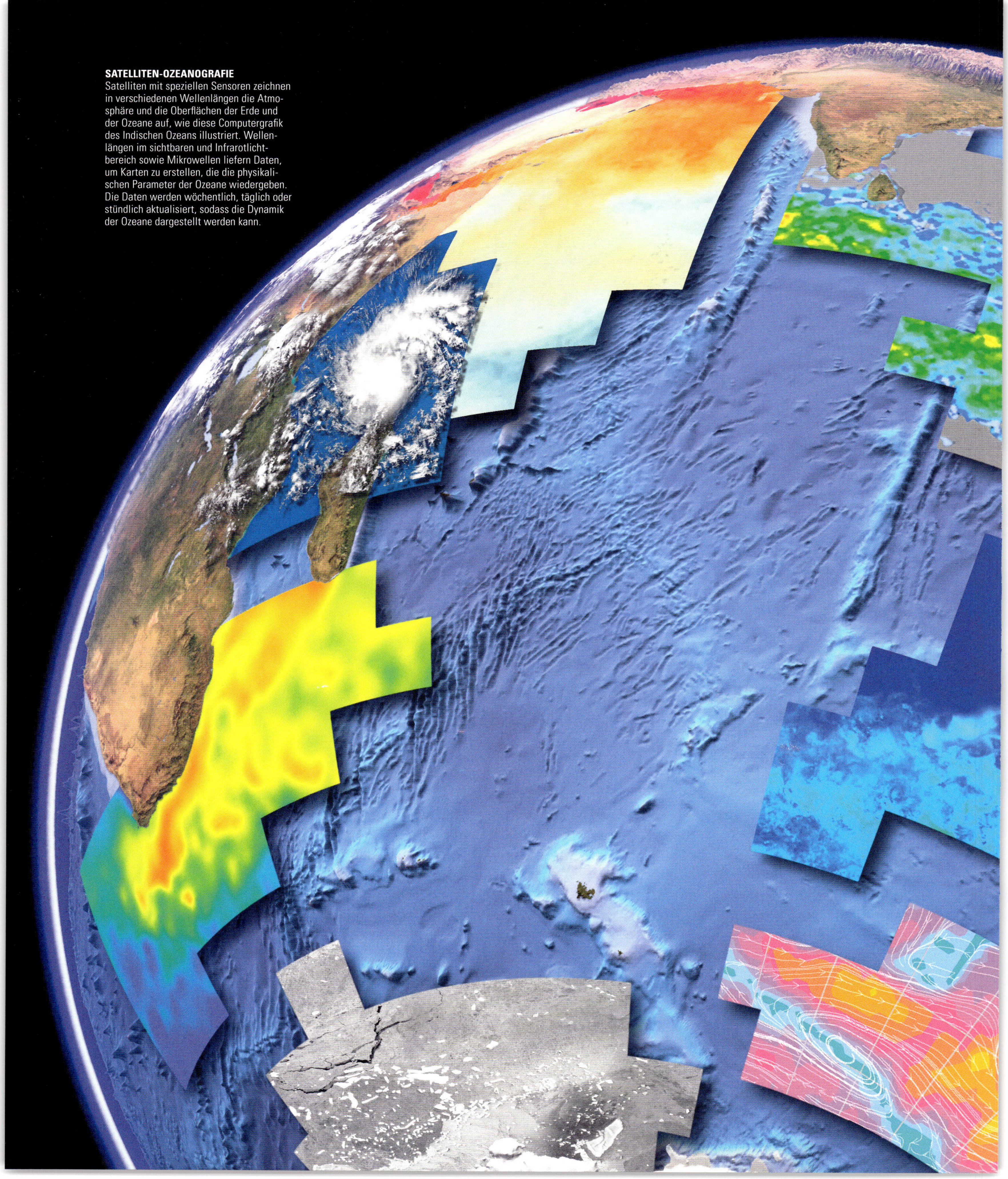

SATELLITEN-OZEANOGRAFIE
Satelliten mit speziellen Sensoren zeichnen in verschiedenen Wellenlängen die Atmosphäre und die Oberflächen der Erde und der Ozeane auf, wie diese Computergrafik des Indischen Ozeans illustriert. Wellenlängen im sichtbaren und Infrarotlichtbereich sowie Mikrowellen liefern Daten, um Karten zu erstellen, die die physikalischen Parameter der Ozeane wiedergeben. Die Daten werden wöchentlich, täglich oder stündlich aktualisiert, sodass die Dynamik der Ozeane dargestellt werden kann.

Ozeanografie aus dem Weltraum

Die Ozeane der Erde haben so riesige Ausmaße, dass es nicht möglich ist, sie nur mit Schiffen zu erforschen. Erstellte man allein aus allen Echolot-Daten des 20. Jahrhunderts eine Karte, würde sie nur spärliche Information über den Meeresboden liefern und großflächig zahlreiche weiße Flecken aufweisen. Seit den 60er-Jahren des 20. Jahrhunderts revolutionierten satellitengestützte Messmethoden die Ozeanografie. Zum ersten Mal erhielt man Aufnahmen eines gesamten Ozeanbeckens. Die ersten Wettersatelliten ermöglichten es erstmals, Hurrikane vorherzusagen. Verschiedene Sensoren wurden entwickelt, mit denen man viele physikalische Parameter der Meeresoberfläche und der Atmosphäre messen konnte.

Wasserfarbe, Temperatur, Salinität, Meeresspiegelhöhe und Oberflächenrauigkeit können systematisch erfasst werden. Satellitengestützte Verfahren finden bei Wettervorhersagen, in der Fischfangindustrie, beim Auffinden von Erdöl und in der Navigation praktische Anwendung. Kontinuierliche Beobachtungen über Zeiträume von bis zu 40 Jahren ermöglichten es der Wissenschaft, jahreszeitliche und langfristige Veränderungen der Ozeane zu messen und deren Auswirkungen auf das Weltklima besser zu verstehen.

Meerestiefenmessung mit Satelliten

Satelliten können nicht direkt messen, in welcher Tiefe sich der Meeresboden befindet, sondern ermöglichen den Vergleich der Meeresspiegelhöhe mit einem Referenzwert und so die Schätzung der Meeresbodentiefe. Die Meeresoberfläche ist nicht eben. Wassersäulen über Schwerkraftanomalien haben viel größere Auswirkungen auf die Meeresoberfläche als Gezeiten, Winde und Strömungen wie z.B. Seamounts.

SENTINEL-6 *Sentinel-6 trägt ein Radar-Altimeter, das den Instrumenten ähnelt, mit denen Flugzeuge die Flughöhe über der Erdoberfläche messen.*

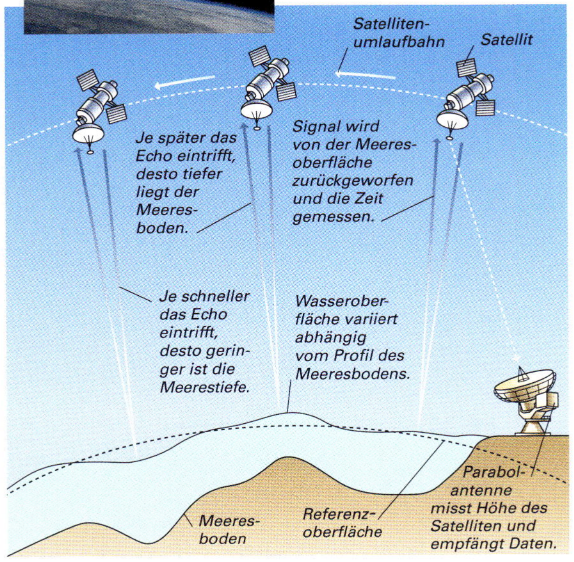

FORSCHUNG VOM WELTRAUM AUS

SALINITÄT

SALINITÄT (SALZGEHALT) *Mikrowellenemissionen von der Meeresoberfläche geben Informationen über den Salzgehalt des Wassers. Salzreiche Meere wie das Rote Meer erscheinen auf dieser Karte rot, während relativ salzarmes Wasser blau erscheint.*

WETTER

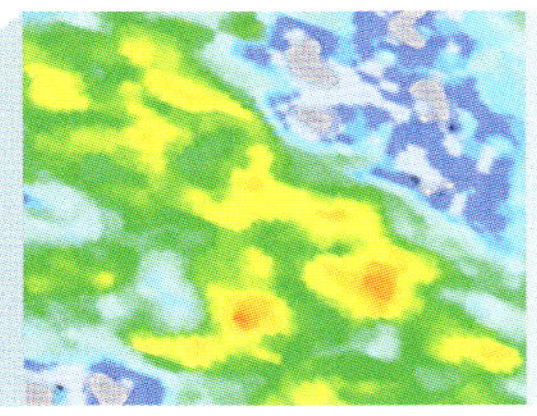

NIEDERSCHLÄGE *Der Satellit Tropical Rainfall Measuring Mission kann mit einem Mikrowellen-Radiometer flüssiges Wasser in der Atmosphäre wahrnehmen. Niederschlagsmessungen sind die Grundlage von Modellen von Klima und Ozeanen.*

VEGETATION

CHLOROPHYLL *Spezielle Kameras messen mit Wellenlängen im Bereich des sichtbaren Lichts die Chlorophyllkonzentration im Phytoplankton. Damit kann man die Wasserqualität ermitteln, Fischschwärme aufspüren oder andere Aspekte der Meeresbiologie beleuchten.*

WINDGESCHWINDIGKEIT

MIKROWELLEN-SCATTEROMETER *Windgeschwindigkeit und Windrichtung werden von Satelliten gemessen, die Radiowellen auf die Meeresoberfläche senden. Vom Wind erzeugte Meereswellen modifizieren das Signal, das zurückgeworfen wird. Die Daten werden in der Meteorologie und Klimaforschung ausgewertet.*

EISDECKE

SYNTHETIC APERTURE RADAR *Abbildende Radarsysteme wie das von Radarsat durchdringen Wolken und können auch in der Dunkelheit der langen Polarnacht Schelfeis, Packeis und Eisberge verfolgen.*

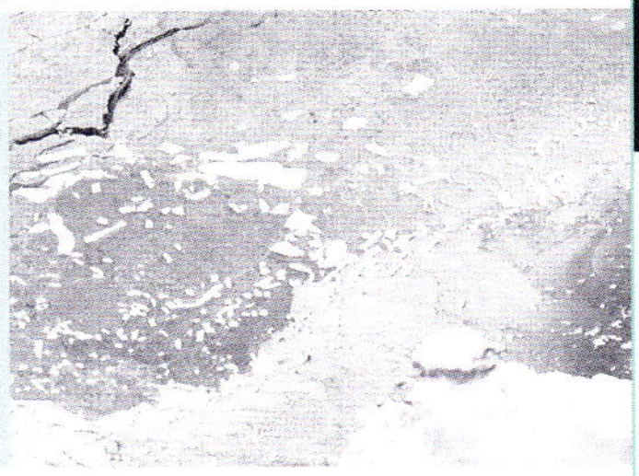

TEMPERATUR

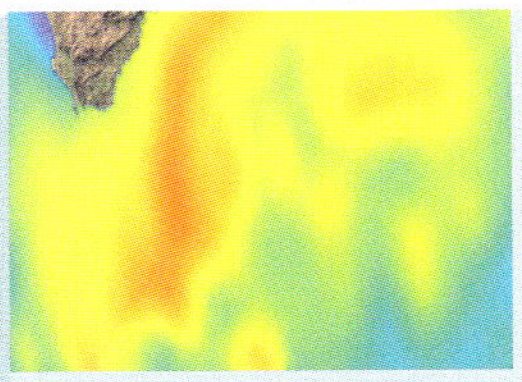

OBERFLÄCHENTEMPERATUR *Infrarot-Radiometer können die Temperatur der Meeresoberfläche sehr genau messen. Veränderungen von Strömungen, Auftriebe kalten Wassers und der Verlauf von Fronten können so ausgewertet werden.*

UNTERWASSERFAHRZEUGE *Heute entwickelt man eine neue Generation von Instrumenten, die in den riesigen Ozeanen der Erde Daten aufnehmen. Unterwasserfahrzeuge oder »Sea Gliders« können weite Strecken zurücklegen und steigen täglich zur Oberfläche auf, um ihre Daten über Satellit weiterzugeben.*

Raucher und kalte Quellen

Hydrothermale Schlote ähneln heißen Quellen an Land. Sie befinden sich in der Nähe von mittelozeanischen Rücken und Riftzonen in einer Tiefe von rund 2000 m, wo sehr heißes, mineralreiches Meerwasser austritt. Manchmal bilden sich hohe Schornsteine aus Mineralkrusten, die ausfallen, wenn das heiße Wasser auf kaltes Meerwasser trifft. In der warmen Umgebung der Schlote siedeln sich spezielle Lebensgemeinschaften an, die einzigen Lebensformen, die völlig ohne Sonnenlicht existieren können. An Kalten Quellen treten Kohlenwasserstoffe langsam aus.

FORSCHUNG

ENTSTEHUNG WEISSER RAUCHER

Die ersten hydrothermalen Schlote, die man 1977 entdeckte, waren Schwarze Raucher. Als man andere mittelozeanische Rücken erkundete, stieß man auf weitere Schlotsysteme. Manche unterschieden sich von den Schwarzen Rauchern: Die Suspension war weiß, kühler, sie trat langsamer aus und die Schlote waren kürzer. Man nannte sie Weiße Raucher.

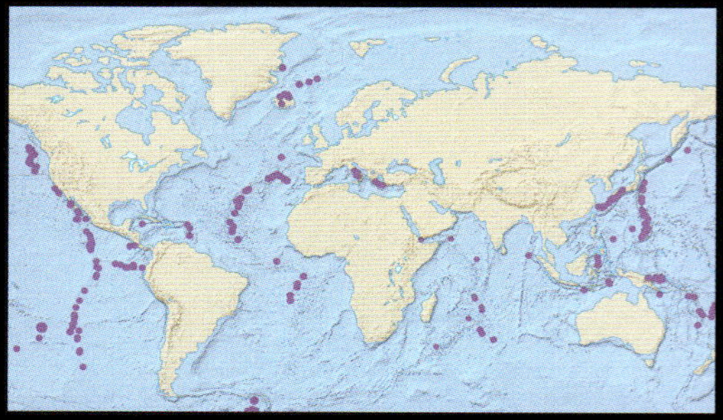

VERBREITUNG HYDROTHERMALER SCHLOTE
Seit ihrer Entdeckung 1977 fand man hydrothermale Schlote im Pazifischen und Indischen Ozean, im Atlantik und sogar in der Arktis, immer in der Nähe mittelozeanischer Rücken.

Hydrothermale Schlote

Hydrothermale Schlote bilden sich immer in der Nähe von mittelozeanischen Rücken und Riftzonen (siehe S. 185), wo neue ozeanische Kruste entsteht und Magma aus dem Erdmantel sich relativ nahe an der Oberfläche befindet. Meerwasser dringt in den spaltenreichen Meeresboden ein und gelangt einige Kilometer tief in die neu entstandene Kruste in die Nähe des heißen Magmas, die sich darunter befindet. So erhitzt sich das Wasser auf 350–400 °C. Die hohen Drücke in diesen Tiefen verhindern, dass das Wasser kocht, deshalb wird es enorm heiß und löst Minerale aus den umgebenden Gesteinen, darunter Schwefel, sodass sich Schwefelwasserstoff bildet. Das heiße Wasser steigt durch Spalten auf und strömt angereichert mit Mineralen wie eine Rauchwolke aus dem Schlot.

Schwarze und Weiße Raucher

Wenn überhitztes Wasser aus einem hydrothermalen Schlot austritt, trifft es auf das kalte Wasser in der Tiefsee. Sofort reagiert Schwefelwasserstoff im Wasser des Schlots mit gelösten Metallen, darunter Eisen, Kupfer und Zink, und Schwefelpartikel fallen aus, die sich manchmal am Meeresboden ablagern. Wenn das Wasser besonders heiß ist, schießt es hervor, bevor es im umgebenden Meerwasser abkühlt; Metallsulfide bilden dann eine Wolke aus schwarzen, rauchähnlichen Partikeln. Manche dieser Minerale bilden eine Kruste um die »Rauchfahne«, die zu einem Schornstein anwächst, der über 10 m hoch werden kann. Diese Schlote nennt man Schwarze Raucher. Später wurden Schornsteine eines anderen Typs entdeckt. Hier fallen die schwarzen Sulfide schon vor dem Ausströmen unterhalb des Meeresbodens aus. Weißes Siliziumoxid und Anhydrit bilden hier die Rauchfahne eines »Weißen Rauchers«.

ENTSTEHUNG EINES RAUCHERS
Wasser, das vom Magma tief unter dem Meeresboden erhitzt wird, löst Minerale aus dem Gestein. Wenn es aus Schloten austritt, kühlt es im Meerwasser ab, Minerale fallen aus und »Rauchwolken«, weiß oder schwarz, steigen auf. Metallische Minerale setzen sich ab und bilden Schlote.

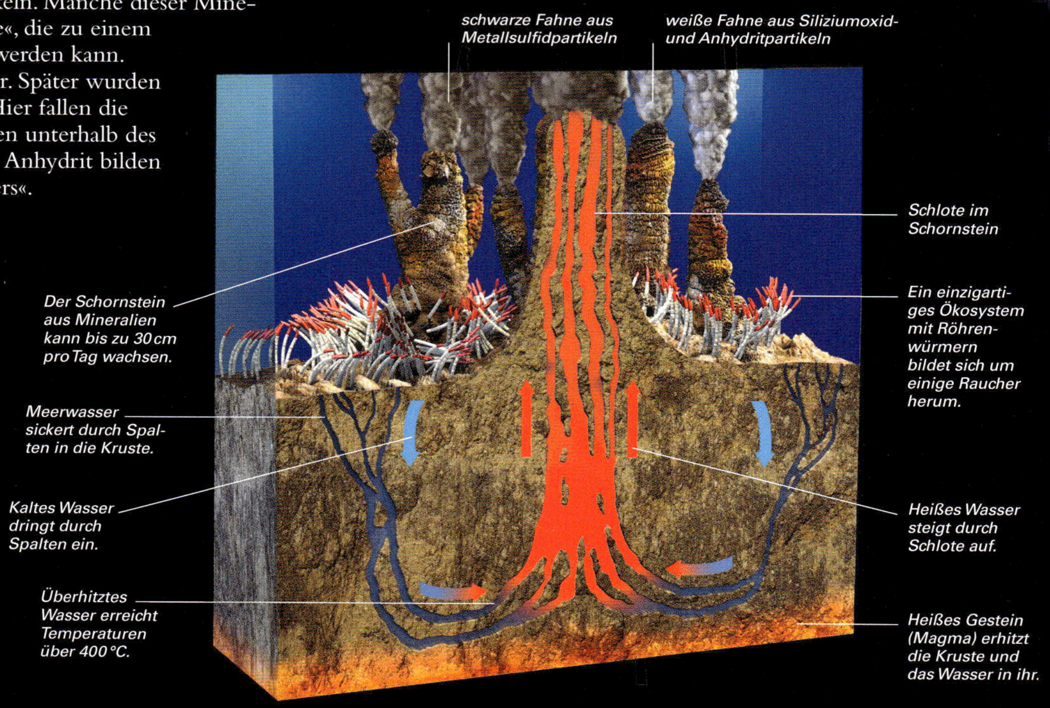

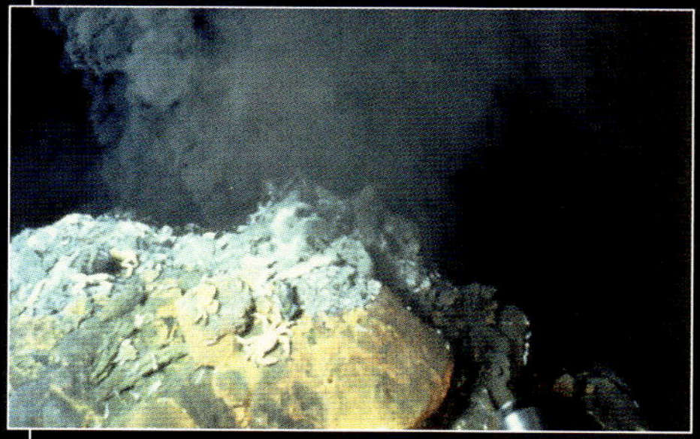

RAUCHENDE SCHLOTE
Minerale, die ausgefällt werden, können den Schlot eines Schwarzen Rauchers täglich bis zu 30 cm anwachsen lassen. Die Schlote sind jedoch nicht stabil und fallen in sich zusammen, wenn sie eine gewisse Höhe erreichen.

SCHWARZER RAUCHER
Dieser Schwarze Raucher, der von *Alvin* aus aufgenommen wurde, ähnelt dem Ersten seiner Art, den Wissenschaftler 1977 zum ersten Mal beobachteten.

Leben ohne Sonnenlicht

Die ersten Biologen, die hydrothermale Schlote erforschten, waren erstaunt über den Reichtum an Leben: Massen von Napfschnecken, Garnelen, Seeanemonen und Röhrenwürmern neben riesigen Venusmuscheln sammelten sich um die Schlote. Weiße Krabben und einige Fische lebten dazwischen. Viele Tiere, die in der Dunkelheit leben, sind auf Nahrung angewiesen, die aus den sonnendurchfluteten Schichten oberhalb herabsinkt; die Tiere hier sind insofern einmalig, als sie kein Sonnenlicht zum Leben benötigen. Weiße Bakterienmatten um die Schlote sind der Schlüssel zu diesem Phänomen: Sie nutzen Schwefelwasserstoff aus dem Wasser der Raucher zur Chemosynthese und sind die wichtigste Nahrungsquelle der hier lebenden Tiere.

FISCH AM SCHLOT
Dieser Fisch, eine Aalmutter, ernährt sich von Muscheln, Garnelen und Krabben, die um die Schlote leben.

GEISTERHAFTE KRABBE
Die Krabbe ***Bythograea thermydron*** ist eine von vielen Arten, die an hydrothermalen Schloten vorkommen. Wissenschaftler beschreiben mehr und mehr neue Arten aus diesen Lebensräumen.

VERSCHIEDENE TIERGEMEINSCHAFTEN
Tiergemeinschaften an unterseeischen Rauchern unterscheiden sich. Am Mittelatlantischen Rücken kommen viele weiße Garnelen (siehe rechts) vor, die von Schwefelbakterien leben, aber es gibt keine Venusmuscheln.

Kalte Quellen

Die Lebensgemeinschaften an hydrothermalen Schloten zeigten, dass nicht alles Leben in der Tiefsee auf Sonnenenergie angewiesen ist. Bald fand man andere Organismen am Meeresgrund, die in der Dunkelheit überleben können. Im Golf von Mexiko leben vielfältige Tierkolonien in geringer Tiefe, wo Erdöl gefördert wird. Hier treten Methan und andere Kohlenwasserstoffe ins Meer aus. Bakterien nutzen sie zur Energiegewinnung und bilden die Basis einer Nahrungskette, zu der Weichkorallen, Röhrenwürmer, Krabben und Fische gehören. Tiergemeinschaften in Tiefseerinnen vor der Küste Japans oder zwischen Kalifornien und Washington (USA) hängen von Methan aus tektonischer Aktivität ab. Gemeinschaften an kalten Quellen sind unter 550 m Tiefe häufiger als vermutet, obwohl dort nicht direkt Kohlenwasserstoffe austreten. Sie leben wohl von Sedimenten, die durch Hangrutsche oder Strömungen freigelegt werden.

LEBEN AN EINER KALTEN QUELLE
Muscheln mit symbiotischen Methanbakterien leben neben Röhrenwürmern, Weichkorallen, Krabben und einer Aalmutter an dieser kalten Quelle in 3000 m Tiefe auf dem Meeresboden vor Florida.

WURM OHNE MUNDÖFFNUNG

Dieser Bartwurm der Gattung *Riftia* kann 2 m lang und so dick wie ein menschlicher Arm werden. Seine Nahrungsaufnahme ist kompliziert. Im Körper beherbergt er in einem speziellen Organ, dem Trophosom, symbiotische Bakterien. Die roten Kiemenbüschel filtern Sulfide aus dem Wasser des Rauchers, während die Bakterien damit organische Verbindungen erzeugen, die der Wurm konsumiert.

DIE BEIDEN POLARMEERE sind der Arktische Ozean, auch Nordpolarmeer genannt, sowie der Südliche Ozean (Südpolarmeer), der den Kontinent Antarktika umgibt. In vieler Weise unterscheiden sich die Polarmeere von anderen Ozeanen, nicht zuletzt durch die gewaltigen Eismassen, die auf ihnen treiben. Meereis entsteht, wenn Meerwasser gefriert, Eisberge und Schelfeis hingegen bestehen aus gefrorenem Süßwasser. Die Temperaturschichtung ist in den Polarmeeren geringer als in anderen Meeren und auch die Zirkulationsmuster, zum Teil vom Wind getrieben, aber auch von Faktoren wie dem Zustrom von Flüssen (im Arktischen Ozean) und der Meereisbildung beeinflusst, sind anders. Die Ränder des Meereises sind biologisch produktiv, hier treten im Sommer Planktonblüten auf, die viele Fische, Vögel und Säugetiere anlocken.

POLARMEERE

PINGUINE UNTER DEM EIS
Diese Kaiserpinguine schwimmen in der Antarktis vor der Küste in einer Spalte im Eis. Sie können 530 m tief tauchen und bis zu 20 Minuten unter Wasser bleiben.

Schelfeis

Als Schelfeis werden riesige schwimmende Eisplatten bezeichnet, die sich bilden, wo Gletscher von einem kontinentalen Eisschild ins Meer fließen. Die landwärtige Seite ist fest mit der Küste verbunden und erhält Nachschub von Gletschern oder Eisströmen, die vom Eisschild abwärtsfließen. Zum Meer hin befindet sich meist ein Eiskliff, von dem periodisch riesige Eismassen abbrechen (»kalben«) und als Eisberge verdriften. Schelfeisbildung tritt vor allem in der Antarktis auf, in der Arktis gibt es nur wenige kleine Schelfeisgebiete.

PORTRÄT

SIR JAMES CLARK ROSS

Der britische Marineoffizier Sir James Clark Ross (1800–1862) erkundete als junger Mann die Arktis. 1839 brach er auf, um den magnetischen Südpol zu finden, und erreichte am 11. Januar 1840 die Antarktis westlich des heutigen Rossmeers. Ross und seine Mannschaft entdeckten auch ein über 50 m hohes Eiskliff, das man später nach ihm Ross-Schelfeis nannte.

Antarktisches Schelfeis

Schelfeis umgibt etwa 44 Prozent des Kontinents Antarktika und bedeckt eine Fläche von etwa 1,5 Millionen Quadratkilometern. Das größte ist das Ross-Schelfeis, das von Sir James Clark Ross entdeckt wurde (siehe Kasten oben). Es ist mit einer Fläche von etwa 487 000 Quadratkilometern so groß wie Frankreich und wird von sieben verschiedenen Eisströmen genährt. Das zweitgrößte, das Filchner-Ronne-Schelfeis, bedeckt etwa 430 000 Quadratkilometer. Etwa 15 andere dieser Eisplatten befinden sich an den Rändern des Kontinents. Seit 1995 haben sich einige kleinere Schelfeisplatten um die Antarktische Halbinsel, darunter Teile des Larsen-Schelfeises, abgelöst, wahrscheinlich als Folge der Erwärmung der Meere (siehe S. 487).

ANTARKTISCHES SCHELFEIS
Die beiden größten Schelfeisflächen, das Ross- und das Filchner-Ronne-Schelfeis, befinden sich auf beiden Seiten von Westantarktika.

Struktur und Verhalten

Jedes Schelfeis ist bis zu der sogenannten Aufsetzlinie am Meeresboden verankert und hat einen vorderen Teil, der im Wasser aufschwimmt. Dieser ist meistens 100–1000 m mächtig, nur etwa ein Neuntel ragt jedoch über die Meeresoberfläche. Der hintere Schelfbereich ist fixiert, während der vordere sich mit den Gezeiten auf und ab bewegt, was dazu führt, dass Spannungen entstehen und sich Spalten bilden. Außerdem findet eine Eisbewegung vom hinteren zum vorderen Schelfbereich statt, wo gelegentlich große tafelförmige Eisberge kalben. Manchmal findet auch eine langsame Aufwärtsbewegung des Eises statt, da Meerwasser unten am Schelf gefriert und Eis an der Oberfläche im Sommer schmilzt und verdampft. Ablagerungen vom Meeresboden gelangen auf diese Weise manchmal zur Oberfläche.

KALBENDES SCHELFEIS
Der vordere Teil eines Schelfeises bricht manchmal auf und die Stücke treiben als Tafeleisberge ins Meer. Jedes der Stücke in diesem Bild ist mehrere Quadratkilometer groß.

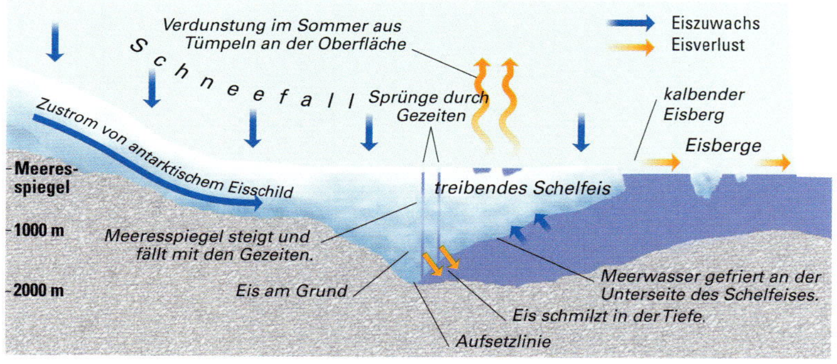

ZUWACHS UND VERLUST
Die Eismenge eines Schelfeises nimmt zu, indem Gletscher an seinem landwärtigen Ende münden, Schnee auf das Eis fällt und Meerwasser unten am Schelf gefriert. Es verliert an Masse, wenn Eisberge kalben, Teile der Unterseite abschmelzen, Verdunstung stattfindet und im Sommer Eis an der Oberfläche schmilzt.

EISKLIFF
Dieses riesige Eiskliff wurde am meerwärtigen Ende des Riiser-Larsen-Schelfeises fotografiert. Im Vordergrund stehen Kaiserpinguine Schlange, um nacheinander in die Atka-Bai im Weddellmeer zu springen.

Eisoberfläche

Die Oberfläche des antarktischen Schelfeises ist unwirtlich. Fast das ganze Jahr über wehen kalte Luftströme, die katabatischen Winde, vom antarktischen Eisschild herab. Die Oberfläche des Eises ist nicht flach, denn die Winde formen Serien von Erhebungen und Rinnen, die Sastrugi genannt werden und meist unter einer Schneedecke liegen. In einigen Gebieten ist die Oberfläche mit Geröll von zufließenden Gletschern oder sogar mit Material bedeckt, das durch vertikale Eisbewegung vom Meeresgrund hochtransportiert wurde. Im Sommer bilden sich stellenweise kleine Tümpel, die von kleinen Organismen besiedelt werden. Im Innern des Schelfeises erzeugen die Gezeiten gewöhnlich Sprünge und Spalten.

HÖHLE IM SCHELFEIS
Im Sommer vergrößern sich die Gletscherspalten im Schelfeis oft und bilden schließlich Höhlen.

Unter dem Schelfeis

Die ausgedehnten Wasserkörper unter dem antarktischen Schelfeis gehören zu den letzten unerforschten Regionen der Erde. Meerwasser zirkuliert hier vermutlich ständig, weil sich um das Schelf neues Eis bildet. Beim Gefrieren bleibt das Meersalz zurück und das umgebende Wasser wird dichter, sinkt ab und treibt die Zirkulation an. In jüngerer Zeit versuchte man wiederholt, diese Gebiete zu erforschen, und setzte Roboter-Tauchboote für Messungen ein. Über die Organismen, die hier leben, ist wenig bekannt, 2005 entdeckte man jedoch eine Gemeinschaft von Muscheln und Bakterienmatten am Meeresboden unter dem Larsen-B-Schelfeis, als es zerbrach (siehe S. 487).

LEBEN UNTER DEM EIS
Tiere wie dieser Seestern und Würmer leben in den seichten Meeren um Antarktika und vielleicht auch unter dem Schelfeis.

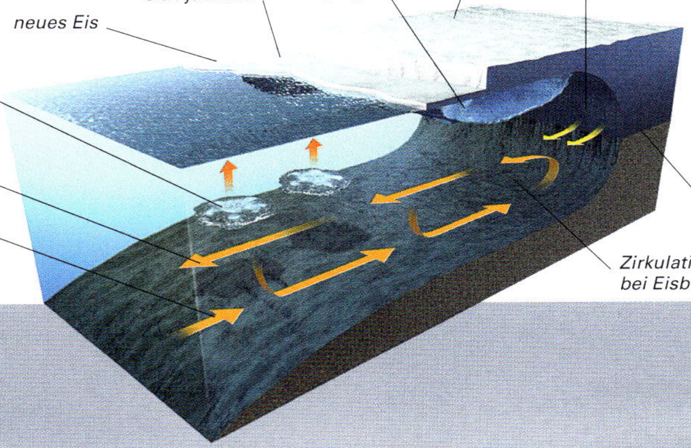

MEERWASSERZIRKULATION
Unter großen Schelfeisplatten dürfte das Wasser ständig zirkulieren, angetrieben durch die Eisbildung an der Unterseite und teilweises Abschmelzen in der Tiefe.

Eisberge

Eisberge sind riesige, driftende Eismassen, die von Gletschern abgebrochen sind (man spricht vom Kalben der Gletscher). Manche Eisberge sind nur so groß wie ein Auto, andere riesige Platten, deren Fläche größer ist als die einiger Länder. Schätzungsweise kalben jedes Jahr 40 000 bis 50 000 nennenswert große Eisberge an den Gletschern Grönlands. Eine kleinere Anzahl riesiger Eisberge bricht vom Schelfeis um die Antarktis ab. Oberflächenströme transportieren die Eisberge ins offene Meer hinaus, wo sie langsam abschmelzen. Manche bestehen jahrelang und stellen eine erhebliche Gefährdung für die Seefahrt dar.

GRÖSSENVERHÄLTNISSE
Die Dichte von reinem Eis beträgt 90 % der Dichte von Meerwasser. Nur 10 % eines Eisbergs aus reinem Eis ragen deshalb über die Wasseroberfläche.

Eigenschaften

Eisberge bestehen aus gefrorenem Süßwasser und enthalten kein Salz. Sie bildeten sich nicht aus Meerwasser, sondern bestehen aus Gletscher- oder Schelfeis, das sich aus verdichtetem Schnee bildete. Typischerweise hat ein Eisberg eine Temperatur von etwa -15 bis -20 °C im Kern und 0 °C an der Oberfläche. Manchmal ist in das Eis Geröll aus dem Gebiet eingeschlossen, in dem sich der Gletscher bildete. Es fällt von umgebenden Bergen herab oder friert an den Gletscherrändern fest und wird so mittransportiert. Diese Gesteinsfracht beeinflusst die Schwimmfähigkeiten des Eisbergs. Hat er einen hohen Gesteinsanteil, können sich bis zu 93 % des Bergs unter Wasser befinden.

Größe und Farbe

Manche Eisberge haben eine Fläche von Hunderten von Quadratkilometern, manche sind nur so groß wie Häuser (Eisbergstücke oder Bergy Bits) oder Autos (Growlers, da sie bei Bewegung »knurren«). Tafeleisberge ragen bis 60 m über der Meeresoberfläche auf und erstrecken sich bis in eine Tiefe von 300 m. Die meisten Eisberge erscheinen weiß, weil Luftblasen im Eis das Licht reflektieren. Eisberge aus dichtem Eis ohne Blasen absorbieren Licht aller Wellenlängen außer dem Blaulichtanteil, deshalb erscheinen sie kräftig blau. Gelegentlich kippen Eisberge um und Teile, die vorher unter Wasser waren, werden sichtbar. Diese sind oft durch Algen im Eis grünlich gefärbt.

UNTERSCHIEDLICHE FORMEN
Eisberge haben ganz unterschiedliche Formen, sie können tafelförmig, aufgewölbt, zugespitzt, pyramiden- oder keilförmig sein oder eine unregelmäßige Gestalt haben.

ZUGESPITZT

UNREGELMÄSSIG

TAFELFÖRMIG

GEWÖLBT

Eisberge im Nordatlantik

Die meisten Eisberge im Nordatlantik nehmen ihren Anfang, wenn Schnee auf Grönland fällt. Der Schnee verdichtet sich schließlich zu Eis, das im Lauf von Jahrtausenden vom grönländischen Eisschild zum Meer transportiert wird. Eisberge, die an den Gletscherzungen der Westküste Grönlands kalben (und auch viele von der Ostküste), treiben in die Baffin-Bucht. Der Labrador-Strom transportiert sie südostwärts an Neufundland vorbei in den Nordatlantik. Dort schmelzen die meisten bald, einige jedoch erreichen 40° N – die gleiche Breite wie New York und Lissabon.

URSPRÜNGE UND VERBREITUNG
Die meisten Eisberge im Atlantik kalben von Gletschern in Westgrönland wie dem Jakobshavn- und Hayers-Gletscher.

MENSCH UND MEER

EISBERGE AUFSPÜREN

Da Eisberge im Nordatlantik eine Gefahr für die Seefahrt darstellen, werden sie von der US-Küstenwache beobachtet. Eisbergsichtungen von Schiffen oder Flugzeugen wertet man mit Daten über Meeresströmungen und Windverhältnissen aus. So kann man den Weg der Eisberge vorhersagen und Schiffe warnen. Der südlichste Eisberg, der je im Atlantik gesichtet wurde, befand sich nur 275 km von den Bermuda-Inseln entfernt.

EISBERGE ISLANDS
Diese riesigen Eisberge kalbten am Breidamerkurjökull, einem der Gletscher Islands. Sie treiben in der Gletscherlagune und bieten Touristen eine surrealistisch anmutende Kulisse.

Eisberge im Südpolarmeer

Alle Eisberge im Südpolarmeer stammen vom Schelfeis um Antarktika (siehe S. 192). Die meisten beginnen als riesige Tafeleisberge – Satellitenaufnahmen der Wege, die sie zurücklegen, lieferten wertvolle Informationen über die Strömungen im Südpolarmeer. Nach dem Kalben treiben diese Eisberge in einer Küstenströmung, der Ostwinddrift, westwärts um Antarktika. Einige wenige werden vom antarktischen Zirkumpolar-Strom nach Osten verdriftet. In extremen Fällen gelangen sie manchmal in den Atlantik bis in 42° südliche Breite. Der größte dokumentierte Eisberg wurde 1956 vor Antarktika beobachtet. Er war 335 km lang und 97 km breit. Doch da dies vor der Satellitenära war, sind die Maße unsicher.

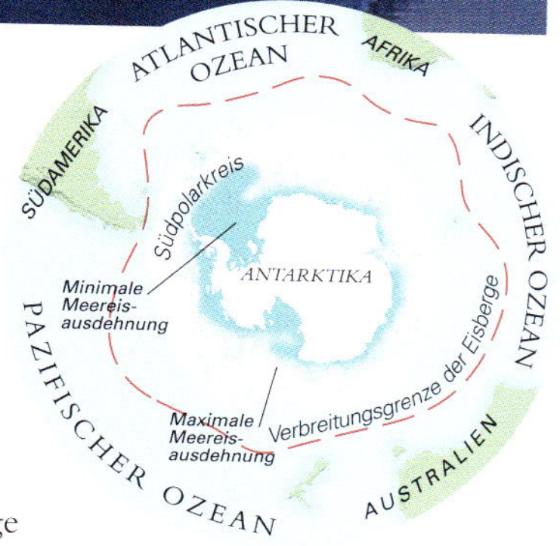

VERBREITUNG
Die ungefähre Grenze der Drift antarktischer Eisberge ist hier rot markiert. Die meisten Eisberge verbleiben in der Nähe des Polarkreises bei 67° südlicher Breite.

Gesteinsschutt

Eisberge, die Gesteinsschutt enthalten, geben diesen beim Abschmelzen nach und nach frei. Das Geröll sinkt zum Meeresgrund. So kann etwa Gestein aus Grönland weit in den Nordatlantik transportiert werden. Diesen Prozess nennt man auch Ice Rafting. In Sedimentproben vom Meeresboden können Wissenschaftler oft eistransportiertes Material nachweisen, und solche Studien können Hinweise auf Muster des Kalbens und der Verbreitung von Eisbergen in vergangenen Zeiten liefern. So entdeckte man, dass es während der letzten Eiszeit kurze kalte Perioden gegeben hat, sogenannte Heinrich Events, in denen Eisberge in großer Zahl kalbten und von der Küste Labradors aus den Atlantik ostwärts überquerten.

SCHMUTZIGER EISBERG
Diesem Eisberg ist anzusehen, dass er große Anteile von Geröll und Staub enthält. Das Gesteinsmaterial wird schließlich als Sediment auf dem Meeresboden enden.

DAS WRACK DER *TITANIC*
Der Bug der *Titanic*, der tief im Meeresboden eingesunken ist, ist zum großen Teil intakt. Hier sind Oberdeck und Reling zu sehen.

Der Untergang der *Titanic*

Der Untergang des Ozeandampfers *Titanic* im Nordatlantik am 15. April 1912 ging als eine der größten Katastrophen der zivilen Seefahrt in die Geschichte ein. Da das Schiff als unsinkbar galt, wurde die Tragödie außerdem zum wohl berühmtesten Schiffsuntergang aller Zeiten. Über 1500 Menschen kamen ums Leben, nur etwas mehr als 700 überlebten.

Die genaue Abfolge der Ereignisse bei der Kollision der *Titanic* mit einem Eisberg wurde nie vollständig aufgeklärt. Man weiß, dass in den 12 Stunden zuvor andere Schiffe Funksprüche mit Warnungen vor großen Eisbergen auf der Route der *Titanic* gesendet hatten. Möglicherweise erreichten diese Nachrichten jedoch niemals die Brücke. Bei der Kollision traf der Eisberg die *Titanic* nicht frontal, sondern streifte sie auf Steuerbordseite. Das reichte jedoch aus, um den Rumpf zu verbiegen und Nieten unter der Wasserlinie zu lösen, sodass in fünf der wasserdichten Abteile Lecks entstanden. Die vorhandenen Rettungsboote konnten nicht alle Menschen aufnehmen, einige der Boote ließ man außerdem zu Wasser, bevor sie voll besetzt waren. 1500 Menschen waren deshalb noch auf dem Schiff, als es sank, und die meisten von ihnen starben vermutlich im eiskalten Wasser an Unterkühlung.

1985 konnte ein amerikanisch-französisches Team mit einem mit Kameras und Scheinwerfern ausgestatteten Tauchboot das Wrack lokalisieren. Man entdeckte so, dass das Schiff vor dem Sinken in zwei Teile zerbrochen war: Bug und Heck lagen 600 m voneinander entfernt und wiesen in verschiedene Richtungen.

Die erste und letzte Reise

Die *Titanic* lief am 10. April in England aus, der Zielhafen war New York. Nachdem das Schiff den Ärmelkanal passiert hatte, kamen Passagiere aus Frankreich an Bord, am Tag darauf legte man in Irland an. Drei Tage später, am 14. April, änderte der Kapitän den Kurs leicht, vielleicht, weil er über das Radio Warnungen vor Eisbergen empfangen hatte. Um 23.40 Uhr entdeckten Ausgucker einen großen Eisberg direkt vor dem Schiff. Trotz eines Ausweichmanövers kollidierte die *Titanic* mit dem Eisberg, und um 2.20 Uhr morgens war das Schiff gesunken.

WAR ES DIESER EISBERG? *Dieses Foto, sechs Tage später nahe des Unglücksorts aufgenommen, zeigt einen Eisberg, der den Beschreibungen der Überlebenden sehr nahe kommt.*

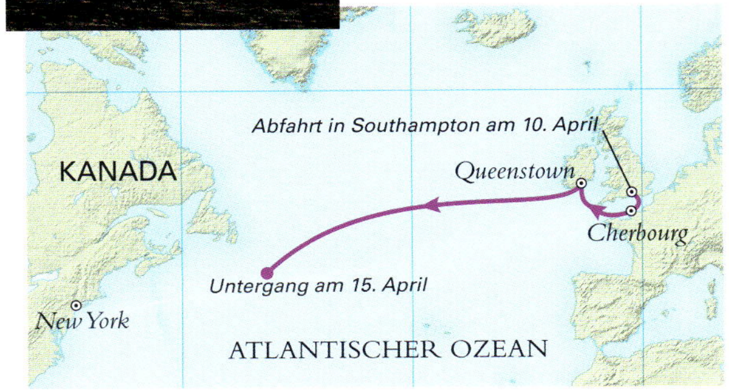

DIE GESCHICHTE DER TITANIC

AUSLAUFEN

START IN SOUTHAMPTON *Als die Titanic vom Stapel lief, war das Schiff der größte und luxuriöseste Passagierdampfer der Welt. Beim Auslaufen aus den Docks von Southampton am 10. April waren etwa 900 Besatzungsmitglieder und 1300 Passagiere an Bord, darunter Reiche und Prominente aus aller Welt.*

KATASTROPHE

EXTRA The Chicago Daily Tribune. EXTRA
LINER TITANIC SINKS; 1300 DROWNED, 866 SAVED

MEDIENEREIGNIS *Nach dem Untergang der Titanic stand die Welt unter Schock. Diese Chicagoer Zeitung stammt vom 16. April 1912.*

DAS UNSINKBARE SCHIFF *Am frühen Morgen des 15. April, etwa 2 ½ Stunden nach der Kollision, bäumte sich das Heck im Wasser auf und das Schiff sank.*

ENTDECKUNG DES WRACKS

BOB BALLARD *Gemeinsam mit dem französischen Wissenschaftler Jean-Louis Michel leitete der amerikanische Ozeanograf Bob Ballard ein Team, das am 1. September 1985 das Wrack der Titanic in einer Tiefe von 3800 m entdeckte.*

WINDE EINES RETTUNGSBOOTES *Dieses Stück der Maschinerie an Deck war unter einer Schicht aus Rostzapfen (Ablagerungen von Rost und eisenfressenden Mikroben) kaum zu erkennen.*

FUNDSTÜCKE

BANKNOTEN *Man fand Banknoten in erstaunlich gutem Zustand, darunter diese 5-Dollar-Note.*

CHINESISCHES PORZELLAN *Auf dem Meeresboden lagen ganze Reihen von Porzellantellern. Außerdem fand man Hunderte anderer Gegenstände, darunter Bücher, Uhren und einen Bronzeengel.*

Meereis

Meereis besteht aus gefrorenem Meerwasser und treibt auf dem Wasser. Ist es an der Küste festgefroren, so spricht man von Festeis, Treibeis dagegen wird mit Winden und Strömungen verdriftet. Packeis ist durch Aufeinanderschieben der Schollen verfestigt. Veränderungen der Eisdecke beeinflussen großräumig die Meereszirkulation. Sie stabilisiert das Weltklima, da sie den Wärmeaustausch zwischen den Polarmeeren und der Atmosphäre kontrolliert. Das Eis reflektiert die Sonnenenergie, sodass sich die Polarmeere im Sommer weniger erwärmen. Im Winter wirkt es isolierend und vermindert den Wärmeverlust. Das Abschmelzen des arktischen Meereises erfüllt Wissenschaftler heute mit Sorge, da dies mit Sicherheit Auswirkungen auf das Klima und die Tierwelt hat.

TRÄGT DAS EIS?
Die einzelnen Eisplatten können bei Pfannkucheneis bis 10 cm dick sein. Wellen und Wind lassen die Platten kollidieren, daher sind die Ränder aufgeworfen.

Bildung

Meerwasser beginnt bei einer Temperatur von -1,8 °C zu gefrieren, der Gefrierpunkt liegt somit etwas niedriger als der von Süßwasser. Die Eisbildung beginnt mit kleinen nadelförmigen Eiskristallen im Wasser, man spricht von Eisnadeln oder Frazil-Eis. Das Salz im Wasser wird nicht in die Eiskristalle eingebaut und verbleibt im Wasser. Das sich bildende Meereis verwandelt sich allmählich in dickflüssigen Eisschlamm und unter bestimmten Wellenbedingungen in ein Mosaik aus scheibenförmigen Eisplatten, das sogenannte Pfannkucheneis. Danach verfestigt es sich zu einer dicken Eisdecke durch Prozesse wie das Aufeinanderschieben der Schollen und das Aufpressen, bei der sich die Bruchkanten der Schollen unter dem Druck aufrichten und Pressrücken bilden. Zu jedem Pressrücken existiert auch ein Kiel an der Unterseite der Eisplatte. Eine neu entstandene kompakte Eisdecke nennt man erstjähriges Eis, es kann bis zu 30 cm dick sein. Im Winter verdickt es zunehmend. Eis, das bis zum nächsten Winter erhalten bleibt, wird als mehrjähriges Eis bezeichnet.

WIE SICH EIS BILDET
Das Meereis durchläuft bei der Entstehung unterschiedliche Stadien, je nachdem, ob die Meeresoberfläche ruhig oder von Wellen bewegt ist. Unten ist eine typische Abfolge in einem Gebiet mit mäßigem Seegang dargestellt.

EISSCHLAMM
Feine Eisnadeln (Frazil-Eis) erscheinen im Wasser. Sie verklumpen zu einem dickflüssigen Brei, dem sogenannten Eisschlamm.

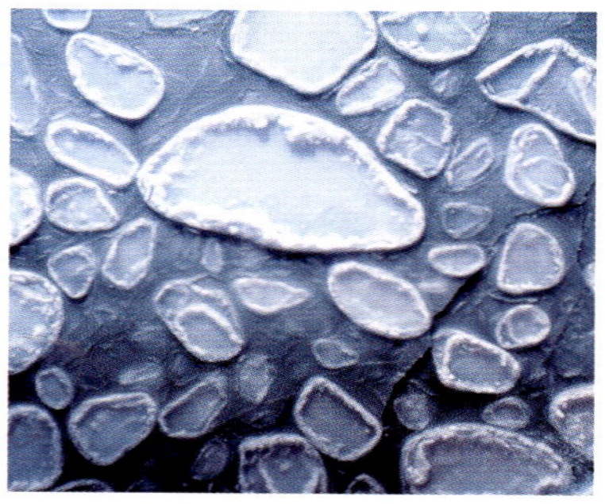

PFANNKUCHENEIS
Der Seegang formt den Eisschlamm zu Eisklumpen, Shuga genannt. Diese verklumpen zu Platten, die das Pfannkucheneis bilden.

ERSTJÄHRIGES EIS
Die Schollen des Pfannkucheneises vereinigen sich und verdicken durch Aufeinanderschieben und Aufpressen zu einer geschlossenen Eisdecke.

MEHRJÄHRIGES EIS
Über ein Jahr oder länger verdickt die Eisdecke weiter und bildet mehrjähriges Eis. Es ist uneben und kann mehrere Meter dick sein.

Ausdehnung und Dicke

Die Eisausdehnung in den Polarmeeren variiert im Jahreszyklus. Etwa 85% des Eises, das sich im Winter im Südpolarmeer bildet, schmelzen im Sommer. Im Schnitt wird die Eisdecke nur 1–2m dick. In der Arktis dagegen überdauert ein Teil des Eises mehrere Jahre und erreicht größere Dicken – durchschnittlich 2–3m. Im Winter bedeckt Packeis weite Teile des Arktischen Ozeans, im Sommer hat die Eisfläche weniger ein Drittel dieser Größe. Seit etwa 2005 war der sommerliche Eisrückzug stärker, was befürchten lässt, dass die arktische Eisdecke bis 2050 oder sogar noch früher vollständig verschwinden könnte.

ARKTISCHE MEEREISDECKE
Die Ausdehnung der Eisdecke variiert: Im Winter bedeckt sie 15 Millionen Quadratkilometer, zum Minimum im Sommer 3,7–4,7 Millionen Quadratkilometer.

ständige Eisdecke

Meereis im Winter

FORSCHUNG

USS NAUTILUS

1958 durchquerte ein amerikanisches Unterseeboot, die USS *Nautilus,* den Arktischen Ozean unter der Eisdecke und passierte am 3. August den Nordpol. Somit war bewiesen, dass sich keine große Landmasse im Zentrum des Nordpolarmeers befindet. Das Unterseeboot durchquerte die Arktis in vier Tagen in einer Tiefe von etwa 150m von der Beaufort-See bis nach Grönland.

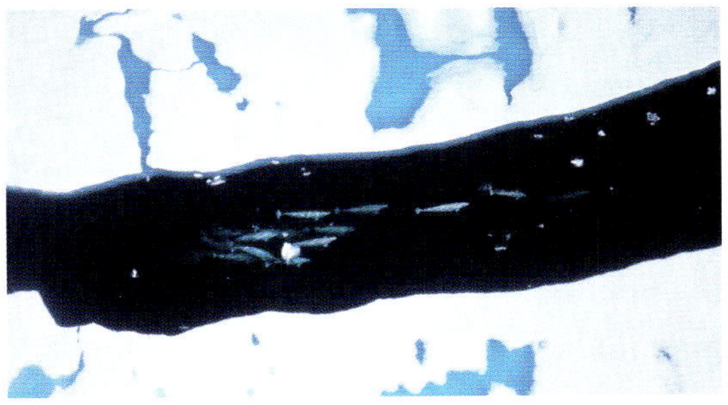

RINNEN
Eine Rinne bildet sich, wenn das Meereis zerbricht und auseinanderdriftet. Rinnen entstehen vermutlich durch Wind und Strömungen. Hier schwimmt eine Gruppe Weißwale durch eine Rinne.

Spalten im Eis

Sogar in Regionen der Polarmeere, die mehr oder weniger ständig mit Eis bedeckt sind, bilden sich Spalten im Eis. Größe und Ausdehnung sind verschieden und sie werden unterschiedlich benannt. Als Spalten oder Risse bezeichnet man sehr schmale Öffnungen, die mit keinem Boot oder Schiff befahrbar sind. Eine Rinne ist ein langer, gerader Kanal, der sich spontan im Meereis öffnet und von Schiffen und manchen Meeressäugern passiert werden kann. Als Polynja wird ein Gebiet bezeichnet, in dem das Wasser immer offen ist. Polynjas können einige Hundert Quadratkilometer groß sein, sind oft ziemlich rund und entstehen in Regionen, in denen warmes Wasser aufsteigt oder in Küstennähe, wo der Wind kontinuierlich das neu gebildete Meereis vom Strand wegtransportiert.

Leben um das Eis

Um das Eis blüht das Leben. Ein Grund dafür ist, dass bei der Eisbildung das Salz im Meerwasser zurückbleibt. Das Wasser wird dichter, sinkt ab und wird durch nährstoffreiches Tiefenwasser ersetzt. Im Sommer lassen Nährstoffe und Sonnenlicht das Phytoplankton gedeihen – die Basis der Nahrungskette, zu der Fische, Säugetiere und Vögel gehören. Das Eis der Arktis nutzen Robben und Walrosse zum Ausruhen und zur Geburt der Jungen; Eisbären und Polarfüchse jagen hier. In der Antarktis leben Robben und Pinguine auf dem Eis. Spalten im Eis sind lebenswichtig, damit Robben, Pinguine und Wale Luft holen können, und Eisbären lauern hier auf Beute. Schmilzt das arktische Meereis, würden Lebensräume drastisch schrumpfen und Tierarten vom Aussterben bedroht sein.

ANTARKTISCHER KRILL
Diese Krebstiere sind ein wichtiges Glied der Nahrungskette im Südlichen Ozean, wo sie sich in dichten Schwärmen sammeln.

MENSCH UND MEER

EISBRECHER

Eisbrecher sind so konstruiert, dass sie Eismeere befahren können. Ein Eisbrecher hat einen verstärkten Rumpf und einen speziell geformten Bug, sodass das Schiff über das Meereis gleiten und es zerbrechen kann, während es sich vorwärts bewegt. Durch die Form des Schiffes werden die Eisstücke um den Rumpf herum sowie nach unten gedrückt. Die stärksten modernen Eisbrecher können bis zu 2,8m dickes Meereis durchbrechen.

WEDDELLMEER
Die Wedellrobbe, die nur in der Antarktis vorkommt, ist eine der neun Robbenarten der Polarmeere. Weddellrobben entfernen sich nie weit vom Meereis.

Zirkulation der Polarmeere

Sowohl im Nord- als auch im Südpolarmeer bestehen einzigartige Strömungsmuster, die mit der globalen Zirkulation in Verbindung stehen. Die Strömungen werden einerseits vom Wind angetrieben, andererseits von Faktoren, die Einfluss auf Temperatur und Salzgehalt der Oberflächenschichten dieser Ozeane haben, wie jahreszeitliche Schwankungen der Lufttemperatur, Ausdehnung der Eisdecke und Zuströme großer Flüsse. Obwohl diese Einflüsse in beiden Ozeanen ähnlich sind, unterscheiden sich die Strömungsmuster deutlich. Die entscheidende Ursache hierfür ist, dass der Arktische Ozean von Festlandsmassen umgeben ist, während der Südliche Ozean einen von Eis bedeckten Kontinent umgibt.

MÜNDUNG DER LENA
Die Lena, die durch Sibirien fließt, verfrachtet jährlich 420 Kubikmeter Wasser in den Arktischen Ozean.

Arktische Oberflächenströmungen

In den oberen 50 m des Arktischen Ozeans ist das Wasser aufgrund von Strömungen ständig in Bewegung. Diese Zirkulation hat zwei Hauptkomponenten (siehe S. 424–425). In einer großen Region nördlich von Alaska besteht eine langsame, zirkulierende Strömung, der Beaufort-Wirbel. Er wird vom Wind angetrieben und rotiert im Uhrzeigersinn einmal in vier Jahren. Die zweite Komponente, der Transpolar-Strom, wird dagegen von Wassermassen angetrieben, die mit den Strömen Sibiriens in den Arktischen Ozean gelangen. Er trägt Wasser und Eis aus einer Gegend nördlich von Ostsibirien in Richtung Nordostgrönland.

ZIRKULATION UND NAHRUNG
An der antarktischen Konvergenz trifft das Wasser des Südpolarmeers auf wärmeres Wasser. Dies hat zur Folge, dass sich hier reiche Nahrungsgründe für Wale wie diese Buckelwale bilden.

MARINE LEBENSRÄUME

Zirkulation des arktischen Tiefenwassers

In den tieferen Wasserschichten der Arktis zirkuliert kaltes, dichtes Wasser langsam. Geländestrukturen stellen hier Hindernisse für die Strömung dar, denn mehrere Schwellen durchziehen das tiefe Becken des Arktischen Ozeans und die Randbereiche sind fast überall von seichten Schelfmeeren umgeben. Die tiefen Wasserschichten stehen nur zum Atlantik hin mit denen weiter im Süden in Verbindung. Auf der gegenüberliegenden Seite bildet die seichte und schmale Bering-Straße eine Verbindung des Oberflächenwassers zum Pazifik. Der Wasseraustausch ist gering und findet vor allem durch Zuflüsse von relativ warmem Atlantikwasser in verschiedenen Tiefen im Norden Russlands durch die Barents-See und Abflüsse von kälterem, dichterem (und damit sinkendem) Wasser im Westen und vor allem Osten Grönlands statt.

ZIRKULATION IM ARKTISCHEN BECKEN
Atlantikwasser gelangt im Norden Russlands ins Becken und Pazifikwasser durch die Bering-Straße. Beim Abkühlen nimmt die Dichte eines Teils des Atlantikwassers zu und es sinkt weit unter die Meereisdecke, wo es langsam im Kreis fließt. Der Hauptabfluss befindet sich im Osten Grönlands.

NEBEL ÜBER DEM MEER
Über den Meeren um die antarktische Konvergenz bilden sich oft Nebel. Hier nähert sich ein Kreuzfahrtschiff einem Kanal im Süden der Konvergenz.

Die antarktische Konvergenz

Die antarktische Konvergenz ist eine Region des Südlichen Ozeans um die Antarktis, die etwa auf dem 55. Breitengrad liegt (an einigen Stellen weicht ihre Lage davon ab). Hier taucht kaltes, nach Norden strömendes Wasser aus der Antarktis unter die relativ warmen nördlicheren Wasserschichten ab.

An der Konvergenz ändert sich die Oberflächentemperatur des Wassers sprunghaft um 3–5 °C, und auch die chemische Zusammensetzung des Meerwassers ändert sich. Deshalb stellt die Konvergenz eine Barriere für die Ausbreitung von Tierarten dar, auf beiden Seiten kommen unterschiedliche Arten vor. Im Gebiet entstehen Turbulenzen, und da verschiedene Wassermassen aufeinandertreffen, steigen Nährstoffe vom Meeresgrund an die Oberfläche. Dieser »Dünger« fördert das Planktonwachstum während des Sommers der Südhalbkugel.

PHYTOPLANKTON
Im Sommer treten im Bereich der antarktischen Konvergenz massive Algenblüten auf. Sie sind die Basis einer produktiven Nahrungskette.

ALBATROSSE
Schwarzbrauen- und Graukopfalbatrosse leben am Südpolarmeer, wo die biologische Produktivität hoch ist.

Zirkulation im Südlichen Ozean

Im Südpolarmeer werden die Oberflächenschichten von zwei windgetriebenen Strömungen beeinflusst. Vor der Küste transportiert der antarktische Küstenstrom Wasser westwärts um Antarktika. Mehrere Hundert Kilometer weiter nördlich bewegt der antarktische Zirkumpolarstrom Wasser in entgegengesetzter Richtung, von West nach Ost, und schiebt antarktisches Wasser nordwärts. Der antarktische Zirkumpolar-Strom ist der wichtigste Strom, der Pazifik, Atlantik und Indischen Ozean verbindet und die Antarktis von den wärmeren Strömen im Norden abschneidet. Das Südpolarmeer hat zudem eine bedeutende Tiefenströmung. Nahe Antarktika entsteht dichtes, salzhaltiges Wasser, wenn Eis ausfriert und das Salz im Meerwasser zurückbleibt. Dieses kalte Wasser sinkt ab und strömt nordwärts in den Südatlantik

PORTRÄT

FRIDTJOF NANSEN

Der norwegische Entdecker und Wissenschaftler Fridtjof Nansen (1891–1930) ist vor allem dafür berühmt, dass er 1893–1895 mit einem speziell dafür konstruierten Holzschiff, der *Fram,* die Arktis bereiste. Nansen ließ sein Schiff im Treibeis einfrieren und um den Arktischen Ozean driften. So konnte er die Existenz der Oberflächenströmung beweisen, die heute Transpolar-Strom genannt wird. 1895 brach Nansen mit einem Gefährten auf, und zu Fuß und auf Skiern näherten sie sich dem Nordpol bis auf 640 km – näher als jemals ein Mensch zuvor.

LEBEN IM MEER

EINFÜHRUNG ZUM LEBEN IM MEER

DAS BEI WEITEM GRÖSSTE Ökosystem der Welt, die Meere, umfasst ein breites Spektrum von Lebensräumen, die sich voneinander so sehr wie die Mangrovensümpfe und die heißen Quellen der Tiefsee unterscheiden können. Lebewesen haben sich selbst in den tiefsten Gräben behaupten können, die mehr als 10 km unter dem Meeresspiegel liegen. Doch ihre größte Vielfalt und Konzentration findet man im sonnendurchfluteten Oberflächenwasser. Winzige pflanzenähnliche Organismen, das Phytoplankton, ernähren die Lebensgemeinschaften bis hin zu großen Top-Prädatoren. Das Leben begann wohl in den Meeren und das Salzwasser war der Schauplatz grundlegender Evolutionsschritte. Die Geschichte der Evolution ist daher nicht von der Vielfalt des marinen Lebens zu trennen.

LEBENSGEMEINSCHAFT IM KELP
Das Leben im Meer bildet viele verschiedene Gemeinschaften, die von den vorherrschenden physikalischen und biologischen Bedingungen abhängen. Hier in den kühlen, seichten Gewässern des Vereinigten Königreichs überragt ein Kelpwald die kleineren Algen, und Seeigel suchen zwischen ihnen und an den Cauloiden (den »Stängeln«) des Kelps Nahrung.

SYSTEMATIK

Durch die Einordnung der Organismen in eine allgemein anerkannte Systematik haben Wissenschaftler ein Referenzsystem für alle Lebensformen geschaffen. Über zwei Millionen Arten sind beschrieben worden, doch nur 20 Prozent davon leben in den Ozeanen. Dieser marine Anteil wird wahrscheinlich zunehmen, da in jedem Jahr neue Arten entdeckt werden, insbesondere in der Tiefsee.

DAS SYSTEM NACH LINNÉ

Linné benutzte ein System aus einander übergeordneten Kategorien. Das heutige erweiterte System kennt viele Abstufungen, von der Domäne bis zur Art. Unten findet sich als Beispiel die Reihe von Kategorien, die den Gemeinen Delfin beschreibt.

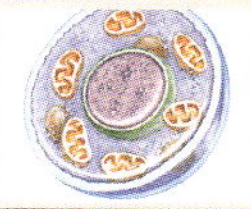

DOMÄNE Eucarya
Eukaryoten, also Organismen mit komplexen Zellen und abgegrenztem Zellkern. Bakterien und Archaebakterien gehören nicht dazu.

REICH Metazoa
Alle Tiere – vielzellige Eukaryoten, die Nahrung aufnehmen müssen und mindestens in einem Lebensabschnitt mobil sind.

STAMM Chordata
Schließt alle Chordaten ein – Tiere mit Chorda dorsalis. In den meisten Fällen wird sie vor der Geburt durch die Wirbelsäule ersetzt.

KLASSE Mammalia
Alle Säugetiere – luftatmende Chordaten, die ihre Jungen mit Milch ernähren. Der Unterkiefer besteht aus nur einem Knochen.

ORDNUNG Cetacea
Alle Wale und Delfine – mit einer horizontal ausgerichteten, knochenlosen Schwanzflosse ausgestattete Meeressäugetiere.

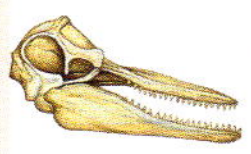

FAMILIE Delphinidae
Alle Delfine (eine Gruppe der Zahnwale) mit schnabelartiger Schnauze und ungefähr 50–100 Wirbeln.

GATTUNG *Delphinus*
Einige Meeresdelfine mit farbiger Zeichnung und 40–50 Zähnen auf jeder Seite des Kiefers. Sie bilden große soziale Gruppen.

ART *Delphinus delphis*
Ein Delfin mit v-förmigem schwarzem Sattel unter der Rückenflosse und einer stundenglasähnlichen Zeichnung auf den Seiten.

Prinzipien der Systematik

Die Systematik hilft uns beim Verstehen der Natur, indem sie Organismen auf der Basis gemeinsamer Eigenschaften zusammenfasst. Sie ermöglicht Wissenschaftlern einen klaren Blick auf die Vielfalt des Lebens, und dieses Wissen ist weltweit zugänglich, da es überall auf dem gleichen System basiert. Das vom schwedischen Wissenschaftler Carl von Linné im 18. Jahrhundert entwickelte System (siehe Kasten links) bildet immer noch seine Basis. Jede Art wird mit einem eindeutigen zweiteiligen Namen bezeichnet, der aus Gattungs- und Artname besteht, und dann den übergeordneten Gruppen zugeordnet. Mit zunehmendem Wissen ist oft eine Revision dieser Gruppen nötig. Manchmal werden dabei Kategorien unterteilt oder zu größeren Einheiten zusammengefasst. Gelegentlich wird eine neue Art beschrieben, wenn sich eine Population einer Art von den übrigen deutlich unterscheidet.

WAS GENAU IST EINE ART?

Die Art ist die Grundeinheit der Systematik. Eine Definition besagt, dass eine Art eine Population von Organismen ist, die sich durch ihre gemeinsamen Merkmale von anderen unterscheidet und deren Mitglieder sich unter natürlichen Bedingungen miteinander fortpflanzen. Bei Fossilien kann diese Definition nicht angewendet werden. Es gibt viele andere Definitionen, von denen manche lebende Tiere und Fossilien einbeziehen. Oft ist die Definition einer Art recht subjektiv.

MORPHOLOGIE
Durch gründliche morphologische Untersuchungen von Museumspräparaten können Wissenschaftler ähnliche Arten unterscheiden und sie nach ihren Merkmalen einordnen.

Der Nachweis

In der Vergangenheit konnten Wissenschaftler Organismen nur anhand ihrer Morphologie klassifizieren, indem sie sich Form, Funktion und (bei Tieren) Embryonalentwicklung sowie fossile Vorfahren angesehen haben. In neuerer Zeit lassen sich auch die Eiweiße und die DNS untersuchen. Die DNS ist ein Makromolekül, dessen Aufbau für jeden Organismus einzigartig ist. Man kann das Verwandtschaftsverhältnis von Arten durch den Vergleich der DNS untersuchen. Auf diese Weise sind viele (nicht immer richtige) Revisionen der Systematik durchgeführt worden.

Kladistik

Bis in die 1950er-Jahre benutzten die meisten Wissenschaftler zwar das gleiche System, doch seine Kriterien waren oft weder mess- noch reproduzierbar. Es kam die Idee auf, die Merkmale der Organismen mithilfe eines computerähnlichen Prozesses nicht nur zu ihrer Klassifikation, sondern auch zur Abbildung ihrer Verwandschaft zu benutzen. Diese sogenannte phylogenetische Kladistik ist heute eine häufig angewendete Technik. Zur phylogenetischen Analyse wird eine große Zahl von genetischen Merkmalen benutzt, die bei Organismen einer Gruppe zu finden sind. Nun wird das wahrscheinlichste Muster von Merkmalsveränderungen gesucht, das die Organismen verbindet und das die geringste Zahl von Schritten voraussetzt. Aus ihm wird ein »Stammbaum« (Kladogramm) erzeugt. Er besteht aus verschachtelten Gruppen, den Taxa. Ein Taxon umfasst alle Mitglieder mit gemeinsamen genetischen Eigenschaften.

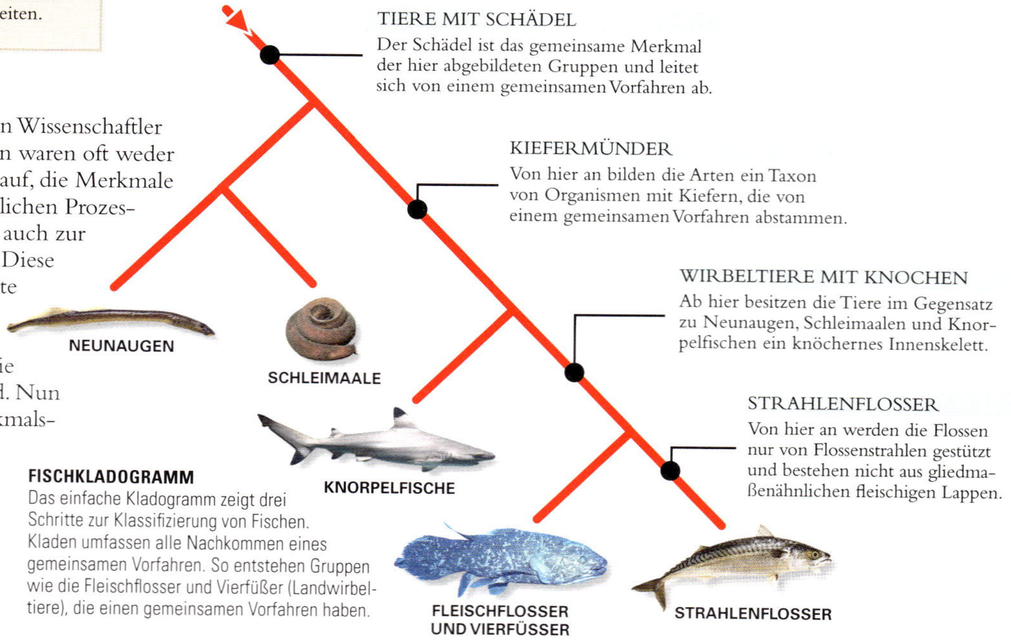

FISCHKLADOGRAMM
Das einfache Kladogramm zeigt drei Schritte zur Klassifizierung von Fischen. Kladen umfassen alle Nachkommen eines gemeinsamen Vorfahren. So entstehen Gruppen wie die Fleischflosser und Vierfüßer (Landwirbeltiere), die einen gemeinsamen Vorfahren haben.

Marines Leben

Der in diesem Buch benutzte systematische Rahmen wird auf den folgenden drei Seiten vorgestellt. Alle Lebewesen werden in drei Domänen unterteilt. Innerhalb der Domänen werden hier nur die marinen Gruppen aufgelistet, doch in der Gesamtzahl der Klassen und Arten werden sowohl lebende marine als auch nicht marine Organismen berücksichtigt. Gruppen wie die Fische stehen in einem gepunkteten Rahmen, da sie gebräuchliche Kategorien, aber keine taxonomischen Gruppen darstellen. Andere, etwa Gruppen wie Bodenbewohner oder Plankton, spiegeln ebenfalls nicht die Verwandtschaftsverhältnisse wider.

BAKTERIEN
DOMÄNE Bacteria — ARTEN viele Millionen

ARCHAEEN
DOMÄNE Archaea — ARTEN vermutlich Millionen

EUKARYOTEN
DOMÄNE Eucarya — REICHE mindestens 8 — ARTEN 2 Millionen

EUKARYOTEN

Diese Domäne umfasst alle Organismen mit echten Zellkernen und anderen bei Prokaryoten (Bakterien, Archaeen) nicht vorhandenen Strukturen. Zu ihr gehören Protisten, Chromisten, Pflanzen, Pilze und Tiere.

Chromista

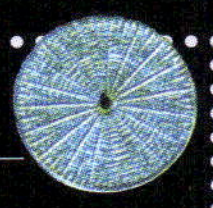

Die Klassifikation der einzelligen Organismen ist kompliziert, schwierig und ständig im Fluss. Viele wichtige marine Planktongruppen werden kollektiv als Chromisten bezeichnet. Andere Planktongruppen gehören dagegen zu den Pflanzen oder Protozoen (Reich Protozoa).

Dinoflagellaten
STAMM Myzozoa — UNTERSTAMM Dinoflagellata — KLASSEN 2 — ARTEN 2931

Wimpertierchen (Ciliaten)
STAMM Ciliophora — KLASSEN etwa 11 — ARTEN 3039

Strahlentierchen (Radiolarien)
STAMM Radiozoa — KLASSEN 5 — ARTEN 467

Foraminiferen
STAMM Foraminifera — KLASSEN 4 — ARTEN 8195

Coccolithophoriden
STAMM Haptophyta — KLASSEN 3 — ARTEN 391

Ochrophyta
STAMM Ochrophyta — KLASSEN 15 — ARTEN 9839

KIESELALGEN (DIATOMEEN)
KLASSE Bacillariophyceae — ORDNUNGEN 35 — ARTEN 5494

GOLDALGEN
KLASSE Chrysophyceae — ORDNUNGEN 8 — ARTEN 738

BRAUNALGEN
KLASSE Phaeophyceae — ORDNUNGEN 20 — ARTEN 2364

+ MEHRERE WEITERE STÄMME

Pflanzen

REICH Plantae — ABTEILUNGEN 7 — ARTEN 315 000

Zu den Pflanzen gehören sieben Abteilungen, aber nur drei davon umfassen echte marine Arten, die in diesem Buch vorkommen. Die Moose (Bryophyta) wurden mit aufgenommen, weil einige von ihnen im Gezeitenbereich leben.

ROTALGEN
ABTEILUNG Rhodophyta — KLASSEN 7 — ARTEN 7895

GRÜNALGEN
ABTEILUNG Chlorophyta — KLASSEN etwa 10 — ARTEN 7371

GRÜNE MIKROALGEN
KLASSE Prasinophyceae — ORDNUNGEN 1 — ARTEN 36

ULVOPHYCEEN
KLASSE Ulvophyceae — ORDNUNGEN 8 — ARTEN etwa 2180

+ ACHT WEITERE KLASSEN, ÜBERWIEGEND GRÜNE MIKROALGEN

MOOSE
ABTEILUNG Bryophyta — KLASSEN 8 — ARTEN 20 000

GEFÄSSPFLANZEN
ABTEILUNG Trachaeophyta — KLASSEN 7 — ARTEN 350 000

BEDECKTSAMER (ANGIOSPERMEN)
KLADE Angiospermae — ORDNUNGEN 64 — ARTEN 325 000

+ SIEBEN NICHTMARINE KLASSEN

+ DREI NICHTMARINE ABTEILUNGEN

Pilze

REICH Fungi — STÄMME 5 — ARTEN 148 000

Tiere

REICH Animalia — STÄMME etwa 33 — ARTEN über 1,5 Millionen

Die folgende Liste der Tierstämme reicht von Organismen mit einfachem Körperaufbau, wie den Schwämmen, bis zu den komplexen Chordaten, zu denen auch die Menschen zählen. Jeder Stamm repräsentiert einen besonderen Körperbau.

SCHWÄMME
STAMM Porifera — KLASSEN 4 — ARTEN etwa 9400

NESSELTIERE
STAMM Cnidaria — KLASSEN 6 — ARTEN 12 100

KORALLEN UND SEEANEMONEN
KLASSE Anthozoa — ORDNUNGEN 10 — ARTEN 7160

SCHEIBENQUALLEN
KLASSE Scyphozoa — ORDNUNGEN 3 — ARTEN 224

WÜRFELQUALLEN
KLASSE Cubozoa — ORDNUNGEN 2 — ARTEN 48

HYDROZOEN
KLASSE Hydrozoa — ORDNUNGEN 7 — ARTEN 3814

STIELQUALLEN
KLASSE Staurozoa — ORDNUNGEN 1 — ARTEN 49

STÄMME DES PLANKTONS

Angehörige dieser drei Stämme treiben mit den Meeresströmungen und werden auf dieser Basis zusammengefasst, bilden aber keine Verwandtschaftsgruppe. Rippenquallen und Pfeilwürmer umfassen nur wenige Arten.

RIPPENQUALLEN
STAMM Ctenophora — KLASSEN 2 — ARTEN 205

PFEILWÜRMER
STAMM Chaetognatha — KLASSEN 1 — ARTEN 132

RÄDERTIERCHEN
STAMM Rotifera — KLASSEN 2 — ARTEN etwa 2000

PLATTWÜRMER

PLATTWÜRMER

STAMM Plathelminthes	UNTERSTÄMME 2	ARTEN 21 274

XENACOELOMORPHA

STAMM Xenacoelomorpha	UNTERSTÄMME 2	ARTEN 456

SCHNURWÜRMER

STAMM Nemertea	KLASSEN 4	ARTEN 1350

RINGELWÜRMER

STAMM Annelida	KLASSEN 2	ARTEN 16 000

TIERE DES MEERESBODENS

Die Arten der folgenden Stämme leben alle auf dem oder im Meeresboden. Die Liste ist nicht vollständig – nicht aufgeführt sind etwa diese Stämme: Kelchwürmer (Entoprocta), Kratzwürmer (Acanthocephala) und Placozoa.

IGELWÜRMER

STAMM Echiura	KLASSEN 1	ARTEN 173

ARMFÜSSER

STAMM Brachiopoda	KLASSEN 3	ARTEN 414

HUFEISENWÜRMER

STAMM Phoronida	KLASSEN 1	ARTEN 13

SPRITZWÜRMER

STAMM Sipuncula	KLASSEN 2	ARTEN 158

CYCLIOPHOREN

STAMM Cycliophora	KLASSEN 1	ARTEN 2

BAUCHHÄRLINGE

STAMM Gastrotricha	KLASSEN 1	ARTEN 866

FADENWÜRMER

STAMM Nematoda	KLASSEN 3	ARTEN 20 000

PRIAPSWÜRMER UND HAKENRÜSSLER

STÄMME Priapulida und Kinorhyncha	KLASSEN 2	ARTEN 330

BÄRTIERCHEN

STAMM Tardigrada	KLASSEN 3	ARTEN 1 000

KIEMENLOCHTIERE (EICHELWÜRMER UND FLÜGELKIEMER)

STAMM Hemichordata	KLASSEN 3	ARTEN 130

WEICHTIERE (MOLLUSKEN)

STAMM Mollusca	KLASSEN 8	ARTEN 79 000

SCHILDFÜSSER

KLASSE Caudofoveata	ORDNUNGEN 1	ARTEN 131

FURCHENFÜSSER

KLASSE Solenogastres	ORDNUNGEN 4	ARTEN 273

NAPFSCHALER

KLASSE Monoplacophora	ORDNUNGEN 1	ARTEN 30

KAHNFÜSSER

KLASSE Scaphopoda	ORDNUNGEN 1	ARTEN 576

MUSCHELN

KLASSE Bivalvia	ORDNUNGEN 17	ARTEN 9733

SCHNECKEN

KLASSE Gastropoda	ORDNUNGEN 16	ARTEN 67 000

KOPFFÜSSER (CEPHALOPODEN)

KLASSE Cephalopoda	ORDNUNGEN 9	ARTEN 822

KÄFERSCHNECKEN

KLASSE Polyplacophora	ORDNUNGEN 3	ARTEN 1026

GLIEDERFÜSSER (ARTHROPODEN)

STAMM Arthropoda	UNTERSTÄMME 4	ARTEN etwa 1,25 Millionen

KREBSTIERE

UNTERSTAMM Crustacea	KLASSEN 6	ARTEN 67 411

KIEMENFUSSKREBSE

KLASSE Branchiopoda	ORDNUNGEN 9	ARTEN 1534

RANKENFUSSKREBSE, RUDERFUSSKREBSE

KLASSE Thecostraca, Copepoda	ORDNUNGEN 17	ARTEN 16 211

MUSCHELKREBSE

KLASSE Ostracoda	ORDNUNGEN 5	ARTEN 6429

HÖHERE KREBSE

KLASSE Malacostraca	ORDNUNGEN 18	ARTEN 43 237

FANGSCHRECKENKREBSE

ORDNUNG Stomatopoda	FAMILIEN 17	ARTEN 491

ASSELN

ORDNUNG Isopoda	FAMILIEN 94	ARTEN 10 541

FLOHKREBSE

ORDNUNG Amphipoda	FAMILIEN 119	ARTEN 10 333

LEUCHTKREBSE, KRILL

ORDNUNG Euphausiacea	FAMILIEN 2	ARTEN 86

ZEHNFÜSSER

ORDNUNG Decapoda	FAMILIEN 105	ARTEN 17 032

+ 10 WEITERE KLEINERE ORDNUNGEN

KIEFERKLAUENTRÄGER

UNTERSTAMM Chelicerata	KLASSEN 13	ARTEN etwa 71 500

SPINNENTIERE

KLASSE Arachnida	ORDNUNGEN 12	ARTEN 70 000

PFEILSCHWANZKREBSE

KLASSE Merostomata	ORDNUNGEN 1	ARTEN 4

ASSELSPINNEN

KLASSE Pycnogonida	ORDNUNGEN 1	ARTEN 1368

SECHSFÜSSER (HEXAPODEN)

UNTERSTAMM Hexapoda	KLASSEN 4	ARTEN etwa 1,11 Millionen

INSEKTEN

KLASSE Insecta	ORDNUNGEN 29	ARTEN 1,1 Millionen

+ 1 WEITERER NICHTMARINER UNTERSTAMM: TAUSENDFÜSSER (MYRIAPODA)

MOOSTIERCHEN (BRYOZOEN)

STAMM Bryozoa	KLASSEN 3	ARTEN 6530

STACHELHÄUTER

STAMM Echinodermata	KLASSEN 5	ARTEN 7483

SEELILIEN UND HAARSTERNE

KLASSE Crinoidea	ORDNUNGEN 4	ARTEN 672

SEESTERNE

KLASSE Asteroidea	ORDNUNGEN 9	ARTEN 1921

SCHLANGENSTERNE

KLASSE Ophiuroidea	ORDNUNGEN 6	ARTEN 2111

SEEIGEL

KLASSE Echinoidea	ORDNUNGEN 16	ARTEN 1015

SEEGURKEN

KLASSE Holothuroidea	ORDNUNGEN 7	ARTEN 1764

CHORDATIERE

STAMM Chordata **UNTERSTÄMME** 3 **ARTEN** etwa 66 000

DIE WIRBELTIERE BILDEN DEN GRÖSSTEN TEIL DER CHORDATEN. Die übrigen beiden Gruppen haben eine stabförmige Chorda dorsalis. Bei den Wirbeltieren wird sie vor der Geburt durch die Wirbelsäule ersetzt.

MANTELTIERE (SEESCHEIDEN UND SALPEN)

UNTERSTAMM Tunicata **KLASSEN** 3 **ARTEN** 3091

LANZETTFISCHCHEN

UNTERSTAMM Cephalochordata **KLASSEN** 1 **ARTEN** 30

WIRBELTIERE

UNTERSTAMM Vertebrata **KLASSEN** 12 **ARTEN** etwa 63 000

SCHLEIMAALE WURDEN TEILS nicht zu den Wirbeltieren gerechnet, weil sie nur Spuren einer Wirbelsäule besitzen. Molekularstudien zeigen aber ihre Verwandtschaft zu den anderen Kieferlosen, den Neunaugen. Reptilien, Vögel und Säugetiere (und Amphibien, von denen es keine marinen Arten gibt) werden zu den Tetrapoden (Landwirbeltiere) gezählt und mit den Knorpel- und Knochenfischen zu den Kiefermäulern (Gnathostoma) gestellt.

FISCHE

»FISCHE« SIND EIN SAMMELBEGRIFF für fünf verschiedene Klassen. Auch »Kieferlose«, »Knorpelfische« und »Knochenfische« sind Sammelbegriffe.

KIEFERLOSE

SCHLEIMAALE, INGER
KLASSE Myxini **ORDNUNGEN** 1 **ARTEN** 92

NEUNAUGEN
KLASSE Petromyzontida **ORDNUNGEN** 1 **ARTEN** 50

HAIE, ROCHEN UND CHIMÄREN

HAIE UND ROCHEN
KLASSE Elasmobranchii **ORDNUNGEN** 13 **ARTEN** 1303

HAIE
ORDNUNGEN 9 **FAMILIEN** 35 **ARTEN** 563

ROCHEN
ORDNUNGEN 4 **FAMILIEN** 19 **ARTEN** 740

CHIMÄREN, SEEKATZEN
KLASSE Holocephali **ORDNUNGEN** 1 **ARTEN** 57

KNOCHENFISCHE

FLEISCHFLOSSER
UNTERKLASSE Sarcopterygii **ORDNUNGEN** 2 **ARTEN** 8

STRAHLENFLOSSER
UNTERKLASSE Actinopterygii **ORDNUNGEN** 45 **ARTEN** 31 282

STÖRE UND LÖFFELSTÖRE
ORDNUNG Acipenseriformes **ARTEN** 27

TARPUNARTIGE
ORDNUNG Elopiformes **ARTEN** 9

GRÄTENFISCHARTIGE
ORDNUNG Albuliformes **ARTEN** 13

AALARTIGE
ORDNUNG Anguilliformes **ARTEN** 1030

PELIKANAALARTIGE
ORDNUNG Saccopharyngiformes **ARTEN** 28

HERINGSARTIGE
ORDNUNG Clupeiformes **ARTEN** 435

MILCHFISCHARTIGE
ORDNUNG Gonorhynchiformes **ARTEN** 6

WELSARTIGE
ORDNUNG Siluriformes **ARTEN** 4163

STINTARTIGE
ORDNUNG Osmeriformes **ARTEN** 46

LACHSFISCHE
ORDNUNG Salmoniformes **ARTEN** 242

MAULSTACHLER
ORDNUNG Stomiiformes **ARTEN** 449

EIDECHSENFISCHARTIGE
ORDNUNG Aulopiformes **ARTEN** 300

LATERNENFISCHARTIGE
ORDNUNG Myctophiformes **ARTEN** 278

GOTTESLACHSE, RIEMENFISCHE
ORDNUNG Lampriformes **ARTEN** 27

DORSCHARTIGE
ORDNUNG Gadiformes **ARTEN** 652

KRÖTENFISCHE
ORDNUNG Batrachoidiformes **ARTEN** 5

EINGEWEIDEFISCHE
ORDNUNG Ophidiiformes **ARTEN** 563

ANGLERFISCHE
ORDNUNG Lophiiformes **ARTEN** 99

SCHEIBENBÄUCHE
ORDNUNG Gobiesociformes **ARTEN** 186

HORNHECHTE, FLIEGENDE FISCHE
ORDNUNG Beloniformes **ARTEN** 283

ÄHRENFISCHE
ORDNUNG Atheriniformes **ARTEN** 393

HUSARENFISCHE UND VERWANDTE
ORDNUNG Holocentriformes **ARTEN** 92

PETERSFISCHE UND VERWANDTE
ORDNUNG Zeiformes **ARTEN** 35

GRUNDELARTIGE
ORDNUNG Gobiiformes **ARTEN** etwa 2500

SEENADELN UND SEEPFERDCHEN
ORDNUNG Syngnathiformes **ARTEN** etwa 260

BARSCHFISCHE
ORDNUNG Perciformes **ARTEN** Tausende

PLATTFISCHE
ORDNUNG Pleuronectiformes **ARTEN** 825

KUGELFISCHARTIGE
ORDNUNG Tetraodontiformes **ARTEN** 47

+ 17 WEITERE ORDNUNGEN

REPTILIEN

KLASSE Reptilia **ORDNUNGEN** 4 **ARTEN** 11 570

SCHILDKRÖTEN
ORDNUNG Testudines **FAMILIEN** 12 **ARTEN** 360

SCHLANGEN UND ECHSEN
ORDNUNG Squamata **FAMILIEN** 44 **ARTEN** 10 980

PANZERECHSEN
ORDNUNG Crocodylia **FAMILIEN** 3 **ARTEN** 26

+ 1 WEITERE NICHTMARINE ORDNUNG: BRÜCKENECHSEN (SPHENODONTIA)

VÖGEL

KLASSE Aves **ORDNUNGEN** 40 **ARTEN** 10 650

IN DIESER KLASSIFIKATION wurden die Vögel in 40 Ordnungen gegliedert. Eigentlich sind die Vögel eine Untergruppe der Reptilien.

ENTENVÖGEL UND VERWANDTE
ORDNUNG Anseriformes **FAMILIEN** 2 **ARTEN** 170

PINGUINE
ORDNUNG Sphenisciformes **FAMILIEN** 1 **ARTEN** 18

SEETAUCHER
ORDNUNG Gaviiformes **FAMILIEN** 1 **ARTEN** 5

RÖHRENNASEN UND ALBATROSSE
ORDNUNG Procellariiformes **FAMILIEN** 4 **ARTEN** 143

LAPPENTAUCHER
ORDNUNG Podicipediformes **FAMILIEN** 1 **ARTEN** 20

TROPIKVÖGEL
ORDNUNG Phaethontiformes **FAMILIEN** 1 **ARTEN** 3

PELIKANE UND VERWANDTE
ORDNUNG Pelicaniformes **FAMILIEN** 5 **ARTEN** 111

TÖLPEL, KORMORANE UND VERWANDTE
ORDNUNG Suliformes **FAMILIEN** 4 **ARTEN** 60

GREIFVÖGEL
ORDNUNG Accipitriformes **FAMILIEN** 5 **ARTEN** 265

REGENPFEIFER, AUSTERNFISCHER, STELZENLÄUFER
ORDNUNG Charadriiformes **FAMILIEN** 18 **ARTEN** 381

RACKEN, EISVÖGEL UND VERWANDTE
ORDNUNG Coraciiformes **FAMILIEN** 9 **ARTEN** 180

+ 29 WEITERE NICHTMARINE ORDNUNGEN

SÄUGETIERE

KLASSE Mammalia **ORDNUNGEN** 27 **ARTEN** 6431

DREI TEILS ODER VOLLSTÄNDIG MARINE Säugetierordnungen werden hier aufgeführt. Die früher als Ordnung Pinnipedia betrachteten Robben (Seehunde, Ohrenrobben und Walrosse) bilden keine eigenständige Gruppe, sondern werden heute zu den Raubtieren (Carnivora) gezählt. Zu den 27 Säugetierordnungen zählen auch die Beuteltiere.

RAUBTIERE
ORDNUNG Carnivora **FAMILIEN** 16 **ARTEN** 302

WALE UND DELFINE
ORDNUNG Cetacea **FAMILIEN** 13 **ARTEN** 93

SEEKÜHE
ORDNUNG Sirenia **FAMILIEN** 2 **ARTEN** 4

+ 23 WEITERE NICHTMARINE ORDNUNGEN

RIFF IM ROTEN MEER
Das Rote Meer ist einer der 18 wichtigsten Hotspots für Korallen. Die Riffe bieten einer Vielfalt marinen Lebens eine Heimat, wie etwa dem Rotfeuerfisch.

Biodiversitäts-Hotspots

Viele Leute haben schon von Hotspots der Biodiversität gehört, insbesondere im Zusammenhang mit den Lebensräumen des Meers. Wegen ihrer Lebensvielfalt sind sie bei Dokumentarfilmern sehr beliebt. Eigentlich handelt es sich um »Hotspots der Artendiversität«, an denen die größtmögliche Artenzahl auf kleinem Raum konzentriert ist. Die Identifikation dieser Bereiche hilft dabei, Schutzgebiete auszuweisen. Doch auch Gebiete geringer Diversität wie die Tiefseegräben können wegen ihrer außergewöhnlichen Arten schützenswert sein.

Viele Länder haben die biologische Vielfalt ihrer Gewässer dokumentiert und begonnen, Meeresschutzgebiete einzurichten. Man hat internationale Bewertungen von Korallenriffen, Seegraswiesen und Mangrovenwäldern vorgenommen. Hotspots für Seevögel, Meeresschildkröten, Haie und Hochseefische wurden identifiziert. In der Tiefsee hat es weniger Fortschritte gegeben, aber die biologische Vielfalt in der Nähe von Seamounts, Schelfbrüchen und Hydrothermalquellen wurde dokumentiert. Im Jahr 2020 finanzierte The Pew Charitable Trusts ein Projekt, bei dem Wissenschaftler von 13 Universitäten weltweit unter der Leitung der University of California, Santa Barbara (USA), 22 Milliarden »Datenpunkte« analysierten und die erste Karte der marinen Artenvielfalt des offenen Meers erstellten. Bis zum Jahr 2021 haben sich mehr als 100 Länder vorgenommen, bis 2030 mindestens 30 Prozent der Meere zu schützen.

Schätze der Tiefe

Ein internationales Team von Wissenschaftlern (siehe oben) hat die biologische Vielfalt der offenen Meeresgewässer dokumentiert, für die einzelne Staaten verantwortlich sind. Sie bewerteten ihren Artenreichtum vor allem im Hinblick auf Arten, die durch menschliche Aktivitäten bedroht sind. Gleichzeitig dokumentierten sie die Vielfalt der Lebensräume am Meeresboden, einschließlich der Seamounts und Hydrothermalquellen, und identifizierten Gebiete mit hoher Primärproduktion, also der Basis der marinen Nahrungsketten. Sie kartierten Bereiche mit weniger interessanten Merkmalen bis hin zu hochinteressanten, besonders schutzbedürftigen Gebieten. Unter ihnen wurden zehn mit besonderer Biodiversität ausgewählt (Karte unten).

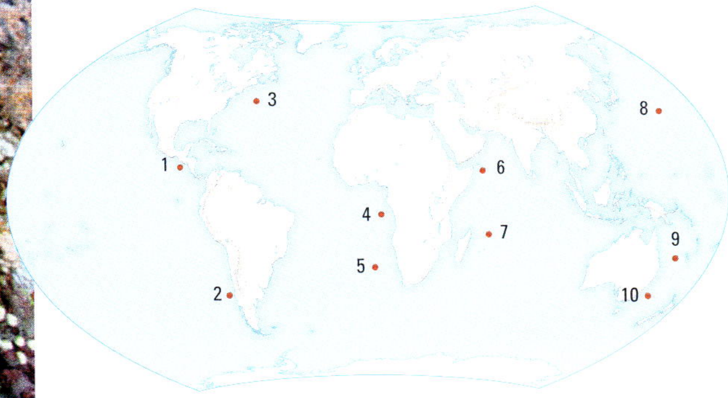

1. Costa Rica Thermal Dome
2. Salas y Gómez und Nazca Ridges
3. Sargassosee- und Corner Rise Seamounts
4. Golf von Guinea
5. Walfischrücken
6. Arabisches Meer
7. Maskarenen-Plateau
8. Hawaii-Emperor-Kette
9. Lord Howe Rise
10. Süd-Tasmansee

HOTSPOT-TYPEN

VERSTECKTER HOTSPOT

LOCH CARRON *Die Highlands im Nordwesten von Schottland sind malerisch, doch die Biodiversität ist in der rauen Umgebung von Loch Carron gering.*

UNTER DER OBERFLÄCHE *Im Wasser von Loch Carron findet sich eine Artenvielfalt wie in tropischen Riffen mit Weichkorallen, Seedahlien und Schlangensternen.*

KARIBISCHE REICHTÜMER

SABA-BANK *Eine Untersuchung dieses Atolls der Niederländischen Antillen wies 2006 eine hohe Artenvielfalt nach. Das Gebiet wurde 2012 zum Nationalpark.*

NEU ENTDECKT *Bei der Saba-Studie wurde eine siebenstachlige Grundel entdeckt, die eine neue Art und vermutlich eine neue Gattung repräsentiert.*

SEAMOUNT-GEMEINSCHAFTEN

FISCHPARADIES *Soldatenfische und Schnapper sammeln sich an einem Seamount im Indischen Ozean. Dieses Inselhabitat dient als temporärer Schutz.*

GUADALUPE-SEAMOUNT *Bis zu einem Drittel der Algen-, Pflanzen- und Tierarten können auf isolierten Seamounts endemisch sein (nur hier vorkommen), wo sie sich in Millionen von Jahren entwickelt haben.*

SCHATZSUCHE

SEDIMENTPROBEN *Proben des Schlamms vom Meeresboden können Tausende von Mikroorganismen und Bakterien enthalten. Einst hielt man die Tiefsee für eine Wüste, aber diese verborgene Biodiversität beweist das Gegenteil.*

Lebens- und Energiekreisläufe

Alles Leben hängt von Organismen ab, die Energie aus Chemikalien oder dem Sonnenlicht gewinnen und Nahrung erzeugen können. Diese Organismen, seien es Phytoplankton, Tange, Chromisten oder Bakterien, sind Primärproduzenten und bilden das erste Glied der Nahrungskette. Hier beginnt ein Zyklus, der sich durch die Lebensgemeinschaft eines Ökosystems bis in die unbelebte Umgebung und wieder zurück erstreckt.

Energiefluss

Wenn ein Organismus vom Nächsten in der Nahrungskette gefressen wird, fließt Energie von ihm zum Konsumenten. Die Primärproduzenten – zum Beispiel Kieselalgen und Bakterien am Anfang der Nahrungskette – werden von Primärkonsumenten gefressen, die wiederum von Sekundärkonsumenten. Die Konsumenten höchsten Grades haben keine Fressfeinde. In Landökosystemen nimmt die Gesamtbiomasse auf jeder Stufe der Nahrungskette ab, sodass nur wenige Spitzenprädatoren übrig bleiben. Bei marinen Systemen mit Phytoplankton als Produzenten ist die Masse jedoch auf der Ebene der Primärkonsumenten am größten. Das ist möglich, weil Phytoplankton so schnell wächst, dass sein Umsatz bei geringer Masse sehr groß ist.

PYRAMIDE DER NAHRUNGSENERGIE
Auf jeder Ebene der Nahrungskette geht Energie in Form von Wärme verloren. Die sich verringernde Energie kann als Pyramide dargestellt werden und ist für die geringe Zahl der Spitzenkonsumenten verantwortlich.

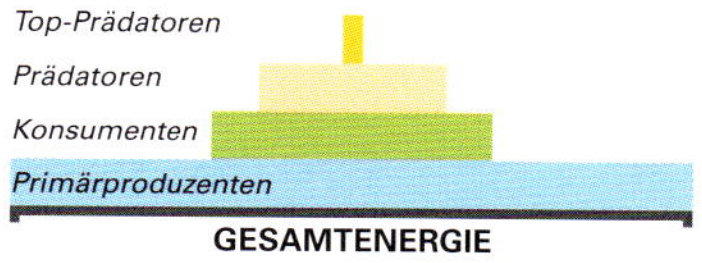

PYRAMIDE DER BIOMASSE
Die Biomassepyramide steht bei Planktonproduzenten zum Teil auf dem Kopf, da sie eine geringe Gesamtmasse aufweisen. Trotzdem hält die schnelle Vermehrung des Planktons die Nahrungskette aufrecht.

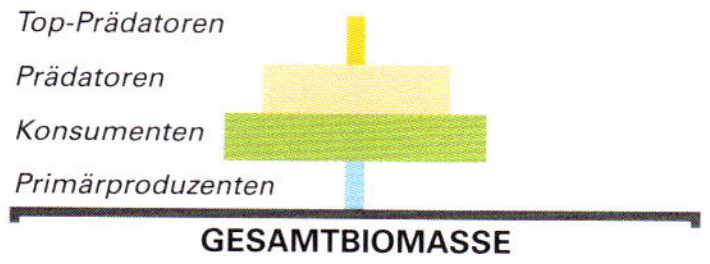

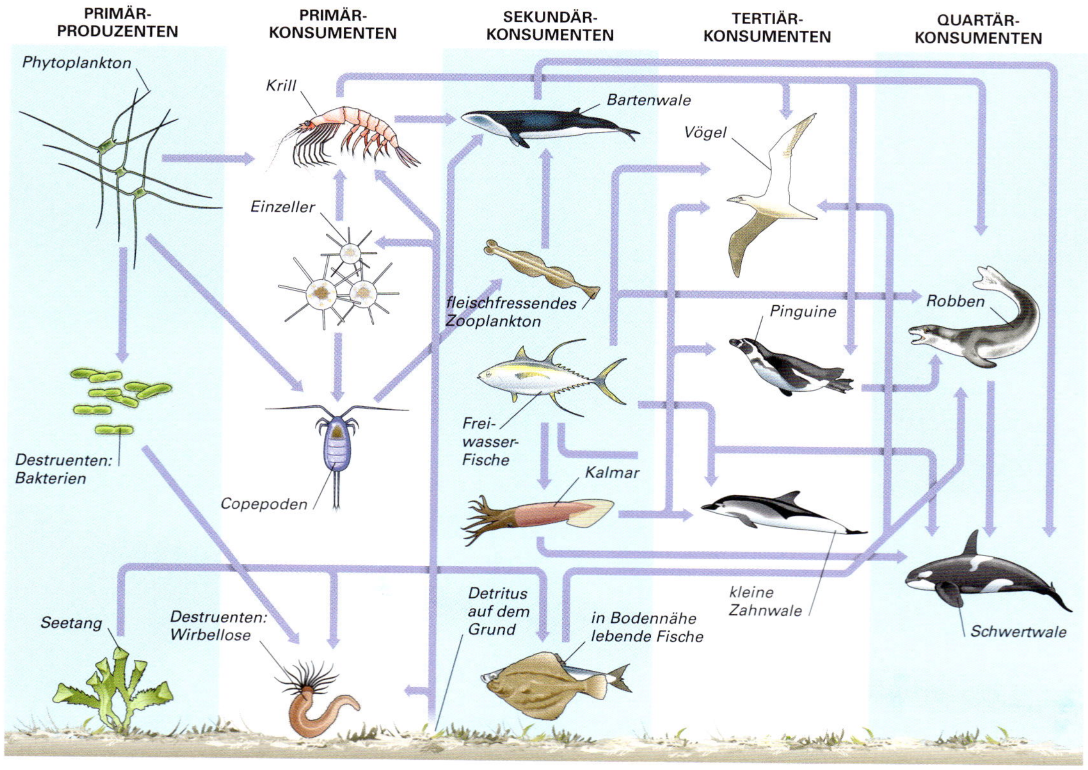

Recycling

Alle Lebewesen benötigen zum Wachstum und zur Vermehrung chemische Verbindungen wie Nitrate, Phosphate und Silikate. Sie werden von Primärproduzenten aufgenommen und innerhalb der Nahrungsketten weitergereicht. Obwohl einige der Stoffe im Meerwasser vorhanden sind, stammen die meisten ursprünglich vom Meeresboden. Stirbt ein Organismus, sinken die nicht von anderen Organismen gefressenen Teile auf den Grund, wo sie von Bakterien und anderen Destruenten zerlegt werden. Auch die Ausscheidungsprodukte werden von ihnen abgebaut. Schließlich liegen die Nährstoffe in mineralisierter Form vor. Sie können in der Tiefe verbleiben oder mit zirkulierenden Strömungen in einem Meeresbecken an die Oberfläche gebracht werden (siehe Auftriebswasser, rechte Seite).

NÄHRSTOFFKREISLAUF
In der Wassersäule befinden sich kleine organische Teile oder Detritus. Sie können von Aasfressern aufgenommen oder von im Wasser befindlichen Bakterien zerlegt werden. Viele sinken jedoch auf den Meeresboden ab und verwesen dort, wobei sie Nährstoffe freisetzen. Der Nährstoffzyklus wird vom Auftriebswasser geschlossen, das die Nährstoffe wieder an die Oberfläche bringt, wo sie vom Phytoplankton verwertet werden können.

MENSCHLICHER EINFLUSS

ÜBERFISCHUNG

Diese Fischer fangen im Pazifik Kabeljau. Die Bestände sind drastisch zurückgegangen und einige sind ganz zusammengebrochen, da zu viele Fische gefangen werden, bevor sie sich fortpflanzen. Die Fangquoten verschiedener Staaten haben das Problem nicht gelöst, auch wenn sich manche Bestände nun erholen.

KABELJAUFANG
Fast 1,4 Millionen Tonnen Atlantischer und Pazifischer Kabeljau wurden 2010 mit Schleppnetzen oder Langleinen gefangen.

NAHRUNGSNETZ
Dieses Nahrungsnetz des Ökosystems eines Meers der Südhalbkugel besteht aus vielen kombinierten Nahrungsketten, die von Primärproduzenten bis zu Quartär- oder Endkonsumenten reichen. Jeder Pfeil steht für den Energiefluss von Nahrung zu Räuber, Pflanzenfresser oder Destruent und zeigt die gegenseitigen Abhängigkeiten. Manche Tiere fressen Organismen verschiedener Stufen der Nahrungskette. Nahrungsnetze sind sehr genau ausbalanciert und werden leicht durch menschliche Einflüsse gestört.

Produktivität

Innerhalb der Ozeane variiert die Dichte des Lebens erheblich. An bestimmten Orten und zu manchen Zeiten ist der Ozean besonders produktiv. Diese Produktivität wird wesentlich vom Licht beeinflusst, dessen Stärke sich mit dem Breitengrad und der Jahreszeit verändert. Die Versorgung mit nährstoffreichem Wasser und Licht ist von den Wasserbewegungen und Tageslängen abhängig und beeinflusst die Planktonvermehrung. Die Fotosyntheserate hängt außerdem von der Temperatur ab.

KLARER TROPISCHER OZEAN
Tropische Meere werden nicht im Verlauf der Jahreszeiten umgeschichtet, sodass wenige Nährstoffe aufsteigen und wenig Plankton entsteht. Hier eine Schildkröte im klaren Wasser vor Hawaii.

TRÜBE GEMÄSSIGTE GEWÄSSER
In Küsten- und gemäßigten Gewässern zirkuliert nährstoffreiches Wasser, das Algen wie diesen Kelpwald im Pazifik ernährt.

Auftriebswasser

Oberflächenwasser kann im offenen Meer nährstoffarm werden, da die Nährstoffe vom Phytoplankton aufgenommen werden oder zum Grund absinken. In Auftriebsgebieten können große Mengen nährstoffreichen Wassers durch Strömungen nach oben gebracht werden (siehe S. 60).

In der Nähe des Festlands kann der Auftrieb durch Oberflächenströmungen wie den vor Südamerika beginnenden Humboldt-Strom (siehe S. 58) erzeugt werden. Im Äquatorbereich des Pazifik und Atlantiks entstehen Auftriebsgebiete, wenn Wassermassen von den Passaten nach Norden und Süden gedrückt und von aufsteigendem Wasser ersetzt werden. In den Polargebieten können Winterstürme das Wasser intensiv durchmischen. Bei ausreichendem Licht kann sich Phytoplankton in Auftriebsgebieten schnell vermehren und eine Vielzahl von Organismen ernähren.

NÄHRSTOFFREICHE GEWÄSSER
Im Auftriebswasser ernähren sich Schwärme kleiner Fische vom Plankton. Sie locken wiederum größere Räuber wie diese Bronzehaie an, die hier vor der südafrikanischen Küste Sardinen erbeuten.

Schwimmen und Treiben

Der größte Teil der Lebensräume im Meer befindet sich nicht auf dem Grund, sondern in der Wassersäule und auf dem offenen Meer. Diesen Bereich nennt man Pelagial. Salzwasser liefert Auftrieb und die Nährstoffe, die Algen und Pflanzen das Leben im Freiwasser ermöglichen. Manche Tiere leben an der Grenzfläche von Wasser und Luft oder wechseln zwischen diesen Umgebungen, weil es energieeffizienter ist. Wassersäule, Wasseroberfläche und Meeresgrund sind miteinander verbunden, sodass viele Tiere zwischen diesen Lebensräumen wechseln.

Plankton

In den sonnendurchfluteten Oberflächengewässern der Meere lebt eine Vielzahl kleiner Algen und Tiere (Plankton), die mit der Strömung treiben. Das Phytoplankton besteht aus Bakterien, Mikroalgen (siehe S. 248) und Chromisten (siehe S. 234), die sich durch Fotosynthese ernähren. Zusammen mit den sessilen Tangen und Pflanzen bildet das Phytoplankton die Basis der Nahrungsnetze. Zooplankton besteht aus meist sehr kleinen Tieren, die sich vom Phytoplankton ernähren. Quallen können jedoch recht groß werden. Viele Tiefseetiere sind bizarr geformt und haben weiche, zerbrechliche Körper. Pfeilwürmer, Rippenquallen und Ruderfußkrebse leben dauerhaft im Plankton (Holoplankton), während Krabben, Würmer und manche Nesseltiere sich als Larven mithilfe des Planktons verbreiten (Meroplankton) und als Erwachsene zum Teil oder ganz auf dem Meeresboden leben.

Viele Planktonorganismen besitzen Stacheln, lange Beine oder fedrige Anhänge, die sie beim Schweben unterstützen. Tropisches Zooplankton weist oft mehr Fortsätze als die Tiere aus gemäßigten oder polaren Gewässern auf, da die Dichte und die Viskosität warmen Wassers etwas geringer sind.

LARVE IM PLANKTON
Aus den Eiern der Gemeinen Strandkrabbe entstehen treibende, stachlige Zoëa-Larven.

NUR ZEITWEILIG PLANKTON
Temporäres Zooplankton besteht größtenteils aus Larven von Tieren, die als Erwachsene auf dem Meeresboden leben. Die Ohrenqualle gehört jedoch erwachsen (oben) zum Plankton und ist im Jugendstadium (rechts) sessil.

TIERE DES NEKTONS
Die meisten Tiere des Nektons sind wie diese Schwarzdelfine Wirbeltiere.

Nekton

Fische und die meisten anderen frei lebenden Meerestiere können schwimmen, wenn sich auch manche nur kurze Strecken über den Meeresgrund bewegen. Die ihr ganzes Leben im Freiwasser des offenen Meers schwimmenden Tiere nennt man in ihrer Gesamtheit Nekton. Dazu gehören die meisten Fische, alle Wale und Delfine, Meeresschildkröten, Seeschlangen und Kalmare. Die meisten Tiere des Nektons sind stromlinienförmig. Von daher sehen sich manche Delfine und die im Freiwasser lebenden Fische des Nektons wie die Thunfische bemerkenswert ähnlich.

Die Luft-Wasser-Grenzschicht

Manche Tiere leben an der Grenze von Luft und Wasser, wobei sie an der Wasseroberfläche treiben oder zwischen beiden Medien wechseln. Seevögel wie Albatrosse, Sturmvögel, Tölpel und Tropikvögel verbringen ihr ganzes Leben auf dem Meer. Sie fressen, schlafen, putzen und paaren sich auf der Wasseroberfläche. Große Kolonien dieser Vögel sind durch Ölverschmutzung gefährdet. Andere Seevögel wie Seeschwalben und Papageitaucher jagen im Meer und ruhen sich an Land aus. So, wie diese Vögel sich zum Fischfang ins Wasser stürzen, springen Haie aus dem Wasser, um Vögel zu erwischen. Fliegende Fische springen in die Luft, um Verfolgern zu entkommen. Manche Organismen des Planktons leben ständig an der Wasseroberfläche, wobei ein Teil des Körpers in die Luft ragt. Die Segelqualle ist eine Staatsqualle, die den Wind mit einer segelartigen Struktur nutzt. Die Veilchenschnecke treibt mit ihr auf einem Floß aus Schleimblasen und ernährt sich von der Qualle. Es gibt sogar auf der Wasseroberfläche lebende Insekten, etwa die der Gattung *Halobates*.

TREIBEN AN DER GRENZFLÄCHE
Das gasgefüllte Floß der Portugiesischen Galeere trägt die gesamte Kolonie dieser Staatsqualle.

FLIEGEN UND TAUCHEN
Der Braune Pelikan ist einer der Vögel, die sich ins Wasser stürzen, um Fische zu fangen. Dazu benutzt er seinen großen Schnabel.

TREIBENDE GEMEINSCHAFT
Mondfische treiben oft an der Wasseroberfläche und untersuchen Tang- oder Holzstücke auf Fressbares, etwa kleine Fische oder Krebstiere.

Treibende Heimat

Viele pelagische Fische werden von Objekten angezogen, die Schutz vor Räubern, Strömungen und sogar dem Sonnenlicht bieten. Treibholz und Tang werden so zum Treffpunkt. Fischer nutzen das, indem sie Lockobjekte (siehe Kasten rechts) benutzen, um Fische in einem Bereich zu konzentrieren. Diese Lockobjekte reichen von simplen Flößen mit Kokospalmenwedeln bis zu komplizierten technischen Geräten.

An großen Treibholzstücken entstehen oft Mini-Ökosysteme. Algen und Entenmuscheln wachsen und bieten Krebsen, Würmern und Fischen Nahrung und Schutz. Bohrwürmer durchlöchern das Holz und schaffen weitere Deckung. Gelegentlich überleben Reptilien, Insekten oder Pflanzensamen auf dem Holz und können so an Land getrieben werden und neue Orte wie vulkanische Inseln besiedeln.

BEERENTANG
Der Beerentang (*Sargassum*) ist ein Versteck für den Sargassum-Anglerfisch. In diesem Lebensraum kommen über 50 Tierarten vor.

MENSCHLICHER EINFLUSS

FISCHE ANLOCKEN

Geräte zum Anlocken der Fische haben die Fänge in vielen Gegenden gesteigert und die Ausbeutung erleichtert. Sie tragen allerdings nicht zur biologischen Produktivität bei, da sie die Fische nur sammeln und so zur Überfischung beitragen. Künstliche Riffe ziehen auch Fische an, bilden aber auch sichere Brutstätten.

LOCKGERÄTE
Sogar einfache Maßnahmen wie diese schwimmende Boje vor Hawaii können Fische anlocken. Junge Makrelen und endemische Riffbarsche suchen unter der Boje Deckung.

Leben am Grund

AUF DEM MEERESGRUND ODER IM BODEN lebende Tiere, ganz gleich ob beweglich oder sessil, werden benthische Tiere genannt. An Land strukturieren Pflanzen den Lebensraum der Tiere. Im Meer ist das selten der Fall, mit Ausnahme von flachen, sonnendurchfluteten Bereichen, in denen Kelp, Tange und Seegräser gedeihen. Stattdessen wachsen an den Stellen, an denen der Meeresgrund ein festes Fundament bietet, sessile benthische Tiere, die oft an Pflanzen erinnern. Sich verschiebendes Substrat eignet sich für sie jedoch nicht. Darin lebt stattdessen eine Gemeinschaft von grabenden Tieren.

UNTERHALB DES TANGS
Unterhalb der von Tangen bewachsenen Zone nordeuropäischer Küstengewässer, wo es für die Fotosynthese zu dunkel ist, sitzen meist die Tote-Manns-Hand, Schwämme und Röhrenwürmer festgewachsen auf den Steinen.

MEERESBODEN IN DER SONNE
Tange verankern sich in den Gezeitenzonen felsiger Küsten und Riffe, wie hier bei den Kanarischen Inseln. Auf hellen, gemäßigten Meeresböden können die Tange die Struktur des Lebensraums vorgeben.

Sessile Tiere

Viele benthische Tiere wie Schwämme, Seescheiden und Korallen verbringen ihr gesamtes Erwachsenenleben festgewachsen auf dem Substrat. An Land müssen sich Tiere auf der Nahrungssuche bewegen, ganz gleich, ob sie Weidetiere, Räuber oder Aasfresser sind. Im Meer transportieren die Strömungen eine große Nahrungsmenge in Form von Plankton oder toten organischen Stoffen. Sessile Tiere nutzen sie, indem sie ihre Nahrung aus dem Wasser fangen oder filtern, ohne sich fortzubewegen. Um sich zu vermehren, geben sie ihre Eier und Spermien ins Wasser ab, wo die Eier befruchtet werden und die planktonischen Larven schlüpfen. Manchmal werden die Eier oder Larven zurückgehalten und bereits gut entwickelte Jungtiere entlassen. Strömungen bringen die Jungen in neue Gebiete, wo sie sich niederlassen und heranwachsen können.

RIFFBILDENDE WÜRMER
In manchen schottischen Seen bilden die Kalkgehäuse der Röhrenwürmer Riffe.

Bewegliche Tiere

Dichte Tangbestände oder sessile Tiere bieten beweglichen Tieren Schutz und Nahrung. Seegurken schieben sich vorwärts und fressen sowohl Tange als auch sessile Tiere. Krebstiere und Seesterne kriechen und schwimmen umher und jagen oder suchen nach Aas. Nacktschnecken sind spezialisierte Räuber, bei denen sich jede Art von einer oder wenigen Arten von Moostierchen, Nesseltieren, Seescheiden oder Schwämmen ernährt. Sie leben daher in der Nähe ihrer Beute und streifen selten weit umher. Die Rhizoide (wurzelähnliche Haftorgane) des Kelps bieten kleinen Tieren wie Würmern Schutz.

GETARNTER FISCH
Drachenköpfe leben auf dem Grund zwischen Tang und sessilen Tieren. Ihre Hautfortsätze lassen sie mit dem Lebensraum verschmelzen.

RÖHREN IM UNTERGRUND
Spiralröhrenwürmer leben in harten Röhren, die sie in Korallenriffen verankern. Mithilfe ihrer wunderschönen, doppelten Tentakelspirale ernähren sie sich von aus dem Wasser gefiltertem Plankton.

Graben und Bohren

Ein großer Teil des Meeresbodens ist von Sedimenten wie Sand und Schlamm bedeckt. Das Leben auf der Oberfläche ist schwierig und gefährlich, und die meisten Tiere graben sich ein oder bauen Röhren. In diesem Lebensraum gedeihen Muscheln und Ringelwürmer und weltweit findet man in den Sedimenten sehr viele verschiedene Arten. Gut versteckt unter der Oberfläche des Sediments saugen Muscheln sauerstoffreiches Wasser und Plankton durch einen ihrer beiden langen Siphos ein und geben Abfallstoffe durch den anderen ab. Bohrmuscheln und Schiffsbohrwürmer durchdringen Stein und Holz und benutzen ihre Siphos auf ähnliche Weise. Das Sediment ist nicht ganz sicher – räuberische Nabelschnecken graben sich durch den Sand und bohren die Muschelschalen an, um den Inhalt zu fressen. Seeringelwürmer jagen andere Würmer und Krebstiere. Manche Würmer bauen sich aus Sandkörnern, Sekret oder beidem Röhren. Die Röhren sind zum Wasser hin offen und die Würmer ernähren sich von Plankton, das sie mit federartigen oder klebrigen Tentakeln fangen. Bei Gefahr ziehen sie sich blitzschnell zurück. Zylinderrosen und Seefedern verfolgen ähnliche Strategien.

REGENERATION
Die Spitzen der Muschelsiphons werden manchmal von Plattfischen abgebissen, wachsen aber wieder nach.

FELSENBOHRER
Der Bohrschwamm gräbt mithilfe von Chemikalien Gänge in kalkhaltige Schalen und Steine und schafft sich so einen Lebensraum.

Symbiose

Am Grund zu leben bedeutet für marine Organismen eine Herausforderung. Jede schützende Spalte wird heiß umkämpft. Die Lösung ist oft, eine enge Beziehung zu einem anderen Organismus einzugehen – ein Verhältnis, das man Symbiose nennt. Wenn nur ein Partner davon profitiert, spricht man vom Kommensalismus, wobei oft eine Art der anderen Unterschlupf bietet. Kleine Muschelwächterkrabben finden in Muscheln Nahrung und Schutz, während die Muschel sie lediglich toleriert. Eine Symbiose, von der beide Partner profitieren, nennt man Mutualismus. Viele tropische Grundeln leben mit nahezu blinden Knallkrebsen zusammen. Der Krebs gräbt einen Bau, der beiden als Unterschlupf dient, während die Grundel als Wachposten fungiert. Manche Anemonen sitzen auf Einsiedlerkrebsgehäusen und profitieren von der Mobilität der Krebse und von Futterresten. Der Krebs wird von den Nesseltentakeln der Anemone geschützt. Der dritte Symbiosetyp ist der Parasitismus, bei dem der Wirt geschädigt wird. Der Wurzelkrebs *Sacculina* wächst wie ein Pilzmyzel durch den Körper der Wirtskrabbe, entzieht ihr Nährstoffe und schwächt oder tötet sie so.

MUTUALISMUS
Die Gebänderte Scherengarnele verdient sich ihren Platz in der geschützten Spalte der Muräne, indem sie ihr die Zähne reinigt.

UNTERSCHLUPF GEGEN REINIGUNG
Große Anemonen bieten oft Anemonenfischen und Anemonen-Krabben Unterschlupf. Die Anemone profitiert von den Hausmeisteraktivitäten ihrer Gäste.

LEBEN IM MEER

Lebensbereiche

Kein Teil der Meere ist frei von Organismen, von den Polen bis in die Tropen und von den Küsten bis zu den Tiefseegräben. Der Meeresgrund und die Wassersäule beherbergen eine große Vielfalt an Leben. Marine Organismen sind jedoch nicht gleichmäßig verteilt. Wie an Land spielen das Klima (vor allem die Temperatur) und die Nahrung eine große Rolle für Verbreitung und Biodiversität. In der rauen Umgebung der Pole gedeiht an den Küsten nur wenig Leben, doch unter ihrer Oberfläche enthalten polare Meere vielfältige Lebensgemeinschaften. Obwohl es in jeder Tiefe Leben gibt, können die meisten Organismen nur innerhalb begrenzter Bereiche bei bestimmten Drücken, Temperaturen und Lichtverhältnissen leben.

Geografische Grenzen

Temperaturen sind im Meer stabiler als an Land, da Wasser langsamer als Luft Wärme aufnimmt und abgibt. Die Verteilung der Küsten- und Kontinentalschelf-Lebensgemeinschaften folgt jedoch einem globalen Muster von polaren, gemäßigten und tropischen Ökosystemen. Die Salzmarschen der gemäßigten Küsten werden in den Tropen durch Mangrovengürtel ersetzt. Kelp wächst nur in kühlem Wasser, kommt aber auch in den Tropen vor, wenn wie an der Küste von Oman kühles Tiefenwasser aufsteigt. Arten des Planktons und benthische Arten mit planktonischen Larven könnte man überall vermuten, wo die Strömungen sie hintragen. Es können jedoch Grenzen zwischen Wassermassen verschiedener physikalischer Eigenschaften existieren, die so effektiv sind wie die zwischen Flachland und Gebirge. Unterhalb gewisser Tiefen gibt es wenige dieser Barrieren und die Bedingungen ähneln sich weltweit, sodass Tiefseeorganismen oft eine weite Verbreitung aufweisen.

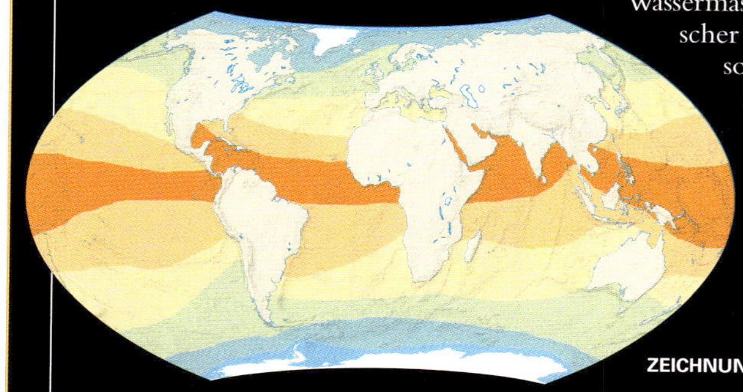

KLIMAZONEN
Die Form und der Neigungswinkel unseres Planeten führen in verschiedenen Breitengraden zu unterschiedlicher Sonneneinstrahlung. Dadurch umgürten große Klimazonen die Erde.

ZEICHNUNGSLEGENDE

- äquatorial
- tropisch
- subtropisch
- gemäßigt
- subpolar
- polar

Endemische Arten

Manche marine Arten, besonders die pelagischen, haben eine weite Verbreitung, da sie von wenigen Barrieren behindert werden. Andere haben ein beschränktes Verbreitungsgebiet und werden als endemisch für ein Gewässer, eine Insel oder ein Land bezeichnet. Abgelegene Lebensräume wie kleine Inseln besitzen oft die meisten endemischen Arten. Das kann daran liegen, dass viele Tiere sich nur für kurze Zeit als Eier und Larven verbreiten können und niemals entfernte Küsten erreichen. Im Roten Meer leben viele endemische Fischarten. Es ist mit dem Indischen Ozean nur über einen schmalen Kanal verbunden und daher fast isoliert. Endemische Fische sind oft Arten, die nicht weit schwimmen. Anemonenfische legen ihre Eier an Steinen unter ihren Anemonen, und die Jungen bleiben im gleichen Riff. Flugunfähige Vögel wie Pinguine können ebenfalls nur beschränkt neue Gebiete besiedeln.

GALAPAGOS-PINGUIN
Diese Art lebt nur bei den Galapagos-Inseln. Das kalte, aufsteigende Wasser des Cromwell-Stroms sorgt im tropischen Klima für Kühle. Durch das umliegende warme Wasser sind die Pinguine isoliert und können sich nicht verbreiten.

MALEDIVEN-ANEMONENFISCH
Der endemische Fisch hat keine planktonischen Larven und lebt im Indischen Ozean bei den Malediven und Sri Lanka. Seine Anemone hat eine weitere Verbreitung, weil ihre Larven mit der Strömung verdriftet werden.

MENSCHLICHER EINFLUSS

VERSCHIEBUNGEN

Die nördlichen und südlichen Verbreitungsgrenzen vieler Flachwasserarten werden von der Wassertemperatur bestimmt. Die meisten vermehren und verbreiten sich nur innerhalb bestimmter Bereiche. Durch den Klimawandel erhöht sich die Temperatur langsam, sodass manche Warmwasserarten auf der Nordhalbkugel weiter nach Norden vordringen. Gleichzeitig ist zu erwarten, dass sich Kaltwasserarten in die gleiche Richtung zurückziehen.

TROPISCHER EINDRINGLING
Drückerfische des Warmwassers wandern im Norden bis zu den Hebriden und beginnen nun, sich hier zu vermehren. Mit zunehmender Erwärmung könnten sie heimisch werden.

Tiefenzonen

Mit der Tiefe nimmt der Druck zu. Licht, Temperatur und Nahrungsangebot nehmen dagegen ab. Diese Veränderungen begrenzen die Verbreitung mariner Organismen. Der Bereich auf und über dem Kontinentalschelf ist reich an Leben, da er mit Nährstoffen aus den Flüssen und Sedimenten versorgt wird. Schwarmfische, etwa Heringe, fressen das Plankton, das von den Nährstoffen lebt. Die meiste Fischerei findet über dem Kontinentalschelf statt. Darunter können weder Phytoplankton noch Tange wachsen. Pelagische Tiere fressen sich entweder gegenseitig oder suchen täglich die oberen Wasserschichten auf. Felsige Bereiche unterstützen eine reiche Fauna wie Kaltwasserkorallenriffe, Schwammriffe und Hydrothermalquellen-Gemeinschaften. Feine Sedimente bedecken die riesigen Tiefseeebenen am Fuß des Kontinentalabhangs. Im Gegensatz zu Mikroorganismen sind große Tiere hier recht selten.

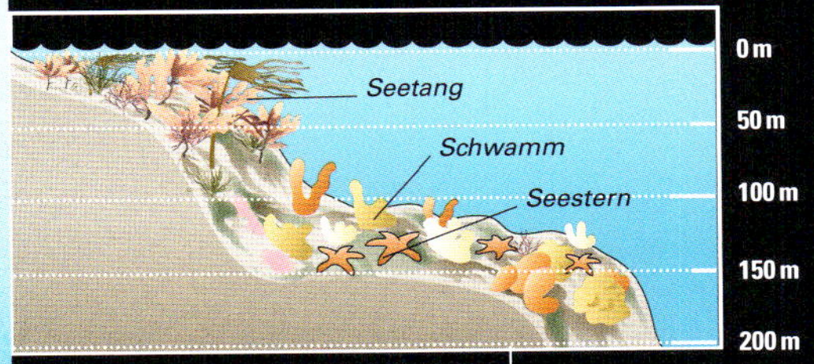

AUSSCHNITT DES MEERESGRUNDS

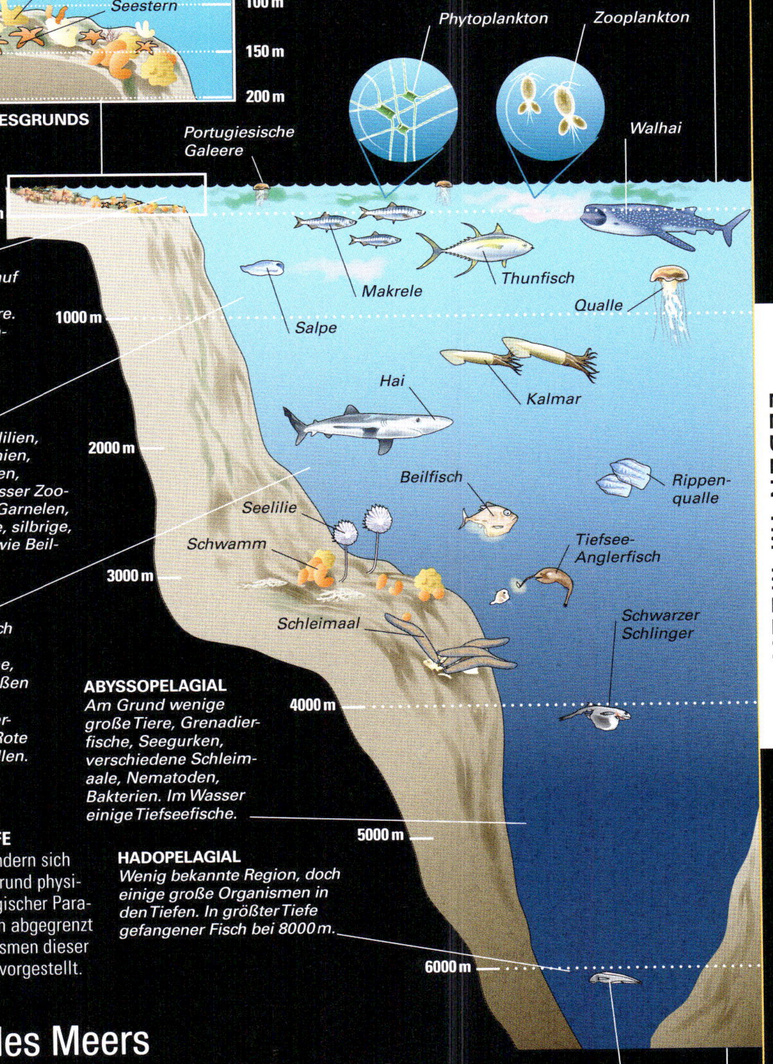

EPIPELAGIAL
Hohe Biodiversität auf dem Grund: Tange, Korallen, sessile Tiere. Im Wasser: Plankton- und Fischreichtum, Wale, Delfine.

MESOPELAGIAL
Auf dem Grund Seelilien, Schwämme, Gorgonien, Seefedern, Seegurken, Grönlandhai. Im Wasser Zooplankton, Kalmare, Garnelen, Räuber wie Pottwale, silbrige, großäugige Fische wie Beil- und Laternenfische.

BATHYPELAGIAL
Auf dem Grund ähnlich wie im Mesopelagial. Im Wasser meist kleine, dunkle Fische mit großen Mäulern und Mägen, Pelikanaale, Grenadierfische, Anglerfische, Rote Garnelen, Tiefseequallen.

ABYSSOPELAGIAL
Am Grund wenige große Tiere, Grenadierfische, Seegurken, verschiedene Schleimaale, Nematoden, Bakterien. Im Wasser einige Tiefseefische.

HADOPELAGIAL
Wenig bekannte Region, doch einige große Organismen in den Tiefen. In größter Tiefe gefangener Fisch bei 8000 m.

LEBEN IN DER TIEFE
Die Bedingungen ändern sich langsam, doch aufgrund physikalischer und biologischer Parameter können Zonen abgegrenzt werden. Die Organismen dieser Zonen werden hier vorgestellt.

OASEN UNTER DEM EIS
Die Atemlöcher der Robben im Eis schaffen Oasen auf dem darunter liegenden Grund, wo die benthischen Organismen das Licht und die Nährstoffe nutzen.

Wüsten des Meers

Einige Bereiche des Meers ähneln den Wüsten an Land, sodass hier nur wenige Arten leben. Das klare, blaue Oberflächenwasser über großen Tiefen enthält nur wenig Plankton, da es dem Phytoplankton nicht genügend Minerale bietet. Das gilt besonders dort, wo nur wenige Stürme das Wasser aufwühlen und Nährstoffe an seine Oberfläche bringen. Eisen kann dabei ein begrenzender Faktor sein, denn Experimente mit Eisendüngung hatten eine verstärkte Phytoplanktonproduktion zur Folge. Der Meeresgrund des Abyssals kann nur wenige große Tiere ernähren und ist früher als echte Wüste betrachtet worden. Doch neuere Studien haben das Gegenteil bewiesen. Wenn man alle Bakterien und winzigen Tiere zwischen den Tiefseesedimentteilchen berücksichtigte, wäre dieser Lebenraum so vielfältig wie der tropische Regenwald.

KARGE POLARKÜSTE
Wegen der Einwirkung des Wintereises wächst kaum etwas an dieser Küste. Doch außerhalb der Reichweite des Eises können reiche Lebensgemeinschaften entstehen.

Migrationen im Meer

Die Ernährung und die Vermehrung sind die wichtigsten Gründe für die Migration (Wanderung, Zug) von Tieren. Sie bewegen sich oft zur gleichen Tages- oder Jahreszeit von einem Ort zum anderen und folgen dabei meist den gleichen Routen. Zu den wandernden Arten gehören viele größere Tiere wie Wale und Schildkröten, doch auch kleinere wie die Kalmare können spektakuläre Strecken zurücklegen, um zu überleben und sich zu vermehren. Im Gegensatz zu Migrationen an Land kommt im Meer zur horizontalen noch die vertikale Komponente hinzu.

Arten der Migration

Die treibende Kraft hinter jeder Art der Migration ist das Überleben. Einige Tiere müssen lange Strecken zurücklegen, um Nahrung zu finden. Die Wanderungen finden oft zur Zeit maximaler Vermehrungsraten der Nahrungsorganismen an bestimmten Orten statt, wie etwa saisonabhängigen Auftriebsgebieten. Kürzere, regelmäßige Bewegungen werden vom Plankton und aktiven Schwimmern wie Kalmaren vollzogen (siehe S. 221).

Das Überleben einer Art hängt von ihrem Reproduktionserfolg ab. Die gemeinsame Vermehrung an wenigen Orten zu einer bestimmten Zeit erhöht die Überlebenschancen des Nachwuchses. Orte mit günstigen Bedingungen werden immer wieder aufgesucht, wobei einzelne Tiere oft zum Platz ihrer Geburt zurückkehren. Manche Küstenbewohner folgen zur Nahrungsaufnahme dem Rhythmus von Ebbe und Flut.

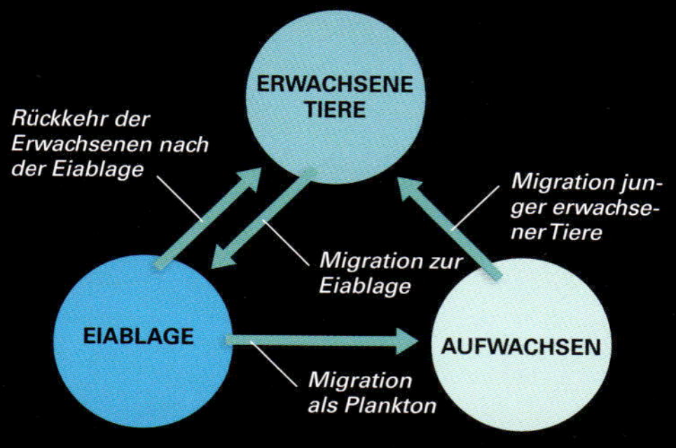

MIGRATIONSZYKLUS IM MEER
Manche Meeresbewohner wandern zu bestimmten Eiablageplätzen. Die geschlüpften Larven werden mit dem Plankton zu Gebieten verdriftet, an denen sie fressen und heranwachsen, bevor sie zur Population der erwachsenen Tiere gelangen.

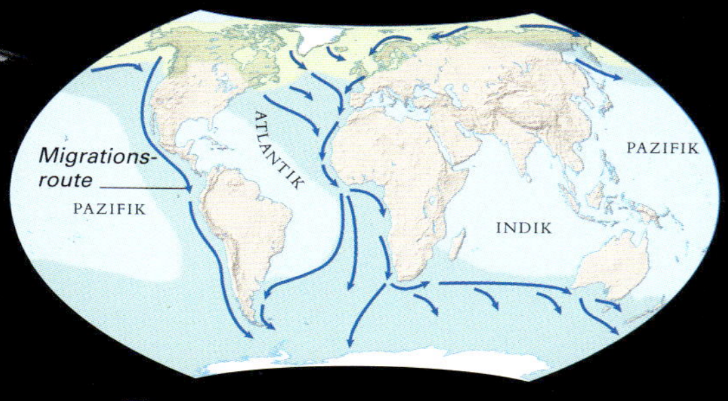

ZUG DER KÜSTENSEESCHWALBE
Dieser kleine Vogel fliegt zum Brüten von der Antarktis in die Arktis und kehrt dann wieder zurück – eine Rundreise von fast 35 500 km. Küstenseeschwalben verbringen jährlich 90 Tage am Brutplatz und den Rest des Jahres hauptsächlich auf der Reise.

MIGRATION DER LANGUSTEN
Karibik-Langusten wandern im Winter auf der Suche nach wärmerem Wasser über den Grund und kehren im Sommer ins Flachwasser zurück.

FORSCHUNG

WEGE VERFOLGEN

Bis vor Kurzem wusste man wenig über die Migrationsbewegungen mariner Tiere wie der Lederschildkröte (unten), weil an Land zur Verfolgung benutzte Systeme für den Gebrauch unter Wasser ungeeignet waren. Das änderte sich mit der Einführung satellitengestützter Geräte. Die Befestigung des Senders schadet der Schildkröte zwar nicht, kann aber doch Probleme bereiten. Da jedoch alle Meeresschildkröten bedroht sind, ist es für ihren Schutz wichtig, ihre Wege nach der Eiablage zu kennen.

SATELLITENÜBERWACHUNG
Das Gerät auf dem Panzer der Schildkröte sendet Daten an einen Satelliten, sobald sie zum Atmen auftaucht. Die Informationen werden dann an die Wissenschaftler weitergeleitet, die die Bewegungen der Schildkröte verfolgen.

Migration vom Meer in das Süßwasser

Obwohl manche Meerestiere in Bezug auf Salzkonzentration und Temperatur sehr anpassungsfähig sind, wechseln wenige in bestimmten Lebensabschnitten zwischen Süß- und Salzwasser. Manche, wie die Lachse, beginnen und beenden ihr Leben im Süßwasser und verbringen den Rest ihres Lebens im Meer. Man bezeichnet sie als anadrom. Katadrome Arten wie Aale schlüpfen und sterben im Meer, wachsen aber 10 bis 14 Jahre lang im Süßwasser auf.

Beide Fischtypen kehren jedoch zum Ablaichen in das Gebiet ihrer Geburt zurück und sterben danach. Für die meisten Fischarten wäre der Wechsel vom Süß- ins Meerwasser oder umgekehrt tödlich. Anadrome und katadrome Fische können den Wechsel durch verschiedene physiologische Anpassungen, insbesondere ihrer Nierenfunktion, überstehen.

LACHSE KEHREN ZUM ABLAICHEN INS SÜSSWASSER ZURÜCK

1 Mit drei bis fünf Jahren kehren Silberlachse zum Ablaichen in den Fluss zurück, in dem sie geschlüpft sind. Manche Tiere werden schon mit zwei Jahren geschlechtsreif.

2 Auf seiner Reise flussaufwärts kann der Lachs bis zu 3500 km gegen die Strömung zurücklegen. Dabei muss er einige Wasserfälle und Stromschnellen überwinden.

3 Sobald das Weibchen seine Eier in den Kies des Flussbetts abgelegt hat, gibt das Männchen direkt über ihnen seinen Samen ab, um die Befruchtungschancen zu erhöhen.

4 Frisch geschlüpfte Lachse leben im Kies, bis sie den Inhalt ihres Dottersacks aufgebraucht haben. Dann treten sie ihre Reise flussabwärts ins Meer an.

HORIZONTAL UND VERTIKAL
Nordamerikanische Kalmare wandern im Mai zu ihren Laichgebieten. Zum Fressen bewegen sie sich täglich in der Wassersäule auf und ab.

Navigation

Man kann mit verschiedenen Tracking-Methoden feststellen, dass viele Individuen die gleichen Wege benutzen, doch wie sich die Tiere selbst zurechtfinden, ist bisher wenig erforscht.

Lachse finden ihre Laichgewässer anhand des Geruchs der chemischen Inhaltsstoffe, doch dafür müssen sie sich ihnen erst einmal nähern. Manche Tiere mögen sich an den Wasserströmungen orientieren, während man bei anderen annimmt, dass sie sich vom Magnetfeld der Erde leiten lassen.

Tiere finden die Richtung und den Zeitpunkt ihrer Wanderungen erstaunlich genau. Vögel, Schildkröten und Säugetiere orientieren sich auch an der Sonne, den Sternen und an Geländemarken.

WANDERUNG DER BELUGAWALE
Belugawale, hier im Lancaster Sound, Kanada, leben in Arktis und Subarktis, doch einige suchen im Sommer wärmere Gewässer auf.

Vertikale Bewegungen

In gemäßigten und tropischen Regionen steigt das Zooplankton nachts zur Wasseroberfläche auf und sinkt tagsüber wieder ab. Abhängig von der Art der beteiligten Tiere kann diese Strecke pro Tag 400 bis 1000 m betragen. In den Polarregionen, in denen es mehrere Monate lang dunkel ist, hängt die Bewegung des Zooplanktons von der Jahreszeit ab. Im Sommer befindet es sich an der Oberfläche und im Winter in der Tiefe.

Man nimmt an, dass das Zooplankton aufsteigt, um sich vom Phytoplankton der oberen Wasserschichten zu ernähren. Es sinkt wieder ab, weil es in der Tiefe besser geschützt ist und im kühleren Wasser weniger Energie verbraucht. Die heranwachsenden planktonischen Larven von Tieren wie etwa Krebsen sinken schließlich ab, um auf dem Grund zu leben.

DIE GRÖSSTE MASSENMIGRATION
Tagsüber, wenn viele Tiere sich vor Räubern im tieferen Wasser verstecken, nutzt das Phytoplankton die Sonnenenergie zur Nahrungsproduktion. Nachts nimmt die Biomassekonzentration des Oberflächenwassers um 30 Prozent zu, weil das Zooplankton aufsteigt, um das Phytoplankton zu fressen, und weil es seinerseits von Fischen und anderen Tieren erbeutet wird. Diese regelmäßige Auf- und Abbewegung in der Wassersäule stellt die größte Massenmigration der Erde dar.

Leben in der Tiefe

DIE TIEFSEE WIRKT LEBENSFEINDLICH – kalt, dunkel und nahrungsarm. Die Bedingungen sind jedoch bemerkenswert stabil. Die Temperatur beträgt ganzjährig 2–4 °C und der Salzgehalt ist konstant. Die Dunkelheit führte zu neuen Kommunikationsformen (siehe S. 224–225). Zwar ist der Wasserdruck enorm, doch betrifft das Tiere ohne luftgefüllte Hohlräume wie Lungen und Schwimmblasen nur wenig. Tiere in über 1500 m Tiefe zeigen spezielle Anpassungen. Die Artenvielfalt der großen Tiere nimmt mit der Tiefe ab, doch es gibt eine Vielfalt kleiner Organismen, die in den Sedimenten der Tiefsee leben.

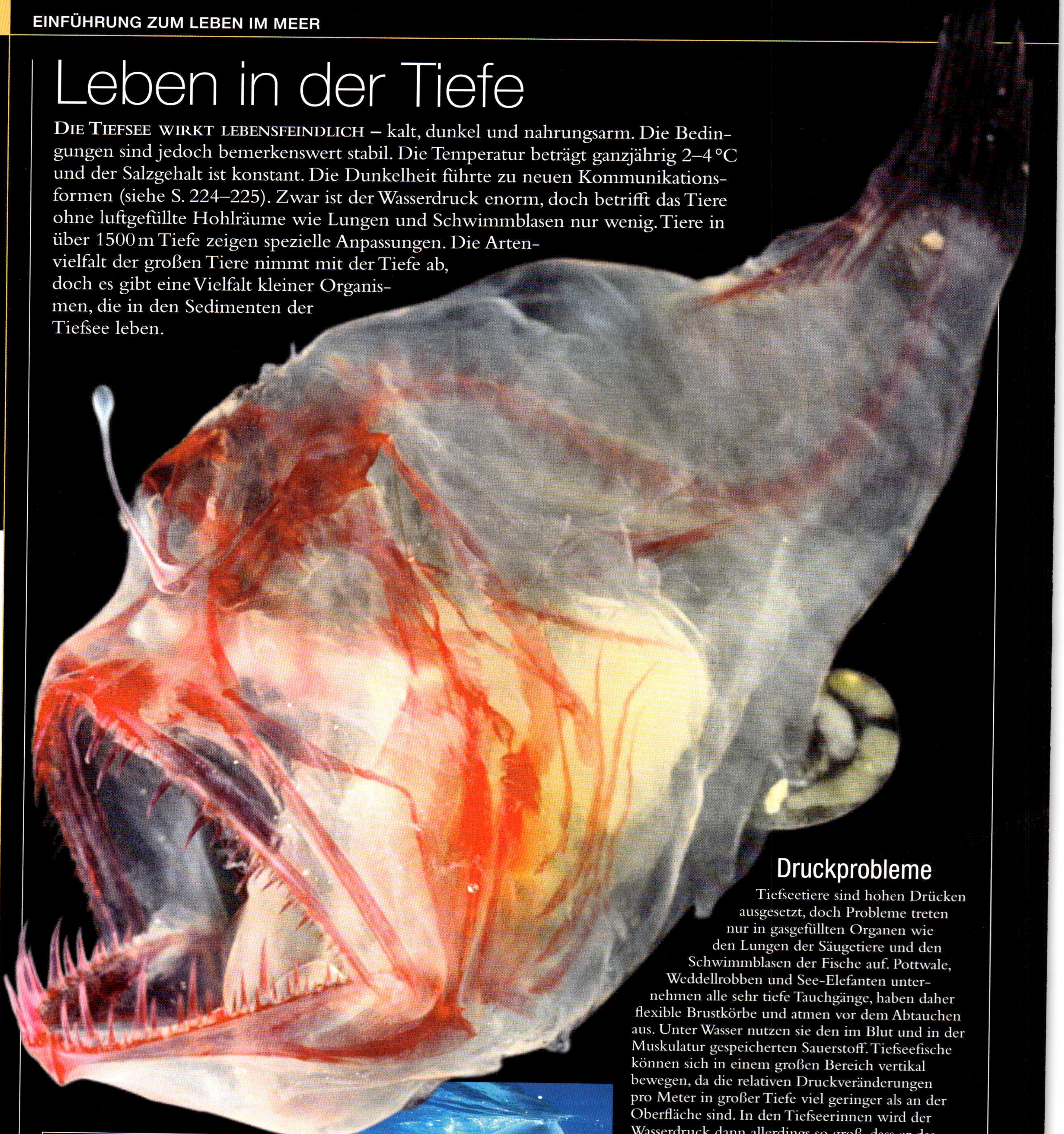

ANPASSUNGEN AN DIE TIEFSEE
Muskeln und Skelette der Anglerfische sind leicht, um im Wasser zu schweben. Die Muskeln sind transparent gemacht, und das Skelett ist angefärbt worden.

POTTWAL
Pottwale können bis in Tiefen von 1000 m tauchen, wo der Druck 100-mal höher als an der Wasseroberfläche ist.

Druckprobleme

Tiefseetiere sind hohen Drücken ausgesetzt, doch Probleme treten nur in gasgefüllten Organen wie den Lungen der Säugetiere und den Schwimmblasen der Fische auf. Pottwale, Weddellrobben und See-Elefanten unternehmen alle sehr tiefe Tauchgänge, haben daher flexible Brustkörbe und atmen vor dem Abtauchen aus. Unter Wasser nutzen sie den im Blut und in der Muskulatur gespeicherten Sauerstoff. Tiefseefische können sich in einem großen Bereich vertikal bewegen, da die relativen Druckveränderungen pro Meter in großer Tiefe viel geringer als an der Oberfläche sind. In den Tiefseerinnen wird der Wasserdruck dann allerdings so groß, dass er das Zusammenspiel der biologisch wichtigen Moleküle beeinträchtigt. Tiefsee-Bakterien besitzen daher spezielle Eiweiße und können nicht an der Wasseroberfläche gedeihen.

Nahrungssuche

Das Hauptproblem am Leben in der Tiefe ist es, genug Nahrung zu finden. Mit der Ausnahme der Lebensgemeinschaften der hydrothermalen und kalten Quellen (siehe S. 188–189) sind die Organismen von der Nahrungsproduktion im hellen, Tausende Meter über ihnen liegenden Bereich abhängig. In der Tiefe kann kein fotosynthetisch aktives Plankton wachsen. Manchmal sinken die Kadaver großer Säugetiere oder Fische herab, doch die meiste Nahrung kommt hier in Form winziger Teilchen an. Vieles wird schon vorher gefressen, doch einiges kommt auch in Form von Krebs-Außenskeletten oder Appendikularien-Gehäusen hinzu. Die auf dem Material siedelnden Bakterien fördern seine Verklumpung und das schnellere Absinken.

BEWOHNER MITTLERER SCHICHTEN
Der Fangzahnfisch lebt in mittleren Tiefen von 500 bis 2000 m. Die Nahrung ist rar, sodass er mit seinem großen Maul und den langen Zähnen alles Fressbare erbeuten muss.

KONSUMENT DES MEERESGRUNDS
Seegurken sammeln organische Reste vom Meeresboden auf. In Gebieten höherer Breitengrade regnet infolge von Algenblüten im Frühjahr die meiste Nahrung herab, was die Seegurken zur Vermehrung anregen kann.

Aasfressende Riesen

Viele Tiefseetiere bleiben kleiner als ihre Verwandten im Flachwasser. Diese Entwicklung hängt mit dem geringen Nahrungsangebot in der Tiefsee zusammen. Manche Aasfresser überleben jedoch, indem sie viel größer als ihre Gegenstücke werden. Beispielsweise werden die im Flachwasser häufigen Flohkrebse und Asseln, die dort verrottende Algen und organische Reste fressen, nur etwa 1 cm groß. In größeren Tiefen ist Aas jedoch selten, liegt aber dann in großen Brocken wie zum Beispiel Walkadavern vor. Manche Tiefsee-Flohkrebse werden daher mit 10 bis 15 cm Länge mehr als zehnmal so groß wie ihre Verwandten, um dieses Angebot bewältigen zu können. Bei den niedrigen Temperaturen der Tiefsee wachsen diese Tiere langsam und vermehren sich unregelmäßig, werden dafür aber viel älter als ihre Flachwasserverwandten. Seeigel, Hydrozoen, Seefedern und andere Tiere bilden in der Tiefsee ebenfalls Riesenformen aus. Ähnliche Riesen findet man auch in den kalten Gewässern der Antarktis.

TIEFSEE-RIESE
Der in der Tiefsee verbreitete aasfressende Flohkrebs *Eurythenes* wird über 8 cm groß.

FORSCHUNG

BEOBACHTUNG DER TIEFSEE

Bevor es moderne Forschungstauchboote gab, hatten nur wenige Biologen die Möglichkeit, Tiefseetiere in ihrer natürlichen Umgebung zu beobachten. Mit Netzen gefangene Tiere waren oft beschädigt und konnten keine Auskünfte über ihre Lebensweise geben. Moderne Tauchboote bieten eine sehr gute Aussicht und sind mit ausgezeichneten Kameras und Fanggeräten ausgestattet. Sie können in Tiefen von 1000 oder sogar 6000 m eingesetzt werden.

EIN FENSTER ZUR TIEFSEE
Deep Rover ist ein Zweipersonen-Tauchfahrzeug, das 1000 m Tiefe erreichen kann. Es startet von einer untergetauchten Plattform. Von innen lässt sich durch die Acrylglas-Hülle die gesamte Umgebung beobachten.

Bloß nicht einsinken

Große Bereiche des Tiefseebodens sind mit viele Meter dicken Sedimenten bedeckt, die man als Schlick bezeichnet (siehe S. 181). Tiere müssen sich an der Oberfläche der Sedimente halten, um ungehindert fressen und atmen zu können. Viele Filtrierer wie Seelilien, Seefedern und manche Schwämme besitzen lange Stiele, um ihre Filterorgane oberhalb der Sedimente zu halten. Manche Seegurken haben stelzenähnliche Füßchen entwickelt, um über die Oberfläche des Schlicks laufen zu können. Der Dreibeinfisch bewegt sich auf seinen verlängerten Brust- und Afterflossenstrahlen fort. Eine Seegurken-Art, *Paelopatides grisea*, ist ungewöhnlich abgeplattet, sodass sie sich mit langsamen, wellenförmigen Bewegungen über den Grund erheben kann.

IM SCHLICK VERANKERTE SEELILIEN
Um Nahrung aus dem Wasser zu filtrieren, ragen Seelilien an bis zu 60 cm langen Stielen in die Strömung. Die Stiele reichen tief ins Sediment, um die Tiere fest zu verankern.

Biolumineszenz

ALS BIOLUMINESZENZ BEZEICHNET MAN ein kaltes Licht, das von Organismen produziert wird. An Land können nur wenige Tiere wie die Glühwürmchen Licht produzieren, im Meer jedoch Tausende. Tiefseefische und -kalmare setzen Biolumineszenz ausgiebig ein, doch gibt es auch viele andere Lichtproduzenten, wie Bakterien, Dinoflagellaten, Seefedern, Quallen, Weich- und Krebstiere sowie Stachelhäuter. Marine Organismen benutzen Biolumineszenz zur Verteidigung (als Tarnung oder Ablenkung), um Beute zu suchen und zu täuschen oder um Partner zu finden.

KOMMUNIKATION MIT LICHT
Viele leuchtende Organismen setzen das Licht zur Kommunikation ein. Dieser Borstenmaulfisch kann Artgenossen mit seinem Lichtmuster Signale geben.

Lichtproduktion

Biolumineszenz wird in als Photocyten bezeichneten Zellen erzeugt, die sich meist in Leuchtorganen, den Photophoren, befinden. Eine lichterzeugende Substanz namens Luciferin wird mithilfe des Enzyms Luciferase oxidiert, wobei Energie in Form kalten Lichts freigesetzt wird. Das erzeugte Licht ist meistens blaugrün, doch manche Tiere können auch grünes, gelbes oder, eher seltener, rotes Licht produzieren.

In verschiedenen Tieren sind eine ganze Reihe lichterzeugender Strukturen vorhanden. Die Hydrozoe *Obelia* weist nur einzelne im Gewebe verstreute Photocyten auf, wohingegen manche Fische und Kalmare komplexe Photophoren mit Linsen und Filtern besitzen. Andere Tiere, wie Laternenfische, einige Anglerfische, Ponyfische und wiederum Kalmare verfolgen eine andere Strategie. Sie beherbergen symbiotische Bakterien, die Licht erzeugen und von ihrem Wirt geschützt und ernährt werden.

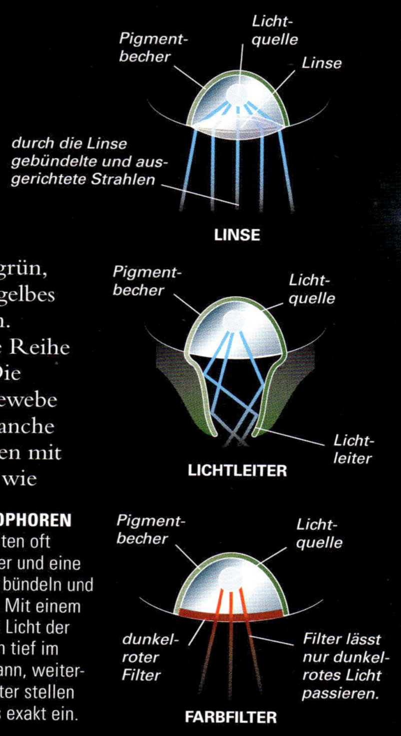

TYPEN DER PHOTOPHOREN
Photophoren enthalten oft einen Pigmentbecher und eine Linse, die das Licht bündeln und parallel abstrahlen. Mit einem Lichtleiter kann das Licht der Photophore, die sich tief im Körper verbergen kann, weitergeleitet werden. Filter stellen die Farbe des Lichts exakt ein.

JAGD MIT DEM SCHEINWERFER
Der Drachenfisch erzeugt mit der Photophore unterhalb des Auges rotes Licht, um seine Beute zu finden. Für die meisten Tiefseetiere ist rotes Licht unsichtbar.

Tarnen mit Licht

Wenn Tiere mithilfe von Biolumineszenz Beute anlocken oder Signale senden, machen sie gleichzeitig Räuber auf sich aufmerksam. Licht kann aber auch zur Tarnung benutzt werden. Beilfische leben in Tiefen, in denen noch ein schwaches Licht erkennbar ist. Damit ihr Umriss nicht von unten zu sehen ist, imitieren sie mit den Photophoren an ihrem Bauch das von oben einfallende Licht. Biolumineszenz wird also eingesetzt, um mögliche Fressfeinde zu verwirren. So können Laternenfische das Licht auf ihren Wangen ein- und ausschalten. Manche Kalmare, Krebstiere und Würmer stoßen leuchtende Sekrete aus oder trennen leuchtende Körperteile ab, die als Köder wirken.

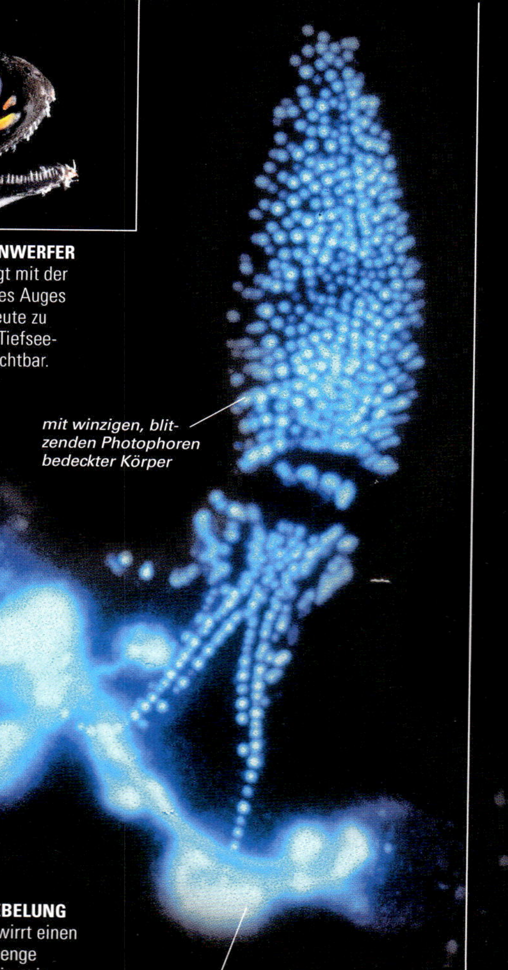

LEUCHTENDE VERNEBELUNG
Der Leuchtkalmar verwirrt einen Räuber mit einer Unmenge winziger Lichtblitze, die sein Körper aussendet. Er kann auch eine leuchtende Tinte ausstoßen, die der Vernebelung dient und in deren Schutz er entkommen kann.

UNSICHTBAR MACHEN
Die silbrigen Seiten der Tiefsee-Beilfische reflektieren das Licht, und ihre Photophoren sind nach unten gerichtet, um den Körperumriss von unten zu tarnen.

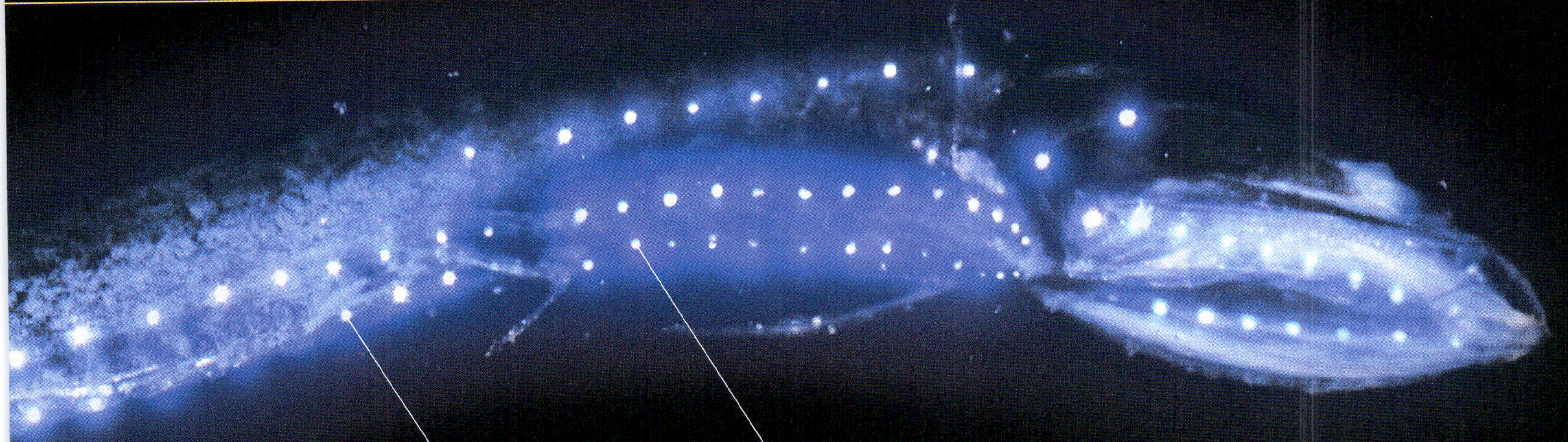

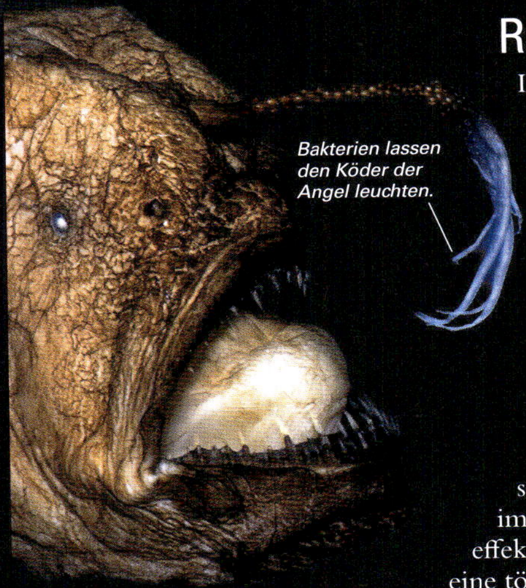

LEUCHTENDER KÖDER
Fische werden vom leuchtenden Köder des Tiefsee-Anglerfischs angelockt und so leicht erbeutet. Viele dieser Anglerfische sind dunkel gefärbt, um selbst unsichtbar zu bleiben.

Räuber

In den dunklen Regionen der Tiefsee versuchen viele Räuber, ihre Beute eher anzulocken als sie zu suchen. Das Suchen und die Jagd der Beute sind nämlich schwierig, wenn das einzige Licht durch Biolumineszenz erzeugt wird. Eine Möglichkeit, Beute anzulocken, ist der Einsatz eines leuchtenden Köders, und Anglerfische beherrschen das besonders gut. Anglerfische der Gattung Linophryne tragen auf dem Kopf eine mit leuchtenden Bakterien versehene Angel und eine Kinnbartel mit kleinen Photophoren. Fische mittlerer Wasserschichten besitzen oft ein dünnes Skelett und schwache Muskeln, um im Wasser zu schweben. Das Anlocken von Beute ist daher für sie eine effektive Jagdmethode. Der Tiefsee-Oktopus *Stauroteuthis syrtensis* stellt eine tödliche Falle auf. Die acht Arme bilden ein Netz und die modifizierten Saugnäpfe, die ihre eigentliche Funktion verloren haben, leuchten durch Biolumineszenz. Man hat die Art zwar nie bei der Jagd beobachtet, doch die Beute (vor allem Copepoden) wird wohl von den Armen angelockt, gefangen und gefressen.

LEUCHTENDE QUALLE
Die Leuchtqualle leuchtet bei Störungen durch Wellen und sondert einen leuchtenden Schleim ab, wenn man sie berührt.

Meeresleuchten

In ruhigen, warmen Nächten, besonders in den Tropen, erzeugen Boote eine leuchtende Spur im Wasser und Taucher lösen durch ihre Bewegungen winzige Lichtblitze aus. Dieses Meeresleuchten wird von Plankton erzeugt, zum größten Teil von Dinoflagellaten. Das Licht wird nur bei Störungen abgegeben und verschwindet daher nach wenigen Sekunden wieder.

Man nimmt an, dass sich die Dinoflagellaten so vor Räubern schützen. Werden sie von Copepoden angegriffen, senden sie einen Lichtblitz aus. So wird die Aufmerksamkeit von Garnelen und Fischen auf die Copepoden gelenkt, die nun selbst zur Beute werden können. Manche Dinoflagellaten, etwa *Gonyaulax polyedra*, produzieren nur nachts Licht, sodass sie keine Energie auf die Lichterzeugung verschwenden, wenn das Licht nicht gesehen wird.

Tiefsee-Quallen mögen eine ähnliche Strategie verfolgen. Sie leuchten nur bei Störungen durch Vibrationen, die auf einen sich nähernden Räuber hinweisen können. Oft läuft eine Folge zufälliger Blitze über den Körper, die den Fressfeind verwirren kann.

LEUCHTENDES PLANKTON
Dinoflagellaten sind winzige Einzeller, von denen manche bei Störung Lichtblitze aussenden können. Sie können das Meeresleuchten verursachen.

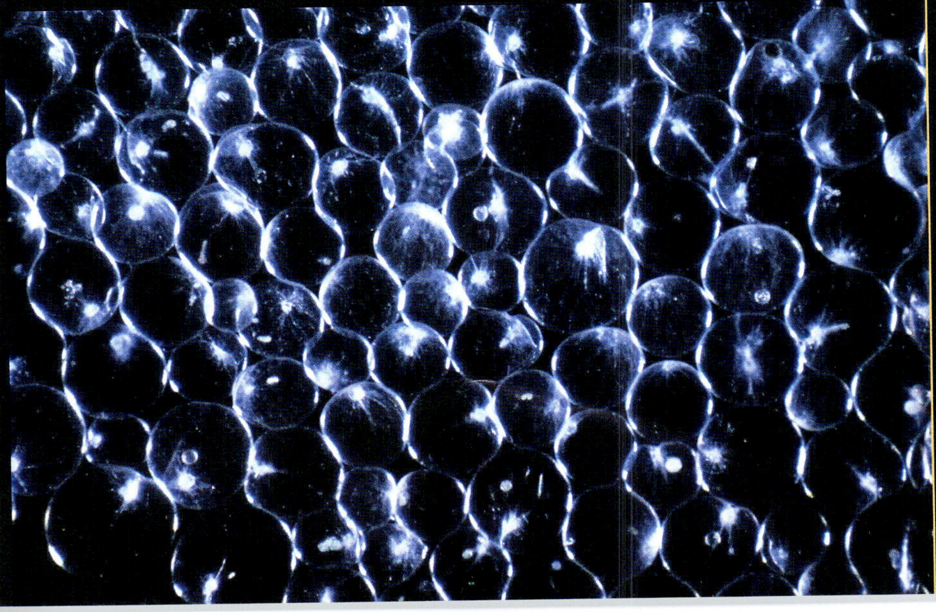

Geschichte des Lebens

Leben existiert in den Meeren seit über 3500 Millionen Jahren. Die große Vielfalt des heutigen marinen Lebens repräsentiert nur einen winzigen Ausschnitt aller Arten, die jemals gelebt haben. Beweise frühen Lebens sind schwer zu finden, liegen aber in einigen wenigen Sedimentgesteinen vor. In der Reihe der Fossilien klaffen viele Lücken, doch andere Nachweise haben wir nicht. Glücklicherweise besitzen viele Meeresorganismen Schalen oder harte Körperteile, wie Knochen und Zähne. Sie werden eher erhalten als Lebewesen mit weichem Körper, obwohl es auch hier Fossilien gibt. Mithilfe der Fossilien und der Kenntnis der Sedimentschichten, in denen sie lagen, kann man die Geschichte des marinen Lebens rekonstruieren.

PORTRÄT

A. I. OPARIN

1924 stellte der russische Biochemiker Aleksandr Oparin (1894–1980) die Theorie auf, dass alles Leben aus dem Meer stamme. Er nahm an, dass einfache Verbindungen das Sonnenlicht nutzten, um organische Zellkomponenten herzustellen. Daraus entstanden später lebende Zellen.

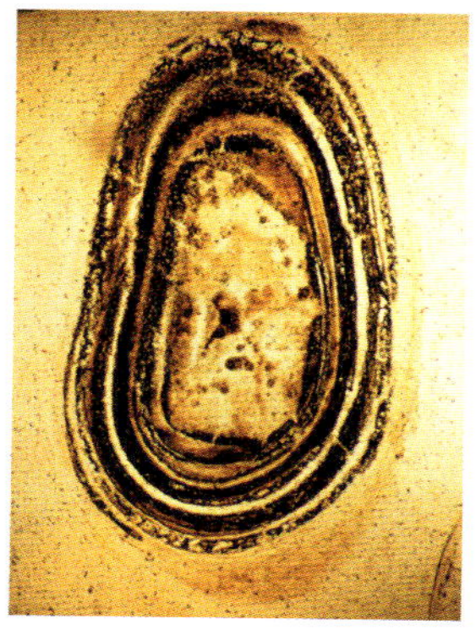

FRÜHE MIKROFOSSILIEN
Dieser Dünnschliff eines Hornsteins (eine Silizium-Verbindung) aus der Gunflint-Formation, Kanada, weist 2000 Millionen Jahre alte Mikrofossilien auf. Sie enthalten die ältesten, am besten erhaltenen fossilen Zellen, die wir kennen.

Vor 3800–2200 Millionen Jahren

Ursprünge des Lebens

Als die Erde entstand, war sie vollkommen lebensfeindlich. Nachdem sich die Atmosphäre verändert und sich die Meere gebildet hatten (siehe S. 42–43), erlaubten die Bedingungen vor 3800 Millionen Jahren biochemische Reaktionen. Man nimmt an, dass sich einfache, wasserlösliche Verbindungen, die man Aminosäuren nennt, im Wasser angesammelt, zu Ketten verbunden und damit Eiweiße gebildet haben. Diese haben mit anderen Verbindungen, wie der zur Replikation fähigen DNS, die ersten Zellen gebildet.

Die Atmosphäre der Erde wurde durch Matten von Cyanobakterien (auch Blaualgen genannt) beeinflusst, deren Ablagerungen Stromatolithen genannt werden. Sie können als Fossilien aus der Zeit von vor über 3500 Millionen Jahren bis heute nachgewiesen werden. Cyanobakterien sind Einzeller mit DNS, aber ohne Zellkern oder echte Organellen. Sie können Fotosynthese betreiben. Erst vor mindestens 2200 Millionen Jahren sind mit den Eukaryoten Zellen mit Kern und komplexen Organellen entstanden.

620–541 Mio. J. Präkambrium

Auch weichkörprige Organismen bilden manchmal Fossilien und ermöglichen einen Einblick in das Leben früher Vielzeller. Vor 620 Millionen Jahren hinterließ eine Ediacara-Fauna genannte Tiergemeinschaft ihre Abdrücke auf dem Boden eines flachen Meers. Sein Grund bildet nun den Sandstein der Ediacara Hills in Australien, wo die Fossilien in den 1940er-Jahren entdeckt worden sind.

Das damalige Meer wurde von seltsamen, vielzelligen Tieren bewohnt. Manche erinnern an Würmer und Quallen, doch andere wirken sehr ungewöhnlich. Es ist schwer zu entscheiden, ob sie mit heutigen Tieren verwandt sind oder eine ausgestorbene Linie repräsentieren. Sie stellen die einzige Verbindung zwischen ihren einzelligen Vorfahren und der späteren Vielfalt dar. Weitere Ediacara-Fauna ist auch in Namibia, Schweden, Osteuropa, Kanada und den USA gefunden worden.

EDIACARA-FOSSILIEN
Dies sind typische Beispiele für Fossilien der Ediacara-Fauna. Beim Mawsonit (oben) handelt es sich vielleicht um einen komplexen Tierbau, obwohl viele Wissenschaftler widersprechen. *Spriggina* (links) könnte ein Gliederfüßer, aber auch eine unbekannte Lebensform sein.

Vor 541–520 Mio. Jahren Kambrische Explosion

Viele Lebensformen tauchten in einem Zeitraum von 20 Millionen Jahren zu Beginn des Kambriums zum ersten Mal auf. Viele der heutigen Tierstämme erschienen ganz plötzlich. Diese Kambrische Explosion der Evolution kann von der Entstehung ökologischer Nischen durch die beim Zerbrechen des Kontinents Rodinia erweiterten Küsten ausgelöst worden sein. Weitere Nischen entstanden durch das Steigen des Meeresspiegels, das zur Zunahme warmer Flachwasserbereiche führte. Das Meer wurde von Arthropoden, vor allem Trilobiten, aber auch von Foraminiferen, Schwämmen, Korallen, Muscheln und Armfüßern besiedelt. Ihre »Skelette« sind als Fossilien erhalten geblieben.

RIFFBILDNER
Die Riffe des Kambriums wurden von Archaeocyathen errichtet, die Röhrenschwämmen (oben) ähnelten. Ihre systematische Stellung ist jedoch noch unklar.

WEGBEREITER DER ARTHROPODEN
Trilobiten entwickelten eine Vielfalt von Körperformen und blieben die nächsten 100 Millionen Jahre lang eine verbreitete Arthropodengruppe. Sie starben erst im Perm aus.

BRACHIOPODEN
Brachiopoden (Armfüßer) ähneln Muscheln, sind aber nicht mit ihnen verwandt. Sie waren bereits unter den ersten im Kambrium auftretenden Tieren. Von über 6000 beschriebenen Gattungen leben heute nur noch etwa 400 Arten.

HEUTIGE STROMATOLITHEN
Heute findet man die von Cyanobakterien errichteten Stromatolithen nur noch an wenigen Orten, wie hier im extrem salzhaltigen Hamelin Pool in Australien.

419–359 Mio. J. Die Zeit der Fische

Die ältesten Wirbeltierfossilien stammen von einfachen Kieferlosen, die vor etwa 520 Millionen Jahren lebten. Fische mit Kiefern traten erst im Silur auf. Dem war eine deutliche Zunahme der Lebensräume durch das Entstehen von Schwamm- und Korallenriffen vorangegangen. Die heute ausgestorbenen Stachelflosser (Acanthodii) trugen Stacheln an den Flossenvorderkanten und besaßen bereits Kiefer, die ein effektiveres Fressen erlaubten. Die paarigen Flossen sorgten für Geschwindigkeit und Beweglichkeit. Das folgende Devon (vor 419–359 Millionen Jahren) kann man als »Zeitalter der Fische« bezeichnen. Gepanzerte Plattenhäuter (Placodermi), von denen manche etwa 9 m Länge erreichten, beherrschten das Meer. Haie sowie Fleisch- und Strahlenflosser erschienen und haben bis heute überlebt, obwohl von den marinen Fleischflossern nur die Gattung *Latimeria* übrig ist. Die Fleischflosser sind besonders wichtig, da aus ihnen die Vierfüßer (Tetrapoden) hervorgegangen sind.

FRÜHE KIEFERLOSE
Kieferlose haben sich zuerst im Meer, später dann im Brack- und Süßwasser verbreitet. Der Kopfschild und die nach oben gerichteten Augen von *Cephalaspis* deuten auf einen Bodenbewohner hin.

EVOLUTIONÄRER EINBLICK
Der Fleischflosser *Tiktaalik roseae* besaß Kiemen und Schuppen wie ein Fisch, doch wies er die Gliedmaßen eines Vierfüßers auf. Dieses »Missing Link« trägt zur Erklärung des Übergangs vom Wasser- zum Landleben bei.

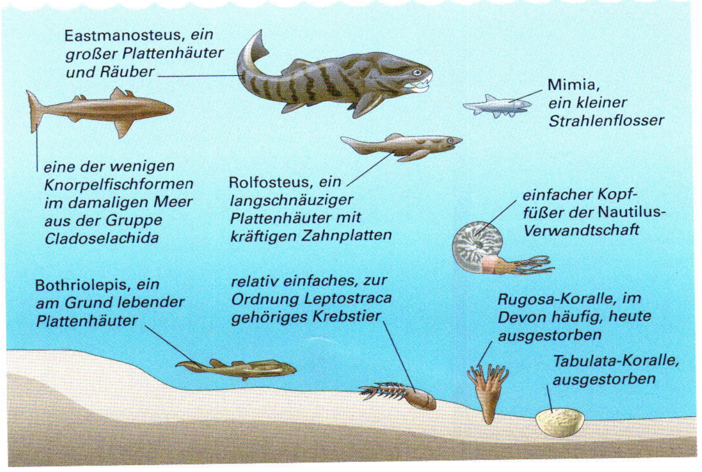

MEERESBEWOHNER IM DEVON
Die Zusammensetzung der Rifffauna von Gogo, Australien, ist typisch für das Devon. Dominierend sind Plattenhäuter, doch Strahlen- und Fleischflosser sowie ein Knorpelfisch sind ebenfalls gefunden worden.

252–66 Mio. Jahre
Riesen des Meers

In der Zeit von Trias, Jura und Kreide entwickelten sich die Meeresreptilien ähnlich wie die Dinosaurier an Land. In der Zeit von vor 252 bis vor 227 Millionen Jahren erschienen drei Gruppen – schildkrötenähnliche Placodontier, echsenähnliche Nothound delfinartige Ichthyosaurier. Nur die Ichthyosaurier lebten bis zur Kreide.

In der Trias beherrschten über 20 m, vielleicht bis zu 30 m lange Ichthyosaurier die Meere. Im Jura waren moderne Fische ebenso vertreten wie Ammoniten, Stachelhäuter, Kalmare und Korallen. Die durch das Aussterben der Placodontier und Nothosaurier entstandene Lücke wurde von den langhalsigen Plesiosauriern gefüllt. Die Arten mit kurzem Körper und kleinem Kopf lebten im Flachwasser, wohingegen die größeren Pliosaurier wohl tieferes Wasser bewohnten. Man nimmt an, dass einige der fliegenden Pterosaurier auf Klippen am Meer lebten und sich von gefangenen Fischen ernährten. In der Kreidezeit blieben die Reptilien die größten marinen Fleischfresser, wobei die Plesiosaurier nun neben den Mosasauriern lebten. Doch keine Gruppe überlebte das Massenaussterben vor 66 Millionen Jahren.

ICHTHYOSAURIER-FOSSIL
An dem Fossil kann man noch die delfinartige Gestalt des Sauriers erkennen. Die kräftige Schwanzflosse war sichelförmig, doch hier ist davon nur die nach unten gerichtete Wirbelsäule übrig.

PORTRÄT

MARY ANNING

Lyme Regis in Dorset, England, ist für die Fossilien aus dem Jura bekannt. Hier fand Mary Anning (1799–1847) ihre heute berühmten Ichthyo- und Plesiosaurierskelette. Sie war eine der ersten professionellen Fossiliensammlerinnen und Paläontologinnen.

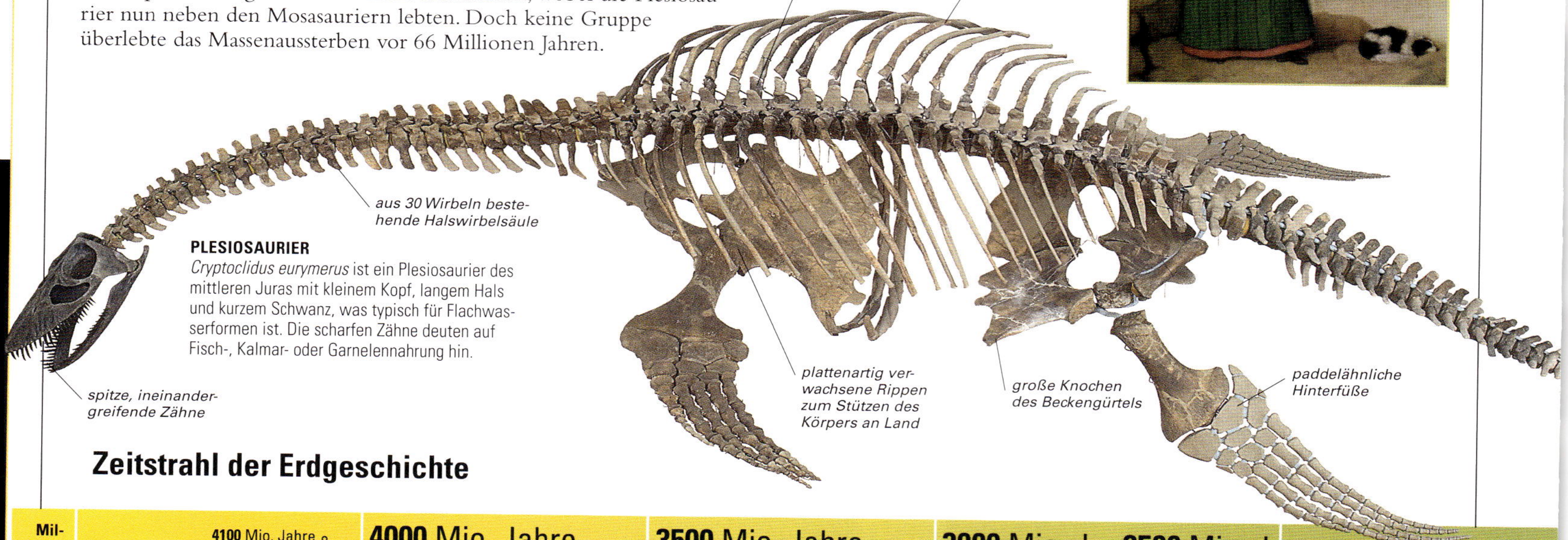

PLESIOSAURIER
Cryptoclidus eurymerus ist ein Plesiosaurier des mittleren Juras mit kleinem Kopf, langem Hals und kurzem Schwanz, was typisch für Flachwasserformen ist. Die scharfen Zähne deuten auf Fisch-, Kalmar- oder Garnelennahrung hin.

Zeitstrahl der Erdgeschichte

Millionen Jahre — 4100 Mio. Jahre — 4000 Mio. Jahre — 3500 Mio. Jahre — 3000 Mio. J. — 2500 Mio. J. — 2200 Mio. Jahre

KRYPTOZOIKUM 4540–541 MIO. J.

erste organische Moleküle
erste Stromatolithen
erste Mikrofossilien
erste Eukaryoten und mehrzellige Algen

FOSSILES WALSKELETT
Dieses Skelett trat in einer Wüste in Saccao, Peru, zutage. Wale entwickelten sich in den letzten 50 Millionen Jahren, sodass hier in dieser Zeit ein Meer gewesen sein muss.

SCHÄDEL MIT BLASLOCH
Die Nasenlöcher von *Prosqualodon davidis* bilden ein Blasloch oben auf dem Kopf. Daran kann man erkennen, dass man einen frühen Wal vor sich hat.

50–14 Mio. J. Zurück ins Wasser

Nach dem Massenaussterben, dem auch die marinen Reptilien zum Opfer fielen, kehrten einige der sich an Land entwickelnden Säugetiere wieder in das Wasser zurück. Vor etwa 50 Millionen Jahren begannen die Meere, in Bezug auf Geografie und Fauna den heutigen zu ähneln. Die Vorfahren der Wale unterschieden sich jedoch sehr von den heute lebenden Tieren. Die ersten Wale, etwa *Pakicetus,* waren nahe Verwandte der Huftiere. *Ambulocetus*, was »laufender Wal« bedeutet, war eine andere Form. Er besaß einige Anpassungen an das Wasserleben, verbrachte wohl aber noch viel Zeit an Land.

Die Produktivität der Meere nahm zu, die Wale entwickelten sich weiter und andere marine Säugetiere erschienen. Es traten den heutigen Zahnwalen ähnliche Wale und einige Millionen Jahre später die Bartenwale auf. Vor 24 Millionen Jahren hatten die Bartenwale die heutigen Größen erreicht. Es muss also genügend Plankton gegeben haben. Erst vor 15 Millionen Jahren waren Robben und Seekühe regelmäßig in den Meeren zu finden. Die Robben stammen möglicherweise von otterähnlichen Raubtieren ab. Heutige Formen sind Hunds- und Ohrenrobben sowie das Walross.

MENSCHLICHER EINFLUSS

LEBEN AUF REISE

Menschen beeinflussen die Meere schon lange mit Verschmutzung, Überfischung und dem Bau von Verbindungskanälen. Außerdem haben sie in oder an ihren Schiffen marine Organismen durch die Welt transportiert, ohne sich der Spätfolgen bewusst zu sein.

Gegenwart

Leben in den heutigen Meeren

Über das Leben in heutigen Meeren wissen wir relativ viel, da wir vollständige Organismen, ihre Lebenszyklen und Bewegungen sowie ihr Verhalten beobachten können. Einige Arten sind sehr spezialisiert und kommen nur in einem begrenzten Bereich vor, wohingegen andere als Generalisten eine weite Verbreitung haben. Manchmal leben nah verwandte Arten in verschiedenen Meeren in ähnlichen Lebensräumen, wobei sie durch physikalische Barrieren getrennt sind (siehe rechts).

Durch die Untersuchung lebender Organismen und ihrer Umwelt versteht man die Lebensbedingungen früherer Zeiten besser. Man weiß wenig über die Tiefsee, doch sie enthält mit Schwarzen und Weißen Rauchern (siehe S. 188) ein für unser Verständnis von Leben entscheidendes Ökosystem. Das vom Licht abgeschirmte und durch hohe Temperaturunterschiede von der Umgebung isolierte System könnte der Umwelt ähneln, in der das Leben vor etwa 3500 Millionen Jahren entstand.

GRAUER RIFFHAI
Wie sein unten abgebildeter naher Verwandter lebt der Graue Riffhai in warmen, seichten Gewässern, in der Nähe von Atollen oder in ihren Lagunen. Man findet ihn im Indischen und Pazifischen Ozean, doch er kommt nicht im Atlantik vor.

KARIBISCHER RIFFHAI
Wie der oben abgebildete Graue Riffhai lebt diese Art im Flachwasser der Korallenriffe. Ihr Verbreitungsgebiet ist vom Indopazifik durch das kalte Meer um Südafrika getrennt, sodass er auf die warmen Teile des Atlantiks von der Karibik bis nach Uruguay beschränkt ist.

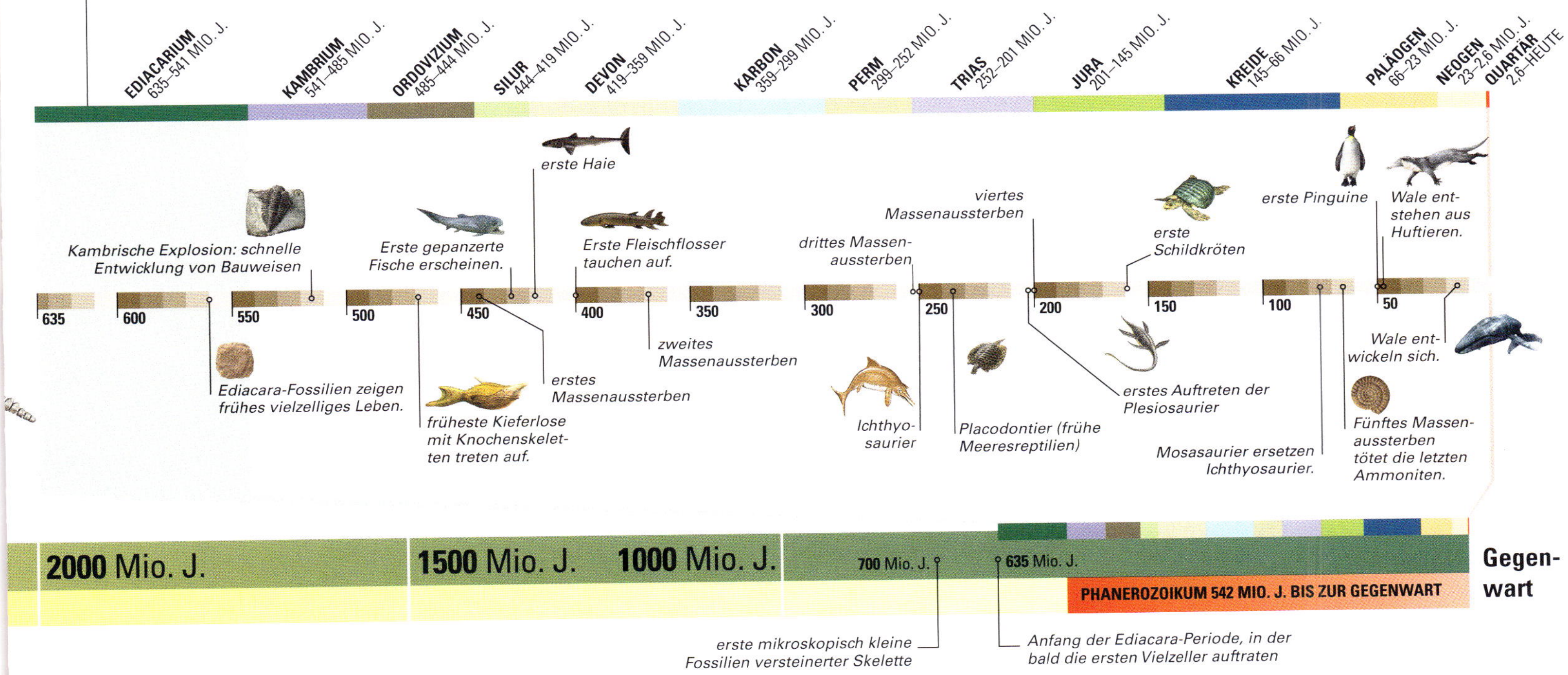

Massenaussterben

Die Geschichte des Lebens weist fünf große Einschnitte auf, an denen viele Lebensformen ausgestorben sind. Beim ersten Massenaussterben vor 444 Millionen Jahren verschwanden wichtige marine Wirbellose. Vor 368 Millionen Jahren führten eine globale Abkühlung und eine Sauerstoffverknappung in Flachwasserbereichen zum Aussterben von etwa 21 Prozent der marinen Familien. Am Ende des Perm, vor 252 Millionen Jahren, starb durch die Abkühlung und das Schrumpfen der Meere über die Hälfte des marinen Lebens. Ein Massenaussterben am Ende der Trias vor 201 Millionen Jahren führte zu starken Verlusten bei den Kopffüßern, besonders den Ammoniten. Das fünfte Massenaussterben vor 66 Millionen Jahren war das Ende der Dinosaurier. In den Meeren verschwanden die großen Reptilien. Das nächste Massenaussterben wird wohl durch menschliche Einflüsse ausgelöst werden.

AMMONITEN-FOSSIL
Viele Ammoniten-Arten wie etwa *Kosmoceras* gediehen im Jura und in der Kreide.

VULKANAUSBRUCH
Die vulkanische Aktivität in den indischen Westghats trug möglicherweise zu dem letzten Massenaussterben bei. Die Vulkanausbrüche können Klimaveränderungen in globalem Maßstab ausgelöst haben.

DIE LEBENSVIELFALT DER MEERE

MAN TEILTE DAS LEBEN früher einmal in fünf Reiche ein – Tiere, Pflanzen und Pilze sowie die mikroskopisch kleinen Bakterien und Protisten. Heute betrachtet man die Vielfalt des Lebens differenzierter und spricht von übergeordneten Domänen – den Bakterien, den Archaebakterien und den Eukaryoten, zu denen Algen, Pflanzen, Pilze und Tiere gehören. Die Meere sind die ursprüngliche Heimat des Lebens und beherbergen auch heute noch alle wichtigen Tiergruppen. Die Stelle der Pflanzen wird hier von einer Vielzahl von Algen und Mikroorganismen eingenommen. Das folgende Kapitel zeigt einen Querschnitt durch die Lebensformen des Meers. Es ist nach Stämmen und weiteren Gruppen unterteilt, die benutzt werden, um die Natur einzuordnen und zu verstehen.

ERFOLGSGESCHICHTE
Debelius' Riffhummer ist ein farbenprächtiges Beispiel für eine der Erfolgsgeschichten unter den Tieren des Meers – die der vielfältigen und zahlreichen Krebstiere. Zu ihnen gehören Krabben, Garnelen, Hummer und einige der häufigsten Arten des Zooplanktons.

Bakterien und Archaeen

DOMÄNEN	Bacteria Archaea
STÄMME	13
ARTEN	viele Millionen

DIE KLEINSTEN LEBEWESEN DER WELT sind die Bakterien und Archaebakterien. Bakterien besiedeln fast alle Meereslebensräume, wohingegen viele Archaeen an extreme Umgebungen wie die Tiefseeschlote gebunden sind. Beide Gruppen sind für die Aufbereitung organischer Stoffe wichtig und viele von ihnen wirken als Destruenten toter Organismen am Meeresgrund. Andere Arten können auch bei völliger Dunkelheit Energie aus Mineralen gewinnen.

Zellaufbau

Bakterien und Archaebakterien sind Einzeller, bleiben jedoch viel kleiner als die einzelligen Eukaryoten. Die meisten besitzen eine Zellwand, die bei Bakterien aus Murein (Peptidoglycan) besteht. Sie enthalten keinen Zellkern oder komplexe Organellen. Manche Bakterien und Archaeen können sich mit rotierenden Geißeln fortbewegen. Andere sind unbeweglich.

Bakterien und Archaebakterien werden auf der Basis chemischer Unterschiede in ihrem Zellaufbau voneinander getrennt. Alle lebenden Zellen enthalten Ribosomen, mit deren Hilfe Eiweiße synthetisiert werden. Diese Ribosomen sowie die Lipide, die am Aufbau der Zellmembran beteiligt sind, unterscheiden sich bei beiden Gruppen. Außerdem schützen Archaeen ihre DNS mit speziellen chemischen Verbindungen vor ihrer extremen Umwelt.

Wissenschaftler halten diese Unterschiede für groß genug, um Archaebakterien einem anderen Zweig der Evolution des Lebens zuzuordnen. Man betrachtete sie anfangs als primitiv, doch heute glaubt man, dass sie mit den Vorfahren der Eukaryoten näher verwandt sind als die Bakterien.

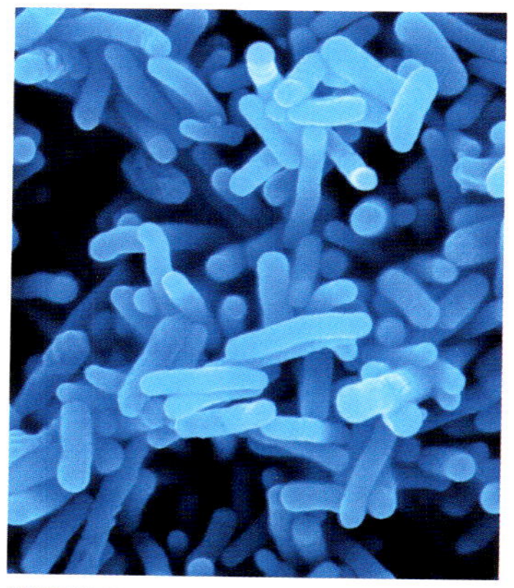

GEDEIHEN BEI RICHTIGEN BEDINGUNGEN
Bakterien der Gattung *Nitrosomonas* bilden Kolonien, wenn nur genügend Ammonium und Sauerstoff im Wasser vorhanden sind.

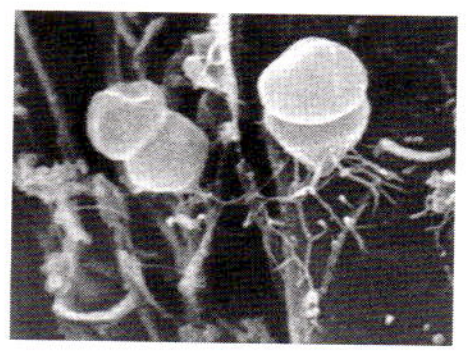

HITZELIEBENDE ARCHAEEN
Archaeen können sich an extreme Bedingungen anpassen. Diese hier sind bei einem Vulkanausbruch vom Grund emporgespült worden.

Lebensräume

Bakterien findet man nahezu überall im Meer, da sie in fast allen Lebensräumen die nötigen Stoffe zur Energiegewinnung finden. Die meisten Bakterien leben von der Zerlegung organischen Materials, dass sich auf dem Meeresgrund ansammelt und ihnen hervorragende Lebensbedingungen bietet. In größeren Mengen findet man sie auch in der Wassersäule, wo sie sich von Schwebeteilchen ernähren.

Manche wie die Cyanobakterien beherrschen die Fotosynthese und leben im lichtdurchfluteten Oberflächenwasser. Andere siedeln sich in Kolonien an und erbauen die großen, Stromatolithen genannten Strukturen in Küstennähe.

Viele Archaeen und Bakterien können unter extremen Bedingungen leben, wie bei hohen Temperaturen, in sehr saurem Wasser oder bei geringer Sauerstoffkonzentration. So leben sie in der Nähe von Tiefseeschloten und beziehen Energie aus Methan- und Schwefelverbindungen. Andere leben in den sehr hohen Salzkonzentrationen mancher Küsten.

PORTRÄT

CARL WOESE

Der in New York geborene Mikrobiologe Carl Woese (1928–2012) hat die heute gültige Trennung lebender Organismen in die Domänen Archaea, Bacteria und Eucarya angeregt. Die Grundlage dazu waren seine Untersuchungen der in den Ribosomen enthaltenen RNS, einer der DNS ähnlichen Verbindung. Obwohl Woese seine Hypothese bereits 1976 publizierte, ist sie erst in den 1980er-Jahren allgemein anerkannt worden.

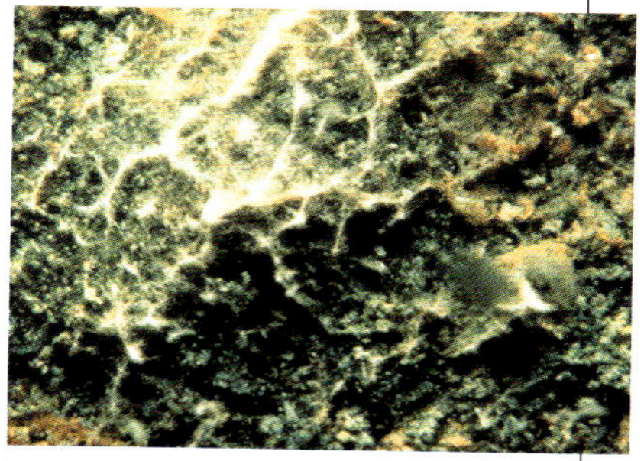

BAKTERIEN AM MEERESGRUND
Eine *Beggiatoa*-Matte hat sich bei geringer Sauerstoffkonzentration auf dem Grund in der Nähe der Mississippi-Mündung gebildet.

EXTREME SALZKONZENTRATION
Der Hamelin Pool in Westaustralien mit seinem extrem salzhaltigen Wasser ist einer von drei Orten, an denen es Stromatolithen gibt. Sie entstehen, wenn Cyanobakterien Sedimentteilchen zementieren.

DOMÄNE BACTERIA

Oscillatoria willei

GRÖSSE Trichomlänge 0,13 mm

VERBREITUNG tropische Gewässer

Die oft missverständlich Blaualgen genannten Cyanobakterien beherrschen die Fotosynthese ähnlich wie die Pflanzen. *Oscillatoria willei* und ähnliche Cyanobakterien bilden fadenartige Zellreihen, die Trichome. Bei vielen Arten sind sie von einer Gallertscheide umgeben, die bei *Oscillatoria* jedoch dünn oder gar nicht vorhanden ist, sodass die Zellfäden schnell vorwärts und rückwärts gleiten oder sogar rotieren können. Einige *Oscillatoria*-Arten können Stickstoff binden, doch anders als *Trichodesmium* (unten) haben sie dafür wohl keine spezialisierten Zellen. Stücke der Trichome, die Hormogonien genannt werden und aus Dutzenden von Zellen bestehen, brechen zur ungeschlechtlichen Vermehrung manchmal ab. Diese

Bakterien können bei Menschen, die in tropischen Gewässern baden, Hautreizungen hervorrufen.

DOMÄNE BACTERIA

Calothrix crustacea

GRÖSSE Trichomlänge 0,15 mm

VERBREITUNG weltweit

Die einzelne Fäden oder Fadenbündel bildenden Bakterien der Gattung *Calothrix* sind in den Meeren weit verbreitet. Anders als bei *Oscillatoria* und *Trichodesmium* weisen die Zellfäden von *Calothrix crustacea* eine breite Basis und eine Spitze auf, die in einem transparenten Haar endet. Das Trichom besitzt eine feste oder geleeartige Scheide, die oft aus konzentrischen farblosen oder gelbbraunen Schichten besteht. Es ist ungewöhnlich, dass das Trichom hier ähnlich wie eine Pflanzenwurzel wächst. Das Wachstum beschränkt sich auf einen kleinen Bereich direkt hinter der Spitze, das Meristem. Manchmal wird die Spitze oberhalb der Wachstumsregion abgestoßen, sodass *Calothrix* auf diese Weise Hormogonien bildet, aus denen wiederum neue Cyanobakterien entstehen können. *Calothrix* und verwandte Arten von Cyanobakterien bilden oft schleimige Beläge auf den Felsen und Tangen der Küste. Mindestens eine *Calothrix*-Art ist als fotosynthetisch aktiver Partner von Felsküstenflechten bekannt, wie etwa der Flechte *Lichina pygmaea* (siehe S. 255).

DOMÄNE BACTERIA

Trichodesmium erythraeum

GRÖSSE 1–10 mm pro Kolonie

VERBREITUNG tropische und subtropische Meere auf der ganzen Welt

Einzelne Kolonien von *Trichodesmium erythraeum* sind mit dem bloßen Auge gerade noch zu erkennen. Bei warmen Bedingungen kommt es zu Massenvermehrungen, sogenannten Algenblüten. Sie sind sogar vom Weltraum aus sichtbar und sollen wegen der rötlichen Farbe der Cyanobakterien dem Roten Meer zu seinem Namen verholfen haben. *Trichodesmium erythraeum* kann Stickstoff fixieren, sodass diese Bakterien etwa die Hälfte des Stickstoffs nutzen, der die marinen Nahrungsketten durchläuft. Sie bilden lange, vielzellige Fäden, in denen manche Zellen auf die Stickstofffixierung und andere auf die Fotosynthese spezialisiert sind. Diese Aufgaben werden getrennt bewältigt, da der bei der Fotosynthese entstehende Sauerstoff die Stickstofffixierung stört, sodass beides nicht in der gleichen Zelle geschieht.

LEUCHTAUGEN

Laternenfische tragen als Photophoren bezeichnete Leuchtorgane unter den Augen. Das Licht wird von *Vibrio-fischeri*-Kolonien erzeugt, die in den Photophoren leben. Die Leuchtorgane können abgedeckt und wieder gezeigt werden und dienen wohl der Kommunikation der Fische. Die Lichterzeugung kann auch beim Beutefang oder bei der Täuschung von Räubern eine Rolle spielen.

DOMÄNE ARCHAEA

Halobacterium salinarium

GRÖSSE 0,001–0,006 mm

VERBREITUNG Totes Meer und andere extrem salzhaltige Gewässer der Welt

Die an das Leben in Gewässern von extrem hohem Salzgehalt angepassten Archaebakterien bezeichnet man als Halophile. Ein Beispiel ist *Halobacterium salinarium*, das stäbchenförmig ist, Karotinoide produziert und auf diese Weise große rosafarbene Filme auf Salzseen erzeugt. Die Zellmembranen halophiler Archaebakterien enthalten Stoffe, die sie stabiler als die anderer Bakterien machen und ihren Zerfall in der hohen Salzkonzentration ihrer Umgebung verhindern. Aus dem gleichen Grund sind auch die Zellwände modifiziert. Die Archaeen ernähren sich von im Wasser befindlichen organischen Stoffen. Zusätzlich nutzen ihre Pigmente die Energie des Lichts, mit der sie Stoffwechselprozesse innerhalb der Zelle beschleunigen können.

DOMÄNE BACTERIA

Vibrio fischeri

GRÖSSE 0,003 mm Zelllänge

VERBREITUNG weltweit

Viele marine Organismen, besonders die der Tiefsee, nutzen die Biolumineszenz. Viele bedienen sich dabei der Bakterien, etwa der gekrümmt stäbchenförmigen Bakterie *Vibrio fischeri*, um Licht zu produzieren. Die Bakterien leben dann im Körper ihres Wirts zum beiderseitigen Nutzen. Die Bakterien erzeugen das Licht mithilfe einer chemischen Reaktion, die in ihren Zellen stattfindet. *Vibrio fischeri* tritt auch als frei lebender Organismus auf, bewegt sich dann mit einer Geißel durch das Wasser und ernährt sich von abgestorbenem organischem Material. Die kommaförmigen Zellen von *Vibrio fischeri* sind für die Gattung charakteristisch. Andere *Vibrio*-Arten, die allerdings nicht leuchten, sind für die potenziell tödliche Cholera-Erkrankung verantwortlich.

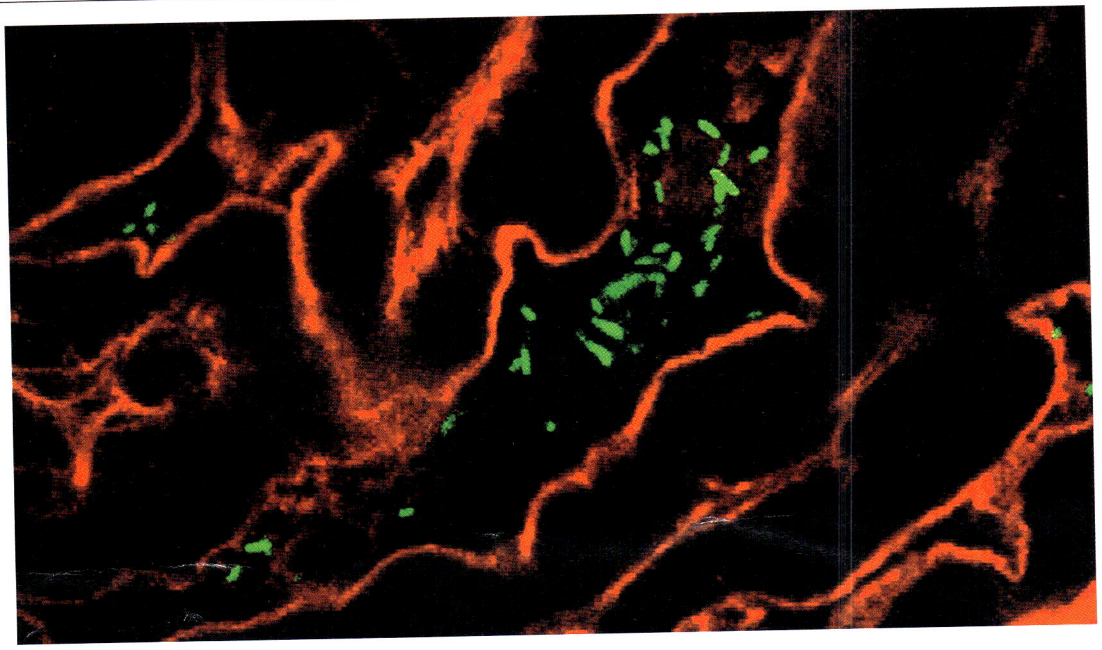

Chromisten

DOMÄNE	Eucarya
ABTEILUNGEN	mindestens 11
ARTEN	31 200

Die meisten Chromisten sind winzige Organismen, darunter viele der wichtigen fotosynthetisierenden Planktongruppen, etwa die Kieselalgen. Doch die Braunalgen, die zu enormer Größe heranwachsen können, zählen ebenfalls zu den Chromisten und gelten nicht als echte Pflanzen. Wie die Pflanzen erzeugen Chromisten ihre Nahrung durch Fotosynthese, aber sie nutzen ein anderes Pigment, um die Sonnenenergie umzuwandeln.

Aufbau der Chromisten

Braunalgen und die mikroskopisch kleinen Chromisten gibt es in vielen verschiedenen Formen. Ihre Gemeinsamkeiten liegen auf zellulärer Ebene. Chromisten nutzen einen anderen Chlorophylltyp für die Fotosynthese und speichern – anders als Pflanzen – die erzeugte Nahrung nicht als Stärke. Sie besitzen weitere Pigmente, durch die sie braun erscheinen. Wie Grün- und Rotalgen benötigen Braunalgen keine Wurzeln, um Wasser und Nährstoffe aufzunehmen. Einige bringen die Wedel (Phylloide) mit steifen Stängeln (Cauloide) und gasgefüllten Blasen ans Sonnenlicht. Einige mikroskopisch kleine Chromisten wie die Kieselalgen haben ein steifes Außenskelett und treiben passiv im Wasser. Andere, wie die Dinoflagellaten, bewegen sich mit peitschenartigen Geißeln (Flagellen) fort.

LEBEN IM MEER

BRAUNALGEN
Anstelle von Wurzeln verankern sich Braunalgen mit einem Haftorgan (Rhizoid) am Boden. Bei dieser Art, *Laminaria hyperborea*, ist das Rhizoid eine kleine Scheibe.

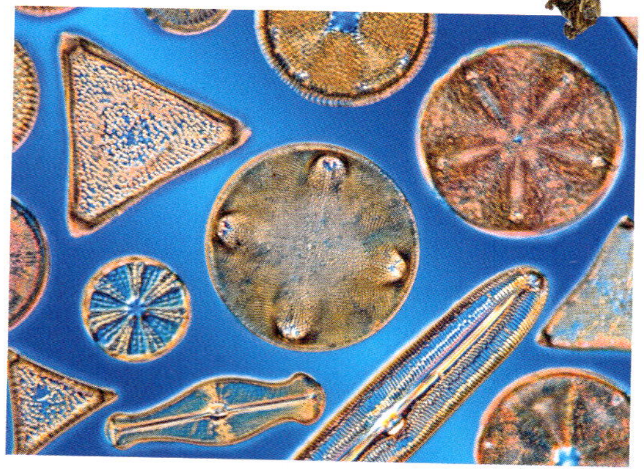

VIELE FORMEN
Es gibt Tausende von Arten der Diatomeen (Kieselalgen). Jede hat ein anders geformtes Skelett aus Siliziumdioxid.

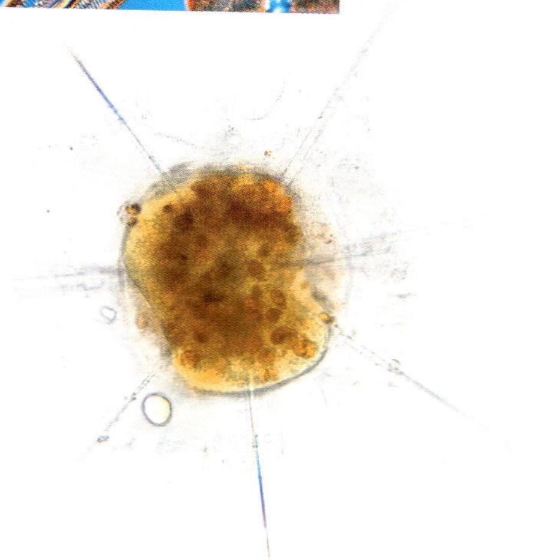

TREIBENDES PLANKTON
Die Fortsätze (Axopodien) der Radiolarien fangen Nahrungspartikel und helfen beim Schweben im Wasser.

RIESIGE CHROMISTEN
Seetang nennt man große, festsitzende Algen, darunter auch die größte Braunalge, der Riesentang. Hier gedeiht er im Flachwasser an der Küste Südamerikas.

CHROMIST ODER PROTIST?

Forscher stellten früher alle einzelligen Eukaryoten wie Kleinalgen, Protozoen und Chromisten in eine taxonomische Gruppe, die Protisten. Heute wird »Protist« nur noch als Sammelbegriff für diese verschiedenen Einzeller verwendet. Auch herrscht noch keine Einigkeit darüber, ob all die Organismen, die man zu den Chromisten zählt, wirklich eine systematische Gruppe bilden.

Lebensräume

Chromisten kommen in allen Meeren vor. Einige brauchen Licht für die Fotosynthese und viele mikroskopisch kleine Formen leben nur in hellen Oberflächenschichten. Sie zählen zum Phytoplankton. Andere, etwa viele Foraminiferen, leben am Meeresboden. Dort wachsen auch braune Tange, die in kühleren Klimazonen oft die Felsküsten dominieren. Im Kaltwasser gibt es Wälder aus braunem Riesentang, doch selten in über 20 m Wassertiefe. Einige Braunalgen treiben frei in geschützten Lagunen oder Buchten, und andere verankern sich im Schlamm der Salzmarschen. Der Beerentang *Sargassum natans* treibt sogar im offenen Meer an der Oberfläche und bildet die Basis für das einzigartige Ökosystem der Sargasso-See (siehe S. 440).

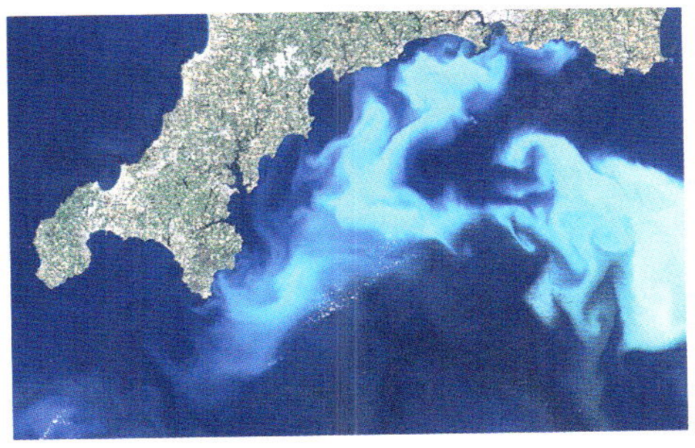

ALGENBLÜTE
Das Satellitenbild zeigt vor Cornwall eine milchig-weiße Blüte von *Emiliania huxleyi*. Der Coccolithophoride vermehrt sich bei guten Bedingungen rapide.

Strategien

Die meisten einzelligen Chromisten treiben als Phytoplankton an der Oberfläche der Meere. Sie vermehren sich durch Zellteilung, teils auch sehr schnell (Algenblüten, siehe oben). Sie können sich auch sexuell vermehren und bilden ein Äquivalent zu Ei- und Samenzellen. Mit den längeren Tagen im Frühling und Sommer nimmt ihre Zahl enorm zu. Viele Braunalgen produzieren Schleim als Schutz gegen Austrocknung und Pflanzenfresser. Einige Tange sind einjährig, große Arten jedoch meist mehrjährig.

NEUER TANG WÄCHST AUS ALTEM
Ein neuer, gelber Wedel wächst an der Spitze dieses Tangs. Der alte wird abfallen, denn auf ihm wachsen Tiere (Bryozoen, weiß), die das Licht für die Fotosynthese abschirmen.

obere Hälfte der pillendosenförmigen Hülle

ZELLTEILUNG BEI DIATOMEEN
Bei der Teilung dieser Kieselalge *Coscinodiscus granii* trennen sich die Tochterzellen so, dass jede eine Hälfte der Hülle erhält und die andere Hälfte nachbildet.

MENSCH UND MEER

ALGENERNTE IM MEER

Algen werden im Meer geerntet, doch vor allem in Asien werden sie zunehmend in Farmen angebaut. Sie dienen als Nahrungsmittel oder als Zusätze zu vielen Produkten – etwa in Gelen als Stabilisatoren, in Kosmetika und Arzneimitteln, bei der Bierherstellung und als Dünger.

ALGENERNTE IN SANSIBAR
Viele Algen wachsen hier auf Flößen. Sie gedeihen im starken Licht, sind vor Pflanzenfressern geschützt und stellen für Küstengemeinden eine wichtige Einkommensquelle dar.

ABTEILUNG DINOFLAGELLATA

Noctiluca scintillans

DURCHMESSER bis zu 2 mm

LEBENSRAUM Oberflächenwasser

VERBREITUNG weltweit

Der als Meeresleuchttierchen bekannte große Dinoflagellat *Noctiluca scintillans* lebt in der Nähe der Wasseroberfläche, wo er mit der Konzentration öliger Substanzen in der Zelle den Auftrieb kontrolliert. Er ist einer der Dinoflagellaten ohne Theka (steife Hülle). Wie alle Dinoflagellaten hat er zwei Geißeln, doch eine ist winzig. Diese Art ernährt sich von anderen Planktonorganismen, und die zweite große Geißel dient dazu, die Nahrung heranzustrudeln, die dann umschlossen wird. Andere Dinoflagellaten ernähren sich ähnlich, doch viele Arten betreiben Fotosynthese.

BIOLUMINESZENZ

Die im Oberflächenwasser treibenden Dinoflagellaten, darunter besonders *Noctiluca scintillans*, sind die häufigste Ursache von Biolumineszenz im offenen Meer. Millionen der Einzeller können in den Wellen blitzen. Ihr blaugrünes Licht wird von kleinen Organellen in den Zellen abgegeben, die es mithilfe einer chemischen Reaktion erzeugen. Anders als die Lichterzeugung vieler Fische beruht das Leuchten von *Noctiluca* nicht auf der Aktivität von Bakterien.

ABTEILUNG DINOFLAGELLATA

Gymnodinium pulchellum

LÄNGE 0,025 mm

LEBENSRAUM Oberflächenwasser

VERBREITUNG gemäßigte und tropische Gewässer über dem Kontinentalschelf, Mittelmeer

Manche Rote Tiden erzeugenden Organismen wie *Gymnodinium pulchellum* geben Gifte ab, die das Zentralnervensystem sowie die Blutgerinnung beeinflussen und so eine hohe Todesrate bei Fischen und Wirbellosen hervorrufen. Der Grund für die Roten Tiden ist noch nicht vollständig bekannt, doch ist es möglich, dass sie von der Belastung der Küstengewässer durch Nährstoffe ausgelöst werden, die ansonsten knapp sind und die Populationsgröße begrenzen würden. Die schnelle Vermehrung durch Zellteilung führt zu Massen von Dinoflagellaten im Wasser, die es charakteristisch rotbraun färben, wie es hier im Meer bei Hongkong zu sehen ist. Anders als vielen anderen Dinoflagellaten fehlt dieser Art ein Panzer und sie ernährt sich durch Fotosynthese.

ABTEILUNG DINOFLAGELLATA

Neoceratium tripos

LÄNGE 0,2–0,35 mm

LEBENSRAUM Oberflächenwasser

VERBREITUNG weltweit

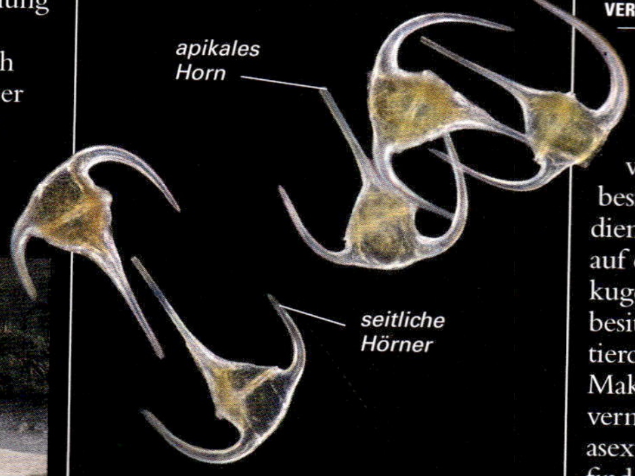

An der auffälligen Form mit den drei Hörnern lässt sich dieser Dinoflagellat leicht im Phytoplankton erkennen, wo er einer der häufigsten Organismen ist. Obwohl die Einzeller für gewöhnlich einzeln leben, kann man gelegentlich zwei beobachten, die mit dem apikalen Horn verbunden sind. Das geschieht bei der Zellteilung, wenn sich die Tochterzellen noch nicht ganz getrennt haben. Manchmal befallen andere Einzeller *Neoceratium tripos* als Parasiten.

ABTEILUNG CILIOPHORA

Strombidium sulcatum

DURCHMESSER 0,045 mm

LEBENSRAUM Oberflächenwasser

VERBREITUNG Atlantik, Pazifik, Indischer Ozean

Organismen wie *Strombidium sulcatum* werden als Wimpertierchen (Ciliaten) bezeichnet, da sie viele haarähnliche Fortsätze (Cilien) besitzen, die der Fortbewegung dienen. *Strombidium sulcatum* trägt nur auf einem Kragen an einem Ende des kugelförmigen Körpers Cilien und besitzt keine Theka (Schale). Wimpertierchen haben zwei Zellkerntypen, den Makro- und den Mikronukleus. Meist vermehrt sich *Strombidium sulcatum* asexuell durch Zellteilung. Regelmäßig findet auch eine sexuelle Fortpflanzung statt, die Konjugation genannt wird. Zwei Individuen verbinden sich, tauschen einen Teil ihres Mikronukleus aus und trennen sich. Der neue Mikronukleus teilt sich in zwei Teile, von denen einer einen neuen Makronukleus bildet, während der alte zerfällt. Das Wimpertierchen teilt sich nun in zwei Teile. Wimpertierchen und Dinoflagellaten haben einige gemeinsame Merkmale, sodass man sie zur Gruppe der Alveolaten zusammenfasst.

ABTEILUNG RADIOLARIA

Cladococcus viminalis

DURCHMESSER 0,08 mm
LEBENSRAUM Oberflächenwasser
VERBREITUNG Mittelmeer

Radiolarien besitzen sehr komplexe Gehäuse mit Stacheln und Poren, die einem exakten geometrischen Muster folgen. Mithilfe der Fortsätze können sie im Wasser schweben und durch die Poren kann Zellmaterial in Form von sogenannten Pseudopodien nach außen dringen, Nahrungspartikel erfassen und zur Verdauung ins Innere der Zelle transportieren. *Cladococcus viminalis* gehört zur Gruppe Polycystinea, den am häufigsten fossil vorliegenden Radiolarien, die regelmäßig in Kalkstein oder Kreide gefunden werden.

ABTEILUNG PRYMNESIOMONADA

Emiliania huxleyi

DURCHMESSER 0,006 mm
LEBENSRAUM Wasseroberfläche
VERBREITUNG Atlantik, Pazifik, Indischer Ozean

Emiliana huxleyi gehört zu einer Gruppe von Haptophyten, die man Coccolithophoriden nennt. Der Name bezieht sich darauf, dass ihre Oberfläche von fein verzierten Kalkschuppen, den Coccolithen, bedeckt ist. Ihr Muster ist für jede Art einmalig. Wie die meisten anderen Protisten kann sich *Emiliana huxleyi* bei guten Bedingungen sehr schnell vermehren und dann bis zu 90 Prozent des Phytoplanktons bilden. Diese Algenblüten können Bereiche von bis zu 100 000 km² bedecken und vom Weltall aus sichtbar sein, weil sie das Wasser von tiefem Blau in ein milchiges Türkis umfärben. Da die Organismen Licht und Wärme reflektieren und Kohlenstoff in ihren Schalen binden, tragen sie dazu bei, die Erwärmung der Ozeane zu reduzieren. Ihre fossilen Schalen bilden Kreidesedimente, die weltweit auftreten und bis zu 65 Millionen Jahre alt sind. Die berühmten weißen Klippen von Dover oder die Kreidefelsen von Rügen bestehen aus fossilen Coccolithen.

ABTEILUNG FORAMINIFERA

Hastigerina pelagica

LÄNGE 6 mm
LEBENSRAUM warme Gewässer in 200 Tiefe
VERBREITUNG subtropische und tropische Gewässer des Nordatlantiks und westlichen Indischen Ozeans

Foraminiferen sind Einzeller, die nur im Meer vorkommen. *Hastigerina pelagica* ist eine der größeren Arten. Die Organismen sind oft rödich gefärbt und besitzen eine Kalkschale mit mehreren kugelförmigen Kammern, von denen Kalkstacheln ausgehen. Sie sind mit Zellsubstanz bedeckt (Pseudopodien), die Nahrung aufsammelt. Es ist einzigartig, dass *Hasterigina pelagica* die Schale mit einer gelatineartigen Kapsel feiner schaumiger Bläschen umgibt, die möglicherweise dem Auftrieb dienen. Manchmal leben Dinoflagellaten auf der Oberfläche der Kapsel. Die Beziehung zwischen den Organismen ist noch nicht ganz geklärt, da *Hasterigina pelagica* räuberisch ist, die Dinoflagellaten aber nicht behelligt werden.

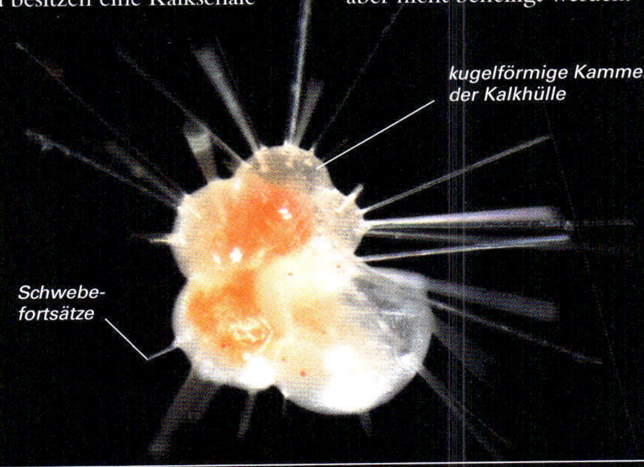

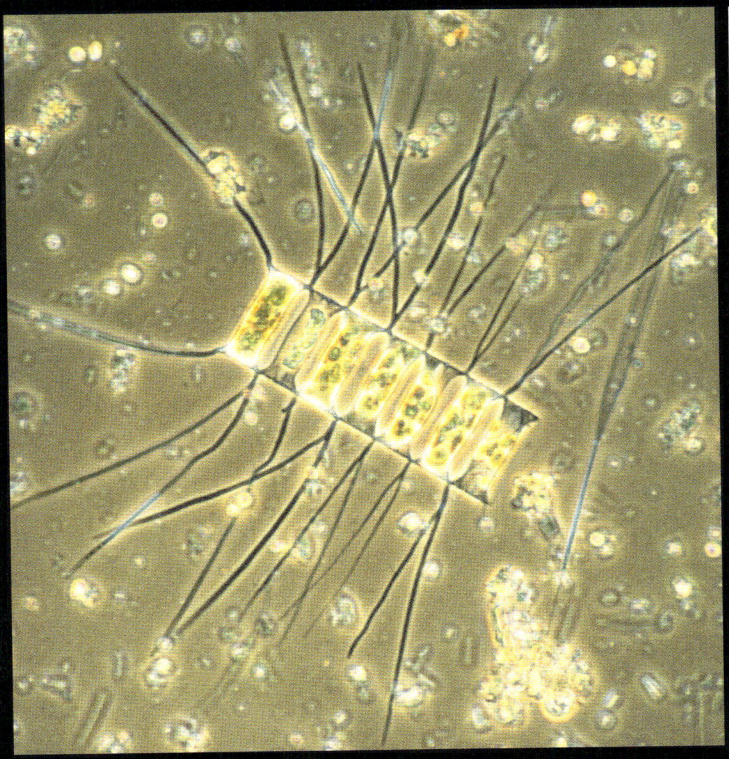

KLASSE BACILLARIOPHYCEAE

Ethmodiscus rex

DURCHMESSER 2–3 mm
LEBENSRAUM warme, nährstoffarme Gewässer
VERBREITUNG weltweit auf dem offenen Meer

Von den über 10 000 Arten heutiger Kieselalgen ist *Ethmodiscus rex* die größte. Die Alge besteht aus einer Zelle mit einer festen Zellwand, die mit Silizium verstärkt und mit Reihen von Gruben versehen ist. Dieses Frustulum besteht aus zwei Hälften, die Epitheka und Hypotheka genannt werden. Da jede Art ihre spezifische Schale hat, kann *Ethmodiscus* leicht in Fossilien identifiziert werden. Die Art wird in Sedimenten aus dem Pliozän gefunden und diese Fossilien können bis zu 5 Millionen Jahre alt sein. Die Algen müssen in der Nähe der Wasseroberfläche bleiben, wo sie mithilfe der Sonnenenergie durch Fotosynthese ölige Substanzen erzeugen, die ihren Auftrieb erhöhen. *Ethmodiscus rex* kann sich geschlechtlich vermehren, doch unter guten Bedingungen teilen sich die Zellen einfach (siehe S. 235). In einer zehntägigen Periode kann eine sich dreimal am Tag teilende Zelle über 1,5 Milliarden Nachkommen haben.

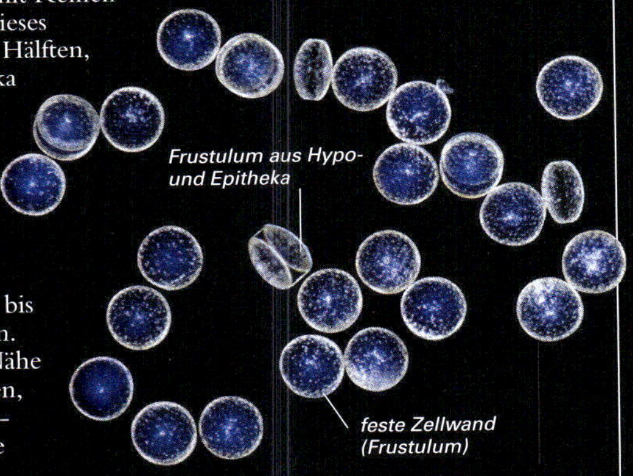

KLASSE BACILLARIOPHYCEAE

Chaetoceros danicus

LÄNGE 0,005–0,02 mm
LEBENSRAUM Oberflächenwasser
VERBREITUNG weltweit

Die im Jahr 1844 beschriebene Gattung *Chaetoceros* ist mit über 100 Arten eine der größten und vielfältigsten unter den marinen Kieselalgen. *Chaetoceros danicus* ist eine koloniebildende Form. Gruppen von sieben Zellen wie auf der Abbildung sind nicht selten. Man kann die Art leicht an den steifen Haaren (Setae) erkennen. Sie stehen senkrecht zu den Rändern der Schale und weisen sekundäre Stacheln auf. Chloroplasten, die Pigmente enthalten und der Fotosynthese dienen, sind zahlreich und finden sich sowohl in der Zelle als auch in den Setae. Die Setae brechen leicht ab und wenn sich größere Mengen in den Kiemen von Fischen verfangen, können diese daran sterben. Die Setae verankern sich mit den Stacheln im Gewebe, das gereizt wird und so viel Schleim produziert, dass der Fisch erstickt.

KLASSE CHRYSOPHYCEAE

Dictyocha fibula

LÄNGE 0,045 mm
LEBENSRAUM Oberflächenwasser
VERBREITUNG Atlantik, Mittelmeer, Ostsee und östlicher Pazifik vor der chilenischen Küste

Die goldgelben Pigmente von *Dictyocha fibula* weisen darauf hin, dass die Art zu den auch Goldalgen genannten Chrysophyceen gehört. *Dictyocha* bedeutet »Netz« und bezieht sich auf die großen Fenster in der Siliziumschale. Heute gibt es nur noch weniger als 20 Arten dieser Gattung. Das ist alles, was von einer Gruppe von Organismen übrig ist, die ihre Blütezeit vor fünf Millionen Jahren erlebt hat und fossil in Ablagerungen aus dem Miozän häufig zu finden ist.

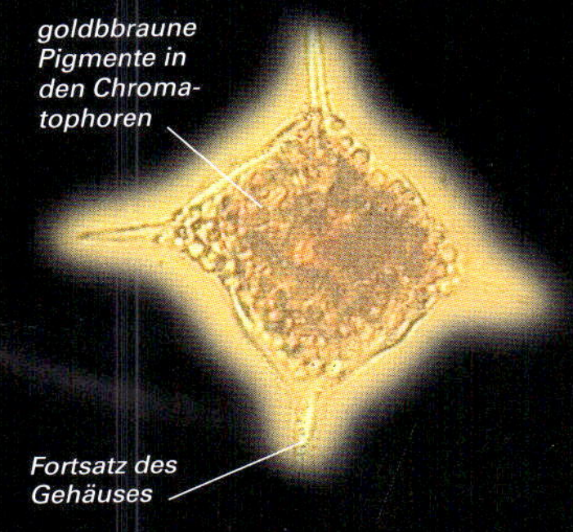

KLASSE PHAEOPHYCEAE

Trichteralge

Padina gymnospora

HÖHE bis zu 10 cm

LEBENSRAUM Spritzwassertümpel, Felsen im flachen Wasser

WASSERTEMPERATUR 20–30 °C

VERBREITUNG tropische und subtropische Küsten auf der ganzen Welt

Padina ist die einzige Braunalgengattung mit Kalkeinlagerungen in den Phylloiden. Der das Licht reflektierende Kalk ist für die hellen Bänder in ihnen verantwortlich. Die Phylloide sind nur vier bis neun Zellen dick und nach innen eingerollt. Wenn sie älter werden, spalten sie sich oft in keilförmige Segmente auf. Die Art ist in tropischen Meeren weit verbreitet, wo sie im Flachwasserbereich in Mengen auf Felsen, abgestorbenen Korallen und Muschelschalen wächst.

KLASSE PHAEOPHYCEAE

Riesentang, -kelp

Macrocystis pyrifera

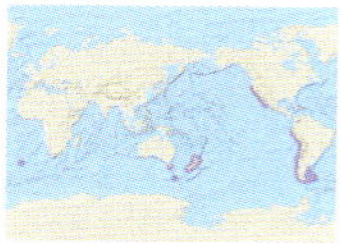

LÄNGE 45 m

LEBENSRAUM felsiger Untergrund, manchmal auf Sand

WASSERTEMPERATUR 5–20 °C

VERBREITUNG gemäßigte Gewässer der Südhalbkugel und der nordöstliche Pazifik

Der Riesentang (Abbildung auf S. 240–241) ist die größte Alge der Erde. Er kann bei idealen Bedingungen pro Tag 50 cm wachsen und in einem Jahr Längen von mehr als 30 m erreichen. Er gedeiht in Tiefen von 10–30 m, kann aber in sehr klarem Wasser auch tiefere Bereiche besiedeln. Das große, verzweigte Haftorgan, das im Alter von drei Jahren 60 cm hoch und breit ist, ist fest im Grund verankert. Von ihm streben lange Cauloide zur Wasseroberfläche, die wiederum die mit gasgefüllten Blasen versehenen Phylloide tragen. Der Tang wächst bis zur Wasseroberfläche, wo er ein dichtes Blätterdach bildet.

Der Riesentang weist einen Generationswechsel auf. Phylloide an seiner Basis produzieren Sporen, aus denen winzige weibliche und männliche Gametophyten keimen. Sie erzeugen die Geschlechtszellen, aus denen der Riesentang heranwächst.

KLASSE PHAEOPHYCEAE

Austerndieb

Colpomenia peregrina

DURCHMESSER bis 10 cm

LEBENSRAUM Steine und Schalen in Gezeitenzone und Flachwasser

WASSERTEMPERATUR 6–28 °C

VERBREITUNG Küsten im westlichen Nordamerika, in Japan und Australasien; im Atlantik eingeschleppt

Der Austerndieb trägt seinen Namen, weil er auf Muschelschalen wächst, einschließlich der Schalen von gezüchteten Austern. Das Phylloid ist anfangs rund und massiv, nimmt aber im Verlauf des Wachstums unregelmäßige Formen an und bekommt gasgefüllte Hohlräume. Manchmal wird der Auftrieb so groß, dass die Auster mit der Alge angehoben und fortgespült wird. Der Austerndieb besitzt ein dünnes, aus wenigen Zellschichten bestehendes Gewebe. Die äußere Schicht enthält die für die Fotosynthese nötigen Pigmente und verleiht der Alge ihre braune Färbung.

KLASSE PHAEOPHYCEAE

Stacheltang

Desmarestia aculeata

LÄNGE bis zu 1,8 m

LEBENSRAUM Felsen im Flachwasserbereich, Kelpwälder

WASSERTEMPERATUR 0–18 °C

VERBREITUNG in Küstennähe in gemäßigten, kalten und polaren Regionen

Diese große Braunalge besitzt schmale Phylloide mit vielen Verzweigungen. Die kleinsten Zweige sind kurz und ähneln Stacheln, was zu ihrem deutschen und lateinischen Namen geführt hat (*aculeata* bedeutet »stachlig«). Im Sommer ist die gesamte Alge von feinen, verzweigten Haaren bedeckt. Die Art kommt besonders auf abgerundeten Steinen und in von den Wellen bewegten Kelpwäldern vor.

KLASSE PHAEOPHYCEAE

Seepalme

Postelsia palmaeformis

LÄNGE bis zu 60 cm

LEBENSRAUM an den Wellen ausgesetzten Küsten

WASSERTEMPERATUR 8–18 °C

VERBREITUNG Westküste von Nordamerika

Die Seepalme ist eine Kelp-Art und gehört zur Ordnung Laminariales. Ungewöhnlich für einen Kelp ist, dass die Algen an den Wellen ausgesetzten Küsten in mittleren Tiefen dichte Bestände bilden. Das Rhizoid ist verzweigt und das Cauloid hohl und fest. Bei Ebbe ragen die Algen aufrecht über das Wasser hinaus. Die Spitze des Cauloids verzweigt sich, wobei jeder Zweig ein bis zu 25 cm langes Phylloid trägt, das gezähnelte Ränder und tiefe Längsfurchen aufweist. Die Sporen werden in die Furchen abgegeben und tropfen bei Ebbe von den Spitzen der Phylloide auf das Rhizoid und nahe gelegene Steine, wo die jungen Tange sich in dichten Gruppen entwickeln. Manche Seepalmen wachsen auf Muscheln und werden bei Sturm mit ihnen weggerissen, sodass den übrigen mehr Fläche zur Verfügung steht.

PERÜCKENTANG

In sehr geschützten Buchten wachsen abgerissene Teile des Knotentangs weiter, auch wenn sie lose am Grund liegen. Werden sie abwechselnd von Meer- und Süßwasser bedeckt, teilen sie sich ständig und bilden einen dichten Ball ohne Blasen oder Sporenbehälter. Diese Form wird in Großbritannien als Crofter's Wig (Bauernperücke) bezeichnet und unterscheidet sich sehr von der festgewachsenen, obwohl beide genetisch identisch sind.

KLASSE PHAEOPHYCEAE

Knotentang

Ascophyllum nodosum

LÄNGE bis zu 3 m

LEBENSRAUM geschützte Küsten

WASSERTEMPERATUR 0–18 °C

VERBREITUNG Küsten Nordwesteuropas, des östlichen Nordamerikas und nordatlantischer Inseln

Der Knotentang gehört zu einer Gruppe widerstandsfähiger Braunalgen, die in kühleren Gegenden oft felsige Küsten beherrschen. Er ist auf den Steinen mit einer Haftscheibe verankert, von der mehrere schmale Phylloide ausgehen, die 1 m, in Ausnahmefällen auch 3 m lang sein können. Am Phylloid wachsen in Abständen einzelne ovale Blasen. Da an einem Phylloid etwa eine Blase pro Jahr entsteht, kann man das Alter des Tangs grob durch Zählen der Blasenreihe bestimmen. Die Blasen geben dem Tang Auftrieb, sodass er ein Maximum an Licht erhält, was in dem oft trüben Wasser von Vorteil ist. Außerdem können so die Schnecken die Phylloide bei Flut schlechter erreichen. Die dunkelbraunen Phylloide können im Sommer nahezu gelb gebleicht werden. Rosinenähnliche Oogonien (Eizellenbehälter) sitzen auf kurzen Stielen. Manchmal kann man beobachten, dass orangefarbene Eier aus ihnen austreten.

KLASSE PHAEOPHYCEAE

Neptuns Halskette

Hormosira banksii

LÄNGE bis zu 30 cm

LEBENSRAUM unterer Küstenbereich, Felsen im flachen Wasser

WASSERTEMPERATUR 10–20 °C

VERBREITUNG Küsten des südlichen und östlichen Australiens und Neuseelands

Neptuns Halskette ist eine der vielen in Neuseeland und den kühleren Gewässern um Australien endemischen Braunalgenarten. Ihre unverwechselbaren Phylloide, die wie eine Schnur brauner Perlen wirken, bestehen aus Ketten hohler Segmente, die von Einschnürungen im Cauloid voneinander getrennt sind. Kleine Konzeptakel (Gruben mit Keimzellenbehältern) sind über jede »Perle« verstreut.

Auf Küstenfelsen findet man dichte, fast nur aus dieser Art bestehende Matten. Am Untergrund verankern sich die Algen mit einer flachen Haftscheibe, und zwischen Mangrovenwurzeln benötigen sie gar keine Verankerung. Die Form der Segmente hängt vom Lebensraum ab. Auf geschützten Felsen, in Muschelbänken im Gezeitenbereich oder in Mangrovensümpfen sind sie kugelig und etwa 2 cm groß. Wachsen die Algen auf wenig exponierten untergetauchten Felsen, bleiben sie 6 mm lang.

KLASSE PHAEOPHYCEAE

Japanischer Beerentang

Sargassum muticum

LÄNGE 2–10 m

LEBENSRAUM Felsen und Steine im Gezeitenbereich und Sublitoral

WASSERTEMPERATUR 5–26 °C

VERBREITUNG japanische Küsten, eingeschleppt in Westeuropa und im westlichen Nordamerika

Der Japanische Beerentang kann sich das ganze Jahr über vermehren und bildet im ruhigen Wasser dichte Bestände. Ursprünglich aus Japan stammend (daher der deutsche Name), ist die Art im westlichen Nordamerika und in Europa eingeschleppt worden, wo sie sich sehr schnell verbreitet. Sie verdrängt dabei andere Algen und wird daher als invasive Art betrachtet. Die lange, buschige Alge weist zahlreiche Seitenzweige mit bis zu 10 cm langen Phylloiden auf, die einzelne oder Gruppen von Gasblasen tragen.

RIESENTANG
Diese beeindruckende Kelp-Art kann unter guten Bedingungen pro Tag 50 cm wachsen, wie hier im relativ kalten Wasser vor Kalifornien. Gasblasen verleihen den Phylloiden Auftrieb, wenn sie der Wasseroberfläche entgegenstreben, wo sie mehr Licht und Nährstoffe als in der Tiefe finden.

Pflanzen

DOMÄNE	Eucarya
REICH	Plantae
ARTEN	etwa 385 500

DIE PFLANZEN bilden eine vielfältige Gruppe von Organismen, die mithilfe von Chlorophyll a und b sowie der Sonnenenergie Kohlendioxid in organische Moleküle umwandeln können. Die meisten Pflanzen sind Gefäßpflanzen und haben sich an Land entwickelt. Von ihnen sind mehrere nicht nah miteinander verwandte Familien der Bedecktsamer (siehe S. 250) wieder ins Meer zurückgekehrt oder haben sich an seiner Küste angesiedelt. Die Pflanzen, wie sie hier definiert werden, umfassen auch einfachere Organismen, die keine Gefäße besitzen – Moose, die mikroskopisch kleinen Grünalgen sowie die grünen und roten Tange. Braunalgen ähneln den Pflanzen äußerlich, sind aber nicht eng mit ihnen verwandt. Sie werden daher hier zum Reich der Chromisten (siehe S. 234) gestellt.

MENSCHLICHER EINFLUSS

STRANDPFLANZEN

Strandpflanzen auf den schmalen Küstenstreifen, die oft auch von Menschen zur Erholung genutzt werden, sind sehr empfindlich. Dünenpflanzen tragen zur Stabilisierung der Sanddünen bei, die durch die Erosion geschädigt werden. Menschen sollten hier auf höher liegenden Plankenwegen bleiben. Solche Wege über stabile Dünen können auch das Wachstum kleiner Pflanzen fördern, die nicht mit höherer Vegetation konkurrieren können.

SCHEINKROKUS
Der Kanaren-Scheinkrokus kommt nur an einigen Orten auf Lanzarote und Fuerteventura vor. Er ist geschützt, aber durch den Tourismus gefährdet.

Marine Pflanzenvielfalt

Pflanzen benutzen Chlorophyll zur Fotosynthese. Zu den Gefäßpflanzen gehören verschiedene, hauptsächlich landbewohnende Arten, wie die Farne und Nadelhölzer. Weil sie sich an Land entwickelt haben, sind sie an Luft und Süßwasser angepasst. Sie besitzen Gefäße, mit denen sie Wasser und Nährstoffe transportieren können. Unter den Gefäßpflanzen haben vor allem die Bedecktsamer (die größte Gruppe) marine Lebensräume erobert. Sie besiedeln vor allem die Küsten. Nur die Seegräser sind vollkommen ans Wasserleben angepasst. Grün- und Rotalgen haben weder Spross noch Wurzel, keine verholzten Gewebe oder Gefäße und sind größtenteils aquatisch.

TROPISCHE PFLANZEN
Seegräser sind in tropischen Lagunen nicht selten, und unter Grünalgen gibt es verkalkte Arten. Mangroven säumen die Flussmündungen und andere Samenpflanzen wie Büsche und Bäume wachsen im Hinterland. Obwohl es hier nicht dargestellt wird, können Grünalgen saisonabhängig an Felsenküsten wachsen.

GEMÄSSIGTE LEBENSRÄUME
Gemäßigte Meere sind reich an Phytoplankton, einschließlich mikroskopisch kleiner Grünalgen. Grün- und Rotalgen wachsen meist auf Gestein, Grünalgen auch auf Schlamm. Seegräser besitzen Wurzeln und leben in den Sedimenten der Gezeitenzone und des Sublitorals sowie in brackigen Lagunen. Klippen, Dünen und Salzmarschen sind die Heimat von Bedecktsamern, Flechten und Moosen.

MEERSENF
Der Europäische Meersenf gehört zu den Kreuzblütlern und kann auf feinem Sand wachsen, der sich an ihm ablagert und kleine Vordünen bildet. Die Blätter weisen Spritzwasser ab, und die Schoten werden mit der Flut verbreitet.

LEBEN IM MEER

ÜBER UND UNTER WASSER
Das Spektrum der Pflanzen reicht von über der Hochwassermarke wachsenden Küstenbewohnern wie der Kokospalme bis zu völlig untergetauchten Gewächsen wie dem Seegras.

SICH VERSCHIEBENDE KÜSTEN
Die Strandkamille mit ihren weißen Blüten und die Haferwurzel mit ihren blaugrünen Blättern sind salztolerante Pflanzen, die an einigermaßen geschützten Stellen der Kiesstrände wachsen.

Über dem Hochwasser

Oberhalb des höchsten Wasserstands ist die Umgebung weitgehend trocken, doch die Nähe zum Meer erschwert den Pflanzen mit Ausnahme einiger spezialisierter Bedecktsamer und Moose das Leben. An manchen Stellen ist die Küste mit Sand bedeckt, der vom Meer herangeweht wurde. Dünen sind oft alkalisch, da sie viel Kalk aus den Skeletten mariner Organismen enthalten (siehe S. 245). Es fehlt ihnen auch der Humus, der den Boden fruchtbar macht. Daher wachsen hier nur harte Pflanzen. Strandhafer mit seinem schnell wachsenden Wurzelwerk und das Drehzahnmoos stabilisieren die Dünen und stellen die ersten Schritte zur Bildung von Erde dar. Pflanzen sind im Vorteil, die wie die Kasuarinen mit ihren Wurzelknöllchen Stickstoff fixieren können. Auf Felsklippen sind Pflanzen vor Tieren sicher, müssen aber mit Sprühsalz, austrocknenden Winden und wenig Boden leben. Im Vorteil sind hier Pflanzen wie die Strand-Lichtnelke, deren Wurzeln in Felsspalten vordringen, um an Wasser zu kommen. Pflanzen mit dicken Blättern und wachsbedeckter Oberfläche können Wasser speichern.

Zwischen Ebbe und Flut

Pflanzen der Gezeitenzone müssen sowohl im als auch außerhalb des Wassers mit Hitze, Trockenheit und Salz leben und werden dann wieder mit kaltem Regenwasser überschüttet. Dieser Bereich bildet den Lebensraum für eine kleine Zahl von Grün- und Rotalgen, Seegräsern und Mangroven. Viele Grünalgen sind brackwassertolerant und wachsen im oberen Küstenbereich oft an Spritzwassertümpeln und Süßwasserrinnsalen. Weiter unten wachsen zarte Rotalgen zwischen gröberen Braunalgen. Viele sind kurzlebig, wachsen schnell und produzieren viele Sporen. Sie können im feuchten Monsunklima tropische Küsten schnell überwuchern. Dann trocknen sie aus und werden davongeweht, wenn die Sonne zurückkehrt. Seegräser wachsen im unteren Gezeitenbereich. Hier behalten die Sedimente bei Ebbe ihre Feuchtigkeit. In den Tropen besiedeln Mangroven die Gezeitenzone, doch nur ihre Wurzeln werden regelmäßig überspült. In kälteren Regionen entsteht eine Salzmarschvegetation auf dem Schlamm.

ÜBERSPÜLTE SALZMARSCH
Die salztolerante Strandgrasnelke wächst oft in Salzmarschen, die sich an den geschützten Küsten gemäßigter Regionen entwickeln. Sie besiedelt höhere Bereiche, sodass die Pflanzen nur bei der höchsten Flut überspült werden.

ALGENWIESE
Zu den im Ärmelkanal wachsenden Grünalgen gehören *Codium* (im Vordergrund) und der Meersalat (unten rechts). Sie wachsen hier gemeinsam mit dem nicht mit ihnen verwandten braunen Sägetang.

Wasserpflanzen

Nur die Tange, Seegräser und Mikroalgen können konstant untergetaucht im Meerwasser leben. Alle Algenarten nehmen dabei Nährstoffe und Gase über ihre gesamte Oberfläche auf, sodass sie keine Gefäße benötigen. Seegräser sind wie Landpflanzen gebaut, sodass sie Interzellularräume zur Unterstützung des Gasaustausches besitzen. Die im Meer lebenden Pflanzen können nur die ersten Meter besiedeln, da das für ihr Wachstum nötige Licht nicht weiter ins Wasser eindringen kann. Marine Pflanzen müssen sich auch gegen pflanzenfressende Tiere wehren, etwa indem sie giftige oder schlecht schmeckende Inhaltsstoffe produzieren.

Rotalgen

DOMÄNE	Eucarya
REICH	Plantae
ABTEILUNG	Rhodophyta
KLASSEN	7
ARTEN	7895

Rotalgen sind attraktive Meerespflanzen, die man in Flachmeeren auf der ganzen Welt findet. Ihre rote Farbe erzeugt ein Pigment, das sie zusätzlich zum grünen Chlorophyll besitzen. Sie sehen zwar wie höhere Pflanzen aus, unterscheiden sich aber in Details des Zellaufbaus und des Stoffwechsels. Wie die Grünalgen und die Gefäßpflanzen werden sie zur Gruppe Archaeplastida gezählt.

Aufbau der Rotalgen

Rotalgen weisen sehr verschiedene Formen auf, doch meist sind sie klein und zart. Wie Grün- und Braunalgen haben sie ein Rhizoid (Haftorgan), ein Cauloid (Stängel) und Phylloide (Wedel), die Wasser, Nährstoffe und Sonnenlicht absorbieren. Bei Kalkrotalgen sind die Phylloide stark verkalkt, sodass sie für viele Pflanzenfresser zu hart sind. Sie ähneln eher rosa Krusten oder kleinen Korallen als Pflanzen. Die Knollen-Kalkrotalge bildet lose Knollen, die auf dem Grund liegenden Stücken astförmiger Korallen ähneln. Einige Rotalgen zeigen zwei Generationsphasen und bilden sowohl winzige, langlebige Krusten als auch einjährige buschige Wedel. Sie unterscheiden sich so sehr, dass man sie früher für verschiedene Arten hielt.

MEHRJÄHRIGE ART
Diese schöne Rotalge heißt Blutroter Meerampfer. Jedes Jahr wachsen am Cauloid neue Phylloide. Im Winter vermehrt sich die Alge durch Sporen.

Lebensräume und Verteilung

An der Küste wachsen Rotalgen vor allem in den untersten Bereichen, in denen das Risiko des Austrocknens geringer ist. Im tieferen Wasser können sie dank ihres zusätzlichen Pigments auch das schwache blaue Licht nutzen und gedeihen daher meist in größeren Tiefen als die Grün- und Braunalgen. Rotalgen (und Braunalgen) sind in tropischen Meeren weniger häufig. Eine Ausnahme bilden die krustenbildenden Kalkrotalgen, die für die Zementierung von Korallenriffen wichtig sind.

KLETTEN DES MEERS
Diese Rotalge besitzt spezielle stachlige Phylloide, sodass Stücke an anderem Bewuchs hängen bleiben und mit Strömungen oder Schiffsrümpfen an neue Orte transportiert werden können.

LAPPENTANG
Rotalgen benötigen bewegtes Wasser, das Nährstoffe und Sauerstoff liefert. Die fingerartigen Phylloide dieses Lappentangs haben eine große Oberfläche, zerreißen in rauen Bedingungen jedoch nicht.

ABTEILUNG RHODOPHYTA

Knorpelfeder

Gelidium foliaceum

LÄNGE 5 cm
LEBENSRAUM Felsen der Gezeitenzone
WASSERTEMPERATUR 10–20 °C
VERBREITUNG Küsten von Südafrika und Südjapan

Die vielen auf der ganzen Welt vorkommenden *Gelidium*-Arten sind schwer voneinander zu unterscheiden, weil sie abhängig vom Lebensraum und davon, ob sie von Tieren wie etwa Napfschnecken abgegrast worden sind, sehr unterschiedlich aussehen. Molekularbiologische Untersuchungen scheinen einige Probleme zu lösen, und *Gelidium foliaceum* ist eine Art, die sicher abzugrenzen ist. Die knorpelartigen Phylloide sind abgeflacht, eingeschnitten und kraus. Die Alge wächst in dichten Büscheln an felsigen Küsten, wobei ihrem rhizomähnlichen Stängel in regelmäßigen Abständen haarähnliche Rhizoide entspringen, mit denen sie sich am Felsen verankert. Das kriechende Wachstum ist wohl die wichtigste Art der Verbreitung, doch manche *Gelidium*-Arten vermehren sich auch geschlechtlich. *Gelidium*-Arten sind die wichtigste Agar-Grundlage.

ABTEILUNG RHODOPHYTA

Zweihäusige Purpuralge

Porphyra dioica

LÄNGE bis zu 50 cm

LEBENSRAUM Felsen der Gezeitenzone

WASSERTEMPERATUR 6–18 °C

VERBREITUNG Küsten Nordost- und Westeuropas sowie Mittelmeer um Italien

Diese Rotalgen-Art ist erst kürzlich aufgrund der Vermehrungsweise von der sehr ähnlichen *P. purpurea* abgetrennt worden. *Porphyra dioica* ist zweihäusig (männliche und weibliche Geschlechtszellen befinden sich auf verschiedenen Individuen), wohingegen *P. purpurea* einhäusig ist (männliche und weibliche Zellen liegen auf der gleichen Alge). *Porphyra dioica* wächst auf sandigen Felsen der Gezeitenzone und gedeiht in Frühjahr und Sommer am besten. Das Phylloid ist nur eine Zellschicht dick und olivgrün bis purpurn oder schwärzlich gefärbt. Die Art ist auf Westeuropa begrenzt, wohingegen die Gattung auf der ganzen Welt vorkommt. Alle *Porphyra*-Arten sind essbar und werden als Nahrung angebaut, vor allem in Japan, wo sie als »Nori« bekannt sind. In Großbritannien wird daraus die wallisische Spezialität »Laverbread« gebacken.

ABTEILUNG RHODOPHYTA

Knollen-Kalkrotalge

Phymatolithon calcareum

DURCHMESSER bis zu 7 cm

LEBENSRAUM Sedimente des Sublitorals

WASSERTEMPERATUR 0–25 °C

VERBREITUNG Küsten atlantischer Inseln, Nord- und Westeuropas sowie des Mittelmeers

Verschiedene Arten nicht am Meeresgrund festgewachsener Kalkrotalgen bezeichnet man auch mit dem französischen Begriff »Maerl«. *Phymatolithon calcareum* bildet spröde, purpur- bis rosafarbene verzweigte Strukturen, die an Korallen erinnern. An geschützten Stellen entstehen runde Knollen, an exponierteren Zweige oder flache Medaillons. Wo sich das Wasser zwar bewegt, aber die Knollen noch nicht aufbrechen kann, können sie große Flächen besiedeln. Der Begriff »Maerl« bezieht sich auch auf diesen Lebensraum, und sowohl die lebenden Knollen als auch ihr Schutt darunter beherbergen viele kleine Tiere. Die Knollen wachsen langsam und sind durch Schleppnetze gefährdet.

ABTEILUNG RHODOPHYTA

Cottons Rotalge

Kappaphycus alvarezii

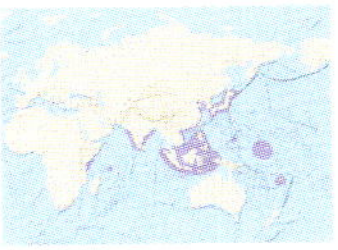

LÄNGE 50 cm

LEBENSRAUM Felsen der Gezeitenzone und des flachen Sublitorals

WASSERTEMPERATUR 10–30 °C

VERBREITUNG Küsten von Afrika, Süd- und Ostasien, pazifische Inseln

Die früher *Eucheuma cottonii* genannte Rotalge wird auf den Philippinen in großen Mengen zur Gewinnung von Carrageen benutzt, einem Geliermittel ähnlich wie Agar. In der Natur wächst sie an Felsen oder liegt an geschützten Plätzen locker umher. Wie bei vielen anderen Rotalgen sind die Phylloide eher grünlich oder bräunlich als rot.

ABTEILUNG RHODOPHYTA

Kraussterntang

Mastocarpus stellatus

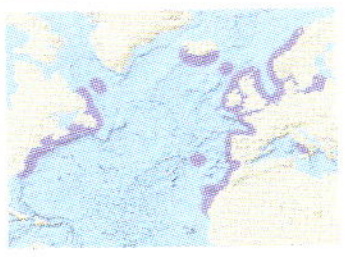

LÄNGE 17 cm

LEBENSRAUM untere Küste und Felsen des Sublitorals

WASSERTEMPERATUR 0–25 °C

VERBREITUNG Küsten des nordöstlichen Nordamerika, des nordwestlichen Europa und des Mittelmeers

Die robuste Rotalge ist an exponierten Küsten häufig und bildet im unteren Küstenbereich oft dichte Rasen. Das Phylloid ist am Felsen mit einem scheibenförmigen Rhizoid befestigt, von dem sich ein schmaler Stiel erhebt, der leicht eingerollt eine Röhre mit verdickter Kante formt. Der Vermehrung dienen die sich in kleinen Knoten auf der Phylloid-Oberfläche befindenden Zellen. Aus ihnen entsteht eine unterschiedlich aussehende Alge in Form einer dicken schwarzen Kruste (ursprünglich nannte man sie *Petrocelis cruenta*, weil man sie für eine andere Art hielt). Aus den Sporen dieser Kruste entsteht wieder die blättrige Form. *Mastocarpus stellatus* wird auch wie die ähnliche Alge *Chondrus crispus* als Irisches Moos bezeichnet. Die Arten werden auf beiden Seiten des Nordatlantiks in industriellem Maßstab gesammelt, um das Geliermittel Carrageen zu gewinnen.

ABTEILUNG RHODOPHYTA

Korallenmoos

Corallina officinalis

LÄNGE bis zu 12 cm

LEBENSRAUM Spritzwassertümpel und Felsen im Flachwasser

WASSERTEMPERATUR 0–25 °C

VERBREITUNG weltweit an den Küsten mit Ausnahme des hohen Nordens und der Antarktis

Das Korallenmoos gehört zu den Corallinaceae, einer Gruppe von Algen, die durch Kalkeinlagerungen in ihren Zellwänden eine feste Struktur haben. Die Phylloide des Korallenmooses weisen starre Abschnitte auf, die mit flexiblen Teilen verbunden sind. Die Verzweigungen eines Phylloids liegen meistens in einer Ebene, doch der Umriss ist sehr variabel. An der offenen Küste sind die Phylloide oft verkümmert und bilden an exponierten Stellen meist kurze, nur wenige Zentimeter hohe Matten. Sie beherbergen oft kleine Tiere und dienen anderen Rotalgen als Substrat. Untergetaucht werden die Phylloide viel länger. Die Farbe des Korallenmooses reicht von dunklem Rosa an schattigen bis zu hellem Rosa an sonnigen Standorten. Stirbt die Alge ab, zerbricht ihr Kalkgerüst und wird ein Teil des Sands.

ABTEILUNG RHODOPHYTA

Pracht-Rotalge

Drachiella spectabilis

LÄNGE bis zu 6 cm

LEBENSRAUM untergetauchte Felsen in 2–30 m Tiefe

WASSERTEMPERATUR 8–18 °C

VERBREITUNG vor den Westküsten von Großbritannien, Irland, Frankreich und Spanien

Außer von Tauchern wird die bunte Alge kaum beobachtet, da sie meist in tieferem Wasser wächst und nur selten an Land gespült wird. Sie gedeiht auch in flacherem Wasser zwischen dem Kelp. Sie hat dünne, fächerförmige Phylloide, die sich keilförmig aufteilen, über die Felsen verbreiten und mit wurzelähnlichen Rhizoiden verankern. Junge Pflanzen fluoreszieren purpurn bis blau. Die geschlechtliche Vermehrung ist unbekannt; die Sporen werden ungeschlechtlich erzeugt.

Grünalgen

DOMÄNE	Eucarya
REICH	Plantae
ABTEILUNG	Chlorophyta
KLASSE	Ulvophyceae
ARTEN	etwa 2180

DIE HIER VORGESTELLTEN GRÜNALGEN kann man mit dem bloßen Auge sehen. Ein anderer Teil ist mikroskopisch klein (siehe S. 248). In Bezug auf ihre Pigmente und einige andere Eigenschaften ähneln die Grünalgen den höheren Pflanzen. Sie können in tropischen Lagunen häufig sein und sich saisonabhängig an gemäßigten Küsten stark vermehren. *Ulva* (Meersalat) wird auch als Nahrung angebaut.

GRÜNALGENAUFBAU
Grünalgen sind mit ihrem aufrechten Phylloid und ihrem scheibenförmigen oder faserigen Rhizoid einfach aufgebaut. Die tropischen *Udotea*-Arten besitzen kalkhaltige Phylloide.

Lebensräume

Grünalgen wachsen oft auf den Steinen der Felsküsten, besonders in gemäßigten und kalten Gewässern. In und unter der Gezeitenzone sind sie kurzlebige Erstbesiedler. *Ulva*-Arten wie der Meersalat überwiegen in Spritzwassertümpeln oder wo Süßwasser über die Felsen rinnt, da sie Veränderungen von Salzgehalt und Temperatur gut vertragen können. Die etwas empfindlicheren *Cladophora* und *Bryopsis* kommen in Spritzwassertümpeln oder zwischen Rot- und Braunalgen im flachen Sublitoral vor. Grünalgen wie *Caulerpa, Udotea* und *Halimeda* wachsen häufig in flachen, tropischen Lagunen. Die *Caulerpa*-Arten besitzen Ausläufer, die sich durch den Sand bohren oder an Felsen festklammern, wohingegen die Rhizoide der *Udotea*- und *Halimeda*-Arten fädig sind und sich im Sand verankern. Die massiven Kalkeinlagerungen von *Halimeda* werden nach dem Absterben der Alge zu einem Bestandteil des Sands.

ANPASSUNGSFÄHIGE ALGEN
Da er in Bezug auf die Salzkonzentration und die Temperatur anpassungsfähig ist, gedeiht der Meersalat (*Ulva*) auch in dem über den Strand fließenden Süßwasser.

Aufbau der Algen

Grünalgen besitzen keine Stängel oder Wurzeln. Sie weisen faden- bis röhrenförmige, flächige oder noch kompliziertere Bauweisen auf. Ihre Oberfläche kann schleimig oder steif und glatt oder borstig sein. Ihre hellgrüne Farbe rührt daher, dass ihr Chlorophyll nicht wie bei den Rot- und Braunalgen von zusätzlichen Pigmenten maskiert wird. Viele Eigenschaften einschließlich der Chlorophylltypen teilen sich die Grünalgen mit den höheren Pflanzen (Moose, Farne, Gefäßpflanzen).

ZERBRECHLICH
Die Phylloide von *Bryopsis plumosa* sind coenocytisch aufgebaut. Die Zellen sind also nicht wie bei anderen Grünalgen durch Zellwände voneinander getrennt.

CODIUM-WALD
Ein kleiner Wald von *Codium fragile* wächst auf den Felsen einer geschützten Bucht in Schottland. Die Phylloide haben Auftrieb und streben so zum Licht.

KLASSE ULVOPHYCEAE

Schlaffe Kraushaaralge

Ulothrix flacca

GRÖSSE bis zu 10 cm
LEBENSRAUM Gezeitenzonen verschiedener Küstentypen
WASSERTEMPERATUR 0–20 °C
VERBREITUNG Nordatlantik, Mittelmeer, Gewässer um Südafrika, Pazifik

Diese Alge besteht aus unverzweigten Filamenten, die aus Zellreihen zusammengesetzt sind. Die Filamente bilden weiche Knäuel oder flache Schichten, die an den Steinen der Gezeitenzone kleben. Jedes Filament ist mit einer einzigen Basalzelle befestigt, die von fädigen Fortsätzen unterstützt werden kann. Die ungeschlechtliche Vermehrung erfolgt über viergeißlige Zoosporen und die geschlechtliche über zweigeißlige Gameten. Sie verschmelzen und können zu einer großen runden Zygote heranwachsen, die sich wiederum in Zoosporen aufteilt.

KLASSE ULVOPHYCEAE

Meersalat

Ulva lactuca

GRÖSSE bis zu 100 cm
LEBENSRAUM Gezeitenzone und flaches Sublitoral
WASSERTEMPERATUR 0–30 °C
VERBREITUNG Küstengewässer der ganzen Welt

Der Meersalat ist an den Küsten und im flachen Wasser weltweit verbreitet und sehr anpassungsfähig. Die Phylloide sind hellgrün, flach, oft eingerissen oder geteilt und besitzen einen welligen Rand. Die Alge ist in Form und Größe sehr variabel. Sie kann an exponierten Küsten kurze Büschel bilden und in geschützten Buchten über 1 m lang werden, besonders wenn sich in verschmutzten Häfen viele Nährstoffe im Wasser befinden. Meersalat kann sich im Generationswechsel über Gameten (geschlechtlich) und Sporen (ungeschlechtlich), aber auch einfach vegetativ über kleine Bruchstücke vermehren. Große Phylloide sind oft von Tieren angefressen worden. In vielen Teilen der Welt wird der Meersalat auch von Menschen gegessen.

KLASSE ULVOPHYCEAE

Blasenalge

Valonia ventricosa

GRÖSSE bis zu 4 cm

LEBENSRAUM Felsen und Korallenriffe bis in 30 m Tiefe

WASSERTEMPERATUR 10–30 °C

VERBREITUNG Westatlantik, Karibik, Indischer und Pazifischer Ozean

Diese merkwürdige Grünalge sieht wie eine dunkelgrüne Murmel aus. Die aus einer einzigen Zelle bestehende Alge verankert sich mit ihrem fädigen Rhizoid am Substrat, das häufig aus Korallenschutt besteht. Jüngere Pflanzen schimmern bläulich, doch ältere können von Krustenrotalgen überwachsen werden. Die Blasenalge vermehrt sich auf eine ungewöhnliche Weise: Tochterzellen bilden sich in der Mutterzelle, die dann verkümmert und die jungen Algen freisetzt.

KLASSE ULVOPHYCEAE

Kaktus-Kalkalge

Halimeda opuntia

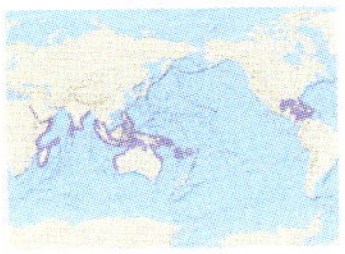

GRÖSSE bis zu 25 cm

LEBENSRAUM Felsen und Sand

WASSERTEMPERATUR 20–30 °C

VERBREITUNG Rotes Meer, Indischer Ozean, Westpazifik

Die stark mit Kalk inkrustierten *Halimeda*-Algen tragen viel zum kalkhaltigen Sediment der Tropen bei. Sie bestehen aus Reihen flacher, nierenförmiger, verkalkter Segmente, die mit kalkfreien, flexiblen verbunden sind. Tagsüber befinden sich die Chloroplasten in den äußeren Teilen der Phylloide. Nachts ziehen sie sich tief in das Gewebe zurück. Durch die scharfen Aragonit-Kristalle und ihre giftigen Inhaltsstoffe wird die Alge vor nächtlichen Pflanzenfressern geschützt.

KLASSE ULVOPHYCEAE

Polster-Grünalge

Codium tomentosum

GRÖSSE bis zu 20 cm

LEBENSRAUM Spritzwassertümpel, Felsen im Flachwasser

WASSERTEMPERATUR 8–30 °C

VERBREITUNG weltweit in Küstengewässern

Die schwammigen Phylloide dieser Alge bestehen aus verflochtenen Röhrchen, von denen jedes in einer Verdickung endet, sodass die Struktur der einer Flaschenbürste ähnelt. Die Verdickungen bilden zusammen die Außenseite des Phylloids, das normalerweise verzweigt ist. Viele kurze, feine Haare bedecken die Alge, sodass sie im Wasser fusselig aussieht. Die Algen verankern sich mit ihrem schwammigen Haftorgan an Steinen.

Obwohl die Alge das ganze Jahr über existiert, ist ihre Hauptwachstumsperiode der Winter, in dem sie sich auch vermehrt. Wie alle *Codium*-Arten wird sie oft von Sackzungenschnecken befallen. Die kleinen Nacktschnecken saugen den Zellinhalt auf, wobei die Chloroplasten am Leben bleiben und von der Schnecke zur Zuckerproduktion ins eigene Gewebe eingelagert werden. Dadurch sind die Schnecken grün gefärbt und gegenüber Räubern gut getarnt. Es gibt etwa 160 *Codium*-Arten.

KLASSE ULVOPHYCEAE

Riesenfadenalge

Lychaete mirabilis

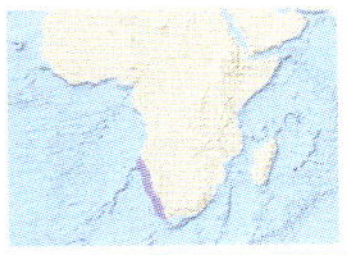

LÄNGE bis zu 100 cm

LEBENSRAUM Felsen des Sublitorals und Kelp

WASSERTEMPERATUR 10–15 °C

VERBREITUNG Südatlantik vor dem südwestlichen Afrika

Als Riese der Gattung *Cladophora* wird *C. mirabilis* bis zu 1 m lang. Die blaugrüne, fädige Alge weist viele Verzweigungen auf. Sie besteht aus Reihen von Zellen, wobei die Zellen der Hauptachse bis zu 12 mm lang werden können. Die Algen verankern sich mit den verwobenen Fortsätzen der basalen Zelle und werden oft von Rotalgen besiedelt. Das sehr begrenzte Verbreitungsgebiet befindet sich in Südafrika, doch andere verwandte Arten gibt es auf der ganzen Welt.

KLASSE ULVOPHYCEAE

Traubenalge

Caulerpa racemosa

HÖHE bis zu 30 cm

LEBENSRAUM Sand und Felsen

WASSERTEMPERATUR 15–30 °C

VERBREITUNG weltweit in warmen Gewässern

Die kriechenden Ausläufer dieser Alge verankern sich zwischen Steinen und im Sand. Aus ihnen entspringen senkrechte Triebe mit runden Blasen, die der Art den Namen verliehen haben. Jede Alge besteht aus einer einzigen riesigen Zelle. Alte Algen können dicht verzweigt sein und bis zu 2 m groß werden. Es gibt verschiedene Formen der Traubenalge und etwa 100 *Caulerpa*-Arten auf der Welt.

KILLERALGE

Die häufig in Aquarien gehaltene *Caulerpa taxifolia* ist eine invasive Art. Für Pflanzenfresser giftig, wächst sie schnell und bildet einen alles erstickenden Teppich. Sie ist 1984 im Mittelmeer vor Monaco entdeckt worden und hat sich seitdem an der Küste verbreitet, wobei sie die marinen Lebensgemeinschaften verändert.

KLASSE ULVOPHYCEAE

Schirmalge

Acetabularia acetabulum

GRÖSSE 3 cm

LEBENSRAUM untergetauchte Felsen im Flachwasser

WASSERTEMPERATUR 10–25 °C

VERBREITUNG Ostatlantik vor Nordafrika, Mittelmeer, Rotes Meer, Indischer Ozean

Die kleine Grünalge wächst an geschützten Abschnitten von Felsküsten in Gruppen auf mit Sand bedeckten Steinen oder Schalen. Obwohl sie bis zu 3 cm groß wird, besteht sie nur aus einer einzigen Zelle. Da diese Zelle Kalk enthält, wirkt die in einem Schirmchen endende Alge weißlich. Der Schirm besteht aus einem Kranz miteinander verwachsener Haare, die zur Fortpflanzung Cysten produzieren. Die Cysten werden frei, nachdem der Rest der Pflanze zerfallen ist, und benötigen eine Ruheperiode im Dunkeln, bevor sie auskeimen können.

Grüne Mikroalgen

DOMÄNE	Eucarya
REICH	Plantae
ABTEILUNG	Chlorophyta
KLASSEN	9
ARTEN	mindestens 5400

DIE MIKROSKOPISCH kleinen, meist einzelligen Grünalgen der Meere und Süßgewässer leben in immensen Zahlen in den oberen Wasserschichten, wo sie einen wichtigen Teil des Phytoplanktons bilden (siehe S. 212). Wie Algen und die mikroskopisch kleinen Chromisten (siehe S. 234) produzieren sie ihre eigene Nahrung durch Fotosynthese. Zusammen werden sie manchmal als »Gräser des Meeres« bezeichnet. Die meisten grünen Mikroalgen leben im Süßwasser, nur etwa 500 Arten im Meer. Mit bloßem Auge sichtbare Grünalgen werden manchmal zusammen mit den großen roten und braunen Algen als Makroalgen bezeichnet (siehe S. 246).

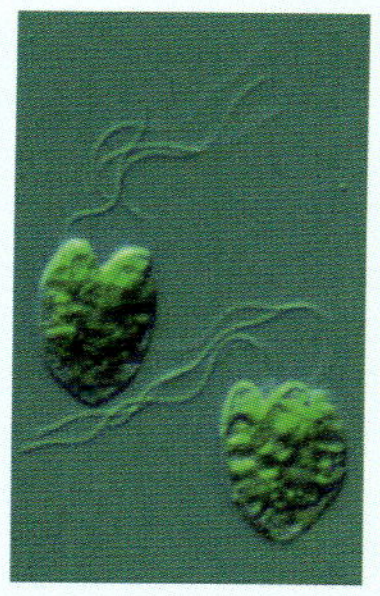

HALOSPHAERA
Diese Mikroalgen (hier stark vergrößert abgebildet) sind durch ihr Chlorophyll grün gefärbt und bewegen sich mit haarähnlichen Geißeln (Flagellen) fort.

Aufbau der Algen

Die marinen grünen Mikroalgen gehören zu verschiedenen Klassen. Jede Alge besteht aus einer einzelnen Zelle, die meist zu klein ist, um sie mit dem bloßen Auge erkennen zu können. Auch die größeren wie die Arten der Gattungen *Halosphaera* (Pyramimonadophyceae) und *Pterosperma* (Prasinophyceae) haben nur einen Durchmesser von 0,1–0,8 mm und sind daher kaum zu erkennen. Manche können mithilfe von zwei oder mehr haarähnlichen Geißeln (Flagellen) schwimmen. Geißellose Arten sind dagegen unbeweglich. Manche wechseln auch im Generationswechsel zwischen schwimmenden (motilen) und nichtschwimmenden Formen. Alle Grünalgen enthalten Chloroplasten – Strukturen, die den grünen Farbstoff Chlorophyll enthalten, der ihnen die Fotosynthese ermöglicht.

GRÜNE TIDE
Grüne Mikroalgen wachsen schnell und reagieren im Frühjahr auf die erhöhte Nährstoffzufuhr. Da die Zahl der Pflanzenfresser noch klein ist, vermehren sie sich, bis das Meer grün erscheint.

GRÜNE STRÄNDE

Einige wenige grüne Mikroalgen und Plattwürmer leben symbiotisch zusammen, wovon beide Partner profitieren. Die Würmer nehmen Algen auf, die ihnen eine grüne Farbe verleihen. Bei Ebbe kriechen sie durch den Sand in Restwassertümpel, wo die Algen Fotosynthese betreiben und die Würmer mit Nährstoffen versorgen. Große Wurmmengen lassen den Strand grün erscheinen.

PARTNERSCHAFT ZWISCHEN TIER UND ALGE
Junge Plattwürmer nehmen Grünalgen auf, die sich vermehren, bis in jedem Wurm etwa 25 000 Algenzellen leben. Die erwachsenen Würmer beziehen ihre Nährstoffe von den Algen.

Lebensräume

Mit wenigen Ausnahmen schwimmen marine Mikroalgen zu unzähligen Millionen im sonnendurchfluteten Oberflächenwasser, wo sie Fotosynthese betreiben können. Besonders im nährstoffreichen Wasser in Küstennähe sind sie häufig. In gemäßigten Küstengewässern vermehren sich grüne Mikroalgen und fotosynthetisch aktive Chromisten in jedem Frühjahr durch das erhöhte Licht- und Nährstoffangebot sehr schnell und liefern so dem Zooplankton genug Nahrung. Manche Algenblüten können das Wasser wochenlang trüben. Einige grüne Mikroalgen leben im Körper von Tieren oder Planktonorganismen – etwa in den Pseudopodien von Radiolarien (siehe S. 237) und in den Nahrungsvakuolen der grünen Form von *Noctiluca* (siehe S. 236).

KLASSE PYRAMIMONADOPHYCEAE

Halosphaera viridis

GRÖSSE
1 mm

20–30 µm
(in der schwimmenden, motilen Phase)

VERBREITUNG nordöstlicher Atlantik, östlicher Pazifik

Halosphaera viridis besteht aus winzigen, fast zylindrischen Zellen mit vier Geißeln an einem Ende. Die Zellen teilen sich in zwei Tochterzellen, sodass sich ihre Anzahl schnell erhöht. Einige dieser Zellen entwickeln sich zu kugelförmigen Zysten (hier abgebildet), die sich stark vergrößern, und ihr Inhalt teilt sich dann in kleine Scheiben. Bevor sie aus der Zyste freigesetzt wird, entwickelt sich jede Scheibe zu einer neuen begeißelten, beweglichen Zelle. Im offenen Meer kann es Hunderte von Zysten pro Quadratmeter geben und diese Phytoplankton-Menge ist eine wichtige Nahrungsquelle für größeres Zooplankton.

KLASSE CHLORODENDROPHYCEAE

Tetraselmis convolutae

GRÖSSE
10 µm

VERBREITUNG nordöstlicher Atlantik, vor den Westküsten Großbritanniens und Frankreichs

Obwohl sie auch allein existieren können, leben die winzigen Zellen von *Tetraselmis convolutae* oft innerhalb eines Plattwurms (siehe Kasten oben) in Symbiose. Der Wurm schützt die Algen und bietet ihnen eine konstante Umwelt. Da er das Licht aufsucht, bietet er den Algen die Möglichkeit zur Fotosynthese, sodass sie ihn und sich selbst mit Nährstoffen versorgen können.

Moose

DOMÄNE	Eucarya
REICH	Plantae
UNTERABTEILUNG	Bryophyta
ARTEN	20 000

MOOSE SIND NIEDRIG wachsende Pflanzen ohne Gefäße, die an Land in feuchter Umgebung gedeihen und dort den Boden wie ein Teppich überziehen können. Salzige Umgebungen mögen sie nicht und nur wenige Arten leben, vor allem in kühleren Gegenden, im Gezeitenbereich. Eine größere Artenzahl findet sich landeinwärts, nicht in der Spritzwasserzone, aber noch im Bereich der feuchten Meeresluft.

Lebensräume

Moose bevorzugen meist feuchte, schattige Plätze und treten daher im gemäßigten Klima am häufigsten auf. Ihnen fehlt ein Abschlussgewebe mit dicker Cuticula, das bei höheren Pflanzen den Wasserverlust verringert. Daher trocknen Moose schnell ein, doch manche Arten erholen sich erstaunlich schnell, wenn sie danach wieder Wasser bekommen. Nur wenige Arten wachsen in den Salzmarschen oder zwischen den Flechten der Felsküsten. An geschützten Küsten mit wenig salzigem Spritzwasser können sie auch knapp über der Hochwassermarke gedeihen. Moose der Dünen müssen schnell wachsen, um mit dem sich sammelnden Sand Schritt zu halten, und ihre fortgewehten Bruchstücke können neue Dünenbereiche berücksichtigen. Viele Moose wachsen auf von der Gezeitenzone entfernten Klippen oder feuchten Spalten.

SYNTRICHIA RURALIFORMIS
Dieses Moos wächst in Dünen. Die Blättchen rollen sich bei Trockenheit ein (links), entfalten sich aber wieder bei Feuchtigkeit (rechts).

Aufbau der Laubmoose

Laubmoose zeigen Strukturen wie Achsen und Blättchen, in denen wie bei höheren Pflanzen die Fotosynthese stattfindet. Anders als die Bedecktsamer (siehe S. 250) besitzen sie kein verholztes Stützgewebe. Anstelle von Leitbündeln zum Transport von Wasser und Nährstoffen besitzen sie Leitstränge. Moose besitzen nicht die äußere Zellschicht (Epidermis) höherer Pflanzen und können daher leicht Wasser, Salze und Gase über die gesamte Oberfläche aufnehmen (und verlieren). Die Rhizoide dienen nur der Verankerung im Untergrund. Moose vermehren sich über Sporen oder durch Ausbreitung über den Boden.

SPORENPRODUKTION
Aus der am Boden wachsenden ersten Generation des Mooses entspringt die gestielte zweite, die in einer Kapsel die Sporen trägt.

KLASSE BRYOPSIDA

Dach-Drehzahnmoos

Syntrichia ruralis

GRÖSSE 1–4 cm
FORM gelbgrüne bis orangebraune Kissen und Teppiche
LEBENSRAUM Wanderdünen
VERBREITUNG östlicher Pazifik, nordwestlicher Atlantik, Mittelmeer

Dieses Moos ist unter den Ersten, die neue Dünen bewachsen. Dabei bildet es oft mehrere Quadratmeter Sand bedeckende Kolonien und verleiht dem Boden einen goldenen Schimmer. Die Blättchen sind mit Hunderten kleiner Papillen bedeckt, die eine schnelle Wasseraufnahme erlauben, und laufen in feine Haare aus. Das Moos kann aus vom Wind verwehten Bruchstücken wieder austreiben.

KLASSE BRYOPSIDA

Salzmarsch-Moos

Hennediella heimii

GRÖSSE 3 mm
FORM einzelne grüne Pflanzen
LEBENSRAUM Salzmarschen, andere Küstenbereiche
VERBREITUNG in Flecken im Bereich gemäßigter und kühler Meere auf der ganzen Welt

Das winzige Moos ist ein Halophyt, kann also auf salzhaltigem Boden wachsen. Es ist im Küstenbereich, aber nicht direkt am Meer zu finden. Als eins der wenigen Moose, die regelmäßig in Salzmarschen zu finden sind, wächst es auf Stellen nackten Untergrunds zwischen den anderen Pflanzen in den oberen Bereichen der Salzmarschen. Es gedeiht auch in anderen Küstenlebensräumen, etwa an den Ufern von Flussmündungen und hinter Deichen. Das kleine Moos kann häufig auftreten und mit seinen kräftigen, dunkel rostbraunen, auf weniger als 1 cm langen Stielen befindlichen Sporenkapseln auch aus Entfernung deutlich zu sehen sein. Diese besitzen eine kleine Haube mit langer Spitze, die sich hebt, um die Sporen zu entlassen, dabei aber mit einem zentralen Stiel an der Kapsel verbleibt. In kühlerem Klima ist das Moos weit verbreitet.

KLASSE BRYOPSIDA

Meer-Spalthütchen

Schistidium maritimum

GRÖSSE 2 cm
FORM dunkel schwarzgrüne, kompakte Kissen
LEBENSRAUM hartes, saures Felsgestein, Salzmarschen
VERBREITUNG West- und Ostküsten Nordamerikas, Küsten Westeuropas

Das Moos wächst neben Flechten knapp über der Hochwassermarke auf Felsen sowie in Salzmarschen. Oft wird es vom Wasser besprüht und manchmal von den höchsten Fluten überspült. Es scheint ein echter Halophyt zu sein, der auch nach mehrtägigem Untertauchen normal funktioniert und nur in salzhaltiger Umgebung wächst. In Großbritannien wird das Moos nicht weiter als 400 m vom Meer entfernt gefunden. Die Blättchen rollen sich bei Trockenheit zusammen. Sporenkapseln entstehen im Winter.

KLASSE BRYOPSIDA

Südliches Strandmoos

Orthotrichum crassifolium

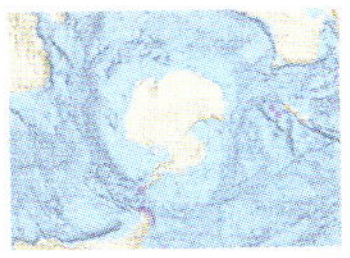

GRÖSSE 2–13 cm
FORM schwarze Kissen und Matten
LEBENSRAUM Felsen
VERBREITUNG Südspitze Südamerikas, Inseln im Südpolarmeer

Dieses Moos ist die südliche Entsprechung zum Meer-Spalthütchen (oben). Es wächst auf Felsen in der meist von Flechten dominierten Spritzwasserzone, wo es bei Sturm oft überspült wird. Es kommt in Südchile und auf subantarktischen Inseln vor, wo es die Vegetation oft beherrscht. Auf Heard Island findet sich beispielsweise eine Spritzwassergemeinschaft auf exponiertem Lavagestein in weniger als 5 m Höhe. Hier dominiert das Südliche Strandmoos, das ebenfalls verlassene Gebäude besiedelt.

Bedecktsamer

DOMÄNE	Eucarya
REICH	Plantae
UNTERABTEILUNG	Trachaeophyta
KLADE	Magnoliophyta
ARTEN	325 000

Die Pflanzen eroberten das Land, und die Bedecktsamer entwickelten sich zu einer der erfolgreichsten Lebensformen der Erde. Doch relativ wenige haben sich an den mageren Boden, das Spritzwasser und den austrocknenden Wind gewöhnt. Dazu gehören einige faszinierende, sonst nirgendwo lebende Pflanzen. Die Salzmarsch-Pflanzen und die Mangroven werden bei Flut nass, doch nur die Seegräser können völlig untergetaucht leben.

KEIMENDER SAMEN
Die Kokosnuss ist eine Frucht – ein typisches Merkmal der Samenpflanzen. Sie kann in Anpassung an das Meer schwimmen und ist wasserdicht.

Aufbau der Pflanzen

Bedecktsamer (Magnoliophyten, meist nicht ganz korrekt Blütenpflanzen genannt) besitzen – anders als Moose, Tange und Algen – Blüten und Früchte. Sie sind an ein Leben an der Luft angepasst und nehmen über die Wurzeln Süßwasser auf. Wenn sie Salzwasser in ihre Gefäße bekämen, würden die Zellen durch osmotische Effekte ausgetrocknet. Das wäre für sie tödlich, doch Mangroven können Salz ausscheiden, während die Sukkulenten es in Teilen der Zelle speichern. Seegräser haben die Konzentration ihrer Zellflüssigkeit der des Meerwassers angepasst. Die meisten besitzen schmale Blätter, die einen leichten Austausch von Nährsalzen und Gasen ermöglichen. Im Schlamm wachsende Mangroven bilden Atemwurzeln, mit denen sie den unterirdischen Wurzeln den Gasaustausch ermöglichen. Viele Samen werden vom Meerwasser abgetötet, doch die der Kokosnuss bleiben in ihrer dichten Hülle lange keimfähig. Seegräser können im Wasser befruchtet werden, und um die Chancen der Pollen zu erhöhen, werden sie als klebrige Fäden abgegeben.

Meerwasserpflanzen

Seegräser gehören zu den einkeimblättrigen Pflanzen (Monokotyledonen), sind aber keine echten Gräser und stammen auch nicht unmittelbar von den gleichen Vorfahren ab wie sie. Es gibt 60 Arten in vier oder fünf Familien, obwohl die vor allem im Brackwasser lebende Familie Ruppiaceae nicht immer zu den Seegräsern gerechnet wird. Salzmarsch-Pflanzen sind meist klein und krautig. Zu ihnen gehören Erstbesiedler wie die salzabscheidenden Schlickgräser und Sukkulenten wie der Queller. Weitere salztolerante Pflanzen bilden weiter oben an der Küste in älteren Salzmarschen einen dichten Rasen. Salzmarschen (siehe S. 124) entstehen in kühlem Klima und werden in den Tropen durch Mangrovensümpfe ersetzt. Mindestens 65 Arten aus 16 unterschiedlichen Familien werden als Mangroven bezeichnet. Mangroven haben sich daher unabhängig voneinander entwickelt.

MANGROVEN UNTER WASSER
Bei Flut bilden Mangroven einen Wurzeldschungel, in dem sich kleine Fische verstecken können.

ZOSTERA
Seegräser, wie diese *Zostera* vor den Scilly-Inseln, kommen von Alaska bis zu den tropischen Meeren vor.

Küstenpflanzen

Viele Bedecktsamer können über der Hochwassermarke gedeihen. Salztolerante Gräser sind für die oberen Teile der Salzmarschen wichtig. An der Seeseite der Sanddünen stabilisieren Gräser den sich verschiebenden Sand. Im Sand und im geschützt gelegenen Kies des oberen Strandbereichs wachsen einige wenige tief wurzelnde Pflanzen. Eine größere Zahl von Bedecktsamern und einige Moose bewachsen Dünen und Schotter knapp hinter der Küste. Hier sind sie zwar dem Sprühnebel ausgesetzt, werden jedoch nicht überspült. Stickstofffixierer sind in dem nährstoffarmen Boden im Vorteil. In wärmeren Gegenden blühen hier einjährige Pflanzen. Auf den Klippen können die Pflanzen von Seevogelkot gedüngt werden.

KÜSTENBLUMEN
Die schönen Blüten der Strandgrasnelke verzaubern im späten Frühjahr felsige Küsten und Salzmarschen. Die Pflanzenpolster widerstehen Wind und Kälte.

DÜNENBEWOHNER
In den Dünen hinter einem Strand auf den Kanarischen Inseln blühen einjährige Pflanzen kurzzeitig nach dem Regen. Sie setzen schnell Samen an, bevor sie in der Sommersonne vertrocknen.

ORDNUNG ALISMATALES

Neptungras

Posidonia oceanica

TYP mehrjährig

HÖHE 30 cm

LEBENSRAUM Felsen und Sand

VERBREITUNG Mittelmeer

Neptungras bildet Wiesen, die vom Flachwasser bis in Tiefen von etwa 45 m (in sehr klarem Wasser) reichen. Es wächst auf Felsen und auf Sand, besitzt eine robuste, faserige Basis und bildet dauerhafte Rhizome aus, die sowohl vertikal als auch horizontal wachsen. Die Rhizome verfilzen dadurch zu Matten, die mehrere Meter dick und Tausende von Jahren alt sein können. In der Umgebung der italienischen Insel Ischia hat man über 800 Arten gezählt, deren Lebensraum die Seegraswiesen sind.

ORDNUNG ALISMATALES

Löffel-Seegras

Halophila ovalis

TYP mehrjährig

HÖHE 6 cm

LEBENSRAUM Sand

VERBREITUNG Küsten Floridas, der USA, Ostafrikas, Südostasiens, Australiens und pazifischer Inseln

Die Arten der Gattung *Halophila* ähneln mit ihren dünnstängligen, ovalen Blättern anderen Seegräsern nicht sehr. Wie der wissenschaftliche Name andeutet (*halophila* heißt »salzliebend«), vertragen sie hohe Salzkonzentrationen. Die Bestäubung findet unter Wasser statt und die kleinen, ovalen Pollenkörner werden in Ketten abgegeben, die sich zu Flößen verbinden. Dadurch wird wohl die Befruchtungschance erhöht. Trotz der geringen Größe ist das Seegras eine wichtige Nahrungsquelle für den Dugong (siehe S. 419), der als erwachsenes Tier über 40 kg pro Tag fressen kann.

ORDNUNG POALES

Strandhafer

Ammophila arenaria

TYP mehrjährig

HÖHE 0,5–1,2 m

LEBENSRAUM Dünen in Küstennähe

VERBREITUNG ursprünglich in Westeuropa und im Mittelmeerraum, andernorts eingeschleppt

Der Strandhafer ist ein hochwüchsiges Gras, das bei der Befestigung von Sanddünen eine große Rolle spielt. Die unterirdischen Rhizome durchdringen den losen Sand und in regelmäßigen Abständen entspringen ihnen senkrechte Triebe. Kommt der Wind vom Meer, lagert er Sand im Gewirr der Triebe und Blätter ab. Der Strandhafer hält mit den Sandablagerungen Schritt, sodass eine Düne entsteht. Bei trockenem Wetter rollen sich die Blätter zu einer Röhre zusammen. Die Blattunterseite bildet dann die Oberfläche und ihre Wachsschicht verringert den Wasserverlust. Strandhafer wird oft zur Stabilisierung von Dünen angepflanzt und ist zu diesem Zweck in Nordamerika (dort kennt man ihn als »European Beach Grass«), Chile, Südafrika, Australien und Neuseeland importiert worden.

ORDNUNG CARYOPHYLLALES

Queller

Salicornia europaea

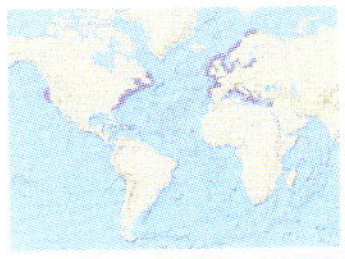

TYP einjährig

HÖHE 10–30 cm

LEBENSRAUM Schlick im Küstenbereich und Salzmarschen

VERBREITUNG Küsten des westlichen und östlichen Nordamerikas, Westeuropa und Mittelmeer

Der Queller oder Glasschmelz ist ein Erstbesiedler der unteren Bereiche der Salzwiesen und Schlammflächen, wo die Pflanzen zweimal täglich von der Flut überspült werden. Die Gewächse sind zuerst hellgrün und werden später rot. Die winzigen Blüten und schuppenartigen Blätter befinden sich in Vertiefungen des fleischigen Stängels. Vor Salzwasser und Flüssigkeitsverlust schützt sich der Queller durch seine dicke, wachsartige Oberfläche. Das über die Wurzeln aufgenommene Salz schadet nicht, da es in Vakuolen in den Zellen abgelagert wird. Die Pflanze speichert in ihren Stängeln Wasser. Jahrhundertelang ist der Queller gesammelt und verbrannt worden, weil die Asche reich an Natriumcarbonat ist. Sie wurde zusammen mit Sand geschmolzen, um Glas zu produzieren (daher der Name Glasschmelz). Man kann den Queller gekocht oder in Essig eingelegt essen. Er wird deshalb auch Meeresspargel genannt.

ORDNUNG CARYOPHYLLALES

Gewöhnlicher Strandflieder

Limonium vulgare

TYP mehrjährig

HÖHE 20–50 cm

LEBENSRAUM schlammige Salzwiesen

VERBREITUNG Küsten Westeuropas, Mittelmeer, Schwarzes und Rotes Meer

Diese hübsche, im späten Sommer blühende Pflanze bildet auf Salzwiesen oft dichte Bestände, besonders am Ufer schlammiger Bäche. Verschiedene nah verwandte *Limonium*-Arten sind in ihrer Verbreitung auf bestimmte Gebiete beschränkt. So kommen zwei nur auf jeweils einer wallisischen Halbinsel vor, während andere nur in Teilen Siziliens oder Korsikas leben. Formen des Strandflieders werden oft als »nicht welkende« Blumen verkauft. Die farbigen, papierartigen »Blüten« sind jedoch die Reste, die verbleiben, wenn die Blüte abgefallen ist.

ORDNUNG RANUNCULALES

Gelber Hornmohn

Glaucium flavum

TYP zwei- oder mehrjährig

HÖHE 50–90 cm

LEBENSRAUM Kies und Schotter, manchmal Sand

VERBREITUNG Küsten Westeuropas, Mittelmeer und Schwarzes Meer

Die Blätter dieser Pflanze sind von einer Wachsschicht gegen salziges Spritzwasser und Wasserverlust geschützt. Ihre Pfahlwurzel dringt auf der Suche nach Wasser tief in den Kies ein. Sie blüht den größten Teil des Sommers über. Die Blüten haben einen Durchmesser von bis zu 9 cm.

ORDNUNG SOLANALES

Strand-Prunkwinde

Ipomoea imperati

TYP mehrjährig

LÄNGE bis zu 5 m

LEBENSRAUM Strände und Grasland

VERBREITUNG an vielen Küsten und auf Inseln mit tropischem oder warm-gemäßigtem Klima

Diese Pionierpflanze hilft, Sandstrände zu stabilisieren und anderen Pflanzen den Lebensraum vorzubereiten. Sie verträgt nährstoffarme Böden und hohe Temperaturen, Verletzungen und Verschüttungen durch Sand sowie gelegentlichen Frost, aber keine Hurrikane. Gelegentlich wächst sie auch im Inland als Pionierpflanze. Die Prunkwinde kommt auf sechs Kontinenten und vielen isolierten Inseln vor.

ORDNUNG MALPIGHIALES

Stelzen-Mangrove

Rhizophora stylosa

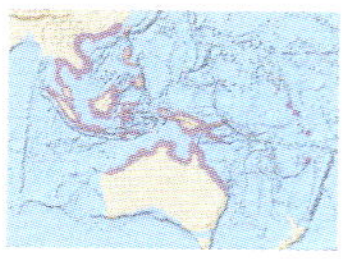

TYP verholzt, mehrjährig

HÖHE meistens 5–8 m, aber auch bis zu 40 m

LEBENSRAUM Schlammflächen der Gezeitenzone

VERBREITUNG Küsten Nordaustraliens, Südostasiens und südpazifischer Inseln

Die Atemwurzeln dieser Mangrove beugen sich vom Stamm herab und bilden mit ihren Sekundärwurzeln ein sich in alle Richtungen ausbreitendes Dickicht. Bei Flut suchen viele kleine Fische hier Schutz. Diese Mangrovenart kann sich an die verschiedensten Böden anpassen, gedeiht aber am besten in den feinen, schlammigen Sedimenten der Flussmündungen. Die Wurzeln saugen das Wasser selektiv auf, sodass viel von dem schädlichen Salz nicht aufgenommen wird, doch es muss immer noch Salz über die Blätter abgeschieden werden.

ORDNUNG BRASSICALES

Echtes Löffelkraut

Cochlearia officinalis

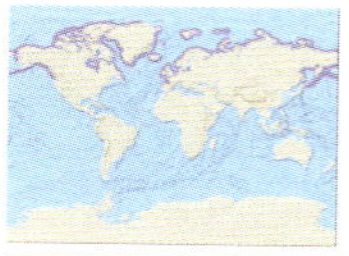

TYP zwei- oder mehrjährig

HÖHE 10–40 cm

LEBENSRAUM Felsen im Küstenbereich und Salzwiesen

VERBREITUNG Küsten Nordeuropas, Nordasiens und des nördlichen Nordamerikas

Die dicken, fleischigen Blätter dieser Küstenpflanze ermöglichen das Anlegen eines Wasservorrats in einer Umgebung, in der Süßwasser schnell versickert (in den Bergen vorkommendes Löffelkraut hat dünnere Blätter und könnte einer anderen Art angehören). Die Blätter sind reich an Vitamin C und wurden früher gegessen oder zerquetscht und als Saft getrunken, um Skorbut vorzubeugen. Daher wird die Pflanze auch Skorbutkraut genannt.

ORDNUNG CARYOPHYLLALES

Große Pisonie

Pisonia grandis

TYP verholzt, mehrjährig

HÖHE 14–30 m

LEBENSRAUM Küsten- und Inselwälder

VERBREITUNG Küsten und Inseln im Indischen Ozean, in Südostasien und im Pazifik

Die Große Pisonie wächst meist auf kleinen tropischen Inseln. Ihre Verbreitung hängt von den Seevogelkolonien ab. Sie kann bei einem Stammdurchmesser von bis zu 2 m etwa 30 m hoch werden und ist in von Menschen ungestörten Küstenwäldern oft der dominierende Baum. Pisonien bieten vielen Vögeln Ruhe- und Nistgelegenheiten, deren Kot auf isolierten Inseln ein wertvoller Dünger ist. Die Äste brechen leicht ab, können aber wieder im Boden Wurzeln schlagen.

VOGELFÄNGERBAUM

Die Samen der Pisonie werden in Ballen von 50 bis 200 Stück erzeugt. Sie geben einen sehr klebrigen Stoff ab, sodass sie an den Federn der Seevögel haften bleiben und von ihnen auf entfernte Inseln gebracht werden. Das ist eine effektive Verbreitungsmethode, doch kleinere Vögel können sich oft nicht von den Samen befreien und sterben.

ORDNUNG FAGALES

Kasuarine

Casuarina equisetifolia

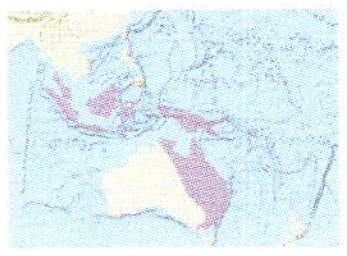

TYP verholzt, mehrjährig

HÖHE 20–30 m

LEBENSRAUM Küsten- und Inselwälder

VERBREITUNG Südostasien, östliches Australien und Inseln im südöstlichen Pazifik

Kasuarinen werden auch als Känguru- oder Keulenbäume bezeichnet. Man findet sie meistens auf Meeresspiegel-, aber auch auf bis zu 800 m Höhe. Kasuarinen wachsen schnell und können innerhalb von 12 Jahren 20 m hoch werden. Sie sind unempfindlich gegen Trockenheit und wachsen auch in unfruchtbaren Böden, da ihre Wurzelknöllchen Stickstoff fixieren können. Das sehr harte Holz wird als Baumaterial und Brennstoff, die Borke in der traditionellen Medizin verwendet.

ORDNUNG ARECALES

Kokospalme

Cocos nucifera

TYP verholzt, mehrjährig

HÖHE 20–22 m

LEBENSRAUM felsige, sandige und aus Korallenschutt bestehende Küsten

VERBREITUNG tropische und subtropische Küsten auf der ganzen Welt

Die Kokospalme stellte früher auf den pazifischen Inseln die Lebensgrundlage dar. Sie lieferte Nahrung, Getränke, Brennstoff, Medizin, Bauholz, Matten, Haushaltsgegenstände und die Dachbedeckung. Auch heute ist sie noch für die Subsistenz-Wirtschaft wichtig. Ihr ursprünglicher Lebensraum waren die Sandküsten der indomalesischen Region, doch heute findet man sie auf der ganzen Welt, was mit ihrer Fähigkeit zur Verbreitung und dem Anbau durch den Menschen zu tun hat. Die faserige Hülle der Kokosnuss dient als Schwimmkörper, sodass sie weit verdriftet werden kann. Außerhalb der Tropen und Subtropen entwickeln sich keine keimfähigen Früchte.

KOKOSNUSS
Die Frucht der Kokospalme wiegt 1–2 kg und enthält einen Samen, der reich an Reservestoffen und zum Teil fest (Kopra) und zum Teil flüssig (Milch) ist.

KOKOSPALME
Die Kokospalme kann 100 Jahre alt werden und pro Jahr 50–80 Kokosnüsse tragen. Der Stamm ist von den Narben abgefallener Blätter bedeckt.

Pilze

DOMÄNE	Eucarya
UNTERREICH	Fungi
KLASSEN	5
ARTEN	etwa 148 000

PILZE BILDEN EINE GROSSE ORGANISMENGRUPPE mit einzelligen und fädige Hyphen bildenden Formen. Hefen und Schimmelpilze gehören auch zu ihnen. Echte marine Pilze gibt es kaum, doch Pilze können die meisten Lebensräume besiedeln. Daher kommen sie an den Küsten häufig vor, wenn auch nur in Symbiose mit bestimmten Algen, Cyanobakterien oder einer Kombination aus beiden. Sie bilden gemeinsam einen Organismus, den man als Flechte bezeichnet. Flechten gedeihen in der lebensfeindlichen, vom Spritzwasser der Wellen befeuchteten Zone nackten Felsens knapp über der Hochwassermarke.

FLECHTENBEWUCHS
Pilze gedeihen an der Küste in einer symbiotischen Gemeinschaft mit Algen, die man als Flechte bezeichnet. Hier bedecken Krusten- und Laubflechten die Sandsteinklippen der schottischen Shetland-Inseln.

Aufbau der Flechten

Der Körper der Flechte (Thallus) besteht hauptsächlich aus den miteinander verwobenen fadenartigen Hyphen des Pilzes. Die Zellen seines Fotosynthese betreibenden Partners befinden sich in einer dünnen Schicht unter der Oberfläche, wo sie geschützt sind, nicht austrocknen, der Pilz aber Zugriff auf die von ihnen produzierten Nährstoffe hat. Pilzhyphen bilden auch wurzelähnliche Strukturen (Rhizinen), die die Flechte auf dem Substrat verankern. Flechten können in einer von sechs Formen auftreten: als Faden-, Strauch-, Laub-, Nabel-, Gallert- oder Krustenflechten.

Marine Organismen wie die Netzschleimpilze (*Labyrinthulomycetes*) und die Cellulosepilze der Gattung *Thraustotheca* sind mit den eigentlichen Pilzen nicht näher verwandt, sondern gehören wie die Braun- und Kieselalgen zu den Chromisten.

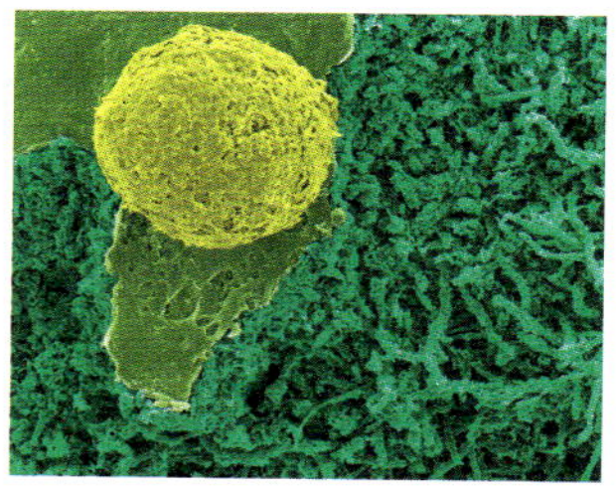

FLECHTENPARTNER
Die Falschfarben-Mikrofotografie einer Flechte zeigt links die glatte Thallusoberfläche und rechts das Hyphengewirr.

Lebensräume

Die meisten Flechten benötigen abwechselnde feuchte und trockene Perioden, doch marine Flechten können ständige Trockenheit oder Nässe überstehen. Auf den meisten Felsküsten bedecken gelbe und graue Flechten die Flächen der Spritzwasserzone. Sie ertragen die Austrocknung durch Sonne und Wind sowie das Salz des Meers. In der Gezeitenzone machen sie schwarzen Krustenflechten wie *Verrucaria maura* Platz, die den Fels sowie große Steine bedecken. *Verrucaria serpuloides* gedeiht noch weiter unten an der Küste und ist die einzige Flechte, die ständig untergetaucht leben kann.

Marine Pilze kommen auf lebenden und nicht lebenden Substraten im Meer und in Flussmündungen vor. Einige sind vor der Austrocknung durch Salz geschützt, weil sie als Parasiten in Seegräsern oder Grünalgen leben. Einige wachsen auf Treibholz, andere besiedeln Lebewesen wie etwa Schwämme.

UNTERHALB DER SPRITZWASSERZONE
Die schwarzen *Verrucaria*-Krustenflechten leben unterhalb der Spritzwasserzone und können von Algen umgeben sein.

KLASSE ASCOMYCETES

Elfenbeinflechte

Ramalina siliquosa

LÄNGE (Zweige)
2–10 cm

LEBENSRAUM
hartes Silikatgestein oberhalb der Spritzwasserzone

VERBREITUNG nordöstlicher und südwestlicher Atlantik, Küsten von Japan und Neuseeland

Nährstoffarme Silikatgesteine sind der bevorzugte Lebensraum grauer Flechten wie dieser. Die Strauchflechte besitzt spröde, graugrüne Ästchen mit scheibenförmigen Fruchtkörpern an den Spitzen (Apothekien). Die Flechte verträgt es schlecht, wenn sie niedergetreten oder abgefressen wird, sodass sie am besten an senkrechten Felswänden gedeiht, wo sie sich mit nur einer Stelle ihrer Basis verankert.

KLASSE ASCOMYCETES

Gemeine Gelbflechte

Xanthoria parietina

BREITE
bis zu 10 cm

LEBENSRAUM
Spritzwasserzone, bevorzugt Oberflächen mit hohem Nitratgehalt

VERBREITUNG gemäßigter Atlantik, Golf von Mexiko, Indischer und Pazifischer Ozean

An den meisten Felsküsten haben die Flechtenarten die senkrechten Flächen entsprechend ihrer Salztoleranz besiedelt. Die Gelbflechte lebt in der Spritzwasserzone, wo sie ein leuchtend orangefarbiges Band zwischen den grauen Flechten darüber und den schwarzen darunter bildet. Diese Laubflechte bildet langsam wachsende, mehr oder weniger parallel zum Untergrund ausgerichtete Lappen. Im Schatten nimmt sie eine etwas grünlichere Farbe an. Mit Flechten wird oft die Luftverschmutzung kontrolliert, weil sie bei sich verschlechternden Bedingungen verschwinden. Die Gelbflechte reagiert sehr empfindlich auf Schwefeldioxid, ein Nebenprodukt industrieller Prozesse und der Verbrennung fossiler Brennstoffe.

KLASSE ASCOMYCETES

Schwarze Krustenflechte, *Tephromela atra*

BREITE
bis zu 10 cm

LEBENSRAUM
in und über der Spritzwasserzone

VERBREITUNG polare Küsten, Kalifornien, Golf von Mexiko, Mittelmeer, Indischer Ozean

Krustenflechten wie die abgebildete klammern sich mit ihrem Pilzmyzel fest an den Fels. Mit der Zeit sprengen die Pilzfäden den Untergrund, da sie bei Trockenheit schrumpfen und bei Feuchtigkeit anschwellen. Die Schwarze Krustenflechte ist eine dicke, graue Flechte mit rauer, oft rissiger Oberfläche, über die sich eine Anzahl charakteristischer schwarzer Fruchtkörper erhebt.

KLASSE ASCOMYCETES

Schwarze Teerflechte

Verrucaria maura

DICKE
1 mm

LEBENSRAUM
Gezeitenzone

VERBREITUNG gemäßigte und polare Küsten, Indischer Ozean, Japan

Diese glatte, schwarze Krustenflechte bedeckt in dünner Schicht große Flächen von Grundgestein oder fest liegenden Steinen, sodass sie mattschwarz lackiert wirken. Flechten reichern oft Schwermetalle in ihrem Gewebe an, und diese ist keine Ausnahme. So weist sie eine etwa 2,5-millionenfach höhere Konzentration von Eisen als das sie umgebende Meerwasser auf. Das mag eine Anpassung sein, um Tiere wie etwa Schnecken abzuschrecken.

KLASSE ASCOMYCETES

Schwarze Strauchflechte, *Lichina pygmaea*

BREITE (Blättchen)
bis zu 1,5 cm

LEBENSRAUM
unteres bis mittleres Litoral, wird regelmäßig von der Flut überspült

VERBREITUNG nordöstlicher Atlantik von Norwegen bis zum nordwestlichen Afrika

Meist auf exponierten, sonnigen Felsflächen anzutreffen, wirkt diese Strauchflechte mit ihren braunschwarzen Verzweigungen eher wie eine Alge. Die Fruchtkörper bilden kleine Verdickungen an den Enden. Die Flechte wächst oft neben Rankenfüßern, toleriert jedoch keine Algen. Der kompakte Wuchs und das feste Gewebe bilden einen Unterschlupf für verschiedene Weichtiere, insbesondere *Lasaea rubra,* eine kleine rosafarbene Schnecke. Alle *Lichina*-Arten kommen nur in Küstennähe vor.

KLASSE ASCOMYCETES

Graue Flechte

Pyrenocollema halodytes

GRÖSSE
unbekannt

LEBENSRAUM
auf Steinen und den Schalen sessiler Wirbelloser im oberen Küstenbereich

VERBREITUNG gemäßigter nordöstlicher und südwestlicher Atlantik

Die auf hartem Kalkgestein wachsende Flechte bildet kleine, schwarzbraune Flecke und besteht aus drei Organismen – einem Pilz, einer Cyanobakterie und einer Grünalge. Während der Pilz die Flechte am Fels verankert, betreiben die Cyanobakterie und die Alge Fotosynthese. Die Cyanobakterie kann auch Stickstoff fixieren, was viel Energie kostet, die wiederum aus dem bei der Fotosynthese erzeugten Zucker stammt.

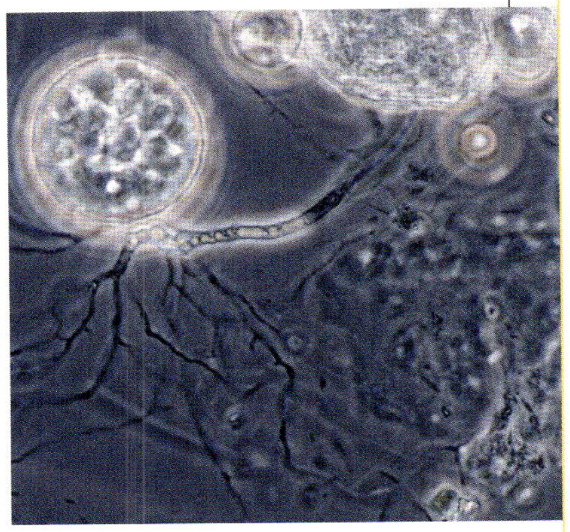

Meerestiere

DOMÄNE	Eucarya
REICH	Animalia
STÄMME	etwa 33
ARTEN	über 1,5 Millionen

Tierisches Leben trat im Meer erstmals vor über einer Milliarde Jahren auf. Seitdem ist eine Vielzahl unterschiedlicher Organismen entstanden. Die Größenunterschiede der Meerestiere sind enorm. Die kleinsten Wirbellosen sind über eine halbe Million mal kleiner als die größten Wale. Abgesehen davon weisen Tiere zwei Merkmale auf. Sie sind heterotroph, müssen also Energie aus Nahrung gewinnen. Außerdem sind sie als Vielzeller von einzelligen Lebensformen zu unterscheiden.

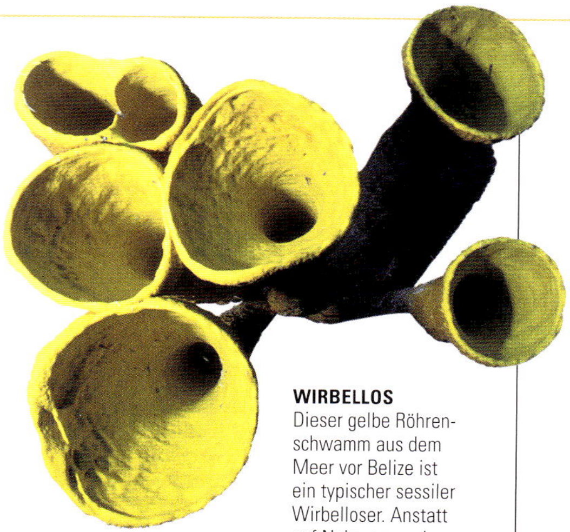

WIRBELLOS
Dieser gelbe Röhrenschwamm aus dem Meer vor Belize ist ein typischer sessiler Wirbelloser. Anstatt auf Nahrungssuche zu gehen, filtert er Nahrungspartikel, indem er Wasser durch seine Poren pumpt.

GESTALTWANDLER
Die meisten Wirbellosen verändern im Lauf des Lebens ihre Gestalt. Haarsterne sind zuerst treibende Larven, werden später sessil und dann schwimmende erwachsene Tiere.

Die Vielfalt mariner Tiere

Tiere teilt man in über 15 Stämme ein, von denen alle zumindest einige Meerestiere enthalten. Jeder Stamm repräsentiert einen eigenen Körperaufbau, und bis auf einen bestehen alle nur aus Wirbellosen. Nur zu den Chordaten gehören Wirbeltiere. Im Meer gehören zu ihnen Fische, Reptilien, Vögel und Säugetiere – Tiere, die oft als dominante Formen marinen Lebens angesehen werden. Doch in Bezug auf die Zahl und die Unterschiedlichkeit haben die Wirbellosen einen größeren Anspruch auf den Titel.

Wirbellose leben in allen marinen Lebensräumen und übertreffen die Zahl der Wirbeltiere millionenfach. Zu ihnen gehören sessile Tiere wie die Korallen und Schwämme. Sie bilden auch den größten Teil des Zooplanktons, einer mit den Strömungen treibenden Gemeinschaft von kleinen Organismen, Laich und Larven.

WIRBELTIER
Aktive Räuber wie dieser Barrakuda benötigen zum Beutefang scharfe Sinne und schnelle Reaktionen. Sie übertreffen Wirbellose meist in Bezug auf den Ausbau des Nervensystems und des Gehirns.

SCHAUMFLOSS
Die Veilchenschnecke produziert Schleimblasen, um an der Oberfläche zu bleiben. Der erhärtende Schleim bildet ein Floß.

Tragen und schweben

An Land besitzen viele Tiere Skelette, um dem Einfluss der Schwerkraft entgegenzuwirken. Da Wasser dichter als Luft ist, liegen die Verhältnisse im Meer anders. Es lässt weichkörprige Tiere wie Quallen schweben und ermöglicht es ihnen, mithilfe ihres Innendrucks ihre Form zu behalten. Tiere mit harten Körperteilen wie Fische und Mollusken würden normalerweise sinken. Um dem entgegenzuwirken, nutzen viele einen Auftriebskörper. Knochenfische besitzen eine gasgefüllte Schwimmblase, Kalmare dagegen einen Schulp aus Kalk, der viele gasgefüllte Hohlräume enthält. Manche Oberflächenbewohner wie die Veilchenschnecke können gasgefüllte Flöße herstellen.

Gruppen und Einzeltiere

Unter den Meeresbewohnern gibt es einzeln lebende Tiere und andere, die dauerhafte Gruppen bilden. Walhaie sind solitär, wenn sie nicht zur Paarung oder zur Nahrungssuche an einer bestimmten Stelle zusammenkommen. Sie können so leben, da sie durch ihre Größe keine natürlichen Feinde haben. Kleinere Fische bilden oft Schwärme, sodass die Gefahr eines einzelnen sinkt, zur Beute zu werden. Viele Wirbellose, von Korallen bis zu Manteltieren, leben in Kolonien. In den meisten Korallenstöcken sind die Polypen anatomisch identisch und funktionieren als voneinander unabhängige Einheiten, auch wenn sie miteinander verbunden sind. Staatsquallen wie die Portugiesische Galeere bestehen dagegen aus unterschiedlichen Individuen, die wie Teile eines größeren Tiers ihre speziellen Aufgaben haben.

KOLONIE AUF REISE
Ein Taucher filmt im Meer vor Florida eine Feuerwalze. Sie besteht aus Tausenden von kleinen, weichen Manteltieren, die gemeinsam eine Röhre bilden.

SICHERHEIT IN GROSSER ZAHL
Wie ein Ball zusammengedrängt, bieten Gestreifte Korallenwelse (rechts) Angreifern ein verwirrendes Ziel.

EINSAMER RIESE
Der üblicherweise solitäre Walhai bildet in Küstennähe, wo es Nahrung in großen Mengen gibt, Gruppen von bis zu 100 Tieren.

Vermehrung

Tiere können sich auf zwei Weisen vermehren. Bei der ungeschlechtlichen Vermehrung, wie sie etwa bei Plattwürmern oder Anemonen auftreten kann, teilt sich ein Tier oder bilden sich später abschnürende Knospen. Bei der sexuellen Vermehrung werden die Eier eines Tiers von den Spermien des anderen befruchtet. Korallen und Muscheln geben Eier und Spermien einfach ins Wasser ab und setzen auf den Zufall, wohingegen bei manchen Fischen und allen Säugetieren und Vögeln die innere Befruchtung eine Paarung voraussetzt. Das Vermehrungspotenzial der Meerestiere ist sehr unterschiedlich. Die meisten Wale bekommen nur jeweils ein Kalb, doch ein Mondfisch kann über 300 Millionen Eier auf einmal ablaichen.

BALZ
Zwei Galapagos-Albatrosse balzen. Komplizierte Rituale wie dieses stellen sicher, dass jedes Tier einen Partner der gleichen Art und des richtigen Geschlechts findet, und dass die Beziehung gefestigt ist, wenn die Brutzeit beginnt.

NUR EIN ELTERNTEIL
Die Seeanemone bildet Knospen, die schließlich zu neuen Anemonen werden. Die ungeschlechtliche Vermehrung findet schnell statt, erlaubt aber keine genetischen Variationen und damit keine Anpassung an veränderte Bedingungen.

KORALLENGÄRTEN
Ein Lippfisch frisst zwischen den Korallen des Roten Meers. Korallenriffe enthalten die größte Vielfalt tierischen Lebens im Meer und gehören zu den wenigen Lebensräumen, die von Tieren geschaffen worden sind.

Schwämme

DOMÄNE	Eucarya
REICH	Animalia
STAMM	Porifera
KLASSEN	4
ARTEN	etwa 9400

DIESE ARTENREICHE Gruppe oft farbenfroher Wirbelloser lebt dauerhaft sessil auf dem Untergrund. Man hielt Schwämme früher für Pflanzen, doch sind sie einfach gebaute und ursprüngliche Tiere. Schwämme nehmen durch kleine Öffnungen Wasser auf, filtern Nahrungsteilchen heraus, nutzen den Sauerstoff und stoßen das Wasser wieder aus. Viele Arten findet man in Korallen- oder Felsriffen und nur wenige im Süßwasser.

Körperbau

Der Aufbau des Schwamms beruht auf einem System von Kanälen und Kammern, die mit Kragengeißelzellen bestückt sind. Sie sind typisch für Schwämme. Durch den Schlag ihrer Geißeln saugen sie Wasser in den Schwamm. Ein Kragen kleiner Zellfortsätze (Mikrovilli) an der Basis der Geißel hält Nahrungspartikel fest. Wasser und Abfallstoffe verlassen den Schwamm durch die größeren Öffnungen. Der Körper wird durch kleine Nadeln (Spicula) aus Siliziumdioxid oder Calciumcarbonat gefestigt.

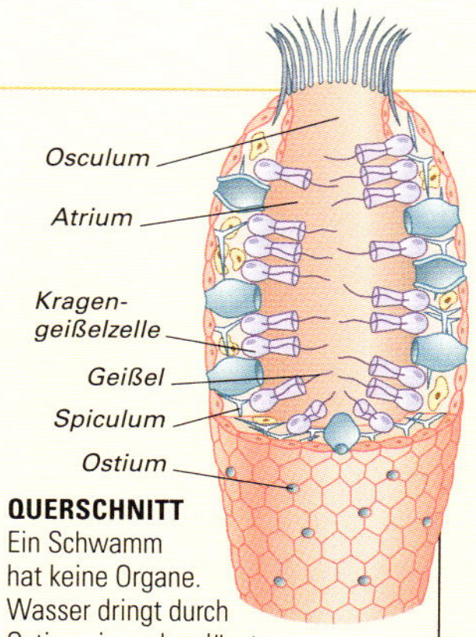

QUERSCHNITT Ein Schwamm hat keine Organe. Wasser dringt durch Ostien ein und verlässt ihn durch die Oscula.

Lebensräume

Schwämme benötigen meist einen harten Untergrund, doch einige können in weichen Sedimenten leben oder sich in Gestein und Muscheln bohren. Schwämme kommen häufig auf Riffen oder Schiffswracks in einem großen Spektrum von Temperaturen und Tiefen vor. Die größten Populationen wachsen in starken Gezeitenströmungen, die ihnen Nahrung herantreiben. Manchmal leben Krabben und Würmer in Schwämmen, doch kaum etwas kann sich auf der Oberfläche ansiedeln, da sich Schwämme mit Chemikalien verteidigen.

FORM VERÄNDERN Viele Schwämme nehmen je nach Umgebung verschiedene Formen an. In starker Strömung (oben) wächst dieser Schwamm verzweigt, doch an den Wellen ausgesetzten Stellen (rechts) krustenförmig.

FLEISCHFRESSENDE SCHWÄMME Nur wenige Tiefseeschwämme ernähren sich von lebender Nahrung. Abgebildet ist der Harfenschwamm *Chondrocladia lyra*, der kleine Haken an seinen Zweigen trägt.

KLASSE HEXACTINELLIDA

Riffbildender Kieselschwamm

Heterochone calyx

HÖHE bis zu 1,5 m
TIEFE 100–250 m
LEBENSRAUM tief gelegener, harter Untergrund
VERBREITUNG kaltes Tiefenwasser des Nordpazifik

Dieser riffbildende Schwamm wirkt nicht nur wie eine Glasvase – seine Nadeln bestehen aus dem gleichen Material: Siliziumdioxid. Jede Nadel hat sechs Spitzen, daher der wissenschaftliche Name der Klasse, Hexactinellida. Viele Glasschwämme werden sehr groß. Vor der Küste der kanadischen Provinz British Columbia bildet dieser Schwamm mehrere Kilometer lange, fast 20 m hohe Hügel. Andere Glasschwämme tragen auch zu diesen Riffen bei, deren Ursprung nahezu 9000 Jahre zurückliegt. Wie Korallenriffe bieten auch Schwammriffe vielen anderen Tieren einen Lebensraum.

KLASSE DEMOSPONGIAE

Fass-Schwamm

Xestospongia testudinaria

HÖHE bis zu 2 m
TIEFE 2–50 m
LEBENSRAUM Korallenriffe
VERBREITUNG tropische Gewässer des Westpazifik

Dieser riesige Schwamm wird groß genug, dass eine Person hineinpasst. Die harte Oberfläche ist tief gefurcht, doch der Rand ist recht dünn. Der Fass-Schwamm gehört wie 95 Prozent aller Schwammarten zur größten Schwammklasse Demospongiae. Das Skelett dieser Schwämme besteht aus verstreuten Siliziumdioxid-Nadeln und einer Kollagen-Verbindung namens Spongin. Ein fast identischer Schwamm, *Xestospongia muta,* lebt in der Karibik.

KLASSE DEMOSPONGIAE

Brotkrumenschwamm

Halichondria panicea

BREITE mehr als 30 cm
TIEFE Küste bis Sublitoral
LEBENSRAUM harte Oberflächen

VERBREITUNG gemäßigte Küstengewässer des nordöstlichen Atlantiks und des Mittelmeers

Das Aussehen des weichen Schwamms reicht von dünnen Schichten bis zu dicken Krusten und großen Klumpen. An Küsten, die den Wellen ausgesetzt sind, wächst er meist in dünnen Krusten unter Überhängen, wobei die Oscula kleine Erhebungen krönen. Die grüne Farbe stammt von fotosynthetisch aktiven symbiotischen Algen. Im tieferen, dunkleren Wasser ist der Schwamm meist gelblich. In starker Strömung kann er große Felsbereiche und Kelpcauloide bedecken.

KLASSE HOMOSCLEROMORPHA

Fleischschwamm

Oscarella lobularis

HÖHE etwa 1 cm
LEBENSRAUM auf Gestein im Sublitoral

VERBREITUNG Mittelmeer und südlich bis Senegal

Blaue Farbe ist selten bei Schwämmen, aber diese Art kann auch grün, violett oder braun sein. Sie wächst in unregelmäßigen Lappen, die sich glatt und weich anfühlen, weil keine Nadeln enthalten sind. Der Schwamm enthält auch kaum andere Fasern, sodass er außerhalb des Wassers in sich zusammenfällt. Diese Gattung wurde wie neun weitere kürzlich aus der Klasse der Hornkieselschwämme (Demospongiae) in eine eigene Klasse ausgegliedert. Ein ähnlicher gelber, britischer Schwamm heißt genauso, stellt aber wohl eine andere Art dar.

KLASSE DEMOSPONGIAE

Röhrenschwamm

Kallypilidion fascigera

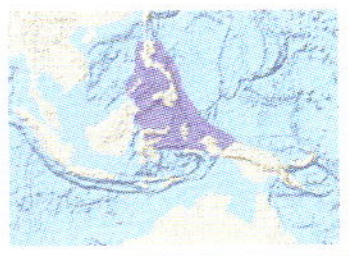

HÖHE bis zu 1 m
TIEFE mehr als 10 m
LEBENSRAUM Korallenriffe

VERBREITUNG tropische Riffgewässer des westlichen Pazifik; wahrscheinlich weiter verbreitet als gezeigt

Die eleganten Röhren dieses schönen Schwamms werden leicht beschädigt, sodass er nur an den tieferen Riffhängen gedeiht, wo die Kraft der Wellen gering ist. Manchmal wächst er einzeln, öfter jedoch als ein an der Basis verwachsenes Röhrenbündel. Die Spitzen der Röhren sind durchscheinend und leicht eingerollt. Ihre Farbe ist meist rosa bis violett, manchmal auch bläulich. Wenn die Schwämme ihre Samenzellen abgeben, erinnern sie an rauchende Schornsteine.

Der taxonomische Status dieser Art und die Stellung innerhalb der Familie sind nicht ganz geklärt, und man findet in der Literatur verschiedene Namen. Das ist bei der Untersuchung von Schwämmen nicht ungewöhnlich, da die exakte Verbreitung dieser und anderer Arten noch sicher belegt werden muss.

KLASSE DEMOSPONGIAE

Mittelmeer-Badeschwamm

Spongia officinalis

BREITE bis zu 35 cm
TIEFE 1–50 m
LEBENSRAUM Felsen

VERBREITUNG Mittelmeer, besonders im östlichen Bereich

Wie der Name vermuten lässt, ist dieser Schwamm früher als Badeschwamm gesammelt worden. Er wächst zu runden Kissen heran und ist außen stumpf grau bis schwarz, innen jedoch gelblich weiß gefärbt. Er kann zum Baden benutzt werden, da er keine scharfen Nadeln besitzt, sondern nur ein Netzwerk elastischer Spongin-Fasern. Früher wurden große Mengen gesammelt, doch heute sind die Schwämme recht selten geworden.

KLASSE CALCAREA

Zitronenschwamm

Leucetta chagosensis

BREITE bis zu 20 cm
TIEFE flache Gewässer
LEBENSRAUM steile Korallenriff- und Felsabhänge

VERBREITUNG tropische Riffgewässer des westlichen Pazifik

Durch seine leuchtend gelbe Farbe ist dieser Schwamm sehr leicht unter Wasser zu finden. Er wächst in unregelmäßiger Form und hat eine große Öffnung – das Osculum –, durch die das Wasser abgegeben wird. Durch das Osculum kann man die Kanäle im Innern des Schwamms sehen, durch die das Wasser hineinfließt. Der Zitronenschwamm gehört zu einer kleinen Klasse, bei der das Skelett ausschließlich aus Kalknadeln besteht, die meistens drei oder vier Spitzen besitzen. Die dicht gepackten Nadeln verleihen dem Schwamm eine feste Konsistenz. Wie alle Schwämme ist auch dieser ein Zwitter. Die Eier entwickeln sich in seinem Innern und werden als Larven durch das Osculum abgegeben. Jede Larve ist ein hohler, aus Zellen bestehender Ball, der Geißeln (Flagellen) zu seinem Antrieb besitzt.

KLASSE DEMOSPONGIAE

Coralliner Schwamm

Vaceletia crypta

GRÖSSE unbekannt
TIEFE mindestens 20 m
LEBENSRAUM dunkle Riffhöhlen

VERBREITUNG nicht vollständig bekannt, schließt jedoch die tropischen westpazifischen Gewässer ein

Vaceletia crypta, in den 1970er-Jahren entdeckt, ist ein heute lebender Vertreter der korallinen Schwämme, die sonst nur als Fossilien bekannt sind. Diese Schwämme besitzen ein massives Kalkskelett mit Siliziumdioxid-Nadeln und organischen Fasern. Sie waren die dominanten Riffbildner, bevor die Steinkorallen sich entwickelten. Die Schwämme ordnete man früher der Klasse *Sclerospongiae* zu. Heute zählt man sie zur Klasse *Demospongiae*.

Nesseltiere

DOMÄNE	Eucarya
REICH	Animalia
STAMM	Cnidaria
KLASSEN	6
ARTEN	12 100

DIESER ALTE TIERSTAMM ist zu Zeiten des Präkambriums vor über 600 Millionen Jahren entstanden. Zu der hauptsächlich marinen Gruppe gehören die Steinkorallen, Anemonen, Quallen und Hydrozoen. Nesseltiere besitzen einen radiärsymmetrischen, sackartigen Körper. Nesselnde Tentakel fassen die einzige Öffnung ein, die als Mund und After dient. Zwei Körperformen herrschen vor. Polypen (zum Beispiel Seeanemonen) sitzen mit nach oben gerichtetem Mund auf dem Substrat. Die Meduse, am besten als erwachsene Qualle bekannt, kann schwimmen und besitzt einen nach unten gerichteten Mund.

Körperbau

Korallen und Anemonen existieren nur als Polypen, wohingegen die meisten anderen Nesseltiere in verschiedenen Lebensstadien als Polyp oder Meduse auftreten können. Die äußere Schicht der Tiere bildet die Epidermis. Die innere Gastrodermis kleidet die Körperhöhle aus, verdaut die Nahrung und produziert Geschlechtszellen. Die beiden Schichten werden von einer geleeartigen Substanz getrennt, die man als Mesogloea bezeichnet. Die Tentakel enthalten als Cnidocyten bezeichnete Nesselzellen, die dem Stamm der Nesseltiere seinen Namen gegeben haben. Ein einfaches Nervensystem reagiert auf Berührung, chemische Stoffe und Temperaturen.

TENTAKELZAHL
Die Polypen aller Weichkorallen (oben) besitzen acht Tentakel, weswegen ihre Gruppe Octocorallia genannt wird. Die Polypen der Hexacorallia (rechts) haben eine Tentakelzahl, die als Vielfaches von Sechs darzustellen ist.

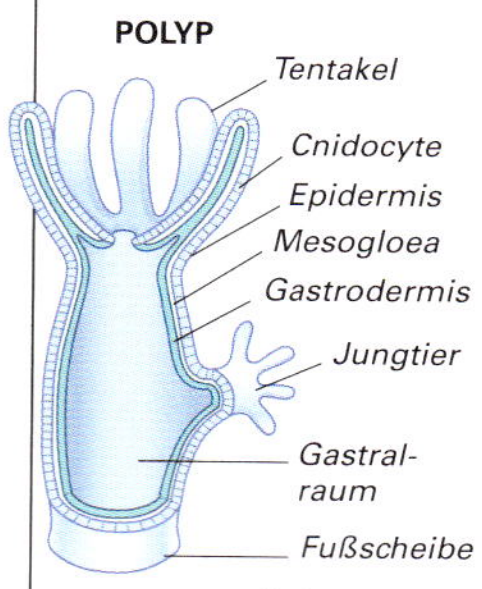

POLYP UND MEDUSE
Polypen sind ein an einem Ende geschlossener Schlauch, der mit der Fußscheibe auf dem Substrat sitzt. Sie leben einzeln oder in Tierstöcken. Die glockenförmigen Medusen besitzen eine dickere Mesogloea und Ringmuskeln.

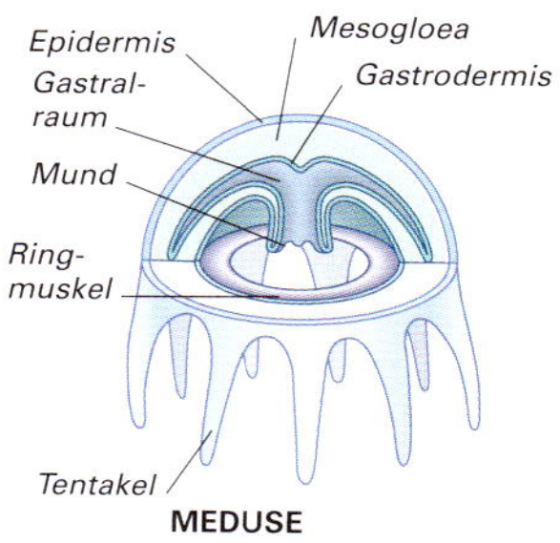

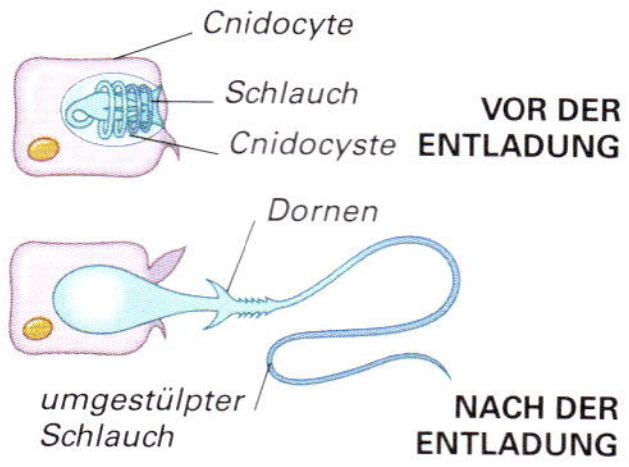

NESSELZELLEN
Jede Cnido- oder Nematocyte enthält eine zwiebelförmige Struktur, die Cnido- oder Nematocyste, mit einem aufgerollten Nesselschlauch. Durch Berührung oder Chemikalien angeregt, stülpt sich der Schlauch um und durchschlägt die Haut des Opfers.

SKLERITE
Im Gewebe von Weichkorallen und Gorgonien finden sich kleine, als Sklerite bezeichnete Kalkstücke. Hier kann man sie als weiße Elemente im Gewebe erkennen.

RIFFBAUMEISTER
Korallenriffe werden von Steinkorallenstöcken gebaut, die ein hartes Kalkskelett abscheiden. Durch Teilung und Wachstum der Polypen wächst das Riff.

MENSCHLICHER EINFLUSS

SCHMUCKSTÜCKE

Viele Korallen werden für den Souvenirhandel gesammelt und an gesuchten Arten wird Raubbau betrieben. Gefragt sind vor allem bestimmte Anthozoen, deren verkalkte Achsen so fest sind, dass sie geschnitten und poliert werden können. Dazu gehört die im Mittelmeer vorkommende Edelkoralle *Corallium rubrum* (unten und S. 266). Bisher gibt es noch keine internationalen Schutzverordnungen, aber einige Länder beschränken das Sammeln. Die Schwarzen Korallen (Ordnung Antipatharia) besitzen ebenfalls feste Achsen, die sich bearbeiten lassen.

Fortbewegung

Die meisten frei beweglichen Nesseltiere sind die Medusen, die im Wasser treiben, aber auch nach dem Rückstoßprinzip schwimmen können. Die meisten stockbildenden Nesseltiere wie die Korallen und Gorgonien können sich nicht fortbewegen. Sie können jedoch ihre Polypen ausstrecken und zusammenziehen, um zu fressen oder Gefahren zu entgehen. Manche Seefedern können den gesamten Tierstock im Sediment verschwinden lassen. Pilzkorallen können sich langsam bewegen oder aufrichten, wenn sie umgedreht wurden. Anemonen können mit ihrem Fuß kriechen und einige sogar schwimmen.

SCHWIMMENDE QUALLE
Quallen benutzen Muskeln, um ihren Schirm zusammenzuziehen und sich durch den Rückstoß des ausgestoßenen Wassers fortzubewegen.

Vermehrung

Blumentiere (Anthozoa) wie Korallen und Anemonen können sich durch ungeschlechtliche Knospung vermehren. Eine genetisch identische Kopie wächst an ihrer Seite und wird abgeschnürt oder bleibt dort, um eine Kolonie zu bilden. Blumentiere können sich auch geschlechtlich vermehren, indem die Polypen Eier und Spermien produzieren. Aus den befruchteten Eiern entstehen bewimperte Planula-Larven, die bereits schwimmen können oder erst nach ihrer Entwicklung entlassen werden. Die Polypen mancher Hydrozoen entlassen kleine Medusen in das Wasser, die nach dem Heranwachsen Eier und Spermien abgeben. Die Eier werden zu Planula-Larven, die sessil und zu Polypen werden. Die Medusen der Scheibenquallen (Scyphozoa) sind meist größer. Die Polypen vermehren sich durch Knospung.

KNOSPENDE POLYPEN
Die Polypen der Quallen sind winzig und dienen dazu, durch ungeschlechtliche Vermehrung kleine Medusen abzuschnüren.

Zooxanthellen

Es erfordert viel Energie, die massiven Skelette der Steinkorallen aufzubauen. Dazu können die Korallen in den klaren tropischen Gewässern nicht genug Plankton erbeuten. Stattdessen vertrauen sie auf winzige, symbiotisch in ihren Zellen lebende Dinoflagellaten, die Zooxanthellen. Diese Einzeller betreiben Fotosynthese und versorgen mit ihren Nahrungsüberschüssen die Korallen. Die Dinoflagellaten leben geschützt in der Koralle und können ihre stickstoffhaltigen Stoffwechselprodukte nutzen. Durch Krankheiten oder hohe Temperaturen gestresst, können Korallen ihre Zooxanthellen ausstoßen. Nach diesem »Korallenbleichen« können sie verhungern.

ZOOXANTHELLEN
Bei diesen Steinkorallenpolypen sind als grüne Flecke Zooxanthellen zu erkennen, die im Gewebe leben. Ansonsten wären die Polypen farblos.

SYSTEMATIK DER NESSELTIERE

Nesseltiere werden in sechs Klassen und eine Vielzahl von Ordnungen und Familien eingeteilt. Früher wurden sie mit den Rippenquallen (Ctenophora) gemeinsam als Hohltiere (Coelenterata) bezeichnet.

WÜRFELQUALLEN
Klasse Cubozoa

48 Arten
Die Quallen sind würfelförmig mit abgeflachten Seiten und abgerundeter Oberseite. An jeder Ecke befindet sich ein Tentakel oder Tentakelgruppen. Die meisten Arten nesseln sehr stark.

HYDROZOEN
Klasse Hydrozoa

3814 Arten
Die in Kolonien wachsenden Polypen erinnern an Pflanzen. Einige haben harte Skelette und ähneln Korallen, und manche Kolonien treiben wie Quallen an der Wasseroberfläche. Die meisten bilden frei lebende Medusen.

STIELQUALLEN
Klasse Staurozoa

49 Arten
Die nur etwa 1 cm großen Stielquallen sind glockenförmig und tragen acht Gruppen kurzer Tentakel mit knopfartigen Enden am Glockenrand. Sie verankern sich an Algen mit einem Stiel, der in der Glockenmitte sitzt.

BLUMENTIERE
Klasse Anthozoa

7160 Arten
Die in Kolonien oder allein lebenden Polypen weisen keine Medusenphase auf. Die zu den Octocorallia gehörenden Arten (Weich- und Fächerkorallen, Seefedern) besitzen acht gefiederte Tentakel, die zu den Hexacorallia gehörenden meistens ein Vielfaches von sechs ungefiederten Tentakeln.

SCHEIBENQUALLEN
Klasse Scyphozoa

224 Arten
Die meist frei schwimmenden Medusen sind glocken- oder scheibenförmig und mit einem Kranz nesselnder Tentakel ausgestattet. Die Ränder der an der Unterseite befindlichen Mundöffnung sind zu Mundarmen ausgezogen.

MYXOZOEN
Klasse Myxozoa

790 Arten
Mikroskopisch kleine interne Parasiten.

KLASSE HYDROZOA

Strahlenqualle

Porpita porpita

DURCHMESSER 2 cm
TIEFE Wasseroberfläche
LEBENSRAUM Wasseroberfläche
VERBREITUNG weltweit in warmen Gewässern

Auf den ersten Blick könnte man die Strahlenqualle für eine normale kleine Qualle oder sogar ein Stück Plastik halten. Tatsächlich handelt es sich um eine frei schwimmende Hydrozoenkolonie. Ganze Schwärme dieser ungewöhnlichen Nesseltiere kann man auf der Wasseroberfläche oder manchmal an den Strand gespült beobachten. Die runde Scheibe dient als Schwimmkörper. Am Rand befinden sich zu Tentakeln modifizierte nesselnde Polypen. In der Mitte hängt an der Unterseite ein großer Polyp, der der gesamten Kolonie als Mund dient. Zwischen ihm und den Tentakeln sitzen Geschlechtspolypen. *Porpita* ist mit der Segelqualle (siehe S. 214) verwandt und nesselt nur schwach.

KLASSE HYDROZOA

Nesselfarn

Pachyrhynchia cupressina

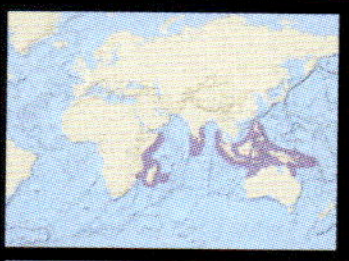

HÖHE bis zu 40 cm
TIEFE 3–30 m
LEBENSRAUM Korallenriffe
VERBREITUNG tropische Riffe im Indischen Ozean und südwestlichen Pazifik

Während die meisten Hydrozoen eher harmlos sind, nesselt diese Art kräftig. Die Kolonien wirken wie Federn oder Farnwedel, die jemand zwischen den Korallen in das Riff gesteckt hat. Die Polypen sitzen auf einer Seite der kleinen Verzweigungen und strecken ihre Tentakel nach kleinen Planktontierchen aus. Für Menschen sind die Vernesselungen nicht gefährlich, doch können sie einen Ausschlag erzeugen, der bis zu einer Woche lang juckt.

KLASSE STAUROZOA

Becherqualle

Haliclystus auricula

HÖHE bis zu 5 cm
TIEFE 0–15 m
LEBENSRAUM auf Tangen oder Seegras
VERBREITUNG Küstengewässer des Nordatlantiks und Nordpazifik

Die meisten Quallen verbringen ihr Leben im freien Wasser, doch die gestielten Becherquallen sind sessil. Ihr Körper wirkt wie ein aus acht mit einer Membran verbundenen Armen gebildeter Becher. Jeder Arm endet in einem Tentakelbüschel, wobei einige Arten zwischen den Armen noch jeweils ein ankerartiges Haftorgan tragen. Diese Arten können nicht schwimmen, sich aber fortbewegen, indem sie den Stiel beugen, sich mit den Tentakeln vorübergehend am Untergrund festhalten und sich überschlagen, bis sie wieder ihre Fußscheibe verankern können. Becherquallen kann man an Tangen und Seegräsern der Gezeitenzone und des Flachwassers finden. Sie ernähren sich von kleinen Krebstieren und Fischlarven, die sie mit ihren Tentakeln fangen und zum Mund am Grund des Bechers führen. Unverdauliche Reste werden wieder ausgestoßen.

KLASSE SCYPHOZOA

Kronenqualle

Periphylla periphylla

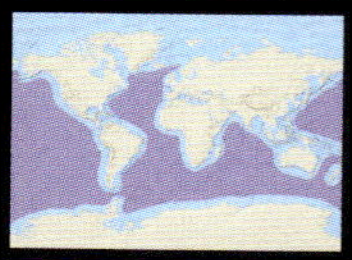

HÖHE 20–35 cm
TIEFE 900–7000 m
LEBENSRAUM offenes Wasser
VERBREITUNG weltweit im tiefen Wasser mit Ausnahme des Nordpolarmeers

Dieses Nesseltier gehört zu den Kranzquallen (Coronatae) und ist ähnlich wie ein Balletröckchen geformt. Der obere Teil des Schirms ist ein hoher, steifer Kegel und der untere Teil ist weiter, weicher und kronenförmig mit gelapptem Rand. Ihre zwölf dünnen Tentakel hält die Qualle oft aufrecht erhoben. Ihre Innenseite ist dunkelrot gefärbt, möglicherweise um die Biolumineszenz der verschluckten Beute zu verbergen. Die Qualle selbst kann ein leuchtendes Sekret abgeben, das Fressfeinde verwirren mag. Anders als die meisten Quallen entsteht die Kronenqualle nicht aus einem sessilen Polypenstadium.

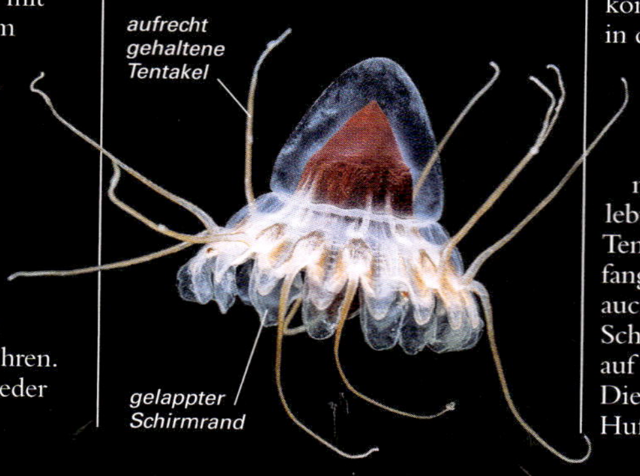

KLASSE SCYPHOZOA

Ohrenqualle

Aurelia aurita

DURCHMESSER bis zu 30 cm
TIEFE in Oberflächennähe
LEBENSRAUM offenes Wasser
VERBREITUNG weltweit; polare Verbreitung unbekannt

Die Ohrenqualle ist vielleicht die am weitesten verbreitete Quallenart und kommt außer in den Polarregionen, in denen andere *Aurelia*-Arten leben, nahezu überall vor. Sie lebt vor allem in Küstennähe und wird oft in großen Mengen an den Strand gespült, da sie kein guter Schwimmer ist und in Oberflächennähe lebt. Der Schirm ist von feinen, kurzen Tentakeln gesäumt, die dem Planktonfang dienen. Die Qualle kann Plankton auch mit dem klebrigen Schleim ihres Schirms erbeuten und in den Mund auf der Unterseite transportieren. Die Gonaden schimmern wie vier Hufeisen durch den Schirm.

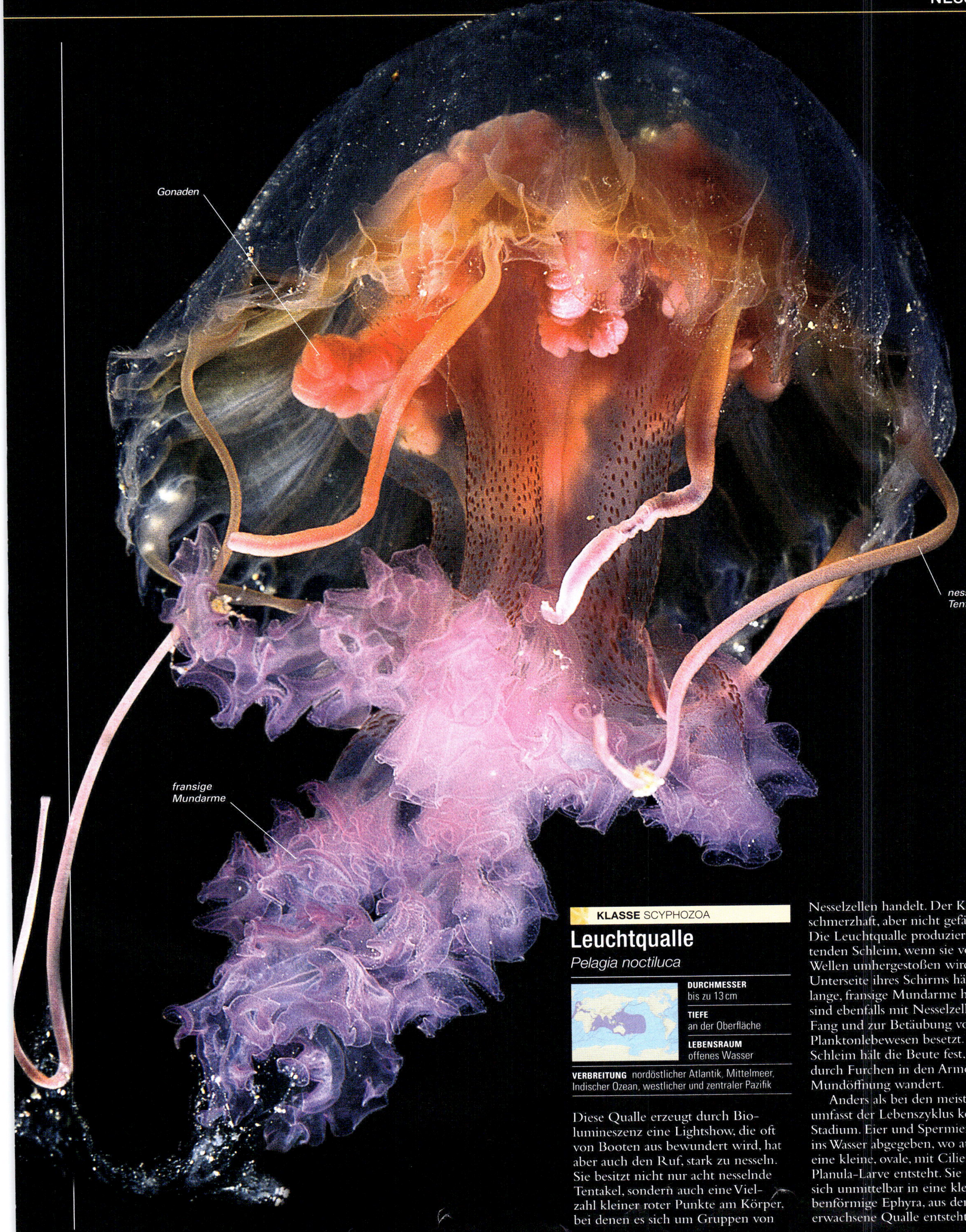

KLASSE SCYPHOZOA

Leuchtqualle

Pelagia noctiluca

DURCHMESSER bis zu 13 cm

TIEFE an der Oberfläche

LEBENSRAUM offenes Wasser

VERBREITUNG nordöstlicher Atlantik, Mittelmeer, Indischer Ozean, westlicher und zentraler Pazifik

Diese Qualle erzeugt durch Biolumineszenz eine Lightshow, die oft von Booten aus bewundert wird, hat aber auch den Ruf, stark zu nesseln. Sie besitzt nicht nur acht nesselnde Tentakel, sondern auch eine Vielzahl kleiner roter Punkte am Körper, bei denen es sich um Gruppen von Nesselzellen handelt. Der Kontakt ist schmerzhaft, aber nicht gefährlich. Die Leuchtqualle produziert leuchtenden Schleim, wenn sie von den Wellen umhergestoßen wird. Von der Unterseite ihres Schirms hängen vier lange, fransige Mundarme herab. Sie sind ebenfalls mit Nesselzellen zum Fang und zur Betäubung von kleinen Planktonlebewesen besetzt. Klebriger Schleim hält die Beute fest, die dann durch Furchen in den Armen in die Mundöffnung wandert.

Anders als bei den meisten Arten umfasst der Lebenszyklus kein sessiles Stadium. Eier und Spermien werden ins Wasser abgegeben, wo aus ihnen eine kleine, ovale, mit Cilien bedeckte Planula-Larve entsteht. Sie verwandelt sich unmittelbar in eine kleine, scheibenförmige Ephyra, aus der dann die erwachsene Qualle entsteht.

KLASSE SCYPHOZOA

Mangrovenqualle

Cassiopea xamachana

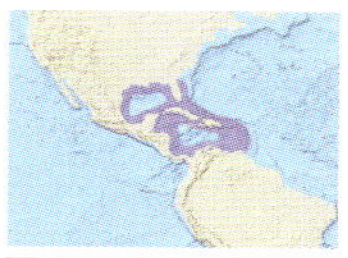

DURCHMESSER bis zu 30 cm

TIEFE 0–10 m

LEBENSRAUM Mangroven der Küste

VERBREITUNG tropische Gewässer des Golfs von Mexiko und der Karibik

Taucher, die diese Qualle mit der Unterseite nach oben auf dem Grund finden, denken oft, dass das Tier im Sterben liege. Doch die Mangrovenquallen leben so, mit ihrem Schirm nach unten und den acht großen Mundarmen nach oben gerichtet. In den Fransen der Arme befinden sich kleine, mit Dinoflagellaten (Zooxanthellen) gefüllte Bläschen. Die Dinoflagellaten benötigen Licht zur Fotosynthese, das die Qualle ihnen mit ihrer ungewöhnlichen Haltung verschafft. Sie nutzt die Nahrungsüberschüsse der Zooxanthellen, kann mit den Nesselzellen der Mundarme jedoch auch Plankton erbeuten. Der Schirm pulsiert, um der Qualle Nahrung und Sauerstoff zu beschaffen. Wenn sie den Ort wechseln will, kann die Mangrovenqualle auch eine normale Haltung annehmen. Eine sehr ähnliche Qualle, *Cassiopea andromeda*, lebt im tropischen Indischen und Pazifischen Ozean. Vielleicht sind beide Arten sogar identisch.

KLASSE CUBOZOA

Australische Seewespe

Chironex fleckeri

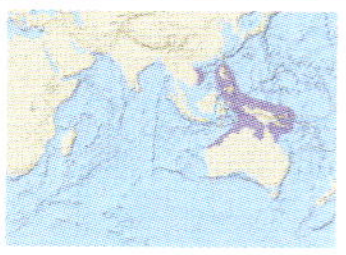

DURCHMESSER bis zu 25 cm

TIEFE nahe der Oberfläche

LEBENSRAUM offenes Wasser

VERBREITUNG tropische Gewässer des südwestlichen Pazifik und östlichen Indischen Ozeans

Der Kontakt mit dieser Qualle kann einen Menschen in wenigen Minuten töten. Sie wird als eins der giftigsten Meerestiere betrachtet. An jeder Ecke dieser Würfelqualle befindet sich ein Bündel von 15 Tentakeln. Bei der Jagd auf Garnelen und kleine Fische kann die Qualle die Tentakel bis zu 3 m weit ausstrecken, sodass Schwimmer vernesselt werden können, ohne das Tier bemerkt zu haben. An den Seiten der Qualle befinden sich verschiedene Sinnesorgane, sogar recht komplexe Augen. Die genaue Verbreitung im Indopazifik nördlich von Australien ist unbekannt, doch es gibt auch andere, wenn auch weniger gefährliche Würfelquallen im Indischen und Pazifischen Ozean. Manche Meeresschildkröten fressen Seewespen, anscheinend ohne vernesselt zu werden.

MENSCH UND MEER

TÖDLICHES GIFT

Vernesselungen durch Seewespen verursachen unerträgliche Schmerzen und können dauerhafte Narben hinterlassen. In schweren Fällen kann der Tod durch Herzversagen oder Ertrinken bei Bewusstlosigkeit die Folge sein. Ein Gegengift ist in Australien erhältlich. Im Norden Australiens werden manche Strände zwischen November und April gesperrt, da die Quallen dann besonders häufig sind.

KLASSE ANTHOZOA

Orgelkoralle

Tubipora musica

DURCHMESSER bis zu 50 cm

TIEFE 5–20 m

LEBENSRAUM tropische Riffe

VERBREITUNG tropische Riffe des Indischen Ozeans und des westlichen Pazifik

Obwohl die Orgelkoralle ein hartes Skelett besitzt, ist sie keine Steinkoralle. Stattdessen gehört sie wie die Seefedern und Hornkorallen zur Gruppe Octocorallia. Die schönen roten Skelette bestehen aus parallelen, mit horizontalen Platten verbundenen Röhren. Stücke davon findet man immer wieder an tropischen Küsten. Aus jeder Röhre ragt ein Polyp heraus, und wenn die Tiere ihre acht Arme zum Fressen entfalten, ist das Korallenskelett kaum mehr zu sehen.

KLASSE ANTHOZOA

Pilz-Lederkoralle

Sarcophyton sp.

DURCHMESSER bis zu 1,5 m

TIEFE 0–50 m

LEBENSRAUM Felsen und Riffe

VERBREITUNG tropische Gewässer des Roten Meers, des Indischen Ozeans und des Pazifik

Diese Weichkoralle besitzt einen hellen Stiel, der von einer fleischigen Polypenkrone bedeckt ist. Wenn der Tierstock berührt wird oder ruht, ziehen sich die Polypen in den Körper zurück, sodass er sich wie Leder anfühlt und so aussieht. Innerhalb der Gattung gibt es viele ähnliche Arten.

KLASSE ANTHOZOA

Tote Mannshand

Alcyonium digitatum

HÖHE bis zu 20 cm

TIEFE 0–50 m

LEBENSRAUM Felsen und Wracks

VERBREITUNG gemäßigte und kalte Gewässer des nordöstlichen Atlantiks

Der seltsame Name dieser Koralle basiert auf ihrem Aussehen, wenn sie bei Sturm an Land gespült wird. Sie wirkt wie ein Klumpen mit kurzen Fingern, was bei genügend Vorstellungskraft der Hand einer Wasserleiche ähneln kann. Die Tote Mannshand wächst an Felsen im Bereich des Flachwassers und bedeckt oft große Bereiche, besonders wo starke Strömungen genügend Plankton heranspülen. Mit ausgestreckten Polypen sehen die Kolonien weich und pelzig aus. Die meisten sind weiß gefärbt, doch die abgebildete ist orange mit weißen Polypen. Im Herbst und im Winter zieht der Tierstock die Polypen zurück und überwintert. Im Frühjahr wird die äußere Haut mit allen darauf siedelnden Organismen abgestoßen.

KLASSE ANTHOZOA

Bäumchenkoralle

Dendronephthya sp.

HÖHE bis zu 30 cm

TIEFE 10–50 m

LEBENSRAUM Korallenriffe

VERBREITUNG tropische Riffe des Roten Meers, des Indischen Ozeans und des Westpazifik

Die Weichkorallen dieser Gattung gehören zu den farbenfreudigsten Rifftieren. Sie wachsen als verzweigte und buschige Kolonien, die oft die Riffwände mit rosa, roten, orangefarbenen, gelben und weißen Flecken verzieren. Sie bevorzugen starke Strömungen, bei denen sie sich zu voller Größe aufrichten. Die an den Enden der Zweige sitzenden Polypen strecken sich zum Fressen aus. Bei wenig oder keiner Strömung hängen sie dagegen oft schlaff herab. Bei manchen Arten wie der hier gezeigten kann man farbige Kalknadeln im Gewebe erkennen. Diese sogenannten Sklerite stützen die weichen Verästelungen. Die Arten und sogar Gattungen der Weichkorallen sind schwer zu bestimmen und viele von ihnen sind bis heute nicht wissenschaftlich beschrieben worden.

KLASSE ANTHOZOA

Pumpende Xenia

Xenia sp.

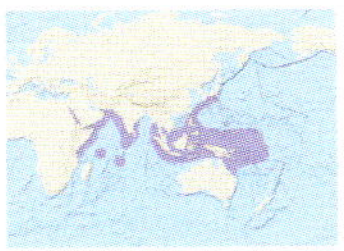

HÖHE bis zu 5 cm

TIEFE 5–50 m

LEBENSRAUM Korallenriffe

VERBREITUNG tropische Riffe des Roten Meers, des Indischen Ozeans und des Westpazifik

Das auffälligste Merkmal dieser Weichkoralle ist die Art und Weise, mit der sich die gefiederten Tentakel der Polypen öffnen und schließen. Ein mit diesen Korallen bewachsenes Riff ist in ständiger Bewegung. Die Kolonien besitzen einen kräftigen Stiel mit abgerundeter Spitze, die mit den Polypen besetzt ist. Wie die Pilz-Lederkorallen (vorige Seite) können sie sich zusammenziehen. Die Pumpbewegungen dienen eventuell eher der Sauerstoffversorgung als dem Planktonfang.

KLASSE ANTHOZOA

Venusfächer

Gorgonia ventalina

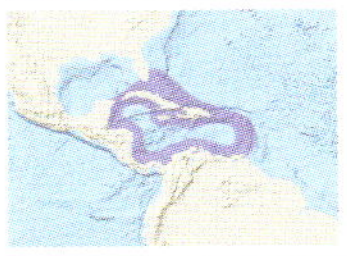

HÖHE bis zu 2 m

TIEFE 5–20 m

LEBENSRAUM Korallenriffe

VERBREITUNG Karibik

Gorgonien wachsen auf dem Meeresboden und sehen wie exotische Pflanzen aus. Sie besitzen ein Stützskelett, das sie recht groß werden lässt. Es besteht hauptsächlich aus einer flexiblen, hornigen Substanz namens Gorgonin und erstreckt sich stabförmig durch alle mit Ausnahme der kleinsten Zweige. Beim Venusfächer liegen die Zweige vor allem in einer Ebene und bilden ein Netz, das senkrecht zur vorherrschenden Strömung steht. So erhöht sich die Menge des Planktons, das in Reichweite der Polypen gelangt, die überall auf den Zweigen sitzen. Über den Grund geschleppte Netze beschädigen die Gorgonien, und da sie langsam wachsen, brauchen sie lange, um sich zu erholen. Sie werden auch gesammelt, getrocknet und als Souvenirs verkauft.

KLASSE ANTHOZOA

Peitschenkoralle

Junceella fragilis

HÖHE bis zu 2 m

TIEFE 5–50 m

LEBENSRAUM Korallenriffe

VERBREITUNG südwestlicher Pazifik

Peitschenkorallen ähneln in ihrer Struktur den Gorgonien, wachsen aber als ein langer Ast. Ihr zentraler Stützstab enthält sowohl viel Kalk als auch das flexible, hornige Gorgonin. Die kleinen Polypen besitzen acht Tentakel und sitzen überall auf dem Ast. Weiße Peitschenkorallen findet man oft in Gruppen, weil sie sich ungeschlechtlich vermehren können. Vergrößert sich die »Peitsche«, bricht die Spitze ab, fällt herunter und wächst zu einer neuen Koralle heran.

KLASSE ANTHOZOA

Rote Edelkoralle

Corallium rubrum

HÖHE bis zu 50 cm

TIEFE 50–200 m

LEBENSRAUM im Schatten liegende Felsen und Höhlen

VERBREITUNG Mittelmeer und warme Bereiche des östlichen Atlantiks

Die Edelkoralle des Mittelmeers ist schon jahrhundertelang gesammelt und ihr Skelett zu Schmuck verarbeitet worden. Sie ist jedoch keine Steinkoralle, sondern gehört wie viele Gorgonien (siehe S. 265) zu den Kalkachsenkorallen (Scleraxonia). Ihre Zweige sind mit kleinen Polypen bedeckt, von denen jeder acht verzweigte Tentakel trägt. Das Stützskelett besteht hauptsächlich aus hartem, dunkelrot oder rosa gefärbtem Kalk. An Orten, die für Sammler leicht zugänglich sind, ist die Koralle heute selten geworden.

KLASSE ANTHOZOA

Orange Seefeder

Ptilosarcus gurneyi

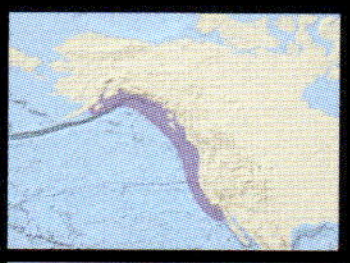

HÖHE bis zu 50 cm

TIEFE 10–300 m

LEBENSRAUM Sedimente

VERBREITUNG gemäßigte Bereiche des nordöstlichen Pazifik

Anders als die Mehrzahl der Blumentiere leben die Seefedern in Sand- und Schlickbereichen. Ihr Name rührt von der Ähnlichkeit mit einer Feder her. Sie bestehen aus einem Stamm mit seitlichen Zweigen. Mit dem sogenannten Pedunculus an der Basis des Stamms verankert sich der Tierstock im Substrat. Die einzelnen Polypenreihen strecken von den Zweigen ihre acht Tentakel ins Wasser, sodass die Vorderseite der Seefeder flaumig erscheint. Mit ihr richtet sich die Seefeder gegen die vorherrschende Strömung aus, um den Polypen ein Maximum an Plankton zuzuführen. Wenn keine Strömung herrscht, kann sich die Seefeder ins Sediment zurückziehen. Obwohl sie meist an einem Platz bleibt, kann sie ihren Standort verändern. Zu ihren Fressfeinden gehören Nacktschnecken und Seesterne.

KLASSE ANTHOZOA

Schlanke Seefeder

Virgularia mirabilis

HÖHE bis zu 60 cm

TIEFE 10–400 m

LEBENSRAUM Sedimente

VERBREITUNG gemäßigte Bereiche des nordöstlichen Atlantiks und Mittelmeer

Die schlammigen Böden geschützter Buchten in Schottland und Norwegen sind oft dicht mit Schlanken Seefedern bedeckt. Diese Art ähnelt im Aufbau der Orangen Seefeder (links unten), ist jedoch schmaler gebaut. Fast die Hälfte des Stamms ist im Sediment vergraben, und der Tierstock kann sich bei Störungen ins Sediment zurückziehen.

KLASSE ANTHOZOA

Riesen-Goldrose

Condylactis gigantea

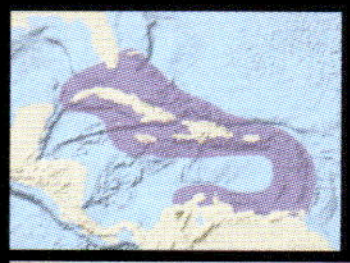

DURCHMESSER bis zu 30 cm

TIEFE 3–50 m

LEBENSRAUM Korallenriffe und Felsen

VERBREITUNG tropische Gewässer der Karibik und des westlichen Atlantiks

Die purpurn gefärbten Spitzen der Tentakel dieser großen Anemone sorgen für Farbtupfer in karibischen Riffen. Der säulenförmige Körper steckt meist zwischen Steinen oder Korallen, sodass nur die nesselnden Tentakel zu sehen sind. Verschiedene kleine Fische (vor allem Schleimfische) leben unbeeinträchtigt zwischen den Tentakeln, wo sie vor Feinden geschützt sind. Die Riesen-Goldrose kann sich langsam mit ihrer Fußscheibe fortbewegen, wenn sie einen besseren Platz einnehmen will.

Acrorhagen mit Nesselzellen

KLASSE ANTHOZOA

Pferdeaktinie

Actinia equina

DURCHMESSER bis zu 7 cm

TIEFE 0–20 m

LEBENSRAUM harte Oberflächen

VERBREITUNG Küstengewässer des Mittelmeers sowie des nordöstlichen und östlichen Atlantiks

Die meisten Anemonen können nicht außerhalb des Wassers leben, doch die Pferdeaktinie muss nur feucht bleiben. Bei Ebbe findet man sie mit eingezogenen Tentakeln auf den Felsen, wo sie wie ein Klumpen roten oder grünen Gelees wirkt. Ihr Rand ist mit blauen Nesselsäcken besetzt, die man Acrorhagen nennt. Mit den enthaltenen Nesselzellen kann die Anemone ihre Nachbarn zurückdrängen. Sie beugt sich herüber und vernesselt andere Anemonen in Reichweite, die dann langsam das Territorium des Siegers verlassen. Die Larven der Pferdeaktinie entwickeln sich in ihrem Innern und verlassen sie durch die Mundöffnung.

KLASSE ANTHOZOA

Seenelke

Metridium senile

HÖHE bis zu 30 cm

TIEFE 0–100 m

LEBENSRAUM jeder harte Untergrund

VERBREITUNG gemäßigte Bereiche des Nordatlantiks und Nordpazifiks

Die Seenelke besitzt eine lange Säule, die in einem kragenartigen Ring und einer welligen Scheibe endet, die mit Tausenden feiner Tentakel besetzt ist. Sie ist meist weiß oder orange gefärbt, kann aber auch braun, grau, rot oder gelb sein. Teile der Basis können zu neuen Anemonen heranwachsen. Große Exemplare findet man oft an Landungsbrücken und Wracks, wo sie sich in die Strömung strecken, sich bei ruhigem Wasser aber zusammenziehen.

KLASSE ANTHOZOA

Mantelaktinie

Adamsia palliata

DURCHMESSER 5 cm

TIEFE 0–200 m

LEBENSRAUM Einsiedlerkrebsgehäuse

VERBREITUNG gemäßigte Zonen des nordöstlichen Atlantiks und Mittelmeer

Die Mantelaktinie umhüllt mit ihrer Fußscheibe das Gehäuse eines Einsiedlerkrebses und lässt ihre Tentakel unter dem Kopf des Krebses hängen. In dieser Position kann sie am besten Nahrungsreste auffangen. Der Stamm der Anemone ist weißlich gefärbt und trägt rosa Flecke. Keiner der Partner gedeiht ohne den anderen gut, auch wenn man junge Mantelaktinien auf Steinen in der Gezeitenzone finden kann, wo sie auf einen Wirt warten.

PANZER-FAHRZEUG

Den Einsiedlerkrebs *Pagurus prideaux* sieht man immer mit einer schützenden Anemone. Er braucht auch kein neues Gehäuse zu suchen, da das alte dank einer hornigen Abscheidung des Nesseltiers mitwächst. Die Anemone auf dem linken Krebs hat Nesselfäden (Acontien) ausgestoßen, um den anderen abzuschrecken.

KLASSE ANTHOZOA

Antarktis-Anemone

Urticinopsis antarctica

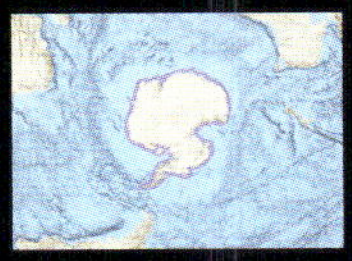

GRÖSSE unbekannt

TIEFE 5–225 m

LEBENSRAUM felsiger Grund

VERBREITUNG Südpolarmeer um die Antarktis und die Südshetland-Inseln

Wie die meisten anderen marinen Tiere der Antarktis wird diese Anemone groß, wächst jedoch langsam. Mit den langen, mit starken Nesselzellen besetzten Tentakeln kann sie Seesterne, Seeigel und Quallen erbeuten, die viel größer als sie selbst sind. Da oft viele Anemonen in unmittelbarer Nähe leben, können zwei oder mehr eine große Qualle überwältigen. Wie bei den meisten Anemonen wird die Beute mit Nesselzellen an den Tentakeln festgehalten und überwältigt.

KLASSE ANTHOZOA

Juwelenanemone

Corynactis viridis

DURCHMESSER 1 cm

TIEFE 0–80 m

LEBENSRAUM steile Felsbereiche

VERBREITUNG gemäßigte Gewässer des nordöstlichen Atlantiks und Mittelmeer

Juwelenanemonen bedecken oft auf spektakuläre Weise große, beschattete Riffbereiche. Sie können nahezu jede Farbe zeigen und vermehren sich, indem sie sich in zwei identische Hälften teilen. So entsteht ein dichter Bewuchs verschiedenfarbiger Anemonen. Jede Anemone besitzt eine kleine, von kurzen, durchsichtigen Tentakeln umgebene Mundscheibe. Die am Ende verdickten Tentakel sind oft anders als der Rest der Anemone gefärbt, wobei die hier abgebildete Farbenkombination eine der häufigsten ist. Juwelenanemonen sind keine echten Anemonen, sondern zählen zu einer Blumentiergruppe namens Corallimorpharia. Sie ähneln den Polypen der Steinkorallen, besitzen aber kein Skelett. Die Angehörigen dieser Gruppe findet man in allen Meeren, aber am häufigsten in den Tropen.

KLASSE ANTHOZOA

Tischkoralle

Acropora hyacinthus

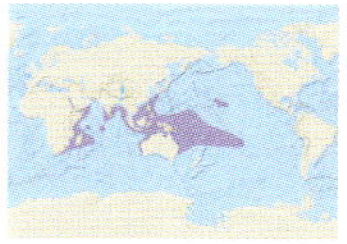

DURCHMESSER bis zu 3 m

TIEFE 0–10 m

LEBENSRAUM Korallenriffe

VERBREITUNG tropische Gewässer des Roten Meers, Indischen Ozeans sowie des West- und Zentralpazifik

Die großartigen Tafeln der Tischkorallen sind ideal geformt, um so viel Oberfläche wie möglich dem Sonnenlicht auszusetzen. Wie die Polypen der meisten Steinkorallen enthalten auch die der Tischkorallen Zooxanthellen, die Licht zur Fotosynthese benötigen, um sich selbst und ihren Wirt ernähren zu können. Tischkorallen sind über einen kurzen, kräftigen Stiel mit dem Untergrund verankert. Die horizontalen Platten besitzen zahlreiche, meist nach oben gerichtete Äste, sodass jeder Tisch einem Nagelbett ähnelt. Jeder Ast trägt eine Reihe becherförmiger Fortsätze, aus denen heraus die Polypen – meist nachts – ihre Tentakel zum Fressen ausstrecken. Die übliche Farbe der Tischkorallen ist ein stumpfes Braun oder Grün, das jedoch durch die Korallenfische, die unter oder in den Platten Schutz suchen, belebt wird. Allerdings führen die von den Tischkorallen geworfenen Schatten dazu, dass kaum andere Korallen unter ihnen leben können. Auch verschiedene ähnliche Korallenarten werden als Tischkorallen bezeichnet, doch *Acropora hyacinthus* ist die häufigste und am weitesten verbreitete.

PORTRÄT

CHARLIE VERON

Der in Sydney, Australien, 1945 geborene Charlie Veron wird auch als »König der Korallen« bezeichnet. Er hat über 100 neue Korallenarten wissenschaftlich beschrieben, einschließlich vieler Arten der Gattung *Acropora*. Sein dreibändiges Buch *Corals of the World* ist ein Standardwerk zum Thema Korallen.

KLASSE ANTHOZOA

Porenkoralle

Porites lobata

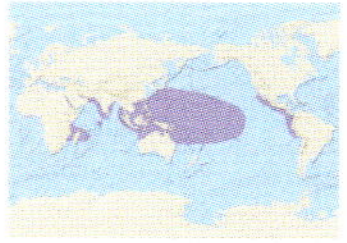

DURCHMESSER bis zu 6 m

TIEFE 0–50 m

LEBENSRAUM Korallenriffe

VERBREITUNG tropische Bereiche des Roten Meers, des Persischen Golfs und des Indopazifik

Die Porenkoralle ist oft schwer als lebender Tierstock zu erkennen, da sie wie ein großer Felsbrocken wirkt. Bei näherer Betrachtung sieht man, dass die Koralle in Platten wächst, die zusammen eine Kuppel bilden. Mit ihren nur 1 mm langen Tentakeln sind die Polypen winzig, und sie verbergen sich tagsüber in den flachen Bechern ihres Skeletts. Bei Nacht strecken sie ihre Tentakel zum Fressen aus, sodass die Kolonie nicht mehr ganz so felsartig aussieht. Porenkorallen sind wichtige Riffbildner.

KLASSE ANTHOZOA

Margeritenkoralle

Goniopora djiboutiensis

DURCHMESSER bis zu 1 m

TIEFE 5–30 m

LEBENSRAUM bewegte Riffgewässer

VERBREITUNG tropische Gewässer des Indischen Ozeans und des westlichen Pazifik

Bei den meisten Korallen sind die Polypen nur schwer zu sehen, doch die der Margeritenkoralle werden mehrere Zentimeter lang. Der Mund in der Mitte der kuppelförmigen Spitze ist von etwa 24 Tentakeln umgeben, die wie die Blütenblätter einer Margerite angeordnet sind. Anders als bei den meisten Korallen fressen die Polypen hier tagsüber, ziehen sich aber bei Berührung schnell zurück. Margeritenkorallen wachsen in runden Brocken, doch deren Umriss ist bei ausgestreckten Polypen nur schwer zu erkennen. Während die meisten Korallen klares Wasser benötigen, wachsen diese oft an Stellen, an denen das Wasser durch aufgewirbelte Sedimente getrübt ist.

KLASSE ANTHOZOA

Gewellte Pilzkoralle

Fungia sp.

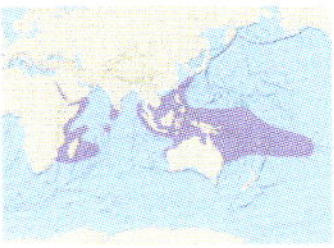

DURCHMESSER bis zu 15 cm

TIEFE 0–25 m

LEBENSRAUM Korallenriffe

VERBREITUNG tropische Gewässer des Roten Meers, des Indischen Ozeans, des West- und Zentralpazifik

Pilzkorallen leben nicht innerhalb eines Tierstocks, sondern als einzelne Individuen. Jungtiere lassen sich als kleine, gestielte Scheiben auf toten Korallenstöcken oder Steinen nieder. Mit etwa 4 cm Größe lösen sie sich wieder ab. Die meisten Arten fressen nachts. Die Tentakel werden am Tag eingezogen, sodass das Skelett mit dem Mund in der Mitte deutlich zu sehen ist. Es erinnert an die Lamellen eines Pilzes. Pilzkorallen können sich mithilfe ihrer Tentakel wieder aufrichten, wenn sie von den Wellen umgeworfen werden.

KLASSE ANTHOZOA

Riesen-Hirnkoralle

Colpophyllia natans

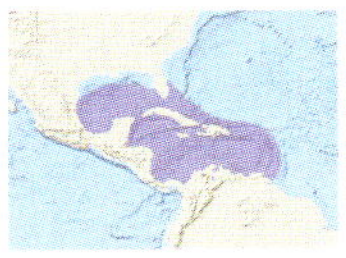

DURCHMESSER bis zu 5 m

TIEFE 1–55 m

LEBENSRAUM zur See gewandte Seite von Korallenriffen

VERBREITUNG tropische Gewässer des Golfs von Mexiko und der Karibik

Diese großen Korallen wachsen zu riesigen Kuppeln oder ausgedehnten Krusten heran und können über 100 Jahre alt werden. Wie bei anderen Hirnkorallen besteht die Oberfläche aus gewundenen Graten und Furchen, was zu dem Namen führte. Oft heben sich die Grate farblich ab und weisen oben wiederum eine Längsrille auf. Meist sind die Furchen grün oder braun und die Grate braun. Die Münder der Polypen sind in den Furchen versteckt und die Tentakel werden nur nachts ausgestreckt. Seit 2014 tötet die Steinkorallen-Gewebeverlust-Krankheit (SCTLD) Hirn- und andere Korallen in Florida. Sie breitet sich nun in der Karibik aus. Große Hirnkorallen sind bei Inseln wie Tobago beliebte Touristenattraktionen. Sie ziehen nicht nur Taucher, sondern auch Fische an, und manche Grundeln leben hier ständig.

KLASSE ANTHOZOA

Kelchkoralle

Dendrophyllia sp.

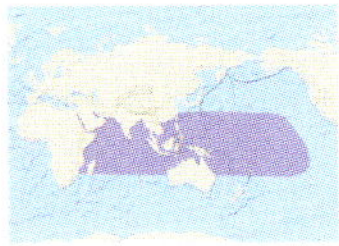

HÖHE bis zu 5 cm

TIEFE 3–50 m

LEBENSRAUM steile Felswände

VERBREITUNG tropische Gewässer des Westpazifik

Mit ihren auffälligen Polypen sehen die Korallen der Gattung *Dendrophyllia* eher wie Anemonen aus. Man bezeichnet die ganze Gruppe als Becherkorallen. Sie wachsen als niedrig verzweigte Kolonien mit voneinander getrennten Röhren und bekommen nicht das massive Skelett der riffbildenden Korallen. Sie besitzen keine Zooxanthellen und leben in schattigen Riffbereichen, wie unter Überhängen und besonders an Steilwänden. Tagsüber werden die Polypen eingezogen und die Koralle wirkt wie ein orange-gelber Klumpen. Bei Einbruch der Dunkelheit strecken sie ihre orangefarbenen Tentakel aus und erbeuten Plankton. Die einzelnen Arten der Gattung sind sehr schwer zu bestimmen und werden außerdem noch leicht mit denen der Gattung *Tubastrea* verwechselt. Die genaue Verbreitung der einzelnen Arten ist daher unsicher. Man findet sie auch im Ostpazifik und im Indischen Ozean.

KLASSE ANTHOZOA

Ovale Nelkenkoralle

Caryophyllia smithii

DURCHMESSER 3 cm

TIEFE 0–100 m

LEBENSRAUM Felsen und Wracks

VERBREITUNG nordöstlicher Atlantik und Mittelmeer

Während die meisten Korallen als riffbildende Tierstöcke in tropischen Gewässern leben, kommen diese und andere Nelkenkorallen als einzelne Individuen in gemäßigten Meeresbereichen vor. Mit ihrem becherartigen Skelett wächst die Ovale Nelkenkoralle an Felsen oder Schiffswracks. Mit ausgestreckten Tentakeln wirkt die winzige Koralle wie eine Anemone, wobei jeder Tentakel in einem transparenten Knopf endet. Sie kommt in verschiedenen Farben vor, wobei das weiße Skelett meist durch das lebende Gewebe hindurchschimmert.

KLASSE ANTHOZOA

Tiefseekoralle

Desmophyllum pertusum

DURCHMESSER mindestens 10 m

TIEFE 50–3000 m

LEBENSRAUM tief gelegene Riffe

VERBREITUNG Atlantik, Ostpazifik, westlicher Indischer Ozean; vollständige Verbreitung unbekannt

Diese Koralle wurde auch zur Gattung *Lophelia* gezählt. Sie lebt in dunklem, kaltem Wasser und besitzt keine Zooxanthellen, die den Aufbau ihres Skeletts unterstützen könnten. Sie wächst daher langsam und große Riffe sind Hunderte von Jahren alt. Jeder Polyp hat viele Tentakel, mit denen er Plankton, etwa Pfeilwürmer und kleine Krebstiere, erbeutet. Die Beute wird durch Nesselzellen betäubt. Einzelne Kolonien können bis zu 10 m groß werden und sich zu größeren Riffen zusammenschließen. Vor der norwegischen Küste wurden Riffe mit einer Länge von über 13 km und einer Höhe von bis zu 30 m gefunden. Alte Korallenhügel werden als Bioherme bezeichnet. Sie bestehen aus einem gesteinsähnlichen Material, das im Lauf der Jahrtausende aus abgestorbenen Korallen entstanden ist, und auf dem lebende Korallen wachsen. Die Spalten der Riffe werden von Schwämmen, Weichkorallen und Röhrenwürmern bewohnt. Krustentiere, Weichtiere und Fische tragen zur Artenvielfalt bei. Viele Riffe sind durch Trawler schwer beschädigt worden. In Großbritannien stehen jetzt einige Riffe unter Schutz.

KLASSE ANTHOZOA

Krustenanemone

Parazoanthus anguicomus

HÖHE 2,5 cm

TIEFE 20–400 m

LEBENSRAUM schattige Felsen, Wracks und Muschelschalen

VERBREITUNG gemäßigte Gewässer des nordöstlichen Atlantiks

Die meisten Krustenanemonen findet man in den Tropen, doch diese Art ist im Nordatlantik verbreitet. Die weißen Polypen besitzen um den Mund zwei Tentakelkränze, von denen einer aufrecht gehalten wird, während der andere flach anliegt. Die Art besiedelt nicht nur Felsen und Wracks, sondern auch Polychaeten-Röhren und *Desmophyllum*-Riffe (siehe S. 179).

KLASSE ANTHOZOA

Drahtkoralle

Cirrhipathes sp.

LÄNGE bis zu 1 m

TIEFE 3–50 m

LEBENSRAUM Korallenriffe

VERBREITUNG tropische Gewässer des östlichen Indischen Ozeans und des westlichen Pazifik

Drahtkorallen gehören wie die Schwarzen Korallen (rechts) zu einer Antipatharia genannten Blumentiergruppe. Drahtkorallen wachsen als einzelner, unverzweigter Tierstock, der entweder gerade oder wie bei der

gezeigten *Cirripathes*-Art schraubig sein kann (sie sind schwer zu bestimmen und viele Arten noch unbeschrieben). Die Polypen der Draht- und Schwarzen Korallen können leicht beobachtet werden, da sich die kurzen, spitzen Tentakel anders als bei den Gorgonien nicht einziehen lassen. Grundeln heften sich mit ihren saugnapfähnlichen Bauchflossen oft an die Korallen an.

KLASSE ANTHOZOA

Schwarze Federkoralle

Plumapathes pennacea

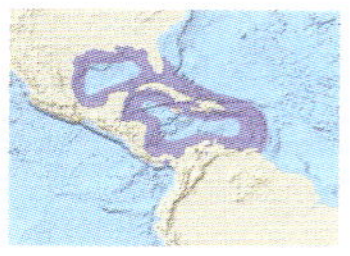

HÖHE bis zu 1,5 m

TIEFE 5–330 m

LEBENSRAUM Korallenriffe

VERBREITUNG tropische Gewässer des Golfs von Mexiko, der Karibik und des Westatlantiks

Diese Art der Schwarzen Korallen wächst pflanzenähnlich mit Zweigen, die wie große Federn wirken. Die vielen Arten der Schwarzen Korallen tragen ihren Namen wegen des starken, schwarzen Stützskeletts, das ihre Äste stärkt. Da es aus einem festen, hornigen Material besteht, ist es zur Herstellung von Schmuck geeignet, obwohl diese spezielle Art nicht häufig dazu verwendet wird.

KLASSE ANTHOZOA

Mittelmeer-Zylinderrose

Cerianthus membranaceus

HÖHE 35 cm

TIEFE 10–100 m

LEBENSRAUM schlammiger Sand

VERBREITUNG Mittelmeer, nordöstlicher Atlantik

Ihre langen, hellen Tentakel sind auffällig, doch bei der kleinsten Störung verschwindet diese Zylinderrose in ihrer Röhre. Zylinderrosen sind mit den Schwarzen Korallen (oben) nah verwandt. Sie leben in aus abgeschossenen Nesselfäden bestehenden Wohnzylindern, die bis zu 1 m lang sind, auch wenn das Tier selbst nur ein Drittel davon misst. Die schlüpfrige Auskleidung der Röhre erlaubt es ihm, sich schnell zurückzuziehen. Neben etwa 100 langen, äußeren Tentakeln besitzt es einen inneren Ring aus kurzen Tentakeln um die Mundöffnung herum. Die äußeren Tentakel wirken gefährlich, doch Zylinderrosen fressen nur Plankton und organische Abfallstoffe.

Plattwürmer

DOMÄNE	Eucarya
REICH	Animalia
STAMM	Plathelminthes Xenacoelomorpha
UNTERSTÄMME	4
ARTEN	21 730

MIT DÜNNEN, manchmal transparenten Körpern sind Plattwürmer einfach aufgebaut. Die marinen Arten gehören meist zur Ordnung Polycladida – blattförmige Tiere, die häufig auf Korallen zu finden sind. Manche Arten leben im Süßwasser. Im Meer sind Band- und Saugwürmer häufig Parasiten von Fischen, Säugetieren und Vögeln. Die meisten Plattwürmer gehören zum Stamm Plathelminthes, aber bestimmte Strudelwürmer (siehe unten) zählt man nun zum Stamm Xenacoelomorpha.

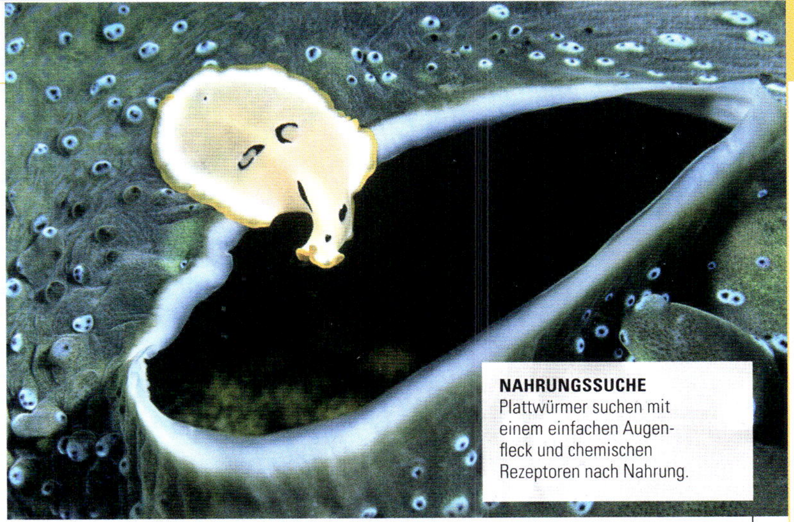

NAHRUNGSSUCHE
Plattwürmer suchen mit einem einfachen Augenfleck und chemischen Rezeptoren nach Nahrung.

Körperbau

Plattwürmer weisen eine einfache Struktur ohne Körperhöhle auf. Da der Körper sehr dünn ist, kann Sauerstoff direkt aus dem Wasser eindiffundieren, sodass kein Blutkreislauf nötig ist. Am Kopfende befinden sich Sinnesorgane und manche Arten besitzen auch einfache Augen. Die einzige Darmöffnung dient als Mund und After. Bei den Arten der Polycladida befindet sie sich in der Mitte unterhalb des Körpers. Die Nahrung wird mit einem schlauchartigen Pharynx aufgenommen. Der Körper ist mit haarartigen Cilien bedeckt, die es den Tieren zusammen mit den einfachen Muskeln ermöglichen, über nahezu jede Oberfläche zu gleiten. Band- und Saugwürmer sind an ein Leben als Parasiten angepasst.

KÖRPERQUERSCHNITT
Der Raum zwischen den Organen ist mit weichem Gewebe gefüllt, durch das sich kreuz und quer Muskeln ziehen.

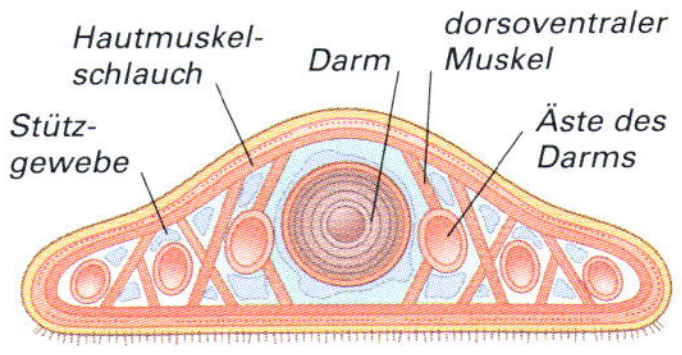

Vermehrung

Die meisten Plattwürmer sind Zwitter und besitzen daher Eierstöcke und Hoden. Die Geschlechtsorgane sind kompliziert aufgebaut und umfassen spezielle Kammern, in denen die reifen Eier befruchtet werden. Wenn sich zwei Plattwürmer der Polycladida treffen, berühren sie sich manchmal vor der Paarung kurz mit Kopf und Körper. Danach werden die Eier ins Wasser abgegeben, im Sand abgelegt oder an Steine geklebt. Bei vielen Arten entstehen aus den Eiern direkt Jungtiere, doch bei manchen auch planktonische Larven mit acht Lappen. Diese »Müllerschen Larven« lassen sich nach einigen Tagen auf dem Meeresgrund nieder und verwandeln sich in einen jungen Plattwurm.

KOMPLEXER APPARAT
Manche Plattwürmer der Polycladida führen »Penis-kämpfe« aus: Sie versuchen sich gegenseitig mit dem Penis zu stechen.

UNTERSTAMM ACOELOMORPHA

Korallen-Strudelwurm

Waminoa sp.

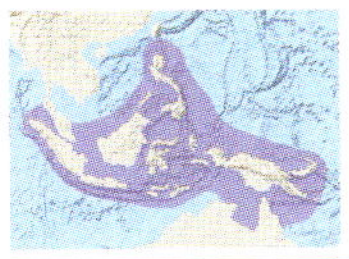

LÄNGE unter 5 mm
TIEFE nicht bekannt
LEBENSRAUM auf Blasenkorallen (*Pleurogyra sinuosa*)
VERBREITUNG tropischer Indopazifik

Die kleinen Plattwürmer wirken wie Farbflecke auf der Blasenkoralle, auf der sie leben. Die extrem dünnen Körper gleiten über die Koralle, wobei sie wohl im Schleim haftende organische Stoffe fressen. Die Würmer besitzen keine Augen und der Darm ist zu einem Gewebe ohne Hohlräume umgebaut, in dem die Nahrung intrazellulär verdaut wird. Aus Teilen der Würmer wachsen neue heran. Die Artbestimmung ist schwierig und die Verbreitung daher unsicher.

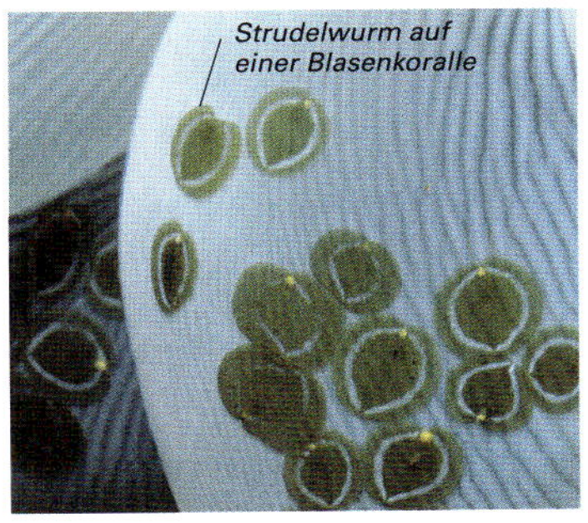

Strudelwurm auf einer Blasenkoralle

UNTERSTAMM ACOELOMORPHA

Grüner Strudelwurm

Symsagittifera roscoffensis

LÄNGE bis zu 1,5 cm
TIEFE Gezeitenzone
LEBENSRAUM geschützte sandige Küsten
VERBREITUNG nordöstlicher Atlantik; wahrscheinlich weiter verbreitet als abgebildet

Diese Plattwürmer sind kaum einzeln zu beobachten, sammeln sich aber bei Ebbe als grüne Flecke in Restwasserpfützen an Sandstränden. Die in ihren Körpern enthaltenen Algen (S. 248) färben sie grün. In warmen, sonnigen Tümpeln können die Algen Fotosynthese betreiben und überschüssige Nahrung an ihren Wirt abgeben. Die Plattwürmer reagieren empfindlich auf Erschütterungen und verschwinden schnell im Sand, wenn sich Schritte nähern.

UNTERSTAMM RHABDITOPHORA

Weißer Strudelwurm

Prostheceraeus vittatus

LÄNGE bis zu 5 cm
TIEFE 0–30 m
LEBENSRAUM schlammige Felsen
VERBREITUNG gemäßigte Gewässer des nordöstlichen Atlantiks, Mittelmeer

Die meisten leuchtend gefärbten Plattwürmer findet man an tropischen Riffen, doch dieser Strudelwurm kommt bis nach Norwegen vor. Der weiße bis cremefarbene Wurm zeigt rotbraune Längsstreifen. Das Kopfende des flachen, blattförmigen Körpers trägt ein Paar fühlerartiger Fortsätze und Gruppen einfacher Augen. Beim Kriechen laufen Wellenbewegungen die Körperränder entlang. Der Wurm kann mit diesen Körperbewegungen auch schwimmen. Meist findet man die Art auf felsigem Untergrund, manchmal auch auf Sand und Schlick.

UNTERKLASSE RHABDITOPHORA

Bedfords Strudelwurm

Pseudobiceros bedfordi

LÄNGE bis zu 8 cm

TIEFE unbekannt

LEBENSRAUM Korallenriffe

VERBREITUNG tropische Gewässer des Indischen und des westlichen Pazifischen Ozeans

Gelegentlich beobachten Taucher diesen schönen Plattwurm auf Korallenriffen. An seinem Muster rosafarbener Linien und weißer Punkte kann man ihn leicht erkennen. Meist sieht man ihn auf der Suche nach Mantel- oder Krebstieren über Felsen kriechen, doch er kann auch recht gut schwimmen. Wenn der Kopf aufgerichtet ist, kann man zwei fühlerähnliche Fortsätze erkennen.

UNTERKLASSE RHABDITOPHORA

Gestreifter Plattwurm

Pseudoceros dimidiatus

LÄNGE bis zu 8 cm

TIEFE unbekannt

LEBENSRAUM Korallenriffe

VERBREITUNG tropische Gewässer des Indischen und des westlichen Pazifischen Ozeans

Bei den meisten Plattwurm-Arten ist das Muster bei jedem Tier mehr oder weniger gleich, doch bei dieser Art sind die Individuen sehr unterschiedlich gefärbt. Der Körper ist zwar immer schwarz mit orangefarbenem Rand, doch die Breite und Anordnung von gelben oder weißen Seitenstreifen, von Zebrastreifen oder von schmalen und breiten Längsstreifen sind sehr variabel. Die kontrastreichen Farben weisen darauf hin, dass diese Tiere nicht gut schmecken. Wie andere Plattwürmer tragen sie in der Kopfregion viele für Licht oder chemische Stoffe empfindliche Zellen, mit deren Hilfe sie Nahrung finden und Gefahren ausweichen können.

GUTE NACHAHMUNG
Der Plattwurm besitzt eine graue Grundfarbe mit schwarzer Netzzeichnung, die die hellen Warzen umgibt.

UNTERKLASSE RHABDITOPHORA

Imitator-Strudelwurm

Pseudoceros imitatus

LÄNGE bis zu 2 cm

TIEFE unbekannt

LEBENSRAUM Korallenriffe

VERBREITUNG Gewässer um Neuguinea und Nordaustralien; vielleicht weiter verbreitet

Anders als die Mehrzahl der Angehörigen der Polycladida, die eine relativ glatte Haut besitzen, ist die dieses Plattwurms mit kleinen Warzen bedeckt. Damit ahmt er das Aussehen der Warzenschnecke *Phylidiella pustulosa* nach, mit der er in Bezug auf die Färbung fast genau übereinstimmt. Die Schnecke gibt ein schädliches Sekret ab, das potenzielle Angreifer abschreckt, und es mag sein, dass der Plattwurm davon profitiert, mit der schlecht schmeckenden Schnecke verwechselt zu werden.

VORBILD
Phylidiella pustulosa ist eine der häufigsten, am weitesten verbreiteten Nacktschnecken der indopazifischen Riffe in 5–40 m Tiefe.

UNTERKLASSE RHABDITOPHORA

Gelbpunkt-Strudelwurm

Thysanozoon nigropapillosum

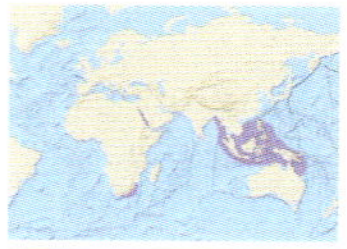

LÄNGE bis zu 8 cm

TIEFE 1–30 m

LEBENSRAUM Korallenriffhänge

VERBREITUNG tropische Gewässer des Indischen und des westlichen Pazifischen Ozeans

Der stark gewellte Rand des Gelbpunkt-Strudelwurms wird von einer weißen Linie betont. Der Rest der Oberseite ist schwarz und mit kurzen Papillen bedeckt, die in einer gelben Spitze enden. So sieht das Tier aus, als sei es gelb gepunktet. Wie bei den meisten tropischen Plattwürmern weiß man wenig über die Lebensweise, doch ist diese Art oft auf Seescheiden-Kolonien angetroffen worden. Man nimmt daher an, dass sie sich von ihnen und anderen koloniebildenden Tieren ernährt. Es ist beobachtet worden, dass der Strudelwurm mit rhythmischen Wellenbewegungen seines Körpers gut schwimmen kann. Vieles, was man über diese und andere tropische Plattwürmer weiß, stammt aus den Beobachtungen von Sporttauchern und Unterwasserfotografen. Eine ähnliche Art, *Thysanozoon flavomaculatum,* kommt in den Korallenriffen des Roten Meers vor.

UNTERKLASSE RHABDITOPHORA

Blatt-Strudelwurm

Kaburakia excelsa

LÄNGE bis zu 10 cm

TIEFE Gezeitenzone

LEBENSRAUM unter Küstenfelsen

VERBREITUNG gemäßigte Gewässer des nordöstlichen Pazifik

Dieser handtellergroße Plattwurm kriecht an den pazifischen Küsten Nordamerikas über Felsen und Bewuchs. Seine Farbe reicht von Rotbraun bis Braun mit dunklen Flecken. Wenn er sich streckt, können die Verzweigungen seines Darms durch die Haut scheinen. Er frisst wie die meisten Angehörigen der Polycladida, indem er seinen Pharynx über die Beute stülpt. Die meisten Plattwürmer der Gezeitenzone sind nur 2 cm lang, sodass diese Art leicht zu erkennen ist. Häufig sieht man sie in Schwimmdocks und in Muschelbänken.

UNTERKLASSE RHABDITOPHORA

Fischbandwurm

Dibothriocephalus latus

LÄNGE bis zu 10 m

TIEFE vom Wirt abhängig

LEBENSRAUM parasitär

VERBREITUNG wahrscheinlich weltweit, abhängig vom Wirtsorganismus

Manche Plattwürmer wie die Bandwürmer (Klasse Cestoda) sind hochspezialisierte Parasiten. Der Fischbandwurm hat einen komplexen Lebenskreislauf. Das befruchtete Ei wird von einem Süßwasserkrebschen verschluckt, in dem die Larve schlüpft. Fische des Süßwassers, der Flussmündungen und wandernde Meeresfische werden infiziert, wenn sie die Krebschen oder befallene Fische fressen. Der erwachsene Bandwurm lebt in Säugetieren, auch in Menschen, die rohen Fisch essen. Andere Bandwürmer leben in den Därmen von Meeresfischen.

Schnurwürmer

DOMÄNE	Eucarya
REICH	Animalia
STAMM	Nemertea
KLASSEN	4
ARTEN	1350

Schnurwürmer können große Längen erreichen, obwohl die Mehrzahl klein und unauffällig ist. *Lineus longissimus* (unten) wird als längstes Tier der Erde angesehen, denn er kann mindestens 50 m lang werden. Solche Arten besitzen einen runden Querschnitt. Die Mehrzahl der Schnurwürmer lebt im Meer unter Steinen, im Bewuchs oder im Sediment. Einige wenige Arten leben innerhalb der Schalen von Muscheln und Krebstieren oder sind Parasiten.

WARNZEICHNUNG
Manche Schnurwürmer warnen Fressfeinde mit ihrem Zeichnungsmuster davor, dass sie giftig sind. Unauffällig gezeichnete Tiere jagen nur nachts.

Körperbau

Der nicht segmentierte Körper der Schnurwürmer ist mit Schleim bedeckt. Die kräftige Muskulatur der Körperwand kann den Wurm auf einen Bruchteil seiner Körperlänge verkürzen. Anders als Plattwürmer besitzen Schnurwürmer Blutgefäße und einen Darm mit Mund und After. Vorder- und Hinterende sind manchmal schlecht zu unterscheiden, doch die meisten Arten besitzen vorn einfache Augen. Auffällig ist der kräftige Rüssel, der in einer mit Flüssigkeit gefüllten Scheide oberhalb des Darms liegt. Er kann durch den Mund oder eine besondere Öffnung ausgestülpt werden und dient dem Beutefang. Bei manchen Arten enthalten der Rüssel und der Schleim starke Gifte wie Tetrodotoxin.

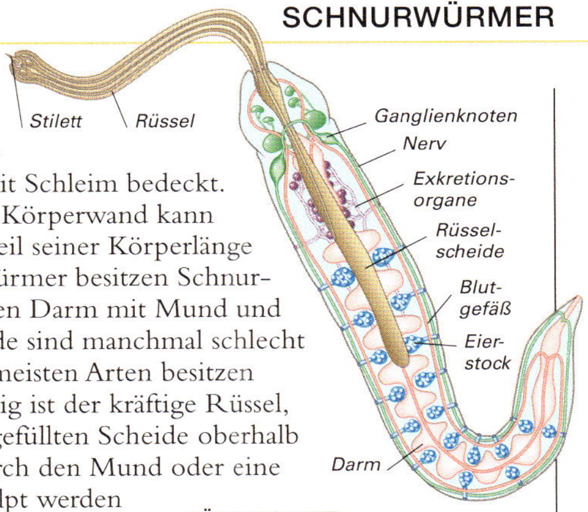

LÄNGSSCHNITT
Schnurwürmer besitzen keine Kiemen. Ein simples Kreislaufsystem verteilt den Sauerstoff im Körper.

Vermehrung

Die meisten Schnurwürmer sind getrenntgeschlechtlich. Die zahlreichen, einfach gebauten Gonaden produzieren entweder Eier oder Spermien, die durch Poren an den Körperseiten ins Wasser abgegeben werden. Die Paare einiger Arten umgeben sich mit einem Schleimnetz, in dem die Eier befruchtet werden (Pseudokopulation). Bei manchen Arten schlüpfen aus den Eiern direkt junge Würmer, bei anderen verschiedene Larventypen. Die langen Körper der Schnurwürmer zerreißen leicht, können die fehlenden Teile jedoch regenerieren. Manche Arten nutzen das auch zu ungeschlechtlicher Vermehrung: Der Körper zerfällt in mehrere Teile und jeder Teil entwickelt einen neuen Kopf und Schwanz.

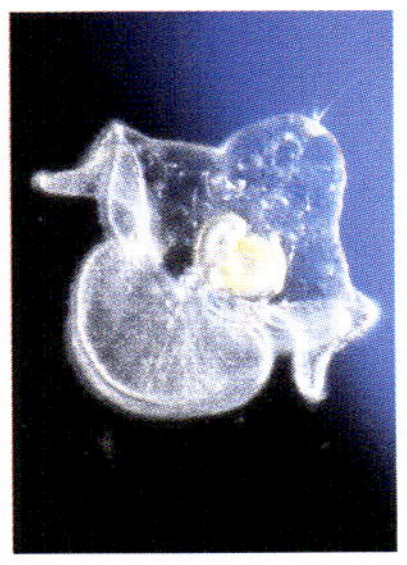

PLANKTON-LARVE
Manche Schnurwürmer entwickeln sich aus planktonischen, Pilidium genannten Larven. Sie können sich mit haarähnlichen Cilien fortbewegen.

KLASSE PALAEONEMERTEA

Ringel-Schnurwurm

Tubulanus annulatus

LÄNGE bis zu 75 cm
TIEFE 0–40 m
LEBENSRAUM Kies, Steine und Sedimente
VERBREITUNG kalte und gemäßigte Gewässer des Nordatlantiks und des Nordpazifik

Als einer der am auffälligsten gezeichneten Schnurwürmer weist der Ringel-Schnurwurm weiße Längsstreifen und weiße Ringe auf. Man kann ihn als unordentlichen Haufen unter Steinen im unteren Küstenbereich oder bei Ebbe auf der Suche nach organischen Resten finden. Meistens lebt er jedoch in Küstennähe in fast jedem Typ Meeresgrund, einschließlich Schlamm, Sand und Muschelgrus. Zur Tarnung baut er eine schleimige Röhre, an der das umgebende Sediment kleben bleibt.

KLASSE PILIDIOPHORA

Riesen-Schnurwurm

Lineus longissimus

LÄNGE bis zu 55 m
TIEFE Gezeitenzone
LEBENSRAUM Sedimente und Steine
VERBREITUNG gemäßigte Gewässer des nordöstlichen Atlantiks

Dieser Wurm gleicht die unscheinbare Färbung durch seine unglaubliche Länge aus. Obwohl nur wenige Millimeter dick, erreicht er für gewöhnlich 10 m Länge und ist damit eins der längsten Tiere. Am Strand wirkt er wie ein Haufen von Schlingen und Schleifen, der auf dem Sediment unter Steinen liegt. Dieser eher wenig attraktive Wurm lässt sich nur schlecht aufnehmen, da er große Schleimmengen abgibt. Der Schleim hilft ihm, über den Meeresgrund zu gleiten.

KLASSE HOPLONEMERTEA

Schöner Schnurwurm

Nipponnemertes pulcher

LÄNGE bis zu 9 cm
TIEFE 0–570 m
LEBENSRAUM grobe Sedimente
VERBREITUNG gemäßigte und kalte Bereiche der Arktis, des Atlantiks, des Pazifik und des Südpolarmeers

Diese Art gehört einer Klasse von Schnurwürmern an, deren Rüssel mit einem oder mehreren Stiletten bewaffnet ist. *Nipponnemertes pulcher* hat einen kurzen, kräftigen Körper, der bis zu 5 mm dick ist und in einen spitzen Schwanz ausläuft. Die Farbe reicht von Rosa und Orange bis zu Dunkelrot und ist an der Unterseite heller. Der Kopf ist schildförmig und an den Rändern mit vielen Augen besetzt, deren Zahl mit dem Alter zunimmt. Meistens wird der Wurm mit dem Schleppnetz aus den Sedimenten seines Lebensraums gefischt, doch manchmal findet man ihn an der Küste unter Steinen. Sein vollständiges Verbreitungsgebiet ist unbekannt.

Ringelwürmer

DOMÄNE	Eucarya
REICH	Animalia
STAMM	Annelida
KLASSEN	2
ARTEN	16 000

Zu den Ringelwürmern gehören Regenwürmer, Egel und verschiedene Würmer des Süßwassers, die in die Klasse Clitellata gestellt werden. Die Borstenwürmer der Klasse Polychaeta leben überwiegend im Meer. Zu ihnen gehören die grabenden Wattwürmer, die frei lebenden räuberischen Seeringelwürmer und die Röhrenwürmer. Sie alle haben einen langen Körper, der in nahezu identische Segmente unterteilt ist.

BORSTENWURM
Feuerwürmer besitzen lange, spitze Borsten. Sie brechen ab, bleiben in der Haut stecken und verursachen schmerzhafte Reizungen.

Körperbau

Die Körpersegmente (Metamere) sind, abgesehen von Kopf- und Schwanzsegment, nahezu identisch. Bei Borstenwürmern sitzen an jedem Segment seitlich flache Parapodien, die von chitinhaltigen Borsten gestützt werden. Der Wurm benutzt sie zur Fortbewegung und äußere Borstenbündel verstärken die Bodenhaftung. Die Segmente sind voneinander getrennt und mit Flüssigkeit gefüllt. Der Darm, das Bauchmark und die großen Blutgefäße ziehen sich durch den gesamten Körper.

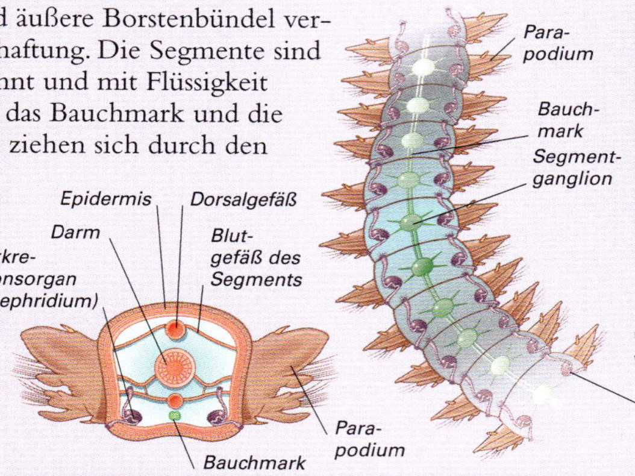

SEGMENTE
Die meisten Segmente enthalten eigene Exkretions- und Geschlechtsorgane sowie Verzweigungen der Blutgefäße und Nervenknoten des Bauchmarks.

DIE KIEFER DES RÄUBERS
Der Polychaet *Eunice aphroditois* ergreift seine Beute mit dem mit scharfen Mandibeln versehenen Rüssel.

Vermehrung

Die meisten Polychaeten sind getrenntgeschlechtlich und geben die Eier und Spermien getrennt in das Wasser ab. Bei vielen Arten entsteht aus den befruchteten Eiern eine Trochophora-Larve, die einem kleinen Kreisel ähnelt. Sie schwimmt im Plankton und wird von haarähnlichen Cilien angetrieben. Die Larve streckt sich und teilt sich in Segmente auf, wenn sie sich in ein erwachsenes Tier umwandelt. Manche Arten entlassen erst die weit entwickelten Larven. Einige Polychaeten oder Teile von ihnen werden mit der sexuellen Reife zu schwimmenden Ei- oder Spermienbehälter. Die sogenannten epitoken Körperteile schwärmen, platzen zur Abgabe der Geschlechtsprodukte und sterben.

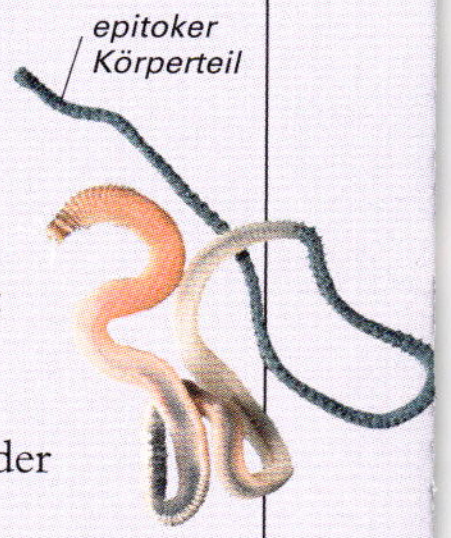

EPITOKIE
Das Eier oder Spermien enthaltende epitoke Hinterteil des Palolo-Wurms trennt sich vom Vorderteil und platzt.

KLASSE POLYCHAETA

Wattwurm

Arenicola marina

LÄNGE bis zu 20 cm
TIEFE Küste und Sublitoral
LEBENSRAUM schlammiger Sand
VERBREITUNG gemäßigte Küsten des nordöstlichen Atlantiks, Mittelmeer, westliche Ostsee

Ein gewohnter Anblick an westeuropäischen Küsten sind die Knäuel des von Wattwürmern ausgeschiedenen Sands. Den Wurm sieht man kaum, da er in seiner u-förmigen Röhre unter der Sandoberfläche bleibt. Ihren Eingang erkennt man an einer flachen Mulde im Sand. Der Wurm kann rosa, rot, braun, schwarz oder grün gefärbt sein. Die ersten sechs Segmente seines Vorderteils tragen dichte Borstenbüschel, die nächsten dreizehn dagegen rote, federartige Kiemen. Das hintere Körperdrittel ist dünn und besitzt weder Kiemen noch auffällige Borsten.

Wattwürmer nehmen Sand auf, entziehen ihm die organischen Bestandteile und scheiden den Rest aus. Sie werden gern von verschiedenen Watvögeln gefressen und von Fischern als Köder benutzt. Sie sind am häufigsten im mittleren Küstenbereich in Sedimenten zu finden, die einen hohen organischen Anteil enthalten.

KLASSE POLYCHAETA

Grüner Blattwurm

Eulalia viridis

LÄNGE bis zu 15 cm
TIEFE Küste und Flachwasser
LEBENSRAUM felsige Bereiche, unter Steinen und in Spalten
VERBREITUNG gemäßigte Küstengewässer des nordöstlichen Atlantiks

Obwohl man diesen Wurm meistens auf Felsen kriechend findet, kann er auch gut schwimmen. Der Name Blattwurm kommt von den großen blattförmigen Parapodien an den Seiten der Segmente, die dem Wurm beim Schwimmen helfen. Zwei Paare kräftiger Tentakel befinden sich an den Seiten, ein einzelner auf der Oberseite und vier kurze, nach vorn gerichtete an der Vorderseite des Kopfes. Sie helfen dem Wurm zusammen mit zwei einfachen, schwarzen Augen bei der Nahrungssuche. Der Grüne Blattwurm wird vor allem von toten Tieren wie Muscheln und Rankenfüßern angezogen, jagt aber auch lebende Beute. Allerdings hat er anders als der Seeringelwurm (rechte Seite) keine Kiefer, um große Beute zu bewältigen. Stattdessen bleiben Aas und Abfälle an seinem Rüssel hängen. Im Frühjahr klebt der Wurm geleeartige grüne Eiklumpen, etwa in Größe einer Murmel, am Strand und im Flachwasser an Tange und Felsen.

KLASSE POLYCHAETA

Seemaus

Aphrodita aculeata

LÄNGE bis zu 20 cm
TIEFE flach bis mittel
LEBENSRAUM Sand, schlammiger Sand
VERBREITUNG gemäßigte Küstengewässer des nordöstlichen Atlantiks, Mittelmeer

Die Segmentstruktur dieses hübschen Wurmes kann man nur sehen, wenn man ihn auf den Rücken dreht, da die Haare sonst die Segmente verdecken. Entlang jeder Körperseite verlaufen zahlreiche schwarze Borsten und ein Saum wunderschöner, irisierender Haare, die grün, blau oder gelb leuchten. Die Borsten können bei Kontakt Hautreizungen hervorrufen. Die Seemaus heißt so, weil sie wie eine verschmutzte Maus aussieht, die ertrunken an den Strand gespült worden ist.

KLASSE POLYCHAETA

Grüner Seeringelwurm

Neanthes virens

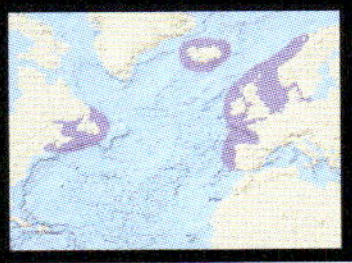

LÄNGE bis zu 50 cm
TIEFE Küste und Flachwasser
LEBENSRAUM schlammiger Sand
VERBREITUNG gemäßigte Küstengewässer des nordöstlichen und nordwestlichen Atlantiks

Dieser große Wurm hat kräftige Kiefer, mit denen er auch Menschen schmerzhaft beißen kann. Sie werden aus einem vorstreckbaren Rüssel hervorgeschoben und dienen sowohl dazu, Beute ins Maul zu transportieren als auch dazu, sich zu verteidigen. Der Seeringelwurm lebt in einem mit Schleim ausgekleideten Bau im Sand und wartet auf die Flut, um zum Fressen herauszukommen. Er schwimmt gut, indem er seinen Körper s-förmig krümmt.

KLASSE POLYCHAETA

Röhren-Sandkoralle

Sabellaria alveolata

LÄNGE bis zu 4 cm
TIEFE Küste und Flachwasser
LEBENSRAUM gemischte Felsen- und Sandbereiche
VERBREITUNG Gezeitenzonen des nordöstlichen Atlantiks, Mittelmeer

Obwohl die Würmer winzig sind, können ihre Sandröhren große Felsflächen in bis zu 50 cm dicken Schichten bedecken. Sie bauen ihre Röhren nah beieinander und die Öffnungen verleihen der Kolonie ein bienenwabenartiges Aussehen. Der Kopf des Polychaeten ist von Borsten gekrönt und besitzt viele feinfiedrige Mundfilamente zur Nahrungsaufnahme, mit denen er Plankton fängt. Der Körper endet in einem dünnen Schwanz ohne Anhänge.

WURMRIFFE

Die Würmer nutzen die von den Wellen aufgewirbelten Sandkörner, um sie zu Röhren zu verkleben. Dazu benutzen die Tiere Schleim, den sie mit einem Bauorgan am Mund formen. Wenn neue Würmer sich aus dem Plankton niederlassen, wächst ein Riff in die Breite und Höhe, wenn genug geeigneter Sand vorhanden ist. Diese Strukturen bieten auch anderen Arten einen Lebensraum.

LEBENDES RIFF
Das Riff wird recht alt werden, wenn sich neue Larven ansiedeln, um von den Wellen beschädigte Bereiche und tote Würmer zu ersetzen.

KLASSE POLYCHAETA

Pracht-Kalkröhrenwurm

Sabellastarte magnifica

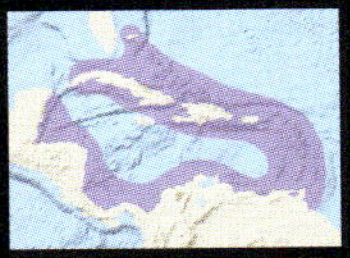

LÄNGE bis zu 15 cm
TIEFE 1–20 m
LEBENSRAUM Korallenriffe
VERBREITUNG Flachwasserbereiche im westlichen Atlantik und in der Karibik

Der einzige sichtbare Teil dieses Wurmes ist die schöne Tentakelkrone. Sein segmentierter Körper versteckt sich in einer flexiblen Röhre, die er in einer Fels- oder Korallenriffspalte oder im Sand errichtet hat. Die Tentakel bilden zwei Wirtel und sind meist braunweiß gestreift. Normalerweise werden sie weit ausgestreckt, um Plankton aus dem Wasser zu filtern. Allerdings reicht die geringste Störung, etwa das Ausatmen eines Tauchers, um den Wurm die Tentakel sofort in die Sicherheit der Röhre zurückziehen zu lassen.

KLASSE POLYCHAETA

Weihnachtsbaum-Wurm

Spirobranchus giganteus

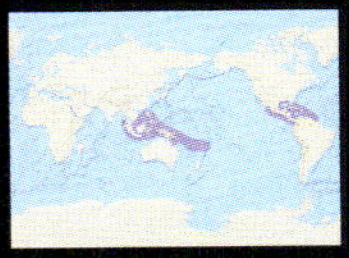

LÄNGE bis zu 3 cm
TIEFE 0–30 m und mehr
LEBENSRAUM lebende Korallenstöcke
VERBREITUNG flache Gewässer in Riffen im gesamten tropischen Bereich

Viele große Korallenstöcke in den Tropen sind mit »Weihnachtsbäumchen« in den verschiedensten Farben dekoriert. Der Wurm lebt in einer im Korallenstock eingebetteten Kalkröhre und streckt eine doppelte Spirale von Tentakeln heraus. Bei Störungen kann er sich in Sekundenbruchteilen in die Röhre zurückziehen. Zusätzlich kann er die Röhre mit einem kleinen Deckel verschließen, der als Operculum bezeichnet wird.

KLASSE POLYCHAETA

Pompeji-Wurm

Alvinella pomejana

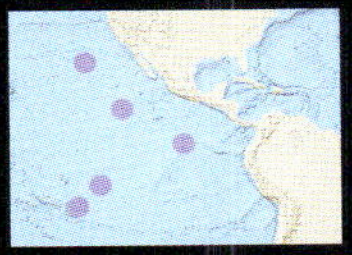

LÄNGE bis zu 10 cm
TIEFE 2000–3000 m
LEBENSRAUM Kamine hydrothermaler Quellen
VERBREITUNG östlicher Pazifik

Dieser ungewöhnliche Wurm lebt in dünnen Röhren, die sich dicht an dicht an den Kaminen hydrothermaler Quellen befinden. Sie befinden sich nah an den Öffnungen, an denen Wasser mit Temperaturen von bis zu 350 °C tief aus der Erde austritt. Die Würmer können noch bei Temperaturen von mindestens 42 °C überleben. Am Kopfende besitzt der Pompeji-Wurm eine Gruppe großer Kiemen und ein von Tentakeln umgebenes Maul. Jedes Körpersegment trägt an seiner Seite Parapodien. Die hinteren Parapodien weisen haarähnliche Fortsätze auf, die eine große Menge chemisch aktiver Bakterien tragen. Von den Bakterien produzierte Stoffe und die Bakterien selbst dienen dem Wurm als Nahrung.

Weichtiere

DOMÄNE	Eucarya
REICH	Animalia
STAMM	Mollusca
KLASSEN	8
ARTEN	über 79 000

Zu den erfolgreichsten Meerestieren gehören die Weichtiere oder Mollusken, deren große Vielfalt es ihnen erlaubt, von der Tiefsee bis zur Spritzwasserzone nahezu überall zu leben. Zu ihnen gehören Muscheln, Schnecken und Tintenfische. Die meisten haben Gehäuse und bewegen sich langsam oder gar nicht. Einigen fehlen Augen. Andere sind intelligente, aktive Jäger mit komplexem Nervensystem und großen Augen. Filtrierende Mollusken wie Muscheln sind für Küstenökosysteme wichtig, da sie anderen Tieren als Nahrung dienen und das Wasser klären. Viele Mollusken sind als Nahrung oder wegen der Perlen und Schalen kommerziell interessant.

Körperbau

Mollusken besitzen einen Kopf mit Fuß (Cephalopodium) und einen Körper mit Mantel (Visceropallium). Der Fuß dient ihrer Fortbewegung. Ihre Körper werden vom Innendruck gestützt, doch erfüllt die Schale auch die Funktion eines Außenskeletts. Der Mantel bildet die obere Schicht des Körpers und scheidet, wenn vorhanden, die Schale ab. Muschelschalen bestehen aus zwei Hälften, die mit einem Schloss (eigentlich ein Gelenk) verbunden sind. Bei Ebbe oder Gefahr können die Schalen mit kräftigen Muskeln zusammengehalten werden. Mit Ausnahme der Muscheln besitzen Mollusken eine Reibzunge oder Radula, die sich nur bei ihnen findet. Kopffüßer (Oktopoden, Kalmare, Sepien) haben schnabelartige Kiefer und Fangarme. Das einteilige Gehäuse ist meist ins Körperinnere verlegt (Schulp), während viele Schnecken ein äußeres, spiral- oder kegelförmiges (Napfschnecken) besitzen.

RIESE DES RIFFS
Die tropische Große Riesenmuschel ist die größte Muschel der Welt und kann mehr als 1 m lang und über 220 kg schwer werden.

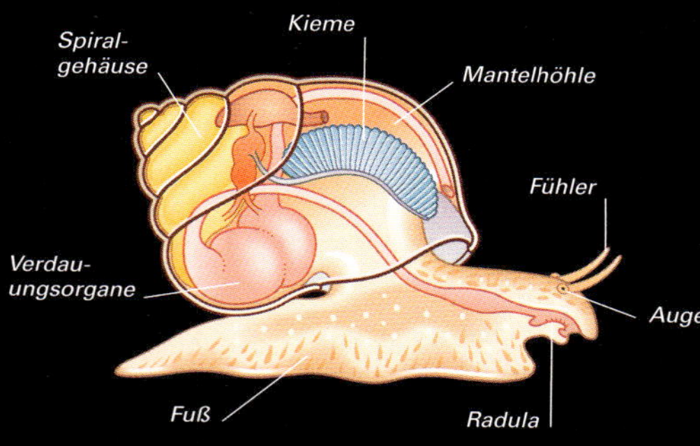

SPIRALIGES GEHÄUSE

BAU EINER SCHNECKE
Der Körper (ganz links) einer Schnecke umfasst Kopf, Fuß und meistens ein Spiralgehäuse (links). Die weichen Körperteile können bei den Gehäuseschnecken zum Schutz vor Gefahr oder Austrocknung bei Ebbe in das Gehäuse zurückgezogen werden.

BAU EINER MUSCHEL
Muscheln sind von einer aus zwei Hälften bestehenden Schale (rechts) umgeben, aus der die Siphonen und der Fuß herausgestreckt werden können. Die Schale wird von Schließmuskeln (Adduktoren) geschlossen, die in der Abbildung (ganz rechts) eingezeichnet sind.

MUSCHELSCHALE

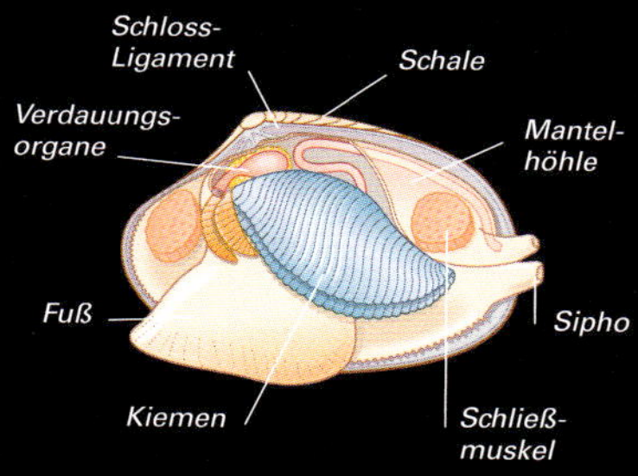

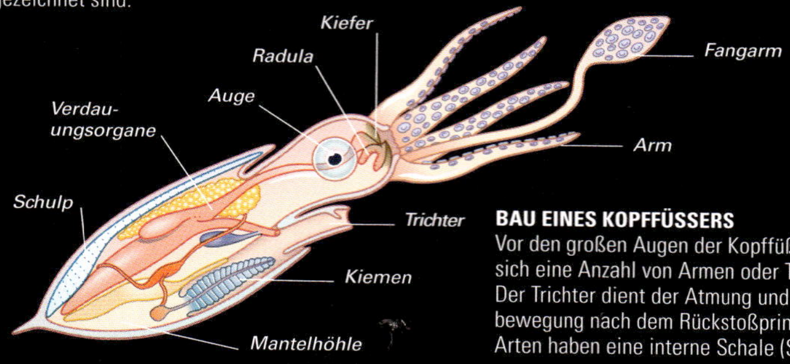

BAU EINES KOPFFÜSSERS
Vor den großen Augen der Kopffüßer befindet sich eine Anzahl von Armen oder Tentakeln. Der Trichter dient der Atmung und der Fortbewegung nach dem Rückstoßprinzip. Viele Arten haben eine interne Schale (Schulp).

Sinnesorgane

Tast-, Geruchs-, Geschmacks- und Gesichtssinn sind bei vielen Weichtieren gut entwickelt. Das Nervensystem weist paarige Markstränge auf, die zum Beispiel die Bewegung des Fußes steuern oder die Lichtintensität registrieren können. Verschieden gebaute einfache Augen sitzen auf den Mantelrändern vieler Muscheln, und ein Teil der Kopffüßer besitzt hoch entwickelte Linsenaugen. Kopffüßer können ihre Körperfärbung sehr schnell verändern.

PIGMENTZELLEN HELFEN BEI DER VERÄNDERUNG DER KÖRPERFARBE

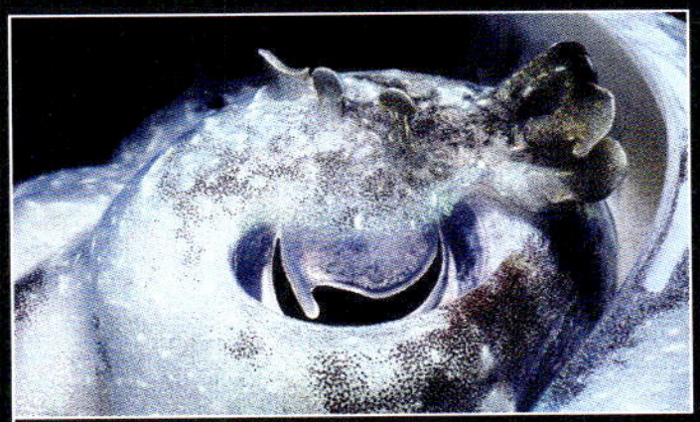

1 Die Farbänderung des Riesen-Sepia wird durch Chromatophororgane bewirkt. Sie werden hell, wenn sich ihre Pigmente zusammenziehen.

2 Wenn der Kopffüßer über dunklerem Grund schwimmt, verteilen sich die farbigen Pigmente in den Chromatophororganen und seine Haut wird dunkler.

FARBENPRACHT
Die ihre Warnfarben präsentierende Nacktschnecke ist ein gehäuseloser Vertreter der vielen Tausend im Meer lebenden Schneckenarten.

MENSCHLICHER EINFLUSS

ZUCHTPERLEN

Perlen bilden sich in vielen Muscheln, wenn sich ein Fremdkörper in der Schale befindet. Die Muschel umhüllt ihn mit Perlmuttschichten und bildet so eine Perle. Heute werden viele Perlen dadurch erzeugt, dass absichtlich ein Fremdkörper in die Schale gegeben wird.

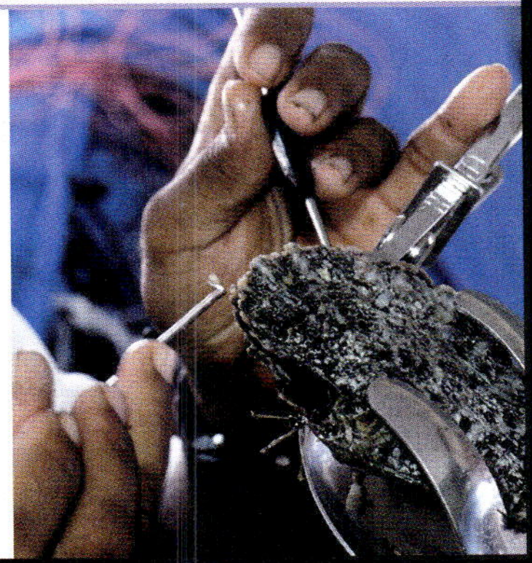

PERLENZUCHT
Die am besten geformten Perlen entstehen, wenn man Muscheln eine winzige Perle und ein Mantelstück eines anderen Mollusken in die Schale gibt.

Bewegung

Weichtiere bewegen sich auf viele verschiedene Arten. Die meisten Schnecken gleiten auf ihrem schleimabscheidenden Fuß dahin. Eine Ausname bildet der Seehase, dessen Fuß flossenähnliche Fortsätze zum Schwimmen besitzt. Manche Muscheln, wie die Kammmuscheln, können den mit den Schalenhälften erzeugten Rückstoß zum ruckartigen Schwimmen nutzen. Andere Muscheln graben sich mithilfe ihres Fußes und ihrer Muskulatur in den Boden ein. Kopffüßer sind sehr gute Schwimmer. Manche schweben mithilfe der Flossensäume ihres Körpers im Wasser und können plötzlich beschleunigen, indem sie Wasser aus ihrem Trichter ausstoßen.

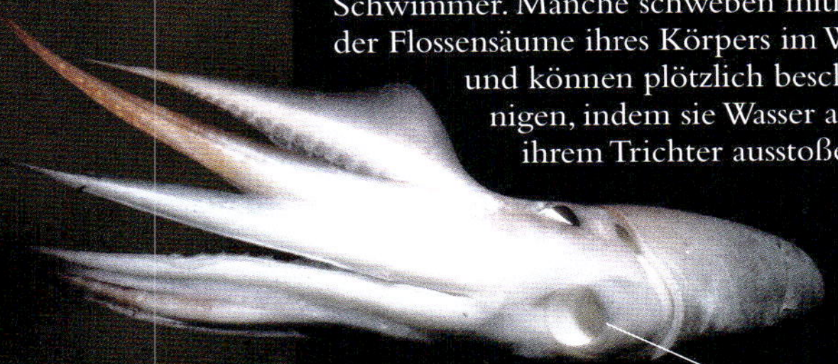

STROMLINIENFÖRMIG
Das Rückwärtsschwimmen verringert den Widerstand der Arme. Bei diesem Riesenkalmar ist der dem Antrieb dienende Trichter deutlich zu sehen.

SCHLEIMSPUR
Wellenbewegungen durchlaufen den Fuß dieser marinen Schnecke. Dabei gibt sie einen Schleim ab, der sie beim Kriechen auf rauem Untergrund unterstützt.

Atmung

Die meisten Mollusken nehmen mit Kiemen (Ctenidien) in der Mantelhöhle Sauerstoff aus dem Wasser auf. Diese Organe besitzen zum Gasaustausch eine große Oberfläche. Bei ständig im Wasser lebenden Arten können die Kiemen laufend von Frischwasser umspült werden. Die Arten der Gezeitenzone sind jedoch regelmäßig der Luft ausgesetzt und müssen ihre Kiemen dann feucht halten. Bei Ebbe schließen Muscheln daher ihre Schale, und manche Schnecken verschließen die Gehäuseschale mit einer Klappe, dem Operculum. Lungenschnecken besitzen statt der Ctenidien eine einfache Lunge im Mantel. Die meisten Arten leben an Land, doch die Arten der Küste können Sauerstoff aus dem Wasser über die Haut aufnehmen. Das Atmungspigment im Molluskenblut ist meistens eine Kupferverbindung (Hämocyanin). Es ist nicht so effizient wie Hämoglobin und färbt das Blut grünblau.

WARNFARBE
Nacktschnecken besitzen büschelartige Außenkiemen am Hinterleib. In die Warnfärbung dieser Art sind die orangefarbigen Kiemen mit einbezogen worden.

LEBEN IM MEER

Nahrungsaufnahme

Die Art der Nahrungsaufnahme ist so unterschiedlich wie der Körperbau der Mollusken. Sessile Weichtiere wie die Muscheln lassen Wasser durch ihre röhrenförmigen Siphonen strömen. Mit ihren schleimbedeckten Kiemen filtern sie Schwebstoffe aus dem Wasser. Viele Schnecken und Käferschnecken grasen Algen von harten Untergründen mithilfe ihrer Reibzunge (Radula) ab, auf der viele zähnchenartige, mit Chitin, Conchin oder Mineralsalzen verstärkte Strukturen sitzen. Größere Mollusken ernähren sich von Krebstieren, Würmern, Fischen und anderen Weichtieren, die sie mit dem Geruchssinn oder, im Fall der Oktopoden, mit den Augen erkennen. Kopffüßer können die mit Saugnäpfen bewehrten Arme oder die Spitzen ihrer Fangarme zum Beutefang einsetzen und ihren Papageienschnabel benutzen, um sie zu zerdrücken oder zu zerreißen. Manche Kalmare scheinen auch im Schwarm zu jagen und auf der Beutesuche in Formationen durch das Riff zu schwimmen.

VERSCHIEDENE ZÄHNCHEN
Die Radulazähnchen unterscheiden sich oft von Art zu Art. Dieses Rasterelektronenmikroskopbild zeigt die Radula der Schnecke *Sinezona rimuloides*.

FRASSSPUREN
Napfschnecken bleiben immer im gleichen Bereich, da die abgefressenen Algen schnell wieder nachwachsen. Die Radula der Schnecke hinterlässt eine gut sichtbare Spur.

ENTWICKLUNG
Nach vier Monaten schlüpfen fertig entwickelte Jungtiere aus den Eiern der Riesensepien.

Vermehrung

Für viele Mollusken bedeutet Vermehrung nur, Eier und Spermien ins Wasser abzugeben. Die Befruchtung erfolgt im Wasser und es gibt keine Brutpflege. Weichtiere können männlich, weiblich oder zwittrig sein. Zwitter können als Männchen oder Weibchen fungieren oder, wie bei den Nacktschnecken, gleichzeitig Eier und Spermien produzieren. Eier können jedoch nur mit fremden Spermien befruchtet werden. Arten wie die Pantoffelschnecke ändern ihr Geschlecht mit dem Alter, während Austern es mehrfach pro Brutsaison wechseln können. Bei Kopffüßern umwerben die Männchen die Weibchen, es gibt eine innere Befruchtung und bei manchen Arten betreiben die Weibchen Brutpflege.

SCHNECKENSTAPEL
Pantoffelschnecken können im Verlauf des Wachstums vom Männchen zum Weibchen werden. Hier sitzen drei kleinere Männchen auf einem Weibchen.

MENSCHLICHER EINFLUSS

AUSTERNBEDARF

Austern sind lange Zeit als Nahrungsmittel gesammelt worden. Der hohe Marktwert und die große Nachfrage haben die Europäische Auster in der Nordsee aus einem großen Teil ihres Verbreitungsgebiets verschwinden lassen. Die meisten Austern stammen heutzutage aus kommerziellen Farmen.

LANGSAME BESTANDSERHOLUNG
Die relativ langlebige und sich unregelmäßig vermehrende Europäische Auster braucht lang, um sich vom Raubbau zu erholen.

Lebenszyklen

Die meisten Mollusken geben ihre Eier ins freie Wasser ab oder verankern sie als Gelege am Substrat. Aus ihnen schlüpfen meist schalenlose Larven, die nun im Plankton leben. Bei den meisten Mollusken handelt es sich um mit haarähnlichen Cilien versehene Trochophora-Larven, aus denen bei Schnecken und Muscheln in der Regel Veliger-Larven entstehen, die größere Cilien-Bänder und manchmal Eigenschaften der erwachsenen Tiere zeigen, etwa Mantel- oder Schalenanlagen. Mit zunehmender Reife lassen sich die Larven auf dem Meeresgrund nieder und verwandeln sich in erwachsene Tiere. Nur die sich in geeigneter Umgebung befindenden überleben. Aus den Eiern der Kopffüßer schlüpfen bereits aktive Jäger, die schon den Erwachsenen gleichen oder erst eine planktonische Phase durchleben.

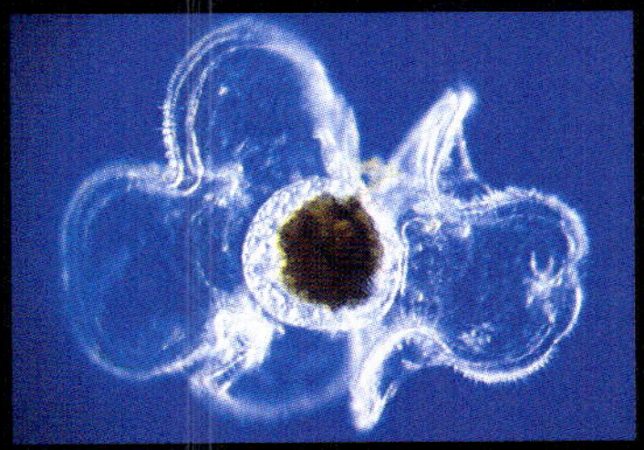

PLANKTONISCHE LARVEN
Die Bänder dieser Napfmuschel-Veliger-Larve bestehen aus winzigen Cilien, die der Fortbewegung und dem Nahrungserwerb dienen.

WARTEN AUF BEUTE
Die Sepie wartet mit ausgestreckten Armen. Wenn Beute in Reichweite kommt, schnellen die beiden noch über den unteren Armen zusammengezogenen Fangarme vor und ergreifen sie.

BEFESTIGUNG DER EIKAPSELN
Das Weibchen des Großflossen-Riffkalmars produziert bis zu 400 Eikapseln, die insgesamt etwa 2500 Eier enthalten. Hier befestigt es die Eikapseln am Untergrund.

Jede Eikapsel kann bis zu sieben Eier enthalten.

SYSTEMATIK DER MOLLUSKEN

Der Stamm der Mollusken ist mit weit über 79 000 Arten der zweitgrößte der vielzelligen Tiere und ihre vielfältigen Formen ermöglichen die Unterscheidung von acht Klassen. Die meisten Arten leben im Meer, doch auch im Süßwasser und an Land gibt es viele Arten.

SCHILDFÜSSER
Klasse Caudofoveata

131 Arten
Marine, schalenlose, wurmähnliche Organismen der Tiefsee-Sedimente. Die chitinöse Außenschicht enthält Kalkstacheln.

FURCHENFÜSSER
Klasse Solenogastres

273 Arten
Marine schalenlose, wurmähnliche Organismen, die auf dem Meeresgrund leben. Manchen fehlt eine Radula.

NAPFSCHALER
Ordnung Monoplacophora

30 Arten
Tiefsee-Mollusken ohne Augen, aber mit Radula und kegelförmiger Schale. Es gibt mehr fossile als heute lebende Arten.

KAHNFÜSSER
Klasse Scaphopoda

576 Arten
Tiere mit röhrenförmiger, zugespitzter, an beiden Enden offener Schale. Kopf und Fuß werden aus der größeren Öffnung herausgestreckt.

MUSCHELN
Klasse Bivalvia

9733 marine Arten
Mit Schale aus zwei mit einem Schloss verbundenen Hälften, aber keine Radula. Die meisten sind marin und sessil. Wasser wird über Siphone angesaugt und liefert Sauerstoff und Nahrung. Normalerweise getrennte Geschlechter.

SCHNECKEN
Klasse Gastropoda

etwa 67 000 Arten
Schnecken gibt es im Meer, im Süßwasser und an Land. Sie besitzen einen muskulösen Fuß und oft spiralförmige Gehäuse. Der Körper ist um 180° verdreht, sodass die Mantelhöhle über dem Kopf liegt. Viele Arten können sich in die Schale zurückziehen, und manche sind Zwitter.

KOPFFÜSSER
Klasse Cephalopoda

822 Arten
Kalmare, Oktopoden und Sepien sind schnelle, intelligente Tiere mit komplexem Nervensystem und großen Augen. Außer bei den Nautiliden liegt die Schale im Gewebe oder fehlt. Das Maul hat einen Papageienschnabel und eine Radula. Es gibt keine Zwitter.

KÄFERSCHNECKEN
Klasse Polyplacophora

1026 Arten
Käferschnecken besitzen eine aus (meist acht) Platten bestehende Schale, die von einem Gürtel umgeben ist. Der Kopf ist unten durch eine Furche vom Fuß abgesetzt.

KLASSE BIVALVIA

Miesmuschel

Mytilus edulis

LÄNGE 10–15 cm

LEBENSRAUM Gezeitenzone, Küsten, Flussmündungen

VERBREITUNG nördlicher und südöstlicher Atlantik, nordöstlicher und südwestlicher Pazifik

Die essbare schwarzblaue Miesmuschel verankert sich mit ihren Byssusfäden an den verschiedensten Untergründen. Die Fäden sind extrem reißfest und verhindern, dass die Muschel weggespült wird. Sie werden im Herbst wohl wegen der Stürme stärker. Wenn die Muschel ihre Schale öffnet, wird Wasser über die Kiemen (Ctenidien) geleitet, die Sauerstoff aufnehmen und Nahrung aus dem Wasser filtern.

Miesmuscheln sind sehr effektive Filtrierer. Sie wälzen pro Tag 45–70 l Wasser um und verzehren fast alles, was sie herausfiltern. Die Muscheln sind getrenntgeschlechtlich, sodass ihre Ansiedlung in Muschelbänken die Befruchtungschancen erhöht. Nach dem Schlupf werden die planktonischen Larven von der Strömung verdriftet. Nach einigen Monaten verankern sie sich und vollziehen die Metamorphose zur Muschel, aber sie können die Byssusfäden resorbieren und nochmals den Ort wechseln.

KLASSE BIVALVIA

Große Jakobsmuschel

Pecten maximus

BREITE bis zu 17 cm

LEBENSRAUM sandiger Meeresgrund, in Tiefen von 5–150 m, meistens in 10 m Tiefe

VERBREITUNG nordöstlicher Atlantik

Die auch als Große Pilgermuscheln bekannten Tiere findet man meist teils in den Sand eingegraben. Sie gehören zu den wenigen Muscheln, die sich nach dem Rückstoßprinzip im Wasser fortbewegen können. Beim Schließen der Schalenhälften wird Wasser in der Nähe des Schlosses herausgepresst, sodass sich die Muschel mit der Öffnung nach vorn seltsam schnappend bewegt. Diese Bewegungen sind eine wirksame Strategie, um vor Räubern zu flüchten. Die essbaren Muscheln werden in Farmen gezüchtet, um die Nachfrage zu befriedigen.

KLASSE BIVALVIA

Schwarzlippige Perlmuschel

Pinctada margaritifera

LÄNGE bis zu 30 cm Durchmesser

LEBENSRAUM harte Substrate der Gezeitenzone und des Sublitorals, Riffe

VERBREITUNG Golf von Mexiko, westlicher und östlicher Indischer Ozean, westlicher Pazifik

Diese Muscheln beginnen ihr Leben als Männchen und wandeln sich zwei bis drei Jahre später in ein Weibchen um. Weibchen produzieren Millionen von Eiern, die im Wasser zufällig durch männliche Spermien befruchtet werden und sich dann zu frei schwimmenden Larven entwickeln. Sie durchlaufen verschiedene Larvenstadien, bevor sie sich auf dem Meeresgrund niederlassen und in die sessile Erwachsenenform umwandeln. Diese Art ist berühmt und sehr gefragt, da sie gelegentlich sehr geschätzte schwarze Perlen produziert.

KLASSE BIVALVIA

Amerikanische Stachelauster

Spondylus americanus

LÄNGE bis zu 11 cm

LEBENSRAUM Felsen bis zu einer Tiefe von 140 m

VERBREITUNG südöstliche Küste der USA, Bahamas, Golf von Mexiko, Karibik

Die stachlige Schale schützt die Amerikanische Stachelauster vor Fressfeinden. Das abgebildete Exemplar ist mit einem roten Schwamm bewachsen, der es zusätzlich tarnt. Die Schale ist insofern ungewöhnlich, als dass das Schloss wie ein Gelenk mit genau

ineinanderpassenden Zähnen ausgestattet ist. Die Amerikanische Stachelauster verankert sich eher direkt auf dem felsigen Untergrund als dass sie Byssusfäden verwendet.

KLASSE BIVALVIA

Schiffsbohrwurm

Teredo navalis

LÄNGE bis zu 58 cm

LEBENSRAUM Holz im Meer und in Flussmündungen mit hohem Salzgehalt

VERBREITUNG Küstengewässer vor Nord-, Zentral- und Südamerika, Europa

Trotz des Namens ist der Schiffsbohrwurm eine Muschel, die in Anpassung an die Lebensweise eine gestreckte Form angenommen hat. Die Schale am vorderen Ende des Tiers ist sehr klein und gerillt. Es benutzt sie, um sich mit ihr in hölzerne Objekte zu bohren. Ansonsten ist der Körper ungeschützt, wenn man von der kalkhaltigen Röhre absieht, mit der die Gänge ausgekleidet werden. Die Tiere beschädigen hölzerne Objekte, etwa Landungsbrücken, irreparabel und brachten früher viele Schiffe zum Sinken. Der Eingang des Gangs ist nur stecknadelkopfgroß, doch er selbst kann über 1 cm breit sein, sodass der Schaden oft erst auffällt, wenn es zu spät ist.

Schiffsbohrwürmer können sich im Verlauf ihres Lebens von Männchen in Weibchen verwandeln. Aus den vielen Eiern schlüpfen frei schwimmende Larven. Nachdem sie sich auf einem geeigneten Stück Holz niedergelassen haben, wandeln sie sich schnell um und beginnen zu graben.

KLASSE BIVALVIA

Große Bohrmuschel

Pholas dactylus

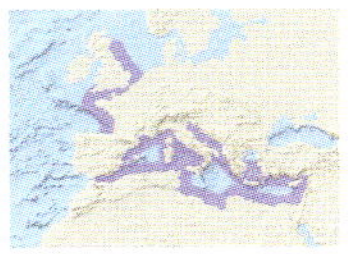

LÄNGE bis zu 15 cm

LEBENSRAUM unterer Küstenbereich bis ins flache Sublitoral

VERBREITUNG Süd- und Ostküsten Großbritanniens, Westküste Frankreichs, Mittelmeer

Das Schalenvorderende der auch als Meerdattel bezeichneten Muschel ist mit kleinen Zähnchen besetzt, mit der sie sich in relativ weiche Substrate wie Schlamm, Kreide, Torf und Schiefer graben kann. Wie der Schiffsbohrwurm ist sie in ihren Gängen vor Fressfeinden geschützt. Die Schale bedeckt nicht den gesamten Körper, da die beiden Siphonen herausragen. Sie ist zerbrechlich, elliptisch und mit einem Muster konzentrischer Rillen und radiärer Linien bedeckt. Bei Störungen zeigt die Muschel eine ungewöhnliche Verteidigungsstrategie: Sie gibt ein leuchtendes Sekret über den dem Wasserauslass dienenden Sipho ab. Diese Biolumineszenz ist bei Muscheln sehr selten und nur bei sehr wenigen Arten zu beobachten.

KLASSE BIVALVIA

Gewöhnliche Herzmuschel

Cerastoderma edule

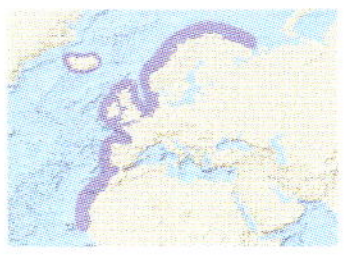

LÄNGE bis zu 5 cm

LEBENSRAUM mittlere und untere Küste, 5 cm tief im Sand oder Schlamm

VERBREITUNG Barents-See, östlicher Nordatlantik von Norwegen bis zum Senegal in Westafrika

Die essbare Muschel hat eine sehr feste Schale und lebt in dichten Populationen gerade unter der Sand- oder Schlammoberfläche, wo sie organische Bestandteile aus dem Wasser filtert. Herzmuscheln sind kommerziell wichtig, aber auch eine Nahrungsquelle für Watvögel wie den Austernfischer.

KLASSE BIVALVIA

Schwertmuschel

Ensis directus

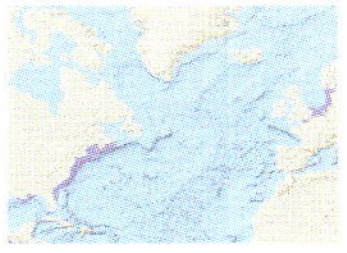

LÄNGE bis zu 25 cm

LEBENSRAUM sandige und schlammige Küsten

VERBREITUNG Atlantikküste Nordamerikas, in die Nordsee eingeschleppt

Schwertmuscheln leben in vertikalen Bauen an schlammigen und sandigen Küsten und tragen ihren Namen, weil ihre Schalen einem Schwert ähneln. Sie stammen von der Nordostküste Nordamerikas und man nimmt an, dass sie im frei schwimmenden Larvenstadium 1978 in die Nordsee eingeschleppt wurden, als ein Schiff die Ballasttanks vor Hamburg entleerte. Die Muschel hat sich nun entlang der Küste ausgebreitet. Stellenweise beeinträchtigt sie die lokalen Polychaeten-Populationen, gilt aber nicht als Schädling.

KLASSE BIVALVIA

Große Riesenmuschel

Tridacna gigas

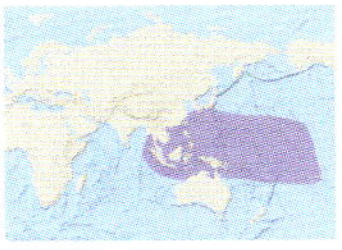

LÄNGE bis zu 1,5 m

LEBENSRAUM Riffe, Riffdächer und Lagunen bis in 20 m Tiefe

VERBREITUNG tropischer Indopazifik vom südlichen Chinesischen Meer bis zur japanischen Nordküste und von den Nicobar- bis zu den Fidschi-Inseln

Die Große Riesenmuschel ist die größte und schwerste Muschel. Auch sie filtert Wasser, das sie durch einen Sipho einsaugt, der von kleinen Tentakeln gesäumt wird. Allerdings erhält sie den größten Teil der Nährstoffe wie die Steinkorallen durch Zooxanthellen, einzellige symbiotische Dinoflagellaten. Diese Algen können so in einer sicheren Umgebung leben und die Muscheln nutzen die von ihnen durch Fotosynthese erzeugten Kohlenwasserstoffe (Zucker). Die Muscheln sind so sehr von den Dinoflagellaten abhängig, dass sie ohne sie sterben würden.

Die erwachsene Muschel ist sessil und ihre beiden Siphonen sind lediglich als Öffnungen im Mantel zu erkennen. Obwohl die welligen Ränder ihrer Schalenhälften genau ineinanderpassen, können größere Exemplare die Schale nicht mehr vollständig schließen, sodass der bunte Mantelrand und die Siphonen ständig zu sehen sind.

Viele Riesenmuscheln scheinen mit purpurnen oder blauen fluoreszierenden Flecken bedeckt zu sein, während andere eher grün oder golden wirken, doch alle haben einige durchsichtige Flecke oder Fenster, die Sonnenlicht in den Mantel scheinen lassen. Die Befruchtung findet im Wasser statt und aus den Eiern schlüpfen frei schwimmende Larven, die sich später auf dem Meeresgrund niederlassen. Über den dem Wasserauslass dienenden Sipho werden zur Laichzeit auch Eier und Spermien abgegeben.

LAICHABGABE

Bei den Riesenmuscheln synchronisieren chemische Signale die Abgabe der Geschlechtsprodukte. Die Muscheln sind zuerst Männchen und werden später Zwitter, doch geben sie immer entweder Spermien oder Eier ab, um die Selbstbefruchtung zu verhindern. Eine große Muschel kann innerhalb von 20 Minuten 50 Millionen Eier entlassen.

GROSSE RIESENMUSCHEL
Riesenmuscheln gewinnen Energie aus der aus dem Wasser gefilterten Nahrung und der Aktivität der Fotosynthese betreibenden Algen (Zooxanthellen), die in dem farbigen Mantelgewebe leben. Tagsüber öffnen sie sich deshalb weit, um den Algen Sonnenlicht zukommen zu lassen.

KLASSE GASTROPODA

Napfschnecke

Patella vulgata

DURCHMESSER 6 cm

LEBENSRAUM Felsen von der oberen Küste bis zum Sublitoral

VERBREITUNG nordöstlicher Atlantik vom Polarkreis bis nach Portugal

Die zwischen Hoch- und Tiefwassermarke häufige Napfschnecke ist hervorragend an ihren Lebensraum angepasst. Das kegelförmige Gehäuse schützt sie vor Fressfeinden und der Umwelt. Die im tieferen Bereich lebenden Schnecken werden von den Wellen umhergestoßen und haben daher etwas flachere Gehäuse als die

MUSKULÖSER FUSS
Der hier von unten gezeigte Fuß hält die Napfschnecke unabhängig von der Stärke der Wellen am Felsen fest.

nahe der Hochwassermarke sitzenden, deren breitere und höhere Gehäuse mehr Wasser zurückhalten, wenn sie trockenfallen. Bei Ebbe bewegen sie sich langsam in einem Bereich von bis zu 1,5 m und weiden mit ihrer durch Minerale verstärkten Reibzunge (Radula) Algen von den Felsen ab.

NACH HAUSE KOMMEN
Mit der Zeit graben sich die Schnecken in den Fels, um ihren Halt zu verbessern und nicht auszutrocknen. Ihre Schleimspur leitet sie immer wieder zurück.

KLASSE GASTROPODA

Kreiselschnecke

Tectus niloticus

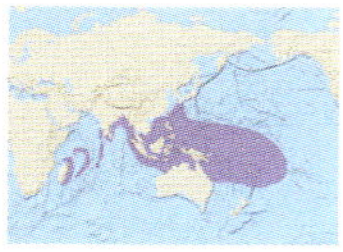

LÄNGE 16 cm

LEBENSRAUM Gezeitenzone, flaches Sublitoral, Riffdächer bis in 7 m Tiefe

VERBREITUNG östlicher Indischer Ozean, westlicher und südlicher Pazifik

Die anhand des kreiselförmigen Gehäuses leicht zu erkennende Schnecke kriecht langsam über Riffdächer und Korallenschutt und frisst Algen. Die Nachfrage nach ihrem Fleisch und dem schönen Gehäuse hat vor allem auf den Philippinen zu einem Bestandsrückgang geführt. Allerdings ist die Schnecke auch in Französisch-Polynesien und auf den Cookinseln eingeführt worden, von wo aus ursprüngliche Verbreitungsgebiete wieder besiedelt werden konnten.

KLASSE GASTROPODA

Rote Abalone

Haliotis rufescens

LÄNGE bis zu 26 cm

LEBENSRAUM Felsen vom Bereich der Ebbe bis in 30 m Tiefe

VERBREITUNG ostpazifische Küsten von Südoregon, USA, bis Baja California, Mexiko

Diese größte Abalone- oder Seeohren-Art ist nach der ziegelroten Farbe ihres dicken, in etwa ovalen Gehäuses benannt worden. Im Gehäuse sind drei

bis fünf Löcher bogenförmig angeordnet, durch die Wasser zum Atmen strömt. Wenn die Schnecke wächst, werden die Löcher wieder verschlossen und durch neue ersetzt. Seeotter sind neben Tauchern die wichtigsten Feinde dieser Schnecke.

KLASSE GASTROPODA

Venuskammschnecke

Murex pecten

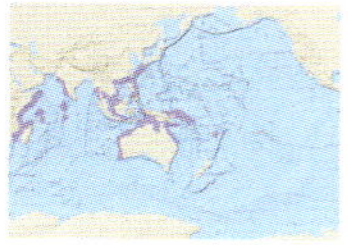

LÄNGE bis zu 15 cm

LEBENSRAUM tropische warme Gewässer bis in 200 m Tiefe

VERBREITUNG östlicher Indischer Ozean, westlicher Pazifik

Diese tropische, fleischfressende Schnecke besitzt ein einzigartiges Gehäuse. An seinen seitlichen Graten befinden sich wie auch an dem dünnen, lang ausgezogenen Sipho-Kanal viele lange Fortsätze. Die genaue Funktion dieser Gebilde ist unbekannt, doch man vermutet, dass sie dem Schutz vor Feinden oder vor dem Einsinken im weichen Substrat dienen sollen. Der Körper ist lang und säulenförmig, sodass er das Gehäuse bei der Nahrungssuche hoch über das Sediment heben kann.

SICH VERSTECKEN

Zu manchen Zeiten gräbt sich die Venuskammschnecke mithilfe ihres muskulösen Fußes in den sandigen Meeresboden ein. Dabei bleibt die Öffnung des röhrenartigen Einlass-Siphos über der Oberfläche, sodass sie Wasser in die Mantelhöhle saugen kann, um sich mit Sauerstoff zu versorgen und den Geruch einer potenziellen Beute wahrzunehmen.

HALB EINGEGRABEN
Die Gehäusefortsätze der Venuskammschnecke ragen aus dem Sand heraus. Auf der rechten Seite des Bildes sieht man ihren Sipho.

KLASSE GASTROPODA

Zebraschnecke

Puperita pupa

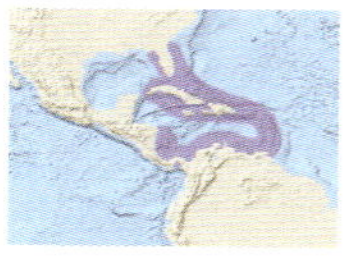

LÄNGE bis zu 1,3 cm

LEBENSRAUM felsige Spritzwassertümpel

VERBREITUNG Karibik, Bahamas, Florida

Kleine, runde, glatte, schwarz-weißgestreifte Gehäuse sind für diese Art typisch, doch Tiere aus Florida können auch eher schwarz gefleckt sein. Die Schnecken sind vor allem tagaktiv und ernähren sich von winzigen Organismen wie Kieselalgen und Cyanobakterien, doch wenn es ihnen zu heiß wird oder sie bei Ebbe trockenfallen, drängen sie sich zusammen und ziehen sich ins Gehäuse zurück. Auf diese Weise verhindern sie vermutlich zu hohen Wasserverlust.

Für Schnecken ist es ungewöhnlich, dass die einzelnen Tiere entweder männlich oder weiblich sind. Die Männchen benutzen ihren Penis, um die Spermien in einem Speicherorgan des Weibchens zu deponieren. Nach der internen Befruchtung legt das Weibchen kleine weiße Eier, aus denen planktonische Larven schlüpfen.

KLASSE GASTROPODA

Purpurschnecke

Nucella lapillus

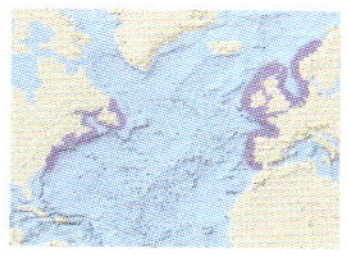

LÄNGE bis zu 5 cm

LEBENSRAUM mittlerer und unterer Bereich von Felsenküsten

VERBREITUNG nordwestlicher und nordöstlicher Atlantik

Die Nordische Purpurschnecke besitzt ein schweres, spitz zulaufendes Gehäuse. Die genaue Form hängt von der Stärke der Wellen und die Farbe von der Ernährung ab. Die Schnecken sind gefräßige Räuber, die sich vor allem von Rankenfüßern und Muscheln ernähren. Wenn sie eine Beute entdeckt hat, bohrt die Schnecke ein Loch in deren Schale, um das Fleisch aufzusaugen.

KLASSE GASTROPODA

Tiger-Kaurischnecke

Cypraea tigris

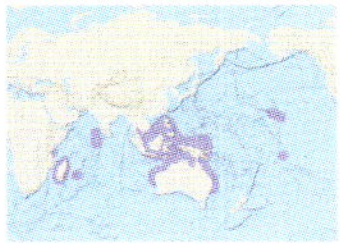

LÄNGE bis zu 15 cm

LEBENSRAUM Bereich der Ebbe bis 30 m Tiefe in Korallenriffen und auf Riffdächern

VERBREITUNG Indischer Ozean, westlicher Pazifik

Mit ihrem glatten, glänzenden Gehäuse, das schwarz, braun, creme- und orangefarben gefleckt ist und eine lange, schmale Öffnung aufweist, ist die Tiger-Kauri eine der größten Porzellanschnecken. Der Mantel der Schnecke (der äußere, umhüllende Teil des Körpers) kann sich bis auf einen Teil des Gehäuses erstrecken. Er besitzt viele Ausstülpungen (Papillen), deren genaue Funktion ungeklärt ist, die aber wohl die Oberfläche für die Sauerstoffaufnahme erhöhen oder zur Tarnung beitragen. Tiger-Kauris sind nachtaktiv. Tagsüber verstecken sie sich in Spalten des Korallenriffs und kommen nachts hervor, um Algen abzugrasen. Die Tiere sind getrenntgeschlechtlich und die Befruchtung erfolgt intern. Die Weibchen betreiben eine gewisse Brutpflege, indem sie die Eikapseln mit ihrem Fuß bedecken, bis aus ihnen die Larven schlüpfen, die dann im Plankton heranwachsen.

KLASSE GASTROPODA

Flamingozunge

Cyphoma gibbosum

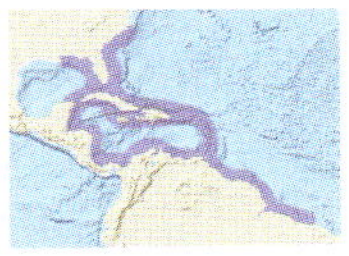

LÄNGE 3–4 cm

LEBENSRAUM Korallenriffe in etwa 15 cm Tiefe

VERBREITUNG Westatlantik von Nordcarolina bis Brasilien, Golf von Mexiko, Karibik

Das weißliche Gehäuse der Flamingozunge ist meistens völlig von den beiden fleischigen, gefleckten Säumen ihres Mantels bedeckt. Bei Bedrohung verschwindet die auffällige Färbung jedoch sofort, da die Schnecke alle weichen Körperteile zu ihrem Schutz in das Gehäuse einzieht. Sie ernährt sich fast ausschließlich von Gorgonien, die in der Karibik häufig sind. Obwohl die Korallen Fressfeinde mit chemischen Verbindungen abzuschrecken versuchen, kann die Schnecke diese Verbindungen offenbar abbauen und die Korallen fressen, ohne Schaden zu nehmen. Nach der Paarung entfernt das Weibchen die Korallenpolypen von einem Zweig und legt die Eikapseln darauf ab. Jede Kapsel enthält Embryonen, aus denen eine frei schwimmende Larve entsteht, die mit dem Plankton verdriftet wird.

KLASSE GASTROPODA

Tritonshorn

Charonia tritonis

LÄNGE bis zu 50 cm

LEBENSRAUM Korallenriffe, vor allem im Sublitoral

VERBREITUNG Indischer Ozean, westlicher und zentraler Pazifik

Diese Schnecke ist eins der wenigen Tiere, die den Dornenkronen-Seestern fressen, der selbst ein gefräßiger Räuber und Schädling der Korallenriffe ist. Das Tritonshorn ist ein aktiver Jäger, der seine Beute, etwa Seesterne und Mollusken, verfolgt, sobald er sie entdeckt hat. Mit dem muskulösen Fuß hält es seine Beute fest, während sich die gezähnte Radula durch schützende Häute und Schalen schneidet. Dann gibt es einen lähmenden Speichel ab, bevor es die Beute frisst.

KLASSE GASTROPODA

Große Strandschnecke

Littorina littorea

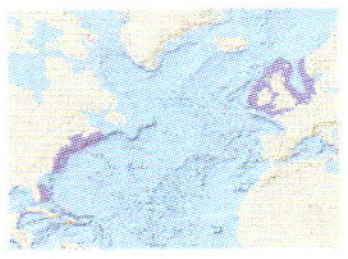

LÄNGE bis zu 3 cm

LEBENSRAUM oberer Küstenbereich bis Sublitoral, Felsenküsten, Schlammflächen, Flussmündungen

VERBREITUNG Küstengewässer Nordwesteuropas, in Nordamerika eingeschleppt

Diese Schnecke besitzt ein dunkelgraues, kegelförmiges Gehäuse und leicht abgeplattete Fühler, die bei Jungtieren auffällig schwarz gebändert sind. Die Tiere sind getrenntgeschlechtlich und die Befruchtung erfolgt intern. Die Weibchen geben Eikapseln mit zwei oder drei Eiern während der Springtiden direkt in das Wasser ab. Aus ihnen schlüpfen Larven, die bis zu sechs Wochen lang im Plankton treiben. Nachdem sie sich niedergelassen haben, dauert es noch zwei bis drei Jahre, bis sie vollständig ausgewachsen sind. Die Schnecke ernährt sich vor allem von Algen, die sie von den Felsen raspelt. Im 19. Jahrhundert ist sie versehentlich in Nordamerika eingeführt worden, wo sie durch das Abgrasen schnell wachsender Algenarten die Ökosysteme einiger Felsküsten beeinflusst hat.

KLASSE GASTROPODA

Blasenschnecke

Bullina lineata

LÄNGE 2,5 cm

LEBENSRAUM Sand, Riffe bis 20 m Tiefe, vor allem Gezeitenzone und Sublitoral

VERBREITUNG tropische und subtropische Gewässer des Indischen Ozeans und des Westpazifik

Das blasse Gehäuse dieser Schnecke weist ein Muster aus rosaroten Linien auf, an dem man sie leicht identifizieren kann. Die weichen Körperteile sind durchscheinend und mit einem fluoreszierenden blauen Rand gesäumt. In der Form erinnern sie ein wenig an die der Spanischen Tänzerin (gegenüberliegende Seite), die jedoch kein Gehäuse besitzt. Bei Bedrohung zieht sich die Blasenschnecke blitzschnell in ihr Gehäuse zurück und würgt gleichzeitig Nahrung hervor, ein Verhalten, das wahrscheinlich Fressfeinde ablenken soll. Die Schnecke ist selbst ein Räuber und ernährt sich von sessilen Polychaeten. Sie ist ein Zwitter und produziert charakteristische spiralförmige, weiße Eiballen.

KLASSE GASTROPODA

Dreizahn-Cavolinia

Cavolinia tridentata

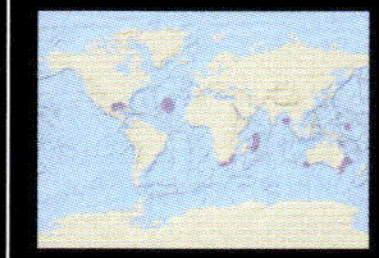

LÄNGE 1 cm

LEBENSRAUM 100–2000 m Tiefe; lässt sich mit den Strömungen treiben

VERBREITUNG warme Meere weltweit

Diese Seeschmetterlings-Art besitzt ein kleines, fast transparentes, kugelförmiges Gehäuse mit drei hinteren »Zähnen«. Außerdem befinden sich darin zwei Schlitze, durch die große Mantelfortsätze geschoben werden. Diese bräunlichen »Flügel« sind mit Cilien versehen und können schwache Wasserströmungen erzeugen und für Auftrieb sorgen. Seeschmetterlinge leben im Gegensatz zu den meisten anderen Mollusken im Freiwasser. Wie andere Seeschmetterlinge produziert die Dreizahn-*Cavolinia* ein Schleimnetz, das größer als sie selbst ist und mit dem sie Planktonorganismen erbeutet. Sie frisst das Netz mit der Nahrung in regelmäßigen Abständen und erzeugt dann ein neues. Im Lauf des Lebens werden Männchen zuerst zu Zwittern und dann zu Weibchen.

KLASSE GASTROPODA

Gepunkteter Seehase

Aplysia punctata

LÄNGE bis zu 20 cm

LEBENSRAUM Flachwasser

VERBREITUNG Nordostatlantik und Teile des Mittelmeers

Die Rhinophoren dieser Schnecke erinnern ein wenig an Hasenohren. Die etwa 4 cm große Schale ist nur durch eine Öffnung im Mantel zu sehen. Bei Störungen gibt die Schnecke eine purpurne oder weiße Tinte ab. Vielleicht handelt es sich dabei um eine Verteidigungsmaßnahme.

KLASSE GASTROPODA

Schlundsackschnecke

Cyerce nigricans

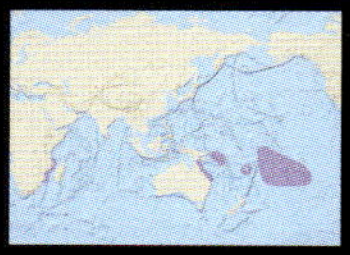

LÄNGE bis zu 4 cm

LEBENSRAUM Riffe

VERBREITUNG westlicher Indischer Ozean, westlicher und zentraler Pazifik

Diese bunte Schnecke ist ein Pflanzenfresser, der sich von Algen ernährt. Sie muss sich nicht durch Tarnung oder ein Gehäuse schützen, da sie über zwei alternative Verteidigungsstrategien verfügt. Sie kann mit winzigen Drüsen, die sich überall auf ihrer Haut befinden, schlecht schmeckenden Schleim abgeben, der Stoffe aus den gefressenen Algen enthält. Außerdem ist ihr Rücken von blattähnlichen, oben gestreiften und darunter gepunkteten Gebilden bedeckt, die man als Cerata bezeichnet. Sie können ähnlich wie der Schwanz einer Eidechse bei Bedrohung abgeworfen werden. Dieses Verhalten wird als Autotomie bezeichnet.

Die Cerata dienen auch der Atmung, da ihre große Oberfläche einen effizienten Gasaustausch ermöglicht. Der Kopf trägt zwei Paar Sinnesorgane – die Tentakel neben dem Maul und, weiter hinten, die dem Riechen dienenden Rhinophoren. Sie können eingezogen werden, teilen sich, wenn die Schnecke wächst und dienen der Suche nach Futter und nach Partnern. Möglicherweise ist diese Schnecke nur eine Farbform von *Cyerce nigra*.

KLASSE GASTROPODA

Lochs Prachtsternschnecke

Chromodoris lochi

LÄNGE 4 cm

LEBENSRAUM Riffe

VERBREITUNG tropischer und subtropischer westlicher und zentraler Pazifik

Da sie durch den unangenehmen Geschmack und ihre Warnfärbung geschützt ist, kann diese Schnecke offen ihre Nahrung suchen und muss sich nicht in Spalten verstecken. Da sie nicht schwimmen kann, gleitet sie mithilfe ihres muskulösen Fußes über tropische Riffe, wobei sie ähnlich wie Landschnecken eine Schleimspur hinterlässt. Die Arten der Gattung *Chromodoris* lassen sich an den verschiedenen Farben des Rückens, der Kiemen und der Rhinophoren (der Riechorgane auf dem Kopf) sowie der schwarzen Zeichnung unterscheiden.

Die abgebildeten Schnecken scheinen sich gerade paaren zu wollen. Als Zwitter können beide Spermien und Eier produzieren, aber die Art der Paarung entscheidet über ihre Rollen. Die Schnecke, deren Penis zuerst in den Körper der anderen eindringt, fungiert als dominantes Männchen.

KLASSE GASTROPODA

Finger-Fadenschnecke

Hermissenda crassicornis

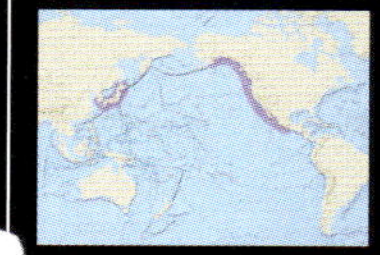

LÄNGE bis zu 8 cm

LEBENSRAUM Schlammflächen, Felsküsten

VERBREITUNG nordwestlicher und -östlicher Pazifik

Diese Schnecke schreckt ihre Feinde mit einer ungewöhnlichen Taktik ab. Sie nutzt die Nesselzellen ihrer Beute und lagert sie in die orangeroten Spitzen ihrer Rückenanhänge (Cerata) ein. Dadurch vernesselt sich jedes Tier, das die Cerata berührt. Die Schnecke wird von Wissenschaftlern sogar zur Untersuchung des Gedächtnisses herangezogen. Das Tier hat einen hervorragenden Geruchssinn, das es in einem Labyrinth seine Nahrung finden lässt, und kann »gelehrt« werden, auf einfache Reize zu reagieren.

KLASSE GASTROPODA

Spanische Tänzerin

Hexabranchus sanguineus

LÄNGE
bis zu 60 cm

LEBENSRAUM
flache Gewässer an Küsten und Riffen

VERBREITUNG Teile des tropischen Indischen Ozeans, Westpazifik

Die größte Nacktschnecke ist die Spanische Tänzerin. Sie ist wegen der wellenförmigen Schwimmbewegungen ihres abgeplatteten Körpers so genannt worden, die an eine Flamencotänzerin erinnern sollen. Erwachsene Tiere sind leuchtend, aber variabel gefärbt, meistens in den Farben Rot, Rosa oder Orange, manchmal mit Weiß oder Gelb gemischt. Beim Ruhen, Kriechen oder Fressen sind die seitlichen Mantelsäume über den Rücken geschlagen und zeigen die weniger farbige Unterseite. Bei Störungen kann die Schnecke einfach davonschwimmen, wobei sie plötzlich ihre Farben zeigt und damit möglicherweise Fressfeinde abschreckt. Spanische Tänzerinnen sind Nahrungsspezialisten, die sich nur von Schwämmen ernähren, insbesondere den krustenbildenden Arten. Deren schlecht schmeckende Inhaltsstoffe lagern sie in der Haut ein, um Feinde abzuschrecken. Sie besitzen Außenkiemen, die stark verzweigt sind und nicht eingezogen werden können. Die Spanische Tänzerin ist zwar ein Zwitter, doch sie braucht einen Partner zur Vermehrung.

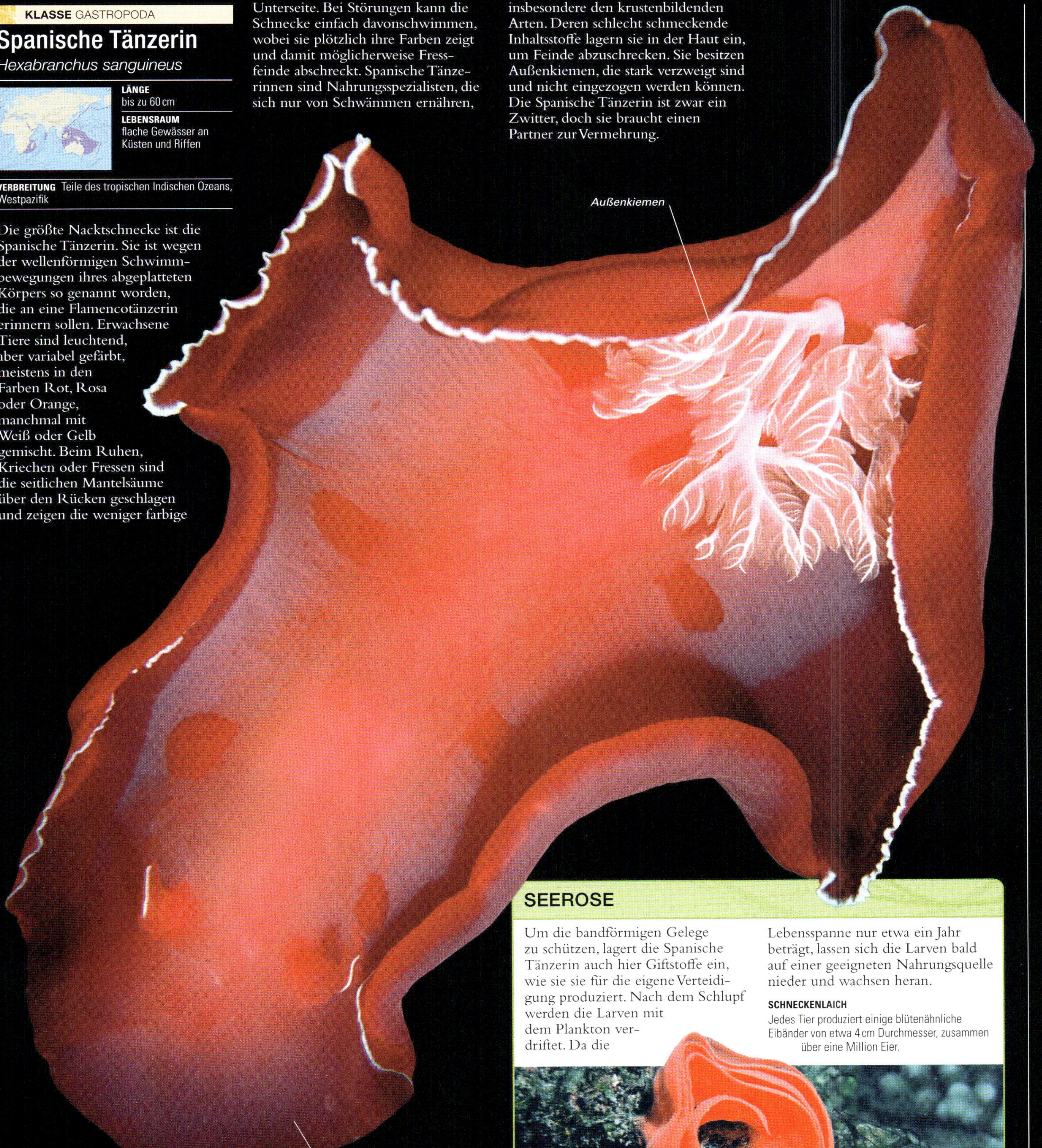

SEEROSE

Um die bandförmigen Gelege zu schützen, lagert die Spanische Tänzerin auch hier Giftstoffe ein, wie sie sie für die eigene Verteidigung produziert. Nach dem Schlupf werden die Larven mit dem Plankton verdriftet. Da die Lebensspanne nur etwa ein Jahr beträgt, lassen sich die Larven bald auf einer geeigneten Nahrungsquelle nieder und wachsen heran.

SCHNECKENLAICH
Jedes Tier produziert einige blütenähnliche Eibänder von etwa 4 cm Durchmesser, zusammen über eine Million Eier.

KLASSE CEPHALOPODA

Perlboot

Nautilus pompilius

DURCHMESSER Gehäuse bis zu 22 cm

LEBENSRAUM tropisches Freiwasser bis in 500 m Tiefe

VERBREITUNG Indischer Ozean und Westpazifik von Australien bis Neukaledonien

Nautilus und *Allonautilus* sind die einzigen Kopffüßer mit einer äußeren Schale, die sie in den offenen Gewässern des Indopazifiks vor Fressfeinden schützt. In den Kammern der Schale befindliches Gas sorgt für Auftrieb. Der Kopf trägt bis zu 90 saugnapflose Arme, mit denen die Perlboote Krebstiere fangen. Am Kopf befindet sich auch ein Paar einfacher Augen, die wie eine Lochkamera arbeiten. Perlboote schwimmen nach dem Rückstoßprinzip und stoßen dazu Wasser aus der Mantelhöhle durch den röhrenförmigen Sipho aus, der ausgerichtet werden kann, um das Tier nach vorn, nach hinten oder zur Seite zu bewegen. Anders als die meisten anderen Kopffüßer werden Perlboote mit etwa zehn Jahren spät geschlechtsreif und produzieren pro Jahr nur zwölf Eier. Sie werden oft als »lebende Fossilien« bezeichnet, da sie sich kaum von den fossilen Nautiloiden unterscheiden, die vor über 200 Millionen Jahren in den Meeren lebten.

KLASSE CEPHALOPODA

Dumbo-Oktopus

Grimpoteuthis sp.

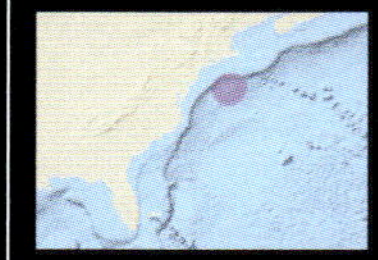

LÄNGE bis zu 28 cm

LEBENSRAUM Tiefsee bis in 2000 m Tiefe

VERBREITUNG nordwestlicher Atlantik

Über diesen Oktopus ist wenig bekannt, da nur wenige Tiere gefunden worden sind. Sein Name rührt von den ohrenähnlichen Lappen her, mit denen er an die Zeichentrickfigur erinnert. Der weiche Körper ist an den Tiefseelebensraum angepasst und die acht Arme sind miteinander durch Häute verbunden. Der Oktopus frisst Detritus (organische Überreste).

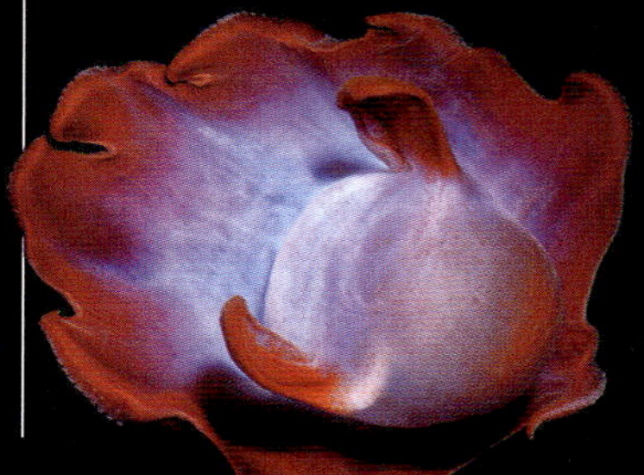

KLASSE CEPHALOPODA

Kleiner Blauring-Oktopus

Hapalochlaena maculosa

LÄNGE 10–22 cm

LEBENSRAUM Flachwasser, Spritzwassertümpel

VERBREITUNG tropischer Westpazifik und Indischer Ozean (alle Arten der Gattung)

Der gefährlichste Kopffüßer ist wohl der Kleine Blauring-Oktopus, dessen Speichel einen Menschen töten kann. Er gibt entweder Speichel ins Wasser und wartet die Giftwirkung ab oder er fängt die Beute, beißt sie und bringt ihr so das Gift bei. Seine Farbe ist für einen Oktopus ungewöhnlich und die blauen Ringe leuchten bei Störungen intensiver.

KLASSE CEPHALOPODA

Pazifischer Riesenkrake

Enteroctopus dofleini

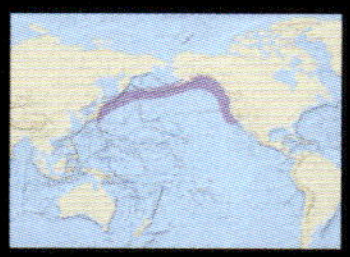

LÄNGE bis zu

LEBENSRAUM Bodenbewohner bis in 9–750 m Tiefe

VERBREITUNG gemäßigter nordwestlicher und nordöstlicher Pazifik

Der Pazifische Riesenkrake ist nicht nur einer der größten Wirbellosen, sondern auch einer der intelligentesten. Er kann sich in einem Labyrinth durch Versuch und Irrtum zurechtfinden und sich an die Lösung lange erinnern. Mit den hoch entwickelten Augen kann er Farben sehen und mit den Saugnäpfen Objekte durch Berührung erkennen. Mit seinen Chromatophor-Organen kann er blitzschnell die Farbe wechseln und sie dem Hintergrund anpassen. Die Farbe zeigt auch die Stimmung an. Sich ärgernde Tiere werden rot und gestresste blass. Im Gegensatz zu den meisten Kopffüßern bewachen die Weibchen die Eier fünf bis acht Monate lang bis zum Schlupf. Währenddessen führen sie ihnen mit dem Sipho Frischwasser zu, damit sie sauber bleiben und Sauerstoff erhalten.

VERTEIDIGUNG

Bei Bedrohung stößt der Riesenkrake eine purpurne Tintenwolke durch den Sipho ins Wasser aus und schießt gleichzeitig nach dem Rückstoßprinzip davon. Potenzielle Feinde bleiben desorientiert in einer Tintenwolke zurück. Der Oktopus kann das mehrmals in schneller Folge wiederholen.

SCHNELLE FLUCHT
Der Riesenoktopus stößt bei seinem plötzlichen Rückzug Tinte zu seiner Verteidigung aus. Der Rückstoß verleiht dem Tier einen großen Schub.

KLASSE CEPHALOPODA

Australische Riesensepie

Sepia apama

LÄNGE bis zu 1,5 m

LEBENSRAUM Flachwasser über Riffen

VERBREITUNG australische Küste

Von mehr als 100 *Sepia*-Arten ist dies die größte. Wie die anderen hat sie einen abgeflachten Körper und eine im Gewebe liegende Schale, die man Schulp nennt und die oft Wellensittichen als Mineralquelle angeboten wird. Die Tiere werden bis zu drei Jahre alt und versammeln sich zur Paarung in großen Mengen. Männchen balzen, indem sie plötzliche Farbveränderungen durchführen, wie es das Tier auf dem Bild tut. Sie deponieren mit einem Arm ein Spermienpaket im Ringgraben der Mundmembran des Weibchens, das später platzt und die 100 bis 300 golfballgroßen Eier befruchtet. Sie werden vom Weibchen auf einem festen Substrat deponiert. Nach einigen Monaten schlüpfen daraus winzige Abbilder ihrer Eltern.

KLASSE CEPHALOPODA

Gemeiner Kalmar

Loligo vulgaris

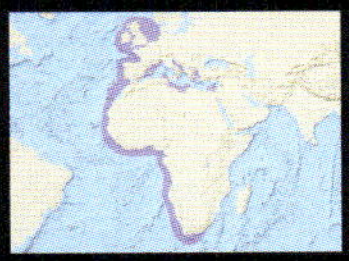

LÄNGE bis zu 42 cm

LEBENSRAUM 20–250 m

VERBREITUNG Ostatlantik, Mittelmeer

Röhrenförmige Körper und eine schmale, stabartige innere Schale sind für alle Kalmare charakteristisch. Im Vergleich zur Körpergröße besitzen sie auch sehr große Augen. Der küstennah lebende Gemeine Kalmar ist kommerziell wichtig, bereits seit Jahrhunderten gefangen worden und vermutlich der bestbekannte Kopffüßer. Der schnelle Schwimmer jagt seine Beute, wie Krebstiere und kleine Fische, aktiv. Sie wird dann zum Maul geführt und von den kräftigen, schnabelartigen Kiefern zerlegt.

KLASSE CEPHALOPODA

Glaskalmar

Teuthowenia pellucida

LÄNGE bis zu 20 cm

LEBENSRAUM 1600–2400 m

VERBREITUNG gemäßigte Gewässer der Südhalbkugel

Wie die Larven vieler Mollusken leben junge Glaskalmare im Plankton und sinken in größere, dunklere Tiefen herab, wenn sie heranwachsen. Die Photophor-Organe an den Spitzen der Arme dienen möglicherweise der Partnersuche. Erwachsene Weibchen sollen auch einen Lockstoff (Pheromon) produzieren.

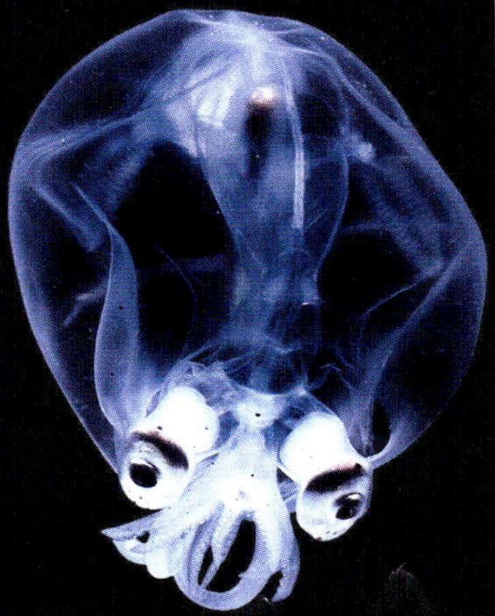

KLASSE CEPHALOPODA

Tiefseevampir

Vampyroteuthis infernalis

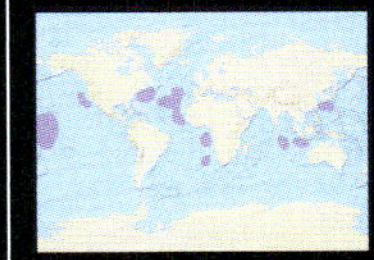

LÄNGE 30 cm

LEBENSRAUM 100–3000 m, meist 900–1100 m

VERBREITUNG weltweit in tropischen und gemäßigten Meeren

Dies ist der einzige Tintenfisch, der sein ganzes Leben in tiefem, sauerstoffarmem Wasser verbringt. Wie viele andere Tiefseetiere besitzt er Leuchtorgane, die sich hier an den Spitzen der Arme sowie an der Basis seiner Flossen befinden. Bei Bedrohung lässt er diese Lichter blinken und stößt einen blau funkelnden Schleim aus. Wenn die Lichter verlöschen, ist der Tintenfisch verschwunden. Zu seinen Fressfeinden gehören tief tauchende Zahnwale.

KLASSE POLYPLACOPHORA

Linien-Käferschnecke

Tonicella lineata

LÄNGE bis zu 5 cm

LEBENSRAUM Gezeitenzone und Sublitoral, auf Felsenuntergründen häufig

VERBREITUNG gemäßigte Gewässer des nordöstlichen und nordwestlichen Pazifik

Die Gehäuse der Käferschnecken bestehen aus acht gewölbten, sich überlappenden Platten. Die Linien-Käferschnecke trägt wegen der blauen oder roten Zickzacklinien darauf ihren Namen. Ihr Gehäuse ist meist rosa gefärbt, was beim Grasen auf den Felsen zwischen roten Krustenalgen eine gute Tarnung ist. Der Mantel bildet um die Gehäuseplatten herum einen ungewöhnlich glatten, ledrigen Gürtel (Perinotum). Der Fuß ist groß und muskulös. Er dient nicht nur der Fortbewegung, sondern auch ähnlich wie bei den Napfschnecken dem Festhalten auf den Felsen. Bei Ebbe bleibt die Käferschnecke an ihrem Platz, um den Verlust von Wasser zu vermeiden. Der Kopf ist klein und augenlos. Die Tiere sind getrenntgeschlechtlich und geben die Eier und Spermien einfach ins Wasser ab.

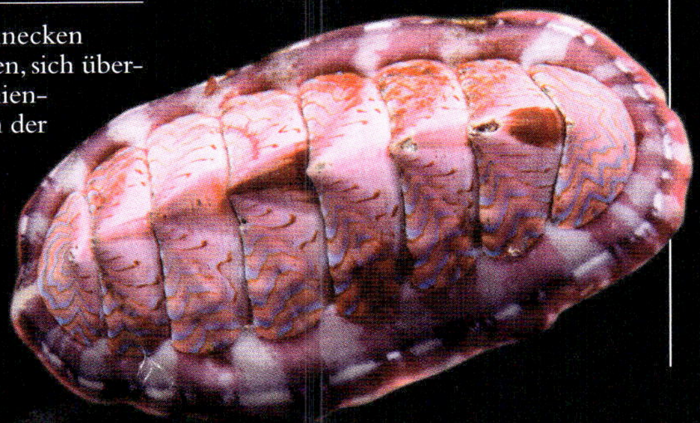

Gliederfüßer

DOMÄNE	Eucarya
REICH	Animalia
STAMM	Arthropoda
UNTERSTÄMME	4
ARTEN	etwa 1,25 Millionen

DIE TIERE MIT DER GRÖSSTEN ARTENVIELFALT sind die Gliederfüßer oder Arthropoden, unter denen die Insekten besonders zahlreich sind. Vermutlich gibt es noch eine Million zu entdeckende Arten. Die meisten marinen Gliederfüßer sind Krebstiere, wie etwa Krabben, Garnelen und Rankenfüßer. Gliederfüßer, sowohl die erwachsenen als auch ihre Larven, bilden den größten Teil des Zooplanktons. Wie die Gliederfüßer des Landes besitzen auch die marinen ein Außenskelett, einen gegliederten Körper und gelenkige Gliedmaßen. Dadurch können manche, etwa der Palmendieb, an Land und im Wasser leben. Insekten sind selten echte Meerestiere, können aber Buchten und Küsten besiedeln.

EXTREMITÄTEN
Diese Partnergarnele hat gegliederte Schreitbeine. Zwei weitere Paare gegliederter Extremitäten, die sich auf ihrem Kopf befinden, sind zu Antennen modifiziert worden.

INSEKTEN DER KÜSTE
Springschwänze sind flugunfähige Verwandte der echten Insekten. Die marinen Arten finden sich in den oberen Bereichen der Küsten. Sie springen in die Luft, wenn sie gestört werden.

Körperbau

Obwohl Gliederfüßer sich stark voneinander unterscheiden können, besitzen sie alle ein Außenskelett (Exoskelett), das entweder dünn und flexibel oder fest und durch Kalkeinlagerungen verstärkt ist. Der Körper ist segmentiert und besitzt eine unterschiedliche Anzahl von Gliederextremitäten. Manche sind zum Laufen und Schwimmen geeignet, während andere zu Scheren und Antennen oder Mundwerkzeugen umgebildet worden sind. Muskeln setzen an den Gelenken an, um die Gliedmaßen zu bewegen. Der größere Teil des Körpers ist hohl. Dieses Haemocoel enthält die inneren Organe und die Haemolymphe, die funktionell dem Blut der Wirbeltiere entspricht und vom Herz in einem offenen System umgewälzt wird. Die meisten marinen Arten besitzen Kiemen und gut entwickelte Sinnesorgane.

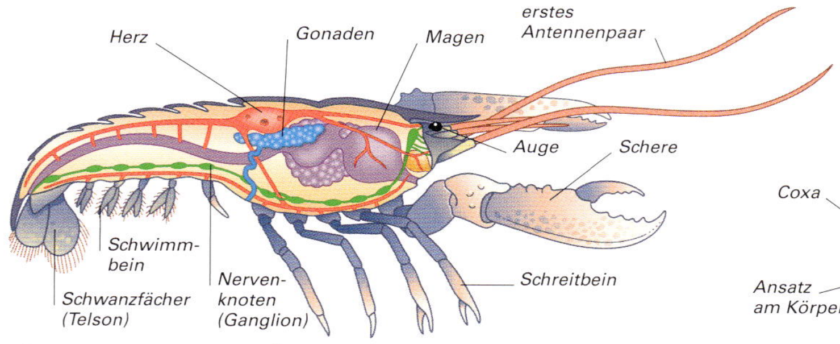

KÖRPERBAU EINES GLIEDERFÜSSERS
Hummer besitzen einen Carapax genannten Panzer, große Scheren und gut entwickelte Schreitbeine. Im Haemocoel liegen die inneren Organe.

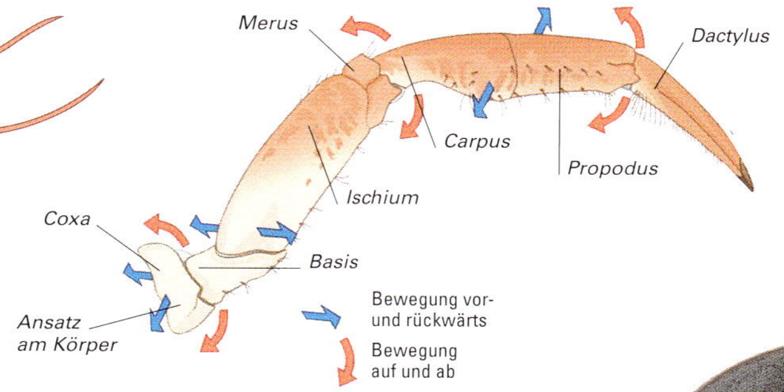

GLIEDERFÜSSER-EXTREMITÄTEN
Schreitbeine, wie dieses Krabbenbein, bestehen aus gelenkig verbundenen starren Teilen. Die Gelenke ermöglichen Bewegungen in verschiedenen Ebenen.

FILTRIERER
Bei Flut strecken Rankenfüßer ihre gefiederten Anhänge aus ihrer »Schale« heraus und fischen im Wasser nach Algen und Detritus.

GRABEN IM SAND
Bei Ebbe kommt die kleine Krabbe der Gattung *Scopimera* hervor, um organisches Material zwischen den Sandkörnern zu suchen.

Ernährung

Unter den Krebstieren gibt es die verschiedensten Ernährungsweisen. Viele Krabben suchen als Aasfresser nach totem und verrottendem organischem Material. Sie sind daher wichtig, um Nährstoffe zu recyceln. Andere sind Jäger. Fangschreckenkrebse setzen ihre Scheren zum Betäuben ihrer Beute ein, während Hummer sie zum Ergreifen und Zerquetschen nutzen. Die Beute wird zerrissen und gefressen. Viele kleine Krebstiere des Planktons, etwa die Ruderfußkrebse, sind Filtrierer, die zum Beispiel mit Gliedmaßen wie den Antennen Nahrungsteilchen zu ihrem Mund wedeln. Die meisten Rankenfüßer sind sessil (etwa auf Gestein festgewachsen) und nutzen ihre Beine zum Filtrieren von Plankton. Manche Krebstiere sind Parasiten (einige Asseln, Ruderfußkrebse und der Rankenfüßer *Sacculina*) und ernähren sich von ihrem Wirt. Die Küste ist ein idealer Ort für Insekten wie etwa Seetangfliegen, die Enzyme auf verrottenden Seetang geben und das verdaute Material aufnehmen. Weiter im Inland zwischen den Dünen wächst mehr Vegetation, sodass hier Spinnen sowie pollen- und nektarfressende Insekten leben.

HARTES SKELETT UND GLIEDERBEINE
Diese winzigen, weniger als 2,5 cm großen Porzellankrebse sind Filtrierer. Sie zeigen die typischen Merkmale der Gliederfüßer, wie ein hartes Exoskelett und gegliederte Beine.

Wachstum

Krebstiere können nur wachsen und sich entwickeln, indem sie sich häuten und ihr Exoskelett durch ein größeres ersetzen. Dieser Prozess wird Ecdysis genannt, von Hormonen kontrolliert und findet regelmäßig während des Lebens der erwachsenen Tiere statt. Vor der Häutung löst sich das Exoskelett von der Zellschicht darunter und der Zwischenraum füllt sich mit einem Gel. Enzyme innerhalb des Gels schwächen das Exoskelett, sodass es am schwächsten Punkt platzt, oft auf dem Rücken. Das neue Exoskelett ist weich und faltig, sodass es sich ausdehnen und hart werden muss. Marine Gliederfüßer nehmen sofort nach der Häutung Wasser auf, um ihr neues Skelett zu dehnen. Da Tiere, die sich gerade häuten, bis zur Aushärtung ihres Exoskeletts sehr empfindlich sind, verstecken sie sich oft mehrere Stunden oder Tage lang.

MENSCHLICHER EINFLUSS

KRILL-RÜCKGANG

Antarktischer Krill wird nur 6 cm groß, gehört aber zu den häufigsten Krebstieren. Sein Bestand im Südpolarmeer geht seit Jahrzehnten zurück, teils durch die Erwärmung des Wassers und das Abschmelzen des Eises. Krill frisst Algen, die sich unter dem Eis bilden, und seine Larven sind hier vor Räubern geschützt. Die Überfischung von Krill als Lebensmittel und Tierfutter kann die Nahrungsnetze der Antarktis (siehe S. 295) stören.

DIE HÄUTUNG EINER GARNELE

Diese Sequenz zeigt, wie sich eine Harlekingarnele häutet. Das Exoskelett ist auf dem Rücken aufgeplatzt, sodass die Garnele ihren Kopf herausziehen kann. Der Rest des Körpers folgt schnell, wenn sich der Riss vergrößert. Nach wenigen Minuten hat sich die Garnele vollständig befreit und ruht sich danach einige Sekunden lang aus.

Das neue Exoskelett ist weich, da es im alten, kleineren Außenskelett Platz haben musste. Es dehnt sich, um der zunehmenden Größe der Garnele gerecht zu werden. Das vollständige Aushärten des neuen Skeletts wird etwa zwei Tage dauern.

1 Das alte Exoskelett reißt hinter dem Kopf der Harlekingarnele auf. Sie schlüpft rückwärts hinaus.

2 Die Garnele schiebt sich weiter aus der Hülle heraus und befreit sich von dem alten Exoskelett.

3 Die Häutung ist abgeschlossen und das alte Exoskelett liegt neben der Garnele, die sich nun ausruht.

SPINNENTIER
Trotz ihres Namens und des Carapax sind die Pfeilschwanzkrebse näher mit Spinnen, Zecken und Milben verwandt. Wie sie besitzen sie Kieferklauen als Mundwerkzeuge.

PARASITISMUS
Dieser Fisch ist von zwei parasitären Asseln befallen worden, von denen sich je eine unter einem Auge befindet. Zum Schaden des Fischs ernähren sich die Asseln von seinen Gewebesäften.

Lebensweisen

MUTUALISMUS
Die Krabbe profitiert von der Seescheide, von der sie getarnt wird. Vermutlich nützt der Seescheide auch die Mobilität der Krabbe.

Alle marinen Gliederfüßer können sich zumindest in einem bestimmten Lebensabschnitt frei bewegen. Manche, wie die Krabben, haben planktonische Larven, die sich später auf dem Grund niederlassen. Krebstiere leben meist allein, wenn sie nicht gerade einen Partner zur Vermehrung suchen. Andere, wie Krill und Ruderfußkrebse, leben in großen Schwärmen und steigen täglich Hunderte von Metern in der Wassersäule auf und ab (siehe S. 221). Erwachsene Rankenfüßer bleiben an Ort und Stelle, sind also sessil, und treten an Felsküsten, wo die Lebensbedingungen für sie geeignet sind, in großer Zahl auf. Über die Gliederfüßer der Tiefsee weiß man wenig, doch oft haben sie rote oder schwarze Tarnfarben, während andere, wie etwa Krill, Leuchtorgane besitzen und Biolumineszenz zeigen. Einige wenige Gliederfüßer leben unmittelbar mit anderen Arten zusammen. Manchmal profitieren beide Partner davon (Mutualismus), manchmal hat nur ein Partner einen Vorteil (Kommensalismus) und manchmal gewinnt der eine auf Kosten des anderen (Parasitismus).

ASSELSPINNEN

Die Asselspinnen sind typisch für viele problematische Gruppen, deren Klassifikation sich immer wieder ändert, je mehr man über sie weiß. Nach heutiger Sicht bilden sie eine Klasse, die Pycnogonida, innerhalb des Unterstamms Chelicerata (Kieferklauenträger), zu dem auch die Pfeilschwanzkrebse gehören. Doch aktuelle Forschungen lassen vermuten, dass sie eine separate Gruppe von Gliederfüßern bilden könnten.

TÄUSCHENDE ÄHNLICHKEIT
Asselspinnen tragen ihren Namen, da sie Spinnen ähneln, aber das genaue Verwandtschaftsverhältnis ist nicht geklärt.

Vermehrung und Lebenszyklen

Die meisten Krebstiere sind getrenntgeschlechtlich, die Befruchtung findet oft innerlich statt und die Eier müssen im Wasser abgelegt werden. Manche Weibchen speichern Spermien und lassen sie die Eier bei der Ablage befruchten. Andere schützen die Eier, indem sie sie mit sich umhertragen und ihnen ständig Frischwasser zuführen. Die Larven treiben mit dem Zooplankton davon und durchlaufen mehrere Larvenstadien. Rankenfüßer sind Zwitter, können aber gleichzeitig nur ein Geschlecht repräsentieren. Als Männchen besitzen sie einen lang ausstreckbaren Penis und paaren sich mit allen Weibchen in Reichweite. Bei Pfeilschwanzkrebsen findet die Befruchtung äußerlich statt. Das Männchen besamt die Eier, wenn das Weibchen sie in den Sand legt. Dann überlassen sie sie ihrem Schicksal.

KRABBE UND LARVE
Die Samtkrabbe (oben) trägt die Eier bis zum Schlupf unter dem Körper. Die Larven gelangen als Zoea-Larven (links) ins Plankton und häuten sich vier bis sieben Mal, bevor sie zu Megalopa-Larven und danach zu erwachsenen Krabben werden.

SYSTEMATIK DER GLIEDERFÜSSER

Die Gliederfüßer umfassen vier Unterstämme – Krebstiere, Kieferklauenträger, Sechs- und Tausendfüßer. Nur die im Meer lebenden Arten sind bei den hier genannten Artenzahlen berücksichtigt worden.

KREBSTIERE
Unterstamm Crustacea

52 744 Arten
Die Krebstiere sind die dominante Gruppe mariner Gliederfüßer. Zu ihnen gehören die Krabben, Hummer, Garnelen und Seepocken ebenso wie die Ruderfußkrebse, die Asseln und der Krill. Die meisten Krebstiere haben zwei Paar Antennen und drei Körpersegmente: Kopf, Brust und Hinterleib. Kopf und Brust sind oft zum Cephalothorax verschmolzen und werden durch einen Schild, den Carapax, geschützt. Die paarigen Gliedmaßen können der Wahrnehmung, dem Schwimmen oder Gehen dienen.

KIEFERKLAUENTRÄGER
Unterstamm Chelicerata

3003 Arten
Spinnen, Skorpione, Zecken, Milben, Pfeilschwanzkrebse und Asselspinnen gehören zu dieser Gruppe. Wenige Spinnenarten leben in der Gezeitenzone und manche Zecken und Milben leben frei oder parasitisch im Meer.

Die Pfeilschwanzkrebse (Klasse Merostomata) leben nur im Meer. Sie haben fünf Beinpaare, einen zweiteiligen, von einem gelenkigen Carapax geschützten Körper und einen langen Schwanzstachel. Die Asselspinnen (Klasse Pycnogonida) sind alle marin. Viele Arten tragen ein besonderes Gliedmaßenpaar, die Ovigera, vor den Laufbeinen. Die Weibchen nutzen es zur Körperpflege, für die Balz und um Eier auf die Ovigera der Männchen zu übertragen, wo sie bis zum Schlupf bleiben. Asselspinnen sind in der Gezeitenzone häufig, werden aber wegen ihrer geringen Größe oft übersehen.

SECHSFÜSSER
Unterstamm Hexapoda

1695 Arten
Insgesamt gibt es über eine Million Arten der Sechsfüßer, von denen die meisten Insekten sind – die größte aller Tierklassen. Zu ihnen gehören Käfer, Fliegen, Ameisen und Bienen. Viele Insekten leben in der Nähe, aber nur wenige unmittelbar an der Küste. Nur eine Gruppe enthält echte Meerestiere – die Wasserläufergattung *Halobates.* Unter ihren 47 Arten können nur fünf ihr gesamtes Leben im Meer verbringen. Doch sie benötigen ein festes Objekt wie eine schwimmende Feder oder einen Teerklumpen, um ihre Eier abzulegen.

TAUSENDFÜSSER
Unterstamm Myriapoda

78 Arten
Der Körper der Tausendfüßer besteht aus dem Kopf mit einem Antennenpaar und einem Körper mit vielen Beinen. Die meisten Arten kommen an Land vor, einige wenige jedoch an der Küste. Vor allem bei Flut leben sie in verrottendem Seegras, auf Kieseln oder unter Steinen im Schlick. Die meisten von ihnen sind Hundert- und Doppelfüßer. Hundertfüßer ernähren sich von kleinen wirbellosen Tieren, während Doppelfüßer pflanzliches oder verrottendes Material fressen, wie es am Strand zu finden ist.

UNTERSTAMM CHELICERATA

Riesen-Asselspinne

Colossendeis australis

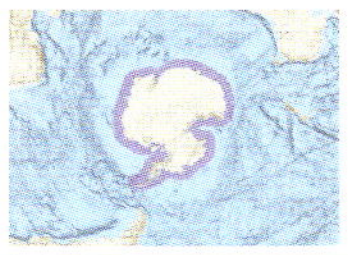

LÄNGE 25 cm (Spannweite der Beine)

GEWICHT unbekannt

LEBENSRAUM Meeresgrund

VERBREITUNG Antarktischer Schelf und Schelfhang

Die meisten Asselspinnen erreichen nur eine Beinspannweite von 2,5 cm, doch bei der Riesen-Asselspinne ist sie mit etwa 25 cm sehr lang, wie es typisch für polare Arten ist. Sie besitzt einen langen Rüssel zum Aufsaugen von Nahrung, doch der Körper ist so klein, dass die Geschlechtsorgane und Teile der Verdauungsorgane sich im oberen Bereich der Beine befinden. Asselspinnen betreiben Brutpflege. Die Männchen tragen die Eier mit ihrem modifizierten Beinpaar (Ovigera) bis zum Schlupf mit sich herum.

UNTERSTAMM CRUSTACEA

Mariner Wasserfloh

Evadne nordmanni

LÄNGE 1 mm

GEWICHT unbekannt

LEBENSRAUM offenes Wasser, bis in Tiefen von 2000 m

VERBREITUNG gemäßigte und kühle Gewässer weltweit

Die meisten Wasserflöhe leben im Süßwasser, doch diese Art und einige andere leben planktonisch. Sie fressen Bakterien, Protisten sowie organische Reste und sind selbst die Nahrung größerer Tiere. Sie haben nur ein Auge und schwimmen mit modifizierten Antennen. Die Weibchen tragen unbefruchtete Eier, aus denen weitere Weibchen schlüpfen. Sexuelle Fortpflanzung kommt ebenfalls vor.

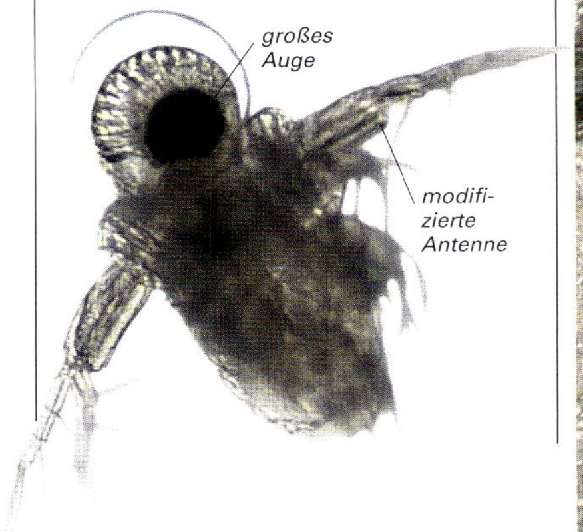

UNTERSTAMM CHELICERATA

Amerikanischer Pfeilschwanzkrebs

Limulus polyphemus

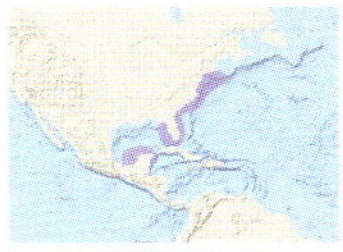

LÄNGE bis zu 60 cm

GEWICHT bis zu 5 kg

LEBENSRAUM sandige oder schlammige Buchten bis in 30 m Tiefe

VERBREITUNG Westatlantik und Golfküste von Süd-Maine bis zur Halbinsel Yucatán

Trotz seines Namens ist der Pfeilschwanzkrebs näher mit den Spinnen als mit den Krebsen verwandt. Er ist hauptsächlich nachtaktiv und frisst, was er findet, wie kleine Würmer, Muscheln und Algen. Erwachsene Tiere haben nur wenige Feinde. Der grünlich braune Carapax bietet einen guten Schutz. Die Tiere tragen sechs Paar Gliedmaßen am Brustsegment: eins (die Cheliceren) zum Fressen und fünf zum Laufen, sowie um Nahrung festzuhalten. Daran schließen sich fünf Blattbeine am Hinterleib an, die zum Schwimmen und zum Laufen dienen. Auf ihnen befinden sich auch blattstapelähnliche »Buchkiemen« zur Aufnahme von Sauerstoff. Der lange Schwanz wird zur Steuerung benutzt und dazu, sich aufzurichten.

Der Reproduktionszyklus hängt mit den Springtiden im Frühling zusammen. Bei Hochwasser versammeln sich enorme Zahlen erwachsener Tiere an Sandstränden. Weibchen legen bis zu 80 000 Eier in einem Nest nahe der Hochwassermarke ab und schaffen so eine Nahrungsquelle für Vögel und andere Meerestiere. Die Eier werden vor allem bei Voll- und Neumond gelegt.

Aus den Eiern schlüpfen schwanzlose »Trilobitenlarven«, die so heißen, weil sie den fossilen Trilobiten ähneln. Sie werden vom Hochwasser ins Wasser geschwemmt und schwimmen umher, vergraben sich aber auch zum Schutz im Sediment. Nach einigen Tagen häuten sie sich zu Jungtieren.

MENSCHLICHER EINFLUSS

MEDIZINISCHE FORSCHUNG

Wenn ein Amerikanischer Pfeilschwanzkrebs verletzt wird, gerinnen manche Blutkörperchen und töten schädliche, gram-negative Bakterien ab. Um diese Eigenschaft zu nutzen, werden die Tiere in den Sommermonaten in den flachen Gewässern der nordamerikanischen Atlantikküste gefangen. Die Forscher entnehmen jedem etwa 20 % seines Blutes. Daraus isolieren sie ein Protein, mit dem man bakterielle Verunreinigung in Medikamenten und Instrumenten, die mit Blut in Kontakt kommen, nachweisen kann. Die Blutentnahme ist für manche der Tiere tödlich, doch die meisten erholen sich wieder, wenn sie ins Meer entlassen werden.

UNTERSTAMM CRUSTACEA

Ruderfußkrebs

Oithona similis

LÄNGE 0,5–2,5 mm

LEBENSRAUM von der Oberfläche bis in 150 m Tiefe

VERBREITUNG Atlantik, Mittelmeer, Südpolarmeer, südlicher Indopazifik

Ruderfußkrebse machen einen Großteil des Zooplanktons aus und *Oithona similis* ist eine der häufigsten, am weitesten verbreiteten Arten. Die zur Unterordnung Cyclopoida gehörenden Krebse haben nur ein einziges Auge. Ihr winziger, ovaler Körper läuft in einen dünnen Schwanz aus. Die meisten haben sechs Segmente und sechs Paare von Schwimmbeinen. Winzige Nahrungspartikel werden mit speziellen Mundwerkzeugen gefiltert. Weibchen kann man an den Eisäcken erkennen, die sie am Hinterleib tragen.

Als Teil des Zooplanktons sind Ruderfußkrebse sehr wichtige Glieder der marinen Nahrungsketten. Sie fressen Algen und Bakterien und sind ihrerseits für viele Meerestiere eine wichtige Eiweißquelle. Jede Nacht wandern die Ruderfußkrebse aus Tiefen von etwa 150 m zum Fressen in die oberen Wasserschichten. Diese tägliche Reise, die viele marine Organismen unternehmen, ist eine der größten Massenbewegungen von Tieren auf der Erde.

UNTERSTAMM CRUSTACEA

Entenmuschel

Pollicipes polymerus

LÄNGE bis zu 8 cm

LEBENSRAUM Gezeitenzonen felsiger Küsten

VERBREITUNG Pazifikküste Nordamerikas von Kanada bis Baja California, Mexiko

Das wegen seiner Ähnlichkeit zu einem Entenhals und -kopf Entenmuschel genannte Krebstier bildet an Felsenküsten mit kräftiger Brandung große Kolonien in den Spalten.
Die Entenmuscheln verankern sich mit einem kräftigen, flexiblen Stiel (Pedunkel), der auch die Gonaden enthält, an Felsen. Tatsächlich ist das ihr »Kopfende«. Wenn sich die Entenmuschel an einem Objekt festgesetzt hat, scheidet sie eine Reihe heller Platten am Ende des Stiels ab, die eine Schale um die mit Borsten besetzten Beine bilden. Die Beine weisen vom Meer weg, sodass die Tiere Detrituspartikel aus dem durch die Spalten zurücklaufenden Wasser filtern können. Mit etwa 5 Jahren werden die ein Alter von 20 Jahren erreichenden Entenmuscheln geschlechtsreif. Die Larvenstadien schwimmen frei, sind aber von den Meeresströmungen abhängig. Die Kolonien der Entenmuscheln reagieren empfindlich auf die schädlichen Einflüsse von Ölverschmutzungen und erholen sich nur recht langsam.

UNTERSTAMM CRUSTACEA

Gemeine Seepocke

Semibalanus balanoides

LÄNGE bis zu 1,5 cm im Durchmesser

LEBENSRAUM Gezeitenzone felsiger Küsten

VERBREITUNG nordwestlicher und nordöstlicher Atlantik, Pazifikküste Nordamerikas

Wie alle Rankenfüßer bleibt die Seepocke an dem Platz, an dem sie sich niedergelassen hat. Die frei schwimmenden Jungtiere durchlaufen mehrere Larvenstadien, bevor sie sich in eine Form verwandeln, die Artgenossen und einen passenden Ansiedlungsplatz entdecken kann. Hat sich eine Larve mithilfe der Zementdrüsen in ihren Antennen niedergelassen, häutet sie sich noch einmal. Dann scheidet sie sechs graue, kalkhaltige Platten ab, und bildet eine Schutzhülle, die einem Minivulkan ähnelt. Vier kleinere Platten an seiner Spitze lassen sich öffnen, damit die Seepocke fressen kann. Bei Flut tut sie das, indem sie mit den modifizierten, Cirren genannten Füßen Nahrung aus dem Wasser filtert. Bei Ebbe verschließen sich die Platten, damit das Tier nicht austrocknet. Seepocken sind Zwitter mit beiderlei Geschlechtsorganen, doch sie fungieren entweder als Männchen oder als Weibchen. Sie geben Eier und Spermien nicht einfach in das Wasser ab, sondern übertragen Samen mit ausstreckbaren Penes auf ihre Nachbarn.

PORTRÄT

CHARLES DARWIN

Bevor der britische Wissenschaftler Charles Darwin (1809–1882) seine Evolutionstheorie in *Die Entstehung der Arten durch natürliche Zuchtwahl* (1859) darlegte, verbrachte er acht Jahre mit dem Studium von Rankenfüßern. Da er vor dem Einfluss seiner Arbeit auf bestehende Denkweisen zurückschreckte, verzögerte er ihre Veröffentlichung und schrieb stattdessen vier Monografien über die Biologie von Rankenfüßern. Für diese Arbeit wurde ihm 1853 die Medaille der Royal Society verliehen.

UNTERSTAMM CRUSTACEA

Riesen-Muschelkrebs

Gigantocypris muelleri

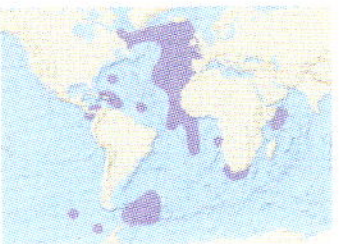

LÄNGE 1,4–1,8 cm

LEBENSRAUM Plankton, mittlere bis tiefe Wasserschichten

VERBREITUNG Atlantik, Südpolarmeer, westlicher Indischer Ozean

Wie alle Muschelkrebse ist diese Art so im Carapax eingeschlossen, dass die sieben Beinpaare kaum zu sehen sind. Die Hohlspiegelaugen lenken das Licht mit parabolischen Reflektoren auf die lichtempfindlichen Retinulazellen. Obwohl planktonisch, lebt der Muschelkrebs meist in Tiefen von mehr als 200 m und damit tiefer als die meisten anderen Arten des Planktons. Er frisst von oben herabsinkenden Detritus. Das Bild zeigt ein Weibchen mit gut sichtbaren Embryonen.

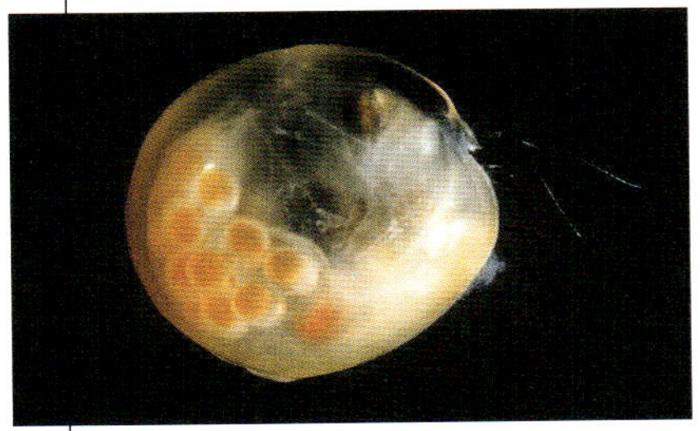

UNTERSTAMM CRUSTACEA

Pfauen-Fangschreckenkrebs

Odontodactylus scyllarus

LÄNGE bis zu 15 cm

LEBENSRAUM warme Gewässer mit Sand-, Kies- oder Muschelbruchböden in Riffnähe

VERBREITUNG Indischer und Pazifischer Ozean

Der leuchtend gefärbte Pfauen-Fangschreckenkrebs ist ein gefräßiger Räuber. Die großen Komplexaugen ermöglichen eine gute räumliche Sicht und das Sehen von Farben bis in den Ultraviolettbereich. Das Seevermögen benutzt er zur Jagd und lauert wie eine Gottesanbeterin darauf, dass ein ahnungsloses Opfer in Reichweite kommt. Dann schlägt er mit seinem kräftigen zweiten Beinpaar mit hoher Geschwindigkeit (etwa 120 km/h) und Kraft (bis zum 100-Fachen des Eigengewichts) zu. Das wird durch spezielle Beingelenke ermöglicht, die wie eine Sprungfeder funktionieren. Daher kann der Fangschreckenkrebs die Schalen von Schnecken und Krabben zertrümmern und Beute überwältigen, die größer als er selbst ist. Er hebt u-förmige Baue aus oder nutzt Spalten in Felsen oder Korallen. Nach dem Schlupf leben die Larven einige Wochen lang im Plankton, bevor sie ihre eigenen Baue auf dem Meeresgrund anlegen.

UNTERSTAMM CRUSTACEA

Klippenassel

Ligia oceanica

LÄNGE bis zu 3 cm

LEBENSRAUM Küsten mit Felsensubstraten

VERBREITUNG Atlantikküsten des nordwestlichen Europas

Dieses meist unter Steinen oder in Spalten vorzufindende Krebstier ist ein küstenbewohnender Vertreter der Asseln. Es lebt in der Spritzwasserzone, kann es aber auch für eine gewisse Zeit untergetaucht im Salzwasser aushalten. Der Kopf mit einem Paar gut entwickelter Komplexaugen und sehr langen Antennen ist nicht deutlich vom flachen Körper abgesetzt, der doppelt so lang wie breit ist und am Hinterende zwei sogenannte Uropoden trägt. Als Erwachsene haben Klippenasseln bis zur letzten Häutung sechs Paar Laufbeine und danach sieben. Tagsüber sieht man die Tiere nur, wenn sie gestört werden. Sie verlassen ihr Versteck nur nachts, um Detritus und faulende Braunalgen zu fressen. Die Asseln werden mit etwa zwei Jahren geschlechtsreif und vermehren sich meist in ihrem Leben nur einmal.

UNTERSTAMM CRUSTACEA

Sandhüpfer

Orchestia gammarella

LÄNGE 2–10 mm

LEBENSRAUM Spritzwasserzone sandiger Küsten

VERBREITUNG Atlantikküsten des nordöstlichen Kanadas und des nordwestlichen Europas

Flohkrebse wie dieser leben in großer Zahl in den Spritzwasserzonen aller Küsten, an denen es verrottende Tange gibt. Ihr Lebenszyklus dauert etwa zwölf Monate und das Weibchen produziert nur einmal Eier, die es in einer Bruttasche behält, bis die Jungen nach drei Wochen schlüpfen. Sie verlassen die Tasche etwa eine Woche später, wenn ihre Mutter sich häutet. Sandhüpfer werden auch als Strandflöhe bezeichnet, da sie ähnlich springen und auch einen seitlich zusammengedrückten Körper aufweisen.

UNTERSTAMM CRUSTACEA

Antarktischer Krill

Euphausia superba

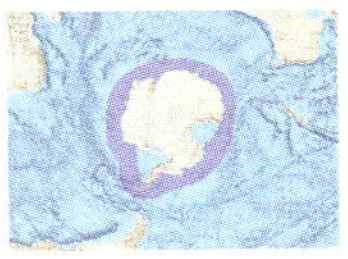

LÄNGE bis zu 5 cm

LEBENSRAUM planktonisch

VERBREITUNG Südpolarmeer

In allen Meeren leben riesige Krillmengen – kleine, garnelenartige Krebstiere des Planktons. Der Antarktische Krill lebt in den subantarktischen Gewässern des Südpolarmeers, wo er ein wichtiges Glied der Nahrungskette ist und in großen Mengen von Bartenwalen, Robben und Fischen erbeutet wird. Er steigt nachts zur Oberfläche auf, um Phytoplankton zu fressen. Tagsüber sinkt er in sicherere Tiefen ab. Die Kiemen befinden sich hier außerhalb des Carapax. Die feinfiedrige Struktur erhöht die Oberfläche, die für den Gasaustausch zur Verfügung steht. Antarktischer Krill besitzt auch große Leuchtorgane, die als Photophoren bezeichnet werden. Wahrscheinlich dient das Licht dazu, die Tiere zusammenzuhalten. Sie laichen im Frühjahr ab, wobei die Weibchen bis zu 8000 Eier abgeben können.

UNTERSTAMM CRUSTACEA

Rote Tiefseegarnele

Acanthephyra pelagica

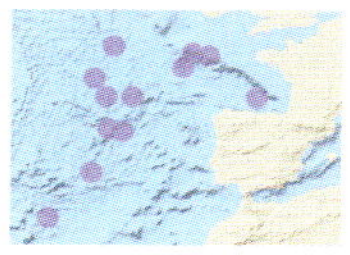

LÄNGE unbekannt

LEBENSRAUM tiefes Wasser

VERBREITUNG Atlantik

In den großen Tiefen der Meere erscheint Rot als Schwarz, sodass diese Tiefseegarnele für potenzielle Fressfeinde unsichtbar ist. Das Außen- oder Exoskelett ist dünner und flexibler als bei den Arten des Flachwassers und das Gewebe enthält viel Öl, mit dessen Hilfe das Tier im Wasser schweben kann. Die Garnele benutzt ihre ersten drei Gliedmaßenpaare, um damit kleine Ruderfußkrebse zu erbeuten. Die übrigen fünf Beinpaare, die Schreitbeine oder Peraeopoden, werden zum Laufen benutzt. Kiemen zur Atmung befinden sich am oberen Teil der Schreitbeine.

UNTERSTAMM CRUSTACEA

Große Felsgarnele

Palaemon serratus

LÄNGE bis zu 11 cm

LEBENSRAUM in Spritzwassertümpeln, im Flachwasser und im unteren Bereich von Flussmündungen

VERBREITUNG östlicher Atlantik von Dänemark bis Mauretanien, Mittelmeer, Schwarzes Meer

Durch den halb transparenten, mit dunkleren Bändern und braunroten Flecken gezeichneten Körper der Garnele kann man die inneren Organe sehen. Wie bei vielen anderen Garnelen bildet der vordere Fortsatz des Carapax zwischen den gestielten Augen ein leicht nach oben gebogenes Rostrum, anhand dessen diese Art von den anderen Arten der gleichen Gattung zu unterscheiden ist. An der Spitze teilt sich das Rostrum. Es trägt an der Ober- und Unterseite mehrere zahnartige Fortsätze.

Auf jeder Seite des Rostrums befindet sich neben einer kürzeren eine sehr lange Antenne, mit der Feinde oder Nahrung entdeckt werden können. Von den fünf Beinpaaren werden die hinteren drei zum Laufen benutzt, wohingegen die beiden vorderen Scheren tragen und zum Fressen benutzt werden. Am Hinterleib befinden sich Schwimmbeine, sogenannte Pleopoden, die – mit Kiemen besetzt – auch zur Atmung dienen. Plötzliche Rückwärtsbewegungen können mit dem Schwanz ausgeführt werden. Die Weibchen pflegen ihre etwa 4000 Eier, bis aus ihnen Larven schlüpfen, die mit dem Plankton verdriftet werden.

MENSCH UND MEER

GARNELENFARMEN

Fast alle gezüchteten Garnelen kommen aus Ländern wie Thailand, China, Brasilien, Bangladesch und Ecuador, die entsprechende Intensivzucht betreiben. Die Rodung von Mangroven für die Farmen wird inzwischen nicht mehr gefördert.

GETEILTE RESSOURCEN
Fischer erbeuten wilde Garnelen in einer Lagune, in der auch Farmer Zuchtanlagen besitzen.

UNTERSTAMM CRUSTACEA

Anemonen-Partnergarnele

Ancylocaris brevicarpalis

LÄNGE 2,5 cm

LEBENSRAUM flache Riffgewässer

VERBREITUNG Indischer Ozean, Westpazifik

Zwischen den Tentakeln der Anemone ist die Partnergarnele vor Feinden sicher. Sie entfernt sich kaum weit von ihrem Wirt und ernährt sich von Resten, die die Anemone übrig lässt. Vermutlich profitiert die Anemone davon, dass überschüssige Nahrung und Ausscheidungen entfernt werden. Diese Beziehung wird als Kommensalismus bezeichnet: Ein Partner profitiert von der Beziehung, und der andere nimmt keinen Schaden. Ohne ihren Wirt wäre die Garnele wehrlos. Die Anemonen-Partnergarnele gehört wie die Große Felsgarnele (oben) zur Familie Palaemonidae, sodass sie einige Eigenschaften gemeinsam haben. Dazu gehören neben einem Paar kurzer ein Paar langer Antennen, um Feinde und Nahrung zu entdecken, sowie das gezähnte Rostrum (eine Verlängerung des Carapax zwischen den Augen). Die Anemonen-Partnergarnele ist fast vollkommen transparent und trägt nur einige purpur-weiße Flecke.

LEBEN IM MEER

UNTERSTAMM CRUSTACEA

Karibik-Languste

Panulirus argus

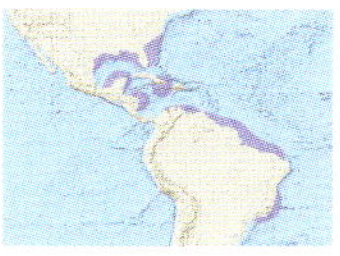

LÄNGE 60 cm

LEBENSRAUM Korallenriffe und felsige Flächen

VERBREITUNG Westatlantik, Golf von Mexiko, Karibik

Da sie sowohl nächtlich lebt als auch Wanderungen unternimmt, hat diese Languste ein hervorragendes Orientierungsvermögen. Sie kann ihre Position in Relation zum Magnetfeld der Erde feststellen und einer bestimmten Route wie eine Brieftaube folgen. Die Languste bevorzugt warme Gewässer und bleibt im Sommer im Flachwasser, bevor sie im Winter tiefere Gewässer aufsucht. Dabei laufen die Tiere im Gänsemarsch hintereinander her. Die Languste besitzt keine großen Scheren wie der Hummer (rechts), doch die Stacheln auf dem Carapax schützen sie vor den meisten Fressfeinden.

UNTERSTAMM CRUSTACEA

Europäischer Hummer

Homarus gammarus

LÄNGE bis zu 1 m, meist 60 cm

LEBENSRAUM felsige Küsten

VERBREITUNG östlicher Atlantik, Nordsee, Mittelmeer

Die Oberseite lebender Tiere ist braun oder bläulich – beim Kochen nehmen sie die bekannte rote Farbe an. Sie können bis zu 5 kg wiegen. Die beiden Scheren sind unterschiedlich groß, wobei die kleinere schärfer ist und zum Greifen und Zerlegen der Beute dient, während die große Gehäuse zertrümmern kann. Der Hummer lebt in Löchern und Spalten am Meeresgrund. Er ist kommerziell wichtig und durch Überfischung gefährdet, weil er langsam heranwächst und sich nicht vor dem sechsten Lebensjahr vermehrt.

UNTERSTAMM CRUSTACEA

Weißfleck-Einsiedler

Dardanus megistos

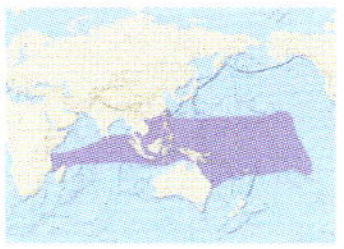

SPANNWEITE (BEINE) bis zu 30 cm

LEBENSRAUM tropische Riffe in Küstennähe

VERBREITUNG Indischer und Pazifischer Ozean

Wie andere Einsiedlerkrebse benutzt diese Art leere Schneckengehäuse, um den weichen Hinterleib zu schützen. Wenn der Krebs wächst, sucht er sich einfach ein leeres größeres Gehäuse oder verjagt einen schwächeren Rivalen. Während dieses Wechsels ist der Einsiedlerkrebs am leichtesten verwundbar, da sein Hinterleib dann dem Angriff von Fressfeinden ausgesetzt ist. Weltweit gibt es etwa 1500 Arten von Einsiedlerkrebsen. Der Weißfleck-Einsiedler bewohnt das Flachwasser tropischer Riffe, doch andere Arten leben an Land. Er ist eher ein Aasfresser als ein Jäger und sucht den Meeresboden nach Resten von Tieren und Algen ab, wobei er die Kadaver, die er findet, mit seinen geschickten Mundwerkzeugen zerlegt. Der nahe verwandte *Dardanus pedunculatus* kann nesselnde Anemonen an seinem Haus befestigen, um sich mit ihnen zu schützen.

UNTERSTAMM CRUSTACEA

Porzellankrebs

Petrolisthes lamarckii

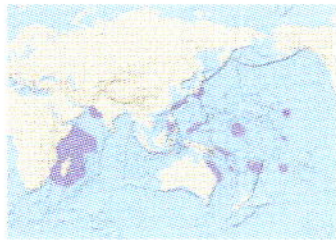

BREITE (CARAPAX) bis zu 2 cm

LEBENSRAUM Tümpel an felsigen Stränden und Küsten

VERBREITUNG Indischer Ozean, australische Pazifikküste, westlicher Pazifik

Sein flacher Körper ermöglicht es dem Krebs, sich in schmalen Spalten zu verstecken. Wenn er von einem Räuber gefangen wird oder in einer Spalte steckenbleibt, kann er eine Schere abwerfen, die mit der Zeit wieder nachwächst. Der Hinterleib ist nach vorn unter den Körper geklappt, kann aber entfaltet und beim Schwimmen wie ein Paddel eingesetzt werden.

UNTERSTAMM CRUSTACEA

Palmendieb

Birgus latro

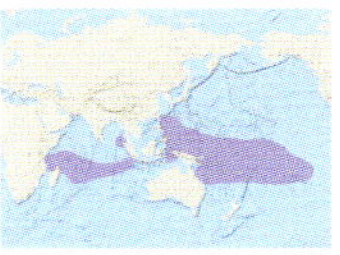

LÄNGE bis zu 60 cm

LEBENSRAUM Felsspalten und sandige Baue

VERBREITUNG tropische Gewässer des Indischen und des Pazifischen Ozeans

Der Palmendieb, auch Kokosnusskrabbe genannt, ist der größte an Land lebende Gliederfüßer. Junge Tiere leben wie ein Einsiedlerkrebs in einem Schneckenhaus oder einem Stück Kokosnussschale. Wächst der Krebs heran, benötigt er sie nicht mehr. Der Palmendieb lebt auf Inseln und in Buchten, frisst Aas, aber auch Früchte, und kann sogar Kokosnüsse aufbrechen. Die Krebse leben und paaren sich an Land, doch die Weibchen geben die Eier ins Wasser ab.

UNTERSTAMM CRUSTACEA

Schamkrabbe

Cyclozodion angustum

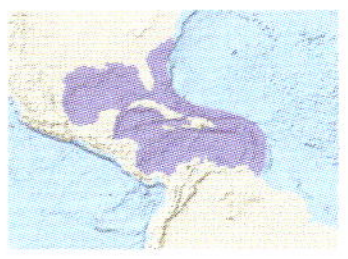

LÄNGE unbekannt

LEBENSRAUM küstenfern in Tiefen von 15–200 m

VERBREITUNG westlicher Atlantik, Golf von Mexiko, Karibik

Die früher *Calappa angusta* genannte Schamkrabbe ist eine echte Krabbe, deren kleiner Hinterleib unter den Körper geklappt ist und die vier Paar Laufbeine besitzt. Die Art kann an Reihen von dunkleren Erhebungen erkannt werden, die sich hinter den Augen über die Oberfläche des Carapax ziehen.

UNTERSTAMM CRUSTACEA

Japan. Riesenkrabbe

Macrocheira kaempferi

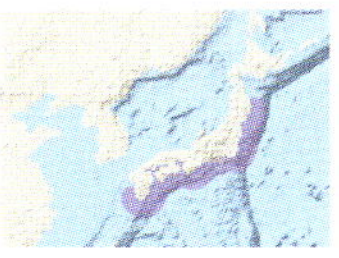

BREITE (CARAPAX) bis zu 37 cm

LEBENSRAUM tiefe Spalten und Löcher in 50–300 m Tiefe

VERBREITUNG Pazifischer Ozean in Nähe Japans

Die Japanische Riesenkrabbe ist mit einer Beinspannweite von bis zu 4 m und einem Gewicht von 16–20 kg nicht nur die größte Krabbe, sondern mit einem geschätzten Alter von bis zu 100 Jahren vielleicht auch die langlebigste. Sie lebt in tiefen, kalten Gewässern und bewegt sich auf Nahrungssuche langsam über den Grund.

PORZELLANKREBS
Der Porzellankrebs nutzt seinen flachen Körper, um außerhalb der Reichweite von Fressfeinden zu bleiben. Hier bieten ihm in der Andamanen-See im nördlichen Indischen Ozean die Tentakel einer Anemone ein dauerhaft sicheres Zuhause. Die Mundwerkzeuge streckt der Krebs zum Fang von Plankton aus.

UNTERSTAMM CRUSTACEA

Langbeinige Gespensterkrabbe

Macropodia rostrata

LÄNGE bis zu 2,5 cm

LEBENSRAUM untere Küste, meist nicht unter 50 m

VERBREITUNG nordöstlicher Atlantik vom südlichen Norwegen bis Marokko, Mittelmeer

Die auch als Seespinnen bezeichneten Krebstiere tarnen sich mit Tang- und Schwammstücken, die von hakenförmigen Haaren festgehalten werden. Auf diese Weise machen sie sich zwischen dem Tang ihres Lebensraums nahezu unsichtbar. Der Carapax ist dreieckig und läuft zwischen den Augen in einen achtzähnigen Vorsprung (Rostrum) aus. Die Beine sind mindestens zweimal so lang wie der Körper und können, wenn auch nicht sehr effektiv, zum Schwimmen eingesetzt werden. Die Krabbe frisst kleine Muscheln und Würmer, Algen sowie Detritus. An der Atlantikküste vermehren sich die Tiere das ganze Jahr über, im Mittelmeer zwischen März und September. Die Männchen übertragen die Spermien mit dem ersten Pleopodenpaar. Das Weibchen trägt die Eier mit sich umher, bis die Larven schlüpfen und zum planktonischen Leben übergehen.

UNTERSTAMM CRUSTACEA

Gefleckte Rundkrabbe

Carpilius maculatus

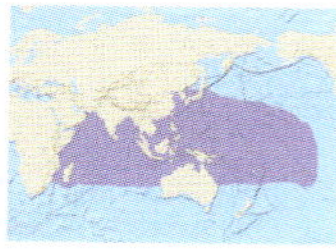

LÄNGE etwa 9 cm

LEBENSRAUM Küste bis 10 m Tiefe, küstennahe Riffe

VERBREITUNG Indischer Ozean und westlicher Pazifik

An ihrer auffälligen Färbung kann man die auch als Gefleckte Korallenkrabbe bezeichnete Art gut erkennen. Der glatte, hellbraune Carapax trägt zwei große, rote Flecke hinter jedem Auge, drei in der Mitte und entweder zwei oder vier hinten. Zwischen den Augen weist er vier kleine, abgerundete Vorsprünge auf, die ebenfalls arttypisch sind. Die nachtaktive, langsame Krabbe benutzt die langen Scherenpaare, um Korallen, Schnecken und andere kleine Meerestiere zu fressen.

UNTERSTAMM CRUSTACEA

Taschenkrebs

Cancer pagurus

LÄNGE bis zu 16 cm

LEBENSRAUM Gezeitenzone bis 100 m Tiefe, in Spritzwassertümpeln und auf schlammigen Sandflächen

VERBREITUNG nordöstlicher Atlantik und Nordsee, eingeschleppt in Teilen des Mittelmeers

Der ovale Carapax weist vorn und an den Seiten einen typischen gewellten Rand auf. Die großen Scheren tragen charakteristische schwarze Spitzen, während der Körper bei kleinen Tieren purpurbraun und bei größeren rotbraun ist. Taschenkrebse vermehren sich zu verschiedenen Jahreszeiten, wobei die Weibchen die Eier sechs bis neun Monate lang mit sich umhertragen. Sie werden in großen Mengen gefangen und als Delikatesse verkauft.

UNTERSTAMM CRUSTACEA

Muschelwächter

Pinnotheres pisum

LÄNGE Männchen 8 mm; Weibchen 14 mm

LEBENSRAUM Gezeitenzone bis 150 m Tiefe

VERBREITUNG Ostatlantik von Nordwesteuropa bis Westafrika, Mittelmeer

Den etwa erbsengroßen Muschelwächter findet man meistens in den Schalen der Miesmuschel. In der Mantelhöhle seines Wirts vor Feinden geschützt, ernährt sich der Muschelwächter von Plankton, das sich auf den Kiemen der Muschel abgesetzt hat. Es ist nicht ganz klar, ob der Krebs der Muschel damit schadet. Weibliche Muschelwächter sind fast doppelt so groß wie die Männchen und besitzen einen beinahe durchsichtigen Carapax, durch den die rosa Gonaden sichtbar sind. Männchen haben härtere, gelbbraune Panzer, von denen sie während der Paarungszeit von April bis Oktober geschützt werden. Während dieser Zeit müssen sie nämlich die Sicherheit der Muschel verlassen und sich nach Weibchen umsehen. In Gegenden, in denen Muscheln kommerziell gezüchtet werden, wird der Muschelwächter allerdings als Schädling angesehen.

UNTERSTAMM CRUSTACEA

Gemeine Strandkrabbe

Carcinus maenas

LÄNGE bis zu 6 cm

LEBENSRAUM Gezeitenzone bis in 60 m Tiefe, alle Substrate, Flussmündungen

VERBREITUNG nordöstlicher Atlantik von Norwegen bis Westafrika, andernorts eingeschleppt

Die Strandkrabbe toleriert einen weiten Bereich von Salzkonzentrationen und Temperaturen, sodass sie genauso gut in Salzmarschen und Flussmündungen wie an der Küste leben kann. Der dunkelgrüne Carapax weist hinter den Augen fünf deutliche Kerben auf. Die opportunistische Krabbe jagt verschiedene Tiere, wie Muscheln, Polychaeten, Quallen und kleine Krebstiere. Wo sie eingeschleppt worden ist, kann sie der örtlichen Fauna schaden. An der Westküste der USA hat sie beispielsweise einen erheblichen Einfluss auf die Muschelindustrie.

UNTERSTAMM CRUSTACEA

Blaue Schwimmkrabbe

Portunus pelagicus

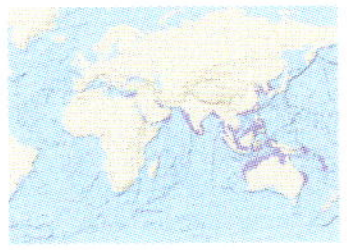

LÄNGE bis zu 7 cm

LEBENSRAUM sandiger oder schlammiger Grund in bis zu 55 m Tiefe

VERBREITUNG Küstengewässer des Indischen und des Pazifischen Ozeans, östliches Mittelmeer

Anders als die meisten anderen Krabben ist diese ein hervorragender Schwimmer. Sie benutzt dazu das vierte, paddelartige Beinpaar. Trotz ihres Namens sind nur die Männchen blau und die Weibchen eher schmutzig grünbraun. Männchen sind auch an ihren Scheren zu erkennen, die mehr als zweimal so lang sind wie ihr Carapax breit ist. Die Scheren tragen scharfe Zähnchen, um kleine Fische und andere Nahrung festzuhalten.

Wenn sich die Schwimmkrabbe bedroht fühlt, vergräbt sie sich meistens im Sand. Wenn das nichts nützt, nimmt sie eine Drohhaltung ein und streckt die Scheren seitlich aus, um so groß wie möglich zu erscheinen. Das natürliche Verbreitungsgebiet der Krabbe ist durch den Suezkanal ein Stück weit in das Mittelmeer erweitert worden. In Australien weden die Tiere gern gegessen.

UNTERSTAMM CRUSTACEA

Geisterkrabbe

Ocypode saratan

LÄNGE etwa 3,5 cm

LEBENSRAUM sandige Küsten, in tiefen Bauen über dem Wasserspiegel

VERBREITUNG Küstengewässer des westlichen Indischen Ozeans, Rotes Meer

Nachdem sie den Tag im kühlen Bau verbracht hat, kommt die flinke Geisterkrabbe in der Dämmerung zur Jagd heraus. Sie frisst alles, was sie findet, auch andere Krabben und die mit der letzten Flut angeschwemmten organischen Stoffe. Während der Paarungszeit verteidigen männliche Geisterkrabben ihren Bau, doch geschieht das meist ritualisiert. Die Baue können über 100 m vom Meer entfernt und über 1 m tief sein.

UNTERSTAMM CRUSTACEA

Winkerkrabbe

Gelasimus vocans

LÄNGE etwa 2,5 cm

LEBENSRAUM in Wassernähe auf Sand- und Schlammflächen

VERBREITUNG Indischer Ozean und Westpazifik

Wie die nah verwandten Geisterkrabben (rechts oben) zeigen auch Winkerkrabben ein ritualisiertes Verhalten, um Rivalen abzuschrecken. Männchen sind leicht zu erkennen, da eine ihrer Scheren stark vergrößert ist. Bei einem erwachsenen Tier macht die Schere mehr als das halbe Körpergewicht aus und wird sowohl bei der Balz als auch zur Abschreckung anderer Männchen eingesetzt. Anhand der Winkbewegungen kann man die verschiedenen Winkerkrabbenarten auseinanderhalten.

Die Krabben sind tagaktiv. Sie bauen sowohl einen bis zu 30 cm tiefen Bau als auch eine Anzahl von Löchern, in die sie sich bei Gefahr zurückziehen können. Bei Flut schließen sie sich in ihrem Bau mit einer kleinen Luftblase ein. Winkerkrabben entnehmen den Sauerstoff nämlich der Luft, obwohl sie Kiemen besitzen.

RITUELLE KÄMPFE

Jede Winkerkrabbenart schwenkt ihre Schere auf eine etwas unterschiedliche Weise. Wenn das den Rivalen nicht abschreckt, versuchen sich die Tiere mit »Armdrücken« zu messen. Das schwächere Männchen zieht sich meist zurück, bevor es Schaden erleidet.

LINKS- ODER RECHTSHÄNDER?
Hier sind beide Krabben Rechtshänder, doch bei manchen ist auch die linke Schere vergrößert (siehe unten).

DEN SALZHAUSHALT AUSGLEICHEN
Bei der Ankunft an der Küste laufen die Krabben zum Meer, wo sie Wasser und Salze ersetzen, die sie während der anstrengenden Reise verloren haben.

Landkrabben-Wanderung

Die jährliche Wanderung der Roten Landkrabben (*Gecarcoidea natalis*) aus den Wäldern der Weihnachtsinsel im Südwesten Indonesiens zum Meer, um dort abzulaichen, ist eins der Wunder der Natur. Bis vor Kurzem gingen jedes Jahr etwa 120 Millionen Krabben auf die Reise, die den Rest des Jahres über auf einem bewaldeten Plateau in etwa 360 m Höhe leben. Die Krabben sind hauptsächlich Pflanzenfresser, nehmen aber auch andere tote Krabben oder Vögel an, wenn sich die Gelegenheit bietet. Sie reduzieren den Wasserverbrauch, indem sie nur zu Zeiten hoher Luftfeuchtigkeit (über 70 %) aktiv sind und sich in die Baue zurückziehen, wenn es trockener ist. Wie andere Krabben haben auch diese Kiemen, doch die Kiemenkammern sind mit einem Gewebe ausgekleidet, das den Gasaustausch mit der Luft verbessert.

Die Roten Landkrabben sind in ihrem Bestand deutlich zurückgegangen, was vor allem an der Einschleppung der Gelben Spinnerameise in den 1930er-Jahren liegt. Seit Mitte der 1990er-Jahre sind vermutlich etwa 40 Millionen Krabben von den Ameisen getötet worden, doch die 2016 erfolgte Einführung einer kleinen Wespe, die die Nahrungskette der Ameisen unterbricht, scheint sich positiv auszuwirken. Doch es steigt der Druck, den Phosphatabbau auf den Inseln zu erhöhen, was zu einer Abholzung des Walds und damit zu einem Lebensraumverlust für die Landkrabben führen wird.

Der Ablauf der Wanderung

Der Beginn der Regenzeit, meist im frühen November, gibt das Startsignal zur Wanderung, die sich über drei Mondzyklen hinzieht. Die Männchen starten zuerst, dann die Weibchen. Zur Küste benötigen sie etwa eine Woche. Nach einem kurzen Bad kämpfen die Männchen um einen Platz für ihre Baue, in denen wohl die Paarung stattfindet. Die Männchen kehren in den Wald zurück, während die Weibchen mit den Eiern im Bau bleiben. Sie graben sich nach etwa zwei Wochen aus und deponieren die Eier in den Nächten des letzten Mondviertels bei Hochwasser im Meer.

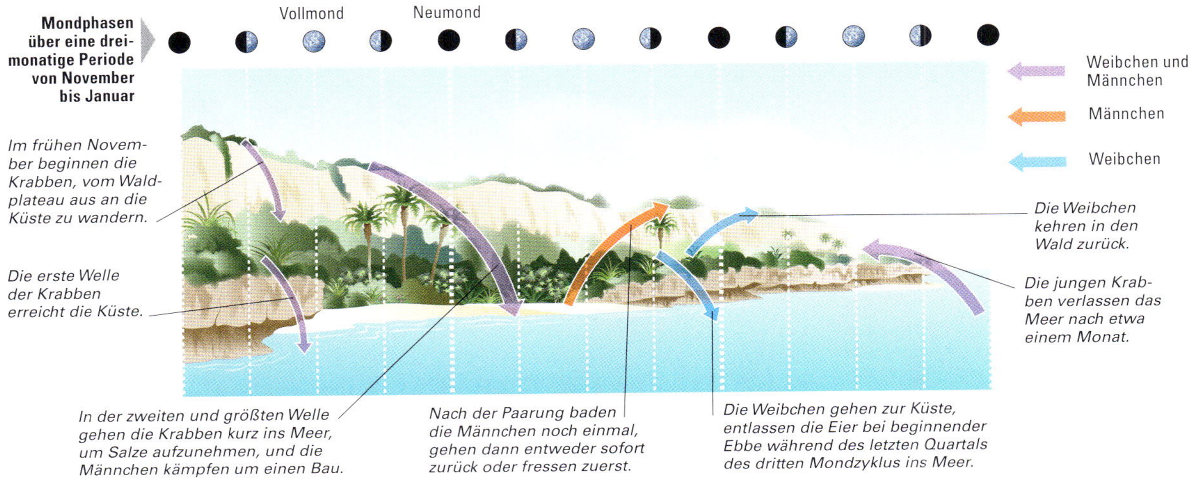

STATIONEN DER REISE

REISE ÜBER LAND

HINDERNISSE
Obwohl die Strecke bis zum Meer nur etwa 500 m beträgt, haben die Krabben eine Anzahl von Hindernissen zu überwinden, etwa Straßen und Schienen. In der Vergangenheit war es nicht ungewöhnlich, wenn pro Jahr eine Million Krabben verschwand, doch das hatte auf die Population wenig Einfluss. Heute bieten Straßensperrungen und Krabbentunnel mehr Sicherheit, doch die Tiere können auf der Reise immer noch an Austrocknung sterben.

VOM LAND INS MEER

ABGABE DER EIER
Nachdem sie bis zu 100 000 Eier 12–13 Tage lang gepflegt haben, verlassen die Weibchen die Baue und versammeln sich am Strand, um sie im Wasser abzusetzen. Sie machen das bei einsetzender Ebbe bei Nacht, heben die Scheren und schütteln sich, um die Eier abzugeben. Die Krabben auf den Klippen befinden sich vielleicht 8 m über dem Wasser.

VOM MEER ANS LAND

MEGALOPA-LARVEN *Die Larven schlüpfen, sobald die Eier ins Wasser gelangen. Sie bleiben bis zu 30 Tage lang im Wasser und durchleben mehrere Larvenstadien, bis sie als garnelenähnliche Megalopa-Larven ins Flachwasser zurückkehren. Nach drei bis fünf Tagen werden sie zu kleinen Krabben und gehen an Land.*

UNTERSTAMM HEXAPODA

Küstenspringer

Petrobius maritimus

LÄNGE 1 cm

LEBENSRAUM in der Spritzwasserzone felsiger Küsten

VERBREITUNG britische Inseln ohne Irland

Küstenspringer tragen drei lange Anhänge am Ende ihres Hinterleibs. Der gestreckte Körper wird von unscheinbar gefärbten Schuppen getarnt. Küstenspringer besitzen lange Antennen und Komplexaugen, die sich oben auf dem Kopf treffen. Sie leben in Felsspalten und ernähren sich von Detritus. Küstenspringer können sich schnell bewegen und nutzen dabei kleine Fortsätze (Styli) auf ihrer Unterseite, die ihnen zusätzlichen Halt verschaffen. Wenn sie aufgeschreckt werden, können sie sich für kurze Strecken mithilfe ihres Hinterleibs durch die Luft katapultieren.

UNTERSTAMM HEXAPODA

Felsen-Springschwanz

Anurida maritima

LÄNGE bis zu 3 mm

LEBENSRAUM obere Gezeitenzone felsiger Küsten

VERBREITUNG Küsten der britischen Inseln

Bei Ebbe suchen Hunderte von Springschwänzen den Strand nach Nahrung ab, ziehen sich aber eine Stunde vor Beginn der Flut wieder in die Sicherheit ihrer Felsspalten zurück. Große Mengen drängen sich in den Spalten zusammen, um nicht bei Flut zu ertrinken. Hier häuten sich die Springschwänze auch und legen ihre Eier, die hier vor dem Wasser und den meisten Fressfeinden sicher sind.

Springschwänze sind blaugrau und besitzen am vorderen Ende breitere, gegliederte Körper. Mit ihren drei Beinpaaren können sie sogar über die Oberfläche ruhiger Spritzwassertümpel laufen, doch schwimmen können sie nicht. Springschwänze tragen ihren Namen wegen des Sprungorgans, der Furcula, am Körperende. Anders als die meisten Springschwänze besitzt der Felsen-Springschwanz dieses Sprungorgan nicht.

UNTERSTAMM HEXAPODA

Prächtiger Salzkäfer

Bledius spectabilis

LÄNGE bis zu 2 cm

LEBENSRAUM Gezeitenzone sandiger und schlammiger Küsten

VERBREITUNG Küsten der britischen Inseln und Nordeuropas

Es ist ungewöhnlich für einen Käfer, dass er in der Gezeitenzone lebt. Er besitzt einen länglichen, schwarzen Körper und kurze, rotbraune Flügeldecken oder Elytren schützen die Flügel, lassen aber den größten Teil des Hinterleibs frei. Die Beweglichkeit seines Hinterleibs ermöglicht es dem Käfer, sich in enge Spalten zu quetschen und auch, seine Flügel unter die Elytren zu schieben.

Die meisten Salzkäfer sind entweder tag- oder nachtaktiv, doch das Leben dieser Art wird von den Gezeiten bestimmt. Er baut einen flaschenförmigen, mit einer 5 mm durchmessenden Wohnkammer ausgestatteten Bau senkrecht in den Sand und zieht sich bei Flut in ihn zurück. Der Eingang ist mit 2 mm Durchmesser so eng, dass die Luftblase darin kein Wasser hineinlässt. Das Weibchen legt seine Eier in Seitenkammern des Baus und bewacht sie, bis die Nachkommen geschlüpft und so weit herangewachsen sind, dass sie ihren eigenen Bau graben können.

UNTERSTAMM HEXAPODA

Schneckenhaus-Mauerbiene

Osmia aurulenta

LÄNGE 1 cm

LEBENSRAUM Sanddünen

VERBREITUNG Küsten des nordöstlichen Atlantiks, der Nord- und Ostsee sowie des Mittelmeers

Die für die Bestäubung der Dünenpflanzen wichtige Mauerbiene hat einen kompakten, braunschwarzen Körper mit dichten rotgoldenen Haaren, die später grau werden. Anders als die Honigbiene, die den Pollen an den Beinen trägt, transportiert die Mauerbiene ihn in einer Tasche unter ihrem Hinterleib. Männliche Bienen dieser Art tauchen zwischen April und Juli

auf, ein wenig früher im Jahr als die Weibchen, und suchen sich Territorien mit einem Schneckenhaus. Sie hinterlassen dann Geruchsmarken (Pheromone) auf Pflanzenstängeln, um Weibchen auf sich aufmerksam zu machen. Hat sich das Weibchen mit dem gewählten Partner gepaart, verändert es die Position des Schneckenhauses so, dass der Eingang zur am besten geschützten Seite zeigt. Nun legt es seine Eier darin ab.

UNTERSTAMM HEXAPODA

Meer-Wasserläufer

Halobates sericeus

LÄNGE Weibchen: 5 mm

LEBENSRAUM Meeresoberfläche

VERBREITUNG Pazifik, zwischen 40 ° und 5 ° nördlich und südlich des Äquators

Dieser Wasserläufer gehört zur einzigen Insektengattung, die echte marine Arten enthält. Er verbringt sein ganzes Leben auf der Oberfläche tropischer und subtropischer Meere, deren Wintertemperaturen nur selten unter 20 °C fallen. Man weiß wenig über diese Insekten, da es schwierig ist, sie zu untersuchen. Weibchen sind größer als Männchen und legen nach der Parung 10–20 cremefarbene, ovale Eier auf Treibgut ab. Aus ihnen schlüpfen Nymphen, die bis zum erwachsenen Insekt fünf Larvenstadien durchlaufen. Weil diese Insekten nie unter die Wasseroberfläche gelangen, ernähren sie sich von schwimmendem Fischlaich, Eiern, Zooplankton und toten Quallen. Sie fressen, indem sie Enzyme auf die Oberfläche der Nahrung abgeben und das vorverdaute Material aufsaugen.

UNTERSTAMM HEXAPODA

Seetangfliege

Coelopa frigida

LÄNGE 3–10 mm

LEBENSRAUM gemäßigte Küsten mit verrottendem Seetang

VERBREITUNG Küsten des Nordatlanktiks und des Nordpazifik

Diese Art ist die am weitesten verbreitete Tangfliege und fast überall zu finden, wo Seetang am Strand verrottet. Die Fliegen haben flache, glänzend schwarze, teils grau getönte Körper. Die borstigen Beine sind bräunlich gelb. Von den beiden Flügelpaaren ist nur das vordere ausgebildet und das hintere zu kleinen, keulenförmigen Halteren umgebildet, die den Flug stabilisieren. Tangfliegen können durch schleimigen Seetang kriechen und wenn sie untergetaucht werden, kommen sie an die Oberfläche und können einfach fortfliegen. Die Larven sind genauso Wasser abweisend. Die vom Seetanggeruch angelockte Fliege sucht sich warme Stellen zur Eiablage aus. Die Larven fressen Algen und verpuppen sich nach drei Häutungen. Die Fliegen verlassen die Puppe und vervollständigen den Lebenszyklus etwa elf Tage nach der Eierablage. Die Fliegen sind für viele Küstenvögel wie Dominikanermöwen und Uferläufer eine wichtige Nahrungsquelle.

Moostierchen

DOMÄNE	Eucarya
REICH	Animalia
STAMM	Bryozoa
ARTEN	6530

Die Kolonien bildenden Moostierchen sind zwar nicht selten, werden aber oft übersehen. Die einzelnen Tiere einer Kolonie sind meistens nicht länger als 1 mm, aber die Kolonien können durchaus über 1 m groß werden. Moostierchen legen sich oft als große Matten auf die Oberflächen von Felsen und Tangen. Andere Kolonien bilden korallen- und pflanzenähnliche Strukturen oder fleischige Blätter. Die meisten Arten leben im Meer, doch einige wenige auch im Süßwasser.

ALGENBEWUCHS
Moostierchen leben, wie diese auf einem Tang wachsende Art, oft in Bereichen starker Strömung.

Körperbau

Eine Kolonie besteht aus einigen bis zu mehreren Millionen Einzeltieren, den Zooiden. Jedes Zooid sitzt in einem kastenähnlichen Gehäuse, das durch Kalk oder ein gelatine- oder hornähnliches Material (Chitin) verstärkt sein kann und über kleine Löcher mit denen der Nachbarn verbunden ist. Um zu fressen, schiebt das Zooid eine runde oder hufeisenförmige Struktur (Lophophor) aus einer Öffnung heraus, die eine Tentakelkrone mit haarartigen Cilien trägt, die Nahrung herbeistrudeln. Meist werden die befruchteten Eier in speziellen Zooiden gelagert, die als Brutkammer für die Larven dienen.

ZOOIDENKRUSTE
Die rechtwinkligen Zooide dieser krustenbildenden Art breiten sich in einer einlagigen Schicht über Tangen aus.

Lebensräume

Mit ihrer großen Vielfalt von Körperformen kann man Bryozoen in fast jedem Lebensraum von der Küste bis zur Tiefsee finden und von der Arktis bis in die Tropen. Meistens findet man Kolonien auf untergetauchten Felsen, Seegräsern, Tangen, Mangrovenwurzeln und toten Muschelschalen. Manche Bryozoen lassen sich sogar von lebenden Krebstieren und Mollusken transportieren. Einige außergewöhnliche Arten benötigen keinen festen Untergrund und leben im Sand. Diese Kolonien können sich mit rudernden Bewegungen der langen Fortsätze spezieller Zooide über oder durch den Sand bewegen.

Kolonien entstehen aus einer einzigen Larve, die sich niederlässt und zum Zooid wird. Ein neues Zooid entsteht durch Knospung, indem es aus der Wand des alten herauswächst. Die meisten Moostierchen-Larven sind kurzlebig und lassen sich in der Nähe ihrer Eltern nieder.

ANGRIFF
Nacktschnecken fressen oft Moostierchen, indem sie die Gehäuse aufbrechen und das Innere fressen.

ORDNUNG CTENOSTOMATIDA

Gallertmoostierchen

Alcyonidium diaphanum

GRÖSSE (HÖHE)	bis zu 30 cm
TIEFE	0–200 m
LEBENSRAUM	Felsen und Muschelsand

VERBREITUNG gemäßigte Gewässer des nordöstlichen Atlantiks

Die Kolonien dieser Art besitzen eine feste, gummiartige Konsistenz und wachsen unregelmäßig, lappig oder fingerförmig, wobei sie sich mit ihrer kleinen, krustenartigen Basis am Substrat verankern. Diese Moostierchen können einen allergischen Ausschlag verursachen und Nordsee-Fischer sind oft davon betroffen, wenn sie sie aus den Netzen entfernen.

ORDNUNG CHEILOSTOMATIDA

Blättermoostierchen

Flustra foliacea

GRÖSSE (HÖHE)	bis zu 20 cm
TIEFE	0–100 m
LEBENSRAUM	Steine, Muschelschalen

VERBREITUNG gemäßigte und arktische Gewässer des nordöstlichen Atlantiks

Die Art wird oft fälschlich für eine Braunalge gehalten. Die Kolonien wachsen aus einer schmalen Basis wie Fächer empor. Sie bilden meist dichte Bestände und bedecken den Meeresboden wie kleine, braune Salatpflanzen. Oft liegen sie an vielen Küsten am Strand und man kann mit einem Vergrößerungsglas die einzelnen, länglichen Zooide betrachten.

ORDNUNG CHEILOSTOMATIDA

Spitzenmoostierchen

Iodictyum phoeniceum

GRÖSSE (BREITE)	bis zu 20 cm
TIEFE	15–40 m
LEBENSRAUM	felsige Riffe

VERBREITUNG gemäßigte und tropische Gewässer um Australien

Die Kolonien fühlen sich hart und spröde an, weil die Gehäuse der einzelnen Zooide mit Kalk verstärkt sind. Die Kolonien sind wie wellige Kartoffelchips mit einem Netzwerk kleiner Löcher geformt. Die schöne dunkelrosa bis purpurne Farbe bleibt sogar bei einer toten und getrockneten Kolonie erhalten. Die Art bevorzugt Bereiche mit einiger Strömung, und die Löcher reduzieren vielleicht den Wasserdruck. Ähnliche Arten findet man auch auf Korallenriffen in der gesamten indopazifischen Region.

Stachelhäuter

DOMÄNE	Eucarya
REICH	Animalia
STAMM	Echinodermata
KLASSEN	5
ARTEN	etwa 7483

Der wissenschaftliche Name dieser rein marinen Wirbellosengruppe stammt aus dem Griechischen und bedeutet »Igelhäuter«. Zu ihr gehören Seesterne, Seeigel, Schlangensterne, Haarsterne und Seegurken. Sie zeichnen sich durch eine fünfstrahlige Symmetrie aus, sodass sie meist stern-, scheiben- oder kugelförmig sind, und besitzen unter der Haut ein Skelett aus Kalziumkarbonatplatten. Ein mit Wasser gefülltes Ambulacralgefäßsystem ermöglicht es ihnen, sich zu bewegen, zu fressen und zu atmen. Sie sind typische Bodenbewohner.

Körperbau

Der Körper der Stachelhäuter basiert auf einer fünfstrahligen Symmetrie, fast wie eine Blüte. Das wird bei Seesternen, Schlangensternen und Seeigelskeletten deutlich. Seeigel ähneln Seesternen, bei denen die Arme angelegt sind, um eine Kugel zu formen. Seegurken gleichen gestreckten Seeigeln, deren Symmetrie man an den Enden bemerkt. Das Skelett der Stachelhäuter besteht aus Kalziumkarbonatplatten. Bei Seeigeln bilden sie ein festes Skelett, bei Seesternen liegen sie getrennt in der Haut. Meist hat der Körper auch stachlige oder warzige Fortsätze. Das Skelett der Seegurken ist zu kleinen Skleriten unter der Oberhaut reduziert. Zum Ambulacralsystem gehört ein Ringkanal, von dem Zweige in jeden Arm und jeden Körperteil verlaufen, sowie die blind endenden Röhrenfüßchen, die aus Hautporen ausgestreckt werden.

HYDRAULIK
Die Füßchen werden vom Wasser bewegt, das aus einem kleinen Reservoir (Ampulle) stammt, ähnlich dem Gummibällchen an einer Pipette.

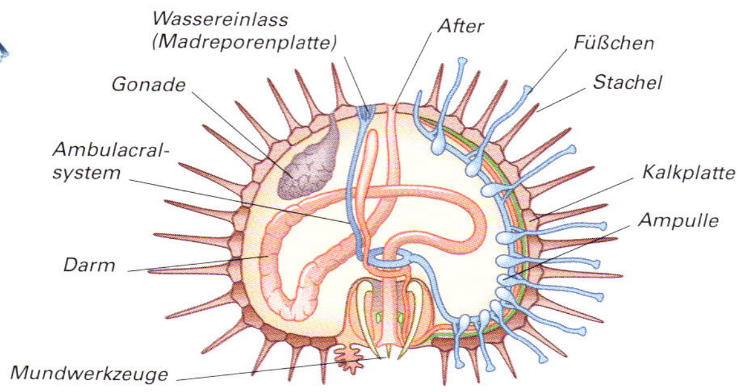

SEEIGEL-KÖRPERBAU
Der Körper besteht aus einer flüssigkeitsgefüllten Höhle in einer Schale. Der Mund befindet sich in der Mitte der Unterseite und der After in der Mitte der Oberseite.

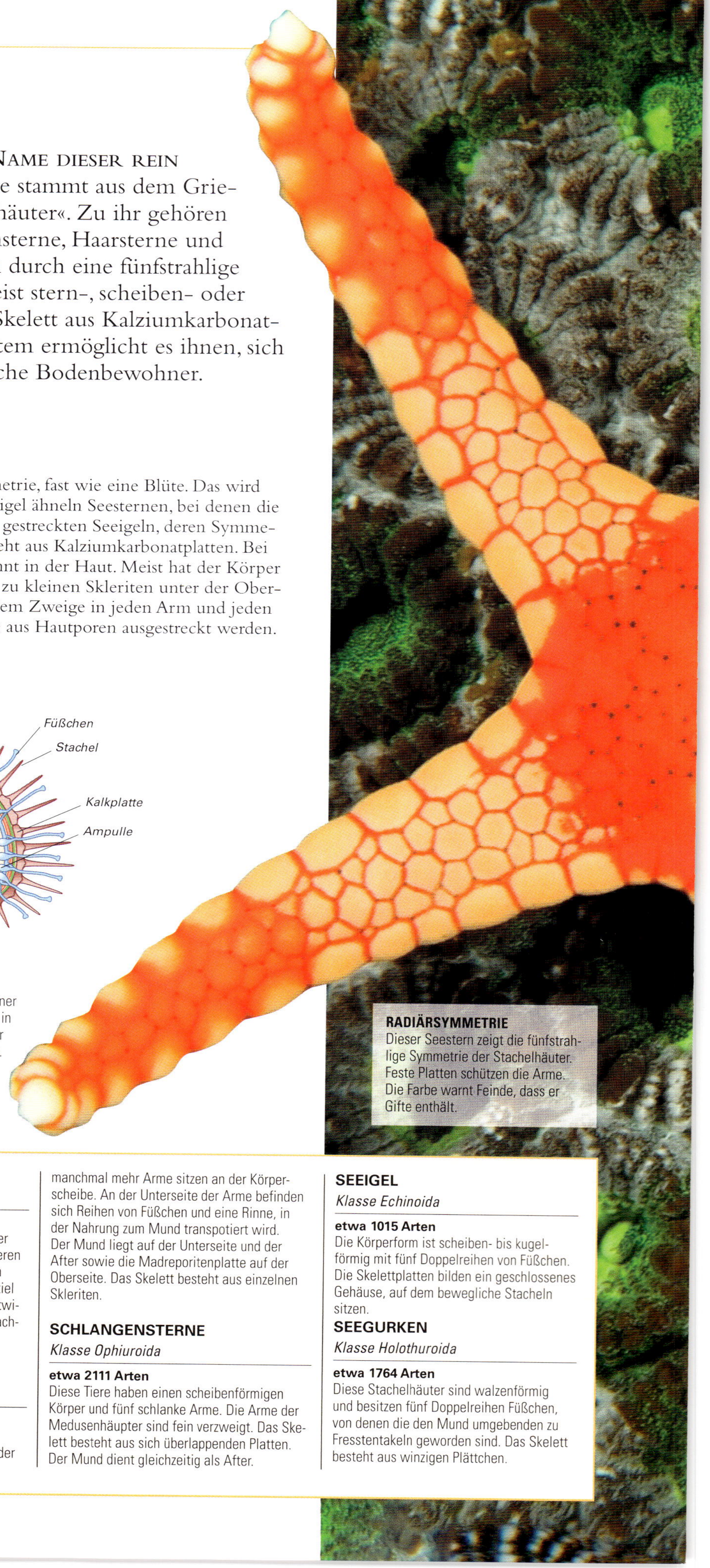

RADIÄRSYMMETRIE
Dieser Seestern zeigt die fünfstrahlige Symmetrie der Stachelhäuter. Feste Platten schützen die Arme. Die Farbe warnt Feinde, dass er Gifte enthält.

SYSTEMATIK DER STACHELHÄUTER

Auf der Basis ihrer Gestalt, des Skeletts und der Lage von Mund, After und Madreporenplatte werden die Stachelhäuter in fünf Klassen eingeteilt. Eine sechste Klasse, die Concentricycloidea, wurde ursprünglich für die neu entdeckten Seegänseblümchen eingeführt, aber die zwei Arten scheibenförmiger Tiere sind tatsächlich ungewöhnliche Seesterne und werden daher zur Klasse der Seesterne (Asteroida) gezählt.

SEELILIEN, HAARSTERNE
Klasse Crinoida

etwa 672 Arten
Die Tiere haben einen tellerförmigen Körper mit oft mehr als fünf Armen, die zum Filtrieren benutzt werden. Mund und After sind nach oben gerichtet. Seelilien sind mit einem Stiel am Meeresgrund befestigt. Haarsterne entwickeln sich jedoch zu frei beweglichen erwachsenen Tieren.

SEESTERNE
Klasse Asteroida

etwa 1921 Arten
Der Körper der meist den Meeresboden bewohnenden Tiere ist sternförmig. Fünf oder manchmal mehr Arme sitzen an der Körperscheibe. An der Unterseite der Arme befinden sich Reihen von Füßchen und eine Rinne, in der Nahrung zum Mund transpotiert wird. Der Mund liegt auf der Unterseite und der After sowie die Madreporitenplatte auf der Oberseite. Das Skelett besteht aus einzelnen Skleriten.

SCHLANGENSTERNE
Klasse Ophiuroida

etwa 2111 Arten
Diese Tiere haben einen scheibenförmigen Körper und fünf schlanke Arme. Die Arme der Medusenhäupter sind fein verzweigt. Das Skelett besteht aus sich überlappenden Platten. Der Mund dient gleichzeitig als After.

SEEIGEL
Klasse Echinoida

etwa 1015 Arten
Die Körperform ist scheiben- bis kugelförmig mit fünf Doppelreihen von Füßchen. Die Skelettplatten bilden ein geschlossenes Gehäuse, auf dem bewegliche Stacheln sitzen.

SEEGURKEN
Klasse Holothuroida

etwa 1764 Arten
Diese Stachelhäuter sind walzenförmig und besitzen fünf Doppelreihen Füßchen, von denen die den Mund umgebenden zu Fresstentakeln geworden sind. Das Skelett besteht aus winzigen Plättchen.

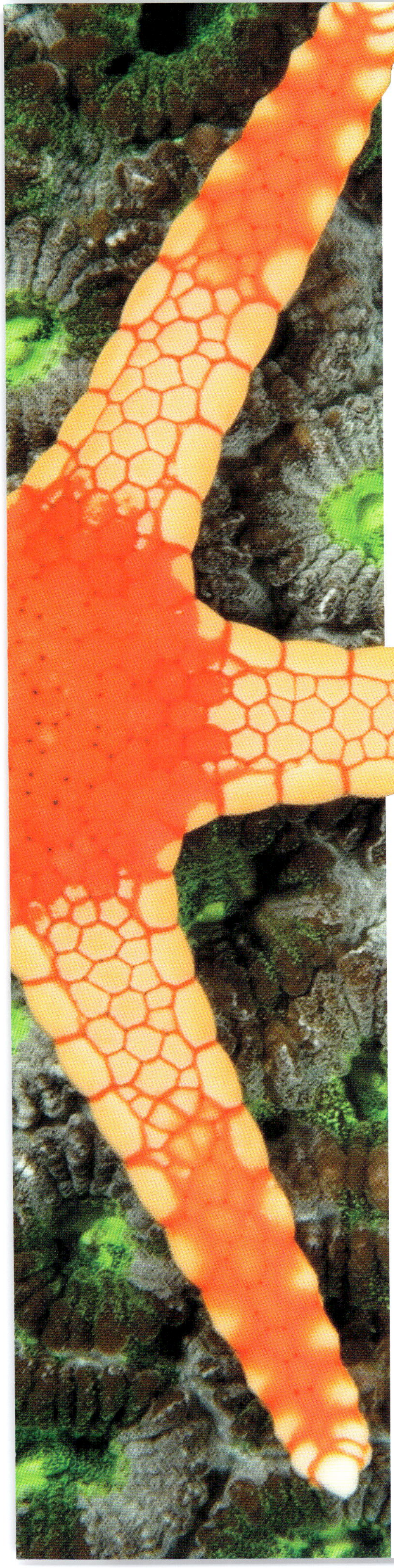

Vermehrung

Die meisten Stachelhäuter sind getrenntgeschlechtlich und geben ihre Geschlechtsprodukte einfach in das Wasser ab. Oft versammeln sich die Tiere dazu und erhöhen so ihre Erfolgschancen. Dieses synchronisierte Ablaichen wird durch die Tageslänge und die Wassertemperatur beeinflusst. Jede Stachelhäutergruppe hat eigene Larventypen. Die Larven wandeln sich schließlich in erwachsene Tiere um und lassen sich auf dem Grund nieder. Manche Seesterne behalten jedoch die befruchteten Eier und die sich entwickelnden Larven in einer Tasche unter dem Mund. Bei manchen Schlangensternen werden die Jungen in Körperhöhlen getragen und erst nach der Umwandlung in erwachsene Tiere freigelassen. Bei den meisten Stachelhäuterarten treiben die befruchteten Eier jedoch mit dem Plankton umher und entwickeln sich zu frei schwimmenden Larven.

SCHWIMMHILFEN
Ihre langen Fortsätze helfen der Larve des Herzigels, im Plankton zu schweben. Schlangensterne weisen ähnliche Larven auf.

EIER UND SPERMIEN ABGEBEN
Indem sie sich aufrichten, verbessern Seegurken die Chance, dass ihre Eier wegdriften und sich mit Spermien eines anderen Tiers vermischen.

Ernährung

Unter Stachelhäutern gibt es Pflanzenfresser und Filtrierer ebenso wie Räuber. Die fleischfressenden Seestern-Arten stülpen ihren Magen aus dem Mund über ihre Beute und verdauen sie außerhalb des Körpers. Dagegen kratzen die meisten Seeigel mit Zähnen, die an das Futter einer Bohrmaschine erinnern, Algen von Felsflächen. Kombiniert mit Muskeln und Skelettplatten bilden die Zähne einen kraftvollen Apparat, den man »Laterne des Aristoteles« nennt. Seegurken spielen eine Schlüsselrolle bei der Reinigung des Meeresgrunds.

FILTRIEREN MIT DEN FÜSSEN
Federsterne erbeuten Plankton mit ihren Armen. Spezielle Röhrenfüßchen befördern die Nahrungsteilchen durch Furchen in den Verzweigungen über Furchen im Arm zum Mund.

Verteidigung

Wenn sie aufgebrochen werden können, stellen Seeigel für Fische, Seevögel und Seeotter eine gute Nahrung dar. Wie viele andere Stachelhäuter verteidigen sie sich deshalb mit Stacheln. Sie sind lang, scharf, lassen sich gelenkig in alle Richtungen bewegen und stellen so beeindruckende Waffen dar. Wenn ein Stachelhäuter angegriffen wird, können die Stacheln abbrechen und schlecht heilende Wunden in der Haut hervorrufen. Manche Stacheln, wie die der Dornenkrone, sind außerdem giftig. Leder- und Giftzangenseeigel tragen giftige Stacheln oder Pedicellarien (siehe unten), mit denen sie auch Menschen stechen können. Die schwerfällig aussehenden Seegurken besitzen keine Stacheln oder große Skelettplatten, sind aber bei Weitem nicht wehrlos. Werden sie angegriffen, können sie ihren Darm oder auch andere Eingeweide zur Ablenkung hervorwürgen und später nachwachsen lassen. Manche tropische Seegurken stoßen klebrige weiße, Cuvier'sche Schläuche genannte Fäden aus, die stabil genug sind, um eine angreifende Krabbe zu fesseln. Schlangen- und Seesterne können sich befreien, indem sie Arme abwerfen und nachwachsen lassen.

PEDICELLARIEN
Die langsamen Seeigel und Seesterne können von Larven aus dem Plankton bewachsen werden. Sie verteidigen sich mit in kleine Zangen umgewandelten Stacheln, den Pedicellarien, mit denen sie die Larven entfernen können.

MENSCHLICHER EINFLUSS

FEIND DER AUSTERN

In europäischen Gewässern entwickelt der Gemeine Seestern einen gewaltigen Appetit auf Austern und Miesmuscheln. Deshalb zerschneiden Fischer gefangene Exemplare und werfen sie über Bord. Dumm für die Fischer ist jedoch, dass die Seesterne nicht nur verlorene Arme ersetzen können, sondern dass aus einem Arm mit einem Teil der Körperscheibe wieder ein vollständiges neues Tier heranwachsen kann.

ARME REGENERIEREN
Der Gemeine Seestern regeneriert zwei verlorene Arme. Manchmal entstehen auf diese Weise ein oder zwei Zusatzarme.

KLASSE ASTEROIDA

Großplatten-Seestern

Luidia ciliaris

DURCHMESSER bis zu 60 cm
TIEFE 0–400 m
LEBENSRAUM Sedimente, Kies, Fels

VERBREITUNG gemäßigte Gewässer im Nordostatlantik und Mittelmeer

Während die meisten Seesterne fünf Arme haben, besitzt dieser auch als Siebenarmiger Seestern bezeichnete sieben, selten sogar acht. Körper und Arme haben eine samtartige Struktur und sind ziegelrot bis orangebraun gefärbt. Jeder Arm ist mit auffälligen steifen weißen Stacheln gesäumt, die es dem Großplatten-Seestern erleichtern, sich ins Sediment zu graben und seine Nahrung aufzuspüren.

Mit den langen Füßchen kann er sich außerdem schnell über Felsen bewegen, um seine Beute zu verfolgen. Der gefräßige Räuber ernährt sich hauptsächlich von anderen Stachelhäutern, einschließlich grabenden Seeigeln, Seegurken und Schlangensternen. Die Tiere vermehren sich in Südengland im Sommer, im Mittelmeer aber schon wesentlich früher, zwischen November und Januar.

KLASSE ASTEROIDA

Kachel-Seestern

Iconaster longimanus

DURCHMESSER bis zu 12 cm
TIEFE 30–85 m
LEBENSRAUM tiefe Riffe und Hänge

VERBREITUNG tropische Gewässer des Indischen Ozeans und des Westpazifik

Die auffällig gezeichnete Art besitzt lange, dünne Arme und eine flache Körperscheibe, die von Reihen von Platten eingerahmt sind und den Seestern steif wirken lassen. Die Platten können hell oder dunkel sein und bilden bei jedem Tier ein individuelles Muster, das es Wissenschaftlern erlaubt, es wiederzuerkennen. Daten aus den Untersuchungen zeigen, dass der Seestern sehr langsam wächst und möglicherweise mehrere Jahrzehnte alt werden kann. Obwohl die Tiere meistens in tiefen, dunklen Gewässern leben, sind sie bei Singapur auch häufig in 5–20 m Tiefe zu finden, wahrscheinlich weil das Wasser bewegt und nicht sehr lichtdurchlässig ist. Weibchen legen große orangefarbene Eier, aus denen winzige Larven der gleichen Farbe schlüpfen. Die Eier enthalten Stoffe, die Fische abschrecken.

KLASSE ASTEROIDA

Östlicher Kissenstern

Culcita novaeguineae

DURCHMESSER bis zu 30 cm
TIEFE 0–30 m
LEBENSRAUM Korallenriffe

VERBREITUNG Adamanen-See und tropische Gewässer des Westpazifik

Der Kissenstern sieht eher wie eine Seegurke als wie ein Seestern aus. Die Arme sind so kurz, dass sie mit dem Körper verschmelzen. Jungtiere sind flacher als die erwachsenen Seesterne und zeigen einen klaren fünfeckigen Umriss mit abgesetzten Armen. Sie verstecken sich unter Felsen, um Räubern zu entkommen, während die robusteren alten Tiere sich auch im Freien sicher fühlen.

Kissensterne gibt es in den verschiedensten Farben, von überwiegend Rot bis Grün und Braun. Auf der Unterseite verraten fünf mit Füßchen versehene Furchen die Arme. Wenn der Seestern auf dem Rücken liegt, kann er sich aufrichten, indem er die Füßchen einer Seite ausstreckt, sich auf dem Boden verankert und zieht. Er ernährt sich hauptsächlich von Detritus und sessilen Wirbellosen einschließlich lebender Korallen. Im Indopazifik gibt es noch zwei andere Arten, doch diese ist die am meisten verbreitete.

UNTERMIETER

Auf der Körperoberfläche des Kissensterns lebt die winzige Seestern-Garnele, *Periclimenes soror*. Sie schadet ihrem Wirt nicht und wird auch auf anderen Seestern-Arten beobachtet. Oft versteckt sie sich unter dem Seestern und passt ihre Farbe der seinen an.

WOHNGEMEINSCHAFT
Die Seestern-Garnele befindet sich hier auf der Unterseite des Kissensterns, wird zum Fressen aber wieder auf seine Oberseite klettern.

KLASSE ASTEROIDA

Gänsefuß-Seestern

Anseropoda placenta

DURCHMESSER bis zu 20 cm
TIEFE 10–500 m
LEBENSRAUM Kiesel, Sand, Schlamm

VERBREITUNG gemäßigte und warme Gewässer des Nordostatlantiks und des Mittelmeers

Dieser Seestern trägt seinen Namen wegen des an Schwimmhäute erinnernden Körpers, der die Arme verbindet und einen fast fünfeckigen Umriss hat. Die Mitte der Körperscheibe ist rot gezeichnet und von hier verlaufen fünf auffällige rote Linien die Arme entlang. Die Unterseite des Seesterns ist gelb gefärbt. Er gleitet auf der Suche nach Nahrung in Form von kleinen Krebstieren, Mollusken oder anderen Stachelhäutern langsam über den Meeresboden.

KLASSE ASTEROIDA

Mosaik-Seestern

Plectaster decanus

DURCHMESSER bis zu 16 cm
TIEFE 10–180 m
LEBENSRAUM felsige Riffe

VERBREITUNG gemäßigte Gewässer Südaustraliens

Die leuchtenden Farben dieses Seesterns weisen darauf hin, dass er giftig ist. Man sollte ihn nicht anfassen, da er ein Gefühl der Taubheit erzeugt. Eine leicht erhabene gelbe Netzzeichnung bedeckt die weiche Oberfläche. Der Mosaik-Seestern ernährt sich hauptsächlich von Schwämmen, die auch die Quelle seiner Giftstoffe sein können. Die Weibchen behalten die Eier nach dem Ablaichen auf der Unterseite ihrer Körper.

KLASSE ASTEROIDA

Dornenkronen-Seestern

Acanthaster planci

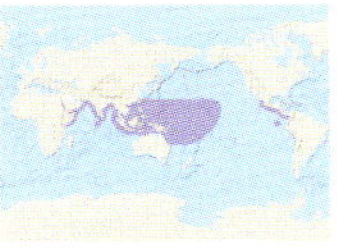

DURCHMESSER bis zu 50 cm

TIEFE 1–20 m

LEBENSRAUM Korallenriffe

VERBREITUNG tropische Gewässer des Indischen und des Pazifischen Ozeans

Gelegentliche Massenvorkommen dieses großen und zerstörerischen Seesterns haben große Korallenbestände im Great Barrier Reef und in westpazifischen Riffen vernichtet. Es gab viele Diskussionen darüber, ob derartige Vorfälle natürlich oder durch die Überfischung der wenigen Mollusken und Fische zustande kommen, die seine Fressfeinde sind (das Tritonshorn, *Charonia tritonis,* siehe S. 285, oder die Harlekingarnele). Der Einstrom von nährstoffreichem Abwasser vom Land scheint die ausbruchsartige Vermehrung zu fördern, wie Studien am Great Barrier Reef zeigen. Mit bis zu 20 Armen und vielen Stacheln hat die Art kaum Feinde. Die Stacheln sind giftig und können extrem schmerzhafte Wunden verursachen, wenn man den Seestern berührt. Dornenkronen fressen Korallen, indem sie den Magen durch den Mund über die Tierstöcke stülpen. Reinweiße Korallenskelette zeigen, dass der Seestern hier vor Kurzem unterwegs war. Im letzten Jahrzehnt sind einige Massenvermehrungen durch Einzelinjektionen von Gallensalzen, die effektiver als andere Chemikalien zu sein scheinen, in die Seesterne eingedämmt worden. Neben einer Verbesserung der Kontrolltechniken ist jedoch auch die Erforschung der Gründe der Massenvermehrungen entscheidend.

um eine Schwarze Koralle gewickelter Arm

KLASSE OPHIUROIDA

Schlangenstern

Astrobrachion adhaerens

DURCHMESSER bis zu 30 cm

TIEFE 15–180 m

LEBENSRAUM Schwarze Korallen

VERBREITUNG tropische und gemäßigte Gewässer Australiens und des südwestlichen Pazifik

Schlangensterne sind eine Stachelhäutergruppe mit langen, schlanken Armen. Diese Art wickelt tagsüber ihre Arme fest um die Zweige der im tiefen Wasser vorkommenden Schwarzen Korallen. Nachts löst sie die Arme und ernährt sich von den lebenden Polypen ihres Wirts. Ein 1–2 m hoher Busch Schwarzer Korallen kann bis zu 40 Schlangensterne ernähren.

KLASSE OPHIUROIDA

Zerbrechlicher Schlangenstern

Ophiothrix fragilis

DURCHMESSER bis zu 12 cm

TIEFE 0–150 m

LEBENSRAUM Felsen, rauer Kiesuntergrund

VERBREITUNG gemäßigter und warmer Ostatlantik

Dieser große Schlangenstern versammelt sich in dichten Gruppen, die in Gegenden mit starken Gezeitenströmungen viele Kilometer Meeresgrund bedecken können. Man hat schon 2000 Exemplare pro Quadratmeter gefunden. Jeder Schlangenstern hält ein oder zwei Arme zum Planktonfang in die Strömung, während er die anderen mit seinen Artgenossen verflechtet und es so verhindert, fortgespült zu werden.

Die Farben sind sehr variabel, von Rot, Gelb und Orange bis Braun und Grau. Oft sind die zerbrechlichen Arme hell und dunkel geringelt. Sie sind mit langen, unregelmäßigen Stacheln bedeckt, während die nur 2 cm große Körperscheibe kurze Stacheln trägt. In der Gezeitenzone findet man diese Schlangensterne meist nicht in Gruppen, sondern als Einzeltiere in Spalten oder unter Steinen.

KLASSE ECHINOIDA

Zweikerben-Sanddollar

Sculpsitechinus auritus

DURCHMESSER bis zu 11 cm

TIEFE 0–50 m

LEBENSRAUM sauberer Sand

VERBREITUNG tropische und warme Gewässer des Indischen Ozeans, Rotes Meer und Westpazifik

Sanddollars sind stark abgeplattete Seeigel, die auf diese Weise an die grabende Lebensweise im Sand angepasst sind. Sie sind von sehr feinen Stacheln bedeckt und das Muster der Skelettplatten scheint oft durch die Haut. Der Mund befindet sich auf der Unterseite. An der Rückseite weist das Skelett zwei tiefe Kerben im Rand auf. Durch diese Öffnungen strömendes Wasser soll den Seeigel vermutlich niederdrücken und verhindern, dass er weggespült wird.

KLASSE ECHINOIDA

Savignys Diadem-Seeigel

Diadema savignyi

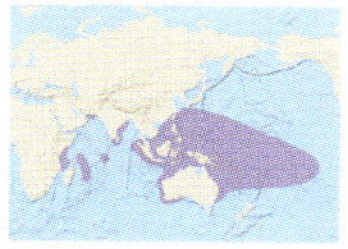

DURCHMESSER bis zu 23 cm

TIEFE 0–70 m

LEBENSRAUM Korallen- und Felsenriffe

VERBREITUNG tropische Gewässer des Indischen und des westlichen Pazifischen Ozeans

Taucher haben gelernt, diese Seeigel zu meiden. Die langen, spitzen Stacheln durchdringen auch Neoprenanzüge leicht. Sie sind schwach giftig und so spröde, dass sie oft in der Wunde abbrechen. Wenn ein Taucher oder Räuber ihm zu nah kommt, bewegt der Seeigel die Stacheln energisch. Nur einige wenige Fische wie der Riesendrückerfisch können diese stachlige Beute erfolgreich angreifen und fressen. Die Art hat oft gestreifte Stacheln, während die andere indopazifische, langstachlige Art, *Diadema setosum*, schwarze Stacheln besitzt.

KLASSE ECHINOIDA

Giftzangen-Seeigel

Toxopneustes pileolus

DURCHMESSER bis zu 15 cm

TIEFE 0–90 m

LEBENSRAUM Sand, Geröll, felsige Riffe

VERBREITUNG tropische Gewässer des Indischen Ozeans, des zentralen und des westlichen Pazifik

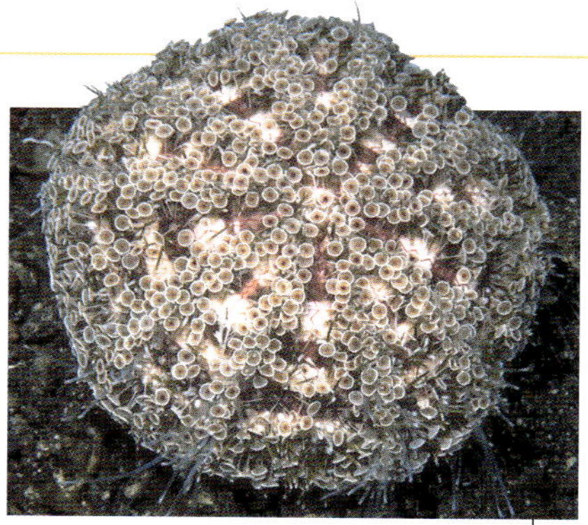

Die Art ist giftig und hat schon, wenn auch selten, Todesfälle verursacht. Die unauffälligen Stacheln werden von Greifzangen (Pedicellarien) überragt. Sie setzt der Seeigel zu seiner Reinigung ein, kann mit ihnen aber auch Feinde abwehren, da sie mit Giftdrüsen ausgestattet sind. Die Pedicellarien können auch Muschelschalen- oder Tangstücke zur Tarnung ergreifen. Obwohl sie kaum Feinde haben, graben sich diese Seeigel manchmal ein.

KLASSE ECHINOIDA

Essbarer Seeigel

Echinus esculentus

DURCHMESSER bis zu 16 cm

TIEFE 0–50 m

LEBENSRAUM felsige Bereiche

VERBREITUNG gemäßigte Gewässer des nordöstlichen Atlantiks

Der große kugelförmige Seeigel ist mit kurzen Stacheln bedeckt, rosarot gefärbt und weist dunklere Linien auf, wo sich die vielen Füßchen befinden. Wie Kaninchen an Land weiden die Seeigel den Bewuchs ab, sodass die Felsen bald nur noch von rosafarbenen Krustenalgen überzogen sind. Wie der Name sagt, ist die Art essbar. Wegen Überfischung ist sie als einziger Seeigel von der IUCN als bedroht eingestuft worden.

KLASSE ECHINOIDA

Purpur-Seeigel

Strongylocentrotus purpuratus

DURCHMESSER bis zu 10 cm

TIEFE 0–40 m

LEBENSRAUM felsige Riffe

VERBREITUNG gemäßigte Küsten Nordamerikas von Alaska bis Mexiko

Dieser kleine Seeigel ist für den Rückgang der Riesentangbestände vor der nordamerikanischen Küste verantwortlich. Er ernährt sich von sessilen Tieren und Algen, am liebsten vom Riesentang, *Macrocystis pyrifera*. Wenn seine Populationen nicht von Seeottern oder Kalifornischen Zahnlippfischen kontrolliert werden, können sie Dichten von mehreren Hundert Tieren pro Quadratmeter erreichen. Derartige Bestände können die Rhizoide der Tange zernagen, sodass sie davontreiben. In der Vergangenheit waren durch die Bejagung von Seeottern die Seeigelbestände in manchen Gegenden explodiert.

KLASSE ECHINOIDA

Kleiner Herzigel

Echinocardium cordatum

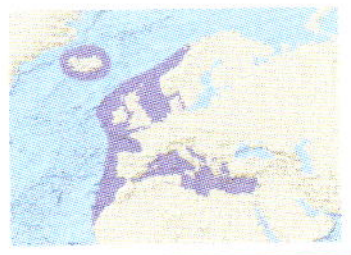

LÄNGE bis zu 9 cm

TIEFE 0–200 m

LEBENSRAUM Sand, schlammiger Sand

VERBREITUNG gemäßigte Gewässer des nordöstlichen Atlantiks

Die meisten Seeigel leben in felsigen Gegenden, doch der Herzigel vergräbt sich vollständig im Sand. Anders als die regulären Seeigel hat er ein eindeutiges Vorderende. Seine Form hat zu seinem deutschen Namen geführt. Die Stacheln sind dünn und flach angelegt. Löffelförmige Füßchen an der Unterseite helfen beim Graben und längere auf dem Rücken schaffen eine »Atemröhre« für den Wasseraustausch.

KLASSE CRINOIDA

Tropischer Haarstern

Anneissia bennetti

DURCHMESSER bis zu 15 cm

TIEFE 10–50 m

LEBENSRAUM Korallenriffe

VERBREITUNG tropische Gewässer des Westpazifik

Von diesem Haarstern sieht man meistens nur die vielen Arme, die er zum Nahrungserwerb in die Strömung hält. Die Art hat etwa 100 Arme, im Gegensatz zu den 10 Armen der meisten Haarsterne der gemäßigten Gewässer. Die Arme befinden sich an einem kleinen, scheibenförmigen Körper und der Mund auf der Oberseite zwischen den Armen. Der Haarstern hält sich mit fingerähnlichen Cirren an den Korallen fest. Er bevorzugt Stellen, an denen er die Nahrung herantragenden Strömungen nutzen kann, und ist Tag und Nacht aktiv. Wie alle Haarsterne verankert sich das Tier zuerst mit seinem Stiel am Meeresboden und erinnert nun an eine kleine Seelilie. Nachdem er herangewachsen ist, löst sich der Haarstern von seinem Stiel und lebt von nun an frei im Riff.

KLASSE CRINOIDA

Seelilie

Neocrinus decorus

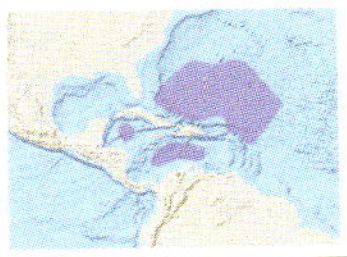

HÖHE bis zu 60 cm

TIEFE 150–1200 m

LEBENSRAUM Tiefsee-Sedimente

VERBREITUNG tropische Gewässer des westlichen Atlantiks

Seelilien sind gestielte Verwandte der Haarsterne und bleiben meist an der Stelle, an der sie sich als planktonische Larve niedergelassen haben. Anders als die Haarsterne des Flachwassers können *Neocrinus decorus* und andere, verwandte Seelilien nicht schwimmen, doch man konnte filmen, wie sie sich mithilfe ihrer Arme über den Meeresgrund gezogen haben. Dazu scheinen sie das Ende des Stiels abzubrechen und es mit ihren flexiblen, fingerartigen Fortsätzen wieder am Substrat zu befestigen. Auf diese Weise können sie räuberischen Seeigeln entkommen. Der Stiel besteht aus einem Stapel scheibenförmiger Skeletteile und ähnelt so einer einfachen Wirbelsäule. Seelilien halten ihre vielen Arme in die Strömung und ernähren sich vom gefangenen Plankton. Die Teilchen werden die Arme entlang in den Mund transportiert.

FORSCHUNG

FOSSILER BEWEIS

Heute gibt es nur noch wenige, in tiefem Wasser lebende Seelilienarten, doch in früheren Meeren hatte diese Tiergruppe ihre Blütezeit. Vollständig erhaltene fossile Seelilien wie diese sind selten, doch oft findet man in manchen Kalkgesteinen Teile der Stiele.

KLASSE CRINOIDA

Passionsblumen-Haarstern

Ptilometra australis

DURCHMESSER bis zu 12 cm

TIEFE bis mindestens 60 m

LEBENSRAUM felsige Riffe, Geröll

VERBREITUNG nur in den gemäßigten Gewässern Südaustraliens

Dieser Haarstern besitzt 18–20 Arme mit steifen seitlichen Pinnulae. Die Arme sind verschieden lang und geben dem Haarstern von oben ein blütenähnliches Aussehen. Er wird von Fischern Passionsblumen-Haarstern genannt, da die Tiere sich oft an den Netzen festklammern und in großen Mengen an die Oberfläche gebracht werden. Man findet sie in Riffen und in flachen, geschützten Buchten und Flussmündungen. Wie die meisten Haarsterne sind sie Filtrierer, die sich auf Felsen, Schwämmen und Gorgonien niederlassen, wo sie die Arme ausbreiten, um Plankton und Schwebeteilchen aufzufangen. Sie halten sie bei Tag und Nacht ausgestreckt, können sich jedoch auch zusammenrollen, wenn sie gestört werden oder ruhen. Meistens sind sie burgunderrot gefärbt.

KLASSE HOLOTHUROIDA

Ananas-Seegurke

Thelenota ananas

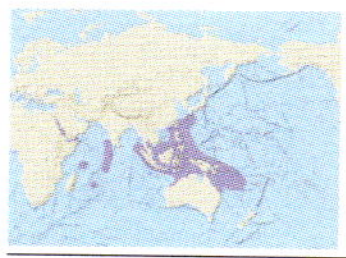

LÄNGE bis zu 70 cm

TIEFE 5–30 m

LEBENSRAUM sandige Bereiche der Korallenriffe

VERBREITUNG tropische Gewässer des Indischen Ozeans und des Westpazifik

Diese massige Seegurke erinnert etwas an einen lebendigen Bettvorleger. Die großen sternförmigen Papillen, die den gesamten Körper bedecken, machen die Tiere für Räuber zu einer unattraktiven Beute. Menschen lassen sich davon jedoch nicht abschrecken, sodass die Ananas-Seegurke in Teilen Asiens als Delikatesse angesehen wird und hohe Preise erzielt. Daher ist sie nun vom Aussterben bedroht. Große Tiere können bis zu 5 kg schwer werden. Sie werden traditionell bei Ebbe oder schnorchelnd gesammelt. Verschiedene Fische und Krebse fressen die Seegurken ebenfalls. Die flache Unterseite der Seegurke ist mit orangefarbigen Füßchen bedeckt, mit denen sie auf der Suche nach Detritus als Nahrung über den Boden kriecht. Zum Ablaichen versammeln sich die Ananas-Seegurken und richten sich auf. Dann geben sie Eier oder Spermien aus kleinen Poren ab, die sich in der Nähe des Kopfendes befinden.

KLASSE HOLOTHUROIDA

Strichel-Seegurke

Pearsonothuria graeffei

LÄNGE bis zu 30 cm

TIEFE 5–50 m

LEBENSRAUM Korallenriffe

VERBREITUNG tropische Gewässer des Indischen Ozeans, des Roten Meers und des Westpazifik

Die Jungtiere dieser Art sehen völlig anders aus als das hier gezeigte erwachsene Tier. Sie sind weiß mit schwarzen Linien und hervorstehenden gelben Papillen und ähneln so den Warzenschnecken der Gattung *Phyllidia*. Da die Schnecken den Fischen schlecht schmecken, schützt ihre Nachahmung die Seegurken. Die Strichel-Seegurke frisst, indem sie Sand und Schlamm mit den schwarzen Mundtentakeln, modifizierten Füßchen, in den Mund transportiert. Das enthaltene organische Material wird verdaut und der Rest ausgeschieden. Wo die Seegurken häufig sind, wird ein großer Teil des oberflächlichen Sediments mehrfach pro Jahr eingesaugt und gereinigt.

KLASSE HOLOTHUROIDA

Essbare Seegurke

Holothuria edulis

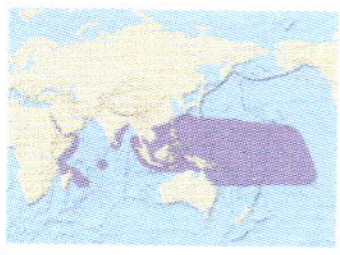

LÄNGE bis zu 35 cm

TIEFE 5–30 m

LEBENSRAUM Sand, Felsen, Korallenriffe

VERBREITUNG tropische Gewässer des Indischen und des Pazifischen Ozeans

Wie der Name verrät, ist diese Seegurke essbar, auch wenn sie nicht als so gut wie andere, etwa die Ananas-Seegurke, angesehen wird. Der auf dem Rücken schwarze und unten rosarot bis beige gefärbte, weiche Körper ist mit kleinen Warzen übersät. Wie viele andere Seegurken beherbergt diese manchmal einen kleinen Eingeweidefisch (Familie Carapidae), der in ihrem Darm lebt.

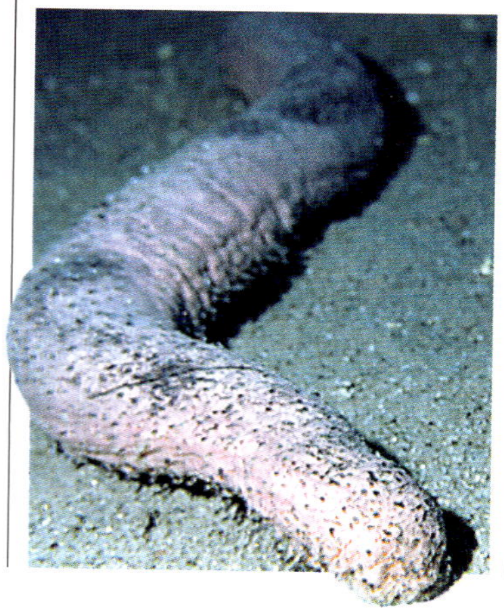

KLASSE HOLOTHUROIDA

Bunte Seegurke

Pseudocolochirus violaceus

LÄNGE bis zu 10 cm

TIEFE 0–30 m

LEBENSRAUM Felsen und Riffe

VERBREITUNG tropische Bereiche des Indopazifik

Die auch als Seeapfel bezeichnete Art gehört zu den buntesten Seegurken und wird oft in Meerwasseraquarien gehalten. Der Körper ist rot oder violett und die Tentakel sind gelb gefärbt. *Pseudocolochirus*-Arten sind oft schwer abzugrenzen, und von daher mag sich die abgebildete Verbreitungskarte auf mehrere Arten beziehen. Mit ihren Füßchen hält sich die Bunte Seegurke an Felsen fest und streckt dann die Tentakel in die Strömung, um organische Teilchen aufzufangen. Ab und zu steckt sie jeden Tentakel in den Mund, um die Nahrung abzustreifen.

KLASSE HOLOTHUROIDA

Tiefsee-Seegurke

Laetmogone violacea

LÄNGE unbekannt

TIEFE bis mindestens 2500 m

LEBENSRAUM weiche Sedimente

VERBREITUNG tiefe, kalte Gewässer des Atlantischen, Indischen und Pazifischen Ozeans

In der Tiefsee stellen die Seegurken eine der wichtigsten Gruppen von Bodenbewohnern dar. *Laetmogone violacea* ist eine der vielen Arten, die über den weichen, schlammigen Meeresgrund kriechen, um organischen Detritus zu fressen. Die seitlichen Fortsätze mögen die Seegurke dabei vor dem Einsinken bewahren. Unverdaute Schlammbestandteile werden wieder ausgeschieden und eventuell noch einmal von anderen Seegurken aufgenommen. Wie viele andere Tiefseetiere ist diese Seegurke nahezu farblos, leuchtet aber durch Biolumineszenz. Es ist nicht bekannt, wie das Tier das Licht einsetzt. Tiefsee-Seesterne können bei Bedrohung aufleuchten und so eventuell Räuber verscheuchen. Es mag sein, dass diese Seegurke die Biolumineszenz in ähnlicher Weise einsetzt.

Stämme des Meeresbodens

DOMÄNE	Eucarya
REICH	Animalia
STÄMME	über 10
ARTEN	viele

VIELE UNTERSCHIEDLICHE WIRBELLOSE sind in marinen Ökosystemen wichtig, werden aber selten beachtet, weil sie klein oder ihre Lebensräume schwer zu untersuchen sind. Wie alle Tiere teilt man sie in Stämme mit sehr unterschiedlichen Bauplänen ein. Die meisten leben im Sediment des Bodens. Sie werden wegen ihrer Form und ihrer grabenden Lebensweise oft einfach als »Würmer« bezeichnet. Die allgegenwärtigen Nematoden oder Fadenwürmer mit mindestens 20 000 beschriebenen und vielleicht insgesamt einer Million Arten leben in vielen Lebensräumen einschließlich des Meeresbodens. Einige dieser Stämme werden hier vorgestellt.

Welt der Sandkörner

Eine Gemeinschaft winziger Tiere, die man insgesamt als Meiofauna bezeichnet, lebt in dem Wasserfilm zwischen den Sandkörnern der Strände und des Flachwassers. In der Größe reichen sie von 100 µm bis 1 mm und können daher nur unter dem Mikroskop beobachtet werden. Viele sind kompliziert aufgebaut und sehen sehr schön aus. Fast jeder Stamm der marinen Wirbellosen hat hier Vertreter und manche, wie die Bauchhärlinge, kommen kaum woanders vor. Eine vielfältige Meiofauna ist ein Anzeichen einer gesunden Umwelt, da diese Organismen an der Basis vieler mariner Nahrungsketten stehen.

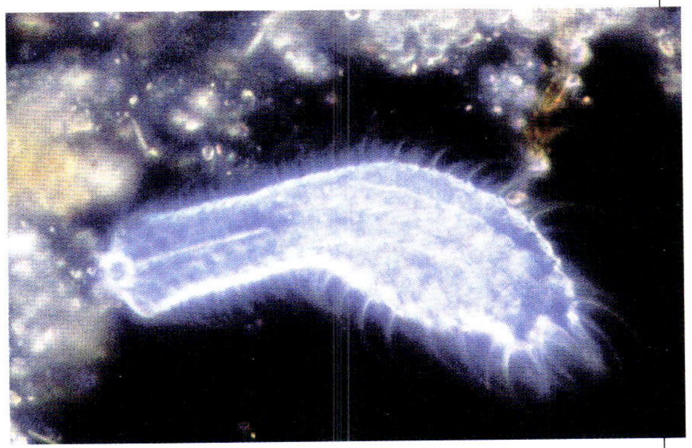

LEBEN IM SAND
Zahlreiche Tiere leben im zwischen den Sandkörnern der Küste befindlichen Lückensystem. Der wurmähnliche Bauchhärling auf dieser Abbildung ist einer der vielen Bewohner dieses Lebensraums.

NAHRUNGSAUFNAHME
Weibliche Igelwürmer nehmen organische Materialien und Sedimente durch ein rüsselartiges Prostomium auf, das hier aus dem Boden ragt.

Schlammschlucker

Die Konsistenz und der Aufbau der Sedimente an Küste und Meeresgrund hängen vor allem von den dort lebenden wurmähnlichen Tieren ab. Millionen von ihnen schichten die Sedimente in einem Bioturbation genannten Prozess ständig um. Wattwürmer (siehe S. 274) sind bekannt dafür, Sand aufzunehmen und das unverdauliche Material auf der Sandfläche anzuhäufen, doch viele der weniger bekannten Tiere wie Spritzwürmer, Eichelwürmer und Stachelrüssler sind genauso wichtig. Das mit jeder Flut oder mit den Strömungen an den Strand gespülte organische Material wird durch die Aktivitäten der Tiere schnell ins Sediment aufgenommen oder als Ablagerung an der Oberfläche verarbeitet.

HUFEISENWÜRMER
Die sessilen Hufeisenwürmer (Stamm Phoronida) leben in kleinen Röhren im Sand oder, wie hier, auf Felsen. Um zu fressen, entfalten sie ein hufeisenförmiges, mit Tentakeln besetztes Lophophor-Organ.

Neue Stämme

Bisher ist nur ein Teil der marinen Arten wissenschaftlich beschrieben worden. Immer wieder werden neue entdeckt, vor allem bei Gruppen wie den Schwämmen oder Weichkorallen, die traditionell vernachlässigt worden sind. Gelegentlich unterscheiden sie sich von anderen so sehr, dass sie als neuer Stamm betrachtet werden. Die meisten dieser spannenden Entdeckungen geschehen in unzugänglichen Lebensräumen wie dem Boden der Tiefsee, und die Tiere sind meist klein. Doch als in den 1970er-Jahren die hydrothermalen Schlote (siehe S. 188–189) von U-Booten besucht wurden, wurden auch einzigartige, gigantische Röhrenwürmer entdeckt.

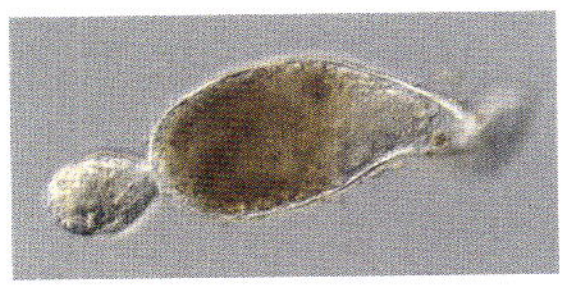

NEUE ARTEN
Symbion americanus (oben) lebt auf den Mundwerkzeugen des Amerikanischen Hummers (links). Die Art wurde erstmals 2006 beschrieben und ist die zweite Art in einem neuen Tierstamm, den Cycliophora (siehe S. 316).

STAMM PHORONIDA

Hufeisenwurm

Phoronis hippocrepia

LÄNGE bis zu 10 cm
TIEFE 0–50 m
LEBENSRAUM Felsen, leere Muschelschalen
VERBREITUNG flache Küstengewässer des Atlantiks und des nordöstlichen und westlichen Pazifik

Hufeisenwürmer werden leicht übersehen, überziehen mit ihren engen Chitinröhren jedoch manchmal große Flächen. Die Tiere leben in den Röhren, die Felsen bedecken oder in Kalkstein oder Muschelschalen gebohrt worden sind, sodass nur ihr oberes Ende zu sehen ist. Das verdickte Hinterteil des wurmartigen Körpers verankert das Tier in seiner Röhre. Das Lophophor genannte hufeisenförmige Organ mit den cilienbesetzten Tentakeln wird herausgestreckt, um kleine Planktonorganismen zu fangen. Manche Arten der Hufeisenwürmer betreiben sogar eine Art Brutpflege. Ihre Eier werden zwischen den Tentakeln des Lophophors angeklebt und die geschlüpften Larven werden ständig abgegeben, um sich im Plankton zu entwickeln.

STAMM SIPUNCULA

Spritzwurm

Golfingia vulgaris

LÄNGE bis zu 20 cm
TIEFE 0–2000 m
LEBENSRAUM schlammiger Sand und Kies
VERBREITUNG Nordostatlantik und östliches Mittelmeer, wahrscheinlich Indopazifik und Südpolarmeer

Der Spritzwurm wirkt wie ein halb gefüllter Modellierballon. Sein Körper weist vorn einen langen dünnen Abschnitt auf, der als Introvert bezeichnet wird. Er kann vollständig in den Körper eingezogen werden. Das Maul am Ende des Introverts umgibt ein Kranz kurzer Tentakel. Das Tier lebt eingegraben im Sediment, das es beim Graben aufnimmt und dem es die organischen Bestandteile entzieht.

STAMM NEMATODA

Fadenwurm

Dolicholaimus marioni

LÄNGE bis zu 5 mm
TIEFE Gezeitenzone
LEBENSRAUM zwischen Algen in Spritzwassertümpeln
VERBREITUNG Küsten des Nordostatlantiks

Man kann das Vorderende eines Fadenwurms kaum erkennen, da beide Enden zugespitzt sind. Sein Körperquerschnitt ist rund und er besitzt Längs-, aber keine Ringmuskeln. Daraus resultiert eine typische Fortbewegungsart, bei der der Körper in C- oder S-Form hin- und hergeschlagen wird. Neben den marinen Arten gibt es auch viele im Boden oder im Süßwasser lebende Fadenwurmarten.

STAMM ECHIURA

Igelwurm

Bonellia viridis

LÄNGE bis zu 15 cm
TIEFE 1–100 m
LEBENSRAUM schlammige Felsgebiete
VERBREITUNG gemäßigte Küstengewässer des nordöstlichen Atlantiks und des Mittelmeers

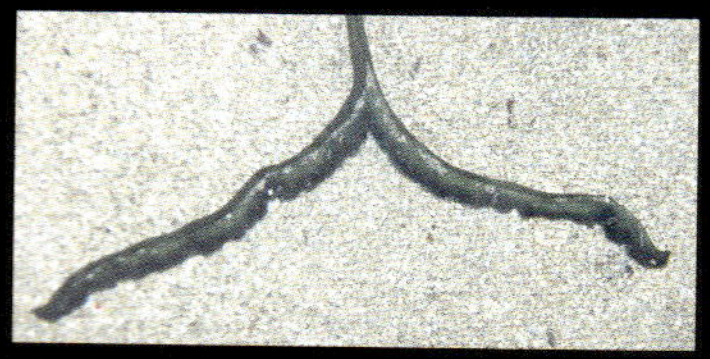

Neue genetische Untersuchungen deuten darauf hin, dass die Igelwürmer zu den Polychaeten (Stamm Annelida, S. 274) gehören. Die Weibchen dieser Art besitzen einen als Prostomium bezeichneten Rüssel, der dehnbar ist und auf diese Weise in 1 m Umkreis nach Nahrung suchen kann. Der grüne, birnenförmige Körper bleibt zwischen Steinen verborgen, wo er vor Räubern geschützt ist. Bei dieser Art ist die Prostomium-Spitze gegabelt. Der Rüssel sammelt Nahrungspartikel mithilfe klebrigen Schleims ein. Haarähnliche Cilien transportieren die Teilchen mit peitschenden Bewegungen den Rüssel entlang in den Mund.

STAMM

Yoda-Eichelwurm

Yoda purpurata

GRÖSSE 12–19 cm
TIEFE etwa 2500 m
LEBENSRAUM Tiefseegrund
VERBREITUNG Nordatlantik

Dieses kleine, rosa gefärbte Tier führt ein unauffälliges Leben auf dem Tiefseeboden. Es wurde zum ersten Mal mit einem ferngesteuerten Tauchboot entdeckt, mehr als zwei Kilometer unter der Wasseroberfläche. Diese Art gehört zur Gruppe der Eichelwürmer, die trotz ihres wurmähnlichen Aussehens näher mit den Wirbeltieren als mit den meisten Wirbellosen verwandt sind. Ungewöhnlich für einen Eichelwurm ist, dass der Yoda-Eichelwurm ein Zwitter ist. Die beiden ohrähnlichen Fortsätze an den Seiten der Kopfregion sind für seinen wissenschaftlichen Namen verantwortlich – Yoda ist eine Figur aus den *Star-Wars*-Filmen, die für ihre abstehenden Ohren berühmt ist.

STAMM PTEROBRANCHIA

Flügelkiemer

Rhabdopleura compacta

LÄNGE bis zu 5 mm
TIEFE unbekannt
LEBENSRAUM auf sessilen Tieren
VERBREITUNG kalte Gewässer der Nordhemisphäre

Wie die mit ihnen verwandten Eichelwürmer (siehe oben) leben die Flügelkiemer in dünnen Röhren und besitzen einen dreigeteilten Körper, dessen Abschnitte hier Rostralschild, Tentakelregion und Rumpf genannt werden. Auch die Tentakel ähneln denen der Eichelwürmer. Die Röhren vieler Einzeltiere sind miteinander mit sogenannten Stolonen verbunden, sodass sie eine Kolonie bilden können.

STAMM PRIAPULIDA

Priapswurm

Priapulus caudatus

LÄNGE bis zu 10 cm
TIEFE 0–2500 m
LEBENSRAUM im Sediment eingegraben
VERBREITUNG kalte Gewässer des Nordatlantiks und des Nordpolarmeers

Der walzenförmige Körper dieses Tiers setzt sich aus einem in den Rumpf einziehbaren, als Introvert bezeichneten Vorderkörper, dem Rumpf und einem Schwanz zusammen, der bei dieser Art aus kleinen Blasen an einem hohlen Stiel besteht. Der Mund befindet sich am Ende des Introverts und ist mit Zähnen besetzt, mit denen das Tier kleinere Würmer erbeuten kann.

STAMM

Stachelrüssler

Echinoderes aquilonius

LÄNGE weniger als 1 mm

TIEFE Flachwasser

LEBENSRAUM schlammige Sedimente

VERBREITUNG nordwestlicher Atlantik

Stachelrüssler ähneln winzigen Insektenpuppen. Der Körper scheint segmentiert, ist es aber nur oberflächlich. Er ist von einer dicken Cuticula mit spitzen Stacheln bedeckt. Am Hinterende sitzt ein Büschel größerer Stacheln und in der Kopfregion befinden sich mehrere Stachelkränze. Der Mund liegt am Ende des Mundkegels. Das Tier kann die gesamte Kopfregion in den Körper einziehen und die Öffnung sogar mit plattenartigen Cuticulateilen verschließen. Die Kopfstacheln helfen ihm bei der Fortbewegung im Sediment, während es sich von organischen Partikeln, Bakterien und Einzellern ernährt. Die rund 300 Arten von Stachelrüsslern leben alle im Meer. Sie sind getrenntgeschlechtlich, sehen aber gleich aus. Aus den Eiern schlüpfen frei schwimmende Larven, die sich mehrfach häuten.

STAMM BRACHIOPODA

Lingulider Armfüßer

Glottidia albida

LÄNGE 2 cm

TIEFE 0–450 m

LEBENSRAUM Sediment unter der Gezeitenzone

VERTEILUNG Küstengewässer im nordöstlichen Pazifik von Kalifornien bis Mexiko

Die Armfüßer oder Brachiopoden der Familie Lingulidae sehen wie kleine Muscheln mit langen Schwänzen aus. Tatsächlich handelt es sich um Stiele, die zwischen den Klappen ansetzen. Armfüßer besitzen eine Schale mit zwei Klappen wie die Muscheln, sind aber nicht näher mit ihnen verwandt. Viele Brachiopoden wachsen mit dem Stiel am Fels fest (siehe auch unten bei *Terebratulina*), aber die linguliden Armfüßer leben eingegraben in Sand und Schlamm. Der Stiel ist zwei- bis dreimal so lang wie die Schale und dient dazu, eine Röhre ins weiche Sediment zu graben. Um Plankton aus dem Wasser zu filtern, kommt der Armfüßer an die Oberfläche, schiebt sich aus der Röhre und öffnet die Schalen mit speziellen Muskeln. Lingulide Armfüßer können sich schnell mithilfe ihres Stiels in die Röhre zurückziehen. Ähnlich geformte fossile Brachiopoden sind bis zu 500 Millionen Jahre alt.

STAMM BRACHIOPODA

Armfüßer

Terebratulina septentrionalis

LÄNGE bis zu 3 cm

TIEFE 0–1200 m

LEBENSRAUM Felsen und Steine

VERBREITUNG gemäßigte und kalte Gewässer des Nordatlantiks

Armfüßer oder Brachiopoden kann man leicht mit Muscheln verwechseln, da beide zweiteilige Schalen besitzen und am Meeresboden leben. Die Schalen der Armfüßer sind jedoch leichter und die Hälften sind unterschiedlich groß, wobei die kleinere in die größere passt. Sie bedecken die Ober- und Unterseite des Tiers, bei Muscheln dagegen die rechte und linke Seite. Armfüßer befestigen sich an felsigen Untergründen mithilfe eines fleischigen Stiels, der aus einem Loch der unteren Schalenhälfte herausragt. Bei offener Schale strudelt das Tier Wasser ein und gelangt so an Plankton. Den größten Teil der Schale nimmt ein dem Fressen dienendes, Lophophor genanntes Organ ein, das aus zwei seitlichen und einem mittleren Lappen besteht, die aufgerollt sind und mit Cilien besetzte Tentakel tragen. Die Bewegung der Cilien erzeugt die Wasserströmung. Armfüßer gibt es auf der ganzen Welt, doch vor allem sind sie in kälteren Gewässern häufig. Im Nordostatlantik wird die hier abgebildete Art *Terebratulina septentrionalis* hauptsächlich in tieferen Bereichen gefunden, wohingegen sie an der nordamerikanischen Ostküste im Allgemeinen im Flachwasser auftritt. Diese Art ähnelt *Terebratulina retusa* sehr.

STAMM TARDIGRADA

Bärtierchen

Pseudobiotus megalonyx

LÄNGE bis zu 1 mm
TIEFE Flachwasser
LEBENSRAUM schlammige Sedimente
VERBREITUNG nordwestlicher Atlantik

Dieses Bärtierchen ist zwar winzig, gehört aber zu einer der größten Arten. Man findet es im Schlamm der Gezeitenbereiche der Flussmündungen Nordeuropas. Das Weibchen im Foto unten hat Eier in ihre eigene, bei der Häutung abgeworfene Cuticula gelegt, die es wie einen Rucksack trägt. Dies ist eins der wenigen Bärtierchen, deren Paarung man beobachten konnte. Das Männchen ergreift das Weibchen und gibt Sperma in die Kloakenöffnung der abgeworfenen Cuticula des Weibchens ab.

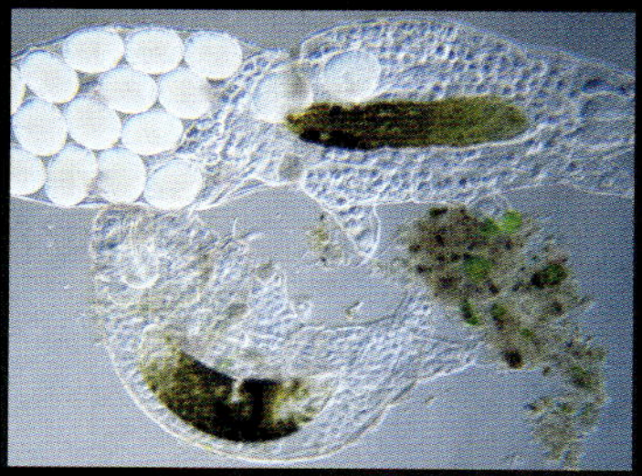

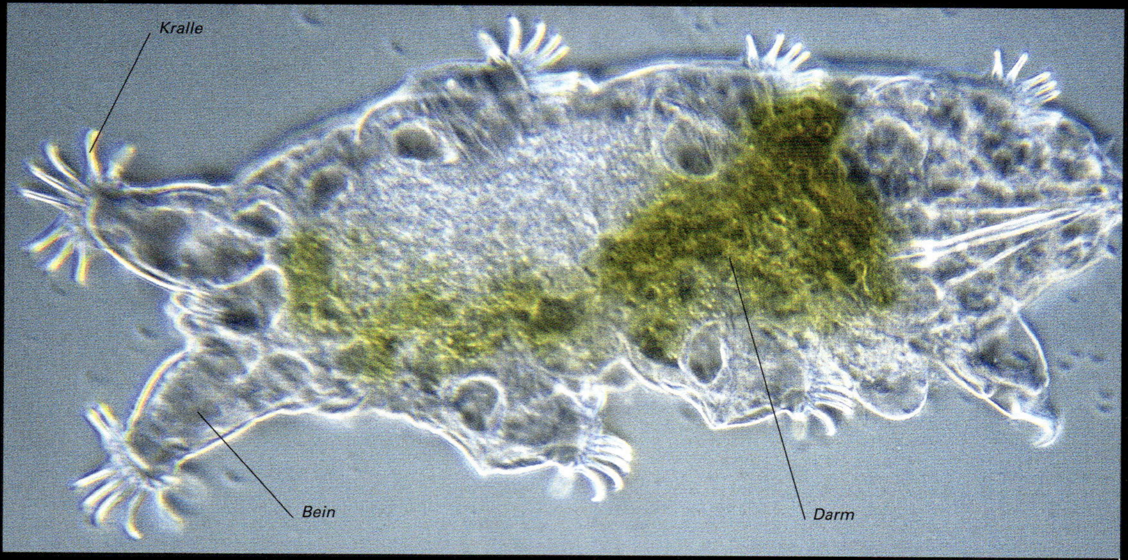

STAMM TARDIGRADA

Bärtierchen

Echiniscoides sigismundi

LÄNGE weniger als 1 mm
TIEFE Gezeitenzone
LEBENSRAUM Sand
VERBREITUNG weltweit

Diese Art der Bärtierchen oder Tardigraden lebt im Lückensystem der Sandkörner mariner Sedimente, wie die meisten der etwa 200 marinen Arten. Viele andere Arten leben im Süßwasser, oft in der dünnen Wasserschicht, die feuchtigkeitsliebende Pflanzen wie Moose umgibt, sowie an Land. Bärtierchen besitzen einen rundlichen Körper ohne deutlichen Kopf, aber mit Augenflecken und Sinnesorganen. Von den vier Paaren in winzigen Krallen endender Beine dienen die ersten drei dem Laufen. Die dicke Haut schützt vor Verletzungen. Die Tiere sind getrenntgeschlechtlich, doch gibt es bei dieser Art wenige Männchen und die Eier können sich wahrscheinlich ohne Befruchtung entwickeln. Die nächsten Verwandten der Tardigraden sind wohl die Gliederfüßer. Bärtierchen sind so widerstandsfähig, dass an Land lebende Arten sogar das Austrocknen oder Einfrieren überleben.

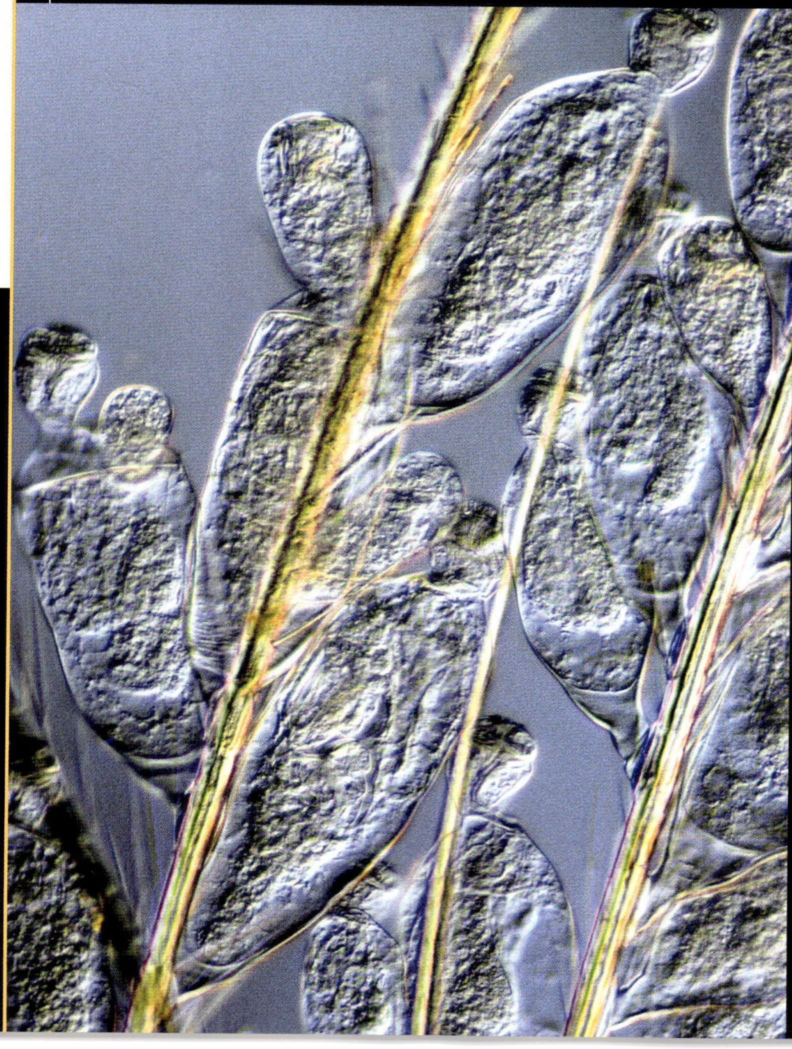

STAMM CYCLIOPHORA

Cycliophore

Symbion pandora

LÄNGE 0,3 mm
TIEFE unbekannt
LEBENSRAUM Mundwerkzeuge des Kaisergranats
VERBREITUNG Nordost-Atlantik

Das winzige Tier wurde 1995 von zwei dänischen Biologen erstmals beschrieben. Sie fanden es auf den Mundwerkzeugen eines Kaiserhummers (*Nephrops norvegicus*) aus der Nordsee – die Forscher müssen sehr genau hingeschaut haben. *Symbion* hat einen abgerundeten Körper und ist am Untergrund mit einem kurzen Stiel und einer Haftscheibe befestigt. Es ernährt sich über einen mit Cilien besetzten Buccaltrichter und gibt die Exkremente über den daneben sitzenden After ab. Das Fressstadium ist weder männlich noch weiblich. Der Reproduktionszyklus ist komplex und beinhaltet sowohl geschlechtlich als auch ungeschlechtlich erzeugte frei schwimmende Larven.

Symbion pandora war der erste Vertreter des Stamms Cycliophora. Seitdem wurde 2006 eine zweite Art (*S. americanus*) entdeckt, die ähnlich auf dem Amerikanischen Hummer (*Homarus americanus*) lebt. Molekulare Studien zeigen, dass die beiden Arten mit den Moostierchen (siehe S. 305) und den Kelchwürmern verwandt sein könnten. Bald dürften weitere Arten entdeckt werden.

STAMM GASTROTRICHA

Bauchhärling

Turbanella sp.

LÄNGE weniger als 1 mm
TIEFE unbekannt
LEBENSRAUM sauerstoffreiche Sedimente
VERBREITUNG unbekannt

Bauchhärlinge findet man im Süßwasser und im Meer, doch *Turbanella* ist eine marine Gattung, die im Lückensystem der Sandkörner des Meeresbodens lebt. Die Tiere ähneln einem mit Cilien versehenen Einzeller, doch es sind echte Vielzeller mit Mund, Darm, Exkretionsorganen und anderen Strukturen. Haftröhrchen und Klebdrüsen helfen dem Tier, sich am Substrat zu verankern. Mit dem Anheften und Lösen der Haftröhrchen im vorderen und hinteren Körperteil können sich die Tiere ähnlich wie Spannerraupen bewegen. Außerdem können sie auf den Cilien des Bauchs dahingleiten und Bakterien und Einzeller erbeuten.

Stämme des Planktons

DOMÄNE	Eucarya
REICH	Animalia
STÄMME	Ctenophora Chaetognatha Rotifera
ARTEN	etwa 2337

VON DEN VIELEN STÄMMEN der Wirbellosen bestehen nur wenige fast vollständig oder komplett aus Tieren des Planktons. Drei dieser Stämme, die Rippenquallen (Ctenophora), Pfeilwürmer (Chaetognatha) und Rädertierchen (Rotifera), werden hier vorgestellt. Trotz ihrer geringeren Größe sind sie komplex aufgebaut. Alle sind ökologisch wichtig, da das Plankton die Basis der meisten Nahrungsketten der Meere bildet.

GLÄNZENDE CILIEN
Rippenquallen bewegen sich durch den Schlag der in acht vertikalen Reihen befindlichen Cilien fort, die in verschiedenen Farben irisieren.

Räuber

Zooplankton hat viele Methoden, Beute zu fangen. Rippenquallen (Ctenophora) sind gefräßige Jäger. Die meisten erbeuten ihre Nahrung mit Lasso-Zellen (Colloblasten), mit denen ihre beiden Tentakel besetzt sind. Manche saugen sie mit dem Unterdruck ein, der beim Aufreißen der Mundöffnung entsteht. Arten der Gattung *Haeckelia* können sogar die Nesselzellen ihrer Quallenbeute recyceln. Pfeilwürmer (Chaetognatha) können die Bewegung ihrer Beute orten und sie mit Greifhaken festhalten. Große Beute wird mit Neurotoxinen gelähmt.

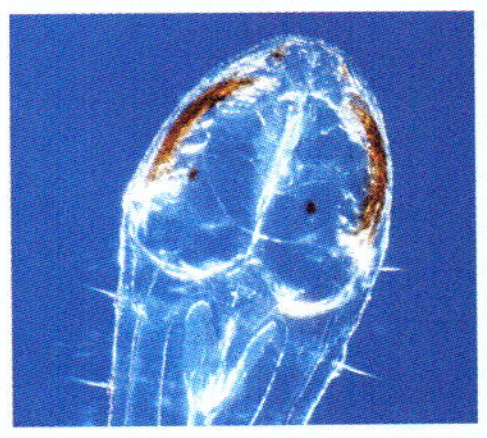

BEUTE AM HAKEN
Dieser Pfeilwurm hat braune Haken auf jeder Seite des runden Mauls, um damit Beute festzuhalten.

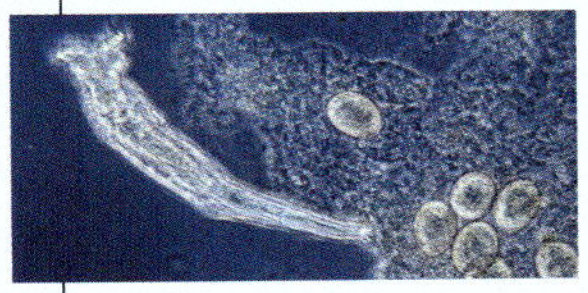

CILIENKRONE
Das für die Fortbewegung und zum Filtrieren benutzte Räderorgan ist links zu sehen.

Ernährungsweise

Ein Teil des Zooplanktons ernährt sich als Filtrierer. Rädertierchen (Gnathifera) fressen im Wasser schwebende organische Teilchen. Die Cilien ihres Räderorgans strudeln Wasser auf eine zum Mund führende Rinne. Hier werden die Partikel ausgesiebt und zum Kaumagen weitergeleitet, wo sie von Trophi genannten Hartteilen zerkleinert werden, bevor sie in den Magen gelangen. Die Trophi sind nur von Rädertierchen bekannt.

STAMM CTENOPHORA

Seestern-Rippenqualle

Coeloplana astericola

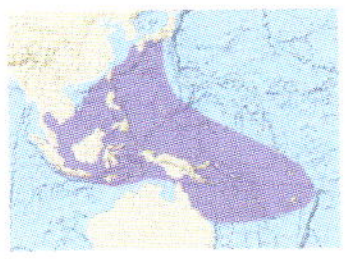

DURCHMESSER	1 cm
TIEFE	unbekannt
LEBENSRAUM	auf dem Luzon-Seestern

VERBREITUNG tropische Gewässer des Westpazifik

Während die meisten Rippenquallen im Plankton leben, ist die Seestern-Rippenqualle zum Bodenbewohner geworden. Statt der üblichen runden hat sie eine abgeplattete Form und sieht wie ein winziger, platt gedrückter Ball aus. Der Mund befindet sich in der Mitte der Unterseite und die Statocyste, das Gleichgewichtsorgan der Rippenquallen, auf der Oberseite ihm gegenüber. Die Cilienreihen fehlen, da die Tiere nicht schwimmen müssen. Stattdessen kriechen sie mit Wellenbewegungen ihres Körpers, fast wie ein Plattwurm. Sie leben auf dem Luzon-Seestern (*Echinaster luzonicus*), dem sie sich in Färbung und Zeichnungsmuster anpassen, sodass sie tagsüber fast unsichtbar sind. Nachts fischen sie mit zwei langen Tentakeln nach Plankton.

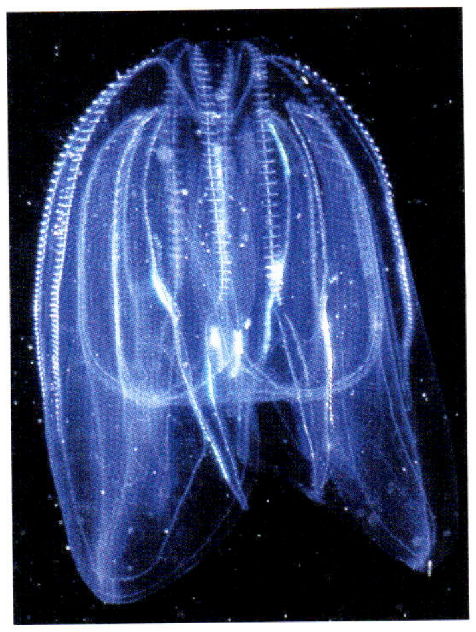

STAMM CTENOPHORA

Meerwalnuss, Katzenauge

Mnemiopsis leidyi

LÄNGE	bis zu 7 cm
TIEFE	0–30 m
LEBENSRAUM	offenes Meer

VERBREITUNG gemäßigte und subtropische Bereiche in Westatlantik, Mittel- und Schwarzem Meer

Diese Rippenqualle weist eine leicht abgeplattete Birnenform auf und besitzt zwei abgerundete Lappen auf jeder Seite des Munds, die beim Fang größerer Beute helfen. Neben den beiden Haupttentakeln gibt es kleinere tentakelartige Aurikel in einer um den Mund verlaufenden Rinne. Die langen Tentakel sind mit Klebzellen zum Beutefang ausgerüstet.

Die ursprünglich im Westatlantik beheimatete Meerwalnuss ist mit dem Ballastwasser eines Schiffes in den 1980er-Jahren ins Schwarze Meer eingeschleppt worden und hat sich bis ins östliche Mittelmeer verbreitet. Im Schwarzen Meer vermehrte sie sich wegen der idealen Bedingungen und dem Fehlen natürlicher Feinde explosionsartig. Da sie auch Fischlarven frisst, hat das ernsthafte Folgen für die Fischerei. Im Jahr 2006 ist die Art nun auch in der Kieler Förde aufgetaucht, wohin sie wohl ebenfalls mit Ballastwasser gelangt ist.

STAMM CTENOPHORA

Venusgürtel

Cestum veneris

LÄNGE	bis zu 2 m
TIEFE	in Oberflächennähe
LEBENSRAUM	offenes Meer

VERBREITUNG tropische und subtropische Bereiche in Nordatlantik, Mittelmeer und Westpazifik

Der ungewöhnliche Name dieses Tiers geht auf den bandförmigen, blass violetten Körper zurück. Acht modifizierte Cilienreihen laufen in zwei Bändern an einer Seite des Gürtels entlang. Die beiden Tentakel sind kurz, und zahlreiche kurze Tentillen befinden sich auf der Unterseite des Körpers. Auf der Flucht kann der Venusgürtel mit wellenförmigen Körperbewegungen schwimmen. Meistens bewegt er sich allerdings langsamer, indem er die Cilien einsetzt.

Tunikaten und Akranier

DOMÄNE	Eucarya
REICH	Anximalia
STAMM	Chordata
UNTERSTAMM	Tunicata Cephalochordata
KLASSEN	4
ARTEN	3121

Tunikaten oder Manteltiere besitzen einen sackförmigen, oft am Untergrund festsitzenden Körper. Akranier oder Lanzettfischchen ähneln dagegen im Sediment vergrabenen Würmchen. Trotz ihres einfachen Aufbaus werden sie mit den Wirbeltieren zum Stamm der Chordatiere gerechnet. Sie besitzen nämlich bereits eine Rückensaite (Chorda dorsalis oder Notochord). Die am besten bekannten Tunikaten sind die Seescheiden, von denen manche Tierstöcke bilden, während die Lanzettfischchen alle einzeln leben.

Körperbau

Wenn Manteltierlarven erwachsen werden, verlieren sie anders als Lanzettfischchen ihre Chorda. Tunikaten sind von einem zellulosehaltigen Mantel (Tunica) umgeben, der mit wurzelähnlichen Gebilden am Untergrund befestigt ist. Im Innern befindet sich der siebartige Kiemendarm. Er ist mit Schleim beschichtet und filtert Plankton aus dem Wasser. Lanzettfischchen filtern ebenfalls Wasser mit einem Kiemendarm und geben es durch eine Öffnung in der Nähe des Afters ab. Die den Mund umgebenden Cirren verhindern das Eindringen von Sand.

Lebensweise

Seescheiden leben auf festen Untergründen wie Felsen, Riffen und Wracks. Sie ernähren sich als Filtrierer, nehmen nahrungsreiches Wasser durch ihre Ingestionsöffnung auf und geben es über ihre Egestionsöffnung wieder ab. Die meisten leben in flachen Küstengewässern, in denen es viel Plankton gibt, doch es gibt auch Tiefseearten. In geschützten Buchten können Seescheiden Hunderte von Quadratmetern Meeresboden bedecken. Tunikaten wie die Salpen und Feuerwalzen lassen sich im Plankton mit der Strömung treiben, wobei sie oft riesige Schwärme bilden. Lanzettfischchen können mit ihren muskulösen Körpern gut schwimmen, graben sich aber meist im Sediment ein, sodass nur der Kopf herausragt.

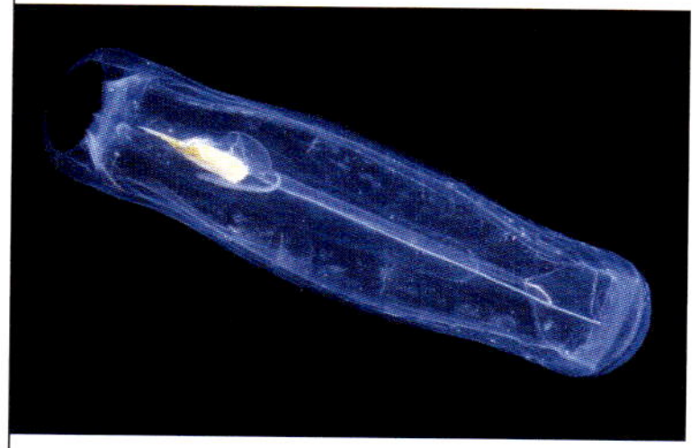

SCHWIMMENDES MANTELTIER
Salpen schwimmen, indem sie Wasser an einem Ende aufnehmen und es am anderen wieder ausstoßen.

SEESCHEIDEN
Seescheiden wachsen manchmal unmittelbar neben Nesseltieren und Schwämmen und können sehr bunt gefärbt sein.

ERWACHSENER AKRANIER
Der Körper des Lanzettfischchens ist seitlich abgeplattet und wird von der Chorda dorsalis gestützt.

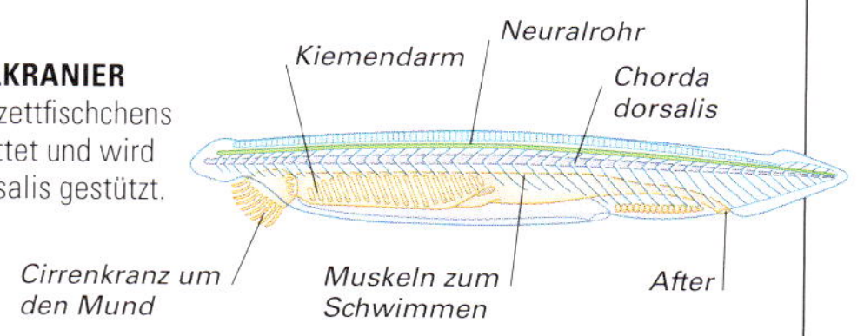

SEESCHEIDENLARVE
Das Neuralrohr und die Chorda dorsalis der Seescheidenlarve werden zurückgebildet, wenn sie sich umwandelt.

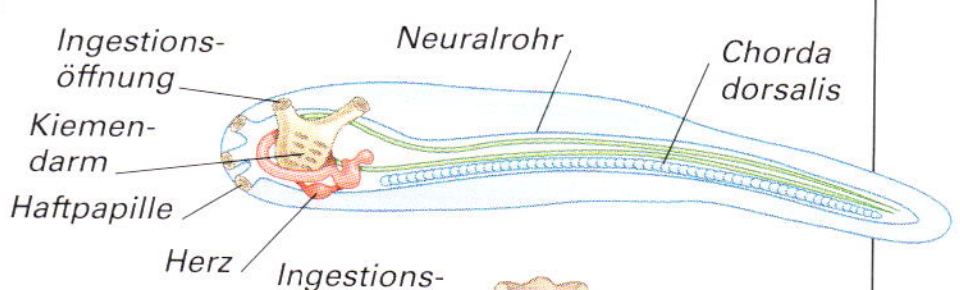

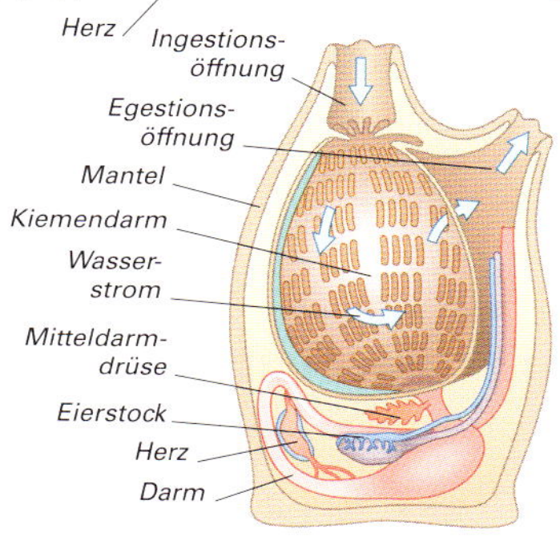

ERWACHSENE SEESCHEIDE
Den Großteil des Innenraums der Seescheide nimmt der Kiemendarm ein, den man bei dieser Art im Mantel erkennen kann.

UNTERSTAMM TUNICATA

Schlauchseescheide

Ciona intestinalis

HÖHE bis zu 15 cm
TIEFE 0–500 m
LEBENSRAUM jedes feste Substrat
VERBREITUNG Atlantik, Pazifik, Indischer Ozean, Nord- und möglicherweise Südpolarmeer

Die erwachsene Schlauchseescheide besitzt keine Stützstrukturen, sodass sie außerhalb des Wassers einem Klumpen Gelee ähnelt, der Wasser ausspritzen kann, wenn man auf ihn drückt. Sie ist eine typische solitäre Seescheide, deren Organe durch ihre blasse, grüngelbe äußere Hülle, die man als Mantel oder Tunika bezeichnet, zu sehen sind. Sie besitzt zwei gelb gerandete Öffnungen. Mit der größeren Ingestionsöffnung nimmt sie Wasser auf und mit der Egestionsöffnung gibt sie es wieder ab. Der Rand der Egestionsöffnung ist sechs-, der der Ingestionsöffnung achtlappig. Die Schlauchseescheide ist weit verbreitet und an den verschiedensten Felsen, Riffen, Tangen und vor allem auch an von Menschen angelegten Bauten zu finden. Die Beine von Landungsbrücken und Ölplattformen sind oft dicht von ihren Beständen überzogen.

WASSERFILTER

In geschützten Buchten und Häfen bedeckt die Schlauchseescheide oft große Felsenbereiche. Trotz ihrer geringen Größe kann sie einige Liter Wasser pro Stunde filtern, Plankton und organische Partikel aufnehmen und das Wasser so bedeutend klarer entlassen, als es ansonsten gewesen wäre.

UNTERSTAMM TUNICATA

Robuste Riffseescheide

Atriolum robustum

HÖHE bis zu 3 cm

TIEFE Flachwasser

LEBENSRAUM Korallenriffe und Felsen

VERBREITUNG in den tropischen Riffen des Indischen und des westlichen Pazifischen Ozeans

Obwohl sie wie Einzeltiere wirken, leben diese Seescheiden in vasenförmigen Tierstöcken, die sich eine gemeinsame Egestionsöffnung (Öffnung, durch die das Wasser austritt) teilen. Der Tierstock ist mit den winzigen Ingestions- oder Wassereinlassöffnungen seiner Einzeltiere oder Zooide überzogen. Die grüne Farbe rührt von dem symbiotischen Prochlorobakterium *Prochloron* her.

UNTERSTAMM TUNICATA

Sternseescheide

Botryllus schlosseri

BREITE (TIERSTOCK) bis zu 15 cm

TIEFE Küste und Flachwasser

LEBENSRAUM Felsen, Steine, Tange

VERBREITUNG arktische und gemäßigte Küstengewässer des Nordatlantiks

Die Einzeltiere der Sternseescheide sind nur etwa 2 mm groß und allein nicht lebensfähig. Stattdessen leben sie in sternförmigen Tierstöcken zusammen, die sich einen gemeinsamen geleeartigen Mantel (Tunica) teilen. Im Zentrum eines jeden Tierstocks befindet sich die Egestions- oder Wasserauslassöffnung. Die Tierstöcke können sich in der Farbe stark unterscheiden und grün, violett, braun oder gelb sein, wobei die einzelnen Tiere sich farblich von der Tunica abheben.

UNTERSTAMM TUNICATA

Tulpenseescheide

Pyura spinifera

HÖHE bis zu 30 cm

TIEFE 5–60 m

LEBENSRAUM felsige Riffe

VERBREITUNG gemäßigte Gewässer Australiens

Diese große Seescheide wird von einem langen Stiel in die Strömung gehalten, sodass die große Ingestionsöffnung in einer guten Position ist, um planktonreiches Wasser aufzunehmen. Der Körper ist mit warzigen Auswüchsen übersät und meist leuchtend gelb gefärbt. Der als Kommensale auf vielen dieser Tiere wachsende Schwamm verleiht ihnen ein rosa Aussehen. Bei rauem Wetter werden die Seescheiden oft auf den Grund herabgedrückt, richten sich auf den biegsamen Stielen aber bald wieder auf.

UNTERSTAMM TUNICATA

Kettensalpe

Pegea confoederata

LÄNGE bis zu 15 cm

TIEFE in Oberflächennähe

LEBENSRAUM offenes Wasser

VERBREITUNG warme Gewässer weltweit

Salpen sind Manteltiere, die wie schwimmende Seescheiden wirken. Sie bewegen sich nach dem Rückstoßprinzip fort, indem sie Wasser aufnehmen und es wieder ausstoßen. Der transparente Mantel ist recht schlaff und wird von vier großen Muskeln umgeben, die zwei gut zu erkennende Kreuzbänder bilden. Die Einzeltiere leben in bis zu 30 cm langen Ketten, die durch ungeschlechtliche Vermehrung (Knospung) eines Tiers entstehen. Die Ketten zerbrechen, wenn die Tiere heranwachsen. Salpen können sich auch geschlechtlich vermehren. Die Eier bleiben im Körper in der Wand der Egestionsöffnung, durch die die geschlüpften Larven ins freie Wasser gelangen.

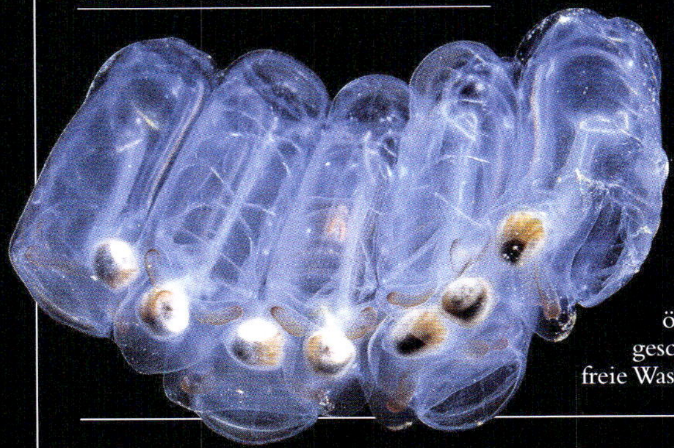

UNTERSTAMM TUNICATA

Riesen-Feuerwalze

Pyrosoma spinosum

LÄNGE bis zu 10 m

TIEFE in Oberflächennähe

LEBENSRAUM offenes Wasser

VERBREITUNG warme Gewässer, etwa zwischen 40° nördlicher und 40° südlicher Breite

Die Einzeltiere, die diesen riesigen schwimmenden Tierstock bilden, sind nur 2 cm groß, doch in das Innere des gigantischen hohlen Schlauchs kann ein Mensch passen! Jedes Einzeltier ist in die Wand des Schlauchs eingebettet, an dessen einem Ende nährstoffreiches Wasser eingesogen wird und an dessen anderem Ende Wasser und Abfallstoffe abgegeben werden. Das ausgestoßene Wasser treibt die gesamte Kolonie an. Eine Welle von mit Biolumineszenz produziertem Licht läuft die Kolonie entlang, wenn sie berührt wird.

UNTERSTAMM TUNICATA

Appendikularie

Oikopleura labradoriensis

LÄNGE etwa 5 mm

TIEFE in Oberflächennähe

LEBENSRAUM offenes Wasser

VERBREITUNG kalte Gewässer des Nordatlantiks, des Nordpazifik und der Arktis

Appendikularien ähneln kleinen Kaulquappen und leben in Schleimgehäusen, mit denen sie Plankton erbeuten. Wasser dringt durch zwei mit Schutzfiltern versehene Öffnungen ein, passiert einen feinen Nahrungsfilter, an dessen Schleim sich das Plankton verfängt, und verlässt es durch die Ausströmöffnung. Das Tier erzeugt den Wasserstrom mit seinem Schwanz.

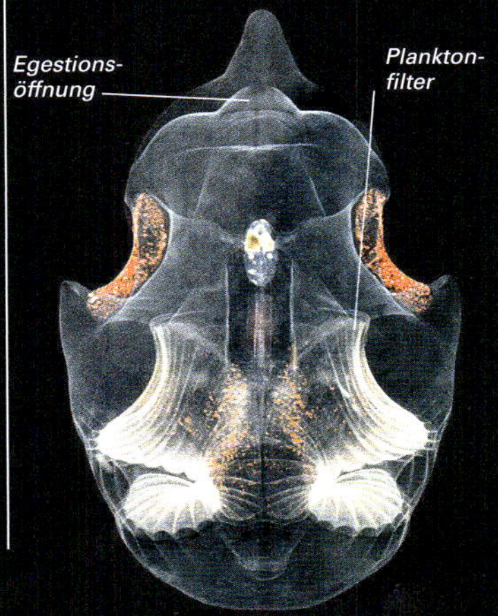

UNTERSTAMM CPHALOCHORDATA

Lanzettfischchen

Branchiostoma lanceolatum

LÄNGE bis zu 6 cm

TIEFE Küste und Flachwasser

LEBENSRAUM grober Sand

VERBREITUNG gemäßigte Küstengewässer des nordöstlichen Atlantiks und des Mittelmeers

Das wie ein längliches, halb transparentes Blättchen aussehende Lanzettfischchen ist in den groben Sedimenten seines Lebensraums kaum zu erkennen. Meist schaut nur das Kopfende aus dem Sand heraus. Die Muskelsegmente schimmern als v-förmige Streifen durch die Haut. Ein Ring von tentakelartigen Mundcirren umgibt den Mund und filtert grobe Partikel aus, lässt die kleineren jedoch in den Kiemendarm gelangen, wo sie verdaut werden.

Kieferlose

DOMÄNE	Eucarya
REICH	Animalia
STAMM	Chordata
KLASSEN	Myxini
	Petromyzonti
ARTEN	142

Als Kieferlose fasst man verschiedene Chordatengruppen zusammen, von denen heute nur noch die kleinen Gruppen der Neunaugen und der Schleimaale oder Inger leben. Sie besitzen noch keine Wirbelsäule, weshalb man sie nicht als Wirbeltiere bezeichnen kann. Deswegen spricht man oft lieber von Schädeltieren. Neunaugen und Schleimaale sehen sich zwar ähnlich, stammen aber aus unterschiedlichen Evolutionslinien. Neunaugen leben im Süßwasser und in gemäßigten Küstengewässern. Die Küstenbewohner schwimmen zum Laichen die Flüsse hinauf. Schleimaale sind vollständig marin.

NEUNAUGENMAUL
Die das Maul umgebende Saugscheibe ist dicht mit Hornzähnen besetzt. Größere Zähne sitzen unmittelbar an der Mundöffnung.

Körperbau

Wegen ihrer lang gestreckten Körper und der schuppenlosen, schleimigen Haut könnte man Neunaugen und Schleimaale auch für Aale halten. Ihnen fehlt jedoch das Knochenskelett und sie besitzen nur eine Rückensaite oder Chorda dorsalis, die ihren Körper stützt. Bei Neunaugen liegt der Mund inmitten einer mit Hornzähnen besetzten runden Saugscheibe. Schleimaale haben schlitzartige Mäuler, mit fleischigen Mundtentakeln und Zungenzähnen. Die Kiemenöffnungen beider Gruppen sind kleine, runde Löcher hinter dem Kopf, an dessen Spitze sich ein einzelnes Nasenloch befindet.

LÄNGSSCHNITT
Die Körper der Neunaugen (links) und der Schleimaale werden von einer Chorda dorsalis gestützt, die durch Muskelsegmente gebogen werden kann. Ohne Wirbelsäule sind die Tiere sehr flexibel. Sie besitzen Flossensäume, aber keine paarigen Flossen.

SCHLEIMAALE
Schleimaale finden sich mit den Nasen- und Mundtentakeln zurecht. Die Augen sind kaum entwickelt und liegen unter der Haut, sodass sie fast blind sind.

Vermehrung

Die küstenbewohnenden Neunaugen wandern zum Ablaichen die Flüsse hinauf. Die Weibchen graben ein Nest in den Kies und laichen Tausende kleiner weißer Eier, aus denen wurmähnliche Querder schlüpfen, die ein hufeisenförmiges, zahnloses Maul besitzen. Sie leben mehrere Jahre lang als Filtrierer im Sediment, verwandeln sich in erwachsene Neunaugen und schwimmen ins Meer. Schleimaale legen einige große Eier auf den Meeresgrund, aus denen Miniaturausgaben der Erwachsenen schlüpfen.

SCHLEIMAALEIER
An den Enden der Schleimaaleier befinden sich winzige Haken. Bei der Ablage hängen sie wie eine Wurstkette zusammen.

Ernährung

Während viele Süßwasserarten Parasiten sind oder kleine Wirbellose fressen, sind alle marinen Neunaugen Parasiten, die Knochen- und Knorpelfische angreifen. Sie heften sich mit ihrer Saugscheibe an das lebende Opfer an und benutzen die Zungenzähne, um ein Loch in den Fisch zu raspeln und sich von Fleisch, Blut und Körpersäften zu ernähren. Manchmal stirbt der Wirt durch den Blutverlust oder die erlittenen Gewebeschäden. Im Gegensatz dazu sind Schleimaale meistens Aasfresser, die sich von toten Fischen und Walkadavern sowie lebenden Wirbellosen ernähren. Um ein Widerlager zum Abreißen von Fleischstücken zu bilden, können sie mit ihrem Körper einen Knoten bilden und diesen gegen den Kadaver stemmen.

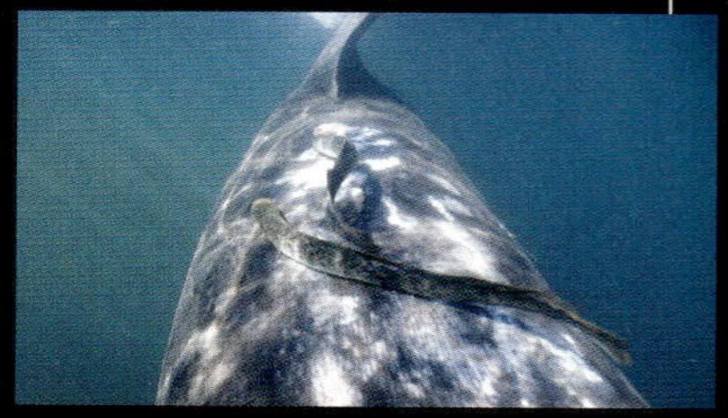

HAI-WIRT
Die langsamen Riesenhaie werden oft von Meerneunaugen befallen. Die Neunaugen lassen wieder los, wenn sie genug haben, hinterlassen aber Wunden, die sich infizieren können.

KLASSE PETROMYZONTI

Meerneunauge

Petromyzon marinus

LÄNGE bis zu 1,2 m

GEWICHT bis zu 2,5 kg

TIEFE 1–650 m

VERBREITUNG Flachwasserzonen der Nordatlantikküste und angrenzende Flussläufe

Mit seinem langen, runden Körper könnte man das Meerneunauge für einen Aal halten. Anders als ein Aal besitzt es jedoch keinen Kiefer. Der Körper ist zum Schwanz hin seitlich abgeplattet und trägt zwei Rückenflossen. Das runde Maul liegt an der Kopfunterseite und ist von feinen Papillen umgeben. Die Saugscheibe ist von vielen kreisförmig angeordneten Zähnen bedeckt, anhand derer man die Art vom Flussneunauge (rechts) unterscheiden kann. Bei erwachsenen Meerneunaugen ist der Rücken dunkel gefleckt. Sie leben im Meer und fressen tote oder in Netzen gefangene Fische ebenso wie verschiedene lebende. Mit der Saugscheibe heften sie sich an einen Wirt, raspeln ein Loch in seine Haut und saugen Fleisch und Flüssigkeit heraus. Meerneunaugen laichen in Flüssen ab, wo die Larven etwa fünf Jahre lang heranwachsen, bevor sie wieder ins Meer wandern. Wegen ihrer Verfolgung und der Verschmutzung der Flüsse ist die Art selten geworden.

KLASSE PETROMYZONTI

Flussneunauge

Lampetra fluviatilis

LÄNGE bis zu 50 cm

GEWICHT bis zu 150 g

TIEFE 0–10 m

VERBREITUNG Küstengewässer und Flüsse des nordöstlichen Atlantiks, nordwestliches Mittelmeer

Das Flussneunauge bleibt in der Nähe der Küste und oft sogar in Flussmündungen. Es kann vom Meerneunauge anhand der geringeren Größe, der einheitlichen Farbe und der geringeren Zahl und anderen Anordnung der Zähne unterschieden werden. Die in den Flüssen geschlüpften Larven wandern in die Mündungen, wo sie sich etwa ein Jahr lang von Heringen, Sprotten und Flundern ernähren.

KLASSE MYXINI

Gewöhnlicher Inger

Myxine glutinosa

LÄNGE bis zu 80 cm

GEWICHT bis zu 750 g

TIEFE 40–1200 m

VERBREITUNG Küsten- und Schelfmeere, bis 13 °C im Nordatlantik und westlichen Mittelmeer

Diese ungewöhnlichen Tiere können mit ihrem Körper einen Knoten bilden und tun das auch regelmäßig, um überschüssigen Schleim abzustreifen. Schleimabscheidende Poren ziehen sich auf beiden Körperseiten entlang, sodass innerhalb kurzer Zeit ein Eimer voll Schleim abgegeben werden kann. Der klebrige Schleim reicht aus, um die meisten Fressfeinde abzuschrecken. Wie alle Kieferlosen hat der Schleimaal kein Knochenskelett, sondern nur eine Chorda dorsalis, die ihm eine große Beweglichkeit verleiht. Fleischige Tentakel umgeben den schlitzförmigen Mund und die Augen sind zurückgebildet. Ein einziges Paar äußerer Kiemenöffnungen befindet sich hinter dem ersten Körperdrittel.

Der Inger liegt meistens vergraben im Schlamm, wobei nur die Kopfspitze herausragt. Er frisst Krebstiere, gräbt sich aber auch als Aasfresser in Walkadaver. Wenn er sich auf einem Kadaver mit dem Maul verankert hat, bildet er mit dem Schwanz einen Knoten, den er dann nach vorn schiebt, bis er sich über dem Kopf befindet und so das Abreißen eines Brockens verfaulenden Fleisches ermöglicht.

KLASSE MYXINI

Pazifik-Schleimaal

Eptatretus stoutii

LÄNGE bis zu 50 cm

GEWICHT bis zu 1,4 kg

TIEFE 20–650 m

VERBREITUNG Küsten- und Schelfmeere des nordöstlichen Pazifik

Der Pazifik-Schleimaal ähnelt dem atlantischen Gewöhnlichen Inger sehr. Er ist meist braunrot gefärbt und kann einen bläulichen oder purpurnen Schimmer aufweisen. Er hat keine echten Flossen, sondern nur einen Flossensaum, der sich über den Rücken und um das Schwanzende zieht. Der Pazifik-Schleimaal lebt in weichem Schlamm und ernährt sich hauptsächlich von Aas. Er richtet großen Schaden an in Stellnetzen gefangenen Fischen an und dringt durch Maul oder After in größere Fische ein, um sie von innen aufzufressen.

KLASSE MYXINI

Japan-Schleimaal

Eptatretus burgeri

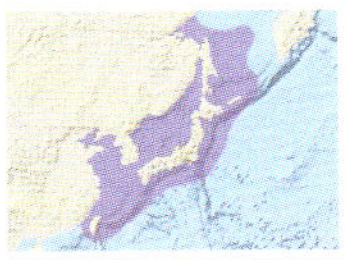

LÄNGE bis 60 cm

GEWICHT unzureichende Daten

TIEFE 10–270 m

VERBREITUNG gemäßigte Küstengewässer des Nordwestpazifik

Im Vergleich zu anderen Schleimaal-Arten lebt der Japan-Schleimaal in relativ flachem Wasser. In Form und Größe ähnelt er dem Pazifik-Schleimaal. Er hat sechs Kiemenöffnungen und eine weiße Linie entlang des Rückens. Er vergräbt sich im Schlamm in Strandnähe, wandert zum Ablaichen aber in tieferes Wasser. Anders als andere Schleimaale vermehrt er sich saisonabhängig, wohl als Folge der wechselnden Temperaturen des flachen Wassers. Seine zähe Haut wird zu Leder verarbeitet.

Haie, Rochen und Chimären

DOMÄNE	Eucarya
REICH	Animalia
STAMM	Chordata
KLASSEN	Elasmobranchii
	Holocephali
ARTEN	1360

Haie, Rochen und Chimären werden oft als Knorpelfische zusammengefasst, weil sie ähnlich flexible Skelette haben. Unter ihnen gibt es sowohl Räuber wie den Weißen Hai als auch Filtrierer wie den Manta. Manche weisen für Fische ungewöhnliche Eigenschaften wie große Gehirne, lebend geborene Junge und warmes Blut auf. Fossilien zeigen, dass sich Knorpelfische in Hunderten von Jahrmillionen kaum verändert haben. Sie besitzen ein Knorpelskelett, die Zähne werden ständig durch neue ersetzt und die Haut bedecken zahnartige Schuppen.

Körperbau

Die Skelette bestehen aus Knorpel. Bei manchen Arten werden Teile des Skeletts und des Schädels durch Kalkeinlagerungen verstärkt. Die Zähne sind mit einer schmelzartigen Substanz überzogen. Mehrere Reihen Ersatzzähne liegen bei Haien flach hinter den in Gebrauch befindlichen. Sie rücken langsam nach vorn, sodass bei manchen Arten jeder Zahn alle 8 bis 15 Tage ersetzt werden kann. Knorpelfische haben eine sehr raue Haut, die bei weiblichen Haien besonders dick ist, da die Männchen sie bei der Paarung mit den Zähnen festhalten. Die Haihaut ist mit nach hinten gerichteten zahnähnlichen Plakoidschuppen bedeckt, sodass sie sich wie Sandpapier anfühlt. Manche Schuppen der Rochen sind zu Dornen vergrößert, wohingegen Chimären meist keine Schuppen besitzen. Anders als Knochenfische (siehe S. 336–338) besitzen Knorpelfische keine gasgefüllte Schwimmblase. Manche Haiarten nutzen ihre große, ölhaltige Leber als Auftriebskörper.

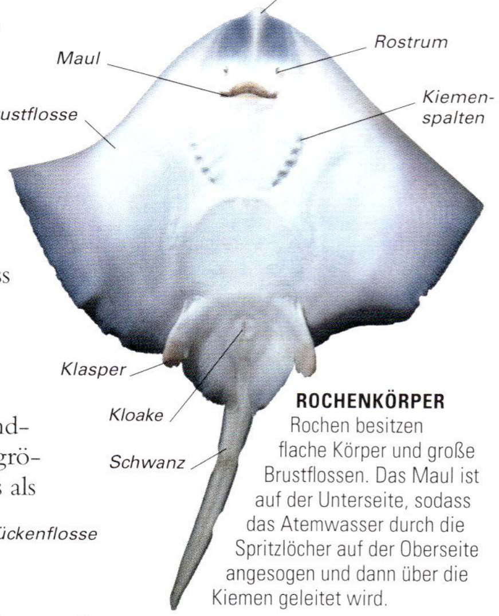

ROCHENKÖRPER
Rochen besitzen flache Körper und große Brustflossen. Das Maul ist auf der Unterseite, sodass das Atemwasser durch die Spritzlöcher auf der Oberseite angesogen und dann über die Kiemen geleitet wird.

KÖRPER EINES HAIS
Ein typischer Hai hat einen schlanken Körper mit meist asymmetrischer (heterocerker) Schwanzflosse und weit hinten angesetzten Bauchflossen. Das Maul ist unterständig und auf jeder Seite liegen fünf Kiemenspalten.

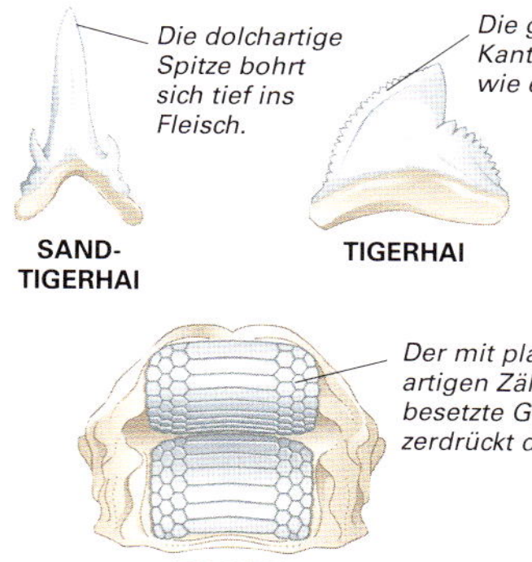

ANPASSUNG DER ZÄHNE
Haizähne sind an die Nahrung der Tiere angepasst. Spitze Zähne sind zum Festhalten, gesägte zum Herausreißen von Fleisch geeignet. Rochen und Chimären haben flache Zähne, um Krebse und Mollusken zu zerdrücken.

MENSCHLICHER EINFLUSS

JAGD AUF HAIE

Mehr als 100 Mio. Haie werden weltweit wegen des Fleischs, der Flossen, des Lebertrans und der Haut gejagt. Die meisten Haie erreichen erst spät die Geschlechtsreife und produzieren unregelmäßig wenige Nachkommen. Die langsamen Vermehrungs- und Wachstumsraten bedeuten, dass sie der starken Befischung nicht standhalten können. Viele Arten sind bedroht und bis die nötigen Kontrollen und Schutzmaßnahmen greifen, werden die Bestände weiter abnehmen.

HAIFISCHFLOSSEN
Tausende von Haien werden jährlich wegen ihrer Flossen getötet, die dann getrocknet und zu Suppe verarbeitet werden. Der Körper wird oft ins Meer geworfen, obwohl der Hai noch lebt.

LEBEN IM MEER

Fortpflanzung

Alle Knorpelfische pflanzen sich durch innere Befruchtung fort. Erwachsene Männchen haben Klasper, stabähnliche Organe, die aus Bauchflossen hervorgegangen sind. Bei der Paarung werden ein oder beide Klasper in die Kloake (die gemeinsame Öffnung von Verdauungs- und Geschlechtstrakt) des Weibchens eingeführt, um die Spermien abzugeben. Bei Haien ist die Paarung eine raue Angelegenheit, obwohl sie auch ein Werben zeigen können.

Chimären legen wie manche Haie und Rochen Eier – sie sind ovipar. Die Eier werden von ledrigen Eikapseln geschützt, aus denen die Jungen einige Monate später schlüpfen. Die meisten Haie und Rochen sind dagegen vivipar: Sie gebären die Jungen nach langer Trächtigkeit lebend. Bei den lecithotroph viviparen Arten bleiben die Eier einfach im Leib der Mutter und die Jungen schlüpfen vor der Geburt. Bei den matrotroph viviparen Arten können die Jungen entweder über Uterusmilch oder über eine plazentaähnliche, aus dem Dottersack hervorgegangene Struktur vom Körper des Weibchens ernährt werden. Immer werden die Jungen vollständig ausgebildet geboren und sind in der Lage, sofort zu jagen und zu fressen. Das Weibchen entfernt sich nach der Geburt, sodass die Jungen für sich selbst sorgen müssen.

KATZENHAI-EIER
Die Eikapseln enthalten Katzenhai-Embryonen, die nach etwa einem Jahr schlüpfen werden. Die Fortsätze dienen der Verankerung.

GEBURT EINES ZITRONENHAIS
Zitronenhaie schwimmen zum Gebären in flache, geschützte Buchten. Die Jungen werden mit dem Schwanz voran geboren und können sofort schwimmen.

HAMMERHAIE
Der breite Kopf der Hammerhaie bietet den Elektrosensoren auf der Schnauze Platz und verschafft diesen hervorragenden Jägern ein großes Gesichtsfeld.

SYSTEMATIK DER KNORPELFISCHE

Knorpelfische teilt man in zwei Klassen ein: die Haie und Rochen (Elasmobranchii) und die Chimären (Holocephali). Zu den Haien gehören neun und zu den Rochen mindestens vier Ordnungen. Die Chimären gehören alle zu einer Ordnung, den Chimaeriformes.

CHIMÄREN, SEEKATZEN
Ordnung Chimaeriformes

57 Arten
Chimären haben einen flachen, schuppenlosen Körper, einen großen Kopf mit offenen Seitenlinienkanälen, plattenförmigen Zähnen und einer Kiemenspalte. Die erste der beiden Rückenflossen kann aufgerichtet werden und trägt einen Giftstachel. Die Tiere sind ovipar.

KRAGEN-, KAMMZÄHNERHAIE
Ordnung Hexanchiformes

6 Arten
Diese Haie haben lange Körper, sechs oder sieben Paar Kiemenspalten, kleine Spritzlöcher und eine Rückenflosse in Schwanznähe. Die Zähne des Kragenhais haben drei Spitzen, die der Kammzähnerhaie sind gesägt. Lecithotroph vivipar.

HUNDSHAIE
Ordnung Squaliformes

145 Arten
Sechs Familien bilden diese Ordnung: Dorn-, Schnabel-, Laternen-, Schläfer-, Drachenflossen- und Rauhaie. Alle besitzen Spritzlöcher, fünf Kiemenspalten, zwei Rücken-, aber keine Afterflosse und sind lecithotroph vivipar.

NAGELHAIE
Ordnung Echinorhiniformes

2 Arten
Große, langsame Tiefseehaie mit dornenartigen Placoidschuppen. Sie sind lecithotroph vivipar.

SÄGEHAIE
Ordnung Pristiophoriformes

10 Arten
Kleine Haie mit sägeartigem Rostrum mit Barteln. Zwei stachellose Rücken-, keine Afterflosse. Lecithotroph vivipar.

ENGELHAIE
Ordnung Squatiniformes

25 Arten
Rochenähnliche Haie mit seitlichen Kiemenspalten und seitlichem Spritzloch. Sie haben große Brust- und Bauchflossen, zwei kleine Rückenflossen und keine Afterflosse. Sie sind lecithotroph vivipar.

STIERKOPFHAIE
Ordnung Heterodontiformes

9 Arten
Am Grund lebende Haie mit spitzen vorderen und flachen hinteren Zähnen, einem stumpfen Kopf, mit dem Maul verbundenen Nasengruben, paddelartigen Brust-, einer After- und zwei mit Stacheln versehenen Rückenflossen. Die Arten sind ovipar.

TEPPICH- UND WALHAIE
Ordnung Orectolobiformes

46 Arten
Zu den vor allem am Boden lebenden Haien gehören die Teppich- und Ammenhaie. Sie besitzen einen flachen Kopf, Barteln, mit dem Mundraum verbundene Nasengruben, eine Afterflosse und zwei stachellose Rückenflossen. Vermehrung unterschiedlich.

MAKRELENHAIE
Ordnung Lamniformes

16 Arten
Diese großen Haie, darunter der Weiße, der Riesen- und der Riesenmaulhai, haben einen runden Körper mit kegelförmigem Kopf, zwei Rückenflossen, einer Afterflosse und einem langen oberen Schwanzflossenlappen. Viele können eine erhöhte Körpertemperatur aufrechterhalten. Lecithotroph vivipar.

GRUNDHAIE
Ordnung Carcharhiniformes

mindestens 304 Arten
Diese größte und vielfältigste Haigruppe weist unterschiedliche Körperformen auf, alle mit zwei stachellosen Rückenflossen und einer Afterflosse. Die Arten haben unterschiedliche Vermehrungsstrategien.

ROCHEN
Ordnung Rajiformes, Myliobatiformes, Rhinopristiformes, Torpediniformes

740 Arten
Meist am Boden lebend, mit flachem Körper und flügelartigen Brustflossen sowie einem langen, dünnen Schwanz. Lecithotroph oder matrotroph vivipar, manche ovipar.

Sinnesorgane

Knorpelfische haben scharfe Sinne, um ihre Beute zu finden, auch wenn sie weit entfernt oder im Sediment vergraben ist. Haie riechen winzige Blutmengen, wenn das Wasser über die Nasengruben strömt, und Katzenhaie können sich gegenseitig am Geruch erkennen. Alle Knorpelfische besitzen ein System von als Lorenzini'schen Ampullen bezeichneten Poren, mit dem sie schwache elektrische Impulse wahrnehmen können. Mit dem der Knochenfische ähnlichen Seitenliniensystem können sie Wasserbewegungen wahrnehmen. Die Augen ähneln denen der Säugetiere und die meisten Knorpelfische können scharf sehen. Sie besitzen keine Lider, doch manche haben transparente Nickhäute zum Schutz der Augen.

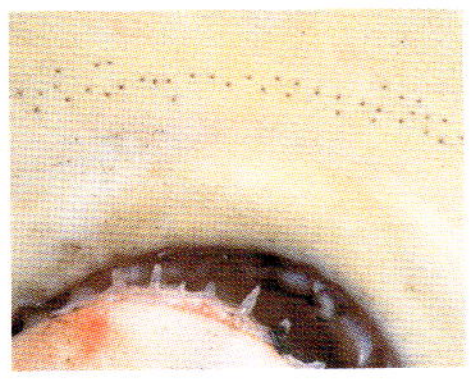

LORENZINI'SCHE AMPULLEN
Die schwarzen Flecke auf der Haischnauze sind winzige Elekrosensoren, die die Beute auch im Dunkeln orten können.

BARTELN
Ammenhaie finden eingegrabene Beute mithilfe ihrer Barteln durch Tasten und Schmecken.

ORDNUNG CHIMAERIFORMES

Pflugnasenchimäre

Callorhinchus milii

LÄNGE bis zu etwa 1,3 m

GEWICHT unbekannt

TIEFE mindestens 230 m

VERBREITUNG gemäßigte Zonen des Südwestpazifik, vor der Küste Südaustraliens und entlang der Ostküste der Südinsel Neuseelands

Wegen des lang ausgezogenen Rostrallappens wird diese Chimäre auch als Elefantenfisch bezeichnet. Sie benutzt diesen bizarren Fortsatz, um im Schlamm nach Muscheln zu suchen, die sie mit ihren Zahnplatten zerdrückt. Der Kopf wird von einem Netzwerk offener Kanäle des Seitenliniensystems überzogen. Im Frühjahr suchen die Pflugnasenchimären Flussmündungen und Buchten auf, wo sie ihre von gelbbraunen Kapseln geschützten Eier ablegen. Diese Chimärenart wird kommerziell befischt.

PAARUNGS-HILFSMITTEL

Männliche Pflugnasenchimären besitzen ein mit hakenartigen Schuppen besetztes Tenaculum auf der Stirn sowie ein Paar Tenacula am Bauch vor den Klaspern, die ihnen bei der Paarung Halt geben. Mit den Klaspern übertragen sie die Spermien.

ORDNUNG CHIMAERIFORMES

Langnasenchimäre

Rhinochimaera pacifica

LÄNGE etwa 1,3 m, plus Schwanzfilament

GEWICHT unbekannt

TIEFE 330–1500 m

VERBREITUNG Teile des Pazifik und des östlichen Indischen Ozeans

Als Wissenschaftler zum ersten Mal eine Langnasenchimäre aus den Tiefen des Meers betrachteten, waren sie von der extrem lang ausgezogenen Schnauze überrascht. Der lange, bräunliche Körper läuft in einen dünnen Schwanz aus, sodass der Fisch an beiden Seiten spitz zu sein scheint. Das Rostrum ist weißlich, biegsam und mit den Poren und Kanälen des Seitenliniensystems überzogen.

Die kleinen Augen sind in großer Tiefe von bestenfalls beschränktem Nutzen, sodass die Chimäre ihr Rostrum benutzt, um Nahrung zu finden. Das schnabelartige Maul enthält Paare von schwarzen Plattenzähnen. Der untere Schwanzflossenteil ist klein, während der obere aus einer Reihe fleischiger Tuberkel besteht. Wie andere Chimären bewegt sich auch diese eher mit den Brustflossen als, wie andere Fische es tun, mit der Schwanzflosse fort. Eine sehr ähnliche Art lebt im Atlantischen Ozean.

ORDNUNG CHIMAERIFORMES

Gefleckte Seeratte

Hydrolagus colliei

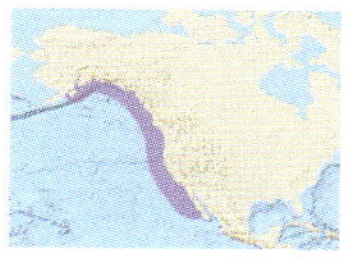

LÄNGE bis zu 1 m

GEWICHT unbekannt

TIEFE Küstenbereich bis mindestens in 900 m Tiefe

VERBREITUNG Nordostpazifik

Der wissenschaftliche Name der Gattung bedeutet »Wasserkaninchen«. Die Gefleckte Seeratte gehört wie die Seekatze (rechts) zur Familie der Kurznasenchimären, besitzt aber im Gegensatz zu ihr keine Afterflosse. Das Muster weißer Flecke auf dem dunklen Untergrund mag das Tier in gleicher Weise wie ein Rehkitz in einem Wald tarnen. Die Gefleckte Seeratte benutzt die langen Brustflossen, um über den Meeresgrund zu hüpfen und dort nach Nahrung zu suchen, die meist aus Weich- und Krebstieren besteht. Wie bei anderen Chimären legt das Weibchen Eier, von denen jedes in einer kaulquappenförmigen Kapsel liegt. Die Eier werden im Sommer auf dem Meeresgrund abgelegt, jeweils zwei auf einmal.

Da die Gefleckte Seeratte nicht besonders gut schmeckt, wird sie nicht kommerziell befischt, doch manchmal mit anderen Fischen unbeabsichtigt gefangen. Bei Fischern ist sie nicht sehr beliebt, weil sie mit dem scharfen Rückenflossenstachel hässliche Wunden verursachen und außerdem kräftig beißen kann. Gelegentlich wird die Gefleckte Seeratte bei Nachttauchgängen von Gerätetauchern beobachtet, wobei die großen Augen im Licht der Tauchlampe grün leuchten.

ORDNUNG CHIMAERIFORMES

Seekatze

Chimaera monstrosa

LÄNGE bis 1,5 m

GEWICHT bis 2,5 kg

TIEFE hauptsächlich 300–400 m

VERBREITUNG östlicher Atlantik und Mittelmeer

Die mit braunen und weißen Wellenlinien gezeichnete Seekatze gehört zur Familie der Kurznasenchimären (Chimaeridae), deren Mitglieder abgerundete Schnauzen, lange Körper und in langen Fäden auslaufende Schwanzflossen besitzen, die auch zu dem Namen »Seeratte« geführt haben. Der lange, spitze Stachel an der Vorderseite der ersten Rückenflosse ist giftig und kann ernsthafte Wunden verursachen. Anders als Haie können Chimären diese Flosse anheben und absenken. Die zweite Rückenflosse ist niedrig und reicht fast bis zur Schwanzflosse. Seekatzen bewegen sich langsam in kleinen Gruppen fort und fressen mit den paarigen Zähnen vor allem Wirbellose des Meeresbodens. Sie werden oft zufällig in der Nordsee in Garnelennetzen gefangen.

ORDNUNG HEXANCHIFORMES

Kragenhai

Chlamydoselachus anguineus

LÄNGE bis zu 2 m

GEWICHT unbekannt

TIEFE 20–1500 m

VERBREITUNG weltweit, nicht zusammenhängend

Mit dem gestreckten Körper und dem abgeflachten Kopf erinnert der Kragenhai kaum an andere Haie. Der auffälligste Unterschied ist, dass sein Maul sich an der Vorder- und nicht an der Unterseite des Kopfs befindet. Während die meisten heutigen Haie fünf Kiemenspalten besitzen, hat der Kragenhai sechs, deren fransige Ränder ihm seinen Namen gegeben haben. Auch die kleinen, dreispitzigen Zähne sind ungewöhnlich.

Kragenhaie sind dabei beobachtet worden, dass sie mit offenem Maul schwimmen und dabei ihre weißen Zähne zeigen, die eventuell als Köder fungieren könnten. Sie leben in tiefem Wasser über dem Meeresgrund, kommen jedoch gelegentlich an die Wasseroberfläche. Sie fressen Tiefseefische und Kalmare. Das Männchen trägt wie alle Haie zwei große Klasper (Paarungsorgane) am Bauch. Die Art ist lecithotroph vivipar: Die Jungen schlüpfen bereits im Leib der Mutter. Bis zu zwei Jahre nach der Befruchtung werden bis zu zwölf lebende Junge geboren. Kragenhaie werden oft als Beifang erbeutet. Da die Art sich so unregelmäßig fortpflanzt, ist sie besonders bedroht, doch wird sie nicht gezielt von Tiefseefischern gefangen.

ORDNUNG HEXANCHIFORMES

Grauhai, Sechskiemerhai

Hexanchus griseus

LÄNGE bis 5,5 m

GEWICHT bis zu mindestens 600 kg

TIEFE bis zu 2500 m

VERBREITUNG tropische und gemäßigte Zonen weltweit

Dieser große Hai wird in den Sommermonaten manchmal nachts von Tauchern im flachen Wasser beobachtet, doch lebt er eher an Seamounts und ozeanischen Rücken. Der kräftige Körper hat eine Rückenflosse, ein großes, mit kammartigen Zähnen besetztes Maul und sechs Kiemenspalten. Die Flossen sind anders als bei den meisten Haien weich und biegsam. Fische, Rochen, Tintenfische und Wirbellose sind die typische Beute, doch meist ernährt er sich von Aas.

ORDNUNG HEXANCHIFORMES

Spitzkopf-Siebenkiemerhai

Heptranchias perlo

LÄNGE bis 1,4 m

GEWICHT unbekannt

TIEFE bis zu 1000 m, hauptsächlich 27–720 m

VERBREITUNG tropische und gemäßigte Zonen weltweit, mit Ausnahme des Nordostpazifik

Wie der Name schon sagt, besitzt dieser Hai eine spitze Schnauze und stellt eine der beiden Hai-Arten dar, die sieben Kiemenspalten haben – mehr als alle anderen modernen Haie. Er lebt im tiefen Wasser und jagt Kalmare, Krebstiere und Fische in Nähe des Meeresgrunds. Wie der Grauhai (oben) hat er kammförmige Zähne. Junge Tiere tragen schwarze Zeichnungen, die mit dem Alter verblassen, auf der Spitze der einzigen Rückenflosse und dem oberen Schwanzlappen. Die Weibchen sind lecithotroph vivipar und bekommen 6–20 Junge auf einmal. Es gibt kaum Beobachtungen lebender Tiere und man weiß wenig über das Verhalten, doch die wenigen gefangenen Tiere waren lebhaft und aggressiv. Manchmal verfängt sich der Hai als Beifang in Schleppnetzen, was seine Zahl verringern mag. In der Roten Liste der IUCN wird er als »gering bedroht« geführt.

ORDNUNG SQUALIFORMES

Dornhai

Squalus acanthias

LÄNGE bis zu 1,5 m

GEWICHT bis zu 9 kg

TIEFE bis zu 1900 m, hauptsächlich 0–600 m

VERBREITUNG weltweit, mit Ausnahme tropischer und polarer Gewässer und des Nordpazifik

Haie sind keine Schwarmfische, doch Dornhaie können sich zu Tausenden versammeln. Der schlanke Hai besitzt zwei Rückenflossen, die vorn einen scharfen Stachel tragen. Unregelmäßige weiße Flecke bedecken vor allem bei jungen Tieren die Seiten. Die Schnauze ist spitz. Früher war der Dornhai vielleicht der häufigste Hai, doch infolge weltweiter Überfischung – aus den Bauchlappen werden die »Schillerlocken« hergestellt – sind die Bestände weltweit bedroht. Die Tiere werden erst mit 10–20 Jahren geschlechtsreif und können mindestens 40 Jahre alt werden. Sie wachsen sehr langsam und die Jungen benötigen zu ihrer Entwicklung im Mutterleib bis zu zwei Jahre. Manche Populationen wandern saisonabhängig Tausende von Kilometern, um sehr kaltes Wasser zu meiden.

ORDNUNG SQUALIFORMES

Schwarzer Dornhai, Samtbauchhai

Etmopterus spinax

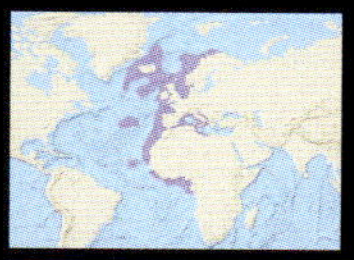

LÄNGE bis zu 45 cm, vereinzelt 60 cm

GEWICHT bis zu 850 g

TIEFE hauptsächlich 200–500 m, aber auch bis zu 2500 m

VERBREITUNG östlicher Atlantik und Mittelmeer

Während der kleine Hai im Dunkeln nach Fischen und Kalmaren sucht, wird sein schwarzer Bauch von kleinen Photophoren beleuchtet. Er besitzt große Augen und zwei Rückenflossen mit einem kräftigen Stachel. Er ist eine von etwa 30 ähnlichen Arten, zu denen die kleinsten Haie gehören.

ORDNUNG SQUALIFORMES

Grönland- oder Eishai

Somniosus microcephalus

LÄNGE mindestens bis zu 6,4 m

GEWICHT mindestens bis zu 775 kg

TIEFE 0–1200 m

VERBREITUNG arktische Gewässer des Nordatlantiks

Der Grönlandhai besitzt einen schweren, drehrunden Körper, der meistens braun oder grau ist. Die Schnauze ist abgerundet und die beiden Rückenflossen sind gleich groß. Neben verschiedener Beute, wie Fischen, Seevögeln und Robben, frisst dieser Hai auch Aas, wie tote Wale oder ertrunkene Landtiere. Er wird oft an Eislöchern geangelt, wo er Robben jagt, doch sein rohes Fleisch ist giftig. Die Tiere sollen mindestens 260, möglicherweise sogar 500 Jahre alt werden.

breite, ineinandergreifende Zähne im Unterkiefer

ORDNUNG SQUATINIFORMES

Pazifischer Engelhai

Squatina californica

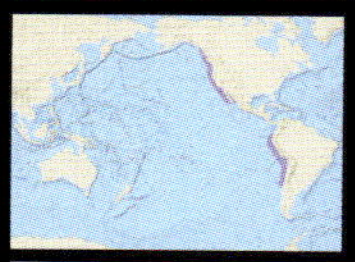

LÄNGE bis zu 1,5 m

GEWICHT bis zu 27 kg

TIEFE hauptsächlich 0–300 m, aber auch bis zu 185 m

VERBREITUNG Kontinentalschelf im östlichen Pazifik

Der wie ein Mittelding aus Hai und Rochen wirkende Engelhai liegt meistens auf dem Meeresgrund. Der mit dunklen Flecken und Ringen gemusterte sandfarbene oder graue Rücken bietet eine gute Tarnung. Obwohl er an einen Rochen erinnert, ist er ein echter Hai, was man an den an den Seiten des Kopfes liegenden Kiemenspalten erkennen kann. Bei Rochen befinden sie sich auf der Bauchseite.

Der Engelhai saugt Wasser durch das große Spritzloch (Spiraculum) hinter dem Auge ein und leitet es über die Kiemen. Indem er sich wie eine Kobra aufrichtet, greift er Fische wie Heilbutte, Ritterfische oder andere Bodenbewohner an. Gelegentlich schnappt er auch nach Tauchern oder Fischern, die ihn provoziert haben. Bei Nacht schwimmt er kurze Strecken über den Meeresboden und nutzt dabei seinen Schwanz als Antriebsorgan. Weibchen gebären nach neun bis zehn Monaten Trächtigkeit lebende Junge. Die Haie werden mit frühestens 10 Jahren geschlechtsreif und können 35 Jahre alt werden. Sie waren vor Kalifornien durchaus häufig, bis die Überfischung in den 1990er-Jahren zu einem Zusammenbruch der Populationen führte. Ein Verbot von Kiemennetzen beendete den Fang. Die Art ist in der Roten Liste der IUCN als »gering bedroht« eingestuft worden.

ORDNUNG SQUALIFORMES

Zigarrenhai

Isistius brasiliensis

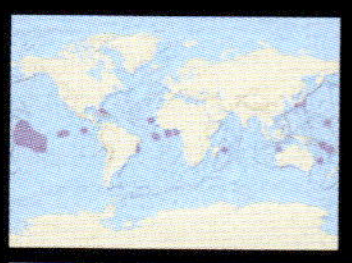

LÄNGE bis zu 56 cm

GEWICHT unbekannt

TIEFE 0–3500 m

VERBREITUNG Atlantik, Pazifik und südlicher Indischer Ozean

Viele Wale und große Fische, auch andere Haie, leiden unter diesen Fischen. Der kleine zigarrenförmige Hai beißt Stücke aus seinen Opfern. Mit seinen elastischen Lippen saugt er sich fest und dreht sich dann um die eigene Achse, sodass seine messerscharfen Unterkieferzähne ein rundes Stück Fleisch ausstanzen. Er ist nachtaktiv und lockt seine Opfer mit grünlichem, durch Biolumineszenz erzeugtem Licht an seinem Bauch an. Außerdem frisst er Tintenfische und Krebstiere.

ORDNUNG PRISTIOPHORIFORMES

Langnasen-Sägehai

Pristiophorus cirratus

LÄNGE bis zu 1,4 m

GEWICHT unbekannt

TIEFE 40–310 m

VERBREITUNG gemäßigte und subtropische Gewässer vor Südaustralien

Wie alle Sägehaie besitzt diese Art einen abgeflachten Kopf, der in ein langes, sägeähnliches Rostrum ausläuft, das mit scharfen seitlichen Schuppendornen besetzt ist. Zwei lange Barteln hängen vom Rostrum herab, das auch mit weiteren Sinnesorganen übersät ist, mit denen der Hai Vibrationen und elektrische Felder entdecken kann. Die Beute, wie Fische und Krebstiere, sucht und tötet er, indem er mit dem Rostrum im Grund stochert oder seitlich um sich schlägt.

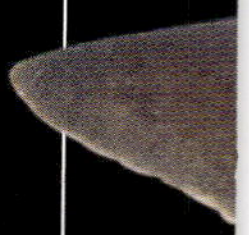

ORDNUNG ORECTOLOBIFORMES

Fransen-Teppichhai

Eucrossorhinus dasypogon

LÄNGE mindestens 1,3 m

GEWICHT unbekannt

TIEFE mindestens 40 m

VERBREITUNG Süwestlicher Pazifik vor Nordaustralien und Papua-Neuguinea

Wenn er still liegt, sieht der Fransen-Teppichhai wie ein mit Algen bewachsener Felsen aus, was auch beabsichtigt ist. Er gehört zu einer Gruppe am Boden lebender Haie, die Meister der Tarnung sind. Die flache Form und die breiten paarigen Flossen sind weitere Anpassungen an ein Leben auf dem Meeresboden. Die Art zeigt ein schönes Netzmuster dunkler Linien auf hellem Untergrund. Das Maul ist von an Tange erinnernden Fortsätzen gesäumt.

Tagsüber ruht der Hai nahezu unsichtbar unter Überhängen in Korallenriffen, während er sich nachts an einem günstigen Punkt auf das Riff legt, von dem aus er nach vorbeischwimmenden Fischen schnappen kann. Die Fische können den nadelspitzen Zähnen nicht entkommen, wenn der Teppichhai hochschießt und nach ihnen schnappt. Durch die Zerstörung der Riffe und durch Überfischung sind seine Zahlen zurückgegangen.

TÄUSCHENDE ÄHNLICHKEIT

Der Fransen-Teppichhai erinnert an die Anglerfische (siehe S. 351), die jedoch als Knochenfische nicht mit ihm verwandt sind. Beide Formen dieser Lauerjäger haben breite Köpfe und große, mit Hautlappen getarnte Mäuler, in denen sich spitze Zähne befinden. Da sie sich in der Lebensweise ähneln, haben diese Tiergruppen ähnliche Lösungen gefunden – ein gutes Beispiel konvergenter Evolution.

ORDNUNG HETERODONTIFORMES

Port-Jackson-Hai

Heterodontus portusjacksoni

LÄNGE bis 1,7 m

GEWICHT unbekannt

TIEFE 0–275 m

VERBREITUNG gemäßigte Gewässer vor Südaustralien und vermutlich auch vor Neuseeland

Dieser kleine Hai bildet mit etwa acht anderen Arten die Gruppe der Stierkopf- oder Hornhaie. Er hat zwei mit einem kurzen Stachel versehene Rücken- und große paarige Flossen. Er schwimmt schlecht und kriecht nachts mit den Flossen auf der Suche nach Seeigeln über den Meeresgrund. Er ergreift sie mit den spitzen vorderen Zähnen und zerdrückt sie mit den breiten hinteren. Weibchen klemmen die spiralförmigen Eikapseln in Spalten.

ORDNUNG ORECTOLOBIFORMES

Leopardenhai

Stegostoma fasciatum

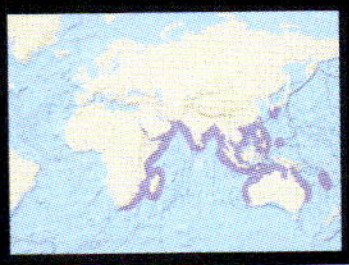

LÄNGE bis zu 2,4 m

GEWICHT unbekannt

TIEFE 0–63 m

VERBREITUNG Indischer Ozean und südwestlicher Pazifik

Der auch als Zebrahai bezeichnete Hai wird oft von Tauchern in Riffen beobachtet. Der gekielte Körper und die Fleckenzeichnung machen ihn unverwechselbar. Jungtiere sind gestreift und zeigen keine Kiele. Der Hai liegt meist den ganzen Tag im Riff, wobei er den Kopf in die Strömung dreht. Nachts quetscht er sich in Spalten, um Mollusken, Krebstiere und kleine Fische zu erbeuten.

ORDNUNG ORECTOLOBIFORMES

Pazif. Ammenhai

Nebrius ferrugineus

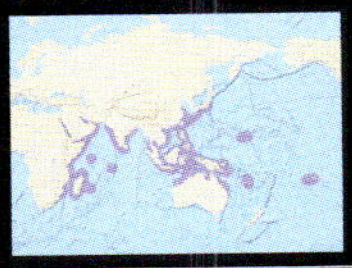

LÄNGE bis 3,2 m

GEWICHT unbekannt

TIEFE 1–70 m, hauptsächlich 30 m

VERBREITUNG Indischer Ozean, westlicher und südwestlicher Pazifik

Die am Meeresgrund lebenden Ammenhaie gehören zu den Lieblingsmotiven der Fotografen. Man kommt nah an sie heran, obwohl auch sie bei Belästigungen beißen können. Tagsüber ruhen sie in Höhlen der Korallenriffe und jagen nachts nach Wirbellosen. Die Barteln an den Seiten des Mauls helfen die Beute zu finden, die der Hai dann mit seinen breiten Zähnen zerdrückt.

ORDNUNG ORECTOLOBIFORMES

Walhai

Rhincodon typus

LÄNGE 12 m oder mehr

GEWICHT über 12 t

TIEFE an der Oberfläche, unregelmäßig in tieferen Bereichen

VERBREITUNG weltweit in tropischen und warm-gemäßigten Gewässern

Der Walhai ist ein langsamer Riese und der größte Fisch der Welt. Ein Mensch würde in das bis zu 1,5 m breite Maul passen, doch der Hai ist ein harmloser Filtrierer, der Plankton und kleine Fische frisst. Um die benötigte große Nahrungsmenge zu erbeuten, saugt er Wasser ins Maul und drückt es zu den Kiemen heraus, wobei Nahrungsteilchen an den Kiemenrechen hängen bleiben und später verschluckt werden. Der Hai hat mit 15 cm Stärke die dickste Haut aller Tiere. Auffällige Kiele ziehen sich den Körper entlang und die Schwanzflosse ist sichelförmig. Das individuelle Muster der weißen Rückenflecke ermöglicht es, durch die Analyse von Fotos einzelne Tiere zu erkennen. Ihre Migration wird zunehmend verfolgt und durch Satellitenortung weiß man, dass manche Tiere ganze Meere durchqueren. Die Jungen schlüpfen im Körper der Mutter, sodass sie lebende Junge gebärt. Walhaie werden wegen des Fleischs und ihrer Flossen gejagt, und obwohl sie in einigen Ländern geschützt sind, sind sie stark gefährdet.

PLANKTONISCHES FESTMAHL

Jedes Jahr ziehen viele Walhaie etwa im April zu einem Festmahl ins Ningaloo-Riff vor der Küste Nordwestaustraliens. Die dortige Planktonblüte wird von einem Massenablaichen der Riffkorallen verursacht, das durch die Mondphasen ausgelöst wird.

ORDNUNG LAMNIFORMES

Riesenmaulhai

Megachasma pelagios

LÄNGE mindestens bis zu 5,5 m

GEWICHT unbekannt

TIEFE 0–165 m

VERBREITUNG weitgehend unbekannt, vermutlich jedoch weltweit in tropischen Gewässern

Dieser riesige Hai ist 1976 entdeckt worden, als sich ein Tier im Treibanker eines Schiffes verfangen hatte. Bisher wurden nur rund 100 Exemplare gesichtet. Wie der Walhai ist diese Art ein Filtrierer, der ein Maulvoll Garnelen aufnimmt und sie mit der Zunge komprimiert. Nachts folgt er den Garnelen an die Oberfläche und lockt sie wohl mit durch Biolumineszenz leuchtendem Gewebe im Maul an.

ORDNUNG LAMNIFORMES

Riesenhai

Cetorhinus maximus

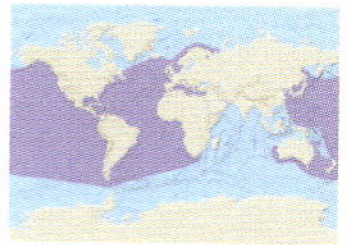

LÄNGE 6–11 m

GEWICHT bis zu 7 t

TIEFE 0–2000 m

VERBREITUNG weltweit in kalten bis warm-gemäßigten Gewässern in Küstenregionen

Als zweitgrößter Fisch der Welt ist der Riesenhai in vielen Ländern geschützt. Im Sommer schwimmt er mit offenem Maul an der Wasseroberfläche und filtriert Plankton. Pro Stunde passieren bis zu 1,5 Millionen Liter Wasser die großen Kiemen, die sich fast um den gesamten Kopf ziehen. Die Leber ist so lang wie die Bauchhöhle und enthält Öl, das für genügend Auftrieb sorgt.

ORDNUNG LAMNIFORMES

Sandtigerhai

Carcharias taurus

LÄNGE bis zu 3,2 m

GEWICHT bis zu 160 kg

TIEFE 0–190 m

VERBREITUNG warm-gemäßigte und tropische Küstengewässer, mit Ausnahme des östlichen Pazifik

Der kräftig gebaute Sandtigerhai bietet mit seinen bedrohlichen, selbst bei geschlossenem Maul sichtbaren Zähnen einen furchterregenden Anblick. Manche Leute werden die Haie schon in Schauaquarien gesehen haben, wo sie sich trotz ihres Aussehens recht friedlich benehmen. Der Sandtigerhai hat eine abgeflacht kegelförmige Schnauze und der hellbraune Körper ist oft mit dunkleren Flecken gesprenkelt. Er lebt in flachen Küstengewässern, besonders in Riffen und Felsengebieten mit Spalten und Höhlen. Obwohl er sich meistens in Nähe des Grunds aufhält, kann er auch in mittleren Wasserschichten schweben, wenn er seinen Magen mit an der Oberfläche geschluckter Luft gefüllt hat.

Das Weibchen besitzt einen paarigen Uterus. In jedem Teil befinden sich viele Embryonen, und das stärkste Jungtier tötet und frisst seine Geschwister sowie unbefruchtete Eier, bevor es geboren wird (Oophagie). Sandtigerhaie werden sowohl als Nahrung als auch zu Sportzwecken gejagt.

ORDNUNG LAMNIFORMES

Weißer Hai

Carcharodon carcharias

LÄNGE bis zu etwa 6 m

GEWICHT über 3,4 t

TIEFE 0–1300 m

VERBREITUNG in fast allen Meeren mit Ausnahme polarer Gewässer

Der Weiße Hai ist einer der gewaltigsten Räuber der Meere und hat einen Ruf als Killer. Er ist jedoch relativ intelligent und zu einem komplexen Sozialverhalten fähig. Natürlich ist er in erster Linie ein Räuber, dessen Nahrungsspektrum von Fischen bis zu Meeressäugetieren und -vögeln reicht.

Der kräftige Körper mit der sichelförmigen Schwanzflosse ist für den schnellen Angriff ausgelegt, der so heftig sein kann, dass der Hai dabei aus dem Wasser geschleudert wird. Auch in kaltem Wasser kann er sehr schnell schwimmen, da Anpassungen des Kreislaufsystems es ihm ermöglichen, die Temperatur der Schwimmmuskulatur, des Gehirns und der Eingeweide über der des ihn umgebenden Wassers zu halten. So kann der Hai mit großer Ausdauer schwimmen.

Große Zahlen Weißer Haie werden von Gegenden mit Säugetierkolonien angelockt, wie es in Südafrika der Fall ist. Über die Satellitenortung konnte man weite Wanderungen nachweisen. Durch Sportfischerei und Fischfang ist der Weiße Hai im Mittelmeer vom Aussterben bedroht. Weltweit ist er als gefährdet eingestuft.

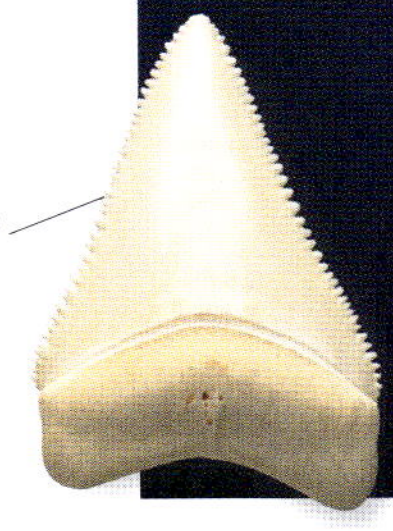

gesägte Kante

PERFEKTE ZÄHNE
Die Zähne dieses Hais können bis zu 3 cm lang werden. Sie sind extrem hart und haben gesägte Ränder, die das zäheste Fleisch durchschneiden können.

MENSCHLICHER EINFLUSS

HAI-UNFÄLLE

Der Weiße Hai hat mehr tödliche, unprovozierte Angriffe auf Menschen verübt als jeder andere Hai. Viele sind jedoch darauf zurückzuführen, dass er den Menschen mit einer Robbe oder Schildkröte verwechselt hat. Wenn er durch einen Köder im Wasser gereizt wird, beißt der Hai in alles, sogar in einen Taucherkäfig aus Metall.

FARBKONTRASTE
Von oben betrachtet hebt sich der Rücken kaum vom Grund ab. Von unten vermischt sich das Weiß des Bauchs mit dem Licht.

LEBEN IM MEER

ORDNUNG LAMNIFORMES

Koboldhai

Mitsukurina owstoni

LÄNGE bis zu 3,9 m

GEWICHT bis zu 210 kg

TIEFE 300 m–1300 m

VERBREITUNG nur lückenhaft bekannt, vermutlich in gemäßigten und tropischen Gewässern

Als einer der merkwürdigsten Haie ist der Koboldhai blassrosa, hat einen weichen Körper, winzige Augen und ein lang ausgezogenes Rostrum. Das schnabelartige Gebilde ist mit Elektrorezeptoren bedeckt und dient wahrscheinlich dem Aufspüren von Beute in dunkler Tiefe. Die Kiefer sind so gebaut, dass sie blitzartig vorgestreckt werden können, um Fische und Tintenfische mit den langen, spitzen Zähnen zu ergreifen. Ansonsten weiß man über diesen Hai nur, dass er lebende Junge bekommt und nach dem Tod eine schmutzig graubraune Farbe annimmt. Erwachsene Tiere werden nur sehr selten gefangen und die meisten bekannten Tiere waren halbwüchsig. Die meisten Daten stammen von Haien, die mit Langleinen gefangen worden sind. Fossile, sehr ähnliche Haie sind in über 100 Millionen Jahre alten Gesteinen gefunden worden.

ORDNUNG CARCHARHINIFORMES

Ketten-Katzenhai

Scyliorhinus retifer

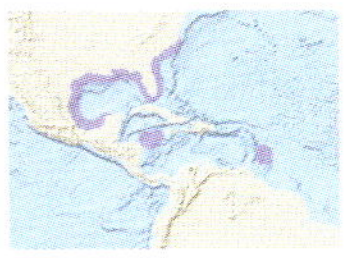

LÄNGE 0,6 m

GEWICHT unbekannt

TIEFE 75–750 m

VERBREITUNG nördlicher und westlicher Atlantik, Karibik

Die meisten bekannten Katzenhaie gehören zur Familie Scyliorhinidae, die bis vor Kurzem etwa 160 recht kleine Arten umfasste. Aus dieser Familie sind die Tiefseearten als Familie Pentanchidae ausgegliedert worden. Der abgebildete Hai ist mit seiner Zeichnung unverwechselbar. Wie bei anderen Katzenhaien entwickeln sich die Jungtiere in Hornkapseln, die einzeln abgelegt werden. Viele Tiefseearten weisen eine hellgrüne Fluoreszenz auf, die sie vielleicht zur Kommunikation nutzen.

WEISSER HAI
Als einer der gewaltigsten Räuber der Welt jagt der Weiße Hai seine Beute mit einem kurzen, schnellen Angriff, der meist von unten erfolgt. Manchmal wird er mit seiner Beute (hier eine Robbe) aus dem Wasser gerissen. Der Hai wartet dann oft, bis das Opfer schwächer geworden ist, bevor er zurückkehrt und es tötet.

ORDNUNG CARCHARHINIFORMES

Blauhai

Prionace glauca

LÄNGE bis zu 4 m

GEWICHT bis zu 200 kg

TIEFE 0–350 m

VERBREITUNG weltweit in gemäßigten und tropischen Gewässern

Als Wanderer durchquert der Blauhai saisonabhängig die Meere – von Bereichen mit großem Nahrungsangebot bis zu den Fortpflanzungsgebieten. Der schlanke Körper wirkt mit der spitzen Schnauze und den weiß gerandeten schwarzen Augen sehr elegant. Auf langen Wanderungen nutzt der Hai die Meeresströmungen, um Energie zu sparen. Manchmal taucht er tief ab, vielleicht um sich über das Erdmagnetfeld zu informieren. Auf der Jagd erreicht er bis zu 70 km/h. Gelegentlich belästigt er Schwimmer und es ist zu Todesfällen gekommen. Der früher häufige Hai ist im Mittelmeer vom Aussterben bedroht und weltweit gering gefährdet.

ORDNUNG CARCHARHINIFORMES

Tigerhai

Galeocerdo cuvier

LÄNGE mindestens bis zu 5,5 m

GEWICHT bis zu 800 kg

TIEFE bis zu 350 m

VERBREITUNG weltweit in tropischen und warmgemäßigten Gewässern

Der Tigerhai ist der für Menschen zweitgefährlichste Hai nach dem Weißen Hai (siehe S. 331). Das Maul des Tigerhais ist mit gesägten Zähnen besetzt, die im Umriss einem Hahnenkamm ähneln. Er bevorzugt Küstengewässer, ist in Flussmündungen und Häfen zu finden und kommt oft in Kontakt mit Menschen. Er soll fast alles fressen – kleinere Haie einschließlich junger Tigerhaie, andere Fische, Meeressäugetiere, Schildkröten und Vögel. Er verzehrt auch Aas und der verschiedenste Müll ist in seinem Magen gefunden worden. Die Jungen, die bereits im Leib der Mutter aus dem Ei geschlüpft sind und lebend geboren werden, sind anfangs gefleckt und bekommen erst später ihre Tigerstreifen, die bei erwachsenen Tieren wieder verblassen.

ORDNUNG CARCHARHINIFORMES

Bogenstirn-Hammerhai

Sphyrna lewini

LÄNGE bis zu 4,3 m

GEWICHT bis zu 150 kg

TIEFE 0–1000 m

VERBREITUNG weltweit in tropischen und warmgemäßigten Gewässern

Wie die anderen neun Hammerhai-Arten hat auch dieser Hai einen flachen, t-förmigen Kopf. Bei dieser Art weist die Vorderkante des Kopfes drei Kerben auf, und die zwischen ihnen liegenden Bögen haben dem Hai seinen Namen verliehen. Die Augen liegen seitlich am Kopf. Wenn er über dem Grund nach Nahrung wie Fischen, Tintenfischen und Krebstieren sucht, schwenkt der Hai den Kopf hin und her. So kann er mit den Elektrorezeptoren des Kopfes auch vergrabene Beute wie etwa Rochen entdecken. Der Kopf kann auch als Tragfläche dienen und dem Hai Auftrieb verleihen oder ihn beim scharfen Wenden auf der Jagd nach Beute unterstützen.

Man kann Bogenstirn-Hammerhaie in Schulen von mehr als 100 Tieren beobachten. Sie gebären lebende Junge in flachen Buchten und Flussmündungen, wo deren Haut zum Schutz vor der Sonne dunkler wird.

ORDNUNG CARCHARHINIFORMES

Weißspitzen-Riffhai

Triaenodon obesus

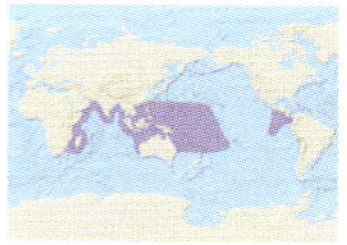

LÄNGE bis zu 2 m

GEWICHT bis zu 18 kg

TIEFE hauptsächlich in 8–40 m Tiefe, vereinzelt sogar in bis zu 330 m

VERBREITUNG tropische Gewässer des Indischen Ozeans und des Pazifik

Einer der von Tauchern am häufigsten beobachteten Haie ist der Weißspitzen-Riffhai. Tagsüber ruht er sich, oft in Gruppen, in den Höhlen und Löchern der Korallenriffe aus. Die Spitze der Rückenflosse sowie die obere Schwanzspitze sind weiß, im Kontrast zum graubraunen Rücken. Nachts erbeuten die Haie Fische, Tintenfische, Hummer und Krabben, die sich zwischen den Korallen versteckt haben. Manchmal jagen sie in Gruppen und rempeln die Korallen an, damit die Beute hervorkommt.

ORDNUNG RAJIFORMES

Marmorrochen

Raja undulata

LÄNGE bis zu 1,2 m
GEWICHT bis zu 7 kg
TIEFE 45–200 m
VERBREITUNG östlicher Atlantik und Mittelmeer

Auch als Wellenfleckrochen bekannt, ist dies eine der am besten zu erkennenden nordeuropäischen Rochenarten. Dunkle, mit weißen Punkten gerandete Wellenlinien verlaufen parallel zu den Brustflossenrändern. Im Schauaquarium mag diese Zeichnung auffällig wirken, doch in der natürlichen Umgebung verschmilzt sie mit dem Sand und Kies des Meeresbodens, wo die Tiere sich von Plattfischen, Krabben und anderen Wirbellosen ernähren. Die Lebensweise dieses schönen Rochens ist nicht vollständig bekannt, doch während der Paarungszeit überträgt das Männchen mit seinen paarigen Klaspern Spermien und die Weibchen legen bis zu 30 Eier pro Jahr im Frühjahr und Sommer. Jedes Ei befindet sich in einer rotbraunen, bis zu 9 cm messenden länglichen Kapsel, die an jeder Ecke einen gebogenen Fortsatz aufweist. Zusätzliche Untersuchungen über die Verbreitung dieses und anderer Rochen werden in Großbritannien weiterhin anhand der vom Shark Trust veranstalteten Great Eggcase Hunt durchgeführt. Die Bevölkerung ist gebeten worden, angespülte leere Eikapseln zu sammeln, in Wasser quellen zu lassen und zu bestimmen. Zahlen und Fundorte werden jedes Jahr registriert und verglichen.

ORDNUNG RAJIFORMES

Glattrochen

Dipturus batis

LÄNGE bis zu 1,5 oder 2,9 m
GEWICHT unbekannt, D. intermedius bis zu 100 kg
TIEFE 100–1000 m
VERBREITUNG östlicher Atlantik von Nordeuropa bis Südafrika, Mittelmeer

Der Glattrochen galt lange Zeit als der größte und schwerste europäische Rochen. Allerdings ist mittlerweile der Große Glattrochen (*D. intermedius*) als eigene Art abgetrennt worden und hält nun alle Rekorde. Beide Arten haben spitze Schnauzen und der Vorderrand der Brustflossen ist konkav, sodass die Tiere eckig wirken. Der Schwanz des Glattrochens trägt eine Reihe von Stacheln, die aber im Gegensatz zu denen der Stachelrochen nicht giftig sind. Seine Unterseite ist blaugrau gefärbt. Er schwimmt sehr gut und erbeutet Fische der mittleren Wasserschichten sowie Krabben, Hummer, Knochenfische und andere Rochen des Meeresgrunds. Die länglichen Eikapseln sind bis zu 15 cm lang. Sowohl der Glattrochen als auch der Große Glattrochen sind durch Jahrzehnte der Überfischung heute vom Aussterben bedroht.

ORDNUNG RHINOPRISTIFORMES

Westatlantischer Geigenrochen

Pseudobatos lentiginosus

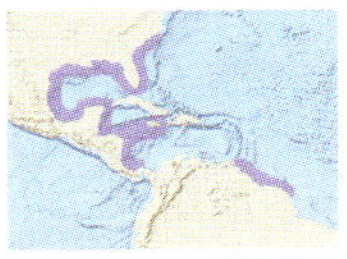

LÄNGE bis zu 1,2 m
GEWICHT unbekannt
TIEFE 0–30 m
VERBREITUNG Küstengewässer des Golfs von Mexiko, der Karibik und des westlichen Atlantiks

Geigenrochen sind lang gestreckt, mit dreieckiger Schnauze und schmalen Brustflossen. Sie schwimmen mit den stachellosen Schwänzen, wohingegen andere Rochen mit den Brustflossen schlagen. Dieser Rochen trägt zwei Rückenflossen weit hinten auf dem Schwanz. Der graubraune, mit weißen Punkten übersäte Rücken tarnt ihn auf sandigem Untergrund. Der Rochen sucht im flachen Wasser nach Mollusken und Krabben, wobei er den Sand mit der Schnauze durchwühlt. Die Weibchen sind lecithotroph vivipar und gebären etwa sechs Junge.

ORDNUNG RHINOPRISTIFORMES

Großer Sägerochen

Pristis pectinata

LÄNGE bis zu 7,6 m
GEWICHT bis zu 350 kg
TIEFE 0–10 m
VERBREITUNG subtropische Gewässer aller Meere

Sägerochen sind lange Rochen mit sägeartigem Rostrum, mit dem sie in Fischschwärmen um sich schlagen und nach Muscheln und Wirbellosen graben können. Wie alle Rochen haben sie die Kiemenschlitze auf der Unterseite des Körpers. Die Weibchen gebären lebende Junge, die etwa 60 cm lang sind. Das Rostrum der Jungen ist biegsam und durch eine Scheide geschützt, damit sie die Mutter bei der Geburt nicht verletzen.

Der Große Sägerochen lebt in Küstennähe, dringt aber auch in Flussmündungen ein. Der Bestand dieser Art geht stark zurück, sodass sie auf der Roten Liste der IUCN als »vom Aussterben bedroht« geführt wird.

ORDNUNG MYLIOBATIFORMES

Amerik. Stechrochen

Hypanus americanus

BREITE (SPANNWEITE) 2 m

GEWICHT bis zu 135 kg

TIEFE 0–55 m

VERBREITUNG westlicher Atlantik, Golf von Mexiko, Karibik

Stachelrochen sind wegen ihrer ein oder zwei dolchartigen, giftigen Stacheln an ihrem Schwanz gefürchtet. Der Amerikanische Stechrochen besitzt nur einen gesägten Stachel in der Mitte des Schwanzes, wo sich auch ein Hautlappen an der Unterseite befindet. Der Körper ist oben dunkelgrau und unten weiß gefärbt. Den größten Teil des Tags verbringt der Rochen eingegraben im Sand von flachen Buchten und vor Stränden. Nachts gräbt er Muscheln, Krebstiere und Würmer aus dem Sand. Da sich seine Augen auf dem Kopf befinden, kann er seine Beute nicht sehen und endeckt sie mit dem Geruchssinn und den Elektrorezeptoren. Man kann die Spritzlöcher (Spiracula) eingegrabener Rochen als Löcher im Sand erkennen. Menschen werden oft gestochen, wenn sie versehentlich auf einen Rochen treten. Der Stachel verursacht eine ernsthafte Wunde und das Gift starke Schmerzen. Da es sich um ein Eiweißgift handelt, kann man versuchen, die Wunde mit heißem Wasser zu behandeln und es so zu zerstören.

ORDNUNG MYLIOBATIFORMES

Hallers Rundrochen

Urobatis halleri

LÄNGE 58 cm, einschließlich Schwanz

GEWICHT 1,4 kg

TIEFE 0–90 m

VERBREITUNG östlicher Pazifik

Wie der Name bereits andeutet, ist der Körper dieses Rochens nahezu rund. Diese Art und die übrigen Rundrochen (Urolophidae) haben kürzere Schwänze als andere Stachelrochen und die Schwänze enden in blattförmigen Flossen. Hallers Rundrochen variiert in der Farbe von einem hellen bis zu einem dunklen Braun und kann einfarbig sein oder eine dunklere Flecken- und Netzzeichnung aufweisen. Im Sommer sieht man die Rochen am häufigsten, wenn sie in Küstennähe nach Wirbellosen suchen und sich im warmen Wasser ausruhen. Weibchen kommen ungefähr im Juni ins flache Wasser, und die bereits dort befindlichen Männchen sehen sich nach Partnerinnen um. Geschlechtsreife Weibchen sollen ein elektrisches Feld besitzen, das die Männchen wahrnehmen können. Etwa drei Monate nach der Paarung werden rund sechs lebende Junge geboren. Weil es hier weniger Räuber gibt, bleiben sie in Küstennähe, bis sie erwachsen sind. Sie bewegen sich auf der Nahrungssuche nur in einem Gebiet von etwa 2,5 km².

Fressfeinde dieses Rochens sind der Nördliche See-Elefant und der Schwarze Sägebarsch oder Fleischfresser wie die Haie. Der Stich von Hallers Rundrochen ist schmerzhaft, verursacht aber nur kleine Wunden.

ORDNUNG MYLIOBATIFORMES

Riesenmanta

Mobula birostris

BREITE (SPANNWEITE) bis zu 8 m

GEWICHT bis zu 1,8 t

TIEFE 0–24 m; gewöhnlich nahe der Oberfläche

VERBREITUNG weltweit in tropischen Gewässern an der Oberfläche, teils in warm-gemäßigten Regionen

Taucher haben bei der Begegnung mit einem Manta oft das Gefühl, von einer großen fliegenden Untertasse überholt zu werden, dabei sehen sie meistens nur den kleineren Riffmanta (*M. alfredi*). Der Riesenmanta ist der größte Rochen der Welt, ernährt sich jedoch wie der Walhai nur von Plankton und kleinen Fischen. Beim Fressen schwimmt er mithilfe seiner dreieckigen Brustflossen mit geöffnetem Maul umher. Auf jeder Seite des Mauls, das sich im Gegensatz zu dem anderer Rochen an der Vorderseite des Kopfes befindet, sitzen große Lappen, die das Plankton ins Maul leiten. Diese »Hörner« haben auch zu dem Namen »Teufelsrochen« geführt. Der Schwanz ist kurz und stabförmig.

In Korallenriffen versammeln sich Riffmantas oft über hohen Punkten, an denen die Strömungen ihnen Plankton zuführen. Riffmantas sind in manchen Gegenden nicht scheu und »tanzen« dort mit Tauchern. Oft lassen sich festgesaugte Schiffshalter von ihnen mitnehmen. Trotz ihrer Größe können Mantarochen aus dem Wasser springen. Die IUCN klassifiziert Riesenmantas als stark gefährdet und Riffmantas als gefährdet.

MENSCH UND MEER

STINGRAY CITY

Amerikanische Stechrochen sind nicht aggressiv und stechen nur, wenn man auf sie tritt oder sie sich bedroht fühlen. Die Stachel dienen vor allem der Verteidigung gegen Haie. Bei der Insel Grand Cayman in der Karibik gibt es eine Stelle namens »Stingray City«, an der sich die Rochen Menschen nähern. Besucher können zwischen ihnen umherlaufen und schnorcheln.

ORDNUNG MYLIOBATIFORMES

Indo-Australischer Tüpfelrochen

Himantura uarnak

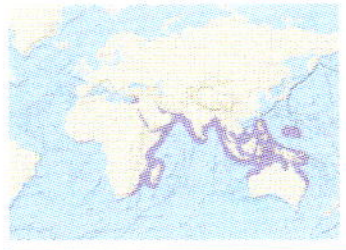

LÄNGE ungefähr 4,5 m inklusive Schwanz
GEWICHT ungefähr 120 kg
TIEFE 20–50 m
VERBREITUNG Küsten des Arabischen Golfs, des Roten Meers, des Indischen Ozeans und des Westpazifik

Die auch als Leopard-Stechrochen bezeichnete Art gehört zu den Stachelrochen, die lange, biegsame Schwänze besitzen. Sein Rücken ist mit Wellenlinien und Flecken bedeckt. Der Körper ist etwa 1,5 m lang und der Schwanz kann die dreifache Länge aufweisen. Ein einzelner oder auch zwei Stachel befinden sich nicht weit vom Schwanzansatz entfernt. Der Körper ist nahezu rautenförmig und die Schnauze dreieckig mit einer vorderen Spitze. Die in warmem Wasser, vor allem in Küstennähe lebenden Rochen werden manchmal von Tauchern beobachtet, wie sie auf Sandflächen zwischen den Felsen liegen. Es gibt ähnlich gezeichnete Arten, sodass die Bestandsüberwachung des stark befischten, gefährdeten Rochens sehr schwierig ist.

ORDNUNG MYLIOBATIFORMES

Blaupunktrochen

Taeniura lymma

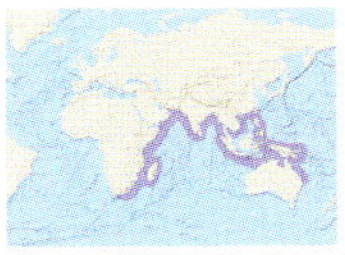

LÄNGE bis 2 m, inklusive Schwanz
GEWICHT bis 30 kg
TIEFE Flachwasserzone bis in ungefähr 20 m Tiefe
VERBREITUNG Indischer Ozean, westlicher Pazifik, Rotes Meer

Da er tagaktiv ist, wird dieser Rochen oft von Tauchern in Korallenriffen beobachtet. Meistens liegt er auf Sandflächen unter Korallenblöcken und Felsen, wobei oft sein blau gestreifter Schwanz sein Versteck verrät. Große blaue Flecke bedecken seine grünlich braune Oberseite. Wie alle Stachelrochen besitzt er am Schwanz einen Giftstachel. Bei Flut kommen diese Rochen in Gruppen ins Flachwasser und jagen nach Mollusken, Krabben, Garnelen und Würmern.

ORDNUNG MYLIOBATIFORMES

Gefleckter Adlerrochen

Aetobatus narinari

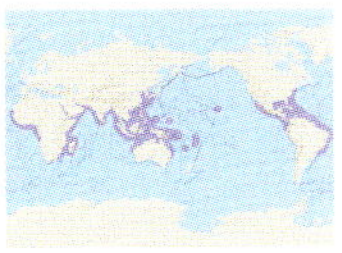

BREITE (SPANNWEITE) bis zu 3 m
GEWICHT bis zu 230 kg
TIEFE 1–80 m
VERBREITUNG weltweit in tropischen Gewässern

Die oft einzeln lebenden Gefleckten Adlerrochen können auch in Schulen von mehr als 100 Tieren auftreten – gegen die sonnenbeschienene Wasseroberfläche betrachtet ein spektakulärer Anblick. Anders als die meisten anderen Rochen sind sie sehr aktive Schwimmer. Adlerrochen verbringen die meiste Zeit im offenen Wasser, obwohl sie auch oft in Küstennähe beobachtet werden können. Mit ihren »Flügeln«, den vergrößerten Brustflossen, scheinen sie durchs Wasser zu fliegen. Neben dem schönen Zeichnungsmuster ihrer Oberseite fällt ihr Kopf auf, dessen flache, leicht nach oben gebogene Schnauze an einen Entenschnabel erinnert. Der peitschenähnliche Schwanz trägt in der Nähe seiner Basis einen Giftstachel.

Adlerrochen sind sehr wendig und können mit eleganten Manövern angreifenden Haien entkommen. Ab und zu sieht man kleine Gruppen aus dem Wasser springen. Warum sie das tun, ist unbekannt – eventuell, um sich von Parasiten zu befreien.

ORDNUNG TORPEDINIFORMES

Atlant. Zitterrochen

Tetronarce nobiliana

LÄNGE fast 2 m, einschließlich Schwanz
GEWICHT bis zu 90 kg
TIEFE bis zu 800 m
VERBREITUNG Atlantik, Mittelmeer

Zitterrochen erzeugen mit speziellen Organen Stromschläge, mit denen sie ihre Beute betäuben oder Angreifer abwehren können. Der Atlantische Zitterrochen kann eine Spannung von 220 V erzeugen – genug, um einen Menschen zu lähmen. Er ist leicht an dem runden Körper und dem kurzen, kräftigen Schwanz zu erkennen, der in einer paddelartigen Flosse endet. Seine Oberseite ist einfarbig dunkelbraun oder schwarz und die Unterseite weiß. Die elektrischen Organe befinden sich an der Basis der Brustflossen und sind wie eine Batterie aufgebaut. Auf der Jagd hüllt der Rochen die Beute mit den Flossen ein und lähmt sie.

Knochenfische

DOMÄNE	Eucarya
REICH	Animalia
STAMM	Chordata
KLASSEN	Actinopterygii
	Sarcopterygii
ORDNUNGEN	48
ARTEN	31 290

Die Knochenfische übertreffen alle übrigen Wirbeltiergruppen sowohl in der Zahl der heute lebenden Arten als auch in der Zahl ihrer Individuen. Sie werden in Form und Größe jedem Lebensraum von der Küste bis zu den ozeanischen Gräben und von den Polarmeeren bis zu den heißen Quellen der Tiefsee gerecht. Knochenfische haben ein knöchernes Skelett, obwohl das einiger Gruppen zum Teil aus Knorpel besteht. Das Skelett stützt die Flossen, die sich mit viel größerer Präzision als die der Knorpelfische bewegen lassen. Knapp die Hälfte der Knochenfische lebt nur in Süßwasser, während die übrigen im Meer leben oder zwischen beidem wechseln.

MENSCHLICHER EINFLUSS

AQUAKULTUR

Viele natürliche Fischbestände sind überfischt. Sie durch Fischzucht zu entlasten ist aber nicht einfach, weil Arten wie der Kabeljau schwer zu vermehren sind. Doch fast der gesamte Atlantische Lachs wird heute gezüchtet. Das Futter wird jedoch oft aus gefangenen Fischen hergestellt.

LACHSFARM
Lachsfarmen sind wie hier in Tasmanien in gemäßigten Gewässern ein gewohnter Anblick. Probleme bereiten aber die Ausbreitung von Fischläusen (siehe S. 346) und die Verarmung des Genpools wilder durch entkommene Fische.

Körperbau

Wie alle Wirbeltiere haben Knochenfische einen Schädel, eine Wirbelsäule und Rippen, doch zu ihrem Skelett gehören auch die Flossenstrahlen. Knochenfische können im Gegensatz zu Haien ihre paarigen Brust- und Bauchflossen zur Steuerung, zum Bremsen und sogar zum Rückwärtsschwimmen benutzen. Stachelflosser, zu denen die meisten Knochenfische gehören, tragen im vorderen Teil der Rücken, After- und Bauchflossen Hartstrahlen. Ein knochiger Kiemendeckel, das Operculum, bedeckt die Kiemen und reguliert den Wasserstrom. Sich überlappende, flexible Schuppen aus dünnem Knochen schützen die meisten Knochenfische. Manche ursprünglichen Arten wie die Störe sind mit dicken, unflexiblen Platten gepanzert.

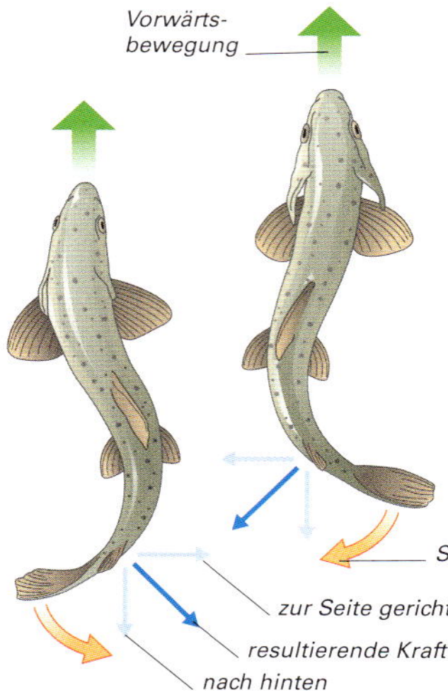

SCHWIMMBEWEGUNG
Zur Seite und nach hinten gerichtete Kräfte ergeben eine Kraft, die im 45°-Winkel zwischen ihnen liegt. Die Flossenschläge nach links und nach rechts resultieren in einer nach hinten gerichteten Kraft, sodass der Fisch nach vorn schwimmt.

KNOCHENSKELETT
Hart- und Weichstrahlen stützen die Flossen der meisten Knochenfische, wie die dieses Kabeljaus. Die Flossen sind mit Wirbelfortsätzen verbunden und lassen sich exakt ausrichten.

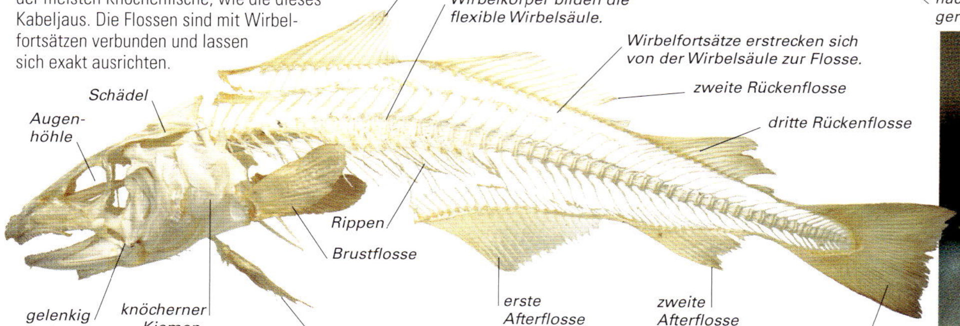

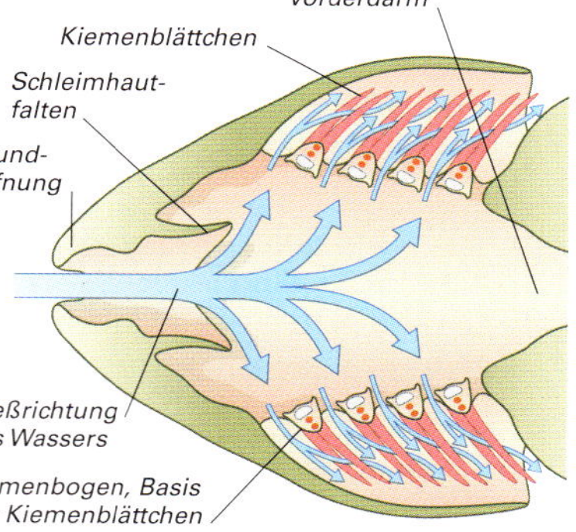

KIEMEN (ANSICHT VON OBEN)
Während Wasser über die Kiemenblättchen fließt, werden Gase ausgetauscht. Sauerstoff geht ins Blut über und Kohlendioxid wird ans Wasser abgegeben. Innerhalb der Blättchen fließen Blut und Wasser entgegengesetzt. Die Gaskonzentrationen in ihnen sind umgekehrt, was den Gasaustausch beschleunigt.

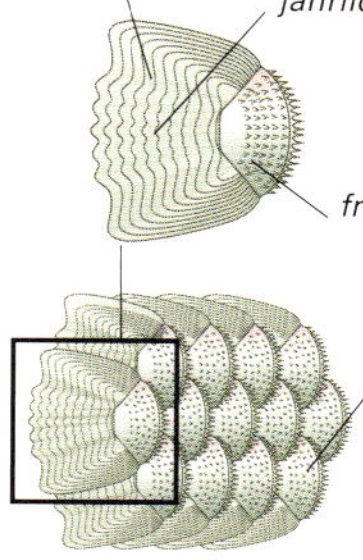

SCHUPPEN
Das Alter von Knochenfischen kann man an den Schuppen erkennen. Unklar ist noch, in welchen Abständen neue Ringe gebildet werden.

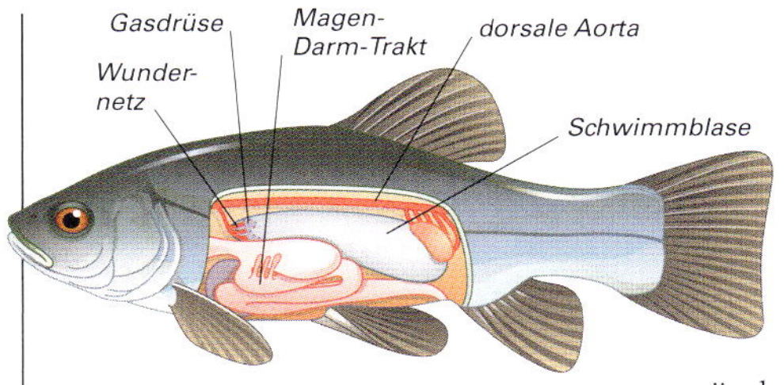

AUFBAU DER SCHWIMMBLASE
Ein Knochenfisch erhöht seinen Auftrieb, indem er Gase (meist Sauerstoff und Kohlendioxid) über eine Drüse in die Schwimmblase abgibt. Sie wird über die Kapillaren eines Wundernetzes mit Blut (der Gasquelle) versorgt.

FLEXIBEL BEWEGLICHE ANHÄNGE
Ein Anglerfisch zeigt eine der vielen Flossenfunktionen. Da er sie nicht zum Schwimmen braucht, haben sich die paarigen Flossen des Clown-Anglerfischs zu Anhängen entwickelt, mit denen er über den Grund laufen kann.

Auftrieb

Die meisten Knochenfische besitzen eine gasgefüllte Schwimmblase, um ihren Auftrieb zu regulieren. Das ist besonders für die Fische der mittleren Wasserschichten wichtig. Viele am Grund lebende Fische haben eine reduzierte Schwimmblase. Um die Druckunterschiede zu kompensieren, die bei einer Tiefenveränderung auftreten, geben Fische Gas über eine Drüse in die Schwimmblase ab oder nehmen es wieder auf. Bei Fischen wie dem Hering ist die Schwimmblase mit dem Vorderdarm verbunden, sodass der Fisch an der Wasseroberfläche Luft aufnehmen kann. Viele Knochenfische können Töne erzeugen, indem sie die Schwimmblase mithilfe von Muskeln in Schwingungen versetzen. Knorpelfische besitzen keine Schwimmblase. Sie gewinnen mit ihrer großen, ölhaltigen Leber und ihren leichten Skeletten einen gewissen Auftrieb. Sie müssen aber auch ihre großen Brustflossen und die Schwanzflosse einsetzen. Knochenfische mit Schwimmblase sind dazu nicht mehr gezwungen, und bei vielen werden die Flossen nun zur Balz, zur Nahrungssuche, zum Angriff und zur Verteidigung eingesetzt.

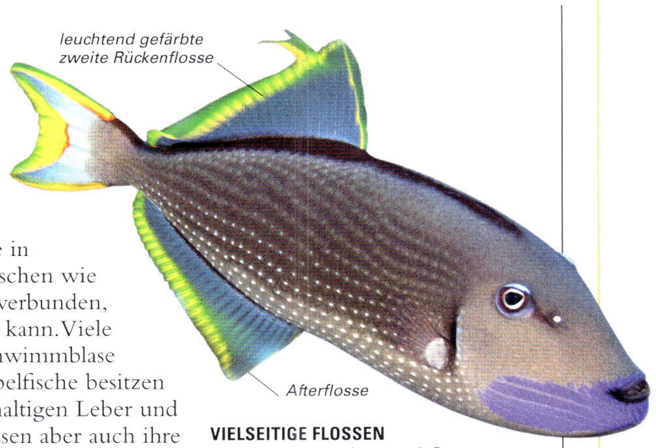

VIELSEITIGE FLOSSEN
Drückerfische schwimmen mit Bewegungen der After- und der zweiten Rückenflosse und nutzen den Auftrieb der Schwimmblase. Die Flossenfarben können auch der Kommunikation dienen.

Sinnesorgane

Knochenfische benutzen visuellen, Gehör-, Tast-, Geschmacks- und Geruchssinn. In hellen Lebensräumen ist das Sehen besonders wichtig. Korallenfische können gut Farben erkennen und nutzen Farbmuster zur Kommunikation. Die Farbrezeptoren arbeiten allerdings bei schwachem Licht nicht gut. Nachtaktive und im Dämmerlicht (siehe S. 170) lebende Tiere haben große, empfindliche Augen, können aber kaum Farben sehen. Im Dunkeln lebende Fische besitzen oft nur winzige Augen, aber einen guten Geruchssinn. Sie benutzen Pheromone zur Fernkommunikation. Schall setzt sich unter Wasser gut fort (siehe S. 37) und manche Fische erzeugen mit der Schwimmblase Geräusche. Knochenfischschwärme können sich mithilfe des Seitenliniensystems synchron im Wasser bewegen. Rezeptoren in Kanälen am Kopf und an den Seiten registrieren dabei Wasserbewegungen. Auch das durch die seitlich sitzenden Augen große Gesichtsfeld kann die Schwarmbildung unterstützen.

SIGNALFARBEN
Im hell beleuchteten Korallenriff sind Farben gut zu erkennen. Die Farben des Mandarinfischs warnen davor, dass er nicht schmeckt.

SEITENLINIENORGAN
Man kann das Seitenlinienorgan bei vielen Knochenfischen wie diesem Pollack als durch ihren Kontrast auffallende Linie an der Seite erkennen. Die Form der Linie kann als Bestimmungsmerkmal dienen.

Fortpflanzung

Die Mehrheit der Knochenfische gibt Eier und Spermien einfach ins Wasser ab, wo die Befruchtung stattfindet. Die Eier entwickeln sich und die Larven schlüpfen, während sie in der Strömung davontreiben. Die Verluste sind hoch, aber dafür werden sehr viele Eier gelegt – vom Mondfisch bis zu 100 Millionen. Wenn die Larven zu Jungfischen heranwachsen, versammeln sie sich oft in geschützten Flussmündungen und Buchten. Im Gegensatz zu den meisten Fischen des freien Wassers betreiben viele an der Küste am Grund lebende Fische Brutpflege. Sie legen nur wenige, dafür aber größere Eier. Manche dieser Fische schützen Eier und Junge besonders, etwa indem sie Maulbrutpflege betreiben.

MAULBRÜTER
Nachdem das Weibchen abgelaicht hat und die Eier befruchtet worden sind, sammelt das Männchen des Brunnenbauers die Eier auf und behält sie im Maul. Es kann nicht fressen, bis die Larven geschlüpft und davongeschwommen sind.

GESCHLECHTSUMWANDLUNG BEIM KUCKUCKSLIPPFISCH

1 Wie die meisten Lippfische kann auch der Kuckuckslippfisch das Geschlecht wechseln. Aus den meisten Eiern entwickeln sich rosa Weibchen.

2 Manche ältere Weibchen bekommen nach etwa sieben Jahren die orange-blaue Zeichnung der Männchen und wechseln das Geschlecht.

3 Zur Paarungszeit zeigt das umgewandelte neue Männchen prächtige Farben und paart sich mit allen Weibchen in seinem Revier (siehe S. 361).

Jagd und Verteidigung

Alle Fische müssen fressen und setzen sich dabei der Gefahr aus, selbst gefressen zu werden. Ihr Ziel ist es, lang genug zu leben, um sich zu vermehren und ihre Gene zu vererben. Knochenfische haben viele geniale Methoden entwickelt, um Nahrung zu finden und sich selbst vor Räubern zu schützen. Tarnung ist eine effektive Strategie, um sich sowohl vor der Beute zu tarnen als auch vor dem Fressfeind zu verstecken. Zeichnungsmuster können täuschen, und viele Falterfische zeigen am Schwanzende Augenflecke, um Räuber zu irritieren. Im Gedränge des Korallenriffs nutzen viele kleine Fische Stacheln zu ihrem Schutz. Feilenfische stellen einen Rückenstachel auf und arretieren ihn, um nicht von größeren Fischen verschluckt zu werden. Im offenen Meer, wo es keine Versteckplätze gibt, leben viele kleine Fische in Schwärmen. Für Räuber ist es schwierig, aus einem wirbelnden Schwarm einen einzelnen Fisch herauszufangen. Obwohl der Schwarm selbst auffällig ist, ist der einzelne Fisch hier sicherer, als wenn er allein unterwegs wäre.

TARNUNG
Drachenköpfe setzen ihre Farbe, ihre Form und ihr Verhalten zur Tarnung ein. Obwohl sie regungslos warten können, schlagen sie blitzschnell zu, wenn ein Beutetier in Reichweite kommt.

FISCHSCHWÄRME
Selbst Raubfische brauchen Schutz vor größeren Räubern. Tagsüber leben junge Barrakudas in Schwärmen, während die meisten erwachsenen allein jagen.

JAGD IM SCHATTEN EINES ANDEREN
Trompetenfische begleiten oft größere Raubfische und hoffen, dass sie eine geeignete Beute aufschrecken. Dieser hier beschattet einen Nassau-Zackenbarsch, der ähnlich wie er selbst gefärbt ist.

SYSTEMATIK DER KNOCHENFISCHE

Zu den Knochenfischen gehören die Strahlen- (Klasse Actinopterygii) und die Fleischflosser (Klasse Sarcopterygii), zu denen die Lungenfische (Süßwasser) und die Quastenflosser zählen (siehe Kladogramm auf S. 206). Unten werden 30 Ordnungen beider Gruppen vorgestellt.

HOHLSTACHLER
Ordnung Coelacanthiformes

2 Arten
Eine Familie – die einzigen marinen Fleischflosser. Die Flossen ähneln Gliedmaßen; nicht vollständig ausgebildete Wirbelsäule.

STÖRE UND LÖFFELSTÖRE
Ordnung Acipenseriformes

27 Arten
Nur die Störe sind marin. Skelett ist teils aus Knochen, teils aus Knorpel. Asymmetrischer Schwanz und unterständiges Maul.

TARPUNARTIGE
Ordnung Elopiformes

9 Arten
Zwei größtenteils marine Familien. Silbrige Fische, eine Rückenflosse, gegabelte Schwanzflosse. Besondere Knochen an der Kehle (Gulare). Atmung über die Schwimmblase möglich. Transparente Larven.

GRÄTENFISCHE
Ordnung Albuliformes

13 Arten
Eine überwiegend marine Familie, tarpunähnlich, aber kleiner und grätenreicher.

MURÄNE, ORDNUNG ANGUILLIFORMES

AALARTIGE
Ordnung Anguilliformes

1030 Arten
Meer- und Süßwasser, etwa 16 Familien. Körper lang, keine Schuppen und Bauchflossen, Flossensaum von Rücken bis Bauch.

PELIKANAALARTIGE
Ordnung Saccopharyngiformes

28 Arten
Vier Tiefseefisch-Familien mit riesigen Kiefern. Weder Schwanz- noch Bauchflossen, Schuppen, Rippen oder Schwimmblase.

HERINGSARTIGE
Ordnung Clupeiformes

435 Arten
Sieben hauptsächlich marine Familien. Kielartiger Bauch und gegabelter Schwanz. Die größten Familien sind Sardellen und Heringe.

MILCHFISCHARTIGE
Ordnung Gonorynchiformes

36 Arten
Vier Familien, nur Milchfisch und Sandfische marin. Bauchflossen weit hinten.

WELSARTIGE
Ordnung Siluriformes

4163 Arten
Nur zwei marine von über 30 Familien. Bis zu vier Paar Barteln am Maul. Scharfer, manchmal giftiger Stachel in Rücken- und Brustflossen. Meist mit Fettflosse.

STINTARTIGE
Ordnung Osmeriformes

46 Arten
Fünf Familien, meist marin oder anadrom. Kleine, schlanke Verwandte der Lachsfische.

LACHSFISCHE
Ordnung Salmoniformes

242 Arten
Zwei Familien. Marin, anadrom und im Süßwasser lebend. Kräftige Fische mit großen Mäulern und Augen. Fettflosse. Kleine, runde Schuppen. Bauchflossen sind relativ weit hinten.

MAULSTACHLER
Ordnung Stomiiformes

449 Arten
Vier Familien von Tiefseefischen. Meist längliche Räuber mit großen Zähnen und Photophoren. Großer Teil der Meeresfische.

EIDECHSENFISCHARTIGE
Ordnung Aulopiformes

300 Arten
18 marine Familien. Verschiedene schlanke Küsten- und Tiefseebewohner. Großes Maul mit vielen kleinen Zähnen. Bauchflossen relativ weit hinten, eine Rücken- und eine Fettflosse, keine Stachelstrahlen.

LATERNENFISCHARTIGE
Ordnung Myctophiformes

278 Arten
Zwei Familien von Tiefseefischen, weit verbreitet und häufig. Kleine, schlanke Fische mit großen Augen und Mäulern. Eine Rücken- und eine Fettflosse. Viele Photophoren. Tägliche vertikale Migrationen.

GOTTESLACHSE, RIEMENFISCHE
Ordnung Lampridiformes

27 Arten
Sechs marine Familien. Farbenprächtige, oft große Fische des offenen Meers mit roten Flossen. Oft mit langen Flossenstrahlen.

HERING, ORDNUNG CLUPEIFORMES

DORSCHARTIGE
Ordnung Gadiformes

652 Arten
Über zehn Familien, meist marin. Meistens zwei oder drei Rückenflossen und Kinnbartel. Grenadiere mit langen, dünnen Schwänzen.

KRÖTENFISCHE
Ordnung Batrachoidiformes

85 Arten
Eine Familie, hauptsächlich marine Bodenbewohner in Küstennähe. Eine kurze, stachlige und eine lange, weiche Rückenflosse.

EINGEWEIDEFISCHE
Ordnung Ophidiiformes

563 Arten
Fünf Familien, überwiegend marin. Aalähnliche Fische, teils mit Flossensäumen. Dünne Bauchflossen.

ANGLERFISCH, ORDNUNG LOPHIIFORMES

ANGLERFISCHE
Ordnung Lophiiformes

399 Arten
18 marine Familien. Große, flache oder runde Köpfe mit großem Maul und Angel. Flachwasserarten am Grund, Tiefseearten pelagisch.

SCHEIBENBÄUCHE
Ordnung Gobiesociformes

186 Arten
Eine hauptsächlich marine Familie. Kleine Flachwasserbewohner. Bauchflossen zur Saugscheibe verwachsen. Eine Rückenflosse.

HORNHECHTARTIGE
Ordnung Beloniformes

283 Arten
Sechs Familien in Meer- und Süßwasser. Lange, dünne Fische mit sehr langen Schnauzen. Flugfische mit großen Brust- und Bauchflossen.

ÄHRENFISCHARTIGE
Ordnung Atheriniformes

393 Arten
Zehn Familien in Meer- und Süßwasser. Kleine, silbrige Fische, meist zwei Rückenflossen und oft in großen Schwärmen.

HUSARENFISCHARTIGE
Ordnung Holocentriformes

92 Arten
Eine ausschließlich marine Familie. Große Augen (außer Tiefseeformen), Rückenflosse vorn mit Stachelstrahlen, gegabelter Schwanz, große Schuppen. Größtenteils nachtaktiv.

PETERSFISCHARTIGE
Ordnung Zeiformes

35 Arten
Sechs marine Familien. Hochrückig, aber schmal. Großer Kopf mit vorstreckbaren Kiefern. Lange Rücken- und Afterflossen mit Stachelstrahlen.

GRUNDELN
Ordnung Gobiiformes

2290 Arten
Eine größere, fünf bis acht kleinere Familien. Meist am Grund lebende Fische mit zwei Rückenflossen, oft einen Saugnapf bildenden Bauchflossen und hoch gelegenen Augen.

SEEPFERDCHEN, SEENADELN
Ordnung Syngnathiformes

334 Arten
Fünf Familien, im Meer und im Süßwasser. Langer, von Knochenplatten geschützter Körper. Röhrenförmige Schnauze.

BARSCHARTIGE
Ordnung Perciformes

Viele Tausend Arten, 50 bis über 100 Familien, marin und im Süßwasser. Größte und vielfältigste Ordnung der Wirbeltiere. Meist mit Hart- und Weichstrahlen in den Rücken- und Afterflossen. Bauchflossen nahe an den Brustflossen mit einem Hartstrahl. Die Systematik wird derzeit überarbeitet, daher die unsicheren Zahlen. Gruppen wie Grundeln und Schleimfische bilden heute eigene Familien. Die Drachenköpfe gehören dagegen nun zu den Barschartigen. Die Zugehörigkeit mancher Gruppen ist noch unklar.

PLATTFISCHE
Ordnung Pleuronectiformes

825 Arten
Elf hauptsächlich marine Arten. Liegen auf dem Meeresgrund. Körper abgeplattet, beide Augen auf der Oberseite. Die planktonischen Larven sind noch symmetrisch.

KUGELFISCHARTIGE
Ordnung Tetraodontiformes

447 Arten
Zehn Familien im Meer- und Süßwasser. Sehr unterschiedlich, von den Drückerfischen bis zum Mondfisch. Kleines Maul mit wenigen Zähnen oder Zahnplatten. Schuppen oft zu Platten umgebildet.

STEINBUTT, ORDNUNG PLEURONECTIFORMES

ORDNUNG COELACANTHIFORMES

Komoren-Quastenflosser

Latimeria chalumnae

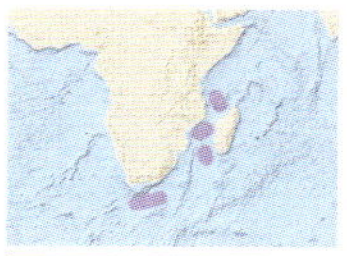

LÄNGE	bis zu 2 m
GEWICHT	bis zu 95 kg
TIEFE	150–700 m

VERBREITUNG westlicher Indischer Ozean

1938 ist der Quastenflosser entdeckt worden. Mit seinen fleischigen, gliedmaßenartigen Brustflossen ähnelt er einem Vierfüßer. Vergleichbare Kennzeichen zeigen sonst nur die Lungenfische. Man nimmt an, dass ähnliche Fische die Vorfahren der ersten Landwirbeltiere gewesen sind. Besondere Merkmale der Quastenflosser sind der schmale Mittellappen des Schwanzes und seine dicken Kosmoidschuppen. Sie setzen sich aus zwei Knochenschichten und einer mit Schmelz überzogenen Dentinschicht zusammen. Ihre Oberfläche schimmert in einem irisierenden Blau mit weißen Flecken. Quastenflosser leben im Tiefwasser an steilen Felsriffen. Bisher wurden sie nur in wenigen Gebieten an der Süd- und Ostküste Afrikas und der Westküste Madagaskars gefunden. Mithilfe eines Tauchbootes haben Wissenschaftler entdeckt, dass die Fische in Höhlen übernachten. Auf Nahrungssuche lassen sie sich treiben oder rudern langsam mit ihren Flossen. Haben sie einen Fisch oder Kalmar entdeckt, schießen sie mithilfe der Schwanzflosse nach vorn. Der Quastenflosser steht als »vom Aussterben bedroht« auf der Roten Liste der IUCN. Der internationale Handel mit dieser Art ist verboten.

FORSCHUNG

FOSSILE ZEUGEN

Man glaubte, dass Quastenflosser vor rund 65 Mio. Jahren ausgestorben seien. Als 1938 eins dieser Tiere entdeckt wurde, konnte man es anhand von Vergleichen mit Fossilien identifizieren. Ein lebendes Exemplar einer fossilen Gruppe war entdeckt worden.

FOSSILER QUASTENFLOSSER
Heutige Quastenflosser stimmen mit den fossilen Exemplaren nahezu überein, einschließlich der dreigeteilten Schwanzflosse.

ORDNUNG COELACANTHIFORMES

Manado-Quastenflosser

Latimeria menadoensis

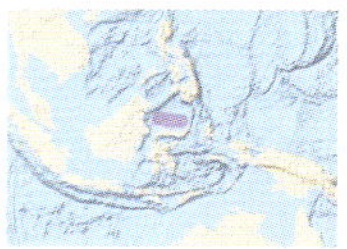

LÄNGE	bis zu 1,4 m
GEWICHT	bis zu 90 kg
TIEFE	150–200 m

VERBREITUNG Celebes-See, im Norden von Sulawesi im Westpazifik

Bei seiner Entdeckung 1998 nahm man an, dass der Manado-Quastenflosser mit der afrikanischen Art identisch sei (links). Nach molekularbiologischen Vergleichen soll es sich jedoch um zwei verschiedene Arten handeln. Ein ganzer Ozean trennt sie, und da sie langsame Schwimmer sind, ist eine Vermischung der Populationen unwahrscheinlich. Der Manado- trägt dieselbe Zeichnung wie der Komoren-Quastenflosser, doch ist seine Hautfarbe eher braun als bläulich. Bisher ist nur wenig über seine Lebensweise bekannt. Die Ähnlichkeiten mit der afrikanischen Art deuten jedoch auf vergleichbares Verhalten hin. Demnach könnte auch er durch Fischerei gefährdet sein.

ORDNUNG ACIPENSERIFORMES

Europäischer Stör

Acipenser sturio

LÄNGE	3,5 m
GEWICHT	bis zu 400 kg
TIEFE	4–90 m

VERBREITUNG Küstengewässer des Nordostatlantiks, Mittelmeer, Schwarzes Meer

Wie die meisten Störe wandert auch diese Art vom Meer aus große Flüsse hinauf, um im Kies abzulaichen. Das Hauptmerkmal der prähistorisch wirkenden Fische besteht darin, dass nur der Schädel und einige wenige Skelettteile verknöchert sind. Das übrige Skelett besteht aus Knorpel. Anstelle von Schuppen wird der Körper von fünf Längsreihen knöcherner Platten geschützt. Zwei Bartelpaare befinden sich am spitzen Maul. Sie dienen der Suche am Boden lebender Wirbelloser. Dieser Stör kann wohl mindestens 60 Jahre alt werden.

MENSCHLICHER EINFLUSS

KAVIAR-VERBOT

Der einst weit verbreitete Europäische Stör ist heute durch Überfischung und Wilderei sehr selten geworden. Durch Schleusen und verschmutzte Meeresarme sind viele Flüsse nicht mehr als Ablaichplätze geeignet. Diese Störart ist vom Aussterben bedroht, weshalb jeglicher internationale Handel mit dem Fisch und aus ihm gewonnenen Produkten wie Kaviar verboten worden ist.

ORDNUNG ACIPENSERIFORMES

Hausen, Beluga-Stör

Huso huso

LÄNGE	5 m
GEWICHT	bis zu 2000 kg
TIEFE	70–180 m

VERBREITUNG nördliches Mittelmeer, Schwarzes Meer, Kaspisches Meer und verbundene Flüsse

Der größte Stör und auch der größte europäische Süßwasserfisch ist der Hausen. Er ist schwerer als der Europäische Stör (links) und besitzt eine eher dreieckige Schnauze mit einem sehr großen Maul. Vier lange Barteln hängen an der Unterseite der Schnauze und reichen fast bis zum Maul. Wie alle Störe besitzt der Hausen einen asymmetrischen Schwanz, bei dem die Wirbelsäule in den oberen Teil hineinreicht. Als wohl teuerster Fisch der Welt produziert er einen sehr gefragten Kaviar, von dem große Tiere 100–200 kg liefern können. Infolge von Überfischung und des Verlusts von Laichplätzen ist der Hausen vom Aussterben bedroht.

ORDNUNG ELOPIFORMES

Tarpun

Megalops atlanticus

LÄNGE bis zu 2,5 m

GEWICHT 160 kg

TIEFE 0–30 m

VERBREITUNG Küstengewässer des westlichen und östlichen Atlantiks

Mit den großen Schuppen und dem silbrigen Körper ähnelt der Tarpun einem großen Hering, ist aber eher mit den Aalen verwandt. Sein Maul ist oberständig und am Ende der einzigen Rückenflosse befindet sich ein langes Filament, das nicht immer gut zu erkennen ist. Die küstennah lebenden Fische dringen auch in Flussmündungen ein. In stehenden Gewässern schlucken Tarpune Luft, die über den Vorderdarm zur Schwimmblase gelangt, wo das Blut den Sauerstoff aufnehmen kann. Tarpune laichen meist im offenen Meer und ein großes Weibchen kann über zwölf Millionen Eier produzieren. Die dünnen, transparenten Larven ähneln denen der Aale, haben jedoch einen gegabelten Schwanz. Ihre Kinderstuben befinden sich in den Flussmündungen. Man kann die Larven auch in Gewässern finden, die zeitweise vom Meer abgeschnitten sind. Fischer kennen die Gebiete, in denen die Tarpune Jahr für Jahr Fische wie Sardinen, Sardellen und Barben jagen. Sie fressen auch Boden bewohnende Wirbellose, etwa Krabben. In den USA und der Karibik sind sie wegen ihrer spektakulären Sprünge als gute Sportfische bekannt. Sie werden auch kommerziell gefangen und als wohlschmeckend angesehen, obwohl sie recht knochig sind. Tarpune können bis zu 55 Jahre alt werden. In Schauaquarien werden sie häufig gehalten. Manchmal werden die großen Schuppen bei der Herstellung von Schmuck verwendet.

ORDNUNG ELOPIFORMES

Frauenfisch

Elops saurus

LÄNGE bis zu 1 m

GEWICHT 10 kg

TIEFE 0–50 m

VERBREITUNG Küstengewässer des Westatlantiks und des Karibischen Meers

Der Frauenfisch besitzt eine einzige Rückenflosse in der Rückenmitte und einen tief gegabelten Schwanz. Schwärme dieser silbrig blauen Tiere sind nahe der Küste zu finden. Werden sie durch Motorengeräusche aufgeschreckt, springen sie über die Wasseroberfläche. Zum Laichen schwimmen sie ins offene Meer und ihre Aal-Larven ähnelnden Jungen treiben schließlich zurück in geschützte Buchten und Lagunen. Unter Anglern gilt der Frauenfisch als guter Sportfisch. Auch kommerziell wird er gefangen, ist aber kein qualitativ hochwertiger Speisefisch, sondern wird meist als Köder verwendet.

ORDNUNG ALBULIFORMES

Grätenfisch

Albula vulpes

LÄNGE bis zu 1 m

GEWICHT 10 kg

TIEFE 0–85 m

VERBREITUNG tropische und subtropische Küstengewässer des Atlantiks und Ostpazifik

Wie sein Name schon sagt, besitzt dieser Fisch viele Knochen. Der Rücken des silbrigen Körpers trägt dunkle Zeichnungen und nur eine einzige Rückenflosse. Die stumpfe Schnauze ragt über das Maul hinaus. Grätenfische kommen in tropischen und subtropischen Gewässern des Pazifik vor. Unsicher ist, ob diese Populationen eine andere Art darstellen als die im Ost- und Westatlantik zu findenden. Obwohl Grätenfische keine klassischen Speisefische sind, gehören sie zu den wichtigsten Sportfischen. Da diese Tiere meist nahe der Oberfläche schwimmen, ist ihre Rückenflosse für Jäger gut zu erkennen.

ORDNUNG ANGUILLIFORMES

Europäischer Aal

Anguilla anguilla

LÄNGE bis zu 1,3 m

GEWICHT 6,6 kg

TIEFE 0–700 m

VERBREITUNG gemäßigte Gewässer des Nordostatlantiks, Binnengewässer

Der Europäische Aal lebt im Süßwasser und legt nur zum Laichen Tausende von Kilometern zum Meer und über den Atlantik bis zum Sargasso-Meer zurück. Nach dem Ablaichen in der Tiefe sterben die Aale. Aus den Eiern schlüpfen transparente Weidenblattlarven (Leptocephalus-Larven). In etwa einem Jahr werden sie von der Strömung zurück an die Küsten Europas getragen. Hier verwandeln sie sich in kleine, transparente Glasaale, die flussaufwärts in die Binnengewässer ziehen. Der einst häufige Fisch ist heute durch Krankheiten, Lebensraumverlust, illegales Fischen der Glasaale und Staudämme vom Aussterben bedroht.

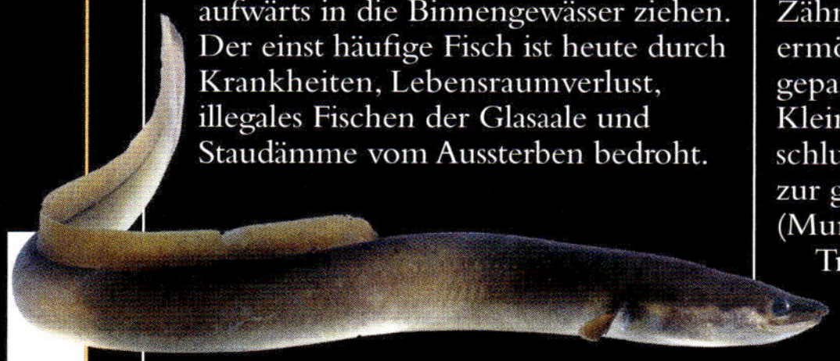

ORDNUNG ANGUILLIFORMES

Kettenmuräne

Echidna catenata

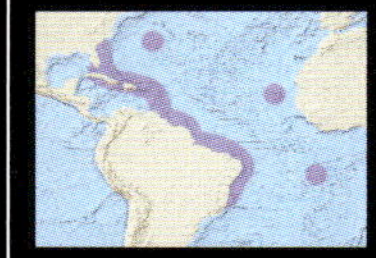

LÄNGE bis zu 1,7 m

GEWICHT unbekannt

TIEFE 0–12 m

VERBREITUNG tropische Riffe in West- und Mittelatlantik

Die Kettenmuräne gehört zu den wenigen marinen Aalartigen, die sich eine gewisse Zeit außerhalb des Wassers aufhalten können. Bei Ebbe sucht sie bis zu einer halben Stunde lang ununterbrochen auf nassen Steinen nach Nahrung. Solange sie nicht austrocknet, kann sie über die Haut genug Sauerstoff aufnehmen. An ihrer kurzen Schnauze und der gelben Kettenzeichnung ist die Kettenmuräne leicht zu erkennen. Einige ihrer Zähne erinnern an Backenzähne und ermöglichen das Aufknacken stark gepanzerter Beute wie etwa Krabben. Kleinere Krabben kann sie im Ganzen schlucken. Die Kettenmuräne gehört zur großen Familie der Muränen (Muraenidae), die in den gesamten Tropen Riffe bewohnt. Muränen sind meist nachtaktiv, Kettenmuränen dagegen tagaktiv.

GEWANDTER JÄGER

Die meisten Muränenarten verbringen den Tag in Riffspalten, sodass nur ihr Kopf sichtbar ist. In der Abenddämmerung kommen sie heraus und finden mithilfe des Geruchssinns Fische zwischen Korallen und Felsen. Kettenmuränen jagen dagegen tagsüber bei Ebbe an Felsenküsten und in Riffen. Ihre scharfen Augen lassen sie Fische und Krebstiere entdecken, die die Kettenmuräne ähnlich einer Schlange erbeutet. Auch andere Muränenarten greifen manchmal tagsüber vorbeischwimmende Fische aus ihren Höhlen heraus an.

ORDNUNG ANGUILLIFORMES

Geistermuräne

Rhinomuraena quaesita

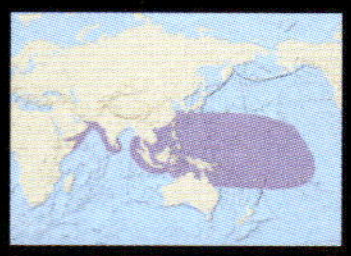

LÄNGE bis zu 1,3 m

GEWICHT unbekannt

TIEFE 1–60 m

VERBREITUNG tropische Riffe im Indischen und Pazifischen Ozean

Für Aalartige untypisch, können Geistermuränen ihre Farbe und ihr Geschlecht wechseln. Jungtiere sind nahezu schwarz mit gelber Rückenflosse. Später wird das Schwarz zu einem leuchtenden Blau und Schnauze und Unterkiefer werden gelb. Das ist die Farbe der Männchen. Ab einer Länge von etwa 1,3 m wandeln sich Männchen zu rein gelben Weibchen um. Die Tiere leben in den Spalten der Korallenriffe. Sie tragen blattähnliche Narinen, durch die sie Schwingungen im Wasser wahrnehmen können.

ORDNUNG ANGUILLIFORMES

Meeraal, Conger

Conger conger

LÄNGE bis zu 3 m

GEWICHT bis zu 110 kg

TIEFE 0–500 m

VERBREITUNG gemäßigte Zonen des Nordostatlantiks und des Mittelmeers

Vielen Tauchern ist der Anblick der großen, grauen Köpfe der Meeraale vertraut. Wie die verwandten Muränen verstecken sie sich tagsüber in den Spalten felsiger Riffe. Nachts kommen sie hervor, um Fische, Krebstiere und Tintenfische zu jagen. Der schlangenähnliche Meeraal besitzt einen kräftigen Körper mit einer glatten, schuppenlosen Haut und einem spitzen Schwanz. Die Rückenflosse verläuft über den gesamten Rücken und vereinigt sich mit Schwanz- und Afterflosse zu einem Flossensaum. Im Sommer wandern geschlechtsreife Meeraale in die tieferen Gebiete des Mittelmeers und des Atlantiks, wo sie ablaichen und sterben. Ein Weibchen produziert drei bis acht Millionen Eier. Aus ihnen schlüpfen lange, dünne Larven, die langsam in Küstennähe driften und dort zu jungen Aalen heranwachsen. Erst nach 5 bis 15 Jahren erreichen sie die Geschlechtsreife. Der Meeraal ist ein guter Speisefisch und wird gern geangelt. Manchmal entkommt er jedoch mit dem Köder.

ORDNUNG ANGUILLIFORMES

Schnepfenaal

Nemichthys scolopaceus

LÄNGE bis zu 1,3 m

GEWICHT unbekannt

TIEFE 90–2000 m

VERBREITUNG gemäßigte und tropische Meere weltweit

Die Kiefer dieses Aals erinnern an einen Vogelschnabel. Ihre Enden sind aufgebogen und können nie ganz geschlossen werden. Sein Leben verbringt der Aal in mittleren Wasserschichten treibend, wo er sich von Krebschen ernährt. Die Kiefer geschlechtsreifer Männchen verkürzen sich, sie verlieren die Zähne und die Narinen werden zu langen Röhren. Dadurch können sie wohl besser riechen und Weibchen finden. Man weiß wenig über die Lebensweise der Aale, da sie nur selten gefangen werden.

ORDNUNG ANGUILLIFORMES

Ohrfleck-Röhrenaal

Heteroconger hassi

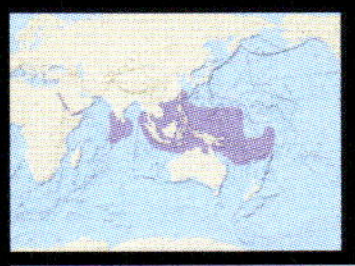

LÄNGE bis zu 40 cm

GEWICHT unbekannt

TIEFE 7–45 m

VERBREITUNG Rotes Meer und tropische Gewässer des Indischen Ozeans sowie des Westpazifik

Röhrenaale verbringen ihr Leben, indem sie mit den Köpfen im Wasser und den Schwänzen in ihren Bauen hin- und herschaukeln. Viele Hundert Fische leben in einer Kolonie oder einem »Garten« zusammen und wirken wie gleichmäßig verteilte Pflanzen. Röhrenaale sind viel schlanker als die mit ihnen verwandten Meeraale. Sie haben nur einen Durchmesser von 14 mm und sehr kleine Brustflossen. Der Ohrfleck-Röhrenaal trägt meist zwei große dunkle Flecke hinter dem Kopf und viele kleine am Körper. Mit dem nach oben gerichteten Maul nimmt er kleine Planktonorganismen aus dem vorbeifließenden Wasser auf. Die Kolonien befinden sich auf sandigen Hängen, die der Strömung ausgesetzt, aber vor Wellen geschützt sind. Wenn Gefahr droht, ziehen sich die Aale mit ihrem Schwanz als Anker wieder in die Röhre zurück, sodass nur noch die kleinen Köpfe und Augen sichtbar sind. Man kann die Tiere nur schwer unter Wasser fotografieren, da sie die Vibrationen der Luftblasen eines Tauchers bemerken und sofort verschwinden. Ohrfleck-Röhrenaale bleiben selbst beim Ablaichen in ihrem Bau. Benachbarte Männchen und Weibchen winden ihre Körper umeinander, bevor sie Eier und Spermien abgeben. Manchmal kann man gemischte Kolonien von Ohrfleck- und Perlen-Röhrenaalen beobachten.

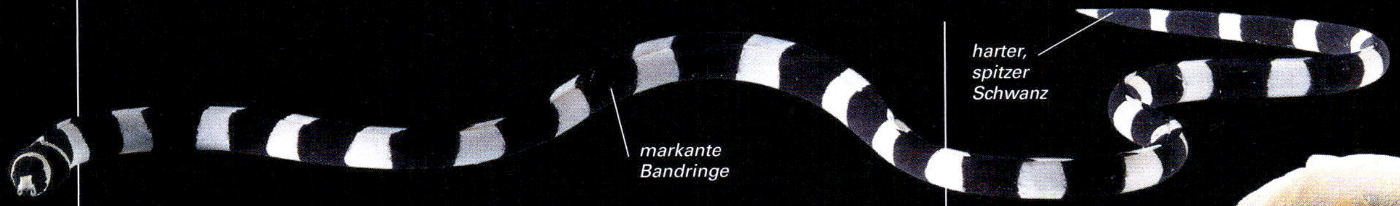

ORDNUNG ANGUILLIFORMES

Ringel-Schlangenaal

Myrichthys colubrinus

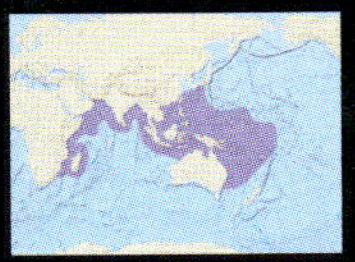

LÄNGE bis zu 97 cm

GEWICHT unbekannt

TIEFE Flachwasserzonen

VERBREITUNG tropische Gewässer des Indischen Ozeans und des Westpazifik

Der wie eine giftige Seeschlange (Nattern-Plattschwanz) aussehende Ringel-Schlangenaal wird von den meisten Räubern gemieden. So kann er sicher über Sandflächen und Seegraswiesen in der Nähe von Korallenriffen nach kleinen Fischen und Krebsen jagen. Die meisten dieser Aale zeigen breite schwarze und weiße Bänder, doch in manchen Gegenden auch schwarze Flecke dazwischen. Diese Farbvariante könnte möglicherweise als eigene Art eingestuft werden. Der Ringel-Schlangenaal hat einen spitzen Kopf mit einem Paar großer Narinen auf dem Oberkiefer, die nach unten gerichtet sind. Das verleiht ihm einen guten Geruchssinn, mit dem er seine im Sand versteckte Beute finden kann. Der Ringel-Schlangenaal hat nur kleine Brustflossen und einen langen Rückenflossensaum. Er schwimmt daher, indem er sich mit dem Körper vorwärtsschlängelt. Wenn er nicht jagt, bohrt er sich mit dem harten, spitzen Schwanzende in den Sand. Die Fische sind hauptsächlich nachtaktiv. Tagsüber bleiben sie meist in ihrem Bau und werden daher selten von Tauchern beobachtet. Der Ringel-Schlangenaal gehört zur Familie der Schlangenaale (Ophichthyidae) mit etwa 250 Arten, von denen die meisten sich in Sand oder Schlamm eingraben. Alle Arten haben transparente Weidenblattlarven (Leptocephalus).

ORDNUNG SACCOPHARYNGIFORMES

Lavenbergs Schlinger

Saccopharynx lavenbergi

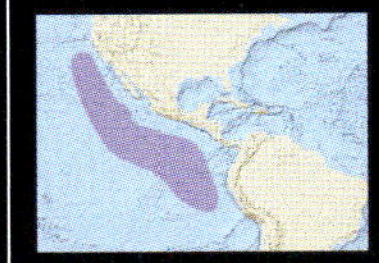

LÄNGE bis zu 1,5 m

GEWICHT unbekannt

TIEFE 300–3000 m

VERBREITUNG Tiefwasserzonen des Ostpazifik, von Kalifornien bis nach Peru

Schlinger sind dafür bekannt, Beute zu bewältigen, die so groß wie sie selbst ist. Die Fische haben einen kleinen Kopf und winzige Augen, aber riesige Kiefer. Maul und Schlund können weit gedehnt und die Zähne nach hinten geklappt werden. Auch der Magen kann geweitet werden. Der Körper endet in einem Leuchtorgan an einem dünnen Schwanz. Ob es als Köder oder zur Ablenkung dient, weiß man nicht, da der Fisch nur selten von Tauchbooten aus beobachtet worden ist. Aus den planktonischen Eiern der Schlinger entwickeln sich lange dünne Larven, die denen ihrer Flachwasserverwandten gleichen. Vermutlich sterben die Tiere nach dem Ablaichen.

LEBEN IM MEER

ORDNUNG CLUPEIFORMES

Hering

Clupea harengus

LÄNGE bis zu 45 cm

GEWICHT bis zu 1 kg

TIEFE 0–200 m

VERBREITUNG Nordatlantik, Nordsee und Ostsee

Bis zur Mitte des 20. Jahrhunderts war der Hering oft der wichtigste Fang vieler Fischer an den Küsten der Nordsee und des Nordatlantiks. An der Ostküste Englands sind die Fische als »Silver Darlings« bekannt gewesen. Im 20. Jahrhundert führten neue Fangtechniken zur Überfischung und zur dramatischen Abnahme der Bestände. Heute werden Fangquoten festgelegt, doch die Gefahr ist nicht vorüber.

Der Hering frisst nachts zur Oberfläche aufsteigendes Plankton, das den Tag in tieferem Wasser verbracht hat. Er bildet große Schwärme und lässt sich in seinem Verbreitungsgebiet in lokale Populationen unterteilen, die sich in ihrer Größe und ihrem Verhalten unterscheiden. Sie suchen auch unterschiedliche Laichgebiete auf. Jedes Weibchen kann bis zu 40 000 Eier abgeben, die am Meeresgrund an ein geeignetes Substrat geklebt werden.

ORDNUNG CLUPEIFORMES

Anchoveta

Engraulis ringens

LÄNGE bis zu 20 cm

GEWICHT bis zu 25 g

TIEFE 3–80 m

VERBREITUNG Westküste Südamerikas und Südostpazifik

Die Verbreitung der auch als Südamerikanische Sardellen bezeichneten Heringsverwandten hängt vom Humboldt-Strom ab. Diese kalte Tiefenströmung kommt an der Westküste Südamerikas an die Oberfläche und enthält viele Nährstoffe. Enorme Anchoveta-Schwärme leben vom Plankton, das sich hier entwickelt. Die Fische leben in einem 80 km breiten Streifen vor der Küste. Nicht nur Menschen sind von ihnen abhängig, sondern auch Vögel wie die Pelikane.

ORDNUNG GONORYNCHIFORMES

Milchfisch

Chanos chanos

LÄNGE bis zu 1,8 m

GEWICHT bis zu 14 kg

TIEFE 0–30 m

VERBREITUNG tropische und subtropische Gewässer im Indischen und im Pazifischen Ozean

Der Milchfisch besitzt einen stromlinienförmigen Körper und einen tief gegabelten Schwanz. Er wird in Südostasien oft in Aquakulturen vermehrt. Er frisst Plankton, Algen, Cyanobakterien und kleine Wirbellose und verträgt große Schwankungen der Salzkonzentration. Die Fische laichen im Meer ab und Eier und Larven treiben zur Küste. Jungfische schwimmen in Flussmündungen und Mangrovengebiete hinein und kehren als erwachsene Tiere ins Meer zurück.

ORDNUNG CLUPEIFORMES

Südamerikanische Sardine

Sardinops sagax

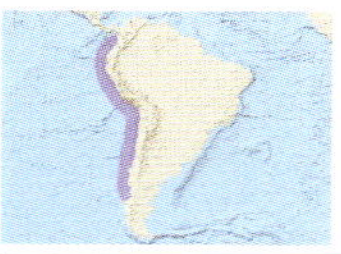

LÄNGE bis zu 40 cm

GEWICHT bis zu 485 g

TIEFE 0–200 m

VERBREITUNG Westküste Südamerikas und Südostpazifik

Früher gab es enorme Schwärme dieser Fische, von denen jeder aus Millionen von Tieren bestand, doch die Überfischung hat ihre Zahlen drastisch reduziert. Die Sardinen werden als Nahrungsmittel sowie zur Öl- und Fischmehlproduktion gefangen. Die Südamerikanische und die Kalifornische Sardine scheinen zwei Unterarten der gleichen Art darzustellen, und alle Sardinen ähneln sich. Die silbrigen Fische haben blaugrüne Rücken und tragen eine Reihe schwarzer Flecke auf der Seite.

ORDNUNG CLUPEIFORMES

Alse, Maifisch

Alosa alosa

LÄNGE bis zu 83 cm

GEWICHT bis zu 4 kg

TIEFE 0–5 m

VERBREITUNG gemäßigte Gewässerzonen des Nordostatlantiks und des Mittelmeers

Die Art gehört zur Familie der Heringe (Clupeidae) und ist eine der wenigen, die auch ins Süßwasser vordringen. Zwischen April und Mai schwimmen die Tiere bis zu 800 km weit die Flüsse hinauf, um zu laichen. Daher werden sie auch als Maifisch bezeichnet. Der Körper ist mit großen, runden Schuppen bedeckt, die einen Kiel unter dem Bauch bilden. Er trägt eine einzige Rückenflosse. In vielen Teilen des Verbreitungsgebiets ist die Alse heute sehr selten.

ORDNUNG SILURIFORMES

Gestreifter Korallenwels

Plotosus lineatus

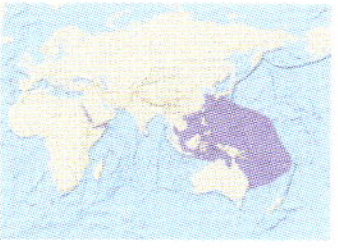

LÄNGE bis zu 32 cm
GEWICHT unbekannt
TIEFE 1–60 m
VERBREITUNG Rotes Meer und tropische Gewässer im Indischen und im Pazifischen Ozean

Die Jungfische dieses auffälligen Welses der Familie Plotosidae bleiben in dichten Schwärmen zusammen und werden oft von Tauchern beobachtet. Ältere Tiere leben allein oder in kleinen Gruppen und sind gut durch giftige, gesägte Stacheln in der ersten Rückenflosse und den beiden Brustflossen geschützt. Ein Stich kann für Menschen gefährlich und in sehr seltenen Fällen tödlich sein. Die Fische jagen nachts und benutzen ihre vier Paar Barteln, um Würmer, Krebstiere und Mollusken zu finden. Tagsüber verstecken sie sich zwischen Steinen. Die verschiedenen Arten der Familie sind die einzigen Welse der Korallenriffe. Die Art ist auch an Küsten und in Flussmündungen zu finden. Die Tiere laichen im Sommer. Die Männchen bauen in flachen, felsigen Bereichen Nester und bewachen die Eier etwa zehn Tage lang, bis die planktonischen Larven schlüpfen.

ORDNUNG SILURIFORMES

Gaffeltoppsegel-Kreuzwels

Bagre marinus

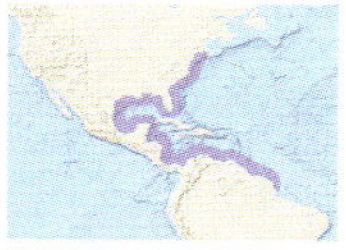

LÄNGE bis zu 70 cm
GEWICHT bis zu 4,5 kg
TIEFE bis zu 50 m
VERBREITUNG Golf von Mexiko, Karibisches Meer sowie subtropische Gewässerzonen im Westatlantik

Auffällig an diesem silbrigen Wels ist das Paar sehr langer Barteln am Maul, das nach hinten angelegt bis zum Ende der Brustflossen reicht. Am Kinn befindet sich noch ein weiteres Paar kurzer Barteln. Die ersten Strahlen der großen Rücken- und Brustflossen sind fadenförmig ausgezogen. Diese Flossen tragen auch einen gesägten Giftstachel. Bei Bedrohung hebt der Wels deshalb seine Rückenflosse und breitet die Brustflossen wie Segel aus.

ORDNUNG ARGENTINIFORMES

Hochgucker

Opisthoproctidae

LÄNGE bis zu 10 cm
GEWICHT unbekannt
TIEFE 300–800 m
VERBREITUNG tropische und subtropische Gewässer weltweit

Viele Fische im dämmrigen, disphotischen Mesopelagial (siehe S. 170) wie der Hochgucker haben riesige Augen, um das Restlicht nutzen zu können. Seine Augen sind außerdem röhrenförmig und nach oben gerichtet. So kann der Hochgucker vermutlich andere Fische von unten beobachten. Beim Hochschauen kann er wohl den Umriss der Beute wahrnehmen oder an der Unterseite Photophoren tragende Fische beobachten. Der Hochgucker *Macropinna microstoma* trägt eine transparente Schutzhaube auf dem Kopf und kann seine röhrenförmigen Augen nach vorn drehen. So kann er seine Beute jagen, nachdem er sie entdeckt hat.

ORDNUNG OSMERIFORMES

Europäischer Stint

Osmerus eperlanus

LÄNGE bis zu 45 cm
GEWICHT unbekannt
TIEFE bis zu 50 m
VERBREITUNG gemäßigte Gewässer des Nordostatlantiks und der Ostsee

Wie der Lachs und die Forelle hat der Europäische Stint eine Rücken- und eine kleine Fettflosse. Der Name soll von »stinken« abgeleitet sein und auf den kräftigen, an Gurken erinnernden Geruch frischer Stinte zurückgehen. Erwachsene Tiere bilden in Küstennähe Schwärme und jagen kleine Krebstiere und Fische. Sie wandern zum Laichen die Flüsse hinauf. Jungfische sind häufig in geschützten Flussmündungen wie der des Wash (siehe S. 128) zu finden.

ORDNUNG OSMERIFORMES

Lodde, Kapelan

Mallotus villosus

LÄNGE bis zu 25 cm
GEWICHT bis zu 52 g
TIEFE 0–300 m
VERBREITUNG Nordpazifik, Nordatlantik und Nordpolarmeer

Der kleine, silbrige Lachsverwandte bildet in kalten und arktischen Gewässern große Schwärme und ist eine wichtige Nahrungsquelle für Seevögel und Meeressäuger. Der Bruterfolg vieler Vögel hängt von den Beständen der Lodde ab und diese wiederum von Umweltfaktoren und der Fischerei. Lodden stellen auch eine wichtige Nahrung der Inuit dar. Sie sind kleine Fische mit olivgrünem Rücken, der an den Seiten in Silberweiß übergeht. Lodden schwimmen in Schwärmen mit offenem Maul umher und seihen mit ihren modifizierten Kiemen Plankton aus dem Wasser. Daneben fressen sie noch Würmer und kleine Fische. Im Frühjahr nähern sich die Schwärme den Küsten, wobei die Männchen vor den Weibchen eintreffen. Die Männchen bekommen nun ein Band modifizierter Schuppen an den Seiten, mit denen sie die Weibchen zur Eiablage stimulieren.

LAICHEN BEI FLUT

Der Laich der Lodde stellt für viele Wirbellose und Fische eine gute Mahlzeit dar. Um die Eier zu schützen, schwimmen viele Lodden bei Flut ins flache Wasser und geben den Laich in den Sand unmittelbar an der Grenze des Wasserspiegels ab. Jedes Weibchen produziert etwa 60 000 rötliche, klebrige Eier. Wenn die Larven nach etwa 15 Tagen schlüpfen, werden sie von der Flut aus dem Sand gewaschen und mit der Ebbe ins Meer hinausgetrieben.

ORDNUNG SALMONIFORMES

Atlantischer Lachs

Salmo salar

LÄNGE bis zu 1,5 m

GEWICHT bis zu 46 kg

TIEFE meist nahe der Oberfläche

VERBREITUNG gemäßigte und kalte Gewässer des Nordatlantiks sowie angrenzende Flüsse

Obwohl Süßwasser für die meisten Meeresfische tödlich wäre, können Lachse zum Laichen vom Meer in die Flüsse wandern. Das bezeichnet man als »anadrom«. Die Langstreckenschwimmer besitzen einen stromlinienförmigen Körper und einen großen Schwanz. Lachse können flussaufwärts gegen starke Strömungen anschwimmen und Stromschnellen überwinden, um ihre Laichplätze zu erreichen. Vor dem Ablaichen leben sie einige Jahre lang im Nordatlantik und fressen andere Fische. Bei Anglern ist der Atlantische Lachs sehr geschätzt, doch wilde Lachse werden zunehmend selten.

MENSCHLICHER EINFLUSS

LACHSFARMEN

Schwimmende Fischfarmen zur Aufzucht Atlantischer Lachse sind in schottischen und norwegischen Buchten nicht selten. Die Junglachse schlüpfen in Süßwassertanks und werden später in schwimmenden Netzen im Salzwasser aufgezogen. Problematisch sind Fischläuse, die auf Wildfische übergehen, und die eingesetzten Medikamente.

ORDNUNG SALMONIFORMES

Silberlachs

Oncorhynchus kisutch

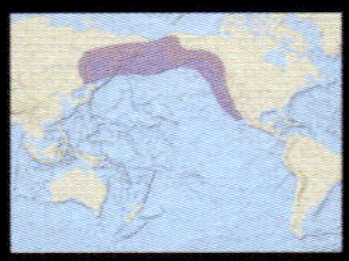

LÄNGE bis zu 1 m

GEWICHT bis zu 15 kg

TIEFE 0–250 m

VERBREITUNG gemäßigte und kalte Gewässer des Nordpazifik sowie angrenzende Flüsse

Wie die meisten anderen Lachse ist der Silberlachs ein schneller Räuber, der seine Beute mit den sehr guten Augen findet. Für Angler stellt er eine Herausforderung dar. Zum Ablaichen schwimmen die Fische aus dem Meer den gleichen Fluss hinauf, in dem sie selbst geschlüpft sind. Auf dem Weg flussaufwärts bekommen sie leuchtend rote Seiten und grüne Köpfe und Rücken. Wenn sie das seichte Wasser im Oberlauf des Flusses erreichen, legen die Weibchen im Kies eine Laichgrube an, in die sie die klebrigen Eier legen, die nun vom Männchen besamt werden. Nach dem Ablaichen stellen die sterbenden Lachse für Bären und andere Tiere ein Festmahl dar.

ORDNUNG SALMONIFORMES

Seesaibling

Salvelinus alpinus

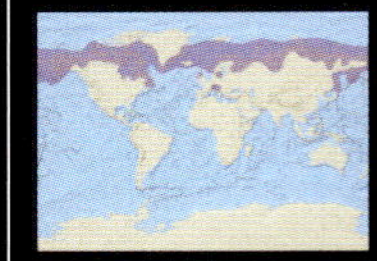

LÄNGE bis zu 1 m

GEWICHT bis zu 15 kg

TIEFE 0–70 m

VERBREITUNG Nordpolarmeer sowie nördliche Seen und Flüsse

Seesaiblinge sind an eine kalte, sauerstoffreiche Umgebung angepasst und können warmes und verschmutztes Wasser nicht vertragen. Es gibt eine wandernde Form, die im Meer lebt und in Flüssen ablaicht, und eine an Süßwasser gebundene Seenform. Die wandernden Tiere werden mindestens 1 m lang. Kurz nach der letzten Eiszeit lebten sie weiter südlich, doch heute nur noch in arktischen Gewässern. Die in Bergseen lebenden Tiere sind ein Relikt der damaligen Zeit.

ORDNUNG STOMIIFORMES

Sloans Viperfisch

Chauliodus sloani

LÄNGE bis zu 35 cm

GEWICHT bis zu 30 g

TIEFE 475–1800 m

VERBREITUNG tropische und gemäßigte Gewässer weltweit

Zu den Tiefseefischen gehören die bizarrsten Arten und die Viperfische bilden keine Ausnahme. An einem Ende des schlanken Körpers befindet sich der große Kopf mit den riesigen Zähnen, am anderen ein winziger gegabelter Schwanz. Reihen von Photophoren ziehen sich über Bauch und Seiten. Tagsüber bleiben die Tiere im tiefen Wasser, doch nachts steigen sie nach oben, wo es mehr Nahrung gibt. Die einzige Rückenflosse direkt hinter dem Kopf hat einen sehr langen ersten Strahl, der nach vorn gebogen werden und vielleicht Beute anlocken kann. Sloans Viperfisch laicht das ganze Jahr hindurch. Er ist eine von neun Arten, die alle in großer Tiefe leben.

ORDNUNG STOMIIFORMES

Schwarzer Drachenfisch

Idiacanthus antrostomus

LÄNGE bis zu 38 cm

GEWICHT bis zu 55 g

TIEFE 200–1000 m

VERBREITUNG tiefe tropische und gemäßigte Gewässer im Ostpazifik

Der Pazifische Schwarze Drachenfisch lebt in den Tiefen der Meere, wo sein schwarzer Körper von den Photophoren an seinem Bauch beleuchtet wird. Beim Öffnen des Mauls zeigt er lange, dolchartige Zähne. Vom Unterkiefer hängt eine mit einem leuchtenden Köder bestückte Bartel herab, mit der er Beute anlocken kann.

Der Schwarze Drachenfisch ist sowohl innen als auch außen schwarz. Daher kann leuchtende Beute nicht durch den Magen hindurchscheinen. Männchen sind nur ein Viertel so lang wie die Weibchen. Beim nah verwandten *Idiacanthus fasciola* ähneln die jungen Fische in der Gestalt den alten, doch ihre Augen sitzen auf sehr langen Stielen. Die Stiele werden im Verlauf des Wachstums zurückgebildet, sodass sich die Augen schließlich in ihren Höhlen befinden.

ORDNUNG STOMIIFORMES

Schwarzer Weichstrahlenfisch

Malacosteus niger

LÄNGE bis 24 cm

GEWICHT unbekannt

TIEFE 1000–4000 m

VERBREITUNG tiefe tropische und gemäßigte Gewässer weltweit

Wie viele andere Tiefseefische ist auch dieser schwarz, relativ klein und hat ein großes Maul. Allerdings hat er keinen Mundboden. Stattdessen schließt ein Muskelband das Maul, das Kiemenkorb und Unterkiefer verbindet. Das erlaubt eine weite Maulöffnung und ein schnelles Zuschnappen. Der Fisch ist auch ein Spezialist bei der Lichtproduktion. Unter jedem Auge trägt er zwei große Photophoren. Die eine produziert das für Biolumineszenz übliche blaugrüne Licht und die andere rotes. Da kein natürliches rotes Licht diese Tiefe erreichen kann, können die meisten Tiefseetiere es nicht sehen. Mit rotem Licht lässt sich zum Beispiel eine rote Garnele beleuchten, doch die Garnele selbst kann es nicht wahrnehmen.

ORDNUNG STOMIIFORMES

Tiefsee-Beilfisch

Argyropelecus aculeatus

LÄNGE bis zu 8 cm

GEWICHT unbekannt

TIEFE 100–600 m

VERBREITUNG tropische und gemäßigte Gewässer weltweit

Mit der silbrigen Färbung und dem Einsatz von Biolumineszenz kann sich der Beilfisch sehr gut im herabscheinenden Licht verstecken. Er ist so schmal, dass er von vorn kaum zu sehen ist. Der Fisch lebt in mittleren Tiefen und kann mit seinen großen Augen das Beste aus dem Restlicht machen. Bei Einbruch der Dunkelheit steigt er auf 100–300 m Tiefe auf, um kleine Tiere des Planktons zu fressen.

ORDNUNG AULOPIFORMES

Dreibeinfisch

Bathypterois grallator

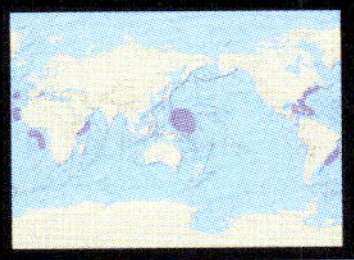

LÄNGE bis zu 37 cm

GEWICHT unbekannt

TIEFE 875–3500 m

VERBREITUNG Tiefseebereiche in Atlantik und Pazifik sowie im Indischen Ozean

Der Tiefseeboden, auf dem der Dreibeinfisch lebt, besteht vor allem aus weichem Schlamm. Um beim Lauern auf Beute nicht zu versinken, sitzt er auf einem »Stativ«, das aus verlängerten Strahlen der Schwanz- und der Bauchflossen besteht. Er richtet sich in die Strömung aus und wartet auf kleine Krebstiere, die er mit seinem großen Maul aufnimmt. Der Dreibeinfisch hat sehr kleine Augen, sodass man annimmt, dass er seine Beute nur an Schwingungen des Wassers erkennt.

ORDNUNG AULOPIFORMES

Riff-Eidechsenfisch

Synodus variegatus

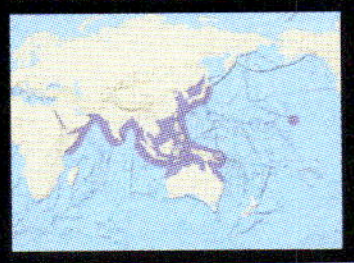

LÄNGE 20–40 cm

GEWICHT unbekannt

TIEFE 5–90 m

VERBREITUNG tropische Riffe im Roten Meer, im Indischen Ozean sowie im Westpazifik

Der Riff-Eidechsenfisch lauert, gestützt auf die Bauchflossen, auf den Spitzen von Steinen und Korallen. Von dort aus beobachtet er vorbeischwimmende Fischschwärme, schießt vor und packt einen Fisch mit seinen scharfen Zähnen. Das weit zu öffnende Maul erlaubt es ihm, relativ große Fische zu verschlingen, wie im Bild zu sehen ist.

Die variable rote und braune Fleckenzeichnung tarnt ihn und versteckt ihn vor größeren Räubern. Er kann sich auch in den Sand eingraben, sodass nur Kopf und Augen zu sehen sind. Da er auf die Tarnung vertraut, bleibt der Fisch völlig regungslos und lässt Taucher nah herankommen, bevor er davonschießt. Von Fischern im Riff wird er gefangen und gegessen.

ORDNUNG MYCTOPHIFORMES

Gepunkteter Laternenfisch

Myctophum punctatum

LÄNGE bis zu 11 cm

GEWICHT unbekannt

TIEFE 0–1000 m

VERBREITUNG Tiefseebereiche des Nordatlantiks und des Mittelmeers

Der Gepunktete Laternenfisch ist eine von rund 250 in den Weltmeeren vorkommenden Laternenfischarten. Laternenfische sind wenig anziehende, kleine, spindelförmige Fische mit großen Augen. Trotz ihres tristen Aussehens können sie ein unvergleichliches Lichtschauspiel mit den Photophoren an ihren Seiten und auf ihrem Bauch bieten. Bei manchen Arten unterscheiden sich Männchen und Weibchen durch die Lichtmuster, sodass sie sich in großen Tiefen finden können. Die Muster unterscheiden sich auch zwischen den Arten. Im Nordatlantik gibt es große Schwärme des Gepunkteten Laternenfischs. Zusammen mit verwandten Arten stellt er eine wichtige Nahrungsquelle für größere Fische, Vögel und Meeressäuger dar. Tagsüber bleibt er in tiefem Wasser, etwa zwischen 250 und 750 m, doch nachts steigt er auf etwa 100 m auf oder sogar bis zur Oberfläche, wo er Krebstiere und Fischlarven frisst.

ORDNUNG LAMPRIDIFORMES

Gotteslachs

Lampris guttatus

LÄNGE bis zu 2 m
GEWICHT 50–275 kg
TIEFE 100–400 m

VERBREITUNG tropische, subtropische und gemäßigte Gewässer weltweit

Der Gotteslachs wandert als Nomade durch die Ozeane. Der wie ein riesiger ovaler Teller geformte Fisch ist stahlblau und grün gefärbt und weist silbrige Flecke und rote Flossen auf. Obwohl er zahnlos ist, ist er ein Jäger von Kalmaren und kleinen Fischen. Statt wie die meisten Fische seinen Schwanz als Antriebsorgan zu benutzen, bewegt er sich mit seinen langen Brustflossen durchs Wasser, die er wie Flügel einsetzt. Gotteslachse erreichen ein Gewicht von 50 kg, obwohl auch schon 270 kg schwere Tiere bekannt geworden sind. Die Fische laichen im Frühjahr in den mittleren Wasserschichten ab und nach 21 Tagen schlüpfen die Larven. In Hawaii und an der Westküste des Festlands der USA ist der Gotteslachs ein wertvoller Nutzfisch. Er wird mit Langleinen und Kiemennetzen gefangen.

ORDNUNG LAMPRIDIFORMES

Riemenfisch

Regalecus glesne

LÄNGE bis zu 11 m
GEWICHT bis zu 270 kg
TIEFE 0–1000 m

VERBREITUNG tropische, subtropische und gemäßigte Gewässer weltweit

Mit bis zu 11 m Länge ist der Riemenfisch der längste bekannte Knochenfisch. Man hält ihn für die Quelle vieler Seeschlangen-Legenden. Sein bizarres Erscheinungsbild wird von einem Kamm roter Strahlen auf dem Kopf betont, auf die sofort eine leuchtend rote Rückenflosse folgt, die über den gesamten silbrigen Körper verläuft. Seinen Namen trägt er wegen der Bauchflossen, die in einem langen Strahl mit breiter Spitze auslaufen, der wie ein Blatt eines Ruders (Riemen) wirkt. Der Fisch lässt sich in der Strömung treiben und ernährt sich von Fischen und Kalmaren. Seine Länge schützt ihn vor anderen Räubern. Die Fische werden selten gefangen oder lebend beobachtet, sodass man kaum etwas über ihr Verhalten weiß. Erst 1997 wurde einer zum ersten Mal bei den Bahamas unter Wasser fotografiert.

ORDNUNG GADIFORMES

Franzosendorsch

Trisopterus luscus

LÄNGE bis zu 46 cm
GEWICHT bis zu 2,5 kg
TIEFE 3–100 m

VERBREITUNG gemäßigte Gewässer des Nordostatlantiks und des westlichen Mittelmeers

Taucher können an Felsenriffen oder Wracks meist jüngere Fische beobachten oder ältere, die zum Laichen in die Nähe der Küste gekommen sind. Große Fische verlieren oft die Zeichnung und werden dunkel. Diese Art hat einen breiteren Körper als die meisten anderen Dorsche. Die Kinnbartel und die Bauchflossen ermöglichen die Suche nach Krebstieren, Mollusken und Würmern.

ORDNUNG GADIFORMES

Kabeljau

Gadus morhua

LÄNGE bis zu 2 m
GEWICHT bis zu 90 kg
TIEFE 0–600 m

VERBREITUNG gemäßigte und kalte Gewässer des Nordatlantiks

Der Kabeljau ist ein kräftig gebauter Fisch mit großem Kopf, unterständigem Maul und einer einzelnen, langen Kinnbartel. Die Schuppen sind klein und länglich. Die Färbung reicht von einem rötlichen Ton, besonders bei jungen Fischen, bis zu einem fleckigen Braun mit auffälligem weißem Längsstreifen. Der Kabeljau lebt in Schwärmen im Bereich des Kontinentalschelfs. Meist sucht er in Tiefen von 30–80 m über Schlick- und Sandflächen nach Nahrung. Erwachsene Tiere wandern meist Anfang Frühjahr zu ihren Laichplätzen, an denen jedes Weibchen mehrere Millionen Eier abgibt. Ein Kabeljau kann mindestens 25 Jahre alt werden und ausgewachsene Tiere werden über 90 kg schwer, doch durch die heutigen Techniken werden die Fische schon lange vorher gefangen. Fische von mehr als 15 kg Gewicht sind heute selten. Dennoch gehören der Atlantische und der Pazifische Kabeljau zu den wichtigsten kommerziell genutzten Arten.

FLOSSEN UND SCHUPPEN
Der Kabeljau hat drei Rücken- und zwei Afterflossen. Die Schuppen haben Wachstumsringe, die eine Altersbestimmung erlauben.

MENSCHLICHER EINFLUSS

ÜBERFISCHUNG

Man hielt Kabeljaubestände früher für unerschöpflich, doch sind sie meist drastisch zurückgegangen. Es gibt noch separate Populationen, die an bestimmten Orten in etwa 200 m Tiefe laichen. Als die Bestände vor Kanada in den frühen 1990ern zusammenbrachen, wurden Fangverbote eingeführt, doch die Bestände haben sich nicht wieder vollständig erholt. In der Nordsee wurde der völlige Zusammenbruch verhindert, doch der Bestand ist immer noch gefährdet.

AUF FUTTERSUCHE
Der Kabeljau sucht in mittleren und unteren Wasserschichten nach Schwarmfischen wie Heringen, Krebsen, Würmern und Mollusken.

ORDNUNG GADIFORMES

Mittelmeerquappe

Gaidropsarus mediterraneus

LÄNGE bis zu 50 cm

GEWICHT bis zu 1 kg

TIEFE 0–450 m

VERBREITUNG gemäßigte Gewässer des Nordostatlantiks und des Mittelmeers

Quappen besitzen zwei Rückenflossen, von denen die erste ein sich ständig bewegender Saum einzelner Strahlen ist. Man findet die dunkelbraunen, manchmal auch helleren Fische in Gezeitentümpeln, in denen sie mit ihren Barteln Nahrung suchen.

ORDNUNG GADIFORMES

Lumb

Brosme brosme

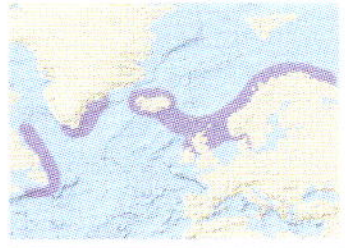

LÄNGE bis zu 1,2 m

GEWICHT 12–30 kg

TIEFE 20–1000 m

VERBREITUNG gemäßigte und kalte Gewässer des Nordatlantiks

Dieser schwere Vertreter der Ordnung Gadiformes lebt zwischen den Steinen in küstenfernen Gewässern, wo er Krebstiere und Mollusken sucht. Er besitzt eine Kinnbartel und lange Rücken- und Afterflossen, die weiß gerandet sind. Im Sommer geben die Tiere zwei bis drei Millionen Eier ab, die sich im Plankton entwickeln. Der Lumb kann 20 Jahre alt werden. Er wird besonders vor Norwegen mit Schleppnetzen, Langleinen und auch von Anglern gefangen.

ORDNUNG GADIFORMES

Pazifischer Grenadier

Coryphaenoides acrolepis

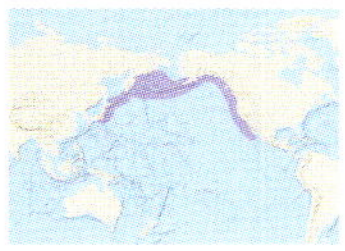

LÄNGE bis zu 1 m

GEWICHT bis zu 3 kg

TIEFE 300–3700 m

VERBREITUNG tiefe, gemäßigte Gewässer des Nordpazifik

Der Pazifische Grenadier ist eine von rund 300 Grenadier-Arten, die knapp vor den Kontinentalschelfen in großer Zahl leben. Grenadiere nennt man auch Rattenschwänze, da sie große Augen, eine spitze Schnauze und einen langen, schuppigen Schwanz haben. Der Pazifische Grenadier ist dunkelbraun und besitzt eine große Rückenflosse. Eine weitere niedrige Flosse verläuft über Rücken und Schwanz. Die Art sucht meist in Bodennähe nach Nahrung. Manchmal steigt sie in mittlere Wasserschichten auf und stellt Kalmaren, Garnelen und kleinen Fischen nach.

ORDNUNG OPHIDIIFORMES

Eingeweidefisch

Carapus acus

LÄNGE bis zu 21 cm

GEWICHT unbekannt

TIEFE bis zu 100 m

VERBREITUNG Mittelmeer; gelegentlich auch in subtropischen Gewässern des Ostatlantiks zu finden

Erwachsene Eingeweidefische leben im Innern von Seegurken. Um leicht hinein- und hinausschlüpfen zu können, hat der Eingeweidefisch einen aalartigen Körper, keine Bauchflossen und keine Schuppen. Er ist silberweiß gefärbt, mit rötlicher Zeichnung. Nachts verlässt er die Seegurke, um nach Wirbellosen zu suchen, und kehrt mit dem Schwanz zuerst in die Kloake zurück. Der Eingeweidefisch kann allerdings auch die Gonaden und andere Organe seines Wirts fressen.

ORDNUNG OPHIDIIFORMES

Bartmännchen

Chilara taylori

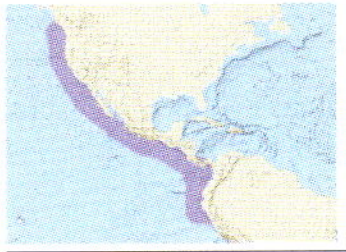

LÄNGE bis zu 37 cm

GEWICHT unbekannt

TIEFE 0–280 m

VERBREITUNG gemäßigte und subtropische Gewässer des Ostpazifik

Da das Bartmännchen eine bevorzugte Nahrung der Seelöwen, Kormorane und anderer tauchender Vögel darstellt, ist es hauptsächlich in der Nacht oder an bedeckten Tagen aktiv. Bei Gefahr kann es im Schutt verschwinden oder mit dem Schwanz voran in seinen mit Schleim ausgekleideten Bau schlüpfen. Anders als Aale besitzen Bartmännchen Schuppen sowie Bauchflossen, die vorn unter dem Kopf zu einem gegabelten Strahl reduziert sind. Die Eier werden ins freie Wasser abgegeben und die Larven leben nahe der Oberfläche. Die Jungen treiben eine längere Zeit im Wasser, bevor sie sich auf dem Grund niederlassen. Es gibt zwar verschiedene Bartmännchen, doch dies ist die einzige Art dieser Gattung.

ORDNUNG BATRACHOIDIFORMES

Austern-Froschfisch

Opsanus tau

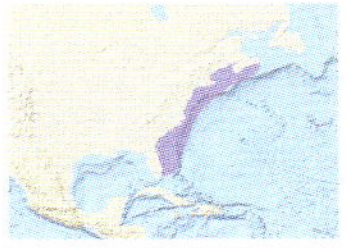

LÄNGE bis zu 43 cm

GEWICHT bis zu 2,2 kg

TIEFE 0–5 m

VERBREITUNG gemäßigte und subtropische Gewässer des Nordwestatlantiks

Manche Leute finden den Austern-Froschfisch mit seinem flachen Kopf, dem Krötenmaul und den dicken Lippen hässlich. Er hat auch Fransen am Kinn, hervorstehende Augen und zwei Rückenflossen, von denen die erste stachlig ist. Seine Form und Farbe tarnen ihn zwischen Steinen und Schutt. Der robuste Fisch toleriert schmutziges und mit Abfällen belastetes Wasser und lebt oft unter Landungsbrücken. Für Experimente wird er auch im Aquarium gezüchtet. Außerdem ist er ein beliebter Sportfisch.

BALZGESÄNGE

Menschen, die an der Ostküste der USA in Hausbooten leben, werden zwischen April und Oktober manchmal nachts von lauten Grunzgeräuschen geweckt. Schuld daran sind Austern-Froschfisch-Männchen, die Weibchen dazu bringen wollen, in ihren Nestern zu laichen. Sie erzeugen die Töne, indem sie ihre wie ein Trommelfell wirkende Schwimmblase mit Muskeln zum Schwingen bringen. Das Männchen bewacht die Eier bis zum Schlupf nach etwa vier Wochen.

ORDNUNG LOPHIIFORMES

Haariger Fächerflosser

Caulophryne jordani

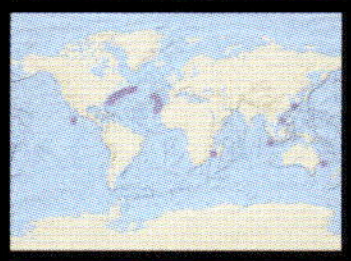

LÄNGE Weibchen bis zu 20 cm; Männchen unbekannt, aber kleiner

GEWICHT unbekannt

TIEFE 100–1500 m

VERBREITUNG weltweit in tiefen Gewässern

Zu den Anglerfischen gehören einige der bizarrsten Fische und dieser ist sicher einer davon. Er hat ein großes Maul, winzige Augen und große Rücken- und Afterflossen mit weit abstehenden Flossenstrahlen. Er ist auch mit Sinneshaaren bedeckt, mit denen wohl eine räumliche Wahrnehmung der Beute möglich ist. Wie die meisten Angler trägt er eine bewegliche, leuchtende Angel auf dem Kopf, die aus dem ersten Strahl der Rückenflosse besteht. Die Lebensweise dieser Art ist kaum bekannt, da bisher nur wenige Tiere gefangen worden sind. Bei anderen Tiefsee-Anglerfischen dient die Angel jedenfalls dem Fang der Beute. Der Fisch reißt sein Maul auf und erzeugt damit einen Sog, sodass die Beute in einem Sekundenbruchteil verschwunden ist. In der Tiefsee ist Nahrung knapp und die dort lebenden Anglerfische besitzen sehr große Mäuler und dehnbare Mägen, sodass sie Beute verschlingen können, die so groß oder sogar größer als sie selbst ist. Der Haarige Fächerflosser gehört zur Familie der Fächerflosser (Caulophrynidae). Die Männchen sind winzig, besitzen keine Angeln und leben als Parasiten auf den Weibchen. Dies wurde 2018 zum ersten Mal beobachtet und gefilmt. Die meisten gefangenen Exemplare werden durch die Netze und den Druckunterschied beschädigt, bevor sie an der Wasseroberfläche ankommen.

ORDNUNG LOPHIIFORMES

Gepunktete Seefledermaus

Ogcocephalus radiatus

LÄNGE bis zu 38 cm

GEWICHT unbekannt

TIEFE 0–70 m

VERBREITUNG subtropische Gewässer des Westatlantiks und Golf von Mexiko

Die Seefledermäuse der Familie Ogcocephalidae gehören zu den am seltsamsten geformten Anglerfischen. Sie können mithilfe ihrer paarigen Brust- und Bauchflossen auf der Suche nach Würmern, Krebstieren und Fischen über den Meeresgrund laufen. Die Gepunktete Seefledermaus besitzt eine sehr kurze Angel und scheint ihre Beute eher mit Geruchsstoffen anzulocken. Ihre harte, stachlige Haut schützt sie vor Räubern, doch die Tiere sind so langsam, dass Taucher sie leicht hochheben können.

ORDNUNG LOPHIIFORMES

Tiefsee-Anglerfisch

Bufoceratias wedli

LÄNGE Weibchen bis zu 25 cm; Größe der Männchen unbestimmt

GEWICHT unbekannt

TIEFE 300–1750 m

VERBREITUNG Golf von Mexiko, Karibisches Meer, Atlantik

Der kleine, dunkel gefärbte Anglerfisch hat einen runden Körper, zarte Flossen und eine lange Angel (Illicium) mit einem leuchtenden Köder. Eine zweite, viel kleinere Angel auf dem Kopf ist oftmals kaum zu sehen. Skelett und Muskeln des Fischs sind schwach ausgeprägt, sodass er leicht im Wasser schwebt. Schwimmen braucht er nicht zu können, da er seine Beute anlocken kann. Weibchen sind bereits von Tauchbooten unbeschädigt gefangen worden, indem man sie mit einer sogenannten Slurp-Gun in einen Behälter gesaugt hat. So konnten sie lebend fotografiert werden. Männchen hat man bisher nicht beobachten können, aber sie sind wohl recht klein und frei lebend.

ORDNUNG LOPHIIFORMES

Endeavours Seekröte

Chaunax endeavouri

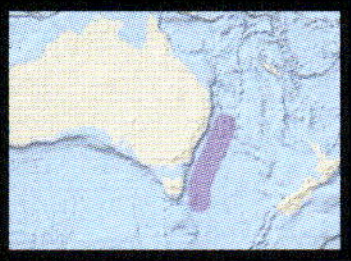

LÄNGE bis zu 22 cm

GEWICHT unbekannt

TIEFE 50–300 m

VERBREITUNG gemäßigte Gewässer vor der Ostküste Australiens im Südwestpazifik

Diese Seekröte ähnelt einem mit kleinen Stacheln bedeckten rosa Ballon, der sich durch Aufblasen vergrößern kann. Sie gehört zur Familie der

Seekröten (Chaunacidae), die schlaffe Körper mit lockerer Haut besitzen. Wie andere Anglerfische hat auch dieser eine Angel, die aber klein ist und in einer Vertiefung über dem Maul verborgen werden kann. Man weiß wenig über die Tiere, doch die meiste Zeit scheinen sie ruhig auf schlammigem Grund zu liegen. Man findet sie meistens in tiefem Wasser auf dem Kontinentalschelf und -hang, doch auch bereits in 50 m Tiefe.

ORDNUNG LOPHIIFORMES

Sargassum-Anglerfisch

Histrio histrio

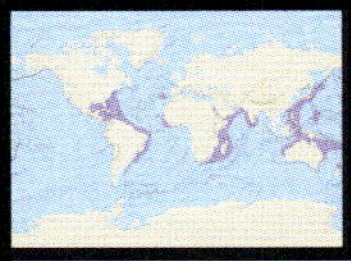

LÄNGE bis zu 20 cm

GEWICHT unbekannt

TIEFE ungefähr 0–11 m

VERBREITUNG tropische und subtropische Meere weltweit; im Ostpazifik nicht nachgewiesen

Dieser Angler der Familie Antennariidae lebt in treibendem *Sargassum*-Seetang. Er benutzt seine zum Greifen geeigneten Brustflossen, um sich am Tang festzuhalten und sich dort fortzubewegen. Mit den Hautfransen, seiner Fleckenzeichnung und seiner Färbung ist der *Sargassum*-Angler gut getarnt und kann kleine Fische und Garnelen anlocken. Bei Bedrohung kann er auf die Tangpolster klettern. Manchmal werden die Fische mit dem Tang an Land gespült.

ORDNUNG LOPHIIFORMES

Seeteufel

Lophius piscatorius

LÄNGE bis zu 2 m

GEWICHT bis zu 57 kg

TIEFE 20–1000 m

VERBREITUNG Nordostatlantik südlich von Westafrika, Mittelmeer und Schwarzes Meer

Der Kopf dieses Anglers wirkt wie ein platter Fußball, der mit tangähnlichen Hautlappen gesäumt ist und über einen flachen Körper zum Schwanz hin ausläuft. Die dunkel marmorierte, grünlich braune Haut hilft dem Angler ebenfalls, im Sediment des Meeresbodens nicht aufzufallen. Er liegt geduldig auf dem Grund und ist bereit, jeden Fisch einzusaugen, den er mit dem Zucken seiner Angel anlocken kann. Große Seeteufel können sogar ins Wasser hochschießen und tauchende Vögel verschlingen. Die Art hat gut entwickelte Brustflossen an armähnlichen Flossenbasen mit »Ellenbogen«, sodass sie über den Grund laufen kann. Seeteufel werden auch als Lotte oder einfach als Anglerfisch bezeichnet. Wegen ihres weißen, festen Fleischs sind sie beliebte Speisefische.

ORDNUNG LOPHIIFORMES

Buckliger Anglerfisch

Melanocetus johnsonii

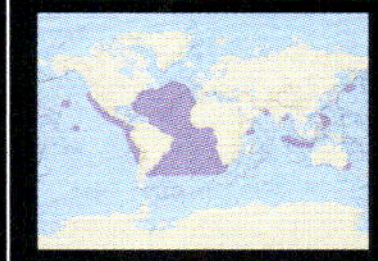

LÄNGE Weibchen 18 cm; Männchen 3 cm

GEWICHT unbekannt

TIEFE bis zu 2000 m

VERBREITUNG Tiefseegebiete in Atlantik, Pazifik und Indischem Ozean

Das Weibchen dieses Anglerfischs hat einen großen Kopf und riesige Kiefer mit sehr langen, dolchartigen Zähnen, mit denen es Fische fangen kann, die größer als es selbst sind. Sein dehnbarer Magen und die lockere Haut helfen bei der Bewältigung der Beute. Obwohl die Weibchen nicht vollständig blind sind, sind ihre Augen klein, sodass sie wohl ihre Beute erst erkennen, wenn sie in Reichweite der leuchtenden Angel ist. Im Vergleich zum Weibchen ist das Männchen winzig. Es findet seine Partnerin mithilfe des Geruchssinns. Es hat keine Zähne, sondern befestigt sich mit Haken an seiner Schnauze am Weibchen. Wenn das Weibchen Eier legt, besamt das Männchen sie. Es schwimmt nun weg, aber wie lange es dann noch lebt, ist unbekannt. Als Jungtiere leben beide Geschlechter in Oberflächennähe, wo sie sich von Zooplankton ernähren.

ORDNUNG LOPHIIFORMES

Weicher Anglerfisch

Haplophryne mollis

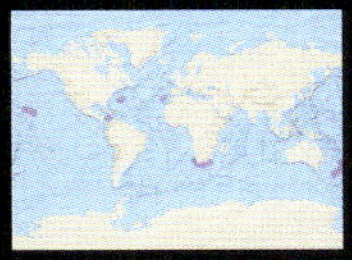

LÄNGE Weibchen 8 cm; Männchen 2 cm

GEWICHT unbekannt

TIEFE 200–2000 m

VERBREITUNG tropische und subtropische Tiefseebereiche weltweit

Dieser Tiefsee-Anglerfisch hat eine unpigmentierte Haut. Erwachsene Weibchen besitzen einen fast runden Körper, viele kleine Zähne und Stacheln über den Augen sowie hinter dem Maul. Die Angel besteht nur aus einem kleinen Hautlappen. Wie bei vielen Tiefsee-Anglern bleiben die Männchen sehr klein und müssen nur mit ihrem guten Geruchssinn ein Weibchen finden und sich an ihm mit speziellen Haken anklammern. Die Partnersuche ist in der Tiefsee schwierig und durch das an ihm befestigte Männchen kann sich das Weibchen sicher sein, dass seine Eier befruchtet werden. Die Männchen werden schließlich zu Parasiten und verbeißen sich in der Haut des Weibchens. Mit der Zeit verschmelzen die Blutkreisläufe und das Männchen wird vom Weibchen ernährt. Auf einem Weibchen hat man schon bis zu drei Männchen gefunden.

ORDNUNG GOBIESOCIFORMES

Blaufleck-Schildfisch

Lepadogaster lepadogaster

LÄNGE 7 cm
GEWICHT unbekannt
TIEFE 0–2 m

VERBREITUNG gemäßigte Gewässer des Nordostatlantiks, Mittelmeer und Schwarzes Meer

Starke Wellen stellen für den kleinen Fisch kein Problem dar, da er sich mit den umgebildeten Bauchflossen an Felsen festsaugen kann. Der Körper und der dreieckige Kopf mit seiner schnabelartigen Schnauze sind abgeflacht. So kann der Fisch leicht zwischen Steine schlüpfen. Da er auch nur wenige Zentimeter lang ist, ist er nicht leicht zu finden – es sei denn, man dreht Steine und Tang um oder sucht in Gezeitentümpeln. Die Farbe dieses Schildfischs ist variabel, doch weist er immer zwei braun, rot oder schwarz gerandete Flecke hinter dem Kopf und einen kleinen Tentakel vor jedem Auge auf. Im Frühjahr oder Sommer kleben die Weibchen Ballen goldgelber Eier an die Unterseiten von Steinen an der Küste. Die Eiballen werden bis zum Schlupf von den Eltern bewacht.

ORDNUNG BELONIFORMES

Kinnbartel-Flugfisch

Cheilopogon heterurus

LÄNGE bis zu 40 cm
GEWICHT unbekannt
TIEFE nahe der Wasseroberfläche

VERBREITUNG tropische und gemäßigt-warme Gewässer weltweit

Diese Art ist an ihren sehr großen, flügelartigen Brust- und Bauchflossen zu erkennen. Wenn ein Fressfeind, etwa ein Thunfisch, von unten her angreift, beschleunigt der Flugfisch mit seinem gegabelten Schwanz, breitet im letzten Moment die »Flügel« aus und hebt von der Wasseroberfläche ab. Der Fisch schlägt auch beim Flug weiterhin mit dem Schwanz und kann auf diese Weise über 100 m weit fliegen. Die Fische sind essbar, werden aber nicht kommerziell gefangen.

ORDNUNG BELONIFORMES

Krokodil-Hornhecht

Tylosurus crocodilus

LÄNGE bis zu 1,5 m
GEWICHT bis zu 6,5 kg
TIEFE 0–13 m

VERBREITUNG tropische Gewässer, weltweit in Korallenriffen

Der mit seiner silbrigen Farbe und nadelartigen Form fast unsichtbare Hornhecht schwimmt knapp unter der Wasseroberfläche und jagt andere Fische, die ebenfalls in Korallenriffen leben. Die lange, spitze Schnauze ist speerförmig. Es sind Fälle bekannt, in denen kleine Boote durchbohrt und Menschen verletzt wurden, wenn die Fische erschreckt aus dem Wasser sprangen. Sie sind zwar essbar, aber wegen seines grün gefärbten Fleischs nicht sehr beliebt.

ORDNUNG BELONIFORMES

Makrelenhecht

Scomberesox saurus

LÄNGE bis zu 50 cm
GEWICHT unbekannt
TIEFE 0–30 m

VERBREITUNG nördlicher, nordwestlicher und östlicher Atlantik, Mittelmeer

Obwohl er nicht so dünn wie die verwandten Hornhechte ist, hat der Makrelenhecht einen ähnlich schmalen Körper und eine schnabelförmige Schnauze. Der Körper ist oben grün und an den Seiten silbern gefärbt. Er weist eine einzelne Rücken- und Afterflosse auf, auf die jeweils eine Reihe von Flösselchen folgt. Die Fische leben in großen Schwärmen, die kleinere Fische und Garnelen jagen. Sie werden bei Nacht mit Lampen kommerziell gefangen.

ORDNUNG HOLOCENTRIFORMES

Weißsaum-Soldatenfisch

Myripristis vittata

LÄNGE bis zu 25 cm
GEWICHT unbekannt
TIEFE 3–80 m

VERBREITUNG tropische Gewässer des Indischen und des Pazifischen Ozeans

Soldatenfische sind nachtaktive Riffbewohner, die sich tagsüber in Gruppen in Höhlen und unter Überhängen im Riff verstecken. Wie die meisten Soldatenfische (Familie Holocentridae) ist auch diese Art orangerot gefärbt. Die Vorderkanten der unpaarigen Flossen sind weiß abgesetzt. In größeren Tiefen, wo kein rotes Licht hinkommt, erscheint der Fisch schwarz oder grau, sodass er besonders in den tieferen Bereichen des Riffs gut getarnt ist. Wie viele nachtaktive Fische hat er große Augen, mit denen er seine planktonische Beute in schwachem Licht erkennen kann. Er hat eine kurze, stumpfe Schnauze, große Schuppen und einen weit gegabelten Schwanz. Taucher haben beobachtet, dass manche Tiere in einem Schwarm regelmäßig auf dem Rücken schwimmen.

ORDNUNG TRACHICHTHYIFORMES

Tannenzapfenfisch

Cleidopus gloriamaris

LÄNGE bis zu 22 cm
GEWICHT bis zu 500 g
TIEFE 3–200 m

VERBREITUNG gemäßigte Gewässer im östlichen Indischen Ozean und im Südwestpazifik um Australien

Der Tannenzapfenfisch ist von einer Rüstung aus dicken Schuppen umgeben, die zusätzlich Stacheln tragen. Auf diese Weise ist er zu seinem Namen gekommen. Der in Höhlen und unter Riffvorsprüngen lebende Fisch trägt am Unterkiefer ein Paar Leuchtorgane, die biolumineszente Bakterien enthalten. Die Organe werden vom Oberkiefer verdeckt, sodass sie nur bei offenem Maul leuchten. Dieser Fisch jagt nachts kleine Fische und Krebstiere, die vom Licht angelockt werden.

ORDNUNG TRACHICHTHYIFORMES

Blitzlichtfisch

Photoblepharon palpebratum

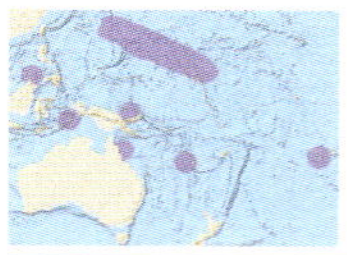

LÄNGE 12 cm
GEWICHT unbekannt
TIEFE 1–50 m

VERBREITUNG tropische Gewässer des westlichen und mittleren Pazifik

An diesem kleinen Fisch fallen die großen Leuchtorgane unter den Augen auf. Das blaugrüne Licht kann mit einer lidähnlichen schwarzen Membran ein- und ausgeschaltet werden. Die Fische sind nachtaktiv und fressen oft in großen Gruppen. Sie benutzen das Licht zur Kommunikation, um Fressfeinde abzuschrecken und Plankton als Nahrung zu finden. Manchmal können Taucher die Tiere an Riffhängen beobachten. Tagsüber sieht man sie kaum, da sie sich dann in Höhlen verstecken.

ORDNUNG TRACHICHTHYIFORMES

Fangzahn

Anoplogaster cornuta

LÄNGE 15–18 cm

GEWICHT unbekannt

TIEFE 500–5000 m

VERBREITUNG Tiefwasserzonen in gemäßigten und tropischen Gewässern weltweit

Die großen Säbelzähne dieses Tiefseeräubers sollen sicherstellen, dass sein Opfer keine Chance zum Entkommen hat, denn Beute ist in der Tiefsee rar. Die Zähne sind nicht zum Kauen geeignet, sodass der Fangzahn seine Beute ähnlich wie eine Schlange am Stück verschlingt. Die erwachsenen Tiere sind einfarbig schwarz oder braun gefärbt und können in Tiefen von bis zu 5000 m leben, kommen aber zwischen 500 und 2000 m am häufigsten vor. Sie jagen allein oder in Kleingruppen. Junge Fangzähne unterscheiden sich sehr von den erwachsenen und sind bis 1955 für eine eigene Art gehalten worden. Sie sind heller gefärbt und tragen lange Stacheln auf dem Kopf. Sie leben in eher flachem, teils nur 50 m tiefem Wasser und fressen hauptsächlich Krebstiere. Erwachsene Weibchen geben ihre Eier direkt ins Wasser ab, wo die planktonischen Larven schlüpfen. Die jungen Tiere nehmen die Form der erwachsenen an, wenn sie etwa 8 cm lang sind.

ORDNUNG TRACHICHTHYIFORMES

Granatbarsch

Hoplostethus atlanticus

LÄNGE 50–75 cm

GEWICHT bis zu 7 kg

TIEFE 900–1800 m

VERBREITUNG Nord- und Südatlantik, Indischer Ozean, südwestlicher und östlicher Pazifik

Die auch als Kaiserbarsch bezeichnete Art gehört zu den langlebigsten Fischen. Einzelne Tiere sind mindestens 250 Jahre alt geworden. Die Fische sind ziegelrot, erscheinen im tiefen Wasser jedoch schwarz und können sich so gut verstecken. Sie leben über unebenem Grund und Kaltwasser-Korallenriffen (siehe S. 179). Die Tiefseefischerei verfolgt diesen Fisch und da er langsam wächst und spät geschlechtsreif wird, verträgt er diesen Raubbau nicht. In Australasien sollen sich die Bestände durch effektives Management erholen.

ORDNUNG ZEIFORMES

Heringskönig

Zeus faber

LÄNGE bis 90 cm

GEWICHT 8 kg

TIEFE 5–400 m

VERBREITUNG Ostatlantik, Mittelmeer, Schwarzes Meer, Indischer Ozean, West- und Südwestpazifik

Der auch Petersfisch genannte Fisch ist mit seinem runden, aber sehr schmalen Körper, dem großen Maul und den auffälligen Flossen unverwechselbar. Als sehr guter Jäger schleicht er sich an seine Beute geradlinig heran. Der schmale Körper ist dann von vorn fast unsichtbar. Wenn er nah genug ist, ergreifen seine vorstreckbaren Kiefer die Beute.

HOCHSEEFISCHEREI
Der Fischfang mit kleinen Kuttern ist eine sehr harte und oft gefährliche Arbeit. Viele Fischer sind im Lauf der Jahre auf See verschollen.

Fischfang

Der Reichtum der See hat den Menschen hochwertige Nahrung und viele nützliche Nebenprodukte geliefert. Er erhält viele Küstengemeinschaften auf der ganzen Welt. Fisch ist lange als unerschöpfliche Ressource betrachtet worden. Doch der industriell betriebene Fischfang hat Folgen. Viele Fischbestände sind bereits zusammengebrochen und andere werden sich wohl nie mehr erholen. Der weltweite Fang von Fischen und Schalentieren stieg von 16,7 Mio. Tonnen im Jahr 1950 auf 87,7 Mio. Tonnen im Jahr 1996, mit einigen Einbußen wegen schlechter Anchovis-Fänge in El-Niño-Jahren (siehe S. 68–69). Danach gingen die Fänge teils zurück und teils stiegen sie wieder. Im Jahr 2018 betrugen sie 84,4 Mio. Tonnen.

Es gibt viele Gründe, warum die Fangmethoden nicht nachhaltig sind. Ein Grundproblem ist, dass die Bestände niemandem »gehören«. Es besteht kein Anreiz, den Fischfang zum Schutz der Bestände einzustellen, wenn andere ihn legal oder illegal weiter betreiben. Es ist schwer, den Bestand zu schätzen, und der illegale Fang verzerrt die Statistiken.

Viele Fangmethoden sind nicht selektiv und führen zu enormer Verschwendung, da unerwünschte Fische (»Beifang«) weggeworfen und auch viele Wale, Schildkröten und Seevögel gefangen werden. Netze mit Öffnungen für Schildkröten und Leinen mit Warnmarkierungen für Albatrosse sollen diese Tiere schützen. Sandaale und andere Kleinfische, die für Seevögel wie Papageitaucher lebenswichtig sind, werden zu Fischmehl für Nutztiere verarbeitet. Es gibt aber auch nachhaltige Formen des Fischfangs und Informationen für Konsumenten, wie man ein gutes Fischereimanagement unterstützen kann.

Traditioneller Fischfang

Die traditionelle Fischerei mit kleinen Geräten ist selten eine Bedrohung des Fischbestands. Fisch ist eine wichtige Nahrungsquelle, besonders in Ländern der dritten Welt, in denen er bis zu 80% der Proteinversorgung sichert. Die Fischerei ist in diesen Ländern auch ein wichtiger Wirtschaftszweig und trotzdem macht die lokale traditionelle Fischerei nur 10% der globalen Fischmenge aus.

STELZENFISCHER *Diese Methode wird heute noch in Thailand und Sri Lanka praktiziert. Die Fischer werfen ihre Leinen aus, während sie auf Pfählen stehen.*

FISCHEREI UND UMWELT

ZERSTÖRUNG UND VERSCHWENDUNG

GRUNDSCHLEPPNETZE *Schleppnetze schädigen die marinen Lebensräume und wühlen Sedimente auf, die sich auf sessilen Tieren ablagern. Die schweren Metalldredschen sind besonders schädlich.*

GARNELEN MIT BEIFANG *Mit den erwünschten Garnelen werden auch bis zu 10 % anderer Arten gefangen und später weggeworfen.*

GEFAHREN FÜR DIE TIERWELT

FISCHEREIGERÄT *Tausende von Tieren sterben, weil sie sich in Fischereigeräten verfangen. Dies hier ist eine von weniger als 1500 Hawaii-Mönchsrobben.*

SCHILDKRÖTE *Die oft Dutzende von Kilometern messenden Langleinen mit Tausenden von Haken töten Schildkröten, Haie und Seevögel.*

FISCHFARMEN

MUSCHELFARM *Die Muschelzucht in Netzen oder an Seilen verhindert, dass der Meeresgrund aufgewühlt und andere Arten gestört werden.*

THUNFISCHMAST *Das Mästen gefangener Roter Thune kann überfischte Bestände weiter dezimieren. Es wird aber von einer internationalen Kommission überwacht.*

ORDNUNG SYNGNATHIFORMES

Großer Fetzenfisch

Phycodurus eques

LÄNGE 35 cm

GEWICHT unbekannt

TIEFE 4–30 m

VERBREITUNG östlicher Indischer Ozean, entlang der Südküste Australiens

Man kann sich kaum etwas weniger Fischähnliches als den Fetzenfisch vorstellen. Die bizarren Fransen und Lappen, die seine Körperform auflösen, verwirren sowohl Fressfeinde als auch Beute. Sogar Körper und Schwanz scheinen verbogen zu sein, um dem Tang noch ähnlicher zu sehen. Der nah mit den Seepferdchen verwandte Fetzenfisch hat eine ähnliche, doch viel längere Röhrenschnauze als sie. Der Fisch zielt damit auf Krebschen und saugt sie plötzlich ein. Er lebt auf felsigen, mit Seetang bedeckten Riffen und im Seegras. Anders als Seepferdchen kann er sich nicht mit dem Schwanz festhalten. Er bewegt sich langsam und schaukelt mit den Wellen, um die Tarnung perfekt zu machen. Wie bei Seepferdchen und Seenadeln deponiert das Weibchen die Eier am Bauch des Männchens, das sie bis zum Schlupf trägt.

ORDNUNG SYNGNATHIFORMES

Karib. Trompetenfisch

Aulostomus maculatus

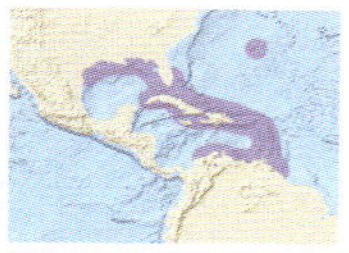

LÄNGE bis zu 1 m

GEWICHT unbekannt

TIEFE 2–25 m

VERBREITUNG Golf von Mexiko, Karibisches Meer und subtropische Gewässer des Westatlantiks

Der Trompetenfisch ähnelt einem Stück Treibholz, wenn er sich zwischen Gorgonien und anderen Korallen versteckt. Er hat einen langen, schlanken Körper und wenn er sein Maul öffnet, ähnelt die Schnauze einer dünnen Trompete. Er ist für gewöhnlich braun, doch manche Exemplare haben einen gelben Körper. Er jagt, indem er Fischschwärmen auflauert, folgt aber auch Raubfischen wie Muränen und erbeutet Fische, die sie aus ihren Verstecken getrieben haben.

ORDNUNG SYNGNATHIFORMES

Schlangen-Seenadel

Entelurus aequoreus

LÄNGE bis zu 60 cm

GEWICHT unbekannt

TIEFE 10–100 m

VERBREITUNG gemäßigte Gewässer des Nordostatlantiks

Auf den ersten Blick könnte man diese Seenadel leicht für eine kleine Seeschlange halten. Der lange, drehrunde Körper läuft in einen Schwanz mit einer winzigen Flosse aus. Er ist orange-braun mit hellblauen Bändern. Jedoch ist wie bei allen Seenadeln und -pferdchen die Schnauze zu einer Röhre ausgezogen, mit der die Tiere Kleinkrebse und Fischlarven aufsaugen. Seenadeln haben keine Schuppen. Ihr Körper wird dafür von Knochenplatten unter der Haut geschützt.

Das Weibchen klebt im Sommer einige Hundert Eier an den abgeflachten Bauch des Männchens. Die Jungen schwimmen frei, wenn sie etwa 1 cm lang sind. Da die Zahl der Sandaale abnimmt, verfüttern Papageitaucher zunehmend Seenadeln an ihre Jungen. Allerdings ersticken oder verhungern manche Jungtiere bei dieser Ernährung.

ORDNUNG SYNGNATHIFORMES

Schmuck-Geisterpfeifenfisch

Solenostomus paradoxus

LÄNGE 12 cm

GEWICHT unbekannt

TIEFE unbekannt

VERBREITUNG tropische Riffe im Indischen Ozean und im West- und Südwestpazifik

Dieser Geisterpfeifenfisch sieht aus, als habe er Flügel an den Seiten seines langen, dünnen Körpers. Tatsächlich sind das die großen Bauchflossen, zwischen denen das Weibchen die Eier trägt. Die Flossen sind zu einer Art Tasche geformt, die die Eier bis zum Schlupf aufnimmt. Diese Geisterpfeifenfische zeigen verschiedenste bunte Farben und Muster und ahmen damit Haarsterne und Schwarze Korallen nach, zwischen denen sie leben. Sie schwimmen oft mit dem Kopf nach unten, um sich wie die sie umgebenden Korallenäste auszurichten.

ORDNUNG SYNGNATHIFORMES

Mittelmeer-Seepferdchen

Hippocampus hippocampus

LÄNGE 15 cm

GEWICHT unbekannt

TIEFE 5–60 m

VERBREITUNG gemäßigte und subtropische Gewässer des Nordostatlantiks und des Mittelmeers

Bei den Seepferdchen gebären die Männchen die Jungen. Nach einer aufwendigen Balz legt das Weibchen die Eier in eine Bruttasche am Bauch des Männchens. Die Tasche wird geschlossen, bis die Jungen schlüpfen. Diese Art lässt sich an der kurzen Schnauze erkennen, die weniger als ein Drittel der Kopflänge beträgt.

LEBEN IM MEER

ORDNUNG CALLIONYMIFORMES

Mandarinfisch

Synchiropus splendidus

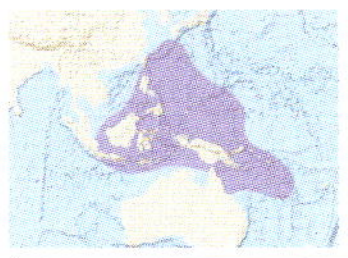

LÄNGE bis zu 6 cm
GEWICHT unbekannt
TIEFE 1–18 m
VERBREITUNG tropische Gewässer des Südwestpazifik

Mit seiner bunten Färbung ist der Mandarinfisch einer der prächtigsten Rifffische. Seine Haut ist von schlecht schmeckendem Schleim bedeckt und seine Farben warnen Raubfische davor. Kleine Gruppen leben in Küstennähe auf mit Silt bedecktem Grund zwischen Korallen und Geröll. Die meisten Leierfische (Familie Callionymidae), zu denen er gehört, sind in der Färbung an die Umgebung angepasst. Er ist ein beliebter, aber nicht leicht zu pflegender Aquarienfisch.

ORDNUNG GOBIIFORMES

Gelbe Partnergrundel

Cryptocentrus cinctus

LÄNGE bis zu 8 cm
GEWICHT unbekannt
TIEFE 1–15 m
VERBREITUNG tropische Gewässer des nordöstlichen Indischen Ozeans und des Südwestpazifik

Partnergrundeln teilen ihre sandigen Baue mit Knallkrebsen der Gattung Alpheus. Die Krebse heben mit ihren starken Scheren den Bau aus, während die Grundeln mit ihren guten Augen als Wache dienen. Die Gelbe Partnergrundel hat große, hoch sitzende Augen, dicke Lippen und zwei Rückenflossen. Obwohl sie meist gelb mit schwachen dunklen Bändern gezeichnet ist, kann sie auch weißgrau sein. Die Art lebt auf sandigem Grund in Lagunen und Buchten.

ORDNUNG PERCIFORMES

Rotfeuerfisch

Pterois volitans

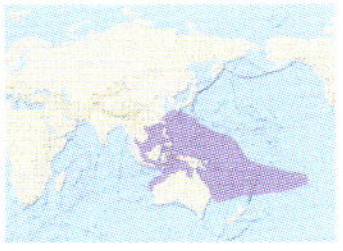

LÄNGE bis zu 38 cm
GEWICHT unbekannt
TIEFE 2–55 m
VERBREITUNG tropische Gewässer des östlichen Indischen Ozeans und des Westpazifik

Obwohl der Rotfeuerfisch schmerzhaft stechen kann, ist er für Menschen in der Regel nicht gefährlich. Die auffällige Färbung dient sowohl Tauchern als auch potenziellen Fressfeinden als Warnung. Er jagt nachts und benutzt seine weit gespreizten Brustflossen, um Fische, Garnelen und Krabben im Riff in die Enge zu treiben.

ORDNUNG PERCIFORMES

Langstacheliger Seeskorpion, Seebull

Taurulus bubalis

LÄNGE bis zu 25 cm
GEWICHT unbekannt
TIEFE 0–100 m
VERBREITUNG gemäßigte Gewässer des Nordostatlantiks und des westlichen Mittelmeers

Der Seebull ist ein im kalten Wasser lebender Verwandter der Skorpion- und Steinfische. Wie sie liegt er auf dem Grund und hat einen breiten Kopf, ein großes Maul und stachlige Flossen. Auf jeder Wange sitzt ein scharfer Stachel, der wohl in der Fortpflanzungszeit giftig sein kann. Man findet die Fische in Gezeitentümpeln, doch sind sie schwer zu sehen, da ihre Farbe sie tarnt. Im Winter legen die Weibchen Laichballen zwischen die Steine. Sie werden vom Männchen bewacht, bis die Jungen fünf bis zwölf Wochen später schlüpfen.

ORDNUNG PERCIFORMES

Dreistachliger Stichling

Gasterosteus aculeatus

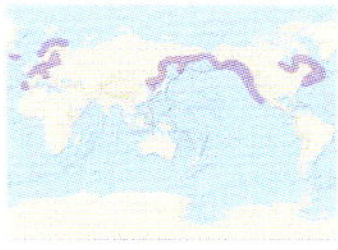

LÄNGE 11 cm
GEWICHT unbekannt
TIEFE 0–100 m
VERBREITUNG gemäßigte Gewässer des Nordatlantiks und des Nordpazifik

Der Dreistachlige Stichling lebt sowohl im Süßwasser als auch in seichten Küstengewässern. Er trägt drei spitze Stacheln auf dem Rücken und eine Reihe von Knochenplatten an den Seiten. Die Art ist durch ihre Brutpflege bekannt, bei der das Männchen ein tunnelartiges Nest aus Pflanzenmaterial baut, in das es ein oder mehrere Weibchen zum Ablaichen lockt. Die Eier befächelt es mit sauerstoffreichem Wasser.

ORDNUNG PERCIFORMES

Gebänderter Drachenkopf

Scorpaena plumieri

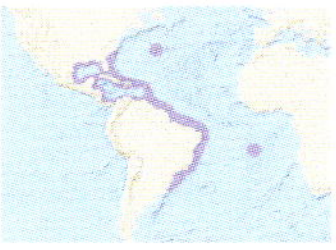

LÄNGE bis zu 45 cm
GEWICHT bis zu 1,5 kg
TIEFE 1–60 m
VERBREITUNG Westatlantik und Ostatlantik um Ascension Island und um St. Helena

Wenn er ruhig auf dem Grund liegt, ist dieser Drachenkopf dank seiner gefleckten Zeichnung und der tangähnlichen Hautlappen fast unsichtbar. Doch wenn er gestört wird, öffnet er plötzlich die großen Brustflossen und präsentiert die sich darauf befindenden weiß gepunkteten schwarzen Flecke. Diese »falschen Augen« reichen oft aus, um einen Fressfeind abzuschrecken. Außerdem sind die Stacheln der Rückenflosse dieses Fischs giftig.

ORDNUNG PERCIFORMES

Steinfisch

Synanceia verrucosa

LÄNGE bis zu 40 cm
GEWICHT bis zu 2,5 kg
TIEFE 1–30 m
VERBREITUNG tropische Gewässer des Indischen Ozeans und des Westpazifik

Der Steinfisch ist der giftigste Fisch der Welt. Sein Stich kann einen Menschen töten. An der Basis der spitzen Rückenflossenstacheln befindet sich eine Giftdrüse, die über einen Kanal mit der Spitze verbunden ist. Wenn der Steinfisch zwischen den Steinen oder auf dem Sediment im Flachwasser liegt, stimmt er in der Farbe mit dem Untergrund überein, sodass man leicht auf ihn tritt. Seine Tarnung hilft ihm, Fische zu erbeuten, die er blitzschnell in sein riesiges Maul saugt.

ORDNUNG PERCIFORMES

Seekuckuck, Kuckucksknurrhahn

Chelidonichthys cuculus

LÄNGE bis zu 50 cm

GEWICHT unbekannt

TIEFE 15–400 m

VERBREITUNG gemäßigte Gewässer des Nordostatlantiks und des Mittelmeers

Die ersten drei Brustflossenstrahlen dieses Knurrhahns sind fingerartig ausgebildet und mit Sinnesorganen bedeckt. Mit ihnen kann er über den Meeresboden laufen und Garnelen und Krabben aufspüren. Der Fisch besitzt einen großen, durch Knochenplatten geschützten Kopf und zwei getrennte Rückenflossen. Manchmal bilden die Knurrhähne Schwärme und geben kurze, grunzende Laute von sich, indem sie die Schwimmblase mit besonderen Muskeln in Schwingungen versetzen. So bleiben sie mit Artgenossen in Kontakt. Sie laichen im Frühjahr und im Sommer ab, und die Eier und Larven treiben mit dem Plankton davon. Die Tiere werden mindestens 20 Jahre alt. Obwohl der Fisch kommerziell gefangen wird, ist er kein Hauptziel der Fischerei.

ORDNUNG PERCIFORMES

Sergeant Major

Abudefduf saxatilis

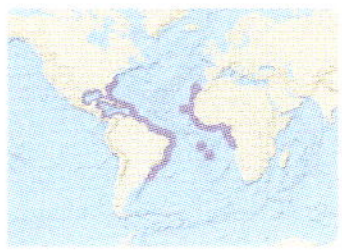

LÄNGE bis zu 23 cm

GEWICHT bis zu 200 g

TIEFE 1–15 m

VERBREITUNG tropische und subtropische Gewässer des Atlantiks

Der kleine Fisch ist in den meisten atlantischen Korallenriffen ein gewohnter Anblick. Er ist einer der am weitesten verbreiteten Vertreter der Riffbarsche (Familie Pomacentridae). Er lebt in großen Schwärmen und pickt kleine Tiere und Fischeier aus dem Wasser. In Touristengegenden werden die Fische von Tauchern und Booten angezogen und fressen fast alles Angebotene. Männchen bauen ein Nest und bewachen die vom Weibchen gelegten Eier. Eine ähnliche Art, *Abudefduf vaigiensis,* lebt im Indopazifik.

ORDNUNG PERCIFORMES

Seehase

Cyclopterus lumpus

LÄNGE bis zu 60 cm

GEWICHT bis zu 9,5 kg

TIEFE 2–400 m

VERBREITUNG gemäßigte und kalte Gewässerzonen des Nordatlantiks

Der erwachsene Seehase oder Lumpfisch sieht ein wenig grotesk aus, weil die erste Rückenflosse mit dickem Gewebe überwachsen ist. Unregelmäßige Beulenreihen verlaufen über den großen, rundlichen Körper. Die Bauchflossen bilden eine Saugscheibe, mit denen sich der Fisch trotz Wellen an Felsen in Küstennähe heften kann, wo er auch ablaicht. Das Männchen schützt den Laich vor Krabben und fächelt ihm Frischwasser zu. Die Eier werden auch als Kaviarersatz verkauft.

ORDNUNG PERCIFORMES

Himmelsgucker

Kathetostoma laeve

LÄNGE bis zu 75 cm

GEWICHT unbekannt

TIEFE 0–60 m, möglicherweise sogar bis zu 150 m

VERBREITUNG gemäßigte Gewässer des Indischen Ozeans entlang der Südküste Australiens

Der Himmelsgucker wirkt wie eine Kreuzung zwischen Bulldogge und Robbe und vergräbt sich tagsüber meist in Muschelsand. Seine Augen befinden sich oben auf seinem großen, quadratischen Kopf und das Maul ist ebenfalls schräg nach oben gerichtet. So kann er sehen und atmen, während er vollkommen vergraben ist. Die großen, weiß gerandeten Brustflossen helfen ihm, aus dem Sand zu springen und sich nähernde Fische oder Krebstiere zu erbeuten. Himmelsgucker haben auch schon gelegentlich Taucher gebissen, die auf Nachttauchgängen die schwer zu entdeckenden Fische versehentlich gestört haben. Angler sind in höherem Maße gefährdet, denn wenn sie unvorsichtig sind, können sie einen Stich mit dem hinter dem Kiemendeckel liegenden kräftigen, giftigen Stachel abbekommen.

ORDNUNG PERCIFORMES

Juwelen-Fahnenbarsch

Pseudanthias squamipinnis

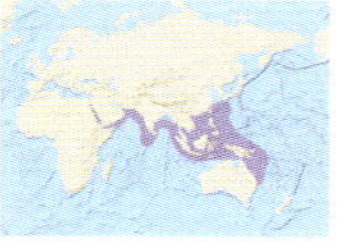

LÄNGE bis zu 15 cm

GEWICHT unbekannt

TIEFE 0–55 m

VERBREITUNG Rotes Meer und tropische Gewässer des Indischen Ozeans und des Westpazifik

Diese Fische leben an Korallenblöcken und Steilwänden. Die rosa gefärbten Männchen besitzen einen fadenartig verlängerten dritten Rückenflossenstrahl und verteidigen einen Weibchen-Harem. Große Weibchen können sich zu Männchen umwandeln.

ORDNUNG PERCIFORMES

Kartoffel-Zackenbarsch

Epinephelus tukula

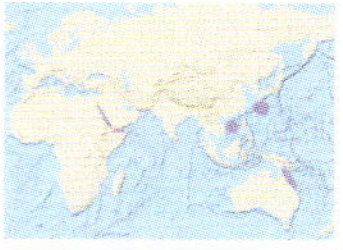

LÄNGE bis zu 2 m

GEWICHT bis zu 110 kg

TIEFE 10–150 m

VERBREITUNG tropische Gewässer im Roten Meer, Golf von Aden und im Westpazifik

Zackenbarsche sind wichtige Räuber des Korallenriffs. Durch das Fressen schwacher Fische tragen sie zur Gesundheit der Bestände bei. Die großen Mäuler und kräftigen Zähne ermöglichen den Verzehr von Krabben und Hummern. Der Kartoffel-Zackenbarsch bewohnt tiefe Riffkanäle und Seamounts. Der große Körper trägt eine einzige, stachlige Rückenflosse. Dunkle Flecke zieren den Körper und dunkle Streifen strahlen von den Augen aus. Die Fische bilden Reviere und lassen sich manchmal von Tauchern füttern. Allerdings sollte man diese Praxis nicht fördern. Die durch Harpunenfischen gefährdete Art ist in manchen Gegenden geschützt.

ORDNUNG PERCIFORMES

Westlicher Clownfisch

Amphiprion ocellaris

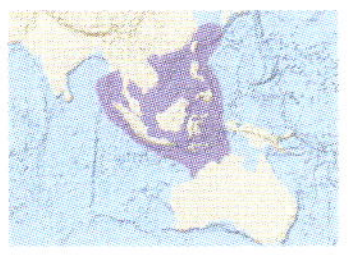

LÄNGE bis zu 11 cm
GEWICHT unbekannt
TIEFE 1–15 m

VERBREITUNG tropische Gewässer des östlichen Indischen Ozeans und des Westpazifik

An Clownfischen ist vor allem ihr Wohnort bemerkenswert. Sie leben in großen, nesselnden Anemonen. Der kleine, orange-weiße Fisch verbringt das ganze Leben im Bereich der ausgewählten Anemone, die zu einer von drei Arten gehören kann. Nachts schläft er an der Basis der Tentakel. Der Fisch wird nicht vernesselt und gefressen, weil die Anemone ihn nicht bemerkt. Ein besonderer Schleim bedeckt seinen Körper und verhindert, dass sie ihn als Nahrung wahrnimmt.

In jeder Anemone leben ein großes Weibchen, ihr kleinerer Partner und mehrere Jungfische. Wenn ein Weibchen stirbt, wird das Männchen zum Weibchen und der größte Jungfisch übernimmt die Männchen-Rolle. Sowohl der Westliche als auch der Östliche Clownfisch sind beliebte Aquarienfische, sodass ihre Zahl durch zu große Aufsammlungen in manchen Gebieten abgenommen hat.

ORDNUNG PERCIFORMES

Roter Bandfisch

Cepola macrophthalma

LÄNGE bis zu 80 cm
GEWICHT unbekannt
TIEFE 15–400 m

VERBREITUNG gemäßigte und subtropische Gewässer des Nordostatlantiks und des Mittelmeers

Bis in die 1970er-Jahre ist nicht sehr viel über diesen Fisch bekannt gewesen. Dann entdeckten Taucher eine Population im flachen Wasser um Lundy Island vor der Westküste Großbritanniens. Der Bandfisch ist wie ein Aal geformt, aber seitlich abgeflacht, mit zu einem entlang Rücken und Bauch verlaufenden Flossensaum verschmolzenen goldgelben Rücken-, Schwanz- und Afterflossen. Bei erwachsenen Männchen weist der Saum einen leuchtend blauen Rand auf. Die Fische leben in Bauen im Schlamm, und kommen nur weit genug heraus, um nach Art der Röhrenaale (siehe S. 343) Pfeilwürmer und anderes Plankton zu erbeuten. Manchmal schwimmen sie auch frei umher. Zusätzlich zu einzelnen Bauen sind Kolonien mit vielen Tausend Tieren entdeckt worden. Sie sind manchmal mit denen grabender Krabben verbunden.

ORDNUNG PERCIFORMES

Sonnen-Kardinalbarsch

Ostorhinchus aureus

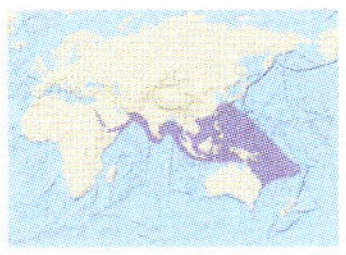

LÄNGE bis zu 15 cm
GEWICHT unbekannt
TIEFE 0–40 m

VERBREITUNG Rotes Meer und tropische Gewässer des Indischen Ozeans und des Westpazifik

Kardinalbarsche sind kleine, nachtaktive Rifffische. Diese Art versteckt sich tagsüber unter Korallen und in Spalten. Die Tiere tauchen nachts auf, um Plankton zu fressen. Sie besitzen ein schwarzes Band um die Schwanzwurzel und zwei blau-weiße Linien, die von der Schnauze durch die Augen verlaufen. Wie die anderen etwa 350 Kardinalbarsch-Arten besitzt auch diese zwei separate Rückenflossen. Die Männchen betreiben Maulbrutpflege, indem sie die Eier bis zum Schlupf der Jungen im Maul behalten. Sie fressen während dieser Zeit nicht.

ORDNUNG CARANGIFORMES

Großaugen-Stachelmakrele

Caranx sexfasciatus

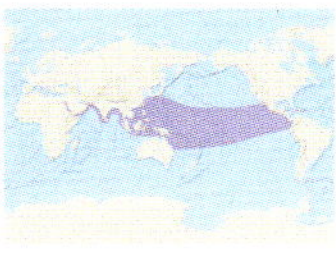

LÄNGE bis zu 1,2 m
GEWICHT bis zu 18 kg
TIEFE 1–100 m

VERBREITUNG tropische Gewässer im Indischen Ozean und im Pazifik

Tagsüber ziehen Stachelmakrelenschwärme ruhig durch das Korallenriff oder an Steilwänden entlang, doch in der Nacht verteilen sich die Tiere und suchen nach Beute. Der zum schnellen Schwimmen ideale Körper hat einen schmalen Schwanzstiel, der durch Knochenschilde (Scuta) verstärkt wird, und eine gegabelte Schwanzflosse. Die erste Rückenflosse kann in eine Vertiefung gelegt werden, um die Stromlinienform zu verbessern, und die Brustflossen sind sichelförmig. Es gibt viele, teils schwer zu unterscheidende Stachelmakrelenarten. Die Großaugen-Stachelmakrele besitzt große Augen und meist eine weiße Spitze an der zweiten Rückenflosse. Die Tiere sind gute Speisefische und auf südostasiatischen Märkten häufig zu finden. Jungtiere leben in Küstennähe und können in Flüsse eindringen.

ORDNUNG PERCIFORMES

Harlekin-Süßlippe

Plectorhinchus chaetodonoides

LÄNGE bis zu 72 cm
GEWICHT bis zu 7 kg
TIEFE 1–30 m

VERBREITUNG tropische Gewässer im Indischen Ozean und im Westpazifik

Oft sieht man kleine Gruppen der Harlekin-Süßlippe an großen Korallenblöcken, wo sie darauf warten, von einem Putzerfisch (siehe S. 360) von Parasiten befreit zu werden. Die breit gebauten Fische sind mit kleinen, schwarzbraunen Flecken übersät, die ihren Umriss auflösen, wenn sie durch die ständig wechselnden Schatten des Riffs schwimmen. Ihr Name rührt von den dicken Lippen her, mit denen sie Wirbellose aus dem Sand graben.

JUGENDFÄRBUNG

Junge Harlekin-Süßlippen sehen ganz anders als die alten aus. Ihr Körper ist braun und weist weiße, schwarz gerandete Flecke auf. Die kleinsten Tiere bewegen sich schlängelnd und imitieren so einen giftigen Plattwurm gleicher Färbung, um Fressfeinde abzuhalten. Ihre Farbe mag vielleicht auch davor waren, dass sie selbst nicht gut schmecken.

ORDNUNG PERCIFORMES

Kuckuckslippfisch

Labrus mixtus

LÄNGE bis zu 40 cm

GEWICHT unbekannt

TIEFE 2–200 m

VERBREITUNG gemäßigte und subtropische Gewässer des Nordostatlantiks und des Mittelmeers

Der Kuckuckslippfisch ist in nordeuropäischen Gewässern einer der farbigsten Fische. Große Männchen wie das abgebildete sind blau-orange gefärbt, Weibchen rosa mit sich abwechselnden schwarz-weißen Rückenflecken. Im Alter von 7 bis 13 Jahren ändern manche Weibchen die Farbe und wandeln sich in voll funktionsfähige Männchen um. Diese Sekundärmännchen laichen mit anderen Weibchen ab. Sie graben Nester und locken Weibchen hinein, wobei sie ausgiebig balzen. Um es weiter zu komplizieren, werden einige wenige Fische als Männchen geboren, zeigen aber die Weibchenfärbung. Über diese Primärmännchen und ihre Rolle bei der Vermehrung weiß man allerdings noch nicht vollständig Bescheid.

ORDNUNG PERCIFORMES

Putzerfisch

Labroides dimidiatus

LÄNGE 14 cm

GEWICHT unbekannt

TIEFE 1–40 m

VERBREITUNG tropische Riffe im Indischen Ozean und im Südwestpazifik

Der Putzerfisch putzt andere Fische, Schildkröten und gelegentlich auch Taucher. Er ist silbrig blau gefärbt, mit einem schwarzen Band, das von der Schnauze zum Schwanz verläuft. Der »Kunde« erkennt die Zeichnung und versucht nicht, ihn zu fressen. Putzerfischgruppen bestehen meist aus einem Männchen und mehreren Weibchen. Stirbt das Männchen, wandelt das größte Weibchen innerhalb weniger Tage sein Geschlecht um.

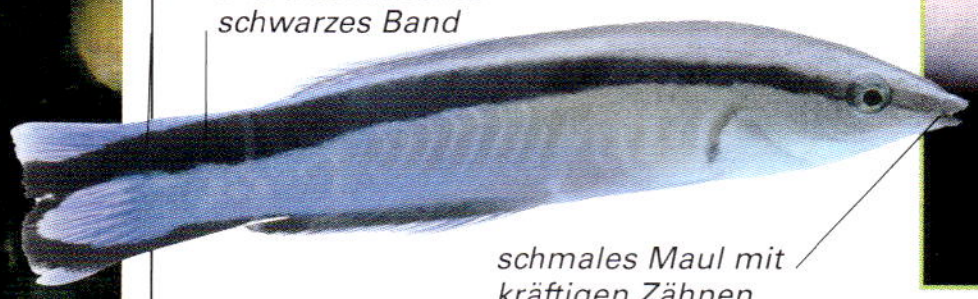

PUTZDIENST

Fische können von einem starken Hautparasitenbefall irritiert und geschwächt werden. In Korallenriffen stellen sich viele an sogenannten Putzerstationen an, spreizen die Flossen und öffnen das Maul. Die dort lebenden Putzerfische fressen die Parasiten und totes Gewebe und kommen so zu ihrer Mahlzeit.

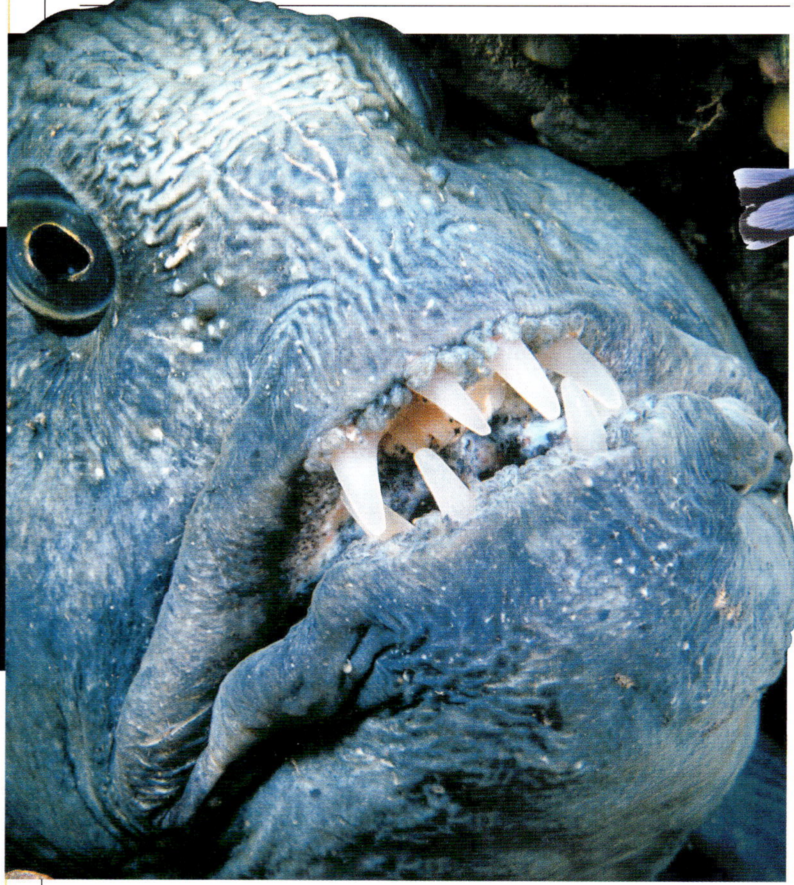

ORDNUNG PERCIFORMES

Büffelkopf-Papageifisch

Bolbometopon muricatum

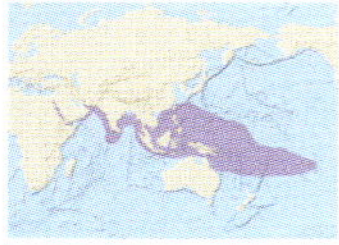

LÄNGE bis zu 1,3 m

GEWICHT bis zu 46 kg

TIEFE 1–30 m

VERBREITUNG tropische Riffe im Roten Meer, Indischen Ozean und im Südwestpazifik

Der Name Papageifisch passt nicht nur wegen der bunten Färbung, sondern auch wegen der verschmolzenen, einen »Papageienschnabel« bildenden Zähne. Der Büffelkopf-Papageifisch ist viel größer als die meisten seiner Verwandten. Er trägt einen großen Buckel auf dem Kopf, hat einen grünlichen Körper mit großen Schuppen und eine einzelne, lange Rückenflosse. Der Fisch ernährt sich von lebenden Korallen, die er abbricht und zerkaut. Der Korallensand, den er ausscheidet, trägt zur Stabilisierung des Riffs und zur Erzeugung von Sandflächen bei.

ORDNUNG PERCIFORMES

Scotia-See-Eisfisch

Chaenocephalus aceratus

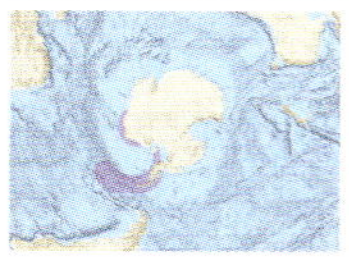

LÄNGE bis zu 72 cm

GEWICHT bis zu 3,5 kg

TIEFE 5–770 m

VERBREITUNG Südpolarmeer im Bereich der nördlichen Antarktis

Im eiskalten Wasser der Antarktis kann die Temperatur auf fast −2 °C fallen. Sie liegt damit bereits unter dem Gefrierpunkt des Blutes der meisten Fische. Der Scotia-See-Eisfisch hat allerdings ein natürliches Frostschutzmittel in seinem Blut. Es besitzt keine roten Blutkörperchen und erscheint daher weiß. So ist es dünnflüssiger und kann in sich in der Kälte besser verteilen. Der Eisfisch ist ein langsamer Jäger von kleinen Fischen und Krill und benötigt wenig Sauerstoff.

ORDNUNG PERCIFORMES

Seewolf

Anarhichas lupus

LÄNGE bis zu 1,5 m

GEWICHT bis zu 24 kg

TIEFE 1–500 m

VERBREITUNG Nordatlantik und Nordpolarmeer

Der große, grimmig aussehende Seewolf lebt meist in Felsenriffen im tiefen Wasser. Im Norden der Britischen Inseln wird er allerdings regelmäßig von Tauchern im Flachwasser beobachtet. Die Tiere sind nicht aggressiv, wenn sie nicht provoziert werden. Sie haben einen langen Körper mit großem Kopf, der vorn im Maul Fangzähne und hinten Mahlzähne besitzt. Sie werden eingesetzt, um Muscheln, Krabben und Seeigel aufzubrechen. Abgenutzte Zähne werden nach einem Jahr ersetzt. Die Haut ist fest und ledrig, meist grau mit dunkleren vertikalen Streifen. Die Tiere laichen im Winter ab. Das Weibchen legt runde Ballen mit Tausenden von gelblichen Eiern zwischen Steine und Algen und das Männchen bewacht sie bis zum Schlupf. Trotz ihres wenig attraktiven Aussehens ist das Fleisch der Seewölfe schmackhaft. Sie werden von Anglern und gelegentlich auch in Schleppnetzen gefangen.

ORDNUNG PERCIFORMES

Blaustreifen-Schnapper

Lutjanus kasmira

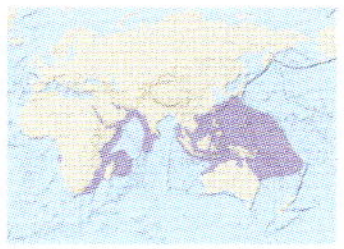

LÄNGE bis zu 40 cm

GEWICHT unbekannt

TIEFE 3–265 m

VERBREITUNG tropische Riffe im Roten Meer, im Indischen Ozean und im Pazifik

Taucher können tagsüber große Schwärme von Blaustreifen-Schnappern um Korallen- und Felsblöcke schwimmen sehen. Mit ihren stromlinienförmigen Körpern können sie schnell schwimmen, wenn sie sich nachts verteilen, um kleinere Fische und am Boden lebende Krebstiere zu fressen. Sie besitzen eine einzelne, lange Rückenflosse, die wie alle ihre Flossen leuchtend gelb ist. Diese und viele andere ähnliche Arten sind wichtige Speisefische. Ihre schönen Farben machen sie auch zu beliebten Aquarienfischen.

ORDNUNG PERCIFORMES

Kleiner Sandaal

Ammodytes tobianus

LÄNGE bis zu 20 cm

GEWICHT unbekannt

TIEFE 0–30 m

VERBREITUNG gemäßigte Gewässer des Nordostatlantiks und der Ostsee

In vielen sandigen nordeuropäischen Buchten sind Sandaale häufig. Die silbrigen Fische haben dünne Körper mit spitzen Kiefern und einer langen Rückenflosse. Große Schwärme von Sandaalen schwimmen knapp über dem Grund und fressen planktonische Krebstiere, kleine Fische und Würmer. Bei Bedrohung tauchen sie in den Sand ab. Im Winter verbringen sie die meiste Zeit im Sand. Verschiedene Sandaal-Arten sind für Kabeljaue, Heringe und Makrelen sowie für viele Vögel, vor allem den Papageitaucher, eine wichtige Nahrung. Sind sie knapp, werden in den Papageitaucher-Kolonien nur wenige Junge auf. In manchen Gegenden hat der Sandaal-Raubbau zur Fischmehlproduktion zum Rückgang der Seevogelbestände geführt (siehe S. 399).

ORDNUNG PERCIFORMES

Atlantische Makrele

Scomber scombrus

LÄNGE bis zu 60 cm

GEWICHT bis zu 3,5 kg

TIEFE 0–200 m

VERBREITUNG gemäßigte Gewässer des Nordatlantiks, Mittelmeer und Schwarzes Meer

Die Atlantische Makrele ist mit ihrem stromlinienförmigen Körper, den kleinen Rückenflossen, den eng anliegenden Kiemendeckeln und den glatten Schuppen ein schneller Schwimmer. Im Sommer halten sich große Schwärme in Küstennähe auf, jagen kleine Fische und sieben mit den Kiemen Plankton aus dem Wasser. Von März bis Juni legen die Makrelen ihre planktonischen Eier ab, aus denen nach wenigen Tagen Larven schlüpfen. Im Winter ziehen die Fische in küstenfernes Wasser und fressen kaum noch. Im Nordatlantik gibt es mehrere Populationen, die alle befischt werden.

ORDNUNG PERCIFORMES

Petermännchen

Trachinus draco

LÄNGE bis zu 50 cm

GEWICHT bis zu 2 kg

TIEFE 1–150 m

VERBREITUNG gemäßigte Gewässer des Nordostatlantiks und des Mittelmeers

Zusammen mit der Viperqueise gehören die Petermännchen zu den wenigen giftigen Fischen europäischer Gewässer. Von ihren zwei Rückenflossen weist die erste Giftstachel auf. Tagsüber liegen sie im Sand, wobei nur die Augen und die Flossenspitze herausragen. Tritt man auf den Fisch, entsteht eine schmerzhafte Wunde.

ORDNUNG PERCIFORMES

Nordatlantischer Thunfisch

Thunnus thynnus

LÄNGE bis zu 4,5 m

GEWICHT bis zu 680 kg

TIEFE 0–3000 m

VERBREITUNG Nord- und Zentralatlantik sowie im Mittelmeer

Der Nordatlantische, Rote oder Große Thunfisch ist einer der wertvollsten Speisefische und leidet sehr unter Überfischung. Wie die Makrelen ist er an schnelles Schwimmen angepasst und mit Geschwindigkeiten von mindestens 70 km/h einer der schnellsten Knochenfische. Die Brust- und Bauchflossen sowie die erste Rückenflosse können in Vertiefungen versenkt werden, um die Stromlinienform zu verbessern. Zum ausdauernden Schwimmen besitzt der Fisch einen hohen Anteil roter Muskulatur, die viel Fett enthält und sSauerstoff speichern kann. Ähnliche Arten leben im Pazifik und im Südatlantik.

BÜFFELKOPF-PAPAGEIFISCHE
Diese großen Fische patrouillieren im Indopazifik durch ein Korallenriff. Sie zerkleinern lebende Korallen mit ihren schnabelartig miteinander verschmolzenen Zähnen. Dabei stoßen sie oft mit dem Kopf gegen Korallenäste, um sie abzubrechen. Das unverdauliche Skelett scheiden sie als Korallensand aus.

ORDNUNG CARANGIFORMES

Lotsenfisch

Naucrates ductor

LÄNGE bis zu 70 cm

GEWICHT unbekannt

TIEFE 0–30 m

VERBREITUNG tropische, subtropische und gemäßigte Gewässer weltweit

Obwohl er ein Mitglied der Familie der Stachelmakrelen (Carangidae) ist, begleitet der Lotsenfisch große Tiere des offenen Meers, wie Knochenfische, Haie, Rochen und Schildkröten. Der silbrig bis bläulich gefärbte Körper trägt sechs oder sieben schwarze Bänder. Sie mögen dem Wirtsfisch helfen, ihn zu erkennen und in Ruhe zu lassen. Der Lotsenfisch frisst die Überreste der Beute des Wirts und entfernt auch Parasiten. Jungfische begleiten anfangs Quallen.

ORDNUNG CARANGIFORMES

Gestreifter Schiffshalter

Echeneis naucrates

LÄNGE bis zu 1 m

GEWICHT bis zu 2,3 kg

TIEFE 20–50 m

VERBREITUNG tropische, subtropische und gemäßigte Gewässer weltweit

Auffällig am Schiffshalter ist die Saugscheibe auf dem Kopf, mit der er sich an andere Tiere anheften kann. Er frisst Nahrungsreste und Parasiten des Wirts und auch kleine Fische. Meist findet man ihn an Haien, Großfischen, Walen und Schildkröten, doch man kann ihn auch allein durchs Korallenriff schwimmen sehen. Sein Körper ist lang und dünn und endet in einer fächerförmigen Schwanzflosse.

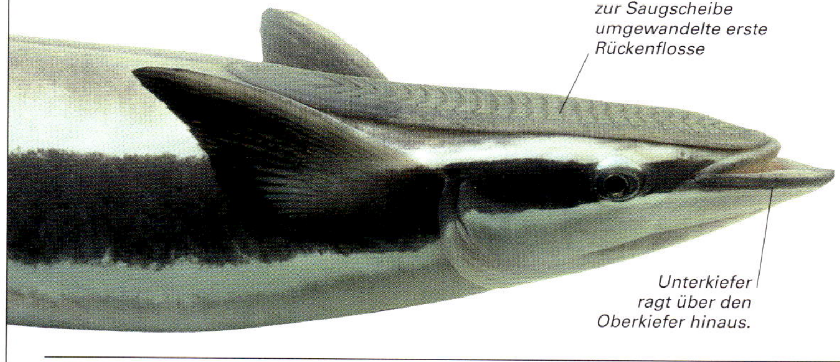

ORDNUNG CARANGIFORMES

Goldmakrele

Coryphaena hippurus

LÄNGE bis zu 2,1 m

GEWICHT bis zu 40 kg

TIEFE 0–85 m

VERBREITUNG tropische, subtropische und gemäßigte Gewässer weltweit

Aus dem Wasser springende Goldmakrelen sind ein spektakulärer Anblick. Rücken und Seiten sind metallisch blaugrün gefärbt und gehen in eine weiße oder gelbe Bauchseite über. Der schnelle Hochseefisch wird von einer gegabelten Schwanzflosse angetrieben und die lange Rückenflosse sorgt für Stabilität. Goldmakrelen sind gefragte Speisefische.

ORDNUNG CARANGIFORMES

Atlantischer Fächerfisch

Istiophorus albicans

LÄNGE bis zu 3,2 m

GEWICHT bis zu 60 kg

TIEFE 0–200 m

VERBREITUNG gemäßigte und tropische Gewässer im Atlantik und im Mittelmeer

Wie beim Schwertfisch und den Marlin-Arten ist beim Fächerfisch der Oberkiefer zu einem Speer ausgezogen, mit dem er Fische betäuben und erschlagen kann. Er hat eine große, segelartige Rückenflosse, die er zum Manövrieren und zur Präsentation einsetzt, zum schnellen Schwimmen aber anlegt. Eine ähnliche Art kommt auch im Pazifik vor.

BARRAKUDA-SCHWARM
Während die erwachsenen Großen Barrakudas meist Einzelgänger sind, bilden die Jungtiere in geschützten Bereichen große Schwärme.

ORDNUNG CARANGIFORMES

Großer Barrakuda

Sphyraena barracuda

LÄNGE bis zu 2 m

GEWICHT bis zu 50 kg

TIEFE 0–100 m

VERBREITUNG tropische und subtropische Gewässer weltweit

Barrakudas sind Räuber mit nadelscharfen Zähnen und unverdient schlechtem Ruf. Der Große Barrakuda hat einen langen Körper, bei dem die zweite Rückenflosse weit hinten sitzt. Zusammen mit der kräftigen Schwanzflosse erlaubt es diese Kombination, sehr schnell zu beschleunigen. Große Tiere erlauben es Tauchern oft, nah an sie heranzukommen. In sehr seltenen Fällen greift ein Barrakuda an, wenn er eine Hand oder eine glänzende Uhr für einen Fisch hält. Bereits kleine Mengen Barrakuda-Fleisch können zu einer Ciguatera-Vergiftung führen, da sich in ihm das Gift aus der Nahrung anreichert.

SCHÄDEL DES GROSSEN BARRAKUDA
Barrakudas haben oben flache, lange Schädel mit kräftigen Kiefern und dolchartigen Zähnen.

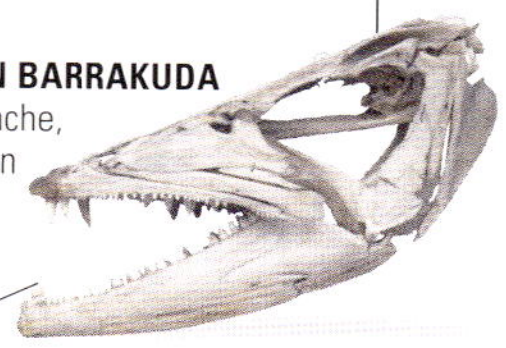

ORDNUNG ACANTHURIFORMES

Masken-Falterfisch

Chaetodon semilarvatus

LÄNGE bis zu 23 cm

GEWICHT unbekannt

TIEFE 3–20 m

VERBREITUNG Korallenriffe im Roten Meer und im Golf von Aden

Die leuchtend bunten Falterfische sind ein Indiz für die Gesundheit eines Korallenriffs. Eine große Artenvielfalt und hohe Individuenzahlen zeigen, dass das Riff gedeiht. Masken-Falterfische sieht man meist in Paaren, die sich oft unter Tischkorallen verstecken. Die blaue Maske verbirgt das Auge und verwirrt so Fressfeinde.

ORDNUNG ACANTHURIFORMES

Masken-Nasendoktor

Naso vlamingii

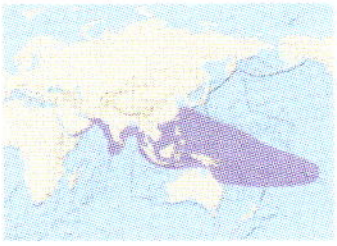

LÄNGE bis zu 60 cm

GEWICHT unbekannt

TIEFE 1–50 m

VERBREITUNG tropische Gewässer des Indischen Ozeans und des Südwestpazifik

Nasendoktorfische heißen so, weil sie nasen- oder hornartige Fortsätze auf der Stirn tragen. Diese Art besitzt an der Schwanzwurzel zwei fest stehende Paare von Knochenplatten, die einem Angreifer ernsthafte Verletzungen zufügen können. Diese »Skalpelle«, die bei anderen Arten auch einklappbar sein können, haben zum Namen »Doktorfisch« geführt. Sie sind für die Familie der Doktorfische (Acanthuridae) charakteristisch. Der meist dunkel gefärbte Masken-Nasendoktor kann in einem Moment zu Silbergrau verblassen. Das geschieht oft bei der Reinigung durch einen Putzerfisch (siehe S. 361). Der Nasendoktor bevorzugt steile Riffhänge, wo er das Zooplankton des offenen Wassers fressen kann.

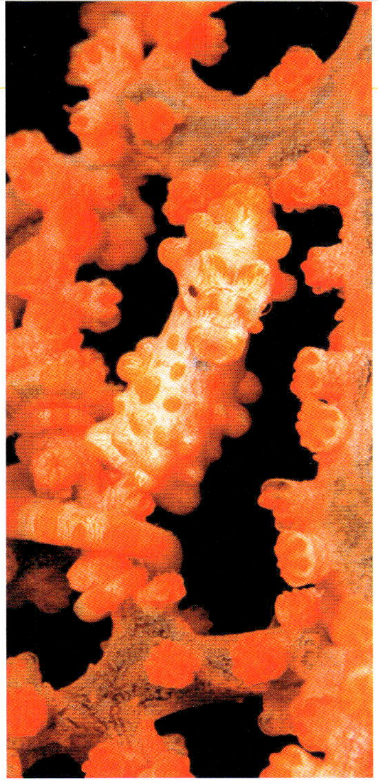

ORDNUNG SYNGNATHIFORMES

Zwerg-Seepferdchen

Hippocampus bargibanti

LÄNGE 2,5 cm

GEWICHT unbekannt

TIEFE 15–50 m

VERBREITUNG tropische Gewässer des Südwestpazifik

Das winzige Seepferdchen lebt auf Gorgonien der Gattung *Muricella* und ist ursprünglich entdeckt worden, als eine Gorgonie für ein Aquarium gesammelt worden ist. Es ist sehr schwer zu entdecken, da sein Körper von Warzen bedeckt ist, die genauso wie die Polypen seines Wirts aussehen. Es hält sich mit dem Greifschwanz fest und reckt sich ins Wasser, um Tiere des Planktons aufzusaugen. Wie bei anderen Seepferdchen wird der steife Körper von Knochenplatten geschützt.

ORDNUNG SYNGNATHIFORMES

Schnepfenmesserfisch

Aeoliscus strigatus

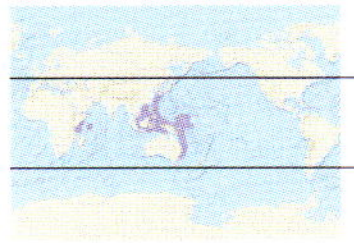

LÄNGE 15 cm

GEWICHT unbekannt

TIEFE 1–20 m

VERBREITUNG tropische Riffe im Indischen Ozean und im Westpazifik

Während manche Rifffische auf dem Rücken schwimmen, nehmen ganze Gruppen von Schnepfenmesserfischen eine vertikale Position ein, wobei die langen, röhrenförmigen Schnauzen nach unten zeigen. Die seltsamen Fische sind von Knochenplatten umgeben, die am Bauch eine Kante ähnlich einer Messerschneide und am Schwanz eine Spitze bilden. Ein dunkler Streifen tarnt die Fische, wenn sie sich zwischen Seeigeln und verzweigten Korallen verstecken.

ORDNUNG ACANTHURIFORMES

Diadem-Kaiserfisch

Holacanthus ciliaris

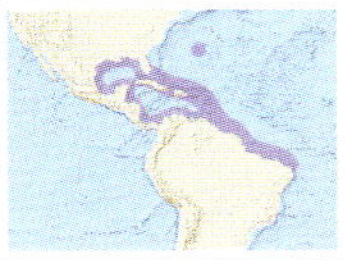

LÄNGE bis zu 45 cm

GEWICHT bis 1,5 kg

TIEFE 1–70 m

VERBREITUNG Golf von Mexiko, Karibisches Meer, subtropische Gewässer des Westatlantiks

Als einer der farbigsten Rifffische der Karibik gleitet dieser schlanke, blau-gelbe Kaiserfisch problemlos zwischen Korallen hindurch. Er knabbert mit den bürstenartigen Zähnen an Schwämmen, seiner Hauptnahrung. Wie alle Kaiserfische besitzt er einen Stachel an jedem Kiemendeckel. Jungtiere sind überwiegend blauschwarz mit hellblauen Streifen und suchen Parasiten von anderen Fischen ab.

ORDNUNG ACROPOMATIFORMES

Atlantischer Wrackbarsch

Polyprion americanus

LÄNGE bis zu 2 m

GEWICHT bis zu 100 kg

TIEFE 40–600 m

VERBREITUNG Atlantik, Mittelmeer, Indischer Ozean, Pazifik

Der Name des Fischs geht auf die Angewohnheit junger Tiere zurück, treibende Wracks zu begleiten. Erwachsene Fische sind groß und massig, mit spitzem Kopf und vorspringendem Unterkiefer. Ihre Rückenflosse ist stachelig und über ihre Kiemendeckel verläuft ein Knochenkamm. Sie leben nah am Meeresgrund, oft in Wracks oder Höhlen. Jungtiere halten sich eher an der Oberfläche auf und lassen sich auch nicht von Schnorchlern stören, die sie vielleicht für Treibgut halten. Wenn sie heranwachsen, geben sie ihr Nomadenleben auf, um am Meeresboden zu leben. Große Tiere werden auch geangelt.

ORDNUNG BLENNIIFORMES

Gestreifter Schleimfisch

Parablennius gattorugine

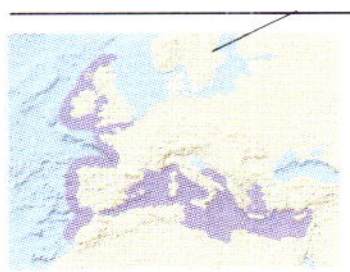

LÄNGE bis zu 30 cm

GEWICHT unbekannt

TIEFE 1–30 m

VERBREITUNG gemäßigte und subtropische Gewässer im Nordostatlantik und im Mittelmeer

Mit den dicken Lippen, den großen Augen und den Kopftentakeln sieht der Gestreifte Schleimfisch ein wenig komisch aus. Wie alle Schleimfische besitzt er einen langen Körper, eine einzelne lange Rückenflosse und kurze Bauchflossen, mit denen er sich aufrichten kann. Die neugierigen Fische sehen sich Taucher aus der Sicherheit einer Felsspalte an.

ORDNUNG PLEURONECTIFORMES

Scholle

Pleuronectes platessa

LÄNGE bis zu 1 m

GEWICHT bis zu 7 kg

TIEFE 0–200 m

VERBREITUNG Nordpolarmeer, Nordostatlantik, Mittelmeer und Schwarzes Meer

Diese Art ist der wichtigste Plattfisch der europäischen Fischerei. Die starke Befischung hat allerdings zu einer zunehmenden Verringerung der Größe und des Alters der Fische geführt. Die Scholle ist ein typischer ovaler Plattfisch, mit langen Flossensäumen an beiden Seiten des Körpers. Bei Plattfischen sitzen beide Augen auf einer Körperseite. Sie sind daher entweder links- oder rechtsäugig. Schollen sind rechtsäugig – sie liegen mit der linken Seite auf dem Grund. Ihre oben liegende Seite ist braun gefärbt und trägt orangefarbige bis rote Flecke.

Tagsüber vergraben sich Schollen im Sand und kommen nachts hervor, um Schalen- und Krebstiere zu fressen, die sie mit ihren Schlundzähnen zerdrücken. Junge Schollen beißen gern Muschelsiphonen ab, die aus dem Sand herausschauen.

ORDNUNG TETRAODONTIFORMES

Schrift-Feilenfisch

Aluterus scriptus

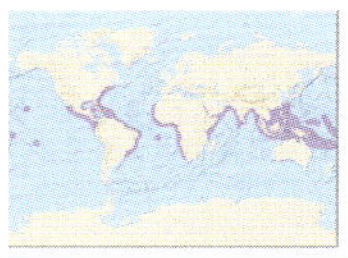

LÄNGE bis zu 1,1 m

GEWICHT bis zu 2,5 kg

TIEFE 2–120 m

VERBREITUNG tropische und subtropische Gewässer des Atlantiks, Pazifik und des Indischen Ozeans

Die schöne blaue Zeichnung hat diesem Fisch seinen Namen gegeben. Feilenfische sind mit den Drückerfischen (unten links) verwandt, jedoch schmaler und mit Ausnahme des Schrift-Feilenfischs meistens kleiner. Die Fische haben einen großen und einen kleinen Stachel über den Augen auf dem Rücken, mit denen sie sich in Spalten verkeilen können.

ORDNUNG PLEURONECTIFORMES

Seezunge

Solea solea

LÄNGE bis zu 70 cm

GEWICHT bis zu 3 kg

TIEFE 0–150 m

VERBREITUNG gemäßigte Gewässer des Nordostatlantik, der Ostsee, des Schwarzen und Mittelmeers

Seezungen sind Meister der Tarnung und können ihre Färbung ihrem Untergrund anpassen. Die graubraune Grundfarbe kann aufgehellt oder abgedunkelt und das Muster der dunkleren Flecke verändert werden. Seezungen haben eine abgerundete Schnauze und ihr Kopf ist von kurzen Filamenten umgeben. Wie alle Plattfische beginnt die Seezunge ihr Leben als winzige, an der Wasseroberfläche treibende Larve. Im Verlauf des Wachstums vollzieht sie eine radikale Metamorphose. Das Auge auf der linken Seite wandert um den Kopf herum zu dem auf der rechten Seite und der Körper plattet sich ab. Im Alter von etwa einem Monat lässt sich die Seezunge mit der augenlosen Seite nach unten auf dem Meeresgrund nieder. Die Haut der Unterseite bleibt weiß, doch auf der Oberseite bilden sich Pigmente. Obwohl Seezungen nahezu 30 Jahre alt werden können, werden sie als gefragter Speisefisch meist im Alter von wenigen Jahren gefangen.

ORDNUNG TETRAODONTIFORMES

Riesen-Drückerfisch

Balistoides viridescens

LÄNGE bis zu 75 cm

GEWICHT unbekannt

TIEFE 1–50 m

VERBREITUNG tropische Riffe im Roten Meer, Indischen Ozean und im Südwestpazifik

Der Riesen-Drückerfisch trägt einen dunklen Streifen über dem Maul, hat große, starke Vorderzähne und kräftige Stachelstrahlen in der ersten Rückenflosse. Der erste, lange Stachel kann wie bei allen Drückerfischen mithilfe des zweiten in aufrechter Position arretiert und erst wieder nach dem Lösen des »Drücker«-Stachels angelegt werden. Auf diese Weise kann sich der Fisch in Spalten verkeilen, wo er vor Fressfeinden sicher ist. Der Riesen-Drückerfisch frisst Muscheln und Krebstiere, die er mit seinem starken Gebiss zerbeißt. Er kann sogar Seeigel knacken, indem er sie herumdreht und in ihre verletzliche Unterseite beißt, wo ihre Stacheln kürzer sind.

SCHÜTZENDE ELTERN

Zur Fortpflanzungszeit graben Riesen-Drückerfische mithilfe von mit dem Maul erzeugten Wasserstrahlen ein Nest in den sandigen Korallenschutt. Das Weibchen legt seine Eier hinein und ein oder beide Elternteile bewachen es. Die Drückerfische greifen nun auch Taucher an, die ihrem Nest zu nah kommen und können Bisswunden verursachen, die medizinisch versorgt werden müssen.

ORDNUNG TETRAODONTIFORMES

Weißpunkt-Kofferfisch

Ostracion meleagris

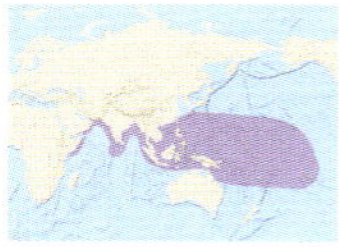

LÄNGE bis zu 25 cm

GEWICHT unbekannt

TIEFE 1–30 m

VERBREITUNG tropische Riffe im Indischen Ozean und im Südpazifik, möglicherweise bis nach Mexiko

Statt von Schuppen werden alle Kofferfische von einem Gehäuse aus Knochenplatten unter ihrer Haut geschützt. Sie können daher den Körper nicht biegen und müssen mithilfe der Brustflossen schwimmen. Der große Schwanz gibt ein wenig Vortrieb, wird aber meist als Steuerruder benutzt. Die Männchen sind farbiger als die braunen, mit hellen Flecken gezeichneten Weibchen. Der von der Haut abgegebene giftige Schleim schützt die Kofferfische vor Fressfeinden.

ORDNUNG TETRAODONTIFORMES

Riesen-Kugelfisch

Arothron stellatus

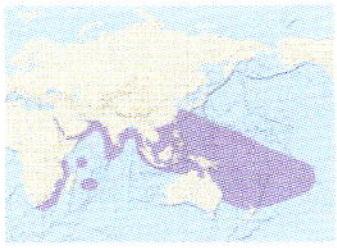

LÄNGE bis zu 1,2 m

GEWICHT unbekannt

TIEFE 3–60 m

VERBREITUNG tropische Riffe im Indischen Ozean und im Südpazifik

Verglichen mit anderen Kugelfischen ist dieser ein Riese. Die schwarz gefleckte Haut ist mit kleinen Stacheln bedeckt und wenn er sich bedroht fühlt, schluckt er Wasser und bläht sich auf. Nachts sucht er hartschalige Wirbellose und zerbeißt sie mit den kräftigen Kiefern, in denen verschmolzene schnabelähnliche Zahnplatten sitzen.

MENSCHLICHER EINFLUSS

DER FUGU

Kugelfische produzieren Tetrodotoxin, ein tödliches Gift, das stärker als Blausäure wirkt und für das es bisher kein Gegenmittel gibt. Trotzdem werden sie in Japan als »Fugu« genannte Delikatesse gegessen. Das Gift ist in der Haut und einigen inneren Organen enthalten, sodass nur lizenzierte, speziell ausgebildete Köche die Fische zubereiten dürfen. Kugelfische der Gattung *Takifugu* sollen am besten schmecken. Jedes Jahr sterben einige Menschen an Fugu und dem japanischen Kaiser ist der Genuss zu seinem Schutz in der Vergangenheit untersagt worden.

ORDNUNG TETRAODONTIFORMES

Igelfisch

Diodon hystrix

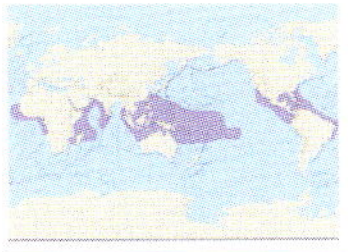

LÄNGE bis zu 90 cm

GEWICHT bis zu 3 kg

TIEFE 2–50 m

VERBREITUNG tropische und subtropische Gewässer des Atlantiks, Pazifik und des Indischen Ozeans

Wenn sich ein Igelfisch bedroht fühlt, schluckt er Wasser, bis er wie ein stachliger Fußball aussieht. Wenige Fressfeinde sind groß oder mutig genug, um den Fisch nun zu verschlucken. Wenn man ihn in Ruhe lässt, schrumpft er wieder und legt die Stacheln flach an den Körper an. Tagsüber versteckt er sich in Höhlen und Spalten. Er kommt nur nachts heraus, um hartschalige Wirbellose wie etwa Gehäuseschnecken zu fressen.

ORDNUNG TETRAODONTIFORMES

Mondfisch

Mola mola

LÄNGE bis zu 4 m

GEWICHT bis zu 2300 kg

TIEFE 0–480 m

VERBREITUNG tropische, subtropische und gemäßigte Gewässer weltweit

Der an seinem scheibenförmigen Körper zu erkennende Mondfisch ist der schwerste Knochenfisch der Welt. Statt einer Schwanzflosse besitzt er einen ruderähnlichen Saum (Clavus), der von Fortsätzen der Rücken- und der Afterflosse gebildet wird. Mit diesen Flossen schwimmt er auch, indem er sie hin- und herschlägt. Der Fisch lässt sich oft auf der Seite liegend von Oberflächenströmungen treiben. Er hat keine Schuppen, aber seine Haut ist sehr dick und dehnbar. Wie der Igelfisch (unten links), mit dem er verwandt ist, trägt der Mondfisch eine aus verschmolzenen Zähnen bestehende Platte in jedem Kiefer, doch frisst er hauptsächlich weiche Quallen und andere Wirbellose und Fische. Weibchen produzieren mit bis zu 100 Millionen ins freie Wasser abgegebenen Eiern die meisten Eier unter den Knochenfischen. Einzelne Fische erzeugen mit ihren Schlundzähnen kratzende Geräusche, was vielleicht Partner herbeirufen soll.

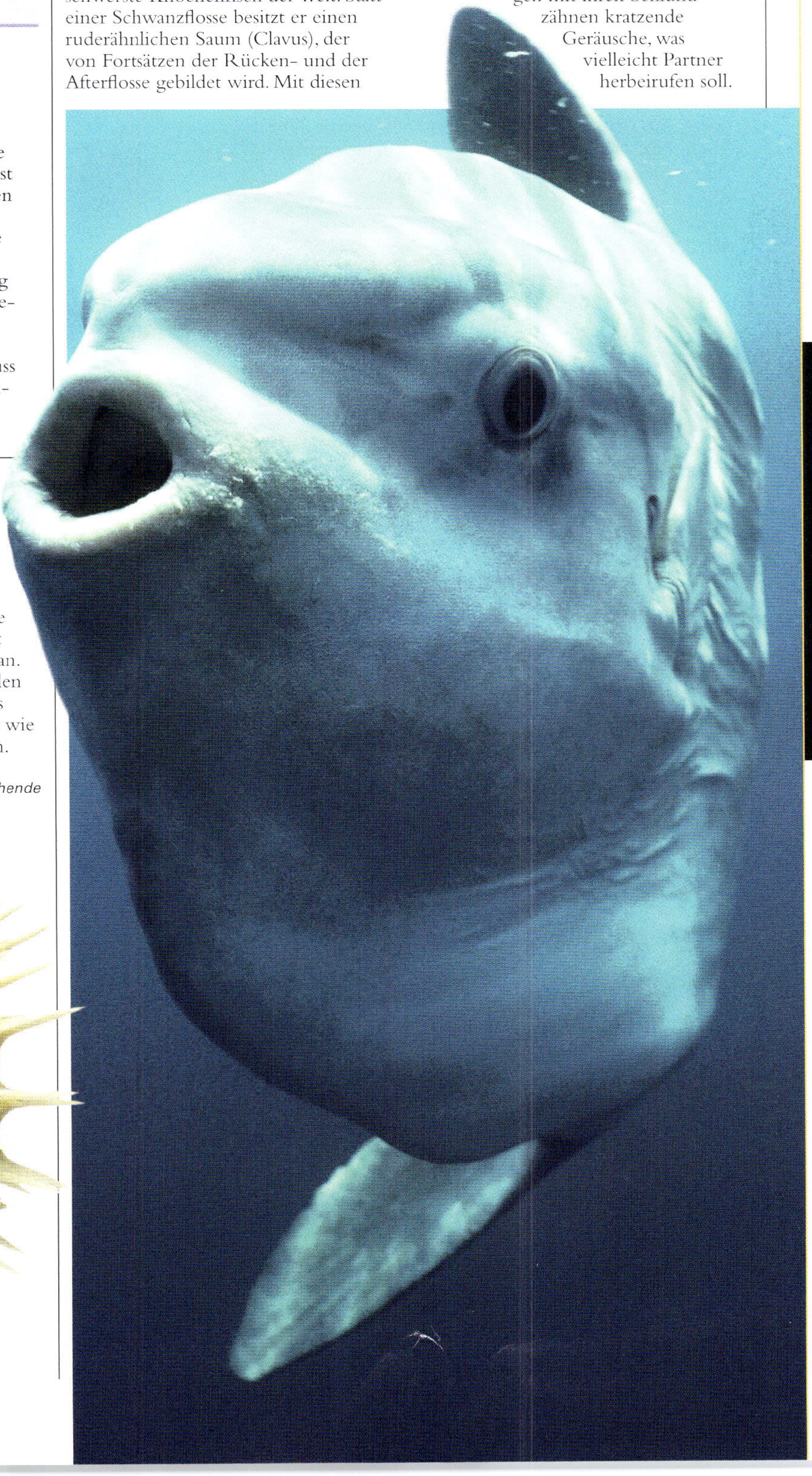

Reptilien

DOMÄNE	Eucarya
REICH	Animalia
STAMM	Chordata
ÜBERKLASSE	Reptilia
ORDNUNGEN	4
ARTEN	11 570

WÄHREND DES JURAS, vor über 140 Millionen Jahren, gehörten die größten Meerestiere zu den Reptilien. Ihr Platz ist heute von den Säugetieren eingenommen worden, und es sind nur wenige vollständig marine Reptilien übrig. Von ihnen sind die Schildkröten die am weitesten verbreiteten und die Seeschlangen die vielfältigsten. Mit Ausnahme der Lederschildkröte benötigen Reptilien warme Gewässer.

Körperbau

Marine Reptilien zeigen verschiedene Anpassungen an das Leben im Meer. Die Schildkröten besitzen einen flachen, stromlinienförmigen Panzer und flache Vorderbeine, mit denen sie wie mit Flügeln schlagen können. Meer- und Panzerechsen setzen den Schwanz zum Schwimmen ein. Bei vielen Seeschlangen ist er zu diesem Zweck ruderartig abgeflacht. Anders als Landschlangen weisen Seeschlangen keine vergrößerten Bauchschuppen auf, da sie sie nicht zum Kriechen benötigen. Alle Reptilien atmen Luft und die marinen Arten können die Nasenlöcher beim Tauchen schließen. Panzerechsen können ihren Schlund verschließen, sodass sie das Maul unter Wasser öffnen können, ohne Wasser in die Lungen zu bekommen. Marine Reptilien müssen Salz abscheiden können. Seeschlangen und Panzerechsen tun das über Salzdrüsen im Maul, Schildkröten über Tränendrüsen. Meerechsen besitzen dazu Salzdrüsen an der Nase.

STROMLINIENFÖRMIGER PANZER
Der Panzer der Echten Karettschildkröte ist mit auffälligen Schilden bedeckt. Anders als die Landschildkröten kann sie den Kopf und die Beine nicht einziehen.

ZAHNWECHSEL
Die Zähne des Leistenkrokodils werden ständig durch neue ersetzt. Im Lauf seines Lebens kann es über 40 Sätze benutzen.

Lebensraum

Meeresreptilien leben meist in Küstennähe oder kommen zur Eiablage zur Küste zurück. Die einzigen vollständig im Meer lebenden Reptilien sind die Echten Seeschlangen (Unterfamilie Hydrophiinae). Seeschlangen tauchen unter den Reptilien mit bis zu 100 m am tiefsten. Mit Ausnahme der Lederschildkröte benötigen die meisten marinen Reptilien eine externe Wärmezufuhr, was sie auf tropische und subtropische Gewässer beschränkt. Sie weisen auch Unterschiede in der regionalen Verteilung auf. Das trifft vor allem auf die Seeschlangen zu, von denen bis zu 25 Arten in Teilen des Indopazifik gefunden werden, aber keine im Atlantik.

SEESCHLANGEN WELTWEIT
Obwohl es im Indopazifik viele Seeschlangenarten gibt, kommen sie im Atlantik nicht vor. Die kalten Gewässer vor Südafrika verhindern ihre Ausbreitung.

RIFF-SEESCHLANGE
Der Nattern-Plattschwanz sucht nach Beute. Riffe sind der bevorzugte Lebensraum für die in flachem Wasser lebenden Plattschwanz-Seeschlangen.

Ernährungsweise

Die meisten marinen Reptilien sind Fleischfresser. Seeschlangen fressen meistens Fische, obwohl einige wenige auch auf Fischlaich spezialisiert sind. Sie töten ihre Beute mit einem Giftbiss und verschlingen sie ganz. Das Gift setzen sie seltener zur Verteidigung ein. Suppenschildkröten ernähren sich als erwachsene Tiere von Seegras, während andere Meeresschildkröten ihr Leben lang Fleischfresser sind. Meerechsen sind dagegen als einzige marine Reptilien vollständige Vegetarier. Junge Tiere fressen Algen im Bereich des Wasserspiegels, doch die älteren weiden Algen von untergetauchten Felsen ab. Reptilien sind wechselwarm, sodass sie weniger Energie verbrauchen als Säugetiere oder Vögel. Das bedeutet, dass sie weniger Nahrung benötigen und lange Zeit nichts zu fressen brauchen. So kommen Seeschlangen mit ein oder zwei Mahlzeiten pro Monat aus.

MENSCHLICHER EINFLUSS

AUSBEUTUNG

Mit Ausnahme der Seeschlangen sind alle marinen Reptilien von Menschen als Nahrungsquelle und wegen der Häute und Panzer gejagt worden. Schildkröten können sich auch in Netzen verfangen. Die Zahlen aller sieben Arten sind stark zurückgegangen. Heute sind sie international geschützt.

ILLEGALE SOUVENIRS
Ausgestopfte Meeresschildkröten werden immer noch wie hier in Peru an Touristen verkauft, obwohl diese am Zoll wegen ihres Besitzes verhaftet werden können.

ALGENMAHLZEIT
Meerechsen haben stumpfe Köpfe, um die Algen besser von den Felsen abreißen zu können. Die scharfen Krallen dienen als Anker.

Vermehrung

Echte Seeschlangen pflanzen sich als einzige Reptilien im Meer fort. Nach einer Trächtigkeit von bis zu elf Monaten – viel länger als bei den meisten landlebenden Arten – gebären sie lebende Junge. Alle übrigen marinen Reptilien einschließlich der Plattschwanz-Seeschlangen und der Schildkröten legen ihre Eier an Land ab. Viele suchen dazu abgelegene Strände auf und erscheinen dort manchmal gleichzeitig und in großen Zahlen. Die Eier werden von der Sonnenwärme gezeitigt. Bei Schildkröten und Panzerechsen hat die Temperatur einen Einfluss auf das Geschlechterverhältnis der Jungen. Sie wachsen schnell, aber ihre Sterblichkeit ist hoch. Brutpflege ist selten, doch Panzerechsen-Weibchen bewachen die Nester und tragen die Jungen nach dem Schlupf zum Wasser.

NESTER IM SAND
Nach dem Graben des Nests legt die Lederschildkröte ihre Eier ab. Sie sind fast rund und haben eine weiche, ledrige Schale, die beim Schlupf aufreißt.

SYSTEMATIK DER REPTILIEN

Drei der vier Ordnungen heutiger Reptilien enthalten marine Arten. Die Seeschlangen stellen den Hauptteil der im Meer lebenden Reptilien dar. Warzenschlangen und Sumpfschildkröten leben im Süßwasser und suchen gelegentlich das Meer auf.

SCHILDKRÖTEN
Ordnung Testudines

etwa 360 Arten
Von den sieben Arten der Meeresschildkröten besitzen sechs einen harten Panzer. Der Panzer der in einer eigenen Familie stehenden Lederschildkröte ist gummiartig.

SCHLANGEN UND ECHSEN
Ordnung Squamata

10 980 Arten
Etwa 70 Schlangenarten leben im Meerwasser. Die Echten Seeschlangen der Unterfamilie Hydrophiinae verbringen ihr ganzes Leben im Meer, wohingegen die Plattschwanz-Seeschlangen (Familie Elapidae) ihre Eier an Land ablegen. Die marinen Echsen sind halbe Landbewohner und nur die Meerechsen finden alle Nahrung im Meer.

PANZERECHSEN
Ordnung Crocodylia

26 Arten
Nur das Spitz- und das Leistenkrokodil leben im Süßwasser und im Meer. Krokodile fressen meist an der Oberfläche und tauchen im Meer selten tiefer als einige Meter.

ANPASSUNGEN AN DAS LEBEN IM WASSER
Dank ihrer niedrigen Stoffwechselrate können marine Reptilien lange Zeit unter Wasser bleiben. Dieses junge Leistenkrokodil liegt vor Neuguinea auf dem Meeresgrund.

ORDNUNG TESTUDINES

Suppenschildkröte

Chelonia mydas

LÄNGE 0,8–1 m

GEWICHT 65–130 kg

LEBENSRAUM offenes Meer, Korallenriffe, Küstenbereiche

VERBREITUNG weltweit in tropischen und gemäßigten Gewässern

Die schön gezeichnete und stromlinienförmige Suppenschildkröte ist die am weitesten verbreitete Schildkröte in subtropischen und tropischen Gewässern, wo man sie oft im Seegras oder in Korallenriffen sieht. Ihre Farbe reicht von Grün bis Dunkelbraun, doch sind die Schilde an den Rändern heller und bilden so ein Muster. Wie bei allen Meeresschildkröten können die breiten Vorderbeine wie Flügel auf- und abgeschlagen werden. Sie dienen dem Antrieb und die kürzeren Hinterbeine der Stabilisation. Junge Suppenschildkröten fressen Mollusken und andere Tiere, doch die erwachsenen vor allem Seegras und Tang – eine Nahrung, die sie in Küstennähe bleiben lässt. Suppenschildkröten legen ihre Eier an abgelegenen Stränden ab und bleiben diesen Orten bemerkenswert treu. Um sie zu erreichen, nehmen sie oft Reisen von mehr als 1000 km auf sich und weichen nur wenige Kilometer vom Kurs ab. Sie paaren sich im Flachwasser. Die Weibchen kriechen nach Einbruch der Dunkelheit an Land und legen bis zu 200 Eier, die sie etwa 75 cm tief im Sand vergraben. Die Eier benötigen etwa sechs bis acht Wochen, bis die Jungen gleichzeitig schlüpfen und sich ins Wasser flüchten. Die Suppenschildkröte ist – hauptsächlich als Nahrungsquelle – seit Jahrhunderten gejagt worden, sodass ihre Zahlen stark zurückgegangen sind. Schutzmaßnahmen schließen die Bewachung der Eiablageplätze ein, sodass Fressfeinde, einschließlich der Menschen, die Eier nicht ausgraben und verzehren können.

START INS LEBEN

Nachdem sie im Sand geschlüpft sind, benutzen die jungen Schildkröten die Vorderbeine, um an die Oberfläche zu kommen. Sie versuchen, so schnell wie möglich ins Meer zu gelangen, um nicht Vögeln, Krabben, Schlangen und Ameisen zum Opfer zu fallen. Über das frühe Leben der Jungen ist wenig bekannt, da sie selten beobachtet werden, aber sicher fallen viele auch im Meer Räubern zum Opfer. Ihre Wachstumsrate beträgt im Durchschnitt mehr als 5 kg pro Jahr.

ORDNUNG TESTUDINES

Echte Karettschildkröte

Eretmochelys imbricata

LÄNGE 0,8–1 m

GEWICHT 45–75 kg

LEBENSRAUM Korallenriffe, Flachwasserzonen

VERBREITUNG weltweit in tropischen und warmgemäßigten Gewässern

Außer durch den Hakenschnabel fällt die Echte Karettschildkröte durch den Kiel in der Panzermitte und die im hinteren Randbereich spitz zulaufenden Schilde auf. Sie lebt in warmen Gewässern und entfernt sich selten von flachen Bereichen und Korallenriffen, wo sie sich von Schwämmen, Weichtieren und anderen sessilen Tieren ernährt. Sie ist weniger wanderlustig als andere Meeresschildkröten und legt ihre Eier an verschiedenen Stellen in den Tropen ab, anstatt sich an bestimmten Orten in großen Zahlen zu versammeln. An Land bewegt sie die diagonal gegenüberliegenden Flossen und nicht wie andere Meeresschildkröten die beiden vorderen gleichzeitig. Die Echte Karettschildkröte ist die Hauptquelle für Schildpatt – abgelöste, polierte Schilde. Trotz der IUCN-Einstufung »vom Aussterben bedroht« werden Jungtiere präpariert und verkauft, besonders in Südostasien. Die Tiere in Farmen zu vermehren, war nicht erfolgreich.

ORDNUNG TESTUDINES

Unechte Karettschildkröte

Caretta caretta

LÄNGE 0,7–1 m

GEWICHT 75–160 kg

LEBENSRAUM offene Meere, Riffe, küstennah

VERBREITUNG weltweit in tropischen und warmgemäßigten Gewässern

Sie ist nach der Lederschildkröte die größte Meeresschildkröte und hat einen stumpfen Kopf, kräftige Kiefer und einen gewölbten Panzer. Sie frisst hartschalige Tiere wie Krabben, Hummer und Muscheln. Die Tiere werden erst nach etwa 30 Jahren erwachsen und legen nur jedes zweite Jahr Eier.

ORDNUNG TESTUDINES

Lederschildkröte

Dermochelys coriacea

LÄNGE 1,3–1,8 m

GEWICHT bis zu 900 kg

LEBENSRAUM offene Meere

VERBREITUNG weltweit in tropischen, subtropischen und gemäßigten Gewässern

Die Lederschildkröte ist die größte Meeresschildkröte der Welt. Ihr Panzer hat eine gummiartige Oberfläche und ist birnenförmig geformt. Der Kopf ist nicht einziehbar und die Vorderbeine besitzen im Gegensatz zu denen anderer Schildkröten keine Krallen. Die Lederschildkröte verbringt die meiste Zeit auf hoher See und kehrt nur zur Eiablage zur Küste zurück. Sie frisst Quallen und andere Tiere des Planktons. Obwohl die meiste Nahrung an der Oberfläche schwimmt, kann sie bis zu 1000 m tief tauchen. Lederschildkröten legen, vor allem in den Tropen, bis zu neun Gelege pro Saison an steilen Sandstränden ab. Für ein Reptil ungewöhnlich ist, dass Lederschildkröten ihre Körpertemperatur über der der Umgebung halten können, was zum Teil an der dicken Fettschicht unter der Haut liegt. Deshalb können sie weit umherwandern und im Norden bis nach Island und im Süden bis nach Kap Hoorn vordringen. Einzelne Tiere können große Entfernungen zurücklegen – eine vor der Küste von Südamerika markierte Schildkröte ist später auf der anderen Seite des Atlantiks in 6800 km Entfernung gefunden worden.

HALSDORNEN

Der Schlund enthält Dutzende nach hinten gerichteter Dornen, die Quallen am Entkommen vor dem Schlucken hindern. Leider werden die Schildkröten deshalb auch die Plastiktüten nicht mehr los, nach denen sie schnappen, weil sie sie für Quallen halten.

QUALLENFALLE
Die Dornen im Schlund der Lederschildkröte können über 1 cm lang sein. Im Lauf ihres Lebens werden sie regelmäßig ersetzt.

ORDNUNG TESTUDINES

Atlant. Bastardschildkröte

Lepidochelys kempi

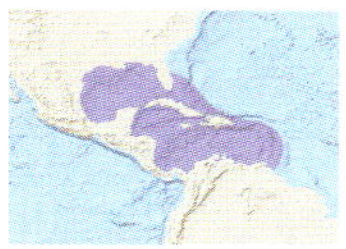

LÄNGE 50–90 cm

GEWICHT 25–40 kg

LEBENSRAUM Korallenriffe, Küstenzonen

VERBREITUNG Karibik, Golf von Mexiko, gelegentlich auch weiter nördlich bis Neuengland

Die auch als Kemps oder Karibische Bastardschildkröte bezeichnete Art ist die kleinste Meeresschildkröte. Hauptsächlich wegen ihrer ungewöhnlichen Art der Eiablage ist sie auch die am meisten bedrohte. Anders als die meisten Meresschildkröten legt sie ihre Eier am Tag ab und die Weibchen kommen gleichzeitig aus dem Meer, was man als *Arribada* (Spanisch für »Ankunft«) bezeichnet. Früher fanden die Eiablagen im gesamten Verbreitungsgebiet der Schildkröte statt, doch für Menschen und Tiere stellten die Eier eine leichte Beute dar. Heute legt die Mehrzahl der Atlantischen Bastardschildkröten ihre Eier an einem einzigen Strand in Mexiko ab, wo die Gelege beschützt werden. Die Tiere haben sich früher auch oft in Garnelennetzen verfangen, was heute durch besondere Vorrichtungen verhindert werden soll. Einige Wochen nach der *Arribada* kommen Tausende von jungen Schildkröten hervor, um die gefährliche Reise über den Strand in die relative Sicherheit des Meers anzutreten.

Die erwachsenen Tiere sind Fleischfresser, die sich hauptsächlich von Krabben ernähren. Ihr Rückenpanzer ist ungewöhnlich breit und die geringe Größe macht sie zu wendigen Schwimmern. Der Panzer ändert seine Farbe mit dem Alter: Jährlinge sind oft fast schwarz, erwachsene Tiere hell olivgrau. Die nah verwandte Olivfarbene Bastardschildkröte (*L. olivacea*), lebt in den gesamten Tropen und ist daher weniger gefährdet.

ORDNUNG TESTUDINES

Wallriffschildkröte

Natator depressa

LÄNGE 1–1,2 m

GEWICHT bis zu 85 kg

LEBENSRAUM Küsten- und Flachwasserzonen

VERBREITUNG Nord- und Nordostaustralien, Neuguinea, Arafura-Meer

Die früher als eine Form der Suppenschildkröte angesehene und als Australische Suppenschildkröte bezeichnete Art hat unter den Meeresschildkröten das am stärksten eingeschränkte Verbreitungsgebiet. Sie lebt in flachen Gewässern zwischen Nordaustralien, Neuguinea und dem Great Barrier Reef. Erwachsene Tiere sind vor allem Fleischfresser und ernähren sich von Fischen und Bodenbewohnern. Trotz der beschränkten Verbreitung schwimmen die Tiere manchmal über 1000 km weit zu ihren Eiablageplätzen. Weibchen graben jeweils durchschnittlich drei Nester und legen insgesamt etwa 150 Eier. Die Jungen ernähren sich von Plankton. Anstatt sich im offenen Meer zu verteilen, bleiben sie im flacheren Wasser über dem Kontinentalschelf.

ECHTE KARETTSCHILDKRÖTE
Der kräftige, scharfe Schnabel dieser Schildkröte ähnelt dem eines Raubvogels. Das hier in einem Riff des Roten Meers fotografierte Tier hält ein Stück Weichkoralle im Maul, könnte aber auch Steinkorallen zerbeißen. An jedem Vorderbein trägt die Echte Karettschildkröte zwei Krallen.

ORDNUNG SQUAMATA

Nattern-Plattschwanz

Laticauda colubrina

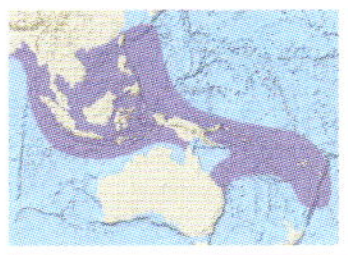

LÄNGE 1–3 m

GEWICHT bis zu 5 kg

LEBENSRAUM Korallenriffe, Mangrovensümpfe, Flussmündungen

VERBREITUNG östlicher Indischer Ozean und südwestlicher Pazifik

Diese Art ist die am weitesten verbreitete der Plattschwanz-Seeschlangen, einer Gattung mit vier Arten, die nicht lebendgebärend sind und ihre Eier an Land ablegen. Sie hat einen hellblauen Körper mit auffälligen schwarzen Ringen und von der Grundfarbe abgesetzten gelben Lippen. Die Tiere jagen im flachen Wasser nach Fischen. Obwohl sie ein sehr wirksames Gift besitzen, stellen sie für Menschen keine Gefahr dar, da sie nicht aggressiv sind und selbst dann selten beißen, wenn man sie anfasst.

Anders als viele andere Seeschlangen haben die Plattschwänze große Bauchschuppen, die sie beim Kriechen an Land unterstützen. Während der Paarungszeit kommen sie in großen Zahlen an Land, um nach der Paarung bis zu 20 Eier abzulegen. Wenn die Jungen geschlüpft sind, suchen sie das flache Wasser auf, bevor sie sich an der Küste verteilen.

ORDNUNG SQUAMATA

Plättchen-Seeschlange

Hydrophis platurus

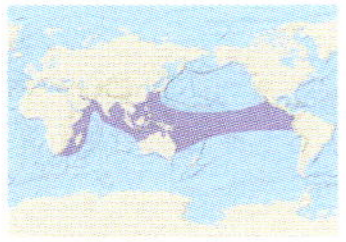

LÄNGE 1–1,5 m

GEWICHT bis zu 1,5 kg

LEBENSRAUM offene Meere

VERBREITUNG tropische und subtropische Gewässer des Indischen Ozeans und des Pazifik

Das Gift dieser gelb-schwarze Längsstreifen tragenden Schlange ist stärker als das einer Kobra. Sie hat die größte Verbreitung aller Schlangen und ist eine der sehr wenigen, die an der Oberfläche des offenen Meers leben. Die Warnfarben weisen auf die Giftigkeit hin und schützen sie vor vielen Fressfeinden. Sie frisst kleine Fische, die sich in ihrem Schatten verstecken wollen und kann dabei gleich geschickt vor- und rückwärts schwimmen. Obwohl die Giftzähne winzig sind, hat es schon Todesfälle bei Menschen gegeben. Im Meer können die Schlangen Geschwader von Hunderttausenden von Tieren bilden und nach einem Sturm an Strände gespült werden, die außerhalb ihres normalen Verbreitungsgebiets liegen. Die Art hat niemals den Atlantik besiedelt, weil ihr dabei kalte Strömungen im Weg waren. Plättchen-Seeschlangen können bis zu sechs lebende Junge bekommen.

ORDNUNG SQUAMATA

Schnabelseeschlange

Hydrophis schistosus

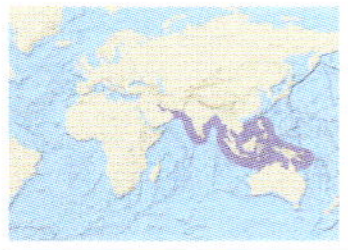

LÄNGE 1–1,5 m

GEWICHT bis zu 2 kg

LEBENSRAUM seichte Küstengewässer

VERBREITUNG Indischer Ozean und westlicher Pazifik, vom Persischen Golf bis nach Nordaustralien

Die aggressive und leicht zu provozierende, weit verbreitete Art ist für neun von zehn auf Seeschlangen zurückgehende Todesfälle verantwortlich. Die hellgraue, mit verwaschen blaugrauen Ringen gezeichnete Schlange besitzt einen spitzen Kopf, einen schlanken Körper und einen Ruderschwanz. Die Giftzähne sind weniger als 4 mm lang, doch die Kiefer können weit geöffnet werden, um große Beute zu bewältigen. Die Schlange frisst vor allem Welse und Garnelen, wenn sie über den Boden flacher Gewässer schwimmt. In Mangrovensümpfen, Flussmündungen und Flüssen sucht sie mit Geruchs- und Tastsinn nach Beute. Wie alle fischfressenden Schlangen wartet sie, bis die Beute nicht mehr zappelt und schlingt sie mit dem Kopf voran hinunter. Schnabelseeschlangen bekommen bis zu 30 Junge auf einmal, doch nur ein kleiner Teil von ihnen wird erwachsen. Trotz des Gifts werden die Schlangen von Fischen und Krokodilen gefressen.

MENSCH UND MEER

TÖDLICHES GIFT

Der Biss der Schnabelseeschlange überträgt genug Gift, um 50 Menschen zu töten – etwa doppelt so viele wie das Gift der Königskobra oder das der Todesottern. Die meisten Opfer werden beim Waten oder Fischen im Flachwasser gebissen. Allerdings gibt es keine verlässliche Statistik der Todesfälle. Das Gift schützt die Schlange jedoch nicht davor, in Netzen gefangen zu werden. Dieser Gefahr sind alle Seeschlangen ausgesetzt, diese jedoch ganz besonders, weil sie im flachen Wasser lebt und Garnelen erbeutet, die von Trawlern gefischt werden.

ORDNUNG SQUAMATA

Schildkrötenkopf-Seeschlange

Emydocephalus annulatus

LÄNGE 60–120 cm

GEWICHT bis zu 1,5 kg

LEBENSRAUM Korallenriffe und Korallensandbänke

VERBREITUNG Indischer Ozean und Pazifik, von Nordaustralien bis zu den Fidschi-Inseln

Diese australasiatische Seeschlange ist durch ihre farbliche Variabilität und die hoch spezialisierte Lebensweise als Räuber von Fischlaich bemerkenswert. Meistens ist sie in allen Bereichen des Verbreitungsgebiets einfach blaugrau gefärbt. Eine auffällig geringelte Form lebt in Teilen des Great Barrier Reef, wohingegen auf isolierten Riffen weiter östlich im Korallenmeer eine seltenere dunkle oder melanistische Form vorkommt. Die Schlange bewegt sich langsam durch die Korallen und sucht systematisch nach Fischlaich, der entweder an die Korallenäste geklebt oder auf dem Sand deponiert ist. Der Fischlaich wird mit einer vergrößerten Schuppe des Oberkiefers abgekratzt. In den meisten Fällen betreiben die Fische keine Brutpflege, sodass die Schlange ungestört ist. Riffbarsche bewachen ihre Eier jedoch recht aggressiv und versuchen die Schlange fernzuhalten.

Außer dass das Weibchen lebende Junge gebärt, weiß man wenig über die Fortpflanzung der Schildkrötenkopf-Seeschlange. In Einklang mit ihrer Ernährungsweise besitzen die Schlangen weniger als 1 mm große Giftzähne und versuchen selten zu beißen. Das Gift ist eins der schwächsten unter den Seeschlangen und anstatt sich gegen einen Angreifer zu wehren, ziehen es die Schlangen vor, in Riffspalten zu verschwinden.

ORDNUNG SQUAMATA

Blattschuppen-Seeschlange

Aipysurus foliosquama

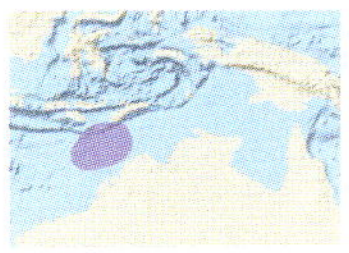

LÄNGE bis zu 60 cm

GEWICHT bis zu 0,5 kg

LEBENSRAUM Korallenriffe und Korallensandbänke

VERBREITUNG Timor-See (Ashmore- und Hibernia-Riffe)

Die fischfressende Schlange hat das am stärksten begrenzte Verbreitungsgebiet unter den Seeschlangen. Sie kommt nur bei einer Gruppe abgelegener Korallenriffe etwa 300 km vor der australischen Nordwestküste vor. Ihre Zeichnung besteht aus kontrastreichen Ringen und ihr Name rührt von der Form ihrer Rückenschuppen her. Sie lebt im Flachwasser und taucht selten tiefer als 10 m. Obwohl sie giftig ist, ist sie selten aggressiv. Die Weibchen sind größer als die Männchen und bekommen lebende Junge.

ORDNUNG SQUAMATA

Olivgrüne Seeschlange

Aipysurus laevis

LÄNGE 1–2,2 m

GEWICHT bis zu 3 kg

LEBENSRAUM Korallenriffe, flache Küstenzonen, Flussmündungen

VERBREITUNG östlicher Indischer Ozean und Westpazifik, von Westaustralien bis Neukaledonien

Die häufige, oben braun oder olivbraun und unten heller gefärbte Seeschlange ist eine von sechs nah verwandten Arten, die in den Riffen und flachen Küstengewässern im nördlichen Australasien leben. Wie ihre Verwandten hat sie einen drehrunden Körper, einen abgeplatteten Schwanz und vergrößerte Bauchschuppen – eine sonst nur bei teilweise oder ganz an Land lebenden Arten auftretende Eigenschaft. Sie lebt jedoch vollkommen im Meer und jagt Fische in den Korallenspalten. Oft bleibt die Seeschlange im gleichen beschränkten Bereich und wagt sich außer nach Einbruch der Dunkelheit nur selten ins freie Wasser.

Nach einer Trächtigkeit von neun Monaten werden bis zu fünf fingerlange lebende Junge geboren. Anders als die erwachsenen Tiere sind sie dunkel gefärbt, mit einem sich davon stark abhebenden Muster hellerer Bänder. Olivgrüne Seeschlangen sind neugierig und nähern sich oft Tauchern. Sie haben kurze Giftzähne und beißen schnell zu, wenn sie provoziert werden. Das Gift hat schon Todesfälle verursacht.

EIN GUTER GRIFF
Eine Meerechse zeigt ihre breiten Füße und langen Krallen, mit denen sie sich unter Wasser an Felsen festhält, während sie mit dem Maul Algen abreißt.

ORDNUNG SQUAMATA

Meerechse

Amblyrhynchus cristatus

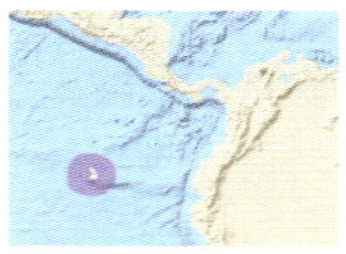

LÄNGE bis zu 1,5 m, meist jedoch kleiner

GEWICHT Weibchen 500 g; Männchen 1,5 kg, vereinzelt größer

LEBENSRAUM Felsküsten

VERBREITUNG Galapagos-Inseln

Die nur auf den Galapagos-Inseln vorkommenden Meerechsen sind die einzigen Echsen, die als Erwachsene nur im Meer nach Nahrung suchen. Die Größe und das Gewicht der Tiere sind auf den verschiedenen Inseln unterschiedlich. Sie haben einen stumpfen Kopf und einen stachligen Rückenkamm. Mit den kräftigen Krallen können sie über Felsen klettern und der Schwanz dient im Wasser als Antrieb. Die Tiere weiden Tange und andere Algen ab. Die Jungen fressen knapp über dem Wasserspiegel, doch die erwachsenen Tiere können bis zu 10 m tief und über eine Stunde lang tauchen. Tagsüber liegen sie in der Sonne, um ihre Körpertemperatur zu erhöhen, wenn sie nicht fressen. Während der Paarungszeit kämpfen die Männchen mit Kopfstößen gegeneinander. Weibchen vergraben bis zu sechs Eier im Sand und die Jungen tauchen nach bis zu drei Monaten auf. Meerechsen haben viele Feinde, wie Haie und Greifvögel. Sie werden auch durch eingeschleppte Tiere bedroht, etwa Ratten und Hunde.

PROFIL EINES VEGETARIERS
Anders als fleischfressende Echsen haben die Meerechsen stumpfe, aber kräftige Kiefer. Überschüssiges Salz scheiden sie aus Drüsenöffnungen neben der Nase aus.

GEGEN KÄLTE GEWAPPNET

Obwohl die Galapagos-Inseln am Äquator liegen, sind sie vom Wasser des kalten Humboldt-Stroms umgeben, der nach Norden die Westküste von Südamerika entlangfließt. Die wechselwarmen Echsen benötigen Anpassungen, um unter diesen Bedingungen fressen zu können. Beim Tauchen verringert sich ihre Herzfrequenz um die Hälfte, um Energie zu sparen und ihre Kerntemperatur höher als die des umgebenden Wassers zu halten. Bei Nacht drängen sich die Echsen zusammen, um den Wärmeverlust zu verringern.

SONNENBAD
Nach der Rückkehr aus dem Meer legen sich die Echsen auf Sand oder Felsen direkt über dem Wasser in die Sonne, um sich aufzuwärmen.

ORDNUNG SQUAMATA

Bindenwaran

Varanus salvator

LÄNGE bis zu 2,7 m

GEWICHT 15–35 kg

LEBENSRAUM Küstenniederungen, Flussmündungen, Flüsse

VERBREITUNG Indischer Ozean, westlicher Pazifik, von Sri Lanka bis zu den Philippinen und Indonesien

Als opportunistischer Räuber mit großem Nahrungsspektrum ist der Bindenwaran eine der größten Echsen, die regelmäßig das Meer aufsuchen. Er hat einen langen Hals, kräftige Beine und einen abgeflachten Schwanz, den er beim Schwimmen einsetzt. Er frisst alles, was er überwältigen kann und jagt seine Beute sowohl im Flachwasser als auch an der Küste. Wie andere Warane nimmt er auch Aas an. An manchen Orten kommt er auch in den Vororten von Küstenstädten vor, wo er Abfälle frisst. Bindenwaran-Weibchen platzieren ihre Eier am Ende eines Baus.

ORDNUNG SQUAMATA

Pazifikwaran

Varanus indicus

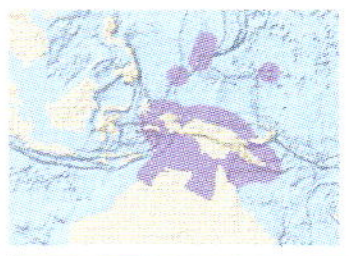

LÄNGE bis zu 1,2 m

GEWICHT bis zu 10 kg

LEBENSRAUM Mangrovensümpfe, Wälder am Flussufer, Flussmündungen

VERBREITUNG westlicher Pazifik, von Mikronesien bis nach Nordaustralien

Der im Körperbau dem Bindenwaran (links) ähnliche Waran hat eine ähnliche Lebensweise, entfernt sich aber selten weit von der Küste. Wie alle Warane hat er einen langen, beweglichen Hals und kräftige Füße mit Krallen. Der seitlich abgeplattete Schwanz ist doppelt so lang wie der Körper. Pazifikwarane sind sehr gute Schwimmer und Kletterer, die am Boden, im Flachwasser und auf Bäumen jagen können. Fische machen einen großen Teil ihrer Nahrung aus, obwohl sie auch Krabben, Vögel, Echsen und sogar Fischköder fressen. Diese Art ist bei ihrer Verbreitung vom Menschen unterstützt worden. Im westlichen Pazifik ist sie in der Vergangenheit als Nahrungsquelle eingeführt worden und in jüngerer Zeit auf einigen Pazifik-Inseln, um die Ratten zu bekämpfen. Pazifikwarane legen bis zu ein Dutzend Eier pro Gelege und wie bei den meisten Echsen betreiben sie keine Brutpflege.

HOCHSEEWANDERER
Das Leistenkrokodil ist ein guter Schwimmer. Man hat schon Tiere 1000 km von der Küste entfernt beobachtet.

ORDNUNG CROCODYLIA

Leistenkrokodil

Crocodylus porosus

LÄNGE bis zu 7 m

GEWICHT bis zu 1 t

LEBENSRAUM offenes Meer, Flüsse, Flussmündungen, Küstenregionen

VERBREITUNG Indischer Ozean, Pazifik, von Südindien bis nach Neuguinea und Australien

Die auch als Salzwasserkrokodil bezeichnete Panzerechse ist das größte Reptil der Welt und eins der wenigen, die auch auf das Meer hinausschwimmen. Die Kraft und Wildheit der Tiere sind legendär und es soll über 1000 menschliche Todesfälle pro Jahr geben. Die kräftigen Kiefer enthalten bis zu 13 cm lange Zähne und die widerstandsfähige Haut ist von dicken Schuppen bedeckt. Die Schuppen des Rückens werden von knochigen Osteodermen verstärkt, während der Schwanz zwei Reihen aufrechter Kammschuppen trägt. Die Nasenlöcher lassen sich unter Wasser verschließen, doch das Maul ist nicht wasserdicht. Stattdessen lässt sich der Schlund verschließen, sodass er nur beim Fressen geöffnet werden muss. Die Körpertemperatur wird durch Abkühlen im Wasser und Aufwärmen in der Sonne geregelt. Wie andere große Panzerechsen lauert das Leistenkrokodil im Flachwasser, sodass kaum mehr als die Augen und die Nasenlöcher sichtbar sind. Wenn Beute in Reichweite kommt, schießt das Krokodil aus dem Wasser, packt sie und zieht sie unter Wasser, bis sie ertrunken ist. Krokodile können nicht kauen, sodass sie Tiere in Stücke zerreißen und Schuppen, Haut und sogar Knochen verdauen. Sie fressen Vögel, Fische, Schildkröten und verschiedenste Säugetiere, wie Wildschweine, Affen, Pferde und Wasserbüffel. Weibchen legen bis zu 90 Eier in einem Hügel am Ufer ab und tragen die Jungen nach dem Schlupf zum Wasser. Da Leistenkrokodile in vielen Teilen ihres Verbreitungsgebiets gejagt werden, sind große Tiere selten geworden.

PANZERPLATTEN
Das Krokodil wird von parallelen Reihen verknöcherter Platten geschützt.

ORDNUNG CROCODYLIA

Spitzkrokodil

Crocodylus acutus

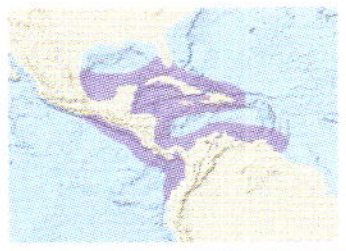

LÄNGE bis zu 5 m

GEWICHT 180–450 kg

LEBENSRAUM Flussmündungen, offenes Meer, Küsten, Lagunen

VERBREITUNG Karibik, angrenzende Gebiete des Atlantiks, Pazifikküste von Zentral- und Südamerika

Von den vier amerikanischen Arten der Gattung *Crocodylus* ist diese die einzige, die zumindest erwachsen im Süßwasser und im Meer zu Hause ist. Voll ausgewachsen sind die Tiere olivbraun, mit spitzer Schnauze, breitem Rücken und kraftvollem Schwanz. Die Knochenplatten (Osteodermen) sind kleiner als die anderer Krokodile. Junge Tiere fressen Fisch und kleine Landtiere, und die erwachsenen oft Schildkröten, die sie mit den Kiefern aufbrechen. Weibchen vergraben die etwa 40 Eier umfassenden Gelege im Sand. Wie alle Krokodile ist auch diese Art wegen der Häute gejagt und durch Bebauung der Küsten verdrängt worden. Das Hauptverbreitungsgebiet ist Zentralamerika, aber einige Hundert Tiere leben auch in Florida.

Vögel

DOMÄNE	Eucarya
REICH	Animalia
STAMM	Chordata
KLASSE	Aves
ORDNUNGEN	40
ARTEN	10 650

An das Meer angepasste Vögel verbringen ihr Leben in der Luft über dem Wasser, an der Oberfläche des offenen Meers oder entlang der Küsten. Küstenbewohner entfernen sich meistens nicht weit vom Land und manche suchen das Wasser nur zu bestimmten Jahreszeiten auf. Andere bleiben monatelang auf dem Meer und kehren nur zum Brüten an Land zurück. Anders als Landvögel nisten viele Seevögel in großen Kolonien auf Inseln und Klippen, die sie nach der Brutzeit verlassen.

TAUCHENDE TROTTELLUMMEN
Trottellummen schießen auf der Jagd nach Fischen wie Tragflügelboote durchs eisige Wasser. Die Alkenvögel kommen in den nördlichen Meeren häufig vor.

Körperbau

Den typischen Seevogel gibt es eigentlich nicht, obwohl viele Vögel sich dem offenen Meer auf ähnliche Weise angepasst haben. Sie besitzen Schwimmhäute, ein hochgradig wasserdichtes Gefieder und Drüsen zum Abscheiden von Salz. Die Knochen der meisten Landvögel sind hohl und mit Luft gefüllt, um ihr Gewicht zu reduzieren, doch die der tauchenden Arten wie der Pinguine sind dichter und haben wenige Hohlräume. Manche Stoßtaucher, wie Tölpel und Pelikane, besitzen Luftsäcke unter der Haut, die den Aufprall auf das Wasser dämpfen und ihnen helfen, wieder an die Oberfläche zu kommen. Verglichen damit zeigen die Küstenvögel relativ wenige Anpassungen an das Leben am oder im Salzwasser, doch wie bei allen Vögeln sind ihre Schnäbel auf ihre jeweilige Nahrung spezialisiert.

FLIEGENDE TAUCHER
Der stromlinienförmige Körperbau des Basstölpels ist der eines typischen Stoßtauchers. Sekundäre Nasenlöcher befinden sich innerhalb des Schnabels, sodass das Eindringen von Wasser verhindert wird.

SCHNABELARTEN
Mit Ausnahme vieler Entenvögel sind die Vögel der See und der Küste Fleischfresser, deren Schnäbel an die Nahrung angepasst sind. Der Pelikanschnabel ist eine Schöpfkelle, während der Haken am Albatros-Schnabel verhindert, dass ihm die Beute entgleitet. Seeadler ergreifen Tiere mit den Klauen und zerreißen sie mit dem Schnabel. Brachvögel können mit den langen Schnäbeln im Schlamm nach Tieren stochern.

Lebensräume

Vögel gibt es auf allen Meeren und an allen Küsten, vom Äquator bis zu den Polen. Weniger als 200 Arten leben auf dem offenen Meer. Zu ihnen gehören Albatrosse mit Spannweiten von bis zu 3,5 m und kleinere Arten, wie Sturmtaucher und Seeschwalben. Obwohl sie sich von Meerestieren ernähren, ist ihr eigentlicher Lebensraum die Luft. Rußseeschwalben ruhen sich kaum jemals auf dem Wasser aus und verbringen ihre ersten fünf Jahre fast vollständig in der Luft. Nahrung ist auf dem offenen Meer weit verbreitet, aber schlecht zu finden, sodass die meisten Seevögel in Landnähe leben und im seichteren Wasser über dem Kontinentalschelf nach Fressbarem suchen. Felsenküsten und Schlickflächen sind dagegen typische Lebensräume für Watvögel und Möwen. Die Sedimente der Flussmündungen beherbergen viele Würmer und Mollusken, die bei Ebbe zugänglich sind. Aus den gleichen Gründen sind in den Tropen Mangrovensümpfe attraktiv. Zusätzlich bieten die Bäume den Vorteil, dass die Vögel in ihnen ruhen und nisten können.

WANDERER DER MEERE
Der Schwarzbrauenalbatros legt auf der Suche nach nahrungsreichen Gegenden weite Strecken zurück. Er frisst Krebstiere, Fische, Kalmare und Aas.

WATVÖGEL
Austernfischer suchen in verschiedenen Umgebungen nach Nahrung, von Felsenküsten bis zu Schlickflächen. Hier warten sie auf die Ebbe, um den Boden zu durchsuchen.

Nahrungsstrategien

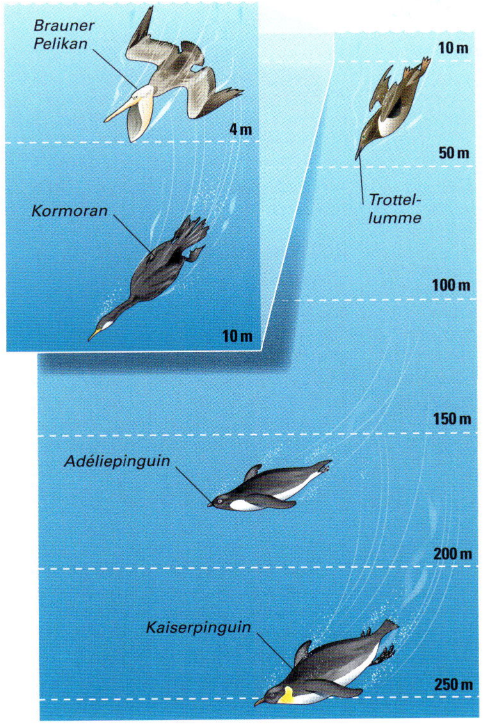

Meeresvögel erbeuten ihre Nahrung auf verschiedene Weise. Am spektakulärsten tun das Stoßtaucher wie die Tölpel und der Braune Pelikan, die sich aus bis zu 30 m Höhe auf Fischschwärme stürzen. Zu den tauchenden Vögeln gehören auch viele, die von der Oberfläche aus operieren, etwa Kormorane und Pinguine. Kaiserpinguine tauchen meist bis zu 150 m tief, doch man hat auch 535 m Tauchtiefe gemessen – mehr als bei jedem anderen Vogel.

Viele Meeresvögel, wie Albatrosse und Sturmvögel, jagen fliegend und erbeuten Tiere oder Abfälle von der Wasseroberfläche. Kleptoparasiten wie die Fregattvögel jagen ebenfalls in der Luft. Sie bedrängen andere Vögel, bis sie ihre Nahrung auswürgen. Küstenvögel suchen ihre Nahrung oft im Flachwasser oder der Gezeitenzone, doch Scherenschnäbel durchpflügen das Wasser mit ihrem Unterschnabel – eine Technik, die nur bei ruhigem Wasser funktioniert.

TAUCHTIEFEN BEIM FRESSEN
Stoßtaucher (links) wie der Braune Pelikan dringen nur wenige Meter unter die Wasseroberfläche vor. Die tiefer tauchenden Pinguine nutzen Füße und Flügel für den Antrieb und bleiben oft einige Minuten unter Wasser.

FRÜHSTÜCK IM MORGENGRAUEN
Ein Scherenschnabel zieht auf der Nahrungssuche seinen Schnabel durch das Wasser einer Lagune.

MENSCHLICHER EINFLUSS

GEFÄHRDETE SEEVÖGEL

Die Zunahme der Fischerei und des Schiffsverkehrs haben einen großen Einfluss auf viele Vögel. Sie erleiden direkten Schaden, wenn sie sich in Netzen verfangen oder mit Öl verschmiert werden, und werden indirekt geschädigt, wenn die Fischerei ihre Nahrungsgrundlage raubt. Die globale Erwärmung kann wesentliche Veränderungen in den Fischbeständen hervorrufen, von denen sich die Vögel ernähren.

KOLLATERALSCHADEN
Der im Netz gefangene Kormoran ist einer von Tausenden, die jeden Tag ertrinken. Tauchende Vögel haben oft Schwierigkeiten, die Plastiknetze unter Wasser zu erkennen.

Verbreitung und Migration

Seevögel können in ihrem Leben gewaltige Entfernungen zurücklegen. Manche wie der Basstölpel verstreuen sich über große Bereiche im Meer und kommen nur zu isolierten Kolonien zurück, um zu brüten. Der Drang Zerstreuungswanderungen durchzuführen ist bei jungen Vögeln am stärksten und nimmt in den vier Jahren ab, die sie bis zur Geschlechtsreife benötigen. Von nun an versammeln sich die erwachsenen Tiere im Frühjahr und Sommer in ihren Kolonien, um wieder aufs Meer hinauszufliegen, wenn die Jungvögel das Nest verlassen haben. Andere Vögel, etwa das Thorshühnchen, wechseln zwischen Sommer- und Wintergebieten. Während ihrer Migration können sie im Bereich dazwischen »auf der Durchreise« beobachtet werden. In den Arten-Steckbriefen auf den nächsten Seiten zeigen die Verbreitungskarten alle Lebensräume – Sommer- und Winterquartiere sowie die Bereiche, die durchquert werden.

BASSTÖLPEL
Als typischer Zerstreuungswanderer nistet der Vogel in über den Nordatlantik verteilten Kolonien. Wenn er nicht brütet, fliegt er bis in die Tropen, meist über die Schelfbereiche.

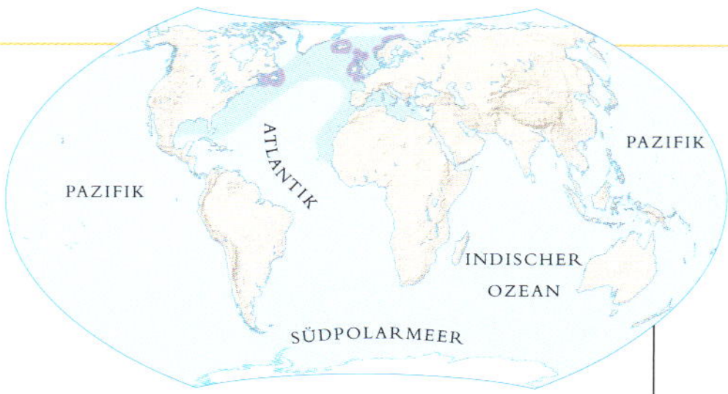

THORSHÜHNCHEN
Dieser Zugvogel nistet in der Arktis und überwintert im südöstlichen Pazifik und östlichen Atlantik. Ein Netzwerk von Migrationsrouten sorgt dafür, dass der Vogel überall auf der Welt zu beobachten ist.

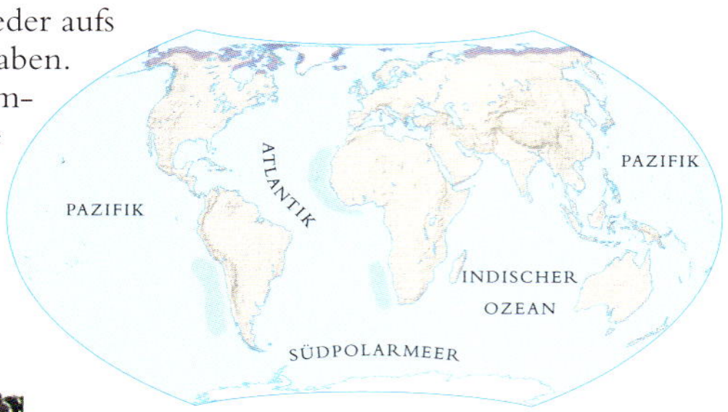

GEMISCHTE KOLONIEN
Guanokormorane, Tölpel und Braune Pelikane nisten in Kolonien auf den kahlen Inseln vor der Küste Perus – einer sehr fischreichen Gegend.

Nisten und brüten

Wenn sie erwachsen geworden sind, kommen alle Seevögel zum Brüten an Land. Manche nisten allein, doch viele bilden große Kolonien – oft, weil gute Nistplätze selten und weit verstreut sind. Klippen und Inseln sind bevorzugte Orte, da sie den besten Schutz vor Räubern bieten. Viele Sturmvögel und Sturmtaucher nisten in Bauen oder zwischen Steinen, doch die meisten Seevögel brüten im Freien und benutzen kein oder wenig Nistmaterial. Im Vergleich zu denen der Landvögel sind die Gelege klein. Kormorane legen meist drei bis vier, doch Albatrosse oder Papageitaucher nur ein Ei in jedem Jahr. Diese Vögel sind oft langlebig, doch ihre geringe Vermehrungsrate macht sie für Umweltverschmutzungen durch Öl oder Klimaveränderungen anfällig.

BAUMNESTER
Fregattvögel sind insofern ungewöhnliche Seevögel, als dass sie in Büschen und Bäumen nisten.

SYSTEMATIK DER SEEVÖGEL

Von den über 40 Vogelordnungen sind nur drei ausschließlich marin: die Pinguine, die Röhrennasen sowie die Tropikvögel. Weitere acht umfassen eine Mischung aus Land-, Küsten- und Seevögeln.

ENTENVÖGEL
Anseriformes

170 Arten
Die meisten Enten-, Gans- und Schwanarten leben am Süßwasser und ziehen oft im Winter an die Küste. Wenige sind völlig marin und leben ständig in Küstennähe.

KÖNIGSPINGUIN

PINGUINE
Sphenisciformes

18 Arten
Die marinen Vögel haben ihre Flugfähigkeit verloren. Die meisten Arten leben im Südpolarmeer, doch folgen sie den kalten Strömungen bis zu den Galapagos-Inseln.

SEETAUCHER
Gaviiformes

5 Arten
Die geschmeidigen Fischfresser tauchen mithilfe der Füße als Antrieb von der Wasseroberfläche aus. Taucher findet man vor allem im hohen Norden. Sie brüten landeinwärts am Süßwasser, überwintern aber oft am Meer.

RÖHRENNASEN, ALBATROSSE
Procellariiformes

143 Arten
Die völlig marinen Vögel leben in allen Meeren und kommen nur zum Brüten an Land. Ihre Nasen verleihen ihnen einen guten Geruchssinn. Die meisten bleiben tagelang in der Luft und suchen Nahrung an der Wasseroberfläche.

LAPPENTAUCHER
Podicipediformes

20 Arten
Die gelappten Füße dieser Vögel sitzen weit hinten am Körper. Die meisten Lappentaucher leben am Süßwasser, doch manche ziehen nach der Brutzeit zu den Küstengewässern.

TROPIKVÖGEL
Phaethontiformes

3 Arten
Die Meeresvögel nisten auf kleinen Inseln, fliegen weit über tropische Ozeane und tauchen im Sturzflug nach Fischen. Sie haben sehr lange, flexible mittlere Schwanzfedern.

PELIKANE UND VERWANDTE
Pelecaniformes

111 Arten
Die meist langbeinigen Vögel jagen in seichtem Wasser oder in Sumpfgebieten. Die meisten leben im Landesinneren, aber es gibt auch einige an den Küsten, an Korallenriffen und in Mangrovensümpfen. Pelikane leben meist in Seen, aber einige fischen im Meer, indem sie Wasser und Beute in ihren Hautsack schaufeln.

KORMORANE UND VERWANDTE
Suliformes

60 Arten
Zu dieser großen Seevogelgruppe gehören Kormorane, Fregattvögel und Tölpel. Bei allen sind die vier Zehen durch Schwimmhäute verbunden. Sie fangen Fische, indem sie sich entweder aus der Luft ins Wasser stürzen oder von der Oberfläche aus tauchen. Einige Arten, insbesondere Kormorane, halten sich auch häufig in Süßwasserlebensräumen auf.

GREIFVÖGEL
Accipitriformes

265 Arten
Diese Vögel haben Hakenschnäbel und scharfe Klauen, um ihre Beute zu ergreifen. Insgesamt sind die Greifvögel eher Landbewohner, doch einige Arten haben sich auf Fische spezialisiert und sind oft an den Küsten zu sehen. Sie wagen sich nur selten weit aufs Meer hinaus.

REGENPFEIFERARTIGE
Charadriiformes

381 Arten
Diese Ordnung enthält Küsten- und Meeresarten, einschließlich einiger Langstreckenzieher. Die Nahrung ist unterschiedlich und die Methoden zu ihrem Erwerb reichen vom Stoßtauchen bis zum Aasfressen. Viele Arten leben gesellig und brüten in Kolonien.

RACKEN, EISVÖGEL
Coraciiformes

180 Arten
Die Vögel dieser Ordnung leben meist im Wald oder am Süßwasser, obwohl manche an Küsten und in küstennahen Gewässern jagen. Sie tauchen aus der Luft ins Wasser und nach dem Fang sofort wieder auf, obwohl sie schwimmen können.

ORDNUNG ANSERIFORMES

Ringelgans

Branta bernicla

LÄNGE 55–66 cm

GEWICHT 1,3–1,6 kg

LEBENSRAUM Flussmündungen, Tundra, Grasländer der Küste

VERBREITUNG Arktis (Brutgebiet); Nordamerika, Nordwesteuropa, China, Japan (Winterquartiere)

Die Ringelgans, ein kompakter Vogel mit grauem Körper sowie schwarzem Kopf und Hals, brütet in der Arktis, überwintert jedoch in gemäßigten Gebieten – ein Verhalten, das viele Entenvögel zeigen. Ihre bevorzugte Nahrung sind im Flachwasser wachsende Seegräser, doch im Winter grasen die Vögel auch in Küstennähe an Land. Ringelgänse nisten in Kolonien in der tief gelegenen Küstentundra und legen einmal pro Jahr bis zu fünf Eier. Wie bei vielen Vögeln der Arktis schwanken ihre Zahlen stark. In milden Sommern überleben die meisten Küken, doch wenn es ungewöhnlich kalt ist, werden nur wenige Junge lang genug leben, um am Ende des Sommers auf die Wanderung zu gehen.

ORDNUNG ANSERIFORMES

Magellan-Dampfschiffente

Tachyeres pteneres

LÄNGE 61–76 cm

GEWICHT 4–4,5 kg

LEBENSRAUM Felsküsten, Küstengewässer

VERBREITUNG südliches Südamerika

Die schwer gebaute Ente ist eine von vier verwandten südamerikanischen Arten, die bis auf eine das Fliegen verlernt haben. Wie die anderen Dampfschiffenten besitzt sie ein graues Gefieder, gelbe Beine und einen orangegelben Schnabel. Sie frisst Muscheln, Krabben und andere kleine Tiere, die sie zwischen dem Kelp findet. Bei Bedrohung paddelt sie mit den Flügeln geräuschvoll über das Wasser.

ORDNUNG ANSERIFORMES

Brandgans oder -ente

Tadorna tadorna

LÄNGE 58–67 cm

GEWICHT 0,85–1,45 kg

LEBENSRAUM Küsten, Flussmündungen, Binnenseen

VERBREITUNG Europa, Nordafrika, Asien

Mit dem leuchtend gefärbten Gefieder und dem lebhaft orangeroten Schnabel ist die Brandgans ein auffälliger Bewohner schlammiger Küsten. Meist sieht man sie paarweise, wie sie bei Ebbe im Schlick nach kleinen Tieren sucht. Sie brütet in Löchern und zieht jedes Jahr bis zu neun Junge auf. Nach dem Brüten versammeln sich die Vögel zur Mauser in Schwärmen von bis zu 100 000 Tieren.

ORDNUNG ANSERIFORMES

Eiderente

Somateria mollissima

LÄNGE 50–71 cm

GEWICHT 1,2–2,8 kg

LEBENSRAUM seichte Küsten, Flussmündungen

VERBREITUNG Nordpolarmeer, Nordatlantik, nördlicher Pazifik

Die schwere Ente ist an arktischen Küsten nicht selten, wo sie nach Mollusken und Krabben taucht und sie mit dem Schnabel knackt. Die Weibchen sind braun gefleckt, während die Männchen (unten) hauptsächlich schwarz-weiß gefärbt sind, mit rosa Brust und grünlichem Hals. Eiderenten brüten in Gruppen und nah am Meer. Nach der Brutzeit verbringen sie den Winter in gemäßigten Bereichen im Süden des Verbreitungsgebiets.

MENSCH UND MEER

EIDERDAUNEN

Um Eier und Küken warm zu halten, kleiden die Weibchen das Nest mit Daunen aus, die sie sich aus der Brust gerupft haben. Eiderdaunen isolieren sehr gut und sind früher in Kleidung und Bettzeug verwendet worden. In Island sammelt man sie noch heute, obwohl die Nachfrage wegen der synthetischen Fasern zurückgeht.

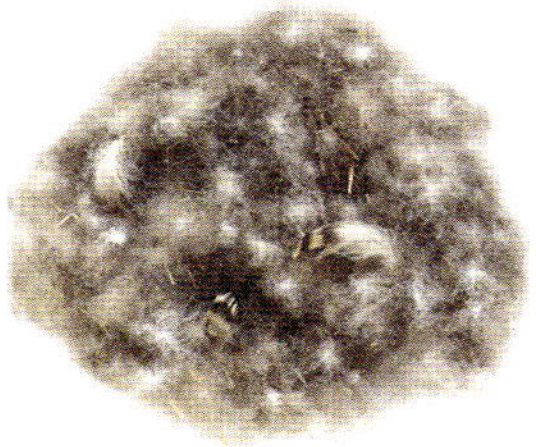

DAUNEN DER EIDERENTE

ORDNUNG ANSERIFORMES

Mittelsäger

Mergus serrator

LÄNGE 52–58 cm

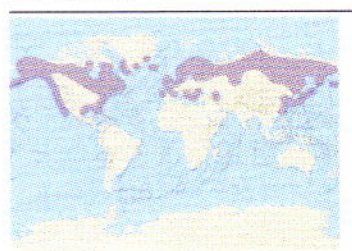

GEWICHT 1–1,25 kg

LEBENSRAUM Küsten, Seen, Flüsse, Flussmündungen

VERBREITUNG Arktis und Subarktis (Brutgebiete); gemäßigte Küstenregionen (Winterquartiere)

Dies ist einer der am weitesten verbreiteten Säger – Enten, deren schmale Schnäbel wie eine Säge gezähnt sind. Sie alle tauchen nach Fischen und ergreifen die Beute mit ihren speziell angepassten Schnäbeln. Wie alle Säger hat auch dieser einen länglichen Körper, einen langen Hals und orangerote Beine. Männchen (rechts) besitzen einen metallisch grünen Kopf und einen struppigen Federschopf, während der Kopf der Weibchen rostfarben ist, mit weniger auffälligem Schopf. Die Vögel brüten in der Nähe von Süßwasser, verbringen den Winter aber an der Küste, da es dort seltener friert. Weibchen bauen ein gepolstertes Nest im Gebüsch oder in einer Baumhöhle. Sie legen einmal pro Jahr bis zu elf Eier. Mittelsäger werden in Teilen des Verbreitungsgebiets geschossen, weil sie angeblich den Fischbeständen schaden, was aber nicht bewiesen ist.

ORDNUNG SPHENISCIFORMES

Königspinguin

Aptenodytes patagonicus

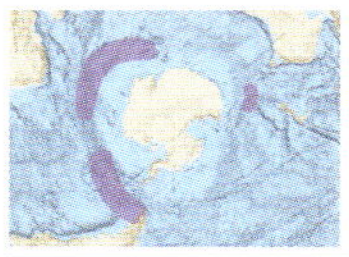

GRÖSSE 85–95 cm

GEWICHT 12–14 kg

LEBENSRAUM Felsküsten, offenes Meer

VERBREITUNG Südpolarmeer, subantarktische Inseln einschließlich der Falkland-Inseln

Das ist der größte Pinguin, den man außerhalb der Antarktis antrifft. Wie der nah verwandte Kaiserpinguin besitzt er einen blauschwarzen Körper mit weißer Brust und orangefarbenen Zeichnungen. Beide Geschlechter sehen gleich aus und brüten gemeinsam das einzige Ei aus. Anstatt ein Nest zu bauen, tragen sie es auf ihren mit Schwimmhäuten versehenen Füßen, wo es von einer Hautfalte warm gehalten wird. Die Körper der Königspinguine werden durch die kurzen, dichten Federn und eine dicke Fettschicht warm gehalten. Sie jagen Fische und Kalmare, wobei sie auf über 200 m Tiefe tauchen können. Früher wurden die Tiere wegen des Fetts, des Öls und der Federn gejagt, doch heute sind sie vollständig geschützt.

ASYNCHRONE BRUTZEIT

Einen Brutzyklus wie den der Königspinguine findet man bei keinem anderen Meeresvogel. Er beginnt im November – dem südlichen Sommeranfang –, wenn das Weibchen das erste Ei legt. Das Junge schlüpft nach 55 Tagen und bleibt dann 11 Monate lang bei seinen Eltern. Ist das Junge selbstständig, muss sich das Weibchen mausern, bevor es das nächste Ei im Spätherbst legt. Daher umfasst der gesamte Zyklus 18 Monate und wechselt entsprechend mit den geraden und ungeraden Kalenderjahren.

KÖNIGS-PINGUIN-KÜKEN

ORDNUNG SPHENISCIFORMES

Kaiserpinguin

Aptenodytes forsteri

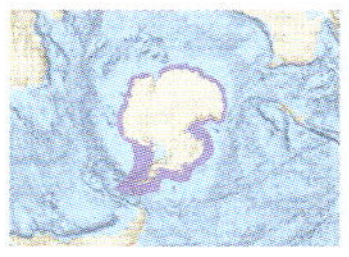

GRÖSSE 110–115 cm

GEWICHT 35–40 kg

LEBENSRAUM Eisschollen, Felsküsten, offenes Meer

VERBREITUNG Südpolarmeer, Antarktis

Der Kaiserpinguin ist der größte Pinguin und die einzige Art, die in der Antarktis im südlichen Winter brütet. Er ähnelt sehr dem Königspinguin, kann jedoch mehr als das doppelte Gewicht erreichen. Der kaum außerhalb der Antarktis lebende Pinguin taucht zwischen dem Packeis auf Tiefen von bis zu 535 m und kann 20 Minuten unter Wasser bleiben. Auf der Nahrungssuche legt er Strecken von bis zu 1000 km zurück. Der Kaiserpinguin brütet in Kolonien auf dem Eis. Das Weibchen legt im frühen Winter ein Ei, das es an das Männchen übergibt. In der ständigen Nacht des Winters drängen sich die Männchen mit dem von einer Hautfalte geschützten Ei auf den Füßen zusammen, während die Weibchen im Meer nach Nahrung suchen. Am Ende der etwa zweimonatigen Brutzeit hat das Männchen ungefähr die Hälfte seines Gewichts verloren. Die Weibchen kehren nach dem Schlupf der Jungen zurück und lösen die Männchen ab, die dann zum Fischfang das Meer aufsuchen können.

ORDNUNG SPHENISCIFORMES

Zügelpinguin

Pygoscelis antarctica

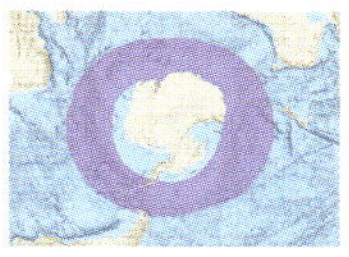

GRÖSSE 71–76 cm

GEWICHT 3–4,5 kg

LEBENSRAUM Felsküsten, offenes Meer

VERBREITUNG Südpolarmeer, Antarktische Halbinsel, subantarktische Inseln

Die leicht an ihrem »Zügel« zu erkennenden Vögel repräsentieren eine der am weitesten verbreiteten Pinguin-Arten. Männchen und Weibchen sehen mit den blauschwarzen Fräcken, den weißen Bäuchen und den geraden schwarzen Schnäbeln gleich aus. Sie leben den größten Teil des Jahres im Meer und jagen im offenen Wasser nördlich des Polareises. Beim Schwimmen schießen sie oft mit hoher Geschwindigkeit aus dem Wasser, sodass sie atmen und ihren Körper mit Luftbläschen einhüllen können, die die Reibung im Wasser verringern. Im November kehren Zügelpinguine an ihre Brutplätze an den eisfreien antarktischen Küsten und Inseln im Südpolarmeer zurück. Hier bauen sie Nester, indem sie kleine Steine zu einer flachen Mulde zusammenkratzen. Insbesondere während der Brutzeit scheinen sie aggressiver als andere Pinguine zu sein. Sie stehlen ihren Nachbarn Steine, verscheuchen größere Pinguine, die in der Nähe brüten wollen. Das Weibchen legt zwei Eier und die Jungen werden zum südlichen Herbst im Februar oder März selbstständig. Zügelpinguine ernähren sich fast nur von Krill und ihre derzeitige Populationszunahme mag wie die der krillfressenden Robben mit dem Rückgang der Bartenwale zusammenhängen.

ORDNUNG SPHENISCIFORMES

Goldschopfpinguin

Eudyptes chrysolophus

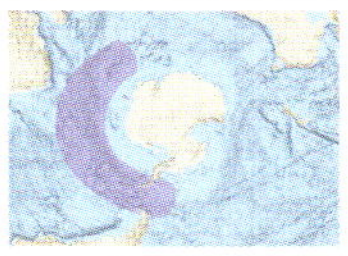

GRÖSSE 70 cm

GEWICHT 4,2 kg

LEBENSRAUM Felsküsten, offenes Meer

VERBREITUNG Südpolarmeer, Antarktische Halbinsel, subantarktische Inseln, Südspitze Südamerikas

Goldschopfpinguine kann man oft gemeinsam mit Felsenpinguinen beobachten. Sie sind allerdings etwas schwerer und an den leuchtend gelben Schöpfen zu erkennen, die sich über jedem Auge befinden und auf der Stirn treffen. Man findet sie auch weiter südlich, wo sie an den eisfreien Küsten der Antarktischen Halbinsel brüten. In den sehr geräuschvollen Kolonien leben manchmal über eine Million Paare gerade eine Schnabelreichweite voneinander entfernt. Die Pinguine legen pro Jahr zwei Eier und beide Eltern brüten, aber meist nur beim größeren Ei erfolgreich. Beide teilen sich die Brutpflege, bis zuerst das Weibchen, dann das Männchen zwölf Tage lang mit dem Ei allein bleiben.

ORDNUNG SPHENISCIFORMES

Zwergpinguin

Eudyptula minor

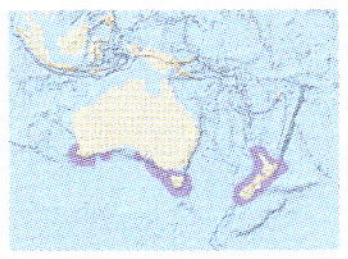

GRÖSSE 40–45 cm

GEWICHT 1 kg

LEBENSRAUM felsige und schlammige Küsten, offenes Meer

VERBREITUNG Südaustralien, Neuseeland, Tasmanische See und Südpolarmeer

Dieser ist der kleinste Pinguin und auch der einzige, der bei Tageslicht im Wasser bleibt und erst nach Einbruch der Dunkelheit an Land kommt. Die Unterseite ist weiß, Rücken und Kopf graublau ohne besondere Zeichnung. Am Tag kann man die Zwergpinguine oft in kleinen Gruppen vor der Küste beobachten, wo sie sich an der Oberfläche ausruhen und ab und zu nach einem Fisch tauchen. Sie treiben die Fische zusammen und schwimmen dann durch den Schwarm. Anders als andere Pinguine springen sie bei schnellem Schwimmen nicht aus dem Wasser. Sie brüten meist in Bauen oder zwischen Steinen, können sich aber auch in Wellenbrechern oder unter Gebäuden niederlassen. Jedes Weibchen legt zwei Eier auf einmal und zieht bis zu zwei Bruten pro Jahr auf.

SICHERHEIT BEI NACHT

In manchen Teilen des Verbreitungsgebiets – etwa Phillip Island in der Nähe von Melbourne – retten sich Tausende von Zwergpinguinen an Land, wenn es dunkel wird. Das Verhalten schützt sie vor den meisten Fressfeinden, jedoch nicht vor den eingeschleppten Füchsen und Hunden.

ORDNUNG SPHENISCIFORMES

Magellanpinguin

Spheniscus magellanicus

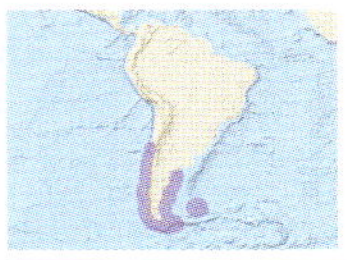

GRÖSSE 71 cm

GEWICHT 5,5 kg

LEBENSRAUM Felsküsten, offenes Meer

VERBREITUNG Südspitze Südamerikas, Falkland-Inseln, Südatlantik und Südpazifik

Eine der beiden schwarz-weißen Pinguinarten Südamerikas, der Magellanpinguin, ist an den schwarzen Bändern über der Brust erkennbar (siehe unten). Er sucht seine Nahrung in den kalten, vom Südpolarmeer kommenden Strömungen und jagt kleine Schwarmfische wie Sardinen. Wie der nah verwandte Humboldtpinguin nistet er in Bauen und zieht bis zu zwei Küken pro Jahr auf.

ORDNUNG SPHENISCIFORMES

Brillenpinguin

Spheniscus demersus

GRÖSSE 60–70 cm

GEWICHT 5 kg

LEBENSRAUM Felsküsten, offenes Meer

VERBREITUNG Küstengewässer von Südafrika, südlicher Atlantik und südlicher Indischer Ozean

Der Brillenpinguin ist der einzige in Afrika brütende Pinguin. Er kommt von der Wild Coast im Osten von Kap St. Francis westwärts und nordwärts bis zur Skelettküste im Bereich der Walfischbucht in Namibia vor. Er ähnelt dem südamerikanischen Magellanpinguin (links) sehr, trägt aber nur einen schwarzen Streifen auf der Brust. Er frisst kleine Fische wie Sardinen. Seinen Namen trägt der Brillenpinguin wegen seiner Gesichtszeichnung, die er jedoch mit den verwandten Arten teilt. Beim Brüten geben die Tiere Schreie von sich, die an Esel erinnern. Die Vögel nisten in Bauen, und in der Vergangenheit sind viele Nistplätze von Landwirten zerstört worden, weil man den Kot (Guano) als Dünger gesammelt hat. Heute schaden ihnen neben dem Wettbewerb mit den Robben um verbliebene Brutplätze der Nahrungsmangel durch Überfischung sowie die Verschmutzung durch Öl. Die Zahlen der Pinguine nehmen stark ab.

KAISERPINGUINE
Der Kaiserpinguin ist in der Lage, Eisstürme an Land und tiefe Tauchgänge im eiskalten Wasser des Südpolarmeers zu überstehen. Die schnellen Schwimmer können meist den sie jagenden Seeleoparden entkommen, aber sie sind in dem Moment gefährdet, in dem sie ins Wasser springen oder es verlassen.

ORDNUNG GAVIIFORMES

Eistaucher

Gavia immer

LÄNGE 70–90 cm

GEWICHT 3–4,5 kg

LEBENSRAUM Binnengewässer (Brutgebiet); Küsten

VERBREITUNG nördliches Nordamerika, Grönland, Island, Europa, Nordpazifik, Nordatlantik

Der Eistaucher ist für seinen jodelnden Schrei bekannt, der während der Brutzeit im Sommer an den Seen zu hören ist. Im Winter ist der Vogel ein regelmäßiger Gast der Küstengewässer, obwohl sein schwarz-weißes Brutkleid zu dieser Zeit von weniger auffälligen Braunschwarz- und Grautönen ersetzt wird. Wie andere Taucher besitzt er einen stromlinienförmigen Körper, kleine Flügel und weit hinten angesetzte Füße, die ihn an Land etwas schwerfällig erscheinen lassen. Im Wasser bewegt er sich erheblich anmutiger. Er hält beim Schwimmen den Schnabel nach oben und kann über 75 m tief tauchen, um Fische zu fangen – seine hauptsächliche Nahrung. Im Sommer leben die Eistaucher in Paaren und zeigen ihre spektakuläre Balz. Am Ende der Brutzeit wandern sie zu geschützten Küsten, wo das Meer nicht so schnell zufriert. Oft versammeln sich Schwärme von mehreren Hundert Tieren an den nordamerikanischen Großen Seen, bevor sie nach Süden ziehen, bis zur Küste von Florida. In Europa überwintern sie an der Atlantikküste und ziehen bis nach Portugal.

ORDNUNG PROCELLARIIFORMES

Schwarzfuß-Albatros

Phoebastria nigripes

LÄNGE 68–74 cm

GEWICHT 3–3,5 kg

LEBENSRAUM offenes Meer, Atolle, Inseln

VERBREITUNG Nordpazifik, Johnston-Insel und Marshall-Inseln

Der dunkle Seevogel ist oft im Sommer vor der nordamerikanischen Westküste zu beobachten. Von den beiden anderen Albatros-Arten des Nordpazifik lässt er sich an der dunklen Flügelunterseite unterscheiden. Er folgt oft den Booten der Fischer, um über Bord geworfene Abfälle zu fressen. Schwarzfuß-Albatrosse brüten in Kolonien auf Inseln im zentralen und westlichen Pazifik. Wie andere Albatrosse zeigen sie ein kompliziertes Balzverhalten. Alle Albatrosse sind monogam und finden sich jeden Herbst zu den gleichen Paaren zusammen.

MENSCHLICHER EINFLUSS

LANGLEINEN

Der Schwarzfuß-Albatros wird oft ein Opfer der Langleinen-Fischerei, bei der die Schleppleinen mit Tausenden von Haken ausgestattet sind. Albatrosse verschlingen den Köder und werden gefangen. Diese Art der Fischerei tötet schätzungsweise pro Jahr 300 000 Seevögel aller Arten.

TOD DURCH ERTRINKEN
Albatrosse verschlingen ihre Nahrung meist ganz, sodass der Haken in den Magen gelangt und den Vogel unter Wasser zieht.

ORDNUNG PROCELLARIIFORMES

Kurzschwanzalbatros

Phoebastria albatrus

LÄNGE 84–94 cm

GEWICHT 3–5 kg

LEBENSRAUM entlegene Inseln (Brutgebiet); offenes Meer

VERBREITUNG Nordpazifik, Torishima- und Senkaku-Inseln

Dieser nordpazifische Albatros ist wegen seiner Federn Anfang des letzten Jahrhunderts fast ausgerottet worden. Im Jahr 1950 waren nur noch 20 Tiere übrig. Durch Schutzmaßnahmen gibt es jetzt wieder über 4000 Vögel, die auf abgelegenen Inseln weit im Westen brüten. Erwachsene Tiere sind weiß mit schwarzen Schwungfedern, rosa Schnäbeln und gelben Köpfen.

ORDNUNG PROCELLARIIFORMES

Graumantel-Rußalbatros

Phoebetria palpebrata

LÄNGE 79–98 cm

GEWICHT 2,5–4,5 kg

LEBENSRAUM entlegene Inseln (Brutgebiet); offenes Meer

VERBREITUNG Südpolarmeer, abgelegene Inseln im Südatlantik und südlichen Indischen Ozean

Der Rußalbatros und der nah verwandte Dunkelalbatros besitzen als einzige südliche Albatrosse rußig braunes Gefieder, im Gegensatz zu den schwarz-weißen Arten. Der Dunkelalbatros ist vollständig braun, doch beim Rußalbatros sind Nacken und Rücken hellgrau (daher der Name Graumantel-Rußalbatros). Der geschickte Gleitflieger ernährt sich von Fisch, Kalmaren und Krebstieren. Er ist sehr neugierig und folgt oft Schiffen. Nach dem Winter auf See kehrt er im August, dem südlichen Frühlingsanfang, zu seinen Brutplätzen zurück. Weibchen legen im Frühsommer ein einziges Ei und die Jungen werden etwa vier Monate nach dem Schlupf selbstständig – verglichen mit den großen Albatrossen recht schnell.

ORDNUNG PROCELLARIIFORMES

Wanderalbatros

Diomedea exulans

LÄNGE 1,1–1,35 m

GEWICHT 8–11,5 kg

LEBENSRAUM entlegene Inseln (Brutgebiet); offenes Meer

VERBREITUNG Südpolarmeer, südlicher Atlantik, südlicher Indischer und Pazifischer Ozean

Dieser legendäre Seevogel hat mit bis zu 3,5 m die größte Spannweite aller Vögel. Der Wanderalbatros kommt nur auf den windgepeitschen südlichen Meeren vor, wo er sich hauptsächlich von Kalmaren ernährt, die er an der Wasseroberfläche ergreift. Er kann wochenlang ununterbrochen in der Luft bleiben und folgt regelmäßig den Schiffen. Der Wanderalbatros wird erst im Alter von elf Jahren geschlechtsreif. Während dieser Zeit verliert er nach und nach sein Jungvogelgefieder und färbt sich bis auf die Hinterkanten und die Spitzen der Flügel vollständig weiß. Wanderalbatrosse nisten auf abgelegenen Inseln, in der Regel jedes zweite Jahr.

LANGE BRUTZEIT

Wanderalbatrosse bauen große, hügelartige Nester aus Schlamm, Gras und Moos. Mit einem Zeitraum von 75 bis 82 Tagen bis zum Schlupf ist die Zeitigungsdauer eine der längsten unter den Vogeleiern. Das einzige Küken bleibt bis zu neun Monate im Nest und wird von beiden Eltern gefüttert. Während sehr schlechten Wetters kann das Küken einige Tage lang unversorgt bleiben.

ORDNUNG PROCELLARIIFORMES

Schwarzbrauen-Albatros

Thalassarche melanophrys

LÄNGE 83–93 cm

GEWICHT 3–5 kg

LEBENSRAUM entlegene Inseln (Brutgebiete); offenes Meer

VERBREITUNG Südpolarmeer, südlicher Atlantik, südlicher Indischer und Pazifischer Ozean

Der Schwarzbrauen-Albatros ist die am zahlreichsten vorkommende und am weitesten verbreitete Albatros-Art. Er ist von der Antarktis bis zum Rand der Tropen und manchmal noch weiter nördlich anzutreffen. Flügel, Rücken und Schwanz sind grauschwarz und über jedem Auge befindet sich eine schwarze Braue. Er frisst Fische, Kalmare, Oktopoden und Krebstiere. Regelmäßig folgt er in großen Schwärmen Schiffen und stürzt sich auf die über Bord geworfenen Abfälle. Schwarzbrauen-Albatrosse brüten auf entlegenen Inseln und benötigen mindestens fünf Jahre, um geschlechtsreif zu werden. Sie gehören zu den wenigen südlichen Albatros-Arten, die den Äquator überqueren – vereinzelte Beobachtungen sind sogar schon auf den britischen Inseln gemacht worden.

ORDNUNG PROCELLARIIFORMES

Riesensturmvogel

Macronectes giganteus

LÄNGE 86–99 cm

GEWICHT 5 kg

LEBENSRAUM Küsten, offenes Meer; nistet an eisfreien Küstengebieten

VERBREITUNG Südhalbkugel von der Antarktis bis weit nach Norden in die Tropen hinein

Als Aasfresser und Räuber kann man den Riesensturmvogel oft in der Nähe von Pinguinkolonien oder neben Robben- und Walkadavern finden. Mit dem kräftigen Schnabel zerlegt er Aas und tötet Jungvögel. Die meisten älteren Tiere haben einen hellen Kopf und einen graubraunen Rücken, doch manche sind vollständig weiß mit verstreuten schwarzen Flecken.

ORDNUNG PROCELLARIIFORMES

Eissturmvogel

Fulmarus glacialis

LÄNGE 45–51 cm

GEWICHT 700–900 g

LEBENSRAUM Felsküsten, offenes Meer

VERBREITUNG Nordpazifik, Nordatlantik, eisfreie Zonen des Nordpolarmeers

Die oft für Möwen gehaltenen Eissturmvögel besitzen wie andere Sturmvögel Röhrennasen. Man sieht die in nördlichen Gewässern häufigen Vögel oft mit steif ausgestreckten Flügeln über die Klippen fliegen. Die schwachen Füße lassen sie an Land unbeholfen erscheinen. Ihre Augen sind dunkel und tragen deutliche Brauenkanten. Die meisten atlantischen Tiere haben weiße Körper und blaugraue Flügeldecken, doch die pazifischen sind oft dunkler. Eissturmvögel fressen kleine Tiere im Bereich der Wasseroberfläche und sammeln sich in Mengen an Fischerbooten. Sie brüten auf den Klippen und legen ein einzelnes Ei direkt auf den Fels. Die Inkubationszeit beträgt 52 Tage – fast doppelt so lang wie bei ähnlich großen Möwen. Trotz der geringen Vermehrungsrate hat sich das Verbreitungsgebiet in den letzten Jahren vergrößert und die Zahlen haben zugenommen. Mit über 50 Jahren sind die Tiere für ihre Größe recht langlebig.

ORDNUNG PROCELLARIIFORMES

Schneesturmvogel

Pagodroma nivea

LÄNGE 30–35 cm

GEWICHT 250–450 g

LEBENSRAUM Fels- und von Eis umgebene Küsten

VERBREITUNG Antarktis, subantarktische Inseln, Südpolarmeer

Trotz des zierlichen Aussehens gehört der Schneesturmvogel zu den am weitesten südlich brütenden Vögeln der Welt. Die vollständig weißen Tiere brüten auf eisfreien Klippen in der und um die Antarktis, bis in 1100 km Nähe zum Pol. Sie nehmen Nahrung von der Wasseroberfläche auf und entfernen sich selten vom Eis. Man sieht oft Schwärme auf Eisbergen sitzen.

ORDNUNG PROCELLARIIFORMES

Boninsturmvogel

Pterodroma hypoleuca

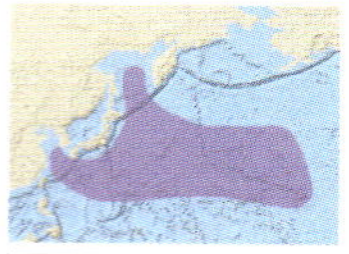

LÄNGE 30 cm

GEWICHT 225 g

LEBENSRAUM Hochseeinseln (Brutgebiet); offenes Meer

VERBREITUNG nordwestlicher Pazifik

Es gibt über zwei Dutzend Arten der Hakensturmtaucher der Gattung *Pterodroma,* von denen die meisten in tropischen und subtropischen Bereichen leben und auf dem Meer schwer zu unterscheiden sind. Diese Art kommt im nordwestlichen Pazifik vor, wo sie auf verstreuten Inseln westlich von Hawaii brütet. Sie hat einen kurzen, mit leichtem Haken versehenen Schnabel, zugespitzte Flügel und fliegt schnell und wendig knapp über den Wellen daher. Sie frisst Zooplankton und lässt sich dazu meist auf der Wasseroberfläche nieder. Die Vögel nisten in Bauen, bewegen sich jedoch an Land unbeholfen. Um das Risiko zu verringern, von Räubern angegriffen zu werden, kehren sie meist erst in der Nacht an Land zurück und füttern das einzige Küken mit hochgewürgter Nahrung. Auf Inseln werden Sturmvogelkolonien von eingeschleppten Ratten und Katzen dezimiert und diese Art ist besonders betroffen.

ORDNUNG PROCELLARIIFORMES

Feensturmvogel

Pachyptila turtur

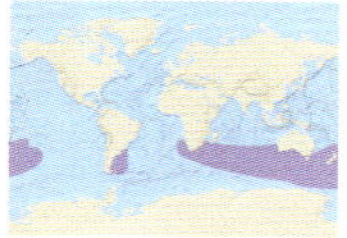

LÄNGE 25–28 cm

GEWICHT 150–225 g

LEBENSRAUM Inseln (Brutgebiet); offene See

VERBREITUNG Südpolarmeer, angrenzende Gewässer

Der kleine Vogel hat einen hellen Körper und blaugraue Flügeldecken mit m-förmigem schwarzem Band. Er lebt in Schwärmen und fischt nachts mit seinem Schnabel Tiere des Planktons aus dem Wasser. Er brütet an isolierten Küsten und legt sein einziges Ei in einen Bau oder einen Hohlraum tief unter herabgefallenem Gestein.

ORDNUNG PROCELLARIIFORMES

Kappensturmtaucher

Ardenna gravis

LÄNGE 46–53 cm

GEWICHT 800–900 g

LEBENSRAUM Hochseeinseln (Brutgebiet); offenes Meer

VERBREITUNG Atlantischer Ozean mit Ausnahme der Westküste Afrikas südlich von Sierra Leone

Der auf dem Meer lebende Vogel zieht weit umher und ist im Lauf des Jahres fast überall im Atlantik zu finden. Er brütet weit im Süden auf einigen der abgelegensten Inseln der Welt. Auf einer von ihnen, Nightingale Island in der Tristan-da-Cunha-Gruppe, leben etwa vier Millionen Vögel. Kappensturmtaucher haben spitze Flügel mit dunkelbraunen Flügeldecken. Die Unterseiten sind viel heller, sodass sie beim Fliegen abwechselnd schwarz und weiß aussehen. Auf See hört man sie nur manchmal, doch bei der Brut kreischen sie in ihren Bauen extrem laut. Die Rufe sollen wahrscheinlich im Dunkeln heimkommenden Vögeln den Weg zu ihren Partnern zeigen.

ORDNUNG PROCELLARIIFORMES

Buntfuß-Sturmschwalbe

Oceanites oceanicus

LÄNGE 15–19 cm

GEWICHT 30–40 g

LEBENSRAUM Küsten, Inseln (Brutgebiet); offenes Meer

VERBREITUNG weltweit mit Ausnahme des Nordpazifik sowie der nördlichsten Zonen des Atlantiks

Die kaum größer als ein Spatz werdende Sturmschwalbe soll der auf dem offenen Meer häufigste Vogel sein. Sie brütet in weit verstreuten Kolonien und ihr tatsächlicher Bestand ist unbekannt, kann aber 20 Millionen übersteigen. Auf dem Meer mag sie schlecht von nahen Verwandten zu unterscheiden sein, doch ihr Gefieder ist einfarbig rußbraun mit Ausnahme des weißen Streifens an der Schwanzbasis. Die Tiere lassen sich selten auf dem Wasser nieder, sondern flattern und trippeln darauf herum, wenn sie nach Zooplankton picken. Bei genügend Nahrung können sie plötzlich in großer Zahl auftauchen und ebenso abrupt wieder verschwinden. Sie brüten im Süden bis zur Antarktis und graben mit Schnäbeln und Füßen Baue. Am Ende des südlichen Sommers wandern sie nach Norden.

ORDNUNG PROCELLARIIFORMES

Kurzschwanz-Sturmtaucher

Ardenna tenuirostris

LÄNGE 41–43 cm

GEWICHT 500–700 g

LEBENSRAUM hohe See, Inseln vor den Küsten

VERBREITUNG Nordpazifik, südwestlicher Pazifik entlang der Südküste Australiens

Die an Land unbeholfenen Vögel sind unermüdliche Flieger, die während des jährlichen Zugs den größten Teil des Nordpazifik besuchen. Wie die anderen Sturmtaucher fliegen sie in Schwärmen nur wenige Zentimeter über der Wasseroberfläche und unterbrechen den Flug nur, wenn sie Nahrung finden. Die Art hat einen schmaleren Schnabel als andere Sturmtaucher und ist rauchig braun gefärbt. Die Tiere nisten in großen Kolonien auf Inseln. Jedes Paar zieht nur ein Küken auf. Durch die ölhaltige Nahrung wiegt es mehr als die Eltern, wenn es das Nest verlässt. Jahrhundertelang wurden die Küken wegen des Fleischs und Fetts gesammelt. Das geschieht immer noch, obwohl die Fangzahlen strikt begrenzt sind.

MIGRATION

Der Kurzschwanz-Sturmtaucher nutzt auf seiner etwa 33 500 km langen, achtförmigen Zugroute die vorherrschenden Winde. Nachdem er im November und Dezember gebrütet hat, fliegt er im April und Mai nach Norden und erreicht die Bering-See im August. Dann zieht er entlang der nordamerikanischen Westküste nach Süden, bevor er wieder zu den Brutkolonien zurückkehrt.

SCHLÜSSEL

- Brutgebiete
- Wanderroute
- Windrichtung

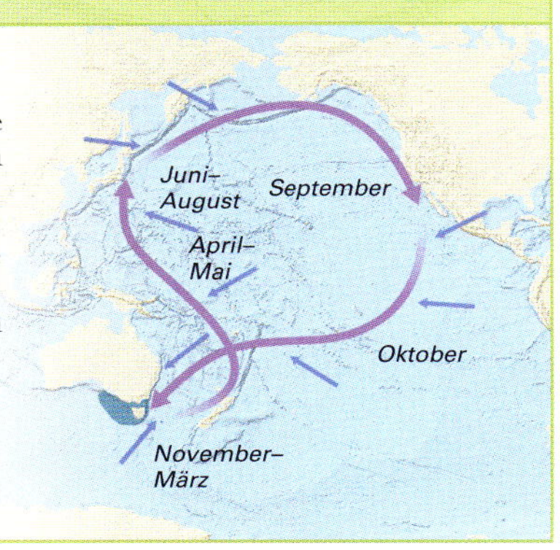

ORDNUNG PROCELLARIIFORMES

Wellenläufer

Oceanodroma leucorhoa

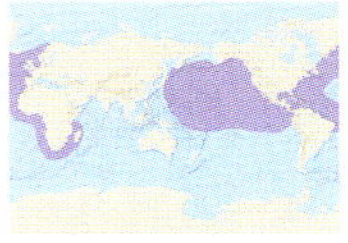

LÄNGE 19–22 cm

GEWICHT 40–50 g

LEBENSRAUM Küsten, Inseln (Brutgebiet); offenes Meer

VERBREITUNG Nordpazifik, Nordatlantik, Küstenbereiche Nordamerikas und der Aléuten

Auf See sind Wellenläufer ruhig, doch in der Nähe des Nests und darin geben sie hohe, schnurrende Laute von sich, die von scharfen Pfiffen unterbrochen werden. Anders als die Buntfuß-Sturmschwalbe (oben) brütet diese Art auf der Nordhalbkugel. Im Sommer zieht sie nach Süden und durchstreift den Nordpazifik und einen großen Teil des Atlantiks. Der kleine, bräunlich schwarze Vogel mit dem gegabelten Schwanz fliegt schnell und ändert häufig die Richtung, wenn er die Wasseroberfläche absucht. Er frisst Zooplankton und kleine Fische, während er auf dem Wasser umhertrippelt und sich ab und zu darauf ausruht. Wellenläufer brüten in Kolonien, legen nur ein Ei und kehren nachts mit Nahrung für die Jungen in die Baue zurück. Im hohen Norden warten manche mit dem Nisten bis zum August, um den 24-Stunden-Tag des arktischen Sommers zu meiden, der sie anfälliger für Räuber macht.

ORDNUNG PROCELLARIIFORMES

Lummensturmvogel

Pelecanoides urinatrix

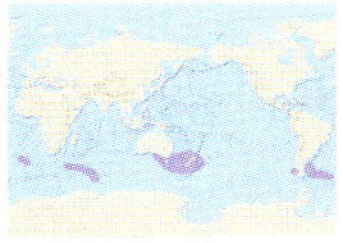

LÄNGE 20–25 cm

GEWICHT 110–130 g

LEBENSRAUM Küsten, Inseln (Brutgebiet); offenes Meer

VERBREITUNG Südpolarmeer sowie angrenzende Gewässer und Inseln

Der Vogel mit den spitzen Flügeln und den hellblauen Füßen ist das südliche Gegenstück zu den Lummen (siehe S. 398). Obwohl nicht verwandt, stimmen die Arten im Flug und in der Technik der Nahrungssuche überein. Anstatt die Nahrung fliegend zu suchen, tauchen sie und benutzen die Flügel zum Schwimmen. Regelmäßig fliegen sie durch Wellen hindurch und tauchen auf der anderen Seite wieder auf. Die Vögel brüten in Bauen und kehren im Dunkeln zum Nest zurück. Es gibt drei weitere Arten, die alle in den südlichen Meeren leben.

ORDNUNG PELECANIFORMES

Graureiher

Ardea cinerea

LÄNGE 90–100 cm

GEWICHT 1,6–2 kg

LEBENSRAUM Binnengewässer, Flussmündungen, Lagunen, Küsten

VERBREITUNG Europa, Festland Asiens (außer hohem Norden), Japan, Indonesien, Afrika, Madagaskar

Der hauptsächlich an Süßgewässern zu findende Graureiher besucht auch regelmäßig Küsten, besonders dort, wo die Seen und Teiche im Winter zufrieren. Unbeweglich wartet er geduldig, bis Fische oder andere Tiere in Reichweite kommen und stößt dann mit dem dolchartigen Schnabel zu. An den Küsten beschränkt ihn seine Jagdtechnik auf das flache Wasser, dem er oft bei Ebbe folgt. Graureiher fliegen mit langsamem Flügelschlag und zwischen die Schultern eingezogenem Kopf und ausgestreckten Beinen. Sie brüten in Bäumen, meist im Inland in Wassernähe.

ORDNUNG PELECANIFORMES

Seidenreiher

Egretta garzetta

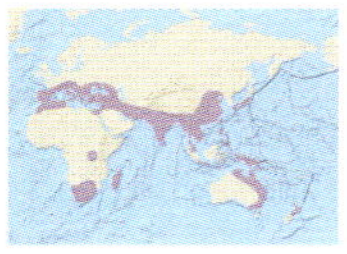

LÄNGE 56–65 cm

GEWICHT 300–450 g

LEBENSRAUM schlammige Küsten, Mangrovensümpfe

VERBREITUNG Südeuropa, Afrika, Süd- und Südostasien, Australasien

Der weiße Seidenreiher besitzt schwarze Beine, einen schwarzen Schnabel und gelbe Füße. Man sieht ihn allein oder in lockeren Gruppen durch seichtes Wasser an der Küste waten. Der Reiher frisst Fische und andere Strandtiere, die er beim Laufen aufschreckt. Während der Brutzeit bekommen Männchen und Weibchen lange Schmuckfedern auf Kopf und Rücken. Sie bauen ihre dürftig wirkenden Nester in Bäumen.

ORDNUNG PELECANIFORMES

Riffreiher

Egretta sacra

LÄNGE 60–70 cm

GEWICHT 400–750 g

LEBENSRAUM Feuchtgebiete nahe der Küste und Binnengewässer

VERBREITUNG Australasien, Pazifikinseln, westliche Pazifikküste von Südostasien bis Japan

Von diesem Küstenbewohner gibt es zwei Farbformen, die so unterschiedlich wie verschiedene Arten aussehen. Eine Form ist völlig weiß, mit hellgelbem Schnabel und gelbgrauen Beinen. Bei der anderen sind Schnabel und Beine ähnlich gefärbt, doch das Gefieder ist dunkelgrau. Das Verhältnis der beiden Formen schwankt. Auf manchen tropischen Pazifikinseln überwiegt die weiße, doch auf Neuseeland die graue Form. Riffreiher suchen allein oder in kleinen Gruppen nach kleinen Fischen, Krabben und Mollusken. Auf der Jagd halten sie Kopf und Körper fast waagerecht und beschatten das Wasser oft mit ihren ausgebreiteten Flügeln. Im Gegensatz zu den meisten anderen Reihern nisten sie regelmäßig auf dem Boden zwischen Steinen oder in Küstenhöhlen sowie in niedrigen Bäumen.

ORDNUNG PHAETHONTIFORMES

Rotschnabel-Tropikvogel

Phaethon aethereus

LÄNGE bis zu 50 cm (ohne Schwanz)

GEWICHT 600–800 g

LEBENSRAUM Küsten, Inseln (Brutgebiet); offenes Meer

VERBREITUNG östlicher Pazifik, Karibik, tropischer Atlantik, nordöstlicher Indischer Ozean

Die größte der drei Tropikvogel-Arten verbringt den Hauptteil ihres Lebens im Flug, oft Hunderte von Kilometern vom Land entfernt. Aus der Entfernung ähnelt der Vogel einer Taube, wenn nicht die beiden verlängerten Schwanzfedern wären. Er ernährt sich als Stoßtaucher, indem er die Beute aus der Luft anvisiert und dann mit halb angelegten Flügeln abtaucht. Obwohl er genug Auftrieb hat, schwimmt er selten. Wie andere Tropikvögel brütet er an abgelegenen Küsten und auf Inseln und ist außerhalb tropischer Gewässer kaum zu finden.

ORDNUNG SULIFORMES

Bindenfregattvogel

Fregata minor

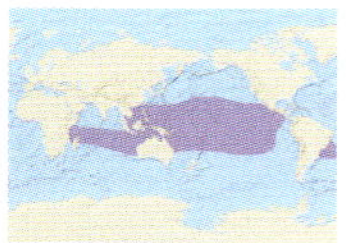

LÄNGE 86–100 cm

GEWICHT 1,4–1,8 kg

LEBENSRAUM Küsten, Inseln (Brutgebiet); offenes Meer

VERBREITUNG tropische Regionen im Indischen und Pazifischen Ozean, vereinzelt im tropischen Atlantik

Mit den sehr langen Flügeln und schlanken Körpern sind Fregattvögel Meister des Gleitflugs. Die fünf Arten haben alle schwarze Gefieder, kräftige Hakenschnäbel und kleine Füße mit Schwimmhäuten. Die Männchen besitzen einen leuchtend roten Kehlsack, den sie während der Balz aufblasen. Obwohl er weniger als eine große Möwe wiegt, hat der Bindenfregattvogel eine Spannweite von bis zu 2,3 m, sodass er stundenlang ohne die geringste Flügelbewegung dahingleiten kann. Dabei beobachtet er andere Vögel und verfolgt sie, um ihnen die Beute zu stehlen. Fregattvögel erbeuten auch Nahrung von der Wasseroberfläche, etwa Flugfische. Sie brüten in dürftigen Nestern aus Zweigen im Buschwerk der Küste.

LEBEN IM MEER

ORDNUNG PELECANIFORMES

Brauner Pelikan

Pelecanus occidentalis

LÄNGE 1,2–1,6 m

GEWICHT 3,5–4,5 kg

LEBENSRAUM Küstengewässer, Flussmündungen, Inseln

VERBREITUNG Pazifik- und Atlantikküsten Nord- und Südamerikas, Galapagos-Inseln

Der meist in Küstennähe und in Häfen zu findende Braune Pelikan ist der schwerste stoßtauchende Seevogel. Pelikangruppen fischen oft gemeinsam: Sie fliegen über die Wellen, steigen in die Luft und treffen mit spektakulärem Platschen auf dem Wasser auf. Der Schnabelsack des Pelikans dehnt sich unter Wasser und fängt wie ein Kescher die Beute ein, die er dann an der Wasseroberfläche hinunterschluckt.

ORDNUNG SULIFORMES

Basstölpel

Morus bassanus

LÄNGE 87–100 cm

GEWICHT 2,8–3,2 kg

LEBENSRAUM offenes Meer, Felsküsten, vorgelagerte Inseln

VERBREITUNG Ost- und Westküste des Nordatlantiks

Der ausgesprochen stromlinienförmige Vogel mit dem strahlend weißen Körper und den schwarzen Flügelspitzen ist der beeindruckendste Stoßtaucher des nördlichen Atlantiks. Basstölpel greifen abwechselnd flatternd und gleitend Fischschwärme an, indem sie sich aus bis zu 30 m Höhe herabstürzen. Sie brüten in dicht bevölkerten Kolonien auf Felseninseln und Klippen, wo sie ein einziges Ei pro Jahr legen. Jungtiere werden nach fünf Jahren erwachsen und verlieren nach und nach das braune Gefieder. Währenddessen streifen sie weit über das Meer, bevor sie zum Brüten zu ihrer Kolonie zurückkehren.

ORDNUNG SULIFORMES

Weißbauchtölpel

Sula leucogaster

LÄNGE 64–76 cm

GEWICHT 0,7–1,5 kg

LEBENSRAUM Küstengewässer, Felsküsten, Inseln

VERBREITUNG weltweit in allen tropischen Meeren mit Ausnahme des Südostpazifik

Dieser Tölpel ist ein hervorragender Taucher. Er hat die weiteste Verbreitung und weist verschiedene Farbvariationen auf. Die meisten Tiere sind, abgesehen vom weißen Bauch, einfarbig braun. Die Tiere des östlichen Pazifik haben weiße Köpfe und die Schnäbel sind eher grau als hellgelb. Sie tauchen jedoch alle aus Höhen von bis zu 30 m nach Fischen und Kalmaren. Sie versuchen auch, knapp über der Wasseroberfläche fliegende Fische in der Luft zu ergreifen. Vor Schiffen suchen sie nach von der Bugwelle erfassten Fischen. Sie jagen gern in Landnähe und ruhen sich auf Bojen oder Bäumen aus. Trotz ihrer Flugkünste wirken Start und Landung an Land unbeholfen.

STOSSTAUCHEN

Tölpel zeigen alle Anpassungen an das Leben als Stoßtaucher: nach vorn gerichtete Augen, stromlinienförmige Köpfe sowie Nasen ohne äußere Öffnungen. Die Flügel werden kurz vor dem Eintauchen hinter dem Körper zusammengelegt und der Aufprall wird durch Luftsäcke unter der Haut gemildert.

LUFTANGRIFF Die Sequenz zeigt, wie die Flügel vor dem Tauchen angelegt werden.

ORDNUNG SULIFORMES

Blaufußtölpel

Sula nebouxii

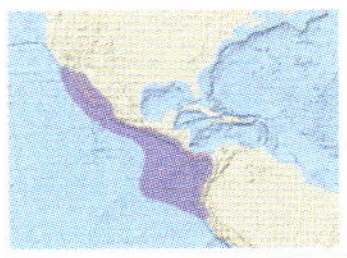

LÄNGE 76–84 cm

GEWICHT 1,5–2 kg

LEBENSRAUM Küstengewässer, Felsküsten, Inseln

VERBREITUNG Pazifikküste Mittelamerikas, Galapagos-Inseln

Dies ist eine der sieben Tölpelarten der Gattung *Sula*, einer Gruppe von Stoßtauchern, die häufig leuchtend gefärbte Füße aufweisen. Der Blaufußtölpel ist braun und besitzt einen weißen Bauch. Die Füße sind bei Jungtieren graubraun, nehmen aber bei erwachsenen Vögeln ein kräftiges Blau an. Blaufußtölpel jagen oft in Schwärmen und treffen dann fast gleichzeitig auf dem Wasser auf. Sie sind kleiner als die Tölpel der Gattung *Morus* und können daher näher an der Küste tauchen, manchmal in weniger als 1 m tiefem Wasser. Sie nisten in kleinen Kolonien auf vor der Küste liegenden Inseln und legen ihre Eier auf dem Boden ab.

ORDNUNG SULIFORMES

Guanokormoran

Phalacrocorax bougainvillii

LÄNGE 74–78 cm

GEWICHT 1,75–2,25 kg

LEBENSRAUM Wüstenküsten, Inseln, Küstengewässer

VERBREITUNG peruanische Pazifikküste und nördliches Chile

Der schwarz-weiße Guanokormoran trägt einen auffälligen roten Augenfleck und nistet in großen Kolonien an den Küsten der Atacama-Wüste, der trockensten Gegend der Erde. Er frisst Anchovetas – südamerikanische Sardellen, die im kalten Wasser des Humboldt-Stroms häufig vorkommen. Wie andere Kormorane jagt er Fische unter Wasser, indem er die Flügel anlegt und mit den Füßen schwimmt. Er liegt tief im Wasser und taucht regelmäßig den Kopf unter, um nach Nahrung zu suchen. Guanokormorane nisten seit Urzeiten auf den gleichen Inseln, wo sie dicke Schichten als Guano bekannten, ausgetrockneten Kots hinterlassen. Während der El-Niño-Jahre, wenn die Meerestemperatur steigt, müssen die Kormorane die Nahrung weit entfernt suchen und fliegen im Norden bis nach Panama.

MENSCHLICHER EINFLUSS

GUANO-HANDEL

Vor der Einführung von Kunstdüngern war der stickstoffreiche Guano eine sehr wertvolle Ware. Tausende von Tonnen sind von der südamerikanischen Küste in die nördliche Hemisphäre transportiert worden. Guano ist auch zur Produktion von Sprengstoffen verwendet worden.

ABBAU VON GUANO
Mit Hacken und Schaufeln bauen Arbeiter verdichteten Guano auf einer Insel vor der Küste des südlichen Perus ab.

ORDNUNG SULIFORMES

Kormoran

Phalacrocorax carbo

LÄNGE 80–101 cm

GEWICHT 2–2,5 kg

LEBENSRAUM Küsten, küstennahe Gewässer, Flüsse, Seen

VERBREITUNG Nordosten von Nordamerika, Europa, Afrika, Asien, Australasien

Den im Süßwasser und im Meer gleichermaßen heimischen Kormoran kann man in weiten Bereichen der Welt finden, von Grönland bis nach Australasien. Aus der Entfernung wirkt sein Gefieder tiefschwarz, doch aus der Nähe schimmert es grünlich metallisch. Abhängig von der lokalen Population variieren die weißen Flecke. Wie seine vielen Verwandten verfolgt er die Fische unter Wasser und sein Gefieder ist nur zum Teil wasserdicht. Kormorane fliegen geradlinig, wobei sich Flügelschlagen und kurze Gleitflüge abwechseln. Man kann oft kleine Gruppen beobachten, wie sie über die Meeresoberfläche fliegen oder einem Flusslauf folgen. Kormorane nisten auf Felsen oder in Bäumen, wo sie eine Plattform aus Tangen, Treibgut oder Zweigen errichten. Die Weibchen legen drei bis vier grünlich weiße Eier. Kormorane werden gelegentlich von Anglern verfolgt, besonders dort, wo Forellen gefischt werden.

ORDNUNG ACCIPITRIFORMES

Weißbauch-Seeadler

Haliaeetus leucogaster

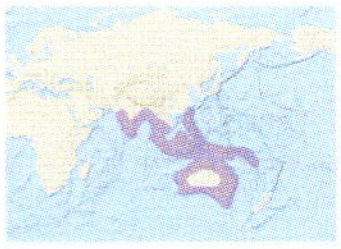

LÄNGE 70–90 cm

GEWICHT 2,5–4,2 kg

LEBENSRAUM Küstengewässer, Flüsse, Seen, Stauseen

VERBREITUNG Süd- und Südostasien, Neuguinea, Australien

Dieser schwarz-weiße Adler wirkt beeindruckend, wenn er mit in V-Form gehaltenen Flügeln, die eine Spannweite von bis zu 2 m erreichen können, über das Wasser segelt. Er frisst Fische, Wasservögel, Schildkröten und Seeschlangen, die er an der Wasseroberfläche ergreift. Nur selten taucht er ins Wasser ein. Er drängt andere Vögel, ihre Beute fallen zu lassen, und brütet in hohen Bäumen in Wassernähe.

ORDNUNG ACCIPITRIFORMES

Brahminenweihe

Haliastur indus

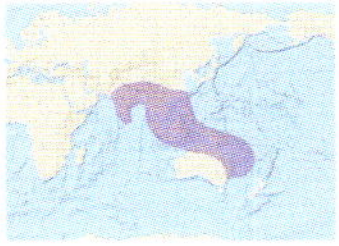

LÄNGE 43–51 cm

GEWICHT 400–700 g

LEBENSRAUM Strände, Flussmündungen, Flüsse

VERBREITUNG Süd- und Südostasien, Nordaustralien, Inseln im Westpazifik

Obwohl die Brahminenweihe in Teilen des Verbreitungsgebiets ein Aasfresser ist, kann sie auch jagen, indem sie in einer Höhe von wenigen Metern über dem Wasser kreuzt und herabstößt, um einen Fisch oder ein Stück Abfall zu ergreifen. Sie sucht auch auf Stränden und Schlickflächen Nahrung und kann in der Nähe von Küstenstädten beobachtet werden. Erwachsene Tiere haben ein kastanienbraunes Gefieder. Kopf und Brust sind weiß. Die Brutzeit hängt vom Ort ab. Die Tiere nisten oft in Mangroven, wo sie eine Plattform aus Tang und Ästen bauen, und ziehen ein bis zwei Junge auf.

ORDNUNG ACCIPITRIFORMES

Fischadler

Pandion haliaetus

LÄNGE 50–65 cm

GEWICHT 1,2–2 kg

LEBENSRAUM Küsten, Riffe, Lagunen, Flüsse, Seen

VERBREITUNG weltweit mit Ausnahme der Polargebiete, dem Süden Südamerikas sowie Neuseelands

Dieser fischfressende Greifvogel hat eins der größten Verbreitungsgebiete unter den Greifvögeln. Er brütet hauptsächlich auf der Nordhalbkugel und zieht im Winter nach Süden. Durch seinen leichten Körperbau, die dunklen Augenstreifen und die schmalen, leicht abgewinkelten Flügel lässt er sich gut von anderen Greifvögeln unterscheiden. Er ernährt sich nur von Fischen und stürzt aus Höhen von bis zu 50 m mit den Füßen zuerst ins Wasser. Die Flügel und Beine sind kräftig und die Zehen weisen lange Hakenkrallen sowie stachlige Sohlen auf – eine Anpassung an die schlüpfrige Nahrung. Diese Vögel können Beute ihres eigenen Gewichts bewältigen. Sie nisten in hohen Baumwipfeln und ziehen jedes Jahr ein Gelege von zwei bis drei Küken auf. Im 20. Jahrhundert litten Fischadler sehr unter den Pestiziden, vor allem unter DDT. Ihr Bestand hat sich mittlerweile erholt und in manchen Regionen – zum Beispiel im nördlichen Großbritannien – haben sie nach vielen Jahren wieder zu brüten angefangen.

LUFTANGRIFF

Der Fischadler kreuzt hoch über dem Wasser. Wenn er einen Fisch entdeckt hat, verharrt er kurz, faltet die Flügel zusammen und geht in den Sturzflug über. Er trifft mit hoher Geschwindigkeit auf dem Wasser auf, wobei er manchmal halb eintaucht, greift die Beute mit einem Fuß und steigt mühevoll wieder auf. In der Luft schüttelt er das Wasser aus dem Gefieder, bevor er zu seinem Ansitz oder Nest zurückkehrt.

ORDNUNG CHARADRIIFORMES

Weißgesicht-Scheidenschnabel, *Chionis alba*

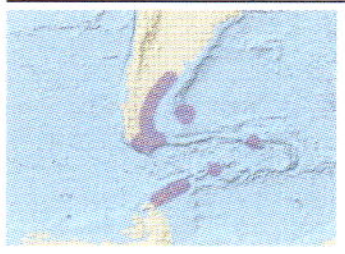

LÄNGE 34–41 cm

GEWICHT 450–775 g

LEBENSRAUM Felsküsten, Küstengewässer, Eisschollen

VERBREITUNG Antarktische Halbinsel, subantarktische Inseln, Südspitze Südamerikas, Falkland-Inseln

Scheidenschnäbel sind die einzigen Vögel ohne Schwimmhäute, die an den antarktischen Küsten brüten. Sie erinnern vom Körperbau her an Hühner, insbesondere wenn sie fortlaufen. Sie sind jedoch fast vollständig Fleischfresser, die an der Küste nach Aas suchen und sich in der Nähe von Pinguinkolonien herumtreiben, um Eier und Nahrung von den erwachsenen Tieren zu stehlen.

ORDNUNG CHARADRIIFORMES

Eurasischer Austernfischer

Haematopus ostralegus

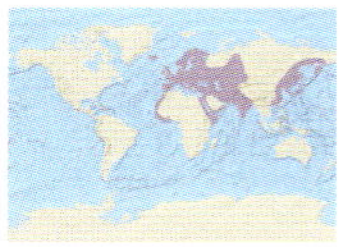

LÄNGE 40–48 cm

GEWICHT 400–800 g

LEBENSRAUM Felsküsten, Wattenmeer, Binnengewässer

VERBREITUNG Island, Europa, Nord- und Ostasien, (Brutgebiet); Südeuropa, Afrika, Südasien (Winter)

Mit dem orangeroten Schnabel und seinen hellen Rufen ist der Austernfischer einer der auffälligsten Watvögel an europäischen Küsten. Er sucht oft in kleinen Trupps nach Muscheln, Napfschnecken und anderen Mollusken, die er mit dem Schnabel zerschlägt oder aufbricht. Um gute Nahrungsquellen zu finden, fliegt er oft die Küste entlang und ruft laut seine Artgenossen. An der Küste nistet er auf dem Kies und legt zwei bis vier gut getarnte Eier. Der Austernfischer ist eine von elf Arten der Familie Haematopodidae. Alle besitzen den gleichen Körperbau und die farbigen Schnäbel, doch bei manchen ist das Gefieder völlig schwarz.

ORDNUNG CHARADRIIFORMES

Amerik. Stelzenläufer

Himantopus mexicanus

LÄNGE 35–40 cm

GEWICHT 150–200 g

LEBENSRAUM seichte Küstenzonen, Salzmarschen, Feuchtgebiete

VERBREITUNG weltweit, ausgenommen Nord- und Nordostasien; weiter nördlich nur als Sommergast

Die Beine des Amerikanischen Stelzenläufers ragen im Flug weit über den Schwanz hinaus. Der Vogel brütet in den verschiedensten Feuchtbiotopen und sucht in ruhigem Süß- oder Meerwasser nach kleinen Tieren. Dabei schwenkt er seinen Schnabel durch das Wasser oder pickt sie von der Oberfläche.

ORDNUNG CHARADRIIFORMES

Säbelschnäbler

Recurvirostra avosetta

LÄNGE 42–45 cm

GEWICHT 225–400 g

LEBENSRAUM seichte Küsten, Salzmarschen, Feuchtgebiete

VERBREITUNG Europa, gemäßigtes Asien (Brutgebiet); Westeuropa, Afrika, Süd- und Südostasien (Winter)

Die an ihren nach oben gebogenen Schnabel sofort zu erkennenden Tiere suchen im Flachwasser der Küste und des Inlands nach Nahrung. Ihre Gattung umfasst vier ähnliche Arten. Von ihnen ist der Säbelschnäbler die am weitesten verbreitete und einzige, die in Europa, Afrika und Asien vorkommt. Säbelschnäbler tauchen ihren Schnabel ins Wasser und schwenken ihn dann von einer Seite zur anderen. Die Schnabelspitze ist so empfindlich, dass sie auch im trüben Wasser der Flussmündungen und Lagunen Nahrung finden können. Sie können gut schwimmen und strecken manchmal bei der Nahrungssuche wie Enten das Hinterteil in die Höhe. Säbelschnäbler nisten in Gruppen und legen Mulden auf Schlammflächen an, wo sie vier Eier legen. Trotz ihres zierlichen Aussehens können sie aggressiv werden, wenn ihr Nest bedroht ist. Die Eltern greifen mit gesenktem Kopf an und können viele schwerere Vögel verscheuchen.

ORDNUNG CHARADRIIFORMES

Kiebitzregenpfeifer

Pluvialis squatarola

LÄNGE 26–28 cm

GEWICHT 170–240 g

LEBENSRAUM arktische Tundra, Küsten, Flussmündungen

VERBREITUNG Arktis (Brutgebiet); gemäßigte und tropische Küsten weltweit (Winterquartiere)

Dieser Langstrecken-Zugvogel ist einer der häufigsten Watvögel. Mit Ausnahme der Antarktis bewohnt er die Küsten jedes Kontinents. Im Brutkleid, das sie nur in der arktischen Tundra zeigen, sind bei Männchen Unterseite und Gesicht schwarz. Auf dem Weg nach Süden sind beide Geschlechter grau gefleckt. Die Vögel fressen im Sommer Insekten und im Winter Würmer und Krebstiere.

ORDNUNG CHARADRIIFORMES

Regenbrachvogel

Numenius phaeopus

LÄNGE 40–46 cm

GEWICHT 270–450 g

LEBENSRAUM arktische Tundra, Küsten, Riffe, Feuchtgebiete

VERBREITUNG Nordeuropa, Arktis (Brutgebiet); gemäßigte und tropische Küsten weltweit (Winterquartier)

Mit dem langen, nach unten gebogenen Schnabel stochert der Regenbrachvogel im Schlamm oder in Felsspalten nach Nahrung. Er ist eine von acht als Brachvögel bezeichneten Arten, die ein braun geflecktes Gefieder, spitz zulaufende Flügel und bis zu 20 cm lange Schnäbel besitzen. Der Schnabel des Regenbrachvogels ist zwar nur halb so lang, aber er ist ein Präzisionsinstrument mit sensiblen Nervenenden an der Spitze, die ihm die Suche nach vergrabener Nahrung ermöglichen. Er ist ein ausgeprägter Zugvogel und brütet im Inland in den Feuchtgebieten weiter Teile des hohen Nordens. Zu dieser Zeit singt das Männchen hoch in der Luft und segelt dabei langsam herab. Nach der Brutzeit folgen die Vögel den Küsten nach Süden, teilweise bis zur Südspitze Südamerikas und nach Neuseeland.

ORDNUNG CHARADRIIFORMES

Steinwälzer

Arenaria interpres

LÄNGE 21–25 cm

GEWICHT 80–110 g

LEBENSRAUM felsige / sandige Küsten, küstennahes Flachland

VERBREITUNG arktische Küsten (Brutgebiet); gemäßigte und tropische Küsten weltweit (Winter)

Der an fast allen Küsten der Welt anzutreffende Steinwälzer läuft die Küste entlang und wirft mit schnellen Schnabelbewegungen Steine an die Seite. So stöbert er Flohkrebse und andere kleine Tiere auf, die er sofort schnappt oder jagt. Wie viele andere Watvögel nisten die Steinwälzer weit im Norden. Ihre Ernährungsweise bindet sie an die Küsten. Nach der Brut ziehen sie nach Süden und suchen die Küsten aller Kontinente mit Ausnahme der Antarktis auf.

ORDNUNG CHARADRIIFORMES

Thorshühnchen

Phalaropus fulicarius

LÄNGE 20–22 cm

GEWICHT 50–75 g

LEBENSRAUM sumpfige Tundra nahe der Küste, planktonreiche Meere

VERBREITUNG arktische Küsten (Brutgebiet); Südatlantik sowie östlicher Südpazifik (Winter)

Die kurzschnäbligen Watvögel kehren beim Brüten die Geschlechterrollen um. Anders als bei den meisten Vögeln weist das hier abgebildete Weibchen ein viel bunteres Brutkleid als das Männchen auf. Nach der Eiablage nimmt es auch nicht an der Brutpflege teil. Im Vergleich zu anderen Watvögeln sind Thorshühnchen sehr wasserliebend und verbringen einen großen Teil des Lebens auf dem Wasser. Sie brüten in Küstennähe. Wenn sie nach Süden gezogen sind, überwintern sie oft auf dem Meer.

ORDNUNG CHARADRIIFORMES

Alpenstrandläufer

Calidris alpina

LÄNGE 16–22 cm

GEWICHT 40–50 g

LEBENSRAUM Küsten, Marschen, Tundra

VERBREITUNG Arktis, Subarktis (Brutgebiet); gemäßigte und tropische Küsten der Nordhalbkugel (Winter)

Im Winter bieten Schwärme dieser Vögel ein atemberaubendes Spektakel, wenn sie zu Tausenden über die Küste fliegen. Aus der Nähe betrachtet sind sie typische Strandläufer, eine von rund zwei Dutzend Arten, die es weltweit gibt. Der Alpenstrandläufer hat einen kompakten Körper, schmale Flügel und einen schwarzen Schnabel. Das Gefieder ist unterschiedlich gefärbt, doch brütende Männchen zeigen einen schwarzen Fleck auf der Unterseite, der bei der Mauser verblasst. Alpenstrandläufer fressen kleine Krebstiere und Mollusken, die knapp unterhalb des Wasserspiegels leben. Dabei bleiben sie nah am Wasser, picken immer wieder in den Sand oder Schlamm und rennen dann schnell ein Stück vorwärts. Sie brüten in der Arktis und Subarktis, wo sie vom Moor bis zur Tundra leben können, oft ein Stück landeinwärts. Beide Eltern bebrüten die Eier und ziehen die Jungen auf. Nach der Brutzeit bilden sie Schwärme und ziehen zu wärmeren Küsten, jedoch selten bis zur südlichen Hemisphäre. Zu ihrer Gattung gehören auch andere schwarmbildende Vögel wie der Knutt und der Sanderling, von denen die meisten zum Brüten bis zum Nordpolarmeer fliegen können.

VOGELSCHWÄRME

Überwinternde Watvögel bilden einige der größten Vogelschwärme der Küsten. An Schwärme können sich Räuber schlechter anschleichen und junge Vögel finden bessere Futterplätze, wenn sie den älteren folgen. Watvögel wie der Meerstrandläufer und der Steinwälzer bilden manchmal gemischte Schwärme.

LUFTMANÖVER
Schwärme verschiedener Watvögel zeigen eine unglaubliche Koordination, wenn Tausende der Vögel fast gleichzeitig die Richtung wechseln.

ORDNUNG CHARADRIIFORMES

Gabelschwanzmöwe

Creagrus furcatus

LÄNGE 55–60 cm

GEWICHT 600–900 g

LEBENSRAUM Küsten, Küstengewässer, offenes Meer

VERBREITUNG Galapagos-Inseln und Malpelo (Brutgebiet); Pazifikküste von Südamerika

Die an ihrem gegabelten Schwanz zu erkennende Möwe ist insofern untypisch, als dass sie nachts jagt. Sie verfolgt Kalmare und Fische mit ihren großen Augen, die rot gerändert und nach vorn gerichtet sind, sodass sie ein großes beidäugiges Gesichtsfeld hat. Die Vögel nisten auf Inseln und verstreuen sich den Rest des Jahres weit über das Meer.

ORDNUNG CHARADRIIFORMES

Mantelmöwe

Larus marinus

LÄNGE 71–79 cm

GEWICHT 1,2–2,1 kg

LEBENSRAUM Felsküsten, Inseln, im Winter im Inland

VERBREITUNG Nordatlantik; Brutgebiete liegen nördlich von Spitzbergen

Mit einer Spannweite von bis zu 1,7 m ist die Mantelmöwe eine der größten Möwen der Welt. Die schweren Tiere mit ihren schwarzen Flügeldecken und kräftigen Schnäbeln fressen Aas, sind aber auch aktive Jäger. Sie greifen regelmäßig andere Seevögel und ihre Jungen und sogar Säugetiere bis zu Kaninchengröße an. Sie brüten allein oder in Kolonien auf Klippen sowie in offenem Gelände.

ORDNUNG CHARADRIIFORMES

Europ. Silbermöwe

Larus argentatus

LÄNGE 56–66 cm

GEWICHT 750 g–1,25 kg

LEBENSRAUM Küsten, Stauseen, Stadtgebiete

VERBREITUNG Nordwesteuropa

Die laute und sich immer auf der Suche nach Fressbarem befindende Silbermöwe kommt in Nordwesteuropa recht häufig vor. Ihre Oberseite ist grau und die Flügelspitzen sind schwarz. Der große Schnabel trägt einen roten Punkt in der Nähe der Spitze. Jungtiere sind braun gefleckt und benötigen drei Jahre, um das Erwachsenengefieder zu bekommen. Die oft in Schwärmen lebenden Vögel sind sehr anpassungsfähig und fressen alles, was sie finden können. Sie fliegen selten weit aufs Meer hinaus. Ihr Verbreitungsgebiet reicht weit ins Inland hinein, wo sie Traktoren auf der Suche nach Regenwürmern folgen oder über Müllhalden kreisen. Silbermöwen nisten auf dem Boden und auf Dächern. Meist legen sie drei Eier. Wenn sie beim Brüten gestört werden, können sie sehr aggressiv werden. In Nordamerika, Süd- und Osteuropa sowie in Asien wird die Art durch sehr ähnliche Arten abgelöst.

RESTEVERWERTER

Sowohl an Land als auch auf dem Meer machen Aas und Abfälle einen großen Teil der Nahrung der Silbermöwen aus. Sie profitieren von der Expansion der Städte und der Fischerei, die beide große Mengen fressbarer Abfälle produzieren. Möwen können Probleme bereiten, wenn sie Müll von den Halden verschleppen.

ESSEN ÜBER BORD
Mengen von Silbermöwen folgen den Fischkuttern in Küstennähe. Anders als die Vögel des offenen Meers übernachten sie meist an Land.

ORDNUNG CHARADRIIFORMES

Aztekenmöwe

Leucophaeus atricilla

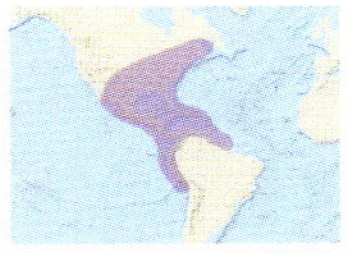

LÄNGE 38–43 cm
GEWICHT 300–500 g
LEBENSRAUM Küsten, Küstengewässer
VERBREITUNG Nordamerika, Karibik, Mittelamerika (Brutgebiet); Nord- und Südamerika (Winterquartiere)

Als häufiger Sommergast nordamerikanischer Küsten fliegt die Aztekenmöwe nicht weit ins Inland. Sie frisst hauptsächlich Aas und Abfälle und folgt Fähren und Fischkuttern. Die Aztekenmöwe ist an Stränden ein gewohnter Anblick, wo sie größere Möwen verdrängt, um an Nahrung zu gelangen. Sie nistet in großen Kolonien an den Küsten. Wie viele dunkelköpfige Möwen verliert sie die dunkle Kappe außerhalb der Brutzeit. Ihr Kopf wird dann mattweiß.

ORDNUNG CHARADRIIFORMES

Dreizehenmöwe

Rissa tridactyla

LÄNGE 39–46 cm
GEWICHT 300–500 g
LEBENSRAUM Felsküsten, Küstengewässer, offenes Meer
VERBREITUNG nördliche Hemisphäre; brütet nördlich von Spitzbergen und Grönland

Der laute, dreisilbige Ruf der Dreizehenmöwen schallt über ihre Brutkolonien an den nördlichen Küsten. Die mittelgroße, graurückige Möwe brütet auf schmalen Felsvorsprüngen und verbringt den Rest des Jahres auf See. Sie frisst vor allem kleine Fische und folgt oft Fischkuttern. Anders als die meisten Möwen sucht sie kaum Abfälle an Land. Dreizehenmöwen zeigen verschiedene Anpassungen an das Brüten auf nacktem Fels. Ihre Füße haben längere Krallen als die der meisten anderen Möwen und sie bauen Nestmulden aus Tang und Schlamm, die ihre Eier sichern. Beide Eltern bebrüten die Eier und füttern die Jungen. Die Begrüßungsrufe der Tiere können einen ohrenbetäubenden Lärm verursachen, wenn einige Hundert Paare nahe beieinander brüten. Nach dem Brüten zerstreuen sich die Tiere und entfernen sich von der Küste. Sie können nach Süden bis in die westafrikanischen Tropen fliegen. Die Tiere sind monogam, sodass die Partner sich am gleichen Brutplatz treffen, auch wenn sie sich acht Monate lang nicht gesehen haben.

ORDNUNG CHARADRIIFORMES

Elfenbeinmöwe

Pagophila eburnea

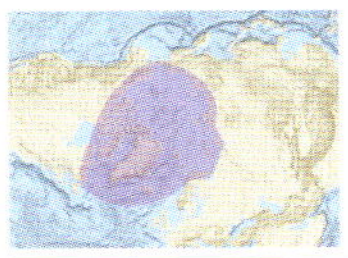

LÄNGE 40–46 cm
GEWICHT 450–600 g
LEBENSRAUM Küsten, offenes Meer, Eisschollen
VERBREITUNG Nordpolarmeer, Nordatlantik; überwintert im Süden des Verbreitungsgebiets

Die mit Ausname der gelben Schnabelspitze sowie der schwarzen Augen und Füße völlig weiße Elfenbeinmöwe ist der am weitesten nördlich brütende Vogel der Welt. Mit schwungvollem Flug und taubenähnlichem Gang wechselt sie zwischen dem offenen Wasser und dem Eis. Man findet sie fast überall im Nordpolarmeer. Sie frisst Aas und wird daher von Robben- oder Walkadavern angezogen. Ihr Bestand nimmt zurzeit drastisch ab, doch die Gründe dafür sind unklar.

ORDNUNG CHARADRIIFORMES

Noddiseeschwalbe

Anous stolidus

LÄNGE 40–45 cm
GEWICHT 200–250 g
LEBENSRAUM offenes Meer, nahe der Küste, Hochseeinseln
VERBREITUNG weltweit in tropischen Gewässern; auf einigen Inseln ganzjährig vertreten

Noddis sind dunkle, tropische Seeschwalben, die ihre Nahrung oft weit auf dem Meer suchen. Von den drei Arten ist diese die größte und am weitesten verbreitete. Die schwarzbraunen Tiere haben schmale Flügel, einen langen Schnabel und kleine, schwarze Beine. Sie ernähren sich hauptsächlich von Fischen und Kalmaren und nisten auf Inseln in den gesamten Tropen, wobei sie Nester aus Zweigen und Tang in Bäumen oder auf dem Boden errichten.

ORDNUNG CHARADRIIFORMES

Raubseeschwalbe

Hydroprogne caspia

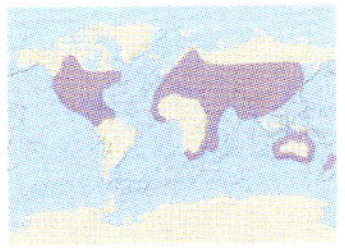

LÄNGE 48–59 cm
GEWICHT 550–750 g
LEBENSRAUM Küsten, Seen, Stauseen, Kiesgruben
VERBREITUNG Nordamerika, Eurasien, Afrika, Australien (Brutgebiet); nördliches Südamerika, Südostasien (Winterquartier)

Die große Seeschwalbe ist weltweit verbreitet. Sie besitzt einen dunkelroten Schnabel und eine schwarze Haube, die zur Brutzeit am dunkelsten ist. Sie erbeutet ihre Nahrung durch Stoßtauchen im Flachwasser, nistet in Kolonien und legt ihre Eier in Kies oder Schlamm.

ORDNUNG CHARADRIIFORMES

Feenseeschwalbe

Gygis alba

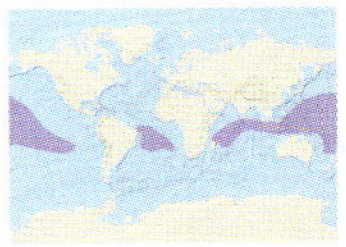

LÄNGE 28–33 cm
GEWICHT 100–125 g
LEBENSRAUM offenes Meer, nahe der Küste, Hochseeinseln
VERBREITUNG weltweit in tropischen Gewässern

Dieser zierliche und graziöse Vogel unternimmt weite Wanderungen über die tropischen Meere, wo er oft in der Nähe von Booten umherflattert. Die schlanke Seeschwalbe, deren Augen und Schnabel schwarz sind, ist die einzige mit vollkommen weißem Gefieder. Sie fliegt die meiste Zeit einige Meter über dem Wasser und stößt regelmäßig herab, um einen kleinen Fisch oder Kalmar zu fangen. Anders als die meisten Seeschwalben brüten die Pärchen allein auf weit verstreuten Inseln. Sie legen ein einzelnes Ei auf einen Felsvorsprung oder in eine Mulde in einem herabhängenden Ast. Die Eltern wechseln sich während der fünfwöchigen Brutzeit ab – eine ungewöhnlich lange Zeit für ein Ei dieser Größe. Das Junge hat kräftige Füße, um sich am Nest festklammern zu können.

ORDNUNG CHARADRIIFORMES

Inkaseeschwalbe

Larosterna inca

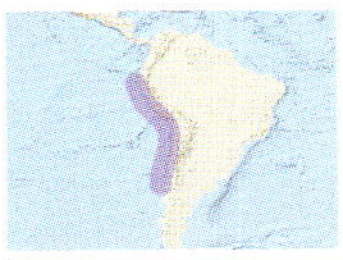

LÄNGE 40–42 cm
GEWICHT 175–225 g
LEBENSRAUM Küsten und Küstengewässer
VERBREITUNG Pazifikküste Südamerikas von Ekuador bis Zentralchile

An den weißen »Schnurrbartfedern« ist diese südamerikanische Seeschwalbe leicht zu erkennen. Sie fängt im kalten, nährstoffreichen Humboldtstrom kleine Fische von der Wasseroberfläche. Inkaseeschwalben folgen oft Seelöwen und Walen und erbeuten Fische, die vor den größeren Räubern fliehen. Sie nisten zwischen Felsen oder in den verlassenen Bauen anderer Tiere.

ORDNUNG CHARADRIIFORMES

Schwarzmantel-Scherenschnabel

Rynchops niger

LÄNGE 40–50 cm

GEWICHT 250–400 g

LEBENSRAUM Flussmündungen, Seen, Küsten

VERBREITUNG Pazifik- und Atlantikküsten von Nord-, Mittel- und Südamerika, nördlich von Massachusetts

Scherenschnäbel ähneln Seeschwalben, besitzen aber besondere Schnäbel. Der Unterschnabel ist ein Drittel länger als der Oberschnabel und seitlich zusammengedrückt, sodass er wie ein Scherenblatt wirkt. Der Vogel fliegt tief über ruhiges Wasser, wobei der Unterschnabel durch die Oberfläche schneidet. Wenn der Schnabel etwas Fressbares berührt, schnappt der Vogel zu. Der Schwarzmantel- oder Amerikanische Scherenschnabel ist eine von drei Arten, die alle einen dunklen Rücken und einen weißen Bauch aufweisen. Wie seine Verwandten jagt er oft in der Dämmerung und bei hellem Mond auch nachts. Er lebt in kleinen Schwärmen und nistet auf Stränden und Sandbänken, wo er die Eier in eine ungepolsterte Mulde legt. In den nördlichsten und südlichsten Teilen seines Verbreitungsgebiets ist er ein Zugvogel.

ORDNUNG CHARADRIIFORMES

Schmarotzerraubmöwe

Stercorarius parasiticus

LÄNGE 46–65 cm

GEWICHT 400–600 g

LEBENSRAUM Küsten, Tundra, Moorland, offenes Meer

VERBREITUNG nördliche Gewässer (Brutgebiet); auf der gesamten Südhalbkugel (Winterquartier)

Dieser schmalflügelige Vogel ist in der Luft sehr schnell und wendig – was für seine Ernährungsweise auch nötig ist. Es gibt verschiedene Farbformen, die sich im Verhältnis von Braun und Weiß unterscheiden, doch alle Schmarotzerraubmöwen haben verlängerte mittlere Schwanzfedern. Die Art fängt Fische, ist aber besser als Kleptoparasit bekannt, der Nahrung von anderen Vögeln stiehlt. Der Vogel stürzt sich auf andere Möwen und Seeschwalben, jagt sie und schnappt oft nach ihren Schwanzfedern. Das Opfer reagiert mit dem Hervorwürgen von Nahrung, die sich die Raubmöwe aus der Luft schnappt. Sie jagt auch kleine Landtiere und stiehlt Eier oder Küken. Sie nistet auf dem Boden und überwintert auf dem Meer.

ORDNUNG CHARADRIIFORMES

Skua

Catharacta skua

LÄNGE 51–66 cm

GEWICHT 1,2–1,6 kg

LEBENSRAUM Küsten, Küstengewässer, offenes Meer

VERBREITUNG Nordatlantik (Brutgebiet); verstreut südlich des Äquators (Winterquartier)

Die Skua wirkt mit den kurzen, breiten Flügeln kräftiger als andere Möwen und besitzt ein dunkelbraunes Gefieder, das sich kaum verändert, wenn sie heranwächst. Sie ist ein gieriger Räuber, der Fische, kleine Säugetiere und andere Vögel frisst und Nester mit Eiern und Küken ausraubt. Normalerweise langsam und schwerfällig in der Luft, ist sie bei der Jagd schnell und kann selbst so große Vögel wie Tölpel dazu bringen, die Nahrung hervorzuwürgen. Die Skua nistet auf dem Boden und verbringt den Rest des Jahres auf dem Meer.

ORDNUNG CHARADRIIFORMES

Trottellumme

Uria aalge

LÄNGE 39–42 cm

GEWICHT 850–1100 g

LEBENSRAUM Küstengewässer, Felsküsten, offenes Meer

VERBREITUNG Nordatlantik, Nordpazifik

Die auffällig bräunlich schwarz und strahlend weiß gefärbten Trottellummen verbringen den größten Teil des Jahres auf dem Meer. Sie tauchen von der Oberfläche aus nach Fischen und benutzen unter Wasser die Flügel zum Schwimmen. Im Frühjahr legt jedes Weibchen auf engen Felsvorsprüngen ein einzelnes Ei direkt auf den Fels. Wenn das Junge herangewachsen ist, führt das Männchen es zum Meer.

PERFEKTE EIFORM

Die Eier der Trottellumme laufen an einem Ende spitz zu, was ihnen mehr Stabilität verleiht und es ermöglicht, sie auf einem flachen oder schrägen Felsvorsprung auszubrüten. Ihre Farbe ist sehr unterschiedlich und ihre unregelmäßige Oberflächenzeichnung kann die Identifizierung durch die Eltern erleichtern.

ORDNUNG CHARADRIIFORMES

Papageitaucher

Fratercula arctica

LÄNGE 28–30 cm

GEWICHT 400 g

LEBENSRAUM Küstengewässer, Felsküsten, offenes Meer

VERBREITUNG Nordatlantik; Brutgebiete liegen nördlich von Grönland und Spitzbergen

Mit dem bunten Schnabel, den leuchtend roten Füßen und der rot-schwarzen Augenzeichnung ist der Papageitaucher der farbigste Seevogel des nördlichen Atlantiks. Wie andere Alke benutzt er die kräftigen, kurzen Flügel, um Fische unter Wasser zu verfolgen. Er fliegt mit schnellem Flügelschlag knapp über den Wellen, wenn er mit Nahrung zum Nest zurückkehrt. Papageitaucher nisten in großen Kolonien und graben sich Baue in die Hänge der Küste. Die Eltern wechseln sich beim Bebrüten des einzelnen Eis ab und füttern beide das heranwachsende Küken. Anstatt das wie die meisten Seevögel mit hervorgewürgtem Futter zu tun, kehren sie mit bis zu sechs kleinen Fischen im Schnabel zurück. Das Küken wird etwa sechs Wochen lang gefüttert und dann von den Eltern verlassen. Nachdem er einige Tage lang nichts zu fressen bekommen hat, kriecht der Jungvogel aus dem Bau und flattert nach Einbruch der Dunkelheit zum Meer. Papageitaucher verstreuen sich im Herbst über das Meer und verlieren die bunten Schnabelfarben, die sie im Sommer so auffällig gemacht haben.

MENSCHLICHER EINFLUSS

KONKURRENZKAMPF UM NAHRUNG

Vor allem im Ostatlantik sind die Papageitaucherbestände in letzter Zeit stark zurückgegangen. Das mag am Fang der Sandaale liegen, von denen die Papageitaucher besonders zur Brutzeit abhängig sind. Sandaale werden zu Dünger, Tiernahrung und Öl verarbeitet.

UNGLEICHER KAMPF
Ein Fang Sandaale kommt an Bord. Sie sind nicht mit Aalen verwandt und stellen für einige Fische und Seevögel eine wichtige Nahrungsquelle dar.

ORDNUNG CHARADRIIFORMES

Zwergalk

Aethia pusilla

LÄNGE 15 cm

GEWICHT 85 g

LEBENSRAUM Küstengewässer, Felsküsten, offenes Meer

VERBREITUNG Nordpazifik, Brutgebiete hauptsächlich auf den Aleuten sowie den Inseln der Bering-See

Der Zwergalk ist wahrscheinlich der häufigste Alkenvogel. Zu dieser Familie gehören auch Lummen und Papageitaucher. Die graurückigen Vögel mit den roten Schnabelspitzen nisten in Kolonien, von denen manche mehr als eine Million Vögel umfassen, vor der Küste Alaskas. Zwergalke fressen gemeinsam und treiben dicht nebeneinander auf der Wasseroberfläche. Sie tauchen hauptsächlich nach Zooplankton.

ORDNUNG CHARADRIIFORMES

Schopfalk

Aethia cristatella

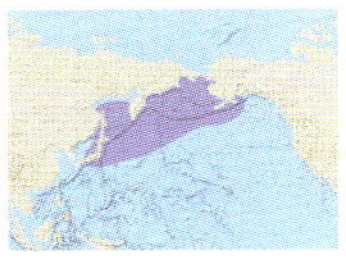

LÄNGE 24–27 cm

GEWICHT 250 g

LEBENSRAUM Küstengewässer, Felsküsten, offenes Meer

VERBREITUNG Nordpazifik, Brutgebiete hauptsächlich auf den Aleuten sowie den Inseln der Bering-See

Im Nordpazifik leben die meisten Alk-Arten der Welt. Mit seinem gedrungenen Körper, dem rußig grauen Gefieder und dem Schopf, der sich nach vorn über den orangeroten Schnabel legt, ist der Schopfalk einer ihrer Vertreter. Wie andere Alke fliegt er mit wirbelnden Flügeln tief über dem Wasser und sucht in so dichten Schwärmen nach Nahrung, dass sie an Insektenschwärme erinnern. Die Vögel brüten zwischen Felsbrocken an Inselküsten in Kolonien, die Tausende von Vögeln umfassen. Die

Balz ist energisch und laut. Die Vögel werfen den Kopf zurück und geben grunzende und trompetende Laute von sich. Nach der Brutzeit verstreuen sie sich übers Meer und fliegen im Winter nach Süden, teils bis nach Japan.

ORDNUNG CORACIIFORMES

Graufischer

Ceryle rudis

LÄNGE 25 cm

GEWICHT 90 g

LEBENSRAUM Küsten, Lagunen, Flussmündungen, Flüsse, Sumpfgebiete

VERBREITUNG Afrika, Naher Osten, Südasien

Der kräftig gemusterte schwarz-weiße Vogel ist der einzige Eisvogel, der regelmäßig aufs Meer hinausfliegt. Anstatt auf seine Beute von einem Ansitz aus zu lauern, wie es viele andere Eisvögel tun, fliegt er schnell über die Wasseroberfläche. Wenn er Nahrung entdeckt, verharrt er kurz und stößt dann zu. Eine andere Anpassung ist, dass er während des Flugs fressen kann. Männchen und Weibchen unterscheiden sich nur dadurch, dass das Weibchen ein doppeltes und das Männchen ein einfaches Brustband trägt. Paare graben Baue in sandige Ufer und werden oft bei der Nahrungssuche für die Nestlinge von den Jungen des Vorjahres unterstützt. Der Ruf der erwachsenen Tiere ist laut und von hoher Frequenz.

ORDNUNG CORACIIFORMES

Halsbandliest

Halcyon chloris

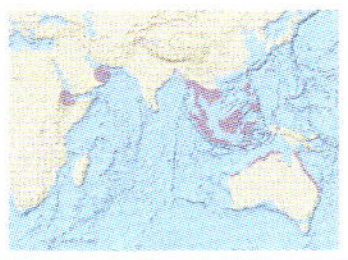

LÄNGE 28 cm

GEWICHT 120 g

LEBENSRAUM Waldgebiete, Küsten, Strände, Mangrovensümpfe, Flussmündungen

VERBREITUNG Rotes Meer, Persischer Golf, Südostasien, Australasien

Dieser Vogel lebt in den verschiedensten Lebensräumen, obwohl er sich in Australien auf die Küste beschränkt. Der Rücken ist blaugrün, Bauch und Halsband sind weiß und der Augenstreifen schwarz. An den Küsten fängt er Krebstiere und Fische, und wie alle Eisvögel außer dem Graufischer (oben) schlägt er die Beute gegen einen Ast, bevor er sie verschluckt. Er nistet oft in den Baumhöhlen der Mangroven und legt drei bis vier Eier. Im südlichsten Teil des Verbreitungsgebiets ist er nur ein Sommergast.

Säugetiere

DOMÄNE	Eucarya
REICH	Animalia
STAMM	Chordata
KLASSE	Mammalia
ORDNUNGEN	27
ARTEN	etwa 6431

NUR EINE MINDERHEIT ALLER SÄUGETIERE lebt im Meer, doch zusammen repräsentieren sie eine ungewöhnliche Vielfalt von Formen, Größen und Lebensweisen. Zu ihnen gehören die Waltiere (Wale und Delfine), die Seekühe (Rund- und Gabelschwanzseekühe) sowie die Raubtiere (Hunds- und Ohrenrobben, Walross). Alle Meeressäuger atmen Luft und bekommen entweder im Meer oder an der Küste lebende Junge. Viele Arten unternehmen Migrationen und haben einen hervorragenden Orientierungssinn.

Körperbau und Physiologie

Meeressäugetiere sind nicht nur in Bezug auf ihren Körperbau, sondern auch auf ihre Physiologie an das Leben im Meer angepasst. Waltiere und Seekühe haben alle sichtbaren Reste der Hinterbeine verloren (allerdings nicht den Beckengürtel). Stattdessen werden sie von ihren Schwanzflossen angetrieben. Seebären und -löwen schwimmen mit den Vorderflossen, wohingegen Hundsrobben die Hinterflossen benutzen. Trotz ihrer Abhängigkeit von der Luft sind viele marine Säugetiere hervorragende Taucher. Manche, wie der See-Elefant, können Tiefen von über 2000 m erreichen und bis zu zwei Stunden lang unter Wasser bleiben. Beim Tauchen sinkt die Herzfrequenz, und der Blutkreislauf wird modifiziert, sodass die lebenswichtigen Organe genügend Luft erhalten. Anstatt vor dem Tauchen einzuatmen, atmen Tieftaucher oft aus. Das hilft ihnen, keine Dekompressionskrankheit zu bekommen.

TAUCHENDE SÄUGER
Beim tauchenden Seehund sinkt die Herzfrequenz auf unter zehn Schläge pro Minute. Blut aus Muskeln und Verdauungstrakt fließt zu Herz und Gehirn.

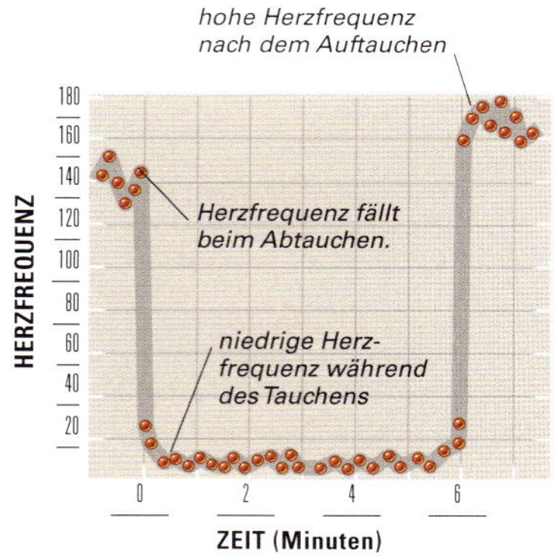

FLOSSEN UND FLUKE
Die Vorderflossen des Buckelwals enthalten Knochen und bewegen sich wie ein Paar Flügel. Die Fluke besteht aus gummiartigem, knochenfreiem Gewebe.

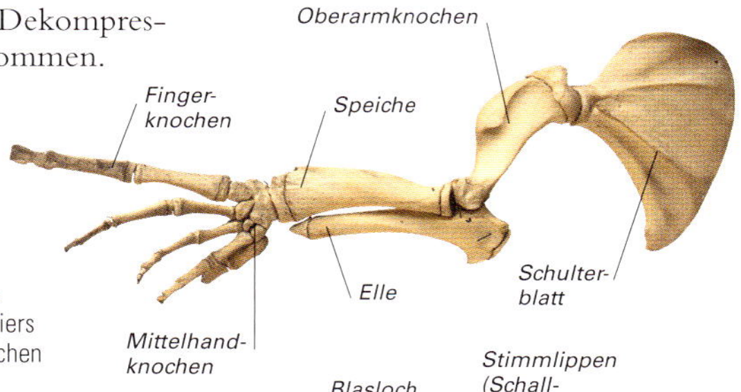

GLEICHE BAUWEISE
Die Vorderflosse eines Seelöwen weist die gleichen Knochen wie ein menschlicher Arm auf. Die Armknochen sind kurz und stützen das Gewicht des Tiers an Land. Die langen Fingerknochen bilden das Flossenblatt.

ISOLIERENDER SPECK
Verglichen mit Luft leitet Meerwasser viel mehr Wärme ab. Um warm zu bleiben, haben viele Tiere wie das Walross eine Blubber genannte isolierende Fettschicht unter der Haut.

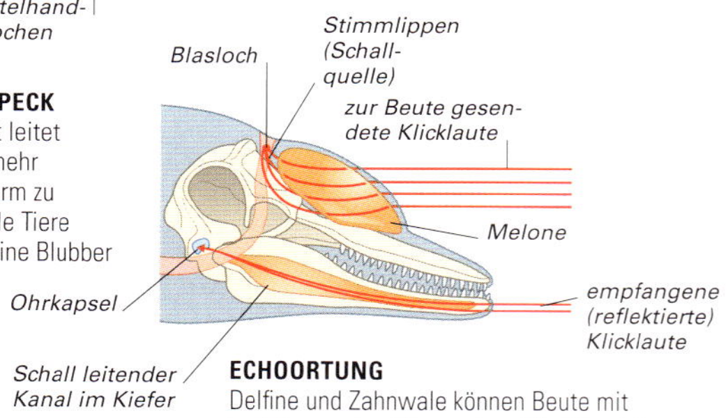

ECHOORTUNG
Delfine und Zahnwale können Beute mit hochfrequenten Tönen orten. Die Stirn trägt ein Melone genanntes, mit Öl gefülltes Organ, von dem man annimmt, dass es als akustische Linse Schall bündeln kann.

VARIABLER SPEISEPLAN
Pinguine sind nur ein Teil des Seeleoparden-Speiseplans. Trotz seiner berüchtigten Wildheit besteht mindestens die Hälfte seiner Nahrung aus Krill, den er mit den Backenzähnen ausfiltert.

Ernährung

Abgesehen von den pflanzenfressenden Seekühen sind die meisten marinen Säugetiere Fleischfresser. Im offenen Meer verfolgen viele ihre Beute nach Sicht oder Echoortung. Manche Robben kennen eine doppelte Strategie. Sie können einzelne Tiere erbeuten, aber mit ihren zu einem Sieb ineinander greifenden Backenzähnen auch Plankton aus dem Wasser filtern. Diese Methode haben die Bartenwale perfektioniert, die durch Fischschwärme oder Krill schwimmen und über 100 kg Nahrung auf einmal verschlucken können. Nicht alle marinen Säuger fangen bewegliche Beute. Seeotter sammeln Muscheln und Seeigel, wohingegen Walrosse und Grauwale Mollusken vom Meeresgrund aufsaugen.

Vermehrung

Meeressäugetiere bekommen meistens nur ein Jungtier auf einmal. Waltiere, Seekühe und Seeotter gebären es im Wasser, doch alle anderen Säugetiere müssen zur Geburt an Land gehen. Bei Arten mit einem Harem, wie den Seebären und den See-Elefanten, können die Kämpfe zwischen den Männchen sehr heftig sein. Nach der Paarung ziehen die Weibchen meistens die Jungen allein auf. Im Verhältnis zu ihrer Größe entwickeln sich die Hundsrobben am schnellsten, von denen manche bereits nach vier Tagen entwöhnt werden. Andererseits kann ein Delfin 20 Monate lang gesäugt werden und insgesamt sechs Jahre bei seiner Mutter bleiben.

SEEOTTER-JUNGTIER
Ein junger Seeotter liegt auf der Brust seiner Mutter. Das Jungtier ist von ihr mindestens fünf Monate lang abhängig.

BRUTKOLONIEN
Viele Robben, wie diese Mähnenrobben, sind zur Paarungszeit sehr gesellig und bilden große Kolonien an den Stränden, wo sie sich paaren und ihre Jungen bekommen.

MENSCHLICHER EINFLUSS

BEDROHUNG UND NATURSCHUTZ

Schon lange sind marine Säuger als Nahrung oder wegen ihres Öls und Fells gejagt und nahezu ausgerottet worden. Wale und Robben waren die Hauptziele. 1986 stimmte die Internationale Walfangkommisssion einem den kommerziellen Walfang betreffenden Moratorium zu, das trotz einiger Widersprüche noch gültig ist. Robben werden noch gejagt, doch die seltensten Arten werden durch internationale Vereinbarungen geschützt.

KUNSTVOLL VERZIERTER WALZAHN
Die Elfenbeinschnitzerei auf Wal- und Walrosszähnen war während des 17. und des 18. Jahrhunderts sehr populär. Heute werden noch dort Walzähne bearbeitet, wo der Walfang zum eigenen Verbrauch gestattet ist.

SYSTEMATIK MARINER SÄUGETIERE

Zwei Säugetier-Ordnungen kommen nur im Meer vor: die Waltiere und die Seekühe. Robben leben ebenfalls im Wasser, doch ihre Jungen werden an Land geboren. Verschiedene andere Raubtiere suchen im Meer ihre Nahrung, doch nur der Seeotter ist vollständig marin.

RAUBTIERE

Ordnung Carnivora

302 Arten
Die meisten Raubtiere leben an Land, doch einige verbringen einen Teil des Lebens im Meer. Der Eisbär ist auf dem Land, dem Eis und im Meerwasser gleichermaßen zuhause. Sieben Otterarten suchen das Meer auf, doch der Seeotter lebt als einziger vollständig im Meer. Die am besten ans Meer angepassten Raubtiere sind die 34 Robbenarten, die man früher als eigene Ordnung Pinnipedia betrachtet hat. Sie werden in drei Familien unterteilt. Die Familie der Ohrenrobben umfasst die Seelöwen und -bären, die Ohrmuscheln haben, mit den Vorderflossen schwimmen und an Land auf allen vier Flossen laufen. Die zweite Familie sind die ohrmuschellosen Hundsrobben, die mit den Hinterflossen schwimmen und an Land weniger beweglich sind. Die letzte Familie enthält nur das Walross.

WALTIERE

Ordnung Cetartiodactyla

93 Arten
Die Waltiere unterteilt man in Pottwale, Bartenwale, Schnabelwale, Flussdelfine und Delfine. Bartenwale filtern mit den Barten Plankton aus dem Wasser. Die bezahnten Waltiere jagen einzelne Tiere als Beute. Waltiere werden im Meer geboren und sind an Land hilflos.

SEEKÜHE

Ordnung Sirenia

4 Arten
Die hauptsächlich in den Tropen lebenden Seekühe sind Vegetarier, die im Meer- und im Süßwasser leben. Zu ihnen gehören eine Gabelschwanz- (Dugong) und drei Rundschwanzseekühe (Manatis), wie der abgebildete Karibik-Manati. Seekühe haben breite Schnauzen, paddelartige Vorderflossen und einen horizontal ausgerichteten Schwanz.

ORDNUNG CARNIVORA

Eisbär

Ursus maritimus

LÄNGE bis zu 2,8 m

GEWICHT Weibchen bis zu 250 kg; Männchen bis zu 800 kg

LEBENSRAUM arktische Tundra, Packeis, Meer

VERBREITUNG zirkumpolar in der Arktis, südlich bis nach Neufundland und den Pribilof-Inseln

Der Eisbär ist neben dem Kodiakbär das größte Raubtier der Welt. Der Nacken des kräftigen Tiers geht fast übergangslos in den muskulösen Hals über. Die Tatzen können über 30 cm breit sein. Sie sind an der Unterseite behaart, um den Wärmeverlust zu verringern und dem Bär besseren Halt zu verschaffen. Eisbären können Beute hören, die sich unter über 1 m dickem Eis befindet, und 5 km weit entferntes Aas riechen. Sie verbringen den größten Teil des Jahres auf dem Meer, wo sie über das Packeis laufen und die offenen Bereiche durchschwimmen. Mit ihrem natürlichen Auftrieb können sie stundenlang schwimmen, obwohl sie hauptsächlich auf dem Eis jagen.

Die wichtigste Beute des Eisbärs sind Robben, die er oft an Atemlöchern fängt. Er frisst auch Seevögel, Fische und Walkadaver. Im Sommer leben viele Eisbären an Land, wo das Nahrungsspektrum von Rentieren bis zu Beeren reicht. Weibchen gebären die Jungen im Winter und säugen sie in einer Schneehöhle. Jahrhundertelang ist der Eisbär von den Menschen der Arktis gejagt worden, ohne dass seine Zahl abgenommen hätte. Doch der Klimawandel lässt das Meereis abschmelzen und daher nehmen die Bestände in manchen Gegenden ab.

ORDNUNG CARNIVORA

Seeotter

Enhydra lutris

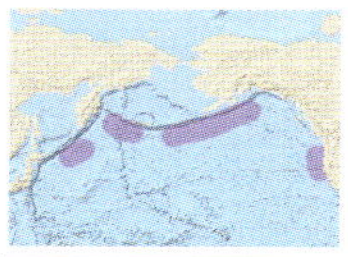

LÄNGE 1,3–1,6 m (einschließlich Schwanz)

GEWICHT 15–45 kg

LEBENSRAUM Küstengewässer an Felsküsten

VERBREITUNG Nordpazifik von Japan bis Alaska und Kalifornien

Anders als andere Otter kann der Seeotter das gesamte Leben im Meer verbringen. Er hat eine stumpfe Schnauze, Schwimmhäute an den Hinterfüßen und kleine Vorderfüße mit scharfen Krallen. Mit ihnen sammelt er Nahrung und hebt Steine auf. An der Oberfläche schwimmt er auf dem Rücken und benutzt einen Stein auf seiner Brust, um Mollusken, Seeigel und Krabben zu zerschlagen. Der Otter kann 97 m tief tauchen, entfernt sich aber nicht weit von der Küste.

SICHERE SCHLAFPOSITION

Seeotter schlafen oft im Riesentang und verhindern mit dem Kelp ihr Abdriften. Ihr Fell ist das dichteste aller Tiere. Die Haare stehen so nah beieinander, dass kein Wasser eindringen und die Haut niemals nass werden kann. Das ist lebenswichtig, da Seeotter in kaltem Wasser leben und keine ausreichend isolierende Fettschicht besitzen.

ORDNUNG CARNIVORA

Küstenotter

Lontra felina

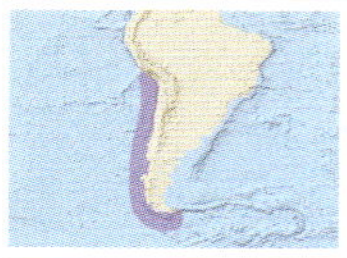

LÄNGE bis zu 1,2 m (einschließlich Schwanz)

GEWICHT 3–6 kg

LEBENSRAUM ungeschützte Felsküsten

VERBREITUNG Pazifikküste Südamerikas von Peru bis nach Kap Hoorn

Der geschmeidige Jäger lebt an einigen der stürmischsten Küsten der Welt, vor allem im Süden seines Verbreitungsgebiets. Seine nächsten Verwandten sind vor allem Süßwasserbewohner, doch er verbringt fast seine gesamte Zeit im Meer. Wie die in Flüssen lebenden Otter hat dieser Küstenbewohner einen kurzen, bräunlich gelben Pelz, Schwimmhäute an allen Füßen und empfindliche Tasthaare. Er jagt im kühlen Wasser des Humboldt-Stroms nach Fischen. Er gräbt keine Baue, sondern nutzt Höhlen, die knapp über der Hochwassermarke liegen. Küstenotter sind lange wegen ihres Pelzes gejagt worden und man schätzt, dass es keine 1000 Tiere mehr gibt. Die Art ist heute geschützt, aber um ihr Überleben langfristig zu sichern, ist es ebenso wichtig, ihren Lebensraum zu schützen.

ORDNUNG CARNIVORA

Fischotter

Lutra lutra

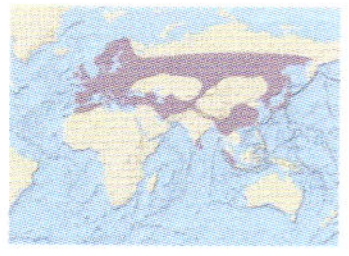

LÄNGE 83–132 cm (einschließlich Schwanz)

GEWICHT 5–14 kg

LEBENSRAUM Flüsse, Seen, Flussmündungen, Felsküsten

VERBREITUNG gemäßigtes und tropisches Eurasien, nach Süden bis Indonesien

Der Bestand des früher in Europa und Asien weit verbreiteten Fischotters ist durch Umweltverschmutzung, Verlust des Lebensraums und die Jagd stark zurückgegangen. Er hat einen stromlinienförmigen Körper, ein kurzes, aber dichtes Fell und Schwimmhäute an allen Füßen. Er ist im Wasser ausgesprochen wendig. Im Inland sind Fischotter meist nachtaktiv und verbringen den Tag in ihrem Bau. Die an der Küste lebenden Tiere können oft auch tagsüber beobachtet werden.

ORDNUNG CARNIVORA

Antarktischer Seebär

Arctocephalus gazella

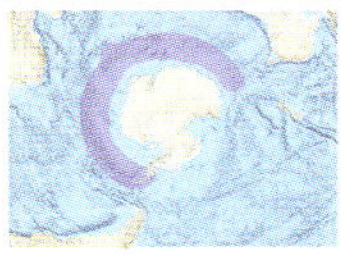

LÄNGE 1,2–2 m

GEWICHT 40–190 kg

LEBENSRAUM Felsküsten, offenes Meer in polaren Gewässern

VERBREITUNG Südpolarmeer

Die weiter als andere Seebären nach Süden vordringenden Tiere fressen Fische, Kalmare und Krill. Nach dem im Meer verbrachten Winter kommen sie im Frühjahr an Land. Männchen werden bis zu dreimal so schwer wie Weibchen und wirken mit ihrer Mähne und dem kräftigen Hals etwas kopflastig. Die Jungen kommen auf Inseln wie Südgeorgien und den Kerguelen zur Welt. Der Bestand der Art nimmt zu, was ein Nebeneffekt des Walfangs sein mag, der die Konkurrenz um den Krill verringert hat.

ORDNUNG CARNIVORA

Nördlicher Seebär

Callorhinus ursinus

LÄNGE 1,4–2,1 m

GEWICHT 40–270 kg

LEBENSRAUM Küsten und Seen in Kaltwassergebieten

VERBREITUNG Nordpazifik, Bering-See

Man bezeichnet neun Arten als Seebären, von denen der Nördliche Seebär jedoch mit den acht Arten der Südhalbkugel nicht näher als mit den Seelöwen verwandt ist. Er besitzt lange Vorderflossen, mit denen er sich auch an Land fortbewegen kann. Männchen können fünfmal schwerer als Weibchen werden, doch beiden Geschlechtern verleihen die kurzen Schnauzen ein stupsnasiges Aussehen. Mit den großen Augen können die Tiere bei Nacht gut sehen, wenn sich ihre Beute näher an der Wasseroberfläche befindet. Sie fressen vor allem Fische, aber auch Kalmare. Nach der Paarungszeit verstreuen sie sich weit im Pazifik. Die meisten Seebären dieser Art bekommen ihre Jungen auf Inseln im Bering-Meer. Die Jagd auf die seit Mitte des 18. Jahrhunderts dezimierten Tiere wird heute überwacht.

ORDNUNG CARNIVORA

Südamerikanischer Seebär

Arctocephalus australis

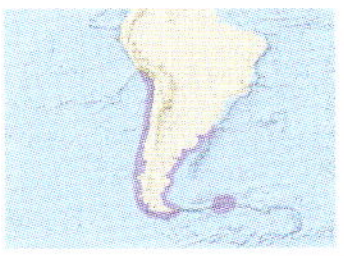

LÄNGE 1,4–1,9 m

GEWICHT 40–200 kg

LEBENSRAUM Küsten und Seen in Kaltwassergebieten

VERBREITUNG Pazifik- und Atlantikküsten an der Südspitze Südamerikas, Falkland-Inseln

Die einst an allen südlichen Küsten Südamerikas lebenden Tiere haben sich auf küstenferne Inseln zurückgezogen. Die Weibchen der schwarzgrauen Seebären haben hellere Unterseiten. Männchen können dreimal so viel wie Weibchen wiegen. Die Tiere sind auch an Land sehr beweglich und können steile Felsen erklettern. Sie jagen meist nachts Fische, Kalmare, Hummer und Mollusken. Sie selbst werden von Haien und Schwertwalen verfolgt.

ORDNUNG CARNIVORA

Kalifornischer Seelöwe

Zalophus californianus

LÄNGE 2–2,4 m

GEWICHT 110–400 kg

LEBENSRAUM Felsküsten und offenes Meer

VERBREITUNG Pazifikküste der USA, Galapagos-Inseln

Die für ihre in den Zoos gezeigten Kunststücke bekannten Tiere sind auch in der Natur sehr lebhaft. Ihr schlanker Körper ist mit kurzen Haaren bedeckt, die von schwarzbraun bei Männchen bis zu hellbraun bei Weibchen und Jungen gefärbt sind. Erwachsene Männchen können dreimal so schwer wie Weibchen werden. Sie tragen einen höckerartigen Aufsatz auf dem Schädel. Seelöwen fressen Fische und Kalmare.

ORDNUNG CARNIVORA

Walross

Odobenus rosmarus

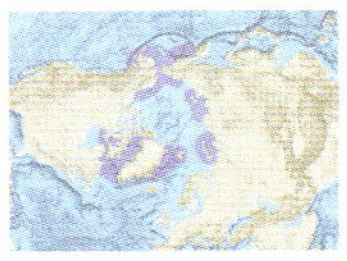

LÄNGE 2,5–3,5 m

GEWICHT 800–1800 kg

LEBENSRAUM Küsten und flacheres offenes Meer

VERBREITUNG Nordpolar-, Bering-See, Hudson-Bai

Das an seinen Stoßzähnen zu erkennende Walross ist nach dem See-Elefanten die zweitgrößte Robbe. Die Haut weist tiefe Falten auf, ist aber kaum behaart. Die Hautfarbe reicht, abhängig von der Durchblutung, von einem dunklen Graubraun bis Rosa. Unter der Haut befindet sich eine dicke Fettschicht (Blubber), die den Körper warm hält. Walrosse fressen marine Wirbellose, die sie auf Tiefen von bis zu 50 m finden. Sie nutzen zum Suchen der Nahrung vor allem die schnurrbartähnlichen Tasthaare. Man nahm an, dass die Tiere die Nahrung mit den Stoßzähnen losbrechen, doch tatsächlich erzeugen sie mit dem Maul einen Wasserstrahl, um sie loszuspülen. Dann trennen sie die weichen Teile von den Schalen. Man weiß nicht genau, wie sie das tun, doch wahrscheinlich eher durch Saugen als durch Zerbrechen, da die intakten Schalen oft um die Atemlöcher herum gefunden werden. Weibchen bekommen nach 15-monatiger Trächtigkeit (einschließlich verzögerter Einnistung) ein einziges Junges, und sie werden möglicherweise erst nach drei Jahren wieder trächtig. Walrosse sind sehr gesellig und von daher für Jäger eine leichte Beute. Von indigenen Völkern sind sie als Nahrungsquelle und wegen ihrer Häute seit mindestens 15 000 Jahren gejagt worden.

AUSTRALISCHE SEELÖWEN
Die in den kalten Gewässern der Großen Australischen Bucht jagenden Australischen Seelöwen ernähren sich von Kalmaren, Sepien und Fischen. Wie andere Seelöwen schwimmen sie mit den Vorderflossen. An Land klappen sie ihre Hinterflossen nach vorn, sodass sie auf ihren vier Gliedmaßen so schnell wie ein Mensch laufen können.

ORDNUNG CARNIVORA

Seehund

Phoca vitulina

LÄNGE 1,2–1,9 m

GEWICHT 80–140 kg

LEBENSRAUM Küstengewässer, Flussmündungen, Flüsse

VERBREITUNG Nordpazifik und Nordatlantik, im Süden bis Baja California

Der Seehund ist von allen Robben am weitesten verbreitet und auch am unterschiedlichsten gezeichnet. Die Grundfarbe reicht von Hellgrau bis Braun, mit dunklen Flecken und Ringen und manchmal einem Aalstrich. Der Seehund hat einen kegelförmigen Kopf, eine hundeähnliche Schnauze und ernährt sich vor allem von Fischen, die er im flachen Wasser nahe der Küste fängt. Er kann bis zu fünf Minuten lang tauchen, erreicht jedoch nur selten große Tiefen. Seehunde liegen oft auf Felsplateaus und Sandbänken, und hier werden auch die Jungen geboren. Die meisten verlieren ihr Jugendfell vor der Geburt und kommen anders als die Jungen einiger anderer Robben mit einer dunklen Version des Erwachsenenkleids auf die Welt. Obwohl sie fast sofort schwimmen können, halten sie sich gern mit den Vorderflossen auf dem Rücken der Mutter fest. Sie werden im Alter von etwa vier Wochen entwöhnt. Seehunde sind nicht selten, leiden aber in der Nordsee unter der Verschmutzung und einer Virenerkrankung, die in den späten 1980er-Jahren ausgebrochen ist.

ORDNUNG CARNIVORA

Sattelrobbe

Pagophilus groenlandicus

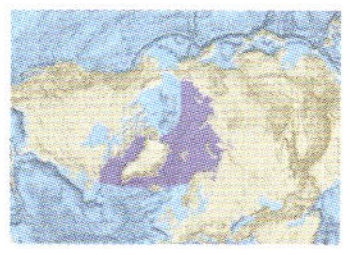

LÄNGE 1,6–1,7 m

GEWICHT 120–135 kg

LEBENSRAUM polare Gewässer

VERBREITUNG Nordatlantik und angrenzende Gebiete des Nordpolarmeers, weiter östlich bis Sibirien

Die Sattelrobbe ist im hohen Norden eine der häufigsten Robben und wird mit einem schneeweißen Pelz geboren, der die Jungen auf dem Eis tarnt. Erwachsene Sattelrobben sind silbergrau mit einem Muster dunkler Flecke, die mit dem Alter immer deutlicher werden. Sie fressen hauptsächlich Fische und Garnelen und leben am Südrand des arktischen Packeises, wo sie die Zeit des Haarwechsels auf dem Eis verbringen. Anfang Frühling wird ein einzelnes Junges geboren und nach zwölf Tagen entwöhnt. Nun verliert das Junge nach und nach sein weißes Fell und geht zum Leben im Meer über. Viele Jahrzehnte lang waren die Jungen das Ziel einer umstrittenen Jagd, bei der es um ihre Felle ging. Trotz der Kampagnen von Tier- und Umweltschützern werden jedes Jahr noch 250 000 Tiere getötet. Sattelrobben werden auch von Haien, Eisbären und Schwertwalen gejagt.

ORDNUNG CARNIVORA

Ringelrobbe

Pusa hispida

LÄNGE 1,1–1,6 m

GEWICHT 45–95 kg

LEBENSRAUM polare Gewässer auf Treib- und Packeis

VERBREITUNG Nordpolarmeer, Nordpazifik, Nordatlantik, Ostsee, Ochotskisches Meer

Die nach ihrer Zeichnung benannte Ringelrobbe findet man in der ganzen Arktis im offenen Wasser in Eisnähe und unter dem Eis, in dem sie sich Atemlöcher anlegt. Sie kann bis zu 45 Minuten lang nach Fischen und Zooplankton tauchen. Die Weibchen graben zur Geburt auf dem Eis Höhlen in den Schnee. Die Robben sind die bevorzugte Beute der Eisbären, die sie in ihre Höhlen verfolgen und ihnen an den Atemlöchern auflauern.

ORDNUNG CARNIVORA

Kegelrobbe

Halichoerus grypus

LÄNGE 1,7–2,3 m

GEWICHT 100–310 kg

LEBENSRAUM Felsküsten, vorgelagerte Inseln

VERBREITUNG voneinander getrennte Populationen (Nordwestatlantik, Island, Großbritannien, Ostsee)

Die Kegelrobbe hat eine konvexe Schnauze, die ihr eine »Römernase« verleiht. Männchen sind meist grau gefärbt, mit hellen Flecken an der Bauchseite, wohingegen die Weibchen oft dunkle Flecke auf einem deutlich helleren Untergrund tragen. Männchen werden zwei bis dreimal so schwer wie die Weibchen, was nur von wenigen Hundsrobben übertroffen wird. Wenn sie nicht Fischen hinterherjagen, ruhen sich Kegelrobben entweder auf Felsen oder senkrecht im Wasser stehend aus, wobei die Nasenlöcher gerade über den Wasserspiegel ragen. Die Jungen werden auf dem Strand oder auf weiter im Inland liegenden Grasflächen geboren. Sie tragen anfangs ein weißes Fell und bleiben für zwei bis drei Monate an Land, bevor sie das Meer aufsuchen.

ORDNUNG CARNIVORA

Mittelmeer-Mönchsrobbe

Monachus monachus

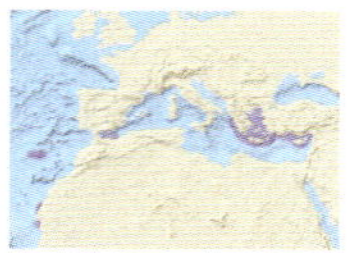

LÄNGE 2,5–2,7 m

GEWICHT 250–300 kg

LEBENSRAUM Felsküsten in Warmwasserzonen

VERBREITUNG Küsten Griechenlands, der westlichen Türkei, Nordostmarokkos und Nordwestalgeriens

Die beiden *Monachus*-Arten sind stark gefährdet. Das Fell der Mittelmeer-Mönchsrobbe ist dunkel- bis hellbraun. Die Männchen sind etwas größer als die Weibchen, und die Jungen sind schwarz mit einem kleinen, unterschiedlich großen weißen Fleck am Bauch. Die Art war früher weit verbreitet, aber die Bejagung und Störungen haben ihre Population auf wenige Hundert Tiere reduziert. Die meisten leben im Mittelmeerraum, die größte Kolonie ist an der Atlantikküste von Marokko. Am nächsten verwandt ist die Hawaii-Mönchsrobbe.

ORDNUNG CARNIVORA

Nördlicher See-Elefant

Mirounga angustirostris

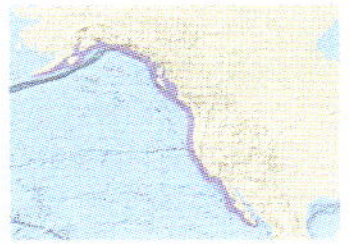

LÄNGE 2,2–4 m

GEWICHT 300–2500 kg

LEBENSRAUM Inseln in tieferem Wasser vor Felsküsten

VERBREITUNG Pazifikküste Nordamerikas, vom Beringmeer bis zur Baja California

Männliche See-Elefanten sind nicht nur bedeutend größer als die Weibchen, sondern die größten Robben überhaupt. Auf jeder Hemisphäre gibt es eine Art, die sich allerdings sehr ähnlich sehen. Der Nördliche See-Elefant ist grau oder braun ohne besondere Zeichnung. Das Männchen fällt durch seinen aufblasbaren Rüssel auf. Beide Geschlechter besitzen eine Schicht isolierenden Blubbers und eine kurze, steife Behaarung ohne weiche Unterwolle. See-Elefanten sind hervorragende Taucher. Die nördliche Art ist in Tiefen von über 1600 m nachgewiesen worden. Die Tiere fressen Kalmare und Tiefseefische. Man weiß allerdings noch nicht genau, wie sie ihre Beute aufspüren.

BULLENKÄMPFE

Bei See-Elefanten gilt: »The winner takes ist all!« Die Männchen streiten um das Recht, sich mit den Weibchen paaren zu dürfen. Bei diesen Kämpfen richten sich die Rivalen einander gegenüberstehend auf und brüllen mit aufgeblasenem Rüssel. Dann greifen sie sich mit den Zähnen an und bringen sich oft tiefe Wunden bei. Der Gewinner kopuliert während der Paarungszeit mit Dutzenden von Weibchen, ständige Verlierer dagegen mit keinem einzigen.

ORDNUNG CARNIVORA

Weddellrobbe

Leptonychotes weddellii

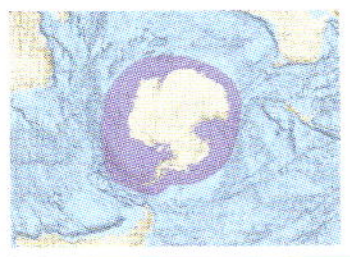

LÄNGE 2,8–3,3 m

GEWICHT 400–600 kg

LEBENSRAUM polare Gewässer am Rand des Packeises

VERBREITUNG Südpolarmeer, im Norden bis nach Südgeorgien

Weddellrobben findet man in den Gewässern entlang der gesamten Küste Antarktikas. Sie sind die am weitesten südlich vorkommenden Meeressäuger der Welt und leben dauerhaft auf diesem Kontinent. Im Verhältnis zum Körper wirkt der Kopf klein. Das kurze dichte Fell ist schwarzblau gefärbt und hat helle Streifen auf den Seiten. Weddellrobben fressen vor allem Fische, und sie können mehr als 600 m tief und über eine Stunde lang tauchen. Sie sind so gut an das kalte Wasser angepasst, dass sie lieber auf Eis als auf Festlandboden schlafen. Auch die Jungen werden auf dem Eis geboren. Das Überleben der Robben hängt im Winter davon ab, ob sie ihre Atemlöcher freihalten können. Sie legen sie mit den Schneidezähnen an, wenn das Eis noch dünn ist, und erhalten die Öffnung in bis zu 2 m dickem Eis.

ORDNUNG CARNIVORA

Krabbenfresser

Lobodon carcinophaga

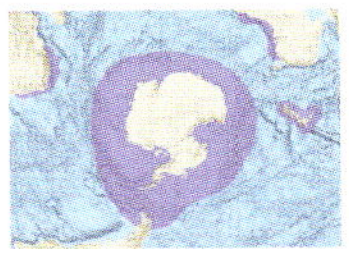

LÄNGE 2–2,4 m

GEWICHT 200–300 kg

LEBENSRAUM polare Gewässer am Rand des Packeises

VERBREITUNG Südpolarmeer und angrenzende Gebiete nördlich der antarktischen Konvergenz

Trotz ihres Namens frisst diese Robbe Krill und Zooplankton. Sie filtert Wasser durch ihre Backenzähne, deren verlängerte Höcker wie kurze Finger aussehen. Beim Schließen der Kiefer wirken sie wie ein Sieb und halten die Nahrung zurück. Krabbenfresser sind schlank und ihr Pelz kann hell- oder dunkelbraun mit dunkleren Flossen gefärbt sein. Sie leben nah am Packeis, bekommen hier ihre Jungen und sind an Land sehr geschickt. Mumifizierte Überreste hat man mehr als 50 km weit im Inland in den antarktischen Trockentälern entdeckt. Die gesamte Population mag 10 bis 20 Millionen betragen, sodass sie zahlreicher als alle anderen Hundsrobben zusammen sind.

ORDNUNG CARNIVORA

Seeleopard

Hydrurga leptonyx

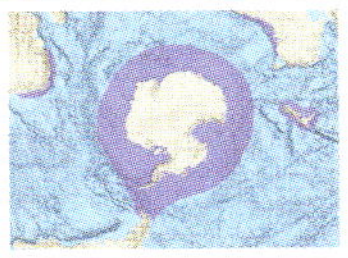

LÄNGE 2,4–3,4 m

GEWICHT 200–590 kg

LEBENSRAUM polare Gewässer, Felsküsten

VERBREITUNG Südpolarmeer und angrenzende Gebiete nördlich der antarktischen Konvergenz

Mit der langen Schnauze und dem vom Rumpf abgesetzten Kopf unterscheidet sich dieser einzelgängerische Räuber sehr von den anderen antarktischen Robben. Anders als die übrigen Hundsrobben bewegt er sich eher mit den vorderen als den hinteren Flossen durch das Wasser und gleicht damit den Seebären und -löwen. Der Körper ist schwarz oder dunkelgrau mit silbriger Unterseite, gemustert mit dunkleren Flecken. Die Kiefer sind ungewöhnlich kräftig und lassen sich sehr weit öffnen. Sie enthalten lange Schneide- und Eckzähne wie auch besondere Backenzähne, die Kleintiere aus dem Wasser filtern können. Etwa die Hälfte der Nahrung besteht aus Krill, doch der Rest aus viel größeren, gezielt verfolgten Tieren. Seeleoparden sind sehr geschickt, Pinguine, die ins Wasser kommen, in die Luft zu werfen und ihnen Haut und Federn von den Körpern zu reißen. Sie jagen auch Kalmare, Fische und andere Robben. Weibchen bekommen ein Junges pro Jahr, das im Alter von vier Wochen entwöhnt wird.

ORDNUNG CETARTIODACTYLA

Atlantischer Nordkaper

Eubalaena glacialis

LÄNGE 15–16,5 m

GEWICHT bis zu 70 t

LEBENSRAUM gemäßigte und subpolare Gewässer

VERBREITUNG nordwestlicher Atlantik und Restpopulationen im nordöstlichen Atlantik

Der Atlantische Nordkaper ist als einer der ersten Wale kommerziell gejagt worden und ist heute mit nur 300–500 Tieren eine der am stärksten gefährdeten Arten. Der bis auf weiße Zeichnungen am Bauch tief blauschwarze Wal hat ein stark gebogenes Maul, dessen Unterkiefer wie eine riesige Schöpfkelle geformt ist. Der Kopf ist von Stellen harter, blasser Haut bedeckt, an denen man einzelne Tiere erkennen kann. Wie alle Bartenwale filtert der Nordkaper seine Nahrung mit den vom Oberkiefer herabhängenden bürstenartigen Barten aus dem Wasser. Atlantische und Pazifische Nordkaper suchen ihre Nahrung in höheren Breitengraden, wandern zur Vermehrung aber in wärmere Gewässer. Der fast identische Südkaper lebt in der südlichen Hemisphäre. Anders als bei seinem nördlichen Gegenstück nimmt seine Population zu und beträgt etwa 10 000 Tiere.

MENSCHLICHER EINFLUSS

WALFANG

Durch den Walfang sind viele Walarten überfischt worden. Der Atlantische Nordkaper ist zuerst von baskischen Walfängern dezimiert worden. Der Pottwal war von 1780 an das Ziel der amerikanischen Walfänger. Der moderne Walfang von Arten wie dem Blauwal expandierte im 20. Jahrhundert schnell, mit Fabrikschiffen und Explosivharpunen. Heute kann »akustische Verschmutzung« durch Hochleistungssonar zu Massenstrandungen führen.

WALFABRIK
Blubber und Fleisch des im Südpolarmeer auf ein Schiff gebrachten Wals werden heruntergeschnitten.

ORDNUNG CETARTIODACTYLA

Grönlandwal

Balaena mysticetus

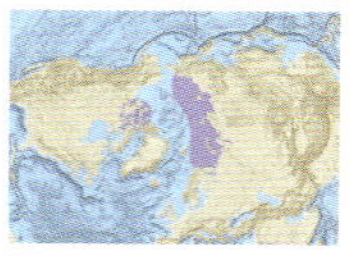

LÄNGE 14–20 m

GEWICHT über 100 t

LEBENSRAUM polare und subpolare Gewässer

VERBREITUNG Nordpolarmeer, Bering-Meer, angrenzende Gebiete des Nordatlantiks und Nordpazifik

Mit bis zu 4 m Länge besitzen diese Tiere die längsten Barten aller Wale. Die Tiere sind schwarzgrau gefärbt, mit einem helleren Kinn. In Relation zum Körper haben sie einen großen Kopf und eine sehr dicke Blubberschicht, die sie im eiskalten Wasser schützt. Grönlandwale können über 20 cm starkes Eis durchbrechen, sodass sie auch im arktischen Winter Atemlöcher freihalten können.

ORDNUNG CETARTIODACTYLA

Grauwal

Eschrichtius robustus

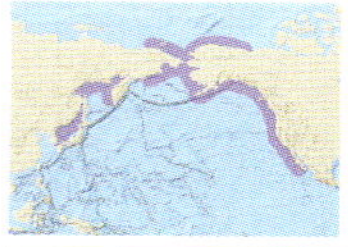

LÄNGE 13–14 m

GEWICHT 14–35 t

LEBENSRAUM gemäßigte und subpolare Küstengewässer

VERBREITUNG Nordpazifik, Bering-See, Nordpolarmeer

Im Gegensatz zu anderen Bartenwalen filtert der Grauwal Tiere auf dem Meeresgrund aus dem Sediment. Er ist grau gefärbt, mit weißen Flecken. Der schmale Kopf trägt gelbliche, bis zu 40 cm lange Barten. Der Körper ist oft stark mit Seepocken und Walläusen besetzt. Obwohl Grauwale in der Nähe der Küste bleiben, sind ihre Migrationen rekordverdächtig. An der Westküste Nordamerikas bewegen sie sich zwischen dem Bering-Meer und der mexikanischen Baja California, eine Rundreise von bis zu 20 000 km. Leider macht sie ihre Küstenliebe zur leichten Beute von Walfängern. In der Mitte des 20. Jahrhunderts waren sie fast ausgerottet worden, doch durch Schutzmaßnahmen konnte sich der Bestand ein wenig erholen.

ORDNUNG CETARTIODACTYLA

Buckelwal

Megaptera novaeangliae

LÄNGE 15–17 m

GEWICHT 30–34 t

LEBENSRAUM offene subpolare bis tropische Meere

VERBREITUNG weltweit, außer im extremen Norden und Süden

Der lebhafte Buckelwal ist bei den Whale Watchern beliebt. Er hat einen schwarzblauen Körper, eine tief eingeschnittene Schwanzflosse (Fluke) und extrem lange Vorderflossen. Anhand der weißen Flecken darauf kann man Wale identifizieren. Im Gegensatz zu den meisten Bartenwalen erbeuten Buckelwale ihre Nahrung, indem sie von unten auf sie zuschießen. Sie umkreisen Schwärme von Fisch oder Krill und stoßen dabei Luft aus, um sie zusammenzutreiben. Mehrere Wale können dabei als Team zusammenarbeiten. Buckelwale verbringen den Sommer in kalten, nahrungsreichen Gewässern und wandern in Richtung Äquator, um im Winter die Kälber zu gebären. Ihre Nahrung suchen sie oft in Küstennähe. Obwohl sie geschützt sind, sind die heutigen Bestände nur noch ein Fünftel so groß, wie sie es vor Beginn des Walfangs gewesen waren.

ORDNUNG CETARTIODACTYLA

Nördlicher Zwergwal

Balaenoptera acutorostrata

LÄNGE 7–9 m

GEWICHT 2–2,7 t

LEBENSRAUM offenes Meer und Küstengewässer

VERBREITUNG weltweit mit Ausnahme des extremen Nordens und Südens

Der Zwergwal ist der kleinste Furchenwal (Wale mit gefurchter, dehnbarer Kehle). Mit einem Bestand von einer Million ist er auch gleichzeitig der häufigste. Wie der mit ihm verwandte, viel größere Blauwal hat er einen torpedoförmigen Körper mit weit hinten angesetzter Rückenflosse. Die Oberseite ist grau oder braun, die Unterseite heller. Die kurzen Brustflossen können einen weißen Streifen aufweisen. Zwergwale leben allein oder in kleinen Gruppen. Sie sind neugierig und nähern sich regelmäßig Booten. Sie fressen kleine Fische und Plankton, wie andere Furchenwale hauptsächlich in Kaltwassergebieten. Während der Paarungszeit, wenn sie in die Tropen ziehen, fressen sie bedeutend weniger. Der Zwergwal ist der einzige heute noch kommerziell gejagte Furchenwal, trotz eines von den meisten Mitgliedsstaaten der Internationalen Walfangkommission beachteten Moratoriums.

WALGESANG

Wie alle Wale kommunizieren auch die männlichen Buckelwale mit Tönen. Sie erzeugen die längsten, kompliziertesten Klangfolgen aller Tiere. Jedes »Lied« kann bis zu 30 Minuten dauern und wird von kilometerweit entfernten Artgenossen gehört. Jede Population hat ihre eigenen Lieder, die nur zur Paarungszeit erklingen. Man nimmt an, dass Buckelwale wie Stimmbänder wirkende Falten in ihrem Kehlkopf haben und mit ihnen die Töne erzeugen.

BUCKELWAL
Wie alle Bartenwale hat der Buckelwal große Kiefer und einen in Relation zum Rest des Körpers langen Kopf. Die Kehlfalten und die knopfartigen Verdickungen auf dem oberen und längeren Kiefer weisen weite Abstände auf. Trotz seiner Größe kann der agile Schwimmer spektakuläre Sprünge vollführen.

ORDNUNG CETARTIODACTYLA

Blauwal

Balaenoptera musculus

LÄNGE 31–33 m

GEWICHT 113–150 t

LEBENSRAUM offenes Meer

VERBREITUNG tropische, gemäßigte, subpolare Meere, mit Ausnahme ständig zugefrorener Bereiche

Der zu den Furchenwalen gehörende Blauwal ist wohl das größte Tier, das je auf der Erde gelebt hat. Das Herz ist so groß wie ein Kleinwagen; sein Ruf übertrifft mit 180 Dezibel die Lautstärke eines startenden Düsenjägers. Seine Zukunft ist nach Jahrzehnten des Walfangs ungewiss. Obwohl er nicht länger gejagt wird, ist er ernsthaft gefährdet. Der Blauwal hat einen flachen Kopf, eine spitze Schnauze und eine gefurchte, dehnbare Kehle. Der Körper läuft in eine enorme Fluke aus. Der Rücken zeigt ein fleckiges, mit Grau gemischtes Blau und die Unterseite ist weiß bis gelb gefärbt. Blauwale filtern vor allem Krill und andere kleine Krebstiere aus dem Wasser. Mit ihren Barten können sie pro Tag über 3000 kg Nahrung sammeln. Weibchen können etwa alle drei Jahre ein einzelnes Kalb bekommen.

BARTEN

Anstelle von Zähnen besitzen die Bartenwale biegsame Barten, auch Walbein genannt, die vom Oberkiefer herabhängen. Um zu fressen, nehmen die Wale ein Maul voll Wasser auf und pressen es durch die Barten. In den Barten verfangen sich kleine Tiere, die der Wal dann hinunterschluckt.

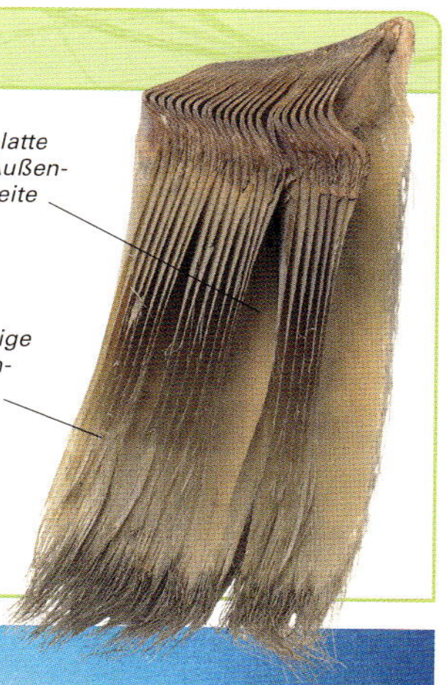

BARTEN
Die Barten bestehen wie unsere Fingernägel aus Keratin. Die Innenfläche ist in hunderte paralleler Fasern aufgeteilt.

ORDNUNG CETARTIODACTYLA

Pottwal

Physeter macrocephalus

LÄNGE bis zu 20 m

GEWICHT durchschnittlich 50 t

LEBENSRAUM tiefes Wasser, vor allem am Kontinentalschelfrand

VERBREITUNG weltweit mit Ausnahme des extremen Nordens und Südens

Als größter Zahnwal ist der Pottwal auch der größte Räuber, der einzelnen Tieren nachstellt. Mit seinem kantigen Kopf ist er unverwechselbar. Erwachsene Bullen sind meist 4 m länger und doppelt so schwer wie Kühe. Die Wale haben eine faltige Haut und eine Reihe von Fortsätzen zwischen Rücken- und Schwanzflosse. Sie tauchen bis zu 2000 m tief, um Riesenkalmare zu erbeuten. Der Kopf enthält wachsartiges Öl, das als Auftriebsregulator angesehen wurde. Heute nimmt man an, das es zur Erzeugung und Fokussierung hoher Töne beiträgt, die der Beuteortung dienen.

ORDNUNG CETARTIODACTYLA

Cuvier-Schnabelwal

Ziphius cavirostris

LÄNGE 5,5–7 m

GEWICHT bis zu 3,5 t

LEBENSRAUM tiefe Gewässer

VERBREITUNG tropische, subtropische und gemäßigte Meere; nicht im extremen Norden und Süden

Es gibt zwar 23 Schnabelwal-Arten, doch über die meisten ist wenig bekannt. Der Cuvier-Schnabelwal ist wohl die am weitesten verbreitete von ihnen, weil gestrandete Tiere in vielen Teilen der Welt gefunden worden sind. Wie seine Verwandten hat er einen fast drehrunden Körper, eine kleine, weit hinten sitzende Rückenflosse und für seine Größe relativ kleine Vorderflossen. Die Kiefer sind kurz und schnabelartig und der Mund ist nach oben gezogen. Weibchen sind zahnlos, doch bei Männchen befinden sich an der Spitze des Unterkiefers zwei bei geschlossenem Maul sichtbare Zähne. Erwachsene Tiere sind allgemein dunkelgrau oder braun mit helleren Köpfen. Kampfspuren an Männchen können ebenfalls heller sein. Die Tiere leben in tiefem Wasser und können mehr als eine halbe Stunde lang tauchen. Man weiß über sie wenig, außer dass sie vor allem Kalmare fressen. Sie sind nie kommerziell bejagt worden, verfangen sich aber ab und zu in Netzen. Das geschieht umso häufiger, je mehr Tiefsee-Schleppnetze eingesetzt werden.

ORDNUNG CETARTIODACTYLA

Nördlicher Entenwal, Dögling

Hyperoodon ampullatus

LÄNGE 6–10 m

GEWICHT bis zu 10 t

LEBENSRAUM tiefe Gewässer

VERBREITUNG Nordpolarmeer, gemäßigte und subpolare Gewässer des Nordatlantik

Als einer der größten Schnabelwale hat diese Art einen grauen Körper und eine gewölbte Stirn, die manchmal die Kiefer überragt. Männchen besitzen an der Unterkieferspitze zwei bis vier funktionslose Zähne, Weibchen meist keine. Die Fluke ist lang und kräftig, doch die kleinen Vorderflossen sitzen direkt hinter dem Kopf. Die Wale sind sehr gute Taucher und können über zwei Stunden lang unter Wasser bleiben. Anders als andere Schnabelwale sind sie kommerziell gejagt worden, doch kommen sie an manchen Orten noch häufig vor.

ORDNUNG CETARTIODACTYLA

Narwal

Monodon monoceros

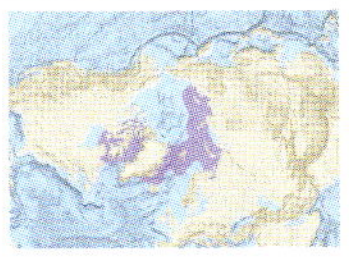

LÄNGE 4–5 m

GEWICHT bis zu 1,8 t

LEBENSRAUM polare Gewässer, eisfreie Bereiche im Packeis

VERBREITUNG Nordpolarmeer, nach Norden bis auf die Höhe von Spitzbergen und Franz-Josef-Land

Männliche Narwale kann man sofort an ihrem bis zu 3 m langen Stoßzahn erkennen. Der spiralig gewundene, modifizierte obere Schneidezahn durchbricht ihre Oberlippe. Abgesehen von dieser Besonderheit sehen Männchen und Weibchen gleich aus, mit langem, drehrundem Körper, einer gewölbten Stirn und kurzen, schnabelartigen Kiefern. Ihre Oberseite ist grau gefleckt und die Unterseite hell. Die Funktion des Stoßzahns wird oft diskutiert, doch neuere Arbeiten deuten darauf hin, dass er bei Kommentkämpfen zwischen Bullen verwendet wird und dass die Kühe Bullen mit längeren Zähnen bevorzugen.

RANGORDNUNG

Zur Paarungszeit können sich Weißwale zu Tausenden in Schulen zusammenfinden. Innerhalb jeder Schule gruppieren sich die Wale nach Alter und Geschlecht, wobei die schwangeren und säugenden Weibchen mit den Jungen gemeinsam schwimmen. Belugas kommunizieren über Töne und verfügen sogar über Mimik – einzigartig unter den Walen. Sie jagen auch oft in Gruppen.

ORDNUNG CETARTIODACTYLA

Beluga, Weißwal

Delphinapterus leucas

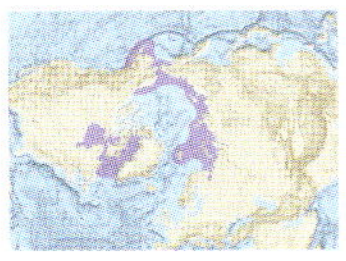

LÄNGE 3–4,5 m

GEWICHT bis zu 1,6 t

LEBENSRAUM Küstengewässer, vereinzelt Flüsse

VERBREITUNG Nordpolarmeer, Bering-Meer, Ochotskisches Meer, Hudson-Bai, St.-Lorenz-Mündung

Mit seiner gelblich weißen Färbung ist der Beluga leicht zu erkennen. Er ähnelt dem verwandten Narwal, hat aber keinen Stoßzahn. Die Farbe ist vom Alter abhängig. Jungtiere sind dunkelgrau, und es können bis zu zehn Jahre vergehen, dass die Tiere mit der Geschlechtsreife ihr Erwachsenenkleid bekommen. Belugas schwimmen langsam und fressen verschiedene Fische und andere Tiere. Sie leben in den Sommermonaten oft in Küstennähe und können in die Unterläufe großer Flüsse eindringen. Sie sind sehr gesellig und geben Triller, Klick- und Zirplaute von sich. Zur Zeit der hölzernen Segelboote konnte man die Geräusche deutlich durch den Rumpf hören und hat daher die Wale als »Kanarienvögel der Meere« bezeichnet.

Die früher in der gesamten Arktis häufigen Weißwale sind durch die jahrhundertelange Jagd auf lokale Restbestände geschrumpft. Sie werden heute noch gejagt, wenn auch in geringerem Maße, sind aber Gefahren durch die Verschmutzung der Meere und den Schiffsverkehr ausgesetzt.

ORDNUNG CETARTIODACTYLA

Chinesischer Weißer Delfin

Sousa chinensis

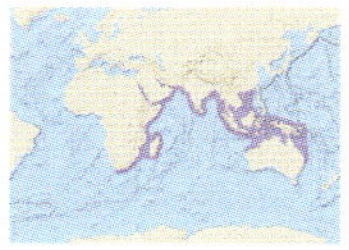

LÄNGE 2–2,8 m

GEWICHT bis zu 280 kg

LEBENSRAUM Küstengewässer, Lagunen, Flussmündungen

VERBREITUNG Rotes Meer, Persischer Golf, Indischer Ozean und südwestlicher Pazifik

Der Warmwasserbewohner trägt einen Buckel im Bereich der Rückenflosse. Die meist allein oder in Gruppen von weniger als zehn Tieren lebenden Delfine sind oft blaugrau oder fast weiß, vor allem in höherem Alter. Die Tiere fressen Fisch, Oktopoden und Kalmare und entfernen sich selten weit von der Küste. Eine ähnliche Art lebt vor der Atlantikküste Afrikas, und beide Arten drehen den Körper bei der Atmung, sodass er größtenteils unter der Wasseroberfläche bleibt.

ORDNUNG CETARTIODACTYLA

Großer Tümmler

Tursiops truncatus

LÄNGE 2–4 m

GEWICHT bis zu 635 kg

LEBENSRAUM Küstengewässer, offenes Meer

VERBREITUNG gemäßigte und tropische Regionen weltweit

Der Große Tümmler ist die Art, die meist in Delfinarien gehalten wird. Die neugierigen und verspielten Tiere nehmen auch in der Natur Kontakt zu Menschen auf. Ihre Farbe reicht von hell bläulich bis schiefergrau mit einer helleren Bauchseite. Die Schnauze ist deutlich abgesetzt, die Rückenflosse leicht hakenförmig und im Ober- und im Unterkiefer befinden sich je bis zu 27 kegelförmige Zähne. Die Tiere sind sehr gesellig und leben oft in Schulen von zwei bis 15 Tieren. Wie andere Delfine finden sie ihre Beute durch Echoortung, doch kommunizieren sie auch mit verschiedenen Pfeif-, Klick und Grunzlauten. Manchmal spielen die Tümmler mit Schwimmern oder Tauchern. Weibchen bekommen alle drei bis sechs Jahre ein einzelnes Junges.

ORDNUNG CETARTIODACTYLA

Ostpazifischer Delfin

Stenella longirostris

LÄNGE 1,4–3,8 m

GEWICHT bis zu 80 kg

LEBENSRAUM offenes Meer

VERBREITUNG tropische und subtropische Gewässer weltweit

Der auch als Spinnerdelfin bekannte Delfin hat diesen Namen von seiner Angewohnheit, sich beim Springen bis zu siebenmal um die eigene Achse zu drehen (engl.: to spin). Der Delfin ist kleiner als die meisten anderen und dunkelgrau mit weißer Unterseite gefärbt. Der weiße Bereich variiert von einem kleinen Fleck bis zu einer sich fast von Kopf bis Schwanz erstreckenden Fläche. Die Tiere haben im Ober- und Unterkiefer jeweils bis zu 128 Zähne und jagen Fische, oft weit draußen auf See. Weibchen bekommen ein einzelnes Junges, das sie bis zu zwei Jahre lang säugen. Die Tiere sind gesellig und schwimmen in Schulen, die weniger als 50, aber auch mehrere Tausend Tiere umfassen können, und vermischen sich auch mit anderen Arten. Diese und nah verwandte Delfine schwimmen oft über Schwärmen von Gelbflossen-Thunfischen und ertrinken daher jedes Jahr zu Tausenden in den Netzen.

ORDNUNG CETARTIODACTYLA

Gemeiner Delfin

Delphinus delphis

LÄNGE 1,7–2,4 m

GEWICHT bis 200 kg

LEBENSRAUM Küstengewässer, offenes Meer

VERBREITUNG gemäßigte, subtropische und tropische Gewässer weltweit

Der Gemeine Delfin trägt ein komplexes Muster aus farbigen Bändern, das schon klassische Künstler inspiriert hat. Die Zeichnung dieses Delfins ist ausgesprochen variabel, und erst in den letzten Jahren wurde erkannt, dass eine Teilpopulation tatsächlich eine eigene Art darstellt: der Langschnäuzige Gemeine Delfin (*Delphinus capensis*). Oft wird der Gemeine Delfin in sehr großen Gruppen beobachtet. Er gehört mit bis zu 47 km/h zu den schnellsten Schwimmern unter den Waltieren. Gemeine Delfine jagen meist Fische und Kopffüßer auf dem offenen Meer. Die Weibchen bekommen alle ein bis drei Jahre ein Junges, insgesamt bis zu fünf in ihrem Leben. Dieser Delfin ist eins der häufigsten Waltiere und weist einen geschätzten globalen Bestand von mehreren Millionen auf. Allerdings ist er wie auch alle anderen Meeresdelfine durch die Fischerei und die Jagd gefährdet.

ORDNUNG CETARTIODACTYLA

Rundkopfdelfin

Grampus griseus

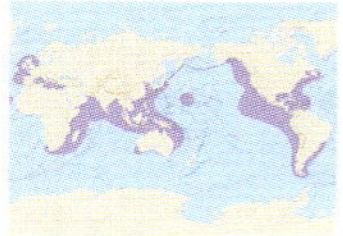

LÄNGE 3.8–4,1 m

GEWICHT bis zu 500 kg

LEBENSRAUM tiefe Gewässer

VERBREITUNG tropische und warm-gemäßigte Gewässer weltweit

Die auch als Risso-Delfine bekannten Tiere sind meist schwarzblau mit einem kantigen Kopf, der ganz anders als die spitzen Köpfe anderer Delfine wirkt. Ihre Haut ist oft vernarbt, besonders bei älteren Tieren. Das liegt vor allem an den Kämpfen mit Rivalen, aber auch mit Kalmaren, die einen großen Teil der Beute ausmachen. Auf der Nahrungssuche können die Tiere bis zu eine halbe Stunde lang tauchen. Der Rundkopfdelfin ist weniger gesellig als andere Delfine, begleitet aber trotzdem oft Schiffe.

ORDNUNG CETARTIODACTYLA

Großer Schwertwal

Orcinus orca

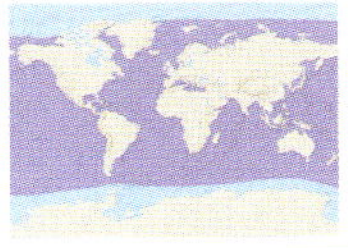

LÄNGE 5,5–10 m

GEWICHT bis zu 6,6 t

LEBENSRAUM offenes Meer, eisfreie Zonen im Packeis

VERBREITUNG tropische, gemäßigte und polare Gewässer weltweit

Mit der schwarz-weißen Zeichnung ist der Schwertwal oder Orca das auffälligste und auch das größte Mitglied der Delfin-Familie (Delphinidae). Neben der Zeichnung ist die bei älteren Männchen bis zu 1,8 m hohe Rückenflosse sein auffälligstes Merkmal. Die großen Vorderflossen sind paddelförmig und der fassförmige Körper läuft zu den Kiefern hin spitz zu, die mit bis zu 10 cm langen Zähnen bewehrt sind. Schwertwale sind die größten Jäger warmblütiger Tiere. Zu ihrer Nahrung gehören Fische, Kalmare, Vögel, Robben und andere Wale. Die Jagdstrategie ist überraschend vielseitig. Sie kippen Eisschollen um und schieben sich sogar auf Strände, um die sich dort befindenden Robben zu erbeuten. Die intelligenten, stimmbegabten und geselligen Tiere leben in stabilen Schulen, die ihre eigenen Traditionen haben. Orcas lassen sich leicht zähmen, und es ist bisher noch kein Fall bekannt geworden, dass sie einen Menschen in der Natur angegriffen hätten.

SCHULE UND CLAN

Eine durchschnittliche Schule enthält 20 Tiere, die ihr Leben lang zusammenbleiben und oft die Jungen gemeinsam aufziehen. Schulen der gleichen Gegend bilden einen Clan – eine Gruppe, von der man glaubt, dass sie ihren eigenen »Dialekt« hat, der an die Jungen weitergegeben wird.

AUF DER REISE Weibliche Buckelwale gebären meist alle zwei bis drei Jahre. Sie beschützen das Kalb sehr gut und säugen es sechs bis zehn Monate lang.

Wanderungen der Wale

Viele Landsäugetiere führen auf der Suche nach saisonalen Nahrungsquellen weite Wanderungen durch, doch die zurückgelegten Entfernungen sind im Vergleich zu den von Walen bewältigten gering. Außerdem wandern die Wale in Gebiete, in denen es nichts zu fressen gibt. Buckelwale verbringen den Sommer zum Beispiel in kalten Gewässern mit großem Nahrungsangebot (siehe unten). Mit dem Einbruch des Winters wird die Nahrung knapper und die Wale machen sich auf den Weg zum Äquator. Da es in diesen warmen Gewässern für sie nichts zu fressen gibt, müssen sie mehrere Monate lang fasten. Sie treibt etwas anderes in diese Gebiete – sie benötigen eine geeignete Umgebung, um ihre Jungen zu gebären und aufzuziehen.

Walmigration ist ein komplexes Thema. Erst in den letzten Jahren konnte man dank Satellitentrackern einzelne Tiere verfolgen. Einige Arten, wie die Grönlandwale und die Narwale, legen nur begrenzte Strecken zurück und bleiben in arktischen Gebieten, folgen aber dem Jahreszyklus des Meereises. Bei anderen Walarten sind die Routen viel länger, und sie unterscheiden sich bei verschiedenen Populationen. Buckelwale sind dafür ein gutes Beispiel. Schwertwale zeigen ein gemischtes Muster. »Sesshafte« Schulen wandern im Jahresverlauf kaum, aber andere Gruppen können Tausende von Kilometern zurücklegen.

Man weiß nicht genau, wie Wale auf diesen Reisen navigieren. Man hat allerdings Magnetit (ein Eisenoxid) in hirnnahen Geweben mancher Wale, etwa den Buckelwalen, gefunden. Man nimmt an, dass sie sich damit am Magnetfeld der Erde orientieren können.

Wanderungen der Buckelwale

Die Buckelwale der Nordhalbkugel verbringen den Sommer zum Fressen in Nordpazifik und -atlantik. Im Winter wandern sie zur Geburt der Kälber in südliche Gewässer. Die Buckelwale der Südhalbkugel suchen ihre Nahrung in antarktischen Gewässern und wandern nach Australien, zu den pazifischen Inseln, nach Südafrika oder -amerika. Die Wale des nördlichen Indischen Ozeans bleiben das ganze Jahr über dort.

Hauptwanderroute

Hauptnahrungsgebiete (Sommer)

Hauptfortpflanzungsgebiete (Winter)

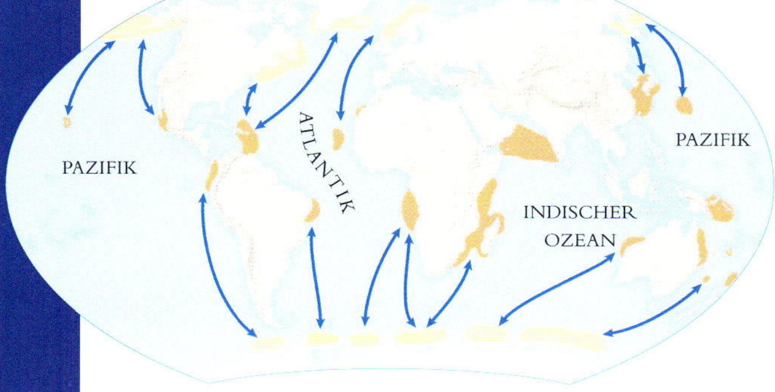

WALVERHALTEN

ERNÄHRUNG

FUTTERGEBIETE ALASKAS *Buckelwale schöpfen Wasser in ihre riesigen Mäuler, aus dem sie hauptsächlich Krill und weiteres großes Zooplankton herausfiltern. In Alaska nähern sie sich im Sommer den Küsten, um sich von Schwärmen kleiner Fische zu ernähren.*

LUFTBLASENNETZ *Eine Gruppe Buckelwale umkreist einen Fischschwarm und gibt dabei ein Netz aus Luftblasen ab. Dann schießt ein Wal durch die Blasen nach oben und erbeutet ein Maulvoll Fische.*

WANDERUNGEN

EINSAME BLAUWALE *Blauwale schwimmen bei ihren Wanderungen weiter als andere Wale aufs Meer hinaus und haben keine definierten Paarungsgebiete. Von daher ist über ihre Migrationen weniger bekannt.*

ORIENTIERUNG *Viele Wale stellen sich wie dieser Grauwal senkrecht ins Wasser und recken den Kopf über die Wasseroberfläche. Vielleicht suchen sie dabei nach Landmarken.*

VERMEHRUNG

WARMWASSER-SPIELE *Vom Juni bis zum Dezember jeden Jahres versammeln sich Tausende von Südkapern in Buchten östlich der südafrikanischen Kap-Halbinsel. Die Weibchen gebären hier ein einzelnes Kalb und paaren sich unmittelbar danach. Die Gegend ermöglicht die besten landgestützten Walbeobachtungen der Welt, wie die dieses die Wasseroberfläche durchbrechenden Tiers.*

WHALE WATCHING

GANZ NAH DRAN *Das Whale Watching ist eine wachsende Industrie, die pro Jahr mit über 13 Millionen Teilnehmern über 2,2 Milliarden Euro umsetzt. Die Touristen im Boot beobachten einen Grauwal vor Baja California, Mexiko.*

ORDNUNG CETARTIODACTYLA

Gewöhnlicher Grindwal, Pilotwal

Globicephala melas

LÄNGE 6–7 m

GEWICHT bis zu 2,3 t

LEBENSRAUM kalte Küstengewässer, offenes Meer

VERBREITUNG gemäßigte und subpolare Gewässer weltweit, mit Ausnahme des nördlichen Pazifik

Es gibt zwei Arten der Gattung *Globicephala,* die sich nur durch die Flossenlänge unterscheiden – eine auf dem Meer schwer zu beobachtende Eigenschaft. Der Gewöhnliche oder Langflossen-Grindwal lebt hauptsächlich in Kaltwassergebieten. Er ist glänzend schwarz und trägt auf Kehle und Brust eine ankerförmige helle Zeichnung. Die Tiere haben einen runden Kopf und kurze Kiefer. Die lange Rückenflosse ist bei Männchen hakenförmig. Die Vorderflossen sind nach hinten scharf abgewinkelt und fast ein Fünftel so lang wie der Körper. Die Tiere fressen vor allem Tintenfische des tiefen Wassers. Sie sind gesellig und leben in Gruppen, die Hunderte von Tieren zählen können und sich oft mit anderen Walen vermischen. Im flachen Küstenwasser verlieren Grindwale leicht die Orientierung und stranden in großen Zahlen. Die Schulenbildung ist von Walfängern ausgenutzt worden, die sie ins flache Wasser treiben und schlachten konnten. In manchen Gebieten wie den Färöer-Inseln werden sie heute noch gejagt.

STRANDEN

Grindwale stranden oft an den Küsten. Wenn ein Wal strandet, folgen ihm die anderen oft, sodass viele Tiere sterben. Theorien zur Erklärung dieses Phänomens gehen von Faktoren aus, die das Navigationssystem der Wale stören, etwa zeitweilige Schwankungen des Erdmagnetfelds, Schiffssonar, Krankheiten und Stürme.

ORDNUNG CETARTIODACTYLA

Schweinswal

Phocoena phocoena

LÄNGE 1,3–2 m

GEWICHT bis zu 75 kg

LEBENSRAUM Küstengewässer, Gezeitenbereiche der Flüsse

VERBREITUNG kalt-gemäßigte und subpolare Gewässer der nördlichen Hemisphäre

Der Schweinswal ist eins der häufigsten Waltiere der nördlichen Hemisphäre und wagt sich selten in tiefes Wasser vor. Er bevorzugt flache Küstengewässer und schwimmt manchmal Flüsse hinauf. Der Schweinswal besitzt einen kurzen, fassförmigen Körper mit kleinen Vorderflossen und einer stumpfen Rückenflosse. Anders als die meisten Delfine hat er eine stumpfe Schnauze, die im Ober- und Unterkiefer je 42–56 spatelförmige Zähne enthält. Die Tiere leben allein, manchmal in Paaren oder kleinen Gruppen. Sie ernähren sich von Fischen und Kopffüßern.

Das einzige nach elf Monaten Trächtigkeit geborene Jungtier ist mit 6 kg Gewicht recht klein. In der Vergangenheit sind Schweinswale oft wegen ihres Fleischs und Öls gejagt worden. Heute stellen Netze eine größere Gefahr dar – die kleinen Tiere werden leicht versehentlich gefangen.

ORDNUNG SIRENIA

Afrikanischer Manati

Trichechus senegalensis

LÄNGE bis zu 3,5 m

GEWICHT bis zu 500 kg

LEBENSRAUM Mangrovensümpfe, Lagunen, Binnengewässer, Flussmündungen

VERBREITUNG Westafrika, vom Senegal bis Angola

Dieser ruhige Vegetarier ist eine von drei Rundschwanzseekuh-Arten. Er lebt im Süßwasser, sucht aber auch die Mangrovensümpfe der afrikanischen Westküste auf. Der Körper ist mit grober grauer Haut bedeckt, und die Vorderflossen tragen kleine Nägel. Wie alle Seekühe hat der Manati keine Hinterbeine und schwimmt mit dem runden Schwanz. Mit den fleischigen Lippen fressen die Tiere Pflanzen ober- und unterhalb des Wasserspiegels. Dabei nehmen sie auch Wirbellose wie etwa kleine Krebse auf. Sie haben nicht die mehrkammrigen Mägen von Rindern und Antilopen. Die Verdauung findet zum größten Teil in den bis zu 45 m langen Därmen statt. Afrikanische Manatis leben meist einzeln, doch kann man zur Paarungszeit und an Stellen mit reichlichem Futterangebot auch Gruppen dieser Tiere beobachten. Bei der Geburt sind die Manatis etwa 1 m lang. Die langsame Reproduktionsrate macht sie gegenüber Veränderungen der Umweltbedingungen und gegenüber der Jagd auf sie empfindlich.

ORDNUNG SIRENIA

Karibik-Manati

Trichechus manatus

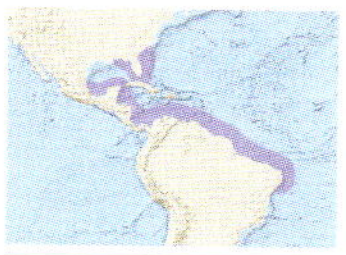

LÄNGE 2,5–3,9 m

GEWICHT bis zu 1620 kg

LEBENSRAUM Küsten- und Binnengewässer

VERBREITUNG Westatlantik vom Südosten der USA bis zum nordöstlichen Südamerika, Karibik

Diese Art ist die größte und am besten untersuchte Rundschwanzseekuh – was zum Teil am bis Florida reichenden Verbreitungsgebiet liegt. Sie hält sich oft in Küstengewässern auf, meidet jedoch Regionen, in denen die Wintertemperatur unter 20 °C fällt. Die Haut ist grau, doch die auf ihr wachsenden Algen geben ihr oft einen grünlichen Schimmer. Mit den kleinen Augen und Ohren können die Tiere nicht gut sehen und hören, doch die Lippen sind mit empfindlichen Borsten bedeckt, mit denen sie Wasserpflanzen, etwa Seegräser, in Tiefen von bis zu 4 m finden können. Ein Tier muss am Tag ungefähr ein Viertel seines Körpergewichts an Nahrung zu sich nehmen. Obwohl diese Nahrung hauptsächlich pflanzlich ist, fressen die Tiere wegen der Eiweiße gelegentlich Fisch. Rund- und Gabelschwanzseekühe (siehe unten) haben zum Teil wegen des bei der Verdauung erzeugten Gases aufgetrieben wirkende Körper. Daher besitzen sie sehr dichte Knochen, die eine neutrale Tarierung ermöglichen. Karibik-Manatis leben einzeln, als Paare oder bilden Gruppen, die in Florida bis zu 20 Tiere umfassen können.

MENSCHLICHER EINFLUSS

KOLLISIONSGEFAHR

Früher sind die Karibik-Manatis wegen ihres Fleischs, der Haut und des Öls gejagt worden, das manchmal in Lampen verwendet worden ist. Heute sind die größten Gefahren die Umweltverschmutzung und die Zusammenstöße mit Booten. In Florida zeugen die Narben vieler Manatis davon.

SCHRAUBENVERLETZUNG
Die Verletzungen auf dem Rücken des Manatis stammen von einer Schiffsschraube. Zum Glück sind diese Wunden nicht unbedingt tödlich.

ORDNUNG SIRENIA

Dugong

Dugong dugon

LÄNGE 2–3,3 m

GEWICHT mindestens 570 kg

LEBENSRAUM Flachwasser der Küste, Lagunen, Ästuare

VERBREITUNG Indischer Ozean und Westpazifik, von Ostafrika bis zu den südpazifischen Inseln

Anders als die Manatis ist diese Gabelschwanzseekuh ein überwiegend marines Tier, das im flachen Wasser Seegras abweidet. Der Körper ist ebenfalls rundlich, doch weist er eine gegabelte Schwanzflosse und einen breiten Kopf mit großer, u-förmiger Oberlippe auf.

Ein Teil der Nahrung besteht aus den im Boden befindlichen Seegras-Rhizomen, die der Dugong ausgräbt, während er sich mit den Vorderflossen abstützt. Dugongs suchen ihre Nahrung in verstreuten Gruppen, die über 100 Tiere umfassen können. Ihre größten natürlichen Feinde sind Haie, doch an vielen Orten sind sie stärker durch die Jagd gefährdet. Im Mittelmeer ist die Art ausgestorben und in vielen Teilen des Indischen Ozeans bedroht. An den australischen Küsten leben mehr als die Hälfte der Dugongs der Welt.

STELLER'SCHE SEEKUH

Die mit dem Dugong verwandte Steller'sche Seekuh lebte im eisigen Bering-Meer, wo sie Tange fraß. Sie ist 1768 ausgerottet worden, 27 Jahre, nachdem sie von dem deutschen Naturwissenschaftler Georg Steller (1709–1746) entdeckt worden war.

EINDRUCK DES KÜNSTLERS
Die Steller'sche Seekuh wog bis zu 11 t und ist nach den Walen wohl das größte Meeressäugetier seiner Zeit gewesen.

GEOGRAFIE DER OZEANE

Ozeane der Erde

Die Ozeane bedecken 71 Prozent der Erdoberfläche und enthalten 97 Prozent allen irdischen Wassers. Die Geografie der Ozeanbecken verrät viel über Geologie und Entwicklungsgeschichte des Planeten.

Fünf große Ozeane verteilen sich zwischen den Kontinenten, nicht gerechnet die vielen Randmeere, Buchten und Meeresstraßen. Die Ränder der Kontinente säumt der sogenannte Schelf, ein Flachmeerbereich, der mehr oder weniger rasch in die Tiefsee überleitet. Die Tiefseebecken umfassen die ebensten Gebiete der Erdoberfläche, enthalten aber auch Bereiche mit den größten Höhenextremen – von den tiefsten Tiefseerinnen bis zu den weltgrößten Vulkanen. Entlang tektonischer Plattengrenzen erstrecken sich die längsten Gebirgsketten der Erde, die mittelozeanischen Rücken.

Die folgenden Karten enthalten das ganze gegenwärtige Wissen über die globalen Meeresböden. Darin spiegeln sich aktuelle Höhenmessungen mittels Satelliten, ebenso wie Daten aus mehr als 100 Jahre alten Seekarten wider; sie ergeben das derzeit beste Abbild des Meeresbodens.

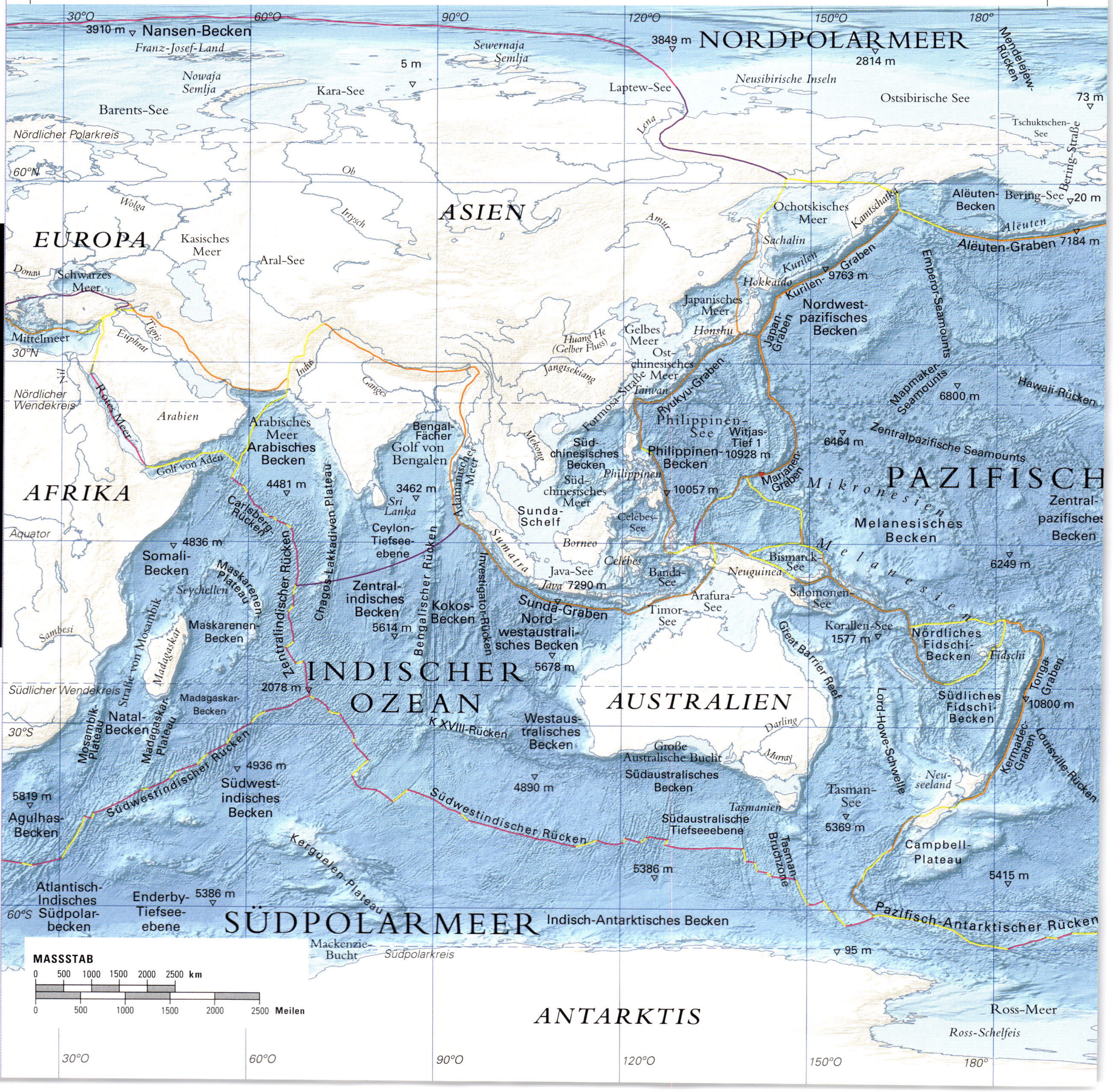

TEKTONISCHE PLATTEN
Die Erdkruste gliedert sich in mehrere Groß- und viele Kleinplatten. Deren Ränder lassen sich leicht am Relief des Ozeanbodens ablesen, denn mittelozeanische Rücken, Tiefseerinnen und Bruchzonen zeigen divergente, konvergente und transforme Plattenränder an. Während die meisten Platten neben kontinentaler auch ozeanische Kruste enthalten, besteht die Pazifische Platte nur aus ozeanischer Kruste.

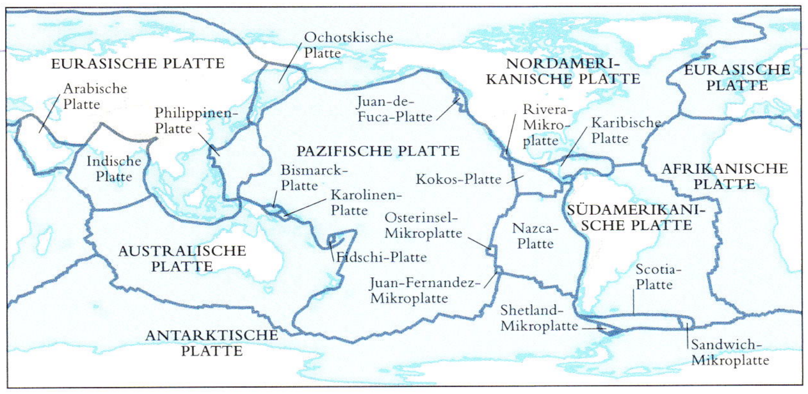

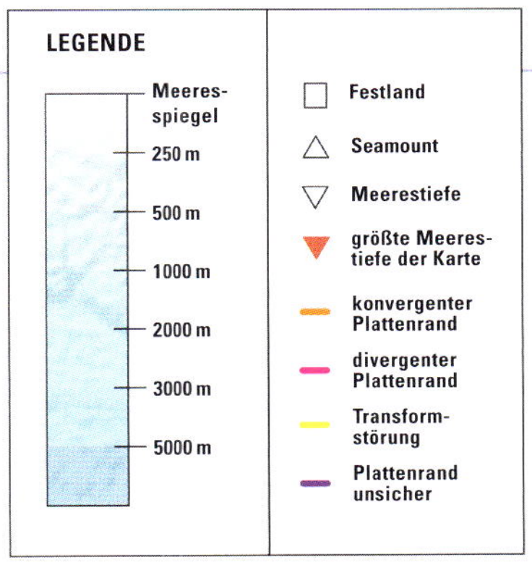

Nord-polarmeer

ALS KLEINSTES ALLER WELTMEERE ist das Nordpolarmeer (auch: Arktischer Ozean) fast ganz von Asien, Europa und Nordamerika umgeben. Im Winter bedeckt Packeis seine Wasseroberfläche. Seit dem 18. und 19. Jahrhundert trieb die Suche nach einem Seeweg zwischen Atlantik und Pazifik seine Erforschung voran. Eine amerikanische, mit Hundeschlitten ausgerüstete Expedition, geführt von Robert Peary, erreichte 1909 als Erste den Nordpol.

ARKTISCHES MEEREIS
Die gesamte arktische Meereisfläche nimmt von sommerlichen 4,5 Mio. km² auf etwa 15 Mio. km² im Winter zu.

Meeresströmungen

Das Nordpolarmeer erhält von den sibirischen Strömen Lena, Ob und Jenissej gewaltige Süßwasserzuflüsse. Das führt zusammen mit den Niederschlägen an der Oberfläche zu einer relativ salzarmen Wasserschicht. Über dem Kanadischen Becken herrscht ein rechtsdrehender Wirbel, während der transpolare Meeresstrom Wasser von der Tschuktschen-See in die Grönland-See transportiert. In mittleren Wassertiefen strömt warmes Salzwasser aus dem Atlantik zu, während sehr kaltes salzreiches Tiefenwasser vom Nordpolarmeer in den Atlantik abfließt. Rund 80 % des arktischen Wasseraustausches finden hier statt, nur 20 % im Pazifik. Etwa 2 % Wasser verliert die Arktis durch abdriftende Eisberge. Die Ausdehnung des Meereises der Arktis hat seit 1979 um 13 % pro Jahrzehnt abgenommen und erreichte im September 2012 ein Rekordtief von 3,63 Mio. km². Bei der derzeitigen Rate könnte das Meereis durch den Klimawandel bis 2050 ganz verschwinden.

EISBRECHER
Nur Eisbrecher mit massiver Bordwand und gewaltiger Motorkraft können das Packeis durchstoßen.

Ozeanboden

Der Meeresboden des Nordpolarmeers gliedert sich in zwei durch den schmalen Lomonossow-Rücken getrennte Seebecken. Auf nordamerikanischer Seite liegen Kanadisches und Makarow-Becken, getrennt durch den Alpha-Rücken, auf eurasischer Seite Fram- und Nansen-Becken, getrennt durch den Gakkel-Rücken, dem Nordende des Mittelatlantischen Rückens. Das geologisch junge Arktische Becken entstand vor rund 36 Mio. Jahren mit der Öffnung des Atlantiks im Verlauf der Abtrennung Nordamerikas von Europa. Der asiatische Schelf ist mit stellenweise über 1600 m ungewöhnlich breit, verglichen mit dem nur zwischen 50 und 125 km breiten Schelf der nordamerikanischen Küste.

ASIEN
EUROPA
NORD-
POLAR-
MEER
Laptew-See
Laptew-Straße
Ljachow-
Inseln
Kotelnyj-
Insel
Antschu-Inseln
Tiksi
Lena
Bour-Chaja-
Busen
6 m
Taimyr-Halbinsel
Wilkizki-
Straße
Bolschewik-
Insel
Sewernaja
Semlja
Oktober-
revolutions-
Insel
Komsomolez-
Insel
3849 m
80°N
5 m
Dickson
Kara-
See
Gydan-
Halbinsel
Jamal-
Halbinsel
Ob-Busen
Baydaratskaja-
Busen
Weiße
Insel
Kara-
Straße
60°O
Ostnowaja-Semlja-Trog
328 m
Nowaja Semlja
Woronin-Trog
Zentral-Kara-Plateau
Sywataja-
Anna-Trog
170 m
109 m
Barents-
See
Franz-Josef-
Land
Winterliche Packeisgrenze
102 m
Thor-
Iversen-
Bank
Stor-
Bank
Weiße Insel
Nansen-Becken
3910 m
Barents-
Tiefseeebene
Gakkel-Rücken
Fram-Becken
Nordpol-
Tiefseeebene
4484 m
Lomonossov-Rücken
Makarov-
Becken
2814 m
Wrangel-
Tiefseeebene
Nord-
pol
Alpha-Kordillere
1250 m
2590 m
Yermak-
Plateau
Litke-Trog
Nordostland
Edge-Insel
Barents-Insel
Spitzbergen
Longyearbyen
Storfjordrenna
Bjørnøya-
Bank
Bjørnøya
Barents-Trog
Nordkap
257 m
Hammerfest
Tromsø
Fugløya-
Bank
30°O
Spitzbergen-
Bruchzone
Lena-Trog
5669 m
Knipowitsch-Rücken
Hovgaard-
Bruchzone
Boreas-
Tiefseeebene
Morris-Jesup-
Kap
Wandel-
See
Nord
Lincoln-
See
Kap
Columbia
Alert
Axel-Heiberg-
Insel
Ellesmere-Insel
Nares-Straße
80°N
Grönland-Bruchzone
2580 m
Bodø
Vestfjord
Røst-
Bank
15 m
3900 m
Belgica-
Bank
Grönland-
See
Grönland-
Tiefseeebene
Mohns-Rücken
Europäisches
Nordmeer
Dumshaf-
Tiefseeebene
222 m
Halten-
Bank
1280 m
Voring-
Plateau
Jan-Mayen-Bruchzone
Jan Mayen
Norwegisches
Becken
Jan-Mayen-Rücken
Daneborg
210 m
Norwegische
Rinne
Grise-
Fjord
Qaanaaq
Jones-Sund
Devon-
Insel
77 m
Kap
Sherard
Devon-
Schelf
Lancaster-Trog
Lancaster-Sund
Bylot-
Insel
732 m
Devon-Abhang
Baffin-
Becken
Grönland
Kullorsuaq
Ittoqqortoormiit
Kolbeinsey-Rücken
Island-
Plateau
Färöer-Shetland-Trog
Shetland-
Inseln
68 m
Färöer
Groß-
britannien
0°
Upernavik
2377 m
Baffin-
Bai
Baffin-Insel
Uummannaq
Qeqertarsuaq
70°N
60°W
30°W
Nördlicher
Polarkreis
Dänemark-Straße
Island
Reykjavík
Inseln
120°O
90°O
70°N
Jenissej
Nördlicher Polarkreis
Transpolarer Strom
Beaufort-
Wirbel
Westgrönland-
Strom
Ostgrönland-Strom
Norwegischer Strom
OBERFLÄCHENSTRÖMUNGEN
Polare Ostwinde
Polare Ostwinde
Polare Ostwinde
Westwindzone
WINDSYSTEME
Beaufort-Skala
0–3
3–5,5
> 5,5
Geschwindigkeit
0–16 km/h
16–40 km/h
> 40 km/h
D
E
F
G
H
I
5
6
7
8

Nordwestpassage

Atlantischer und Pazifischer Ozean sind über die Nordwestpassage verbunden. Sie gilt wegen der Meerengen zwischen den Inseln als schwierige Route und war selbst im Sommer meist zugefroren. Die Abnahme des Meereises hat sie zugänglicher gemacht. Seit 2007 war sie in den meisten Jahren eisfrei. Das erste Kreuzfahrtschiff mit 1500 Passagieren passierte sie 2016.

NORDPOLARMEER E2

Baffin-Bai

FLÄCHE 689 000 km²

TIEFSTER PUNKT 2100 m

ZUFLÜSSE Arktisches Becken, Labrador-See, Gletscher Westgrönlands

Die Baffin-Bai zwischen Grönland und der Baffin-Insel ist der nordwestlichste Ausläufer des Atlantiks. Jeden Winter friert sie fast ganz zu – nur Teile der westgrönländischen Küste bleiben eisfrei, weil wärmeres Wasser aus der südlicheren Labrador-See zuströmt. Als kalter Labrador-Strom kehrt das Wasser entlang der Küste der Baffin-Insel zurück und transportiert Eisberge bis in den Nordatlantik. Seit Langem findet hier Robbenjagd statt. Bis in die 1980er-Jahre wurden jedes Jahr viele Robben erschlagen, bis die Behörden die Jagd gesetzlich regelten.

INS MEER FLIESSENDE GLETSCHERZUNGE

FORSCHUNG

ERFORSCHUNG DER NORDWESTPASSAGE

Schon im 17. Jahrhundert versuchte man, die Nordwestpassage als Schifffahrtsroute vom Nordatlantik in den fernen Osten zu erschließen, was aber wegen des Meereises und der vielen Inseln stets fehlschlug. Im Zuge von Expeditionen der Royal Navy flammte das Interesse im 19. Jahrhundert erneut auf. Im Jahre 1820 erreichte eine Expedition die Melville-Insel, musste aber wegen Vereisung aufgeben. John Franklins Expedition mit 129 Männern verschwand 1848 spurlos. Der britische Entdecker Robert McClure durchquerte die Beaufort-See und kam 1864 zu Fuß bis zur Baffin-Bai. Erst der Norweger Roald Amundsen schaffte es 1906, durch den Lancaster-Sund südlich der Victoria-Insel bis zur Bering-Straße zu segeln.

NORDPOLARMEER A1

Beaufort-See

FLÄCHE 476 000 km²

TIEFSTER PUNKT 4680 m

ZUFLÜSSE Tschuktschen-See, Arktisches Becken; Mackenzie, Colville

Die tiefe Beaufort-See liegt im Westen des Kanadischen Archipels. Als vor der Küste Alaskas 1968 Erdöl gefunden wurde, fand man auch Vorkommen im MacKenzie-Delta. Zum Schutz der Förderanlagen vor Eisbergen schüttete man künstliche Inseln auf. Nahe der Melville-Insel fand man Erdgas.

BOHRSCHIFFE ZUR ERDÖLEXPLORATION

Die Barents-See

Barents-See und Grönland-See bilden die Grenzgewässer zwischen Atlantik und Nordpolarmeer. Fast der gesamte Wasseraustausch zwischen diesen beiden Weltmeeren erfolgt durch die Fram-Straße nördlich der Grönland-See.

NORDPOLARMEER E2

Barents-See

FLÄCHE 1,4 Mio. km²

TIEFSTER PUNKT 600 m

ZUFLÜSSE Arktisches Becken, Europäisches Nordmeer

Die Barents-See ist ein Flachmeer und liegt nordwestlich von Europa und im Süden der Inselgruppen von Svalbard und Franz-Josef-Land. Im Osten erhebt sich die Insel Nowaja Semlja, eine Verlängerung des Ural, der als das Grenzgebirge zwischen Europa und Asien gilt. Große Meeresgebiete entlang der Festlands- und Inselküsten zählen zum kontinentalen Schelf. Warmes Wasser des Nordatlantischen Stroms fließt aus dem Südwesten zu und hält im Sommer die Küsten eisfrei, den Hafen von Murmansk (Kola-Halbinsel) sogar im Winter. Die Vermischung von warmem salzreichen Atlantikwasser mit dem kalten salzarmen Wasser des Nordpolarmeers und der gemäßigten Küsten lässt die biologische Produktivität dieser Gewässer förmlich explodieren. Schmelzendes Eis am Gletscherrand erzeugt eine stabile Wasserschichtung und lässt im Frühling die Algenblüte beginnen. Das Phytoplankton ist die Grundlage einer Nahrungskette mit reichen Fischbeständen. Im »Kalten Krieg« unterhielt die damalige Sowjetunion eine große Flotte aus Kriegsschiffen und U-Booten, die Nordmeerflotte. Viele davon sind nach Ende der Konfrontation entlang der Küsten »entsorgt« worden und bedrohen heute die Umwelt. Besondere Gefahr geht von leckgeschlagenen Atom-U-Booten aus.

NORDPOLARMEER B2

Grönland-See

FLÄCHE 1,2 Mio. km²

TIEFSTER PUNKT 4800 m

ZUFLÜSSE Arktisches Becken, Europäisches Eismeer

Die Grönland-See zwischen Grönland, Svalbard und Jan Mayen ist ein großes Meeresgebiet im Nordpolarmeer. Der Ostgrönland-Strom transportiert Oberflächenwasser und Eis längs der grönländischen Küste nach Süden, während der schwache Jan-Mayen-Strom nach Osten fließt. Dieses Auseinanderströmen erzeugt ein offenes Meeresgebiet, in dem sich im Winter ständig neues Meereis bildet. Die sogenannte Odden-Eiszunge wächst ostwärts des Haupteisrandes und hinterlässt gelöstes Salz in einer Schicht aus kaltem Salzwasser unter dem neu gebildeten Meereis. Dieses schwere, weil salzigere Wasser sinkt zu Boden und bildet dort eine Blase, bevor es über die Rücken zwischen Grönland und Jan Mayen nach Süden abströmt. Dieses Absinken ist wesentlicher Teil der globalen thermohalinen Zirkulation (siehe S. 60–61) der Ozeane.

»GEFRORENE PFANNKUCHEN«
Bei rauer See reiben sich Eisschollen gegenseitig zu Rundlingen mit aufgebogenem Rand ab – es entsteht Pfannkucheneis.

Atlantischer Ozean

DER ATLANTIK TRENNT die »Alte Welt« Europas und Afrikas von der »Neuen Welt« Amerikas. Der portugiesische Seefahrer Bartolomeu Diaz erreichte 1488 bereits die Südspitze Afrikas, aber erst Christoph Columbus gelang im Jahre 1492 die erste Atlantik-Überquerung bis zu den Westindischen Inseln.

BRANDUNGSWELLEN DES ATLANTIKS AN DER KÜSTE BERMUDAS

Meeresströmungen

Im Nordatlantik strömt das Oberflächenwasser im Uhrzeigersinn. Der Golfstrom transportiert warmes Wasser aus der Karibik entlang der Ostküste Nordamerikas und fließt als Nordatlantik-Strom in Richtung Europa. Hier spaltet er sich auf: Ein kleinerer Teil fließt zum Nordpolarmeer, der Großteil kehrt als Kanaren-Strom nach Süden um. Vor Westafrika erfolgt die Aufspaltung in Nordäquatorial-Strom nach Westen und Guinea-Strom nach Süden. Der Südatlantik-Wirbel ist linksdrehend: Seine Südgrenze ist der Antarktische Zirkumpolarstrom, an seiner Ostflanke fließt der Benguela-Strom nach Norden und im Westen fließt warmes Wasser im Brasil-Strom zur Antarktis.

GEZEITENKRÄFTE
Der große Tidenhub des Atlantiks erlaubt an vielen Küsten den Betrieb von Gezeitenkraftwerken, wie hier vor der Südwestküste Englands.

Ozeanboden

Der atlantische Ozeanboden wird in der Mitte vom Mittelatlantischen Rücken geteilt, an dem zwei Kontinentalplatten west- und ostwärts auseinanderdriften. Dieser Rücken ragt an einigen Stellen über den Meeresspiegel und bildet z.B. die Insel Island. Transformstörungen unterbrechen ihn auf vielen Hundert Kilometern, bis sie west- und ostwärts unter Sedimenten der Tiefseeebenen verschwinden. Letztere sind im Atlantik relativ schmal und füllen den Raum zwischen dem Rücken und den Kontinentalabhängen. Die Schelfgebiete des Atlantiks sind reich an Erdöl- und Erdgaslagerstätten, vor allem die der Nordsee, des Golfs von Mexiko, Venezuelas und Westafrikas. Der Atlantik hat nur zwei Tiefseerinnen, den Puerto-Rico- und den Südsandwich-Graben.

EISBERGSPUREN
Dieses Unterwasserbild zeigt tiefe Kratzspuren, die ein driftender Eisberg in dem flachen Schelfboden vor Grönland hinterlassen hat.

Grönland
Baffin-Becken
218 m
Davis-Straße
Nuuk (Godthåb)
Labrador-See
Labrador-Becken
Eirik-Rücken
Imarssuak-Kanal
Reykjanes-Becken
Reykjanes-Rücken
Dänemark-Straße
Island
Reykjavík
Island-Becken
Jan Mayen
Europäisches Nordmeer
Norwegisches Becken
Vøring-Plateau
Färöer
Skandinavien
Nördlicher Polarkreis
Helsinki
St. Petersburg
Oslo
Stockholm
Ostsee
Riga
Nordsee
Hatton-Rücken
Rockall-Bank
Charlie-Gibbs-Bruchzone
4139 m
Dublin
Irland
Groß-britannien
London
Hamburg
Danzig
Amsterdam
Elbe
Oder
Weichsel
Dnjepr
Donez
Nordwestatlantisch-Mittelozeanischer Canyon
Neufundland
St.-Lorenz-Golf
13 m
Neufundland-Bank
Halifax
69 m
691 m
Keltischer Schelf
Porcupine-Tiefseeebene
Biscaya-Tiefseeebene
Biscaya-Schwelle
EUROPA
Rhein
Seine
Venedig
Odessa
Donau
Schwarzes Meer
Marseille
Barcelona
Neapel
Istanbul
Iberische Tiefseeebene
Lissabon
Azoren-Biskaya-Schwelle
Neufundland-Becken
Azoren
Ostazoren-Bruchzone
Horseshoe-Seamounts
Straße von Gibraltar
Algier
Tunis
Athen
Mittelmeer
Beirut
Neuengland-Seamounts
Ozeanografen-Bruchzone
Madeira
Casablanca
Tripolis
Alexandria
Suez-Kanal
Kairo
Nil
Bermuda
Bermuda-Schwelle
Sohm-Tiefseeebene
5464 m
Atlantis-Bruchzone
Großer-Meteor-Guyot
Madeira-Tiefseeebene
Kanaren
Sargasso-See
ATLANTISCHER OZEAN
Mittelatlantischer Rücken
Nördlicher Wendekreis
8408 m
Nares-Tiefseeebene
Kapverden-Tiefseeebene
254 m
Sahara
Puerto-Rico-Graben
3780 m
Kapverden-Terrasse
Kap-verdisches Becken
Kapverden
Senegal
Barracuda-Bruchzone
Dakar
Niger
AFRIKA
Kleine Antillen
Gambia-Tiefseeebene
4700 m
Demerara-Tiefseeebene
Vema-Bruchzone
Conakry
Caracas
Orinoco
Georgetown
Doldrums-Bruchzone
Monrovia
Accra
Lagos
Paramaribo
Amazonas-Fächer
Sierra-Leone-Becken
Abidjan
Douala
Cayenne
São-Paulo-Bruchzone
Golf von Guinea
Niger-Fächer
Romanche-Bruchzone
Guinea-Becken
Libreville
Aquator
Ceara-Tiefseeebene
Amazonas
Belém
Fernando de Noronha
Chain-Bruchzone
Kongo
Fortaleza
Pernambuco-Becken
Bruchzone
Kongo-Fächer
Recife
Ascension-Bruchzone
Ascension
Luanda
Tocantins
São Francisco
Brasilianisches Becken
Bruchzone
Salvador
Bode-Verde-
St. Helena
Angola-Becken
Namibe
SÜDAMERIKA
Hotspur-Seamount
5706 m
St.-Helena-Bruchzone
5042 m
Wüste
Martin-Vaz-Inseln
Trindade-Insel
Rio de Janeiro
Walfisch-Bai
Südlicher Wendekreis
Namib
Oranje
Santos-Plateau
636 m
Rio Uruguay
Paraná
Rio-Grande-Bruchzone
Namibia-Tiefseeebene
Walfisch-Rücken
Porto Alegre
Rio-Grande-Schwelle
Kapstadt
30°S
INDISCHER OZEAN
Kap-Becken
Buenos Aires
Montevideo
1739 m
Tristan da Cunha
5115 m
Kap der Guten Hoffnung
Argentinisches Becken
Gough-Bruchzone
Discovery-Guyots
Zapiola-Rücken
Falkland-Steilabfall
Falkland-Inseln
Falkland-Plateau
3667 m
Süd-georgien
1748 m
Islas-Orcadas-Schwelle
Süd-Sandwich-Graben
Davis-Seamounts
Atlantisch-Indischer Rücken
Kap Hoorn
Yaghan-Becken
Drake-Straße
Scotia-See
Ostscotia-Becken
Amerika-Antarktis-Rücken
Atlantisch-Indisches Südpolarbecken
60°S
Südshetland-Inseln
Südorkney-Inseln
SÜDPOLARMEER
Antarktische Halbinsel
Maud-Schwelle
Astrid-Rücken
Weddell-Tiefseeebene
Südlicher Polarkreis
Lazarew-See
Weddell-See
ANTARKTIS
Ronne-Schelfeis
30°W
0°
30°O
60°O
90°O
60°N
30°N
D
E
F
G
H
I
1
2
3
4
5
6
7
8
LEGENDE
Meeres-spiegel
250 m
500 m
1000 m
2000 m
3000 m
5000 m
Festland
Seamount
Meerestiefe
größte Meerestiefe der Karte
MASSTAB
0
500
1000
1500
2000
2500 km
0
500
1000
1500
2000
2500 Meilen

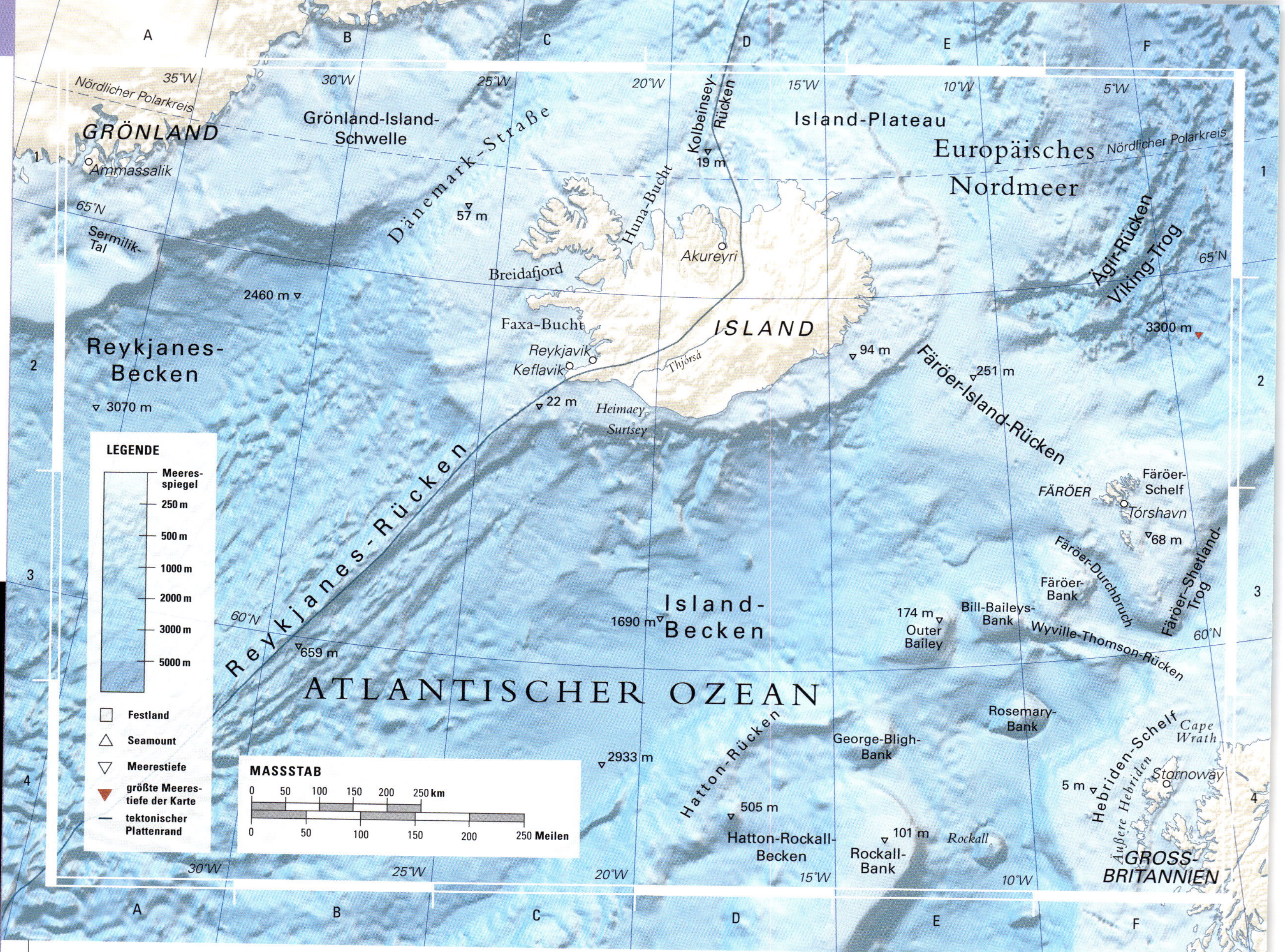

Island

Island liegt direkt auf dem Mittelatlantischen Rücken, sodass man trockenen Fußes ozeanische Kruste betreten kann. Ein Manteldiapir lässt hier besonders viel Basaltmagma an der Nahtstelle der Ozeanbodenspreizung hochquellen, die den Atlantik vom Nordpolarmeer trennt. In den angrenzenden Gewässern tauschen sich die Wassermassen beider Meere aus.

ATLANTISCHER OZEAN B1

Dänemark-Straße

LÄNGE 480 km

MINDESTBREITE 290 km

Ein Großteil des Nordpolarmeerwassers fließt, angetrieben vom Ostgrönland-Strom, durch die Dänemark-Straße in den Nordatlantik. Dieser kalte Meeresstrom verfrachtet auch Eisberge vom ostgrönländischen Eisschild nach Süden, während der warme Nordatlantik-Strom an der Ostseite Grönlands Richtung Nordost zwischen Island und den Färöern hindurchfließt. Im Nordosten Islands sammelt sich kaltes Arktiswasser am Meeresgrund, ehe es die Grönland-Island-Schwelle überströmt und in Stufen in das 2000 m tiefer liegende atlantische Hauptbecken abfließt.

Damit beginnt ein weltweiter Kreislauf, in dem kaltes dichtes Tiefenwasser durch die Tiefen der Weltmeere zirkuliert – das große globale Förderband der Thermohalinen Zirkulation (siehe S. 61).

Im Winter entsteht Meereis an Grönlands Küsten. Landwinde in Ostgrönland treiben bisweilen Eisschollen aufs Meer hinaus. Wenn der kalte Wind offene Wasserstellen zufrieren lässt, stößt südlich der Grönland-See eine Meereiszunge bis in die Dänemark-Straße vor.

ATLANTISCHER OZEAN B3

Reykjanes-Rücken

LÄNGE 1500 km

HÖHE ÜBER OZEANBODEN 2000 m

AUSBREITUNGSRATE 1,8 cm/Jahr

Der Reykjanes-Rücken als Teil des Mittelatlantischen Rückens reicht südwestlich von Island bis an die Meeresoberfläche. Dieser Rücken zeigt sehr plastisch die parallel angeordneten Grate und Täler, die beiderseits der zentralen Grabenspalte als Ergebnis der Ozeanbodenspreizung an einem divergenten Plattenrand entstanden sind. Hier driften Nordamerikanische und Eurasische Platte mit 1–2 cm im Jahr auseinander. Je weiter entfernt vom Zentralgraben, umso älter sind die Strukturen und umso mehr sind sie unter Sedimenten verborgen.

Vor Beginn der Spreizung lagen Großbritannien und Grönland eng beieinander. Die Hebriden und Färöer, Rockall sowie einige Bänke östlich des Islandbeckens bestehen aus Basalt, der noch aus der Frühzeit des Reykjanes-Rückens stammt.

SURTSEY
Diese Vulkaninsel wurde 1963 geboren, als an der Flanke des Mittelatlantischen Rückens ein Vulkan ausbrach und Lava vor der Südküste Islands aufhäufte.

Westlicher Nordatlantik

Im westlichen Nordatlantik verlässt der warme, schnell fließende Golfstrom die amerikanische Küste und setzt seine Reise als Nordatlantik-Strom fort. Der kalte Labrador-Strom dringt nach Süden bis in den Golf von Maine vor.

ATLANTISCHER OZEAN C2

St.-Lorenz-Golf

FLÄCHE 155 000 km²
TIEFSTER PUNKT 2300 m
ZUFLÜSSE Atlantik, St.-Lorenz-Strom

Der Golf spannt sich zwischen der Mündung des St.-Lorenz-Stroms, Neufundlands und der Kap-Breton-Insel auf. Der Laurentische Trog zwischen den beiden Inseln geht auf die Ausschürfung durch den Laurentischen Eisschild der letzten Eiszeit zurück. Durch ihn wird Sediment aus dem Fluss über den Kontinentalabhang bis in den Laurentischen Fächer geschüttet.

Der St.-Lorenz-Strom ist der größte Süßwassereintrag der amerikanischen Ostküste, und seine Mündung sogar der größte Ästuar der Erde. Als Schifffahrtsweg 1959 eröffnet, versorgt er die Industriezentren an den Großen Seen.

MEEREIS IM ST.-LORENZ-GOLF

ATLANTISCHER OZEAN B3

Golf von Maine

FLÄCHE 90 700 km²
TIEFSTER PUNKT 377 m
ZUFLÜSSE Atlantik; St. John, Penobscott

Wie ein Großteil des Schelfgebiets der Ostküste Nordamerikas lag auch der Golf von Maine in der letzten Eiszeit trocken. Die Georges-Bank überragt den Meeresboden um 100 m und war bis vor 6000 Jahren eine Insel. Cape Cod und die Inseln von Nantucket und Martha's Vineyard sind die Rücken einstiger Moränenwälle, die verblieben, als das Eis schmolz und der Meeresspiegel wieder anstieg.

Wegen der Nähe zum Golfstrom ist das Wasser vor den Nantucket-Stränden einige Grad wärmer als vor Cape Cod.

Nördlich des Golfs von Maine greift die schmale Fundy-Bai mehr als 200 km tief ins Landesinnere. Diese wie ein Trichter gebaute Bucht hat am Nordende einen extremen Tidenhub von 13 m, den größten der Erde.

ATLANTISCHER OZEAN E2

Neufundland-Bank

FLÄCHE 280 000 km²
MITTLERE MEERESTIEFE 100 m

Die Neufundland-Bank ist ein ausgedehntes Schelfgebiet etwa 500 km vor Neufundland. Sie ist berüchtigt für ihren dichten Küstennebel, der durch die Kondensation feuchtwarmer südlicher Meeresluft über dem kalten Labrador-Strom entsteht. Letzterer transportiert auch Eisberge nach Süden, was 1912 zu der berühmten Kollision mit der Titanic führte, die südlich der Neufundland-Bank versank.

Ein Erdbeben löste im Jahr 1929 auf dem Kontinentalabhang der Neufundland-Bank einen gewaltigen untermeerischen Hangrutsch aus. Aufgewirbelte Sedimente rasten als Trübeströmung bergab und zerstörten das transkontinentale Telefonkabel auf 800 km Länge. Man schätzte die Geschwindigkeit der Trübeströmung auf 40–55 km/h.

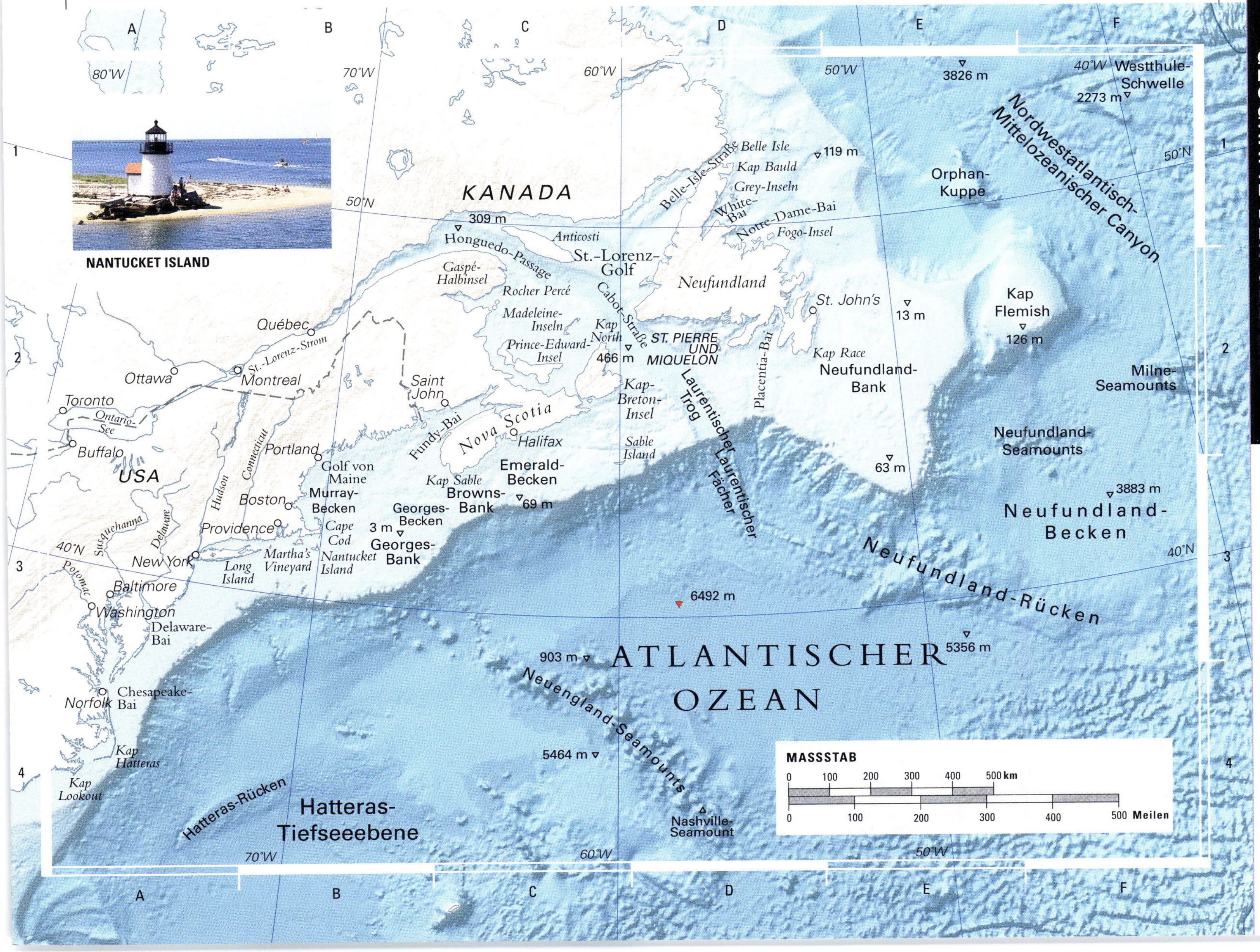

NANTUCKET ISLAND

Nordsee und Ostsee

Entlang der Nordwestküste von Europa zieht sich eine Reihe von seichten Schelfmeeren entlang, von denen das größte die Nordsee ist. Mit dem Nordatlantik-Strom erreicht warmes Wasser aus der Karibik Nord- und Nordwesteuropa und sorgt für ein sehr mildes Seeklima. Das Becken der Ostsee ist ein Relikt der letzten Eiszeitgletscher.

ATLANTISCHER OZEAN D1

Europ. Nordmeer

FLÄCHE 1,4 Mio. km²

TIEFSTER PUNKT 3970 m

ZUFLÜSSE Zentraler Nordatlantik; zahlreiche Fjorde Norwegens

Das Europäische Nordmeer liegt zwischen Norwegen und Island und wird durch den Färöer-Island-Rücken vom Hauptbecken des Nordatlantiks getrennt. Trotz seiner nördlichen geografischen Breite ist das Meer eisfrei, weil es vom warmen Nordatlantik-Strom gespeist wird, der von Südwesten zwischen Schottland und Island bis in die Barents-See fließt (siehe S. 427). Dieses relativ warme Wasser ist allerdings auch der Grund, dass die norwegische Hafenstadt Bergen als verregnetste Stadt Europas gilt – mit über 275 Regentagen im Jahr.

DER PREKESTOLEN AM LYSE-FJORD
Die Fjorde an Norwegens Atlantikküste entstanden durch tief schürfende Gletscher der letzten Eiszeit. Sie können große Tiefen aufweisen.

ATLANTISCHER OZEAN G5

Ostsee

FLÄCHE 386 000 km²

TIEFSTER PUNKT 449 m

ZUFLÜSSE Oder, Weichsel, Memel, Düna

Die Ostsee ist ein flaches Binnenmeer mit geringem Tidenhub. Weil sie keinen warmen Zustrom wie die Nordsee hat, frieren Bottnischer und Finnischer Meerbusen im Winter zu. Zahlreiche Flüsse, die reichlich Süßwasser einbringen, machen die Ostsee zum größten Brackwassermeer der Erde. Zwei nacheinander folgende Meerengen, Kattegat und Skagerrak, bilden die einzige Verbindung zwischen Ost- und Nordsee. Nur wenig an dichtem, salzreichem Nordseewasser fließt in der Tiefe der Ostsee zu und breitet sich am Boden aus, wo es eine sauerstoffarme »Todeszone« bildet. Mangels Abfluss reagiert die Ostsee sehr anfällig auf Schadstoffe, die über Flüsse und Abwässer der Städte eingetragen werden. Der Nord-Ostsee-Kanal kürzt den Seeweg über Skagerrak und Kattegat ab und ist die meistbefahrene künstliche Wasserstraße der Erde.

ÜBER DEN ØRESUND
Die 16 Kilometer lange Brücke über den Øresund verbindet Kopenhagen, die Hauptstadt Dänemarks, mit Malmö in Schweden.

ATLANTISCHER OZEAN D6

Nordsee

FLÄCHE 570 000 km²

TIEFSTER PUNKT 700 m

ZUFLÜSSE Nordatlantik-Strom, Elbe, Weser, Ems, Rhein, Maas, Schelde, Themse

Wasser aus dem Atlantik strömt in die Nordsee zwischen den Shetland- und Orkney-Inseln, vorbei an der schottischen und englischen Küste. Warmes Wasser fließt durch den Kanal vorbei an der niederländischen Küste, was zu einem linksdrehenden Wirbel führt. Die größten Untiefen der Nordsee, die Dogger-, Jütland- und Fischer-Bank sind Endmoränenablagerungen der letzten Eiszeitgletscher, als der Meeresspiegel um rund 120 m tiefer und der Meeresboden frei lag. Ein von dicken Sedimentschichten begrabener Trog westlich der Norwegischen Rinne enthält große Erdöl- und Erdgaslager, die mit hohem Aufwand ausgebeutet werden.

BOHRPLATTFORM IN DER NORDSEE

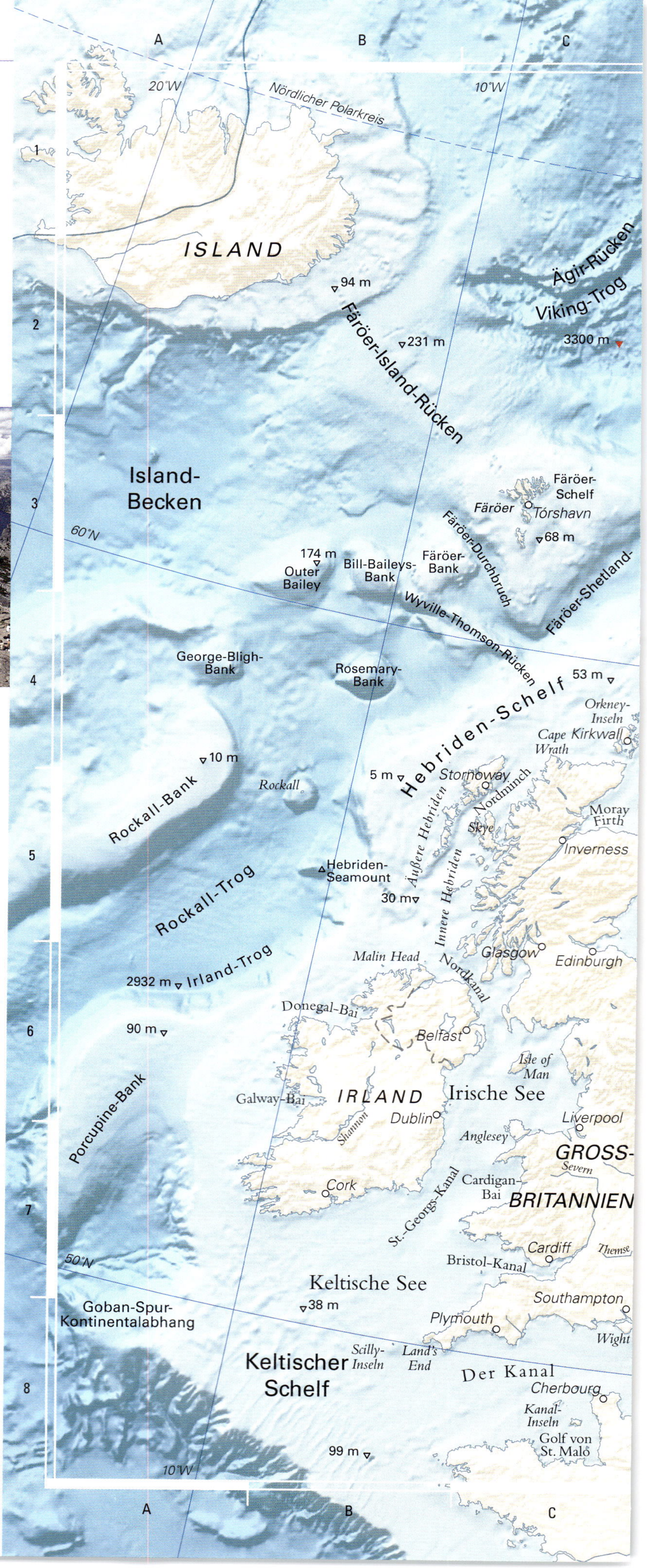

STRASSE VON DOVER
Die Straße von Dover ist eine der meistbefahrenen Schiffsrouten der Erde und verbindet den Ärmelkanal mit der Nordsee. Außerdem herrscht reger Fährverkehr zwischen dem Kontinent und Großbritannien, wenngleich jetzt viele Reisende den unterirdischen Kanaltunnel benutzen.

WINDPARK MIDDELGRUNDEN
In einer eleganten Kurve stehen 2 km östlich von Kopenhagen (Dänemark) 20 moderne Windkraftanlagen mit einer elektrischen Leistung von je 2 Megawatt.

Windenergie an der Ostsee

Mit dem allmählichen Schwinden der Erdölreserven sowie der Furcht vor Energieengpässen und dem Klimawandel richtet die Menschheit ihren Blick zunehmend auf erneuerbare Energiequellen, die keine Treibhausgase freisetzen. Nach der Wasserkraft gilt die Windenergie als wichtigste erneuerbare Energieform. An Land ist die Errichtung einer Windkraftanlage denkbar einfach, aber viele Menschen wollen nicht in ihrer Nähe wohnen. Zwar sind sogenannte Offshorestandorte vor der Küste unproblematischer, aber die Kosten sind höher. Andererseits ist die Energieausbeute hier größer als an Land, weil auf See der Wind stetiger und stärker bläst.

Der erste kommerzielle Offshore-Windpark der Welt ist in der Ostsee entstanden (siehe unten). Weitere stehen oder sind in Bau im Kattegat, in britischen, deutschen, dänischen, niederländischen und belgischen Nordseegebieten, in China, im Mittelmeer, vor Irland, Japan, Norwegen und Spanien und Südkorea. Der erste Offshorewindpark der USA wurde 2016 vor der Ostküste eröffnet. Weitere Parks sind an der US-Westküste, den Großen Seen und in Kanada geplant.

Windkraftwerke produzieren keine Abgase und helfen dadurch, den menschengemachten Treibhauseffekt einzudämmen. Allerdings setzt die Herstellung der rund 1000 Tonnen Beton für das Fundament einer Offshore-Anlage eine gewisse Menge Treibhausgase frei.

WINDKRAFT IN OSTSEE UND KATTEGAT

Die Ostseeanrainer spielen eine bedeutende Rolle bei der Entwicklung von Offshorewindkraftanlagen. Der erste kommerzielle Windpark ging 1991 nahe des dänischen Fischereihafens Vindeby in Betrieb; heute ist er stillgelegt. Die Ostsee und das Kattegat sind wegen ihrer geringen mittleren Wassertiefen ideal für Windparks. Die ersten Windkraftanlagen in diesem Gebiet standen in Wasser, das weniger als 10 m tief war.

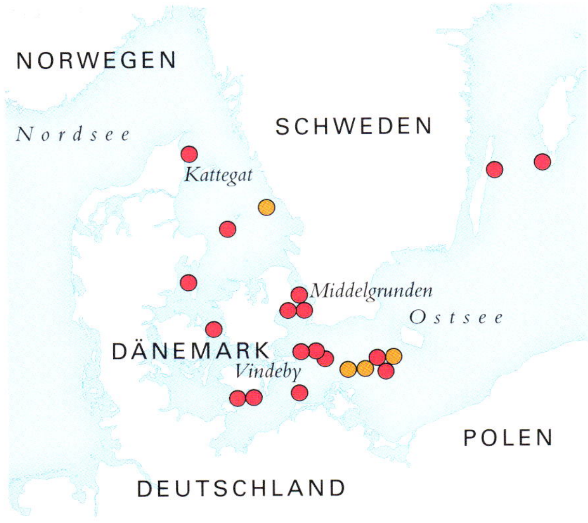

OFFSHORE-WINDPARKS

AUF DER BAUSTELLE

GEWALTIGE ROTOREN *Die Rotorblätter werden noch an Land zusammengefügt. Der bis zu 170 m große Rotor wird dann in einem Lastkahn zum Standort verschifft und an den Mast montiert.*

FUNDAMENTE *Auch die Betonfundamente werden an Land gegossen und anschließend vor Ort geschleppt. Dort werden sie auf den Grund abgesenkt.*

STROMVERTEILUNG

UMSPANNWERK *Der von Windkraftanlagen erzeugte Strom muss an Land geleitet werden. Dieses Umspannwerk erhält Strom aus 72 Generatoren, die sich im Nysted-Offshore-Windpark (südl. Dänemark) drehen, und spannt ihn von 33 000 V auf 132 000 V um. Über ein 48 km langes Unterseekabel gelangt er an Land.*

GROSSE WINDPARKS

ENBW BALTIC 2 *Auch wenn viele der Windparks in der Ostsee in Größe und Leistung von Anlagen in anderen Weltregionen übertroffen werden, ist die Ostsee nach wie vor ein guter Ort für erneuerbare Energien. EnBW Baltic 2 in diesem Bild erstreckt sich mit 80 Anlagen über 27 Quadratkilometer. Der Park kann 288 MW Leistung erbringen und damit etwa 340 000 Haushalte versorgen.*

TÖDLICHE GEFAHR

SEEADLER *Windenergie hat viele Vorteile, doch die Anlagen können Vögel gefährden. Jedes Jahr findet man an einem norwegischen Windpark sechs bis neun Seeadler tot auf. Einfache Maßnahmen wie der Anstrich der Rotorblätter senkt die Opferzahlen um 70 %.*

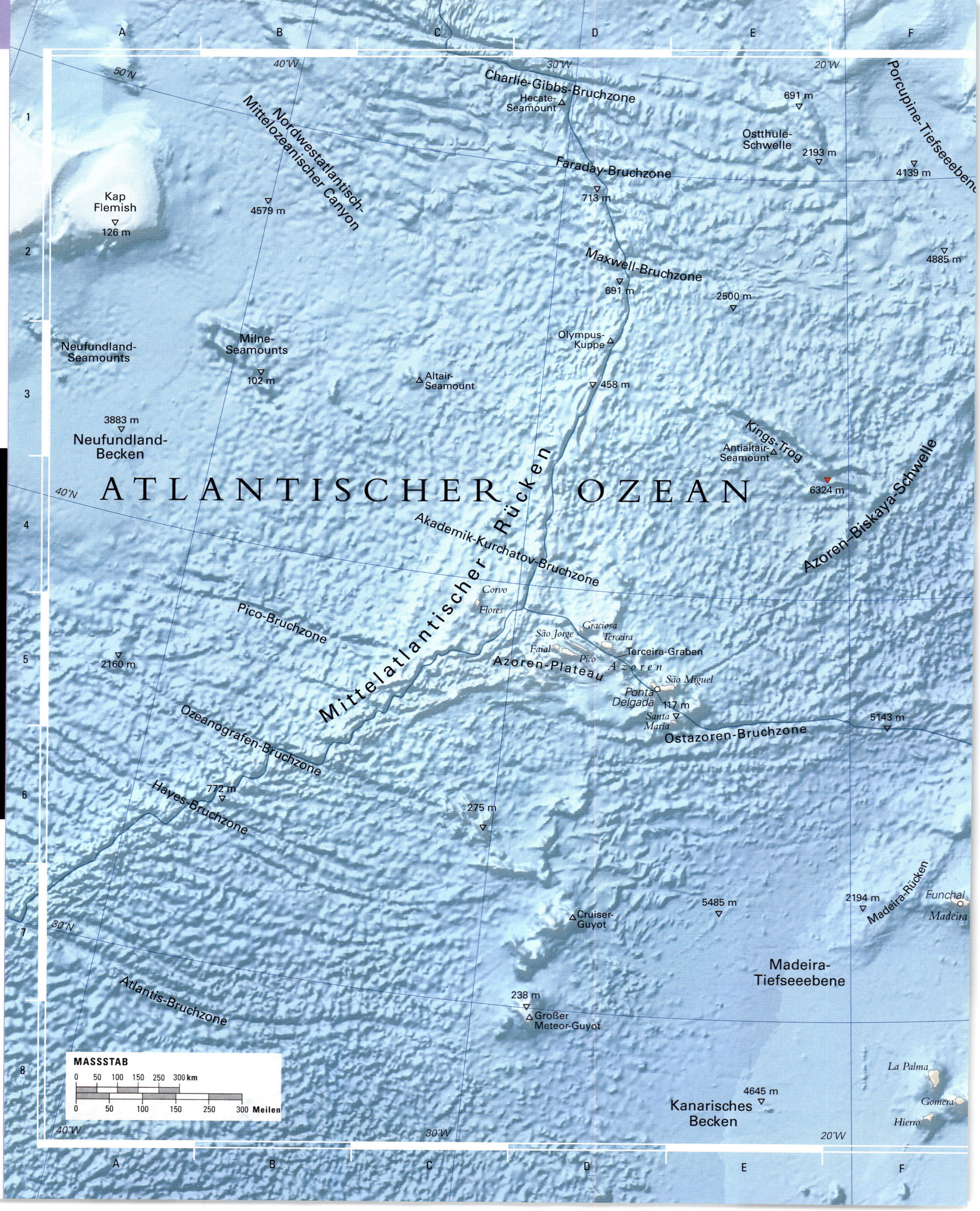
ATLANTISCHER OZEAN
Charlie-Gibbs-Bruchzone
Hecate-Seamount
691 m
Porcupine-Tiefseeebene
Ostthule-Schwelle
2193 m
4139 m
Faraday-Bruchzone
713 m
Nordwestatlantisch-Mittelozeanischer Canyon
4579 m
Kap Flemish
126 m
Maxwell-Bruchzone
691 m
4885 m
2500 m
Olympus-Kuppe
Neufundland-Seamounts
Milne-Seamounts
102 m
Altair-Seamount
458 m
3883 m
Neufundland-Becken
Kings-Trog
Antialtair-Seamount
6324 m
Azoren-Biskaya-Schwelle
Akademik-Kurchatov-Bruchzone
Mittelatlantischer Rücken
Corvo
Flores
Pico-Bruchzone
Graciosa
São Jorge
Terceira
Faial
Pico
Terceira-Graben
Azoren-Plateau
Azoren
São Miguel
Ponta Delgada
117 m
Santa Maria
2160 m
5143 m
Ostazoren-Bruchzone
Ozeanografen-Bruchzone
772 m
Hayes-Bruchzone
275 m
Cruiser-Guyot
5485 m
2194 m
Madeira-Rücken
Funchal
Madeira
Madeira-Tiefseeebene
Atlantis-Bruchzone
238 m
Großer Meteor-Guyot
La Palma
Gomera
Hierro
4645 m
Kanarisches Becken
MASSSTAB
0 50 100 150 250 300 km
0 50 100 150 250 300 Meilen
50°N
40°N
30°N
40°W
30°W
20°W
A B C D E F
1 2 3 4 5 6 7 8

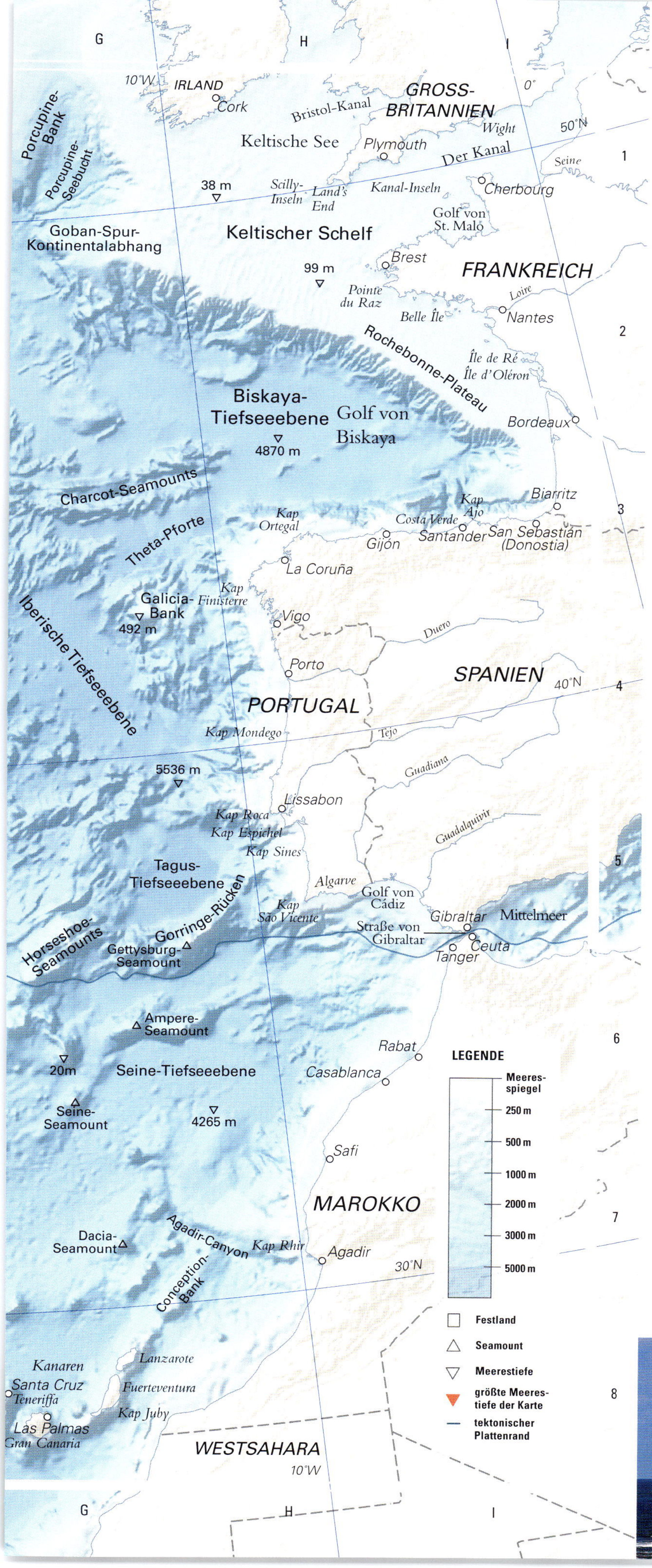

Ostatlantik

Der östliche Nordatlantik ist berüchtigt für seine Winterstürme, die über die Küsten Westeuropas hereinbrechen. Energielieferant dieser Stürme ist der Golfstrom, der warmes Wasser in den Richtung Nordosten fließenden Nordatlantik-Strom einbringt. Der Nordatlantik-Wirbel transportiert einen Teil davon nach Süden als Kanaren-Strom in Richtung Westafrika.

ATLANTISCHER OZEAN I3

Golf von Biskaya

FLÄCHE 223 000 km²
TIEFSTER PUNKT 4735 m
ZUFLÜSSE Loire, Dordogne, Garonne, Adour

Der Golf von Biskaya liegt zwischen Brest in der Bretagne und der Nordküste Spaniens. Seine Nordhälfte gehört zum Schelf, ist deshalb recht flach und fällt steil zur Biskaya-Tiefseeebene ab, die sich zum Atlantik hin öffnet. In der Seefahrt ist der Golf wegen seines rauen Seegangs gefürchtet. Lange Wellen aus dem Atlantik steilen sich auf dem flachen Schelf gefährlich auf. Die schwache Meeresströmung im Golf ist linksdrehend. Charcot-Seamounts, Azoren-Biskaya-Schwelle und Kings-Trog sind Zeugen einer einstigen, jetzt inaktiven Erdkrustennaht, an der die Kruste auseinanderdriftete.

LEUCHTTURM AN DER BUCHT
Der »Alte Leuchtturm« auf Kap La Raz markiert als einer von mehreren anderen heimtückische Felsen entlang der bretonischen Küste am Golf von Biskaya.

ATLANTISCHER OZEAN D5

Azoren

ART Vulkaninseln
FLÄCHE 2300 km²
ANZAHL DER INSELN 9

Das dominierende Reliefmerkmal des ostatlantischen Ozeanbodens ist der Mittelatlantische Rücken mit seiner Zentralspalte und den vielen Bruchzonen. An seinem Ostrand sitzt die Inselgruppe der Azoren einem Tripelpunkt auf, in dem sich die Eurasische, Afrikanische und Nordamerikanische Platte berühren. Die Azoren erheben sich aus dem ausgedehnten Azoren-Plateau, einer Verdickung der ozeanischen Kruste. Die ältesten der Vulkaninseln enthalten auch Kalk- und Tongesteine. Ein unter dem Plateau ortsfest sitzender Manteldiapir (»Hotspot«; siehe S. 49) scheint das Plateau am Terceira-Graben auseinanderzuzerren; Letzterer verbindet die Ostazoren-Bruchzone mit dem Mittelatlantischen Rücken. Der letzte Vulkanausbruch war 1957, als der Capelinhos-Vulkan eine Insel aus Lavaschlacke vor Faials Küste aufwarf.

ATLANTISCHER OZEAN G8

Kanaren

ART Vulkaninseln
FLÄCHE 7400 km²
ANZAHL DER INSELN 7

Der Name leitet sich nicht etwa von »Kanarienvogel« ab, sondern vom lateinischen Wort für Hund, »cane«. Die Kanaren sind vulkanischer Natur und liegen über einem Manteldiapir. Der Pico del Teide auf Teneriffa ist mit fast 7000 m, vom Ozeanboden gemessen, der dritthöchste Vulkan der Erde – über dem Meeresspiegel sind es immerhin noch 3718 m. Der letzte Ausbruch war 1909. Seine Hänge gelten als instabil, denn es gibt Hinweise auf einstige gigantische Rutschungen. Auf La Palma fanden Geologen heraus, dass die Westflanke der Insel durch ein Erdbeben abrutschen und einen riesigen Tsunami auslösen könnte, der alle umliegenden Küsten bis hinüber nach Nord- und Südamerika mit Überflutung bedrohen würde. Der Vulkan von La Palma, der Cumbre Vieja, brach 1949, 1971 und dann erneut 2021 aus, wobei Tausende Menschen evakuiert werden mussten und Hunderte von Häusern zerstört wurden.

FELSENKÜSTE TENERIFFAS

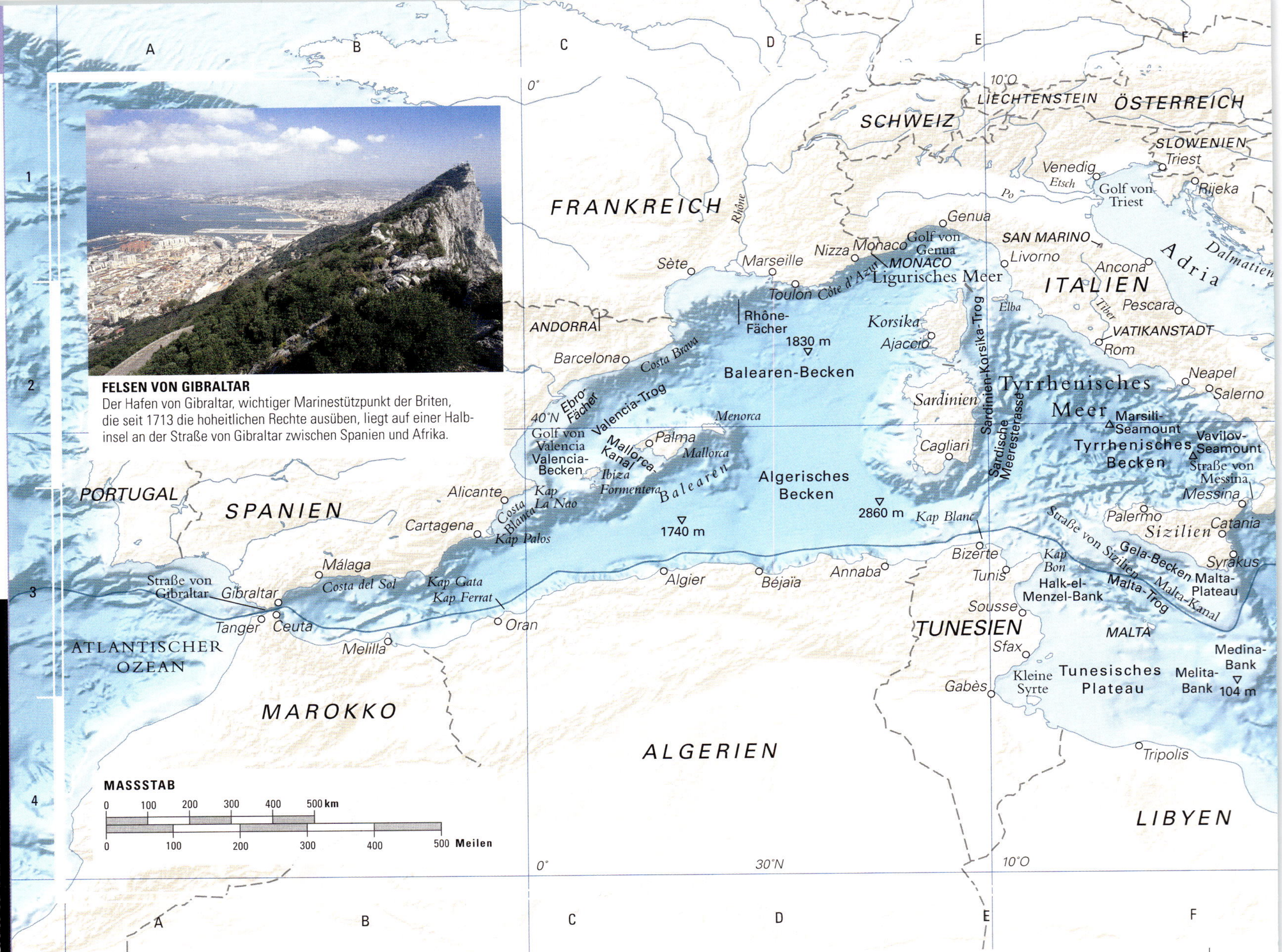

FELSEN VON GIBRALTAR
Der Hafen von Gibraltar, wichtiger Marinestützpunkt der Briten, die seit 1713 die hoheitlichen Rechte ausüben, liegt auf einer Halbinsel an der Straße von Gibraltar zwischen Spanien und Afrika.

Mittelmeer und Schwarzes Meer

DAS MITTELMEER IST FAST GANZ von Land umgeben – Verdunstung und Salinität sind hoch, der Tidenhub ist sehr gering und der Meeresboden komplex gegliedert. Das Schwarze Meer gilt als Relikt des einstigen Tethys-Meers.

ATLANTISCHER OZEAN D2

Westliches Mittelmeer

FLÄCHE 850 000 km²
TIEFSTER PUNKT 3600 m
ZUFLÜSSE Atlantischer Ozean; Ebro, Rhône

Im Mittelmeer verdunstet dreimal mehr Wasser, als durch Niederschlag und Flüsse hinzukommt. Ausgeglichen wird dieses Defizit durch den Zufluss aus dem Atlantik, d.h. durch die Straße von Gibraltar. Er streicht Richtung Osten an Afrikas Nordküste entlang und treibt einen linksdrehenden Wirbel im Westlichen Mittelmeer an. In der Tiefe herrscht ein starker Unterstrom rückfließenden, salzreichen Wassers. Auf dem Grund von Algerischem und Balearen-Becken liegen mächtige Sedimentschichten, während das Tyrrhenische Becken viele Seamounts und Meeresrücken aufweist. Eine Kette aktiver Vulkane wie Ätna, Vesuv und Stromboli sitzt dessen Ostrand auf, wo die Afrikanische unter die Eurasische Platte subduziert wird. Ostwärts passiert der Meeresstrom dann die Straße von Sizilien und erreicht das Östliche Mittelmeer. Die enge Straße von Messina zwischen Italien und Sizilien ist für Wasserstrudel berüchtigt, wohl die Inspiration für die mythischen Seeungeheuer Scylla und Charybdis.

ATLANTISCHER OZEAN H3

Östliches Mittelmeer

FLÄCHE 1,65 Mio. km²
TIEFSTER PUNKT 5109 m
ZUFLÜSSE Schwarzes Meer; Etsch, Po, Nil

Sizilien und das Malta- und Tunesien-Plateau trennen Westliches von Östlichem Mittelmeer. Der ostwärts fließende Meeresstrom setzt sich entlang der afrikanischen Küste fort und erzeugt im Östlichen Mittelmeer, im Ionischen, Ägäischen und Adriatischen Meer einen linksdrehenden Wirbel. Verdunstung lässt den Salzgehalt des Wassers ansteigen. Der Strom kehrt schließlich nach Westen zurück und erreicht nach 150 Jahren wieder die Straße von Gibraltar. Kernstück des östlichen Mittelmeer-Ozeanbodens ist der Mittelmeer-Rücken als Ausdruck der Kompression von Afrikanischer und Eurasischer Platte. Die Sedimente sind hier älter als im Westlichen Mittelmeer – 70 Mio. Jahre verglichen mit 25 Mio. Jahren. Die »Adria« ist ein flacher Nebenarm; als gegen Ende der letzten Eiszeit der Meeresspiegel anstieg, versanken die tiefer liegenden Täler Dalmatiens, sodass heute nur noch die höheren Teile der Küste als küstenparallele Inseln herausragen.

LAGUNE VON VENEDIG
Venedig gründete man auf dem weichen Boden einer Flachwasserlagune der Adria. Die einstigen Händler kontrollierten den Zugang zur Seidenstraße und wurden dadurch reich.

VULKANISCHE INSELN
Die Kykladen-Inseln von Santorin sind die Reste eines gewaltigen Vulkanausbruchs vor etwa 3500 Jahren.

ATLANTISCHER OZEAN H2

Ägäisches Meer

FLÄCHE 214 000 km²

TIEFSTER PUNKT 3294 m

ZUFLÜSSE Schwarzes Meer, Mittelmeer

Im Ägäischen Meer gibt es über 1000 Inseln. Seit durch den Klimawandel das Östliche Mittelmeer kältere Winter erlebt, ist dieses Meer die größte Quelle kalten salzreichen Tiefenwassers; früher war es die Adria. Die Geologie des Ozeanbodens ist komplex, weil hier Ägäische und Anatolische Mikroplatte zwischen Afrikanischer und Eurasischer Platte eingeklemmt sind. Die Ägäische Kruste ist kontinentaler Natur, wurde aber am Kretischen Trog und Plinius-Graben gedehnt und ausgedünnt und unter Meeresniveau gedrückt. Am Hellenischen Trog und im Plinius-Graben versinkt die Afrikanische Platte unter die Ägäische Mikroplatte. Der Ägäische Vulkanbogen zwischen Griechenland und der Türkei verläuft durch die südlichen Kykladen und ist nahezu inaktiv, wird aber oft von Erdbeben in 150–170 km Tiefe erschüttert. Die Inseln um Santorin sind der ehemalige Rand einer Caldera, die nach einer gewaltigen Vulkaneruption um 1640 v. Chr. einbrach.

Diese größte Vulkanexplosion der letzten 10 000 Jahre hat vermutlich die minoische Kultur beendet. Hinter dem Vulkanbogen sitzen die meisten Kykladeninseln einem versunkenen Plateau auf. Am Nordende der Ägäis markiert eine Transformstörung den bebengefährdeten Kontakt zur Eurasischen Platte.

INSEL SKIATHOS
Die Inseln der Ägäis bestehen meist aus harten vulkanischen oder metamorphen Gesteinen. Ihre felsigen Küsten sind zerfurcht und zwischen den steilen Klippen gibt es kaum Häfen.

ATLANTISCHER OZEAN J2

Schwarzes Meer

FLÄCHE 422 000 km²

TIEFSTER PUNKT 2200 m

ZUFLÜSSE Mittelmeer, Asowsches Meer; Donau, Dnjestr, Dnipro, Kizilirmak

Das Schwarze Meer ist ein Binnenmeer und es ist nur über den schmalen Bosporus, das Marmara-Meer und die Dardanellen mit dem Mittelmeer verbunden. Ein Austausch mit dem doppelt so salzhaltigen Oberflächenwasser des Mittelmeers findet kaum statt. Ein einst vorhandener geringer Abfluss durch den Bosporus in die Ägäis scheint versiegt zu sein, was auf die Stauung einiger Zuflüsse des Schwarzen Meers zurückgeführt wird.

Unter dem relativ süßen Oberflächenwasser beginnt ab 100–150 m Tiefe dichtes salzreiches Tiefenwasser, das kaum dem Austausch unterliegt. Bei der Verwesung organischer Stoffe wird fast der gesamte Sauerstoff im Wasser aufgebraucht. Dies macht das Schwarze Meer zum weltweit sauerstoffärmsten Meer – das Tiefenwasser ist definitiv tot. Das ganze Becken ist ein Relikt des einstigen Tethys-Meers. Der Südteil des Schwarzen Meers ist weniger tief als das Mittelmeer und seine ozeanische Kruste ist dicker als diejenige anderer Nebenmeere.

Teilbereiche im Norden wie das Asowsche Meer und die Bucht von Odessa liegen auf einem flachen Schelf. Das Delta der Donau, Europas längstem Strom, breitet sich hier aus und schüttet einen mächtigen Sedimentfächer über den Schelf bis in das Becken.

STARK BEFAHRENE WASSERSTRASSE
Der Bosporus, die engste Wasserstraße der Erde, verbindet das Schwarze Meer mit dem Marmara-Meer.

Golf von Mexiko und Karibisches Meer

DER GOLF VON MEXIKO und das Karibische Meer gehören zum westlichen Nordatlantik. Durch geringe Zuflussmengen und eine hohe Verdunstungsrate ist der Salzgehalt des Oberflächenwassers hoch. Tropenstürme und lokaler Vulkanismus sind typisch.

ATLANTISCHER OZEAN B3

Golf von Mexiko

FLÄCHE 1,6 Mio. km²

TIEFSTER PUNKT 5203 m

ZUFLÜSSE Karibisches Meer; Mississippi, Rio Grande, Apalachicola

Nord- und Mittelamerika umklammern fast den ganzen Golf von Mexiko. Die breiten Schelfe nördlich und südlich des zentralen Tiefseebeckens sind reich an Erdöllagerstätten. Meeresströmungen sind schwach und starke Verdunstung treibt den Salzgehalt hoch. Zuflüsse aus der Karibik und von Flüssen stehen Abflüsse warmen, salzigen Wassers entgegen – hier beginnt der Golfstrom, der durch die Florida-Straße abfließt. Letztere verläuft zwischen zwei Kalksteinplattformen, der Halbinsel Florida im Norden, und den Bahamas, einem versunkenen Plateau mit einzelnen flachen Inseln im Süden. Die Golfküste ist jedes Jahr Schauplatz verheerender Hurrikane.

ATLANTISCHER OZEAN E6

Karibisches Meer

FLÄCHE 2,75 Mio. km²

TIEFSTER PUNKT 7685 m

ZUFLÜSSE Atlantischer Ozean; Magdalena

Das Karibische Meer grenzt im Süden an Südamerika, im Westen an Mittelamerika, im Norden an die Großen und im Osten an die Kleinen Antillen. Die Küsten dieses Tropenmeers säumen Korallenriffe sowie zahllose Inselchen, die sogenannten Keys.

Die Karibische Platte war einst Teil des pazifischen Ozeanbodens und bewegt sich heute zwischen der Nord- und der Südamerikanischen Platte nach Osten. Der vulkanisch aktive Inselbogen der Kleinen Antillen zeigt an, dass hier die Nordamerikanische Platte subduziert wird.

Die vom Guayana-Strom kommende Meeresströmung durchfließt die ganze Karibik von Ost nach West; sie durchstößt die Inseldurchbrüche im Osten und erreicht über die Straße von Yucatán den Golf von Mexiko.

DER VULKAN SOUFRIERE HILLS, MONTSERRAT

MENSCHLICHER EINFLUSS

PANAMA-KANAL

Der 1914 eröffnete Panama-Kanal verbindet Atlantischen mit Pazifischem Ozean und macht die lange Schiffsroute um Südamerikas Kap Hoorn überflüssig. Sein komplizierter Bau war eine Meisterleistung der Ingenieure, kostete aber viele Menschenleben, Zeit und Geld. Jedes Jahr passieren ihn 14 000 Schiffe.

SCHLEUSENTORE AM PANAMA-KANAL 1913

ATLANTISCHER OZEAN H2

Sargasso-See

FLÄCHE 5,2 Mio. km²

TIEFSTER PUNKT 7000 m

ZUFLÜSSE keine

Die Sargasso-See ist ein großes Randmeer des westlichen Nordatlantiks südöstlich der Bermudas. Drei Meeresströme umfließen sie: der Golfstrom im Westen und Norden, der Kanaren-Strom weit im Osten und der Nordäquatorial-Strom im Süden. Dieses ruhige Meer rotiert langsam im Uhrzeigersinn.

Ausgedehnte gelbbraune Algenmatten der Gattung *Sargassum* treiben im Wasser und bieten ideale Lebensräume für Krustentiere und Fische. So wandern jedes Jahr erwachsene Süßwasseraale zurück in die Sargasso-See, um dort abzulaichen. Ihre Jungen, die Glasaale, legen dann weite Wege bis zu den Flussmündungen des Atlantiks zurück. Tiefenwasser fließt hier von Nord nach Süd.

FLORIDA-KEYS
Diese kleinen, der Südküste Floridas vorgelagerten Koralleninseln sitzen einem Kalksteinplateau auf.

HURRIKAN »LILI«
Die Küstengebiete am Golf von Mexiko und in der Karibik werden häufig von verheerenden Hurrikanen heimgesucht.

LEGENDE
Meeres-spiegel
250 m
500 m
1000 m
2000 m
3000 m
5000 m
Festland
Seamount
Meerestiefe
größte Meerestiefe der Karte
tektonischer Plattenrand
ATLANTISCHER OZEAN
Sargasso-See
Sohm-Tiefseeebene
5464 m
BERMUDA
Bermuda-Schwelle
Nashville-Seamount
Hatteras-Rücken
Hatteras-Tiefseeebene
5255 m
Blake-Bahama-Rücken
Blake-Plateau
Blake-Sporn
Blake-Tiefseeebene
Blake-Becken
Blake-Steilabfall
Florida-Hatteras-Abhang
Richardson Hills
Hoyt Hills
Eastward-Kuppe
Researcher-Seamount
Bahama-Becken
Vema-Pforte
Nares-Tiefseeebene
6081 m
5868 m
Wendekreis des Krebses
30°N
20°N
10°N
80°W
70°W
60°W
Norfolk
Kap Hatteras
Onslow-Bai
Myrtle Beach
Long-Bai
Charleston
Savannah
Jacksonville
Cape Canaveral
Tampa
Fort Lauderdale
Miami
Florida Keys
Westflorida-Schelf
Westflorida-Abhang
Pourtales-Steilabfall
Florida-Straße
Kleine Bahama-Bank
Grand Bahama Island
Großer Abaco-Canyon
Great Abaco
BAHAMAS
Andros
Nassau
Eleuthera
Großer Bahama-Canyon
Zunge des Ozeans
Bahama-Steilabfall
Exuma-Sund
Exuma-Tal
Große Bahama-Bank
Cay-Sal-Bank
Santaren-Kanal
Long Island
Acklins
Great Inagua
TURKS- UND CAICOS-INSELN
Mouchoir-Passage
Havanna
Golf von Batabano
Cienfuegos
Isla de la Juventud
KUBA
Camagüey-Archipel
Golf von Guacanayabo
Santiago de Cuba
Guantánamo-Bucht
Windward-Passage
Kap Cruz
Große Antillen
Yucatán-Becken
Cayman-Inseln
Cayman-Rücken
Cayman-Graben
7685 m
5830 m
Montego-Bai
JAMAICA
Kingston
Jamaica-Kanal
NAVASSA
Pedro-Bank
Hispaniola-Becken
8408 m
Puerto-Rico-Graben
647 m
Cap Haïtien
Golf von Gonâve
HAITI
DOMINIKANISCHE REPUBLIK
Hispaniola
Jérémie
Port-au-Prince
Santo Domingo
Mona-Canyon
Mona-Kanal
PUERTO RICO
San Juan
Ponce
Muertos-Trog
5550 m
JUNGFERN-INSELN
Jungfern-Passage
Anegada-Spalt
Anegada-Passage
Tintamarre-Spur
ANGUILLA
ST. KITTS & NEVIS
ANTIGUA & BARBUDA
St. John's
Guadeloupe-Passage
MONTSERRAT
Gibbs-Seamount
GUADELOUPE
Basse-Terre
Dominica-Passage
DOMINICA
Martinique-Passage
MARTINIQUE
Fort-de-France
St.-Lucia-Kanal
ST. LUCIA
St.-Vincent-Kanal
ST. VINCENT
BARBADOS
Bridgetown
Barbados-Trog
Tobago-Becken
GRENADA
St. George's
Grenada-Becken
Aves-Rücken
2997 m
2319 m
Tobago
TRINIDAD & TOBAGO
Trinidad
Port-of-Spain
Golf von Paria
Inseln über dem Wind
Kleine Antillen
Inseln unter dem Wind
6691 m
Barracuda-Rücken
Venezuela-Becken
4828 m
960 m
4536 m
Beata-Rücken
4557 m
Aruba-Pforte
Los-Roques-Becken
ARUBA
Oranjestad
Curaçao
Willemstad
Bonaire
NIEDERLÄNDISCHE ANTILLEN
Islas los Roques
Isla de Margarita
Tortuga-Inseln
Bonaire-Becken
1390 m
Cumaná
Caracas
Barcelona
Coro
Kap Gallinas
Golf von Venezuela
Riohacha
Maracaibo
Maracaibo-See
Santa Marta
Barranquilla
Cartagena
VENEZUELA
Orinoco
KOLUMBIEN
Magdalena
Karibisches Meer
Kolumbien-Becken
Nicaragua-Schwelle
Rosalind-Bank
Sue-Rücken
Moskito-Bank
Moskito-Küste
San-Andrés-Trog
Calarca-Bank
Pedro-Steilabfall
Saury-Seamount
Mono-Schwelle
Nutibera-Trog
Clark-Becken
3531 m
3493 m
Limón
Vulkan-Bank
Colón
Panama-Kanal
Panama City
PANAMA
Golf von Darién
MASSSTAB
0 100 200 300 400 500 km
0 100 200 300 400 500 Meilen
D E F G H I
1 2 3 4 5 6 7 8

Zentraler Atlantik

Der Mittelatlantische Rücken als längste Gebirgskette der Erde ist das bedeutendste Reliefelement des zentralen Atlantiks. Zu beiden Seiten dehnen sich zwei große Tiefseebecken aus, das Angola- und das Brasilianische Becken. Die großen Atlantikwirbel treffen sich hier im zentralen Teil. Beide nähern sich als Weströmung dem Äquator, getrennt vom schmalen, ostwärts gerichteten Äquatorialen Gegenstrom, der seinerseits vom Äquatorialen Unterstrom 100 m tiefer begleitet wird. Der Kanaren-Strom streicht entlang der nordafrikanischen Küste südwärts und wird zum Nordäquatorial-Strom. Im Süden fließt der kalte Benguela-Strom entlang Afrikas Küste nach Norden und wird dann zum Südäquatorial-Strom. Vor Südamerikas Ostküste teilt er sich auf in Guayana- und Brasil-Strom.

KISSENLAVA
Diese Lavaform bildet sich, wenn im kalten Wasser austretende Lava rasch abkühlt und sich zusammenballt.

ASCENSION
Die Insel Ascension, direkt westlich des Mittelatlantischen Rückens gelegen, weist 44 Vulkankrater auf.

ATLANTISCHER OZEAN G3

Mittelatlantischer Rücken

LÄNGE	10 000 km
MITTLERE HÖHE ÜBER OZEANBODEN	3000 m
SPREIZUNGSRATE	2–5 cm/Jahr

Der mit zahlreichen Bruchzonen versetzte Mittelatlantische Rücken teilt den Ozean der ganzen Länge nach symmetrisch in zwei Hälften auf. Besonders im Mittelteil mit den schmalen Schelfstreifen fällt die Ähnlichkeit von afrikanischer und südamerikanischer Küstenlinie, die einst verbunden waren, auf. Der Rücken liegt meist 1500–3000 m unter Wasser, durchstößt aber auf den Inseln Ascension und St. Helena den Meeresspiegel. Je weiter vom Rücken entfernt, umso älter sind die Gesteine des Ozeanbodens und versinken unter dicken Sedimentlagen. Brasil- und Angola-Becken liegen westlich bzw. östlich des Rückens. Die zahllosen West-Ost streichenden Transformstörungen gelten als Spuren des Auseinanderdriftens von Afrika und Amerika. Diese Störungen können über große Strecken verlaufen, mitunter sind sie noch aktiv.

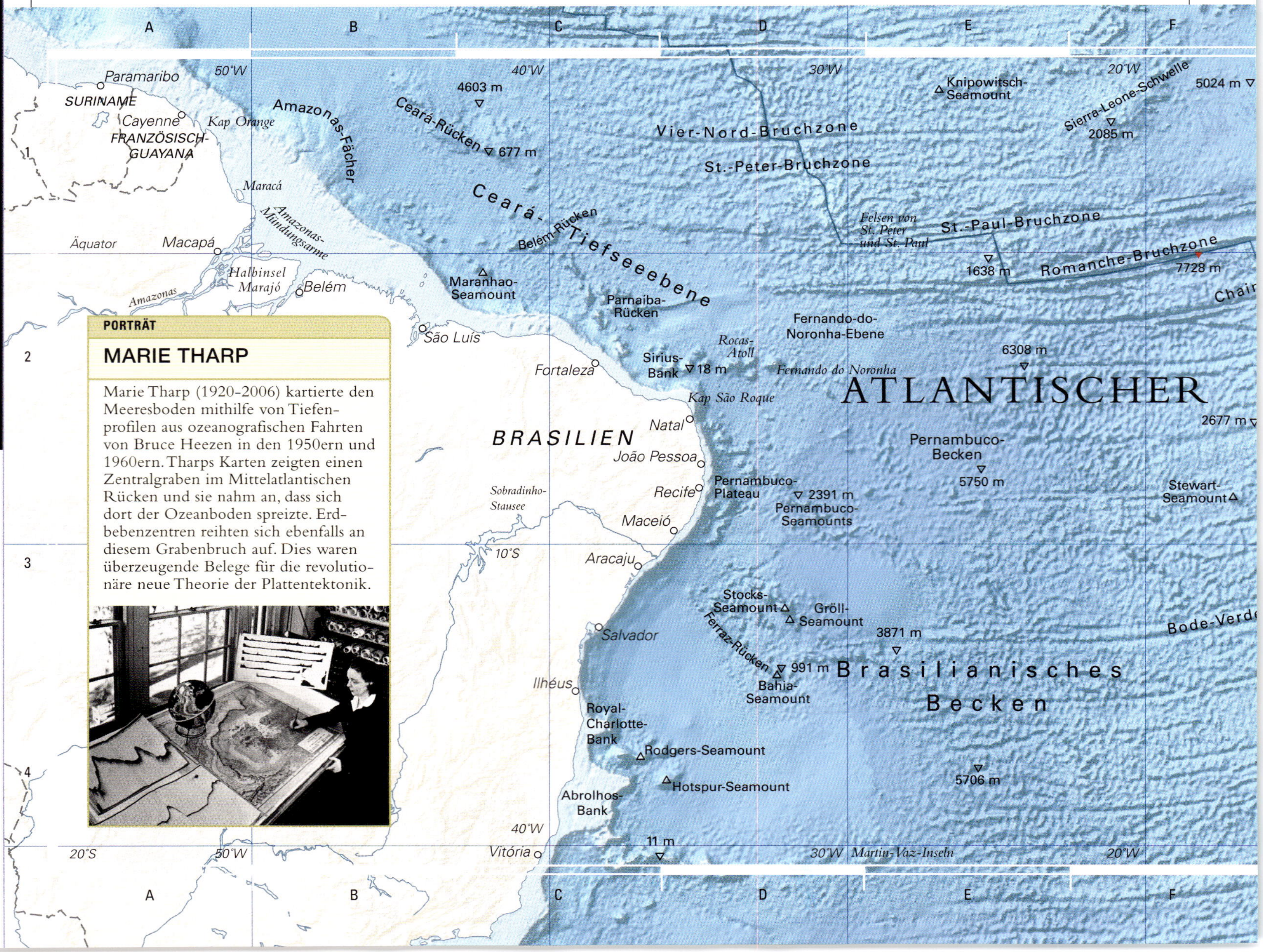

PORTRÄT

MARIE THARP

Marie Tharp (1920–2006) kartierte den Meeresboden mithilfe von Tiefenprofilen aus ozeanografischen Fahrten von Bruce Heezen in den 1950ern und 1960ern. Tharps Karten zeigten einen Zentralgraben im Mittelatlantischen Rücken und sie nahm an, dass sich dort der Ozeanboden spreizte. Erdbebenzentren reihten sich ebenfalls an diesem Grabenbruch auf. Dies waren überzeugende Belege für die revolutionäre neue Theorie der Plattentektonik.

GEOGRAFIE DER OZEANE

ATLANTISCHER OZEAN I1

Golf von Guinea

FLÄCHE 1,4 Mio. km²
TIEFSTER PUNKT 5204 m
ZUFLÜSSE Atlantischer Ozean; Niger, Volta

Ein Teil des Kanaren-Stroms fließt an Westafrikas Küste entlang in den Golf von Guinea. Auch der Guinea-Strom mündet hier. Den größten Süßwassereintrag liefert der Niger über seinen gewaltigen Mündungsfächer mit 4000 m dicken Sedimenten. Größere Mengen Süßwasser schüttet nur noch der Kongo in den Südatlantik. Die Sedimentpakete des Niger-Deltas und -Fächers bergen Afrikas größte Lagerstätten an Erdöl und Erdgas, die zu Nigeria gehören. Kleinere Vorkommen sind auch im Kongo-Fächer und auf dem Schelf vor Gabun gefunden worden. Selbst in tieferen Schelfgebieten des Golfs von Guinea wird neuerdings nach Erdöl gebohrt. Als sich vor 180 Mio. Jahren der Atlantik öffnete, rissen in der Erdkruste drei große Gräben auf, um einen tektonischen Tripelpunkt zu bilden. Zwei davon rissen weiter nach Süden und Westen auf – daraus entwickelte sich der Südatlantik. Die Aktivität des dritten Grabens – nach Nordosten – kam bald zum Erliegen. Die Stelle dieses verhinderten Spreizungszentrums lässt sich an einer Kette erloschener Inselvulkane im Golf von Guinea (Annobón, São Tomé, Príncipe, Bioko) sowie am aktiven Kamerunberg an Land ablesen. São Tomé erhebt sich 2020 m über dem Meer.

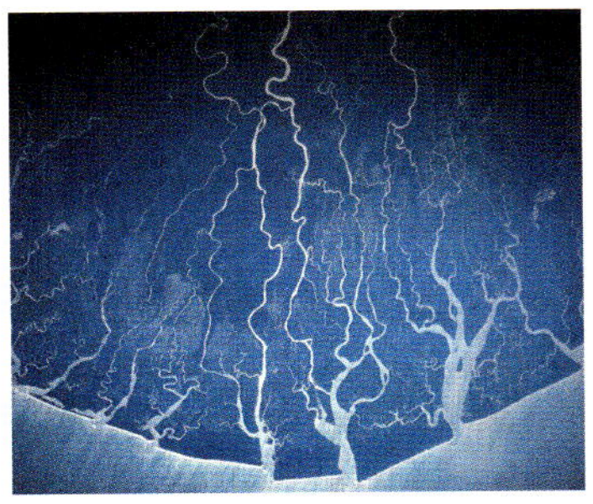

NIGER-DELTA
Auf diesem Spaceshuttle-Foto sieht man unten die Küstenlinie des Niger-Deltas, von dem Sedimentstreifen in tieferes Wasser führen.

ATLANTISCHER OZEAN K4

Skelettküste

TYP Ausgleichsküste
LÄNGE 1400 km

Der kalte Benguela-Strom streift die Westküste Südafrikas und bestimmt deren Klima. Weil die vorherrschenden Seewinde über kaltes Wasser wehen, nehmen sie nur wenig Feuchtigkeit auf – an der Küste herrscht deshalb ein Wüstenklima. Wenn diese Winde auf warme Luft aus dem Landesinneren treffen, entsteht dichter Nebel. Er ist für die vielen Havarien entlang der Skelettküste verantwortlich, von denen die herumliegenden Schiffswracks zeugen. Auch ohne Nebel, denn die Strömung wirft sie an Land und die nächste Siedlung ist weit. Viele Gestrandete hatten hier keine andere Wahl als das Wagnis eines gefährlichen Fußmarschs durch die Wüste Namib.

SCHIFFSSKELETTE
Rostige Wracks einst gestrandeter Schiffe säumen die Küste. Aber auch menschliche Skelette sind zu finden.

Namibias Strände sind wertvoll, denn sie enthalten Rohdiamanten von Edelsteinqualität, die der Benguela-Strom von der Oranje-Mündung nach Norden spült. Schwimmbagger fördern die diamantenhaltigen Sedimente, die aus dem Hinterland stammen. Die Küstenfischerei ist ein weiterer wichtiger Industriezweig, weil nährstoffreiches Tiefenwasser des Benguela-Stroms Millionen von Fischen Nahrung bietet.

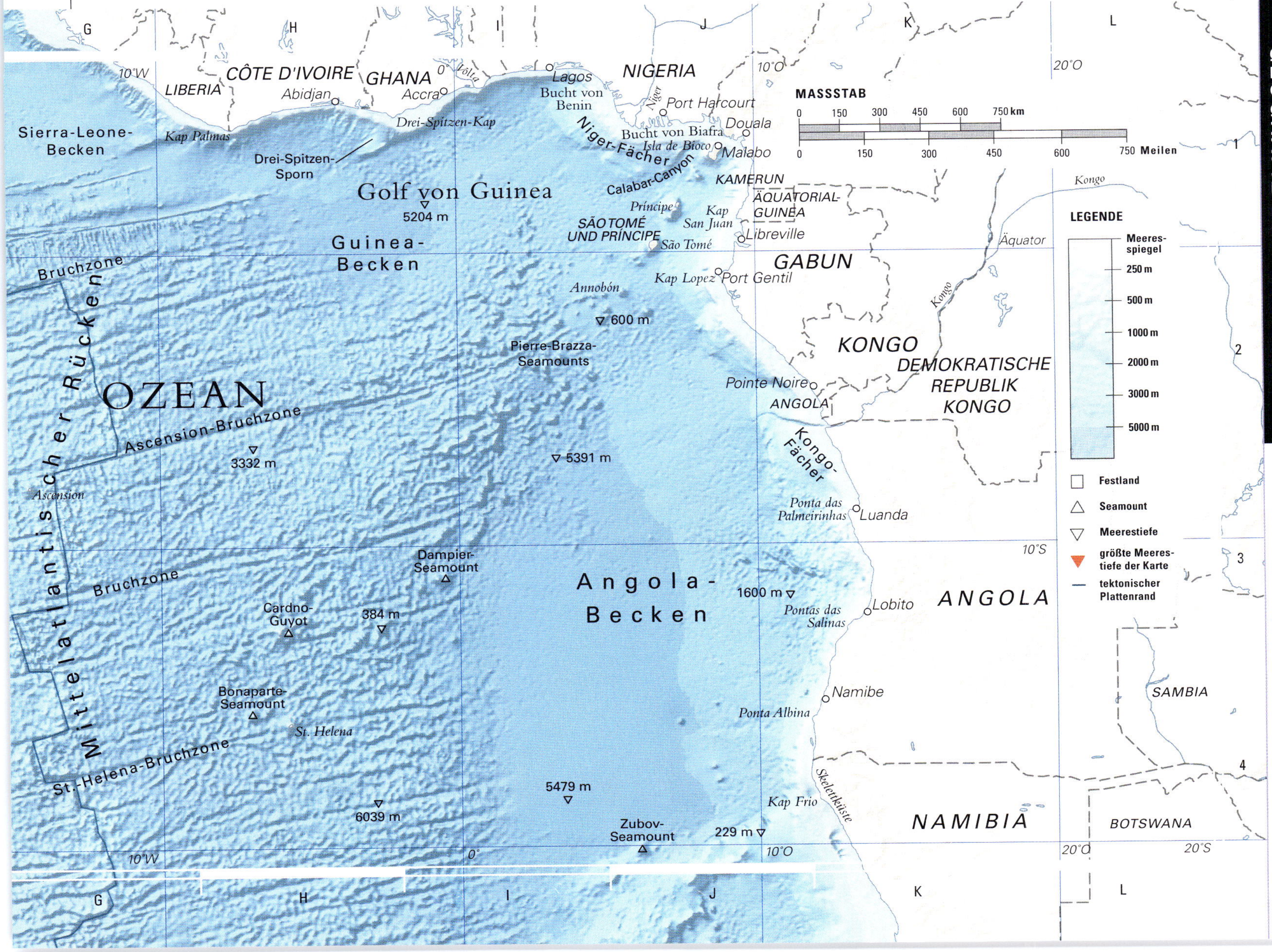

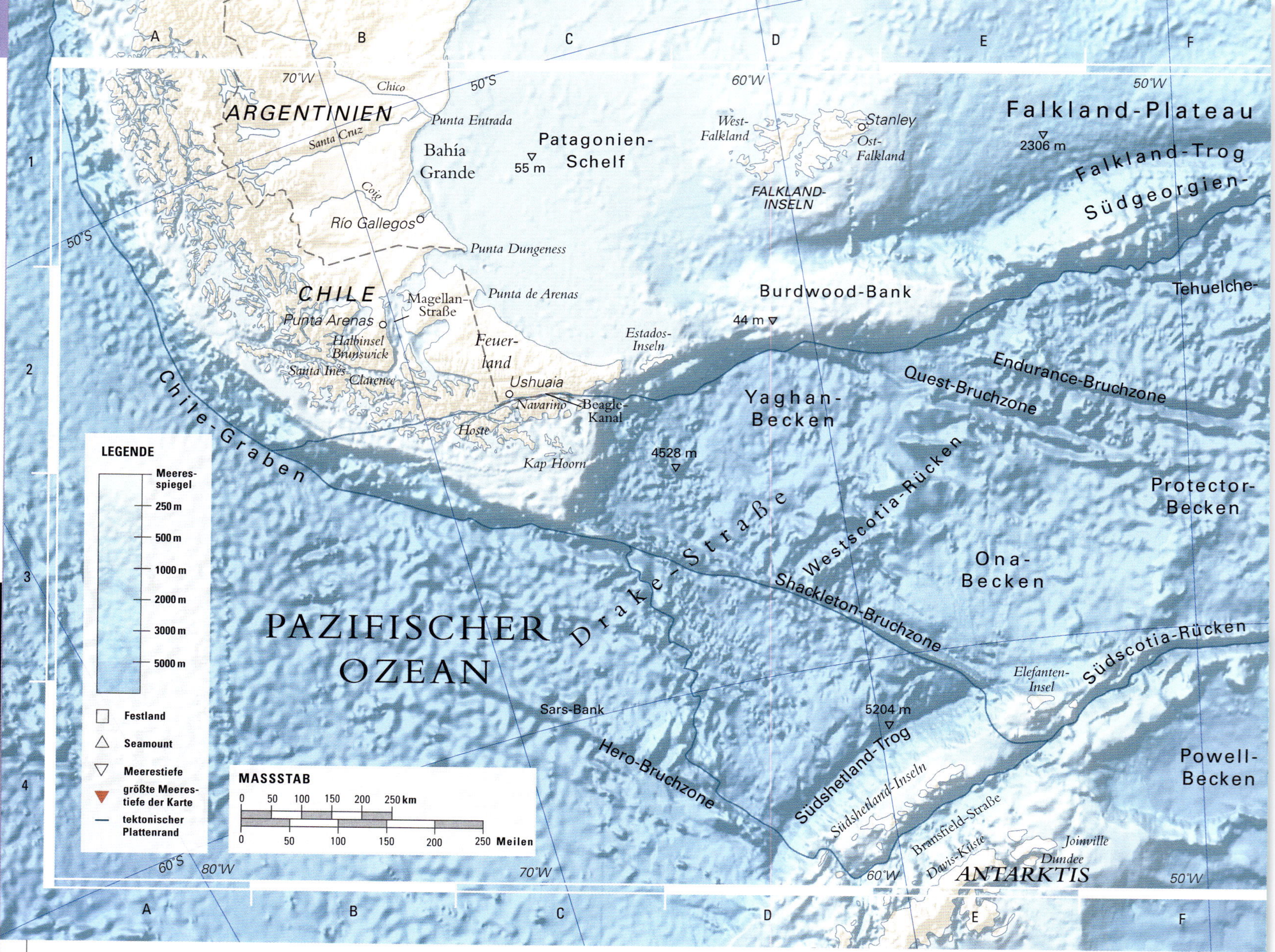

Scotia-See

Die kalte Scotia-See und benachbarte Gewässer liegen zwischen Südatlantik und Südpolarmeer. Im Winter sind die Küstengewässer von Meereis bedeckt. Driftende Eisberge der kalbenden Antarktisgletscher sind ganzjährig zu beobachten.

ATLANTISCHER OZEAN G2

Scotia-See

FLÄCHE 900 000 km²

TIEFSTER PUNKT 5576 m

ZUFLÜSSE Südpolarmeer

Die Scotia-See grenzt im Norden an Feuerland und Südgeorgien, im Süden an die Südschottland- und Südorkney-Inseln und im Osten an die Südsandwich-Inseln. Sie liegt im Strömungsbereich des Antarktischen Zirkumpolarstroms, der durch die Drake-Straße vom Pazifik in den Atlantik fließt. Ein Teil davon fließt als Falkland-Strom nordwärts entlang der Ostküste Südamerikas. Wo er auf das warme Wasser des Brasil-Stroms trifft und sein kaltes, nährstoffreiches Tiefenwasser emporquillt, befinden sich reiche Fischgründe. Die Scotia-Platte bewegt sich gegenüber Südamerika- und Antarktis-Platte nach Osten. Letztere begann vor rund 100 Mio. Jahren sich von Südamerika zu entfernen und eröffnete pazifischen Meeresströmen eine Passage in den Atlantischen und den Indischen Ozean – der erste Schritt in die thermische Isolation der Antarktis.

FELSENPINGUINE

ATLANTISCHER OZEAN B2, C2

Magellan-Straße

LÄNGE 530 km²

ENGSTE STELLE 4 km

Die Ehre der ersten dokumentierten Durchfahrt vom Atlantik in den Pazifik gebührt dem Portugiesen Ferdinand Magellan. Ihm zum Andenken heißt der von ihm und seiner Crew benutzte Weg zwischen südamerikanischem Festland und Feuerland »Magellan-Straße«. Zwar ist sie gegen die Unbilden des Südpolarmeers ziemlich geschützt, weist aber einige gefährliche Engstellen auf. Bis zur Ausweisung einer Route über den offenen Ozean an Kap Hoorn vorbei war die Magellan-Straße bis 1616 die einzige Durchfahrtsmöglichkeit.

Eine weitere sichere Durchfahrt ist der benachbarte Beagle-Kanal, benannt nach Charles Darwins Forschungsschiff aus seiner Reise 1831–1836. Kap Hoorn auf der Insel Hoorn ist die Südspitze Südamerikas südlich von Feuerland. Der Name des Kaps geht zurück auf einen holländischen Steuermann, der damit seine Gönner aus der Stadt Hoorn ehrte. Heute findet der meiste Schiffsverkehr zwischen Atlantik und Pazifik durch den Panama-Kanal statt.

KAP HOORN
Kap Hoorn an der Südspitze Südamerikas ist wegen seiner Wetterlagen gefürchtet. Es wird heute so gut wie nicht mehr umsegelt.

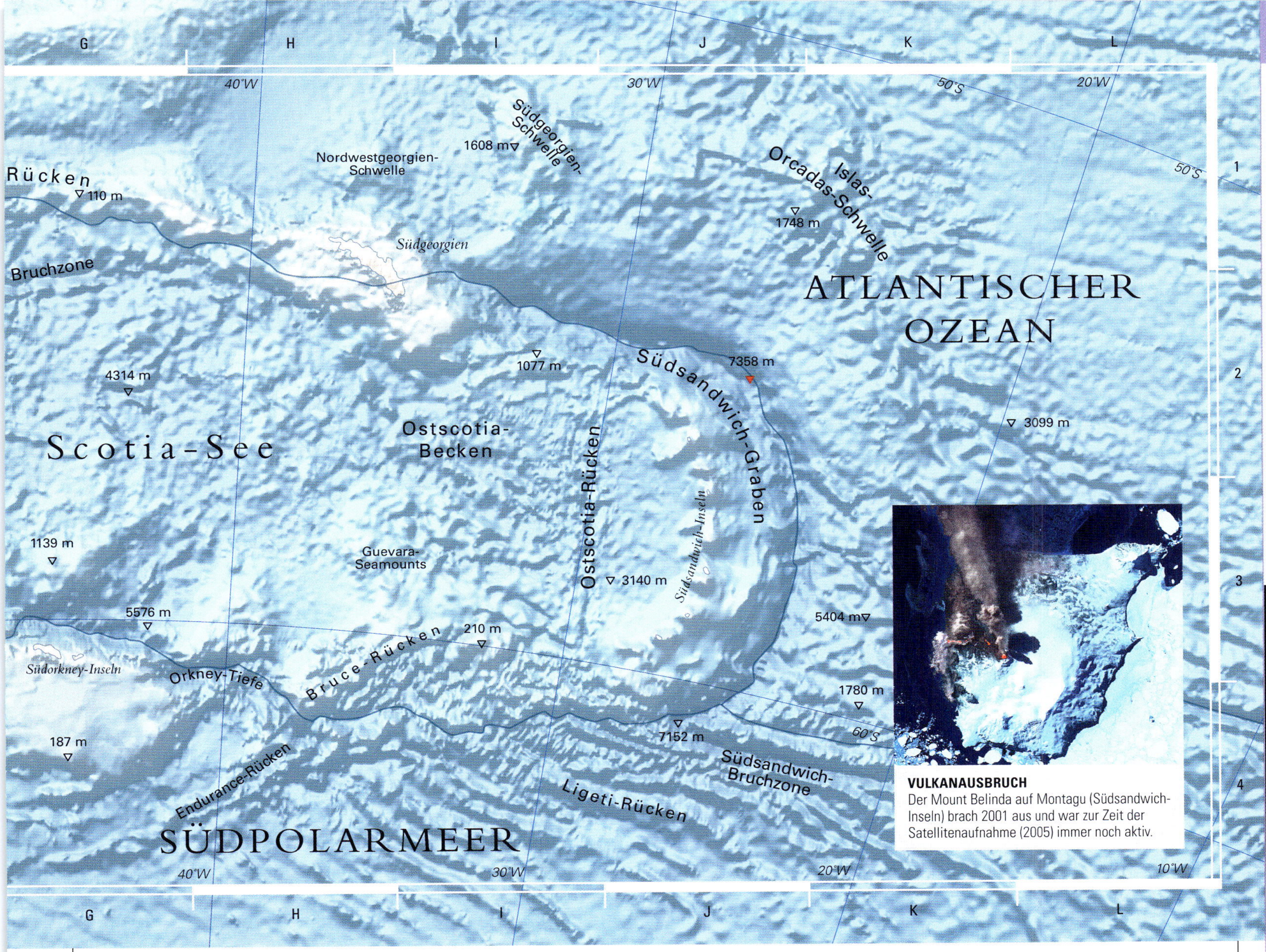

VULKANAUSBRUCH
Der Mount Belinda auf Montagu (Südsandwich-Inseln) brach 2001 aus und war zur Zeit der Satellitenaufnahme (2005) immer noch aktiv.

ATLANTISCHER OZEAN J2

Südsandwich-Graben

LÄNGE	965 km
TIEFSTER PUNKT	7358 m
SUBDUKTIONSRATE	7 cm/Jahr

Nach ihrer Entdeckung durch James Cook im Jahr 1775 dauerte es bis 1818, als Robbenjäger die Südsandwich-Inseln erneut betraten. Aber auch sie wurden nicht sesshaft, die Inseln blieben unbewohnt. Die kargen Inseln bestehen weitgehend aus Basaltgestein, deren höchste Erhebungen bis 1000 m aufragen und zum Teil vergletschert sind. Nördlich der Inseln befindet sich Protector Shoal, ein 30 m aus dem Wasser ragender Unterwasservulkan. Die Südsandwich-Inseln liegen am Ostrand der Scotia-See, noch weiter östlich öffnet sich der Südsandwich-Graben. Beide sind die Folge tektonischer Einengung, der Kollision von Scotia- und Südamerika-Platte. Die Scotia-Platte breitet sich vom Scotia-Rücken aus und bildet neue ozeanische Kruste an ihrem Ostende – die Südsandwich-Mikroplatte. Sie ist mit rund 8 Mio. Jahren noch sehr jung und leicht und wandert mit 7 cm/Jahr nach Osten. An ihrem Ostrand stößt sie auf die ältere, schwere Südamerika-Platte, die in einer Subduktionszone unter die Scotia-Platte absinkt. Diese Zone ist gekennzeichnet durch den Südsandwich-Graben sowie den ihm vorgelagerten Vulkanbogen der Südsandwich-Inseln (oder Scotia-Bogen).

MEEREIS
Meereis vor der Bellingshausen-Insel (Südshetland-Inseln), benannt nach dem deutschbaltischen Seefahrer, der sie im 19. Jahrhundert entdeckte.

ATLANTISCHER OZEAN F3

Südgeorgien-Rücken

LÄNGE	2500 km
HÖHE ÜBER MEERESSPIEGEL	3000 m
SPREIZUNGSRATE	0,7 cm/Jahr

Der Südgeorgien-Rücken kennzeichnet den Nordrand der Scotia-Platte; dieser setzt sich nach Westen längs einer Transformstörung (siehe S. 48) bis Feuerland fort. Eine ähnliche Störung zieht als Südscotia-Rücken nördlich der Antarktischen Platte entlang. Reste kontinentaler Kruste wie die Burdwood-Bank oder Südgeorgien sind wohl im Zuge der Westdrift Südamerikas zurückgeblieben. Südgeorgien wurde von James Cook 1775 so benannt, war aber schon seit 1675 bekannt. Robbenjäger nutzten die Insel im 19. Jahrhundert als Stützpunkt, und im 20. Jahrhundert entstanden sieben Walfangstationen an ihrer Nordküste. Nördlich des Südgeorgien-Rückens liegt das Falkland-Plateau mit seiner verdickten Ozeankruste sowie der breite Patagonien-Schelf vor Argentiniens Küste. Die Falkland-Inseln sind ein Relikt aus der Zeit des Zerfalls von Pangäa (siehe S. 44) und der Öffnung des Südatlantiks.

VERLASSENE WALFANGSTATION
Verrostete Walfangschiffe liegen im Hafen von Grytviken, einem alten Stützpunkt des antarktischen Walfangs (1904–1965).

Indischer Ozean

Der Indische Ozean zwischen Afrika und Australien ist das kleinste und geologisch jüngste der drei Weltmeere. Die ersten Schifffahrtswege eröffneten Händler aus dem Persischen Golf sowie der chinesische Admiral Zheng He zwischen 1405 und 1433. Der portugiesische Seefahrer Vasco da Gama erreichte Indien als erster Europäer auf dem Seeweg um Afrika herum.

SONNENAUFGANG IN DER STRASSE VON MALAKKA

Meeresströmungen

Im südlichen Indischen Ozean dominiert der linksdrehende Südindische Wirbel, der den Südäquatorial-Strom antreibt, der seinerseits den Agulhas-Strom mitbewegt. Die Strömungen nördlich des Äquators werden sowohl durch den Indischen Subkontinent als auch durch den jährlichen Monsunzyklus beeinflusst. Hochdruck von November bis April über Indien drückt Oberflächenwasser in der Arabischen See weg von Indien und treibt den Nordäquatorial-Strom und den Äquatorialen Gegenstrom an. Im Sommer saugt das Tief über Indien Luft aus Südwesten an, der Südwestmonsun-Strom ersetzt den Nordäquatorial-Strom und der Somali-Strom fließt jetzt entlang der ostafrikanischen Küste nach Nordosten.

STELZENFISCHEN
Diese Fischer auf Sri Lanka kauern mit ihrer Angel auf dünnen Querstreben, die an den stelzenartigen Masten befestigt sind.

Ozeanboden

Drei mittelozeanische Rücken bestimmen das Ozeanbodenrelief des Indischen Ozeans – der Südwestindische, der Zentralindische und der Südostindische Rücken. Sie treffen sich in einem Tripelpunkt. Der Indische Ozean öffnete sich, als Afrika sich von Australien und der Antarktis abtrennte und nahm seine heutige Form an, als Indien vor 36 Mio. Jahren mit Asien zusammenstieß. Zwei lange schmale Streifen weisen auf Indiens weite Reise hin: der Bengalische Rücken und das Tschagos-Lakkadiven-Plateau. Es gibt nur eine große Tiefseerinne, den Sunda-Graben, an dem Australische und Indische Platte subduziert werden. Obwohl beide Plattengrenzen nicht zu lokalisieren sind, scheinen sie heute getrennt zu driften.

AFRIKANISCHE KÜSTE
Felsriffe, Korallen- und Sandbänke sind im klaren Meerwasser vor der Küste Kenias zu erkennen.

OBERFLÄCHENSTRÖMUNGEN IM WINTER
Somali-Strom
Nordäquatorial-Strom
Äquatorialer Gegenstrom
Südäquatorial-Strom
Aghulhas-Strom
Antarktischer Zirkumpolarstrom
OBERFLÄCHENSTRÖMUNGEN IM SOMMER
Somali-Strom
Südwestmonsun-Strom
Südäquatorial-Strom
Agulhas-Strom
Antarktischer Zirkumpolarstrom
WINDSYSTEME IM SOMMER
Südwestmonsun
Südostpassat
Westwindgürtel
Beaufort-Skala
0–3
3–5,5
> 5,5
Geschwindigkeit
0–16 km/h
16–40 km/h
> 40 km/h
ASIEN
Indus
Ganges
Brahmaputra
Karachi
Murray-Rücken
Indus-Fächer
3427 m
Nördlicher Wendekreis
Narmada
Kolkata (Kalkutta)
Chittagong
Mumbai (Bombay)
Godavari
Irrawaddy
Saluën
Ganges-Fächer
Arabisches Meer
Arabisches Becken
20 m
Goa
Krishna
Golf von Bengalen
2429 m
Rangun (Yangon)
Chennai (Madras)
Mangalore
Pondicherry
Andamanen
Andamanisches Meer
Andamanisches Becken
Lakkadiven
Cochin
4481 m
Sri Lanka
Nikobaren
Phuket
Colombo
3462 m
Straße von Malakka
Halbinsel Malakka
Carlsberg-Rücken
4846 m
Malediven
Mahabiss-Bruchzone
Chagos-Lakkadiven-Plateau
Singapur
Sumatra
Sunda-Graben
Äquator
Ceylon-Tiefseeebene
Seafark-Bruchzone
Chagos-Graben
Zentralindischer Rücken
Chagos-Archipel
Zentralindisches Becken
Ninetyeast-Rücken
Kokos-Becken
Investigator-Rücken
3658 m
Vema-Bruchzone
Java
Java-Graben
Java-Rücken
7290 m
Timor
4464 m
Argo-Bruchzone
Osborn-Plateau
Nord-australisches Becken
Sahul-Schelf
Marie-Celeste-Bruchzone
5614 m
Gascoyne-Tiefsee-ebene
Wharton-Becken
5678 m
Exmouth-Plateau
Rowley-Schelf
Broome
Rodrigues
Egeria-Bruchzone
Wallaby-Plateau
Port Hedland
INDISCHER OZEAN
4023 m
Ostindiaman-Rücken
Cuvier-Becken
Cuvier-Plateau
Batavia-Seamount
Carnarvon
2078 m
AUSTRALIEN
Südlicher Wendekreis
Hartog-Rücken
Perth-Becken
Broken-Rücken
Ob-Graben
Perth
Port Augusta
Amsterdam-Bruchzone
Naturaliste-Plateau
Naturaliste-Bruchzone
Große Australische Bucht
Murray
Adelaide
Diamantina-Bruchzone
5852 m
Melbourne
Neu-Amsterdam
St. Paul
Südaustralisches Becken
Bass-Straße
4980 m
Tasmanien
Hobart
Südindisches Becken
Südaustralische Tiefseeebene
Kerguelen
Tasman-Plateau
Indisch-Antarktischer Rücken
Heard- und McDonald-Inseln
Kerguelen-Plateau
4285 m
5386 m
Östlich-Indisches Südpolarbecken
184 m
4684 m
Banzare-Seamounts
SÜDPOLARMEER
MASSSTAB
0 200 400 600 800 1000 km
0 200 400 600 800 1000 Meilen
Südlicher Polarkreis
ANTARKTIS
Prydz-Bai
90°O
120°O
30°N
30°S
60°S
D
E
F
G
H
I
5
6
7
8

Rotes Meer und Arabisches Meer

ZWEIMAL IM JAHR wechselt im nordwestlichen Indischen Ozean die Richtung der Meeresströme mit dem Monsun. Seefahrer nutzten jahrtausendelang diese Bedingungen. Heute sind das Erdöl und der Suez-Kanal wichtig für die Region.

INDISCHER OZEAN B4

Rotes Meer

FLÄCHE	450 000 km²
TIEFSTER PUNKT	3040 m
ZUFLÜSSE	Arabisches Meer

Das Rote Meer ist ein »Baby«-Ozean, der sich seit 25 Mio. Jahren mit dem Wegdriften der Arabischen Platte von Ostafrika ausdehnt. Der Zentralgraben wird von flachen Schelfen flankiert und an den Küsten wachsen herrliche Korallenriffe. Seit 1869 besteht über den 160 km langen Suezkanal eine Verbindung zum Mittelmeer.

SUEZ-KANAL

INDISCHER OZEAN D2

Persischer Golf

FLÄCHE	241 000 km²
TIEFSTER PUNKT	110 m
ZUFLÜSSE	Euphrat, Tigris, Karun

Der Persische Golf ist ein warmes, flaches Binnenmeer von kaum 100 m Tiefe. Die Straße von Hormus und der Golf von Oman stellen die einzige schmale Verbindung zum Arabischen Meer her. Das Meerwasser ist aufgrund zahlreicher Einträge aus den Anrainerländern nährstoffreicher als das des Roten Meers. Die Korallen haben sich an die Wassertemperaturen angepasst, die hier 33 °C erreichen.

Die Arabische Platte entfernt sich vom Spreizungsrücken des Roten Meers nach Nordosten und bohrt sich schräg in die Eurasische Platte, weshalb der Golf im Nordosten tiefer ist. Diese Deformation hat bis zu 280 Mio. Jahre alte Sedimentschichten gefaltet und aufgebeult und dadurch Erdölfallen geschaffen, in denen sich riesige Vorräte angesammelt haben. Erdöl und Erdgas dominieren die Wirtschaft der Länder rund um den Golf.

INDISCHER OZEAN G5

Arabisches Meer

FLÄCHE	3,9 Mio. km²
TIEFSTER PUNKT	4481 m
ZUFLÜSSE	Indus, Narmada

Das Arabische Meer liegt zwischen der Arabischen Halbinsel und Indien. Sein Boden ist die Tiefseeebene des Arabischen Beckens. Im Westen wird der ozeanische Teil der Indischen Platte von der Owen-Bruchzone und im Süden vom Carlsberg-Rücken begrenzt, an dem die Indische und die Afrikanische Platte auseinanderstreben.

Im Westen folgt der Golf von Aden, der ins Rote Meer überleitet und mit dem Westshaba-Rücken einen aktiven Spreizungsrücken aufweist. An den nördlichen Küsten lösen Erdbeben in der Makran-Subduktionszone manchmal Schlammvulkane aus. Einer erschien 2013 als neue Insel vor der pakistanischen Stadt Gwadar. Meist verschwinden diese Strukturen nach einigen Monaten wieder.

INDISCHER OZEAN I8

Malediven

ART	Korallenatoll-Inseln
FLÄCHE	298 km²
ANZAHL DER INSELN	1192

Die Malediven liegen inmitten des Chagos-Lakkadiven-Plateaus. Die Lakkadiven und viele versunkene Bänke bilden das Nordende des Rückens. Die mehr als 1000 Inseln sind in 27 Atollen aus Korallen- und Sandbänken zusammengefasst. Die höchste Erhebung liegt kaum 3 m über dem Meer. Warmes Klima, seichte Lagunen und frische Meeresbrisen erfüllen für viele den Traum eines Urlaubsparadieses. Trotz der zunehmenden Bedeutung des Tourismus ist Fischerei die Haupteinnahmequelle der Insulaner.

EINE DER VIELEN MALEDIVEN-INSELN

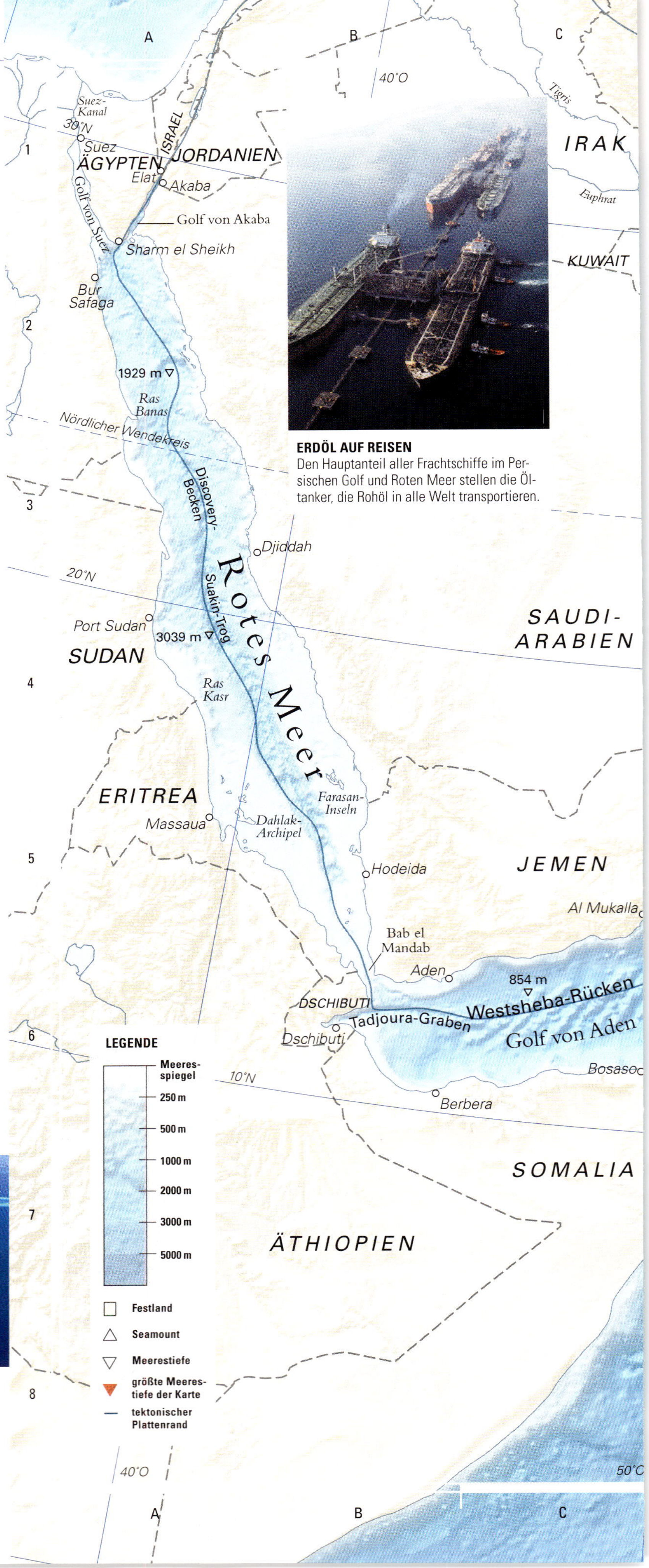

ERDÖL AUF REISEN
Den Hauptanteil aller Frachtschiffe im Persischen Golf und Roten Meer stellen die Öltanker, die Rohöl in alle Welt transportieren.

ALTE HANDELSROUTEN
Seit 5000 Jahren sind die traditionellen arabischen Segelschiffe, die Dhaus, das Hauptransportmittel auf den Handelsrouten entlang den Küsten des Arabischen Meers.

Golf von Bengalen

Der Nordostteil des Indischen Ozeans ist von drei Küstenstrichen umgeben. Es herrscht ein tropisches Monsunklima, das von Juni bis November alljährlich von tropischen Stürmen begleitet wird.

INDISCHER OZEAN C2

Golf von Bengalen

FLÄCHE 2,9 Mio. km²

TIEFSTER PUNKT 4695 m

ZUFLÜSSE Ganges, Brahmaputra, Mahanadi, Godavari, Krishna, Kaveri, Irawadi

Während des Nordwestmonsuns sind die Meeresströmungen linksdrehend und im Zentralteil nach Westen ausgerichtet; während des Südwestmonsuns drehen sie sich um. Den Nordteil des Golfbodens bedeckt der riesige Ganges-Fächer, der seine Sedimente über den Schelf und den Kontinentalabhang bis in die Tiefseeebene ausbreitet. Er ist der am schnellsten wachsende Ablagerungsraum der Erde, der von den im Himalaja entspringenden Flüssen Ganges und Brahmaputra gespeist wird.

INDISCHER OZEAN F4

Straße von Malakka

LÄNGE 963 km²

MINDESTBREITE 15 km

Diese Wasserstraße verbindet den Indischen Ozean über das Südchinesische Meer mit dem Pazifik. Sie ist mit täglich rund 140 Schiffen eine der meistbefahrenen Schifffahrtsrouten der Erde. Etwa ein Viertel des weltweiten Erdöls wird hier vom Nahen Osten zu den großen Verbrauchern China und Japan gebracht. Ein solch dichter Verkehr war stets für Piraten attraktiv. In den 1990ern nahmen Piratenangriffe stark zu, bis man ab 2005 stärker patrouillierte. Das weltweite Rekordjahr war 2010 mit 445 Piratenüberfällen, die meisten aber vor der Küste Somalias.

INDISCHER OZEAN E3

Andamanisches Meer

FLÄCHE 798 000 km²

TIEFSTER PUNKT 3777 m

ZUFLÜSSE Golf von Bengalen, Straße von Malakka, Irawadi, Saluën

Dieses Nebenmeer liegt zwischen den Andamanen, Sumatra und der Halbinsel Malakka. Im Osten und Norden dehnt sich ein breiter Schelfstreifen aus, auf dem das Zinnerz Cassiterit mit Schwimmbaggern gefördert wird. Zwischen der Alcock- und der Sewell-Schwelle erstreckt sich ein Tiefseebecken, wo die letzten 3–4 Mio. Jahre ein Spreizungsrücken die Burma- und die Sunda-Mikroplatte auseinanderdrückte und sich das Andamanische Meer öffnete. Seine Osthälfte gehört zur Sunda-Platte, die auch einen Großteil Sumatras und die Halbinsel Malakka umfasst. Die Westhälfte mit den Andamanen und Nikobaren gehört zur jungen Burma-Platte, die im Sunda-Graben die ältere Indische Platte in einer Subduktionszone überfährt. Deren Südteil war Ende 2004 Schauplatz eines gewaltigen Seebebens.

HAVELOCK-INSEL
Mangroven prägen die Ostküste der andamanischen Havelock-Insel. Die Andamanen sind von Korallen bewachsene Vulkaninseln.

Sunda-Graben

Am Ostrand des Indischen Ozeans transportiert der Südäquatorial-Strom zur Zeit des Südwestmonsuns Wasser von Ost nach West, ändert während des Nordostmonsuns aber die Richtung nach Süd bei gleichzeitiger Ostströmung des Äquatorialen Gegenstroms. Hier im Sunda-Graben befinden sich einige der tiefsten Stellen des Indischen Ozeans.

INDISCHER OZEAN D2

Sunda-Graben

LÄNGE 2600 km

TIEFSTER PUNKT 7290 m

SUBDUKTIONSRATE 6 cm/Jahr

Im Sunda- oder Java-Graben sinkt der ozeanische Teil der Australischen Platte mit einer Geschwindigkeit von 6 cm im Jahr unter die kontinentale Eurasische Platte ab. Dahinter hat sich ein vulkanischer Inselbogen erhoben, der von Sumatra über Java bis zu den Kleinen Sunda-Inseln reicht. Der Ozeanboden südlich und nördlich des Sunda-Grabens zeigt lineare Strukturen, die von der Nordbewegung der Australischen Platte herrühren. Zwischen Investigator- und Bengalischem Rücken befindet sich eine Abfolge von Bruchstrukturen, die den unterschiedlichen Bewegungsraten beider Platten Rechnung tragen. Der Bengalische Rücken ist mit 5000 km das längste Unterwassergebirge des Indik. Es entstand im Gefolge der raschen Norddrift Indiens bei gleichzeitiger Öffnung des Indischen Ozeans. Der Rücken besteht aus einer Serie vulkanischer Laven, die einst vom Kerguelen-Hotspot ausgeschieden wurden, als die Indische Platte auf ihrem Weg nach Norden über ihn hinwegzog.

INDISCHER OZEAN F2

Timor-See

FLÄCHE 610 000 km^2

TIEFSTER PUNKT 3300 m

ZUFLÜSSE Indischer Ozean, Arafura-See

Die Timor-See ist das östliche Ende des zentralen Indischen Ozeans. Pazifisches Wasser fließt zur Zeit des Südwestmonsuns über die Arafura-See zu (siehe S. 473) und treibt den Südäquatorial-Strom an, um mit dem Nordostmonsun die Richtung wieder zu ändern. Die Aborigines haben, aus Südostasien kommend, vermutlich mittels »Inselhüpfen« Australien über die Timor-See erreicht, um es zu besiedeln.

Außer dem Timor-Trog an seinem Nordrand ist es sehr flach. Unter dem Schelf werden Erdöl- und Erdgasvorkommen vermutet, um dessen Förderrechte sich Australien und Osttimor streiten. Das warme Meer ist im Winter oft die Wiege tropischer Stürme und Taifune, die auf ihrem Pfad nach Südwesten mitunter auch Australiens Nordwestecke treffen. An der australischen Küste gibt es eine bedeutende Fischerei- und Shrimp-Industrie.

TIMORESISCHE FISCHER
Diese Netzfischer am Strand von Areia Beach bei Dili gehen noch auf traditionelle Art dem Fischfang nach.

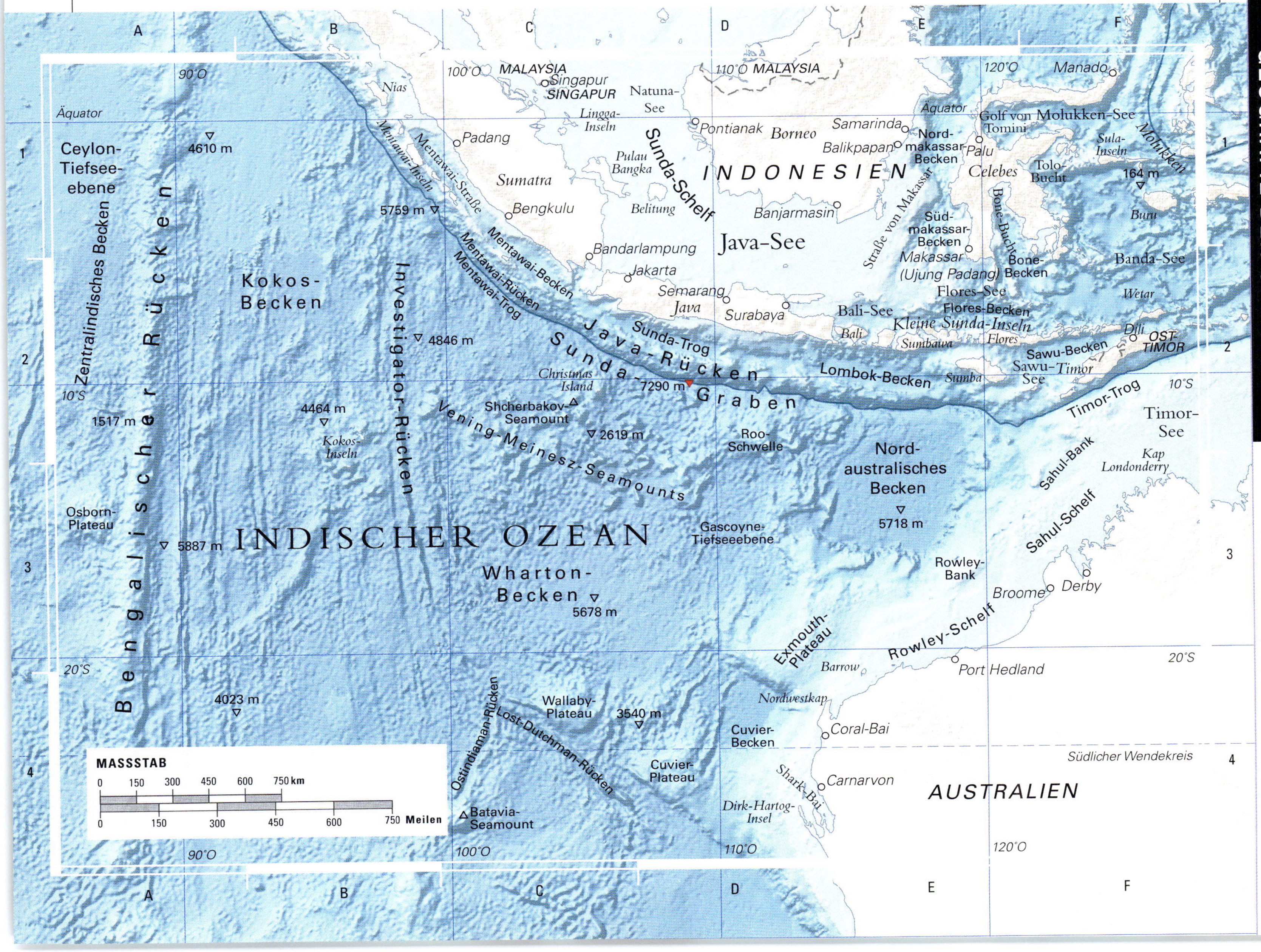

DAS GANGES-DELTA
Wo der Ganges und weitere Flüsse in Bangladesch und Nordostindien in den Golf von Bengalen münden, ist das größte Flussdelta der Welt entstanden. Im Satellitenbild eines Teils des Deltas sind als dunkelgrüne Flächen Mangrovenwälder, die Sundarbans, zu erkennen. Hellgrüne Flächen werden landwirtschaftlich genutzt.

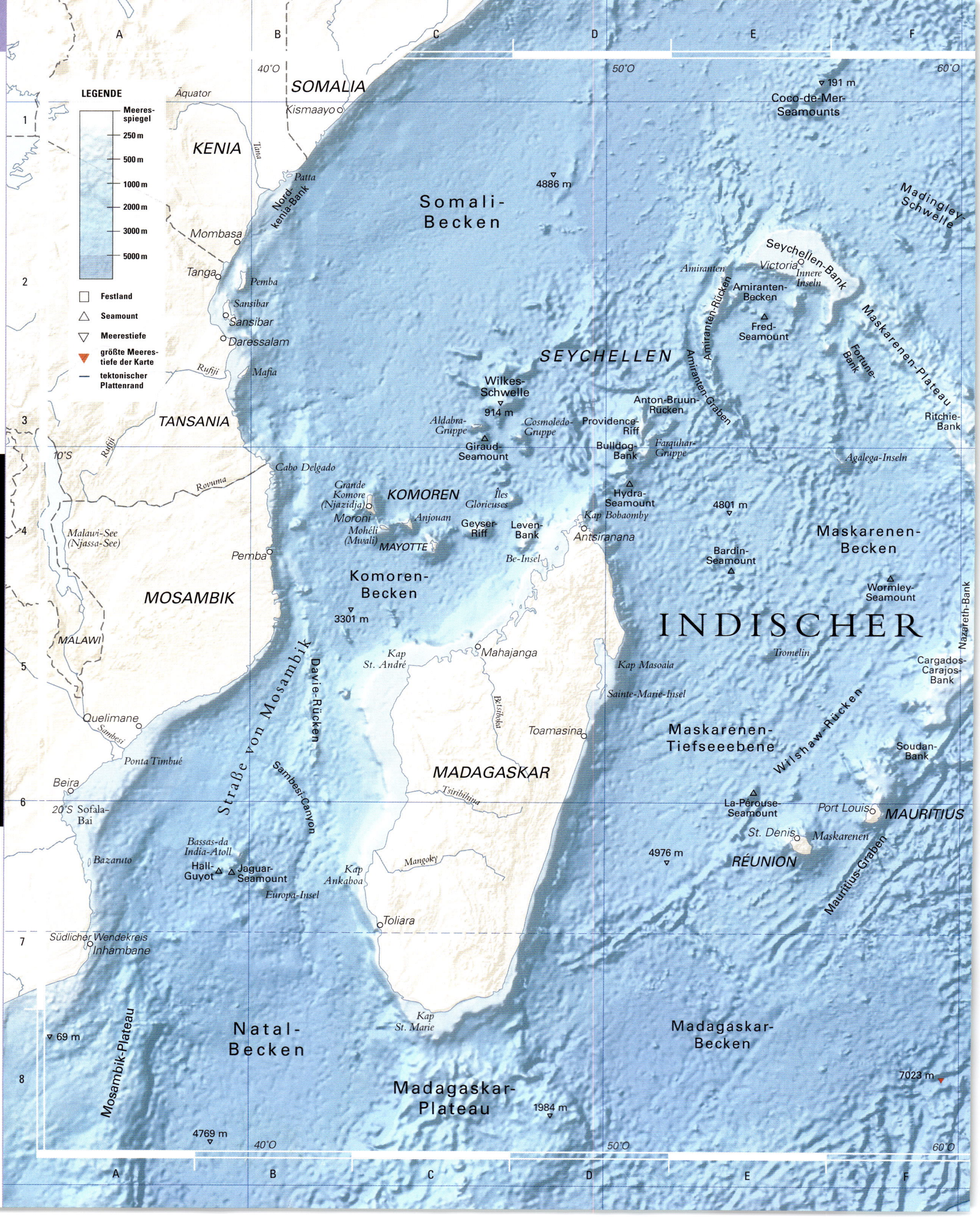
LEGENDE
Meeres-spiegel
250 m
500 m
1000 m
2000 m
3000 m
5000 m
Festland
Seamount
Meerestiefe
größte Meerestiefe der Karte
tektonischer Plattenrand
A
B
C
D
E
F
1
2
3
4
5
6
7
8
40°O
50°O
60°O
10°S
20°S
Äquator
SOMALIA
Kismaayo
KENIA
Tana
Patta
Nord-kenia-Bank
Mombasa
Tanga
Pemba
Sansibar
Daressalam
Rufiji
Mafia
TANSANIA
Rovuma
Cabo Delgado
Malawi-See (Njassa-See)
MOSAMBIK
MALAWI
Pemba
Quelimane
Sambesi
Ponta Timbué
Beira
Sofala-Bai
Bazaruto
Südlicher Wendekreis
Inhambane
69 m
Mosambik-Plateau
4769 m
Natal-Becken
Straße von Mosambik
Davie-Rücken
Sambesi-Canyon
Bassas-da India-Atoll
Hall-Guyot
Jaguar-Seamount
Europa-Insel
Kap Ankaboa
Toliara
Kap St. Marie
Madagaskar-Plateau
1984 m
Somali-Becken
4886 m
191 m
Coco-de-Mer-Seamounts
Madingley-Schwelle
Seychellen-Bank
Victoria
Innere Inseln
Amiranten
Amiranten-Becken
Fred-Seamount
Amiranten-Rücken
Amiranten-Graben
Maskarenen-Plateau
Fortune-Bank
Ritchie-Bank
SEYCHELLEN
Wilkes-Schwelle
914 m
Aldabra-Gruppe
Giraud-Seamount
Cosmoledo-Gruppe
Providence-Riff
Anton-Bruun-Rücken
Bulldog-Bank
Farquhar-Gruppe
Agalega-Inseln
Grande Komore (Njazidja)
Moroni
Mohéli (Mwali)
KOMOREN
Anjouan
MAYOTTE
Îles Glorieuses
Geyser-Riff
Leven-Bank
Be-Insel
Hydra-Seamount
Kap Bobaomby
Antsiranana
4801 m
Maskarenen-Becken
Bardin-Seamount
Wormley-Seamount
Nazareth-Bank
Komoren-Becken
3301 m
INDISCHER
Tromelin
Cargados-Carajos-Bank
Kap St. André
Mahajanga
Kap Masoala
Sainte-Marie-Insel
Betsiboka
Toamasina
Maskarenen-Tiefseeebene
Wilshaw-Rücken
Soudan-Bank
MADAGASKAR
Tsiribihina
La-Pérouse-Seamount
Port Louis
MAURITIUS
St. Denis
Maskarenen
RÉUNION
Mauritius-Graben
4976 m
Mangoky
Madagaskar-Becken
7023 m

Seychellen und Madagaskar

Der Ozeanboden im westlichen Indischen Ozean ist übersät mit Narben, die vom Auseinanderbrechen Gondwanalands in den letzten 150 Mio. Jahren zeugen. Das warme Tropenmeer schafft ideale Bedingungen für eine überbordende Fülle marinen Lebens.

INDISCHER OZEAN D3

Seychellen

ART Inseln aus kontinentaler Kruste
FLÄCHE 455 km²
ANZAHL DER INSELN 115

Die Hauptinseln der Seychellen, die »Inneren Inseln«, bestehen aus Granit und überragen als höchste Erhebungen der Seychellen-Bank mit über 900 m das Meer. Die »Äußeren Inseln« im Südwesten sind Korallenatolle an der Spitze von Seamounts. Die Seychellen-Bank ist der nördliche Ausläufer des versunkenen Maskarenen-Plateaus, das sich bis zur Insel Réunion im Süden erstreckt. Dieses Relikt kontinentaler Kruste löste sich von Indien, als es vor etwa 65 Mio. Jahren durch die Aktivität des Zentralindischen Rückens nach Norden driftete.

GRANITFELSEN AUF DEN SEYCHELLEN

INDISCHER OZEAN B5

Straße von Mosambik

FLÄCHE 1 000 000 km²
TIEFSTER PUNKT 110 m
ZUFLÜSSE Sambesi, Lúrio

Diese Meerenge trennt Madagaskar von Ostafrika. Hier und um die Komoren leben noch Quastenflosser, die als ausgestorben gegolten haben. Ein linksdrehender Wirbel kennzeichnet die Komoren-Gewässer und auch in der Straße von Mosambik dominieren linksdrehende Kleinwirbel. Der Südäquatorial-Strom speist den warmen Agulhas-Strom, der das Natal-Becken durchfließt.

INDISCHER OZEAN H3

Zentralind. Rücken

LÄNGE 3400 km
HÖHE ÜBER MEERESBODEN 1500 m
SPREIZUNGSRATE 3 cm/Jahr

Indische und Afrikanische Platte weichen am durch Bruchzonen zerfurchten Zentralindischen Rücken auseinander. Als vor 65 Mio. Jahren der Hotspot von Réunion begann, auf der Indischen Kontinentalplatte die riesigen Dekkan-Trappbasalte zu fördern, wurde auch dieser Rücken aktiv. Ein älterer Spreizungsrücken, der Indien von Afrika trennte, liegt versunken zwischen Maskarenen-Becken und Maskarenen-Tiefseeebene.

INDISCHER OZEAN F6

Mauritius und Réunion

ART Vulkaninseln
FLÄCHE 4550 km²
ANZAHL DER INSELN 2

Mauritius und Réunion, die beiden größten der Maskarenen-Inseln, sind auch die jüngsten Bildungen auf dem Maskarenen-Plateau, das 6500 m vom Meeresboden emporragt. Sie sind, wie die älteren Bänke des Plateaus im Nordosten oder der Rodrigues-Rücken, das vulkanische Produkt eines tief sitzenden Mantel-Hotspots. Als Indien während seiner langen Trapp-Vulkanismusphase begann, nach Norden zu driften, blieb der Hotspot weiterhin aktiv und hinterließ in der Indischen Platte in Form der Lakkadiven, Malediven und der Chagos-Bank seine Spuren. Réunions höchster Berg, der Piton de la Fournaise, zählt zu den aktivsten Vulkanen der Erde.

SAUMRIFF
Dieses Saumriff umgibt die Nordküste der Vulkaninsel Mauritius.

Pazifischer Ozean

DER PAZIFIK IST der größte Ozean und er bedeckt mehr als ein Drittel der Erdoberfläche. Lange vor den ersten europäischen Entdeckern des 16. Jahrhunderts besiedelten Mikronesier und Polynesier die zahllosen Inseln. Der portugiesische Seefahrer Ferdinand Magellan starb nach der Durchquerung des Pazifik 1521; seiner Mannschaft gelang es, den Erdball komplett zu umsegeln.

BORA BORA IM SÜDPAZIFIK

Meeresströmungen

Im Gegensatz zum Nordpolarmeer ist der Pazifik zum Südpolarmeer hin offen, mit dem er Wasser austauscht. Der Nordäquatorial-Strom ist der längste westwärts fließende Meeresstrom, der den Pazifik auf 14 500 km Länge durchquert. Seine Verlängerung ist der warme Kuroshio-Strom, der die nordwestpazifische Küste entlang fließt, bis er auf den kalten Oyashio-Strom trifft. Der große linksdrehende Südpazifik-Wirbel setzt sich aus Südäquatorial-Strom, Ostaustralischem Strom, Antarktischem Zirkumpolarstrom und Humboldt-Strom zusammen. Wo Letzterer sich von der Küste entfernt, quillt kaltes Tiefenwasser empor, was aber in manchen Jahren durch ein ENSO-Ereignis ausfallen kann (siehe S. 68–69).

RAUE SEE
Der Nordpazifik ist berüchtigt für seine schweren Stürme. Dieses Schiff kämpft sich durch schwere See im Bering-Meer.

Ozeanbecken

Das Pazifische Becken schrumpft seit der Öffnung von Atlantischem und Indischem Ozean. An seinen Rändern sind mehr Subduktionszonen als in jedem anderen Ozean. Der mit ihnen verbundene explosive Vulkanismus entlang der pazifischen Küsten wird auch »Feuerring« genannt (siehe S. 184). Der Westpazifik ist übersät mit Vulkaninselbögen, die von Tiefseerinnen begleitet werden, wo die Pazifische Platte auf die Eurasische Platte oder kleinere Ozeanplatten trifft. Der Ozeanboden des Ostpazifik ist dagegen viel ausgeglichener und fällt sanft vom nordamerikanischen Festland und vom Ostpazifik-Rücken ab. Zentralpazifische Inselketten, Seamounts und Guyots gehen auf Eruptionen tief liegender Hotspots zurück.

OSTPAZIFISCHER RÜCKEN
Kissenlava bildet die oberste Lage ozeanischer Kruste und umgibt alle Mittelozeanischen Rücken, an denen sie entsteht.

D
E
F
G
H
I
180°
150°W
120°W
90°W
60°W
NORDPOLARMEER
Bering-Straße
Yukon
Nördlicher Polarkreis
Anadyr
Golf von Anadyr
Anchorage
60°N
Aleuten-Becken
Bering-Meer
20 m
Bristol-Bai
Golf von Alaska
NORDAMERIKA
6102 m
Kodiak
Alaska-Tiefseeebene
Queen-Charlotte-Inseln
Aleuten
7314 m
Aleuten-Graben
Gilbert-Seamounts
5267 m
Vancouver Island
Vancouver
Seattle
Columbia
Snake
Harris-Seamount
Tufts-Tiefseeebene
Caskadia-Becken
Emperor-Seamounts
7184 m
Surveyor-Bruchzone
Mendocino-Bruchzone
San Francisco
Colorado
5999 m
5561 m
Los Angeles
Kammu-Seamount
Musicians-Seamounts
Murray-Bruchzone
Moonless Mountains
30°N
Midway-Inseln
Seamounts
6800 m
Hawaii-Rücken
Hawaii-Inseln
Golf von Kalifornien
Cedros-Graben
Nördlicher Wendekreis
Molokai-Bruchzone
Honolulu
Puerto Vallarta
834 m
Hawaii
fische Berge
Clarion-Bruchzone
Mittelamerika-Graben
6662 m
Mathematiker-Seamounts
Ostpazifischer Rücken
Marshall-Seamounts
Zentral-pazifisches Becken
Christmas-Rücken
Guatemala-Becken
3806 m
Clipperton-Bruchzone
PAZIFISCHER OZEAN
Line-Inseln
Cocos-Rücken
Äquator
6249 m
Nova-Trog
Galapagos-Inseln
Becken
Phönix-Inseln
Galapagos-Bruchzone
4567 m
Gallego-Schwelle
Bauer-Becken
Nördliche Cook-Inseln
5451 m
Marquesas-Inseln
SÜDAMERIKA
Manihiki-Plateau
Marquesas-Bruchzone
5852 m
Lima
Samoa
Penrhyn-Becken
Tiki-Becken
Galapagos-Schwelle
Peru-Becken
Nord-Fidschi-Becken
Samoa-Becken
Tuamotu-Inseln
Tuamotu-Bruchzone
Mendaña-Bruchzone
Peru-Chile-Graben
Vanuatu
Fidschi
Tahiti
Tuamotu-Rücken
Gesellschaftsinseln
Yupanqui-Becken
Nazca-Rücken
7183 m
Neuhebriden-Graben
Tonga
Tonga-Graben
Südliche Cook-Inseln
8069 m
Pitcairn
Osterinsel
Sala-y-Gomez-Rücken
Südlicher Wendekreis
Süd-Fidschi-Becken
10800 m
Osterinsel-Bruchzone
Norfolk-Rücken
Kermadec-Graben
4602 m
Chile-Becken
Roggeveen-Becken
Valparaiso
30°S
Louisville-Rücken
Agassiz-Bruchzone
Auckland
Challenger-Bruchzone
Nordinsel
Neuseeland
Wellington
1426 m
Chile-Schwelle
Südwestpazifisches Becken
Chatham-Schwelle
Chatham-Inseln
Südinsel
Guafo-Bruchzone
Dunedin
Menard-Bruchzone
Mornington-Tiefseeebene
Campbell-Plateau
Bollons-Guyot
Punta Arenas
Campbell-Inseln
Eltanin-Bruchzone
6034 m
Kap Hoorn
5415 m
Udintsev-Bruchzone
Drake-Straße
60°S
Pazifisch-Antarktischer Rücken
Südostpazifisches Becken
Bellingshausen-Tiefseeebene
Antarktische Halbinsel
Südpolarkreis
Bellingshausen-See
4283 m
SÜDPOLARMEER
Amundsen-Tiefseeebene
Amundsen-See
Ross-Meer
Ross-Schelfeis
ANTARKTIS
5
6
7
8
Oyashio-Strom
Kuroshio-Strom
Alaska-Strom
Kalifornien-Strom
Nordäquatorial-Strom
Äquatorialer Gegenstrom
Ost-australischer Strom
Südäquatorial-Strom
Humboldt-Strom
Antarktischer Zirkumpolarstrom
OBERFLÄCHENSTRÖME
Westwindzone
Südostmonsun
Nordostpassat
Kalmen
Südostpassat
Südostmonsun
Westwindzone
WINDSYSTEME
Beaufort-Skala
Geschwindigkeit
0–3
0–16 km/h
3–5,5
16–40 km/h
> 5,5
> 40 km/h

Bering-Meer und Golf von Alaska

Die kalten, stürmischen Randmeere des Nordpazifik sind bekannt für ihren Fischreichtum. Geologisch ist es ein sehr aktives Gebiet mit großen Subduktionszonen, an denen Vulkanismus, Erdbeben und Tsunamis eine ständige Gefahr darstellen.

PAZIFISCHER OZEAN D3

Alëuten-Graben

LÄNGE 3200 km²

TIEFSTER PUNKT 7822 m

SUBDUKTIONSRATE 8 cm/Jahr

Das Bering-Meer wird nach Süden von den Alëuten begrenzt. An der pazifischen Seite des Inselbogens befindet sich mit dem Alëuten-Graben die Nahtstelle, an der die ozeanische Pazifische Platte unter die teils ozeanische, teils kontinentale Nordamerikanische Platte subduziert wird. Über der Subduktionszone steigt Magma auf und erzeugt einen vulkanischen

ROBBEN AUF DEN ALËUTEN

Inselbogen, der den Nordteil des Pazifischen Feuerrings bildet. Der größte Vulkanausbruch des 20. Jahrhunderts war die Eruption des Katmai auf Alaska im Jahr 1912. An der Plattengrenze können sehr starke Erd- oder Seebeben entstehen, wie das von 1964, das Teile von Anchorage zerstörte.

PAZIFISCHER OZEAN D3

Bering-Meer

FLÄCHE 2,3 Mio. km²

TIEFSTER PUNKT 6102 m

ZUFLÜSSE Pazifischer Ozean; Yukon, Anadyr

Das Bering-Meer heißt nach dem dänischen Entdecker in russischen Marinediensten, der das Gebiet 1741 erforschte. Es liegt zwischen den beiden Kontinenten Asien und Nordamerika, wo es im Süden an die Alëuten grenzt und im Norden über die Bering-Straße mit dem Nordpolarmeer verbunden ist. Eiskaltes Wasser fließt durch sie nach Süden und treibt einen linksdrehenden Wirbel an. Hauptzufluss ist der Yukon mit seinem ausgedehnten Delta. Das Bering-Meer zählt zu den fischreichsten Gewässern der Erde. Vor Alaska werden die Hälfte der US-amerikanischen Seefische und Meeresfrüchte gefangen. Auch Seehunde und Grauwale profitieren von den fischreichen Gewässern. Im Gegensatz zum Südwestteil mit seiner Tiefsee ist der Nordostteil des Randmeers ein sehr flacher Schelf. Große Bereiche davon fielen während der letzten Eiszeit trocken, als der Meeresspiegel 120 m tiefer lag. Über diese Landbrücke wanderten mehrere Arten in Wellen von Sibirien nach Alaska ein – unter anderem auch der prähistorische Mensch.

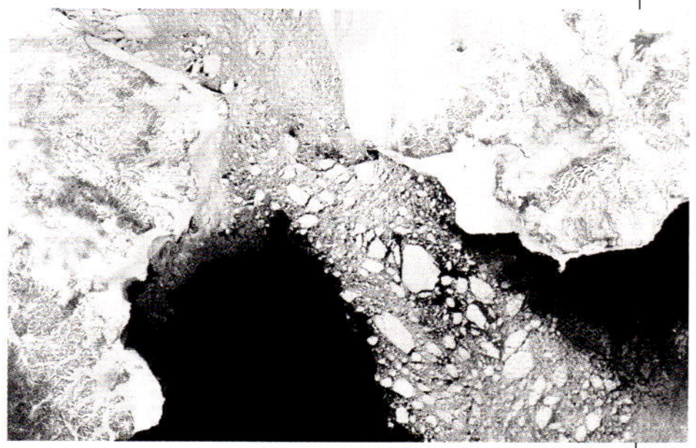

BERING-STRASSE
Dieses Satellitenfoto zeigt Treibeis, das von der Tschuktschen-See südlich durch die Bering-Straße driftet.

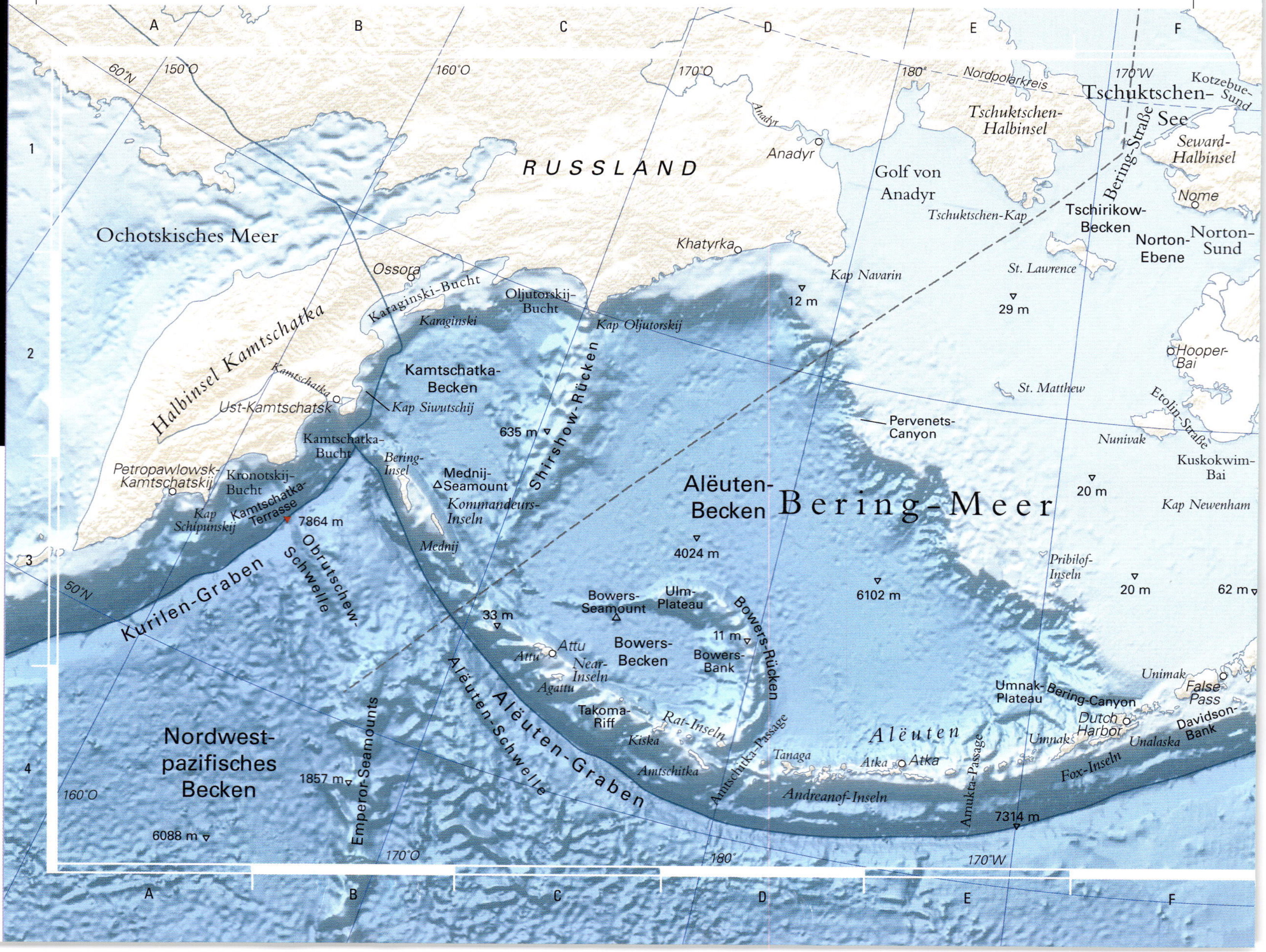

PAZIFISCHER OZEAN I3

Golf von Alaska

FLÄCHE 1,5 Mio. km²

TIEFSTER PUNKT 5000 m

ZUFLÜSSE Susitna, Copper; Eisberge von verschiedenen Gletschern

Im Nordpazifik dominiert ein subpolarer linksdrehender Wirbel, der bis in den Golf von Alaska reicht und von einem warmen Ausläufer des Kuroshio-Stroms angetrieben wird. Auf ihrem Weg wird das Wasser durch Niederschläge salzärmer und kühler. Viele der die Westküste Kanadas heimsuchenden Stürme kommen aus dem Golf von Alaska. Der Wirbel schließt sich durch den Rückfluss des Alaska- und des Alëuten-Stroms entlang der Westküste Alaskas sowie südlich der Alëuten-Kette. Die Gewässer des Golfs gelten als reiche Fischgründe. Die Pazifischen Lachse leben bis zu fünf Jahre im Meer, um dann ihre Geburtsstätten der asiatischen und nordamerikanischen Flüsse aufzusuchen, dort abzulaichen und zu sterben.

FJORDE IN ALASKA
Täler und Fjorde am Alexander-Archipel zeugen von den erosiven Kräften der eiszeitlichen wie auch heutigen Gletscher.

Der Meeresboden des Golfs von Alaska ist mit Seamounts »gepflastert«. Sie bilden zwei große Ketten, die Patton- und Gilbert-Seamounts sowie die Kodiak-Seamounts, die beide von der Alaska-Halbinsel wegweisen. Ihr Ursprung ist der Cobb-Hotspot unter dem Spreizungsrücken der Juan-de-Fuca-Platte westlich von Vancouver Island. Die Seamounts sind in den letzten 30 Mio. Jahren entstanden und mit der Nordamerikanischen Platte nach Nordwesten gewandert. Seit 1977 wird Erdöl per Pipeline an die Südküste Alaskas gepumpt und in Schiffe verladen. 1989 fand hier im Prince-William-Sund einer der schlimmsten Ölunfälle statt, als der Tanker *Exxon Valdez* havarierte und rund 114 Mio. Liter Rohöl ausliefen.

PAZIFISCHER OZEAN L4

Kaskadia-Becken

FLÄCHE 170 000 km²

TIEFSTER PUNKT 2930 m

ZUFLÜSSE Pazifischer Ozean; Columbia, Fraser

Das Kaskadia-Becken ist der letzte Rest der einstigen Farallon-Platte, einer ozeanischen Platte im Nordostpazifik, die fast vollständig unter Nordamerika subduziert worden ist. Zeugen dieser Subduktion sind Vulkane der Kaskadenkette in Oregon und Washington, deren bekanntester Vertreter der Mt. St. Helens ist. Letzterer explodierte 1980 in einer gewaltigen Eruption und forderte 57 Menschenleben. Bis heute gibt es Anzeichen von Aktivität. Erdbeben und davon ausgelöste Tsunamis kennzeichnen diese Region, wenngleich das letzte große Beben um 1700 war. Zwei benachbarte Ozeanplatten säumen die Juan-de-Fuca-Platte, die nach einem griechischen Seefahrer benannt ist, der die Gegend 1592 für Spanien erkundete: die Explorer-Platte im Norden und die Gorda-Platte im Süden davon.

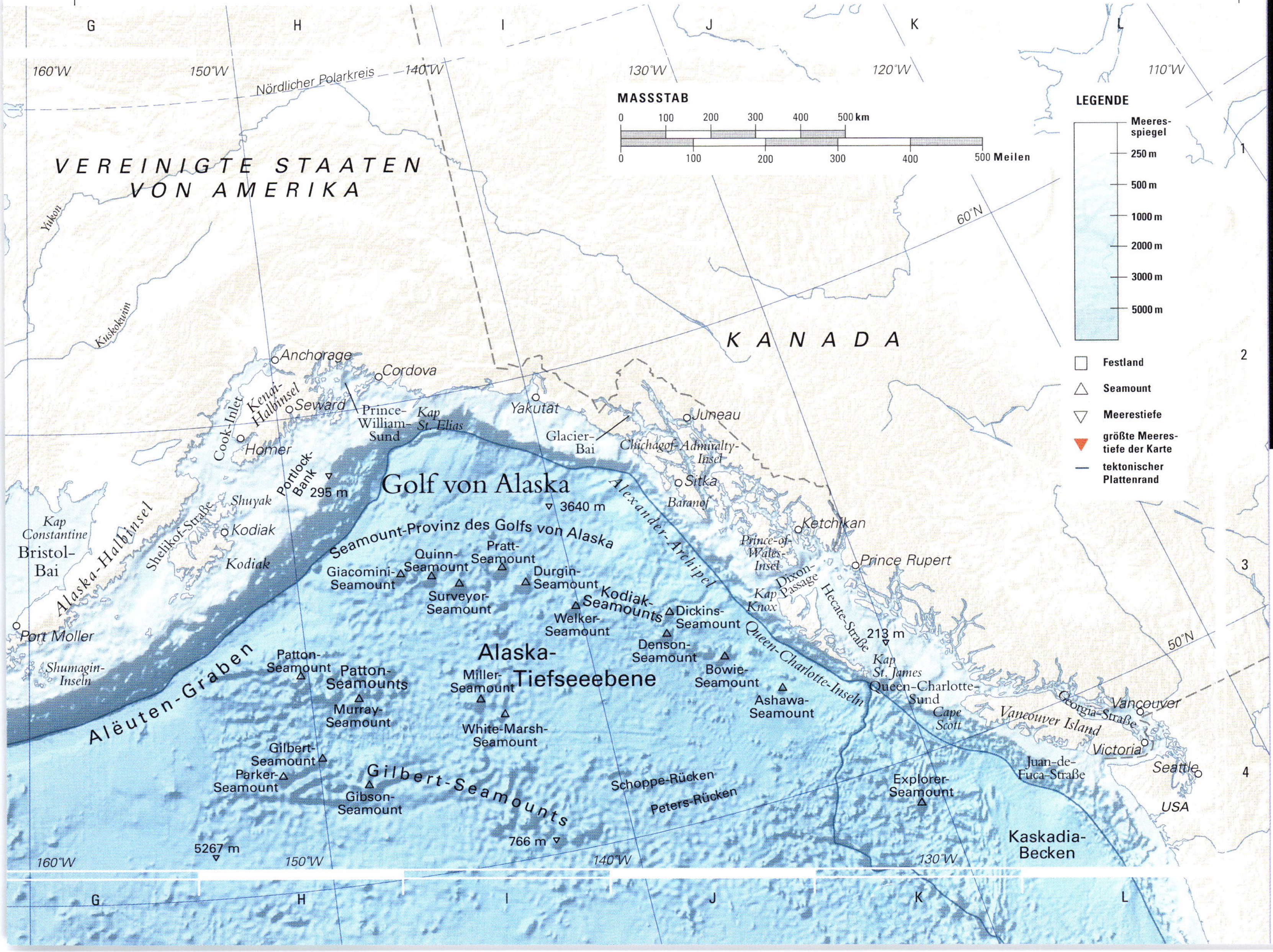

Nordwest-pazifischer Ozean

Neben den Aleüten im Norden endet auch der Nordwesten der Pazifischen Platte mit großen Subduktionszonen. Vulkane, Erdbeben und Tsunamis bestimmen das Risikopotenzial dieser Region, vor allem auf den dicht besiedelten Japanischen Inseln.

PAZIFISCHER OZEAN E4

Ochotskisches Meer

FLÄCHE 1,6 Mio. km²

TIEFSTER PUNKT 3372 m

ZUFLÜSSE Japanisches Meer; Amur, Uda, Ochotska, Penshina

Dieses subarktische Randmeer des Nordwestpazifik ruht auf einem Schelfsockel. Im Norden grenzt es an Ostsibirien, im Osten an den Vulkaninselbogen der Kurilen, während nach Süden zwei schmale Meerengen zum Japanischen Meer durchleiten. Im Winter erschwert Meereis die Schifffahrt und vereiste Schiffsdecks werden zu gefährlichen Arbeitsplätzen. Der Südteil des Meers ist berüchtigt für seinen ganzjährigen dichten Nebel. Gleichzeitig werden in den fischreichen Gewässern aber auch rund 70 Prozent des russischen Fischfangs angelandet. Das Ochotskische Meer ist ferner Heimat bedrohter Tierarten wie dem Grauwal und dem Kurilenseehund. Zur Ochotskischen Platte zählen auch die mit Vulkanketten bestückte Halbinsel Kamtschatka sowie die Inseln Sachalin und Hokkaido. Außer im tieferen Kurilen-Becken mit seiner ausgedünnten ozeanischen Kruste ist das Randmeer durchgehend flach.

GEFÄHRLICHES MEEREIS
Von November bis April ist von Wind und Strömungen bewegtes Treibeis eine ständige Gefahr für die Schifffahrt.

MENSCHLICHER EINFLUSS

ERDÖLSUCHE

Seit 1996 sind in diesem abgelegenen Winkel Russlands lebhafte Aktivitäten um die großen Erdöl- und Erdgaslagerstätten Sachalins zu beobachten. Das Gebiet wurde zum größten Empfänger ausländischer Investitionen in Russland und die Ölförderung dringt immer weiter in das Ochotskische Meer vor. Die erforderlichen Förderanlagen haben den Blick auf die zu erwartenden Eingriffe in die noch intakte Umwelt gelenkt.

PIPELINE
Pipelines verbinden die Offshore-Öl- und -Gasfelder von Sachalin mit dem wichtigsten russischen Pazifikhafen Wladiwostok, der 1800 km weiter südlich liegt.

PAZIFISCHER OZEAN F5, E8

Kurilen-Graben und Japan-Graben

FLÄCHE 3850 km²

TIEFSTER PUNKT 8100 m

SUBDUKTIONSRATE 8 cm/Jahr

Als Folge der Subduktion am Kurilen-Graben befinden sich auf Kamtschatka und den Kurilen zahlreiche Vulkane. Die Kurilen bilden einen fast durchgehenden Vulkanbogen zwischen Hokkaido und Kamtschatka mit nur schmalen Durchlässen zwischen Pazifik und Ochotskischem Meer. Die höchste Kurileninsel ist Atlasow. Die Inseln Hokkaido und Honshu als Teil des Japanischen Inselbogens sind viel älter, weil lang anhaltende Subduktion mehrere Vulkanbögen ineinandergeschoben und die Erdkruste verdickt hat. Dieser Krustenrand ist äußerst bebengefährdet. 1923 forderte ein Beben der Stärke 8 über 100 000 Todesopfer in Tokio und Yokohama. Das Tohoku-Ereignis der Stärke 9 im Jahr 2011, 70 km vor der Küste und 30 km tief unter dem Japan-Graben, hob den Meeresboden um 6–8 m und löste einen Tsunami mit bis zu fast 40 m hohen Wellen aus (siehe S. 462-463).

KURILEN
Wenn die Magmakammer eines Vulkans explodiert und einstürzt, entsteht ein großer Krater, der sich auf dieser Insel mit Wasser gefüllt hat.

PAZIFISCHER OZEAN C7

Japanisches Meer

FLÄCHE 978 000 km²

TIEFSTER PUNKT 3743 m

ZUFLÜSSE Ostchinesisches Meer; Tumen, Ishikari, Shinano, Agano, Mogami, Teshio

Die Strömungsrichtung in diesem Randmeer ist linksdrehend. Warmes Wasser strömt durch die Korea-Straße aus dem Ostchinesischen Meer zu. Hier und im Norden sind reiche Fischgründe. Japanische und koreanische Fischer locken nachts mit starken Scheinwerfern die begehrten Tintenfische an. An der Ostküste ist der Schelf etwas breiter als auf der Westseite, besonders schmal ist er entlang Koreas Küste. Das Japanische Meer ist geologisch sehr komplex aufgebaut; es liegt an der Schnittstelle zwischen Ochotskischer und Eurasischer Platte und beinhaltet drei große Becken: im Osten das Yamato-, im Norden das Japanische und im Südwesten das Tsushima-Becken. Zwischen diesen Becken verläuft der inaktive Yamato-Rücken, ein Relikt des einstigen Spreizungszentrums, der das Randmeer öffnete. Nördlich von Honshu löste 1983 ein starkes Seebeben einen verheerenden Tsunami aus, der an der Küste eine Wellenhöhe von 14 m erreichte und in Japan und in Korea 107 Todesopfer forderte.

PAZIFISCHER OZEAN G6

Nordwestpazifisches Becken

FLÄCHE 6,3 Mio. km²

TIEFSTER PUNKT 6650 m

ZUFLÜSSE Bering-Meer, Philippinisches Meer

Der Oyashio-Strom (japanisch für »Mutter Fluss«) führt kaltes Wasser aus dem Süden des Bering-Meers heran und fließt als Westausläufer des subarktischen Wirbels entlang des Westrands des Nordwestpazifischen Beckens. Wo er auf den warmen Kuroshio-Strom (»Schwarzer Strom«) trifft, befinden sich reiche Fischgründe.

GEOGRAFIE DER OZEANE

MASSSTAB
0 100 200 300 400 500 km
0 100 200 300 400 500 Meilen
RUSSLAND
Ochotskisches Meer
PAZIFISCHER OZEAN
JAPAN
Japanisches Meer (Östliches Meer)
Japanisches Becken
Bering-Meer
Halbinsel Kamtschatka
Schelichow-Golf
Tinro-Becken
312 m
Tinro-Schwelle
Kaschewarow-Bank
12 m
Derjugina-Becken
Institut-Okeanologii-Schwelle
890 m
Akademii-Nauk-Schwelle
Kurilen-Becken
3314 m
Obruchew-Seamount
Kurilen-Graben
Zenkewitsch-Schwelle
Kurilen-Pforte
9783 m
8639 m
Nordwestpazifisches Becken
Aleuten-Graben
Obrutschew-Schwelle
Emperor-Seamounts
1857 m
6088 m
7864 m
Kamtschatka-Becken
635 m
Schirschow-Rücken
Mednij-Seamount
Kommandeurs-Inseln
Mednij
Bering-Insel
Japan-Graben
8180 m
Erimo-Seamount
Takuyo-daiichi-Seamount
Smetanin-Seamount
5310 m
6650 m
Schatskij-Schwelle
247 m
Yamato-Rücken
236 m
Yamato-Seamount
Yamato-Becken
Nordoki-Bank
Oki-Bank
Oki-Rücken
Oki-Trog
Oki-Inseln
Toyama-Graben
Sado-Rücken
Sado
Noto-Halbinsel
Wakasa-Bucht
Toyama-Seamount
Bogorow-Seamount
Ostrownoj-Seamount
Sibirien-Seamount
Musashi-Bänke
5 m
Tataren-Trog
Tataren-Sund
146 m
Nevelskoje-Seamount
597 m
La-Pérouse-Straße
Kap Aniwa
Kunaschir
Iturup
Urup
Simuschir
Kurilen
Paramuschir
Sachalin
Sachalin-Bucht
Schantar-Inseln
Udskaya Guba
Kap Elisabeth
Kap Terpenija
Kap Enkan
Kap Alewin
Kap Tolstoi
Kap Jushnyj
Kap Taigonos
Gischiga-Bai
Penschina-Busen
Karaginski-Bucht
Karaginski
Oljutorskij-Bucht
Kap Oljutorskij
Kap Siwutschij
Kamtschatka-Bucht
Kamtschatka
Kronotskij-Bucht
Kap Schipunskij
295 m
Ochotsk
Magadan
Gischiga
Kamenskoje
Ossora
Ust Kamtschatsk
Ust Yewoje
Petropawlowsk-Kamtschatskij
Ozernowskij
Ajan
Tschumikan
Nikolajewsk am Amur
Amur
Ocha
Alexandrowsk-Sachalinskij
Poronajsk
Makarow
Vanino
Svetlaja
Ternej
Chanka-See
Wladiwostok
Nachodka
Monbetsu
Hokkaido
Kushiro
Otaru
Muroran
Hakodate
Aomori
Oga
Niigata
Himi
Honshu
Tokio
Shikoku
130°O
140°O
150°O
160°O
170°O
60°N
50°N
40°N
C
D
E
F
G
H
1
2
3
4
5
6
7
8

DER TSUNAMI ERREICHT JAPAN
Eine Welle des Tsunami strömt ein und überflutet am 11. März 2011 Häuser an der Küste von Natori in der Präfektur Miyagi auf Honshu.

Der Tsunami von Tohoku

Das Seebeben und der dabei entstandene Tsunami, der am 11. März 2011 Tohoku (die nordöstliche Region von Honshu, der größten Insel Japans) traf, war im Hinblick auf menschliches Leid eine der größten Katastrophen Japans und finanziell die teuerste Naturkatastrophe aller Zeiten. 19747 Menschen kamen um, und weitere 2556 werden noch vermisst. Die ökonomischen Kosten betragen etwa 360 Milliarden US-Dollar (Stand: 2021). Zudem sind die Folgen für die Umwelt durch Schäden am Kernkraftwerk Fukushima und die Freisetzung von Radioaktivität gravierend.

Der Tsunami entstand durch einen plötzlichen Bruch der Erdkruste entlang einer Störung etwa 70 km vor der Küste von Honshu, der zu einem enormen Erdbeben führte. Er hob Teile des Meeresbodens ruckartig um etwa 6–8 m an, was mächtige Wellen verursachte. Als sie die Küste erreichten, strömte das Wasser durch die Städte und über die Felder, Straßen und Flughäfen. Es zerstörte Häuser, Fahrzeuge und Schiffe. Als es sich zurückzog, hinterließ es enorme Schuttberge.

Innerhalb weniger Tage war klar, dass Zehntausende von Gebäuden zerstört und Hunderttausende Menschen obdachlos waren. Im Kernkraftwerk Fukushima kam es zur Überhitzung von drei Reaktoren und zu Explosionen, da die Notstromversorgung gestört war. Es traten radioaktive Stoffe aus dem Kraftwerk in die Atmosphäre, das Meer und den Boden um die Anlage herum aus.

Karte der Wellenhöhen

Die Karte unten zeigt die maximalen Wellenhöhen, die an den betroffenen Küsten Japans registriert wurden. An einer Stelle wurde der Anstieg für kurze Zeit auf fast 40 m über dem Meeresspiegel geschätzt, doch in den meisten stark betroffenen Gebieten betrug der Anstieg 3–12 m. Das Wasser strömte über Deiche hinweg und floss bis zu 10 km weit ins Binnenland. Für etwa eine Stunde war eine Fläche von fast 560 km² überschwemmt. Der Tsunami breitete sich über den ganzen Pazifik aus und richtete mehrere Tausend Kilometer entfernt noch Schäden an.

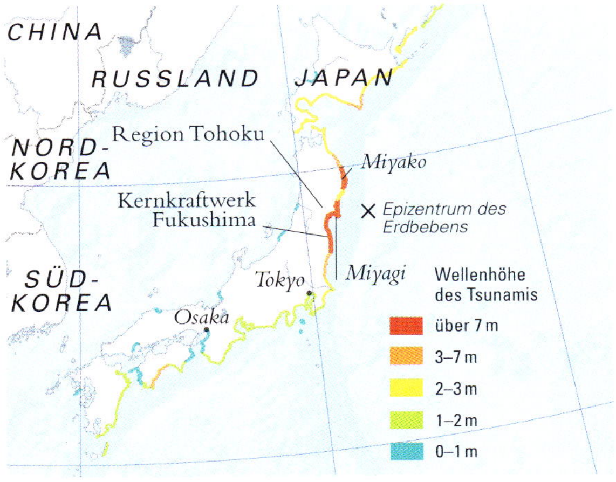

GESCHICHTE DES TSUNAMIS

AUFTAKT

ERDBEBEN UM HONSHU *Das Erdbeben der Stärke 9,0 um etwa 14:45 Uhr Ortszeit führte zu erheblichen Schäden an Straßen und Gebäuden in der Region Tohoku und einigen Gebieten um Tokyo. Zwei Ölraffinerien gerieten in Brand.*

TSUNAMIWELLE *Innerhalb weniger Minuten tauchten Medienberichte und Videos auf, die zeigten, dass eine enorme Tsunamiwelle erbarmungslos auf die Küste der Region Tohoku zulief.*

ALARM WIRD AUSGELÖST *In den Küstengebiete Japans gibt es Sirenen, die vor jedem herannahenden Tsunami warnen, und Hinweisschilder für die Evakuierung. Doch diesmal waren die Wellen zu groß für die Notfallpläne.*

WELLEN ÜBERSCHWEMMEN DIE KÜSTE

ÜBERSCHWEMMUNG *Nur 10–50 Minuten nach dem Erdbeben strömten enorme Mengen von Wasser durch die Häfen und über Felder.*

TREIBGUT *Gebäude und andere Gegenstände wurden zerstört und mitgerissen. Das Material sammelte sich zu schwimmenden Inseln. Viele Feuer brachen aus.*

HILFSAKTIONEN

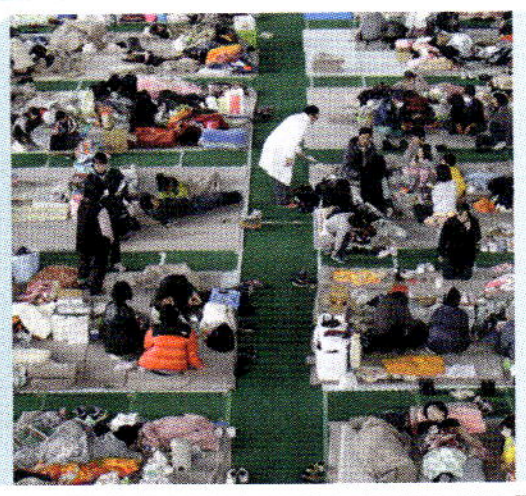

NOTUNTERKÜNFTE *Im Rahmen der Hilfsmaßnahmen wurden die Evakuierten in Schulen und Turnhallen untergebracht. Doch da der Transport von Nahrung, Wasser und Medikamenten schwierig war, stand die japanische Regierung vor enormen Herausforderungen.*

FOLGEN

KRAFTWERKSCHÄDEN *Im Kernkraftwerk Fukushima hielt der Tsunami wichtige Kühlpumpen an. Es kam zu Explosionen und zum Austritt von Radioaktivität, sodass noch im Jahr 2021 Schutzmaßnahmen nötig waren.*

Ostchinesisches Meer

VOR CHINAS OSTKÜSTE breitet sich auf dem weitläufigen Schelf ein Flachmeer aus. Warmes Wasser fließt von Süden heran und dem Kuroshio-Strom zu, um den nördlichsten Korallenbiotopen an Japans Südküste das Überleben zu sichern. Die Region ist von Zyklonen (tropischen Wirbelstürmen) aus dem Südwesten bedroht.

PAZIFISCHER OZEAN B3

Ostchinesisches Meer

FLÄCHE 751 000 km²

TIEFSTER PUNKT 2717 m

ZUFLÜSSE Südchinesisches Meer, Philippinisches Meer, Jangtsekiang

Das Ostchinesische Meer ist ein warmes Flachmeer zwischen China und den Ryukyu-Inseln. Die Formosa-Straße verbindet es mit dem Südchinesischen Meer, die Korea-Straße mit dem Japanischen Meer. Im Frühling und Sommer fließt der warme Tsushima-Strom durch die Korea-Straße nach Norden, während im Winter Nordwinde diese Strömung blockieren. Jeden Sommer bedrohen überdies Taifune die Gegend (siehe S. 70–71). Der Schelf unter dem Ostchinesischen Meer ist sehr breit, wozu zum Teil die hohen Sedimentationsraten des Jangtsekiang, Asiens längstem Fluss, beitragen. Er ist, gemessen von der Mündung, an der mit Shanghai Chinas größte Hafenstadt liegt, 1600 km stromaufwärts für große Schiffe befahrbar. Neben seiner Bedeutung als fischreiches Randmeer ist das Ostchinesische Meer Durchgangsroute zwischen dem Südchinesischen und Japanischen Meer und dem Nordpazifik. Erdgasvorkommen unter dem Schelf des Ostchinesischen Meers werden von China seit 2003 ausgebeutet.

PAZIFISCHER OZEAN B2

Gelbes Meer

FLÄCHE 530 000 km²

TIEFSTER PUNKT 103 m

ZUFLÜSSE Gelber Fluss, Jangtsekiang, Liao He, Luan He, Jalu, Han

Dieser nördliche Anhang des Ostchinesischen Meers wird von den Küsten Chinas und Koreas fast ganz umschlossen. Sein Name geht auf das vom Löss gefärbte Wasser zurück, den der Gelbe Fluss als größter Zufluss in Massen einschwemmt. Das Gelbe Meer ist sehr seicht, weshalb die auf koreanischer Seite von Ebbe und Flut bestrichenen Flächen zu den größten der Erde zählen. Diese starke Tidebewegung wirbelt Sediment vom Meeresboden auf und trägt ebenfalls zur Gelbfärbung bei. Die Küste rund um die Bohai-See ist stark industrialisiert. Dalian ist der drittgrößte Ausfuhrhafen Chinas.

RYUKYU-INSELN
Wegen des subtropischen Klimas säumen Korallenriffe die Küsten der Inselgruppe.

PAZIFISCHER OZEAN C4

Ryukyu-Graben

LÄNGE 530 000 km²

TIEFSTER PUNKT 7460 m

SUBDUKTIONSRATE 6–8 cm/Jahr

Die ozeanische Philippinen-Platte stößt südlich von Japan gegen die Eurasische Platte, unter die sie im Ryukyu-Graben und im Nankai-Trog subduziert wird. Ein vulkanischer Inselbogen markiert diese Subduktionszone. Die Ryukyu-Inseln sind geologisch junge Bildungen, verglichen mit dem Japanischen Inselbogen, der aus ineinandergeschobenen Inseln verschiedener Generationen besteht. Auf der Ryukyu-Insel Okinawa betreiben die Amerikaner eine Marinebasis.

Südchinesisches Meer

Dieses nach den fünf Weltmeeren größte Meer liefert etwa acht Prozent des weltweiten Fischfangs. Das Tropengewässer erhält Wasser aus der Java-See, das es über die Formosa-Straße wieder verlässt. Der Norden wird im Spätsommer häufig von Taifunen heimgesucht.

PAZIFISCHER OZEAN C2

Südchinesisches Meer

FLÄCHE 3,7 Mio. km²
TIEFSTER PUNKT 5016 m
ZUFLÜSSE Xi Jiang, Roter Fluss, Tha Chin, Mekong

Das tiefe Zentralbecken des Südchinesischen Meers ist allseits von flachen Schelfgebieten eingerahmt. Im Golf von Tonking, auf der Vereker-Bank im Norden, vor Borneos Westküste und auf dem Sunda-Schelf im Süden stehen zahlreiche Erdöl- und Erdgasförderanlagen. Das Südchinesische Meer ist übersät mit flachen Bänken und Riffen mit über 200 Kleinstinseln. Um die Hoheitsrechte an diesen Inseln und an den Bodenschätzen streiten sich China, Vietnam, Taiwan, Malaysia, Brunei und die Philippinen. Vor kurzem hat China seinen Gebietsanspruch durch die Vergrößerung einiger Inseln und den Bau von Militärbasen betont. Grund für die Ansprüche sind Minerale sowie enorme Erdölvorkommen, die im Umkreis der kargen Inseln vermutet werden. Taifune aus dem Pazifik drohen im Spätsommer. Der bisher stärkste landfallende Taifun, Haiyan, traf die Philippinen im November 2013 mit Windstärken von mehr als 300 km/h und einer 5 m hohen Sturmflut (siehe S. 72–73). Als er einige Tage später Vietnam erreichte, hatte er sich zum tropischen Sturm abgeschwächt.

PAZIFISCHER OZEAN A2

Golf von Thailand

FLÄCHE 320 000 km²
TIEFSTER PUNKT 80 m
ZUFLÜSSE Südchinesisches Meer; Chao Phraya

Als nordöstlicher Ausläufer des Südchinesischen Meers grenzt der Golf von Thailand an die Halbinsel von Malakka und an Indochina. Neben etwas Erdöl wird vor allem Erdgas auf dem Schelf gefördert. Den größten Süßwassereintrag spendet der Chao Phraya, der dadurch die flachen Gewässer an der Oberfläche brackig macht, während aus dem Südchinesischen Meer salziges Tiefenwasser zuströmt, das sich unterhalb 50 m Wassertiefe ausbreitet. An den Küsten wachsen Korallenriffe, die mit ihren herrlichen Tauchrevieren zahlreiche Touristen anlocken, wie beispielsweise auf Ko Samui. Südlich dieser Insel bildete der Sunda-Schelf in der letzten Eiszeit eine Landbrücke, die die Sunda-Inseln Borneo, Sumatra und Java mit dem asiatischen Festland verband.

PAZIFISCHER OZEAN D3

Sulu-See

FLÄCHE 260 000 km²
TIEFSTER PUNKT 5600 m
ZUFLÜSSE Celebes-See

Die Sulu-See ist ein tiefes, von Inseln umrahmtes Tropenmeer. Meeresströme richten sich nach dem Monsun – im Sommer kommen sie aus dem Süden, im Winter aus dem Norden. Kleinfischerei ist die Haupteinnahmequelle in der Sulu- wie der angrenzenden Celebes-See, aber auch Garnelen, Schildkröten und Perlmuscheln werden gefangen.

PERLENFISCHEREI IN DER SULU-SEE

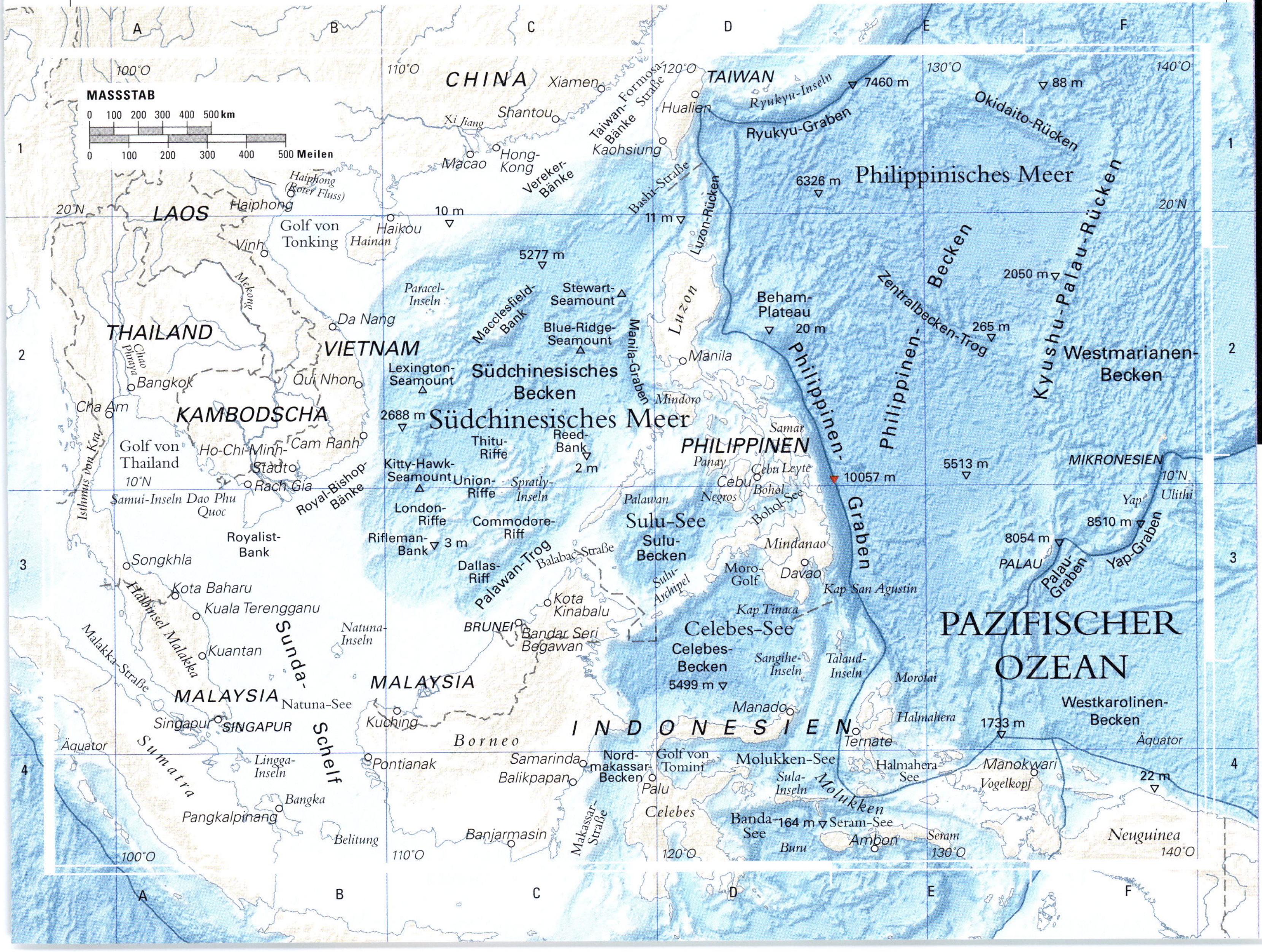

A
B
C
D
E
F
130°O
140°O
150°O
30°N
20°N
10°N
Gelbes Meer
SÜD-KOREA
Pohang
Pusan
Japanisches Meer
JAPAN
Honshu
Tokio
Nagoya
Osaka
Hiroshima
Inland-See
Kitakyushu
Shikoku
Tokushima
Fukuoka
Kyushu
Nagasaki
Kagoshima
Korea-Straße
Tsushima-Straße
Cheju-Straße
Cheju
Goto-Inseln
Shanghai
Große Yangtse-Bank
Tanega-Insel
Yaku-Insel
Nankai-Trog
Izu-Sporn
Izu-Inseln
Izu-Graben
8130 m
9780 m
6650 m
Nordwest-pazifisches Becken
1339 m
Isakow-Seamount
Makarow-Seamount
5661 m
CHINA
Ostchinesisches Meer
Amami-Inseln
4506 m
Shikoku-Becken
Iwo-Jima-Rücken
Ogasawara-Trog
Ogasawara-Inseln
Bonin-Rücken
Kazan-Inseln
Okinawa
Okinawa-Trog
Ryukyu-Inseln
Naha
Senkaku-Inseln
Sakishima-Inseln
24 m
7460 m
Ryukyu-Rücken
Ryukyu-Graben
Daito-Rücken
88 m
Okidaito-Rücken
Kyushu-Palau-Rücken
9157 m
Bonin-Graben
Chojo-Seamount
Michelson-Rücken
Marcus-Insel
1082 m
TAIWAN
Hualien
Bashi-Straße
Luzon-Rücken
11 m
6326 m
PAZIFIS
Philippinisches Meer
Westmarianen-Rücken
Marianen-Rücken
Marianen-Graben
NÖRDLICHE MARIANEN
Saipan
Tinian
9888 m
GUAM
Magellan-Seamounts
6464 m
Luzon
Benham-Plateau
20 m
2050 m
Zentralbecken-Trog
265 m
Philippinen-Becken
Westmarianen-Becken
Ostmarianen-Becken
Manila
Mindoro
Samar
PHILIPPINEN
Panay
Cebu
Leyte
Negros
Bohol
Philippinen-Graben
10057 m
5513 m
Challenger-Tief
10928 m
Ulithi
Mikr
Sulu-See
Bohol-See
Mindanao
Moro-Golf
Davao
Kap San Agustin
Kap Tinaca
Yap
8510 m
8054 m
Yap-Graben
PALAU
Palau-Graben
Westkarolinen-Schwelle
Sorol-Trog
Karolinen
Karolinen-Rücken
Chuuk-Inseln
MIKRONESIEN
Talaud-Inseln
Sangihe-Inseln
Celebes-See
Celebes-Becken
5499 m
Manado
Westkarolinen-Trog
4859 m
Westkarolinen-Becken
Eauripik-Schwelle
1554 m
Ostkarolinen-Becken
4262 m
Mussau-Graben
Lyra-Becken
1402 m
Ontong-Java-Schwelle
Morotai
Halmahera
Äquator
Ternate
1733 m
7249 m
Molukken-See
Sula-Inseln
Halmahera-See
Manokwari
Vogelkopf
Neuguinea-Graben
Manus-Graben
Lyra-Riff
Molukken
Celebes
Seram-See
22 m
Bismarck-Archipel
Manus
Bismarck-See
164 m
INDONESIEN
Buru
Seram
Ambon
Jayapura
Neuguinea
Wewak
Sepik
PAPUA-NEUGUINEA
Neuirland
Banda-See
Rabaul

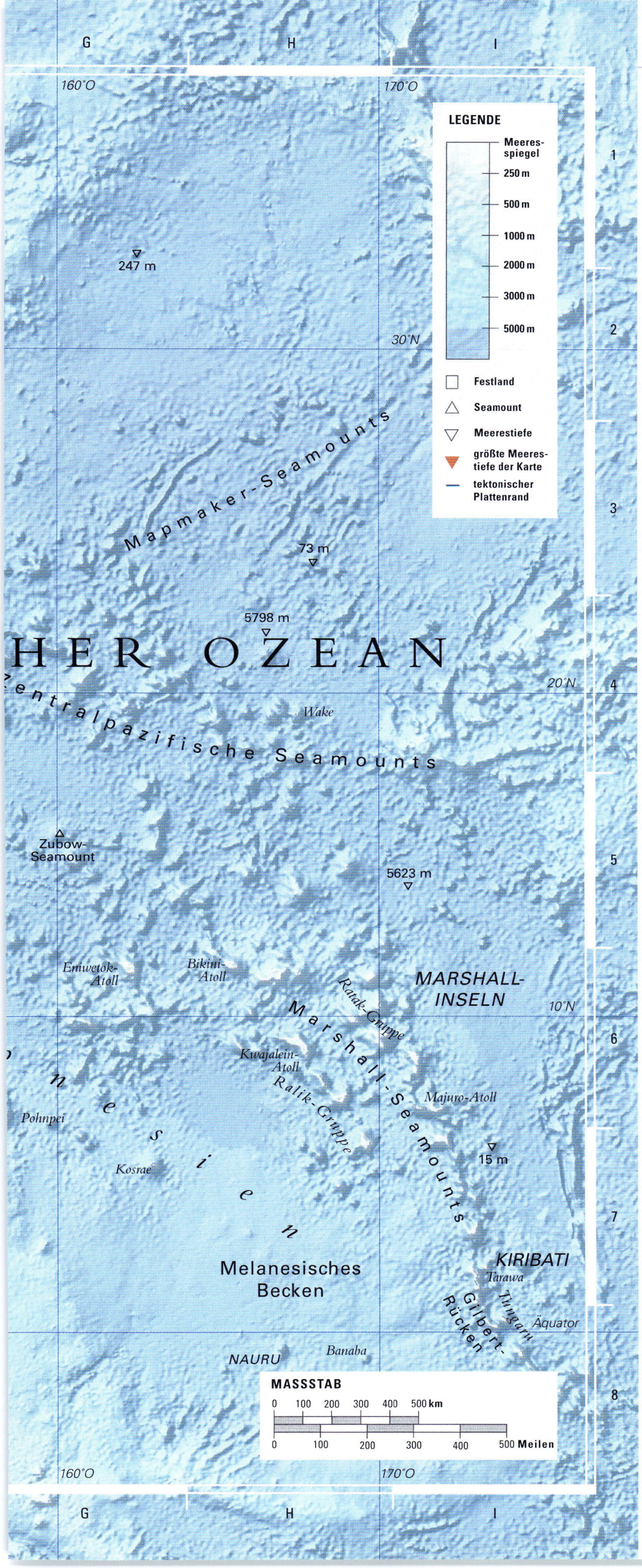

Mikronesien

Der Name bezieht sich auf ein Inselgebiet im Westpazifik nördlich des Äquators. Es umfasst die Karolinen und Marianen im Westen, Nauru, die Marshall-Inseln sowie Kiribati (früher: Gilbert-Inseln) im Osten.

PAZIFISCHER OZEAN B4

Philippinisches Meer

FLÄCHE 5 Mio. km²

TIEFSTER PUNKT 10 540 m

ZUFLÜSSE Pazifischer Ozean, Südchinesisches Meer

Das Philippinische Meer erstreckt sich zwischen den Philippinen und den Marianen sowie Japan und Palau. Es wird vom Nordäquatorial-Strom durchflossen, der sich nach Norden im Kuroshio-Strom fortsetzt. Im Sommer erwärmt sich das Wasser sehr stark, was das Entstehen von Taifunen begünstigt. Den Meeresboden trägt die ozeanische Philippinische Platte, die im Ryukyu- und Philippinen-Graben subduziert wird. Sie besteht aus zwei Becken: dem westlichen Philippinen-Becken, das älter und tiefer ist, und dem Westmarianen-Becken – beide sind getrennt durch den Kyushu-Palau-Rücken. Dieser und der Iwo-Jima- sowie der Westmarianen-Rücken sind Relikte einstiger Inselbögen, die mit alten Subduktionszonen zusammenhängen.

HAFEN NACH EINEM TAIFUN

PAZIFISCHER OZEAN E5

Marianen-Graben

LÄNGE 2542 km²

TIEFSTER PUNKT 10 928 m

SUBDUKTIONSRATE 4 cm/Jahr

Am Ostrand der Philippinischen Platte befindet sich der Inselbogen der Nördlichen Marianen. Östlich davon liegt der Marianen-Graben, der die Subduktion der Pazifischen unter die Philippinische Platte markiert. Der Marianen-Graben enthält das Challenger-Tief – mit 10 928 m die tiefste bekannte Stelle der Meere, benannt nach dem britischen Forschungsschiff, das 1951 die Tiefe maß. Es wurde erstmals 1960 vom Tauchboot *Trieste* erforscht, dann 1995–1998 und 2009 mit ferngesteuerten Booten, 2012 mit der *Deepsea Challenger* sowie 2019, 2020 und 2021 von US-amerikanischen und chinesischen Forschern.

MARIANEN
Die Südlichen Marianen-Inseln sind aus Kalkstein-Plattformen aufgebaut und werden von Korallenriffen gesäumt.

PAZIFISCHER OZEAN I6

Marshall-Inseln

ART Korallenatoll-Inseln

FLÄCHE 180 km²

ANZAHL DER INSELN 34

Die meisten Seamounts im Westpazifik liegen weitab jeglicher Plattenränder. Sie sind häufig zu länglichen Gruppen angeordnet, die nicht selten in Südost-Nordwest-Richtung verlaufen – der Bewegungsrichtung der Pazifischen Platte. Die Seamounts gehen auf Hotspots im Erdmantel zurück, über denen heißes Magma durch die Erdkruste nach oben drängt, um in Vulkanen auszufließen. Einige davon bilden Vulkaninseln wie die Marshall-Inseln, die mit der Platte weiterziehen und mitsamt ihren Korallenatollen im Meer versinken. Wegen ihrer Abgeschiedenheit nutzte das US-Militär die Atolle von Eniwetok und Bikini in den 1940er- und 1950er-Jahren für Kernwaffentests. Heute sind die Kiribati-Inseln vom Meeresspiegelanstieg durch den Klimawandel bedroht.

RÖHRENAALE
Diese Tiere sind Teil der Meeresfauna des Rongelap-Atolls auf den Marshall-Inseln und leben in selbst gegrabenen Wohnröhren.

Midway und Hawaii

Im zentralen Nordpazifik dominieren rechtsdrehende Oberflächenströmungen; der Kusoshio-Ausläufer im Norden fließt erst ostwärts, dreht dann auf Süd und kehrt als Nordäquatorial-Strom südlich Hawaii zurück. Seamount-Ketten überziehen den Meeresboden in Richtung Nordwest-Südost, Bruchzonen sind etwa Ost-West ausgerichtet.

PAZIFISCHER OZEAN B1

Emperor-Seamounts

ART Vulkanische Seamount-Kette

LÄNGE 2000 km²

ANZAHL DER SEAMOUNTS 17

Diese Seamount-Kette erstreckt sich vom Nordwesten Hawaiis über 2000 km nach Norden bis zum Aleuten-Graben. Sie ist mit über 40 Mio. Jahren der älteste Teil der Hawaii-Emperor-Seamount-Kette, deren Alter und Tiefenlage Richtung Norden zunimmt. Die einzelnen Seamount-Namen erinnern an japanische Herrscher.

PAZIFISCHER OZEAN C3

Midway-Inseln

ART Korallenatoll-Inseln

FLÄCHE 6,2 km²

ANZAHL DER INSELN 4

Die vier Inseln bilden ein Korallenatoll und liegen auf halbem Weg zwischen Nordamerika und Asien. Ihre Lage begünstigte vielfältige Nutzungen – zunächst als Telegrafen- und Radiostation, dann als Stützpunkt für Wasserflugzeuge und als wichtiger Marine- und Luftwaffenstützpunkt zu Kriegszeiten. Heute nehmen US-Behörden Naturschutzaufgaben wahr.

PAZIFISCHER OZEAN E3

Hawaii-Inseln

ART Vulkaninseln

FLÄCHE 16 600 km²

ANZAHL DER INSELN 19

Die Vulkane auf den Hawaii-Inseln sind im Ostteil noch aktiv, während die älteren im Westteil der Kette zu Seamounts und Atollen geworden sind. Sie sind die südliche Fortsetzung der Emperor-Seamount-Kette, die vom selben Hotspot unter der Pazifischen Platte geschaffen worden sind, während die Platte zuerst nordwärts und dann Richtung Westnordwest wanderte. Diese Richtungsänderung vor etwa 40 Mio. Jahren ist im Knick zwischen beiden Vulkaninselketten abgebildet. Der hawaiianische Mauna Loa ist der mächtigste Schildvulkan der Erde. Gemessen vom Vulkanfuß erhebt er sich rund 17 000 m über den Ozeanboden, wesentlich höher als der Mt. Everest über Meeresniveau. Seine schiere Masse hat die ozeanische Kruste eingedellt und den Hawaii-Trog nördlich und östlich der Hauptinsel geschaffen. Das warme Meer um Hawaii ist reich an Korallenriffen. Der vorherrschende Wind ist der Nordostpassat, der die grüne Nordostküste der Inseln oft in Regenwolken hüllt und für hohe Jahresniederschläge sorgt.

LAVAAUSBRÜCHE AUF HAWAII
Flüssige Basaltlava aus dem Kilauea-Vulkan auf der Insel Hawaii erreicht den Pazifischen Ozean.

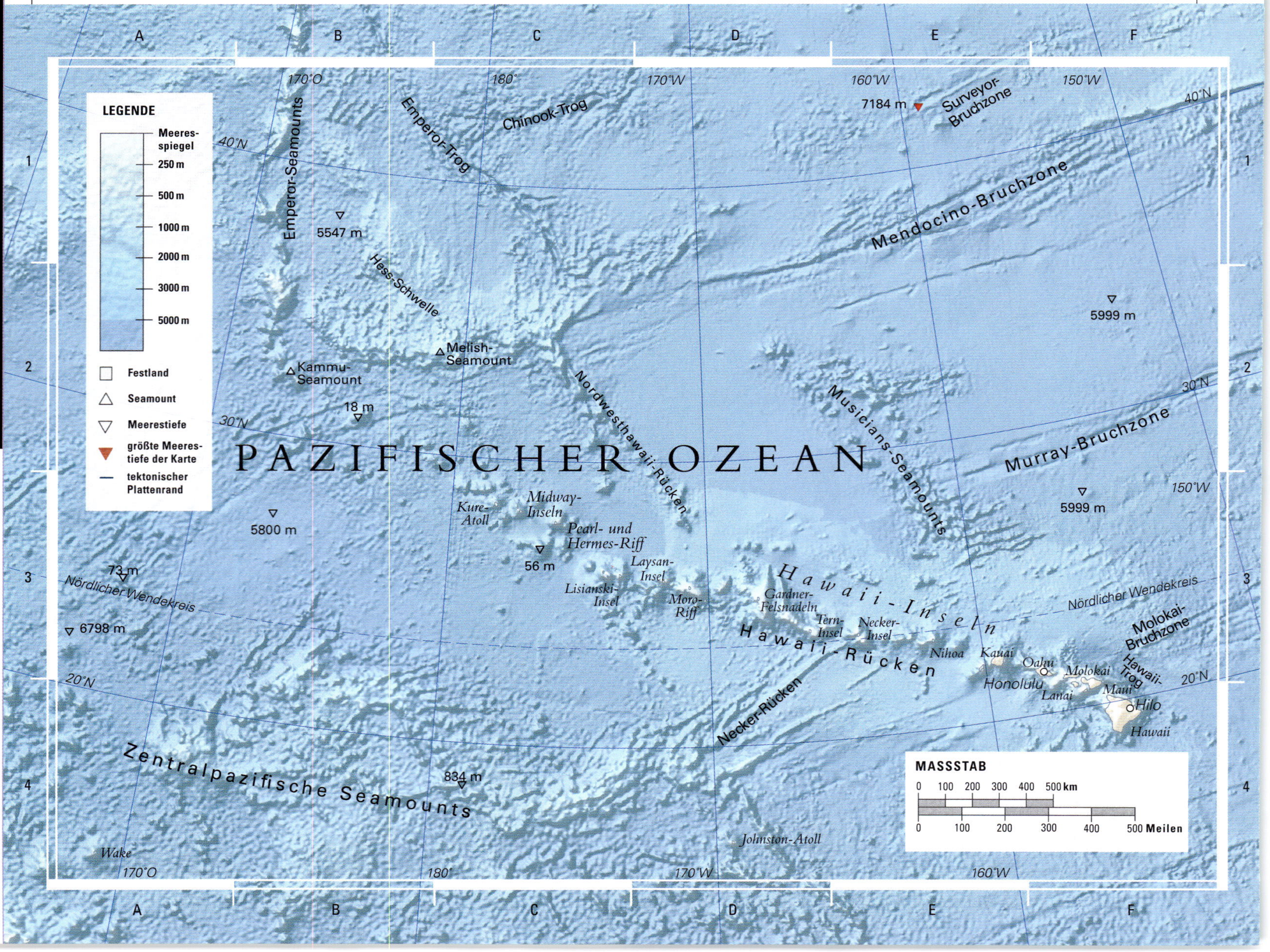

Westküste Amerikas

DER KALTE KALIFORNIEN-STROM fließt entlang der nordamerikanischen Westküste nach Süden, um südlich des Nördlichen Wendekreises nach Westen in den Nordäquatorial-Strom einzubiegen. In Gegenrichtung fließt ein kalter Küstenstrom. Der von Bruchzonen zerfurchte Ozeanboden neigt sich mit sanftem Gefälle weg vom Kontinent.

PAZIFISCHER OZEAN C1

San-Francisco-Bai

FLÄCHE 4160 km²
TIEFSTER PUNKT 600 m
ZUFLÜSSE San Joaquin, Sacramento

Die San-Francisco-Bai und ihre Nebenarme bilden den größten Naturhafen der Erde. Neben San Francisco haben Oakland, Richmond, Stockton, Sacramento und San-Pablo-Bai große Häfen. Alle gehören zu einem Ästuar (Mündungstrichter) mit ausgedehnten Salzmarschen, in denen bedrohte Arten leben. Der berüchtigte Küstennebel entsteht, wenn der Seewind über kalte Küstengewässer streicht.

GOLDEN-GATE-BRÜCKE IM NEBEL

PAZIFISCHER OZEAN C1

Monterey-Bai

FLÄCHE 1600 km²
TIEFSTER PUNKT 3250 m
ZUFLÜSSE Pazifischer Ozean

Die Monterey-Bai beherbergt eines der artenreichsten marinen Ökosysteme der Erde mit einer Vielfalt an Fischen, Wirbellosen, Seevögeln und Säugetieren, darunter Seeotter, Seehunde, See-Elefanten, Tümmler und Meeresschildkröten. Bekannt ist die Fischindustrie, die sich Anfang des 20. Jahrhunderts rund um die »Cannery Row« entwickelte. Die Bai geht in einen der längsten Unterwassercanyons der Erde über, den 3000 m tief eingeschnittenen und 100 km langen Monterey-Canyon. Ein Schlammvulkan im Norden des Canyons stößt kalte Kohlenwasserstoffe aus (siehe S. 188–189), in deren Umfeld sich ein auf Schwefel basierendes Ökosystem entwickelt hat, das ohne Sonnenenergie auskommt. Ähnliche Tiefseegesellschaften umgeben die heißen Hydrothermalschlote auf aktiven mittelozeanischen Rücken.

PAZIFISCHER OZEAN E2

Golf von Kalifornien

FLÄCHE 160 000 km²
TIEFSTER PUNKT 3050 m
ZUFLÜSSE Fuerte, Sonora, Yaqui, Colorado

Die spanischen Eroberer nannten den Golf von Kalifornien früher Cortez-See, was manchmal die Einheimischen noch sagen. In ihm stößt die Nordamerikanische auf die Pazifische Platte. Die Halbinsel von Niederkalifornien liegt auf der Pazifischen Platte und driftet mit 5 cm im Jahr nach Nordwesten, weg von Mexiko. Weiter nördlich bebt die Erde häufig, manchmal schwer, entlang der San-Andreas-Störung. Die ökologisch wertvollen Gewässer des Golfs sind fischreich und erlauben gute Fangquoten. Neben den heimischen Arten gibt es viele Zuwanderer und Besucher wie Buckelwale, Mantarochen oder Lederschildkröten. Die Kalifornischen Grauwale reisen jedes Jahr vom Bering-Meer hierher und verweilen einige Wochen im Golf, um ihre Jungen zu gebären. Dann ziehen sie mit ihnen wieder 8000 km zurück in den Norden.

GRÜNER SANDSTRAND
Der Papakolea oder Mahana-Strand auf der vulkanischen Hauptinsel Hawaiis ist einer der wenigen Strände der Welt mit einem überwiegend grünen Sand. Der auffällige Farbton entsteht durch das Mineral Olivin, das aus dem vulkanischen Schlackekegel herausgewaschen wird, der den Strand teilweise umschließt.

Melanesien

Der Name ist dem griechischen Ausdruck für »Schwarze Inseln« entlehnt. Melanesien umfasst die Inseln nördlich von Australien und reicht von Celebes und Neuguinea im Westen bis Fidschi und Samoa im Osten. Die warmen tropischen Gewässer erhalten östlichen Zustrom vom Südäquatorial-Strom. Die geologischen Verhältnisse sind sehr komplex, Vulkanismus ist weit verbreitet.

PAZIFISCHER OZEAN F2

Salomon-See

FLÄCHE 720 000 km²

TIEFSTER PUNKT 8940 m

ZUFLÜSSE Pazifischer Ozean, Korallen-See

Die Salomon-See liegt zwischen den Salomonen und Neuguinea, der Insel Neubritannien im Norden und dem Lousiade-Archipel im Süden. Die Geologie des Meeresbodens ist kompliziert und besteht aus Resten eines geschlossenen Meeresbeckens infolge Norddrift der Australischen Platte und Westdrift der Pazifischen Platte. Vermutlich setzt er sich aus einer oder zwei ozeanischen Mikroplatten zusammen. Die Salomon-Mikroplatte breitet sich vom Gebiet des Pockington-Trogs aus und rotiert rechtsdrehend, um im Norden und wahrscheinlich auch im Südwesten subduziert zu werden. Vulkanische Aktivitäten konzentrieren sich vor allem nach New Georgia-Inseln, wo der Spreizungsrücken subduziert wird – der untermeerische Vulkan Kavachi ist 2002 gefährlich ausgebrochen.

Am anderen Ende der Platte ist die Huon-Halbinsel Neuguineas herausgehoben worden, was durch weit landeinwärts gefundene Korallenriffe dokumentiert ist.

DER VULKANKOMPLEX RABAUL
Der Ausbruch des Tavurvur 2014 war weitaus weniger zerstörerisch als der von 1994, bei dem ein Großteil der Stadt Rabaul zerstört wurde, nachdem sie evakuiert worden war.

PAZIFISCHER OZEAN F1

Bismarck-See

FLÄCHE 320 000 km²

TIEFSTER PUNKT 2800 m

ZUFLÜSSE Pazifischer Ozean, Salomon-See

Dieses Randmeer schließt an die Nordküste Neuguineas an und ist von Vulkaninseln umrahmt, deren größte Neubritannien heißt. Die darunter liegende Bismarck-Mikroplatte wird von der nordwärts driftenden Australischen Platte sowie der Pazifischen und der Karolinen-Platte, die beide westwärts ziehen, eingezwängt. Letztere erzeugen durch ihre Subduktion im Manus-Graben einen vulkanischen Inselbogen am Nordrand der Bismarck-See. Die Vulkane an deren Südrand werden durch Subduktion der Salomon-Mikroplatte im Neubritannien-Graben genährt und sind derzeit sehr aktiv. Den Ostrand der Bismarck-See bildet die Ontong-Java-Schwelle, in der sich einer der größten Basaltkörper der Erde verbirgt; einige seiner Laven sind 120 Mio. Jahre alt.

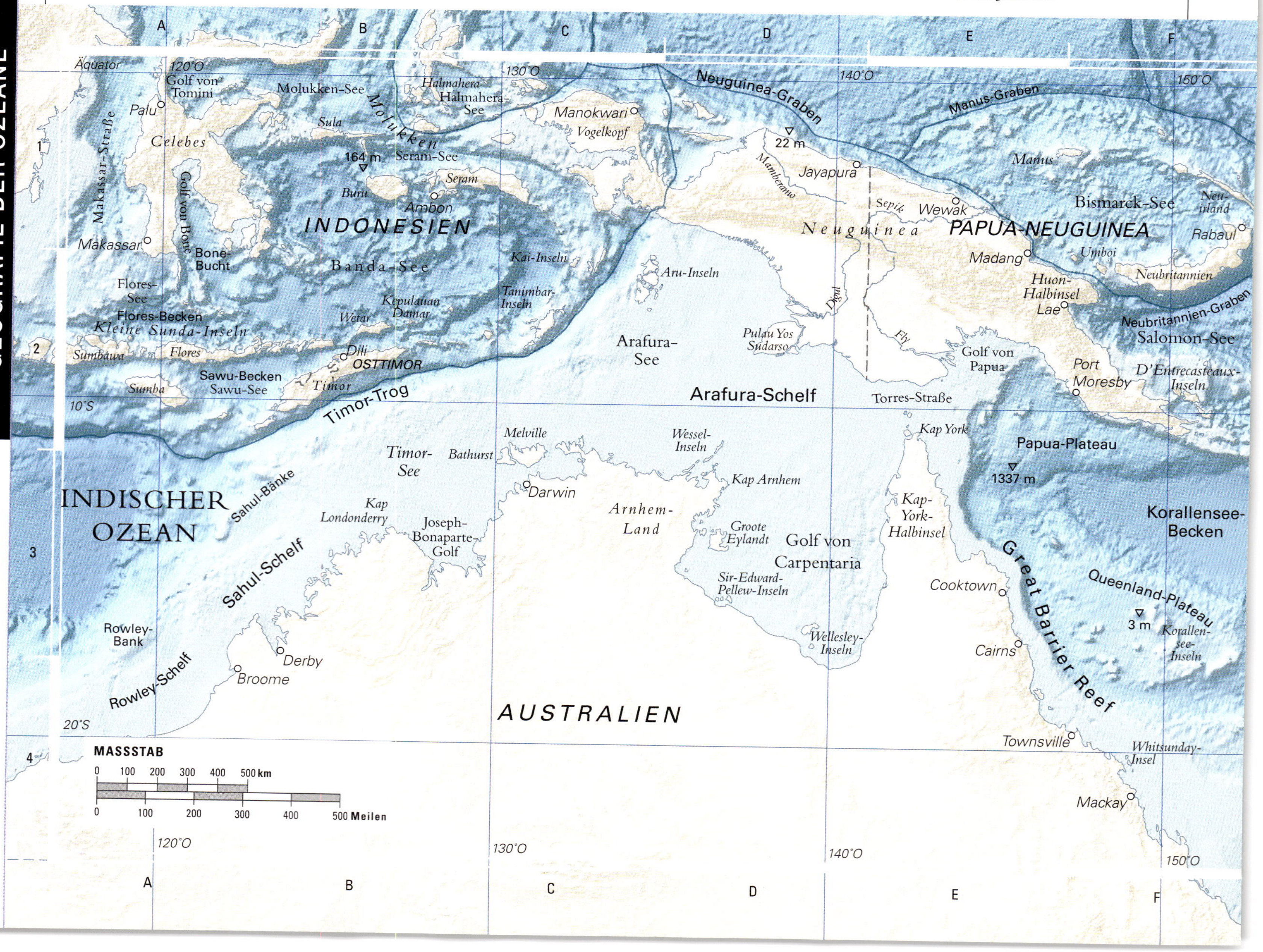

PAZIFISCHER OZEAN C2

Arafura-See

FLÄCHE 650 000 km²

TIEFSTER PUNKT 80 m

ZUFLÜSSE Korallen-See, Timor-See, Banda-See

Durch das flache Schelfmeer der Arafura-See verläuft die Grenze zwischen dem Indischen und dem Pazifischen Ozean. Während des Sommermonsuns zieht der Südäquatorial-Strom Wasser westwärts in den Indischen Ozean ab, doch im Wintermonsun stellt sich durch den Äquatorialen Gegenstrom genau das Gegenteil ein.

ABENDSTIMMUNG AN DER ARAFURA-SEE

GREAT BARRIER REEF
Das weltgrößte Korallenriff erstreckt sich auf über 2000 km Länge entlang der Nordostküste Australiens.

PAZIFISCHER OZEAN G3

Korallen-See

FLÄCHE 4,8 Mio. km²

TIEFSTER PUNKT 9165 m

ZUFLÜSSE Südwestpazifik; Fly, Purari, Kikori

Die Küsten dieses Tropenmeers schmücken zahlreiche Korallenriffe. An seiner Westseite säumt das Great Barrier Reef (siehe S. 161) den Schelf der Nordostküste Australiens. Aus dem Pazifik strömt warmes Wasser herein und zirkuliert ein wenig, bevor es die Korallen-See durch die Torres-Straße im Westen und als Ostaustralien-Strom nach Süden verlässt. An seinem Ost- und Nordrand öffnen sich Tiefseerinnen, in denen ozeanische Kruste der Australischen Platte subduziert wird, was den Vulkanismus auf den Salomonen und der Vanuatu-Inselkette bedingt. Explosive Ausbrüche auf den Inseln fördern Bims, ein aufgeblähtes vulkanisches Glasgestein, das schwimmfähig ist und an den Stränden im Westen der Korallen-See angeschwemmt wird.

PAZIFISCHER OZEAN K3

Fidschi-Plateau

FLÄCHE 80 000 km²

MITTLERE TIEFE weniger als 250 m

Das Fidschi-Plateau ist der mächtigste Teil der Fidschi-Platte. Die Fidschi-Inseln waren einst Teil eines Vulkaninselbogens entlang Vanuatu und der Salomonen. Als die Pazifische Platte ihre Richtung änderte, wanderten sie nach Osten; neue ozeanische Kruste entstand im Nordfidschi-Becken. Der Hunter-Rücken im Süden ist die Transformstörung, an der die Platte entlangschrappte, während sie am Witjas-Graben im Norden subduziert wurde und die Vulkaninseln erzeugte (diese Zone ist heute inaktiv). Im Umkreis der sich hebenden Vulkaninseln lagerte sich mit der Zeit eine beträchtliche Kalksteinplattform ab. Das Wachstum der Plattform hält dank der zahllosen Korallenriffe, die Fidschis Inselwelt säumen, bis heute an.

FASZINIERENDE BEGEGNUNG
Eine Echte Karettschildkröte schwebt an einer Gruppe Taucher vorbei, die im Ras-Mohammed-Nationalpark nahe Sharm el Sheikh im Roten Meer tauchen.

Tauchtourismus

Seit die französischen Unterwasserpioniere Jacques Cousteau und Emile Gagnan 1943 die Pressluftflasche für Taucher entwickelten, verließ diese Art des Tauchens die Exklusivität einiger Weniger in Militär, Wissenschaft und Geldadel, um sich von nun an einem breitem Publikum bekannt zu machen. Auch wenn ein gewisses Risiko bleibt, gibt es viele Tauchschulen, die Neulingen das sichere Tauchen beibringen. Sie sind fast überall entstanden, wo es genügend Tourismus und leicht zugängliche Gewässer gibt, die sich zum Tauchen eignen. Die COVID-Pandemie brachte ab 2020 den Tauchtourismus fast ganz zum Erliegen, doch ab 2021 gab es wieder Anzeichen der Erholung. Anekdotische Belege zeigen, dass Taucher jetzt sogar etwas erholte, gesündere Ökosysteme vorfinden, weil sie viele Monate lang ungestört waren.

Der heutige Tauchtourist sieht sich mit einer verwirrenden Vielzahl an Möglichkeiten konfrontiert, seinem Hobby zu frönen. Die einfache Form ist ein »Grundkurs Tauchen«, der in vielen Urlaubsresorts angeboten wird. Mit der passenden Ausrüstung, einer kurzen Einweisung und einem Tauchlehrer geht es zum nächsten Riff einige Meter unter die Wasseroberfläche. Etwas Erfahrenere buchen schon einen Urlaub in einem speziellen Tauchgebiet, um mit einem Guide schöne »Spots« zu besuchen. Manche Tauchenthusiasten quartieren sich mehrere Tage auf Tauchschiffen ein, mit denen sich abgelegene Tauchgründe anfahren lassen. Besonders engagierte Taucher können sich auch den verschiedensten Expeditionen oder Projekten anschließen, um an Umweltschutzaktionen oder wissenschaftlichen Tauchgängen teilzunehmen.

Verhaltenskodex beim Tauchen

Wegen der hohen Attraktivität bestehen Veranstalter und Behörden darauf, dass der Tauchtourismus in umweltverträglichen Bahnen verläuft. Der weltweit verbindliche Verhaltenskodex schreibt vor: kein absichtliches Anfassen von Riffen; Kontrolle des Auftriebs, um auch unbeabsichtigten Kontakt zu vermeiden; kein Aufsammeln von Muscheln, Korallen oder anderen »Souvenirs«; kein Füttern, Streicheln oder Stören von Meerestieren; Abstand halten zu großen Meerestieren wie z.B. Walen.

SICHERHEIT ZUERST *Ein Tauchguide unterweist Anfänger im richtigen Verhalten bei Taucherbrillenverlust. Eingeübte Handzeichen dienen der Verständigung unter Wasser.*

PRAXIS DES TAUCHENS

TAUCHPLÄTZE

SCHIFFWRACKS *Nicht nur Meerestiere ziehen Taucher magisch an. In vielen Küstengewässern, wie hier in der Karibik, liegen zahlreiche Wracks auf Grund. Tauchgänge zu ihnen sind wie Reisen in die Vergangenheit.*

RIFFE *Korallenriffe zählen zu den spektakulärsten Biotopen der Erde. In intakten Riffen wimmelt es von exotischen Kreaturen, wie diese farbenfrohen Mondsichel-Falterfische, die sich in einem Riff auf Hawaii tummeln.*

VOR- UND NACHTEILE DES TAUCHTOURISMUS

ÖKOTOURISMUS *Manche engagierten Taucher verbringen ihren Tauchurlaub damit, Forscher bei ihrer Arbeit zu unterstützen.*

ORTSANSÄSSIGE WIRTSCHAFT *Örtliche Tauchschulen verbessern die örtliche Wirtschaftskraft. Nimmt die Besucherzahl einer Tauchlocation stark zu, besteht allerdings die Gefahr einer Überbeanspruchung der Riffbiotope.*

MEERESTIERE – GANZ NAH

HAIE FÜTTERN *Das Füttern von Raubtieren wie diesen Karibischen Riffhai erfordert viel Mut. Weil Haie durch solche Aktivitäten ihr Verhalten anpassen, werden diese Tauchgänge vielerorts immer beliebter, was letztlich zu einschränkenden Maßnahmen zum Schutz der Tiere führt.*

SCHLECHTES BEISPIEL *Ein Junge beim Tauchen im Roten Meer berührt einen Igelfisch, der sich aus Angst aufpumpt. Solche Handlungen schaden Tauchern wie Tieren und sind vom Verhaltenskodex der Taucher nicht gedeckt.*

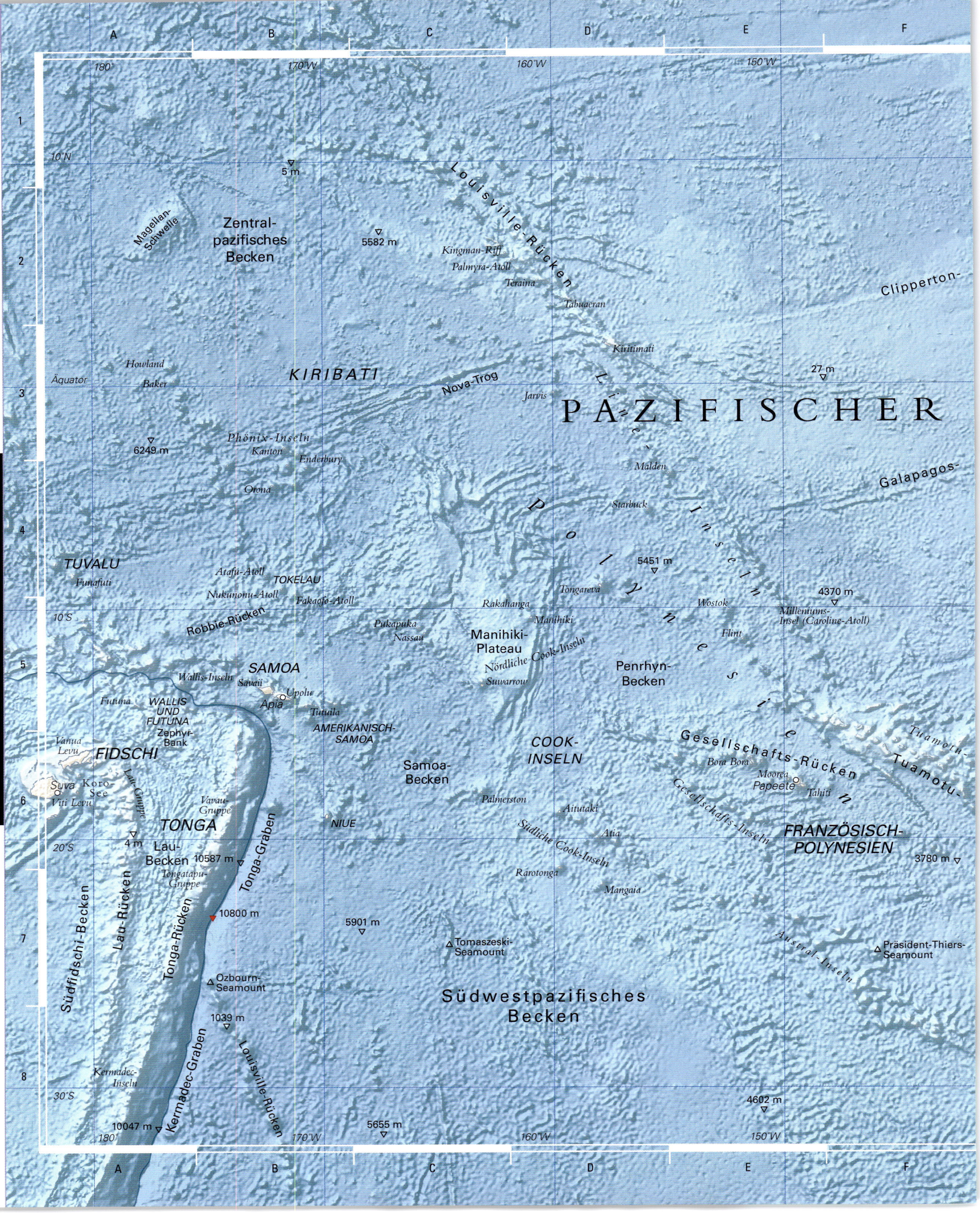
A
B
C
D
E
F
180°
170°W
160°W
150°W
10°N
Äquator
10°S
20°S
30°S
1
2
3
4
5
6
7
8
5 m
Magellan-Schwelle
Zentral-pazifisches Becken
5582 m
Louisville-Rücken
Kingman-Riff
Palmyra-Atoll
Teraina
Tabuaeran
Clipperton-
Kiritimati
Howland
Baker
KIRIBATI
Nova-Trog
Jarvis
27 m
PAZIFISCHER
Line-Inseln
6249 m
Phönix-Inseln
Kanton
Enderbury
Malden
Galapagos-
Orona
Starbuck
Polynesien
TUVALU
Funafuti
Atafu-Atoll
TOKELAU
Nukunonu-Atoll
Fakaofo-Atoll
5451 m
Tongareva
Rakahanga
Wostok
4370 m
Millenniums-Insel (Caroline-Atoll)
Manihiki
Pukapuka
Nassau
Robbie-Rücken
Manihiki-Plateau
Nördliche Cook-Inseln
Flint
Penrhyn-Becken
SAMOA
Wallis-Inseln
Savaii
Upolu
Apia
Suwarrow
Futuna
WALLIS UND FUTUNA
Tutuila
AMERIKANISCH-SAMOA
Zephyr-Bank
Vanua Levu
FIDSCHI
Samoa-Becken
COOK-INSELN
Gesellschafts-Rücken
Tuamotu-
Tuamotu-
Bora Bora
Moorea
Papeete
Tahiti
Suva
Koro-See
Viti Levu
Lau-Gruppe
Vavau-Gruppe
Palmerston
Gesellschafts-Inseln
TONGA
NIUE
Aitutaki
Atiu
FRANZÖSISCH-POLYNESIEN
4 m
Lau-Becken
10587 m
Tonga-Graben
Südliche Cook-Inseln
3780 m
Tongatapu-Gruppe
Rarotonga
Mangaia
Südfidschi-Becken
Lau-Rücken
Tonga-Rücken
10800 m
5901 m
Tomaszeski-Seamount
Austral-Inseln
Präsident-Thiers-Seamount
Ozbourn-Seamount
Südwestpazifisches Becken
1039 m
Kermadec-Graben
Louisville-Rücken
Kermadec-Inseln
4602 m
10047 m
5655 m

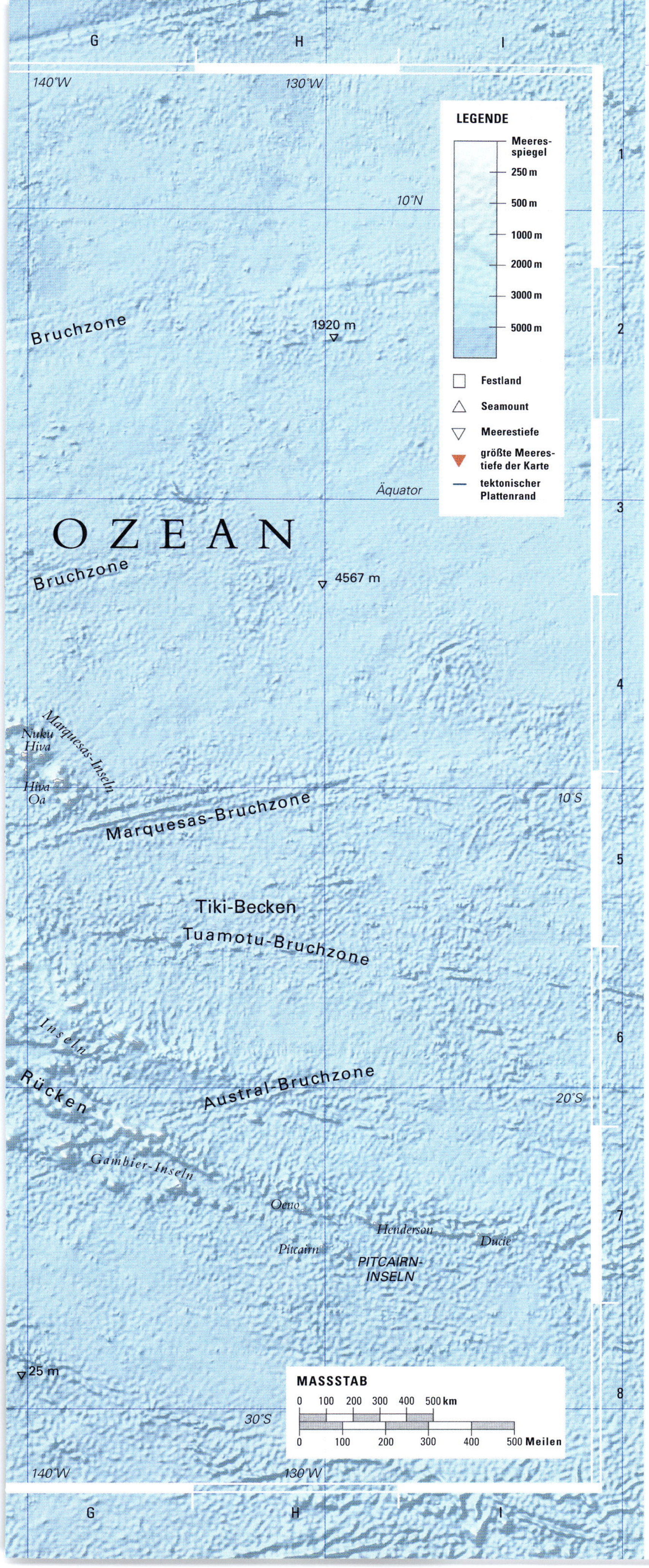

Polynesien

Der Ozeanboden des Südostpazifik ist mit Inseln und Seamounts gesprenkelt und von Bruchzonen zerschnitten. Der tiefste Punkt liegt im Tonga-Graben, wo die Pazifische Platte unter die Australische Platte subduziert wird. Der linksdrehende Südpazifik-Wirbel bestimmt neben den ostwärts fließenden Äquatorialen Gegenströmen beiderseits des Äquators das Bild der Meeresströme.

PAZIFISCHER OZEAN G4

Marquesas-Inseln

ART Vulkaninseln
FLÄCHE 1270 km²
ANZAHL DER INSELN 15

Diese Inselgruppe mit hohen Bergen ist vulkanischen Ursprungs, denn sie liegt über einem Hotspot. Ein Teil des starken, aus Osten kommenden Südäquatorial-Stroms umfließt sie und formt aus dem Basaltgestein schroff erodierte Kliffküsten. Korallenriffe beschränken sich auf wenige geschützte Buchten. Die Marquesas sind die am weitesten von Kontinenten entfernten Inseln der Erde. Trotz dieser Abgeschiedenheit wurden sie von einem vom Alaska-Seebeben 1946 ausgelösten Tsunami überrollt, dessen Wellen bis zu 12 m hoch waren.

ERODIERTE KLIFFKÜSTE

PAZIFISCHER OZEAN D5

Cook-Inseln

ART Vulkaninseln
FLÄCHE 240 km²
ANZAHL DER INSELN 15

Die Cook-Inseln bestehen aus zwei sehr verschiedenen Gruppen: den flachen Korallenatollen der Nordgruppe, die dem Manihiki-Plateau aufsitzt, und den bergigen Vulkaninseln im Süden. Rarotonga, die größte Insel, ragt 652 m über dem Meeresspiegel und 4500 m über den Ozeanboden empor. Schon etwa 300 v. Chr. besiedelten Melanesier die Inseln, die über Fidschi, Tonga und Samoa anreisten. Als echte Ozeanbefahrer beherrschten die Polynesier schon komplexe Navigationshilfen, als die Europäer noch reine »Landratten« waren. Sie kannten die Stellung der Sterne, nutzten Strömungen und Winde, und deuteten Wellenmuster und Vogelflugstrecken. James Cook betrat als erster Europäer 1773 die Cook-Inseln, die später russische Seefahrer zu seinen Ehren nach ihm benannten.

RAROTONGA
Wie die meisten südlichen Cook-Inseln wird Rarotonga von Korallenriffen umrahmt, hinter denen flache Lagunen und Strände geschützt sind.

PAZIFISCHER OZEAN F6

Tuamotu-Inseln

ART Korallenatoll-Inseln
FLÄCHE 885 km²
ANZAHL DER INSELN 78

Die Atolle dieser Inselgruppe summieren sich mit über 2000 km zur längsten Korallenriffkette der Erde. Die Besiedlung durch polynesische Seefahrer begann um 700 n. Chr. Ferdinand Magellan kartierte die Gruppe 1591. Berühmt sind die seltenen schwarzen Perlen, die heute einen Gutteil der Einkommen auf Tuamotu ausmachen. Zu Französisch-Polynesien zählen ferner Mururoa und Fangataufa, wo zwischen 1966 und 1996 das französische Militär Kernwaffen testete. Die Atolle sind entstanden, weil die Vulkaninseln langsam versanken und Korallen ihre Riffe emporbauen mussten. Die Inseln sitzen dem vulkanischen Tuamotu-Rücken auf, der schon vor 63–40 Mio. Jahren gebildet wurde. Die Gambier-Inseln im Südwesten dieses Rückens sind jünger, weshalb ihre Vulkanberge noch lange aus dem Meer ragen werden.

Ostpazifik

Der Äquatoriale Gegenstrom fließt, von Westen kommend, in den äquatornahen Ostpazifik und treibt einen kleinen linksdrehenden Wirbel über dem Guatemala-Becken an. Von Süden fließt der kalte Humboldt-Strom dem Südäquatorial-Strom zu, der nach Westen den Pazifik überquert. Den Ozeanboden bilden die Cocos- und die Nazca-Platte –, Reste der einstigen Ostpazifik-Platte.

PAZIFISCHER OZEAN B2

Ostpazifischer Rücken

LÄNGE	9000 km
HÖHE ÜBER MEERESBODEN	1000 m
SPREIZUNGSRATE	11–15 cm / Jahr

Der Ostpazifische Rücken hat die höchste Spreizungsrate aller aktiven mittelozeanischen Rücken. Seine Hänge sind breit, Bruchzonen sind selten. Hier sind die ersten »Schwarzen Raucher« (siehe S. 188–189) entdeckt worden. Von ihren Mineralstoffen leben ganze Nahrungsketten mit Röhrenwürmern, Muscheln und Krabben.

PAZIFISCHER OZEAN C1

Mittelamerika-Graben

LÄNGE	2750 km
GRÖSSTE TIEFE	6662 m
SUBDUKTIONSRATE	9 cm / Jahr

Die Cocos-Platte sinkt im Mittelamerika-Graben unter die Nordamerikanische und die Karibische Platte ab. Mittelamerikas Westküste säumt deshalb eine lange Vulkankette, deren aktivste Vertreter sich im Süden dieser Subduktionszone befinden. Erdbeben aufgrund der Plattenbewegungen sind häufig.

PAZIFISCHER OZEAN D3

Galapagos-Inseln

ART	Vulkaninseln
FLÄCHE	7850 km²
ANZAHL DER INSELN	19

Erstmals tauchte die Inselgruppe 1570 auf Karten der flämischen Kartografen Abraham Ortelius und Gerardus Mercator auf. Ihr Name geht auf das altspanische Wort für »Schildkröte« zurück, da die ersten Inselbesucher von riesigen Exemplaren berichteten. Viele Tierarten haben sich auf einzigartige Weise an die Umweltbedingungen angepasst, z.B. auch die Meerechsen. Sie sind die einzigen Echsen, die im Meer leben und küstennahe Algenrasen abweiden. Der kalte Humboldt-Strom zieht sogar Pinguine an, die sich hier am Äquator wohlfühlen. Die Vulkane sind über einem Hotspot entstanden, der auch am Auseinanderweichen von Cocos- und Nazca-Platte am Colon-Rücken beteiligt ist. Die Nazca-Platte driftet mit Galapagos ostwärts, also befinden sich die ältesten Inseln im Osten, deren Vulkane seit Jahrmillionen erloschen sind. Der Carnegie-Rücken noch weiter östlich besteht auch aus dem basaltischen Lavagestein des Hotspots.

MEERECHSE AUF GALAPAGOS
Die isolierte Lage der Inseln brachte eine einzigartige Tierwelt hervor, deren besondere Merkmale Charles Darwin dazu brachte, seine berühmte Evolutionstheorie zu entwickeln.

Osterinsel

Im Südostpazifik fließt der kalte Humboldt-Strom als östlicher Arm des Südpazifischen Wirbels die Westküste Südamerikas entlang nach Norden. Vor Peru biegt er nach Westen ab und treibt den Südäquatorial-Strom an. In manchen Jahren versiegt dieser Strom, sodass warmes Tropenwasser nach Osten strömt und die Wetterverhältnisse in weiten Teilen des Pazifik auf den Kopf stellt.

PAZIFISCHER OZEAN F2

Mittelamerika-Graben

LÄNGE 5900 km

GRÖSSTE TIEFE 8069 m

SUBDUKTIONSRATE 7,8 cm / Jahr

Im Peru-Chile-Graben (auch: Atacama-Graben) als längster Tiefseerinne sinkt die Nazca-Platte unter die Südamerikanische Platte ab. Da die ozeanische Nazca-Platte aus dichtem Basalt besteht, ist sie schwerer als die kontinentale Südamerikanische Platte und wird deshalb subduziert. Die Erdkruste Südamerikas hat sich durch diese Subduktion deformiert und verdickt und hier die Anden aufgefaltet. Die abtauchende Platte schmilzt in der Tiefe auf und die aufsteigenden Magmen erzeugen Vulkanismus, der sich in den häufig aktiven Vulkankegeln der Anden äußert. Schwere Seebeben entlang der Subduktionszone lösten im 20. Jahrhundert neun Tsunamis mit über 9000 Todesopfern aus. Der ganzjährig ablandig wehende Passat lässt nährstoffreiches Tiefenwasser vor Perus Küste aufsteigen, weshalb hier riesige Fischschwärme leben. In einem El-Niño-Jahr (siehe S. 68–69) bleibt der Passat aus, die Meeresströme kehren sich um und die Fischerei bricht zusammen.

PAZIFISCHER OZEAN B3

Osterinsel

ART Vulkaninsel

FLÄCHE 164 km²

ANZAHL DER INSELN 1

Die Osterinsel liegt nahe am Ostpazifischen Rücken, der die Nazca-Platte im Osten von der Pazifischen Platte im Westen trennt. Sie ist der höchste Punkt auf der Osterinsel-Bruchzone, einer Abfolge von Kämmen und Rinnen einer Transformstörung, die 5900 km quer über den Ozeanboden des Südpazifik verläuft – vom Peru-Chile-Graben im Osten bis zum Tuamotu-Archipel (siehe S. 477) im Westen. Seinen Namen bekam die Osterinsel von holländischen Seefahrern, die sie am Ostersonntag 1722 betraten. Besiedelt wurde sie bis zu 1000 Jahre früher von Polynesiern, die sie heute Rapa Nui nennen. Berühmt sind die majestätischen Steinfiguren, die Moai, die in Gruppen an der Küste stehen. Etwa die Hälfte von insgesamt 900 Statuen liegen halbfertig noch in Steinbrüchen – die Bildhauerei kam plötzlich, etwa 100 Jahre vor Eintreffen der ersten Europäer, zum Erliegen. Die Bevölkerungszahl kollabierte wohl aufgrund von Umweltschäden, was einen spirituellen Wandel weg vom Ahnenkult, zu dem die Statuen gehörten, auslöste.

MOAI
Die Moai-Statuen der Osterinsel wurden aus weichem Vulkangestein aus dem Steinbruch von Ranu Raraku, einem der zahlreichen Vulkankrater der Insel, herausgehauen.

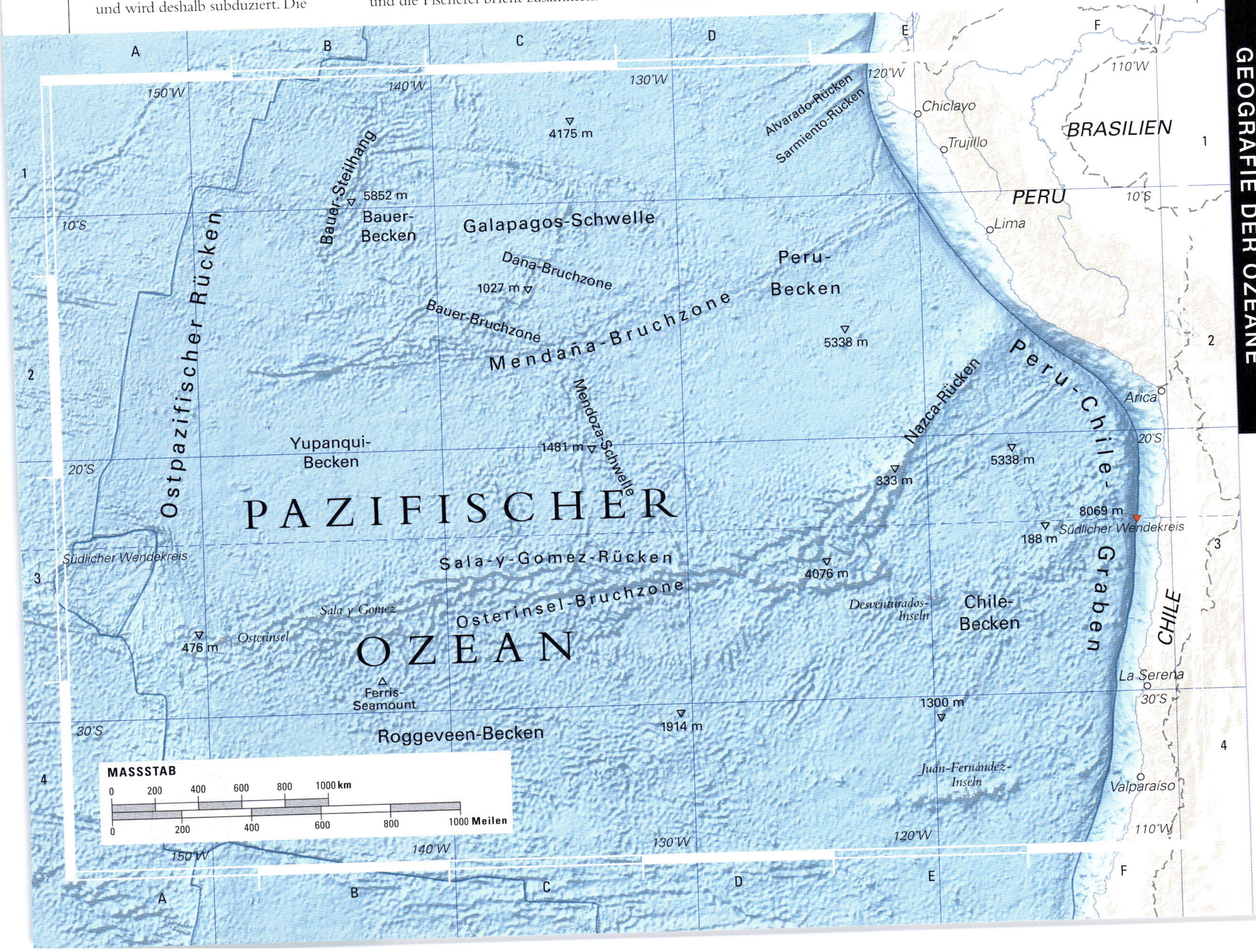

Südostaustralien und Neuseeland

Vor der Nordostküste Australiens treiben östliche Meeresströme den Ostaustralischen Strom an, der entlang der Küste nach Süden abbiegt, bevor er sich nach Osten dem Norden Neuseelands zuwendet. Südlich Neuseeland fließt der Antarktische Zirkumpolarstrom von West nach Ost. Durch Neuseeland verläuft die Grenze zwischen Pazifischer und Australischer Platte.

PAZIFISCHER OZEAN G4

Kermadec-Tonga-Graben

LÄNGE 2500 km
GRÖSSTE TIEFE 10 800 m
SUBDUKTIONSRATE 15–24 cm / Jahr

Der Kermadec-Tonga-Graben verläuft zwischen der Nordinsel Neuseelands und den Tonga-Inseln. An seiner Subduktionszone taucht die ältere und dichtere Pazifische Platte unter die jüngere, weniger dichte Australische Platte ein. An seinem Nordende sind Subduktionsraten von 24 cm / Jahr gemessen worden – die höchste je aufgezeichnete Plattenbewegung. Der Tonga-Rücken und der ältere Lau-Rücken im Westen sind einstige, an Subduktionszonen gebundene Vulkaninselbögen. Die hohe Subduktionsrate dehnte die Australische Platte und öffnete ein Becken hinter dem Inselbogen zwischen den beiden Rücken, das Lau-Becken. Der jüngste Teil der Inselkette verbindet die Inseln Hunga Ha'apai und Hunga Tonga nach untermeerischen Eruptionen 2009 und 2014. Zusammen mit Fidschi und Samoa sind die 36 bewohnten Tonga-Inseln die kulturelle Wiege der polynesischen Seevölker, die seit dem 12. Jahrhundert den Südpazifik besiedeln.

PAZIFISCHER OZEAN B6

Bass-Straße

LÄNGE 400 km
MINDESTBREITE 100 km

Diese Meerenge trennt Tasmanien von Australien und überdeckt einen flachen Schelf von rund 50 m Tiefe. Starke Winde und Strömungen aus dem Südpolarmeer sorgen in dem flachen Gewässer häufig für raue See. Hunderte von Schiffen havarierten im 19. Jahrhundert an ihren Stränden, ehe Leuchttürme die Navigation erleichterten. Erdgaslagerstätten sind in den 1960er- und 1990er-Jahren im Osten der Bass-Straße entdeckt worden.

PHILLIP ISLAND

LORD-HOWE-INSEL
Der warme Ostaustralische Strom ist der Grund, dass auf der Lord-Howe-Insel das südlichste Korallenriff der Erde wächst.

PAZIFISCHER OZEAN C5

Tasman-See

FLÄCHE 2,3 Mio. km²
TIEFSTER PUNKT 5945 m
ZUFLÜSSE Südpolarmeer, Korallen-See

Die Tasman-See hat ein subtropisches Klima im Norden, aber durch den Einfluss kalter, subantarktischer Wassermassen ein gemäßigtes Klima im Süden. Hier liegt sie in den Roaring Forties (der Sturmregion um 40 °S). Die See wurde nach dem Niederländer Abel Tasman benannt, der sie 1642 durchquerte und als erster Europäer die Inseln Tasmanien, Neuseeland, Tonga und Fidschi entdeckte. Auf einer späteren Fahrt erreichte er 1644 Terra Australis (»Südland«), das wir heute Australien nennen.

PAZIFISCHER OZEAN C5

Südwestpazifisches Becken

FLÄCHE 23 Mio. km²
TIEFSTER PUNKT 5655 m
ZUFLÜSSE Pazifischer Ozean, Südpolarmeer

Das Becken liegt im Osten von Neuseeland und vom Kermadec-Graben. Seine Ostgrenze ist der Ostpazifische Rücken (siehe S. 478), die Südgrenze der Pazifisch-Antarktische Rücken und die Nordgrenze die Polynesische Inselkette. Der Louisville-Rücken ist die einzig echte Seamount-Kette und der Beckenboden ist großteils Tiefseeebene. Im Nord- und Südabschnitt des Beckens befinden sich ausgedehnte Manganknollenvorkommen.

PAZIFISCHER OZEAN E5

Neuseeland

ART Mikrokontinentale Inselgruppe
FLÄCHE 268 680 km²
ANZAHL DER INSELN 2 große, 700 kleine Inseln

Neuseeland trennte sich vor 80 Mio. Jahren von Australien und der Antarktis und driftete an seine heutige Position zwischen der Australischen und der Pazifischen Platte. Die große transversale Störung verläuft quer durch die Südinsel. Krustenkompression und Bruchtektonik haben die neuseeländischen Südalpen auf 250 km Länge auf über 4000 m gehoben. Die Plattengrenze setzt sich nach Norden im Hikurangi-Graben fort, einer Subduktionszone mit Vulkanen auf der Nordinsel, und nach Süden im Macquarie-Rücken, wo flache Subduktion die Australische Platte angehoben hat. Eine Reihe von Erdbeben trat zwischen 2010 und 2012 auf der Südinsel auf. Das größte Beben tötete 185 Menschen und zerstörte im Jahr 2011 die historische Kathedrale von Christchurch. Nord- und Südinsel sind die höchsten Erhebungen eines ausgedehnten kontinentalen Krustensystems, zu dem die Chatham-Schwelle sowie das Challenger- und Campbell-Plateau zählen. Letzteres, im Südosten gelegen, ist das größte versunkene Gebiet kontinentaler Kruste auf der Erde.

CAMPBELL-INSEL
Diese südlichste von Neuseelands subantarktischen Inseln ist vulkanischen Ursprungs.

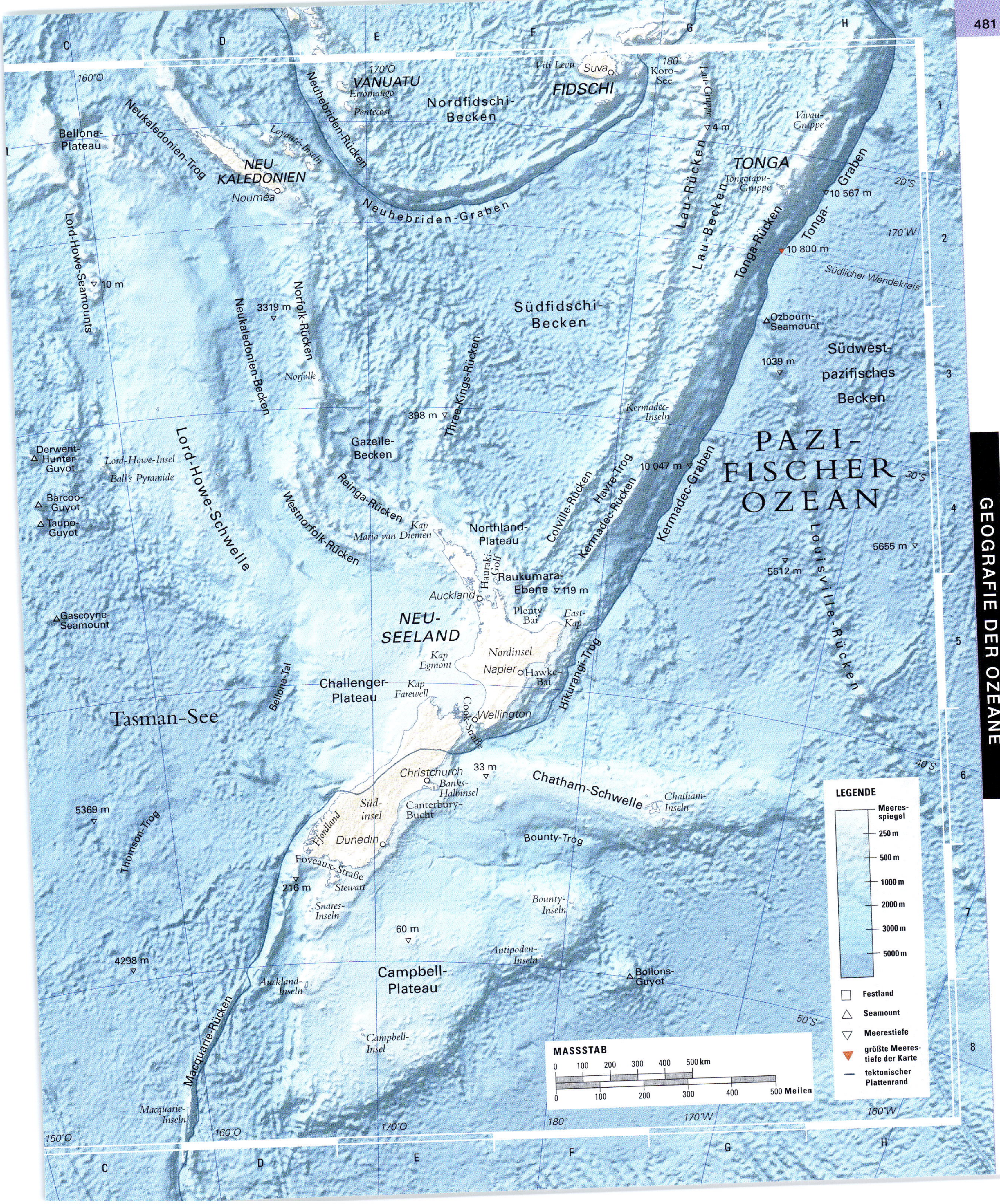
VANUATU
Erromango
Pentecost
Nordfidschi-Becken
Viti Levu
Suva
FIDSCHI
Koro-See
Lau-Gruppe
4 m
Vavau-Gruppe
Bellona-Plateau
Neukaledonien-Trog
Loyalty-Inseln
Neuhebriden-Rücken
NEU-KALEDONIEN
Nouméa
Neuhebriden-Graben
Lau-Rücken
Lau-Becken
TONGA
Tongatapu-Gruppe
Tonga-Rücken
Tonga-Graben
10 567 m
10 800 m
Südlicher Wendekreis
Lord-Howe-Seamounts
10 m
3319 m
Norfolk-Rücken
Neukaledonien-Becken
Norfolk
Südfidschi-Becken
Ozbourn-Seamount
Südwest-pazifisches Becken
1039 m
Three-Kings-Rücken
398 m
Kermadec-Inseln
Derwent-Hunter-Guyot
Lord-Howe-Insel
Ball's Pyramide
Barcoo-Guyot
Taupo-Guyot
Lord-Howe-Schwelle
Gazelle-Becken
Reinga-Rücken
Westnorfolk-Rücken
Kap Maria van Diemen
Northland-Plateau
Colville-Rücken
Havre-Trog
Kermadec-Rücken
10 047 m
Kermadec-Graben
PAZIFISCHER OZEAN
Louisville-Rücken
5655 m
5512 m
Hauraki-Golf
Raukumara-Ebene
119 m
Auckland
Plenty-Bai
East-Kap
Gascoyne-Seamount
NEU-SEELAND
Nordinsel
Kap Egmont
Napier
Hawke-Bai
Hikurangi-Trog
Challenger-Plateau
Kap Farewell
Bellona-Tal
Cook-Straße
Wellington
Tasman-See
Christchurch
33 m
Chatham-Schwelle
Chatham-Inseln
Banks-Halbinsel
Südinsel
Canterbury-Bucht
5369 m
Thomson-Trog
Fjordland
Dunedin
Bounty-Trog
Foveaux-Straße
216 m
Stewart
Snares-Inseln
Bounty-Inseln
60 m
Antipoden-Inseln
4298 m
Auckland-Inseln
Campbell-Plateau
Bollons-Guyot
Campbell-Insel
Macquarie-Rücken
Macquarie-Inseln
160°O
170°O
180°
170°W
160°W
150°O
20°S
30°S
40°S
50°S
LEGENDE
Meeresspiegel
250 m
500 m
1000 m
2000 m
3000 m
5000 m
Festland
Seamount
Meerestiefe
größte Meerestiefe der Karte
tektonischer Plattenrand
MASSSTAB
0 100 200 300 400 500 km
0 100 200 300 400 500 Meilen

Südpolarmeer

Das Südpolarmeer (auch: Südlicher Ozean) umschliesst die Antarktis und stößt an Atlantischen, Pazifischen und Indischen Ozean. Im Jahr 1820 haben Seefahrer erstmals die antarktische Küste erblickt, die erst im 20. Jahrhundert erforscht wurde. Allgemein sagt man, dass südlich des 60. Breitengrads das Südpolarmeer beginnt, eine bessere Definition ist jedoch der Verlauf des Antarktischen Zirkumpolarstroms.

EINE WEDDELLROBBE UNTER DEM EIS

Meeresströmungen

Der ostwärts fließende Antarktische Zirkumpolarstrom ist der stärkste seiner Art. Er ist bis zu 3000 m tief und transportiert 135 000 m^3 Wasser in der Sekunde durch die Drake-Straße. Warmes Wasser aus den Tropenmeeren hält er von der Antarktis fern, sodass sich im Lauf der Zeit der mächtige antarktische Eisschild aufbauen konnte. Kalte Ableger fließen dem Atlantischen, Pazifischen und Indischen Ozean auf deren Ostseiten zu. Angetrieben wird der Zirkumpolarstrom von den ständig wehenden Winden der Westwinddrift. Die Windgeschwindigkeiten sind die höchsten der Erde: Jeder Segler durchquert nach Süden zuerst die »Roaring Forties«, dann die »Furious Fifties« und zum Schluss die »Screaming Sixties«.

MEEREIS UND EISBERGE
Tafelförmige Eisberge und Meereis bestimmen das ganze Jahr über das Bild im Südpolarmeer.

Ozeanboden

Am Südpolarmeer fällt auf, dass es Richtung Norden keine an ein Festland stoßende Grenze hat – es umgibt den Südpol und dehnt sich nach allen Seiten aus. Eine Reihe tiefer Becken verteilt sich zwischen dem kontinentalen Schelf und den Rücken am Rand der Antarktischen Platte. Der Schelfbereich ist schmal, aber tiefer als der anderer Kontinente – eine Folge des 2500 m dicken Eispanzers, der die antarktische Kruste niederdrückt. Die anliegenden Spreizungsrücken steuerten einst das Auseinanderbrechen des Superkontinents Gondwana, das mit dem Wegdriften Afrikas nach Norden vor 165 Mio. Jahren begann. Ein Gebiet aus ozeanischer Kruste, das Kerguelen-Plateau, liegt zwischen Südpolarmeer und Indischem Ozean. Es ist eins der größten Meeresplateaus aus Flutbasalten, die vor 97 Mio. Jahren ausbrachen.

GEFRORENER WASSERFALL
Kaltes Gletscherwasser gefriert im Kontakt mit eiskaltem Meerwasser, das flüssig bleibt.

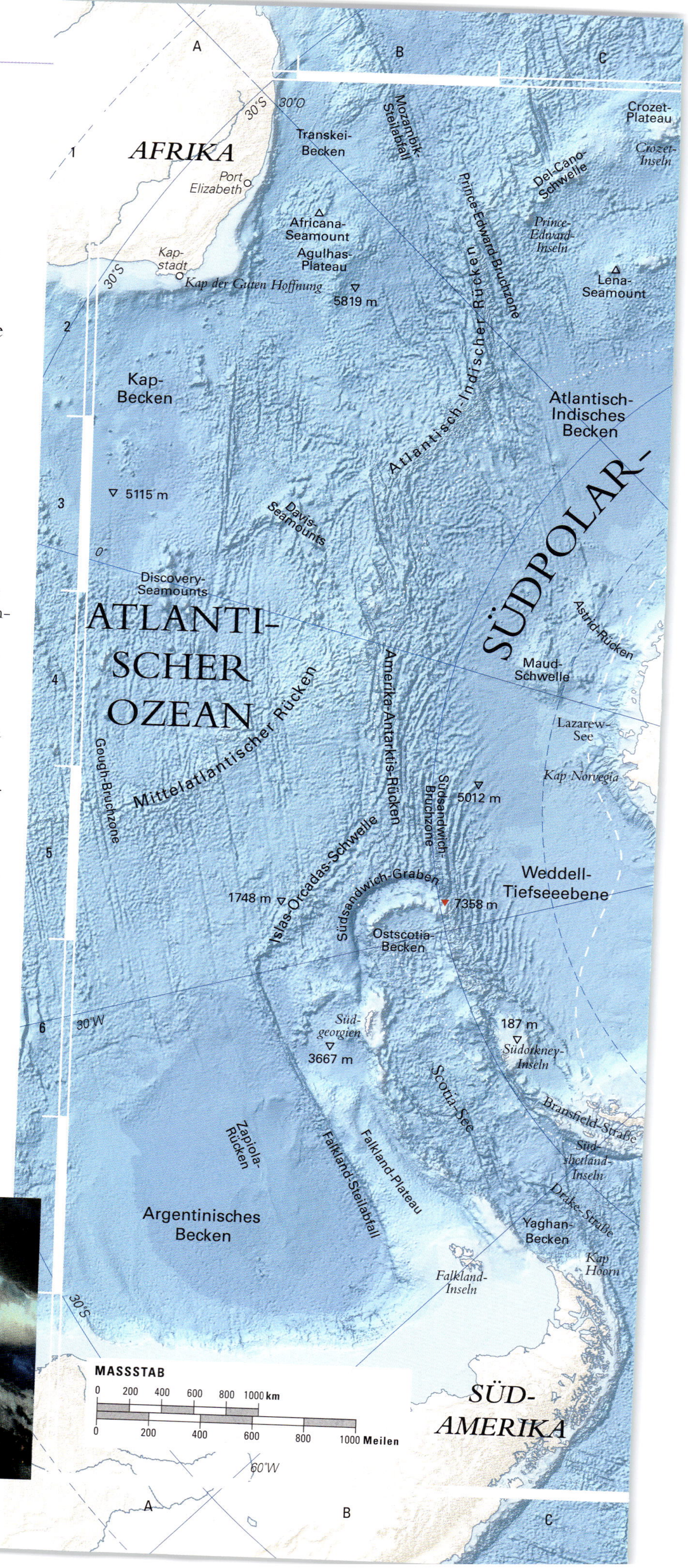

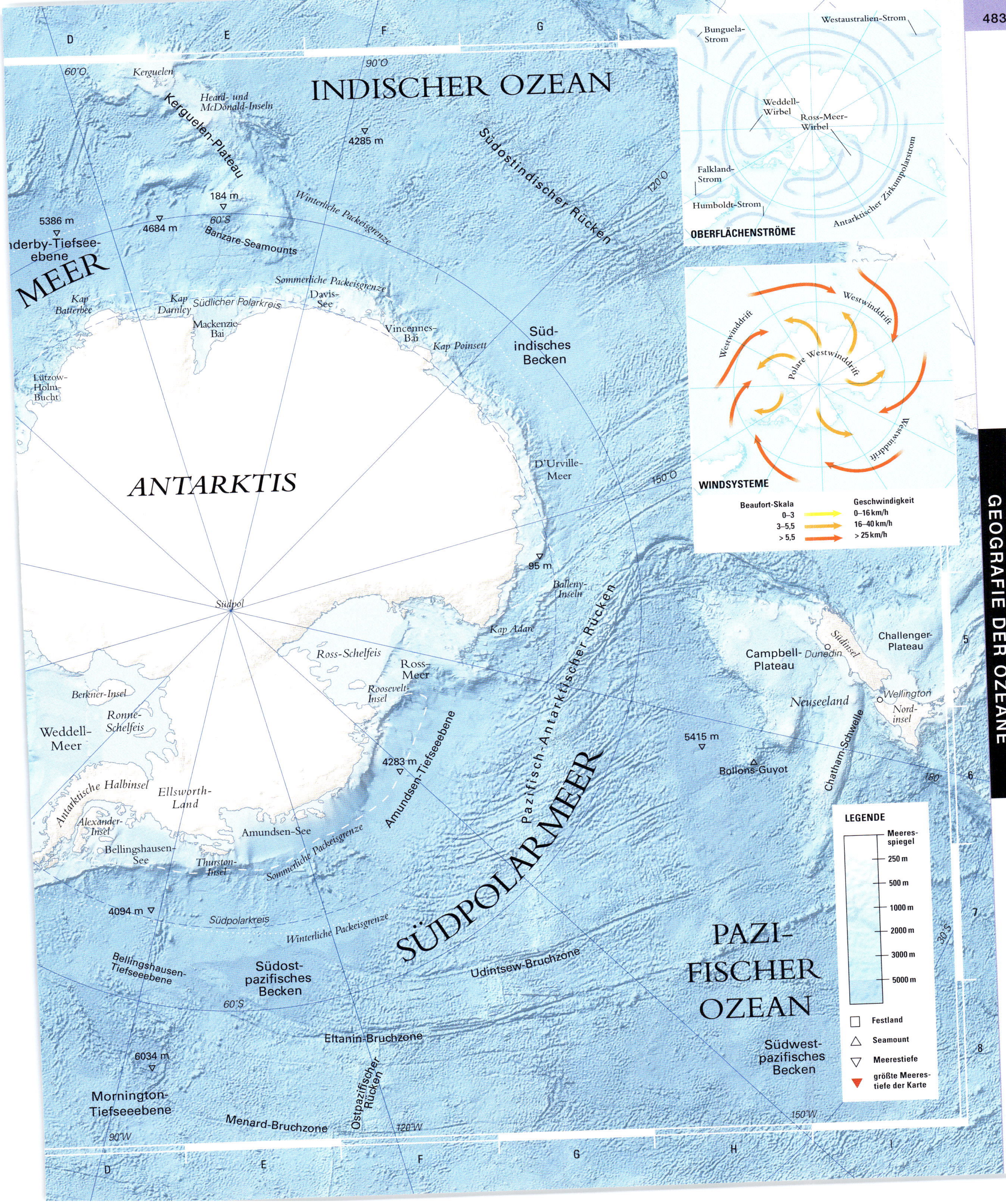
INDISCHER OZEAN
MEER
ANTARKTIS
SÜDPOLARMEER
PAZIFISCHER OZEAN
Kerguelen
Heard- und McDonald-Inseln
Kerguelen-Plateau
4285 m
Südostindischer Rücken
Winterliche Packeisgrenze
184 m
60°S
5386 m
4684 m
Enderby-Tiefsee-ebene
Banzare-Seamounts
Sommerliche Packeisgrenze
Kap Batterbee
Kap Darnley
Südlicher Polarkreis
Davis-See
Mackenzie-Bai
Vincennes-Bai
Kap Poinsett
Süd-indisches Becken
Lützow-Holm-Bucht
D'Urville-Meer
95 m
Balleny-Inseln
Kap Adare
Südpol
Ross-Schelfeis
Ross-Meer
Roosevelt-Insel
Pazifisch-Antarktischer Rücken
Berkner-Insel
Ronne-Schelfeis
Weddell-Meer
Amundsen-Tiefseeebene
4283 m
Antarktische Halbinsel
Ellsworth-Land
Alexander-Insel
Amundsen-See
Bellingshausen-See
Thurston-Insel
4094 m
Südpolarkreis
Bellingshausen-Tiefseeebene
Südost-pazifisches Becken
Udintsew-Bruchzone
Eltanin-Bruchzone
6034 m
Mornington-Tiefseeebene
Menard-Bruchzone
Ostpazifischer Rücken
Campbell-Plateau
Dunedin
Südinsel
Challenger-Plateau
Wellington
Nordinsel
Neuseeland
5415 m
Bollons-Guyot
Chatham-Schwelle
Südwest-pazifisches Becken
60°O
90°O
120°O
150°O
180
150°W
120°W
90°W
30°S
D
E
F
G
H
I
5
6
7
8
Bunguela-Strom
Westaustralien-Strom
Weddell-Wirbel
Ross-Meer-Wirbel
Falkland-Strom
Humboldt-Strom
Antarktischer Zirkumpolarstrom
OBERFLÄCHENSTRÖME
Westwinddrift
Polare Westwinddrift
WINDSYSTEME
Beaufort-Skala
0–3
3–5,5
> 5,5
Geschwindigkeit
0–16 km/h
16–40 km/h
> 25 km/h
LEGENDE
Meeres-spiegel
250 m
500 m
1000 m
2000 m
3000 m
5000 m
Festland
Seamount
Meerestiefe
größte Meerestiefe der Karte

Antarktische Halbinsel

Die Antarktische Halbinsel springt wie ein Sporn in Richtung Südamerika vor und trennt das Weddell-Meer von der Bellingshausen-See. In seiner Verlängerung bildet eine Inselkette den Rand der Antarktischen Platte.

SÜDPOLARMEER D2

Weddell-Meer

FLÄCHE 2,8 Mio. km²

TIEFSTER PUNKT 5012 m

ZUFLÜSSE Südpolarmeer; Filchner-Ronne-Schelfeis, Larsen-Schelfeis

Das Weddell-Meer ist nach dem Briten James Weddell benannt, der 1832 eine südliche Breite von 74° 34′ erreicht hatte – der Rekord für die nächsten 80 Jahre. Das Meer ist auch im Sommer großteils mit Packeis bedeckt und verursacht 70 Prozent des kalten Tiefenwassers. Ein rechtsdrehender Wirbel treibt Eis nach Westen, dann nach Norden zur Antarktischen Halbinsel, bis es nach Osten in den Antarktischen Zirkumpolarstrom einmündet. Hier ist der antarktische Schelf am breitesten. Unter dem Filchner-Ronne-Schelfeis dehnen sich flache Bänke aus.

JUNGE WEDDELL-ROBBE

SÜDPOLARMEER C3, D4

Filchner-Ronne-Schelfeis

FLÄCHE 430 000 km²

DICKSTE STELLE 900 m

ZUFLÜSSE Antarktischer Eisschild

Der erste Entdecker, der dieses Schelfeis zu Gesicht bekam, war 1912 der Deutsche Wilhelm Filchner. Es liegt östlich der Berkner-Insel, westlich davon ist das Ronne-Schelfeis und wurde 1947 von dem amerikanischen Marinekommandeur Finn Ronne aus der Luft kartiert. Zusammen sind sie der Fläche nach das zweitgrößte, dem Volumen nach sogar das größte Schelfeisgebiet der Erde. Der Gesteinssockel der mit Eis bedeckten Berkner-Insel liegt unter dem Meeresspiegel. Das Filchner-Ronne-Schelfeis treibt, obwohl es von kontinentalen Gletschern gespeist wird und zum Teil festem Untergrund aufsitzt, großteils auf dem Weddell-Meer. Es ist bis zu 900 m dick, während das Meer unter ihm bis zu 1400 m tief ist.

SÜDPOLARMEER A1

Bellingshausen-See

FLÄCHE 600 000 km²

TIEFSTER PUNKT 4094 m

ZUFLÜSSE Südpolarmeer; Georg VI.-Schelfeis

Dieses Randmeer geht auf Fabian von Bellingshausen, einen Marineoffizier in russischen Diensten, zurück. Er war der Erste, der 1820 die antarktische Küste erblickte. Hier und in anderen Südpolarmeergebieten gibt es Unmengen an Krill, die Basis hoch produktiver Nahrungsketten.

FORSCHUNGSSTATION ROTHERA

GEOGRAFIE DER OZEANE

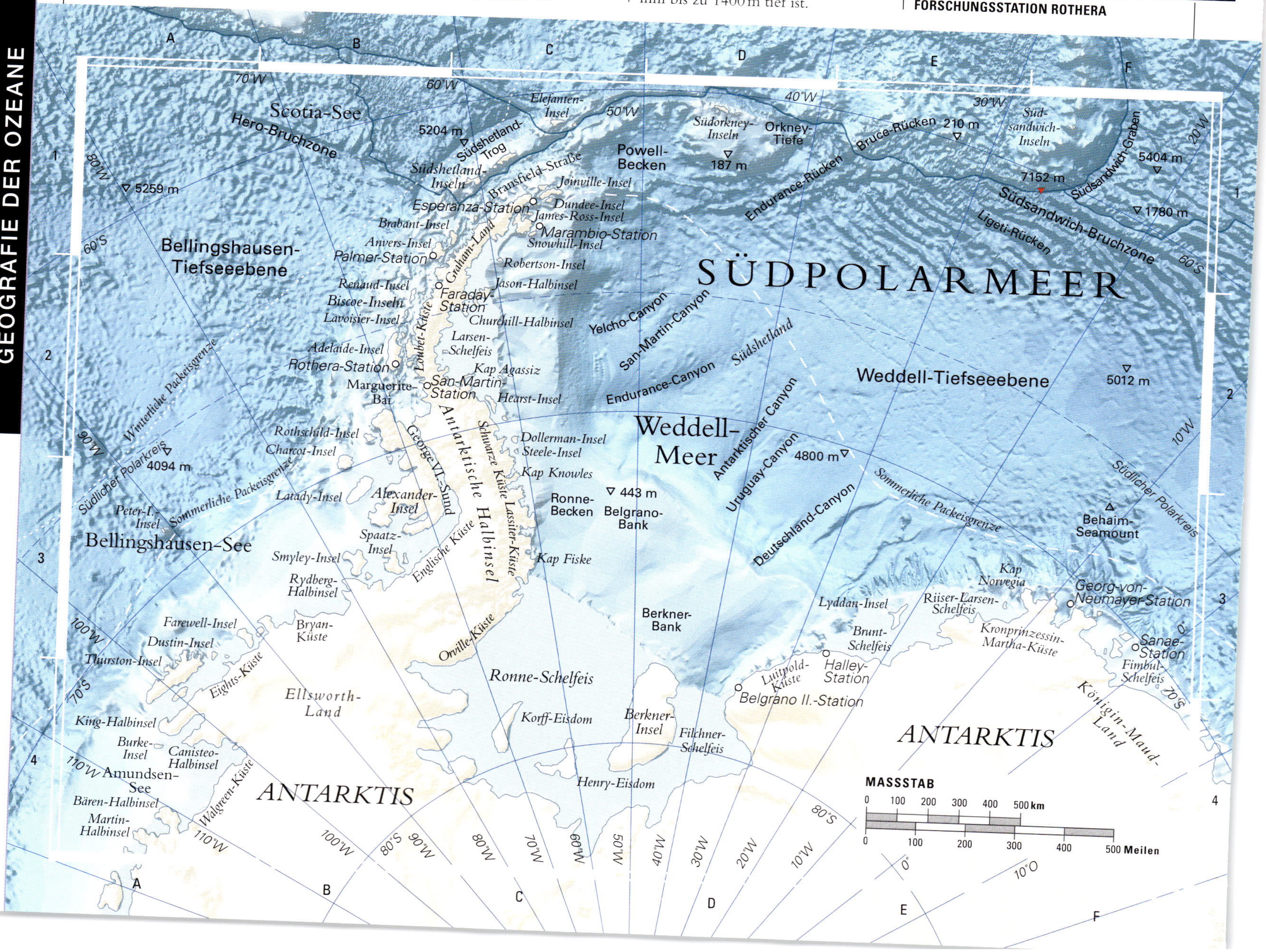

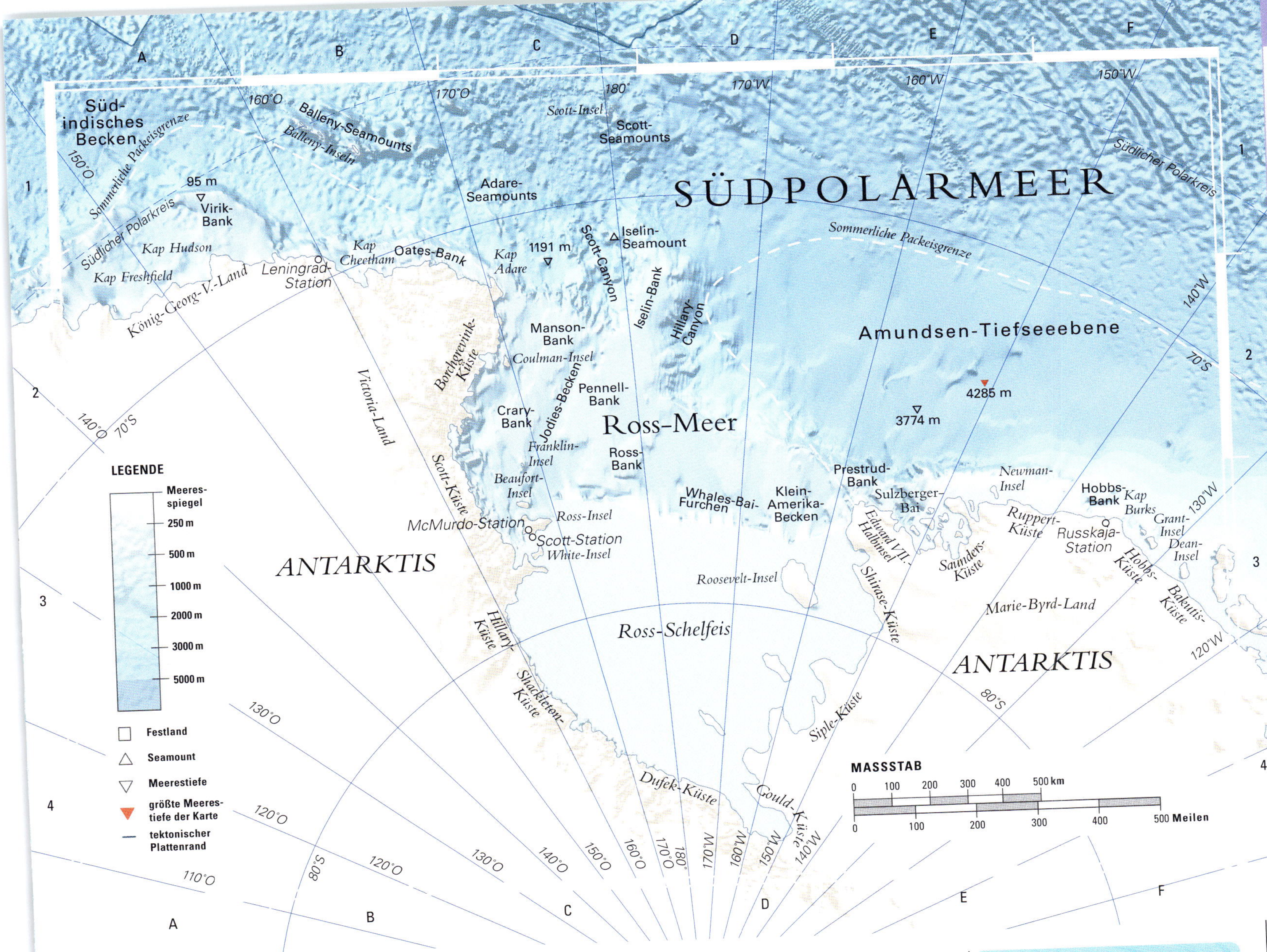

Ross-Meer

Das Ross-Meer ist eine Bucht zwischen dem Marie-Byrd- und dem Victoria-Land. Es zirkuliert ein rechtsdrehender Wirbel, sodass ein westwärts gerichteter Küstenstrom, der am Victoria-Land nach Norden abbiegt, in den Zirkumpolarstrom einmündet.

SÜDPOLARMEER D2

Ross-Meer

FLÄCHE 960 000 km²
TIEFSTER PUNKT 2500 m
ZUFLÜSSE Südpolarmeer, Ross-Schelfeis

Das Ross-Meer leitet sich namentlich von dem britischen Marineoffizier James C. Ross ab, der diesen Teil der antarktischen Küste 1841 kartierte. Die Vulkane Mt. Erebus und Mt. Terror auf der Ross-Insel wurden nach den beiden Schiffen dieser Expedition benannt. Auf der Ross-Insel steht die größte Forschungsstation der Antarktis, die McMurdo-Station der USA. Früher wurde der Eisverlust durch Schmelzen und Kalben durch Akkumulation neuen Eises ausgeglichen, aber jetzt verliert Antarktika pro Jahr etwa 200 Mrd. Tonnen Eis ans Meer.

EISBRECHER IM EINSATZ
Ein russischer Eisbrecher kurz vor Erreichen des Packeises im Ross-Meer. Im Hintergrund das Transantarktische Gebirge.

SÜDPOLARMEER C3

Ross-Schelfeis

FLÄCHE 487 000 km²
GRÖSSTE DICKE 800 m
ZUFLÜSSE Antarktisches Schelfeis

Die Südhälfte des Ross-Meers nimmt mit rund 450 km Ausdehnung, ab der Küste gemessen, das Ross-Schelfeis ein. Als der norwegische Entdecker Roald Amundsen 1911 zum Südpol aufbrach, durchquerte er diese weltweit größte Schelfeisfläche. Seine Dicke variiert von etwa 250 m an der Gletscherstirn bis 800 m im Eisinnern. Der Hauptanteil des Gletschers fließt unter Wasser, sodass die Gletscherstirn nur 20–30 m aus dem Wasser ragt. Er fließt pro Jahr etwa 900 m weit und wird angetrieben durch das Gefälle und die kontinuierliche Ansammlung von Schnee im Antarktischen Eisschild, dem Nährgebiet des Schelfeisgletschers. Ausgleichend wirken das Kalben der Eisberge an der Gletscherstirn des Schelfeises sowie die Schmelzvorgänge an seiner Basis.

FORSCHUNG

HOHLRÄUME

Mit Eiskernbohrungen, seismischen Messungen und Radar versucht man, von der Oberfläche aus die Dicke des Schelfeises zu ermitteln. Seit Kurzem sind kabellose Tauchfahrzeuge im Einsatz, um Hohlräume unter dem Schelfeis zu erkunden. Sie können genauere Informationen über die Tiefe des Meeresbodens, Eisdicke, Wassertemperatur und -druck sowie den Salzgehalt liefern.

MEERESBODEN UNTER SCHELFEIS

RESTE DES SCHELFEISES
Obwohl der größte Teil des Larsen-B-Schelfeises 2002 abbrach, ist der linke Teil übrig geblieben. Seine tiefen Risse können jedoch zu weiteren Abbrüchen führen.

Schelfeis im Aufbruch

Das Schelfeis ist die Fortsetzung der Eisdecke vom Land ins Meer, wo sie als durchgehende Eisplatte auf dem Wasser schwimmt. Da es ständig vom Gewicht des sich auf der Eisdecke ansammelnden Schnees vom Land weggedrückt wird, fließt das Schelfeis langsam auf das Meer hinaus, bis seine Front in Form von enormen Tafeleisbergen abbricht. Vordringen und Zurückweichen sind Teil eines natürlichen Kreislaufs, doch auf der Antarktischen Halbinsel ist es durch eine regionale Erwärmung von etwa 3 °C im Lauf der letzten 50 Jahre zu einem katastrophalen Kollaps gekommen. So verlor das Wilkins-Schelfeis im Jahr 2008 etwa 500 km² an Fläche.

Abgehendes Treibeis beeinflusst zwar nicht die Meeresspiegelhöhe, aber es besteht die Gefahr, dass der antarktische Eisschild wegen des Schwindens der »Pufferzone« des Schelfeises instabil wird. Als 2002 das Larsen-B-Schelfeis kollabierte, bemerkten Glaziologen, dass benachbarte Eismassen zwei- bis achtmal schneller flossen als zuvor. Kleinere Schelfeisflächen und Gletscher ziehen sich auch an der Amundsen-Küste in der Westantarktis zurück. Falls es hier noch wärmer wird und der Westantarktische Eisschild auseinanderbricht, rechnen Forscher mit einem Meeresspiegelanstieg von über 5 m und einer Überflutung großer Küstengebiete weltweit.

Zusammenbruch des Larsen-Schelfeises

Das Larsen-Schelfeis nimmt die ganze Ostküste der Antarktischen Halbinsel ein. Während eines Sturms im Januar 1995 zerbrach sein Nordteil, Larsen A, in zahlreiche Stücke. Im Februar folgte in der Mitte Larsen B auf ähnliche Weise. Larsen C im Süden ist zur Zeit noch stabil, hat aber 12 % seiner Fläche verloren, als 2017 der große Eisberg A-68 abbrach.

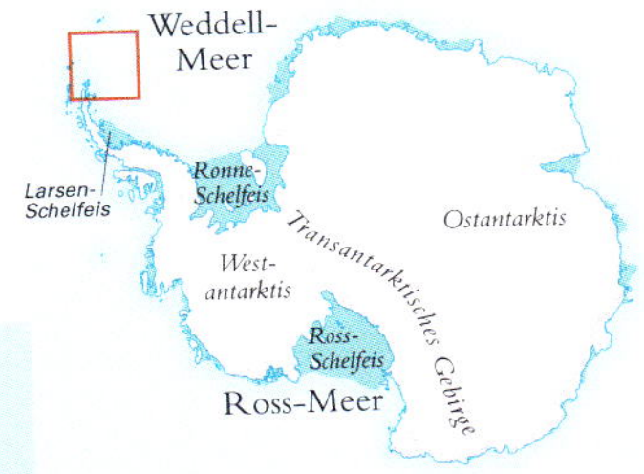

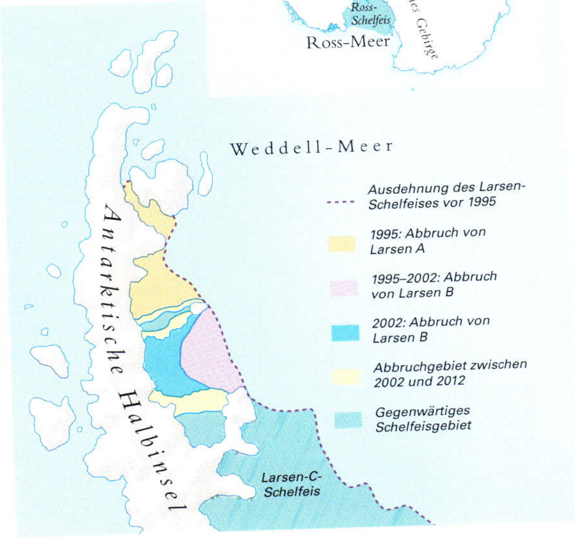

SCHELFEIS AUF DEM RÜCKZUG

SPALTENBILDUNG

SCHMELZWASSERSEE *Im Sommer sammelt sich Schmelzwasser in Senken und Spalten des Schelfeiskörpers sowie auch am Grund des Gletschers.*

AUFREISSENDE SPALTE *Im Larsen-A-Schelfeis erhöht Schmelzwasser den Druck auf die Gletscherspalten, die sich dadurch stärker ausweiten und eintiefen.*

WEGDRIFTENDES SCHELFEIS

ZUSAMMENBRUCH VON LARSEN B *Das Satellitenfoto vom 31. Jan. 2002 zeigt große Schmelzwasserseen im Larsen-B-Schelfeis kurz vor dessen Abbruch (oben); am 7. März 2002 war es dann soweit (Foto darunter). Die Eisplatte zerbrach in unzählige kleine und einige große Stücke, die sich rasch im Weddell-Meer verteilten. Möglicherweise drang Schmelzwasser in die Gletscherspalten ein, was sie 220 m tief bis zum Grund des Larsen-B-Schelfeises aufreißen ließ.*

GIGANTISCHE EISBERGE

EISBERG B-15 *Einer der größten bisher bekannten Eisberge von 300 km Länge, 40 km Breite und 60 m Höhe brach als »B-15« im März 2000 vom Ross-Schelfeis ab. Mehrere Jahre driftete er durchs Ross-Meer und behinderte Schiffe und die Wanderungen der Pinguine. Schließlich zerbrach er in einzelne Stücke, von denen einige im November 2006 unweit von Neuseeland gesichtet wurden.*

GLOSSAR

A

Ablagerungsküste Eine Küste, die zum Meer hin anwächst, weil Sand und andere Sedimente von Flüssen oder Meeresströmungen abgelagert werden. Siehe auch *Hebungsküste, Erosionsküste.*

Abyssopelagial Bereiche des Meers unterhalb von etwa 4000 m. Die Tiefseeebene erstreckt sich in 4000–6000 m Tiefe und bildet den Grund der meisten Meeresbecken. Siehe auch *Epipelagial, Bathypelagial, Mesopelagial, Hadopelagial.*

Albedo Das Rückstrahlungsvermögen einer Oberfläche. Eis hat eine hohe Albedo und reflektiert einen großen Teil der einfallenden Sonnenstrahlung.

Algen Einfach gebaute Pflanzen oder pflanzenähnliche Protisten, die Fotosynthese betreiben, von Tangen bis hin zu mikroskopisch kleinem Phytoplankton. Manche Algen, wie Grünalgen, werden häufig als Pflanzen bezeichnet, Rot- und Braunalgen hingegen oft als getrennte Gruppen klassifiziert. Siehe auch *Cyanobakterien, Fotosynthese, Protisten, Tange.*

Anadrom Bei Fischen: Die Arten verbringen den Großteil ihres Lebens im Meer, ziehen aber in Flüsse, um sich fortzupflanzen; hierzu gehören Lachse. Siehe auch *katadrom.*

Anaerob Bezeichnet Prozesse, die ohne die Anwesenheit von Sauerstoff ablaufen oder Organismen, die ohne Sauerstoff leben können.

Anneliden Siehe *Ringelwürmer.*

Anoxisch In einem Lebensraum: Den Lebewesen steht kein Sauerstoff zur Atmung zur Verfügung.

Antizyklone Luft zirkuliert in der Atmosphäre, im Zentrum herrscht hoher Luftdruck (Tiefdruckgebiet). Meist in Verbindung mit ruhiger Wetterlage. Siehe auch *Zyklone.*

Archaeen Eine Gruppe winziger, einzelliger Organismen. Wie Bakterien haben sie keinen Zellkern, stehen aber systematisch getrennt. Sie leben oft in extremen Lebensräumen wie an hydrothermalen Schloten. Siehe auch *Bakterien.*

Asexuelle Fortpflanzung Fortpflanzung, bei der keine Rekombination der Gene zweier Individuen stattfindet (Sex). Sie kann geschehen, indem sich der Körper teilt, neue Individuen knospen oder sich spezielle Strukturen wie Sporen bilden.

Asselspinnen Eine Gruppe achtbeiniger, räuberischer mariner Gliederfüßer. Es besteht keine Einigkeit darüber, ob Asselspinnen nahe mit landlebenden Spinnen verwandt sind oder nicht.

Ästuar Die Mündung eines großen Flusses. Weiter gefasst schließt der Begriff alle Buchten und Meeresarme ein, in denen sich Meerwasser mit Süßwasser vermischt.

Atoll Eine niedrig gelegene, ringförmige Insel oder eine Serie bogenförmiger Inseln um eine seichte Lagune. Die Struktur entsteht, wenn Korallen sich an der Spitze eines abgesunkenen Vulkanes ansiedeln und das Riff nach oben wächst. Siehe auch *Lagune.*

Außenskelett Ein Skelett außen am Körper eines Tiers, das oft auch als schützende Barriere funktioniert. Gliederfüßer wie Krebstiere und Insekten haben ein Außenskelett. Siehe auch *Gliederfüßer.*

Authigen Bei Sedimenten: wurden lokal im Meer gebildet (vor allem durch chemische Ausfällungsprozesse), nicht von anderswo herbeitransportiert. Siehe auch *Sediment.*

Autotroph Ein Organismus, wie eine Pflanze, der seine eigenen Nähr- und Aufbaustoffe selbst herstellen kann und keine Nahrung aufnimmt, die andere Organismen herstellen. Siehe auch *Fotosynthese, Primärproduzenten.*

B

Bakterien Mikroskopisch kleine einzellige Organismen, die in allen Ökosystemen häufig sind. Die Zellen sind viel kleiner als die von Tieren und Pflanzen und besitzen keinen Zellkern. Siehe auch *Archaeen, Cyanobakterien, Protisten.*

Barriereriff Ein Korallenriff, das in einiger Entfernung parallel zur Küste verläuft.

Barten Hornplatten im Maul einiger Wale; mit den Barten wird Nahrung wie Krill aus dem Wasser gesiebt.

Bartlen Fleischige Anhänge, oft paarig, um das Maul bestimmter Fischarten.

Basalt Ein häufiges vulkanisches Gestein aus verfestigter Lava. Das Gestein des Meeresbodens ist vorwiegend Basalt, der an mittelozeanischen Rücken ausgetreten ist.

Bathypelagial Meeresboden und Wassersäule in etwa 1000–4000 m Tiefe, zwischen dem Mesopelagial und dem Abyssopelagial. In diese Tiefe dringt kein Licht mehr vor. Siehe auch *Abyssopelagial, Epipelagial, Hadopelagial, Mesopelagial.*

Bauchflossen Flossenpaar, das sich bei den meisten Fischen hinter den Brustflossen befindet. Siehe auch *Brustflossen.*

Befruchtung Die Vereinigung von männlichen und weiblichen Geschlechtszellen (Spermien und Eizellen bei Tieren) als erster Schritt des Entstehens neuer Organismen bei sexueller Fortpflanzung. Manche Meerestiere entlassen Eier und Spermien ins Meer, die zufällig aufeinandertreffen (äußere Befruchtung), bei anderen übertragen die Männchen Sperma direkt in den Körper des Weibchens (innere Befruchtung).

Beifang Der Anteil an Fischarten, die bei der Fischerei unbeabsichtigt mitgefangen wurden.

Benthos Organismen, die auf oder im Meeresboden leben (benthische Lebensweise).

Berme Ein Grat aus Sedimenten weit oben an einem Strand, der bei Flut abgelagert wurde.

Biodiversität Die Vielfalt von Lebewesen. Ausschlaggebend ist die Zahl unterschiedlicher Arten oder die Variation innerhalb von Arten.

Biogen Gebildet von lebenden Organismen.

Biolumineszenz Das Erzeugen von Licht durch Lebewesen.

Biom Großlebensraum von Pflanzen und Tieren, in dem bestimmte klimatische Bedingungen herrschen. Mangrovensümpfe und die Tiefseeebene sind marine Biome.

Biomasse Die gesamte Masse der Lebewesen in einem bestimmten Gebiet.

Bioturbation Störung und Durchmischung von Sedimenten auf dem Meeresgrund, meist durch vergraben lebende Tiere.

Blaualgen siehe *Cyanobakterien.*

Borstenwürmer Eine große Untergruppe der Ringelwürmer, deren Vertreter in den Meeren häufig vorkommen; oft mit Borsten an den Seiten des Körpers (der wissenschaftliche Name »Polychaet« bedeutet »Vielborster«). Manche Arten können sich umherbewegen, während andere sich in Röhren oder Bauen verankern und Nährstoffe filtrieren. Siehe auch *Ringelwürmer, Röhrenwürmer, Würmer.*

Brackwasser Salzhaltiger als Süßwasser, aber weniger salzhaltig als typisches Meerwasser.

Brandungshohlkehle Eine Höhlung, die am Fuß eines Kliffs durch Wellenerosion entsteht.

Brandungspfeiler Eine isolierte Gesteinssäule, die vor der Küste stehen geblieben ist, nachdem das umgebende Land erodiert wurde.

Brandungszone Der Bereich des Strands, der bei normalen Bedingungen von Wellen und Gezeiten beeinflusst wird. Dazu gehören der Gezeiten- oder Vorstrand und das Gebiet unterhalb, wo das Wasser so seicht ist, dass die Wellentätigkeit den Boden aufwirbelt. Siehe auch *Gezeitenstrand.*

Breitengrad Die Lage auf der Erde bezüglich ihrer Entfernung zum Äquator. Niedrige Breitengrade befinden sich nahe am Äquator, hohe Breitengrade nahe an den Polen.

Brustflossen Das vordere Flossenpaar der meisten Fische und Meeressäuger, das vor allem zum Steuern eingesetzt wird, manchmal auch, um Antrieb zu erzeugen. Siehe auch *Bauchflossen.*

Buhne Eine künstlich errichtete Barriere am Strand, die ins Meer reichen kann und verhindert, dass Material durch Küstenlängsstrom verfrachtet wird. Siehe auch *Küstenlängsstrom.*

C

Chemosynthese Ein Prozess, bei dem manche Organismen ihre eigenen Nähr- und Aufbaustoffe herstellen, indem sie die Energie von natürlicherweise vorkommenden Stoffen wie Wasserstoff oder Schwefel beziehen. Siehe auch *Fotosynthese, autotroph, Primärproduzenten.*

Chlorophyll Das grüne Pigment von Pflanzen und Algen, das ihnen ermöglicht, unter Nutzung der Sonnenenergie ihre eigenen Nähr- und Aufbaustoffe herzustellen. Siehe *Fotosynthese.*

Chromatophore Eine Hautzelle, in der die Verteilung farbiger Pigmente sich ändern kann, sodass das Tier seine Farbe wechselt. Farbänderungen können schnell vonstattengehen, wie bei Kopffüßern, oder langsam, wie bei Krebsen und manchen Fischen.

Cilien Winzige schlagende, haarähnliche Strukturen an der Oberfläche mancher Zellen. Kleine Organismen bewegen sich mit dem Schlag von Cilien fort, größere erzeugen mit ihnen eine Wasserströmung.

Crinoiden Siehe *Seelilien.*

Cyanobakterien Eine Gruppe winziger, einzelliger Organismen, die Fotosynthese betreiben wie Pflanzen. Sie werden als Bakterien klassifiziert, denn sie haben einen ähnlichen Bau. Cyanobakterien werden auch Blaualgen genannt, obwohl sie nicht nahe mit anderen Algen verwandt sind.

D

Delta Eine oft fächerförmige Ablagerung von Sedimenten eines Flusses, an der Stelle, wo er ins Meer mündet.

Demers Bei Fischen: vorwiegend auf dem Meeresgrund lebend.

Detritus Reste toter Organismen und organische Abfallstoffe, oft vermischt mit Sedimenten oder in Meeresströmungen gelöst. Detrivore sind Tiere, die sich von Detritus ernähren.

Diatomeen Eine Gruppe planktonähnlicher Organismen, die zu den Algen gehören und wichtige Primärproduzenten im Plankton sind. Sie sind einzellig, wachsen aber oft in Ketten oder Kolonien. Diatomeen umgeben sich mit zierlichen Gehäusen aus Silizium. Siehe auch *Algen, Primärproduzenten, Protisten.*

Dinoflagellaten Eine Gruppe von Protisten, die zwei Flagellen tragen. Sie sind im Plankton häufig. Manche sind als Tiere zu bezeichnen (sie fressen andere Organismen), während andere wie Pflanzen Fotosynthese betreiben und deshalb zu den Algen gehören. Siehe auch *Algen, Flagellum, Protisten.*

Dorsal Zum Rücken eines Tiers gehörend. Siehe auch *ventral.*

Drift Ein breiter, sich langsam bewegender Strom von Oberflächenwasser, zum Beispiel die Nordatlantische Drift.

Düne Ein durch die Windtätigkeit abgelagerter Hügel oder eine gratförmige Erhebung von Sand entlang von Küsten und in Wüsten. Küstendünen bilden sich meist auf tief gelegenem Land hinter Stränden.

Dünung Regelmäßige, sich gleichmäßig fortbewegende Wellen auf dem offenen Meer, meist in beträchtlicher Entfernung des Winds oder Sturms, der sie verursacht hat. Siehe auch *Fetch.*

E

Echolot Unter Einsatz von Geräten zur akustischen Messung wird die Tiefe von Objekten unter der Wasseroberfläche oder die Tiefe des Meeresgrunds gemessen. Siehe auch *Sonar.*

Echolot Methode, um in der Nähe befindliche Objekte zu lokalisieren und zu erkennen; Delfine, Fledermäuse und einige andere Tiere setzen Echolot ein, indem sie hohe Töne ausstoßen und deren Echo auswerten.

Eisberg Ein großer Eisblock, der von einem Gletscher, der in Kontakt mit dem Meer war, abgebrochen ist. Siehe auch *kalben.*

Eisschild Eine gewaltige Eismasse, die ständig das Festland bedeckt, wie der antarktische Eisschild.

Eisschlamm Stadium der Meereisbildung, bei der die Eisnadeln sich zu einer breiigen Masse verbinden. Siehe auch *Frazil-Eis, Meereis.*

Eiszeit Ein Abschnitt in der Erdgeschichte, in der die Temperaturen auf der Erde viel niedriger waren als heute und die Bedeckung mit Eis viel ausgedehnter war. Die letzte Eiszeit war eine Serie solcher Episoden während der letzten 2 Millionen Jahre, von denen die letzte vor etwa 10 000 Jahren endete.

Ekman-Transport Tendenz eines Winds oder einer Strömung, Luft- oder Wasserschichten ober- und unterhalb in Bewegung zu versetzen. Die Richtung weicht dabei von der ursprünglichen Wind- oder Strömungsrichtung ab. Der Effekt resultiert aus der Rotation der Erde um ihre Achse. An der Meeresoberfläche erzeugt ein vorherrschender Wind meist eine Wasserströmung im rechten Winkel zur Windrichtung. Siehe auch *Koreoliseffekt.*

Elektromagnetische Strahlung Strahlung aus elektromagnetischen Wellen: Ihrer Wellenlänge nach sind dies Radiowellen, Mikrowellen, Infrarot-Wellen (Wärme), sichtbares Licht, ultraviolettes Licht, Röntgenstrahlen und Gammastrahlen. Kurzwellige elektromagnetische Strahlung hat die höchste Energie.

El Niño Phänomen, bei dem sich das Wasser des Ostpazifik vor Südamerika alle 4–7 Jahre stärker als gewöhnlich erwärmt. Das gegenteilige Phänomen, bei dem das Wasser des Ostpazifik ungewöhnlich kalt ist, wird La Niña genannt. Der Begriff »El Niño« wird auch als Abkürzung für ein umfassenderes Phänomen, die El Niño/Southern Oscillation verwendet. Siehe *ENSO.*

ENSO Abkürzung für die El Niño/Southern Oscillation. Eine weltweite Abweichung im Muster des Klimas und der Meeresströmungen einschließlich des El-Niño-Phänomens in Verbindung mit einer Verlagerung warmer Oberflächengewässer im Ostpazifik.

Entenmuscheln Spezialisierte Krebstiere, bei denen die adulten Tiere sich an Felsen oder anderen Oberflächen festheften. Sie sind durch harte Schalen geschützt und filtrieren Nahrung mit modifizierten Spaltbeinen. Siehe auch *Krebstiere, filtrieren.*

Epipelagial Die oberste Wasserschicht des Meers, die von ausreichend Licht für die Fotosynthese durchdrungen wird. Sie erstreckt sich von der Meeresoberfläche bis in 200 m Tiefe. Siehe auch *Abyssopelagial, Bathypelagial, Hadopelagial, Mesopelagial.*

Erosionsküste Eine Küste, die von der Tätigkeit des Meers erodiert wurde. Felsenküsten sind typischerweise Erosionsküsten, aber auch manche niedrig gelegenen Sandküsten. Siehe auch *Ablagerungsküste.*

Eutrophierung Veränderungen, die in einem aquatischen Ökosystem stattfinden, wenn Pflanzennährstoffe wie Nitrate und Phosphate ins Wasser gelangen. Das Phänomen ist oft vom Menschen verursacht und kann den Charakter eines Ökosystems völlig verändern, beispielsweise, indem es Algenblüten hervorruft. Siehe auch *Algenblüte.*

F

Felsentor Ein natürliches Tor an einer Felsenküste, das meist entsteht, indem auf beiden Seiten einer Landzunge Höhlen erodiert werden, die sich schließlich zu einem Durchbruch verbinden.

Ferrel-Zelle Eine großräumige Luftzirkulation in gemäßigten Regionen, bei der Luft in etwa 60° nördlicher und südlicher Breite aufsteigt, in großen Höhen in Richtung Äquator fließt und bei etwa 30° nördlicher und südlicher Breite wieder absteigt und als Westwinde wieder in höhere Breitengrade abfließt. Siehe auch *Hadley-Zelle.*

Festeis Meereis, das eine geschlossene Eisdecke bildet. Siehe auch *Meereis, Packeis.*

Fetch Die Wirklänge des Winds auf dem offenen Meer, über die die vom Wind erzeugten Wellen sich fortpflanzen. Ein größerer Fetch führt meist zu größeren Wellen. Siehe auch *Dünung.*

Filtrieren Ernährungsweise, bei der Nahrungspartikel aus der Umgebung eingesammelt werden. Wenn die Nahrungspartikel im Wasser gelöst sind, spricht man auch von Suspensionsfressern.

Fjord Ein schmaler, tiefer Meeresarm, wo sich einst ein Gletscher befand. Fjorde haben eine seichtere Schwelle, wo sie auf das offene Meer treffen. Siehe auch *Ria.*

Flagellum (Geißel) Eine bewegliche, mikroskopisch kleine haarähnliche Struktur, die von einigen einzelligen Organismen zur Fortbewegung und von Schwämmen dazu eingesetzt wird, eine Wasserströmung durch den Körper zu erzeugen. Sie ist länger als ein Cilium. Siehe auch *Cilien, Schwämme.*

Flohkrebse Eine Gruppe kleiner, häufiger, garnelenähnlicher Krebstierchen; sie sind seitlich abgeflacht und leben vor allem auf dem Meeresgrund, wo sie sich von Detritus (abgestorbenen Tier- und Pflanzenresten) ernähren.

Flügelschnecken Schwimmende, planktonische Schnecken. Der Fuß ihrer Vorfahren hat sich zu muskulösen »Flügeln« entwickelt, mit denen sie aktiv schwimmen. Siehe auch *Gastropoden, Plankton.*

Foraminiferen Eine Gruppe von Einzellern, deren leere Kalkskelette ein wesentlicher Bestandteil der Sedimente der Tiefsee sind. Sie sind tierähnlich (sie ernähren sich von anderen Organismen), und zu ihnen gehören sowohl planktonische als auch am Grund lebende Typen. Siehe auch *Protisten.*

Fotosynthese Prozess bei grünen Pflanzen, Algen und Cyanobakterien, bei dem mithilfe der Sonnenenergie aus Kohlendioxid und Wasser Nähr- und Aufbaustoffe erzeugt werden. Siehe auch *Chemosynthese, Chlorophyll.*

Frazil-Eis Eis in Form von winzigen Eisnadeln, das auf oder nahe der Meeresoberfläche treibt. Es ist das erste Stadium der Meereisbildung. Siehe auch *Meereis.*

Front Ein vertikaler oder schräger Grenzbereich zwischen zwei Luft- oder Wassermassen mit unterschiedlichen Eigenschaften.

Fußregion Sanft abfallende Bereiche des Meeresbodens, die unterhalb des Kontinentalhangs an diesen anschließen.

G

Gastropoden Die Gruppe von Mollusken, zu der Nackt-, Gehäuse- und Flügelschnecken gehören. Siehe auch *Weichtiere.*

Gezeiten Meeresspiegelschwankungen, verursacht durch die Gravitationskraft der Sonne und des Mondes, die auf die Ozeane in Verbindung mit der Erdrotation einwirken. Auf dem offenen Meer entsteht in jedem Gezeitenzyklus ein kleiner, aber messbarer Anstieg und Abfall des Meeresspiegels. An der Küste treten die Effekte der Gezeiten viel offensichtlicher in Erscheinung und führen zu horizontalen (Gezeitenströme) und zu vertikalen Wasserbewegungen.

Gezeitenstrand Auch Vorstrand genannt. Der Strandbereich, der zwischen der durchschnittlichen Hoch- und Niedrigwasserlinie liegt. Siehe auch *Gezeiten.*

Gezeitenströme siehe *Gezeiten.*

Gletscher Eine Masse komprimierten Eises, das langsam hangabwärts fließt. Wo Gletscher auf das Meer treffen, kalben Eisberge.

Gliederfüßer Eine große Gruppe (Stamm) Wirbelloser mit gegliederten Beinen und hartem Außenskelett. Dazu gehören Krebstiere (Krabben, Garnelen und Verwandte), Insekten und Spinnen. Siehe auch *Krebstiere, Außenskelett.*

Gorgonien Fächerförmige Korallen, auch Hornkorallen genannt. Obwohl sie oft auf Riffen wachsen, sind sie selbst keine Riffbildner. Siehe auch *Koralle.*

Guyot Ein unterseeischer Berg mit flacher Spitze, auch Tafelberg genannt. Siehe auch *Seamount.*

H

Hadopelagial Tiefste Meeresregionen unterhalb von 6000 m in ozeanischen Gräben. Unterhalb des Abyssopelagials. Siehe auch *Abyssopelagial, Bathypelagial, Epipelagial, Mesopelagial.*

Hadley-Zelle Eine Luftzirkulation in wärmeren Regionen, verursacht von warmer Luft, die nahe des Äquators aufsteigt und sich zu mittleren Breitengraden bewegt, abkühlt und absteigt und als Passatwind zurück zum Äquator strömt.

Halokline Eine Grenze zwischen Wasserschichten unterschiedlicher Salinität. Die Salinität verändert sich hier sprunghaft. Siehe auch *Thermokline.*

Hebungsküste Eine Küste, an der das Land sich gehoben oder der Meeresspiegel relativ zu einer früheren Höhe gesunken ist. Siehe auch *Senkungsküste, Isostatischer Ausgleich.*

Hermaphrodit Ein Tier, das sowohl männliche als auch weibliche Geschlechtsorgane besitzt. Tiere, die gleichzeitig sowohl männlich als auch weiblich sind, werden simultane Hermaphroditen genannt. Andere sind zunächst Männchen und werden dann zu Weibchen oder umgekehrt. Manche Arten wandeln ihr Geschlecht sehr schnell um.

Holoplankton Planktonorganismen, die ihr gesamtes Leben als Plankton verbringen. Siehe auch *Meroplankton, Plankton.*

Holothurien Siehe *Seegurken.*

Hotspot Eine Stelle in der Erdkruste, wo große Mengen von Magma aufsteigen. Wenn sich ozeanische Kruste über einen Hotspot bewegt, bildet sich im Lauf von Jahrmillionen eine Reihe vulkanischer Inseln, wie die Hawaii-Inseln.

Hurrikan (1) Ein Name für einen tropischen Wirbelsturm, vor allem einen, der im Atlantik auftritt. (2) Windgeschwindigkeit über 116 km/h.

Hydrozoenkolonie Nesseltiere, die in kleinen, verzweigten Kolonien von Polypen wachsen, die an Steinen oder Tangen festsitzen. Die Polypen sind darauf spezialisiert, entweder zu fressen, sich fortzupflanzen oder sich zu verteidigen. Siehe auch *Nesseltiere, Polyp.*

Hydrothermaler Schlot Ein Spalt in einer vulkanisch aktiven Region des Meeresbodens, in dem sehr heißes Wasser, angereichert mit chemischen Stoffen, aufsteigt. Die chemischen Stoffe liefern die Energie für Lebensgemeinschaften, weil Bakterien und Archaeen hier Chemosynthese betreiben können. Siehe auch *Chemosynthese.*

I

Ice rafting Transport von Gesteinsschutt, der in einem Eisberg eingefroren ist, ins Meer. Beim Schmelzen des Eisbergs wird dieses Material als Sediment abgelagert.

Innertropische Konvergenzzone Eine Region in der Nähe des Äquators, wo die Passatwinde aufeinandertreffen.

Inselkette Kette von Inseln, darunter meist aktive Vulkane, die durch die Kollision der ozeanischen Kruste zweier tektonischer Platten entstand. Eine der Platten wird unter der anderen subduziert, sodass ein Graben auf einer Seite des Bogens entsteht. Siehe auch *Subduktion, Tiefseerinne.*

Interne Welle Eine Welle, die an der Grenze zweier verschiedener Schichten derselben Flüssigkeit auftritt und nicht an der Oberfläche, zum Beispiel an der Grenze zweier Wasserschichten im Meer.

Isopoden Eine Gruppe von Krebstieren, meist mit abgeflachtem Körper. Die Gruppe ist hauptsächlich marin, umfasst aber auch die an Land lebenden Asseln.

Isostatisie Ein Gleichgewichtszustand, verwendet meist für die relativ leichten Gesteine der kontinentalen Kruste; man kann sich vorstellen, dass sie wie Eisberge zwischen den schwereren Gesteinen des Meeresbodens und Mantels treiben. Isostatischer Ausgleich ist die Tendenz einer vormals mit Eis bedeckten Landmasse, langsam bis zu einem Gleichgewichtszustand aufzusteigen, wobei oft Hebungsküsten entstehen. Siehe auch *kontinentale Kruste, Hebungsküste.*

IUCN Die Initialen stehen für die World Conservation Union (früher International Union for the Conservation of Nature). Die Organisation sammelt und publiziert Informationen über den momentanen Schutzstatus bedrohter Arten.

K

Kalben Wenn Eisberge ins Meer entlassen werden. Siehe auch *Eisberge.*

Kalmar siehe *Kopffüßer.*

Kalte Quelle Ein natürliches Aussickern von Erdöl oder anderen Kohlenwasserstoffen auf dem Meeresgrund; hier findet man Lebewesen oft in großer Dichte vor.

Kalziumkarbonat Chemische Formel $CaCO_3$. Hauptbestandteil der Skelette von Korallen und von Molluskenschalen, Kalkstein und Kalk.

Katabatischer Wind Ein Wind, der von einem Eisschild, einem Gletscher oder einem Kältetal herabweht, meist in der Nacht.

Katadrom Bei Fischen: Arten, die die meiste Zeit ihres Lebens im Süßwasser verbringen, zur Fortpflanzung jedoch ins Meer ziehen, wie zum Beispiel Aale. Siehe auch *anadrom.*

Kieferlose Fische Zwei Gruppen ursprünglicher Fische, die Neunaugen und Schleimaale, die vom Stammbaum abzweigten, bevor sich die Kiefer entwickelten.

Kloake Die kombinierte Öffnung von Verdauungs-, Exkretions- und Fortpflanzungssystem vieler Wirbeltiere (z. B. Fische und Vögel) und einiger Wirbelloser.

Knochenfische Die große Gruppe, zu der alle Fischarten außer den kieferlosen Fischen, Haien und anderen Knorpelfischen gehören. Siehe auch *Knorpelfische.*

Knorpelfische Fische wie Haie, Rochen und Chimären, die ein knorpeliges Skelett besitzen. Siehe auch *Knochenfische.*

Kohlenstoffkreislauf Der Kreislauf des Kohlenstoffs in der Umwelt. Während er den Kreislauf durchläuft, ist Kohlenstoff in den Körpern von Lebewesen, in Kohlendioxid in der Atmosphäre und im Meer, in fossilen Brennstoffen und in Gesteinen wie Kalkstein gebunden.

Kohlenwasserstoff Ein Stoff, der nur aus Kohlenstoff- und Wasserstoffatomen besteht.

Kolonial Bei Tieren: In einer Kolonie lebend. Eine Kolonie kann aus einzelnen Individuen bestehen oder aus Tieren, die durch lebendes Gewebe miteinander verbunden sind, wie viele marine Wirbellose wie Korallen und Moostierchen. Einzelne Tiere haben oft spezialisierte Rollen, wie Fressen, Vermehrung und Verteidigung; in diesem Fall agiert die Kolonie häufig wie ein einziges Tier. Siehe auch *Moostierchen, Nesseltiere, Zooid.*

Kommensalismus In enger Verbindung mit einem Angehörigen einer anderen Art leben, beispielsweise, indem man seinen Bau teilt, ohne diesen zu schädigen oder ihm Vorteile zu verschaffen. Siehe auch *Mutualismus, Symbiose.*

Kontinentale Kruste Das Material der Erdkruste, das die Kontinente und Kontinentalränder bildet. Sie ist leichter und mächtiger als die ozeanische Kruste.

Kontinentalschelf Der sanft abfallende Meeresboden, der die Randbereiche der meisten Kontinente umgibt. Der Schelf wird von kontinentaler Kruste gebildet und reicht im Schnitt bis etwa in 130 m Tiefe.

Konvektion Zirkulierende Ströme in einer Flüssigkeit, beispielsweise in Wasser oder heißer Gesteinsmasse, die daraus resultieren, dass heiße Flüssigkeit aufsteigt, weil sie weniger dicht ist und später beim Abkühlen wieder absinkt.

Kopffüßer Eine Gruppe schwimmfähiger Mollusken, zu der Kalmare, Tintenfische, Oktopusse und das Perlboot gehören. Sie besitzen ein großes Gehirn und zeigen komplexes Verhalten. Siehe auch *Mollusken.*

Korallen Nesseltiere, die festsitzend am Meeresgrund leben und Skelette absondern; sie leben meist kolonial. Riffe bildende Korallen scheiden harte Skelette aus Kalziumkarbonat ab. Siehe auch *Nesseltiere, Gorgonien, Zooxanthellen.*

Korallenbleiche Ein Phänomen, bei dem Korallenpolypen ihre winzigen symbiotischen Algen (Zooxanthellen) verlieren, meist als Reaktion auf Stress. Betroffene Korallen sterben später oft ab. Siehe auch *Zooxanthellen.*

Korallenriff Eine felsenartige Struktur aus Kalziumkarbonat, die in seichten Meeren von Generationen von Korallen gebildet wurde. Siehe auch *Barriereriff, Saumriff.*

Korioliseffekt Phänomen, das aus der Rotation der Erde um ihre Achse resultiert. Winde und Strömungen, die sich zum Äquator hin- oder von ihm wegbewegen, werden auf der Nordhalbkugel nach rechts und auf der Südhalbkugel nach links abgelenkt. Dieses Phänomen trägt dazu bei, die Richtung der vorherrschenden Winde und die Existenz von Wirbeln zu verstehen.

Krabben Siehe Krebstiere.

Krebstiere Die vielfältigste Gruppe der Gliederfüßer (Arthropoden) in den Meeren. Hierzu gehören Krabben, Austern, Garnelen, Entenmuscheln, Krill, Asseln und Flohkrebse. Ihre Spaltbeine sind zu Scheren, Beinen, Schwimm- oder Filtrierorganen modifiziert, je nach Art. Siehe auch *Gliederfüßer.*

Krill Schwimmende, garnelenähnliche Krebstiere, die meist 2–6 cm lang werden und einen großen Teil des Zooplanktons bilden. Sie sind ein wichtiges Glied in der Nahrungskette des Südpolarmeers.

Küstenlängsstrom Prozess, bei dem Sediment entlang einer Küste transportiert wird, wenn die Wellen sich schräg zur Strandlinie brechen.

L

La Niña Siehe *El Niño.*

Lagune Ein Küstengewässer, das vom Meer fast völlig duch eine Nehrung oder andere Barriere abgeschnitten ist. Auch das seichte Wasser im Zentrum eines Atolls.

Landzunge Auch Kap genannt. Ein Vorsprung an einer Küstenlinie, der meist aus Fels besteht und hoch aufragt und der Erosion ausgesetzt ist. Siehe auch *Erosionsküste.*

Längengrad Position auf der Erde, abhängig von ihrer östlichen oder westlichen Entfernung von einer definierten Linie, dem Nullmeridian, der die Erde von Pol zu Pol umgibt und durch Greenwich in London verläuft.

Larve Ein Jugendstadium eines Tiers, das sich im Körperbau meist stark vom adulten Tier unterscheidet. Die Larven vieler mariner Tiere, wie Seesterne, leben als Planktonorganismen. Siehe auch *Metamorphose*.

Litoral Küstenregion zwischen der Flut- und Ebbelinie.

M

Magma Masse aus Gesteinsschmelze, die von tief aus dem Erdinnern aufsteigt.

Magmatisches Gestein Ein Gestein, das entstand, als Magma erstarrte, wie Basalt oder Granit.

Mangrovenbäume Verschiedene Baumarten, die an schlammigen Stränden in den Tropen wachsen und daran angepasst sind, dass ihre Wurzeln und der untere Teil des Stammes von Salzwasser bedeckt sind.

Mangroven Waldähnliche Ökosysteme, dominiert von Mangrovenbäumen, die in einer schlammigen Gezeitenzone oder an einer Flussmündung wachsen. Mangrovensümpfe gedeihen nur in den Tropen und Subtropen.

Mantel Das Gestein, das sich zwischen der Erdkruste und dem Kern befindet. Der Mantel erstreckt sich bis in die Tiefe von etwa 2900 km.

Meduse Eine der beiden Körperformen der Nesseltiere. Medusen sind schüsselförmig, treiben meist im Meer und können aktiv schwimmen. Eine Qualle ist eine Meduse. Siehe auch *Nesseltiere, Polyp*.

Meereis Eis, das sich auf der Oberfläche des Meers bildet, anders als Eisberge und Eisschelfe, die ihren Ursprung an Land haben. Manches Meereis bildet sich nur im Winter, anderes überdauert zum Teil den Sommer. Meereis bildet und entwickelt sich in mehreren Stadien. Siehe *Frazil-Eis, Eisschlamm, Pfannkucheneis*.

Meeresnacktschnecken Schalenlose marine Schnecken, oft mit leuchtenden Farben und büschelförmigen Kiemen (Ctenidien). Meeresnacktschnecken leben räuberisch und sind nicht nahe mit Landschnecken verwandt. Auch Nudibranchier genannt. Siehe auch *Gastropoden*.

Meroplankton Planktonorganismen, die die Larven von Tieren sind, die als adulte Tiere nicht planktonisch leben, wie Krabben.

Mesopelagial Die vertikale Zone von Wassersäule und Meeresboden, die sich zwischen 200 und 1000 m Tiefe befindet; hierhin dringt noch ein wenig Licht vor, aber nicht genug, um Fotosynthese möglich zu machen. Siehe auch *Abyssopelagial, Bathypelagial, Epipelagial, Hadopelagial*.

Metamorphose Der Prozess der Umwandlung der Larve zu einem adulten Tier mit völlig anderem Körperbau. Häufig bei marinen Wirbellosen wie Seesternen, deren Larven im Plankton schweben, während die adulten Tiere am Meeresboden leben.

Mimikry Phänomen, bei dem sich eine Tierart so entwickelt hat, dass sie einem anderen, nicht verwandten Tier ähnlich sieht.

Mittelozeanischer Rücken Ein unterseeischer Gebirgszug, der auf dem Meeresboden der Tiefsee dort verläuft, wo Seafloor-Spreading stattfindet. Siehe auch *Seafloor-Spreading*.

Moostierchen In Kolonien lebende Filtrierer, die an Oberflächen wachsen, etwa an Tangen, entweder als flache Kruste oder als pflanzenähnlicher Aufwuchs. Auch Bryozoen genannt.

Muscheln Mollusken wie Herzmuscheln und Austern, die eine Schale aus zwei verbundenen Hälften besitzen. Die meisten Muscheln bewegen sich langsam oder überhaupt nicht fort und sind Filtrierer. Siehe auch *Filtrieren, Weichtiere*.

Mutualismus Eine enge Beziehung zweier Arten, von der beide Partner profitieren.

N

Nanoplankton Planktonorganismen mit 0,002–0,2 mm Durchmesser. Nicht so klein wie Picoplankton. Siehe auch *Picoplankton, Plankton*.

Nekton Tiere des offenen Meers, die kräftig genug schwimmen können, um nicht den Ozeanströmungen ausgeliefert zu sein. Zum Nekton gehören Kalmare, adulte Fische und Meeressäuger. Siehe auch *Plankton*.

Nesselzelle Quallen oder andere Nesseltiere besitzen Nesselzellen, die einen mit Widerhaken besetzten Nesselschlauch enthalten, der ausgeschleudert werden kann und ein Gift in das Opfer injiziert. Siehe auch *Nesseltiere*.

Nesseltiere Eine große Gruppe (Stamm) von wirbellosen Tieren mit einfachem Körperbau. Tentakel umgeben eine einzige Mundöffnung. Zu den Nesseltieren gehören Korallen, Seeanemonen und Quallen, und sie leben oft in Kolonien. Die beiden typischen Lebensformen sind Polyp und Meduse. Bei manchen Gruppen treten während des Lebenszyklus beide Formen auf. Siehe auch *kolonial, Korallen, Meduse, Nesselzelle, Polyp*.

Nipptide Die schwächste Tide innerhalb eines in etwa zweiwöchigen Zyklus; die Gravitationskraft der Sonne gleicht während dieser Zeit den Effekt des Mondes aus. Siehe auch *Springtide, Gezeiten*.

Nördlicher Polarkreis Breitengrad auf der Nordhalbkugel, nördlich dessen es an mindestens einem Tag im Jahr 24 h hell und an einem Tag 24 h dunkel ist.

O

Oberflächenspannung Die Anziehung zwischen Wassermolekülen an der Wasseroberfläche, die einen dünnen »Film« entstehen lässt, sodass kleine Insekten auf der Wasseroberfläche laufen können.

Oberflächenströmung Eine Strömung an der Oberfläche des Meers, wie zum Beispiel der Golfstrom. Oberflächenströmungen werden vor allem durch die Zugkräfte der vorherrschenden Winde verursacht. Siehe auch *thermohaline Zirkulation*.

Ovovivipar Lebende Junge gebären, statt Eier zu legen; hierbei schlüpfen die Jungen noch im Körper des Weibchens.

Ozeanbecken Eine Region tief gelegener ozeanischer Kruste, in der ein tiefer Ozean (oder Teil eines Ozeans) sich befindet, der meist von Land oder Flachmeeren umgeben ist.

Ozeanische Kruste Die Teile der Erdkruste, die den Boden der Ozeane bilden. Ozeanische Kruste besteht vorwiegend aus Basalt und ist dünner, dichter und schwerer als kontinentale Kruste.

P

Packeis Ein Mosaik aus treibenden Eisschollen, das sich bildet, wenn eine Meereisdecke von Stürmen oder Wellen aufgebrochen wird. Siehe auch *Festeis, Meereis*.

Passatwinde Vorherrschende Winde, die in den Subtropen und Tropen aus dem Osten in Richtung Äquator wehen.

Pelagisch Im offenen Meer lebend, ohne unmittelbaren Kontakt zum Strand oder dem Meeresboden. Siehe auch *demers*.

Perennierend Bei Pflanzen: drei oder mehr Jahre alt werden.

Pfannkucheneis Stadium der Meereisbildung; Pfannkucheneis besteht aus kleinen, flachen Eisplatten mit aufgeworfenen Rändern, wo die Platten aneinanderstoßen.

Pheromon Geruchsstoff, den ein Tier abgibt, um mit anderen Tieren derselben Art zu kommunizieren; häufig geschieht dies, um Partner anzulocken.

Phytoplankton Planktonorganismen, darunter mikroskopisch kleine Algen und Cyanobakterien, die ihre eigenen Nährstoffe mittels Fotosynthese herstellen.

Picoplankton Die kleinsten Planktonorganismen, typischerweise Bakterien, mit 0,0002–0,002 mm Durchmesser. Siehe auch *Nanoplankton*.

Plankton Marine Organismen oder Süßwasserorganismen, die im offenen Wasser leben und kaum aktiv schwimmen können, sodass sie mit der Strömung treiben. Im Plankton dominieren kleine Organismen, aber auch größere, wie Quallen, leben planktonisch. Siehe auch *Nanoplankton, Nekton, Phytoplankton, Picoplankton, Zooplankton*.

Planktonblüte Schneller Planktonwuchs, bei dem das Wasser oft trüb und grünlich wird; meist eine Antwort auf eine Zunahme der Nährstoffe im Wasser. Siehe auch *Phytoplankton*.

Plattengrenze Eine Grenze zwischen zwei tektonischen Platten. Die Platten können auseinander-, aufeinander zu oder aneinander vorbeidriften. Siehe auch *Transformstörung*.

Plattentektonik Phänomene, die mit der relativen Bewegung der tektonischen Platten in Verbindung stehen, darunter die Drift der Kontinente, Seafloor-Spreading, Erdbeben und Gebirgsbildung; auch die Theorie, die diese Phänomene erklärt.

Plattwürmer Eine Hauptgruppe (Stamm) von Wirbellosen mit einfachem, meist abgeflachtem Körper. Frei lebende Formen sind Fleischfresser. Es gibt auch viele parasitische Arten, darunter Bandwürmer.

Polynja Ein Gebiet mit offenem Wasser in einem mit Eis bedeckten Meer; tritt vor allem in der Arktis auf.

Polyp Eine der beiden Körperformen der Nesseltiere. Seeanemonen und Korallentiere sind Polypen. Sie sind typischerweise röhrenförmig und sitzen an einer Oberfläche fest. Siehe auch *Nesseltiere, Meduse*.

Primäre Küste Eine Küste, die nicht signifikant durch Erosion, die Aktivität von Tieren wie Korallen oder das Eingreifen des Menschen verändert wurde. Siehe auch *sekundäre Küste*.

Primärproduzent Ein Organismus, der Nähr- und Aufbaustoffe herstellt, indem er die Energie der Sonne oder von chemischen Stoffen nutzt. Siehe auch *autotroph, Chemosynthese, Fotosynthese*.

Produktivität Rate, in der organische Stoffe von Organismen durch Wachstum und Fortpflanzung produziert werden. Siehe auch *Primärproduzent*.

Prokaryoten Organismen wie Bakterien und Archaeen, deren Zellen kleiner und einfacher strukturiert sind als die Zellen von Tieren, Pflanzen und Protisten. Zellen von Prokaryoten besitzen keinen Zellkern. Siehe auch *Archaeen, Bakterien*.

Protein Ein großes Molekül, das ein Organismus aus kleineren Molekülen, den Aminosäuren, aufbaut. Zu den Proteinen gehören die Enzyme, die chemische Reaktionen in den Zellen katalysieren ebenso wie Strukturproteine wie Keratin, das widerstandsfähige Protein, aus dem Haare, Horn und Fingernägel bestehen.

Protisten Eine große Gruppe nicht miteinander verwandter, mikroskopisch kleiner Organismen, die man früher zu einem Reich zusammenfasste. Hierzu gehören einzellige Formen, die entweder tierähnlich (früher als Protozoen bezeichnet) oder pflanzenähnlich (viele dieser Einzeller werden als Algen bezeichnet) sein können. Manche Wissenschaftler schließen auch größere Algen mit ein. Die Zelle eines Protisten besitzt einen Zellkern wie die Zellen von Tieren und Pflanzen.

Q

Quallen Nesseltiere, die charakteristischerweise zwischen Plankton treiben und mit ihren nesselnden Tentakeln Beute fangen. Die Körperform einer Qualle ist die Meduse. Manche ähnlichen Formen, wie die Portugiesische Galeere, sind Staatsquallen. Siehe auch *Nesseltiere, Meduse, Staatsqualle.*

R

Radiolarien Einzellige Organismen, meist mit planktonischer Lebensweise, oft mit zierlichem, perforiertem, kugelförmigem Skelett. Radiolarienskelette sind ein wichtiger Bestandteil der Sedimente im Meer.

Rhizoid Eine wurzelähnliche Struktur, mit der sich Tange an Felsen verankern; das Rhizoid nimmt jedoch keine Nährstoffe auf wie eine richtige Wurzel.

Ría Ein gewundener Meeresarm, der entstand, als ein Flusstal überflutet wurde. Die meisten heutigen Rías entstanden, als der Meeresspiegel zum Ende der letzten Eiszeit stieg. Anders als Fjorde wurden Rías nicht von Gletschern geschaffen.

Riff Siehe auch *Korallenriff.*

Ringelwürmer Eine Gruppe von Würmern, deren Körper aus sich wiederholenden Einheiten (Segmenten) aufgebaut ist. Jedes Segment enthält einen Satz von Organen (zum Beispiel Nephridien). Zu den Ringelwürmern (oder Anneliden) gehören Regenwürmer und marine Arten, die meisten Letzterer gehören zur Untergruppe der Borstenwürmern (Polychaeten). Siehe auch *Stamm, Borstenwürmer, Würmer.*

Rinne Ein Kanal offenen Wassers im Meereis.

Ripströmung Eine Strömung, auch Brandungsrückströmung genannt, die von der Küste ins Meer hinaus verläuft und Wasser transportiert, das von den Wellen an den Strand gespült wurde.

Rippenquallen Transparente, quallenähnliche Tiere, die im Plankton jagen. Sie schwimmen meist, indem sie mit Cilien schlagen, die in Reihen angeordnet sind.

Röhrenwürmer Würmer, die in Röhren verankert und geschützt leben, die sie entweder aus Sekret oder anderen Materialien wie Sandkörnern bauen. Zu den Röhrenwürmern gehören die riesigen Würmer, die um hydrothermale Schlote leben und viele Ringelwürmer. Siehe auch *Borstenwürmer.*

Ruderfußkrebse Kleine, schwimmende Krebstierchen, meist weniger als 2 mm lang, die einen großen Teil des Zooplanktons bilden. Es gibt auch viele parasitische und grabende Arten. Siehe auch *Zooplankton.*

S

Salinität Salzgehalt.

Salpen Faßförmige Tunikaten mit zierlichem Körperbau, die als Filtrierer im Plankton leben. Siehe auch *Tunikaten.*

Salzmarsch Ein Ökosystem, dass sich an geschützten, flachen, schlammigen Küsten ausbildet, wo die Gezeitenzone von salztoleranten Pflanzen besiedelt wird. Siehe auch *Watt.*

Sanddüne Siehe *Düne.*

Saumriff Ein Korallenriff direkt vor der Küste, ohne dazwischen liegende Lagune oder Wasserstreifen. Siehe auch *Barriereriff.*

Schelfeis Ein Eisschild, der sich ins Meer erstreckt. Schelfeis ist an seinem landwärtigen Ende am Meeresboden verankert, der dem Meer zugewandte Teil treibt auf dem Wasser.

Schlangensterne Stachelhäuter mit dünnen, beweglichen Armen; mit Seesternen verwandt. Siehe auch *Stachelhäuter, Seesterne.*

Schnurwürmer Eine Hauptgruppe (Stamm) von schlanken, unsegmentierten marinen Würmern, von denen einige bis zu 50 m lang werden können.

Schwall Die Bewegung des Wassers strandaufwärts nach dem Anbranden einer Welle. Die Schwallzone ist die Zone an einem Strand, wo dies stattfindet.

Schwämme Eine Gruppe (Stamm) mariner Tiere mit sehr einfachem Bau, die einen Wasserstrom durch ihren Körper erzeugen, um kleine Partikel aus dem Wasser zu filtern. Sie besitzen keine Muskeln oder Nervenzellen und manchmal keine Symmetrieachse.

Schwarzer Raucher Ein hydrothermaler Schlot, in dem dass aufsteigende heiße Wasser durch dunkle Minerale schwarz gefärbt ist.

Schwimmblase Ein mit Gasen gefülltes Organ vieler Fische, das den Auftrieb steuert und manchmal für andere Zwecke eingesetzt wird, etwa, um Geräusche hervorzubringen.

Seafloor-Spreading Die Bildung neuer ozeanischer Kruste durch das Aufsteigen von Magma an mittelozeanischen Rücken und das daraus resultierende Auseinanderdriften der tektonischen Platten am Meeresboden. Siehe auch *Plattentektonik.*

Seamount Ein untermeerischer Berg, meist ein erloschener Vulkan.

Sediment Eine Ablagerung fester Teilchen, beispielsweise auf dem Meeresgrund. Auch der Wind kann Teilchen verfrachten, die sich als Sedimente ablagern.

Sedimentgestein Gestein, das von Sedimenten stammt, die sich später verfestigt haben, wie Sandstein.

Seeanemonen Einzeln lebende Nesseltiere, die sich an einer Oberfläche festheften und vorüberdriftende Beute mit ihren nesselnden Tentakeln fangen. Siehe auch *Nesseltiere, Korallen, Polyp.*

Seegräser Verschiedene Pflanzenarten, die auf sandigem Meeresboden in seichten Gewässern, vor allem in warmen Meeren, gedeihen. Sie gehören nicht zu den Gräsern, sind jedoch Blütenpflanzen, anders als Tange, die zu den Algen gehören.

Seegurken Stachelhäuter mit weichem, gurkenförmigem Körper, auch Holothurien genannt, die sich vor allem von Schlamm und Detritus ernähren. Auf den ersten Blick ist ihre Radiärsymmetrie nicht offensichtlich. Siehe auch *Stachelhäuter.*

Seeigel Eine Gruppe von Stachelhäutern, meist mit einer festen Schale, einem kugelförmigen Körper, langen Stacheln und nach unten weisendem Mund. Die meisten Seeigel weiden Algen von harten Oberflächen, Herzigel und Sanddollars jedoch leben im Sediment vergraben. Siehe auch *Stachelhäuter.*

Seelilien Gestielte Echinodermen, auch Crinoiden genannt, die mit ihren Armen filtrieren. Manche Arten, die Haarsterne, besitzen keinen Stiel. Siehe auch *Stachelhäuter.*

Seescheiden siehe *Tunikaten.*

Seesterne Eine Gruppe von Stachelhäutern mit fünf oder mehr Armen; sowohl Mund als auch Anus befinden sich auf der Unterseite des Körpers. Ihre Beutetiere können größer sein als sie selbst. Siehe auch *Stachelhäuter.*

Sekundäre Küste Eine Küste, die durch die Erosion des Meers, die Aktivität von Tieren wie Korallen oder Eingriffe des Menschen signifikant verändert wurde. Siehe auch *primäre Küste.*

Senkungsküste Eine Küste, wo das Land sich gesenkt hat oder der Meeresspiegel relativ zu seiner vorherigen Höhe gestiegen ist. Sie kann Merkmale wie Rías oder Fjorde aufweisen. Siehe auch *Hebungsküste, Fjord, Ría.*

Sexualdimorphismus Die Männchen und Weibchen einer Art unterscheiden sich im Aussehen, etwa in Farbe, Form oder Größe.

Sipho Bei Muscheln: Ein röhrenförmiger Fortsatz, der sauerstoffreiches Meerwasser zu den Kiemen leitet oder Nahrungspartikel transportiert. Kopffüßer setzen ihren Sipho ein, um Antrieb zu erzeugen. Siehe auch *Kopffüßer.*

Sog Der Wasserfluss zurück ins Meer, nachdem eine Welle an den Strand gebrandet ist.

Sonar Eine Methode des Echolots; oft weiter gefasst als Synonym für Echolot gebräuchlich. Siehe auch *Echolot.*

Southern Oscillation siehe ENSO.

Spore (1) Eine winzige Fortpflanzungseinheit, meist in großer Zahl produziert von Sporenpflanzen, Pilzen und einigen Einzellern, aus der neue Individuen entstehen können. Sporen sind viel kleiner als Samen und werden meist asexuell produziert, manchmal sind sie Teil eines komplexen Lebenszyklus. (2) Die inaktive, resistente Form einiger Bakterien, die dazu beiträgt, dass diese unter unvorteilhaften Bedingungen überleben können. Siehe auch *asexuelle Fortpflanzung.*

Springtide Die höchste Flut und niedrigste Ebbe in einem etwa zweiwöchigen Zyklus, verursacht durch eine Position von Sonne und Mond, bei der deren Gravitationskräfte zusammenwirken. Siehe auch *Gezeiten, Nipptide.*

Staatsquallen Räuberische, koloniale Nesseltiere, wie die Portugiesische Galeere. Die Mitglieder der Kolonie haben spezialisierte Aufgaben, arbeiten aber zusammen, sodass die Kolonie wie ein einzelnes Tier funktioniert. Siehe auch *Nesseltiere, kolonial, Polyp.*

Stachelhäuter Eine Hauptgruppe (Stamm) mariner Wirbelloser, zu der Seesterne, Schlangensterne, Seeigel, Seelilien und Seegurken gehören. Der Körper ist bei Stachelhäutern wie die Speichen eines Rades angeordnet (Radiärsymmetrie). Sie haben schützende Kalkplatten unter der Haut und setzen ein einzigartiges System hydraulischer Ambulakralfüßchen ein, um sich fortzubewegen oder Beute zu fangen.

Stamm Die höchste Einheit der Klassifikation im Tierreich. Jeder Stamm hat einen einzigartigen Bauplan. Weichtiere, Gliederfüßer und Stachelhäuter bilden jeweils einen Stamm.

Stehende Welle Eine Welle, die in derselben Position stehen bleibt, statt sich fortzubewegen, kommt in bestimmten Situationen wie Gezeitenströmen vor.

Strandhaken Eine Halbinsel aus Sand oder Kies, entstanden durch Küstenlängsstrom, meist an einem Punkt, wo die Küstenlinie ihre Richtung ändert. Siehe auch *Strandwallinsel, Küstenlängsstrom, Tombolo.*

Strandwallinsel Eine ständig frei liegende Anhäufung von Sand oder Kies parallel zur Küstenlinie.

Sturmflut Ein schneller Anstieg des Meeresspiegels, verursacht von Stürmen, die Wasser zur Küste transportieren. Eine Sturmflut kann verheerende Überschwemmungen an der Küste verursachen, vor allem, wenn sie gleichzeitig mit einer Springtide auftritt.

Subantarktisch Breitengrade, die nördlich an den südlichen Polarkreis angrenzen.

Subarktisch Breitengrade, die südlich an den nördlichen Polarkreis angrenzen.

Subduktion Das Absinken ozeanischer Kruste unter eine andere Platte, wo beide Platten kollidieren. In Subduktionszonen tun sich Tiefseerinnen auf.

Sublitoral Küste unterhalb der Niedrigwasserlinie.

Südlicher Polarkreis Breitengrad auf der Südhalbkugel; südlich des südlichen Polarkreises ist es jährlich an mindestens einem Tag 24 h hell und an mindestens einem 24 h dunkel.

Symbiose Eine enge Verbindung zweier Arten, von der beide Arten profitieren. Siehe auch *Mutualismus, Kommensalismus.*

T

Tafelberg Siehe *Guyot.*

Taifun Siehe *Zyklon.*

Tange Große Algen, die in drei Hauptgruppen unterteilt werden. Tange können mittels Fotosynthese ihre eigenen Nährstoffe herstellen, sie haben jedoch keine echten Wurzeln. Über ihre Klassifikation besteht keine Einigkeit, grüne Tange jedoch scheinen mit den Pflanzen verwandt zu sein, während rote und braune Tange zwei nicht miteinander verwandte, getrennte Gruppen repräsentieren.

Tauchboot Ein Boot, das konstruiert wurde, um unter Wasser zu operieren. Manche Tauchboote können hohen Druck aushalten und werden zur Erkundung der Tiefsee eingesetzt.

Tektonische Platte Eine der großen, festen Schollen der Erdkruste und des oberen Mantels; die relative Bewegung dieser Platten ist die Plattentektonik. Die Afrikanische und die Pazifische Platte beispielsweise sind tektonische Platten. Siehe *Plattentektonik.*

Terrigen Bei marinen Sedimenten: vom Land stammend (zum Beispiel von Flüssen ins Meer transportiert).

Thermohaline Zirkulation Meerwasserzirkulation, die von Unterschieden in Salzgehalt und Temperatur verschiedener Wassermassen angetrieben wird, nicht vom Wind. Thermohaline Zirkulation ist die Ursache der meisten Tiefen- und einiger Oberflächenströmungen. Siehe auch *Oberflächenströmung.*

Thermokline Eine Region in einer bestimmten Tiefe im Meer oder Höhe in der Atmosphäre, wo sich die Temperatur sprunghaft verändert. Siehe auch *Halokline.*

Tiefseerinne Lang gestreckte, tief gelegene Region des Ozeanbodens. Tiefseerinnen sind die tiefsten Regionen der Ozeane. Siehe auch *Subduktion.*

Tombolo Eine Landbrücke, die eine Insel mit dem Festland oder einer anderen Insel verbindet. Siehe *Strandhaken.*

Transformstörung Eine Störung, bei der Gesteinsmassen sich horizontal gegeneinander verschieben. Zahlreiche Transformstörungen treten im rechten Winkel zu mittelozeanischen Rücken auf. Siehe auch *Plattentektonik.*

Treibhausgas Ein Gas, wie Wasserdampf, Kohlendioxid oder Methan, das verhindert, dass Wärme von der Erdoberfläche abstrahlt, sodass sich die Erdoberfläche erwärmt (Treibhauseffekt). Manche Emissionen von Treibhausgasen sind natürlich, andere vom Menschen verursacht.

Trockenstrand Teil des Strands oberhalb der durchschnittlichen Hochwasserlinie; Meerwasser gelangt nur während der höchsten Tiden und Stürme in diesen Bereich.

Tropisch Warme Regionen der Erde, die sich zwischen dem Äquator und dem nördlichen und südlichen Wendekreis befinden, zwischen den Breitengraden 23,5° nördlicher und südlicher Breite. Der Begriff wird manchmal ungenau auch für ähnliche klimatische Bedingungen verwendet, die nördlich oder südlich der eigentlichen Tropen herrschen.

Tsunami Eine manchmal riesige Wasserwelle, die meist durch Bewegung von Wassermassen bei einem Erdbeben entsteht; kann Strände in Tausenden Kilometern Entfernung von ihrem Entstehungsort zerstören.

Tunikaten Eine Gruppe vorwiegend filtrierender mariner Wirbelloser, nahe verwandt mit den Wirbeltieren. Es gibt solitäre und koloniale Arten. Dazu gehören festsitzende Formen (Seescheiden) und solche, die im Plankton driften. Siehe auch *Salpen.*

U

Upwelling Das Aufsteigen von Tiefenwasser zur Oberfläche. Manchmal werden gleichzeitig Nährstoffe aus tiefen Wasserschichten nach oben transportiert.

V

Ventral Zur Körperunterseite oder dem Bauch eines Tiers gehörend. Siehe auch *dorsal.*

Vertikale Migration Verhalten von Zooplankton, Fischen und Kalmaren des offenen Meers, bei dem sie nachts näher zur Oberfläche aufsteigen und tagsüber tiefer absinken, wahrscheinlich, um Fressfeinden zu entkommen.

Verwerfung Ein Bruch in der Erdkruste, wo Gesteinsschichten sich entweder vertikal oder horizontal gegeneinander bewegt haben.

Vorherrschender Wind Ein Wind, der vorwiegend aus einer bestimmten Richtung weht. Siehe *Passatwinde, Westwinde.*

W

Wärmekapazität Die Wärmeenergie, die eine bestimmte Substanz absorbieren kann, sodass die Temperatur um einen bestimmten Wert ansteigt. Wasser hat eine hohe Wärmekapazität und kann als Wärmespeicher fungieren.

Wassersäule Die Säule aus Wasser zwischen der Meeresoberfläche und dem Meeresboden.

Watt Ein flaches, schlammiges Gebiet, bei Flut mit Wasser bedeckt; Charakteristisch für geschützte Bereiche wie Ästuare.

Weichtiere Eine Hauptgruppe (Stamm) von Wirbellosen, auch Mollusken genannt, zu denen Schnecken, Muscheln und Kopffüßer (Oktopusse, Kalmare, Tintenfische und das Perlboot) gehören. Weichtiere haben einen weichen Körper und charakteristischerweise harte Schalen. Einige Untergruppen haben ihre Schale jedoch im Lauf der Evolution zurückgebildet.

Weißer Raucher Ein hydrothermaler Schlot, in dem das austretende heiße Wasser weiß erscheint, weil darin hell gefärbte Minerale gelöst sind.

Welle Eine Bewegung oder Störung, die Energie überträgt. Das Wasser in einer Welle, die das offene Meer überquert, bewegt sich nur auf und ab, wenn die Welle passiert. Der höchste Punkt der Welle ist der Kamm, der tiefste das Tal. Die Bewegung des Wassers wird komplexer und turbulenter, wenn Wellen den Strand erreichen.

Wellenbrecher Eine im Meer errichtete Barriere, meist in der Nähe eines Hafens, die gegen Wellen und schwere See schützt.

Westwinde Vorherrschende Winde, die aus dem Westen wehen. Westwinde sind die häufigsten Winde in gemäßigten Regionen.

Wirbel Eine kreisförmige Bewegung unterschiedlichen Durchmessers und unterschiedlicher Geschwindigkeit in einer Flüssigkeit. Wirbel von mehr als 100 km Durchmesser sind wesentliche Charakteristika der Zirkulation in den Meeren.

Wirbellose Tiere ohne Wirbelsäule, von Ringelwürmern bis hin zu Spinnen.

Würmer Verschiedene meist nicht schwimmende Wirbellose, die lang, schlank und flexibel sind und keine Beine und Schalen besitzen. Siehe *Plattwürmer, Schnurwürmer, Ringelwürmer, Röhrenwürmer.*

Z

Zellatmung Der biochemische Prozess, bei dem Nährstoffmoleküle aufgebrochen und meist mit Sauerstoff verbunden werden, um Energie für den Organismus bereitzustellen. Siehe auch *anaerob.*

Zoea-Larve Das planktonische Larvenstadium mancher Krebstiere, darunter Krabben. Es unterscheidet sich im Bau stark vom adulten Tier.

Zooid Ein Individuum in einer Kolonie von nicht miteinander verbundenen Tieren, wie Moostierchen. Der Begriff wird nicht auf Kolonien bildende Korallen angewandt, die als Polypen bezeichnet werden. Siehe auch *Polyp.*

Zooplankton Alle Tiere oder tierähnlichen Einzeller, die Teil des Planktons sind. Siehe auch *Plankton.*

Zooxanthellen Symbiotische mikroskopisch kleine Algen, die im Gewebe vieler Korallen leben. Siehe auch *Symbiose.*

Zyklon Ein großes, zirkulierendes Wettersystem in warmen Breiten, das in verschiedenen Regionen der Erde unterschiedliche Namen trägt, wie Hurrikan oder Taifun. Es kommt zu starken Stürmen und Regengüssen. Die Energie liefert Wasserdampf, der aus warmen Meeren aufsteigt und kondensiert. Ein weniger mächtiges Phänomen wird tropischer Sturm genannt. Siehe auch *Hurrikan, Taifun.*

Zyklone In der Atmosphäre zirkulierende Luft, im Zentrum herrscht niedriger Druck (Tiefdruckgebiet). Eine Zyklone bildet sich normalerweise über dem Meer außerhalb der Tropen und bringt Regen und Stürme mit sich.

REGISTER

T

U

REGISTER DER KARTEN

A

B

L

M

N

O

P

T

U

V

W

X

Y

Z

Dank und Bildnachweis

Dorling Kindersley möchte den folgenden Personen für ihre Hilfe bei der Vorbereitung dieses Buches danken: Vom American Museum of Natural History war Udayan Chattopadhyay eine unverzichtbare Hilfe, und John Sparks lieferte viele wertvolle Kommentare zu Text und Bildern. Georgina Garner und Erin Richards erarbeiteten erste Versionen des Inhalts. Frances Dipper und Robert Dinwiddie erstellten die ursprünglichen Listen der Arten und ihrer Merkmale, die im hinteren Teil des Buches vorgestellt werden. Janis Utton und Pankaj Sharma leisteten einen wichtigen Beitrag zur Gestaltung. Tamlyn Calitz und Amy Walters unterstützten das Lektorat und Klara Kayser die Gestaltung. Neil Fletcher war an der Bildrecherche für den Abschnitt »Vögel« beteiligt.

BILDNACHWEIS

Dorling Kindersley dankt folgenden Mitarbeitern für ihre Unterstützung bei der Beschaffung des Bildmaterials: Romaine Werblow von der DK Picture Library; allen Mitarbeitern von SeaPics.com; allen Mitarbeitern von FLPA; Jonathan Hamston bei OSF; Teresa Riley bei Getty Images; allen Mitarbeitern bei Alamy Images.

ABKÜRZUNGEN:
(o=oben; u=unten; m=Mitte; g=ganz; l=links; r=rechts; go=ganz oben)

RANDLEISTEN
Corbis: David Keaton *(Karten)*; Jeffrey L. Rotman *(Marine Lebensräume)*. **Getty Images:** National Geographic/Raul Touzon *(Leben im Meer)*; Photonica/Anna Grossman *(Einleitung)*.

1 Getty Images: Taxi/Peter Scoones. **2–3 Getty Images:** Stone/Warren Bolster. **4 Corbis:** (gom); Lawson Wood (um). **4–5 Getty Images:** National Geographic/Brian Skerry. **5 Getty Images:** Image Bank/Mike Kelly (gom). **NASA:** Jacques Descloitres, MODIS Rapid Response Team, NASA/GSFC (mro). **6–7 FLPA:** Minden Pictures/Norbert Wu (*Hintergrund*). **8–9 FLPA:** Minden Pictures/Chris Newbert, **Carrie Vonderhaar**. **10-11 naturepl.com:** Brandon Cole. **12 Alamy Stock Photo:** Nature Picture Library. **13 naturepl.com:** Visuals Unlimited. **14-15 Alamy Stock Photo:** Nature Picture Library. **16 Getty Images:** UCG / Contributor. **16–17 David Hall (www.seaphotos.com)**. **18-19 naturepl.com:** Andy Murch. **20 Alamy Stock Photo:** David Fleetham. **21 FLPA:** Minden Pictures/Frans Lanting. **22-23 Alamy Stock Photo:** Nature Picture Library. **24–25 Corbis:** NASA. **26-27 Shutterstock.com:** AlyoshinE. **28–29 Getty Images:** Taxi/Jason Childs. **30 Alamy Images:** Pictor International/ImageState (um). **DK Images:** Frank Greenaway (ul). **30–31 Alamy Images:** Hawkeye (m). **31 Alamy Images:** Bryan & Cherry Alexander Photography (ur). **DK Images:** (gul); Brian Cosgrove (um); Zena Holloway (ul). **NASA:** GSFC/MODIS Rapid Response Team, Jacques Descloitres (gol); Liam Gumley, MODIS Atmosphere Team, University of Wisconsin-Madison Cooperative Institute for Meteorological Satellite Studies (mo). **32 Alamy Images:** David Wall (ur). **Science & Society Picture Library:** Science Museum, London (ul). **33 Alamy Images:** PHOTOTAKE Inc./Carolina Biological Supply Company (um); Stephen Frink Collection/James D. Watt (mo); Visual&Written SL/Kike Calvo (mro). **NASA:** Provided by the SeaWiFS Project, Goddard Space Flight Center, and ORBIMAGE (ur). **34 NASA:** MODIS Instrument Team, NASA Goddard Space Flight Center, (m); **NOAA:** (gor). **35 Alamy Images:** Roger Cracknell (ml); Chris A Crumley (gor). **DK Images:** Frank Greenaway/freundlicherweise überlassen von der Biologischen Station für Meeresbiologie der Universität Millport, Schottland (mru). **SeaPics.com:** Bob Cranston (mo). **36 Alamy Images:** Reinhard Dirscherl (mu). **Dive Gallery/Jeffrey Jeffords (www.divegallery.com):** (um). **Robert Dinwiddie:** (ml). **Image Quest Marine:** Y. Kito (ul). **36–37 Alamy Images:** Visual&Written SL/Takaji Ochi (m). **37 AguaSonic Acoustics:** Mark Fischer (mru). **Alamy Images:** Sue Cunningham Photographic (mro); James Davis Photography (mr); Dinodia Images/Ashvin Mehta (gor). **Science Photo Library:** (mu). **38–39 Corbis:** Brenda Tharp. **42 Alamy Images:** Danita Delimont (m). **Corbis:** Raymond Gehman (um). **DK Images:** Harry Taylor (mro). **43 NASA:** JPL (ur). **Science Photo Liurary:** Bill Bachman (gor). **45 Corbis:** Bettmann (gom); David Lawrence (mro). **46 Alamy Images:** Norman Price (gor). **Planetary Visions** (ul). **46–47 Alamy Images:** Nordicphotos/Sigurgeir Sigurjonsson (u). **47 Planetary Visions** (gor). **48 DK Images:** Colin Keates/freundlicherweise überlassen vom Natural History Museum, London (gor). **49 Alamy Images:** Douglas Peebles Photography (ur). **Woods Hole Oceanographic Instititution:** Jayne Doucette (mro). **50–51 Getty Images:** AFP/Lothar Slabon. **52–53 Corbis:** Bild von Digital image © 1996 CORBIS; Originalbild freundlicherweise überlassen von der NASA. **52–53 NASA:** Jesse Allen, Earth Observatory. Bildinterpretation von Dave Santek und Jeff Key, University of Wisconsin-Madison. **54 ESA:** Eumetsat (mr). **55 Alamy Images:** Kos Picture Source (go). **DK Images:** Peter Wilson (ul). **56 Action Images:** Reuters/Carlo Borlenghi. **57 Alamy Images:** Kos Picture Source (ur). **Corbis:** Emmanuelle Thiercelin (mr). **Getty Images:** Brian Carlin/Team Vestas Wind (mru); Clive Mason (mro); Joseph Prezioso (gor). **Clipper Round the World Yacht Race:** Clipper Ventures PLC (mr). **58–59 NASA:** Bild freundlicherweise überlassen vom SeaWiFS Project, NASA/Goddard Space Flight Center, und ORBIMAGE (m). **59 Alamy Images:** Chris Linder (ur). **Corbis:** Bettmann (gor). **NASA:** (mr); Bild bearbeitet von Robert Simmon, basierend auf Daten vom SeaWiFS Project und der Goddard DAAC (m). **60 SeaPics.com:** Doug Perrine (ul). **61 S.M.R.U:** Simon Moss (ul). Freundlicherweise überlassen von **Andreas M. Thurnherr:** (ur). **62 Alamy Stock Photo:** Pally. **63 Alamy Stock Photo:** Brandon Cole Marine Photography (mo). **Getty Images:** Moment/s0ulsurfing – Jason Swain (mu); Westend61 (gor). **NASA:** NASA's Earth Observatory, NASA Goddard Space Flight Center/Michon Scott (mr). **The Ocean Cleanup:** Olika 3D (ur). **64 Alamy Images:** Danita Delimont (ul). **65 Corbis:** Bettmann (mlo); Sygma/Gyori Antoine (ul). **Getty Images:** Photographer's Choice/Kerrick James (gor). **NASA:** Bild freundlicherweise überlassen von Jacques Descloitres, MODIS Land Rapid Response Team bei der NASA GSFC (mlu). **NOAA:** Michael Van Woert, NOAA NESDIS, ORA (ur). **NASA:** LANCE/EOSDIS Modis Rapid Response Team at NASA GSFC (mlu). **Topfoto.co.uk:** RIA Novosti/Sergey Mamontov (ul). **66 Alamy Images:** Aflo Foto Agency (gor); Boating Images Photo Library/Keith Pritchard (mro); Michael J. Kronmal (ur); Tribaleye Images/J. Marshall (ul). **Corbis:** Bild von Digital image © 1996 CORBIS; Originalbild freundlicherweise überlassen von der NASA (mlu). **67 Alamy Images:** Mark Lewis (u); PHOTOTAKE Inc./Dennis Kunkel (gom). **Getty Images:** Photographer's Choice/Malcolm Fife (gor). Freundlicherweise überlassen von der **US Navy:** Foto freundlicherweise überlassen von Ian R. MacDonald, Texas A&M Univ. Corpus Christi (mlo). **68 Alamy Images:** Bill Brooks (mu); Images&Stories (ur). Freundlicherweise überlassen von **Chris Baisan, University of Arizona:** (ul). **NASA:** JPL/Caltech (ml). **69 Corbis:** Jonathan Blair (mo); EPA/Josue Fernandez (u). **NOAA:** Lieutenant Mark Boland, NOAA Corps (mlo). **Corbis:** National Geographic Society / Robb Kendrick (m). **Reuters:** Reuters Photographer (n). **70 NASA:** Jeff Schmaltz, MODIS Rapid Responsen Team. Caption by Rebecca Lindsey, NASA Earth Observatory. (ml, m, mr). **NOAA:** Aircraft Operations Center (ur). **71 Corbis:** EPA/Alejandro Ernesto (ul). **OSF/photolibrary:** Warren Faidley (go). **SeaPics.com:** Doug Perrine (mr). **stevebloom.com:** (ur). **72-73 Corbis:** Reuters/Erik De Castro. **73 Corbis:** Bryan Denton (mru), Demotix/Herman Lumanog (mro/Taifun). EPA/Dennis M. Sabangan (mro/Folgen von Taifun Haiyan, mr, ur), Reuters/Erik De Castro (mugr, mru/Lebensmittelversorgung). **NASA:** NASA Goddard MODIS Rapid Respone TEam (mu/Haiyan 8. Nov., mu/Haiyan 11. Nov.). **74–75 Getty Images:** Lonely Planet Images/Karl Lehmann. **76 Alamy Images:** David Gregs (mr); ImagePix (um). **iStockphoto.com:** Dan Brandenburg (mro). **NOAA:** Captain Andy Chase (ul). **OSF/photolibrary:** Pacific Stock (mru). **77 Alamy Images:** Michael Diggin (ul). **Getty Images:** Taxi/Helena Vallis (go). **iStockphoto.com:** Paul Topp (ur). **78 Alamy Images:** Mooch Images (mlu). **78–79 Getty Images:** Robert Harding World Imagery/Lee Frost (u). **80 Alamy Images:** Mary Evans Picture Library (ur); Ian Simpson (ul). **Don Dunbar (www.easternmaineimages.com):** (gol) (m). **81 Alamy Images:** Malcolm Fife (mu); Peter L. Hardy (um). Colin Palmer Photography (gor). **www.uwphoto.no:** Erling Svensen (ml). **82 Alamy Images:** Shaughn F. Clements (u); phototramp.com/Maciej Tomczak (mr). **83 Corbis:** Dave Bartruff (l); Christie's Images (ur). **84–85 Corbis:** Lawson Wood. **86–87 Getty Images:** Photonica/Photolibrary.com. **88 Corbis:** Yann Arthus-Bertrand (ur). **NASA:** (mlu). **89 Corbis:** Michael Busselle (um); Lloyd Cluff (go); Ecoscene/John Wilkinson (mlu). **DK Images:** Colin Keates/freundlicherweise überlassen vom Natural History Museum, London (mru). **90 Alamy Stock Photo:** Travelscapes. **91 Alamy Images:** Louise Murray (ur). robertharding (gor). **Corbis:** Matthieu Paley (m); Sygma/Kapoor Baldev (mru). **Getty Images:** Ashley Cooper (mr). **92 Alamy Images:** Michael Howell (u). **Corbis:** Yann Arthus-Bertrand (mro); Jack Fields (m); Frans Lanting (gor). **93 Alamy Images:** FLPA (mlu); geogphotos (mglo). **iStockphoto.com:** Andrew Dorey (mo); Gregor Erdmann (mlo). **NASA:** GSFC/METI/ERSDAC/JAROS und U.S./Japan ASTER Science Team. **94 Alamy Images:** Jack Stephens (ml). **Rob Havemeyer Acadia National Park ME:** (gor). **94–95 Steven Russell (www.pbase.com/nodfather):** (u). **95 Alamy Images:** Eric Nathan (mr). **Corbis:** Kevin Fleming (gom). **DK Images:** Jon Spaull (gor). **96 Alamy Images:** Atmosphere Picture Library/Bob Croxford (gor). **Corbis:** Ric Ergenbright (ul). **DK Images:** Rough Guides/Ian Aitken (mru). **www.undiscoveredscotland.co.uk:** (mlo). **97 Alamy Images:** Sean Burke (go); CuboImages srl/Marco Casiraghi (ul). **NASA:** Johnson Space Center - Earth Sciences and Image Analysis (ur). **98 Corbis:** Peter Johnson (m); Richard T. Nowitz (ur). **Wombat Pitts:** (mro). **99 Alamy Images:** Ross Jardine (ml); Simon Reddy (mr). **Dreamstime.com:** Kawee Wateesatogkij (u). **NASA:** Bild freundlicherweise überlassen von Jacques Descloitres, MODIS Land Rapid Response Team der NASA GSFC (gom). **100–101 Corbis:** Digital image © 1996 CORBIS; Originalbild freundlicherweise überlassen von der NASA. **Andy Biggs. 102 Alamy Images:** Danita Delimont (um). **Dreamstime.com:** Riccardocalli (mo); Dan Hershman: (mr). **Dr. Sandy Tudhope, Institute of Geology and Geophysics, Edinburgh University:** (ul). **103 Alamy Images:** Danita Delimont (u). **Getty Images:** Stone/James Randklev (ml). **Marco Nero:** (mr). **104 WaterLand Neeltje Jans:** RWS MD afd. Multimedia. **105 Alamy Images:** Florida Images (mr); geogphotos (mro); Rodger Tamblyn (gom). **Getty Images:** Finnbarr Webster (ul). **Natural Visions:** Heather Angel (m). **NOAA:** NOAA Restoration Center, Chris Doley (mu). **Sky Pictures luchtfotografie (www.skypictures.nl):** (ur). **106 Alamy Images:** Patrick Mallette (ml). **Getty Images:** Altrendo/altrendo nature (gor); Lonely Planet Images/Bethune Carmichael (mlu). **106–107 Corbis:** Martin Harvey (u). **107 Alamy Images:** Guillen Photography (mro); Wildscape (m). **DK Images:** Shaen Adey (gor); James Stevenson (gol). **108 Alamy Images:** Danita Delimont (gom); Peter Lewis (u). Paul Yung: (mr). **109 Alamy Images:** Atmosphere Picture Library/Bob Croxford (ul); imagebroker/Harald Theissen (mlo). **Corbis:** Jason Hawkes (r). **DK Images:** Geoff Dann (ur). **110 Alamy Images:** Mark Boulton (gol). **Corbis:** Tony Arruza (ul); Yann Arthus-Bertrand (mr). **111 Alamy Images:** Simon Reddy (gom); Laurie Wilson (u). **Corbis:** (mr). **112 Alamy Images:** Ian Dagnall (gor); Danita Delimont (um). **Corbis:** Douglas Peebles (ur). **DK Images:** Lloyd Park (ml). **113 Alamy Images:** Jon Arnold Images (mru). Clint Farlinger (mo). **Corbis:** Neil Rabinowitz (ul). **Getty Images:** National Geographic/Skip Brown (go). **iStockphoto.com:** Judi Ashlock (gor). **114 Corbis:** Post-Houserstock/Dave G. Houser (ml). **114–115 Alamy Images:** Jon Arnold Images/Doug Pearson (m). **115 Alamy Images:** Tim Graham (mo). **Corbis:** (um). **DK Images:** Dave King (gor). **OSF/photolibrary:** Richard Herrmann (mro). **116 Getty Images:** Stone/Paul Souders (ul); Stone/Tom Bean (mr). **US Geological Survey:** (um). **116–117 Getty Images:** Moment/Aurélien Pottier (go). **117 Corbis:** Dale C. Spartas (ul). **NASA:** Jacques Descloitres, MODIS Rapid Response Team, NASA/GSFC (ur). **118 Alamy Stock Photo:** Stock Connection Blue (gor). **Corbis:** Reuters/Sergio Moraes (mr). **NASA:** Jacques Descloitres, MODIS Rapid Response Team, NASA/GSFC (u). **119 Alamy Stock Photo:** Doug Pearson (gor). **Corbis:** Sygma/Annebicque Bernard (um). **Getty Images/iStock:** Kutredrig (ml). Freundlicherweise überlassen von **Clive Griffin (www.pbase.com/clivegriffin):** (mlu). **120 Alamy Images:** Jack Sullivan (mr). Pierre-Yves Lagrée, LMM CNRS Université Paris VI: (go). **NASA:** Earth Sciences and Image Analysis Laboratory at Johnson Space Center (u). **121 Alamy Images:** Karsten Wrobel (gor). **Corbis:** (mlu); Yann Arthus-Bertrand (mlo). **DK Images:** Rob Reichenfeld (mru). **122 Alamy Images:** Eddie Gerald (u). **NASA:** bearbeitet vom SeaWiFS Project, NASA/Goddard Space Flight Center, und ORBIMAGE (gol). Imagechina (ul). **Shutterstock.com:** HelloRF Zcool (mr). **123 Alamy Images:** Tibor Bognar (ml). **Corbis:** Peter Guttman (ur); Galen Rowell (u); Michael S. Yamashita (gor). **124 Alamy Images:** Florida Images (mru); Renee Morris (um). **FLPA:** Skylight (ml). **125 Corbis:** James L. Amos (um); Carol Havens (go). **DK Images:** Mike Linley (mr). **Getty Images:** Photographer's Choice/Cameron Davidson (ul). **Natural Visions:** Heather Angel (ur). **126 Alamy Images:** Jon Sparks (go). **Corbis:** Rob Howard (ul). **Dreamstime.com:** Ondrej Prosický (mr). **127 Alamy Images:** David Poole (ur); J. Schwanke (gor). **Corbis:** Annie Griffiths Belt (mlo); Reuters/Darren Staples (mru). **128 Alamy Images:** Mark Boulton (mu); Rod Edwards (mo); Robert Harding Picture Library Ltd. (ur). **129 Corbis:** Natalie Fobes (u); Steve Kaufman (ur). **ESA:** Landsat 8 OLI & Landsat 4 TM (gom). **Nial Moores/Birds Korea (www.birdskorea.org):** Mr. Jeon Shi-Jin (mlo). **130 Alamy Images:** David Hosking (ur). **Getty Images:** National Geographic/Tim Laman (gor). **SeaPics.com:** Jeremy Stafford-Deitsch (um). **130–131 Oceanwide Images:** Bob Halstead (m). **131 Alamy Images:** Danita Delimont (mro); Reinhard Dirscherl (gor). **Corbis:** Michael S. Yamashita (ur). SeaPics.com: D.R. Schrichte (mo). **132 DK Images:** Rough Guides/Demetrio Carrasco (ur); Peter Wilson (mo). **132–133 SeaPics.com:** Masa Ushioda (go). **133 Alamy Images:** Mireille Vautier (mlu). **Corbis:** Stephen Frink (ur). **US Geological Survey:** (mro). **134 Alamy Images:** Tim Graham (um). **Morbis:** (mru); Yann Arthus-Bertrand (mo). **135 Alamy Stock Photo:** Panama Landscapes by Oyvind Martinsen (ur). **Corbis:** Arne Hodalic (ml). **Getty Images:** National Geographic/Timothy Laman (gor). **SeaPics.com:** Jeremy Stafford-Dietsch (um). **136–137 naturepl.com:** Jürgen Freund. **138–139 naturepl.com:** Aflo. **Alamy Images:** WaterFrame. **140 Alamy Images:** Aqua Image (mlo). **DK Images:** Frank Greenaway/freundlicherweise überlassen vom Natural History Museum, London (mru). **iStockphoto.com:** Ingvald Kaldhussæter (mro). **Sue Scott:** (ul). **SeaPics.com:** Mark Conlin (m). **141 British Marine Aggregate Producers Association (www.bmapa.org):** (ur). **Getty Images:** Image Bank/Astromujoff (go). **OSF/photolibrary:** Michael Brooke (um). **142 DK Images:** Frank Greenaway/Courtesy of the Weymouth Sea Life Centre (um); Jerry Young (mr). **Sue Scott:** (ml). **SeaPics.com:** Mark Conlin (ul). **142–143 David Hall (www.seaphotos.com):** (m). **143 Image Quest Marine:** Jim Greenfield (mru). **Marine Wildlife:** Paul Kay (gor). **NOAA:** Dr. James P. McVey, NOAA Sea Grant Program (um). **Sue Scott:** (m). **144 DK Images:** Frank Greenaway (mo). **Sue Scott:** (ml) (ul) (ur). **144–145 Getty Images:** National Geographic/Bill Curtsinger (go). **145 Alamy Images:** Guillen Photography (ul). **Sue Scott:** (mru) (mro). **146 Alamy Images:** Fabrice Bettex (um); Gavin Parsons (mr). **DK Images:** Tim Ridley (gol). **Marine Wildlife:** Paul Kay (mlo). **Sue Scott:** (mlu). **147 Corbis:** Ralph A. Clevenger (u). **OSF/photolibrary:** Tobias Bernhard (gom). **Sue Scott:** (mlo) (mro). **148 Corbis:** (gol). **Sue Scott:** (mro) (ul). **SeaPics.com:** Doug Perrine (mru). **149 Alamy Images:** Mark Lewis (u); PNR Photography (mru). **Dr. Alberto V. Borges/Chemical Oceanography Unit from the University of Liège, Belgium:** (gor). **150 Alamy Images:** Ross Armstrong (gor); Joel Day (mlu); Andre Seale (mlo). **Sue Scott:** (um). **US Fish and Wildlife Service National Image Library:** Chris Dau (ur). **151 SeaPics.com:** Phillip Colla. **152 Alamy Images:** Danita Delimont (m); Nick Hanna (ml). **Corbis:** Yann Arthus-Bertrand (mr). **152–153 OSF/photolibrary:** Pacific Stock (m). **153 Dive Gallery/Jeffrey Jeffords (www.divegallery.com):** (gom). **JM Roberts, Scottish Association for Marine Science:** (mru). **SeaPics.com:** Clay Bryce (ur); James D. Watt (mro). **154 Alamy Images:** Michael Patrick O'Neill (ul); Sylvia Cordaiy Photo Library Ltd. (gom). **DK Images:** Jerry Young (mlu). **155 Alamy Images:** Stephen Frink Collection (mro); Karen & Ian Stewart (m). **Dive Gallery/Jeffrey Jeffords (www.divegallery.com):** (ur). **SeaPics.com:** Andrew J. Martinez (gol); James D. Watt (ul). **156 Alamy Images:** Stephen Frink Collection (ul). **Corbis:** Stephen Frink (m); Lawson Wood (gom). **157 Corbis:** Bob Krist (u). **SeaPics.com:** Rodger Klein (gor). **158 Alamy Images:** Nick Hanna (gor); Martin Harvey (ul); Zute Lightfoot (ur). **159 Alamy Images:** Steve Allen Travel Photography (gor); Slick Shoots (mr). **Corbis:** Cordaiy Photo Library Ltd./John Parker (mlo). **SeaPics.com:** Marc Bernardi (u). **160 Alamy Images:** Aqua Image (mlo). **Getty Images:** Photodisc/Giordano Cipriani (mr). **SeaPics.com:** James D. Watt (u). **161 Alamy Images:** Robert Harding Picture Library Ltd. (mru); Andre Seale (mlu). **Corbis:** Reuters/Handout (mro). Brian McMorrow: (gor). **SeaPics.com:** James D. Watt (ur). **162–163 Oceanwide Images:** Gary Bell. **164 DK Images:** Frank Greenaway (mlu). **NASA:** Bild und Animationen bearbeitet vom SeaWiFS Project und vom NASA GSFC Scientific Visualization Studio (mro). **Sue Scott:** (gol) (um) (ur). **165 Alamy Images:** Jeremy Inglis (ur); Andre Seale (ul). **Image Quest Marine:** Scott Tuason (go). **166–167 Getty Images:** Stone/Kim Westerskov. **168 Science Photo Library:** Alexis Rosenfeld (um). **169 DeepSeaPhotography.Com:** Kim Westerskov (gom). **Image Quest Marine:** Peter Parks (ur). **Science Photo Library:** Susumu Nishinaga (mu). **SeaPics.com:** Ingrid Visser (m). **170 OSF/photolibrary:** (mlo); Howard Hall (u). **SeaPics.com:** Peter Parks/iq3-d (gom). **171 ExploreTheAbyss.Com:** Peter Batson (mr) (mlu) (ul) (ur). **Image Quest Marine:** Peter Herring (gor). **NOAA:** Archival Photography by Steve Nicklas, NOS, NGS (m). **OSF/photolibrary:** Pacific Stock (gom). **172 Getty Images:** National Geographic/Paul Nicklen. **173 Enrique Alvarez:** (ur). **DeepFlight:** (mro/Deepflight Super Falcon). **NOAA:** (mr, mru). **www.uboatworx.com:** David Pearlman (mogr). **174 Science Photo Library:** (gor). **175 DeepSeaPhotography.Com:** Kim Westerskov (ur). **NOAA:** Bilder freundlicherweise überlassen von Deep Atlantic Stepping Stones Science Party, IFE , URI-IAO, und NOAA (um); Office of Ocean Exploration (mu). **Science Photo Library:** Dr. Ken MacDonald (go). **SeaPics.com:** Mark Conlin (ul). **176 NOAA:** Commander John Bortniak, NOAA Corps (ul); Fisheries Collection (ur). **Dr. P. J. Ramsay/African Coelacanth EcoSystem Programme:** (ml). **177 Alamy Images:** Ron Scott (ur). **ExploreTheAbyss.Com:** Peter Batson (um). **NASA:** Bild freundlicherweise überlassen vom USGS EROS Data Center Satellite Systems Branch (gor). **NOAA:** OAR/National Undersea Research Program (NURP); Universität Connecticut (mo); Ocean Explorer (mu). **178 www.uwphoto.no:** Erling Svensen. **179 ExploreTheAbyss.Com:** Peter Batson (mro). **FLPA:** D. P. Wilson (m). **Jason Hall-Spencer/Marine Conservation Society:** (mru). **JM Roberts, Scottish Association for Marine Science:** (um); AWI & Ifremer 2003 (gom) (ur). **180 Alamy Images:** Travelpix (mlu). **NASA:** Jacques Descloitres, MODIS Rapid Response Team, NASA/GSFC (ur). **NOAA:** National Geophysical Data Center (mlo). **SeaPics.com:** David Wrobel (ul). **181 Alamy Images:** Phototake Inc./Dennis Kunkel (um). **Image Quest Marine:** Peter Parks (go). **Science Photo Library:** Steve Gschmeissner (mu). **SeaPics.com:** D.R. Schrichte (ur). **182 Alamy Images:** Blickwinkel (mlu). **ExploreTheAbyss.Com:** Peter Batson (mlo). **SeaPics.com:** Doug Perrine (ul). **Craig Smith & Mike Degruy:** (ur). **182–183 NOAA:** OAR/National Undersea Research Program (NURP) (m). **183 naturepl.com:** David Shale (ul). **Naval Historical Foundation, Washington, D.C.:** (ur). **Science Photo Library:** US Geological Survey (gor). **184 Alamy Images:** Fabrice Bettex (gor). **Getty Images:** Phil Walter (ul). **184–185 Getty Images:** Moment/by wildestanimal (u). **185 Alamy Images:** David Tipling (m). **Corbis:** Cordaiy Photo Library Ltd./John Farmar (mo); Ralph White (gol). **Planetary Visions:** Lamont-Doherty Earth Observatory (ur). **186 Planetary Visions. 187 NASA:** Canadian Space Agency/National Snow and Ice Data Centre (mru); GSFC (mro); JPL (m). JPL-Caltech (mu). NASA: (mlu). Planetary Visions: (gor, mo). **Science Photo Library:** David Vaughan (ur). **University College London:** (mu). **188** Bild freundlicherweise überlassen von **Karen L. Von Damm. Bild aufgenommen vom DSV Alvin, bereitgestellt von der U.S. National Science Foundation:** (gor). **Science Photo Library:** Southampton Oceanography Centre/B. Murton (ul). **188–189 Woods Hole Oceanographic Instititution:** (m). **189 ExploreTheAbyss.Com:** Peter Batson (gom) (m) (ur). **Richard T. Lutz:** (mr). **NOAA:** Ocean Explorer (ul). **190–191 FLPA:** Minden Pictures/Norbert Wu. **192 Bridgeman Art Library:** Royal Geographical Society, London, UK (gor). **Corbis:** Ecoscene/Graham Neden (mu). **193 Alamy Images:** Rosemary Calvert (u); John Digby (gol). **SeaPics.com:** Franco Banfi (gor). **194 Alamy Images:** Blickwinkel (ur); Eric Ghost (gur); K-Photos (goc). **M.A. Felton:** (um). **NOAA:** Michael Van Woert, NOAA NESDIS, ORA (mru). **194–195 Getty Images:** Photographer's Choice/Siegfried Layda (m). **195 Alamy Images:** Giles Angel (mru); Nordicphotos/Kristjan Fridriksson (gor). **196 Corbis:** Sygma. **197 Corbis:** Bettmann (mo) (mro); Hulton-Deutsch Collection (gor); Ralph White (mru) (mu) (ur). **Henning Pfeifer:** (mlu). **Rex Features:** ITV (ITV/TPC) (m). **198 Alamy Images:** Bryan & Cherry Alexander Photography (gul) (ur). **naturepl.com:** Bryan and Cherry Alexander (r). **NOAA:** Michael Van Woert, NOAA NESDIS, ORA (ul). Freundlicherweise überlassen von **Don Perovich:** (gur). **199 Corbis:** Bettmann (mro). **DK Images:** Harry Taylor (mru). **NOAA:** Michael Van Woert, NOAA NESDIS, ORA (um) (ur). **SeaPics.com:** John KB Ford/Ursus (m). **200 NASA:** Jacques Descloitres, MODIS Land Rapid Response Team, NASA/GSFC (ml). **200–201 Alamy Images:** Brandon Cole Marine Photography (u). **201 Alamy Images:** Popperfoto (ur). **Corbis:** Paul A. Souders (gom). **SeaPics.com:** Bryan & Cherry Alexander (m); iq3-d/Peter Parks (mro). **202–203 Dreamstime.com:** Irochka. **204–205 naturepl.com:** Alex Mustard. **206 Alamy Images:** Bruce Coleman/Tom Brakefield (ml); Norma Jospeh (m); Visual&Written SL/Kike Calvo (ml/*Gattung*) **Corbis:** Brandon D. Mole (n/*Schleimaale*). **DK Images:** (ml/*Domäne*); Martin Camm (ml/*Stamm*) (ml/*Ordnung*) (ml/*Familie*) (ml/*Art*); Geoff Dann (n/*Neunauge*) (n/*Strahlenflosser*); Frank Greenaway (n/*Knorpelfische*); David Peart (ml/*Klasse*). **SeaPics.com:** Mark V. Erdmann (n/*Fleischflosser*). **207 DK Images:** (*Pilze*); Neil Fletcher (*Pflanzen*); Dave King (*Rotalgen*); Jane Miller (*Tiere*); Karl Shone (*Braunalgen*). **SeaPics.com:** iq3-d/Peter Parks (*Protisten*). **208 DK Images:** (*Echinodermen*); Frank Greenaway (*Mollusken*); Dave King (*Arthropoden*). **209 DK Images:** Jerry Young (*Chordaten*). **210 FLPA:** Minden Pictures/Chris Newbert. **211 Conservation International:** Robert Thacker (mo); Jeffrey T. Williams/Smithsonian Institution (m). **FLPA:** Minden Pictures/Norbert Wu (mru). **Dr J. Frederick Grassle, Rutgers University:** (ur). **Sue Scott:** (gor) (mro). **SeaPics.com:** Phillip Colla (mu). **212 naturepl.com:** Steven Kazlowski (ur). **213 Getty Images:** Moment/Brent Durand (gor). **iStockphoto.com:** Dan Schmitt (mlo). **SeaPics.com:** Doug Perrine (u). **214 DeepSea-Photography.Com:** Kim Westerskov (mlu). **FLPA:** D. P. Wilson (mlo). **OSF/photolibrary:** Mark Jones (ur). **Sue Scott:** (mro) (mr) (um). **215 M. Boyer/edge-of-reef.com:** (um). **OSF/photolibrary:** Richard Herrmann (go). **SeaPics.com:** Masa Ushioda (ur). **216 iStockphoto.com:** Dan Schmitt (ul). **Sue Scott:** (gor) (ml) (mo). **216–217 SeaPics.com:** Espen Rekdal (u). **217 Dive Gallery/Jeffrey Jeffords (www.divegallery.com):** (ur). **Marine Wildlife:** Paul Kay (mo) (mr). **Sue Scott:** (gor). **218 Dreamstime.com:** Donyanedomam (ul). **FLPA:** Linda Lewis (mro). **Getty Images/iStock:** Alberto Carrera (ur). **218–219 FLPA:** Minden Pictures/Norbert Wu (m). **219 Alamy Images:** Danita Delimont (ul). **220 Alamy Images:** SCPhotos/Tom & Pat Leeson (ul); Bruce Coleman/Patrice Ricard (gur). **iStockphoto.com:** Steffen Foerster (ml). **naturepl.com:** Pete Oxford (mr). **SeaPics.com:** Mark Conlin (mlu); Chris Huss (gul) (ur). **221 Getty Images:** National Geographic/Brian J. Skerry (go). **OSF/photolibrary:** Doug Allan (ul). **222 Alamy Images:** Urandon Cole Marine Photography (um). **FLPA:** Minden Pictures/Norbert Wu (m). **223 ExploreTheAbyss.Com:** Peter Batson (mo) (ul). **Charles G. Messing/Nova Southeastern University, Florida:** (ur). **NOAA:** OAR/National Undersea Research Program (NURP); Universität von Hawaii (mro). **OSF/photolibrary:** Norbert Wu (mlo). **224 DK Images:** (ul). **Image Quest Marine:** (m); Y. Kito (ur). **224–225 ExploreTheAbyss.Com:** Peter Batson (go). **225 ExploreTheAbyss.Com:** Peter Batson (ml). **OSF/photolibrary:** (ur). **SeaPics.com:** iq3d/Peter Parks (mr). **226 DK Images:** Colin Keates (ul/*oben*) (ul). **Science Photo Library:** Ria Novosti (mro); Sinclair Stammers (ml). **226–227 FLPA:** Minden Pictures/Fred Bavendam (u). **227 The Academy of Natural Sciences:** Ted Daeschler (ml). **DK Images:** Colin Keates (mlo) (gor) (mro); Harry Taylor/freundlicherweise überlassen vom Royal Museum of Scotland, Edinburgh (m). **SeaPics.com:** Doug Perrine (gol). **228 Alamy Images:** Natural Visions/Heather Angel (gom). **Bridgeman Art Library:** Private Collection (mro). **DK Images:** Harry Taylor/Courtesy of the Hunterian Museum (University of Glasgow) (m); Harry Taylor/Courtesy of the Natural History Museum, London (um). **OSF/photolibrary:** Karen Gowlett-Holmes (ur). **Science Photo Library:** David Parker (mlu). **229 Alamy Images:** David Fleetham (gom); Stephen Frink Collection/James D. Watt (mro). **DK Images:** (m/*Landsäugetier*) (m/*Kieferloser*); Bedrock Studios (m/*Panzerfisch*) (m/*Turtle*); Robin Carter (m/*Placodont*); Neil Fletcher (m/*Pinguin*); Giuliano Fornari (m/*Ichthyosaurus*) (m/*Plesiosaurier*); Jon Hughes (m/*Wal*); Colin Keates (ul) (m/*Kambrium*) (m/*Ediacarium*) (m/*Ammonit*); Harry Taylor/Courtesy of the Natural History Museum, London (m/*Hai*); Harry Taylor/Courtesy of the Royal Museum of Scotland, Edinburgh (m/*Fleischflosser*). **Getty Images:** Science Faction/G. Brad Lewis (ur). **230–231 Getty Images:** Taxi/Gary Bell. **232 MicroScope/Woods Hole:** D. J. Patterson (mu). **NOAA:** OAR/National Undersea Research Program (NURP); Lousiana Univ. Marine Consortium (mr). **Oceanwide Images:** Gary Bell (u). **OSF/photolibrary:** Phototake Inc/Dennis Kunkel (mo). **University of Illinois at Urbana-Champaign:** (mro). **233 DK Images:** M.I. Walker (gom). **Image Quest Marine:** Peter Parks (ml). **Oceanwide Images:** Rudie Kuiter (mr). **Laura K. Sycuro, Fred Hutchinson Cancer Research Center, Seattle:** (ur). **234 Alamy Stock Photo:** Scenics & Science (mlu). **Science Photo Library:** Wim Van Egmond (ul). **234–235 Science Photo Library:** Mint Imagines/Frans Lanting (m). **235 Science Photo Library:** Wim Van Egmond (um). **238 Algaebase.org:** M.D. Guiry (mr) (ur); John Huisman (ul). **Sue Scott:** (ul). **239 Alamy Images:** Bob Gibbons (go). **Algaebase.org:** M.D. Guiry (ul). **Natural Visions:** Heather Angel (ur). **Sue Scott:** (mr). **240–241 Alamy Stock Photo:** Blue Planet Archive. **242 Sue Scott:** (mro). **242–243 Image Quest Marine:** Roger Steene (m). **243 Rob Houston:** (um). **Sue Scott:** (gom) (mr). **244 naturepl.com:** Sue Daly (mr). **245 Alamy Stock Photo:** Premaphotos (mru). **246 Alamy Stock Photo:** Minden Pictures (mr). **Algaebase.org:** Coastal Imageworks/Colin Bates (um); M.D. Guiry (gor). **Sue Scott:** (ml) (mr) (ur). **247 Alamy Images:** Olivier Digoit (mro); Sami Sarkis (ur); Kevin Schafer (gol). **Algaebase.org:** John Huisman (mlu). **SeaPics.com:** Andrew J. Martinez (mru). **248 Natural Visions:** Heather Angel (mro) (um). **Charles J. OKelly:** (gom). **Science Photo Library:** Alexis Rosenfeld (m). **249 Natural Visions:** Heather Angel (ml). **Jonathan Sleath:** (ul) (mru); Dr David Holyoak (mro). **250 Alamy Images:** Andrew Woodley (ml). **Alamy Stock Photo:** Nature Photographers Ltd (mr). **Sue Scott:** (ul) (ur). **SeaPics.com:** Jeremy Stafford-Deitsch (mo). **251 Alamy Images:** Nature Picture Library/Jose B. Ruiz (ml); Wildscape/Jason Smalley (mr). **Sue Scott:** (mlo) (u). **253 Alamy Images:** Roger Eritja (gor); Marilyn Shenton (gol). **OSF/photolibrary:** Kathie Atkinson (ur). **Sue Scott:** (ul). **US Geological Survey:** Forest & Kim Starr (ml). **253 Corbis:** FLPA/Peter Reynolds (gom). **DK Images:** Richard Watson (ul). **FLPA:** Minden Pictures/Tui De Roy (gol). **OSF/photolibrary:** (ur). **254 Getty Images:** Lonely Planet Images/Grant Dixon (r). **Natural Visions:** Heather Angel (um). **OSF/photolibrary:** Phototake Inc. (ml). **255 MicroScope/Woods Hole:** David Patterson & Aimlee Laderman (ur). **Einar Timdal/Universität Oslo:** (ml) (gor) (mu) (ul). **256 Alamy Images:** Brandon Cole Marine Photography (mr); Robert Fried (mlo). **FLPA:** Minden Pictures/Fred Bavendam (um). **Andy Murch/Elasmodiver.com:** (ur). **OSF/photolibrary:** (mlu). **SeaPics.com:** Mark Conlin (mru); Doug Perrine (gor). **257 Alamy Images:** Dave und Sigrun Tollerton (mlo). **FLPA:** Minden Pictures/Birgitte Wilms (u). **SeaPics.com:** Phillip Colla (gom). **258 Dr. Frances Dipper:** (gml) (ml) (ur). **Natural Resources Canda:** The Sponge Reef Project (mlu). **NOAA:** (mr). **259 Alamy Images:** Wolfgang Pölzer (ul). **Dr. Frances Dipper:** (gol) (mo) (mu). **Dreamstime.com:** Nanisub (m). **University of Florida:** (ur). **260 Alamy Images:** Tribaleye Images/J. Marshall (mro). **OSF/photolibrary:** Pacific Stock/David Fleetham (ul). **SeaPics.com:** Mark Conlin (m); Doug Perrine (mlo). **260–261 Getty Images:** National Geographic/Paul Nicklen (u). **261 Dr. Frances Dipper:** (um). **DK Images:** Frank Greenaway (mlo). **OSF/photolibrary:** (mr). **SeaPics.com:** David Wrobel (mo). **262 Alamy Images:** Reinhard Dirscherl (mru). **Dr. Frances Dipper:** (mu). **SeaPics.com:** iq3-d/Chris Parks (go); David Wrobel (um). **Shutterstock.com:** RLS Photo (ul). **263 Richard L. Lord. 264 Alamy Stock Photo:** Visual&Written SL (mro). **Marine Wildlife:** Paul Kay (ur). **SeaPics.com:** Jeremy Stafford-Deitsch (ml); Steven Wolper (um). **265 Alamy Images:** Andre Seale (mlu). **Dr. Frances Dipper:** (ur). **NOAA:** Mr. Mohammed Al Momany, Akba, Jordanien (go). **SeaPics.com:** Doug Perrine (um). **266 Alamy Images:** Michael Patrick O'Neill (mr) (ul); Wolfgang Pölzer (gom). **Dr. Frances Dipper:** (mru). **Sue Scott:** (m). **267 Sue Scott:** (ml) (gom) (m) (ur). **SeaPics.com:** Franco Banfi (mr). **268 Alamy Images:** Aqua Image (ml). **OSF/photolibrary:** Tobias Bernhard (u). **SeaPics.com:** Masa Ushioda (mro). **Dr. Charlie Veron/Australian Institute of Marine Science:** Foto von Mary Stafford-Smith (m). **269 Alamy Images:** Mark Morgan (ml). **Dr. Frances Dipper:** (mro). **naturepl.com:** Scotland: The Big Picture (mru); Solvin Zankl / GEOMAR (ur). **SeaPics.com:** Doug Perrine (gor). **270 Alamy Images:** Nature Picture Library/Jose B. Ruiz (u). **Dr. Frances Dipper:** (mo). **Sue Scott:** (go). **SeaPics.com:** Doug Perrine (mr). **271 Alamy Images:** FLPA (m). **M. Boyer/edge-of-reef.com:** (mr) (ul). **OSF/photolibrary:** Tobias Bernhard (gor). **Sue Scott:** (ur). **272 M. Boyer/edge-of-reef.com:** (ml) (mlo) (ul). Freundlicherweise überlassen von **John J. Holleman:** (mru). **Michael D. Miller:** (gor) (mr). **273 Image Quest Marine:** Peter Parks (mr); Roger Steene (ml). **Marine Wildlife:** Paul Kay (ul). **Kåre Telnes/Seawater.no:** (ur). **274 Corbis:** Lawson Wood (gor). **Keith Hiscock:** (mu). **Image Quest Marine:** Roger Steene (mo). **Marine Wildlife:** Paul Kay (mru). **SeaPics.com:** Larry Madrigal (mro). **275 Dr. Frances Dipper:** (mr). **Dive Gallery/Jeffrey Jeffords (www.divegallery.com):** (m). **DK Images:** Steve Gorton (mlo). **ExploreTheAbyss.Com:** Peter Batson (ur). **Dr. Dieter Fiege:** (gom). **Image Quest Marine:** Jim Greenfield (ul). **276 DK Images:** Matthew Ward (m) (mlu). **SeaPics.com:** Clay Bryce (mo). **276–277 Getty Images:** Image Bank/Mike Severns (m). **277 Alamy Images:** Robert Harding Picture Library Ltd./Sylvain Grandadam (gor). **Dive Gallery/Jeffrey Jeffords (www.divegallery.com):** (mr) (ur). **DK Images:** Andreas Von Einsiedel (mro). **OSF/photolibrary:** Karen Gowlett-Holmes (mlo) (mo). **SeaPics.com:** Doc White (m). **278 Alamy Images:** Daniel L. Geiger/SNAP (gom); Wildscape/Jason Smalley (gor). **SeaPics.com:** Mark Strickland (u). **279 Alamy Images:** Nature Picture Library/Jose B. Ruiz (mo). **Keith Hiscock:** (gor). **Image Quest Marine:** Peter Parks (mro); Scott Tuason (mr). **SeaPics.com:** John C. Lewis (gol). **280 Marine Wildlife:** Paul Kay (go). **SeaPics.com:** Marilyn & Maris Kazmers (um); Espen Rekdal (ml). **281 DK Images:** Andreas von Einsiedel (mo). **FLPA:** Minden Pictures/AUSCA/D. Parer & E. Parer-Cook (mru). **Jon Moore/Coastal Assessment Liaison & Monitoring, Pembroke:** (gol). **SeaPics.com:** D. R. Schrichte (u). **282–283 Getty Images:** Taxi/Pete Atkinson. **284 Alamy Images:** Natural Visions/Heather Angel (ml). **DK Images:** Dave King (gom); Frank Greenaway/freundlicherweise überlassen vom Natural History Museum, London (um). **FLPA:** Minden Pictures/Norbert Wu (mro). **Image Quest Marine:** Roger Steene (mru) (ur). **285 Alamy Images:** Liquid-Light Underwater Photography (ur). **Oceanwide Images:** Gary Bell (go). **SeaPics.com:** James D. Watt (mlu). **286 Alamy Images:** Carol Buchanan (gol). **Dive Gallery/Jeffrey Jeffords (www.divegallery.com):** (m). **Marine Wildlife:** Lucy Kay (mro). **NOAA:** National Estuarine Research Reserve Collection (ur). **287 Alamy Images:** Andre Seale (ur). **FLPA:** Minden Pictures/Norbert Wu (go). **288 Corbis:** Jeffrey L. Rotman (u). **Image Quest Marine:** Peter Batson (mo). **Oceanwide Images:** Gary Bell (mro). **SeaPics.com:** Doug Perrine (gol); Jeff Rotman (mru). **289 Alamy Images:** f1 online (ul). **Image Quest Marine:** Peter Batson (um). **Oceanwide Images:** Gary Bell (go). **SeaPics.com:** Marc Chamberlain (ur). **290 Alamy Images:** Daniel L. Geiger/SNAP (mlo). **DK Images:** Colin Keates/freundlicherweise überlassen vom Natural History Museum, London (mro). **NHPA:** Ken Griffiths (ul). **OSF/photolibrary:** Barrie Watts (mlu). **SeaPics.com:** Espen Rekdal (gor). **291 Dive Gallery/Jeffrey Jeffords (www.divegallery.com):** (u). **Image Quest Marine:** Jez Tryner (mlo) (mo) (mro). **NOAA:** Jamie Hall (gor). **292 DK Images:** Frank Greenaway/freundlicherweise überlassen vom Natural History Museum, London (mro). **Image Quest Marine:** Roger Steene (gol). **naturepl.com:** Fred Bavendam (gor); Christophe Courteau (ml). **NOAA:** Dr. Bradley Stevens (mru). **293 FLPA:** Minden Pictures/Fred Bavendam (r). **NOAA:** Hopcroft (ul). **SeaPics.com:** Franco Banfi (ml). **294 Alamy Stock Photo:** Jeff Rotman (ul). **iStockphoto.com:** Ian Campbell (ur). **SeaPics.com:** Marli Wakeling (gor). **295 Alamy Stock Photo:** Minden Pictures (ur). **Dive Gallery/Jeffrey Jeffords (www.divegallery.com):** (mr). **Ifremer (www.ifremer.fr):** A. Le Magueresse (mlu). **Natural Visions:** Heather Angel (ml). **296 Dive Gallery/Jeffrey Jeffords (www.divegallery.com):** (u). **DK Images:** Frank Greenaway (mr). **OSF/photolibrary:** (ml). **Still Pictures:** Lynda Richardson (gor). **297 DK Images:** Jane Burton (m); Andreas von Einsiedel (um); Dave King (mro). **Image Quest Marine:** Masa Ushioda (mru). **David Kusner:** (gom). **OSF/photolibrary:** Green Cape Pty Ltd. (ul). **298–299 Steve Smithson. 300 DK Images:** Jane Burton (ul). **Marine Wildlife:** Paul Kay (ml) (ur). **SeaPics.com:** Masa Ushioda (mr). **301 Alamy Images:** Maximilian Weinzierl (gor). **DK Images:** Kim Taylor & Jane Burton (mr). **Oceanwide Images:** Gary Bell (gol). **SeaPics.com:** David B. Fleetham (u). **302 naturepl.com:** Jürgen Freund. **303 Corbis:** Roger Garwood & Trish Ainslie (gor). **SeaPics.com:** Ralf Kiefner (m) (mru). **304 Laurent Dabouineau/Universität U.C.O. Bretagne Nord, Frankreich:** (ml). **FLPA:** Foto Natura/Jef Meul (mo). **Nature Portfolio (www.natureportfolio.co.uk):** Bob Ford (ur). **305 Alamy Images:** SNAP/Daniel L. Geiger (ml). **Karen Gowlett-Holmes:** (mru). **Marine Wildlife:** Lucy Kay (mro). **Sue Scott:** (ul) (um). **Kåre Telnes/Seawater.no:** (gor). **306 SeaPics.com:** Phillip Colla (ml). **306–307 Alamy Stock Photo:** Brandon Cole Marine Photography (m). **307 Alamy Images:** David Fleetham (gor). **Corbis:** FLPA/Douglas P. Wilson (gom). **Sue Scott:** (ur). **SeaPics.com:** Marli Wakeling (ul). **Still Pictures:** P. Danna (mr). **308 Alamy Images:** David Fleetham (mlu). **M. Boyer/edge-of-reef.com:** (gor). **Marine Wildlife:** Paul Kay (mru). **Oceanwide Images:** Gary Bell (ur). **Sue Scott:** (mlo). **SeaPics.com:** D.R. Schrichte (ul). **309 Dive Gallery/Jeffrey Jeffords (www.divegallery.com):** (go). **OSF/photolibrary:** Tobias Bernhard (ul). **Sue Scott:** (ur). **310 M. Boyer/edge-of-reef.com:** (gor) (ml). **Marine Wildlife:** Paul Kay (mr). **SeaPics.com:** David Wrobel (ul). **311 Alamy Stock Photo:** Minden Pictures (gol). **Dr. Frances Dipper:** (gor). **DK Images:** Colin Keates (ur). **NOAA:** (ul). **312 Alamy Images:** F. Jack Jackson (mlu). **Australian Institute of Marine Science:** (go). **Dr. Jacob Dafni:** Dr. A. Diamant (um). **Image Quest Marine:** Peter Herring (ur); Roger Steene (mro). **313 Alamy Images:** Lawrence Stepanowicz (mro). **ExploreTheAbyss.Com:** Peter Batson (ur). **OSF/photolibrary:** Stephen Foote (ul). **SeaPics.com:** Andrew J. Martinez (ml). **Peter Funch, University of Aarhus:** (mru). **Science Photo Library:** Andrew J. Martinez (ur). **314 Corbis:** Lawson Wood (mlu). **FLPA:** D. P. Wilson (m). **naturepl.com:** David Shale (mro). **www.uwphoto.no:** Erling Svensen (gol) (ml) (ur). **315 ExploreTheAbyss.Com:** Peter Batson (mo). **NOAA:** OAR/National Undersea Research Program (NURP); College of William & Mary (gor). **SeaPics.com:** Scott Leslie (u). **Getty Images:** Visual Unlimited/Richard Hermann (or). **316 FLPA:** Foto Natura/Jan Van Arkel (go). **Peter Funch, University of Aarhus:** (ul). **M. Antonio Todaro, Universität Modena e Reggio Emilia:** (ur). **FLPA:** Minden/FN/Jan Van Arkel (mlo). **317 Alamy Images:** David Fleetham (ur). **Alamy Stock Photo:** Science History Images (ml). **M. Boyer/edge-of-reef.com:** (m). **ExploreTheAbyss.Com:** Peter Batson (gor). **Image Quest Marine:** Peter Parks (gom). **Lyubomir Klissurov:** (ul). **318 M. Boyer/edge-of-reef.com:** (m). **ExploreTheAbyss.Com:** Peter Batson (ml). **Sue Scott:** (um). **SeaPics.com:** Espen Rekdal (ur). **319 M. Boyer/edge-of-reef.com:** (mlo). **Dr. Frances Dipper:** (mro). **Photo by Per R. Flood © Bathybiologica.no:** (um). **Natural Visions:** Heather Angel (ur). **Sue Scott:** (mo). **SeaPics.com:** David Wrobel (mlu). **320 Alamy Stock Photo:** Buiten-Beeld (gor); Pally (ul). **Corbis:** Brandon D. Cole (mru). **SeaPics.com:** Jonathan Bird (ur). **321 Corbis:** Brandon D. Cole (mru). **OSF/photolibrary:** (gor); Zig Leszcynski (mlo). **www.uwphoto.no:** Erling Svensen (ul). **322 Alamy Images:** Brandon Cole Marine Photography (mro). **DK Images:** Frank Greenaway (ml); James Stevenson (mo). **322–323 Getty**

Images: Dmitry Miroshnikov (um). **323 DK Images:** Frank Greenaway (ur); Dave King (gom). **SeaPics.com:** Doug Perrine (ml) (um). **324 Janna Nichols:** (mlu). **SeaPics.com:** Doug Perrine (ol) (mo). **www.uwphoto.no:** Erling Svensen (ur). **325 Alamy Stock Photo:** Kelvin Aitken/VWPics (mru). **imagequestmarine.com:** Kelvin Aitken/V&W (ml). **Andy Murch/Elasmodiver.com:** (mro). **OSF/photolibrary:** Paul Kay (ul). **326 Alamy Images:** Stephen Frink Collection/Marty Snyderman (ur). **OSF/photolibrary:** Gerard Soury (ul). **SeaPics.com:** Saul Gonor (mro); Espen Rekdal (mlo). **327 Alan Chow:** (um). **Dr. Frances Dipper:** (ur). **DK Images:** Frank Greenaway (ul). **Andy Murch/Elasmodiver.com:** (go). **328 Andy Murch/Elasmodiver.com:** (go) (ur) (um). **naturepl.com:** Bruce Rasner/Jeff Rotman (ml). **329 Alamy Images:** Jeff Rotman (mlo). **DK Imoges:** Harry Taylor/Courtesy of the Natural History Museum, London (ml). **John A. Scarlett:** (gor). **SeaPics.com:** Scott Michael (ur); David Shen (mlu). **330–331 Steve Bloom Images. OceanowideImages.com:** C&M Fallows. **332 OSF/photolibrary:** Pacific Stock (ur). **Powder River Photography/Todd Mintz:** (ml). **SeaPics.com:** Richard Herrmann (gol). **333 Alamy Images:** Michael Patrick O'Neill (ul). **Alamy Stock Photo:** Juniors Bildarchiv GmBH (gol). **Ardea:** Paulo di Oliviera (mr). **SeaPics.com:** Doug Perrine (ur). **334 Andy Murch/Elasmodiver.com:** (ur). **SeaPics.com:** Randy Morse (ml). **334–335 Marine Wildlife:** Alexander Mustard (go). **335 Alamy Images:** M. Timothy O'Keefe (m). **D Images:** Frank Greenaway (gol). **Image Quest Marine:** Carlos Villoch (ur). **SeaPics.com:** Doug Perrine (mlu); Tim Rock (ur). **336 Alamy Images:** WorldFoto (mro). **DK Images:** Colin Keates/freundlicherweise überlassen vom Natural History Museum, London (mlu). **336–337 Alamy Images:** Reinhard Dirscherl (m). **337 Alamy Images:** Mark Boulton (ur). **Dive Gallery/Jeffrey Jeffords (www.divegallery.com):** (mu). **OSF/photolibrary:** David Fleetham (gor). **338 Alamy Images:** Reinhard Dirscherl (ul); Stephen Frink Collection (ml); Images&Stories (gor). **DK Images:** Frank Greenaway (mlo). **Naoko Kouchi:** (mla/*Hintergrund*). **SeaPics.com:** Doug Perrine (ur). **339 Alamy Images:** Blickwinkel (um). **FLPA:** Minden Pictures/Fred Bavendam (ml). **OSF/photolibrary:** Dr. F. Ehrenstrom & L. Beyer (mo) (ur). **340 DK Images:** Steve Gorton (mlu); Colin Keates/Leihgabe des Natural History Museum, London (gom). **Getty Images:** Taxi/Peter Scoones (ml). **Image Quest Marine:** Masa Ushioda (mru). **SeaPics.com:** Mark V. Erdmann (mr). **Andreas Svensson/Norwegian University of Science and Technology:** (ul). **341 Marine Wildlife:** Alexander Mustard (go). **Robert A. Patzner, University of Salzburg, Austria:** (ur). **342 Ardea:** Pat Morris (mu). **Rick J. Coleman:** (ul). **DK Images:** (mlo). **Marine Wildlife:** Alexander Mustard (gor). **Dr. Volker Neumann:** (ur). **343 DK Images:** (mlu). **FLPA:** Minden Pictures/Norbert Wu (mru). **Marine Wildlife:** Alexander Mustard (go). **344 Corbis:** Paul A. Souders (ul). **naturepl.com:** Dan Burton (gol). **SeaPics.com:** Mark Conlin (m); Jeff Jaskolski (ur). **345 Alamy Images:** Andre Seale (gol). **Ardea:** Paul Souders / Danita Delimont (ul). **BluePlanetArchive.com:** David Wrobel (mru). **SeaPics.com:** Shedd Aquar/Ceisel (gor). **346 Alamy Images:** Wolfgang Pölzer (u). **Getty Images:** National Geographic/Paul Nicklen (go). **347 FLPA:** Minden Pictures/Norbert Wu (mlo). **Getty Images:** National Geographic/Wolcott Henry (um). **Image Quest Marine:** Peter Herring (gor). **OSF/photolibrary:** Paulo De Oliveira (ul). **348 Ardea:** Paulo de Oliveira (mo). **DK Images:** Frank Greenaway (mr). **Keith Hismock:** (mro). **OSF/photolibrary:** Doug Allan (u). **349 Peter Ajtai:** (mlu). **SeaPics.com:** Marilyn & Maris Kazmers (ur). **www.uwphoto.no:** Erling Svensen (mlo) (gom). **350 Alamy Stock Photo:** Nature Picture Library (gor). **Image Quest Marine:** Justin Marshall (ur). **SeaPics.com:** James D. Watt (mlu). **351 marinethemes.com:** Kelvin Aitken (gom). **Natural Visions:** Peter David (mlu). **OSF/photolibrary:** Neil Bromhall (ur); Rodger Jackman (mo). **Science Photo Library:** Dante Fenolio (mr). **FLPA:** Biosphoto/Bruno Guenard (mlu). **352 Dr. Frances Dipper:** (mlu). **FLPA:** D. P. Wilson (mlo). **Oceanwide Images:** Gary Bell (um); Rudie Kuiter (mru). **OSF/photolibrary:** Richard Herrmann (gor). **Alamy Images:** WaterFrame (mo). **353 Alamy Stock Photo:** Pally (ur). **DK Images:** Dave King (ur). **New Zealand Seafood Industry Council Ltd:** (mr). **354 Magnum Photos:** Harry Gruyaert . **355 Alamy Images:** Charles Bowman (ul); Jeff Rotman (mru). **FLPA:** Minden Pictures/Norbert Wu (mo). **naturepl.com:** Michael Pitts (mr). **OSF/photolibrary:** Sue Scott (mu). **Sue Scott:** (mro). **SeaPics.com:** Richard Herrmann (ur). **Brian Skerry:** (gom). **356 Alamy Stock Photo:** Buiten-Beeld (ur). **NHPA:** A.N.T. Photo Library (go). **Robert A. Patzner, Universität Salzburg:** (mu). **357 Alamy Images:** Papilio/Steve Jones (ur). **Dive Gallery/Jeffrey Jeffords (www.divegallery.com):** (mlu). **DK Images:** Jane Burton (gol). **SeaPics.com:** Doug Perrine (mro). **358 Alamy Images:** Blickwinkel (ul); Reinhard Dirscherl (ur). **Dr. Frances Dipper:** (mro). **Marine Wildlife:** Paul Kay (gom). **SeaPics.com:** Doug Perrine (mo). **359 Dr. Frances Dipper:** (gor). **Dive Gallery/Jeffrey Jeffords:** (www.divegallery.com) (gol). **DK Images:** Jerry Young (ur). **Robert A. Patzner, Universität Salzburg:** (mlu). **SeaPics.com:** V&W/Hal Beral (mru). **360 DK Images:** Jerry Young (m). **Marine Wildlife:** Paul Kay (gom). **OSF/photo library:** Doug Allan (ur). **SeaPics.com:** Jonathan Bird (ml); Jeremy Stafford-Deitsch (mro). **361 OSF/photolibrary:** David Fleetham (mlo). **DK Images: Geoff Dann** (mro). **Alamy Images:** Wolfgang Pölzer (ul). **OSF/photolibrary:** Richard Herrmann (ur). **362–363 Alamy Stock Photo:** Steve Bloom Images. **364 DK Images:** Frank Greenaway (mlo). **SeaPics.com:** Masa Ushioda (gor). **Alamy Images:** Reinhard Dirscherl (ul). **DK Images:** Colin Keates/Mit freundlicher Genehmigung des Natural History Museum, London (ur). **OSF/photolibrary:** Pacific Stock (mro). **365 Dive Gallery/Jeffrey Jeffords:** (www.divegallery.com) (m). **Alamy Images:** Blickwinkel (ul); Wolfgang Pölzer (gom) (ur). **OSF/photolibrary:** Pacific Stock (um). **Dr. Frances Dipper:** (mlo). **366 Alamy Images:** Reinhard Dirscherl (gom); Sami Sarkis (m). **Dive Gallery/Jeffrey Jeffords (www.divegallery.com):** (mru). **Marine Wildlife:** Alexander Mustard (mro). **SeaPics.com:** Doug Perrine (ul). **367 DK Images:** Dave King (ul). **OSF/photolibrary:** Richard Herrmann (ur). **SeaPics.com:** Jez Tryner (gol). **368 Corbis:** Staffan Widstrand (mro). **DK Images:** Dave King (mo). **FLPA:** Minden Pictures/J. H. Editorial/Cyril Ruoso (ml); Minden Pictures/Tui De Roy (mru). **Oceanwide Images:** Gary Bell (um). **369 Getty Images:** Image Bank/Tobias Bernhard (u). **OSF/photolibrary:** Olivier Grunewald (mlo). **370 Getty Images:** Image Bank/Pete Atkinson (go). Brook Mathews, Sydney: (ur). **Ilan Ben Tov, Israel:** (ul). **371 FLPA:** Peter Reynolds (mro); S. A. Team/Foto Natura (gom). **Getty Images:** National Geographic/Bill Curtsinger (ul). **SeaPics.com:** Doug Perrine (ur). **372–373 Harald Slauschek/UnderwaterVisions.net**. **374 Dick Bartlett:** (mro). **naturepl.com:** Constantinos Petrinos (l). **Queensland Museum, Australien (www.Qmuseum.qld.gov.au):** (ur). **375 Getty Images:** Taxi/Gary Bell (r). **SeaPics.com:** Gary Bell (mlo); Steve Drogin (mlu). **376 Alamy Images:** Pep Roig (go). **Dreamstime.com:** Kseniya Ragozina (ur). **Kraig Haver Photography:** (ul). **377 FLPA:** Minden Pictures/Mike Parry (m). **Adam Slavický:** (ul). **Scott Solar/Amazon Reptile Center:** (gol). **Dr. Adam P. Summers:** (ur). **Frank Bambang Yuwono:** (gor). **378 Alamy Stock Photo:** Jim Zuckerman (um). **DK Images:** Ken Findlay (mlu/*Albatros*); Chris Gomersall (mlu/*Brachvogel*); Frank Greenaway/freundlicherweise überlassen vom National Birds of Prey Centre, Gloucestershire (mlu/*Seeadler*); Rob Reichenfeld (mlu/*Pelikan*). **iStockphoto.com:** Hans F. Meier (mlo). **OSF/photolibrary:** Survival Anglia (mru). **379 Alamy Images:** PhotoStockFile/Paul Wayne Wilson (um). **OSF/photolibrary:** Doug Allan (go). **SeaPics.com:** Richard Herrmann (ur). **380 Alamy Images:** Petr Svarc (mlo); WorldFoto (mro). **DK Images:** (mru); Frank Greenaway (ul). **381 Alamy Images:** Malcolm Schuyl (ur); David Tipling (ul). **DK Images:** Steve Gorton (mlu). **Neil Fletcher:** Tomi Muukonen (mlo). **Getty Images:** Elmar Weiss / 500px (mr). **Dr. Paul Hofmann:** (m). **382 Alamy Images:** Bryan & Cherry Alexander Photography (l). **DK Images:** Neil Fletcher (ur). **383 Alamy Images:** Kim Westerskov (ul). **Neil Fletcher:** Barry Hughes (mro). **OSF/photolibrary:** Konrad Wothe (mlu). **SeaPics.com:** Hiroya Minakuchi (mo); Kevin Schafer (um). **384–385 FLPA:** Fritz Polking. **386 Alamy Images:** INFOCUS Photos/Malie Rich-Griffith (um). **naturepl.com:** Peter Reese (mr). **OSF/photolibrary:** Daniel Cox (gor) (gol). **387 Alamy Images:** ImageState/Pete Oxford (ul). **Neil Fletcher:** Hanne & Jens Eriksen (gor). **388 Alamy Images:** George McCallum Photography (mo); INFOCUS Photos/Malie Rich-Griffith (mu). **Neil Fletcher:** Hanne & Jens Eriksen (ul); Jonathan Grey (mlo); Just Birds (ur). **389 Alamy Images:** Nature Photographers Ltd./Paul Sterry (mru). **Neil Fletcher:** George Reszeter (go). **SeaPics.com:** Doug Perrine (mlu). **390 Alamy Images:** Barry Bland (gor); Chris Mercer (ml). **DK Images:** Kim Taylor (gml). **Neil Fletcher:** Just Birds (mlu). **SeaPics.com:** Robert Shallenberger (ur). **391 Alamy Images:** Robert E. Barber (mr); g1 online/Pölzer (um). **Neil Fletcher:** Joe Fuhrman (gol); Mike Read (gor). **SeaPics.com:** Phillip Colla (ur). **392 Alamy Images:** Blickwinkel (u). **FLPA:** Minden Pictures/Tui De Roy (mo) (gor). **393 Alamy Images:** WoodyStock/Ingo Schulz (mro). **Dreamstime.com:** Brian Kushner (ur). **Neil Fletcher:** Ian Montgomery (gom); Mike Read (mlo). **394 Alamy Images:** Mike Lane (ul); PhotoStockFile/Paul Wayne Wilson (ur). **DK Images:** Cyril Laubscher (mr); Frank Greenaway/Leihgabe des Natural History Museums, London (mo). **Neil Fletcher:** Barry Hughes (mlo). **395 Alamy Images:** Bryan & Cherry Alexander Photography (mr); R. & M. Thomas (u). **Alamy Stock Photo:** BIOSPHOTO (mu). **Getty Images/iStock:** drferry (gor). **SeaPics.com:** Richard Herrmann (gol). **396 Alamy Images:** George McCallum Photography (ur); The Photolibrary Wales (ul). **Neil Fletcher:** Just Birds (ml). **SeaPics.com:** Scott Leslie (gor). **397 Alamy Images:** Robert E. Barber (mu); Scott Camazine (gol). **DK Images:** Cyril Laubscher (ur). **Neil Fletcher:** Joe Fuhrman (ul); George Reszeter (mro). **398 Alamy Images:** Blickwinkel (ur). **DK Images:** Harry Taylor/Leihgabe des Natural History Museum, London (um). **Neil Fletcher:** Dudley Edmonson (mro); Barry Hughes (gom). **Getty Images:** Image Bank/Roine Magnusson (m). **399 Alamy Images:** Kevin Schafer (ul). **DK Images:** Irv Beckman (mru). **OSF/photolibrary:** David Tipling (go). **Still Pictures:** Mark Edwards (mro). **400 Alamy Images:** Brandon Cole Marine Photography (ml). **DK Images:** Philip Dowell (mr). **Marine Wildlife:** Doug Allan (ul). **Still Pictures:** Steven Kazlowski (mlu). **400–401 OSF/photolibrary:** Mark Jones (m). **401 Alamy Images:** Steven J. Kazlowski (mo). **Alamy Stock Photo:** Jan Carroll (mr). **OSF/photolibrary:** Pacific Stock (ur). **402 DK Images:** Jerry Young (gol). **FLPA:** Foto Natura/Wil Meinderts (ur). **Getty Images/iStock:** Kara Capaldo (mu). **Howard Hall Productions:** (ul). **403 FLPA:** Minden Pictures/Tui De Roy (um). **Getty Images:** Image Bank/Joseph Van Os (gor). **Brian Lockett (www.air-and-space.com):** (ul). **Marine Wildlife:** Paul Kay (mlo). **NOAA:** Captain Budd Christman, NOAA Corps (mru). **404–405 Getty Images:** National Geographic/David Doubilet. **406 Alamy Stock Photo:** AGAMI Photo Agency (gor); Nature Picture Library (ul). **406–407 Steve Smithson**. **408 Ardea:** Francois Gohier (gor). **Corbis:** The Mariners' Museum (ml). **FLPA:** Minden Pictures/Flip Nicklin (ul). **SeaPics.com:** Howard Hall (um). **409 Alamy Images:** Brandon Cole Marine Photography (go); Stephen Frink Collection/James D. Watt (u). **410–411 naturepl.com:** Tony Wu. **412 DK Images:** Frank Greenaway (gor). **naturepl.com:** Doc White (mo). **SeaPics.com:** Doug Perrine (u). **413 Alamy Images:** Andre Seale (mlo). **FLPA:** Minden Pictures/Flip Nicklin (mru). **Getty Images:** National Geographic/Brian Skerry (gor). **SeaPics.com:** John K. B. Ford/Ursus (ul). **414 FLPA:** Minden Pictures/Flip Nicklin (gor). **Getty Images:** Stone/Kim Westerskov (um). **SeaPics.com:** Thomas Jefferson (ml); Robert L. Pitman (ur). **415 Alamy Images:** Stock Connection Blue/Tom Brakefield. **416 Marine Wildlife:** Sue Flood. **417 FLPA:** Minden Pictures/Michio Hoshino (mo); Minden Pictures/Flip Nicklin (mro); Minden Pictures/Norbert Wu (um). **naturepl.com:** Todd Pusser (mru). **Mike Scott:** (mu). **SeaPics.com:** Phillip Colla (m). **418 Image Quest Marine:** Masa Ushioda (ur). **naturepl.com:** Doug Perrine (gor). **SeaPics.com:** Florian Graner (ml). **Alamy Stock Photo:** imageBROKER (ml). **419 DK Images:** Peter Visscher (mru). **FLPA:** Minden Pictures/Chris Newbert (gor). **Getty Images:** Photographer's Choice/Pete Atkinson (u). **420–421 NASA:** Jacques Descloitres, MODIS Rapid Response Team, NASA/GSFC. **424 Alamy Images:** Bryan & Cherry Alexander Photography (mlo); LOOK Die Bildagentur der Fotografen GmbH (mu). **426 Alamy Images:** Jack Stephens (mlo). **Corbis:** Lowell Georgia (mro). **427 Alamy Images:** Nordicphotos/Kristjan Fridriksson (ur). **428 Alamy Images:** Greenshoots Communications (m); David Sanger Photography (mlo). **Corbis:** Ralph White (ul). **430 Alamy Images:** FLPA (ur). **431 DK Images:** David Lyons (ml). **NASA:** Jacques Descloitres, MODIS Land Rapid Response Team, NASA/GSFC (mo). **432 Alamy Images:** Ace Stock Ltd. (um); allOver photography (mlu). **DK Images:** Linda Whitwam (mo). **433 Alamy Images:** Nick Hanna (ur). **434 Mads Eskesen**. **435 Alamy Images:** Mike Lane (ur). **EnBW Energie Baden-Württemberg AG:** (mru). **Mads Eskesen:** (gor) (mro). **Horns Rev Havmøllepark (www.hornsrev.dk):** Medvind Fotografi/Bent Sørensen (um). **Nysted Havmøllepark (www.nystedhavmoellepark.dk):** (mru). **437 Alamy Images:** Wild Places Photography/Chris Howes (ur). **Corbis:** Sygma/Bernard Annebicque (mr). **438 DK Images:** Christopher & Sally Gable (gol); John Heseltine (ur). **439 Alamy Images:** Vehbi Koca (mru); Rob Rayworth (ul). **NASA:** Bilder freundlicherweise überlassen von NASA/GSFC/MITI/ERSDAC/JAROS, und U.S./Japan ASTER Science Team (m). **440 Corbis:** (gor) (ul); Sygma/Harford Chloe (mu). **NASA:** Jacques Descloitres, MODIS Land Rapid Response Team, NASA/GSFC (ur). **442 Alamy Stock Photo:** Granger Historical Picture Archive (ul). **Corbis:** Cordaiy Photo Library Ltd./John Farmar (gor). **Science Photo Library:** Southampton Oceanography Centre/B. Murton (mlo). **443 Alamy Images:** Wild Places Photography/Chris Howes (mro). **Corbis:** (mo). **444 FLPA:** Colin Monteath (ur). **iStockphoto.com:** Patrick Roherty (um). **445 Alamy Images:** Bryan & Cherry Alexander Photography (ul). **NASA:** Jesse Allen, NASA Earth Observatory and the HIGP Thermal Alerts Team (mr). **NOAA:** Lieutenant Philip Hall, NOAA Corps (ur). **446 Alamy Stock Photo:** J. Pie (ml). **Corbis:** Yann Arthus-Bertrand (ul); Reuters/Supri (mlo). **448 Alamy Images:** Blickwinkel (um); Tor Eigeland (gor). **Corbis:** Jonathan Blair (ml). **449 Alamy Images:** Bilder von Africa Photobank/Peter Williams (gor). **450 Alamy Images:** Neil McAllister (ur). **451 Alamy Images:** Julio Etchart (mro). **452–453 Photoshot:** Planet Observe. **455 iStockphoto.com:** Wesley Drake (mro). **OSF/photolibrary:** Michael Brooke (ur). **456 Alamy Images:** Danita Delimont (mlo). **Corbis:** Ralph White (um). **NOAA:** Commander Richard Behn, NOAA Corps (ml). **458 NASA:** George Riggs, NASA GSFC (mro). **US Fish and Wildlife Service National Image Library:** Alaska Maritime National Wildlife Refuge/Kevin Bell (mlo). **459 Corbis:** Neil Rabinowitz (gom). **460 Alamy Images:** FocusRussia (mro); Iain Masterton (ml). **Corbis:** Michael S. Yamashita (mru). **462–463 Corbis:** Nippon News/Aflo/Newspaper/Mainiche/Mainichi. **463 Kevin Jaako:** www.jaako.com (mro/Schild). Reuters:Yomiuri (mro). **464 Alamy Images:** Chris Willson (ur). **465 Getty Images:** ullstein bild (mro). **467 Alamy Images:** Andre Seale (ur). **Corbis:** Douglas Faulkner (mr); Reuters/Alex De La Rosa (gor). **468 Dreamstime.com:** Martinmark (mro). **469 Alamy Images:** Dennis Hallinan (um). **470–471 Getty Images:** Tom Benedict. **472 Getty Images:** Ness Kerton/AFP (gom). **473 iStockphoto.com:** Angela Bell (mlo). **SeaPics.com:** Gary Bell (gom). **474 Getty Images:** AFP/Tarik Tinazay. **475 Alamy Images:** Nick Hanna (ul); Images&Stories (mro). **Corbis:** Stephen Frink (ur); Jeffrey L. Rotman (um); Lawson Wood (mru). Getty Images: Image Bank/Zac Macaulay (gor). **OSF/photolibrary:** David Fleetham (mo). **477 Alamy Images:** Danita Delimont (mro); INTERFOTO Pressebildagentur (mu). **478 OSF/photolibrary:** Mike Hill (ur). **479 iStockphoto.com:** Michal Wozniak (gor). **480 Alamy Images:** LOOK Die Bildagentur der Fotografen GmbH (ml); Bruce Percy (ur). **Corbis:** Paul A. Souders (mro). **482 Alamy Images:** Bryan & Cherry Alexander (ml). **Alamy Stock Photo:** Minden Pictures (um). **naturepl.com:** Norbert Wu (gol). **484 Corbis:** Eye Ubiquitous/C. M. Leask (mro). **NOAA:** Commander John Bortniak, NOAA Corps (mlo). **485 Alamy Images:** Blickwinkel (ul); Kim Westerskov (ur). **486 Ardea:** Edwin Mickleburgh. **487 Alamy Images:** Graphic Science (gor); Steve Morgan (mo). **NASA:** MODIS Land Science Team (mro); Jacques Descloitres, MODIS Land Science Team (ur); NASA/GSFC/LaRC/JPL, MISR Team (mru).

Vor- und Nachsatz: **Getty Images:** David Doubilet

Coverbilder:
Vorne und Buchrücken: **Dreamstime.com:** Digitalbalance; *Hinten:* **Dreamstime.com:** Vladimir Seliverstov

Daten für die Karten wurden von Planetary Visions erstellt, basierend auf ETOPO2-Daten zur globalen Topografie, SRTM30-Daten zur Landhebung und der »Generalised Bathymetric Chart of the Ocean«. ETOPO2 wurde erstellt vom U.S. Department of Commerce, National Oceanic and Atmospheric Administration, National Geophysical Data Center, 2001. SRTM30 wurde erstellt von der NASA und der National Geospatial Intelligence Agency, 2005, publiziert vom U.S. Geological Survey. GEBCO One Minute Grid Reproduktion aus dem GEBCO Digital Atlas, herausgegeben vom British Oceanographic Data Centre im Auftrag der Intergovernmental Oceanographic Commission der UNESCO und der International Hydrographic Organisation, 2003.

Coverrückseite: Kaiserpinguine

AMERICAN MUSEUM OF NATURAL HISTORY

www.amnh.org

Das American Museum of Natural History in New York City ist eins der größten und renommiertesten Museen der Welt. Seit seiner Gründung 1869 wächst das Museum stetig weiter und umfasst nun über 40 permanente Ausstellungshallen, u.a. auch die im Rose Center for Earth and Space und das Hayden-Planetarium, sowie Galerien für Wechselaustellungen. Die Wissenschaftler des Museums arbeiten mit einer Sammlung von Weltrang mit über 34 Mio. Stücken, von denen einige mehrere Milliarden Jahre alt sind, und mit einer der größten Naturkunde-Bibliotheken der Welt. Durch die Richard Gilder Graduate School verleiht das Museum einen Doktortitel in Vergleichender Biologie und einen Master of Arts in Teaching (MAT). Dies ist das einzige eigenständige derartige Programm eines US-Museums, das akademische Titel verleihen kann. Besuchen Sie das Museum mit der größten Sammlung von Dinosaurierfossilien der Welt entweder persönlich oder online unter www.amnh.org.